U0347810

WUJI GONGNENG CAILIAO DE
YANJIU JI QI YINGYONG

无机功能材料的研究及其应用

——陈宗璋教授及其研究生团队学术论文选集

○ 编著　陈宗璋　李素芳　吴振军　等

湖南大学出版社

内容简介

本论文选集的主要内容有：氧化锆氧离子固体电解质材料的研究和应用，Na·β-Al_2O_3钠离子固体电解质材料的研究和应用，碳-石墨材料的研究和应用（其中含石墨电极、石墨电刷，C_{60}和石墨烯以及碳纳米管、碳-碳复合材料、石墨层间化合物、吸波材料、金刚石和金刚石薄膜材料）、复合生物材料、锂离子电池和镍氢电池的电极材料、表面镀层材料、吸附铜离子和铅离子的材料等的介绍。可供从事无机功能材料研究者参考。

图书在版编目（CIP）数据

无机功能材料的研究及其应用：陈宗璋教授及其研究生团队学术论文选集/陈宗璋，李素芳，吴振军等编著. —长沙：湖南大学出版社，2019.7

ISBN 978-7-5667-1730-6

Ⅰ.①无… Ⅱ.①陈… ②李… ③吴… Ⅲ.①无机材料-功能材料-文集 Ⅳ.①TB321-53

中国版本图书馆CIP数据核字（2019）第014823号

无机功能材料的研究及其应用

——陈宗璋教授及其研究生团队学术论文选集

WUJI GONGNENG CAILIAO DE YANJIU JI QI YINGYONG

——CHEN ZONGZHANG JIAOSHOU JI QI YANJIUSHENG TUANDUI XUESHU LUNWEN XUANJI

编　　著：陈宗璋　李素芳　吴振军　等
责任编辑：陈　燕　黄　旺
印　　装：湖南众鑫印刷有限公司
开　　本：889×1194　16开　**印张**：39.75　**字数**：1 196千
版　　次：2019年7月第1版　**印次**：2019年7月第1次印刷
书　　号：ISBN 978-7-5667-1730-6
定　　价：198.00元

出 版 人：雷　鸣
出版发行：湖南大学出版社
社　　址：湖南·长沙·岳麓山　　**邮　　编**：410082
电　　话：0731-88822559(发行部),88821315(编辑室),88821006(出版部)
传　　真：0731-88649312(发行部),88822264(总编室)
网　　址：http://www.hnupress.com

陈宗璋教授简介

1936年10月21日生于四川省营山县明德乡石狮村。1953年7月从四川省南充男子初级中学毕业，1956年6月从四川省南充高级中学毕业，同年7月考入四川大学化学系学习(五年制)，1961年7月从四川大学化学系物理化学专业毕业。1961年7月由国家统一分配至湖南大学化学化工系物理化学教研室任教，曾任助教、讲师、副教授、教授(二级)，硕士研究生导师。1992年由国务院批准享受国务院颁发的政府特殊津贴[政府特殊津贴第(92)3280533号：中华人民共和国国务院，1992年10月1日]。1993年6月由国务院学位委员会批准为材料学科博士研究生导师，并由学校批准兼任物理化学学科博士研究生导师。曾任物理化学实验室主任、湖南大学固态离子学研究所所长和湖南大学红华氟化学研究所所长，直至2008年4月退休。

无机功能材料的研究及其应用

——陈宗璋教授及其研究生团队学术论文选集

编　　著

陈宗璋	李素芳	吴振军	白晓军	肖耀坤
肖晓瑶	陈剑平	郑日升	征茂平	唐璧玉
周志才	熊友谊	刘海蓉	陈小华	刘其城
刘　红	夏金童	颜永红	陈小文	赖琼琳
唐新村	刘继进	汤宏伟	利　明	雷　叶
刘建玲	邹艳红	钟美娥	周欣艳	邹卫华
陈　霖	鲁盛会	查文珂	方建军	王俊梅

前　言

作为本书的编著者，我们中的大多数仍在高等院校和科研单位工作，长期从事无机功能材料的研究，取得了一些进展。本论文集选录了我们发表在中文期刊上的部分论文。

在固体电解质 Na·β-Al_2O_3 材料的研究方面，在国际上，我们最先将它用作隔膜，制得了高纯钠和高纯氢氧化钠，并将它们应用于制取示踪碳原子 C^{14}，改进了钠光灯以及铌、钽冶炼中所需纯钠的工艺，提升了产品的质量。尤其是用 Na·β-Al_2O_3 制成的高温钠参考电极，用于电冶铝生产过程中质量控制的检测，提高了电冶铝的质量。

我们将研究的氧化锆氧离子固体电解质，制成氧传感器，在我国最先将它应用于自动控制汽车发动机内的燃烧过程和自动控制锅炉内的燃烧过程，节约了燃料并减少了废气对环境的污染；还将这种氧传感器用于监测炼钢过程中钢水中的氧含量，有利于控制和改善钢的质量。

我们在碳-石墨材料的研究方面也取得了不少的进展：研制成功了高速系统的复合石墨电刷；碳-碳复合材料以及复合石墨电极；研制成功了用于快中子增殖核反应堆的灭钠火材料；研制成功了多波段的复合吸波材料。这些研究成果都已应用于实际，同时对金刚石和金刚石薄膜、石墨烯、C_{60}和碳纳米管等方面也展开了深入的研究。

我们在钠-硫电池、锂离子电池、镍氢电池以及电镀、电化学腐蚀以及吸附材料方面也进行了系统的研究和应用。

以上的研究成果，获得了多项发明专利和科技奖。迄今大多数已在实际中应用，但有些学术论文发表的时间早或是内部发表，未收录于现在的文献检索系统。因此，我们将研究团队这些年来的研究成果选编成一本论文集，目的在于给有关研究人员和生产人员提供更方便的参考，而不用查阅分散的文献。文中部分论文发表的时间较早，其中的照片未保留电子文件，本次出版时所用照片是在原发表的期刊中翻拍或扫描的，效果欠佳，若需要深入了解，敬请查阅论文所引用的学术期刊的原始论文。

李素芳

2018 年 11 月 14 日

目　次

固体电解质

(氧离子导体材料)

固体电解质

（钠离子导体材料）

复合生物骨材料

碳及其石墨材料

锂离子电池材料和镍氢电池材料

其他(电镀、防腐、吸附)材料

固体电解质

（氧离子导体材料）

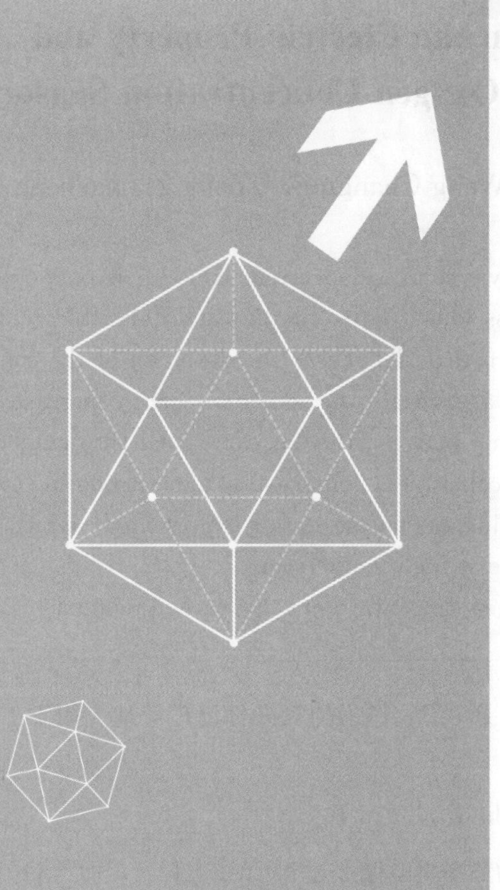

CO对氧化锆氧传感器的电性能和结构的影响

陈宗璋，李素芳，王昌贵，张仲生

摘　要：本文用 Lissajous 图形法和 DC 电压降测阻法，分别测量了氧化锆氧传感器长时间处于 700 ℃的 CO 气体中固体电解质的电导率和电极电导率的变化。实验结果表明 CO 气体使固体电解质的电导率和电极电导率降低，但其变化在高温下具有可逆性，固体电解质的导电活化能增大，电极电导率与温度的关系偏离 Arrhenius 方程。CO 影响后传感器的内壁铂和内壁锆的物相发生了变化。本文研究了 CO 气体影响传感器的机理，指出 CO 与 ZrO_2 基体及其电极 Pt 发生了反应。

关键词：氧化锆；氧敏传感器；氧浓差电池；一氧化碳

分类号：Q646.2

Influences of CO Gas on the Electric Property and Construction of Zirconia Oxygen Concentration Sensor

Chen Zongzhang，Li Sufang，Wang Changgui，Zhang Zhongsheng

Abstract：The changes of the solid electrolyte cond and electrode cond of zirconia oxygen sensor were measured respectively by means of the Lissajous Figures method and Fall-off Potential method in CO gas for a long time at 700 ℃. It is shown that CO causes the deviation of the cond，but the changes are reversible at high temperature. CO also causes the activation energy increase of the solid electrolyte cond. The deviation of the relationship between the electrode cond and temperature from the Arrhenius equation，and the changes of the constituent construstion of electrode and electrolyte at the inside of the cell. The mechanism of CO influences on the sensor is presented，which claims that CO reacts with ZrO_2 electrolyte and Pt electrode at high temperature.

Key words：zirconia，oxygen sensor，oxygen concentration cell，carbon monoxide

---

氧化锆氧传感器 $P_{O'_2}$，Pt | $ZrO_2 \cdot Y_2O_3$ | Pt，$P_{O''_2}$ 作为测氧元件已广泛地应用于工业生产中，其工作原理遵循 Nernst 方程：

$$E=\frac{RT}{4F}\ln(P_{O''_2}/P_{O'_2})$$

当 CO 气体存在时，氧化锆氧传感器的输出电动势不再遵循上述 Nernst 方程[1]，而与 O_2 和 CO 的当量浓度比有关[2-4]，CO 气体不仅参与了与 O_2 在电极 Pt 上的化学反应，还参与了和基体 ZrO_2 的反应[4-5]。

CO 长期存在对氧化锆氧传感器本身的结构、组成和电性能的影响情况还不见报道，本工作就此问题进行了研究。

1　实　验

本实验采用自温式试管形的氧化锆氧传感器，固体电解质为 92%的 ZrO_2 和 8%的 Y_2O_3，电极为

Pt，氧化锆管的外部与空气相通，为参比半电池，内部与待测气（CO+Ar）相通，为测量半电池。

用Lissajous图形法测得频率范围在DC-200 kHz间的阻抗，电池的总电阻（即DC值）由电压降测阻法（DC法）测得。

先测样品在含10.57%的CO气体的CO-Ar混合气影响下的电导率变化情况，再测样品在100%的CO气体中电导率的变化情况。

（1）测量样品在700 ℃充CO气之前的电导率为σ_0。

（2）温度保持700 ℃，向氧化锆管中充入CO气体。

（3）温度保持700 ℃，使传感器内部密封CO气体一段时间。

（4）一定时间后，打开进气管和出气管的活塞，用空气吹尽CO气体后测量700 ℃时样品的电导率，记为σ_1。

（5）测量σ_1，又充入相同的CO气体，重复步骤（2）（3）（4），记录出σ_2、σ_3、σ_4、…、σ_n。

本实验采用德意志联邦共和国SIEMENS D-5000型X射线分析仪以及日本JSM-35C型扫描电子显微镜测试受CO气体影响后的传感器的氧化锆管内外壁、内外Pt电极的组成及形貌。

2 结 果

图1为传感器在700 ℃时，未受CO气体影响前（$t=0$）对称电池：空气，Pt | $ZrO_2 \cdot Y_2O_3$ | Pt，空气的交流阻抗谱。第一个半圆为固体电解质的阻抗谱，与实轴的截距（34.3 Ω）为固体电解质的电阻；第二个半圆为电极的交流阻抗谱，与实轴的截距（101.4−34.3=67.1 Ω）为电极的电阻，电阻的倒数为电导，将每一时间内受CO影响后所测得的电导分别与$t=0$时所测得的电导比较，可得电导率的变化趋势，见图2和图3。为了便于比较，将其他作者在同样的实验条件下所测得的空白实验结果也描入图中。图2为CO对固体电解质电导率的影响，从图中可知，CO的存在使固体电解质的电导率下降，在充入CO气体72小时内下降较大，然后达到平衡状态，100%的CO气体使电导率下降得比10.57%的CO的多，但二者相差不大。可以设想，有一个反应发生，且随CO浓度的增大，反应正向进行。图3为CO对电极电导率的影响，电极电导率也呈下降趋势，然后趋于平衡，空白实验的结果也与之类似。

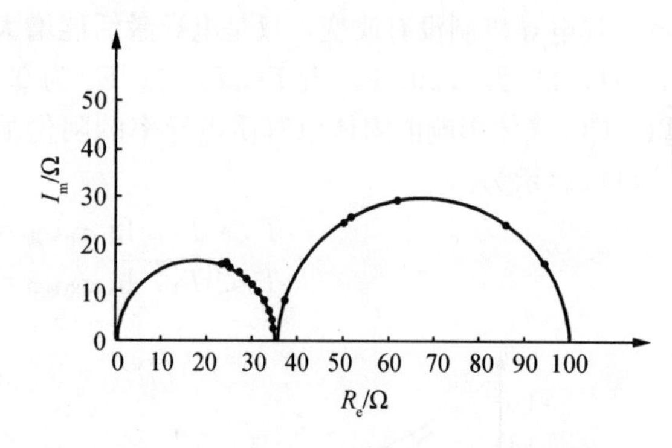

图1 700 ℃，$t=0$时，样品电池的交流阻抗谱

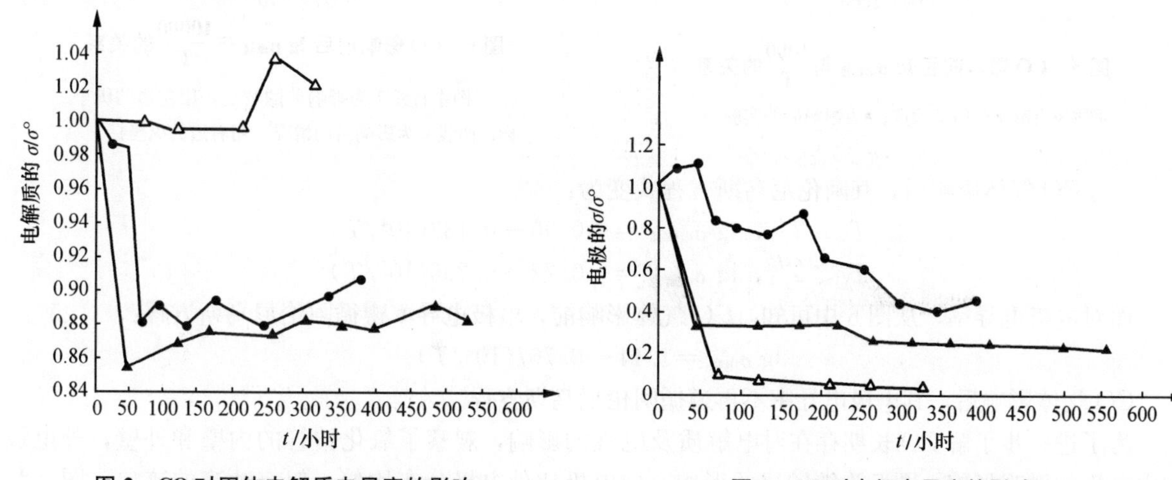

图2 CO对固体电解质电导率的影响　　**图3 CO对电极电导率的影响**

图中△为空白实验；·为10.57%的CO；▲为100%的CO

上述实验后，将传感器降至室温，放置 15 日再次升温至 700 ℃，在上述同样的条件下测传感器的阻抗，测得室温放置后固体电解质的电导和电极的电导分别与室温放置前的电导相近。

维持 700 ℃，将上述传感器再在空气中放置，测得固体电解质的电导和电极的电导逐渐增大，至 24 小时后达到了平衡。总的阻抗测量结果见图 4。

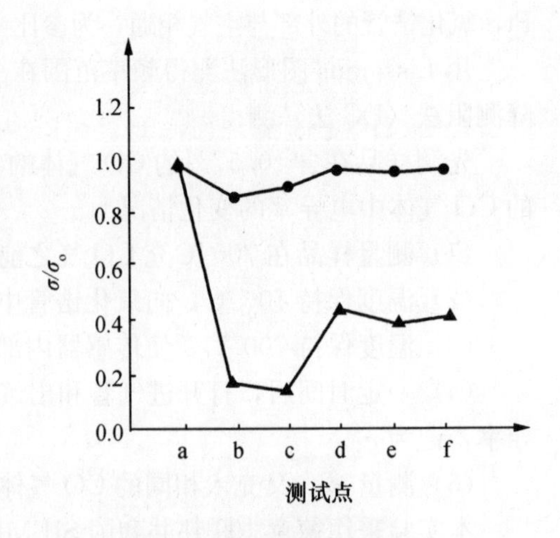

图 4　总的电导率变化情况

图中 · 为 $(\sigma/\sigma_0)_{电解质}$；▲为 $(\sigma/\sigma_0)_{电极}$，$T=700$ ℃
a. $t=0$ 即 CO 未影响前；b. $t=950$ 小时 CO 长期影响后；c. 室温放置后；d. 高温放置 24 小时后；e. 高温放置 72 小时后；f. 高温放置 96 小时后

氧化锆氧浓差电池的电导率与温度的关系符合阿伦尼乌斯方程[5]：

其中 σ 为电导率，E_α 为电导激活能，k 为玻尔兹曼常数，T 为绝对温度（K）。图 5 和图 6 为 CO 影响前后所测得的样品的电导率与温度的关系。从图 5 中可知，固体电解质的电导率受 CO 的影响后，仍旧符合阿伦尼乌斯关系，其电导机制没有改变，只是电导激活能增大，当 $T>T_1$ 时，E_α 为 0.200 k；当 $T<T_1$ 时，E_α 为 0.584 k。所以，CO 气体影响前固体电解质电导率的阿伦尼乌斯方程式可以表示为：

$$T>T_1,\ \lg\sigma_{电解质}=-0.97-0.087(10^4/T)$$
$$T<T_1,\ \lg\sigma_{电解质}=-0.60-0.254(10^4/T)$$

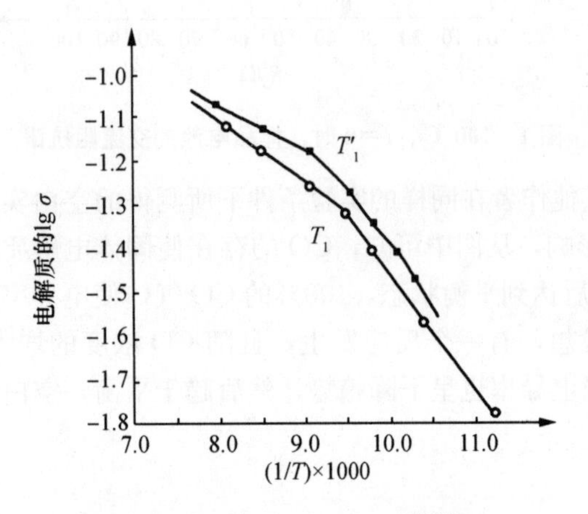

图 5　CO 影响前后 $\lg\sigma_{电解质}$ 与 $\frac{1000}{T}$ 的关系

图中○为影响前的实验点；▪为影响后的实验点

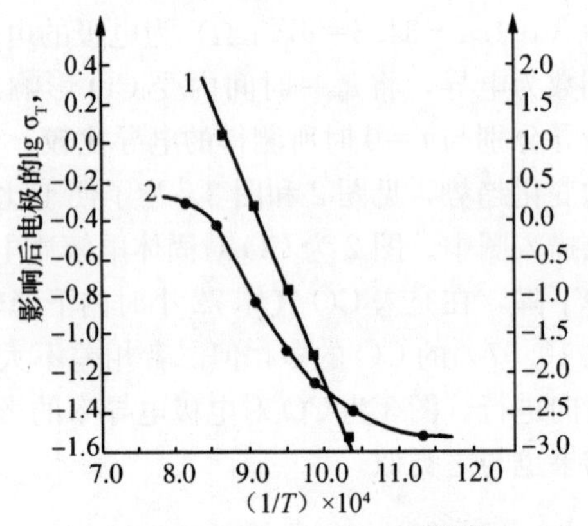

图 6　CO 影响前后 $\lg\sigma_{电极}$ 与 $\frac{10000}{T}$ 的关系

图中直线 1 为影响前的情况，用左边的纵坐标；曲线 2 为影响后的情况，用右边的纵坐标

CO 气体影响后，其阿伦尼乌斯方程式变为：

$$T>T'_1,\ \lg\sigma_{电解质}=-0.96-0.133(10^4/T)$$
$$T<T'_1,\ \lg\sigma_{电解质}=-0.72-0.256(10^4/T)$$

而对电极电导率，从图 6 中可知，CO 气体影响前，电极电导率遵循阿伦尼乌斯方程：

$$\lg\sigma_{电极}=1.44-0.767(10^4/T)$$

CO 气体影响后，其电极电导率不再遵循阿伦尼乌斯方程。

为了进一步了解 CO 长期存在对电解质及电极的影响，观察了氧化锆管的内壁和外壁，外电极和内电极的微观形貌。图 7 为镀铂层的形貌，内电极比外电极分布均匀，似有蚀溶的迹象。图 8 为氧化锆管内外壁的形貌，内壁比外壁的气孔减少，晶粒与晶粒之间相连紧密，内壁有蚀溶的迹象。

图 7 电极 Pt 的 SEM 像

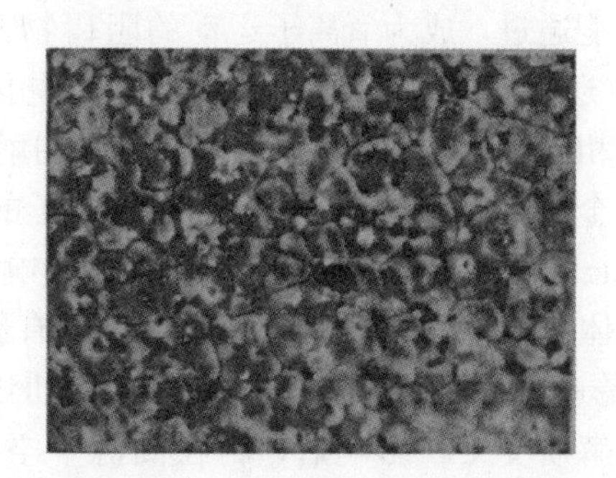

图 8 锆管内外壁的 SEM 像

对氧化锆管的内外壁和内外电极进行 X 射线衍射分析，测得其物相组成有了改变，见表 1，可见 CO 的存在影响了传感器的内部组成。

表 1 各样品所含物相一览表

编号	样品	物相 1	物相 2	物相 3
Pt-1	内壁铂	Pt	92%ZrO_2，8%Y_2O_3	PtZr
Pt-2	外壁铂	Pt	ZrO_2	
Pt-3	外壁锆	Y_2O_3	$Zr_3Y_4O_{12}$	92%ZrO_2，8%Y_2O_3
Pt-4	内壁锆	YC_2	$Zr_{0.82}Y_{0.18}O_{1.91}$	92%ZrO_2，8%Y_2O_3

3 讨 论

在 CO 长期影响的电导率测量实验中，电极电导率和电解质电导率会降低，而且电极电导率会降低更多，但二者的值降低到一定程度后会稳定下来达到一个平衡值。若在高温下于空气中放置一段时间，电导率又会回升，但电极电导率不能回到原来的值，这是老化的原因。

在 X 射线衍射实验中发现，内壁电极 Pt 中含有 92%的 ZrO_2 和 8%的 Y_2O_3，更重要的是含有 PtZr 化合物，内壁锆中含有 YC_2 和 $Zr_{0.82}Y_{0.18}O_{1.91}$ 化合物，这是外壁铂或外壁锆所没有的新物相。

上述实验表明有如下的反应发生：

(1) 在高温下，CO 可以将 ZrO_2 还原成单质 Zr：

$$ZrO_2 + 2CO = Zr + 2CO_2 \quad ①$$

Zr 的原子半径为 1.60 A，电负性为 1.4；Pt 的原子半径为 1.388 A，电负性为 2.2[6]，因此，单质的 Zr 可溶解在铂中，直到达到溶解极限，形成金属间溶体和金属间互化物（Rhee S K，J Am. Ceram. Soc. 1975，58：540）。

当氧化锆氧传感器在高温下空气中加热时，PtZr 向纯 Pt 和 ZrO_2 转化：

$$PtZr + O_2 = Pt + ZrO_2 \quad ②$$

(2) CO 也与 Y_2O_3 在高温下发生氧化还原反应，其反应式为：

$$11CO + Y_2O_3 = 2YC_2 + 7CO_2 \quad ③$$

同样，在高温下空气中，又发生如下反应：

$$4YC_2 + 11O_2 = 2Y_2O_3 + 8CO_2 \quad ④$$

根据上述反应，可以解释实验中所观察到的现象。

在ZrO_3、Y_2O_3固体电解质中，氧离子是主要的载流子，氧离子在电场的作用下，沿电场相反的方向运动，当运动的氧离子遇到固体电解质的晶粒时，由于氧化锆本身是立方晶体，又具有氧离子空穴，氧离子很容易通过，当运动的氧离子遇到某些杂质或异物时，不能通过，只能绕道而行，这些异物使固体电解质的电阻增大，电导率降低。

CO与内壁氧化锆基体发生反应，破坏了原来的晶体结构，生成了YC_2和$Zr_{0.82}Y_{0.18}O_{1.91}$，$YC_2$使氧离子不能通过，成为氧离子运动的阻碍物，导致电解质的电阻增大，电导率降低。另一方面，ZrO_2被CO还原以及CO与晶格氧离子发生电化学反应，导致了第二相$Zr_{0.82}Y_{0.18}O_{1.91}$的形成，使得氧离子空穴相对地增多了，但随着空穴浓度的增大，出现了缺陷的有序化，在库仑力的相互作用下，形成稳定剂金属离子——缺陷对，促使氧离子的激活能增大、电导率减低。在固体电解质受CO影响前后的Arrhenius关系式的测量实验中，影响后的激活能大于影响前的激活能，二者结论一致。尽管CO对固体电解质表面的晶体结构和组成有影响，但并没有改变其导电机制，仍是氧离子导电。所以，CO影响前后的固体电解质的电导率仍旧遵循阿伦尼乌斯方程。

固体电解质受CO影响后，再在高温下空气中放置，Zr会被氧化成ZrO_2，YC_2会被氧化成Y_2O_3，两者重新组合，可恢复原来的表面晶体结构，所以固体电解质的电导率又能回升到原来的值。也正是由于表面结构的这一循环变化使晶粒相连紧密气孔消失。

在三相点，CO将ZrO_2还原成Zr，Zr与电极Pt形成金属互化物PtZr，使铂的外层电子禁锢在金属互化物之间的化学键上不再导电，导致电极电导率下降。当在空气中高温下放置一段时间后，与Pt形成的金属互化物PtZr又重新变成ZrO_2，Pt上的外层电子获得自由，电极的电导率上升，由于在高温下铂的挥发、老化，使电极电导率不能恢复到原值。

4 结 论

（1）CO在高温下与氧化锆氧传感器的固体电解质发生反应，改变了内壁锆的物相和组成，使电解质的电阻增大，电导率降低，导电激活能增大，导电机制不变。

（2）CO在高温下使氧化锆氧传感器的Pt电极的电导率下降，电导率与温度的关系偏离阿伦尼乌斯方程。

参考文献

[1] Anderson J E，Graves Y B. Steady-state characteristics of oxygen concentration cell sensors subjected to nonequilibrium gas mixtures [J]. Journal of the electrochemical society，1981，128 (2)：294-300.

[2] Keiichi Saji，Haruyoshi Kondo，Takashi Takeuchi. Voltage step characteristics of oxygen concentration cell sensors for nonequilibrium gas mixtures [J]. Journal of the electrochemical society，1988，135 (7)：1686-1691.

[3] Willian J Fleming. Physical principles governing nonideal beheavior of the zirconia oxygen sensor [J]. Journal of the electrochemical society，1977，124 (1)：21-28.

[4] Hiroshi Okamoto，Go Kawamura，Tetsuichi Kudo. Electromotive-forces studies of carbon monoxide oxidation on platinum [J]. Journal of Catalysis，1983，82 (2)：332-340.

[5] Dixon J M，L D Le Grange，U Merten，et al. Electrical resistivity of stabilized zirconia at elevated temperatures [J]. Journal of the electrochemical society，1963，110 (4)：276-280.

[6] 李振寰. 元素性质数据手册 [M]. 石家庄：河北人民出版社，1985：40，78.

（湖南大学学报，第19卷第6期，1992年12月）

氧化锆氧传感器在CO/O_2的非平衡体系中的响应

李素芳，陈宗璋，王昌贵，张仲生，魏定新

摘　要：本文研究了在CO/O_2的非平衡体系中氧化锆氧传感器的电动势阶跃与温度及气流速度的关系，测量了不同温度下传感器对气体的响应以及传感器长期在CO气体环境中受到影响后在空气中恢复的情况。

关键词：ZrO_2；传感器；非平衡体系

The Response of Zirconia Oxygen Sensor in CO/O_2 Nonequilibeium System

Li Sufang，Chen Zongzhang，Wang Changgui，Zhang Zhongsheng，Wei Dingxin

Abstract：It is reported the influences of temperature and flow rates of mixture gas on the EMF, step in the CO/O_2 nonequilibrium system. Response of the sensor to the gas at different temperatures and recoverability in air of influenced sensor were measured.

Key words：ZrO_2，Sensor，Nonequilibrium system

1 前　言

由ZrO_2制成的氧传感器可表示为下列电池形式：

$$P'_{O_2}，Pt \mid ZrO_2 \cdot Y_2O_3 \mid Pt，P''_{O_2}$$

其测氧原理遵循Nernst方程：

$$E = \frac{RT}{4F}\ln(P''_{O_2}/P'_{O_2})$$

其中，R为气体常数，T为绝对温度，F为法拉第常数。当气体中含有CO气体时，电池

$$P'_{O_2}，P_{CO}，Pt \mid ZrO_2 \cdot Y_2O_3 \mid Pt，P''_{O_2}$$

的电动势便不再遵循上述Nernst方程，测量结果会发生偏离[1]。国外文献报道[2-4]，在CO/O_2的平衡体系中电动势的输出与O_2和CO的当量浓度比有关，具有明显的突变区间，突变点为CO与氧的等当点。Fleming认为，传感器此时的电动势是由三相点（电极、电解质、气体交界点）处的CO与O_2的吸附百分数决定的[3]。也有文献报道[4-6]，CO不仅参与了和氧在电极上的化学反应：

$$2CO + O_2 = 2CO_2$$

还参与了和固体电解质的反应：

$$CO + O_0^{2-} = CO_2 + V_{O^{\cdot\cdot}} + 2e^-$$

其中，O_0^{2-}为晶格氧离子，$V_{O^{\cdot\cdot}}$为氧离子空穴，e^-为自由电子。

本工作对ZrO_2氧传感器在CO与O_2的非平衡体系中的电动势变化情况进行了研究。

2 实　验

传感器的固体电解质由92%的ZrO_2和8%的Y_2O_3组成，呈一端封闭的试管状，管长为51.8 mm，

内径为10.5 mm，壁厚为1.7 mm，锆管的内外壁涂有Pt电极，ZrO_2管的内部与空气相通，为参比半电池，外部与待测气相通，为测量半电池，整个锆管插在石英管内，石英管外为加热炉，装置示意图见图1。两电极间的电动势由数字电压表测量。

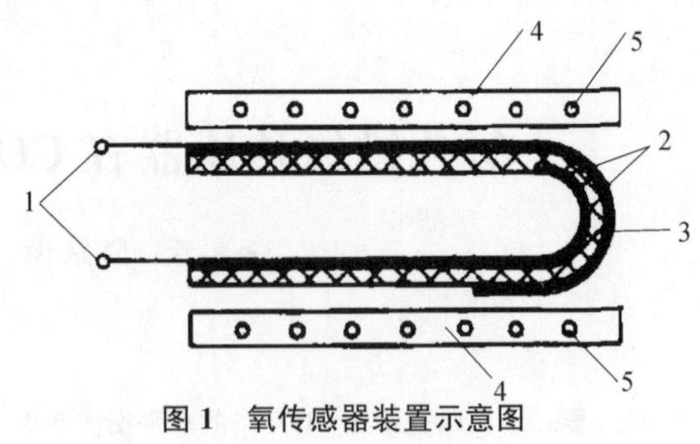

图1 氧传感器装置示意图

1，Voltage output；2，porous pt electrode；3，ZrO_2—Y_2O_3 electrolyte；4，Quartz vessel；5，Resistance wire

3 结　果

ZrO_2氧传感器必须在高温下操作，其定值温度是极重要的参数，当温度<500 ℃时，实际电动势比理论电动势低，而在高温下，电极蒸发速度加快，导致探头的寿命缩短。通常在500 ℃<T<900 ℃的情况下比较合适（Ullmann，H，Z. phys，Chem，233，1968，337）。本实验测试了在CO存在的情况下电动势与温度的关系，见图2。

图2中，不同的温度阶跃点相同，当电动势E=450 mV时，所对应的O_2与CO的当量比λ'=0.89，但λ'>1和λ'<1的区域，不同的温度电动势不同，在λ'<1的区域，电动势随温度的增大而减少，在600 ℃时突然下降；而在λ'>1的区域（见图3）电动势却随温度的增大而增大，600 ℃时接近900 ℃时的电动势。

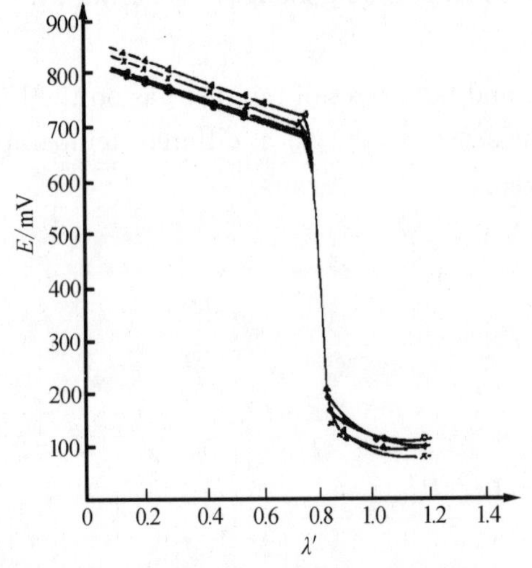

图2 气体流量为500 mL/min，不同温度下的电动势与λ'的特性曲线

O：600 ℃；x：780 ℃；Δ：700 ℃；•：900 ℃；λ'：equivalent ratio of O_2/CO

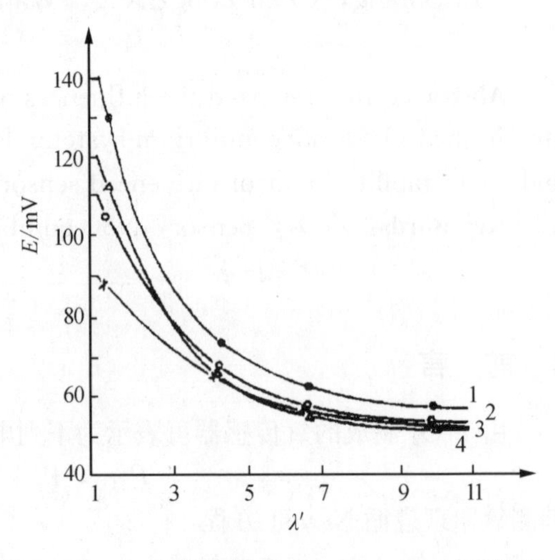

图3 λ'>1，气体流量为500 mL/min，不同温度下的电动势与λ'的特性曲线

1—900 ℃；2—600 ℃；3—780 ℃；4—700 ℃；λ'：equivalent ratio of O_2/CO

气体的流量也是一个对测量结果有影响的重要因素[6]，本实验测试了气体流量分别为500 mL/min和1000 mL/min这两种情况，结果见图4。图4中，当流速为500 mL/min时，电动势为450 mV所对应的阶跃点λ'=0.89；当流速为1000 mL/min时，所对应的阶跃点λ'=0.95，可见流速越大，阶跃点向等当点靠近。

响应时间是评定传感器性能好坏的一个重要参数，作为传感器，应具备响应快的特点。传感器的响应时间是指当传感器的气体浓度发生变化时，传感器的输出从开始变化到最终输出的90%所需的时间。传感器的响应时间一般不超过10 s。本实验分别测量了混合气体在不同的温度下（550 ℃、

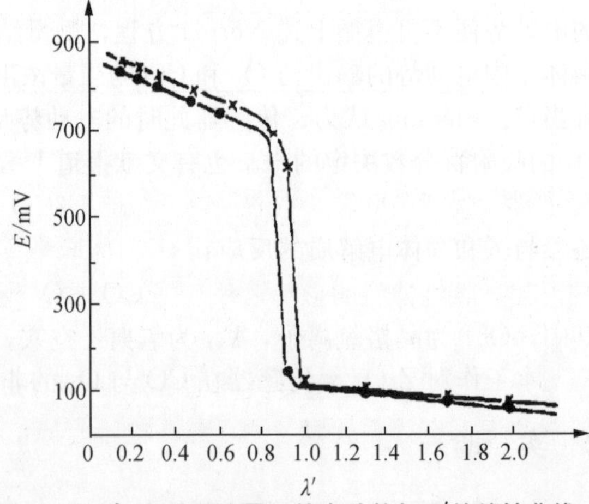

图4 780 ℃，不同流量下的电动势与λ'的特性曲线

•：500 mL/min；x：1000 mL/min；λ：equivalent ration of O_2/CO

600 ℃、780 ℃、900 ℃）的响应时间，其响应曲线见图 5。

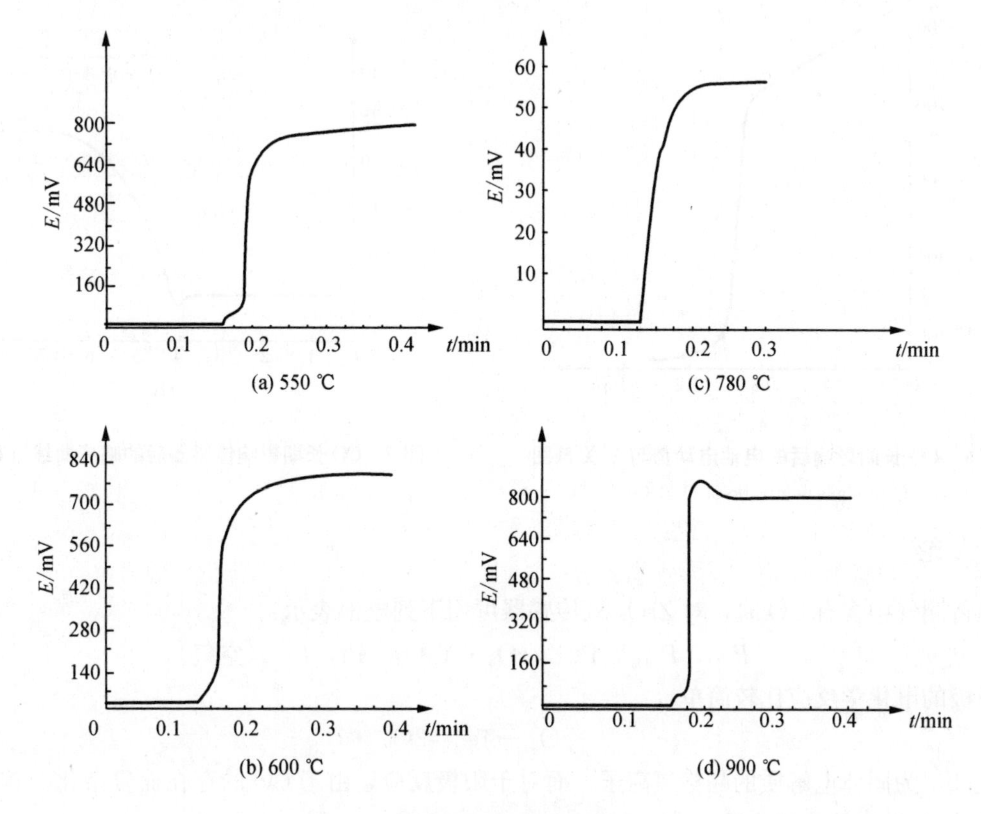

图 5 不同温度下的响应时间

所测得的响应时间见表 1。从表 1 中可以看出，响应时间因 CO 的加入而减少（国外 ZrO_2 氧传感器的响应时间为 10 s 左右）。

表 1 不同温度下的响应时间

Mixture gas CO/O_2 CO（%）/O_2/（%）	λ′ Equivalent ratio of O_2/CO	Temperature/℃	Response time/s
5.892/2.0	0.67	550	6.38
5.892/2.0	0.67	600	4.35
0.612/2.0	6.50	780	3.00
5.892/2.0	0.67	900	1.74

为了解 CO 气体长期存在于锆管中是否对测量结果及响应时间产生影响，为此将 CO 气体充入锆管内部，保持 700 ℃，先在 10.57%的 CO 气体中影响 400 h，再在 100%的 CO 气体中影响 500 h，然后在空气中高温下放置 96 h，再测电动势与 O_2/CO 的当量比关系，所测结果见图 6。从图 6 中可以看出，特性曲线的形状几乎与图 4 中 $T=780$ ℃、流速为 500 mL/min 的特性曲线的形状一致，二者的电动势 $E=450$ mV 时所对应的 O_2 与 CO 的当量比 λ′也一致，均为 0.89。图 7 为 CO 长期影响锆管后传感器对 CO 混合气体的响应曲线，其响应时间为 1.9 s。可见，CO 长期影响锆管后再将锆管在高温下空气中放置，测量结果能恢复原值，且响应更快。

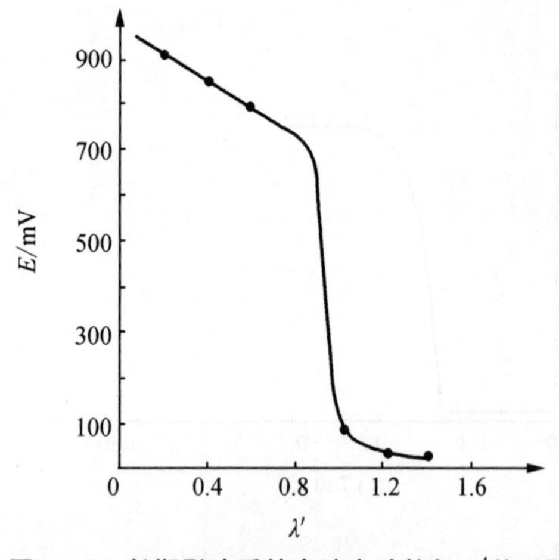

图 6 CO 长期影响后的电池电动势与 λ′关系图

(λ′：equivalent ratio of O_2/CO)

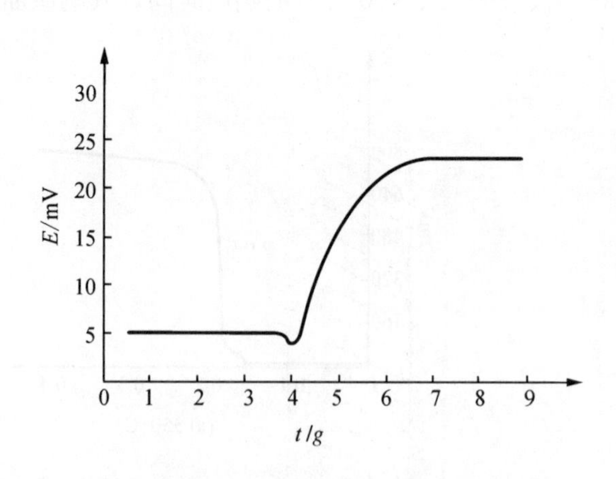

图 7 CO 长期影响传感器后的响应曲线（T=700 ℃）

4 讨 论

当待测气中含有 CO 时，对 ZrO_2 氧传感器可用下列电池表示：

$$P_{CO}, P'_{O_2}, Pt \mid ZrO_2 \cdot Y_2O_3 \mid Pt, P''_{O_2}(空气)$$

阴极的电化学反应比较简单：

$$O_2 + 4e^- = 2O_O^{2-} \quad (1)$$

其中，O_O^{2-} 为固体电解质的晶格氧离子。而对于阳极反应，由于 CO 的存在而复杂化。首先，CO 与 O_2 在电极上发生催化氧化反应：

$$2CO + O_2 = 2CO_2 \quad (2)$$

反应（2）使阳极附近氧的浓度减少，此时阳极的电化学反应为：

$$O'_2 + 4e = 2O_O^{2-} \quad (3)$$

其中，O'_2 表示反应（2）达到平衡后的氧，另一方面 CO 也与晶格氧发生电化学反应：

$$CO' + O_O^{2-} = CO_2 + V_{\ddot{O}} + 2e^- \quad (4)$$

其中，$V_{\ddot{O}}$ 表示氧离子空穴，e^- 表示自由电子，CO′表示反应（2）达到平衡后的 CO。上述反应（2）是在多孔铂上进行的，反应（3）和反应（4）是在三相界面上进行的，在阳极附近，存在 O_2 和 CO 的浓度差，在固体电解质阳极边可用三个区域来表示（见图 8），该三个区域分别为：

（1）气相区，该区域各气体的浓度即待测气的浓度；

（2）气体边界层，为气体传质层；

（3）铂电极，该区域的气体浓度为平衡浓度。

由于边界层两边气体浓度与气体密度不同，所以会引起气体扩散和对流，设穿过边界层的 O_2 和 CO 的流量分别为 J_1、J_2，那么

$$J_1 = -D_1 dC_1/dy + J_t C_1/C_t \quad (5)$$

$$J_2 = -D_2 dC_2/dy + J_t C_2/C_t \quad (6)$$

其中，C_1、C_2 分别为传感器边界层中的 O_2 和 CO 的浓度，C_t 为总的混合气体的浓度，J_t 为气体反应引起的气体体积变化的总的传递速度，D_1、D_2 分别为 O_2 和 CO 的扩散系数，y 为从边界层的表面到电极的距离。

在上述过程中，因为气体的浓度通常较低，可以忽略第二项 $J_t C_i/C_t$（i=1，2）。没边界层的扩散为稳态扩散，即扩散层中的浓度梯度不随时间变化，见图 9。设 $y=0$ 时，$C_1=C_1$（0），$C_2=C_2$（0）；$y=l$ 时，$C_1=C_1$（l），$C_2=C_2$（l）。其中 C_1（0）、C_1（l）、C_2（0）、C_2（l）分别为 O_2 与 CO 在待测气相中与三相界面的浓度，l 为边界层的宽度。在稳定条件下，

$$J_1 = D_1/l[C_1(0) - C_1(l)] \tag{7}$$
$$J_2 = D_2/l[C_2(0) - C_2(l)] \tag{8}$$

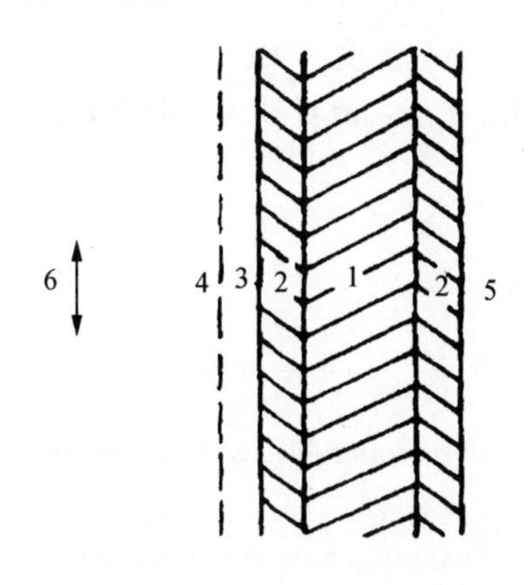

图8　区域分布图

1. ZrO_2-Y_2O_3 solid electrolyte; 2. Porous Pt electrode; 3. Gaseous boundary layer; 4. Bulk gaszone (CO-O_2-N_2); 5. Bulk gas zone (air); 6. Bulk gas flow orientation

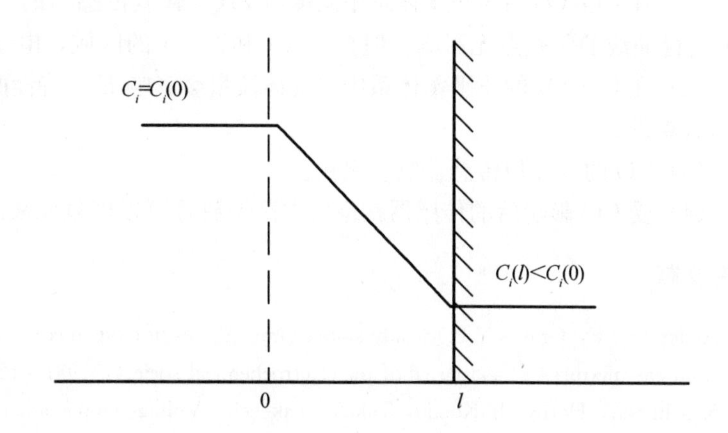

图9　稳态扩散模型

当$J_2>2J_1$时，输出电动势较高；当$J_2<2J_1$时，输出电动势较低；当$J_2=2J_1$时，为电动势阶跃临界点。此时，所对应的气相区O_2和CO的当量浓度比$\lambda'_g=2C_1$（0）/C_2（0），而对应的电极界面O_2与CO的当量浓度比$\lambda'_e=2C_1$（l）/C_2（l），那么

$$C_1(0) = \frac{\lambda'_g \cdot C_2(0)}{2} \tag{9}$$

$$C_1(l) = \frac{\lambda'_e \cdot C_2(l)}{2} \tag{10}$$

将（9）和（10）式代入（7）和（8）式，又$J_2=2J_1$，整理可得下式：

$$\frac{D_1 \cdot \lambda'_g - D_2}{D_1 \cdot \lambda'_e - D_2} = \frac{C_2(l)}{C_2(0)}$$

当气流速度较小时，$l>0$，C_2（l）<C_2（0），此时$\lambda'_g<\lambda'_e$。当气流速度足够大时，$l\to 0$，C_2（l）$\to C_2$（0），此时$\lim\limits_{l\to 0}\lambda'_e=\lambda'_g$。可见气流速度越大，发生电动势阶跃所对应的气相中的O_2和CO的当量浓度比λ'_g会逐渐向对应的电极界面的λ'_e靠近，当电极界面的O_2和CO的当量浓度相等，即$\lambda'_e=1$时为电动势阶跃临界点，所以随着流量的增大，λ'_g趋近1。

在本论文的实验部分，当流速为500 mL/min时，$\lambda'_g=0.89$，当流速为1000 mL/min时，$\lambda'_g=0.95$，与上述讨论相符。

在实验部分，当$\lambda'>1$和$\lambda'<1$时，电动势与温度有关，这是因为反应（1）的平衡常数与温度有关。当$\lambda'>1$时，O_2过量，温度增高时反应平衡向左移，CO与O_2的平衡浓度因此增大，由于O_2过量，O_2的平衡浓度相对不变，而CO的浓度相对增大，所以电动势随温度的升高而增大；当$\lambda'<1$时，CO过量，温度升高，CO的浓度相对不变，而O_2的浓度相对增大，所以，电动势随温度的升高而减少。在电动势阶跃处CO和O_2的当量浓度相等，所以无论反应平衡怎样移动，CO和O_2的当量浓度比总一致，因此，温度对阶跃点没有影响。从图2、3中的曲线反映出600 ℃的情况比较特殊，这是因为在低温下，固体电解质内阻增大，氧浓差电池的电动势不再遵循Nernst方程。

ZrO_2管在CO气体中长期放置，然后再在空气中恢复，测其响应时间比原来短，这是因为CO影响了锆管的表面结构。但在空气中放置后，表面结构又重新恢复并有新的三相点形成，反应活性更高，所以响应更快。

5 结 论

（1）在 CO/O_2 的非平衡体系中温度对 ZrO_2 管氧传感器的电动势 E 与 O_2 和 CO 的当量浓度比 λ' 的特性曲线的阶跃点无影响。但在 $\lambda'>1$ 和 $\lambda'<1$ 的区域，电动势的大小与温度有关。

（2）在 CO/O_2 的非平衡体系中，气体流量会影响 E-λ' 特性曲线的阶跃点，流量越大，阶跃点向等当点靠近。

（3）CO 的存在使传感器响应更快。

（4）受 CO 影响后的传感器在空气中高温放置可以恢复原来的状态。

参考文献

[1] Anderson J E，Graves Y B. Steady-state characteristics of oxygen concentration cell sensors subjected to nonequilibrium gas mixtures [J]. Journal of the electrochemical society，1981，128 (2)：294-300.

[2] Keiichi Saji，Haruyoshi Kondo，Takashi Takeuchi. Voltage step characteristics of oxygen concentration cell sensors for nonequilibrium gas mixtures [J]. Journal of the electrochemical society，1988，135 (7)：1686-1691.

[3] Willian J Fleming. Physical principles governing nonideal beheavior of the zirconia oxygen sensor [J]. Journal of the electrochemical society，1977，124 (1)：21-28.

[4] Hiroshi Okamoto，Go Kawamura，Tetsuichi Kudo. Electromotive-forces studies of carbon monoxide oxidation on platinum [J]. Journal of Catalysis，1983，82 (2)：332-340.

[5] Hladik，J. Solid electrolyte physics [M]. New York：Academic Press New York and London，1972：567.

[6] 张仲生. 氧离子固体电解质浓差电池与测氧原理 [M]. 北京：原子能出版社，1983：200-204.

（无机材料学报，第 8 卷第 3 期，1993 年 9 月）

二氧化硫对氧化锆氧传感器微观结构的影响

肖晓瑶，陈宗璋，张仲生

摘　要：本文用X射线衍射和扫描电子显微镜研究了长时间处于700 ℃和二氧化硫气氛中氧化锆氧传感器的微观结构及表面形貌的变化。实验表明：二氧化硫使氧化锆氧传感器的氧化锆和铂电极的晶胞参数增加，而且由于二氧化硫的影响，铂电极上出现铂层腐蚀溶麻面，呈细小颗粒状，在氧化锆表面上也有细小颗粒的铂，氧化锆表面和铂电极表面均有含硫的化合物生成。

关键词：氧化锆氧传感器；二氧化硫；微观结构；表面形貌

分类号：Q646.2

The Influence of Sulphur Dioxide on the Microstructure of Zirconia Oxygen Sonsor

Xiao Xiaoyao，Chen Zongzhang，Zhang Zhongsheng

(Department of Chemistry and Chemical Engineering)

Abstract：The microstructure of zirconia oxygn sensors in SO_2 gas at 700 ℃ for a long time has been studied by XRD and SEM methods. The experimental results showed that the existence of SO_2 led to the increase of the lattice parameters of zirconia and platinum electrode. Because of the influence of SO_2，the surface of platinum electrode changes into corrosion and pit. Platinum is exeited as micrograins on the surfaces of zirconia. Sulphide is formed on the surface of both zirconia and platinum electrode.

Key words：zirconia oxygen sensor，sulphur dioxide，micrustructure，surface morphology

0　引　言

在前文中[1]，我们叙述了由于二氧化硫的存在，使得氧化锆氧传感器的电导率增加，电极电导率与温度的关系偏离Arrhenius公式；二氧化硫还使氧化锆氧传感器的电动势完全不符合Nernst方程。綿織経次郎[2]和我们的实验都发现二氧化硫会缩短氧化锆氧传感器的寿命。氧化锆氧传感器用于测量各种燃烧炉的废气中含氧量和用于控制炉内气氛时，被测气体中或多或少地含有二氧化硫。因此，为了提高氧化锆氧传感器抗二氧化硫干扰的能力，应该进一步研究氧化锆氧传感器在工作状态下受二氧化硫影响前后的微观结构的变化，研究二氧化硫产生干扰的途径，来减少和消除二氧化硫对测量的影响。

二氧化硫对氧化锆氧传感器微观结构的影响未见报道。本工作运用了X射线衍射和电子探针分析了氧化锆氧传感器样品处于不同浓度二氧化硫气氛前后晶体结构的变化、表面形貌的改变以及化学成分的变化。X射线衍射表明：二氧化硫引起氧化锆和铂电极的晶胞参数增加，不同浓度的二氧化硫引起晶胞参数增加的程度不一样。扫描电子显微镜二次形貌像和元素分析发现：由于二氧化硫的影响，铂电极呈蚀溶麻面，细小颗粒状；在氧化锆上也有细小颗粒的铂；氧化锆表面和铂电极表面均有含硫的化合物生成。

1　实验方法

氧化锆氧传感器样品由中国原子能科学研究院提供，为自温式试管形。4 个样品均由如下氧浓差电池构成（700 ℃）：

$$P_t(P'_{O_2}) \mid ZrO_{2(0.85)} \cdot CaO_{(0.15)} \mid P_t(P''_{O_2})$$

样品 1 受高浓度（100%）SO_2 影响。

样品 2 受中浓度（29.4%）SO_2 影响。

样品 3 受低浓度（5.3%）SO_2 影响。

样品 4 经过老化试验。

因为我们使用的是试管形氧化锆氧传感器样品，氧化锆管外部以空气为参比气，氧化锆管内部则是密封的 SO_2-Ar 气体，作为模拟被测气体。为了考察二氧化硫对氧化锆氧传感器微观结构的影响，将样品分为 5 个部分：即与二氧化硫直接接触的测量侧的氧化锆部分 1 和铂电极部分 2（见图 1），简称为锆内壁和铂内壁；不与二氧化硫直接接触的参比侧的氧化锆部分 3 和铂电极部分 4，简称为锆外壁和铂外壁；以及铂—氧化锆—铂断面 5。

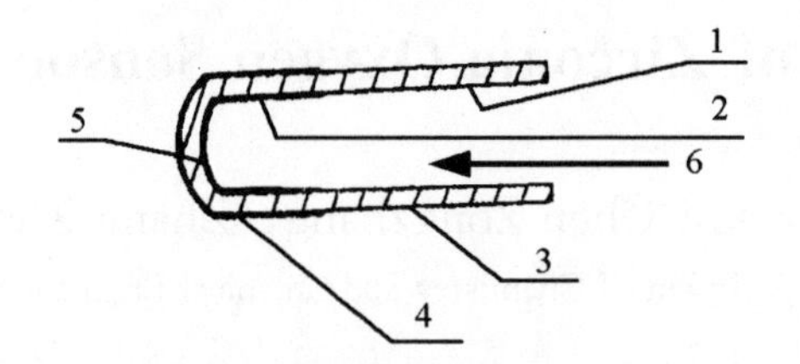

图 1　样品结构示意图

1—测量侧氧化锆；2—测量侧铂电极；3—参比侧氧化锆；

4—参比侧铂电极；5—铂—氧化锆—铂断面；6—含 SO_2 的被测气体

（1）*X* 射线衍射分析。使用日本理学公司生产的 D/MAX-Ⅲ型 X 射线分析仪，采用多晶粉末法分析样品 1、2 和 4。

（2）扫描电子显微镜分析。将各个样品制成 3 mm×1 mm×3 mm 的小片，用银胶粘在样品台上，真空喷镀碳，使其导电性能良好。用 JSM-35C 型扫描电子显微镜观察二次电子形貌像，用电子探针显微分析仪进行锆、铂、硫等元素的含量面分布测定。

2　实验结果与讨论

2.1　X 射线衍射下的微观结构

氧化锆部分的 X 射线衍射结果如表 1 所示：①三个样品的氧化锆管部分仍保持$ZrO_{2(0.85)}CaO_{(0.15)}$（立方型）的晶体结构；②不论是经过了二氧化硫影响的样品 1、样品 2，还是老化试验后的样品 4，它们锆外壁 X 射线衍射峰的相对强度（I/I_1）及晶胞参数 d*A*（Å）与标准卡片值相比，都没有明显变化；③三个样品氧化锆内壁相对强度的次序都有变化，说明 $ZrO_{2(0.85)} \cdot CaO_{(0.15)}$ 晶体结构中离子排列稍有变形，三个样品氧化锆内壁的晶胞参数比标准卡片大，受过二氧化硫影响的样品的晶胞参数明显大于老化试验样品，而样品 2 的晶胞参数又比样品 1 增加得多。这一结果与我们进行二氧化硫对氧化锆氧传感器电解质电导率影响的研究中，得出的样品 2 比样品 1 对二氧化硫更敏感的实验结果相一致。

表 1 标准 $ZrO_{2(0.85)}CaO_{(0.15)}$ 和各样品氧化锆部份的 X 射线衍射结果

h k l			111	200	220	311	222	400	331	420	422	333511	440
标准卡片 $ZrO_{2(0.85)}CaO_{0.15}$	dA (Å)		2.961	2.565	1.815	1.548	1.483	1.284	1.178	1.148	1.048	0.988	0.908
	I/I_1		100	20	45	25	4	4	6	4	5	4	1
样品 1（高 SO_2）	锆内壁	dA (Å)	2.978	2.583	1.823	1.554	1.485	1.287	1.181	1.150	1.050	0.990	0.909
		I/I_1	100	39	63	49	11	22	55	22	23	52	24
	锆外壁	dA (Å)	2.956	2.561	1.814	1.547	1.481	1.282	1.178	1.148	1.048	0.989	0.908
		I/I_1	100	51	80	100	22	25	52	27	49	45	15
样品 2（中 SO_2）	锆内壁	dA (Å)	2.988	2.588	1.823	1.551	1.487	1.285	1.180	1.149	1.049	0.989	0.908
		I/I_1	96	22	87	100	22	21	30	24	26	89	28
	锆外壁	dA (Å)	2.959	2.564	1.815	1.549	1.483	1.284	1.178	1.148	1.048	0.989	0.908
		I/I_1	100		5	62	17	8	37	20	20	25	12
样品 4（老化）	锆内壁	dA (Å)	2.973	2.572	1.818	1.550	1.484	1.285	1.179	1.149	1.049	0.989	0.908
		I/I_1	53	18	100	35	7	7	36	17	17	25	24
	锆外壁	dA (Å)	2.960	2.564	1.815	1.548	1.483	1.283	1.178	1.149	1.048	0.989	0.909
		I/I_1	100	48	86	82	23	25	68	30	64	43	24

铂电极部份的 X 射线衍射结果见表 2。三个样品的铂电极部份仍保持 4F 铂的晶体结构；各样品衍射峰相对强度不变；各样品铂外壁晶胞参数基本不变，铂内壁晶胞参数增加的次序是：样品 1>样品 2>样品 4。这说明二氧化硫不会使铂电极晶体结构发生变化，也不会改变铂电极的原子排列状态，然而二氧化硫能使铂内壁的晶胞参数增加，而且二氧化硫浓度愈高，晶胞参数增加得愈多。这一结果与我们进行二氧化硫对氧化锆氧传感器电极电导率影响的研究中得出的二氧化硫浓度愈高，电极电导率变化愈大的结论相一致。

表 2 标准 4F 铂和各样品铂电极部份的 X 射线衍射结果

h k l			111	200	220	311	222	400	331	420	422
4F 铂标准卡片	dA (Å)		2.265	1.962	1.387	1.183	1.133	0.981	0.900	0.877	0.801
	I/I_1		100	53	31	33	12	6	22	20	29
样品 1（高 SO_2）	铂内壁	dA (Å)	2.289	1.976	1.390	1.184	1.133	0.983	0.901	0.876	
		I/I_1	100	51	42	52	20	9	37	36	
	铂外壁	dA (Å)	2.266	1.962	1.388	1.183	1.133	0.981	0.900	0.877	
		I/I_1	100	48	47	51	17	7	31	28	
样品 2（中 SO_2）	铂内壁	dA (Å)	2.282	1.974	1.392	1.183	1.136	0.981	0.901	0.878	0.801
		I/I_1	100	56	45	41	17	11	35	21	36
	铂外壁	dA (Å)	2.265	1.962	1.387	1.183	1.133	0.981	0.900	0.877	0.801
		I/I_1	100	71	71	78	27	13	50	44	52
样品 4（老化）	铂内壁	dA (Å)	2.274	1.874	1.391	1.186	1.135	0.982	0.901	0.878	0.801
		I/I_1	100	53	40	47	16	8	30	29	32
	铂外壁	dA (Å)	2.266	1.963	1.388	1.183	1.133	0.981	0.900	0.877	
		I/I_1	100	48	41	46	16	6	28	26	

表 3 样品 1 和样品 2 受二氧化硫影响后晶胞参数相对于样品 4（经老化试验）的相对增长率 $\Delta a\%$ 的值为：

$$\Delta a\% = \frac{a_{1,2} - a_4}{a_4} \times 100\% \qquad (1)$$

表3　样品1和样品2晶胞参数的相对增长率（Δa%）

Δa%	样品1		样品2	
$h\ \ k\ \ l$	锆内壁	铂内壁	锆内壁	铂内壁
111	0.1884	0.6640	0.4945	0.3474
200	0.4121	0.2333	0.5948	0.1065
220	0.2585	−0.0719	0.2585	0.0503
311	0.2193	−0.1434	0.0452	−0.2193
222	0.0943	−0.1586	0.1954	0.0529
400	0.1557	−0.0611	−0.0078	−0.0713
331	0.1272	−0.0111	0.1018	0.0222
420	0.0870	−0.1140	−0.0609	0.0228

从表3可见，二氧化硫对锆内壁的（200）晶面影响较大，对铂内壁（111）晶面的晶胞参数影响较大。

2.2　扫描电子显微镜分析下的表面形貌

2.2.1　锆内壁

图2是三个样品的氧化锆管锆内壁的二次电子形貌像。经老化实验的样品4［照片（a）］的锆内壁的晶界线非常明显，有规律，晶粒大小在10 μ～30 μ之间；受低浓度二氧化硫影响的样品3［照片（b）］的氧化锆内壁的氧化锆晶界线仍然明显，开始有白色物点附着；受高浓度二氧化硫影响的样品1［照片（c）］的锆内壁上白色物点更多、更大，但晶界线仍可辨别。

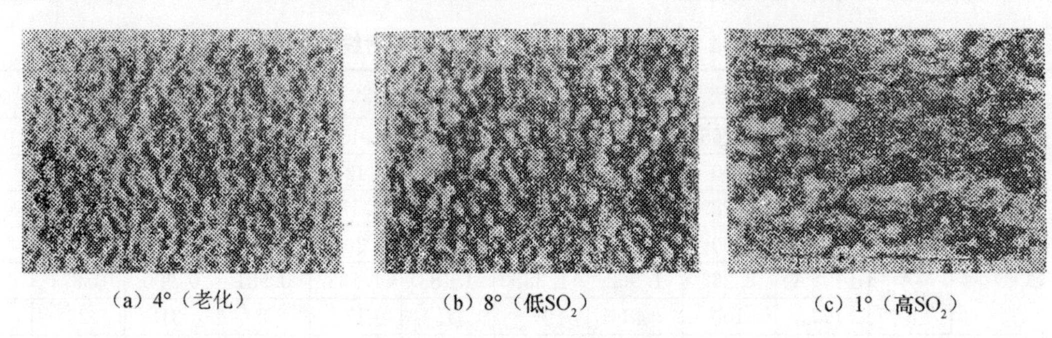

（a）4°（老化）　（b）8°（低SO_2）　（c）1°（高SO_2）

图2　各样品氧化锆内壁的SEM像

我们在图1的区域中测定了铂元素面分布图，发现随着二氧化硫浓度增大，氧化锆内壁上的铂含量也越来越高。这些氧化锆内壁上的铂只可能来自管内镀铂层上的铂，可能是镀铂层上的铂被二氧化硫气体环境腐蚀，结构变得疏松，部分挥发，或者是镀铂层上的铂在二氧化硫存在下发生了化学反应，而进入气态，气态的铂在锆管内重新分布，附着在氧化锆内壁上。

在老化试验样品4的锆内壁上也有铂元素分布，表明高温同样能使铂电极上的铂挥发。但是，受高浓度二氧化硫影响后的样品1，其锆内壁上的铂含量明显最高，受低浓度二氧化硫影响后的样品3次之，经老化试验的样品4最低，这便体现了二氧化硫对铂电极的直接影响。

在受高浓度、中浓度二氧化硫影响后的样品1、样品2的锆内壁上，我们发现了沉积的异物，用特种k_{α_1}射线进行元素分析，异物的主成分是硫，同时还含钾、硅、铁元素。

2.2.2　锆外壁

四个氧化锆氧传感器样品的锆外壁二次电子形貌像表明：锆外壁在形貌上没有明显的改变。

2.2.3 铂内壁

在经过老化试验的样品 4 的铂内壁 SEM 像上，铂仍呈大块状；受二氧化硫影响后的三个样品的铂内壁表现出铂层蚀溶麻面，铂呈细小颗粒状，而且二氧化硫浓度越大，由块状铂转化的颗粒状铂便越细；并且在受中、高浓度二氧化硫影响的样品的铂内壁上有异物沉积出现（见图 3）。

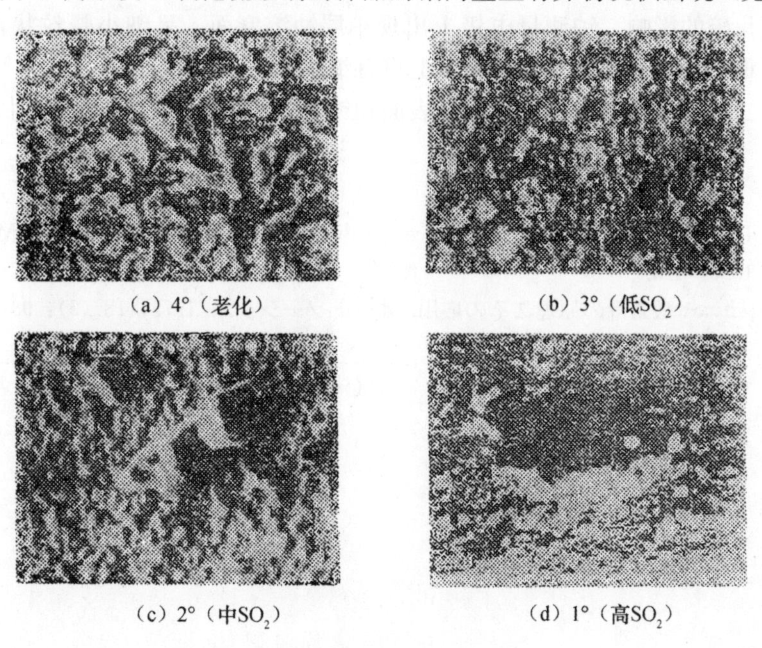

(a) 4°（老化） (b) 3°（低SO_2）

(c) 2°（中SO_2） (d) 1°（高SO_2）

图 3 铂内壁的 SEM 像

我们用各种元素的特种 k_{a1} 射线对出现的异物沉淀进行了鉴定：异物中均含有硫；在样品附表 1 的异物沉淀处，钠元素富积。

2.2.4 铂外壁

三个样品其铂电极部分的铂外壁的 SEM 形貌像都表现出没受二氧化硫影响，与 X 射线衍射结果一致。

2.2.5 氧化锆-铂断面（内壁）

对样品 1 的氧化锆-铂断面分析表明：镀铂层（内壁）与氧化锆的接界面仍然存在。接界面上，镀铂层的深部附着层铂含量较高，但是镀铂层的外表层铂变少，铂结构疏松，铂表面有蚀溶的残迹，见图 4。这一结果确证了氧化锆管内壁上的铂是因为内壁铂电极被二氧化硫蚀溶、挥发或发生化学反应，重新分布所致。

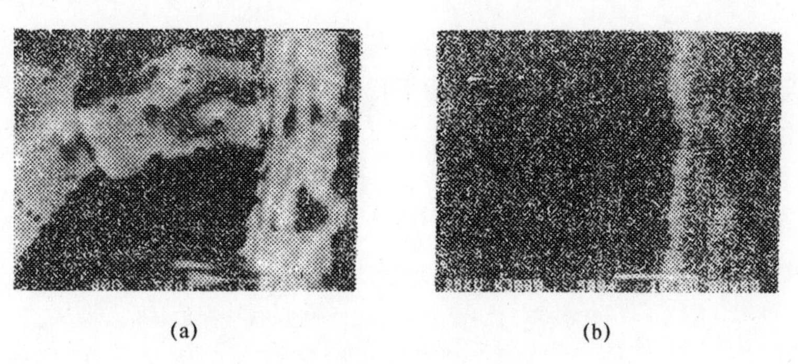

(a) (b)

图 4 1# 的氧化锆-铂断面（内壁）分析

3 结 论

（1）被测气体中二氧化硫的存在，不影响试管形氧化锆氧传感器的氧化锆管外壁及铂电极外壁

（不与二氧化硫直接接触的参比电极侧）的微观结构。

（2）二氧化硫的存在，不改变氧化锆氧传感器的氧化锆管内壁及铂电极内壁（与含二氧化硫的被测气体直接接触的测量电极侧）的晶体构型，但使其晶胞参数变大，尤其对（111）、（200）晶面影响大；氧化锆（掺 CaO）内离子排列的晶格变大，结构变得疏松。

（3）由于二氧化硫的影响，铂测量电极上出现铂层蚀溶麻面，呈细小颗粒状，而且二氧化硫浓度愈高，蚀溶愈严重。在测量侧的氧化锆表面上也有细小颗粒的铂。

（4）在接触了二氧化硫的测量侧的氧化锆表面和铂电极表面上均有硫化合物生成。

参考文献

[1] Chowdari BVR, Liu Gingguo, Chen Liguan. Recent Advances in Fast lon Conductlng Materlals and Devlces. World Scientific. 1990：413.

[2] 綿織経次郎，ヅルコニヤ酸素計の原理こその応用. オートソーション. 1973，18（5）：93-100.

（湖南大学学报，第 19 卷第 6 期，1992 年 12 月）

SO_2 对氧化锆氧传感器电性能的影响

陈宗璋，肖晓瑶，张仲生

摘　要：研究了氧化锆氧传感器在 700 ℃和 SO_2 气氛中较长时间内电导率的变化情况。实验表明，其电解质总电导率和电极电导率增大，而且电极电导率与温度的关系不再符合 Arrhenius 公式。此外，还研究了氧化锆氧浓差电池的电动势受 CO_2 影响的情况，有 SO_2 存在时，氧浓差电池的电动势增大，但电动势与氧分压的关系不再符合 Nernst 公式。

关键词：氧化锆；氧敏传感器；二氧化硫；氧浓差电池

Influence of SO_2 on the Electrical Properties of Zirconia Oxygen Sensor

Chen Zongzhang，Xiao Xiaoyao，Zhang Zhongsheng

Abstract: The influence of SO_2 on the conductivity of zirconia oxygen sensor at 700 ℃ was studied. The experimental results show that the total conductivity of solid electrolyte and the electrode conductivity increase in the presence of SO_2, but the Arrhenius relation of the electrode conductivity no longer holds. In addition, the influence of SO_2 on the EMF of zirconia oxygen sensor was also investigated. In the presence of SO_2, the EMF of the oxygen concentration cell increases, but the relation between EMF and oxygen partial pressure is not in accordance with the Nernst equation.

Key words: zirconia，oxygen sensor，sulphur dioxide，oxygen concentration cell

1　引　言

由氧化锆固体电解质所组成的氧浓差电池（即氧化锆氧传感器），已被用于测定各种燃烧炉废气的含氧量和用作控制炉内气氛。通常被测气体中或多或少含有 SO_2，而 SO_2 会缩短氧化锆氧离子导体的使用寿命[1]。本工作改进了前人在研究中只考虑 SO_2 对总电导率的影响所带来的局限[2]，将 SO_2 对氧化锆氧传感器元件的电解质总体电导率和电极电导率的影响分开测量，综合研究。为了更具有实际意义，在氧化锆氧传感器中分别通入 3 种不同浓度的 SO_2，观察它们在 700 ℃下连续工作 300 h 过程中，SO_2 对电导率的影响，同时进行老化试验加以比较。

本工作还研究了不同浓度的 SO_2 对含不同稳定剂的氧化锆制成的氧浓差电池电动势的影响。

2　实验方法

氧化锆氧传感器样品由中国原子能科学研究院提供，为自温式试管形。

2.1　不同 SO_2 浓度气氛中氧化锆氧传感器元件电导率的测量

用 Lissajous 图形法[3-5]，结合直流电压降测阻法[6-7]，测量各样品的阻抗谱。在 700 ℃时频率为 DC200 kHz 的范围内，样品在阻抗谱上为两个典型的半圆，经阻抗图谱识别，高频下的半圆是氧化锆的晶粒阻抗与晶界阻抗之和的总体阻抗（即固体电解质部份的总阻抗），低频下的半圆是电极阻抗。

用于测电导率的2支管状样品均由如下氧浓差电池组成，记为样品1和样品2：

$$Pt(P'_{O_2})\mid 0.85ZrO_2\cdot 0.15CaO\mid Pt(P''_{O_2})$$

P'_{O_2}为参比电极的氧分压，用空气作参比；

P''_{O_2}为测量电极的氧分压。

对样品1，先测它在5.3%容积浓度SO_2中的电导率的变化，再测它在100%容积浓度SO_2中的电导率的变化；对样品2，先测它在老化过程中电导率的变化，再测它在29.4%容积浓度SO_2中的电导率的变化。

以5.3%SO_2为例，叙述在SO_2影响下电导率改变的具体实验步骤如下：

（1）测量样品在700 ℃，通入SO_2前的电导率，记为σ_0（$\Omega^{-1}\cdot cm^{-1}$）。

（2）温度保持700 ℃不变，通入5.3%SO_2-Ar混合气体，使氧化锆传感器的一侧置于密封的SO_2气氛中。第72 h时，打开进气管和排气管的二通活塞，用空气吹尽SO_2气体，测量电导率σ。

（3）再通入5.3%SO_2气体，重复步骤（2），测量第125 h、220 h、262 h、325 h时的电导率σ。

（4）以连续工作的时间为横坐标，以电导率变化值（σ/σ_0）为纵坐标，绘出图1中的曲线3。

同上实验步骤，绘出图1中的曲线2（受29.4%SO_2影响）及曲线1（受100%SO_2的影响）。

老化试验反映工作时间对传感器样品工作性能的影响。样品保持700 ℃，传感器两侧都为空气，测量在第0 h、72 h、125 h……的电导率值，作图，得图1中的曲线4。

2.2 在SO_2气氛中氧化锆氧浓差电池的电动势的变化

用高阻直流数字电压表测量氧化锆氧浓差电池在700 ℃，SO_2存在时以及存在前后的电动势。测量中使用的标准氧气用O_2-Ar混合气配制，2支样品记为样品3和样品4。

样品3为：Pt（空气）｜$0.85ZrO_2\cdot 0.15CaO$｜Pt（P_{O_2}）

样品4为：Pt（空气）｜$0.92ZrO_2\cdot 0.08Y_2O_3$｜Pt（$P_{O_2}$）

3 结果与讨论

3.1 氧化锆氧传感器元件电导率的变化

3.1.1 不同SO_2浓度中氧化锆氧传感器元件的电导率

样品1和样品2的电解质总电导率和电极电导率的变化见图1（a）和图1（b）。

由图1（a）可见，3种浓度的SO_2都使氧化锆氧传感器元件的电解质部份总电导率增加。尽管曲线1代表的SO_2浓度比曲线2要高，但曲线1的电导率反而比曲线2增加得少，这说明样品2的电解质总电导率对SO_2更敏感，其原因一方面可能与电解质材料中含的某些杂质有关，另一方面可能是样品2经过了老化试验。

由图1（b）可见，三种浓度的SO_2都使氧化锆氧传感器元件的电极电导率增加，而且电极电导率的增加有规律：在通入SO_2后的初期，电极电导率增加得比较快，然后便趋于一个平衡值，并且SO_2浓度愈高，电极电导率增加愈多。曲线1、2、3可用以下函数式表示：

$$\sigma/\sigma_0=A\cdot\frac{t^\alpha}{B+t^\alpha}+1 \tag{1}$$

式中：A和B是与SO_2浓度有关的常数，$A\neq1$，A、B的值决定曲线的渐近线的位置；α是与SO_2浓度有关的参变量，α的值决定曲线的弯曲度；t是时间；σ/σ_0是电极电导率变化值；当A，B，α的取值满足$\sqrt[\alpha]{\frac{-B}{A+1}}>0$时，（1）式才有意义。

因为氧化锆氧传感器长期处于高温中，随着使用时间的增长，其电导率降低。所以，为了将SO_2对氧化锆氧传感器的影响与这种老化现象对氧化锆氧传感器的影响区分开来，进行了老化试验。

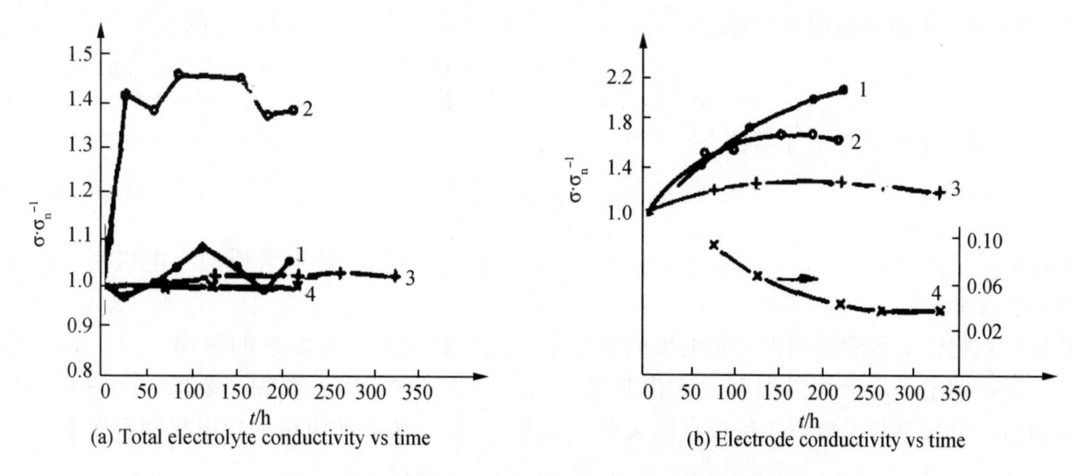

图 1　SO_2 对电解质总电导率和电极电导率的影响

1—Sample 1，100%SO_2；2—Sample 2，29. 4%SO_2，tested after aging；3—Sample 1，5. 3%SO_2；4—Sample 2，aging in air

图 1（a）中曲线 4 表明，老化时电解质总电导率的变化不大；但是图 1（b）的曲线 4 表明，老化对铂电极电导率的影响很大，尤其在最初 72 h 内，电极电导率有一个突降过程。

3. 1. 2　SO_2 存在前后样品电导率与温度的关系

已知氧化锆氧传感器元件的电导率与温度的关系符合 Arrhenius 公式（设为完全离子导电）：

$$\lg \sigma = \lg A - \left(\frac{E_a}{2.303k}\right) \cdot \frac{1}{T} \tag{2}$$

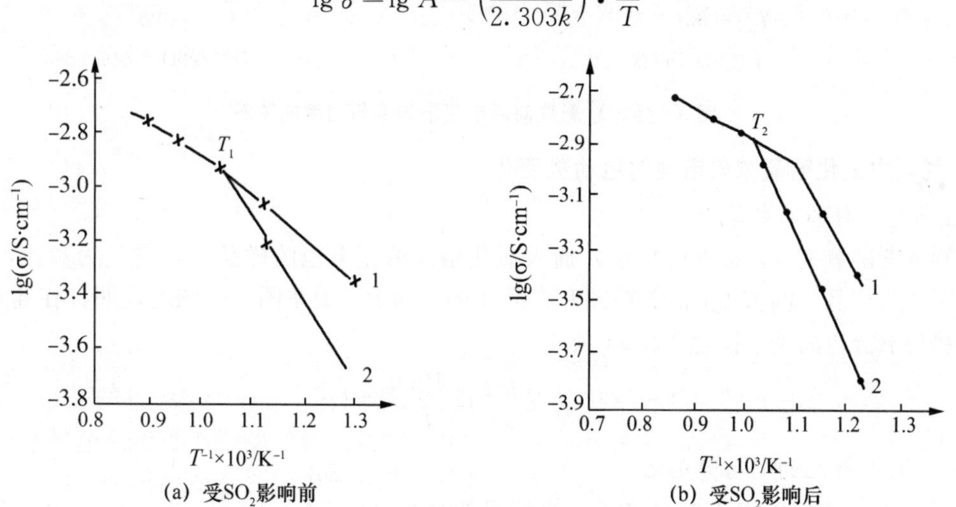

图 2　SO_2 影响前后电解质总电导率与温度的关系

1—Conductivity of grains，σ_g；2—Total bulk conductivity of the electrolyte，equals to sum of the conductivity of grains（σ_g）and grain boundaries（σ_{gb}）

图 2（a）是样品 2 受 SO_2 影响前其电解质总电导率与温度的关系。结果表明，在低于 T_1 的温度下，晶界存在阻塞效应；$T>T_1$ 时，晶界阻塞效应消失，晶粒与晶界导电率曲线合并。

$T>T_1$ 时，电解质总电导率符合：

$$\sigma = 0.016\exp\left(-\frac{0.22}{kT}\right) \tag{3}$$

$T<T_1$ 时，电解质总电导率符合：

$$\sigma = 3.20\mathrm{cxp}\left(-\frac{0.65}{kT}\right) \tag{4}$$

图 2（b）是样品 2 受 29. 3%SO_2 影响后电导率与温度的关系。在图中也出现了转折点（T_2），表明低温下也存在着晶界阻塞效应，其 Arrhenius 关系式为：

$T>T_2$ 时，电解质总电导率符合：

$$\sigma=0.011\exp\left(-\frac{0.19}{kT}\right) \tag{5}$$

$T<T_2$ 时，电解质总电导率符合：

$$\sigma=26.4\exp\left(-\frac{0.85}{kT}\right) \tag{6}$$

比较图 2（a）和图 2（b），发现 SO_2 不影响氧化锆氧传感器固体电解质的导电机制，然而却使电导激活能改变。

但是，氧化锆氧传感器元件的铂电极的电导率与温度的关系却受 SO_2 的影响。图 3（a）是样品 2 受 SO_2 影响前电极电导率随温度的变化曲线，此时符合 Arrhenius 关系。受 29.4%SO_2（容积浓度）影响后，电导率与温度不再呈现直线关系，见图 3（b），表明铂电极的导电机制有改变。

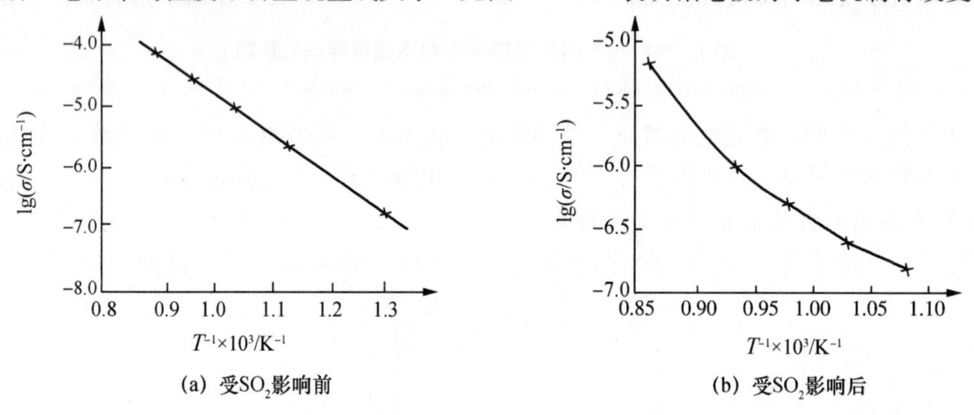

图 3 受 SO_2 影响前后电极电导率与温度的关系

3.2 SO_2 气氛中氧化锆氧浓差电池的电动势变化

3.2.1 通 SO_2 前样品的电动势

将已知浓度的氧气（经标准气校正）通入氧化锆氧浓差电池的样品中，空气为参比，电池产生电动势。图 4 是样品 3 的 E-lgP_{O_2} 关系图和样品 4 的 E-lgP_{O_2} 关系图。两图均说明：在通入 SO_2 前，电池电动势与氧分压的关系符合 Nernst 公式：

$$E=\frac{RT}{4F}\ln\frac{P_{O_2{}'\text{air}}}{P_{O_2}}$$

3.2.2 通 SO_2 时样品的电动势变化

在已知浓度的氧气中混入微量 SO_2。当样品管内通入这种混合气时，样品 3、样品 4 的输出电动势数据见表 1。

由表 1 可见，微量 SO_2 使样品 3 的电动势降低了 0.50 mV，使样品 4 的电动势增加了 4.98 mV。

当已知浓度的氧气中加入过量 SO_2 时（为上述微量的 10 倍），样品 3 和样品 4 的输出电动势均有明显增加，而且样品 4 的电动势增加比样品 3 大得多。实验数据见表 2。

上述实验经多次重复，均得到与表 1、表 2 一致的实验结果。

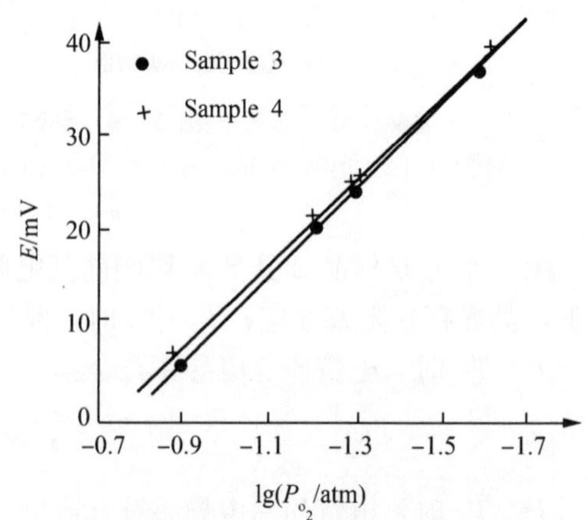

图 4 通 SO_2 前样品 3 和样品 4Nernst 曲线

表 1 6.34%氧中加微量 SO_2 时的电动势变化

Condition	Sample 3 0.85ZrO2 • 0.15CaO	Sample 4 0.92ZrO2 • 0.08Y2O3
6.34% O_2	21.37±0.01	21.09±0.01
6.34% O_2+A small quantity of SO_2	20.87±0.08	26.07±0.10
$\Delta\bar{E}$	−0.50	+4.98
$\Delta\bar{E}$%	−0.02	+23.6

表 2 5.11%氧中加多量 SO_2 时的电动势变化

Condition	Sample 3 0.85ZrO2 • 0.15CaO	Sample 4 0.92ZrO2 • 0.08Y2O3
5.11% O_2	25.78±0.01	25.33±0.1
5.11% O_2+A great quantity of SO_2	59.93±0.15	145.52±0.30
$\Delta\bar{E}$	+34.14	+120.19
$\Delta\bar{E}$%	+132.40	+474.50

3.2.3 受 SO_2 影响后样品的电动势变化

样品管内通入混有微量和多量的 SO_2 气体后，用空气吹尽管中的混合气体，然后在 700 ℃放置 1 h，1 h 后测其电动势与氧含量的关系。实验结果如图 5 所示。图 5 中显示出的是样品 3 的 E-lgP_{O_2} 图和样品 4 的 E-lgP_{O_2} 图。图 5 表明，受 SO_2 影响后，氧化锆氧传感器的电池电动势与氧分压的关系基本符合 Nernst 公式。

比较样品 3、样品 4 在 SO_2 存在前后电动势的变化，发现不同稳定剂制成的样品对 SO_2 的敏感度不同，用 Y_2O_3 稳定的氧化锆氧传感器在 SO_2 气氛中的电动势增加得多，当 SO_2 不存在时，它恢复到原来数值也快些。

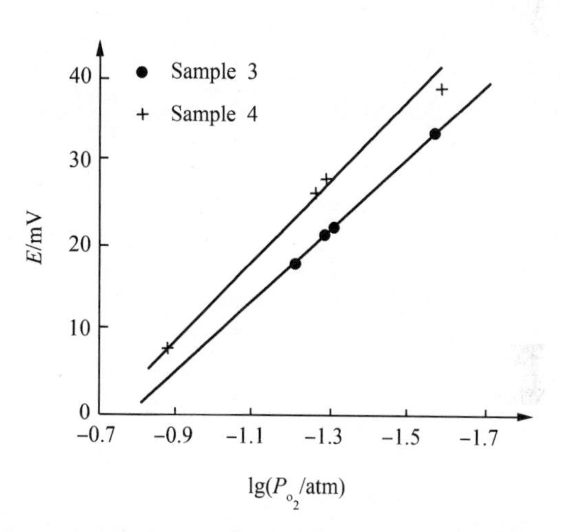

图 5 受 SO_2 影响后样品 3 和样品 4 的 Nernst 曲线

4 结 论

（1）SO_2 的存在，使氧化锆氧传感器元件的电解质的总电导率和电极电导率都增加，并且随着 SO_2 浓度的升高，电极电导率的增加愈大，它符合式：

$$\sigma/\sigma_0 = A \cdot \frac{t^{\alpha}}{B + t^{\alpha}} + 1$$

（2）通入 SO_2 前，氧化锆氧传感器的电解质总电导率和电极电导率与温度的关系均符合 Arrhenius 公式，但通入 SO_2 后，电极电导率与温度的关系不再符合 Arrhenius 公式。

（3）通入 SO_2 前后，氧化锆氧浓差电池的电动势与氧分压的关系均符合 Nernst 公式，但有 SO_2 存在时，电动势与氧分压的关系完全不符合 Nernst 公式。

（4）用不同稳定剂制成的氧化锆氧传感器，其电池电动势对 SO_2 的敏感度不同。本文进行的实验表明，用 Y_2O_3 作稳定剂的氧化锆管比用 CaO 作稳定剂的氧化锆管受 SO_2 的影响大。

参考文献

[1] 綿織経次郎. ヅルユニメ酸素计原理とその及応用. オートソーシノヨン. 1973，18（5）：93-100.
[2] Moghadam F K，Slevenson D A. Influence of SO_2 on the electrolytic domain of yttria. stabilized zirconia. J Appl

Electrochem，1983，13 (5)：587.
[3] Thirst H R，Harrison J A. A Guidd of the Study of Electrode Kinetics. Lendon and New York：Academic Press，1972：20.
[4] 哈根穆勒 P. 固体电解质 [M]. 陈立泉，薛荣坚，王刚等译. 北京：科学出版社，1984：137.
[5] 田昭武. 电化学研究方法 [M]. 北京：科学出版社，1984：264.
[6] Bauerle J E. Solid electrolyte polarization by a complex ademittance method. J Phys Chem Solid，1969，30 (12)：2657.
[7] Matsui N. Complex-impedance analysis for the development of zirconia oxygen sensors. Solid State Ionics，1981，(3-4)：525.

（硅酸盐学报，第 21 卷第 2 期，1993 年 4 月）

氧传感器热震性能和机械强度的改善研究

李　娇，李素芳，黄娟萍，韩天衡，徐维权，康　萌，陈宗璋

摘　要：针对新型多层片式氧传感器，研究了在多层钇稳定氧化锆（YSZ）固体电解质的层间，添加多孔 YSZ 夹层后对多层 YSZ 固体电解质抗热震性能的影响。采用流延制膜、等静压成型、程序控制烧结的方法，制备了含多孔夹层的 YSZ 多层陶瓷试样。通过水冷强度法，获得试样的平均热震残余强度来评价试样的抗热震性能。结果表明，多孔夹层的存在，有利于提高多层 YSZ 固体电解质的抗热震性能，10%的淀粉造孔可使层状陶瓷的临界热震温差由原来的 250 ℃提高到 450 ℃。电镜分析表明，多孔夹层中的孔洞可捕捉热震时热应力引起的裂纹。抑制裂纹的无偏转生长，减弱多层陶瓷的热震后脆裂。夹层中细密的孔洞比稀疏的大孔更有利于提高材料的抗热震性能。

关键词：叠层陶瓷；多孔夹层；临界热震温差；抗热震性能

中图分类号：TQ174.75；TP212.2　**文献标识码**：A　**文章编号**：1004-1699（2013）06-0785-05

Study of Improving the Thermal Shock Resistance and Mechanical Strength of the Oxygen Sensor

Li Jiao，Li Sufang，Huang Juanping，Han Tianheng，Xu Weiquan，
Kang Meng，Chen Zongzhang

Abstract：Focusing on a new multilayer oxygen sensor，the thermal shock resistance of multilayer yttria stabilized zirconia（YSZ）with a porous interlayer has been studied. By means of the casting film，isostanic pressing，sintering process control method，we obtained YSZ multilayer ceramic samples containing porous interlayer. Thermal shock residual strength of laminated ceramic was tested by water-cooled-bending test to evaluate the thermal shock resistance of the samples. The results show that，the introduce of porous interlayer conduces to the improvement of resistance of thermal shock of multilayer YSZ solid electrolyte，holes made by joining 10% of starch can make the thermal shock temperature difference of the layered ceramic increase from 250 ℃ to 450 ℃. Electron microscopy analysis shows that，the porous interlayer can capture the thermal shock crack，inhibit crack growth，weaken the multilayer ceramic thermal shock crack. Dissection of fine holes than sparse big holes is more advantageous to enhance the thermal shock resistance of the materials.

Key words：laminated ceramic，porous interlayers，critical thermal shock temperature difference，thermal shock resistance

---

片式叠层氧化锆氧传感器以其尺寸小、材耗低、灵敏度高、使用寿命长等优点取代了管式氧传感器。如罗志安[1]等人研究的片式氧传感器，其基体组成由最底层四层不同作用的氧化锆陶瓷片组成。以及 Yoshio Suzuki、Hideyuki Suzuki、Kunihiko Nakagaki[2]专利中得到的氮氧传感器是由六层不同作用的钇稳定氧化锆基体构成。

由于陶瓷材料固有的脆性，使其在实际应用中不得不面临如何克服易断裂弱点的问题。很多功

能陶瓷材料工作时一般处于高温环境，而启动前和停止后都是常温环境，所以这种陶瓷材料必须具有良好的抗热震性能和机械强度。

陶瓷抗热震性指陶瓷在温度剧变情况下抵抗热冲击而结构不被破坏的能力。提高陶瓷材料的抗热震性能的方法有很多，陈蓓[3-4]、姜迎新[5]等人研究表明：层状结构是提高陶瓷材料抗热震性能的一个有效方法，同单层陶瓷相比，层状复合陶瓷的表面层的压应力可以有效吸收由热应力引起的应变能，缓和热应力引起的应力集中，层状结构的 Al_2O_3-ZrO_2 陶瓷材料中气孔和层间的弱界面能阻止或迫使裂纹扩展，从而消耗热应力，提高陶瓷材料的抗热震行为。另外，多孔陶瓷材料由于其高的气孔分布也能有效提高材料的抗热震行为。裂纹经过气孔时有可能被逮捕或被迫发生偏转，这样，为了产生一个新的裂纹，必须提供额外的能量，因此，裂纹在多孔体中延伸变得比较困难。梯度材料从显微结构上看是非均质的，但可以吸收热应力，据此张彪[6]、张常年[7]等设计了梯度膨胀材料，用叠层复合法使材料的热膨胀系数从一侧到另一侧逐渐增大或减小，得到的梯度材料的抗热震性能比均质材料要高。Ma J、Wang Hongzhi[8-11]等人探讨了多孔夹层对层状陶瓷断裂偏转的影响，得出多孔中间层孔隙率在一定范围内的增加会促进断裂裂纹的偏转，这时层状陶瓷就具备更高的机械强度。

应更严的环保要求、更窄的控氧精度，片式氧传感器的结构更加复杂，多层 YSZ 电化学电池高紧密度的组合使得多层 YSZ 固体电解质叠加方式和方法的研究非常重要，目前较少有相关的报道。因为氧传感器的电极及导线部分是印刷在固体电解质层上面，而层间的导线是通过打孔涂覆导电材料，添加多孔夹层并不影响传感器的氧敏传感特性。本论文通过添加造孔剂，用流延法制备多孔夹层，叠放到多层片式氧化锆固体电解质的层间，以研究造孔剂的添加对多层氧传感器固体电解质抗热震性能和机械强度的影响，以获得可用的技术参数。

1　实验材料及方法

1.1　多层氧化锆陶瓷样品的制备

多层氧化锆陶瓷样品的制备采用制膜、叠压和烧结三个步骤制备而成。

采用自制的、平均粒径为 90 mm 的钇稳定氧化锆（YSZ）粉体，通过流延法[12]，分别得到厚度为 0.2 mm 的 YSZ 素坯膜、厚度为 0.06 mm 的添加了淀粉或 PMMA 作造孔剂的 YSZ 多孔素坯膜，将所有素坯膜均裁剪成宽度为 6 mm、长度为 70 mm 的形状。分别将裁剪好的 4 片 YSZ 膜直接叠放，4 片 YSZ 膜和 3 片 YSZ 多孔膜相间叠放。使用 LDJ100/320-300Ⅱ型静压机，将叠放样品压制到一起。将压制后的样品放入硅钼棒箱式炉的匣钵中，用相同的烧结程序，对叠层体进行烧结，最终烧成温度为 1400 ℃。烧成后样品随炉自然冷却至室温，获得待测试样品。

1.2　多层氧化锆陶瓷样品热震性能测试

采用水冷强度法对样品进行热震实验[13]。将§1.1 所得的待测试样品分别置于一定温度（25 ℃、150 ℃、250 ℃、350 ℃、450 ℃、500 ℃、600 ℃、700 ℃）的马弗炉中，在炉中各保温 5 min，打开炉门，将样品取出后迅速放入 25 ℃水中急冷，5 min 后从水中取出，110 ℃恒温干燥。

叠层陶瓷的尺寸为 70 mm×5 mm×1 mm，试样的抗折强度测定采用三点抗弯法[14-15]，使用数显式推拉力计分别测量样品的原始抗折强度以及热震后各样品的残余抗折强度。残余抗折强度 σ 的计算公式为：$\sigma_{max}=\dfrac{3PL}{2bh^2}$。

其中：P 为样品断裂时的最大压力；L 为样品的跨距；b 为样品的宽度；h 为样品的厚度。

每个类型的多层样品，均各取 5 个相同样品的残余抗折强度的平均值为该类样品的平均残余抗折强度。根据所得样品的平均残余抗折强度的变化情况，找出与常温条件下相比，平均残余抗折强度没有明显下降的最高急冷前的温度为样品的临界热震温差点。临界热震温差点越高，样品的抗热震能力越强。

1.3 样品断面的微观结构分析

使用JMS-5600LV电镜扫描仪，对样品热震前、后的断面进行电镜扫描，观察样品的层间变化、孔洞形貌、裂纹分布，分析样品的结构对热震性能的影响。

2 实验结果与讨论

2.1 多孔夹层对多层YSZ陶瓷抗热震性能的影响

实验所得的四层YSZ膜直接叠压、烧结获得的A组样品和四层YSZ膜与10wt%淀粉造孔的多孔膜相间叠压、烧结获得的叠层B组样品的平均残余强度σ与淬冷前热处理温度的关系见图1所示。

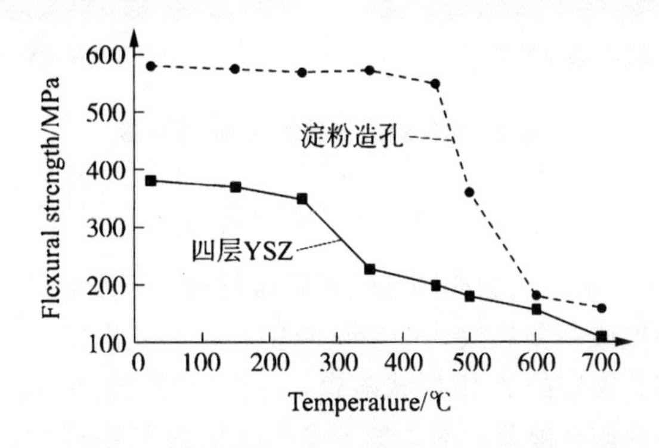

图1 样品在不同临界热震温差下的平均残余强度

由图1可以看出，在常温至250 ℃的热震处理温度区间，添加了多孔夹层的叠层B组样品的平均抗折强度比未添加多孔夹层的叠层A组样品的平均抗折强度提高了50%以上，说明多孔夹层的添加较大地提高了叠层YSZ样品的机械强度。同时从图1也可看出，未添加多孔夹层的A组样品的平均残余强度在250 ℃后开始显著地下降，所以250 ℃可以认为是它的临界热震温差点[14]；而添加了多孔夹层的B组样品的平均残余强度在450 ℃ 才开始大幅度下降，可见它的临界热震温差点相比A样品提高了200 ℃。说明多孔夹层的添加可极大地改善样品的热震性能。

而且从样品的断裂面来看，未添加夹层的A组样品的断面平整，但含多孔夹层的B组样品的断面却凹凸不平，各层的断裂位置均发生了转折和偏移。这与文献［7］报道的多层氧化铝材料的断裂现象一致。

两种样品断裂面位置和形状的不同，表明材料内部的结构存在差异，并引起相应的力学和热学性能发生了变化。

2.2 多孔夹层对多层样品热震裂纹发展的影响

未加多孔夹层的A样品，烧结后成为了一个整体，层间界面几乎消失。当遭遇高温淬冷时，表面和中心存在温度差，导致体积收缩不均匀而产生热应力。在热应力的作用下，YSZ陶瓷的内部结构中萌生晶间裂纹。经过不同的高温淬冷热冲击后，样品内部裂纹的发展，由最初的微裂纹、短裂纹扩展为长裂纹。图2（a）展示了经过临界热震温差点后，样品的表面呈现出了很明显的长裂纹，偏转度很小，说明在体系相邻晶粒间产生了不可逆转的塑性变形滑移线。这些长裂纹的存在导致样品的脆裂。

添加多孔夹层的B样品，断面各层断裂位置发生了偏转。从B样品断面形貌图2（b）中可以看出，在500 ℃热震后，B样品内部多孔层出现了微裂纹，这些微裂纹零散分布，当微裂纹生长延伸到孔洞附近时就偏转到孔洞处终止，不会演变成易致断裂的长条无偏转裂纹，并且遇到致密基体层时会终止不再继续延伸。

层状陶瓷基体在高温淬冷时，基体内部拉应力方向是从中心向基体外部的。根据Inglis应力集中理论[16]，当平板中存在一个椭圆孔时，在椭圆孔附近区域材料所受的应力在数值上将超出外加应力，方向与拉应力的方向一致，其值为：

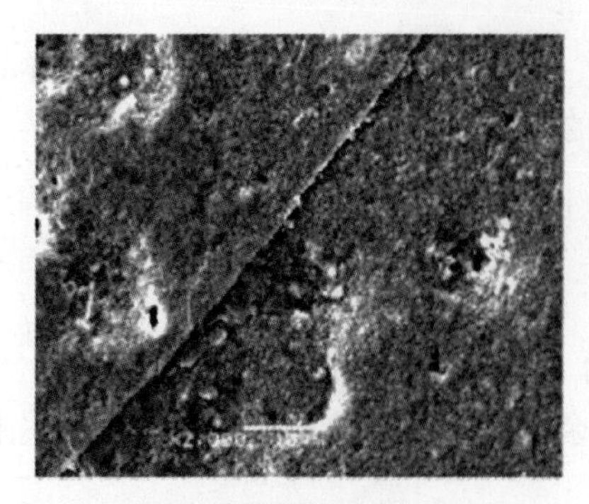

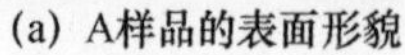

(a) A样品的表面形貌　　(b) B样品的断面形貌

图 2　热震脆裂样品的 SEM 形貌图

$$(\sigma_{yy})_{\max}=\sigma_a\left(1+\frac{2c}{b}\right)$$

其中 σ_a 为平板受到的拉应力，$(\sigma_{yy})_{\max}$ 为椭圆孔附近区域材料实际受到的最大拉应力，c 为长半轴，b 为短半轴。极限情况可以模拟成一条裂纹，即裂纹越狭长，其周围产生的拉应力就越大，越容易断裂。因此，对于没有添加多孔夹层的 A 组层状陶瓷，c 与 b 的比值很大，裂纹周围受到的拉应力就非常大，所以裂纹生长快，热震性能差；而添加了多孔夹层的 B 组样品，多孔层中的热震裂纹在多孔层中被孔洞及时捕捉，c 与 b 的比值相对要小，微裂纹所受拉应力集中在裂纹两端的孔洞处，不会对陶瓷造成进一步的损伤。这样，添加了多孔夹层后，层状陶瓷抵抗热冲击的能力和机械强度都有很大程度的提高。

2.3　夹层中孔的分布对多层陶瓷抗热震性能的影响

多孔层中的孔洞在一定程度上遏制了裂纹的生长，提高了叠层陶瓷的抗热震性能。为了比较孔的分布对样品热震性能的影响，分别采用相同百分含量（10wt%）的淀粉和 PMMA 两种造孔剂制备多孔夹层，图 3 显示了两种造孔剂夹层对多层烧成体平均残余强度的影响。

由图 3 可知，造孔剂不同时，层状氧化锆陶瓷的临界热震温差不同，10% 淀粉造孔的临界热震温差为 450 ℃，PMMA 造孔的临界热震温差为 350 ℃，而且在热震崩溃前，淀粉造孔的样品平均残余强度明显优于 PMMA 造孔的样品。

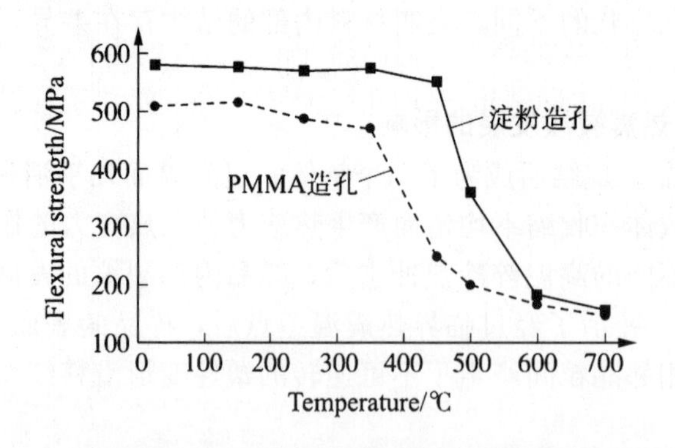

图 3　多孔夹层中不同造孔剂对样品的平均残余强度的影响

对不同造孔剂的样品断口进行电镜扫描分析，相关形貌图见图 4。

使用 Nano Measurer 粒径分布计算软件对图 4（c）、图 4（d）进行孔径分布统计，淀粉造孔得到的多孔陶瓷［图 4（c）］孔径分布在 0.6 μm ~4.8 μm 之间的占 80%，平均孔径为 2.46 μm，这是因为淀粉颗粒小，造孔所得的孔洞分布细密。PMMA 造孔的多孔陶瓷［图 4（d）］的孔径分布在 4 μm ~12 μm 之间的占 80%，平均孔径为 7.99 μm，这是由于 PMMA 为球形颗粒，粒径较大，所

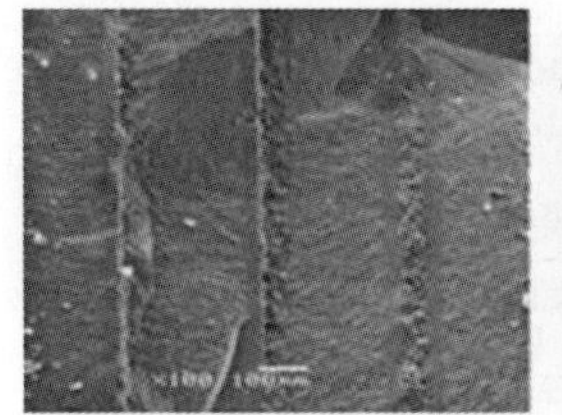
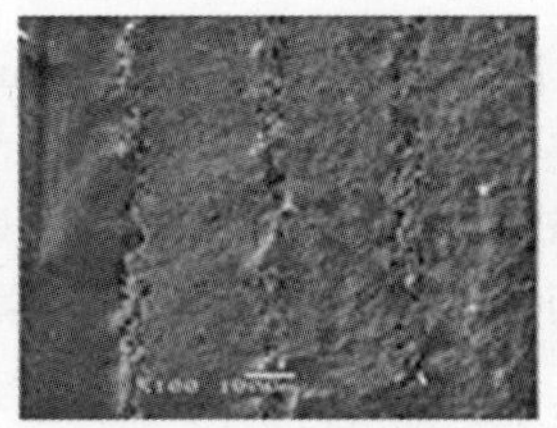
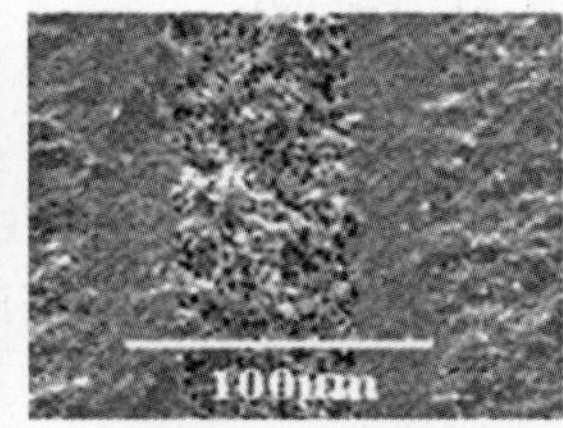

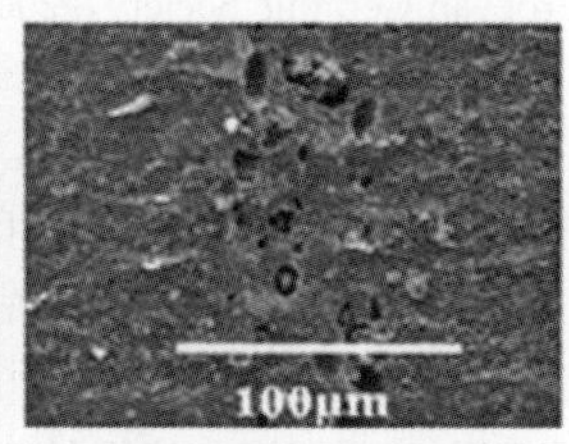

(a) 含淀粉造孔剂的B1样品 (b) 含PMMA造孔剂的B2样品 (c) 含淀粉造孔剂的B1样品 (d) 含PMMA造孔剂的B2样品

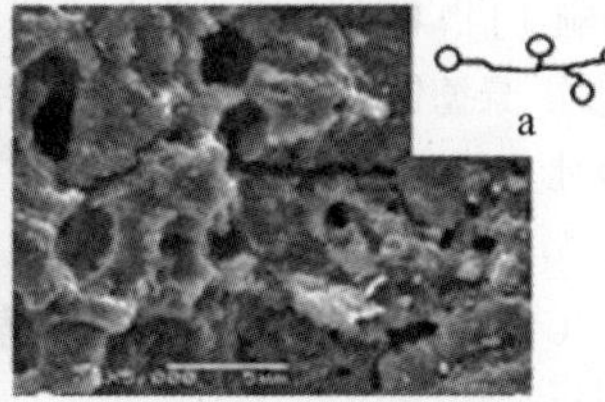

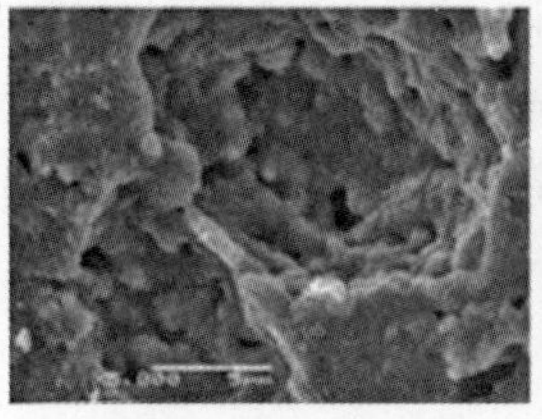
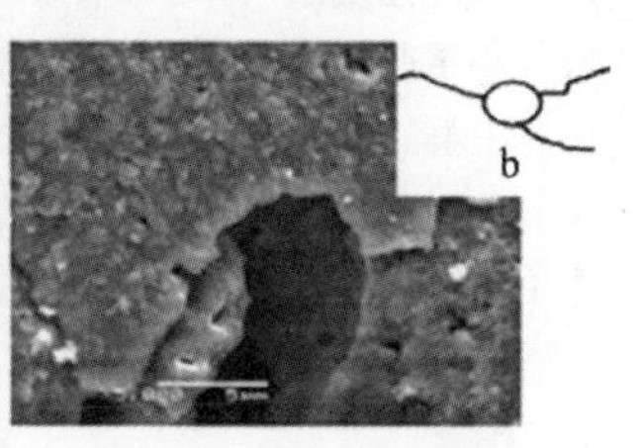

(e) 热震前B1样品的断面形貌 (f) 热震后B1样品的形貌 (g) 热震前B2样品的断面形貌 (h) 热震后B2样品的形貌

图 4 含不同造孔剂的烧结样品断面 SEM 形貌图

得孔洞大，分布稀疏。再比较两多孔层在热震前的微观形貌［图 4（e)、图 4（g）］。在热震前，多孔层中均无裂纹出现。热震后［图 4（f)、图 4（h）］，多孔层中均出现了裂纹。以淀粉造孔的样品中的裂纹遇到孔洞便偏转，延伸时形状曲折，呈现出开支的裂纹连接几个孔洞的形貌，裂纹为封闭式生长，如图 4（f）旁边的模拟图所示。而以 PMMA 造孔的样品中的裂纹，其分布则是一个大的圆孔周围连接几条裂纹，裂纹为发散式生长，如图 4（h）旁边的模拟图所示。即 PMMA 造孔时，孔洞数量少，孔径大，多条裂纹只能趋向少数的几个大孔洞，裂纹在多孔层中不能及时被捕捉，整体捕获裂纹的能力相对较弱；而淀粉造孔时，孔洞分布比较密集，裂纹延伸时随时被捕捉，不能大范围地延伸，由小及大地看，其整体捕捉裂纹的能力要强，所以多孔夹层以 PMMA 造孔时叠层陶瓷的机械性能和临界热震温差要低于以淀粉造孔的叠层陶瓷。因此，选择粒度较小的造孔剂，有利于多层陶瓷力学和热学性能的提高。

3 结论

（1）添加了多孔夹层后，叠层陶瓷的抗热震性能要明显优于未添加多孔夹层的叠层陶瓷，因为夹层中的孔洞能够捕捉热应力产生的裂纹，遏制热冲击时裂纹的生长。

（2）造孔剂选用可溶性淀粉时得到的平均孔径为 2.46 μm 的多孔夹层陶瓷的热震性能要优于选用 PMMA 为造孔剂时得到的平均孔径为 7.99 μm 的多孔夹层陶瓷的热震性能，夹层中细密的孔分布有利于多层陶瓷的抗热震性能的提高。

参考文献

［1］任继文，张鸿海．平板式 ZrO_2 汽车氧传感器的结构、原理及研究进展［J］．仪表技术与传感器，2007，4：8-12.

［2］Yoshio Suzuki，Hideyuki Suzuki，Kunihiko Nakagaki. NOx-Decomposing Electrode and Method for Producing NO_x Sensor：United States，7947159［P］．2007，1.

［3］陈蓓，丁培道．压痕法研究 ZrO_2 层状复合陶瓷的抗热震性［J］．耐火材料，2004，38（4）：234-236.

［4］陈蓓，丁培道．Al_2O_3-ZrO_2 层状复合陶瓷的表面抗裂纹行为及抗热震性能［J］．硅酸盐学报，2004，32（6）：718-722.

［5］姜迎新，刘铭剑．层状多孔 Al_2O_3-ZrO_2 陶瓷热机械行为研究［J］．南京师大学报，2010，33（3）：51-55.

［6］张彪，郭景坤．抗热震陶瓷材料的设计［J］．硅酸盐通报，1995，3：35-40.

［7］陈常年．钙-氧化锆陶瓷及其孔隙率梯度材料的制备与抗热震性能［D］．武汉：武汉理工大学，2008.

［8］Ma J，Wang Hongzhi. Effect of Porous Interlayers on Crack Deflection in Ceramic Laminates［J］．Journal of the

European Ceramic Society，2004，24：825-831.
[9] Blanks K S，Kristoffersson K. Crack Deflection in Ceramic Laminates Using Porous Interlayers [J]. Journal of the European Ceramic，1998，18：1945-1951.
[10] 张桂芳，仲兆祥. 多孔陶瓷材料的抗热震性能 [J]. 材料处理学报，2011，32 (9)：6-9.
[11] Leguillona D，Tariolleb S. Prediction of Crack Deflection in Porous/Dense Ceramic Laminates [J]. Journal of the European Ceramic Society，2006，26：343-349.
[12] 梁建超. 氧化锆基片流延制备技术及其性能研究 [D]. 武汉：华中科技大学，2005.
[13] 水冷强度法 (GB/ T 16536—1996).
[14] 邓雪萌，张宝清. 添加剂对氧化锆陶瓷抗热震性能的影响 [J]. 稀有金属材料与工程，2008，36 (1)：391-393.
[15] 王群，李艳萍. 陶瓷材料抗折强度测定实验教改探讨 [J]. 景德镇高专学报，2009，24 (4)：52-53.
[16] 龚江宏. 陶瓷材料断裂力学 [M]. 北京：清华大学出版社，2001：10-12.

(传感技术学报，第 26 卷第 6 期，2013 年 6 月)

一氧化碳对氧化锆传感器的影响

李素芳，陈宗璋，向蓝翔，罗上庚

摘　要：通过X光衍射分析等方法，测试了ZrO_2基固体电解质氧传感器在700 ℃下的一氧化碳气体的环境中固体电解质和电极内外表面的物相组成，发现受CO气体影响后，内电极与固体电解质接界处有金属互化物PtZr生成，而且内电极表面的电镜图表明电极有明显的溶蚀迹象，固体电解质内壁有新物相YC_2和$Zr_{0.82}Y_{0.18}O_{1.91}$生成，同时氧化锆基体内表面有溶蚀的迹象。探讨了一氧化碳气体对氧化锆传感器响应时间和电导率的影响机理，认为CO气体不仅参与了电极反应，同时也和氧化锆基体发生了化学反应，改变了氧化锆固体电解质表面的晶体结构，使电阻升高，电极的响应时间加快。

关键词：X光衍射；氧化锆；CO
中图分类号：O646.2　**文献标识码**：A

The Influence of Carbon Monoxide Gas on the ZrO_2 Sensor

Li Sufang，Chen Zongzhang，Xiang Lanxiang，Luo Shanggeng

Abstract：The surface structure of ZrO_2 sensor in carbon monoxide gas in high temperature was analyzed by the X-ray diffraction and electron probe techniques. The inside surface morphology of the zirconia electrolyte was burred after dipping in CO gas in more than one month. The surface structure of Pt electrode was changed，YC_2 and $Zr_{0.82}Y_{0.18}O_{1.91}$ on the surface of electrolyte and PtZr on the surface of electrode were formed. Then the mechanism was discussed. Some reactions maybe happened on the electrode and electrolyte of zirconia's sensor in carbon monoxide gas which changed the electricity property and response time of the zirconia's sensor.

Key words：X-ray diffraction；ZrO_2；CO

我国自1972年开始固体电解质测氧电池的研究以来，试制出了各式测氧传感器，其中$ZrO_2 \cdot Y_2O_3$固体电解质氧传感器已被广泛地用于废气及炉内气氛的控制，锅炉、汽车和内燃机废气的连续分析等[1-5]，在保护环境和节约能量等方面起了非常重要的作用。目前的文献多报道氧化锆固体电解质的制备[6-7]，但对废气中的有害气体，如CO等对传感器的影响很少见报道。本工作首次研究了CO气体对氧化锆传感器的影响，其中CO的存在对传感器电动势的响应和电性能的影响已另文发表[8-9]。作者就CO气体对氧化锆基固体电解质和电极晶体结构的影响进行了测量并进一步探讨了影响的机理。

1　实验方法

采用自温式试管形氧化锆传感器装置，氧化锆固体电解质为92%的ZrO_2基体和8%的Y_2O_3稳定剂组成，锆管的内部为测量半电池，充入CO的体积分数为10%和Ar的体积分数为90%的混合气体，锆管外部为参比半电池，参比气为空气，电极为金属 Pt 涂层。

在氧化锆管内充入 CO 气体后密封，使氧化锆内部在高温（700 ℃）CO 气体中保持一段时间（950 h）后冷却至室温。用日本理学公司生产的 D/Max-Ⅲ型 X 射线分析仪，采用多晶粉末法（扫描速度：4°/min，步宽：0.02°，靶：Cu，管压：36 kV，管流：30 mA，狭缝：0.3°、0.15°、0.3°）对内外电极和氧化锆固体电解质内外管壁进行分析，然后用 JSM-35C 型扫描电子显微镜观察各样品的二次电子形貌像，对比是否发生变化，以了解 CO 气体的长期存在对传感器的影响。

2　实验结果

2.1　传感器受 CO 气体影响前后的 X 射线衍射分析

外壁未受 CO 气体影响，内壁受 CO 气体的影响。从内壁铂电极和外壁铂电极的衍射强度来看，内壁铂的衍射强度比外壁铂的大，这可能是因为 CO 气体的存在使内壁铂的晶胞大小有了改变，同时在晶面（200、220、311），内壁铂的晶胞参数比外壁铂的晶胞参数大，恰好其对应的衍射峰的强度为内壁铂（68、66、92）大于外壁铂（47、52、56），可见 CO 使 Pt 的晶胞参数增大。另外，内壁铂出现了几个较强的衍射峰，恰好和 PtZr 的衍射峰吻合，说明内壁铂中有 PtZr 存在。

从氧化锆固体电解质受 CO 气体影响前后内外锆壁的 X 射线衍射图谱来看，受 CO 气体影响后，固体电解质大部分衍射峰的相对强度基本不变，只是受 CO 气体长期影响后氧化锆基体中有一个峰（$2\theta=49.854$），其相对强度为 79.12，在未影响的氧化锆衍射图中，这个衍射峰的相对强度为 100，内壁锆中相对强度为 100 的衍射峰（$2\theta=29.75$），在外壁锆中其相对强度为 89.78，这可能是 CO 使得 ZrO_2 基晶体的缺陷发生了改变。在内壁锆中，有几个衍射峰与 YC_2 的特征峰吻合，有另外几个峰与 $Zr_{0.82}Y_{0.18}O_{1.91}$ 的特征峰吻合。

根据 X 射线衍射图谱，受一氧化碳气体影响前后，铂电极和氧化锆基体的物相组成见下表 1。

表 1　内外表面各物相表

	铂电极（Pt）的物相		ZrO_2，Y_2O_3 的体积分数分别是 92%，8%	
	影响前	影响后	影响前	影响后
1	Pt	Pt	ZrO_2 92%，Y_2O_3 8%	ZrO_2 92%，Y_2O_3 8%
2	ZrO_2 92%，Y_2O_3 8%	ZrO_2 92%，Y_2O_3 8%	Y_2O_3	YC_2
3	—	PtZr	—	$Zr_{0.82}Y_{0.18}O_{1.91}$

2.2　SEM 形貌分析

将上述样品制成小片，用扫描电子显微镜观察各样品的二次电子形貌，发现外壁镀铂层比内壁疏松，厚薄不一。内壁镀铂层分布均匀，有明显的溶蚀迹象，氧化锆内壁晶粒之间的晶界减少，气孔和杂质物减少，晶粒相连紧密，有明显的溶蚀迹象；而外壁锆，晶界明显，空隙较内壁宽，气孔数量多，孔径也大，没有溶蚀的迹象。

用电子探针显微分析仪进行面扫描，发现镀铂层与氧化锆的接界面仍然存在，接界面上，镀铂层的深部附着层铂的含量很高，但镀铂层外表面的铂变少，有溶蚀的迹象，同时在锆管内壁上沉积了少量铂元素，可能是在高温一氧化碳的环境下，镀铂层上的铂部分挥发并参与了反应的缘故。

3　分析和讨论

3.1　CO 对传感器响应时间的影响

实验发现[8-9]，在 CO 气体存在的环境中，固体电解质的电导随温度的变化依旧遵守阿伦尼乌斯关系，而且响应时间比原来无 CO 时快。

当 CO 气体存在时，可存在如下电极反应：

在电极的表面：

$$CO(气相中)=CO_{ads}(Pt), \quad (1)$$

$$CO_{ads}(Pt)+O_{ads}(Pt)=CO_{2ads}(Pt), \quad (2)$$

$$CO_{2ads}(Pt)=CO_2(气相中). \quad (3)$$

在三相点：

$$CO(气相中)=CO_{ads}(三相点), \quad (4)$$

$$CO_{ads}(三相点)+O_O^{2-}(三相点)=CO_{2ads}(三相点)+2e+V_O(三相点), \quad (5)$$

$$2e+V_O(三相点)+O_{ads}(三相点)=O_O^{2-}(三相点), \quad (6)$$

$$CO_{2ads}(三相点)=CO_2(气相中), \quad (7)$$

其中：下标 ads 表示吸附态；O_O^{2-} 表示晶格氧；V_O 表示晶格氧缺陷。

这些反应仅改变传感器固体电解质和电极表面的氧的平衡浓度，并不影响传感器原来的反应机制，但是，由于 CO 是一种极性分子，比氧更容易吸附在电极的表面和电活性中心（三相点），所以响应时间变快。

3.2 CO 对电导率的影响

从上述实验结果可知，在 CO 气体的影响下，固体电解质表面有新的物相 YC_2 和 $Zr_{0.82}Y_{0.18}O_{1.91}$ 生成，电解质的表面有溶蚀的迹象，铂电极表面有新的物相 PtZr 生成，有溶蚀的迹象。同时从 CO 气体对氧化锆传感器的电性能的影响可知[8]，CO 气体的存在使固体电解质和电极的电导率下降，CO 气体的浓度越大，电导率下降得越多，而且在短时间（实验时间为 24 h）内就下降并达到了平衡状态，但电导率的变化具有可逆性，在高温下空气中电导率又会回到原来的值。根据这些实验现象，可以认为，CO 气体存在时，和电解质表面发生了如下反应：

$$ZrO_2+Y_2O_3+13CO=2YC_2+Zr+9CO_2, \quad (8)$$

其中：生成的 Zr 单质和电极 Pt 生成了金属互化物 PtZr，这可从内壁铂的 X 衍射结果得到证实。YC_2 和 Zr 的形成使氧化锆晶体表面的组成发生了变化，部分 $Zr_{0.92}Y_{0.18}O_{2.08}$ 变为 $Zr_{0.82}Y_{0.18}O_{1.91}$，即立方氧化锆晶体中所含的氧离子数减少，而钇离子却增加，正是这些变化使电极和电解质的电导率降低。

在 $ZrO_2\cdot Y_2O_3$ 固体电解质中，氧离子是主要的载流子[1]，晶体氧离子在电场的作用下沿电场相反的方向运动，当运动的氧离子遇到固体电解质的晶粒时，由于氧化锆本身是立方晶体，又具有氧离子空穴，氧离子很容易通过，运动的氧离子遇到氧化锆的晶粒界面时，由于晶界上氧离子空缺的缺陷浓度很高，氧离子也十分容易通过。在 CO 气体的影响下，由于 YC_2 的生成，氧离子不能通过，使电阻增加，电导率下降，但固体电解质受 CO 影响后仍是氧离子导电，其导电机制没有改变，所以电导率随温度的变化仍旧符合阿伦尼乌斯函数关系。尽管有新物相 $Zr_{0.82}Y_{0.18}O_{1.91}$ 的形成，使氧离子的含量相对减少，氧离子空穴浓度相对增多，但同时稳定剂钇离子的含量也相对增多，由于库仑力的作用，氧的空位 V_O（带二价正电荷）与带一价负电荷的占据晶格中 Zr 位置的钇离子 Y_{Zr}^- 复合[10]：

$$V_O+2Y_{Zr}^-\rightarrow\{(Y_{Zr})_2V_O\}$$

复合物 $\{(Y_{Zr2}V_O\}$ 的形成以及氧空位之间的相互排斥作用，使氧空位周围可供其跃迁的氧晶格位置数减少，导致有效的可自由迁移的氧的空位浓度降低。

按照电导率的一般公式：$\sigma=n\mu q$（其中 n，μ，q 分别为氧空位的有效浓度，氧空位的迁移率和所带的电荷），电导率 σ 随着氧空位的有效浓度的减少而降低，所以 $Zr_{0.82}Y_{0.18}O_{1.91}$ 的形成是电解质电导率下降的另一原因。

4 结 论

在高温下，CO 会腐蚀氧化锆固体电解质和电极的表面，破坏了 $(ZrO_2)_{0.92}$：$(Y_2O_3)_{0.06}$ 立方晶体的组成，生成了高电阻的成分 YC_2、$Zr_{0.82}Y_{0.18}O_{1.91}$，使固体电解质和电极的电阻增加。但该反应为可逆反应，使传感器在高温下空气中保持一段时间，可使固体电解质的电导率恢复。同时由于一氧化碳的极性，比氧更容易吸在电极的表面和三相点，使电极的响应时间加快。

参考文献

[1] 张仲生. 氧离子固体电解质浓差电池与测氧技术 [M]. 北京：原子能出版社，1983.
[2] 安胜利，赵文广，安立国. 钢铁冶金中的氧传感器及其应用 [J]. 华东冶金学院学报，1997，14 (4)：352-357.
[3] Riegel J，Neumann H，Wiedenmann H M. Exhaust gas sensors for automotive emission control [J]. Solid State Iomics，2002，(152-153)：783-800.
[4] 温廷琏，李晓飞，郭祝昆. 氧化锆固体电解质的特征氧分压测定 [J]. 无机材料学报，1986，1 (4)：336-341.
[5] 李红卫，言卫平，李旭东. 氧化锆氧传感器在汽车电喷系统中的应用 [J]. 陶瓷工程，2000，32 (2)：16-18.
[6] Muccillo R，Muccillo E N S，Saito N H. Thermal shock behavior of ZrO_2：MgO solid electrolytes [J]. Materlals Letters，1998，34 (3-6)：128-132.
[7] 刘继进，陈宗璋，何莉萍，等. 聚合络合法制备钙稳定氧化锆 [J]. 硅酸盐学报，2002，30 (2)：251-253.
[8] 陈宗璋，李素芳，王昌贵，等. CO 对氧化锆氧传感器的电性能和结构的影响 [J]. 湖南大学学报，1992，19 (6)：71-76.
[9] 李素芳，陈宗璋，王昌贵，等. 氧化锆氧传感器在 CO/O_2 的非平衡体系中的响应 [J]. 无机材料学报，1993，8 (3)：209-315.
[10] 温廷琏，李晓飞，郭祝昆. MgO 掺杂的 ZrO_2 的电导率研究 [J]. 无机材料学报，1986，1 (2)：135-142.

（湘潭矿业学院学报，第 18 卷第 2 期，2003 年 6 月）

Al_2O_3 掺杂对 YSZ 固体电解质烧结及电性能的影响

利　明，何莉萍，陈宗璋，李素芳，向蓝翔，罗上庚，邵长贵，梁雪元

摘　要：研究了用常规共沉淀法掺杂 Al_2O_3 对 YSZ 固体电解质的烧结及电性能的影响。结果表明：适量的 Al_2O_3 能提高 YSZ 材料的烧结性能，促使其致密化，但过量的 Al_2O_3 对材料的致密化不利；同时，材料的晶界电导随 Al_2O_3 含量的增大表现出先增大后减小的变化趋势，这与 Al_2O_3 对 YSZ 晶界两方面的不同影响有关，Al_2O_3 偏析于晶界一方面能清除晶界上对氧离子电导不利的 SiO_2，但另一方面也会降低晶界空间电荷层中的自由氧离子空穴的浓度。

关键词：氧化锆；Al_2O_3；氧离子空穴；空间电荷层
中图分类号：TQ174　**文献标识码**：A

Effects of Alumina on the Sintering and Conductivity of Yttria-Stabilized Zirconia

Li Ming, He Liping, Chen Zongzhang, Li Sufang, Xiang Lanxiang,
Luo Shanggeng, Zou Changgui, Liang Xueyuan

Abstract: The effects of the alumina doped through the normal co-precipitation on the sintering and conductivity of Yttria-Rtcibilfecd zirconia were studied. The study shows that proper addition of alumina can accelerate the process of sintering and improve the sintering density of zirconia, but it does harm to the sintering density of YSZ if the content of alumina is too high; the grain-boundary conductivity increases at first and then decreases with increasing content of added alumina. The reason why grain-boundary conductivity changes with the content of alumina is that alumina segregated to the grain boundary has two opposite effects on the grain boundary: at one side it can scavenge silicon dioxide which blocks ionic transport at the grain boundary, at the other side it decreases concentration of the free oxygen ion vacant.

Key words: zirconia, alumina, oxygen ion vacancy, space charge layer

---

1 引　言

氧化锆基固体电解质，尤其是 Y_2O_3 稳定的氧化锆具有良好的氧离子电导性，因而被广泛地用作氧传感器的主要元件以及燃料电池的隔膜材料。提高氧传感器的准确度和灵敏度，提高燃料电池隔膜的工作效率，关键是进一步提高氧化锆的离子电导性。氧化锆的电导（本文中的电导均指离子电导）由晶粒电导和晶界电导两部分组成。晶粒在掺杂了一定的稳定剂后具有相对应的电导，除了使用温度外，其他条件对它的影响不大。但晶界的情况相对复杂得多，除了稳定剂的掺杂外，原料中杂质的种类和含量、烧结条件、降温条件等对它都有影响，其中杂质 SiO_2 对其的影响最大。Badwal

等人的实验结果表明，含量仅为0.2wt%的 SiO_2 就能使晶界电导下降15%[1]。研究人员发现，适量地加入 Al_2O_3 能改善晶界的电导[2-4]。本文主要就 Al_2O_3 对 YSZ（9 mol% Y_2O_3-ZrO_2）电性能的影响进行分析。

2 实 验

Al_2O_3 含量为1%、4.6%、10%、20%（均为质量比）的 YSZ 粉末（简写为“YSZ1A”“YSZ4.6A”等）用共沉淀法制备。原料为 $ZrOCl_2\cdot 8H_2O$、Y_2O_3、$Al(NO_3)_3\cdot 9H_2O$，Y_2O_3 用热硝酸溶解后与 $ZrOCl_2$ 和 $Al(NO_3)_3$ 溶液混合均匀，沉淀剂为氨水。沉淀物经大量去离子水和适量乙醇洗涤后烘干，研磨后在700 ℃下煅烧5 h，制得粉料。

将粉末在300 MPa的压力下压制为直径1 cm、厚3～4 mm的圆片，烧结升温速度为400 ℃/h，在1600 ℃下保温7 h后随炉冷却。样品的电极和引线均为金属铂。

用［美］CHI660a 型电化学工作站测 YSZ、YSZ1A、YSZ4.6A 的阻抗，测试频率范围为0.1 Hz～10^5 Hz，用［日］Noran Vantag 型能谱分析仪测 YSZ1A 的晶粒、晶界成分分布，用［日］GMs-5600 型扫描电镜观察 YSZ4.6A 和 YSZ10A 的表面形貌。

3 结果和讨论

3.1 Al_2O_3 掺杂对密度的影响

由图1可知，烧结样品的密度随 Al_2O_3 加入量的增多，先是增大继而降低。烧结过程是一个固相反应过程，微粒表面自由能的降低是烧结的推动力，物质的迁移是烧结的关键。Al_2O_3 能促进烧结，提高 YSZ 材料密度的原因之一是少量的 Al_2O_3 固溶于 ZrO_2 中，引起晶格常数的微妙变化，形成不等价置换型固溶体，产生氧离子空位，促进扩散传质，加速了致密化[5]。但更主要的原因在于 Al_2O_3 与样品中的杂质 SiO_2 形成了低共熔物，因此在烧结过程中产生了少量的液相，润湿了细晶粒的表面，强化了晶粒的接触，而且液相的扩散系数远大于固相的扩散系数。传质速度的加快促进了晶粒间物质的移动，晶粒间的相互溶合，晶粒的长大和气孔排除，这样表面能以较快的速度减少。所以在相同的烧结温度和烧结时间下，适量的 Al_2O_3 能使样品的密度提高。但在 Al_2O_3 含量较高时，过多的 Al_2O_3 处于 ZrO_2 晶界上，阻碍了晶界的移动，影响致密化速率，从而使密度下降。

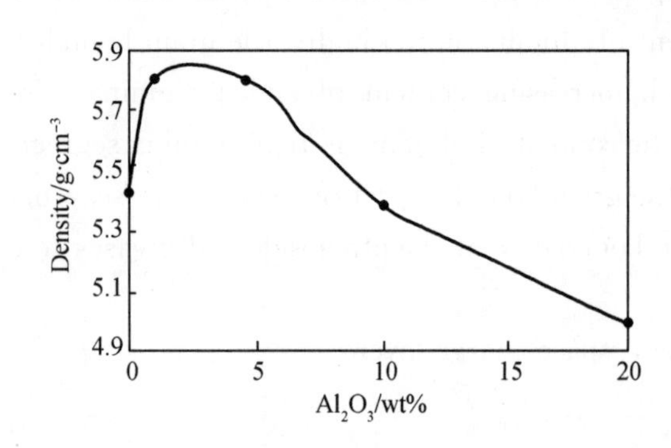

图1 材料密度与 Al_2O_3 含量变化关系

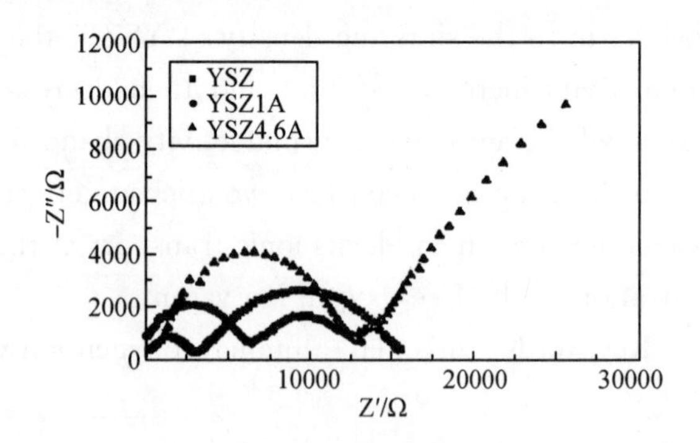

图2 交流阻抗图

3.2 晶粒、晶界电导的变化

图2为 YSZ、YSZ1A、YSZ4.6A 在500 ℃下的交流阻抗图。图形左边的弧（高频段）反映的是晶粒阻抗，右边的弧（低频段）反映的是晶界阻抗。由图可以看出随着 Al_2O_3 掺杂量的增大，晶粒的电导逐渐降低。因为氧化锆固体电解质主要靠氧离子空穴 $V_{\ddot{O}}$ 导电，在 Al'_{Zr} 和 Y'_{Zr} 浓度较高时易与 $V_{\ddot{O}}$ 发生缔合，减少自由氧离子空穴的数量。而且 Al'_{Zr} 与 $V_{\ddot{O}}$ 缔合的能力大于 Y'_{Zr}，形成的缔合缺陷 $\{2Al'_{Zr}V_{\ddot{O}}\}$ 及 $\{Al'_{Zr}V_{\ddot{O}}\}$ 需要更高的能量才能解缔并释放出自由氧离子空穴，因此 Al_2O_3 的掺杂使材料的晶粒电导下降。表1列出了 Al'_{Zr}、Y'_{Zr} 与 $V^{\cdot\cdot}_{O}$ 形成的缔合缺陷解缔所需的能量。

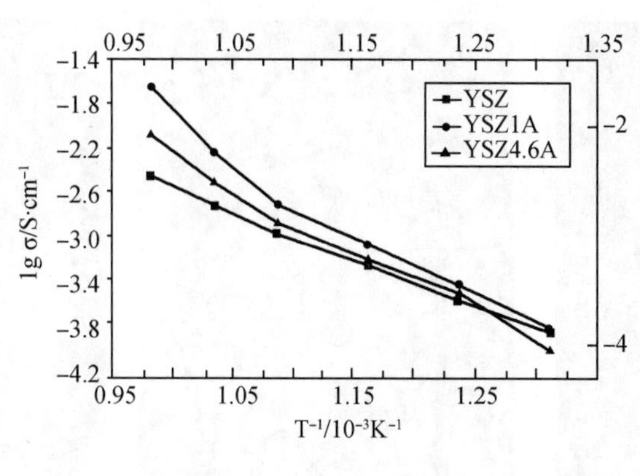

图3 Arrhenius曲线

由图3可求出各样品的氧离子空穴激活能。YSZ、YSZ1A、YSZ4.6A的激活能分别为0.91eV、1.28eV、1.32eV，YSZ1A和YSZ4.6A的激活能均高于YSZ，证实了Al'_{Zr}与$V_{\ddot{O}}$缔合的能力大于Y'_{Zr}。

表1 各缔合缺陷的解缔能[2]

Association	Energy/kJ·mol^{-1}
$\{Al'_{Zr}V_{\ddot{O}}\}^{\cdot}$	143
$\{2Al'_{Zr}V_{\ddot{O}}\}^{\cdot}$	253
$\{Y'_{Zr}V_{\ddot{O}}\}^{\cdot}$	39
$\{2Y'_{Zr}V_{\ddot{O}}\}^{\cdot}$	43

令人感兴趣的是晶界电导的变化情况，YSZ1A的晶界电阻相较YSZ下降了约50%，这主要与Al_2O_3和晶界上的SiO_2的作用有关。原料中的杂质SiO_2在烧结过程中在晶界产生偏析，在晶界形成了绝缘玻璃相，阻碍了氧离子空穴的迁移，这是氧化锆多晶材料晶界电阻较大的主要原因。Al_2O_3在ZrO_2中的溶解度很小，在1700 ℃保温3 h的条件下，只有0.5 mol%的Al_2O_3能溶于YSZ晶体，1500 ℃保温24 h的条件下Al_2O_3在YSZ中的溶解度也只有0.6 mol%～1.2 mol%[6-7]。过量的Al_2O_3偏析于晶界，在晶界也达到饱和后，便在晶界形成晶体沉积下来。

表2 YSZ1A晶粒和晶界上的成分分布

Element	Grain/atom%	Grain boundry/atom%
Zr	84.85	27.79
Y	14.24	9.70
Al	0.53	51.16
Si	0.38	11.35

表2为能谱分析仪测得的样品YSZ1A中Al_2O_3、SiO_2在晶粒和晶界上的分布，可以看出Al_2O_3、SiO_2主要偏析于晶界。图4为YSZ4.6A和YSZ10A两个样品打磨后的表面形貌，图中大的晶粒为ZrO_2晶体，小晶粒为Al_2O_3。从图4（b）可以清楚地观察到在晶界中沉积的Al_2O_3晶体。图4（c）是于ZrO_2晶体中生长出来的Al_2O_3晶粒，这说明Al_2O_3不仅可以在晶界沉积也可以在ZrO_2晶体中沉积。对于YSZ来说Al_2O_3相当于绝缘体，沉积于YSZ晶粒中的Al_2O_3只是略微地改变了氧离子空穴迁移的路径和长度，对材料电导性能的影响不大，但沉积在晶界的Al_2O_3晶粒对晶界的电导却有很大的影响。

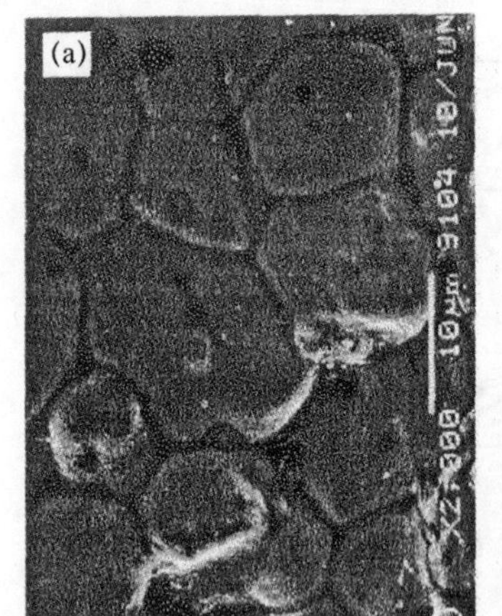

图 4　YSZ4.6A (a)、(c)，YSZ10A (b) 的表面形貌

有观点认为，Al_2O_3 能消除 SiO_2 对晶界电导产生的不利影响，是因为玻璃相倾向于汇集到 Al_2O_3 晶粒周围，在 ZrO_2 和 Al_2O_3 晶粒之间的多晶体交界处（the multiple grain junicton）形成玻璃相囊（glass pocket），破坏了玻璃相在晶界分布的连续性，使晶界电阻减小。但在 Stemmer 等人[8]对无 Al_2O_3 掺杂的 Y-TZP（Y_2O_3 稳定的氧化铅四方多晶材料）所做的电子透射和 HRTEM 分析中，可以发现 SiO_2 大多也集中在多晶体交界处，说明 Al_2O_3 掺杂能改善晶界电导并不只是因为形成了玻璃相囊。被多数研究者接受的解释是晶界的 Al_2O_3 与 SiO_2 发生了化学反应，从而富集并清除了晶界上的 SiO_2，提高了晶界的电导性。反应式如下：

$$3Al_2O_3 + 2SiO_2 \rightarrow Al_6Si_2O_{13}$$

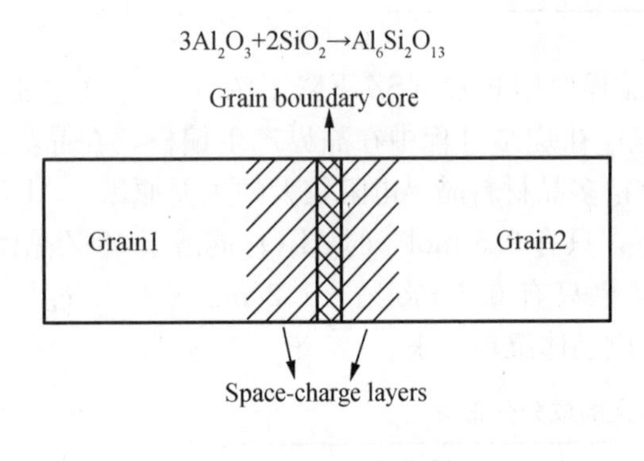

图 5　晶界结构示意图

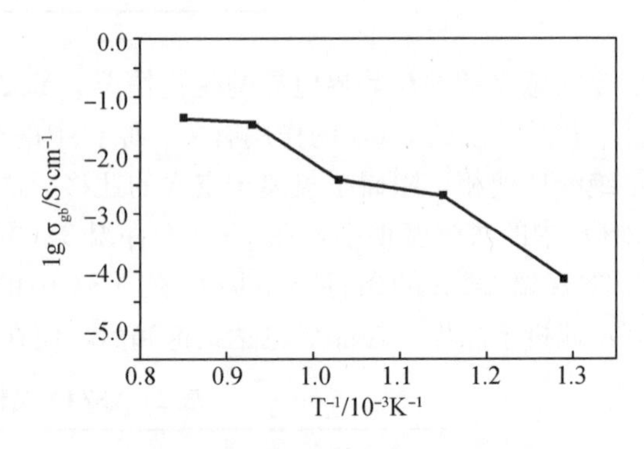

图 6　YSZ 晶界 Arrhenius 曲线

同时，Al_2O_3 对晶界电导又有不利的一面。晶界的导电机理与晶粒相同，都是氧离子空穴导电，但是晶界的结构比较复杂，它是由一个晶界核和依附在晶界核两边的空间电荷层组成的[9]（示意图见图 5）。由于 Y、1 A 的偏析，晶界空间电荷层中形成缔合缺陷的几率增大，使其中原来就不高的自由氧离子空穴浓度进一步降低，而且 $\{2Al'_{Zr}V_{\ddot{O}}\}$ 和 $\{Al'_{Zr}V_{\ddot{O}}\}^{\cdot}$ 的解缔能较高，所以当 Al_2O_3 含量较大时，晶界电导降低。由阻抗图可看到 YSZ4.6A 的晶界电阻远远高于 YSZ 和 YSZ1A，完全符合晶界空间电荷层的理论解释。因此随 Al_2O_3 的含量增大，晶界电导表现为先增大后减少的变化趋势。由图 6 可求出 YSZ 晶界的离子电导激活能为 1.06 eV，高于总的激活能，说明掺杂物的偏析的确对晶界电导不利。

4　结　论

(1) 由于适量的 Al_2O_3 的掺杂增加了氧化锆材料的缺陷浓度以及与 SiO_2 形成了低共熔物，提高了材料的烧结活性和传质的速度，所以促进了材料的烧结。但 Al_2O_3 含量较高时阻碍了晶界移动，影响了致密化，使密度下降。

（2）Al_2O_3 对晶界电导有两种不同的影响，一方面它能清除晶界上的 SiO_2，提高晶界电导，另一方面 Al 的偏析使晶界空间电荷层的自由氧离子空穴浓度下降，对晶界电导不利。在这两方面的影响下，晶界电导随 Al_2O_3 含量的升高，先是增大，而后降低。

参考文献

[1] S P S Badwal，S Rajendran. Effect of micro-and nano-structures on the properties of ionic conductors [J]. Solid State Ionics，1994，70-71：83-95.

[2] X Guo. Space-charge conduction in yttria and alumina codoped-zirconia [J]. Solid State Ionics，1997，96（3-4）：247-254.

[3] D Susnik，J Holc，M Hrovat. Influence of alumina addition on characteristics of cubic zirconia [J]. Journal of Materials Science Letters，1997，16（13）：1118-1120.

[4] J H Lee，T Mori，J G Li，et al. Imaging secondary-ion mass spectroscopy observation of the scavenging of Siliceous film from 8mol% yttria stabilized zirconia by the addition of alumina [J]. Journal of the American Ceramic society，2000，83（5）：1273-1275.

[5] 李秀华，袁启明，杨正方，等. 添加 Al_2O_3 的 Y-TZP 基陶瓷材料研究及其应用前景 [J]. 硅酸盐通报，2002，(3)：35-39.

[6] M Miyayama，Yanagida，A H Asada. Effect of Al_2O_3 addition on resistivity and microstructure of yttria-stabilized zirconia [J]. American Ceramic Society Bulletin，1986，64：660-664.

[7] A J Feighery，J T S Irvine. The effects of alumina additions upon the electrical properties of 8 mol% yttria-stabilised zirconia [J]. Solid State Ionics，1999，121：209-216.

[8] S Stemmer，J Vlengels，O V D Biest. Grain boundary segregation in high-purity，yttria-stabilized tetragonal zirconia polycrystals (Y-PSZ) [J]. Journal of the European Ceramic Society，1998，18：1565-1570.

[9] J Maier. On the conductivity of polycrystalline materials [J]. Berichte der Bunsen-Gesellschaft Physical Chemistry Chemical Physics，1986，90：26-33.

（无机材料学报，第 19 卷第 3 期，2004 年 5 月）

偏析对氧化锆晶界电导的影响及提高晶界电导的几种方法

利 明，陈宗璋，向蓝翔，罗上庚

摘 要：综合评述了稳定剂和杂质 SiO_2 偏析的原理，偏析对晶界电导的影响；分析了偏析与晶粒尺寸大小关系的两种不同观点；介绍了改变烧结条件、掺杂 Al_2O_3、加压、提高降温速度这几种可行的改善晶界电导的方法。

关键词：氧化锆；偏析；晶界电导；空间电荷层

Effect of Solute Segregation on the Conductivity of ZrO_2 Grain Boundary and Several Ways to Improve Grain-Boundary Conductivity

Li Ming，Chen Zongzhang，Xiang Lanxiang，Luo Shanggeng

Abstract：The theory of segregation of solute and SiO_2 impurities and the effect of segregation on the conductivity of grain boundary were described. Two different ideas about the relation between segregation and the size of grain were analyzed. Finally several ways to improve the conductivity of grain boundary were presented.

Key words：zirconia，segregation，grain boundary，space charge layer

---

氧化锆基固体电解质由于其良好的氧离子导电能力，已经成为各种氧传感器中的主要元件。在工厂中，氧化锆探头用于测定生产过程中的氧含量，以控制生产。在汽车内燃机中，氧化锆探头用于测定废气中的氧，以节油和减少环境污染。同时，随着燃料电池得到越来越多的关注，寻找一种离子导电性能、机械性能良好的隔膜材料已经成为一个亟待解决的问题，氧化锆固体电解质似乎是这个问题的最佳答案。

作为固体电解质使用的氧化锆必须具有高的离子电导率。在氧化锆多晶材料中，电导主要由晶粒电导和晶界电导两部分组成。但晶界对离子在其中的传导表现出阻碍效应[1-3]，在一般纯度条件下，晶界的电阻往往是晶粒电阻的几个数量级[4-5]，这大大影响了氧化锆的总体电导性能。晶界电阻由晶界相和空间电荷层的电阻组成，经研究发现，杂质以及稳定剂的偏析是造成晶界相和空间电荷层电阻偏高的原因[6-8]。

1 稳定剂和杂质 SiO_2 的偏析

1.1 SiO_2 的偏析

晶界电阻在氧化锆基固体电解质的总电阻中占主导地位。在氧化锆多晶材料中，晶界玻璃相的存在是导致晶界电导率低的原因。玻璃相的主要成分是 SiO_2。SiO_2 对电导率有极不利的影响，Badwal 和 Rajendran 的研究发现，加入仅仅 0.2%（质量分数）的 SiO_2 就能使 YSZ（Y_2O_3 Stabilized Zirconia）的电导下降 15%以上[5]。SiO_2 是原料本身带有的或在制备过程中带入的。对于氧化锆基材料而言，SiO_2 是一种助熔剂，有时为了提高 ZrO_2 的烧结性能，使其在较低的烧结条件下就能得到高密度的材料，也会加入少量的 SiO_2。SiO_2 在烧结的过程中，会在晶界产生偏析。Godickemeier 等人发现，在玻璃相含量低于一定值时，3Y-TZP（Y_2O_3 稳定的 ZrO_2 四方相多晶材料）的晶界电阻随玻璃相含量的增高而增大，而在玻璃相的含量大于此值时，其晶界电阻保持不变[9]。这说明了 SiO_2 对晶界电阻的影响不仅与它在晶界的含量有关还与它的位置有关：平行于晶粒面的晶界是氧离子空穴在晶粒之间迁移的主要路径，在此处形成的玻璃相会阻碍氧离子空穴的迁移，而处于多晶体交界处（the multiple grain iunction）的 SiO_2 不会对氧离子空穴的迁移产生大的影响。所以，SiO_2 在晶界含量较低时，随着它含量的增大，在平行于晶粒面的晶界逐渐形成连续的玻璃相，连续玻璃相严重阻碍了氧离子的迁移，使晶界电阻增大。SiO_2 的含量增大到一定值时，有一定厚度的连续玻璃相完全形成，过多的 SiO_2 就聚集在多晶体的交界处，对晶界电阻影响不大。

1.2 稳定剂的偏析

即使在用 TEM 也不能观察到晶界玻璃相的高纯度的材料中，晶界电阻通常也是晶粒电阻的两个数量级左右[1,6]。这说明晶界的结构及其固有的导电行为也是导致其电阻较高的原因[6]。晶界的导电机理与晶粒相同，都是氧离子空穴导电，不同的是晶界的结构是由一个晶界核（the grain boundary core）和依附在晶界核两边的空间电荷层（the space charge layers）组成的[10]。Frenkel[11]首先提出了空间电荷层这个概念，随后 Yan 等[12]使之发展完善。这一概念已经合理地解释了许多研究者的研究结果[18-19]。在空间电荷层中，氧离子空穴的浓度很低。而且，掺杂剂离子（Ca^{2+}、Y^{3+} 等）的偏析使稳定剂阳离子和氧离子空穴生成缔合缺陷（$\{Ca''_{Zr}-V_O''\}$，$\{2Y_{Zr}'V_O''\}$ 等）的几率大大增加，使浓度原本就很低的自由氧离子空穴浓度进一步降低[14]。空间电荷层氧离子空穴的缺乏被认为是高纯度氧化锆体系晶界电导低的主要原因[1,7,15,16]。许多研究者已经观察到了稳定剂阳离子（包括二价阳离子 Ca^{2+} 等、三价阳离子 Y^{3+}、Al^{3+} 等）的偏析现象[16,17-19]。引起掺杂剂阳离子偏析的原因主要有弹性应变能及晶界静电势[20]。由于掺杂剂阳离子的半径大多与 Zr 相差较大，所以偏析到相对来说较开阔的晶界，可以使晶格张力（the lattice strain）大大减小[21]，而且稳定剂固溶于 ZrO_2 中后均带有效负电荷。同时，Hwang 和 Chen[13]发现在含有少量各种价态的阳离子氧化物的 12Ce-TZP（ZrO_2－12%，CeO_2（摩尔分数）四方多晶材料）中，二价和三价的阳离子发生了显著的偏析，而四五价的阳离子没有发生偏析，这表示离子的空间电荷也可能是偏析的原因[1,13]。以上都说明引起偏析的原因是非常复杂的。

2 偏析的影响因素

2.1 偏析与晶粒尺寸的关系

许多的研究发现，ZrO_2 多晶材料的晶界电导与晶粒尺寸有密切的关系，在晶粒尺寸小于一定值时，随着晶粒尺寸的增大，晶界的比电导率（$\sigma_{gh}{}^{ap}$）降低，晶粒达到一定尺寸时继续增大则不会再对 $\sigma_{gh}{}^{ap}$ 有影响[1,6,22]。

晶界总电导与比电导率的关系为：

$$\sigma_{gh}{}^{ap}=\sigma_{gh}{}^{T}\delta_{gh}/d_g \tag{1}$$

式中：$\sigma_{gh}{}^{T}$ 为晶界总电导，δ_{gh} 为晶界厚度，d_g 为晶粒尺寸。

$\sigma_{gh}{}^{ap}$ 随晶粒增大而降低的现象与稳定剂及 SiO_2 的偏析有关。$\sigma_{gh}{}^{ap}$ 随 $\Gamma_{Si}+\Gamma_{Ca}$（Γ_{Si}、Γ_{Cs} 分别表示 Si、Ca 的晶界覆盖率）的值增大而减小，当 $\Gamma_{Si}+\Gamma_{Ca}$ 的值不变时，$\sigma_{gh}{}^{ap}$ 也保持不变。

对 SiO_2 来说，它在材料中的含量一般都比较低，因此在晶粒生长的初期，也就是在晶粒尺寸还比较小时，SiO_2 就几乎全部在晶界偏析出来了，因为 SiO_2 是玻璃相的主要成分，在 SiO_2 都偏析于晶界后，玻璃相的含量就基本保持一定了。随着晶粒的增大，总的晶界面积减小，晶界上的玻璃相增厚。相当于 Γ_{Si} 增大。绝缘玻璃相的厚度越大对晶界的电导就越不利。晶粒增大到一定值时，晶界玻璃相的厚度达到平衡，晶粒继续增大，晶界厚度也不再有变化，过多的玻璃相便汇集到多晶粒交界处，Γ_{Si}的值也不再变化。

2.2　稳定剂与 SiO_2 之间偏析的关系

一些研究者认为稳定剂与 SiO_2 之间存在一种相关的偏析关系[23,24]。Aoki 提出的依据是 Γ_{Ca}和 Γ_{Si}表现出相同的随晶粒尺寸的变化关系（如图 1 所示）。笔者认为，稳定剂的偏析与 SiO_2 表现出相似性是因为稳定剂的含量虽然较高，但它偏析到一定程度，便在晶界，包括在玻璃相中达到饱和，而且根据 Γ_{Ca}和 Γ_{Si}在同一晶粒尺寸后保持不变这一点来看，Ca 在晶界中达到饱和是在晶界玻璃相的厚度达到平衡值之前。在 Ca 于晶界中达到饱和和玻璃相的厚度未达到平衡的这一区间，随玻璃相厚度的增大，Γ_{Ca}增大。随后，玻璃相厚度达到平衡值，过多的溶有 Ca 的玻璃相汇集在多晶粒交界处，此后 Γ_{Ca}的值不变。但这不能证明稳定剂与 SiO_2 的偏析存在必然的相关性，因为在 SiO_2 含量极低，晶界相不存在的情况下，稳定剂仍然发生偏析[19]，说明稳定剂的偏析与晶粒的大小存在一种固有的关系，这种关系与 SiO_2 无关。虽然稳定剂偏析随晶粒尺寸变化的现象很常见，但对这一关系的深入研究很少，至今仍没有定论。

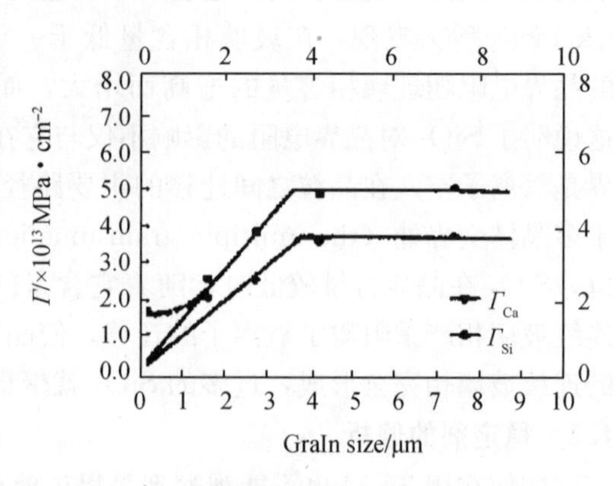

图 1　Γ_{Ca}-Γ_{Si}随晶粒尺寸的变化关系

以往人们发现烧结和热处理条件能影响晶界电导性能[25]，现在我们清楚，这种影响并不是直接的，烧结和热处理改变了晶粒尺寸，晶粒尺寸影响了偏析，偏析程度和晶粒尺寸同时决定了晶界的总电导。

3　提高晶界电导的方法

3.1　控制偏析

要控制晶界的偏析就相当于控制晶粒的尺寸，这一点可以通过改变材料的烧结条件来实现，烧结的温度越高，时间越长，晶粒的尺寸就越大。但晶粒过大对其机械性能不利，所以要使晶粒的尺寸得当。此外，烧结前后的热处理也对晶粒尺寸有一定的影响。

3.2　掺杂适量的 Al_2O_3

提高晶界电导的方法之一就是提高 ZrO_2 粉体的纯度，降低其中 SiO_2 的含量，为了达到这个目的，许多科研人员正在改善粉体的制备工艺[26,27]。除此之外，在氧化锆材料中掺杂适量的 Al_2O_3，也可以消除 SiO_2 的不良影响，提高晶界电导[28-30]。Al_2O_3 在氧化锆中的溶解度很小，在 1700 ℃烧结3 h的条件下，只有摩尔分数为 0.5%的 Al_2O_3 能溶于 8YSZ 晶体[31]，在 1500 ℃、烧结 24 h 的条件下，Al_2O_3 在 8YSZ 中的溶解度也只有 0.6%～1.2%（摩尔分数）[32]。过量的 Al_2O_3 偏析到晶界，到晶界达到饱和后，便在晶界形成晶体沉积下来，在晶界中的 Al_2O_3，能与 SiO_2 发生化学反应，清除晶界中的 SiO_2[29,33]。另外还有一种观点认为，玻璃相倾向于汇集到 Al_2O_3 晶粒周围，从而清除了平行于晶粒面的晶界上的 SiO_2[30]。

但是，Al_2O_3 能否清除 SiO_2，提高晶界电导与它在材料中分布是否均匀有关。Rajendran 研究发现，用共沉淀法制备的 Al_2O_3，掺杂材料，能有效地降低晶界电阻，但用机械混合的方式制备的材料，晶界的电阻反而因 Al_2O_3 的存在而增大[18]。而 Lee 等人将 YSZ 粉末与 Al_2O_3 用球磨的方式混合，得到的材料同样有较高的晶界电导[30]。两者存在差别的原因可能是 Rajendran 所用的机械混合方式不当，这说明要达到改善晶界电导的目的，只要保证 Al_2O_3 分布均匀即可，与制备方法无关。

Al_2O_3 的有效含量与杂质的性质和含量有关[34]。虽然，Al_2O_3 能与 SiO_2 反应从而提高晶界电导，但 Al 的偏析使空间电荷层中 Al 的含量增加，而且 Al 与氧离子空穴缔合的能力要大于 Y[28]，这使得空间电荷层的氧离子空穴浓度降低，从而使晶界电导降低。由于 Al_2O_3 对晶界电导的这两种不同影响，使 Al_2O_3 的有效含量与杂质的含量有关。在高纯度的条件下，加入 Al_2O_3，不仅不能改善晶界的导电性，反而使晶界电导降低。在一般的纯度或杂质含量较高的情况下，适量的 Al_2O_3 可以提高晶界电导，当加入 Al_2O_3 过多时，晶界电导随 Al_2O_3 含量的增高而降低[28]。

3.3 加压

在高温条件下，对样品施以持续的压力也可以提高晶界的导电性能。加压对晶粒的电导没有影响。但晶界的电导却随着压力的增大而增大。Badwal[34] 对 SiO_2 含量较高的 3Y-TZP（烧结条件：1500 ℃，5 h）在 1200 ℃的温度下施以从 0～100 MPa 的压力，样品厚度为 1 cm，得到的晶界电阻从 236.5 kΩ 降低到 71.5 kΩ。可见通过加压来提高晶界电阻是个可行的方法。加压有利于晶界电导的原因是因为在加压的情况下，一部分玻璃相被从垂直于压力方向的晶界面挤压到多晶体交界处以及其他低能位置，减薄了在电流方向上的晶粒之间的绝缘玻璃相的厚度，加强了晶粒之间的接触[34]。

3.4 提高降温速度

研究发现，同样的材料在相同的温度下烧结后，在空气中冷却的样品其电导要大于冷却速度较慢的样品[6,34]。Badwal[25]认为，在空气中材料表层很快冷却收缩，而内部温度下降得较慢，收缩也不及表层快。这样材料表层就对内部产生了压力，这个压力产生的效果与外加的压力相似，使材料内部依然处于液态的晶界相被压到多晶体交界处或其他能量低的位置，从而使晶界的电导增大。但 Aoki 等人[6]的看法不同，他们认为在降温较慢的情况下，稳定剂和杂质在降温过程中也能发生偏析，使晶界电导降低，在降温速度快的条件下则不存在这种情况，所以降温快的材料晶界电导优于降温慢的材料。不管怎么说，提高材料的冷却速度的确能改善晶界电导。但要注意的是，冷却速度过大，材料表层的收缩过于剧烈，会使材料产生裂纹，反而降低其导电性能。

4 结 语

氧化锆的应用前景非常广阔，用氧化锆做成的传感器已经成为钢铁、冶金、化工等生产中的不可缺少的仪器。随着研究的深入，氧化锆固体电解质性能的提高，为它在新的领域得到应用的机会大大增加。比如燃料电池隔膜、汽车燃油的电喷控制系统等。要进一步地改善氧化锆的电性能，关键在于提高其晶界导电性。由于偏析对晶界导电能力的巨大影响，对稳定剂及杂质的偏析现象进行更深入的研究，并提出有效、可行的改善晶界电导的方法，是今后工作的重点之一。

参考文献

[1] Verkerk M J，Middelhuis B J，Burggraaf A J. Effect of grain boundaries on the conductivity of high-purity zirconium oxide-yttrium oxide ceramics [J]. Solid State Ionics，1982，6 (2)：159-170.

[2] Kleitz M，Dessemond L，Steil M C. Model for ion-blocking at internal interfaces in zirconias [J]. Solid State Ionics，1995，75：107-115.

[3] Beekmans N M，Heyne L. Correlation between impendance，microstructure and composition of calcia-stabilized zirconia [J]. Electrochim Acta，1976，21 (4)：303-310.

[4] Gerhaardt R，Nowick A S，Mochel M E，et al. Grain-boundary effect in ceria doped with trivalent cations：II. microstructure and microanalysis. J Am Ceram Soc，1986，69 (9)：646-651.

[5] Badwal S P S，Rajendran S. Effect of micro-and nano-structures on the properties of ionic conductors [J]. Solid State Ionics，1994，70-71 (1-4)：83-95.

[6] Aoki M，Chiang Y M，Kosachi I，et al. Solute segregation and grain-boundary impedance in high-purity stabilized zirconia [J]. J Am Ceram Soc，1996，79：1169-1180.

[7] 郭新. 稳定化氧化锆的晶界导电模型 [J]. 物理学报，1998，47：1332-1338.

[8] Badwal S P S. Ceramic superouic conductors. Mater Sci Technol，1994 (11)：517-565.

[9] Godickemeier M，Michel B，Irliukas A，et al. Effect of intergranular glass film on the electrical conductivity of 3Y-TZP [J]. J Mat Res，1994，9 (5)：1228-1240.

[10] Maier J，Bunsenges B. On the conductivity of polycrystalline materials [J]. Phys Chem，1986，90：26-33.

[11] Frenkel J. Kinetic Theory of Liquids [J]. New York：Oxford University Press，1946：37.

[12] Yan M F, Cannon R M, Bowen H K. Effect of grain size distribution on sintered density [J]. Mater Sci Eng, 1983, 60 (3): 275-281.

[13] Hwang S L, Chen I W. Grain size control of trtragonal zirconia polycrystals using the space charge concept [J]. J Am Ceram Soc, 1990, 73 (11): 3269-3277.

[14] Mukhopadhyay S M, Blakely J M. Ionic double layers at the surface of magnesium-doped aluminum oxide: effect on segregation properties [J]. J Am Ceram Soc, 1991, 74 (1): 25-30.

[15] Chu S H, Seitz M A. The a. c. electrical behavior of polycrys-talline zirconium oxide-calcium oxide [J]. J Solid State Chem, 1978, 23 (3-4): 297-314.

[16] Bingham D, Tasker P W, Cormack A N. Simulated grain-boundary structures and ionic conductivity in tetragonal zirconia [J]. Philos Mag A, 1989, 60: 1-14.

[17] Hughes A E, Sexton B A. XPS study of an intergranular phase in yttria-zirconia [J]. J Mater Sci, 1989, 24 (3): 1057-1061.

[18] Rajendran S, Drennan J, Badwal S P S. Effect of alumina addition on the grain boundary and volume resistivity of trtragonal zirconia polycrystals [J]. J Mater Sci Let, 1987, 6: 1431-1434.

[19] Stemmer S, Vlengels J, Biest O V D. Grain boundary segregation in high-purity, yttria-stabilized tetragonal zirconia polycrys-tals (Y-TZP) [J]. J Eur Ceram Sci, 1998, 18: 1565-1570.

[20] Kingery W D. Plausible concepts necessary and sufficient for interpretation of ceramic grain boundaiy phenomena: I, grain-boundaiy characteristics, structure and electrostatic potential [J]. J Am Ceram Soc, 1974, 57 (1): 1-8.

[21] Fisher G A J, Matsubara H. The influence of grain boundary misorientation on ionic conductivity in YSZ [J]. J Eur Ceram Soc, 1999, 19: 703-707.

[22] Badwal S P S, Drennan J. Yttria-zirconia: effect of microstructure on conductivity [J]. J Mater Sci, 1987, 22: 3231-3239.

[23] Boutz M M R, Chen C S, Winnubst L, et al. Characterization of grain boundaries in supeiplastically deformed Y-TZP ceramics [J]. J Am Ceram Soc, 1994, 77 (10): 2632-2640.

[24] Stoto T, Nauer M, Carry C. Influence of residual impurities on phase partitioning and grain growth processes of Y-TZP materials [J]. J Am Ceram Soc, 1991, 74 (10): 2615-2621.

[25] Badwal S P S, Drennan J. The effect of thermal history on the grain boundary by resistivity of Y-TZP materials [J]. Solid State Ionics, 1988, 28-30: 1451-1455.

[26] 尹邦跃，王零森，樊毅，等. 乙二醇在络合物溶胶-凝胶法中的应用研究 [J]. 硅酸盐学报，1999，27 (3): 337-341.

[27] 黄传勇，唐子龙，张中太，等. 氧化锆超细粉的合成及粉末性能表征 [J]. 材料工程，2000 (8): 21-24.

[28] Guo X. Space-charge conduction in yttria and alumina codoped-zirconia [J]. Solid State Ionics, 1997, 96: 247-254.

[29] Susnik D, Hole J, Hrovat M, et al. Influence of alumina addition on characteristics of cubic zirconia. J Mater Sci Let, 1997, 16: 1118-1120.

[30] Lee J H, Mori T, Li J G, et al. Imaging secondary-ion mass spectroscopy observation of the scavenging of siliceous film from 8mol% yttria-stabilized zirconia by the addition of alumina [J]. J Am Ceram Soc, 2000, 83 (5): 1273-1275.

[31] Miyayama M, Yanagida H, Asada A. Ceramic sensors for automobile [J]. Jidosha Gijutsu, 1986, 40 (8): 980-985.

[32] Feighery A J, Irvine J T S. Effect of alumina additions upin electrical properties of 8mol% yttria-stabilized zirconia [J]. Solid State Ionics, 1999, 121 (1-4): 209-216.

[33] Drennan J, Butler E P. Does alumina act as a grain boundary scavenger in zirconia? [J]. Sci Ceram, 1984, 12: 267-272.

[34] Badwal S P S. Yttria tetragonal zirconia polycrystaliine electrolytes for solid state electrochemical cells [J]. Appl Phys A, 1990, 50: 449-46.

(硅酸盐通报，2004 年第 3 期)

汽车氧传感器铂电极的制备及性能研究

周欣燕，向蓝翔，沙顺萍，鲁盛会，赵　璐，魏国良

摘　要：本文从铂电极的制备及烧结工艺等方面分析了影响铂电极性能的因素。通过控制铂浆中各组分的配比和烧结工艺参数，初步确定了性能稳定、成本低廉的铂电极制备工艺。

关键词：氧传感器；铂电极；性能

中图分类号：TQ174.75　**文献标识码**：A

Preparation and Properties of Platinum Electrode Used in Oxygen Sensor for Automobile

Zhou Xinyan，Xiang Lanxiang，Sha Shunping，Lu Shenghui，
Zhao Lu，Wei Guoliang

Abstract：The impact factors on property of platinum electrode is analyzed in the process of preparation and sintering of platinum electrode. The preparation parameters of platinum electrode with stable performance and low-cost were determined by controlling the ratio of each component and the sintering process.

Key words：Oxygen sensor，Platinum electrode，Property

电极与氧化锆氧传感器电动势输出的准确性、灵敏度有着极大的关系[1-3]。电极制备工艺及参数和表面形貌对氧传感器的性能有很大影响[4-5]。要使氧传感器正常工作，其电极反应必须是可逆的，而可逆电极反应应该满足：①气体与二氧化锆表面自由接触；②与氧接触表面能够提供或吸收电子；③电极材料能够催化阴极电化学反应和阳极电化学反应。如果电极反应不是充分可逆的，氧传感器往往表现出响应速度慢或电极超电势。多孔贵金属化学稳定性好，并且具有良好氧吸附性能和电化学催化性能，常常被用作氧传感器的电极材料[6-9]。本文尝试用贵金属铂制得汽车氧传感器用铂电极。

1　实　验

1.1　电极浆料的制备

主要原料：铂粉和有机载体。有机载体为松油醇、乙基纤维素、十二醇硫酸三乙醇胺。

将上述原料按一定的比例混合，用行星球磨机球磨 30 h，制得铂电极浆料。

1.2　电极的涂覆及烧结

涂覆：将配制好的浆料均匀涂覆在氧化锆元件内外壁合适的位置。

烧结：室温$\xrightarrow{2\ h}$600 ℃（1 h）⟶目标烧结温度（3 h）。

2 结果与讨论

2.1 浆料配比对电极的影响

将不同配比的浆料涂覆在氧化锆锆管上，在不同温度下烧结，测试其附着性和电阻。其结果如表1所示。

表1 浆料配比对电极附着性和电极电阻的影响

铂：溶剂	烧结温度/℃	附着性	电极电阻/Ω
1∶4	900	良好	∞
1∶4	1000	良好	∞
1∶4	1100	良好	∞
1∶4	1200	良好	∞
1∶2	900	良好	∞
1∶2	1000	良好	∞
1∶2	1100	良好	∞
1∶2	1200	良好	∞
2∶3	900	良好	932
2∶3	1000	良好	854
2∶3	1100	良好	736
2∶3	1200	良好	832
1∶1	900	良好	286
1∶1	1000	良好	1.2
1∶1	1100	良好	1.1
1∶1	1200	良好	35
3∶2	900	良好	142
3∶2	1000	良好	0.8
3∶2	1100	良好	0.5
3∶2	1200	差	24
3∶1	900	差	脱落
3∶1	1000	差	脱落
3∶1	1100	差	脱落
3∶1	1200	差	脱落

由表1可知，当铂与溶剂的比小于1∶2时，涂覆两遍后，电极仍然不通。这主要是由于铂含量太低，涂覆后铂颗粒不能很好地接触，烧结后铂与铂之间出现断链现象造成的。

当铂与溶剂的比达到2∶3时，电极虽然导通，但是电极表面电阻非常大，这也是由于电极中的铂含量太低引起的。

当铂与溶剂的比为1∶1与3∶2时，在1000 ℃和1100 ℃时，电极电阻很小，约为1 Ω，满足使用要求。温度为900 ℃和1200 ℃时，电极电阻较高。这主要是由于900 ℃时电极还未完全烧结，引起电阻增加。在1200 ℃时，电极电阻增加，这主要是由于烧结温度过高，电极产生了高温老化的结果。

因此，由上表可知，电极浆料中，铂的含量为50%～60%时，浆料具有较好的烧结和电极性能。

2.2 烧结工艺对电极形貌的影响

将涂制好的电极在900 ℃、1000 ℃、1050 ℃、1100 ℃、1200 ℃、1250 ℃烧结3 h，观察其电

极形貌。结果如图 1 所示。

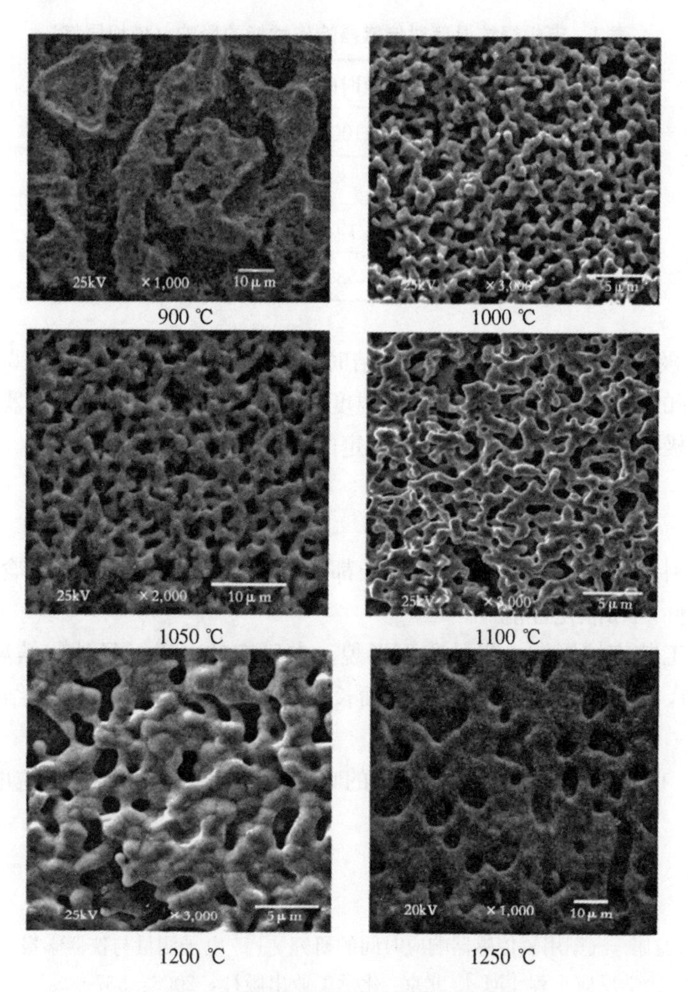

900 ℃ 1000 ℃

1050 ℃ 1100 ℃

1200 ℃ 1250 ℃

图 1 烧结温度对电极形貌的影响

由图 1 可知，900 ℃烧结的电极，其 Pt 金属颗粒并未出现明显的增长，几乎看不到网状结构。当温度为 1000 ℃至 1100 ℃时，电极呈现出多孔的网状结构，而且其孔洞大小均匀，金属颗粒较小。温度超过 1200 ℃时，电极形貌发生了明显的变化。温度升高，电极颗粒长大，孔隙率降低。因此，会使 Pt 电极的比表面减小，降低其催化能力。电极催化活性中心位于 Pt/ZrO_2/空气三相催化界面处，电极催化活性中微孔数量及孔径大小的变化会显著改变三相催化界面长度[10-11]。由三相界面的定义，可以认为电极三相界面长度（L）可以近似用下式表示：

$$L = f_1 f_2 N d \pi \tag{1}$$

其中：f_1 为形貌系数，f_1 在实验烧结温度范围内变化不大；f_2 为界面系数，反映电极颗粒与电解质基体的结合状况；N 为电极单位表面积微孔的数量；d 为电极表面微孔平均表观直径。由图 1 可知，在温度为 1000 ℃烧结的电极，其 N 较大，d 较小；而 1250 ℃烧结的电极，N 显著减小，而 d 变大。因此，从电极形貌角度考虑，应该存在一个最佳的烧结温度范围，在这个温度范围内具有最大的 L。

实验表明，Pt 电极在 1000 ℃到 1100 ℃烧结时，具有较长的 L。这可以定性解释为：随着电极烧结温度的升高，Pt 电极金属晶粒逐步长大，促使电极表面孔洞直径变大，同时，单位电极表面积的 N 却迅速减少，金属电极也变得致密。在温度合适的时候，电极表面孔洞孔径和单位电极表面的孔洞数量适中时，其二者之积最大，呈现出较长的 L。

2.3 响应性能

将电极涂敷在氧化锆元件表面，在 900 ℃、1000 ℃、1100 ℃、1200 ℃烧结 3 h，模拟尾气环境中测试氧传感器的响应性能。测试结果如表2所示。

表2　电极烧结温度对传感器响应性能的影响（模拟尾气）

烧结温度/℃	响应时间/ms	响应电势/mV
900	1000	264
1000	181	912
1100	192	894
1200	587	438

由表2可知，电极在1000 ℃～1100 ℃烧结时传感器的响应时间低于200 ms、响应电势高于800 mV，表现出较好的响应性能。电极的烧结温度过高或过低都会影响传感器的响应性能。这主要是由电极形貌以及电极与氧化锆基体的附着性决定的[12]。

3　结　论

（1）配制电极浆料时，铂含量太高或者太低都会影响其烧结性能。当铂含量为50%～60%时，电极具有较好的烧结性能和催化性能。

（2）电极的烧结工艺直接影响电极的表面形貌。本研究的电极，最佳烧结温度范围是1000 ℃～1100 ℃。此温度区间，电极具有较多的三相界面长度，电极表面呈多孔网状结构，具有良好的催化性能。

（3）电极在1000 ℃～1100 ℃烧结时传感器的响应时间低于200 ms、响应电势高于800 mV，表现出较好的响应性能。

参考文献

[1] 简家文，杨邦朝，张益康. 汽车用氧传感器响应时间的研究 [J]. 电子测量与仪器学报，2002，16：1391-1398.

[2] H. 斯科特・福格勒. 化学反应工程 [M]. 北京：化学工业出版社，2005：567-608.

[3] 左伯莉，刘国宏. 化学传感器原理及应用 [M]. 北京：清华大学出版社，2007：1-9.

[4] 张舜，林健. ZrO_2 氧传感器多孔铂电极热处理工艺 [J]. 仪表技术与传感器，2005（11）：17-19.

[5] 郭新. 电化学氧化锆氧传感器的多孔铂电极 [J]. 传感器技术，1994（2）：7-17.

[6] 陈艾. 敏感材料与传感器 [M]. 北京：化学工业出版社，2004：24-39.

[7] Robertson N L，Michack N. Oxygen exchange on platinum in zirconia cell：location of electrochemical reaction sites [J]. J Electrochemical Soc，1996，137：129-135.

[8] 杨欣，汪波，夏风. 氧化锆氧传感器用的银电极研究 [J]. 传感器技术学报，2004（1）：36-38.

[9] Schwandt C，Weppner W. Kinetics of oxygen，platinum/stabilized zirconia and oxygen gold/stabilized zirconia electrode under equilibrium conditions [J]. Journal of the Electrochemical Society，1997，144：3728-3737.

[10] Bultel L，Roux C，Siebert E，et al. Electrochemical characterisation of the Pt/YSZ iaterface exposed to a reactive gas phase [J]. Solid State Ionics，2004，166（1-2）：183-189.

[11] Nielsen J，Jacobsen T. Three-phase-boundarry dynamics at Pt/YSZ microelectrodes [J]. Solid State Ionics，2007，178（13-14）：1001-1009.

[12] Bultel L，Vemoux P，Gaillard F，et al. Electrochemical and catalytic properties of porous Pt-YSZ composites [J]. Solid State Ionics，2005，176（7-8）：793-801.

（材料开发与应用，第26卷第5期，2011年10月）

车用氧传感器多孔保护层的制备及性能研究

周欣燕，向蓝翔，张振涛，李 云，陈宗璋，赵 璐，沙顺萍，鲁盛会

摘 要：为了延长汽车氧传感器的寿命，通常在氧传感器敏感元件的铂电极表面涂覆多孔陶瓷保护层。本文以尖晶石、氧化铝、氧化锌等为原料，通过控制各组分的配比和烧结工艺参数，制得了性能良好的多孔陶瓷保护层。

关键词：保护层；氧传感器；陶瓷；性能

中图分类号：TQ174.75 **文献标识码**：A

Preparation and Property of Porous Ceramic Coat for Automotive Oxygen Sensor

Zhou Xinyan，Xiang Lanxiang，Zhang Zhentao，Li Yun，
Chen Zongzhang，Zhao Lu，Sha Shunping，Lu Shenghui

Abstract: In order to prolong the working life of automotive oxygen sensor, porous ceramic is normally coated on the surface of platiunm electrode. In this paper, the porous ceramic coat with good performance were prepared with a proper mixture ratio of different raw materials such as spinel, aluminum and zinc oxide and sintering patameters under control.

Key words: Coating, Oxygen sensor, Ceramic, Property

氧传感器用于汽车电子控制燃油喷射装置的反馈系统中，可以使喷射装置实现闭环控制，精确控制燃油的喷射时间和喷射量，使燃油充分燃烧，这样不仅可以降低油耗、提升功率，而且还有效地降低排放污染。在实际使用过程中，常常发现氧传感器失效的情况，如响应速度减慢、输出信号减弱等等，这主要是由于铂电极失效引起的。电极中毒是电极失效的主要原因，可以分为物理中毒和化学中毒两种。物理中毒主要是由于渗碳、铅微粒等物质在多孔电极表面沉积，多孔电极的空隙被堵，失去进行电极反应的三相界面；化学中毒则主要是汽油中S、P、Pb等与电极材料发生化学反应而导致电极失效，因此通常在锆管外表面的铂电极上包裹一层多孔陶瓷保护层，对废气中的杂质起到“过滤”作用[1]。

目前主要有3种材料可作电极保护层：无机材料、金属氧化物、合金涂层[2]。无机材料其作为涂层一般是用硅酸盐类的一些材料[3]。本实验以氧化铝为主要原料，通过添加合适的添加剂，在较低温度下制得了性能良好的多孔保护层。

1 试 验

1.1 主要原料

尖晶石、氧化铝、氧化锌、黏结剂A（聚乙二醇）、造孔剂B（糊精）。

1.2 涂层的制备

陶瓷涂层的涂覆方法主要有浸涂法、溶胶-凝胶法、预涂覆法以及化学气相沉积法。浸涂法实验条件要求不高、简单易行，因此本实验采用浸涂法。

将尖晶石、氧化铝、氧化锌、黏结剂、造孔剂等按一定的比例混合，搅拌均匀，调制成浆料，采用浸涂法将保护层浆料涂覆在有铂电极的氧化锆陶瓷管表面，在合适的温度下烧结成保护层。

本研究中黏结剂 A 的含量为氧化铝的 2%、4%、6%、8%、10%（质量分数，下同），造孔剂 B 的含量为氧化铝的 1%、3%、5%、7%、9%，尖晶石和氧化锌的总含量为浆料的 1%、5%、10%、15%、20%，采用正交实验法，研究添加剂含量对保护层性能的影响。

1.3 性能测试

保护层的附着性采用划痕法[4]测试。

热震试验：试样在加热炉中加热到 800 ℃，保温 5 min，取出水淬急冷；以涂层开裂（宏观裂纹）或开始剥落作为热震破坏判断依据，如无破坏，重复热震试验。以破坏前经历的热循环次数作为热震性能判断依据。

通过扫描电镜观察涂层的形貌，用模拟尾气测试氧传感器的响应性能，检验涂层的透气性是否符合使用要求。

2 结果及讨论

正交实验发现，各成分的配比如表 1 时，涂层附着性好，采用划痕法测试涂层不缺口也不脱落。而其他配比时保护层都有不同程度的开裂（如图 1）和脱落现象。图 2 和图 3 分别为性能良好的涂层 SEM 和涂层对传感器响应性能的影响图。

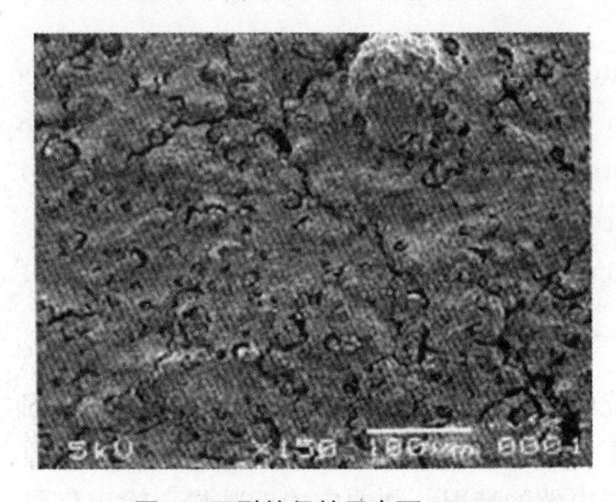

图 1 开裂的保护层表面 SEM

图 2 性能良好的保护层断面 SEM

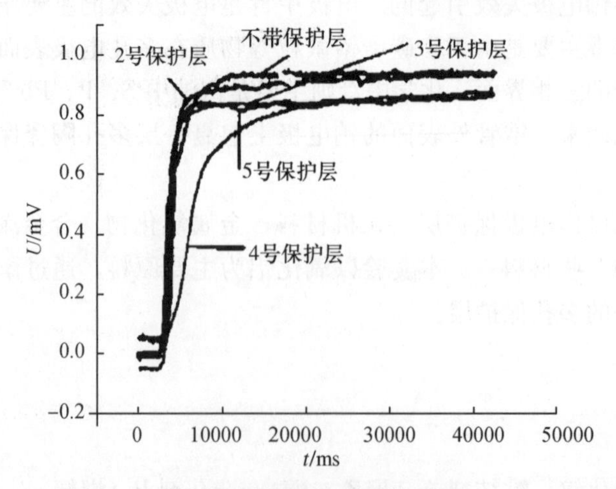

图 3 保护层对电性能的影响

表 1 附着性良好的涂层配方及其热震结果

序号	w（A）/%	w（B）/%	尖晶石＋氧化锌/%	气孔率/%	开裂前热震次数	剥落前热震次数
1	4	3	5	50	4	8
2	4	5	0	64	32	37
3	4	7	15	73	26	32
4	6	3	10	43	27	35
5	6	5	15	54	34	38
6	6	7	5	61	8	12
7	8	3	5	41	24	30
8	8	5	5	42	15	23
9	8	7	10	52	20	24
10	10	3	5	38	15	22
11	10	5	10	41	20	28
12	10	7	15	46	18	23

由表 1 可知，当黏结剂的含量为 4%～6%、造孔剂的含量为 5%～7%时，涂层具有较好的附着性和热震性能。由图 3 可知，当各原料配比为 2 号、3 号和 5 号配方，即孔隙率超过 50%，抗热震次数超过 30 次的保护层，带有这几种保护层的氧传感器的浓差电势仍超过 800 mV，响应时间在 100 ms以下，可以满足使用要求。

2.1 黏结剂和造孔剂的研究

由表 1 可以看出，在附着性能良好的涂层中，当造孔剂的含量一定时，气孔率随着黏结剂的增加先减小后增加。当黏结剂的含量一定时，气孔率随着造孔剂的增加而增加。这是因为在烧结过程中，黏结剂会与原料本身形成化学键或通过分子间力结合，在常温和低温时可起到均匀分散和提高黏结力的作用，而且会形成化学交联或物理吸附网络，提高坯体的强度。黏结剂熔融产生液相使烧结温度降低，并且使固体颗粒能够相互黏结形成一个整体。随着黏结剂含量的增加，黏结剂形成的液相成份增加，导致气孔率下降，但是当黏结剂增加到一定程度后，黏结剂形成的液相附着在电极基体的表面，液相集中在保护层的底部，表面主要以造孔剂以及硅镁酸分解产物为主，因此试样比较疏松，气孔率增加。

在多孔陶瓷制备中必须加入成孔剂。它的作用是在烧结过程中产生气孔，并且控制气孔的大小和分布以及气孔率。它们可以降低坯体收缩或作用媒介，促进水分均匀和加速排水，减少因水分难以排出而引起的应力集中，减少坯体开裂。在烧结过程中，造孔剂在支撑体中留下空位，形成大量开口气孔，使支撑体的空隙率大大提高。因此造孔剂的含量越高，涂层的孔隙率越大，当造孔剂的含量过多时，保护层的附着力减小，涂层会出现脱落的现象。

2.2 氧化锌和尖晶石的研究

氧化锌是常用的添加剂，可以保证保护层在烧结过程中形成液相，促进烧结，并且对密度产生一定的影响[5]。所用尖晶石的分解产物也会在较低温度下形成液相[6]，这些液相能很好地浸润氧化锆晶体，由于毛细管力的作用而使颗粒互相牢固连接，而当固体物质可溶解于液相时，在烧结过程中又增加了溶解-沉淀传质，从而加速烧结过程，显著降低烧结温度。当尖晶石和氧化锌的比例适当时，涂层与基体的膨胀系数相差较小，使涂层具有较好的热震性能。实验发现尖晶石和氧化锌的总量为浆料含量的 10%～15%的涂层其热震性能较好。

2.3 烧结温度对传感器响应性能的影响

由图 4 可知，保护层的烧结温度越高，传感器的响应时间越长。当温度超过 1200 ℃时，传感器响应时间的延长现象变得明显。由图中曲线可知，温度为 1300 ℃时，其响应时间都超过 1500 ms，温度达 1400 ℃，其响应时间更长，已不能满足使用要求。

依据本实验条件在 1200 ℃以下均可制得综合性能很好的保护层。文献［7］中在 1500 ℃～1550 ℃时烧成性能良好的多孔保护层，但依据本实验的结论可以分析得知，当烧结温度达到 1400 ℃时，氧传感器的敏感元件的响应电势降低，而且响应时间延长很明显。据报道[8-10]，在高温时效后，YSZ 基体的晶粒长大，电解质的电性能和力学性能下降。另外，也有可能是因为高温时效使 YSZ 固体电解质和电极同时产生老化，从而影响其综合性能，具体原因有待进一步研究。

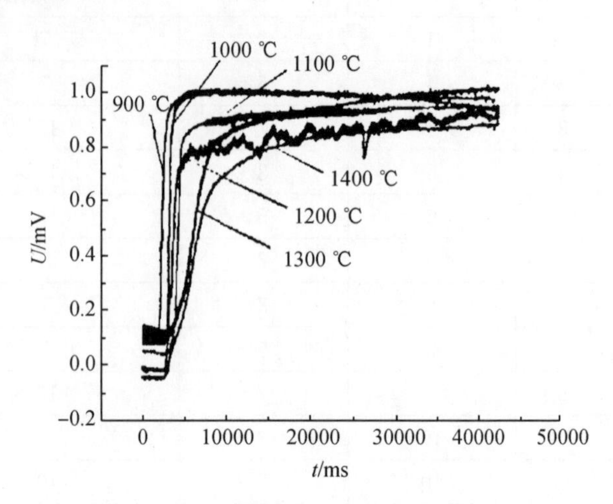

图 4　烧结温度对电化学性能的影响

3　结　论

（1）当黏结剂的含量为 4%～6%、造孔剂的含量为 5%～7%时，涂层具有较好的附着性和热震性能。当气孔率达到 50%时，涂层的透气性能满足使用要求。

（2）保护层中尖晶石和氧化锌的含量为浆料 10%～15%时，涂层的热震性能较好。

（3）保护层的烧结温度过高会影响传感器的响应性能，在 1200 ℃以下即可得到综合性能较好的涂层。

（4）采用浸涂法制备的电极保护层，能够满足汽车氧传感器的使用要求。

参考文献

［1］路顺，林健，陈江翠. 氧化锆氧传感器的研究进展［J］. 仪表技术与传感器，2007，3：1-30.

［2］耿卫芹，钱晓良，孙尧卿，罗志安. 汽车传感器的失效与预防［J］. 传感器技术，2002，21（10）：8-10.

［3］Liu M. Perfomancc of a solid fuel cell utilizing hydiogcn sulfide as fucl［J］. Journal of Power Sources，2001，94：20-25.

［4］宫德利，范煜. 黏结涂层附着性的测定方法及其影响因素［J］. 摩擦学报，1986，02：108-120.

［5］刘毅，劳令耳，袁望治，等. 纳米 ZnO 对纳米 ZrO_2（8Y）致密特性及电导率影响研究［J］. 无机材料学报，2003，9（5）：1147-1151.

［6］沈一丁，李小瑞. 陶瓷添加剂［M］. 北京：化学工业出版社，2004：203-208.

［7］路顺，林健，张舜. ZrO_2 氧传感多孔保护层研究［J］. 玻璃与搪瓷，2006，34（5）：7-10.

［8］Junya Kondoh. Aging strengthening of 8 mol% yttria-fully-stabilize zirconia［J］. Journal of Alloys and Canpounds，2004，370：285-290.

［9］Evguenia Karapetrvoa，Roland Platzer，John A Girdner. Oxygen vcancies in pure tetragpnal ziitonia powders：deqendence on the presence of chlorine during processing［J］. J Am Ceran Soc，2001，84（1）：65～70.

［10］Hidemoto Shiga，Tatsuyi Okubo，Masayoshi Sadakata. Preparation of nanostructured platmun/ytliia-stabilized zirconia cermet by the Sol-Gel method［J］. Ind Eng Chem Res，1996，35：4479-4486.

（材料开发与应用，第 24 卷第 3 期，2009 年 6 月）

Al_2O_3 掺杂 8YSZ 固体电解质的烧结及性能研究

周欣燕，向蓝翔，张振涛，陈宗璋，鲁盛会，沙顺萍，李 云，赵 璐

摘 要：通过化学共沉淀法制备 Al_2O_3 掺杂 8YSZ 固体电解质，并对其进行烧结和性能检测。实验结果表明，掺杂 Al_2O_3 有利于降低烧结温度，促使烧结体致密化。并且随着 Al_2O_3 掺杂量的增大，晶粒的电导逐渐降低。当 Al_2O_3 的加入量少于 1.5%（wt）时，并没有起到晶界电导改善的作用，反而使晶界性能恶化。

关键词：氧化锆；掺杂；烧结；性能；氧化铝

中图分类号：TQ 174 **文献标识码**：A

Sintering and Properties of Alumina Doped 8YSZ

Zhou Xinyan，Xiang Lanxiang，Zhang Zhentao，Chen Zongzhang，
Lu Shenghui，Sha Shunping，Li Yun，Zhao Lu

Abstract：Effects of the alumins doped through normal coprecipitation on the sintering and properties of 8YSZ were studied. The result shows that with proper addition of alumina，the sintering temperature is decreased and the sintering density of zirconia is improved，the grain conductivity decreases with increasing content of added alumina，but if the content of added alumina is lower than 1.5wt%，the grain boundary conductivity is deteriorated instead of impraing.

Key words：Zirconia，Doped，Sintering，Property，Alumina

氧化锆是一种多功能陶瓷材料，具有氧离子导电性，在氧浓差的气氛下，内部会产生电势形成电流。但是纯氧化锆即使在高温下，氧离子空穴的浓度仍然很低，而且在 1150 ℃时，单斜相变为四方相，伴随相变产生约 7%的体积变化。当温度变化时，材料容易开裂产生裂缝，这对机械和电导性能的影响很不利[1]。通常在氧化锆中掺杂适量的稳定剂以提高氧化锆的离子电导，保持材料的相稳定。常用的稳定剂为碱土金属和稀土金属的氧化物，如 CaO、ZnO、Y_2O_3、Yb_2O_3、TiO_2、Al_2O_3 等[2-7]。其中以 Y_2O_3 稳定的氧化锆固体电解质综合性能最好，应用最为广泛。部分稳定的 ZrO_2-Y_2O_3材料，虽然其力学和热力学性能较强，但其电学性能较差。全稳定的 ZrO_2-Y_2O_3，电解质虽然有较强的电性能，但是它的力学及热力学性能却较差。对 ZrO_2 来说，力学、热力学性能与电学性能方面是矛盾的。为了解决这些矛盾，人们试图在二元体系中添加第三种成分来提高其综合性能。本研究通过在 [$(ZrO_2)_{0.92}(Y_2O_3)_{0.08}$]（8YSZ）中掺杂一定量的 Al_2O_3，形成 ZrO_2-Y_2O_3-Al_2O_3 三相体系的电解质，并对其性能进行研究。

1 实 验

1.1 粉体的制备

用共沉淀法制得 Al_2O_3 含量（质量分数）分别为 1.5%、3%、6%、12%的 YSZ 粉末（分别记为 YSZ1.5A、YSZ3A、YSZ6A 和 YSZ12A）。原料为分析纯 $ZrOCl_2 \cdot 8H_2O$、99.99%纯 Y_2O_3、分

析纯 Al（NO_3）$_3$·$9H_2O$，Y_2O_3 用热硝酸溶解后与 $ZrOCl_2$ 和 Al（NO_3）$_3$ 溶液混合均匀，沉淀剂为氨水。沉淀物经大量的去离子水和适量乙醇洗涤后冷冻干燥，研磨后在 700 ℃下煅烧 2 h，制得粉料。

1.2　样品的成型和烧结

将制得的粉体造粒后，采用等静压成型法在 200 MPa 下压制成直径为 12 mm、厚约 2～3 mm 的圆片。按一定的升温速率和降温速率在 1500 ℃、1550 ℃、1600 ℃烧结样品，工艺简记如下：1500 ℃恒温 4 h（升温速率 300 ℃/h）记为 GY-01；1550 ℃恒温 4 h（升温速率 300 ℃/h）记为 GY-02；1600 ℃恒温 4 h（升温速率 300 ℃/h）记为 GY-03；1500 ℃恒温 4 h（升温速率 200 ℃/h）记为 GY-04；1550 ℃恒温 4 h（升温速率 200 ℃/h）记为 GY-05。

将烧结体打磨和抛光后，分别用乙醇和丙酮将表面清洗干净，涂上氯铂酸，并在一定温度下烧成电极。

1.3　测试

用日本理学 D/max-γA 型 X 射线衍射仪测定烧结样品的相组成，射线为 CuKα1，波长为 1.54056 A，管流为 100 mA，管压为 50 kV。用日本 GMS-5600 型扫描透镜测试烧结样品的表面、断口形貌。测定样品的阻抗图所用的仪器为上海辰华仪器公司的 CHI660A 电化学工作站，将样品放入自制的电炉中，加热至一定的温度进行测试，测试频率为 0.1 Hz～10^5 Hz。

2　结果与讨论

2.1　烧结体的相组成

图 1 为 YSZ3A、YSZ6A、YSZ12A 烧结体的 X 射线衍射图。由于 YSZ3A、YSZ6A 中的 Al_2O_3 含量较低，又有部分 Al_2O_3 固溶于 ZrO_2 中，因此 YSZ3A、YSZ6A 的 Al_2O_3 衍射峰并不明显。由 YSZ12A 衍射图中 Al_2O_3 的衍射峰可判断，材料中的 Al_2O_3 晶体为 α 相。样品 YSZ、YSZ3A、YSZ6A、YSZ12A 掺杂氧化锆均为立方相。

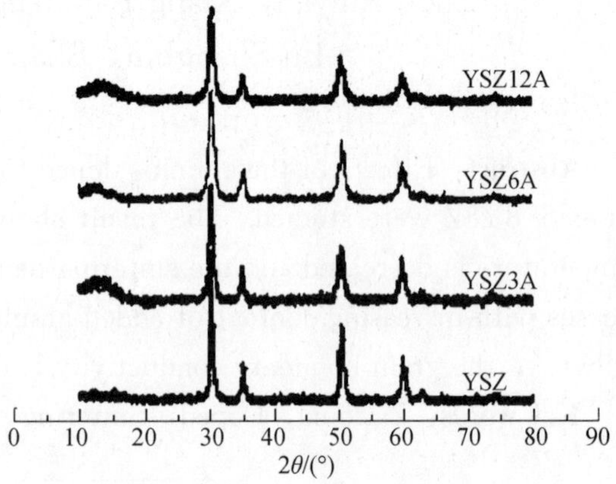

图 1　粉体的 X 射线衍射图

2.2　Al_2O_3 含量和烧结工艺对相对密度的影响

各烧结体不同烧结工艺的相对密度见图 2。由图 2 可知，在烧结工艺 GY-01、GY-02、GY-03 时，样品的密度随氧化铝掺杂量的增加呈递减趋势，这可能是由于升温速率太快引起的，具体原因还有待于进一步研究。而且由图可知，当温度超过 1500 ℃，随着温度升高，相对密度出现下降趋势。这主要是因为，当温度达到 1500 ℃时，烧结体已经致密化，温度继续升高，烧结体的晶界继续移动，会产生熔融现象，烧结体断面会出现熔洞结构（如图 3），产生的气孔会使烧结体密度下降。由图 2 可知，在工艺 GY-04 和 GY-05 下烧结时，烧结体的密度随掺杂量的增多先增加后减小，当掺杂量小于 1.5%（wt）时密度增加，超过此掺杂量密度有所下降。这是因为，当 Al_2O_3 含量较少时，Al_2O_3 与样品中杂质 SiO_2 反应生成液相，湿润晶粒表面，有利于晶粒长大和烧结体致密化；而当 Al_2O_3 含量较大时，Al_2O_3 粒子弥散在 ZrO_2 基质中，高温烧结过程中起到钉扎作用，阻碍在晶界偏聚和钉扎 Zr^{4+} 扩散传质的进行以及晶界的移动，从而抑制 ZrO_2 晶体的增长，降低了烧结体的致密化程度。由上可知，烧结体的致密度不仅与掺杂量有关，烧结工艺对烧结密度也有影响。

2.3　烧结体的微观结构

不同工艺烧结体的 SEM 形貌见图 3～图 6。

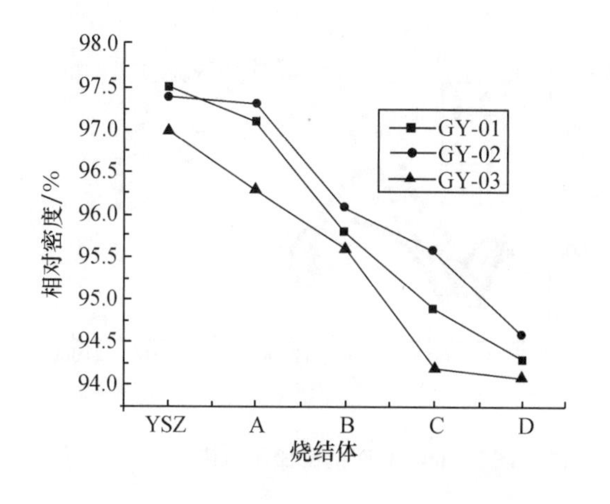

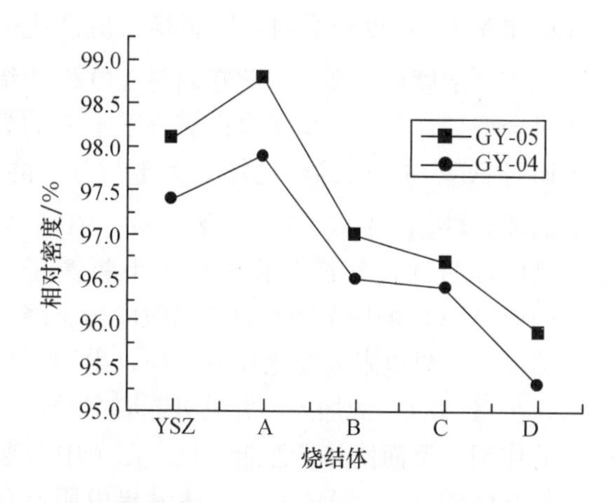

图 2　各烧结体在不同烧结工艺下的相对密度

（在各图中记 YSZ1.5A、YSZ3A、YSZ6A 和 YSZ12A 为 A、B、C 和 D）

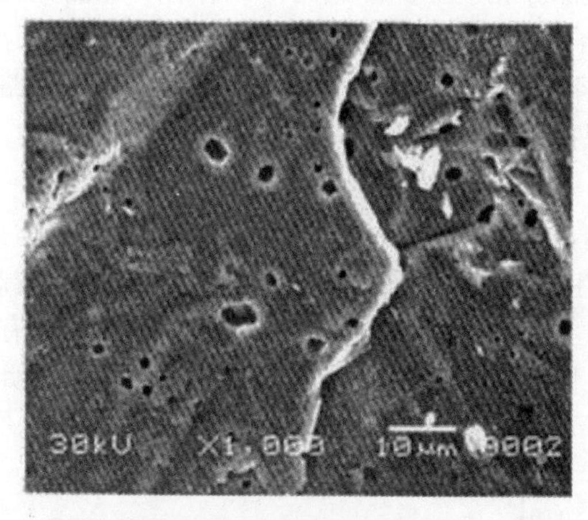

图 3　熔融断面 SEM

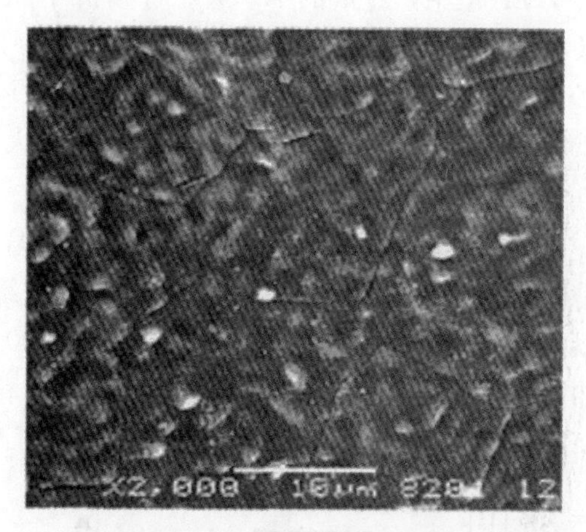

图 4　B 烧结体的表面 SEM

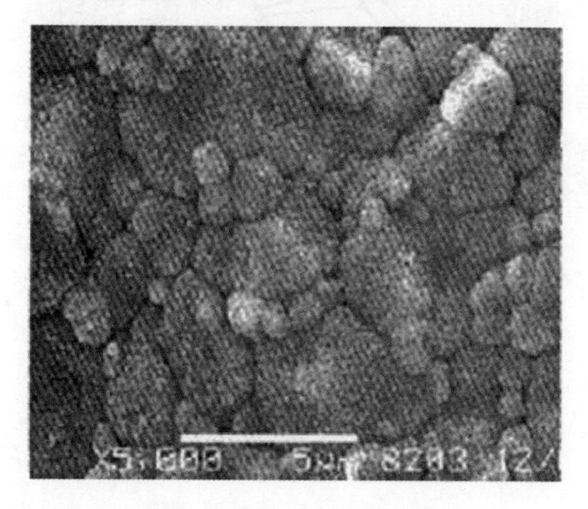

图 5　C 烧结体的表面 SEM

图 6　C 粉烧结体的断面 SEM

由图 4～图 6 可知，掺入 Al_2O_3 的量不同，氧化铝对烧结体形貌的影响也不同。在 B 粉的烧结体中，可以看到明显的晶界，晶粒较大，但是生长均匀。在 C 粉的烧结体中，晶粒生长不均匀，由断口可以看出，烧结体很致密，没有大空隙的存在。

2.4　烧结体的交流阻抗谱分析

图 7 是 A、B、C 和 D 烧结体在 600 ℃条件下的交流阻抗谱图。由图可以看出，随着 Al_2O_3 掺杂量的增大，晶粒的电导逐渐降低。因为氧化锆固体电解质主要靠氧离子空穴 VÖ 的迁移导电，在

Al_2O_3 和 Y_2O_3 浓度较高时，因置换反应产生的 Al_{Zr}'和 Y_{Zr}'浓度也较高，因此它们与 VÖ 发生缔合的机会增加，从而减少了自由氧离子空穴的数量。而且 Al_{Zr}'与 VÖ 缔合的能力大于与 Y_{Zr}'的，形成的缔合缺陷｛$2Al_{Zr}'$VÖ｝及｛Al_{Zr}'VÖ｝需要更高的能量才能解缔并释放出自由氧离子空穴，因此 Al_2O_3 的掺杂使材料的晶粒电导下降。

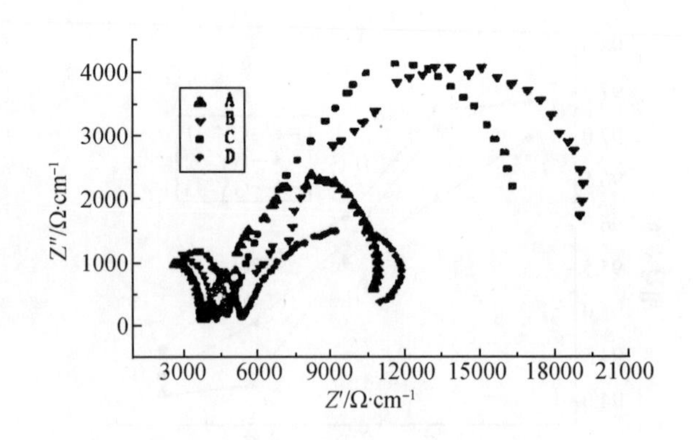

图 7　600 ℃时的交流阻抗谱

然而，晶界电阻的变化却不一样，由图可以看出，少量 Al_2O_3 的加入，并没有起到晶界电导改善的作用，反而使晶界性能恶化。图 7 中 D 粉体的烧结体较 B、C 粉体的烧结体晶界电阻有所降低。这是因为 Al_2O_3，在 ZrO_2 中的溶解度很小，在 1700 ℃保温 3 h，仅有 0.5%（摩尔分数）能固溶于 ZrO_2 中，过量的 Al_2O_3，将偏析于晶界[8]，以晶界相或非晶界相的形式存在，非晶界相的 Al_2O_3，便与偏析在晶界的 SiO_2 反应，减小了晶界玻璃相的数量，从而使晶界电阻率减小。Al_2O_3 对 ZrO_2 来说虽然是绝缘体，但由于它在 ZrO_2 晶粒中溶解度很小，所以只是对氧离子空位迁移路径和长度略有改变，对晶粒导电性影响不是太大，而沉积在晶界的 Al_2O_3 对晶界电导性有较大影响。

2.5　电导率及活化能的研究

由图 8 和图 9 可知，在 400 ℃～600 ℃温度范围内，YSZ、A、B、C、D 的活化能均有所增加。这是因为温度较低时，Al_{Zr}'与 VO¨容易发生缔合反应生成缔合物，而这些缔合物的解缔能都较高，所以要使其解缔必须有较高的活化能。在 700 ℃以上，随着测量温度升高，烧结体的电导率均有所增加，这是因为温度升高，氧离子空位迁移速度加快，但其活化能基本保持不变。这说明在 700 ℃～800 ℃范围内氧离子的导电机理没有改变。

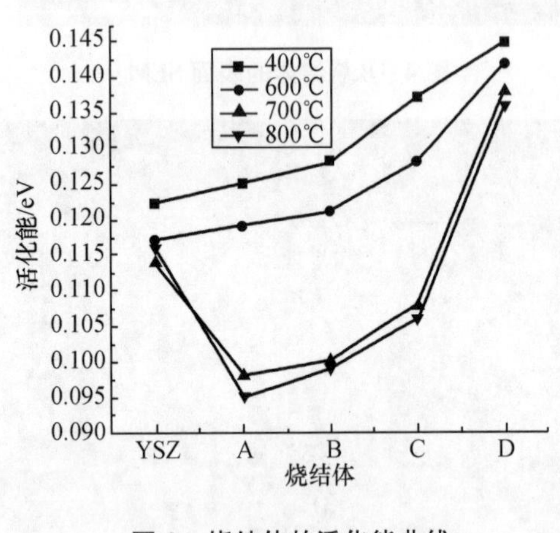

图 8　烧结体的活化能曲线

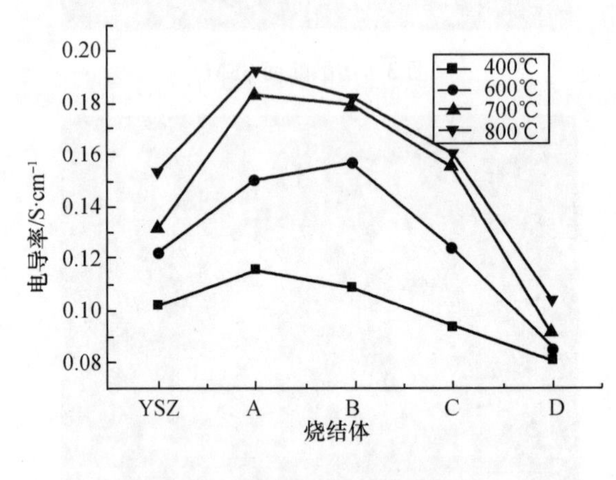

图 9　烧结体的电导率曲线

3　结　论

（1）加入 Al_2O_3 有利于降低烧结温度和促进烧结体的致密化。

（2）在不同的烧结工艺条件下，Al_2O_3 对烧结体密度的影响不一样。在烧结工艺 GY-01、GY-02、GY-03 时，样品的密度随氧化铝掺杂量的增加呈递减趋势，这可能是由于升温速率太快引起的。在工艺 GY-04、GY-05 下烧结时，烧结体的密度随掺杂量的增多先增加后减小，当掺杂量小于 1.5%（wt）时密度增加，超过此掺杂量密度有所下降。

（3）随着 Al_2O_3 掺杂量的增大，晶粒的电导逐渐降低。少量 Al_2O_3 的加入，并没有起到晶界电导改善的作用，反而使晶界性能恶化。400 ℃～600 ℃温度范围内，YSZ、A、B、C、D 的活化能均有所增加，在 700 ℃以上，随着测量温度升高烧结体的电导率均有所增加。

参考文献

[1] 王常珍. 固体电解质和化学传感器 [M]. 北京：冶金工业出版社，2000.

[2] Liu，Lao L E. Structural and electrical properties of ZnO-doped 8 mol% yttria-stabilized zirconia [J]. Solid State Ionics，2006，177 (1-2)：159-161.

[3] Yanmei Kan，Quojun Zhang，Peiling Wang，et al. Yb_2O_3 and Y_2O_3 co-doped zirconia ceramics [J]. Journal of the European Ceramic Society，2006，26 (16)：3607-3612.

[4] Capel F，Mouie C，Duran P，et al. Structure and electrical behaviour in air of TiO_2-doped stabilized tetrapoal zirconia ceramics [J]. Journal of the European Ceramic Society，1999，19 (6-7)：765-768.

[5] Tekeli S，Davies T J. A comparative study of superplastic deformatioa and cavitation behaviour in 3 and 8 mol% yttria-stabilized zirconia [J]. Materials Science and Engineering，2001，297 (1-2)：168-175.

[6] Tekeli S. Influence of alumina addition on grain growth and room temperature mechanical properties of 8YSCZ/Al_2O_3 composites [J]. Composites Science and Technob-gy，2005 (65)：967-972.

[7] Tekeli S. The solid solubility limit of Al_2O_3 and its effect on densification and microstructural evolution in cubic-zircomia used as an electrolyte for solid oxide fuel cell [J]. Materials and Design，2007 (28)：713-716.

[8] Guo X. Space-charge conduction in yttria and alumina codoped-zirconia [J]. Solid State Ionics，1997，96：247-254.

（材料开发与应用，第 24 卷第 4 期，2009 年 8 月）

$(ZrO_2)_{0.96}$ $(Y_2O_3)_{0.03}$ $(Al_2O_3)_{0.01}$陶瓷的制备及性能研究

周欣燕，张振涛，沙顺萍，赵 璐，向蓝翔，陈宗璋，李素芳，吴振军

摘 要：采用化学共沉淀法制备 $(ZrO_2)_{0.96}$ $(Y_2O_3)_{0.03}$ $(Al_2O_3)_{0.01}$的粉末，在不同的升温速率、不同的烧结时间和不同的烧结温度等烧结工艺下制备出 $(ZrO_2)_{0.96}$ $(Y_2O_3)_{0.03}$ $(Al_2O_3)_{0.01}$三相体系复合陶瓷。经研究发现，在升温速率和降温速率均为 5 ℃ • min^{-1}的烧结制度下，1550 ℃烧结时，可以得到抗弯强度达 998 MPa、抗热震次数达 33 次、相对密度达 96%和电性能较好的烧结体。

关键词：无机非金属材料；陶瓷；氧化锆；掺杂；性能

中图分类号：TQ174 **文献标识码**：A **文章编号**：0258-7076（2007）02-0187-05

Preparation and Properties of $(ZrO_2)_{0.96}$ $(Y_2O_3)_{0.03}$ $(Al_2O_3)_{0.01}$ Ceramic

Zhou Xinyan，Zhang Zhentao，Sha Shunping，Zhao Lu，Xiang Lanxiang，
Chen Zongzhang，Li Sufang，Wu Zhenjun

Abstract：$(ZrO_2)_{0.96}$ $(Y_2O_3)_{0.03}$ $(Al_2O_3)_{0.01}$ powder was prepared by codeposition method. $(ZrO_2)_{0.96}$ $(Y_2O_3)_{0.03}$ $(Al_2O_3)_{0.01}$ ceramic composites were got under the desirable sintering condition by controlling the parameters for temperature increasing，the sintering time and the sintering temperature. When the samples were sintered under the condition that the speed of rising and declining of the temperature was 5 ℃ • min^{-1}，the sintering temperature was 1550 ℃，the flexural strength could reach 998 MPa，the circle times of the thermal shock resistance could reach 33，the relative density was about 96%，and the electrical property was also good.

Key words：inorganic nonmetallic material，ceramic，zirconia，doped，property

---

氧化锆作为一种性能优异的特种陶瓷材料，有着极其广泛的应用。由于氧化锆在高温下具有较高的氧离子导电性，因此目前被成功地应用于高温氧传感器、高温发热元件和固体氧化物燃料电池(SOFC)[1]。全稳定 ZrO_2（Y_2O_3）有较高的电导率，但是机械性能较弱，陶瓷较脆。部分稳定的 ZrO_2（Y_2O_3）在电导率方面略逊于全稳定的氧化锆，但是具有很好的机械性能[2]。在 ZrO_2（Y_2O_3）材料中加入 Al_2O_3 能改善体系的烧结特性，增加烧结体密度，提高其抗弯强度和抗热震性能，也可能改善材料的电化学性质[3-5]。本实验以 ZrO_2 为主体，掺杂一定量的 Y_2O_3 和 Al_2O_3 进行性能研究。

1 实 验

1.1 实验

为了得到性能较好、成分为 $(ZrO_2)_{0.96}$ $(Y_2O_3)_{0.03}$ $(Al_2O_3)_{0.01}$的粉末样品，采用化学共沉淀法制得[6]。原料为分析纯 $ZrOCl_2 \cdot 8H_2O$、99.99%纯 Y_2O_3、分析纯 Al $(NO_3)_3 \cdot 9H_2O$，Y_2O_3 用热硝酸溶解后与 $ZrOCl_2$ 和 Al $(NO_3)_3$ 溶液混合均匀，沉淀剂为氨水。沉淀物经大量的去离子水和适

量乙醇洗涤后冷冻干燥，研磨后在700 ℃下煅烧2 h，制得粉料。

1.2 坯体的成型及烧结

在制得的粉料中加入适量的黏结剂进行造粒，把粉末样品装入钢模具中在一定的压力下加压成型（图表中未特别说明的均为300 MPa成型样），圆片为ϕ10 mm×3 mm；进行抗弯测试的试样，加工成3 mm×4 mm×36 mm。把素坯放入硅钼炉中按一定的升温速率升至一定温度，保温数小时，常压烧结，并按一定的降温速率冷却至室温。

烧结制度ZD01为除有机物时升温速率为3 ℃·min^{-1}，烧结中期升温速率为5 ℃·min^{-1}，冷却阶段降温速率为5 ℃·min^{-1}的工艺曲线；烧结制度ZD02为除有机物时升温速率为5 ℃·min^{-1}，烧结中期升温速率均为10 ℃·min^{-1}，冷却阶段降温速率为10 ℃·min^{-1}的工艺曲线；烧结制度ZD03为除有机物时升温速率为10 ℃·min^{-1}，烧结中期升温速率均为15 ℃·min^{-1}，冷却阶段降温速率为15 ℃·min^{-1}的工艺曲线。

1.3 测试

用日立H-800型透射电子显微镜观察粉体的粒径及形貌。用［日］理学D/max-γA型X射线衍射仪测定烧结样品的相组成，用［日］GMS-5600型扫描透镜观察烧结样品的表面和断口形貌。试样的体积密度用Archimedes法测得，并计算转换成相对密度。将抗弯样在WDW-100微机控制电子万能试验机上，采用三点弯曲试验测试抗弯强度，跨距为30 mm，加载速度为5 mm·min^{-1}，每种试样取5根，然后取平均值。将样品在500 ℃加热10 min，取出后投入常温水中迅速冷却，观察是否有宏观裂纹，如无裂纹则再加热，反复进行这个过程，直至出现裂纹，记录其循环次数，测得抗热震性能。采用上海辰华仪器公司的CHI660A电化学工作站对其电性能进行测试，测试频率为0.1 Hz～1.0×10^5 Hz。

2 结果与讨论

2.1 试样的形貌、相组成

由图1可知，采用共沉淀法制得的$(ZrO_2)_{0.96}(Y_2O_3)_{0.03}(Al_2O_3)_{0.01}$粒度比较均匀，且分散性能较好。粉体粒径约为50 nm～100 nm。由图2可知粉末样品的相组成为四方相和单斜相。Y_2O_3和Al_2O_3的衍射峰不明显，这是因为Y_2O_3和Al_2O_3含量比较低，在衍射峰上很难体现出来。

采用烧结制度ZD01烧结至不同的温度，恒温4 h，研究烧结体相对密度与烧结温度的关系。延长烧结时间有助于晶粒生长和烧结体的致密化。延长保温时间对晶粒生长和烧结体致密化作用不如提高烧结温度来得快。将样品仍以烧结制度ZD01的烧结速率在1550 ℃下烧结1、3、5、7、10 h。研究烧结体在不同烧结时间下的相对密度。

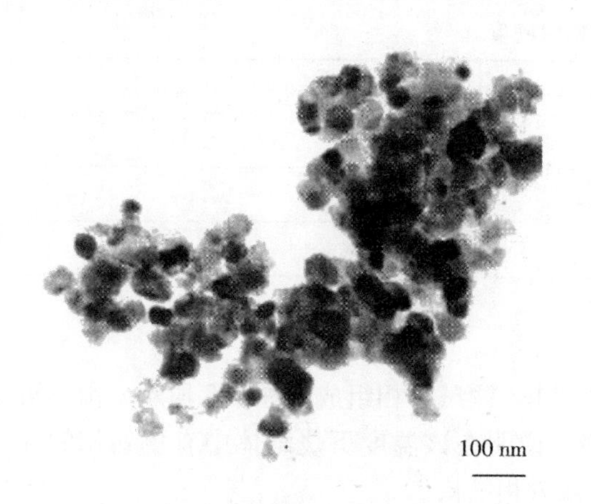

图1 粉体的TEM照片

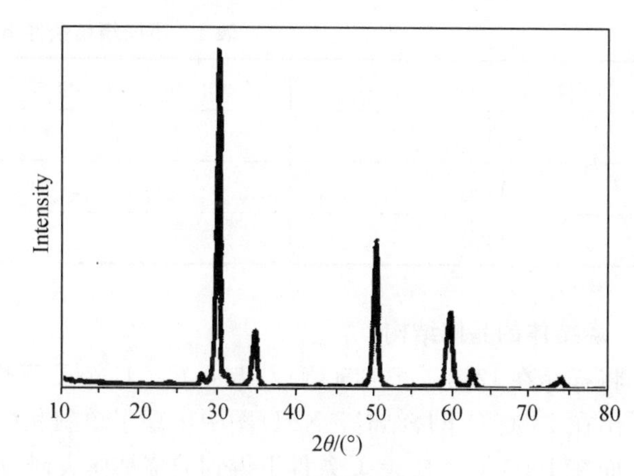

图2 粉体的XRD图

2.2 烧结体的相对密度和微观结构

由图 3 可以看出，随着烧结温度的升高，烧结体密度增加，在烧结初期，从 850 ℃～1000 ℃之间，坯体的相对密度只从 47.4%增加到 52.0%，变化较小。在烧结中期，从 1000 ℃～1350 ℃之间，坯体的相对密度迅速增加到 93%，线收缩率从 14.7%增加到 19.8%。在烧结后期，温度达到 1550 ℃时密度最大，且温度为 1600 ℃时相对密度反而有所下降。

因为粉料经压制成为具有一定外形的坯体后一般含有百分之几十的气孔，颗粒之间仅仅是点接触。在高温的作用下发生了颗粒间接触面积的扩大，颗粒聚集，体积收缩；颗粒中心距离的逼近，逐渐形成晶界；气孔形状变化，体积缩小，从连通的气孔变成孤立的气孔，并逐渐缩小，以至排除，最终致密化[7]。由图 4 可以看出样品在 1550 ℃下恒温 5 h，相对密度超过 96%，已经达到致密化，再延长烧结时间，烧结体密度变化不大。当烧结已达致密化后再升高温度继续烧结时，烧结体中产生了较多的熔洞，进入过烧状态，烧结体密度下降。

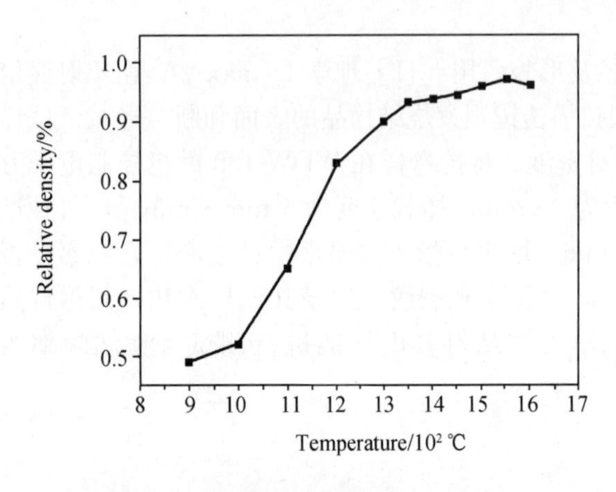

图 3 相对密度与烧结温度的关系

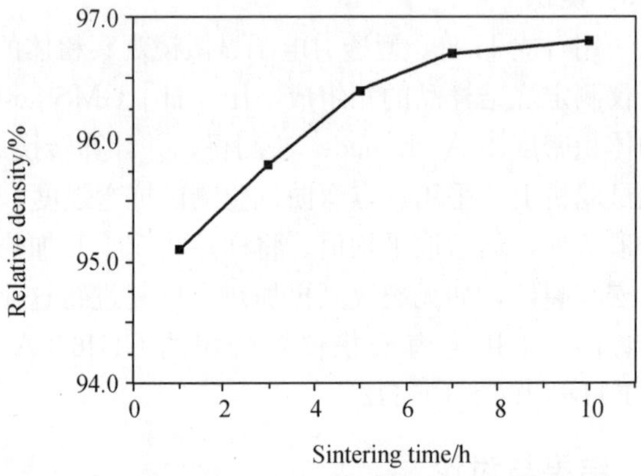

图 4 相对密度与恒温时间的关系

2.3 烧结制度对烧结体密度的影响

升温速率是无压烧结中可以人为控制的因素之一，很多情况下，升温速率不同，最后的烧结结果也不一样。将样品分别以 5 ℃ · min^{-1}、10 ℃ · min^{-1}和 15 ℃ · min^{-1}的升温速率烧结至不同的温度，保温 5 h，得到在不同升温速率下烧结体相对密度的大小如表 1 所示。由表可以看出，升温速率对烧结体的密度影响不大，但是升温速率增加会造成密度有所降低。一般认为，产生这种结果的原因有二：一是粉体中残存的 Cl^- 离子不能及时排出而包裹在坯体中；二是材料的低热导率造成坯体内外存在热梯度。经过分析，后者的影响并不大[8]。

表 1 不同烧结条件下的相对密度

Sintering temperature/℃	Temperature rising speed/（℃ · min^{-1}）	Relative density/%
1400	5	94.8
1400	10	94.6
1400	15	94.5

2.4 烧结体的晶体结构

将样品在 1250 ℃、1350 ℃、1500 ℃、1550 ℃下烧结 2 h，测试其相组成，如图 5 所示。由图可以看出在 1350 ℃下烧结时，XRD 图中出现了单斜相的峰，说明在该温度下烧结体中有单斜相的存在，而在 1500 ℃、1550 ℃条件下得到的烧结体表现为全四方相结构。

2.5 烧结体的微观结构

以烧结制度 ZD01 烧至不同的温度，恒温 2 h，观测其断口形貌。

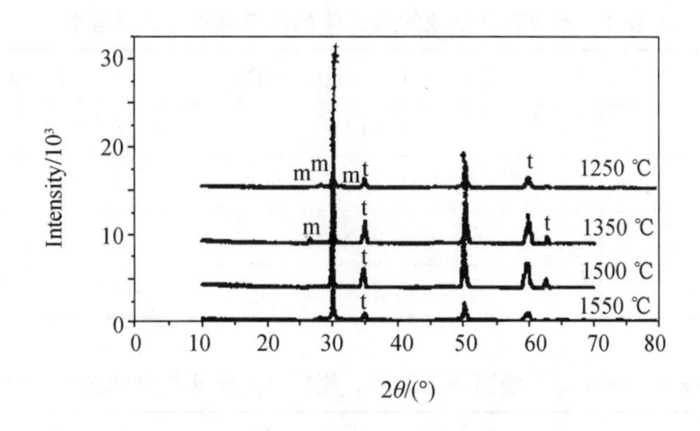

图5 不同烧结温度的烧结体XRD图

由形貌可知，不同的烧结温度对烧结体的形貌会产生很大的影响。在烧结制度ZD01下1550 ℃时，晶界明显，总体上晶粒的增长比较均匀。只在少数地方出现了晶粒的不正常增长，这可能是因为Al_2O_3在晶界的钉扎作用造成的。在温度达到1600 ℃时，虽然表面仍然很致密，但是烧结体表面已经出现了裂纹，在烧结体的断面出现了大的熔洞，在Badwal等[9]的研究中也出现了类似的现象。在温度变化时，因体积变化不一致而产生应力，容易使烧结体产生细小裂纹。烧结体中的熔洞结构对烧结体的密度会产生影响。这与前面的相对密度测试结果一致。

2.6 烧结体的抗弯强度和抗热震性能

将样品在ZD01下烧结不同的温度，恒温2 h，测试其抗弯强度和抗热震次数。

在不同的升温速率下，烧结温度为1550 ℃烧结2 h，测试不同升温速率下抗弯强度和抗热震性循环次数。

图6 烧结体的断口SEM（1550 ℃）

图7 烧结体的断口SEM（1600 ℃）

由表2～表4可知，不同的烧结温度、烧结时间和升温速率对烧结体的抗弯强度和抗热震性会产生很大的影响，这主要是因为其对烧结体相对密度产生了很大的影响。而在致密化烧结时，不同的升温速率和不同的保温时间对烧结体的抗弯强度和抗热震性影响不大，这是因为在烧结体达到致密化条件后，再延长烧结时间和提高升温速率对烧结体的密度影响不大。对于氧化锆陶瓷，烧结体的抗弯强度和抗热震性主要受烧结体密度的影响，在烧结温度过高时，弯曲强度下降，过烧是造成这一现象的主要原因[10]。由上述表中结果可知，本实验所研究的粉体，在烧结制度ZD01的升温速率下可以达到较好的抗弯强度和抗热震性。

表 2　不同温度烧成的烧结体的抗弯强度和抗热震性

Sintering temperature/℃	Flexural strength/MPa	Thermal shock resistance times
1350	642	15
1450	756	23
1550	930	33
1600	813	29

表 3　1550 ℃下烧结不同时间，烧结体的抗弯强度和抗热震性

Sintering hours/h	Flexural strength/MPa	Thermal shock resistance times
1	849	19
3	946	30
5	945	28
7	996	31
10	998	33

表 4　不同升温速率下烧结体的抗弯强度和抗热震性

Temperature rising spead/ (℃ · min^{-1})	Flexural strength/MPa	Thermal shock resistance times
5	930	28
10	901	31
15	864	36

2.7　烧结体的电性能

将烧结体在 ZD01 下加热至不同的温度烧结 2 h，测试其交流阻抗，如图 8 所示。另外，在 1550 ℃的温度下烧结不同的时间，测试其交流阻抗，如图 9 所示。

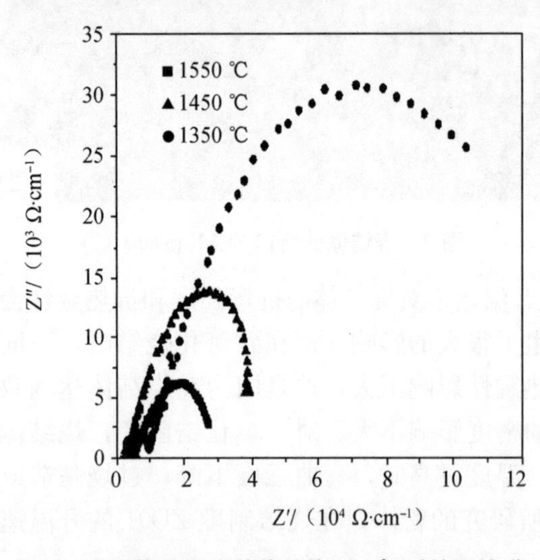

图 8　不同烧结温度的烧结体 400 ℃时的阻抗谱

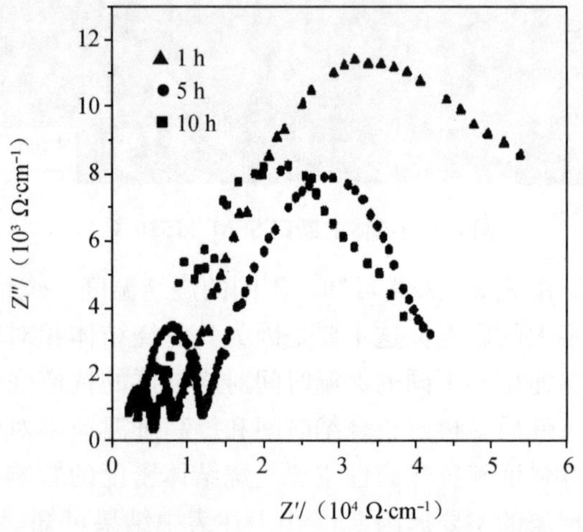

图 9　烧结不同时间的烧结体 400 ℃时的阻抗谱

由图 8 可知，随着烧结温度的提高，晶界半圆的直径也减小，这证明在一定烧结温度下，烧结温度提高有利于致密化，这与前面的结果一致。在烧结制度 ZD01 下，烧结温度为 1550 ℃时，烧结体的晶界电阻最小，1450 ℃时烧结体的晶界电阻较小。由图 9 可知随着烧结时间的延长，晶界半圆的直径减小，这是因为烧结体密度随着时间的延长而增加，当达到致密化程度后，继续延长烧结时间，密度变化不大，但是晶粒随着时间的延长而长大，反映在晶界电阻上就是晶界半圆变小。

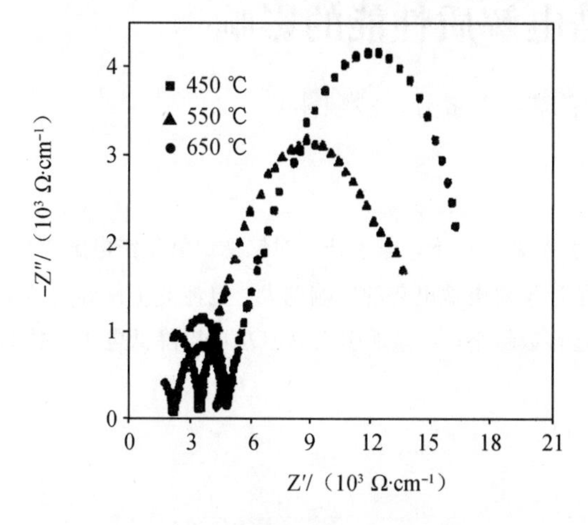

图 10　不同温度下测试的交流阻抗谱

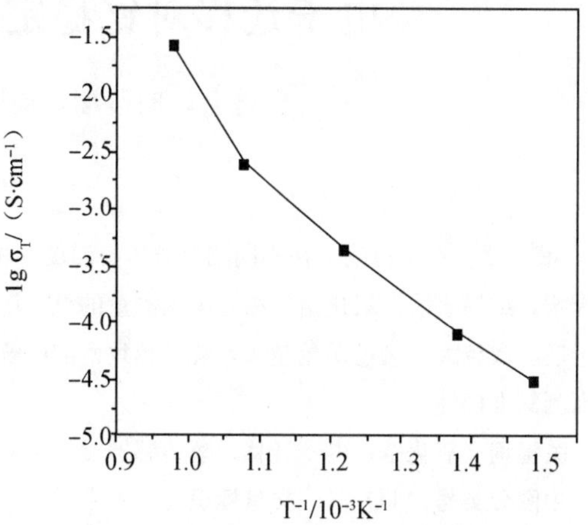

lg σT/（S·cm⁻¹）

T⁻¹/10⁻³K⁻¹

图 11　烧结体的 Arrhenius 曲线

阻抗谱的总体规律都是随着测试温度的升高电导升高、电阻降低。晶界和晶粒的情况也都是如此。把测试结果经过处理后作 1g σ_T-1000/T 图，结果发现样品基本满足 Arrhenius 关系式：

$$\sigma=\sigma_0\exp\left(-\frac{E_a}{kt}\right)$$

图 10、图 11 分别为 1550 ℃下烧结 3 h 的烧结体的不同温度下的交流阻抗谱和 Arrhenius 曲线。

3　结　论

（1）在升、降温速率为 5 ℃ · min^{-1}的烧结制度下，1550 ℃烧结时，烧结体已经致密化，且抗弯强度达到 900 MPa 以上，抗热震循环次数达到 30 次左右，烧结体的电性能亦较优。

（2）在烧结温度为 1550 ℃时，不同的升温速率和烧结时间对本研究的粉末密度影响不太大，但是对电性能有一定的影响。

（3）采用分阶段控制升温速率进行烧结，可以得到综合性能较好的烧结体。

参考文献

[1] 豆斌朝，林振汉，吴亮，等. 氧化锆固体电解质的掺杂性能和应用 [J]. 稀有金属快报，2004，(6).

[2] 林祖纕，郭祝昆，孙成文，等. 快离子导体（固体电解质）[M]. 上海：上海科学技术出版社，1983：228.

[3] Guo X，Sigle W，Fleig J，et al. Role of space charge in the grain boundary blocking effect in doped zirconia [J]. Solid State Ionics，2002，154：555.

[4] Guo X. Space-chargr conduction in yttria and alumina codoped-zirconia [J]. Solid State Ionics，1997，96：247.

[5] Guo X. Physical origin of theintrinsicgrain-boundary resistivity of stabilized-zirconia-role of the space-charge layers [J]. Solid State Ionics，1995，81：125L.

[6] Liang X M，Yang Z F，Yuan Q M，et al. Influence of Y_2O_3 adding method on microstructure and properties of Al_2O_3 strengthened Y-TZP [J]. Journal of Rare Earths，2003，21：120.

[7] 金志浩，高积强，乔冠军. 工程陶瓷材料 [M]. 西安：交通大学出版社，2000，102.

[8] 尹衍生，李嘉. 氧化锆陶瓷及其复合材料 [M]. 北京：化学工业出版社，2004，77.

[9] Badwal S P S，Drennan J. Electrical conductivity of Y_2O_3-Sc_2O_3 partially stabilized zirconia [J]. Materials Forum，1992，16：237.

[10] 孙义海，张玉峰，郭景坤. 低温烧结 3Y-TZP 陶瓷的微观结构与力学性能 [J]. 硅酸盐学报，2002，(3)：267.

（稀有金属，第 31 卷第 2 期，2007 年 4 月）

电子迁移对钇稳定氧化锆电解质性能的影响

鲁盛会，向蓝翔，周欣燕，陈宗璋，李素芳，沙顺萍

摘　要：本文讨论了在不同测氧分压、温度、相对密度及引入 Al_2O_3 下，电子迁移对钇稳定氧化锆电解质性能的影响。结果表明：氧化锆氧浓差电池测量的氧分压越低，电子迁移对电池电势的影响越大；电池的工作温度越低，电子迁移数越大，测量误差越大；烧结越致密的电解质其电子迁移数越小；适量地引入 Al_2O_3 可以降低电子迁移数，提高测氧准确性。

关键词：氧化锆；电子迁移；氧传感器

中图分类号：TQ174　**文献标识码**：A

Effects of Electron Mobility on Yttria-Stabilized Zirconia

Lu Shenghui, Xiang Lanxiang, Zhou Xinyan, Chen Zongzhang,
Li Sufang, Sha Shunping

Abstract: The electron mobility was measured to investigate the influence of test temperature, densification, oxygen concentration and doped alumina on performance of yttria-stabilized zirconia (YSZ). The result shows that the lower oxygen concentration in testing electrode, the more influence of electron mobility on potential of YSZ cell and the amount of electron mobility is larger at lower work temperature to oxygen sensor. The high sintering density of YSZ and proper addition of alumina can decrease the amount of electron mobility and increase the accuracy of oxygen sensor.

Key words: Zirconia, Electron mobility, Oxygen sensor

在高温下，钇稳定氧化锆（YSZ）固体电解质是一类氧离子传导占绝对优势的离子导体，同时存在着电子迁移，当电子迁移数较高时，将影响 YSZ 电解质制备的氧传感器的测量准确性[1]。YSZ 基浓差电池型氧传感器在工作时是利用能斯特方程 $E=\frac{RT}{4F}\cdot\ln\frac{P_1}{P_2}$（$E$ 为电池产生的理论电势，R 为气体常数，T 为电解质温度，F 为法拉第常数，P_1 和 P_2 分别为参比氧分压和测量氧分压）来测量未知氧分压的。而该方程的成立条件之一是假定固体电解质中的氧离子迁移数 $t_i=1$（即电子迁移数 $t_e=0$），即在测量氧分压时，希望氧离子是完全的载流子，自由电子和电子空穴可以忽略不计。但是，实际上固体电解质内电子迁移的存在对池电势有着直接的影响，电子迁移数越大，YSZ 氧传感器的测量误差亦越大。只有当电子迁移数很小时（如小于 1.0%时[2]），测量氧分压才趋近于实际氧分压。而在许多实际应用中，它对测量结果的影响是不能忽略的。为了避免和修正电子迁移对池电势的影响，必须了解电子迁移在不同的工作环境下是如何影响池电势的，以及电子迁移在实际应用条件变化时的规律。本文通过改变浓差电池两边的烧结致密化程度、氧分压、温度和原料的掺杂等来讨论电子迁移对 YSZ 电解质性能的具体影响。

1 YSZ 敏感元件和实验装置的制备

1.1 YSZ 敏感元件的制备

采用化学共沉淀工艺制备 8 mol% Y_2O_3 稳定 ZrO_2（YSZ）粉料，用 LDJ200/1000-300 型冷等静压机将粉料压制成型为 ϕ6 mm×2 mm 圆片状氧化锆素坯，然后用 SX2-16B 型高温硅钼炉分别在 1300 ℃、1370 ℃、1440 ℃、1510 ℃、1580 ℃下烧制成相对密度不同的氧化锆敏感元件，用氯铂酸法在元件的两圆面上涂制多孔铂作为正负电极。仍采用化学共沉淀法制备含 Al_2O_3 的 YSZ 固体电解质，同上，压制、烧结制备成敏感元件。

1.2 实验装置的设计

将制备的敏感元件安放在自制可调温的电炉中，且氧化锆敏感元件两面间气密性良好。如图 1 所示。

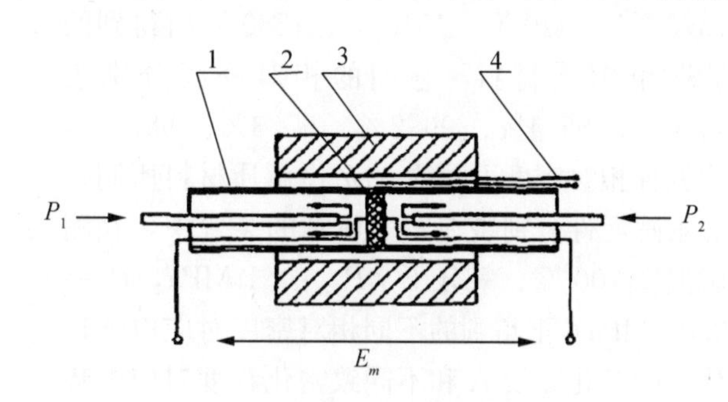

图 1 电子迁移数测量装置示意图

1—石英管；2—YSZ 固体电解质；3—数控加热炉；4—热电偶

将不同浓度和氧分压的 P_1、P_2 氧气（标准气用氮气配制），分别从装置的两端缓慢通入，两端气体流量均为 200 mL/min，使用 TD1913B 型精密交直流数字电压表测试氧化锆电池的端电压 E_m。

2 实验结果与讨论

为了研究电子迁移对钇稳定氧化锆（YSZ）氧传感器性能的影响，通过测量出氧离子的迁移数就可以得到其电子迁移数，因为固体电解质在高温下存在着氧离子迁移和电子迁移，它们的迁移数之和为常数（$t_i+t_e=1$），从而了解在不同的测试条件下电子迁移对 YSZ 传感器性能的影响。

利用氧化锆测氧传感器实际测得的电势不是能斯特方程计算出的 E，而是 E_m，即扣除由于电子迁移的原因，在氧化锆电解质的内部消耗的电势，所以在计算氧离子在电解质中的迁移数时，只用准确测得电池的端电压 E_m，按照能斯特方程计算出理论的电池电势，就可以计算出测量时的氧离子迁移数：$t_i=\frac{E_m}{E}$，也就得到了氧化锆电解质中的电子迁移数：$t_e=1-t_i=1-\frac{E_m}{E}$。若把能斯特方程代入即可得到氧化锆电解质中电子迁移数的公式：

$$t_e=1-\frac{4F\cdot E_m}{RT}\cdot\ln\frac{P_2}{P_1} \tag{1}$$

在本实验中，确定了一端氧分压 P_1（0.1 MPa）不变，改变另一端的氧分压 P_2，那么，对公式（1）进行偏微分可得：

$$t_e=1-\frac{4F}{RT}\cdot\frac{\partial E_m}{\partial \ln P_2} \tag{2}$$

即：

$$t_e=1-\frac{1}{0.4960T}\cdot\frac{\partial E_m(\mathrm{mV})}{\partial \lg P_2(\mathrm{MPa})} \tag{3}$$

这样，将通过自制的测试装置得到的数据代入公式（3）就可以计算出在特定的条件下 YSZ 电解质内电子迁移对氧传感器对测量准确性的影响。

2.1 在不同的致密化程度下电子迁移的变化

YSZ 基固体电解质氧传感器，不仅要求固体电解质材料具有高的相对密度[3]，使该种优良的功能陶瓷材料具备高的机械强度，亦要求该种材料能承受住一定的热震冲击，这样材料又要具有一定的气孔率，因为微气孔的存在可以提高材料的抗热震性能，这要求材料的不能过于致密[4]。那么YSZ电解质的致密化程度或气孔率的高低对电解质材料的氧离子迁移数起到什么样的影响呢？图2为不同相对密度下的电子迁移数及对应电势。在烧成温度分别为1300 ℃、1370 ℃、1440 ℃、1510 ℃、1580 ℃时得到的YSZ电解质材料，它们的相对密度分别为94.0%、95.4%、96.2%、97.3%、98.0%，这五种相对密度不同的YSZ电解质材料所制备的敏感元件分别装在图1所示的装置中，在测试温度700 ℃、氧分压（P_1=0.1 MPa，P_2=0.02 MPa）下得到的不同相对密度对应电子迁移数的变化曲线A和不同致密化程度对应电势的变化曲线B。从曲线A中可以看出，随着YSZ电解质材料的相对密度的增加，电解质内的电子迁移所占的比例迅速下降，当相对密度达到95%以上时，在测量时电子迁移所占的比例已小于0.6%，所以若仅从减少电子迁移、增加测氧的准确性来考虑，电解质材料的相对密度越高越好。曲线B为相对密度不同时，所得到的测试电势，从图中可以看出，相对密度越高测得电势越接近理论值。在研制氧传感器敏感元件时既要考虑相对密度，又要考虑机械强度、抗热震性等性能而延长其使用寿命。

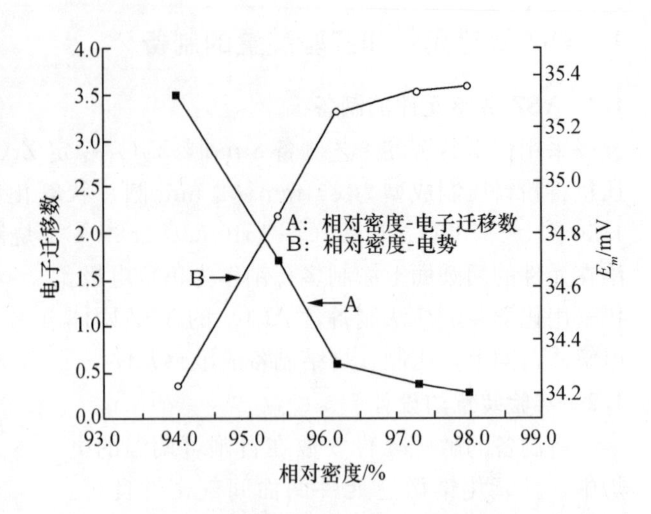

图2 不同相对密度下的电子迁移数及对应电势

2.2 在不同的氧分压下电子迁移的变化

制备YSZ基固体电解质氧传感器时，希望测量氧分压的范围既要尽可能地宽，又希望测量的准确性。图3为测量端氧分压变化时所对应的电子迁移数的变化和相应的测量电势。测试所用的敏感元件在1510 ℃烧结而成，测试温度为600 ℃，测试端氧分压P_2=0.001 MPa～0.09 MPa，参比端氧分压为P_1=0.1 MPa。图3中曲线A为电子迁移数与测量氧分压之间的变化曲线，图3中曲线B为各氧分压测试点对应的电势曲线。从图3中的曲线A可知，在测试低氧分压时，电子迁移数在氧分压为0.001 MPa时，约为2.5%，当氧分压在0.01 MPa时，迅速下降至0.3%，然后随着测试端氧分压的增加，电子迁移数均小于0.3%。这就说明，利用YSZ氧传感器测量相对高氧分压时，电子迁移影响不大，但测量低氧分压时电子迁移数不容忽视，应对测量的结果做相应的修正。

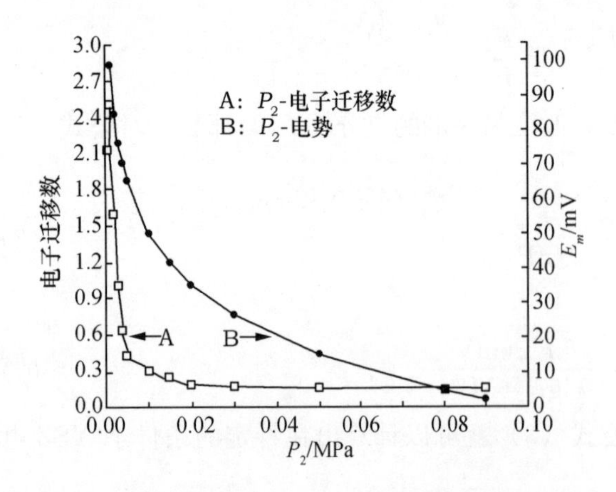

图3 测量端氧分压变化时的电子迁移数及对应电势

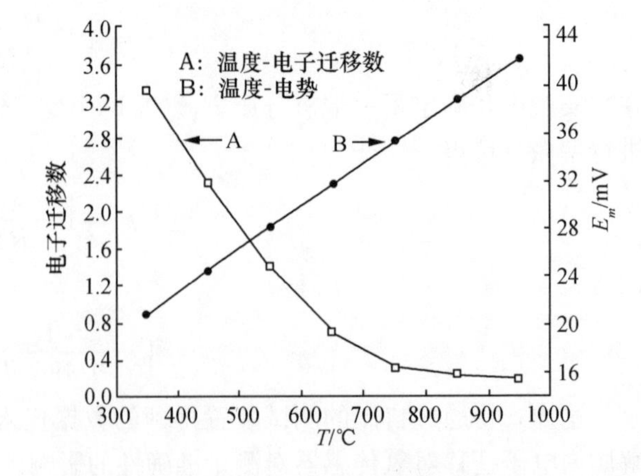

图4 不同的工作温度下的电子迁移数及对应电势

2.3 在不同工作温度下电子迁移的变化

在制备的氧传感器时，设计的YSZ敏感元件的工作温度越低，相应的加热装置消耗的电量越少，并且 YSZ 电解质的立方相结构向单斜相结构转变的速率越小，也就是传感器敏感元件的老化越慢。图 4 为在 1510 ℃的烧结温度下烧制的敏感元件，在元件两端的氧分压分别为 0.02 MPa 和 0.1 MPa时测得的相应电子迁移数和对应电势值。从曲线 A 可以看到，随着工作温度的升高，电解质的电子迁移数不断地降低，当温度大于 600 ℃时，电子迁移数降低到 1%左右。而在 350 ℃～550 ℃之间时，电子迁移数相对较大，测量的准确性难以保证。原因可能是，当工作温度相对较低时，氧离子和电子在电解质中的定向迁移速率都相应降低，但氧离子迁移速率相对降得更快一些。曲线 B 为不同温度下对应的电势值，从曲线 B 可以看出，温度越高对应的电势亦越高。

2.4 Al_2O_3 引入时电子迁移的变化

将适量的 Al_2O_3 引入 YSZ 固体电解质中，能提高材料的烧结性能，提高电解质的相对密度。图 5 为 Al_2O_3 的引入对 YSZ 固体电解质的氧离子的迁移效果的影响，测试的温度为 700 ℃，敏感元件两端相应的氧分压分别为 0.02 MPa 和 0.1 MPa。

由图 5 曲线 A 可以看出，随着 YSZ 电解质中 Al_2O_3 含量的增加，电子迁移数先出现了微小的增加，然后，随着 Al_2O_3 含量的增加，电子迁移数又逐渐降低至最小，此时 Al_2O_3 的含量约为 0.7 mol%，电子迁移数又逐渐增加。从图 2 得出的结论可知，相对密度越高的 YSZ 电解质电子迁移数越小，但 Al_2O_3 的引入使电子迁移数出现先增加后降低，然后再增加的变化。出现这种情况的原因可能是，虽然 Al_2O_3 的引入增加了 YSZ 电解质的相对密度，且使一小部分的 Al^{3+} 取代了 Zr^{4+}，而 $r_{Al^{3+}}/r_0^{2-}=0.39$，这与 $r_{Zr^{4+}}/r_0^{2-}=0.60$ 相差较大[5]，也就使四方或立方相的晶体结构发生了畸变，使氧离子较难顺利地从晶体缺陷间通过，进而影响了氧离子的迁移速率。但是随着 Al_2O_3 的增多，有助于消除 SiO_2 对电解质的晶界氧离子迁移产生的不利影响，即晶界的玻璃相倾向于汇集到 Al_2O_3 晶粒周围。但是在 Al_2O_3 含量过多时，Al_2O_3 处于 ZrO_2 的晶界上，阻碍了晶界的移动，影响氧离子迁移，且影响了 YSZ 电解质致密化。

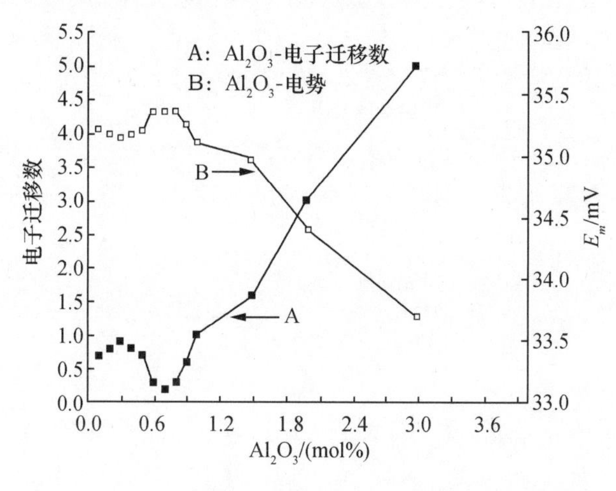

图 5 引入不同含量的 Al_2O_3 时电子迁移数及对应电势

3 结 论

（1）YSZ 电解质中的电子迁移数随着测试氧分压的降低而增加，随着相对密度的增高而降低，随着测试温度的降低而增大。

（2）在制备 YSZ 氧传感器时，既要考虑 YSZ 敏感元件的烧结温度，又要考虑传感器在测量范围内的准确性和合适的工作温度。

（3）适量地引入 Al_2O_3 可以降低 YSZ 电解质中的电子迁移，增加氧化锆氧传感器的测氧准确性。

参考文献

[1] 张仲生. 氧离子固体电解质浓差电池与测氧技术 [M]. 北京：原子能出版社，1983.

[2] 王常珍. 固体电解质和化学传感器 [M]. 北京：冶金工业出版社，2000.

[3] 施剑林. 固相烧结-Ⅲ实验：超细氧化锆素坯烧结过程中的晶粒与气孔生长及致密化行为 [J]. 硅酸盐学报，1998，(1)：1-13.

[4] 尹衍生，李嘉. 氧化锆陶瓷及其复合材料 [M]. 北京：冶金工业出版社，2000.

[5] 利明，何莉萍，陈宗璋，等. Al_2O_3 掺杂对 YSZ 固体电解质烧结及电性能的影响 [J]. 无机材料学报，2004，(3)：686-690.

（材料开发与应用，第 24 卷第 3 期，2009 年 6 月）

片式氧传感器电解质薄膜的制备及其性能研究

鲁盛会，李素芳，向蓝翔，陈宗璋，周欣燕

摘　要：确定了钇掺杂稳定氧化锆超细粉料和有机添加剂组成的浆料的配比，流延并烧结成了用于片式氧传感器的陶瓷薄膜。通过浆料黏度变化分析了分散剂的作用效果，研究了黏结剂和增塑剂对成膜效果和素坯相对密度的影响；采用综合热分析仪等手段研究了浆料中有机添加剂的烧除温度和热失重变化，并设计了合适的烧结制度；利用X射线衍射（XRD）及电子扫描显微镜（SEM）分析了最终烧结体的晶体结构和微观形貌；测量了抗热震及电性能。研究结果表明：素坯薄膜相对密度达55%，素坯内颗粒分散均匀，无硬团聚；采用相应的烧结制度在最佳烧结温度1450 ℃下得到了相对于理论密度达98%、晶粒均匀、晶界明显、几乎没有气孔的致密化薄膜；其抗热震性能达45次以上，电性能良好，是用于片式氧传感器的理想薄膜材料。

关键词：流延；薄膜；氧传感器；烧结；氧化锆

Fabrication and Properties of Electrolyte Film Used in Planar Oxygen Sensor

Lu Shenghui，Li Sufang，Xiang Lanxiang，Chen Zongzhang，Zhou Xinyan

Abstract：The slurry made of yttria stabilized zirconia（YSZ）powders and organic additives was investigated. YSZ films used in oxygen sensors were obtained by tape casting. The influence of the dispersant on slurry was investigated by detecting the viscosity and the green relative density and film quality with the different binder and plasticizers were researched. The temperature of burnout of organic additives in the slurry of YSZ was analyzed by TG-DTA and a corresponding sintering program of the YSZ film was designed. X-ray diffraction（XRD）and scan electron microscope（SEM）were employed to observe the crystal structure and micrograph of sintered films. The performance of thermal shock resistance and conductivity were surveyed. The results showed that the green relative density achieves 55wt% and the YSZ film with almost no micro pores，but clearly grains and grain boundary and 98% of theoretical density can be gained at the final sintering temperature of 1450 ℃. Thermal shock resistance and conductivity are better than that of tube oxygen sensors indicating that the YSZ film is suited for electrolyte films used in oxygen sensors.

Key words：Tape casting，Film，Oxygen sensors，Sintering，Zirconia

---

自20世纪70年代，限制汽车废气排放量的法规先后在美国、日本和欧洲一些国家制定执行后，以氧化锆等固态电解质浓差电池为基础的氧离子测氧传感器的研究一直成为热点[1]。特别是将氧化锆套管式氧传感器应用于汽车排放系统从而极大地减少了引擎产生的有害排放物以后，汽车用氧传感器的用量不断增加[2]。但是，套管式氧传感器的电解质较厚，且它的加热设备和氧化锆陶瓷分离，响应时间相对较长，工作温度相对较高。

把氧化锆电解质薄膜化而制备成的片式氧传感器可以让传感器具有响应时间短、体积小、便于微型化、成本低等优点[3-4]。而YSZ薄膜的研制是制备性能优良片式氧传感器最为关键的一步。但是，目前国内外对用于氧化锆传感器电解质薄膜的研究鲜有报道，特别是用全稳定氧化锆超细粉烧结制备的氧传感器薄膜的研究报道更少。目前，利用流延法制备薄膜便于连续操作、成本低、商业化的程度最高，所以采用流延法制作全稳定氧化锆薄膜最适用于片式氧传感器的研制。在流延法制备YSZ薄膜中，对浆料的性能进行研究，对烧结过程中有机添加剂的烧除进行分析以及制定合适的烧结制度对于制备出性能优良的用于片式氧传感器的薄膜十分重要[5]。

1　实　验

8 mol% Y_2O_3 稳定 ZrO_2 粉料是用化学共沉淀法制备的，平均粒径和比表面积分别为0.15 μm和8.5 m^2/g，以异丙醇和丁酮的共沸物为溶剂，松油醇为分散剂，聚乙烯缩丁醛（PVB）为黏结剂，聚乙二醇800（PEG800）和邻苯二甲酸二乙酯（DEP）为塑性剂制备浆料[6-7]。首先，称取粉料若干份，质量均为20 g，分别加入丁酮和异丙醇的共沸腾物20 mL，然后，往所配的两种浆料中加入不同剂量的分散剂，超声分散15 min后，用旋转式黏度计（NDJ-79）测量浆料黏度；将最佳配比下的粉料、溶剂、分散剂混合超声分散15 min，碾磨5 h，平均分成若干份，加入不同剂量的黏结剂和不同剂量的塑性剂，碾磨10 h，测量在塑性剂用量不变的情况下黏结剂对浆料固含量和黏结效果的影响；测量在黏结剂相同的情况下塑性剂对浆料的性能影响。

将制备的浆料流延成0.2 mm～0.4 mm的素坯薄膜，在25 ℃下干燥4 h，利用扫描电子显微镜（SEM）（JSM-6700F）观测素坯断面效果；采用综合热分析仪（STA449C）分析素坯的差热及失重情况，设计合适的烧结制度，在硅钼炉中烧结成陶瓷薄膜；利用XRD（SiemensD5000）及SEM分析薄膜的相组成和微观形貌结构；将制备的薄膜放入1000 ℃中5 min，然后取出自然冷却，如此反复，测量其抗热震性能；用恒电位仪（CHI600B）测量YSZ膜的交流阻抗谱。

2　试验结果与讨论

2.1　分散剂的作用效果分析

图1为分散剂用量对浆料黏度的影响效果图，旋转黏度计所采用的剪切速率为390/s。由该图可以看出，随着松油醇分散剂用量的增加，浆料黏度逐渐下降，当分散剂用量相对粉料质量比为2.9%时，浆料黏度最低，随后随着分散剂用量的增加，浆料的黏度又逐渐变大。因此本配方选用2.9%的松油醇的用量。

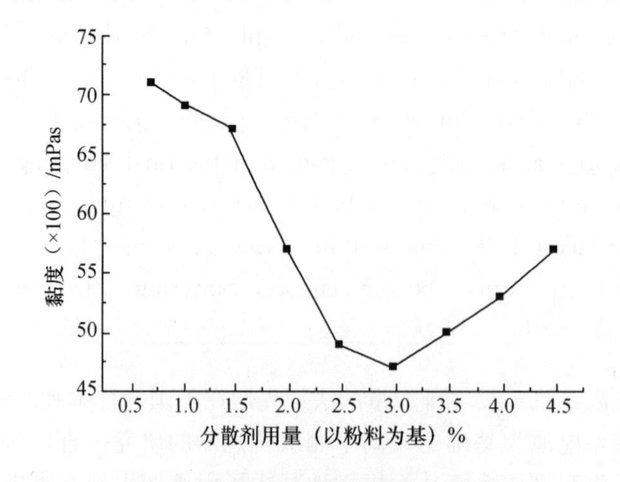

图1　分散剂用量对浆料黏度的影响

2.2 黏结剂和塑性剂对成膜效果和素坯相对密度的影响

表1所示为黏结剂（PVB）用量对浆料的相对密度的影响结果。从表中可以看出，随着黏结剂用量的增加，素坯的相对密度逐渐减小，但是，PVB/粉料的质量比从2.997%变化到7.553%时，素坯的相对密度变化仅为2.5%，且仍在53%以上。对于陶瓷来说，素坯的相对密度越高，在烧结时就越容易达到致密化，但对于流延法制备陶瓷薄膜来讲，若黏结剂的用量少则成膜浆料硬度大，膜韧性不够，容易出现开裂断裂现象。所以，综合考虑成膜效果和浆料的固含量后，选用4.526%的PVB/粉料质量比较为合适。

表1 不同黏结剂（PVB）用量对应浆料的相对密度

粉料/g	PVB/g	PVB/粉料质量比/%	浆料相对密度/%	成膜效果
3.337	0.100	2.997	55.70	难成膜，易碎
3.336	0.151	4.526	55.32	易成膜，韧性好
3.338	0.202	6.052	55.07	易成膜，韧性好
3.332	0.251	7.533	53.20	易成膜，韧性好

增塑剂的添加可以降低黏结剂的脆性、增进熔融流动性。在本研究中使用的增塑剂为PEG800和DEP，它们可以降低聚乙二醇缩丁醛黏结剂的聚合度，从而调节黏结剂的流动性和黏性，改善浆料的柔韧性，从而使脱模变得更加容易。表2为在溶剂、分散剂和黏结剂用量不变及制浆工艺不变的情况下，改变增塑剂PEG800的用量所得到的成膜效果。从表中可以看出，随着PEG800用量的增加所得到的素坯薄膜塑性逐渐变好，成膜也变得容易，但PEG800在改变浆料塑性的同时，也相对增加了浆料的黏性，随着用量的增多，在流延时，膜与基体相互黏结在一起难以分离，所制备的素坯薄膜也更容易发生形变，这对薄膜的切割也带来了很大困难。从表2中可以看出，在PEG800相对粉料质量比为5.27%时最好。塑性剂DEP对浆料性能影响很小，本实验中均采用相同的用量。

表2 塑性剂的作用效果分析表

粉料/g	PEG800/mL	DEP/mL	PEG800/粉料质量比/%	成膜效果
3.334	0.11	0.04	4.12	难成膜，易脱模
3.332	0.14	0.04	5.27	易成膜，易脱模
3.333	0.17	0.04	6.38	易成膜，易脱模
3.335	0.20	0.04	7.50	易成膜，易脱模

2.3 干燥素坯薄膜的SEM分析

将粉料和有机添加剂在最佳比例下制备成浆料，流延成0.2 mm～0.4 mm的素坯薄膜，在25 ℃的烘箱中干燥4 h后做素坯薄膜的断面扫描电子显微图，如图2所示。从图中可以看出，晶体颗粒没有出现团聚现象，颗粒之间相对紧凑地堆积而又清晰可辨，其粒径尺寸大小约为0.15 μm左右。对于流延法制备的素坯薄膜来讲，宏观而言素坯薄膜成膜容易，成膜后容易从基体上脱模，且柔韧性较好，在微观上要使素坯薄膜内部颗粒尽可能地紧密堆积，也就是固含量要高，且避免出现颗粒间团聚现象。从图2及前面所做的实验结果判断，达到了制备较好素坯薄膜的要求，这也为烧结致密化程度高的YSZ陶瓷薄膜做好了前期准备工作。

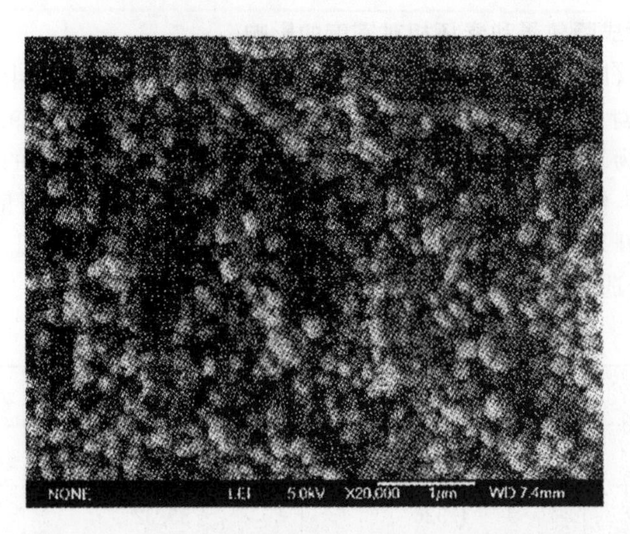

图 2　干燥后的素坯薄膜的断面扫描电子显微镜照片

2.4　对素坯薄膜的 TG-DTA 分析及烧结制度的设计

图 3 为流延 YSZ 薄膜素坯的综合差热分析（TG-DTA）图。图中一条曲线为热失重分析，一条为差热分析。从热失重分析曲线可以看出，在 0～550 ℃的温度区间内，浆料失重约 19%，失重主要发生在 150 ℃～400 ℃范围内，在该温度区间坯体失重约 17%。从图 3 的差热（焓变）曲线亦可看出，因有机添加剂的烧除而产生的显著焓变也发生在 150 ℃～450 ℃温度范围内。可见在 150 ℃～450 ℃的温度区间内，集中了素坯中黏结剂、分散剂、增塑剂等的热分解反应，该温度区间缓慢的升温速率，有利于热解气体在坯体中的扩散，可避免薄膜的起翘开裂、大气孔的产生等现象，因此前期升温速率的控制，合适烧结曲线的设计，对坯体致密化的烧结非常关键。

流延法制备的陶瓷素坯内含有大量的有机添加剂，基本上都在烧结初期被烧除，这也就意味着在烧结初期的烧结制度上不能仍采用等静压或干压法所采用的烧结模式。为了控制这些有机添加剂尽可能均匀烧除，使薄膜在该过程中所受应力分散。首先，采用了降低烧结初期的升温速率，然后，在热失重和热焓变化迅速的温度区间进行保温等措施。如图 4 所示，在烧结初期的 0～550 ℃的烧结区间，升温速率为 1 ℃/min，分别在 220 ℃、380 ℃、500 ℃三个温度点保温 30 min，然后以 2 ℃/min的升温速率升温至 900 ℃，在该温度点保温 90 min，然后，仍以 1 ℃/min 的升温速率升温至 1200 ℃，保温 60 min，最后再升温至不同的最终烧结温度：a 样 1330 ℃、b 样 1360 ℃、c 样 1390 ℃、d 样 1450 ℃等，在最终烧结温度下保温 180 min，然后随炉温冷却。

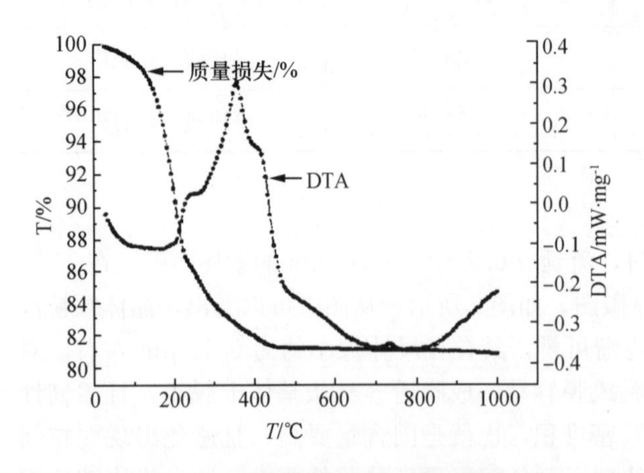

图 3　素坯的综合差热分析曲线图

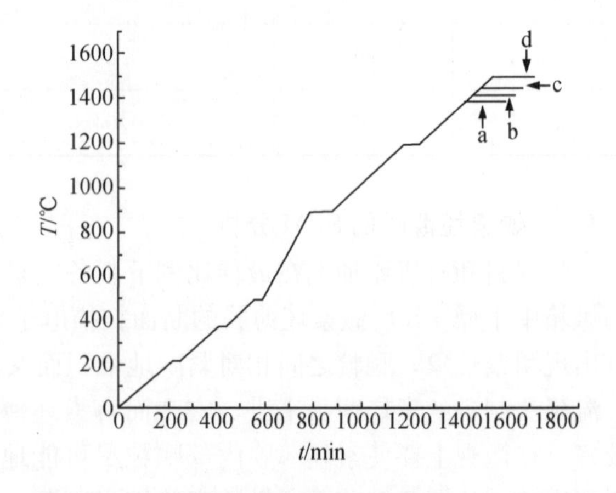

图 4　薄膜的烧结曲线

2.5 YSZ 薄膜的最终烧结致密化及 XRD 分析

图 5 为在不同的最终烧结温度下得到的薄膜烧结体断面的微观形貌。图 5（a）～图 5（d）分别为在 1330 ℃、1360 ℃、1390 ℃、1450 ℃下烧结的样品的断面照片。由该图可以看出，在 1390 ℃时，坯体断面结构较为疏松，气孔很多，晶体颗粒间界面广泛形成，但晶界面仍相对孤立没有形成连续的网络。在 1360 ℃和 1390 ℃时，虽然坯体内部发生了大面积的物质扩散、晶界移动、气孔缩小，但仍没有达到完全的致密化，结构因为没有完全达到致密而显得不够紧凑。在 1450 ℃烧结温度烧结的薄膜，几乎没有气孔存在，晶界明显，坯体已经致密。通过排水法测量上述各温度下烧结薄膜的相对密度，其结果也是在 1450 ℃下得到薄膜相对密度最大，达到了理论密度的 98%左右。

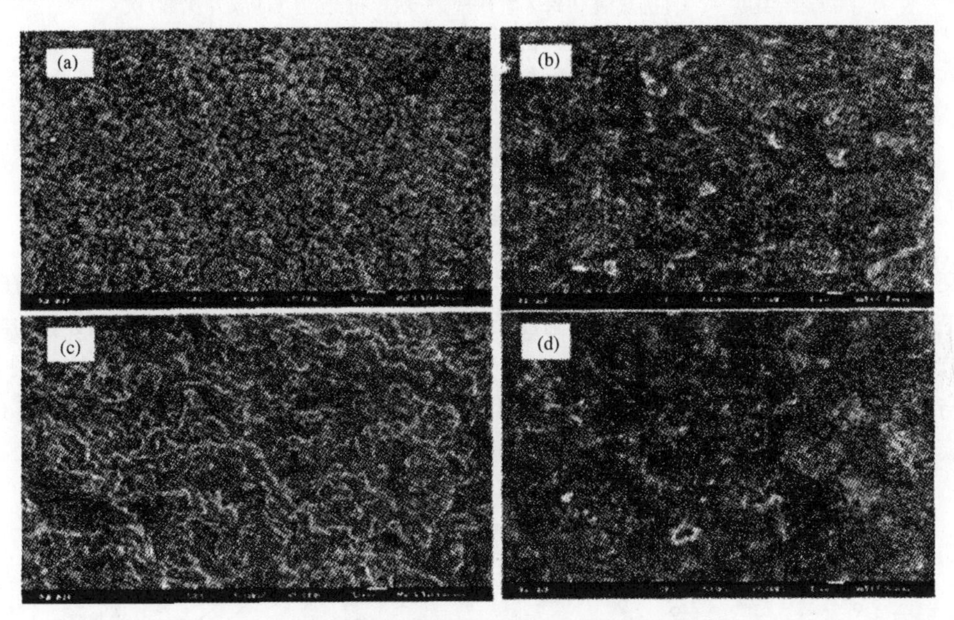

图 5 在不同的最终烧结温度下的断面 SEM 照片

图 6 是在不同烧结温度下，YSZ 陶瓷薄膜的 XRD 图。从图中可以看出，在烧结中期到后期的整个过程中 YSZ 薄膜的相结构没有发生变化，均为非单斜相结构。从 1330 ℃到 1500 ℃之间不同温度点的衍射峰强弱可以看出，随着温度的升高，非单斜相的氧化锆陶瓷特征峰强度不断增加，变得更加尖锐。当到达 1450 ℃左右时，特征峰的高度出现了极大值，然后在 1500 ℃又有所减小。结合图 5（d），说明了该陶瓷薄膜在 1450 ℃时为最佳烧结温度。在该温度之前，随着温度的升高，晶粒不断地生长，气孔逐渐被烧除，致密化程度不断增加；超过该烧结温度，陶瓷薄膜因为过烧现象而致密化程度下降，特征峰的高度也相对减弱。

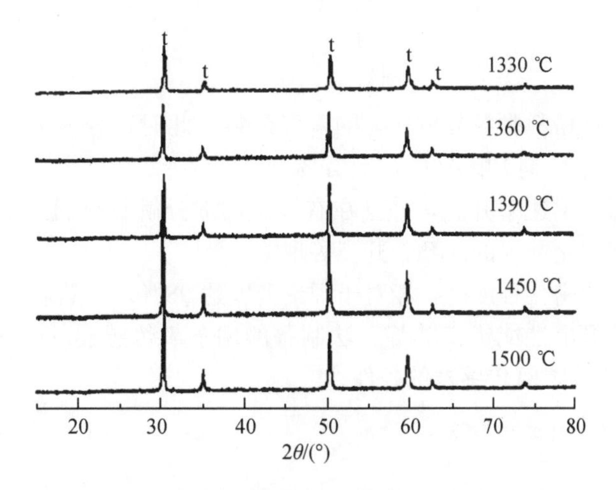

图 6 不同烧结温度下的烧结体 XRD 图

2.6 制备 YSZ 陶瓷薄膜的抗热震性及交流阻抗谱图分析

表 3 为不同烧结温度下得到的薄膜的抗热震性测试结果。从表中可以看出，薄膜的抗热震性普遍好于不同温度下制备的钇稳定氧化锆管，在最佳烧结温度 1450 ℃时得到的薄膜抗热震次数也最高，达 45 次以上，优于 YSZ 管的 33 次[8]。钇稳定氧化锆管由于其电解质相对薄膜较厚，在骤然升降温度时，容易受热不均而出现裂纹或断裂现象，但薄膜的厚度远小于管式的，其更容易承受温度骤升骤降的冲击，因为其散热或吸热速率更快些。

表 3 不同温度烧结的薄膜的抗热震性比较

烧结温度/℃	抗热震（YSZ 管）次数/次	抗热震（薄膜）次数/次
1330	20	30
1390	23	38
1450	33	45
1500	29	42

通过交流阻抗法测量所得到的薄膜的电阻[9]，然后来计算其电导率。测量之前分别在薄膜的上下两面涂上了铂浆及铂丝引线，在 1000 ℃温度下保温 2 h 而成。测量了在不同温度下的阻抗谱图，典型的阻抗谱图如图 7 所示，氧化锆薄膜的电导率随温度的关系符合 Arrhenius 公式（见图 8），其电导率比与等静压或干压法制备的相同陶瓷材料比具有明显的优越性。这就意味着通过本研究工作，得到的薄膜是一种电性能良好的电解质薄膜，较适用于片式氧传感器。

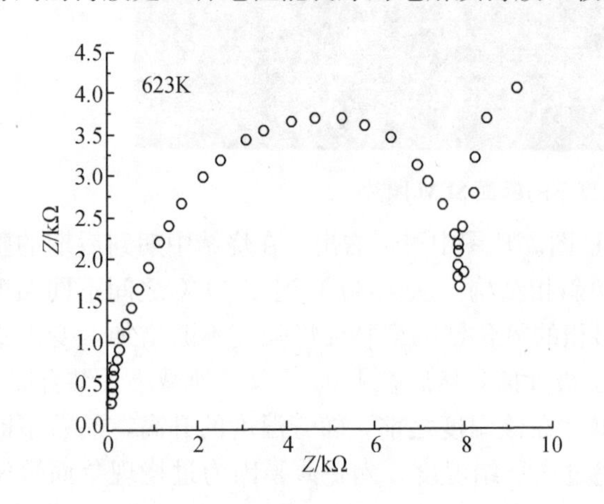

图 7 YSZ 薄膜的交流阻抗谱图

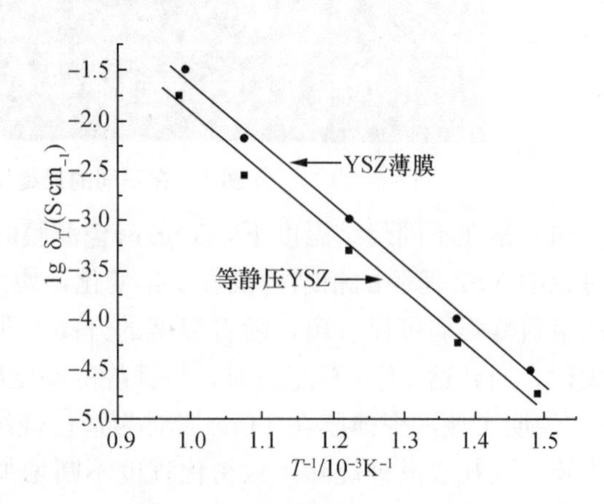

图 8 流延薄膜及等静压陶瓷的 Arrhenius 曲线

3 结 论

（1）制备出了黏度最低粉料颗粒分散均匀的陶瓷浆料，此时，分散剂对粉料的质量比为 2.9%，黏结剂 PVB 为 4.526%，塑性剂 PEG800 为 5.27%。

（2）在烧结初期以低升温速率升温，并且在有机添加剂分解氧化温度附近进行保温可以使之均匀地烧除，且可以有效地控制薄膜的起翘、开裂等现象。

（3）烧结得到的薄膜致密化程度高，相对于理论密度达 98%，抗热震性能优良达 45 次以上，其交流阻抗谱显示，薄膜的导电性能优于等静压法制备的用于氧传感器的全稳定氧化锆，其符合 Arrhenius 公式，具备了用于片式氧传感器的条件。

参考文献

[1] 张仲生. 氧离子固体电解质浓差电池与测氧技术 [M]. 北京：原子能出版社，1983.

[2] William C M. Progress in the development of zirconia gas sensors [J]. Solid State Ionics，2000，134：43-45.
[3] Ramamoorthy R，Dutta P K，Akbar S A. Oxygen sensors：Materials，methods，designs and applications [J]. Journal of Materials Science，2003，38：4271-4282.
[4] Takayuki S，Masato K，Kaoru O，et al. Effect of electrode interface structure on the characteristics of a thin-film limiting current type oxygen sensor [J]. Sensors and Actuators B，2005，108：326-330.
[5] Shi Jianlin. Solid state sintering-Ⅲ experimental，study on grain and pore growth，and densification of superfine zirconia powder compacts [J]. Journal of the Chinese Ceramic Society，26 (1)：1-13.
[6] Maiti A K，Rajender B. Terpineol as a dispersant for tape casting yttria stabilized zirconia powder [J]. Materials Science and Engineering，2002，A333：35-40.
[7] Mukherjee A，Maiti B，Sharma A D，et al. Correlation between slurry rheology，green density and sintered density of tape cast yttria stabilized zirconia [J]. Ceramics International，2001，27：731-739.
[8] 周欣燕，张振涛，沙顺萍，等. $(ZrO_2)_{0.96}(Y_2O_3)_{0.03}(Al_2O_3)_{0.01}$陶瓷的制备及性能研究 [J]. 稀有金属，2007，31 (2)：187-191.
[9] 王常珍. 固体电解质和化学传感器 [M]. 北京：北京冶金工业出版社，2000.

（材料开发与应用，第 23 卷第 5 期，2008 年 10 月）

钇稳定二氧化锆流延成型薄膜的无压烧结研究

鲁盛会，李素芳，向蓝翔，陈宗璋，吴振军，周欣燕

摘　要：讨论了流延法制备的钇稳定氧化锆（YSZ）陶瓷薄膜的无压烧结过程。通过 SEM、TG-DTA 和 XRD 等手段对素坯和烧结过程进行微观检测和表征。结果表明，固体含量为 55%（质量分数）的素坯薄膜，在 75 ℃～1000 ℃温度区间，有机添加剂的烧除对最终烧结体的致密化贡献不大，但对陶瓷薄膜的形变影响很大，YSZ 素坯薄膜内有机添加剂的匀速烧除，能够有效控制流延法制备陶瓷薄膜的起翘开裂，且能够有效抑制最终烧结体内气孔的数量，对最终致密化起促进作用；在 1000 ℃～1450 ℃的温度区间，陶瓷薄膜的晶粒生长和致密化主要以表面物质扩散机制进行，且晶粒的生长和致密化同步进行。在最佳烧结温度 1500 ℃时相对密度达到最大值 98%左右，随后，晶粒的尺寸随温度及保温时间的增加而增大，而密度有所下降。

关键词：氧化锆；薄膜；烧结；流延

中图分类号：TF124；TQ174　**文献标识码**：A　**文章编号**：1004-0277（2010）03-0062-05

Pressureless Sintering of Yttria-Stabilized Zirconia Thin Films Formed by Tape Casting

Lu Shenghui，Li Sufang，Xiang Lanxiang，Chen Zongzhang，
Wu Zhenjun，Zhou Xinyan

Abstract：Pressureless sintering process of 8mol% yttria-stabilized zirconia thin films fabricated by tape casting was investigated using SEM，TG-DTA and XRD techniques. The results indicate that the burnout of organic additives in the green tapes affects the shape of thin films significantly in temperature range of 75 ℃～1000 ℃. Controlled emission of organic additives during sintering can avoid the distortion and cracking of the thin films and prevent the generation of large pores in the sintered body，and thus make ideal densification of the thin films. Surface mass diffusion may contribute to grain growth and densification of the YSZ thin films at temperature of 1000 ℃～1450 ℃. The relative density of the thin film is approximately 98% after sintered at 1500 ℃（the optimal sintering temperature）. The grain size of the thin films becomes larger while the density decreases slightly with increasing temperature and lengthening holding time at temperature above 1500 ℃.

Key words：zirconia，thin film，sintering，tape casting

钇稳定氧化锆（YSZ）陶瓷在高温下具有稳定的相结构和较高的氧离子传导性能等优点，被成功地应用于高温氧传感器、固体氧化物燃料电池（SOFC）和高温发热元件等[1-2]。流延法制备陶瓷薄膜是一种陶瓷制备新技术，YSZ 陶瓷的薄膜化可以使功能器件具有结构紧凑、尺寸小、功耗小、电解质厚度小、氧离子迁移路程短、灵敏度高等诸多优越性[3]。流延法（tape casting）制备 YSZ 陶瓷薄膜由于具有可连续操作、成本低、商业化的程度高的优点，因而有较大的应用前景[4]。研究流

延法制备钇稳定氧化锆素坯薄膜及其无压烧结不仅具有较高的应用价值，而且对利用该方法制备的其他陶瓷薄膜的烧结研究也具有借鉴和指导意义。目前，已有的氧化锆陶瓷烧结致密化的研究报道也多为等静压法、干压法等其他方法制备的氧化锆素坯[5-8]，对流延法来说，因为素坯内含有大量的黏结剂、增塑剂和分散剂等，其烧结速率和致密化过程将不同于前者，而对于这方面的研究鲜有报道，因此对流延法制备的 YSZ 薄膜的致密化烧结研究十分重要。

1 实 验

实验采用日本 TOSOH 公司生产的 8% Y_2O_3（摩尔分数）稳定的 ZrO_2 纳米粉料，一次平均粒径和比表面积分别为 44 nm 和 6.5 m^2/g，二次粒径约为 0.2 μm。以松油醇为分散剂，甲基乙基酮和异丙醇的共沸物为溶剂，聚乙烯醇缩丁醛（PVB）为黏结剂，聚乙二醇 400（PEG400）和邻苯二甲酸二乙酯（DEP）为塑性剂[9]。

素坯薄膜的制作步骤为：将 10 g 纳米粉料样品、5 mL 溶剂及 0.3 mL 分散剂混合，球磨 16 h；依次加入 0.3 g～0.6 g 黏结剂，1.0 mL～2.0 mL 邻苯二甲酸二乙酯，0.5 mL～1.0 mL 聚乙二醇，二次球磨 16 h[10]；将浆料室温放置两天后，用自制流延设备将浆料流延成型为一定厚度的素坯薄膜。

测量素坯的质量、体积并计算素坯的相对密度；利用 STA449C 型综合热分析仪分析溶剂、分散剂、黏结剂和增塑剂的蒸发温度和热失重过程；用 JSM-6700F 型扫描电子显微镜分析素坯及不同烧结样品的微观形貌及晶粒、晶界生长和迁移情况；用 D5000 型全自动 X 射线衍射仪分析样品的相组成；采用阿基米德排水法测量烧结体的相对密度。

2 结果与讨论

2.1 流延 YSZ 薄膜初期坯体的形貌特征

本实验制备的 YSZ 流延素坯薄膜初期具有较好的塑性，密度为 55%（质量分数，下同），其中含有大量有机物。将该软坯体放入 75 ℃干燥箱中干燥，随着低熔点有机溶剂的挥发，坯体逐渐硬化成为脆性较大的素坯。此过程为溶剂的蒸发传质过程，坯体收缩很小，颗粒尺寸、形状、堆积方式基本保持不变，图 1 为其素坯横截面形貌。从图 1 中可以清晰地看到，尽管坯体蓬松，空隙率较大，但颗粒分散均匀，这为中后期陶瓷的致密化烧结提供了有利条件[11-12]。

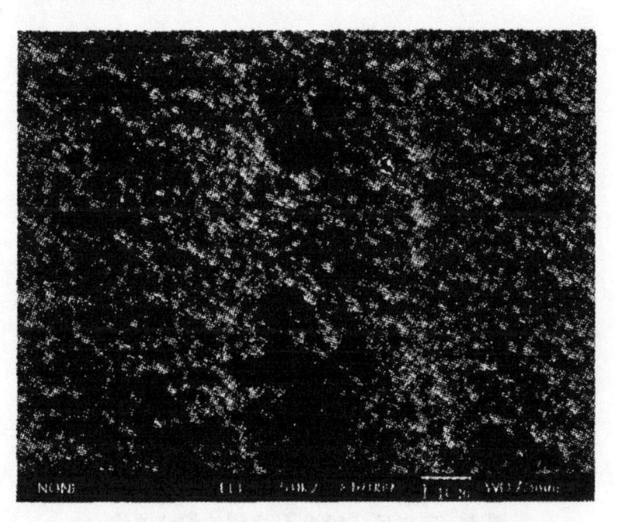

图 1 素坯薄膜的横截面扫描电子显微照片

2.2 流延 YSZ 薄膜综合差热分析（TG-DTA）和相应烧结工艺曲线的设计

对于等静压制备的陶瓷氧化锆薄膜来说，烧结初期对致密化的贡献很小，一般小于 10%。但是对于流延法制备 YSZ 薄膜来说，因为素坯中含有大量的有机添加物，在烧结初期，各种有机添加剂随着烧结温度的升高，将逐渐排出坯体，若烧结控制不恰当，将导致起翘甚至碎裂等现象。因此需根据有机物的挥发、热分解情况，适当控制坯体的受热速率。

图 2 为流延 YSZ 薄膜素坯的综合差热分析（TG-DTA）图。从图 2 中的失重曲线可以看出，坯体从室温烧结到 1000 ℃，失重约 20%，其中在 150 ℃～450 ℃范围内，坯体失重约 17%。从图 2 的差热曲线亦可看出，因有机添加剂的烧除而产生的显著焓变也发生在 150 ℃～450 ℃的温度区间。可见在 150 ℃～450 ℃的温度区间内，集中了素坯中的分散剂、黏结剂、增塑剂等的热分解反应，该温度区域缓慢的升温速率，有利于热解气体在坯体中的扩散，可避免薄膜的起翘开裂、大气孔的产生等现象，因此前期升温速率的控制，合适烧结曲线的设计，对坯体致密化的烧结非常关键。

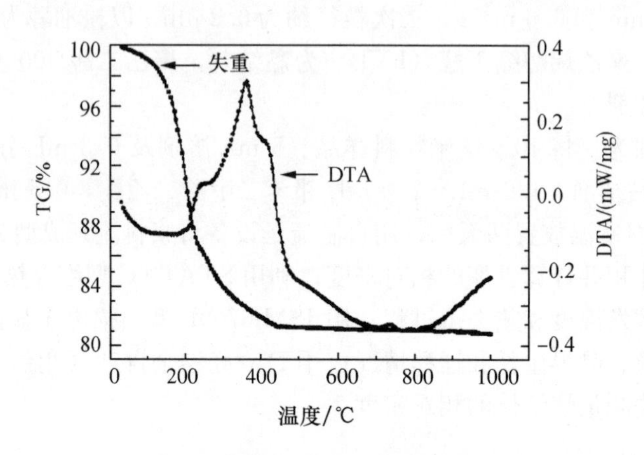

图 2　素坯体的综合差热分析图

对于等静压成型的坯体，烧结工艺曲线大致分为三个阶段。前期（小于 900 ℃）的烧结工艺为 3 ℃/min，保温一段时间后，中期和后期（大于 900 ℃）升温速率增加为 5 ℃/min，至目的温度后再保温一定时间即可。对于流延成型的坯体，则需采取分段烧结的办法，相应的烧结工艺曲线可设计如图 3 所示。即从室温到 575 ℃的区间内升温速率较慢为 1 ℃/min，其中在 220 ℃和 490 ℃分别保温 30 min，这样可以保证素坯内有机添加剂的匀速烧出，抑制坯体发生剧烈形变（起翘、断裂等）和烧结中、后期产生难以烧除的大气孔等不利因素；从 575 ℃以后采用等静压和流延等方法都经常用的烧结制度[13-14]。

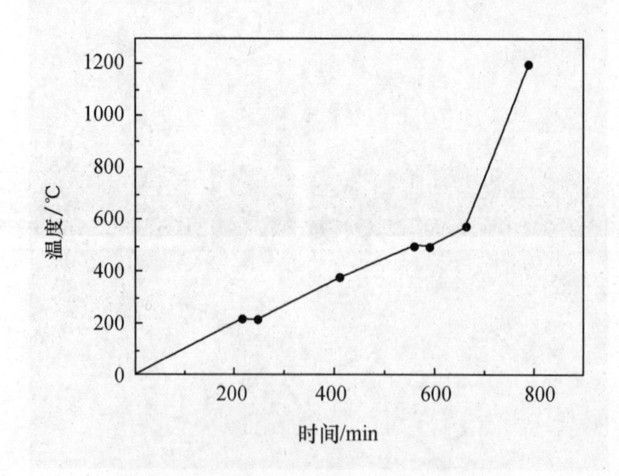

图 3　在 0 ℃～1000 ℃之间的烧结曲线

2.3　YSZ 薄膜烧结体在烧结中后期的致密化研究

YSZ 晶粒在 900 ℃以上开始生长，因此致密化的烧结主要发生在中后期（大于 900 ℃）。图 4 为通过流延所制备的 YSZ 薄膜烧结体的密度变化，图 5 为不同烧结温度下 YSZ 薄膜断面的微观形貌。

由图 4 可以看出，随着烧结温度的升高，烧结体密度不断增加。在 1000 ℃～1300 ℃的温度区

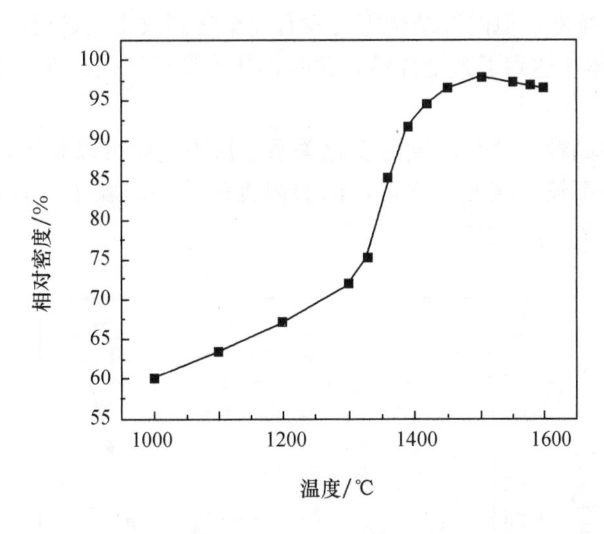

图 4　在烧结过程中 YSZ 致密度与温度的关系

间，坯体的相对密度只从 60%增加到 70%，增加幅度相对较小；在 1300 ℃～1450 ℃的温度区间，坯体的相对密度迅速增加到 95%；当温度达到 1500 ℃时相对密度最大（约 98%）；随后，随着温度的升高，相对密度又有所下降。可见，在烧结后期，致密化速率随温度的上升而增大，当达到最大值后致密化速率开始下降，接近完全致密时速率趋近于无变化。值得注意的是，当达到最高致密度后，再继续升高温度时，坯体将进入过烧结状态，烧结体密度反而有所下降。

同时，从 YSZ 薄膜烧结体断面的微观形貌图也可看出，在 1360 ℃时［图 5（a）］，坯体横截面结构较为疏松，气孔很多，晶体颗粒间界面广泛形成，但晶界面仍相对孤立没有形成连续的网络。在 1400 ℃时［图 5（b）］，坯体内部发生了大面积的物质扩散，且晶界不够清晰，气孔在逐渐缩小，有的甚至已被烧除，这一烧结时期的物质传输机制主要为表面扩散，也就意味着烧结体内气孔与物质间的表面张力 r_s 对致密化的进程起到重要作用。而气孔被排出薄膜后，其致密化程度也发生了显著变化，这也从图 4 中能得到验证。当温度达到 1450 ℃时，从坯体断面微观形貌看，此时烧结体致

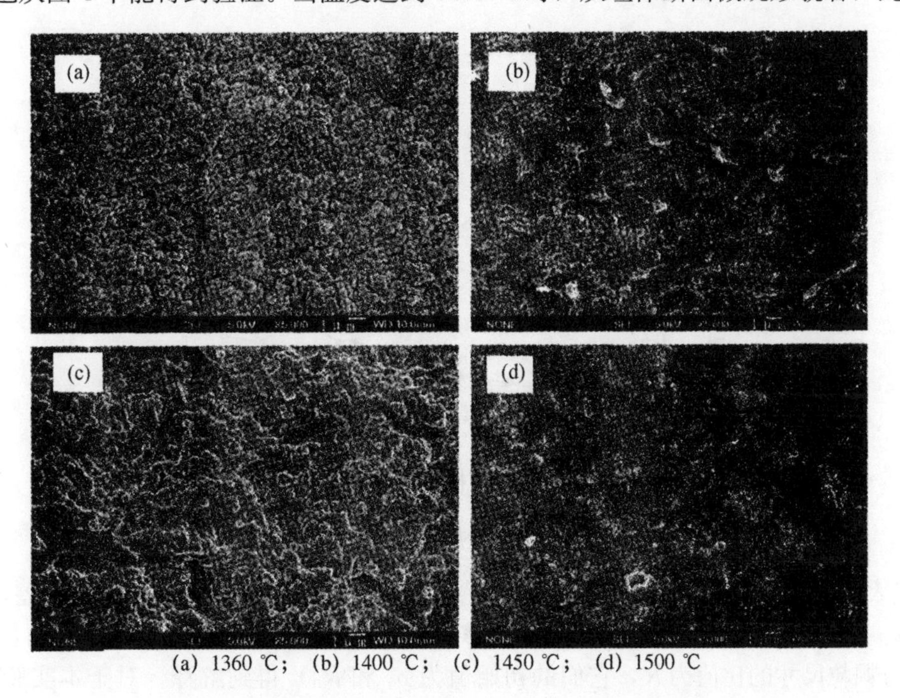

(a) 1360 ℃；(b) 1400 ℃；(c) 1450 ℃；(d) 1500 ℃

图 5　烧结薄膜在不同温度下的横截面扫描电镜照片

密化基本完成，气孔基本排除，但内部结构因为没有完全达到致密而显得不够紧凑［图 5（c）］。当温度达到 1500 ℃时，坯体才达到了完全烧结，此时，几乎没有气孔存在，晶界明显，坯体致密［图 5（d）］。

图 6 为在烧结过程中晶粒尺寸与温度的变化关系。从图 6 中可以看出，在 1000 ℃至 1360 ℃的温度区间，晶粒的生长速率较为缓慢，之后，随着温度的升高晶粒生长较快，当温度达到 1550 ℃时，晶粒平均粒径达到了 2.0 μm 左右。

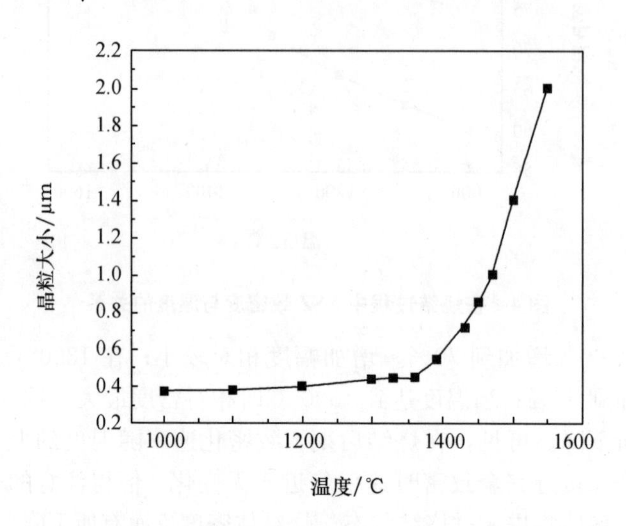

图 6　在烧结过程中晶粒尺寸与温度的关系

图 7 为烧结中期及烧结后期晶粒尺寸和相对密度之间的关系。伴随着致密化进程的加快晶粒也快速地长大，这可以从固相烧结中期晶粒尺寸和致密化的关系方程[15-16]：

$$\frac{\mathrm{d}D}{\mathrm{d}\rho}=\frac{cw_sD_s\sigma_{sd}\,\bar{R}_0^2(\bar{R}_0+1)}{48\rho_0(1-\rho_0)DD_{\mathrm{eff}}[1-(\bar{R}_0+1)]\cos\frac{\phi_e}{2}} \tag{1}$$

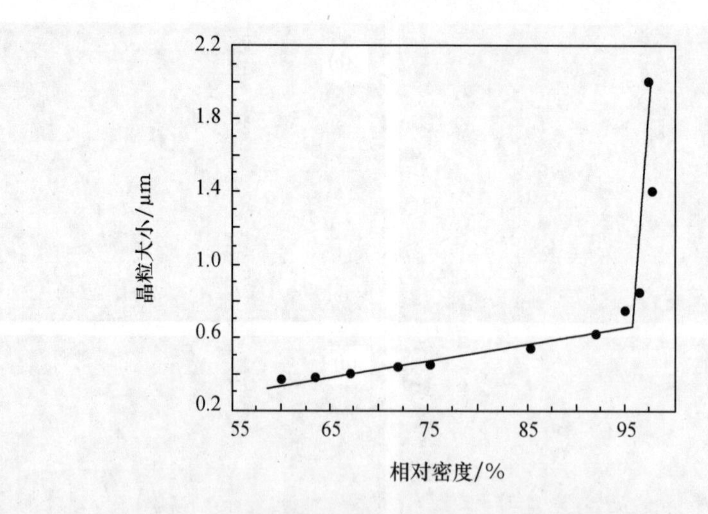

图 7　在烧结过程中晶粒尺寸和相对密度之间的关系

(其中：D 代表平均晶粒尺寸，ρ 为烧结体密度，c 为常数，σ_{sd} 为晶粒尺寸分布均方差，D_{eff} 为有效扩散系数，ϕ_e 为接触颗粒之间的二面角，w_s 为表面原子扩散的有效深度，D_s 为表面扩散系数。密度 ρ 和气孔与颗粒尺寸的比值为 R，它们的初始值为 ρ_0 和 R_0）得到解释。对于本实验给定的 YSZ 粉料来讲，ϕ_e、σ_{sd}、w_s 应为不变的数值，而致密化和晶粒的生长都主要以表面扩散机制进行，$D_{\mathrm{eff}}\approx D_sw_s/D$，所以（1）式在 1000 ℃～1360 ℃之前的烧结中期温度区间 $\mathrm{d}D/\mathrm{d}\rho\approx$常数，也就是说，当致密化在烧结中期增加后，晶粒也相应不断地长大，且呈线性变化。但是，对于烧结后期（约在1400 ℃后），当烧结体内的气孔基本被排除后，气孔与晶体间的表面张力将不可能占主导作用。此时，因晶粒大小不同，晶界间将会产生一个化学势差值 $\Delta\mu$，晶界移动将依靠化学势差发生作用，晶粒的长大过程和致密化之间不再是线性变化，晶粒随温度的上升，不断地长大，而 YSZ 薄膜的相对密度在达到最大的 98%左右后，随温度的上升又有所降低，也就是发生了所谓的过烧现象。

2.4 烧结体的相组成及最佳烧结温度的确定

图 8 是在不同烧结温度下，YSZ 陶瓷薄膜的 XRD 图。

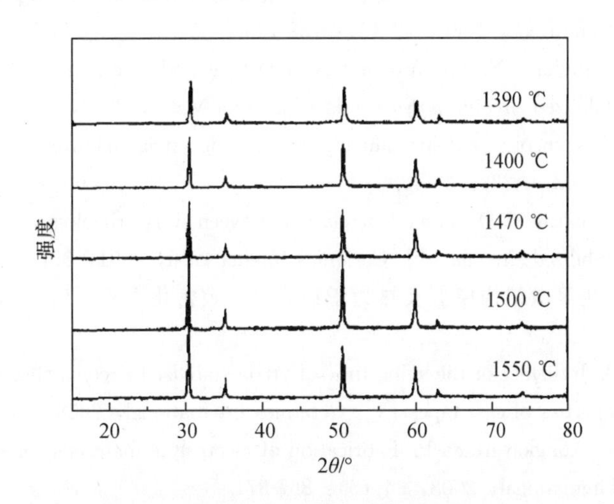

图 8 不同烧结温度下的烧结体 XRD 图

从图 8 中可以看出在烧结中期到后期的整个过程中 YSZ 薄膜的相结构没有发生变化，为立方和四方相结构，没有发现单斜相的特征峰。从 1390 ℃到 1550 ℃之间不同温度点的衍射峰强弱可以看出，随着温度的升高，非单斜相的氧化锆陶瓷特征峰强度不断增加，变得更加尖锐。当到达 1500 ℃左右时，特征峰的高度出现了极大值，然后在 1550 ℃又有所减小。结合 1500 ℃的微观形貌图［图 5（d）］，说明该陶瓷薄膜在 1500 ℃左右为最佳烧结温度。该温度之前，随着温度的升高，晶粒不断地生长，气孔逐渐被烧除，致密化程度不断增加；超过该烧结温度，陶瓷薄膜出现了过烧现象，这种现象将导致晶粒粗大，晶界弱化直至消失，局部出现熔化，进而气孔重新长大，致使致密化程度下降，XRD 特征峰的高度也相对减弱。[17]

3 结 论

（1）流延法制备的 YSZ 素坯薄膜含有大量有机添加剂，在烧结初期缓慢匀速地被烧出，可以有效控制该法制备薄膜的起翘开裂等物理形变现象；在该时期，坯体的致密化程度较低，相对密度增加不显著。

（2）在烧结中期，坯体的相对密度增加缓慢，晶粒的生长速率也相对较小，且相对密度与晶粒的变化基本呈线性关系。

（3）在烧结后期，坯体相对密度迅速增加到最大值 98%左右，随后又有所减小；其致密化速率在该阶段先随着温度的上升而增大，当致密度达到最大值后，致密化速率逐渐下降，接近完全致密时速率趋近于无变化。在该时期，晶粒的平均粒径也随温度的升高不断地快速长大。

参考文献

[1] Ramamoorthy R，Dutta P K，Akbar S A. Oxygen sensors：Materials，methods，designs and applications [J]. Journal of Materials Science，2003，38：4271-4282.

[2] William C M. Progress in the development of zirconia gas sensors [J]. Solid State Ionics，2000，134：43-45.

[3] Takayuki S, Masato K, Kaoru O, et al. Effect of electrode interface structure on the characteristics of a thin-film limiting current type oxygen sensor [J]. Sensors and Actuators B, 2005, 108: 326-330.

[4] Takeuchi T, Watanabe S, Hatano Y, et al. Current-voltage characteristics of various metal electrodes in limiting-current-type zirconia cells [J]. J Electrochem Soc, 2001, 148: H132-H138.

[5] 吴文芳，葛启录，李桂芝，等. ZrO_2 烧结动力学研究 [J]. 高等学校化学学报，1993，14 (9)：1257-1260.

[6] 李蔚，高濂，归林华，等. 纳米 Y-TZP 材料烧结过程晶粒生长分析 [J]. 无机材料学报，2000，15 (3)：536-540.

[7] Lange F F, Kellet B J. Thermodynamics of densification, part Ⅱ, grain growth in porous compacts and relation to densification [J]. J Am Ceram Soc, 1989, 72 (5): 735-743.

[8] Matsui K, Yoshida H, Ikuhara Y. Grain-boundary structure and microstructure development mechanism in 2mol%～8mol% yttria-stabilized zirconia polycrystals [J]. Acta Mater, 2008, 56 (6): 1315-1325.

[9] Maiti A K, Rajender B. Terpineol as a dispersant for tape casting yttria stabilized zirconia powderr [J]. Materials Science and Engineering, 2002, A333: 35-40.

[10] Mukherjee A, Maiti B, Sharma A D, et al. Correlation between slurry rheology, green density and sintered density of tape cast yttria stabilized zirconia [J]. Ceramics Intemational, 2001, 27: 731-739.

[11] 施剑林. 固相烧结-Ⅰ气孔显微结构模型及热力学稳定性，致密化方程 [J]. 硅酸盐学报，1997，25 (05)：449-509.

[12] Timakul P A, Liliana B. Influence of the aging time of yttria stabilized zirconia slips on the cracking behavior during drying and green properties of cast tapes [J]. Ceramics Intemational, 2008, 34 (5): 1279-1284.

[13] Timakul P, Jinawath S, Aungkavattana P. Fabrication of electrolyte materials for solid oxide fuel cells by tape-casting [J]. Ceramics Intemational, 2008, 34 (5): 867-871.

[14] Han Minfang, Tang Xiuling, Yin Huiyan, etal. Fabrication, microstructure and properties of a YSZ electrolyte for SOFCS [J]. Journal of Power Sources, 2007, 165: 757-763.

[15] 施剑林. 固相烧结-Ⅱ粗化与晶粒生长和致密化关系，物质传输途径 [J]. 硅酸盐学报，1997，25 (06)：657-668.

[16] 施剑林. 固相烧结-Ⅲ实验：超细氧化锆素坯烧结过程中的晶粒与气孔生长及致密化行为 [J]. 硅酸盐学报，1998，26 (1)：1-13.

[17] 周欣燕，张振涛，沙顺萍，等. $(ZrO_2)_{0.96}(Y_2O_3)_{0.03}(Al_2O_3)_{0.01}$ 陶瓷的制备及性能研究 [J]. 稀有金属，2007，31 (2)：187-191.

（稀土，第 31 卷第 3 期，2010 年 6 月）

氧化锆传感器Pt电极的保护涂层的制备

李素芳，梁雪元，陈宗璋，刘继进，李仲英，向蓝翔，邵长贵，罗上庚

摘　要：研究了用氧化锆超细粉、氧化镁以及其他一些添加剂作为氧化锆Pt电极的涂层物料，通过采用序贯实验法，选取最佳的物料配比，在1000 ℃下固化烧结，所得到的保护涂层黏结性能较强、透气性能较好。

关键词：保护涂层；制备；Pt电极；氧化锆；传感器

中图分类号：TQ174.45　**文献标识码**：B　**文章编号**：1001-3660（2002）03-50-02

0　引　言

氧化锆的一个重要用途是用作氧传感器。氧化锆传感器的测量电极暴露于锅炉、汽车的废气中，长期受废气中的硫化物、砷化物、硅化物等的侵害，从而使电极很快劣化失效。为增强Pt电极的抗腐蚀能力，人们常在电极表面涂敷涂层，以阻止废气中的有害成分与电极表面接触来保护电极。保护层材料大致分两大类：一类是与锆管基体材料相同的材料，如氧化钇稳定的氧化锆[1]；另一类是不同于基体材料的特种耐高温、抗腐蚀的混合氧化物材料，如Al_2O_3-SiO_2[2]。保护层的制备工艺主要是等离子喷涂与固化烧结。

本实验用一定配比的$(ZrO_2)_{0.88}(CaO)_{0.12}$超细粉、氧化镁和另外两种添加剂A和B作为涂层物料，在较低温度下烧结制备了较好的涂层。

1　锆管Pt电极保护层的制备

1.1　涂层的主要成分

（1）$(ZrO_2)_{0.88}(CaO)_{0.12}$超细粉

（2）氧化镁

（3）添加剂A

（4）添加剂B

1.2　实验设计及工艺

1.2.1　实验设计

由于各试剂之间的交叉影响不大，所以不予考虑。本实验采用序贯实验法，共分三组。

第一组：固定MgO摩尔含量为添加剂A的2%，添加剂B的质量分数为5%，添加剂A与ZrO_2的摩尔比分别为2∶1、1.5∶1、1∶1、1∶1.5、1∶2。

第二组：固定添加剂A与ZrO_2的摩尔比为1∶1，添加剂B的质量分数为5%，MgO的摩尔含量分别为添加剂A的0.5%、1%、2%、4%、6%。

第三组：固定添加剂A与ZrO_2的摩尔比为1∶1，MgO摩尔含量为添加剂A的3%，添加剂B的质量分数分别为1%、2%、4%、6%、8%。

1.2.2　实验工艺

混合物料→搅匀→在Pt电极上刷涂→室温风干→85 ℃干燥1 h→100 ℃干燥1 h→1000 ℃煅烧2 h→随炉冷却。

2　结果与讨论

将煅烧后的第一组样品在600 ℃时，放入冷水中让其快速冷却。冷却后发现当添加剂A与ZrO_2

的摩尔比值大于1∶1时，各样品都形成了黏结好、强度大的涂层。在上组实验结果的基础上配置的第二组样品煅烧后，用400倍电镜检测，发现：当MgO的摩尔含量大于3%时，涂层不但黏结好，而且形成了一定气孔。第三组样品煅烧结果显示：当添加剂B的含量大于6%时，涂层黏结不好。用电镜粗略检测，发现当添加剂B的质量分数为5%时，涂层的气透性最好。

2.1　添加剂A的含量对涂层性能的影响

添加剂A中的离子半径较小，能形成配位数低的结构，得到无序固化体，容易吸收涂层的结构、体积改变时产生的应力与应变，所以黏结性能好。而且经过高温煅烧后，添加剂A脱水形成网状结构，能把氧化锆与氧化镁包容并牢固地粘在锆管基体上，从而获得较高的黏结强度。

实验表明，当添加剂A的含量较低（小于1∶1.5）时，涂层烧结不上，这可能是由于只在微小范围内形成了网状结构而未形成整体网状结构。但若添加剂A的量过大（大于2∶1），则会降低涂层的强度和耐磨性，同时也对Pt电极的电化学性能产生一定影响。

2.2　氧化锆超细粉的作用

氧化锆超细粉作为陶瓷骨料在涂层中起着很重要的作用。由于氧化锆具有良好的耐磨、耐蚀、强度好等特点，所以它的量对涂层的最终强度、耐蚀、耐磨、耐热等性能至关重要。实验表明，若氧化锆与添加剂A的比例太低，会降低涂层的强度、耐蚀、耐磨、耐热等性能；若太高，则煅烧结果不理想，涂层与锆管结合不牢，较松、不致密。同时氧化锆超细粉的大小也会影响涂层孔径和气孔率（本实验中研磨后的氧化锆超细粉的大小为200～300目）。此外，由于氧化锆基体材料也是氧化锆，所以用氧化锆做陶瓷骨料能使涂层与锆管的热膨胀系数接近，进一步使涂层的黏结强度变大。从实验结果看，保护层中的添加剂A与氧化锆超细粉的摩尔配比以1∶1为最佳，此时涂层不但黏结强度好，且具有良好的气透性。

2.3　MgO对涂层的影响

氧化镁在涂层中的作用有三个：①氧化镁本身是氧化锆的稳定剂，它在高温下阻止氧化锆的相间移动，从而减少氧化锆的相变，调节氧化镁的量就可调节氧化锆中立方相的量；②氧化镁主要起固化剂的作用，它在煅烧过程中与添加剂A发生化学反应，形成网状立体聚合物，把氧化锆颗粒包容在网状体中，形成三向交联结构，从而使涂层在低温下硬化。氧化镁作固化剂时在常温下的硬化速度较快，当氧化镁达到一定量时，会因硬化速度过快而容易形成多孔疏松的胶凝体，这对生成一定气孔率是有利的；③氧化镁可防止Pt电极的硅中毒[3]。汽车燃油中含有有机硅或一些无机硅，这些硅的化合物一般都是活性硅，它们可以穿过保护层到达Pt电极表面和Pt电极与锆管的三相界面，并在上面沉积而使传感器检测性能下降，引起所谓的Pt电极的硅中毒。若在保护涂层中加入一定的氧化镁，它可以将检测气中的活性硅转变为氧化硅或Si-Mg化合物，使之失去活性而避免硅中毒。根据实验结果，氧化镁的含量为添加剂A的3%时最好。

2.4　添加剂B的作用

Pt电极的保护涂层必须具有20%～50%的气孔率[4]，以便使保护层具有良好的气透性，在涂层混合物料中加入添加剂B的目的就在于调节保护层的气孔率。但若添加剂B的量过大，就会引起涂层蓬松脱落，与锆管黏结不牢。根据实验结果，添加剂B的质量分数为5%时最佳。

3　结　语

用$(ZrO_2)_{0.88}(CaO)_{0.12}$超细粉作涂层骨料，加入1∶1的添加剂A、3%的MgO固化剂和5%（质量分数）的添加剂B，在1000 ℃下烧结，能制备出黏结性能较强、气透性良好的Pt电极保护层。

参考文献

[1] Ono Yasuo. Oxygen concentration detecting element [P]. Japan, 1984-08-27.

[2] Sano, Hiromi (Nagoya, JP), Suzuki, et al. Oxygen contration sensing device and the method of producing the

same [P]. US, 4476008, 1984-10-09.
[3] John E. Cassidy amer. Ceramn. Soc. Bull, 56 (7): 640-643.
[4] Ogasawara, Takayuki (Nagoya, JP), Ishiguro, et al. Oxygen sensor and method of producing the same [P]. US, 1993-12-21.

(表面技术, 第31卷第3期, 2002年6月)

氧化锆传感器测定高温有氧体系中一氧化碳的含量

张兼戎，何莉萍，陈宗璋，肖晓瑶，李仲英，刘继进，邵长贵，向蓝翔，魏定新

摘　要：氧化锆传感器是测定有氧体系中CO含量的一种有效方法。本文着重研究了采用氧化锆传感器测定CO含量过程中温度和被测气样流速对测量的影响，并对比分析了ZrO_2传感器和奥氏气体分析仪测定2%～19%CO浓度系列的数据。结果表明：被测气样体系流速越小，测定的CO值更准确；不同的气样体系存在不同的响应电动势-温度曲线，对氧含量低的有氧体系，气体响应温度更高，即应选择更高的工作温度；ZrO_2传感器和奥氏气体分析仪测定结果十分相近，相对偏差小于3%，表明ZrO_2传感器可以快速准确地测量有氧体系中CO和O_2的含量，特别适用于高温在线分析CO的含量。

关键词：氧化锆传感器；CO测量；高温在线分析

Measurement of Carbon Monoxide by Zirconia Oxygen Sensor in a High Temperature Oxygen System

Zhang Jianrong，He Liping，Chen Zongzhang，Xiao Xiaoyao，
Li Zhongying，Liu Jijin，Shao Changgui，Xiang Nanxiang，Wei Dingxin

Abstract：Zirconia oxygen sensor has been applied in measuring the content of carbon monoxide in a gas system containing oxygen and carbon monoxide. This paper investigated the effects of the working temperature and gas velocity on the accuracy of measuring the carbon monoxide content with zirconia oxygen sensor. The results show that the lower the gas velocity，the more accurate the measured result will be. On the other hand，there are different potential temperature curves corresponding to different gas systems. This indicates that different working temperatures should be selected for different gas systems in order to get accurate measuring results. The lower the oxygen concentration in a gas system，the higher the working temperature should be.

In the present work，a series of gas systems，in which the concentration of carbon monoxide ranged from 2% to 19%，were also tested and measured by both zirconia oxygen sensor and Orsat analyzing apparatus. The results of the two methods are in good agreement with each other and the relative deviations are below 3%. Therefore，zirconia oxygen sensor is suitable for measuring the contents of CO and O_2，especially for the on-line high temperature system.

Key words：zirconia oxygen sensor，carbon monoxide measurement，high temperature system

---

1 引　言

测量一氧化碳浓度的方法有很多，如非分散红外吸收法、定电位电解法、置换汞法等[1]。但这些方法都是常温分析，不适于监控燃烧炉炉气成份和监控炼铁炉中CO的浓度。氧化锆传感器被广

泛地用于高温测氧，并且用于监控汽车发动机中空气与燃油的空燃比[2]，也有人研究了 CO 对含氧体系中氧化锆传感器电导率、电动势及微观结构的影响[3-4]。然而，用氧化锆传感器测量 CO 含量的研究工作在国内尚未见报道。本工作利用铂催化剂来催化 CO 和 O_2 的反应，用氧化锆传感器测量催化前后体系中氧气含量的变化，由此计算出 CO 的含量。同时研究了温度、气体流速对测量的影响。结果表明，氧化锆传感器能够准确测量含氧体系中不同浓度的 CO 含量，方法简易可行、成本低、速度快，可用于高温在线同时分析 CO 和 O_2 的含量。

2 实验方法

2.1 主要仪器和材料

氧化锆传感器是由中国原子能科学研究院研制的自温式试管形传感器。其氧浓差电池组成为：

$$(-)\mathrm{Pt}(P_{O_2}，O_2/CO) \mid ZrO_{2*(0.92)} \cdot Y_2O_{3*(0.08)} \mid \mathrm{Pt}(P_{O_2}，空气)(+)$$

制铂催化剂用的氯铂酸、氧化铝，制 CO 气所用的甲酸、硫酸等试剂均为分析纯。

配制不同浓度的 CO 气的气氛气体所用的氧气和氩气为钢瓶装高纯气。

2.2 各种浓度的 CO 气体的配制

将新制的干燥过的 CO 气体与氧气、氩气经各自的流量计与管道按一定体积比配制收集到橡胶袋中待测。

2.3 $Pt\text{-}Al_2O_3$ 催化剂的制备[5]

将高纯 $\gamma\text{-}Al_2O_3$ 加热到 539 ℃，冷却后在室温下让适量的氯铂酸渗入其中，在 120 ℃干燥 12 h，在 400 ℃～450 ℃范围抽真空加热 4 h，抽真空是为了净化催化剂表面[6]，再于 593 ℃下加热 1 h，制成后密闭贮存待用。

2.4 测量原理及测量步骤

当被测气体中不含 CO 时，氧化锆传感器的电动势响应值与氧分压的关系满足 Nernst 方程[7]：

$$E=\frac{RT}{4F}\ln\frac{P_{O_2,空气}}{P_{O_2}} \tag{1}$$

当被测气体中同时含有 O_2 和 CO 时，由于传感器的使用温度高以及传感器铂电极微区的催化，O_2 与 CO 将发生反应并达到此条件下的热力学平衡状态，被测一侧的 P_{O_2} 发生了变化，令平衡时氧分压为 P'_{O_2}。本研究工作表明：传感器高温活化后，CO 与 O_2 的反应趋于平衡的过程与 O^{2-} 的浓差扩散过程是并行的，当反应达到平衡后，O^{2-} 浓差扩散也趋于稳定。令平衡时被测氧分压为 P'_{O_2}。

ZrO_2 电池的负极区发生如下反应：

$$\frac{1}{2}O_2(P_{O_2})+CO \rightarrow CO_2$$

此反应达到平衡时，O_2 浓度改变：P_{O_2} 减至 P'_{O_2}，气体氧分子与基体内 O^{2-} 的转化则为：

负极：$O^{2-} \rightarrow O_2(P'_{O_2})+2e$

正极：$\frac{1}{2}O_2(P_{O_2,空气})+2e \rightarrow O^{2-}$

电池浓差过程为：$\frac{1}{2}O_2(P_{O_2,空气}) \rightarrow \frac{1}{2}O_2(P'_{O_2})$

这时传感器的电动势与氧化-还原气体的摩尔数比是一条类似滴定曲线的特性曲线。这条特性曲线的形状在一定温度、压力和流速下，同一传感器对同种类的气体体系有完全相同的特性曲线。图 1 是本工作得到的在一个大气压与被测气体处于自然流动下，氧化锆传感器对 $O_2\text{-}CO$ 体系的电动势 E 与摩尔数比 λ（$\lambda=\frac{n_{O_2}}{n_{CO}}$或表示为体积百分数 $\lambda=\frac{O_2 \cdot V\%}{CO \cdot V\%}$）的特性曲线。

在 $Pt\text{-}Al_2O_3$ 催化剂 600 ℃催化作用下，有氧体系中的 CO 可以完全转化为 CO_2，因此被测气体经催化燃烧后只含有氧气，这时再用氧化锆传感器测量氧含量，从如下公式中即可计算出被测气中 CO 的含量。以下列出催化燃烧前后气体反应式及量的关系。设催化作用前被测气体中一氧化碳的浓度为［CO］，氧气的浓度为 a_1，催化作用后被测气体中氧气的浓度为 a，则：

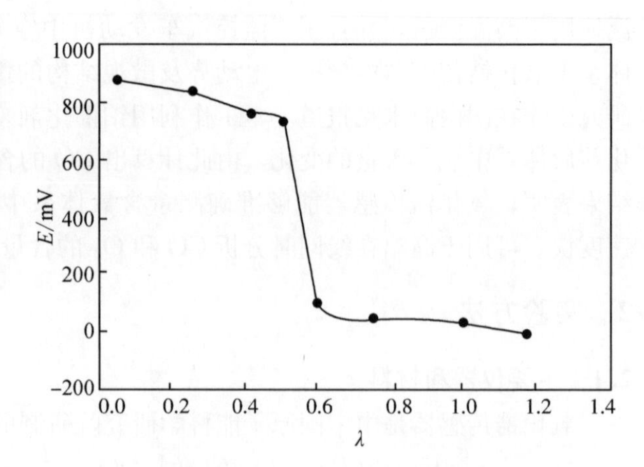

图 1　E-λ （n_{O_2}/n_{CO}） 特性曲线

$$2CO + O_2 \xrightarrow[\text{Pt-Al}_2\text{O}_3]{600\ ℃} 2CO_2$$

燃烧前	［CO］	a_1
燃烧后	0	a

则：　$$a = a_1 - \frac{[CO]}{2} \tag{2}$$

又　$$\lambda = \frac{a_1}{[CO]} \tag{3}$$

故　$$a = \lambda \cdot [CO] - \frac{[CO]}{2} \tag{4}$$

得　$$[CO] = \frac{2a}{2\lambda - 1}\ (\lambda > 0.5) \tag{5}$$

因此可通过此过程测得混合气中 CO 的含量，包括：①催化燃烧前用 ZrO_2 传感器测出被测气的电动势值；②从特性曲线 E-λ 图查出该 E 值对应的 λ 值；③用 ZrO_2 传感器测出燃烧后余氧量 a；④利用式（5）即可求出 CO 浓度，为检验该方法的准确性，我们同时用奥氏气体分析仪法测量同样样品中的 CO 含量，进行对比。

3　实验结果及讨论

3.1　气体流速的选择

测试实验表明被测气体通入传感器管内的流速对传感器电动势响应值影响较大，图 2 是在自然流动和加压流动时传感器的电动势 E 与 λ 值的关系。由图 2 可见流速小时，电动势值更趋向特性曲线，且易于稳定，方便测量，故选择自然流动。

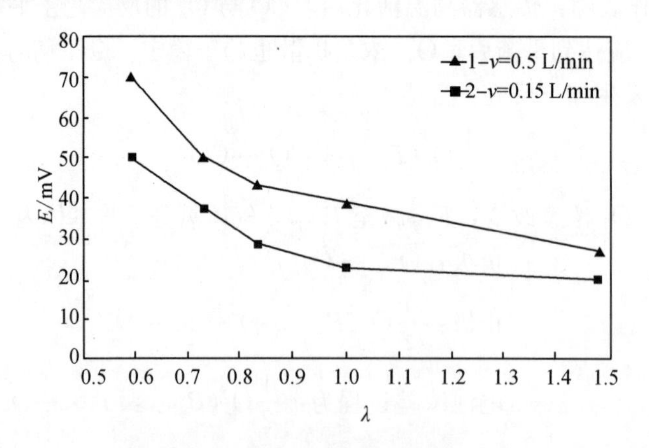

图 2　流速对电动势响应值的影响

1—加压流动，流速为 0.5 L/min；2—自然流动，流速为 0.15 L/min

3.2　氧化锆传感器工作温度的选择

测量电导的实验表明，ZrO_2 传感器的电导随温度升高而增大，在 390 ℃～1200 ℃间几乎为线性关系。电导率 σ 与电导 G 的关系为 $\sigma=\frac{d}{A}G$，式中 d 为管状传感器的壁厚度，A 为其表面积，测得电导，即可计算出电导率。已有专著指出电导率 σ 与温度 T 的关系为 $\sigma=\sigma^{\circ}\cdot\exp\left(-\frac{E}{kT}\right)$[8]，则 $\ln\sigma=\ln\sigma^{\circ}-\frac{E}{kT}$，即 $\ln\sigma$ 与 $\frac{1}{T}$ 呈线性关系。因此依据直线斜率可求得电导活化能 E。图 3 为本研究所用 ZrO_2 传感器在 480 ℃～660 ℃间获得的电导率和温度的关系图。由此求出该温度区间电导活化能和电导率分别为 $E_0=0.7728$ eV，$\sigma^{\circ}=5.06$。

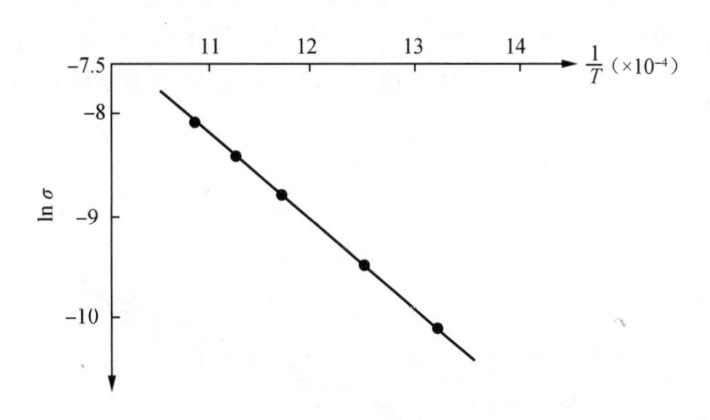

图 3　ZrO_2 传感器 $(ZrO_2)_{0.92}\cdot(Y_2O_3)_{0.08}$ 电导率和温度的关系

ZrO_2 传感器对 CO 在温度 480 ℃～1200 ℃范围内有敏感响应，对纯 CO 和 λ 值为 0.25 的 O_2/CO 气样采取持续均匀进气，以持续升温法测试，获得了两条电动势-温度曲线，见图 4。

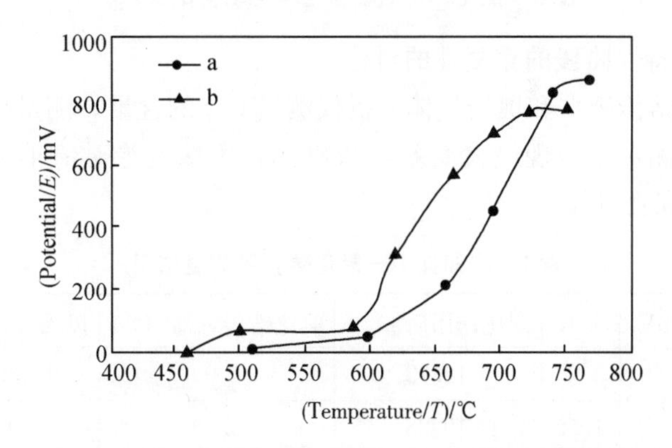

图 4　持续升温法传感器对不同组成的气样响应电动势-温度曲线

a. 持续升温法 ZrO_2 传感器对纯 CO 响应电动势-温度曲线

b. 持续升温法 ZrO_2 传感器对 $\lambda=0.25$ 的 O_2/CO 气样电动势-温度曲线

从图 4 中可看出，纯 CO 从 515 ℃开始有响应，到 750 ℃已上升至稳定值，λ 值为 0.25 的 O_2/CO 气体在 460 ℃开始有响应，至 710 ℃升至稳定值。我们推测在氧气-还原性气体并存体系中，测量下限温度及平台值（即稳定值）温度与体系中氧含量有关，氧含量越低，下限温度及平台温度越高，此点在张仲生的书中亦得到验证[8]。但文献［8］未对此现象的微观机制做理论分析，我们认为在测量条件下 ZrO_2 传感器是极佳的氧离子导体，氧离子是绝对优势的载流子，其响应机理与气体氧分子在铂电极上的吸附、接受电子并解离为 O^{2-} 这一过程密切相关。若将此过程称之为“活化”的话，很明显不是所有的氧分子都同时能被活化；在混合气体中，由于气体分子向各个方向运动的机会的均匀性，则氧含量低的气体在同一温度下被活化的分数低。而只有在更高的温度下，才会有更多的 O_2 分子碰撞、吸附到铂电极上并解离为 O^{2-}，所以 ZrO_2 传感器对氧含量低的气体响应温度要高。可以看出，选择温度在 750 ℃以上可以准确快速地测定 O_2-CO 共存的气体体系。因此，本工作择定 750 ℃为工作温度。

此外，在测量条件下，CO 处于流动状态，接触 Pt 电极、ZrO_2 基体时间短，不同 CO 含量的混合气体的响应电势与对反应式 $CO+\frac{1}{2}O_2 \rightarrow CO_2$ 处于热力学平衡时的量的分析相符，故可认为在测量条件下，CO 对 Pt 电极无实质性的影响，也不影响 ZrO_2 传感器响应机理。

此结论与文献［3］所描述的传感器受 CO 长期作用的情况并不相悖。

3.3　催化作用后余氧量的测定

实验中我们发现燃烧后氧量的对数值与电势有良好的线性关系，见图 5。这样，则可采用传感器测出燃烧后气样的电势值 E，即可求出余氧量 a。图中直线不经过原点，是由传感器存在着本底电势及老化因素引起的。1、2、3 是已知气体组成的标准线，即每个测试样都须在与相应标线完全相同的操作因素下进行。

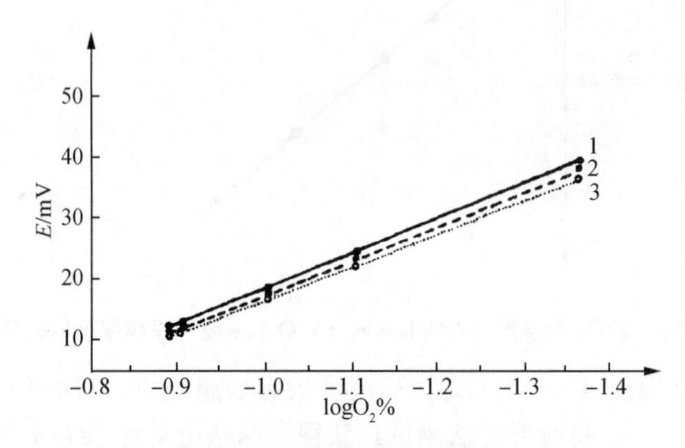

图 5　催化作用后氧含量与电动势的关系

3.4　CO 含量测量结果及特性曲线的重复性的讨论

被测气体分别用氧化锆传感器和奥氏气体分析仪测量 CO 的含量，测量结果列于表 1。从表中可见，两种方法在该列气样测量中呈现最大偏差为 2.86%，负偏差绝对值小于 1.5%，最小相对偏差仅 0.1%，表明测量结果准确可靠。

表 1　未知样中一氧化碳含量测量结果

未知样编号	催化作用前 $\bar{E}$/mV	λ 值	催化作用后 $\overline{O_2}$%	氧化锆传感器$\overline{CO}$%	奥氏分析仪$\overline{CO}$%	相对偏差/%
1	11.99	3.66	12.73	4.03	3.92	2.81
2	19.09	1.55	10.28	9.79	9.78	0.10
3	21.97	1.31	8.12	10.03	10.8	−1.47
4	20.72	1.43	9.38	10.08	9.80	2.86
5	21.99	1.22	8.13	11.28	11.10	1.62
6	38.39	0.71	3.82	18.19	18.01	1.00

由于燃烧炉及炼铁炉中都是含氧体系，并且 $\lambda>0.5$，故将特性曲线的范围选择在 $\lambda>0.5$ 侧，控制实验在 750 ℃、常压、自然流动的流速条件下，不同时期获得了四条特性曲线（见图 6）。

图 6 表明实验重复性较好。以未知样 4 为例，催化作用前测得电势为 20.72 mV，从特性曲线 1 求得 $\lambda=1.43$，计算得［CO］=10.8%；从曲线 2 上求得 $\lambda=1.38$，计算得［CO］=10.17%，两结果的相对偏差为 0.899%。可见特性曲线重复性好，只要测量条件不改变，可用作标准曲线。

我们用纯 O_2 试验 ZrO_2 管的响应，发现电动势读数绝对值（以空气为参比，纯氧气响应电势为负值，一氧化碳为正值）随温度升高而很快上升，但开始出现响应时的温度与呈现本底电势时管温

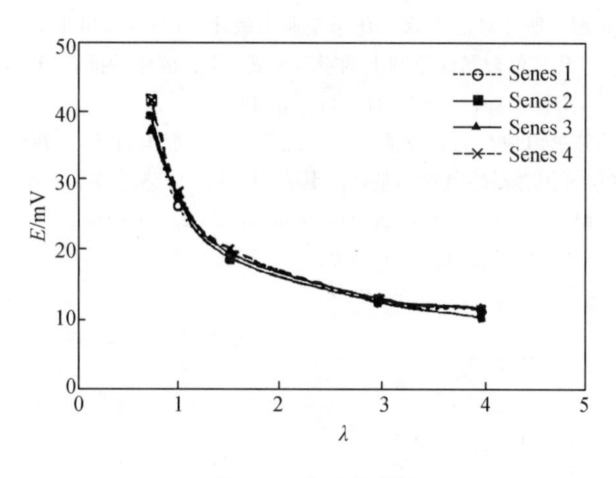

图 6　四条特性曲线

一致。可见，先要氧化锆固体电解质高温活化，使氧离子、自由电子有一定的迁移速率，才能对气体分子有响应。在郭新等的文中谈到[9]，氧在固体表面低温处吸附于 O^-，高温处吸附于 O^{2-}，氧吸附有如下平衡过程：$\frac{1}{2}O_2 \rightleftharpoons \frac{1}{2}O_2$ (ad) $\rightleftharpoons O^-$ (ad) $\rightleftharpoons O^{2-}$ (ad)，此平衡随温度升高向右移动。我们认为，纯氧响应电势迅速上升，是大量 O_2 分子吸附并随温度升高快速离子化为 O^{2-} 离子并参与内部导电所引起的。而 O_2 变成 O_2^-、O^- 等则是 O_2 与固体表面发生电子授受并解离所形成的。郭新等较详细地研究了 ZrO_2 传感器的电极、界面状况[9]，认为与氧接触的电极表面应能很好地提供或吸纳电子，否则将使响应速度缓慢及出现超电势。并注意到高温下，基体 ZrO_2 中的 Zr、Y 向 Pt 电极中扩散，但此现象对传感器性能有何影响，尚不清楚。用纯 CO 对 ZrO_2 管的测试，ZrO_2 管能对纯 CO 有响应，我们估计与管器件内留存空气中的少量氧有关，也有人提出[10]是 $CO+O_O \rightarrow CO_2+V_O+2e$，$V_O$ 为氧离子空穴，O_2 表示晶格氧离子，并认为这是改变其电导性的主要因素。这其中具体微观机理以及铂电极与基体中锆、钇相互扩散等问题，尚需进一步的研究。

4　结　论

本文研究了有氧体系（$\lambda=\frac{n_{O_2}}{n_{CO}}>0.5$）中，利用催化作用方法，采用氧化锆传感器测定 CO 含量过程中温度和被测气体流速对测量的影响。结果表明：被测气体流速越小，电动势值越趋向 E-λ 特征曲线，由此获得的 CO 测量值更为准确。并且在同样的测定条件下，CO 浓度不同的气样（O_2-CO 体系）存在不同的响应电动势—温度曲线，对氧含量低的气体体系，气体响应温度更高。也就是说，对 λ 值不同的 O^2-CO 被测体系，应选择不同的工作温度以达到最佳测定结果。750 ℃为最佳工作温度。

同时，本工作采用 ZrO_2 传感器和奥氏气体分析仪在气体自然流动状态下分别测定了 2%～19% 一氧化碳浓度系列。两种方法结果十分接近，最大相对偏差为 2.86%，最小偏差仅为 0.1%。该结果表明用氧化锆传感器可以快速准确地测定有氧体系中 CO 和 O_2 的含量，是一种测定高温有氧体系中 CO 含量的有效方法。

参考文献

[1] 程永平，丁进宝．环境用一氧化碳监测仪器 [J]. 仪器仪表与分析监测，1992，8 (1)：45-50.
[2] 王昌贵，陈宗璋．快离子导体在仪器仪表中的应用研究 [C]. 全国第四届快离子导体研讨会论文集，1988.
[3] 陈宗璋，李素芳，王昌贵，等. CO 对氧化锆氧传感器的电性能和结构的影响 [J]. 湖南大学学报，1992，19 (6)：71-76.
[4] 李素芳，陈宗璋. 氧化锆传感器在 CO/O_2 的非平衡体系中的响应 [J]. 无机材料学报，1993，8 (3)：309-315.

[5] 催化剂手册翻译小组. 催化剂手册 [M]. 北京：化学工业出版社，1982：446-451.
[6] 徐慧珍. CO在Pd-Pt/Al_2O_3及其单金属催化剂上的吸附形式 [J]. 催化学报，1990，11 (3)：188-194.
[7] 王零森. 二氧化锆陶瓷 [J]. 陶瓷工程，1997，31 (1)：40-44.
[8] 张仲生. 氧离子固体电解质浓差电池与测氧技术 [M]. 北京：原子能出版社，1983：209-210.
[9] 郭新，孙尧卿，崔崑. ZrO_2氧传感器的电极、基体及其界面 [J]. 传感器技术，1992，11 (5)：7-12.
[10] Azadam，Akbar S A，Mhaisalkar S G，et al. Solid-state gas sensors：a review [J]. Journal of the electrochemical society，1992，139 (12)：3690-3704.

（化学传感器，第20卷第4期，2000年12月）

煅烧方式对草酸盐前驱体制备氧化锆性能的影响

刘继进，陈宗璋

摘　要：采用非线性加热法煅烧锆、钇的草酸盐前驱体，制备了 8% Y_2O_3（摩尔分数）稳定 ZrO_2（8YSZ）超细粉末。研究了金属离子与草酸的摩尔比及热处理方法对 8YSZ 的晶体结构、晶粒大小、形貌、比表面积、粒子团聚的影响。通过改变不同温度范围的加热速度来优化草酸盐前驱体热分解工艺。采用优化前驱体热分解工艺即非线性加热法，于 600 ℃～700 ℃煅烧得到的粉末为等轴晶形，粒子大小在 90 nm～100 nm 之间，粒子间仅有较弱的软团聚。煅烧过程晶粒生长动力学的研究表明：当煅烧温度高于 700 ℃时，晶粒生长的质量传输受晶粒扩散过程控制；低于 700 ℃时，晶粒生长的质量传输由表面扩散过程控制。

关键词：钇稳定氧化锆；非线性加热法；草酸盐前驱体；晶粒生长

中图分类号：TQ174　**文献标识码**：A

Influence of Calcination Conditions on Oxlate Precursor-derived Ultrafine 8% Yttria-stabilized Zirconia Powders

Liu Jijin，Chen Zongzhang

Abstract：Ultrafine 8%（mole fraction）yttria-stabilized zirconia（8YSZ）powder was prepared by nonlinear heating of the oxalate precursor of yttrium and zirconium ions. The effects of molar ratio of metal ions to $H_2C_2O_4$，and thermal decomposition of precursor on the crystal structure，specific surface area，grain size and morphology of 8YSZ powder were studied. The thermal decomposition process of the oxalate precursor was optimized through varying heating rate in different temperature ranges. The powders produced through optimized thermal decomposition process（nonlinear heating method at 600 ℃～700 ℃），were weakly aggregated and equiaxial，with a narrow particle size distribution of 90 nm ～ 100 nm. The kinetic for grain growth during calcination process was investigated. The results show that grain growth is controlled by grain boundary or lattice diffusion with higher activation energy（192. 92 kJ/mol）when temperature is above 700 ℃，or controlled by surface diffusion with lower activation energy（87. 38 kJ/mol）when temperature is below 700 ℃.

Key words：yttria-stabilized zirconia，nonlinear heating method，oxalate precurcor，grain growth

---

氧化锆具有较高的强度、高的断裂韧性、低的热传导系数、耐腐蚀性、化学惰性以及电性能，广泛用作电化学传感器件[1]、催化剂载体材料[2]、生物材料[3]、热障涂层[4]。然而优质的粉体材料是获得高性能陶瓷的关键，因而研究具有细晶粒大小、理想形貌及粒径分布窄的超细或纳米粉体材料的低成本制备的方法，成为发展高性能陶瓷的热点。目前，氧化锆粉末的制备方法主要有：沉淀法、溶胶-凝胶法、水热法、燃烧合成法、微乳液法等。虽然溶胶-凝胶法、微乳液法、水热法容易控制粒子的形貌和大小，但是其原料昂贵、产率不高、需要高温耐压的设备，难以用于实际规模

生产[5-7]。

草酸盐共沉淀法可用于氧化锆的制备，然而沉淀过程中生成的金属锆和钇的草酸化合物 $ZrO(C_2O_4)$、$Y_2(C_2O_4)_3$ 的粒子很小，很容易形成胶溶区，致使过滤操作困难[8]。此外，过量的草酸也会使锆的沉淀 $ZrO(C_2O_4)$ 重新溶解[9]。本文作者以金属锆和钇的草酸化合物为前驱体，采用将湿化学法和固相法相结合的方法，在 20 ℃～800 ℃之间，控制前驱体煅烧过程不同阶段的热分解速度和氧化锆的成核速度，比较所制备的 8% Y_2O_3 稳定 ZrO_2 粉末（8YSZ）的形貌和晶粒大小及其分布，从而确定最佳的煅烧方法。

1 实 验

1.1 8YSZ 粉末的制备

所用试剂除氧化钇（Y_2O_3，99.99%）外，其余为分析纯。按 $(ZrO_2)_{0.92}(Y_2O_3)_{0.08}$ 组成，称取 $ZrOCl_2 \cdot 8H_2O$、Y_2O_3 的质量。先将氧化钇用硝酸溶解，然后加热浓缩，挥发过剩的浓硝酸，再以少量的蒸馏水稀释，将其转移到盛有 $ZrOCl_2 \cdot 8H_2O$ 和 $H_2C_2O_4$（两者的摩尔比为 1.2）的研钵中，均匀混合后反复研磨。研磨时有大量刺激性的气体放出，同时也因吸收空气中的水分，混合物变得越来越黏稠。在 80 ℃下将白色黏稠物烘干 12 h，磨成细粉，得到锆、钇的草酸盐混合前驱体，在 700 ℃下用非线性加热法煅烧 2 h，得到 8YSZ 超细粉。

1.2 前驱体及 8YSZ 粉末的表征

对前驱体作热重-差热分析，确定热处理方法、8YSZ 的晶相转变温度，仪器为 TA Instruments 公司的 SDT2960。采用 D/max-rA 型衍射仪分析氧化锆的晶体结构，采用（111）面衍射峰（$2\theta=30.28°$），用谢乐公式计算 8YSZ 的晶粒尺寸：

$$D_{XRD}=\frac{\lambda K}{\beta\cos\theta} \tag{1}$$

式中：λ 为波长；β 为内标校正后的半峰宽；θ 为衍射角；K 为常数。

Monosorb 直读式比表面分析仪测定粉末的比表面积。从下式可得出平均晶粒大小：

$$D_{BET}=\frac{6}{\rho S_{BET}} \tag{2}$$

式中：S_{BET} 为 BET 法测定的比表面积，m^2/g；D_{BET} 为粒子直径，nm；ρ 为 8YSZ 的理论密度，g/cm^3，取值为 6.01 g/cm^3。用 HITACHIH-800 透射电镜（TEM）观察 8YSZ 粉末的晶粒大小和形貌。

2 结果与讨论

2.1 金属离子与草酸的摩尔比对产物形貌和粒子大小的影响

$ZrOCl_2 \cdot 8H_2O$、$Y(NO_3)_3$、$H_2C_2O_4 \cdot 2H_2O$ 相互间反应，形成草酸盐混合前驱体，彼此间可能的反应是：

$$ZrOCl_2 \cdot 8H_2O + H_2C_2O_4 \cdot 2H_2O \longrightarrow ZrOC_2O_4 \cdot 2H_2O + 2H_2O + 2HCl\uparrow \tag{3}$$

$$Y(NO_3)_3 + H_2C_2O_4 \cdot 2H_2O \longrightarrow Y_2(C_2O_4)_3 + 2HNO_3 + 2H_2O \tag{4}$$

考察了三种不同的金属离子与草酸的摩尔比值 r 对产物形貌、晶粒大小的影响。以 250 ℃/h 的加热速度升至 800 ℃煅烧前驱体，保温 2 h，煅烧产物 8YSZ 用 BET 法测定其平均粒子大小结果见表 1。结果表明，$r=1.2$ 时，所得 8YSZ 粉末的粒径最小，而且过量的草酸存在于前驱体中，煅烧时有机物的燃烧，放出大量热量易促使团聚体的生成，从而使粒子长大。

表 1　r 对产物形貌和粒子大小的影响

r	S_{BET}/（$m^2 \cdot g^{-1}$）	D_{BET}/nm
1.0	31.47	32
1.2	62.36	16
2.0	20.56	49

2.2　锆、钇的草酸盐混合前驱体的热分解行为

图 1 所示为前驱体的热重与差热分析（TG-DTA）曲线。在整个差热曲线中，吸、放热过程表现平缓。80 ℃的吸热峰是与物理吸附水的脱除有关。从室温到 300 ℃段，有一连续约 18%的质量损失。322 ℃对应的吸热峰是与化学结合水的脱除、前驱体的分解有关[8]。440 ℃左右的不明显的放热峰是因无定形氧化锆的生成。642 ℃时弱的放热峰是与氧化锆的结晶有关，即由无定形相向立方相的转变。氧化锆的结晶温度与加热制度有关，加热速度快，相应的结晶温度高。400 ℃～600 ℃的质量损失平台，有 39%的质量损失，整个热分解过程总的质量损失约为 48%。因此前驱体的热分解反应可能如下：

$$Y_2(C_2O_4)_3 \longrightarrow Y_2O_3 + 3CO\uparrow + 3CO_2\uparrow \tag{5}$$

$$ZrOC_2O_4 \cdot 2H_2O \longrightarrow ZrO_2 + CO_2\uparrow + CO\uparrow + 2H_2O \tag{6}$$

$$(1-x)ZrO_2 + xY_2O_3 \longrightarrow (ZrO_2)_{1-x}(Y_2O_3)_x \tag{7}$$

根据方程（3）～（7）计算，得出的理论质量损失大约在 47%左右，与图 1 反映的质量损失比较吻合，因而提出的前驱体热分解过程是合理的。$ZrOC_2O_4$ 溶胶制备 ZrO_2 薄膜，其相应的凝胶热分解时，也存在类似的机理[10]。此外，1127 ℃时的对称放热峰，可能为四方相到立方相的相变所引起。

2.3　煅烧温度对前驱体结晶转化的影响

图 2 所示为在不同温度煅烧前驱体所得分解产物的 X 射线衍射谱。于 400 ℃时煅烧，基本还是无定形相（未在图中表示出来），未形成晶化完全的氧化锆。煅烧温度高于 600 ℃时，已基本上由无定形相转变为晶态相，峰形变得尖锐对称。在 $2\theta = 55° \sim 62°$范围内没有其他峰的出现[11]，也没有观察到氧化钇的衍射峰，表明 600 ℃煅烧的产物为立方结构的氧化钇稳定氧化锆。

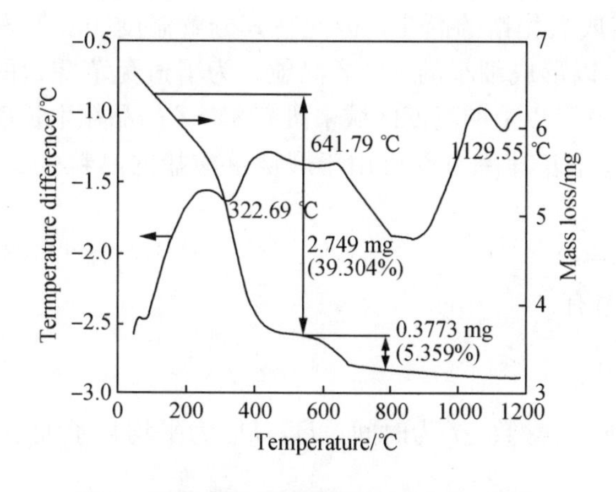

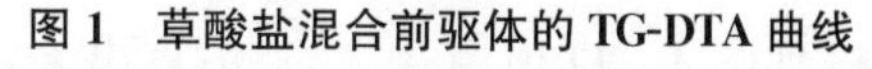
图 1　草酸盐混合前驱体的 TG-DTA 曲线

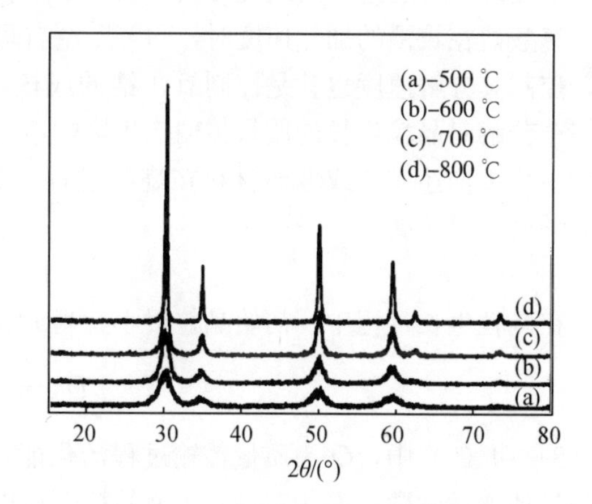

图 2　煅烧前驱体所得 8YSZ 的 X 射线衍射谱

2.4　煅烧方式对 8YSZ 粉末的性能及晶粒生长的影响

热处理方式对晶粒大小和团聚状态产生影响，从 TG-DTA 曲线可以看出，前驱体的分解反应过程可以分为三个阶段：水的去除、有机物的分解以及结晶氧化锆的生成，因而改变不同阶段的热处理方式可以得到超细或纳米氧化锆粒子[8]。加热速度对所形成的 8YSZ 粒子大小的影响见表 2。

当加热速度慢（100 ℃/h）时，气体分解速度产生的动能不足以使前驱体形成的中间体或无定形氧化锆碎化，很难产生小的氧化锆粒子。但在高温区的停留时间长，粒子接触形成颈部，通过表面或晶格扩散导致产物的严重团聚。8YSZ 粒子的大小、形貌如图 3（a）所示。

表 2　煅烧方式对 8YSZ 粒子大小的影响

Heating rate/（℃・H^{-1}）	D_{XRD}/nm	S_{BET}/（m^2・g^{-1}）	Secondary particles size/nm
100	8～10	56	150～270
250	10～12	62	100～200
600	9～11	45	100～220
Non-linear heating	12～14	76	90～100

当加热速度为 600 ℃/h 时，所得 8YSZ 的比表面积也比较小。由于加热速度快，气体逸出的速度大，足以使前驱体形成的中间体或无定形氧化锆碎化，过早地进入氧化锆的结晶区，导致氧化锆的快速团聚。600 ℃/h 加热分解所得的 8YSZ 粒子的大小、形貌如图 3（b）所示。250 ℃/h 的加热速度，也无满意的晶粒大小和形貌。

表 2 和图 3 的结果表明，采用单一的加热方式很难获得满意的氧化锆粉末。图 3（a）、图 3（b）、图 3（c）是在 20 ℃～800 ℃采用单一的加热方式所得氧化锆的电镜照片，加热速度分别为100 ℃/h、600 ℃/h、250 ℃/h，初始晶粒聚集而成的二次粒子的平均粒子大小在 100 nm～270 nm 左右，粒子之间的团聚较严重，但分布较均匀。

采用表 2 中的非线性加热方式煅烧前驱体。初始阶段（20 ℃～250 ℃）的加热速度为 600 ℃/h；250 ℃～400 ℃之间为 100 ℃/h；400 ℃～550 ℃时，适当提高加热速度到 250 ℃/h；550 ℃以上时，采用 600 ℃/h 的加热速度。由此可获得细小的氧化锆晶粒，避免因加热速度过大，结晶区的温度升高而产生团聚，同时也使无定形氧化锆的生成区和氧化锆结晶区分开。图 3（d）所示为采用非线性加热所得 8YSZ 粉末的电镜照片，一次粒子的大小在 12 nm～14 nm 之间，有轻微的团聚，团聚体的大小在 90 nm～100 nm 之间。因此非线性加热法可有效地控制粒子的大小与形貌。粉末材料的性能与热处理的温度高低和加热速度的大小有关。随着温度的升高，团聚会越来越严重，因此在较低的温度下处理，可通过改变煅烧方式来获得纳米粉末材料[12]。

草酸盐在较慢的加热速度时，440 ℃左右可以完成氧化锆的晶化，因此在其分解温度 400 ℃左右，控制其分解速度也就是控制氧化锆的成核速度，以形成细小的 8YSZ 晶粒。为了避免草酸盐的不完全分解对晶粒生长的质量传输产生影响，选择 600 ℃以上的温度区域来研究 8YSZ 的晶粒生长动力学。采用描述陶瓷或玻璃材料在烧结过程中的晶粒生长速率方程可用于煅烧草酸盐的晶粒生长，动力学公式[13,14]为：

$$D^n - D_0^n = kt \tag{8}$$

在晶粒生长过程中，初始晶粒很小，当 $D_0 \leqslant D$ 时有：

$$D^n = k_0 t \exp\left(\frac{-Q}{RT}\right) \tag{9}$$

式（8）和（9）中，Q 为质量传输过程活化能；k，k_0 为常数；t 为时间；D，D_0 为平均粒子大小；R 为气体普适常数；T 为温度；n 为晶粒生长指数。

8YSZ 在不同温度下煅烧 4 h，用 ln D 对 $1/T$ 作图，得到图 4。D 值由式（2）估算出来，从其曲线的斜率可以得出$-Q/$（nR）的值。从图 4 中发现，曲线在 700 ℃时有一拐点。温度低于 700 ℃时的直线斜率与温度高于 700 ℃时的斜率相差较大，这种现象表现为晶粒生长过程的质量传输机理发生了改变。

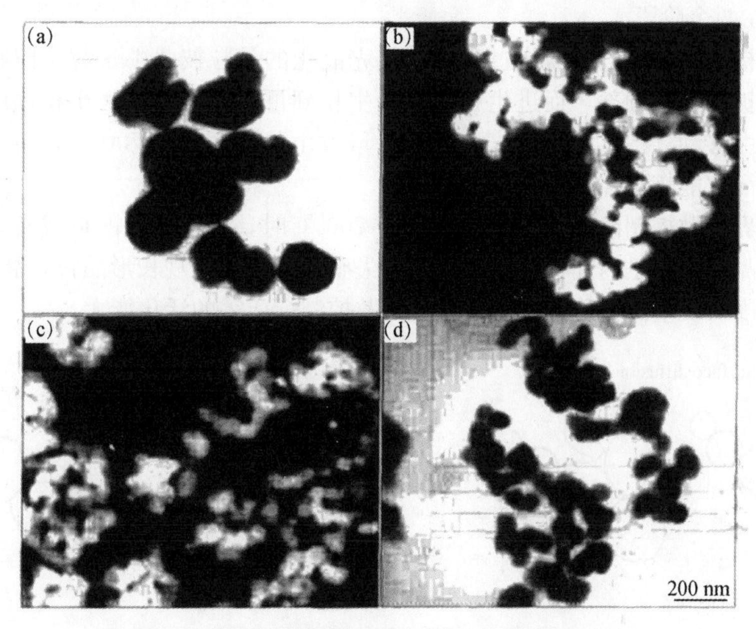

图 3　不同加热方式煅烧后 8YSZ 粉末的 TEM 像

(a) —100 ℃/h；(b) —600 ℃/h；(c) —250 ℃/h；(d) —Non-linear heating

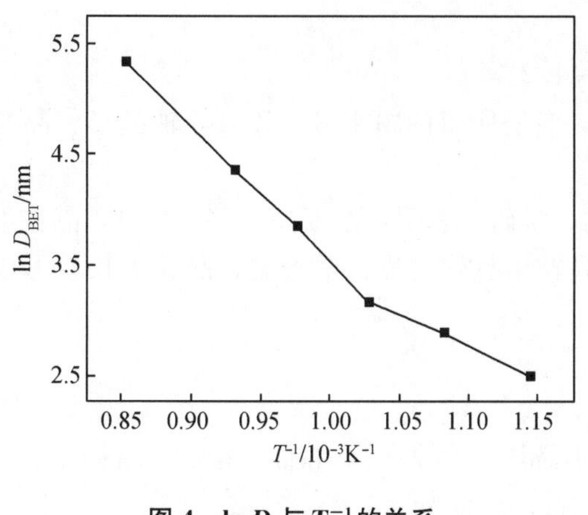

图 4　ln D 与 T^{-1} 的关系

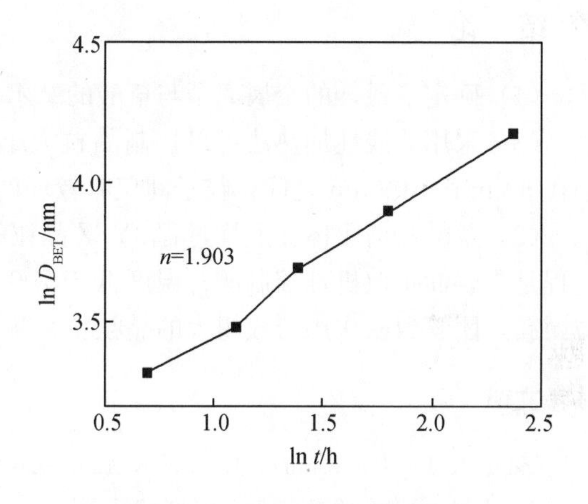

图 5　ln D 与 ln t 的关系

图 5 所示为 700 ℃等温加热时，8YSZ 粒子大小随时间的变化。从图 5 的直线斜率得出晶粒生长动力学指数 n＝1.903。由 n 和图 4 的直线斜率$-Q/$（nR），求出质量传输过程（即粒子生长过程）活化能 Q，所得结果列于表 3 中。

表 3　不同煅烧温度下的晶粒生长活化能

Temperature/℃	Q/（kJ · mol^{-1}）
＜700	87.38
＞700	192.92

图 4 和图 5 的结果表明，温度低于 700 ℃时，晶粒生长的质量传输活化能很小，属于表面扩散控制。温度高于 700 ℃时，与晶粒生长速度相比，粒子生长速度很快，质量传输需要更多的活化能，此时的机理应当为晶格或晶界扩散。可以预测，ZrO_2 的晶粒生长是通过晶粒接触、晶粒间颈的生长以致形成晶界，导致小晶粒的消失，大晶粒的形成[15]，从而认为草酸盐混合前驱体在煅烧过程中，

8YSZ晶粒生长存在两个阶段。

（1）表面扩散机理控制阶段。煅烧过程中，最先晶化的晶粒彼此由于粒子间吸附而接触，然后邻近晶粒通过表面扩散填充颈部，促进生长，直至生长到可与较小晶粒大小相比的颈部大小，这阶段粒子界面可以自由移动［图6（a）、（b）］。这阶段发生的温度低于700 ℃，质量传输是由表面扩散控制的，相应的活化能较小。

（2）晶格或晶界扩散控制阶段。煅烧温度高于700 ℃时，晶粒团簇的形成及致密。表面扩散机理控制阶段形成的晶粒界面迅速迁移，小晶粒的消失整合长大，出现长形晶粒，晶粒发生团聚［图6（c）、（d）］。这阶段的质量传输是由晶格或晶界扩散控制，所需的活化能大。

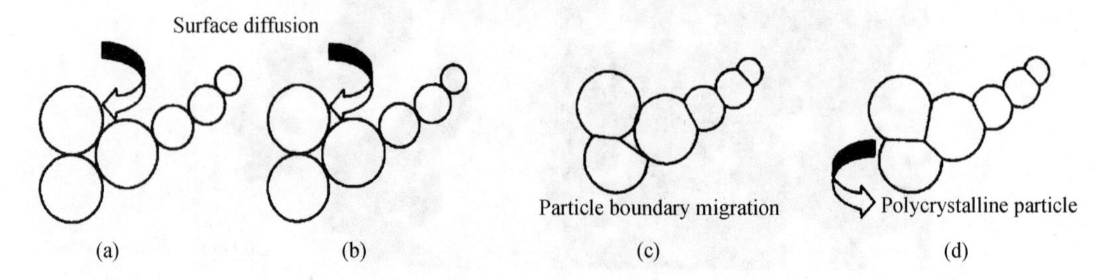

图6　煅烧过程8YSZ晶粒生长示意图

3　结　论

（1）确定了最佳的金属离子与草酸的摩尔比 r，$r=1.2$。

（2）采用非线性加热法可以控制晶粒大小和形貌，煅烧所得的粉末8YSZ为等轴晶形、晶粒大小在90 nm～100 nm之间，粒子间仅有较弱的软团聚。

（3）草酸盐前驱体在煅烧过程8YSZ晶粒的生长动力学研究表明：温度高于700 ℃时，晶粒生长过程是受表面扩散机理控制的；温度低于700 ℃时，晶粒生长受晶界扩散控制，晶粒生长易形成晶粒团簇，团簇致密作用形成粗大的晶粒。

参考文献

［1］Szabo N，Lee C，Trimboli J，et al. Ceramic-based chemical sensors，probes and field-tests in automobile engines ［J］. J Mater Sci，2003，38：4239-4245.

［2］Narula C K，Allison J E，Bauer D R，et al. Materials Chemistry Issues Related to Advanced Materials Applications in the Automotive Industry ［J］. Chem Mater，1996，8：984-1003.

［3］Piconi C，Maccauro G. Zirconia as a ceramic biomaterial ［J］. Biomaterials，1999，120：1-25.

［4］Kucuk A，Berndt C C，Senturk U，et al. Influence of plasma spray parameters on mechanical properties of yttria stabilized zirconia coating：four point bend test ［J］. Mater Sci Eng A，2000，284：29-40.

［5］Okubo T，Nagamoto H. Low-temperature preparation of nanostructured zirconia and YSZ by sol-gel processing ［J］. J Mater Sci，1995，30：749-75.

［6］方小龙，杨传芳，陈家镛. 用CTAB/正己醇/水/盐反胶团体系制备纳米 ZrO_2 超细粉［J］. 1997，18（1）：67-71.

［7］Dell' Agli G，Mascolo G. Low temperature hydrothermal synthesis of ZrO_2-CaO solid solutions ［J］. J Mater Sci，2000，35：661-665.

［8］Vasylkiv O，Sakka Y. Noniosthermal Synthesis of Yttria-Stabilized Zirconia Nanopowder through Oxalate Processing（I）：Characteristics of Y-Zr Oxalate Synthesis and its Decomposition ［J］. J Am Ceram Soc，2000，83（9）：2196-2202.

［9］施剑林，林祖纕，严东生. 草酸盐络合物溶液喷雾干燥法制备 ZrO_2-Al_2O_3 复合粉料及粉料性质［J］. 硅酸盐学报，1991，19（5）：395-401.

[10] Li S, Tin K C, Wong N B. Thermal stability of zirconia membranes [J]. J Mater Sci, 1999, 34: 3367-3374.

[11] Sato T, Endo T, Shimada M. Effect of tetravalent dopants on Raman spectra of tetragonal zirconia [J]. J Am Ceram Soc, 1989, 72 (5): 761-764.

[12] Vasylkiv O, Sakka Y. Nonisothermal synthesis of yttria-stabilized zirconia nanopowder through oxalate processing (Ⅱ): Morphology manipulation [J]. J Am Ceram Soc, 2000, 83 (9): 2484-2488.

[13] Leite E L, Nobre M A, Cerqueira M, et al. Particle growth during calcination of polycation oxides synthesized by the polymeric precursors method [J]. J Am Ceram Soc, 1997, 80 (10): 2649-2657.

[14] Gülgün M A, Popoola O O, Kriven W M. Chemical synthesis and characterization of calcium aluminate powders [J]. J Am Ceram Soc, 1994, 77 (2): 531-539.

[15] Leite E R, Varela J A, Longo E, et al. Influence of polymerization on the synthesis of $SrTiO_3$ (part Ⅱ): Particle and agglomerate morphologies [J]. Ceram Int, 1995, 21: 153-158.

(中国有色金属学报，第14卷第11期，2004年11月)

聚合络合法制备钙稳定氧化锆

刘继进，陈宗璋，何莉萍，李仲英，李素芳，向蓝翔，邵长贵，魏定新

摘　要：钙稳定氧化锆（CSZ）是根据有机物聚合络合法，即按照 Pechini-type 型反应制取的。将一定量的柠檬酸、乙二醇混合液同 $ZrOCl_2 \cdot 8H_2O$ 和 $Ca(Ac)_2 \cdot H_2O$ 在 150 ℃左右发生聚合反应形成一透明的树脂状物质，尔后在 450 ℃左右进行炭化，得到黑色的混合氧化物前驱体。对前驱体进行差热和热重分析，确定灼烧温度在 1000 ℃时，可得到白色的粉末。经 XRD 分析表明，得到了立方型的稳定氧化锆，晶胞参数为 a＝5.1074Å。

关键词：有机络合聚合法；钙稳定氧化锆；立方氧化锆粉末

中图分类号：TQ134.12　**文献标识码**：A　**文章编号**：0454-5648（2002）02-0251-03

Calcium Stabilized Zirconia Prepared by the Organic Polymerized Complex Method

Liu Jijin，Chen Zongzhang，He liping，Li Zhongying，
Li Sufang，Xiang Nanxiang，Shao Changgui，Wei Dingxin

Abstract：The preparation of calcium stabilized zirconia by organic polymerized complex method is based on the Pechini-type reaction. A mixture of citric acid，ethylene glycol，zirconium oxychloride and calcium acetate was polymerized to a transparent resinous matter at about 150 ℃. The transparent resinous matter was then carbonized to a black powder at 450 ℃，which was used as precursor for preparing calcium-doped ZrO_2. By heating the precursor at 1000 ℃ for 6 h，the stabilized cubic ZrO_2 powder was obtained with cell parameter of a＝5. 1074Å，as characterized by XRD.

Key words：organic polymerized complex method，calcium-doped zirconia，cubic zirconia powders

---

掺杂适量稳定剂的氧化锆材料具有典型的立方型萤石型结构，其空间群为 $Fm3m$。由于在掺杂氧化锆中可产生一定数量的氧离子空穴，因此具有较高的离子导电性，同时又有一定的热稳定性和化学稳定性，可广泛地用于燃料电池、氧传感器和氧泵等中作固体电解质[1]。钙稳定氧化锆由于原料易得，价格低廉，用于工业化生产粉体材料具有很大的优势。尽管与钇稳定氧化锆（YSZ）相比，离子导电性稍差，仍然具有很大的应用前景。

稳定化粉体的合成方法主要有溶胶-凝胶法[2]、络合聚合法[3,4]、沉淀法[5]、水热合成法[6]等。络合聚合法的优点在于：①制备的原料物质纯净；②物质在原子或分子水平上混合，可制备超细甚至纳米粉末。本工作中采用改进型 Pechini-type 法，得到的粉体的粒度分布均匀，粒径范围窄，用于制作其他材料可降低烧结温度。该方法是基于柠檬酸和乙二醇之间的聚合酯化反应，已成功地用于制备高纯陶瓷如 $LaMnO_3$、$BaTiO_3$、$SrTiO_3$、CeO_2-ZrO_2 以及超导材料。

钙掺杂氧化锆是一种重要的工业原料，对其的制备已有许多的研究。但从目前发表的文献来看，

改进的 Pechini-type 法应用于钙掺杂的氧化锆的制备还未见报道。

1 实验方法

1.1 钙掺杂氧化锆 $(ZrO_2)_{0.9}$- $(CaO)_{0.1}$的制备

先将 70.0 g 柠檬酸加入到盛有 100.0 g 乙二醇的烧杯中，搅拌得到一无色透明的溶液。再将 29.0025 g$ZrOCl_2 \cdot 8H_2O$（AR）加入，同时搅拌直至 $ZrOCl_2 \cdot 8H_2O$（AR）完全溶解，最后加入 Ca $(Ac)_2 \cdot H_2O$（AR）1.7618 g，在 80 ℃～90 ℃加热搅拌 1 h。随着溶解的进行，可闻到一定的醋酸味道和大量的有刺激性的气体，即 HCl 气体。随后将溶液在无机盐水浴中逐渐加热至 145 ℃，促使柠檬酸和乙二醇之间发生酯化反应。溶液慢慢变得黏稠，表明形成了聚合物凝胶，同时也伴随着颜色变化，即有无色→黄色→白色→棕色的变化。在 145 ℃加热保持 5 h，得到十分黏稠的产物，此产物在 200 ℃下加热 1 h，最终在 450 ℃炭化驱除有机物，得到一黑色的粉末，即前驱体。将前驱体在 1000 ℃灼烧，经研磨得到白色的粉末。

1.2 测试

用 Siemens D-5000X 射线衍射仪（Cu/Kα）测定粉末的相结构扫描范围：15°～75°（2θ），扫描速度为 5°/min，管电压为 35 kV，管电流为 40 mA。TAS-100 热重分析与差热分析仪确定热处理温度，以氧化硅作参比。Hitachi H-800 透射电镜观测粉末粒子的形貌和大小。

2 结果与讨论

2.1 络合聚合原理

柠檬酸与金属离子通过两个羧基和一个羟基形成两个螯合环（五、六圆环）结构，其中一个羧基与乙二醇的一个羟基发生了酯化反应，另一个羧基又与柠檬酸或络合物发生反应，如此反复发生酯化反应，分子链变长以致形成聚合物。由于在此过程中，柠檬酸量过多，柠檬酸的电离产生一定的酸根离子，与氧化锆中的氯离子反应形成有刺激性的酸性气体，可以从实验现象得到证明。而锆和钙离子被聚合物的网络结构包裹，经过炭化和煅烧，生成混合氧化物。取少量的混合氧化物用水浸一定时间，以 10%的 $AgNO_3$ 溶液检验没有发现氯离子存在。

2.2 相结构分析

图 1 是前驱体和不同温度下灼烧的产物的 X 射线衍射测定结果。衍射图表明，前驱物为一无定形物，显示的衍射峰低而宽。前驱体在 1000 ℃下加热随炉冷却，可得到晶化完全的混合氧化物。随着温度的升高，衍射峰变得细小尖锐，而且在 $2\theta=27°\sim30°$内除了（111）面的强衍射峰外并无肩峰，同时根据 $2\theta=55°\sim62°$范围的峰的特征，可以断定温度大于 800 ℃时，生成了立方结构的掺杂氧化锆（c 相）[7]。

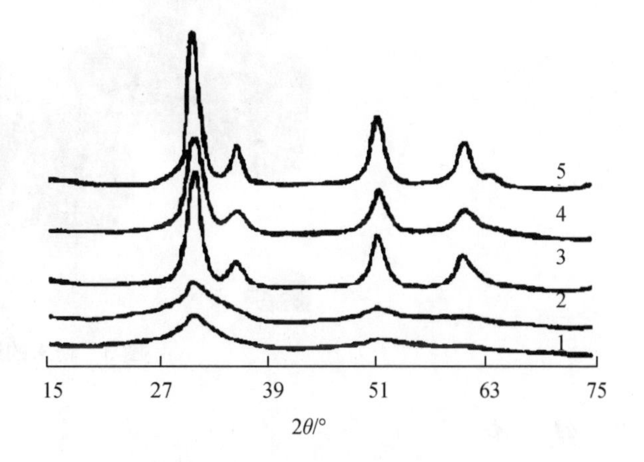

图 1 不同温度下前驱体的 XRD 图

1—400 ℃；2—600 ℃；3—800 ℃；4—1000 ℃；5—1200 ℃

根据（111）面衍射峰的晶面间距和公式：

$$d^2=a^2/(h^2+k^2+l^2)$$

式中：d 为晶面间距；a 为晶胞参数；h，k，l 为晶格常数。根据上式计算得出晶胞参数 $a=5.1074$Å，与文献报道的数值极为接近。

2.3 热重与差热分析（TG-DTA）和透射电镜（TEM）分析

图 2 是 TG-DTA 曲线。从图上可以看出，前驱体在 400 ℃之前质量损失很小，在 400 ℃～600 ℃之间有一强烈的放热峰和一质量损失平台，大约有 45%的质量损失，对应前驱体里包含的有

机物和残留水分的分解。在 600 ℃之后，基本上没有质量损失，这与 XRD 图可以对应起来。将 TG-DTA 曲线与 XRD 图结合起来，可以确定，前驱体在 1000 ℃下加热可以得到完全晶化的立方形粉末。当然也有可能混有少量四方相（t 相），因为 t 相与 c 相的点阵常数接近，导致衍射峰基本重叠[8]。然而根据固体化学理论，10%（摩尔分数）的氧化钙掺杂合成的氧化锆的晶体结构应该是完全稳定的立方结构。

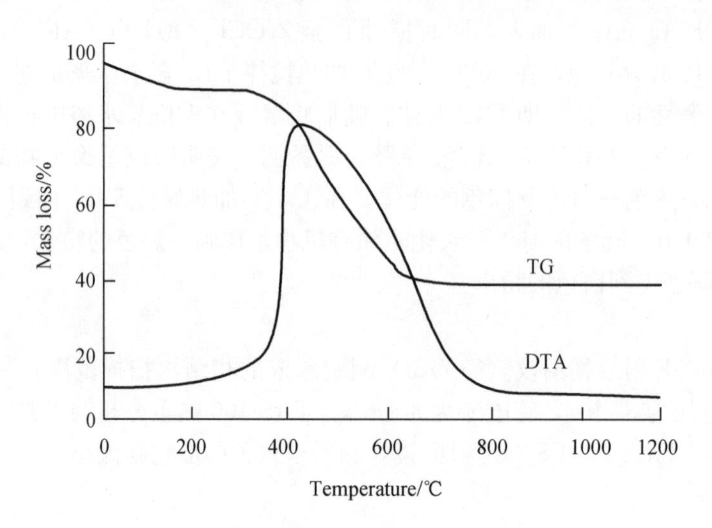

图 2　前驱体的 TG-DTA 曲线

图 3 是 1000 ℃下得到的产物的 TEM 的照片。从图上可以看出，混合物的粒子之间存在一定的团聚，小粒子的粒径在 60 nm～70 nm 之间，近似球形。

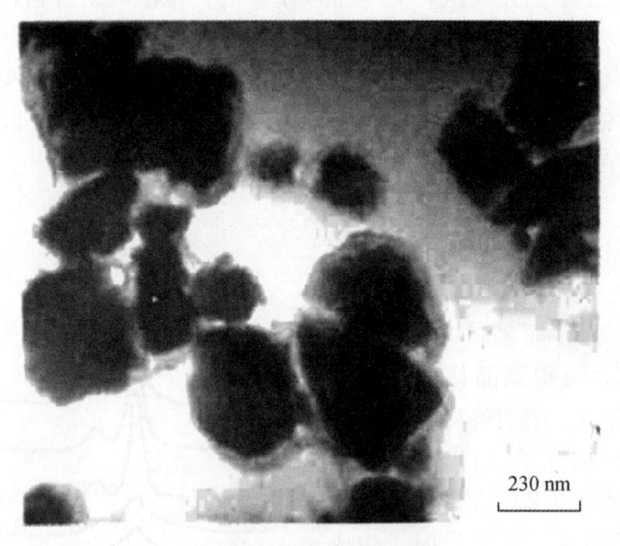

图 3　粉末的透射电镜图

3　结　论

应用有机络合聚合法成功地合成了钙掺杂的稳定氧化锆。对于组成为 $(ZrO_2)_{0.9}$-$(CaO)_{0.1}$ 的混合氧化物，c 相的晶胞参数为 $a=5.1074$Å。

参考文献

[1] Pham A Q, Glass R S. Oxygen pumping characteristics of yttria-stabilized-zirconia [J]. J Electrochimica Acta, 1998, 43 (18): 2699-2708.

[2] Okubo T, Nagamoto H. Low-temperature preparation of nanostructured zirconia and YSZ by sol-gel processing [J]. J Mater Sci, 1995, 30: 749-757.

[3] Ibrahim D. M, El-Mellegy E A. Calcia stabilised tetragonal zirconia powders prepared by urea formaldehyde polymeric route [J]. Bri Ceram Trans J, 2000, 99 (4): 159-163.

[4] 陶颖，王零森，陈振华. EDTA络合法制取稳定 ZrO_2 纳米粉 [J]. 功能材料，2000，31 (4)：393-395.

[5] 方小龙，杨传芳，陈家镛，等. 湿化学工艺条件对 ZrO_2 (Y_2O_3) 超细颗粒团聚的影响 [J]. 硅酸盐学报，1998，26 (6)：732-739.

[6] Dell' Agli G, Mascolo G. Low temperature hydrothermal synthesis of ZrO_2-CaO solid solutions [J]. J Mater Sci, 2000, 35: 661-665.

[7] Lange F F. Fabrication fracture toughness and strength of Al_2O_3-ZrO_2 composites [J]. J Mater Sci, 1982, 17: 247-254.

[8] Sato T, Endo T, Shimada M. Effect of tetravalent dopants on Raman spectra of tetragonal zirconia [J]. J Am Ceram Soc, 1989, 72 (5): 761-764.

（硅酸盐学报，第 30 卷第 2 期，2002 年 4 月）

纳米氧化钛的制备、表征及应用研究

刘继进，陈宗璋，何莉萍

摘　要：介绍了应用钛酸四丁酯和草酸作原料，在有机溶剂乙醇中形成混合前驱体的方法制备了粒径在70 nm～90 nm之间的二氧化钛。探讨了煅烧温度对二氧化钛晶型和晶粒大小的影响。扫描电镜观察粒子的形貌、大小及其粒径分布。利用光照对二氧化钛的甲基橙悬浮液的变色作用，考察了二氧化钛的光催化性能。

关键词：氧化钛；晶粒大小；光催化性能

中图分类号：TQ134.17　**文献标识码**：A

Preparation, Characterization and Application of Nanosized Titania Via Mixed Precursor Process

Liu Jijin, Chen Zongzhang, He Lipin

Abstract: Nanosized titania powder with a particle size of 70 nm～90 nm was prepared by a process using oxalate acid and titanium tetrabutoxide in absolute ethanol solvent as starting materials, which could form a mixed precursor. IR and TG/DTA were performed to analyze the decomposition of the mixed precursor. The effect of calcined temperatures on crystallography of titania was investigated. The moiphology and size distribution of particles were examined by SEM. The decolor phenomenon of TiO_2 suspensions in methylorange was applied to investigate the photocatalytic property of nanoparticles with different phase structures. The results have shown that nanosized mixture of anaste and rutile particles has higher photocatalytic efficiency.

Key words: nanosized titania, grain size, photocatalytic property

---

1　引　言

纳米材料被誉为“21世纪最有前途的材料”。纳米TiO_2亦称透明TiO_2或微晶TiO_2，它的独特性质，诸如反应活性高、可见光透过性好和紫外线吸收强，在环保、涂料、油墨、食品包装材料、化妆品、太阳能电池、气体传感器和功能陶瓷等方面有着广泛的应用。因此氧化钛的应用开发，形成了一个新的热点课题。纳米氧化钛的制备方法主要有：醇盐水解法[1]、溶胶凝胶法[2]和无机盐水解沉淀法[3]、气相分解法[4]和微乳液法[5]。总的说来，制备的前驱体不多，比如醇氧化物、钛的无机盐有Ti $(SO_4)_2$和$TiCl_4$。但是$TiCl_4$的强烈的吸水性，导致实验操作比较麻烦并且损害身体健康。我们根据研究醇盐水解的有关研究基础，探讨了用钛酸四丁酯和草酸作原料来制备纳米氧化钛，成功地制备了粒径在70 nm～90 nm之间的TiO_2。由于二氧化钛存在着锐钛矿和金红石型两种主要晶型，而且锐钛矿型TiO_2具有强烈的光催化性能和紫外线吸收能力。通过对实验条件的探讨，得到了不同的煅烧制度对二氧化钛的晶型、晶粒尺寸的影响。

2 实 验

2.1 主要试剂

草酸（$H_2C_2O_4 \cdot 2H_2O$，AR）、无水乙醇（CH_3CH_2OH，AR）、钛酸四丁酯（Ti（$C_4H_9O)_4$，CP）、去离子水。

2.2 实验方法

准确称取 12.607 g 草酸，溶解在 150 mL 的无水乙醇，并在其中加入 2 mL 的去离子水。量取 14 mL钛酸四丁酯，溶解于 150 mL 的无水乙醇中。在磁力搅拌的作用下，将钛酸四丁酯的溶液缓慢加入到草酸的乙醇溶液中。刚开始，溶液状态没有什么变化，溶液逐渐地变得混浊黏稠，出现了白色的沉淀物。将沉淀物静置过夜，95 ℃恒温水浴蒸发去除多余的溶剂和水分，然后在真空干燥箱中于 100 ℃的温度下干燥，得到白色的前驱物。取少量白色粉末作红外分析和差热与热重分析，其余的在不同的温度下煅烧，供作 X 射线衍射分析和电镜分析用。

2.3 粉末的表征和光催化性能的测定

X 射线衍射分析采用 D/max-rA 型衍射仪，测定粉末的晶相结构，功率是 50 kV、100 mA，选用 Cu/Ka 辐射，扫描速度为 5°/min。JEOL 公司的 JSM-5600LV 扫描电镜观察粉末的粒径大小、形貌和分布。热重和差热分析确定热处理制度和晶相转变温度，测试仪器为 TA Instruments 公司的 SDT2960，测试条件为空气气氛，参比为氧化铝，升温速度为 10 ℃/min，温度区间是 20 ℃～1000 ℃。粉末样品的红外分析采用 Nicolet 公司的 NEXUS470FT-IR 红外分析仪，样品制备采用溴化钾压片法，测定的波数范围为 400～4000 cm^{-1}。

为进行光催化性能的研究，选择二氧化钛对甲基橙的变色作用作为合成的锐钛矿型二氧化钛的性能的指标。取一定 100 mg/L 甲基橙水溶液，配制一定浓度的二氧化钛的悬浮液，用超声波分散，在高压汞灯（上海亚明灯泡厂，型号：GYZ-250W）的照射下（试样离光源中心的距离为 25 cm），于不同的时间取出部分试样，离心分离，取上层清液，用 721 型分光光度计在 460 nm 的波长下，测定吸光度。

3 结果和讨论

钛酸四丁酯的醇溶液慢慢加入到草酸的醇溶液中，沉淀立刻出现，振荡后马上又消失。随着滴加的进行，混合溶液逐渐变得黏稠，以致电磁搅拌器无法继续搅拌，得到了白色的混合物。一般认为反应的过程是按以下（1）和（2）步骤进行的[6]：

$$Ti(C_4H_9O)_4 + 4H_2O \longrightarrow Ti(OH)_4 + 4C_4H_9OH \tag{1}$$

$$Ti(OH)_4 + H_2C_2O_4 \longrightarrow TiOC_2O_4 + H_2O \tag{2}$$

其中反应（2）是酸催化反应，由于起初溶液中水量小，因而反应较慢，随着反应的进行，反应（2）的产物水可以作为反应（1）的反应物，类似于链式反应，使得反应加速进行，溶液变得黏稠。红外光谱分析前驱物中有 Ti（$OH)_4$ 和 $TiOC_2O_4$。

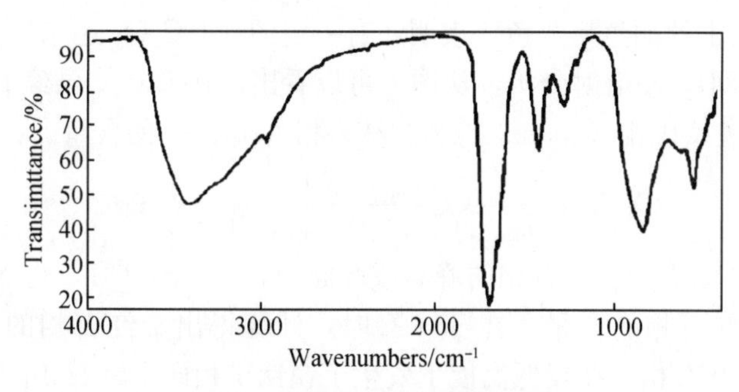

图 1 前驱物的红外分析谱图

图1为前驱物的红外分析谱图。图中波数3385 cm^{-1}和1682 cm^{-1}分别为羟基（OH^-）的对称伸缩振动和弯曲振动，1400 cm^{-1}对应为羧酸根（COO^-）的对称伸缩振动，而816 cm^{-1}为Ti-O-Ti键的伸缩振动，从而表明前驱物中首先发生了Ti（C_4H_9O）$_4$水解反应。综合考虑红外分析数据，可以判定前驱物不是单一的Ti（OH）$_4$，而且还包括有机物（草酸）和Ti形成了复杂的化合物，比如$TiOC_2O_4$。

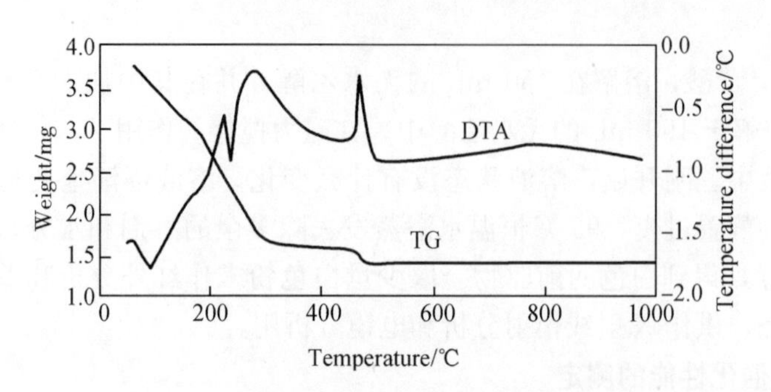

图2 前驱体的TG-DTA图

图2是前驱物的TG-DTA曲线。从图上可以看出，主要的质量损失发生在150 ℃～400 ℃之间。60 ℃～120 ℃之间的失重相应于脱去表面吸附水和残余的乙醇，质量损失在12.11%左右。228 ℃时的较强的放热峰，是草酸氧钛分解为二氧化钛所致，分解反应如下：

$$Ti(OH)_4 \xrightarrow{40\ ℃ \sim 90\ ℃} TiO_2 + H_2O \tag{3}$$

$$TiOC_2O_4 \cdot nH_2O \xrightarrow{90\ ℃ \sim 160\ ℃} TiOC_2O_4 + nH_2O \tag{4}$$

$$TiOC_2O_4 \xrightarrow{160\ ℃ \sim 283\ ℃} TiO_2 + CO + CO_2 \tag{5}$$

$$CO + O_2 \longrightarrow CO_2 \tag{6}$$

284 ℃时对应的放热峰对应于CO向CO_2的转化和残留有机物的分解，在472 ℃时相应于无定形TiO_2向锐钛矿型TiO_2的转变。在800 ℃时有一小的放热峰，而且这个峰没有质量损失，此峰有可能是相变造成的，但与衍射谱相对照，可以断定它是一个假峰。

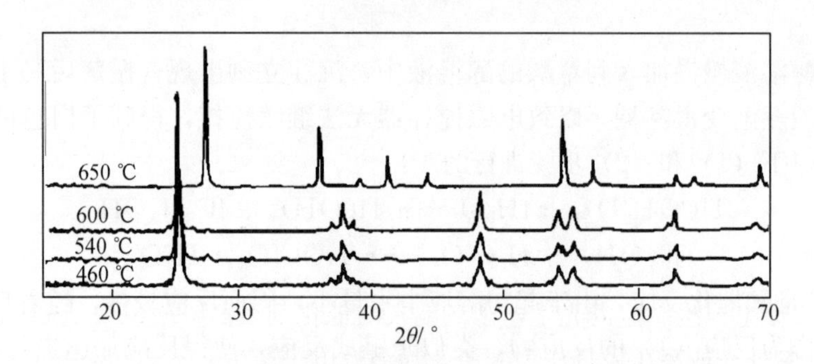

图3 不同煅烧温度下的二氧化钛的XRD图

在400 ℃时煅烧，粉末的颜色呈灰色，表明还有一定的$TiOC_2O_4$还未完全分解。对粉末样品在480 ℃～650 ℃的温度区间作X衍射分析，从图上可以看出，在550 ℃已经有金红石二氧化钛出现，根据公式（7）可以计算锐钛矿相（anatase）和金红石相（rutile）的含量[7]：

$$X_r\% = \frac{I_{rutile}(110)}{I_{anatase}(101) + I_{rutile}(110)} \times 100 \tag{7}$$

式中I_{rutile}（110）为XRD图谱中金红石相的峰高或峰面积，$I_{anatase}$（101）为XRD图谱中锐钛矿相的峰高或峰面积，X_r为金红石相的含量。在550 ℃时，计算得出金红石相的含量已达到3.1%，到650 ℃时已完全转变为金红石相。在较低温度下发生了锐钛矿相向金红石相的转变。按照锐钛矿型二氧化钛（四方结构）的晶面间距 d 和晶胞参数（a，c）之间的关系公式：

$$\frac{1}{d^2}=\frac{h^2+k^2}{a^2}+\frac{l^2}{c^2} \tag{8}$$

选定（101）晶面进行计算，得出晶胞参数为：$a=0.37834$ nm，$c=0.95355$ nm，与文献数值相当吻合。

根据 X-ray 衍射宽化法，依照德拜谢乐公式：

$$D=K\lambda/\beta\cos\theta \tag{9}$$

式中 D 为晶粒大小，λ 为波长，θ 为衍射角，β 为半峰宽，K 常取为 0.94。选定（101）晶面进行计算，得出不同温度下煅烧后的粉末样品的晶粒大小，结果列在表 1 中。

表 1　煅烧温度对氧化钛晶体结构、晶粒大小的影响

温度/℃	晶体结构	晶粒大小/nm
460	A	21
540	A+R（少量）	23
600	A+R（少量）	25
650	R	32

图 4 是二氧化钛粉末的扫描电镜图像。从图上可以看到，二氧化钛的粒子尽管有一定的团聚，但分布还是比较均匀，平均粒径小于 100 nm，大致在 70 nm～90 nm 之间。相对来说，540 ℃煅烧下的粉末样品比 600 ℃煅烧的粉末样品，粒子的分布要均匀一些。

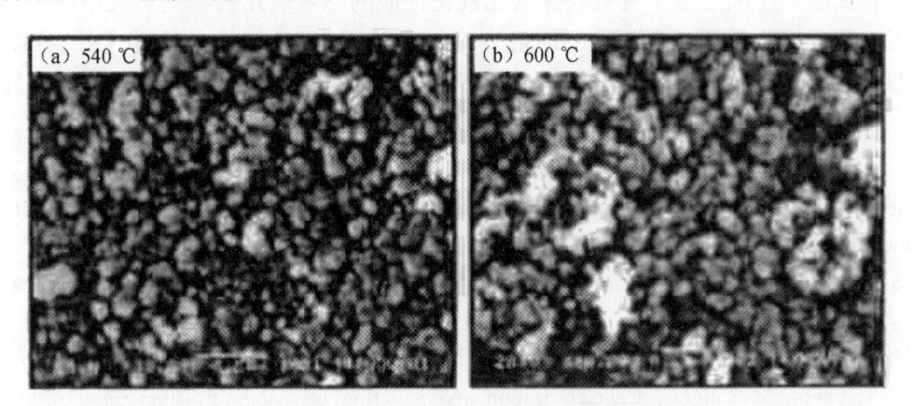

图 4　纳米二氧化钛的扫描电镜图

光催化反应的原理一般认为：在光的照射下，当光的能量大于禁带宽度时，价带上的电子跃迁到导带。TiO_2 的表面上产生一定的光生电子或空穴与催化剂表面吸附的物质如表面羟基和吸附氧发生氧化还原反应。紫外光或高压汞灯作为光源，为激发电子产生 e^-—h^+ 对提供能量，光催化反应的过程如下：

光生载流子的生成：

$$TiO_2 \xrightarrow{h\gamma} h_{vb}^{+}+e_{cb}^{-} \tag{10}$$

载流子的捕获：

$$h_{vb}^{+}+OH^{-}\text{(ads)} \longrightarrow OH^{\circ} \tag{11}$$

$$O_2\text{(ads)}+\overline{e_{cb}^{-}} \longrightarrow O_2^{-}\text{(ads)} \tag{12}$$

载流子的复合：

$$OH^{\circ}+e_{cb}^{-} \longrightarrow OH^{-}+\text{(ads)} \tag{13}$$

$$h_{vb}^{+}+O_2^{-}\text{(ads)} \longrightarrow O_2\text{(ads)} \tag{14}$$

其中减少载流子复合的机会，可以提高二氧化钛的光催化活性，通过掺杂可以达到这个目的。

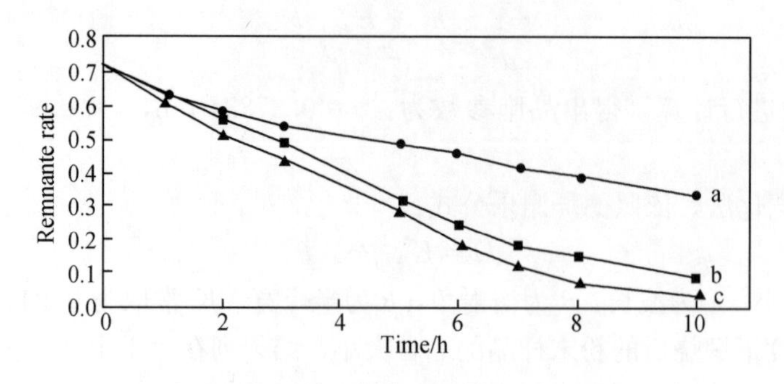

图 5　纳米二氧化钛的光催化性能图

a：6 g·L^{-1}；b：4 g·L^{-1}；c：2 g·L^{-1}

图 5 反映了 TiO_2 光催化性能。从该曲线图看，浓度为 2 g·L^{-1}较 4 g·L^{-1}的降解速度快，说明需要有更多的氧化钛参与光催化反应。对于二氧化钛的浓度为 4 g·L^{-1}来说，光照 7 h 后，降解率接近 70%。对于 460 ℃下煅烧的纯锐钛矿型二氧化钛，其光催化性能较 540 ℃下煅烧的有少量的金红石型的锐钛矿型二氧化钛要差，这与文献[8]的结果相一致。影响二氧化钛的光催化性能的因素很多，目前对这种现象还没有合理的解释。作者认为少量金红石相二氧化钛的存在，减少了锐钛矿相粒子间的团聚，增大了粒子与降解对象和空气的接触面积，从而增大了光降解反应速度。

4　结　论

利用草酸和钛酸四丁酯合成了具有较强的光催化性能的纳米氧化钛，粒子大小在 70 nm～90 nm 之间，该方法的相变温度较低，在 650 ℃时已完全转变成了金红石型的二氧化钛。实验表明，与单一的锐钛矿型二氧化钛的相比，含有少量的金红石型的锐钛矿型二氧化钛光催化性能要好。

参考文献

[1] Jinyuan Chen，Lian Gao，Junghua Huang，et al. Preparation of nanosized titania powder via the controlled hydrolysis of titanium alkoxide [J]. Journal of Materials Science，1996，31 (13)：3497-3500.

[2] 尹荔松，周歧发，唐新桂，等. 溶胶-凝胶法制备纳米 TiO_2 的胶凝过程机理研究 [J]. 功能材料，1999 (4)：407-409.

[3] 赵旭，王子忱，赵敬哲，等. 球形二氧化钛的制备 [J]. 功能材料，2000，31 (3)：303-305.

[4] J Rubio，J L Oteo，M Villegas. Characterization and sintering behaviour of submicrometre titanium dioxide spherical particles obtained by gas-phase hydrolysis of titanium tetrabutoxide [J]. Journal of Materials Science，1997，32 (3)：643-652.

[5] 施利毅，胡莹玉，张剑平，等. 微乳液反应法合成二氧化钛超细粒子 [J]. 功能材料，1999，30 (5)：495-497.

[6] A J Patil，M H Shinde，H S Potdar，et al. Chemical synthesis of titania (TiO_2) powder via mixed precursor route for membrane applications [J]. Materials Chemistry & Physics，2001，68 (1)：7-16.

[7] Y J Kim，L F Francis. Microstructure and crystal structure development in porous titania coatings prepared from anhydrous titanium ethoxide solutions [J]. Journal of Materials Science，1998，33 (17)：4423-4433.

[8] Chak K Chan，John F Porter，Yu Guang Li，et al. Effects of calcination on the microstructures and photocatalytic properties of nanosized titanium dioxide powders prepared by vapor hydrolysis [J]. Journal of the American Ceramic Society，1999，82 (3)：566-572.

（功能材料，2002 年，第 33 卷，第 6 期）

氧化钇掺杂四方氧化锆电性能的研究

刘继进，何莉萍，陈宗璋，向蓝翔，邵长贵，罗上庚

摘　要：研究了添加1%Al_2O_3（摩尔分数）和前驱体“清除”晶界杂质两种改善晶界导电性能的方法，对四方氧化锆（3%Y_2O_3-doped tetragonal zirconia，3YTZ）陶瓷烧结体的导电性能的影响。运用XRD，SEM分析了它们的相组成及其微观结构。在200 ℃～750 ℃下进行交流阻抗谱测试，结果表明：两种方法均对晶界导电性能有明显改善。Al_2O_3自ZrO_2晶界进入晶粒，参与替代锆原子，与氧离子空位形成缔合物，降低了氧离子空位浓度，引起晶粒电阻有所增大，但前驱体“清除”对晶粒电阻没有影响。有效氧离子空位浓度的变化，引起了1550 ℃烧成的3YTZ+1%Al_2O_3和3YTZ陶瓷样品的晶界电导活化能在高低温度区的差异。

关键词：钇稳定四方氧化锆；晶界导电；前驱体“清除”；交流阻抗谱

中图分类号：TQ174　**文献标识码**：A　**文章编号**：0454-5648（2003）03-0241-05

Study on the Electrcal Properties of Yttria-doped Tetragonal Zirconia

Liu Jijin，He Liping，Chen Zongzhang，Xiang Lanxiang，
Shao Changgui，Luo Shanggeng

Abstract：The influences caused by the addition of 1%（in mole）Al_2O_3 and precursor scavenging method on the electrical properties of 3%（in mole）Y_2O_3 doped tetragonal zirconia（3YTZ）were studied. The phase composition and microstructure were examined by XRD and SEM. AC impedance spectroscopy was measured at a temperature range of 200 ℃～750 ℃. The results indicate that the grain boundary conductivity of 3YTZ is much improved by the two methods. However，aluminum ions enter the lattice of zirconia from grain boundary，and complex with oxygen vacancies，which results in the increases of grain resistance and the lower concentration of oxygen vacancies due to formation of complexes between aluminum ions and oxygen vacancies. Change of effective oxygen vacancy concentration，which is due to the formation of complex between defects and oxygen ion vacancies，results in the difference between activation energy associated with grain boundary conductivity at lower and higher temperature zones for 3YTZ+1%Al_2O_3 and 3YTZ ceramics sintered at 1550 ℃ for 4 h.

Key words：yttria-stabilized tetragonal zirconia，grain boundary electric conduction，precursor scavenging，alternative current impedance spectrum

---

不同Y_2O_3掺杂量的稳定ZrO_2在燃料电池、氧泵、气体分离膜、氧化锆氧传感器中作固体电解质，得到了广泛的应用[1~3]。一般认为Y_2O_3-ZrO_2的最大电导率出现在掺杂8%～10%（摩尔分数）之间，而且电导率并不随掺杂剂的浓度一直成线性关系增长[4]。立方稳定氧化锆，虽然具有高的电导率，但机械强度、断裂韧性值低，在固体氧化物燃料电池（solid oxide fuel cell，SOFC）设计中，为求高能量密度、大的表面积/体积比且具有较高强度的电解质材料时，需在氧离子电导率、力学性

能和热性能方面采取折衷方案[5]。四方氧化锆的烧结陶瓷具有晶粒细小、室温机械强度高的特点，而且它在中低温时具有较立方结构的8YSZ高的晶粒电导率，是SOFC中电解质的候选材料。而四方氧化锆中可能存在的杂质SiO_2和Y在晶界的偏析，会造成较大的晶界电阻。SiO_2杂质主要有两个来源：其一是氧化锆粉前驱体中的$ZrSiO_4$；其二是氧化锆粉在研磨时由研磨介质所带来的。因此，提高四方氧化锆的电导性能，必须改善其晶界结构，保证氧离子通道畅通。其改善方法包括：①通过添加Al_2O_3[6]、B_2O_3、Fe_2O_3[7]来驱除晶界相的SiO_2杂质，其中以添加Al_2O_3最为有效[8]；②烧结前在低于烧结温度下热处理一定时间，杂质SiO_2与体内ZrO_2形成大量的夹杂物$ZrSiO_4$晶核，而没有晶粒的生长，使晶界的玻璃相形成了分散的$ZrSiO_4$晶核，保持了氧离子传输通道的畅通，从而“清除”了晶界的杂质，即前驱体“清除”法[9]。

据此，研究3YTZ（3%Y_2O_3+97%ZrO_2）（摩尔分数）和添加1%Al_2O_3的3YTZ（3YA）烧结体的相含量及微结构，比较了两种晶界导电性能改善的方法对四方氧化锆（3YTZ）陶瓷烧结体的导电性能的影响。

1　实　验

实验所用的四方氧化锆是按文献[10]方法制备的，组成是$(ZrO_2)_{0.97}(Y_2O_3)_{0.03}$，标识为3YTZ。添加1%$Al_2O_3$（摩尔分数）的3YTZ样品，标识为3YA。所有粉末样品在乙醇介质球磨24 h，加入一定量的5%PVA（质量分数）水溶液作黏结剂，混合均匀后，在200 MPa下压制成直径为ϕ12 mm，厚度δ为2 mm的圆片。前驱体清除法所需的3YTZ样品，先经1200 ℃下，预烧结20 h，然后分别在1500 ℃，1550 ℃下保温4 h，随炉冷却至室温。升温速度为300 ℃/h。烧结时在坩埚加入相同组分的氧化锆将样品覆盖，避免在炉中污染。样品命名、原料组成、烧结条件、相对密度、粒子大小见表1。

表1　烧结样品的原料组成、烧结条件、相对密度及粒径大小

Sample	Composition	Sintering condition	Relative density/%	Particle size/μm
3YTZ	$(ZrO_2)_{0.97}(Y_2O_3)_{0.03}$	1500 ℃，4 h	91	0.1～0.2
3YTZ	$(ZrO_2)_{0.97}(Y_2O_3)_{0.03}$	1500 ℃，4 h	92	0.2～0.3
3YA-1500	3YTZ+1%Al_2O_3 (in mole)	1500 ℃，4 h	92	0.2～0.3
3YA-1550	3YTZ+1%Al_2O_3 (in mole)	1500 ℃，4 h	93	0.5
3Y (12) -1550	$(ZrO_2)_{0.97}(Y_2O_3)_{0.03}$	1500 ℃，4 h (preheat treatment at 1200 ℃ for 20 h)	91	0.2
3Y (12) -1500	3YTZ	1500 ℃，4 h (preheat treatment at 1200 ℃ for 20 h)	92	0.3

根据多相材料的混合规则，求得3YA的理论密度：

$$\rho = \Sigma \varphi_i \rho_i \tag{1}$$

其中：ρ_i为i相的理论密度，φ_i为i相的体积分数。这里取3YTZ的理论密度为6.001 g/cm³，Al_2O_3的理论密度为3.97 g/cm³。根据此结果计算3YA样品的相对密度。

采用Archimede's法测量烧结样品的密度。XRD分析烧结样品中单斜相及其相对含量。将烧结样品用SiC砂纸打磨、抛光，再以含5%（体积分数）氢氟酸的硝酸溶液腐蚀出晶界，SEM观察其形貌和微结构，用截距法测量粒子的平均大小。

电导率测量时，薄圆片先打磨抛光，用乙醇、丙酮将表面清除干净，在其两侧钎焊铂丝（作电极引线），然后涂上铂糊，铂糊在110 ℃下干燥，600 ℃下预热处理6 h，最后在1000 ℃烧结1 h，得到铂电极。做好电极的样品放在氧化铝样品架上，在自制的电炉中加热，温度范围是300 ℃～

1000 ℃，进行交流阻抗测定。所用仪器为美国 EG&G INSTRUMENTS 公司的频率响应分析仪 Model 1025 Frequency Response Detector 和恒电压/电流仪 Model 283 Potentiostat/Galvanostat，测定频率为 0.01 Hz～1 MHz。

2 结果与讨论

2.1 XRD 和 SEM 分析

3YTZ 和 3YA 的烧结样品的 XRD 分析结果表明，主要相成分为四方相（t），另有一定的单斜相（m）存在。3YA 样品的 XRD 图上并没有 Al_2O_3 的衍射峰存在，说明进入了氧化锆的晶格，这与文献[8]的结果相一致。此外对 1550 ℃下烧结样品的晶胞参数的计算，发现加入 Al_2O_3 的 3YA 烧结样品的晶胞参数（$a=5.134$Å，$c=5.260$Å）相对 3YTZ 的晶胞参数（$a=5.139$Å，$c=5.265$Å）变小了，也证明少量 Al_2O_3 在 ZrO_2 中形成了固溶体。根据下列公式计算，3YA 和 3YTZ 的单斜相相对含量分别为 2.56%、2.97%[11]。

$$X_m = \frac{I(111)_m + I(11\bar{1})_m}{I(111)_m + I(11\bar{1})_m + I(111)_t} \tag{2}$$

其中：$I(111)_m$、$I(11\bar{1})_m$、$I(111)_t$ 分别为单斜相（m）的（111）、（$11\bar{1}$）峰的强度和四方相（t）（111）峰的强度。图 1 为烧结样品的扫描电镜图。

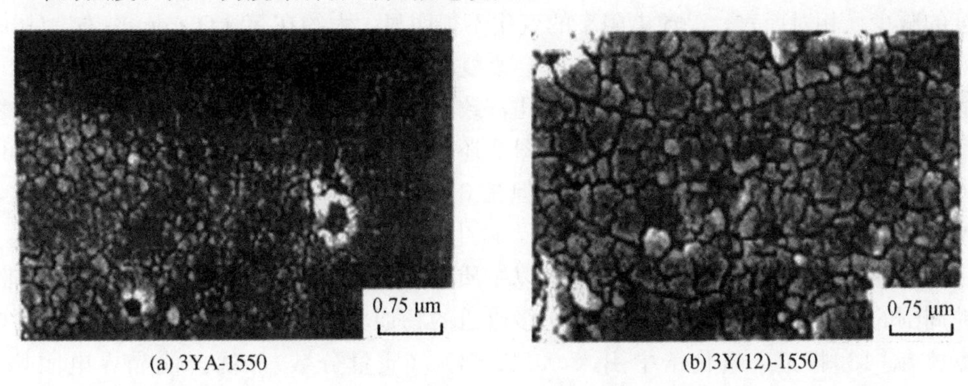

(a) 3YA-1550 (b) 3Y(12)-1550

图 1 烧结样品的 SEM 照片

从图 1 可以看出，晶粒生长无异常，晶粒大小均匀，晶界处没有明显的 Al_2O_3 粒子。1550 ℃烧结样品的粒子大小在 0.3 μm～0.5 μm 之间，而且烧结的样品中有空洞存在。添加适量 Al_2O_3 对氧化锆的烧结性能有一定的改善，如 3YA-1550 样品的烧结的相对密度达到 93%。

2.2 交流复阻抗分析

交流复阻抗谱，与透射电镜和扫描电镜结合使用，是了解固体电解质材料的物理性能与电导性能的一种有效的方法。多晶固体电解质材料的阻抗图对应三个弛豫时间不同的过程（三个半圆）。在低频段的阻抗半圆对应电极电解质界面电极反应，即离子、电子在与电极界面接触表面的迁移；中频段的阻抗半圆对应晶界电阻；高频段的阻抗半圆对应晶粒电阻和电解质的介电特性。阻抗图中的三个半圆并不一定全部出现，因为固体电解质的电阻对温度有着很大的依赖性。

晶界、晶粒电阻可以从各段弧与实轴的交点估测出来，进而得出晶粒、晶界电导率 σ_{gb}、σ_g 与温度关系的 Arrhenius 图。晶粒、晶界、电极反应过程可用三个并联的 RC 回路作为等效电路，不考虑平行电极方向的电导。样品的电导率表达式为：

$$\sigma = \frac{1}{R} \cdot \frac{L}{S} \tag{3}$$

其中：σ 为样品电导率（$S \cdot cm^{-1}$）；R 为样品电阻（Ω）；L 为样品厚度（mm）；S 为样品截面积（mm^2）。

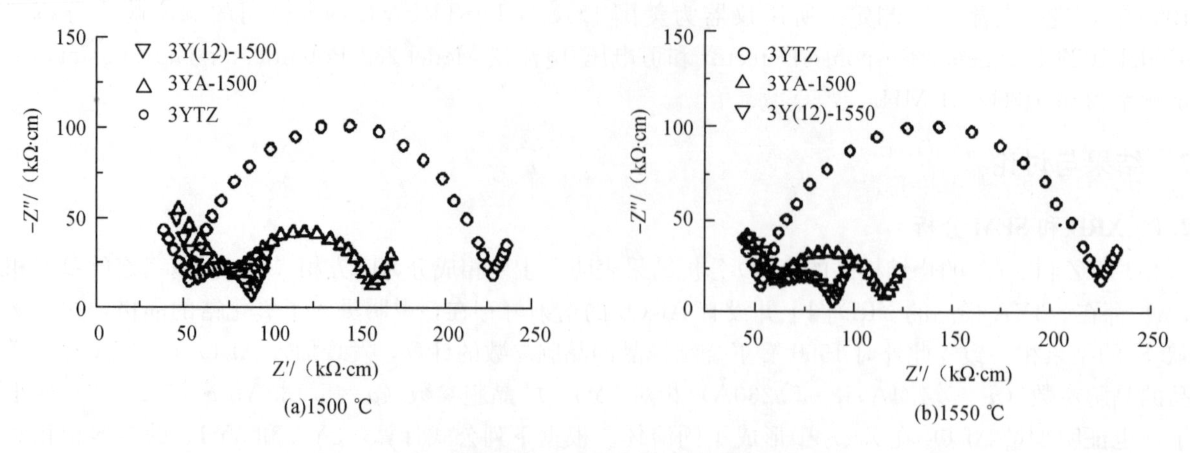

图 2　烧结样品在 380 ℃的交流复阻抗图

图 2 是烧结样品在 380 ℃下测定得出的交流阻抗图。从图 2 可以看出，晶粒与晶界弧区分得比较好，温度对样品的晶粒和晶界电阻影响在图 2 得到了很好的说明。在 1500 ℃时 3YTZ、3YA-1500、3Y（12）-1500 的晶界电阻率分别为 176、112、32 kΩ · cm。1550 ℃时，3YTZ、3YA-1550、3Y（12）-1550 的晶界电阻率分别为 174、56、27 kΩ · cm。随着温度的升高，晶粒和晶界电阻率都有一定程度的减少。相对而言，晶粒电阻率的变化不很明显，大约在 50 kΩ · cm 左右。Gibson 等[12]研究认为，样品的晶粒或晶界中存在气孔，就会改变氧离子的迁移路径，使氧离子的运动受阻，从而使导电通道不畅。烧结温度提高，消除了气孔，致密性得到提高，晶粒间接触的面积增大，氧离子易于迁移，从而降低了晶界和晶粒电阻。从图 2 还可以看出：在晶界电阻方面，3YA-1550 与 3Y（12）-1550 样品均较 3YTZ 样品有大的减少，但是 3YA-1550 样品在减少晶界电阻的同时，使晶粒电阻稍有增大。这可以用氧化锆中掺杂 Y 和 Al，产生氧离子空位的机理加以说明。

在粉末制备和成型烧结的过程中，SiO_2 会以杂质形式进入样品，并在晶界偏析，形成非晶界相。它们在晶粒周围的不连续分布，影响氧离子迁移通道的畅通状况。SiO_2 对 ZrO_2 的晶界导电性能影响很大，据文献[13]报道，氧化锆中引入 0.2% SiO_2（质量分数），就会使晶界电阻增大 1/15。Al_2O_3 与 Y_2O_3 一样，可以替代 Zr 原子产生氧离子空位，并使 SiO_2 在其周围聚集生成 $Al_6Si_2O_{13}$ 化合物，反应为：

$$3Al_2O_3 + 2SiO_2 \longrightarrow Al_6Si_2O_{13} \tag{4}$$

过多的 $Al_6Si_2O_{13}$ 则聚集在晶粒交界处。因此晶界的 SiO_2 等杂质的清除，提高了晶界电导率。晶粒电阻的增大，缘于溶解于 ZrO_2 中的 Y'_{Zr}，Al'_{Zr} 与氧离子空位 $V\ddot{O}$ 发生缔合和（$Al'_{Zr} \cdot V\ddot{O}$），$(Al'_{Zr} \cdot V\ddot{O} \cdot Al'_{Zr})^{\times}$，$(Y'_{Zr} \cdot V\ddot{O} \cdot Y'_{Zr})^{\times}$，（$Y'_{Zr} \cdot V\ddot{O}$）解缔合，可用以下缺陷化学方程式表示：

$$Y_2O_3 \xrightarrow{ZrO_2} 2Y'_{Zr} + V\ddot{O} + 3O_O^x \tag{5}$$

$$Al_2O_3 \xrightarrow{ZrO_2} 2Al'_{Zr} + V\ddot{O} + 3O_O^x \tag{6}$$

$$M'_{Zr} + V\ddot{O} \leftrightarrow (M'_{Zr} \cdot V\ddot{O}) \tag{7}$$

$$2M'_{Zr} + V\ddot{O} \leftrightarrow (M'_{Zr}{}^{\circ}V\ddot{O} \cdot M'_{Zr}) \times (M = Al,\ Y) \tag{8}$$

它们的形成能分别是：−1.4 eV（−143 kJ/mol），−2.62 eV（−253 kJ/mol），−0.45 eV（−43 kJ/mol），−0.41 eV（−39 kJ/mol）。（$Al'_{Zr} + V\ddot{O}$），$(M'_{Zr} \cdot V\ddot{O} \cdot Al'_{Zr})^{\times}$ 的形成能相应地较（$Y'_{Zr} \cdot V\ddot{O}$），$(Y'_{Zr} \cdot V\ddot{O} \cdot Y'_{Zr})^{\times}$ 的形成能小得多[14]，烧结样品 3YA 的自由氧离子空位浓度就减少了，晶粒电导率自然就减少了。

前驱体“清除”含硅相杂质，在 1200 ℃预热处理时，形成大量分散的含 $ZrSiO_4$ 的夹杂物。因此，晶界处没有玻璃相的形成，减少了氧离子空位迁移的阻塞作用，从而降低了晶界电阻。图 2 表明，前驱体“清除”方法同样有减少晶界电阻的作用，而且对晶粒电阻没有影响[9]。因此采用前驱体清除含硅相杂质，是提高氧化钇掺杂的四方氧化锆电导性能的最好办法，使之可以更好地用作 SOFC 的中温电解质材料。

2.3　电导活化能

图 3 是电导率对数对温度倒数的 Arrhenius 图。曲线在 200 ℃～750 ℃内斜率呈连续变化，对高温区和低温区的数据进行最小二乘法拟合，从相应的斜率求得电导活化能 E。

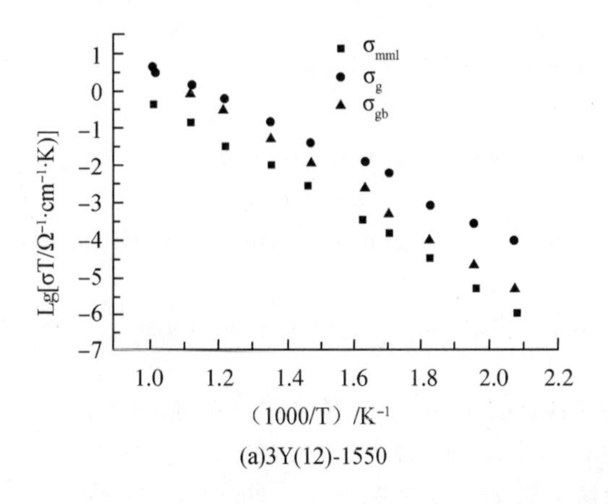

(a)3Y(12)-1550

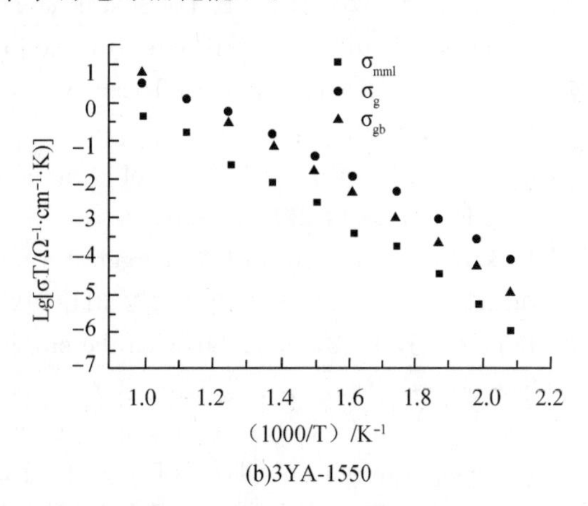

(b)3YA-1550

图 3　烧结样品的 Arrhenius 图

电导率与温度的关系式为：

$$\sigma T = \sigma_0 \exp(-E/kT) \tag{9}$$

其中：k 为 Boltzmann 常数（$k=0.86\times10^{-4}\,\mathrm{eV\cdot K^{-1}}$），为指前因子；$E$ 为电导激活能（eV）；T 为绝对温度（K）。

3Y（12）-1550 样品在高温区（＞700 ℃）晶界电导活化能 E_{gb} 为 1.075 eV，低温区（＜450 ℃）E_{gb} 为 1.102 eV，即低温区 E_{gb} 较高温区（＞700 ℃）晶界电导 E_{gb} 要低。这主要是因为在高温区，$(Y'_{Zr}\cdot V_O^{\cdot\cdot})$，$(Y'_{Zr}\cdot V_O^{\cdot\cdot}\cdot Y'_{Zr})^{\times}$ 缔合物全部解缔合，有效氧离子空位浓度较低温区高，因此离子电导率高。

3YA-1550 样品也表现出同样规律。高温区（＞700 ℃）晶界电导活化能 E_{gb} 为 1.156 eV，低温区（＜450 ℃）E_{gb} 为 1.172 eV。不仅由于 $(Y'_{Zr}\cdot V_O^{\cdot\cdot})$，$(Y'_{Zr}\cdot V_O^{\cdot\cdot}\cdot Y'_{Zr})^{\times}$ 解缔合，而且 $(Al'_{Zr}\cdot V_O^{\cdot\cdot})$，$(Al'_{Zr}\cdot V_O^{\cdot\cdot}\cdot Al'_{Zr})^{\times}$ 也解缔合，因而表现更为突出，即其高温区（＞700 ℃）与低温区（＜450 ℃）晶界电导活化能的差值（0.016 eV）比 3Y（12）-1550 样品相应差值（0.08 eV）要大。此外，3Y（12）-1550 的晶粒电导活化能（0.8739 eV）较 3YA-1550 的晶粒电导活化能 E_g（0.8771 eV）要小。

3　结　论

添加氧化铝（1%Al_2O_3，摩尔分数）法，可增大烧结体的密度，提高烧结性能。Al_2O_3 与晶粒或晶界处的 SiO_2 发生反应生成 $Al_6Si_2O_{13}$ 化合物，从而清除晶界杂质相，过多的则聚集在晶粒交界处。同样烧结条件下，3YA 的晶界电阻较 3YTZ 的晶界电阻有明显降低。然而，Al_2O_3 自 ZrO_2 晶界进入其晶粒，与氧离子空位发生缔合，增大了晶粒的电阻。前驱体“清除”方法与添加氧化铝法一样，对晶界导电性能有着相似的改善作用，但晶粒电阻没有受到影响。在设计具有大的表面积/体积比、高能量密度和自支承结构时，氧化钇稳定四方氧化锆因其本身较高的机械强度和断裂韧性，采用前驱体“清除”方法提高其电性能，使之可以更好地用作 SOFC 的中温电解质材料。

参考文献

[1] Pham A Q，Glass R S. Oxygen pumping characteristics of yttria-stabilized-zirconia [J]. Electrochimica Acta,

1998，43 (18)：2699-2708.

[2] Ciacchi F T，Crane K M，Badwals P S. Evaluation of commercial zirconia powders for solid oxide fuel cells [J]. Solid State Ionics，1994，73：49-61.

[3] Subbaro E C，Maiti H S. Solid electrolytes with oxygen ion conduction [J]. Solid State Ionics，1984，11 (4)：317-338.

[4] Nakamura A，Wagner Jr J B. Defect structure，ionic conductivity，and diffusion in yttria stabilized zirconia and related oxide electrolytes with fluorite structure [J]. J Electrochem Soc，1986，133 (8)：1542-1548.

[5] Badwal S P S，Drennan J. Grain boundary resistivity in Y-TZP materials as a function of thermal history [J]. J Mater Sci，1989，24：88-96.

[6] Fleighery A J，Irvine J T S. Effect of impurities on sintering and conductivity of yttria-stabilized zirconia [J]. Solid State Ionics，1999，121：209-216.

[7] Verkerk M J，Winnubst A J A，Burggraaf A J. Effect of impurities on sintering and conductivity of yttria-stabilized zirconia [J]. J Mater Sci，1982，17：3113-3122.

[8] Ji Y，Liu J，Lu Z，et al. Study on the properties of Al_2O_3-doped $(ZrO_2)_{0.92}$ $(Y_2O_3)_{0.08}$ electrolyte [J]. Solid State Ionics，1999，126：277-283.

[9] Lee J H，Mori T，Li J G，et al. Improvement of Grain-Boundary Conductivity of 8% Yttria Stabilized Zirconia by Precursor Scavenging of Siliceous Phase [J]. J Electrochem Soc，2000，147 (7)：2822-2829.

[10] 刘继进，陈宗璋，何莉萍，等. 聚合络合法制备钙稳定氧化锆 [J]. 硅酸盐学报，2002，30 (2)：251-253.

[11] Masaki T. Mechanical properties of Y_2O_3-stabilized tetragonal ZrO_2 polycrystals after aging at high temperature [J]. J Am Ceram Soc，1986，69 (7)：519-522.

[12] Gibson I R，Dransfield G P，Irvine J T S. Sinterability of commercial 8 mol% yttria-stabilized zirconia powders and the effect of sintered density on the ionic conductivity [J]. J Mater Sci，1998，33 (17)：4297-4305.

[13] Badwal S P S，Rajendran S. Effect of micro- and nanostructure on the properties of ionic conductors [J]. Solid State Ionics，1994，70-71：83-95.

[14] Mackrodt W C，Woodrow P M. Theoretical estimates of point defect energies in cubic zirconia [J]. J Am Ceram Soc，1986，69 (3)：277-280.

（硅酸盐学报，第 31 卷第 3 期，2003 年 3 月）

固体电解质

（钠离子导体材料）

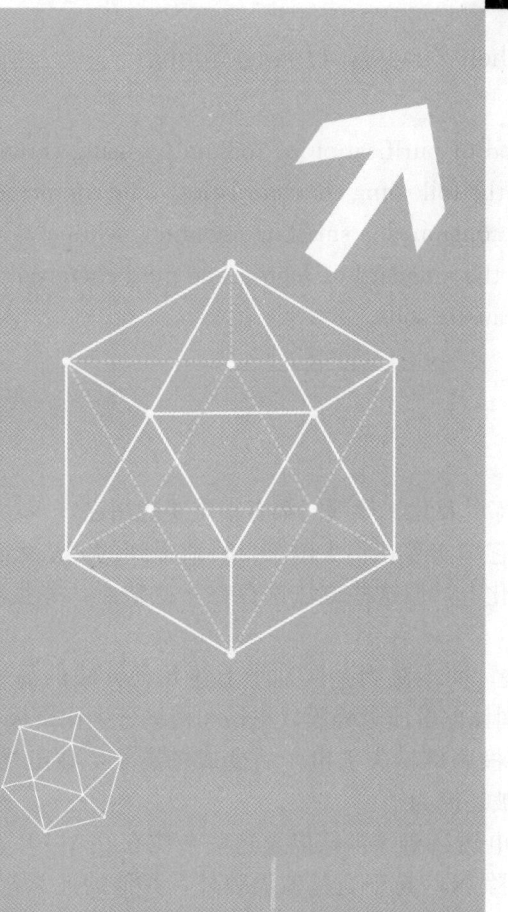

用 Na · β-Al_2O_3 陶瓷材料为隔膜提纯金属钠的研究

陈宗璋，陈昭宜，黄吉东

摘　要：本文叙述了用 Na · β-Al_2O_3 陶瓷材料为隔膜提纯金属钠的实验方法、实验结果以及结论意见。实验证明：该法是一种提纯钠的新方法，具有设备简单、操作方便、能量消耗小、产品质量高等优点。其产品质量达到优级纯化学剂的标准，而且还可以用此法制造高纯氢氧化钠。

The Method of Purifying Sodium by Using Ceramic Material Na · β-Al_2O_3 as Diaphragm

Chen Zongzhong, Chen Zhaoyi, Huang Jidong

Abstract: This paper presnts a new method of purification of sodium by using ceramic material Na · β-Al_2O_3 as a diaphragm. The method has the following characteristics. The equipments used are simple and easy to operate. The electric power consumed is small in amounts, while the sodium produced is high in qulity. The latter has reached the standard of high grade pure chemical agent. This method can also be used to manufacture pure caustic soda.

---

1 概　况

高纯金属钠在原子能发电站、稀有金属冶炼以及化工等部门都有很重要的用途。

由于金属钠的化学性质特别活泼，要提纯它确实存在不少困难。目前提纯的方法大都以工业钠为原料，采用冷阱法、蒸馏法和过滤法进行纯化[1]，但这些方法都存在一些缺点，并且产品的质量不够高。

上述几种提纯的方法都是属于物理纯化法，而本法则是区别于上述几种方法的另一种新的方法——电解法。即利用含有 Na_2O 的 β-Al_2O_3 固体电解质为隔膜以粗钠和精钠分别作阳极和阴极进行电解，控制一定的电流密度和槽电压，则在阳极区的钠失去电子后变成钠离子，在电场的作用下，钠离子在 β-Al_2O_3 中迁移至阴极区而获得电子被还原为钠。

由于钠和杂质的氧化还原电位、实际分解电压、离子半径以及这些杂质在 β-Al_2O_3 晶格中的迁移特性不同，控制一定的电流密度和槽电压，除 Na^+ 易于通过该隔膜外，其他的元素都难以通过，特别是非金属元素如：O、C、H、S、Cl、P、N、Si 等都不可能通过，所得产品质量达到了优级纯化学试剂标准，并且具有设备简单、操作方便、能量消耗低等优点。

在 1971 年，德意志联邦共和国和日本曾有以 β-Al_2O_3 材料为隔膜在 530 ℃～850 ℃下电解熔融氯化钠，或者在 300 ℃下电解熔融氢氧化钠制取高纯钠的专利[2,3]。我校陈宗璋同志曾于 1976 年利用钠硫电池的原理，进行了用 β-Al_2O_3 为隔膜在 320 ℃下电解熔融氯化钠混合物制取高纯金属钠和烧碱，以及粗钠电解制精钠的研究[4]。最近几年来，利用该种材料由氯化钠熔盐体系制取高纯钠和烧碱，在国外，如日本［日本京都大学吉沢研究室，ソーダと塩素 28，No330，1（1977）］以及美国［David R · Flinn and Kurt H · stern，Journal of the Electrochemical Society，Vol. 123，No. 7，978（1976).］也引起了广泛注意，并迅速在这方面开展研究工作。

2 实验方法

本实验装置如图 1 所示，另加附属设备惰气系统、加热炉、油封取样杯等。

操作方法是先将粗钠装入下贮钠器 3，再将刚玉接头与下贮钠器密封好，运用真空灌钠术将精钠送入上贮钠器 5 中，其装填量使钠与排钠管 6 接触即可，然后立即将整个装置放入加热器中，使温度逐步上升到 300 ℃左右，控制一定的电流密度和槽电压进行电解。

在电流作用下，阳极区的钠失去一个电子变成 Na^+，并在 β-Al_2O_3 中进行迁移。

阳极区：$Na - e \rightarrow Na^+$

阴极区也是以金属钠为导体，Na^+ 在阴极区获得电子而被还原为 Na。

阴极区：$Na^+ + e \rightarrow Na$

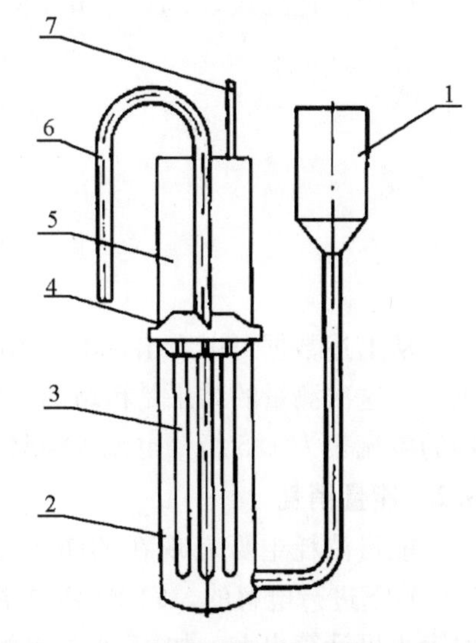

图 1 由工业钠制高纯钠装置示意图

1—加料槽；2—β-Al_2O_3 槽；3—下贮钠器；4—刚玉接头；5—上贮纳器；6—出料管；7—惰性气引入管

就这样，钠被不断地得到提纯，待上贮钠器料满时，则需出料。出料方法可以采用自流，也可以用惰性气体间歇压出。在六管试验中，我们是采用间歇出料的。

3 实验结果

为考察该法的工业价值，我们在单管试验的基础上，进行了六管组装试验。其中每根瓷管长 150 mm，直径 10 mm，外径表观面积 47.1 cm^2，实验从 1977 年 12 月 5 日开始到 1978 年 1 月 3 日结束，共连续运行了 30 d。为了以不同的电解电流考查设备的寿命、能量消耗和电流效率，我们将电解电流从 15 A 逐步增加到 45 A，幅度为 5 A，实验结果列于表 1。

表 1 六管试验部分操作记录

电解时间/h	电流/A	电压/V	操作温度/℃	产量/g
5	45	0.40	280	191.5
5	40	0.37	290	未称量
7.3	35	0.32	290	217.5
8	30	0.29	290	201
6	25	0.24	290	137.7
7.8	20	0.22	290	131
10	15	0.14	290	143.5

3.1 电流效率

根据法拉第定律，在电解过程中，每 96500 C 的电量在两极上都应析出或分解一个当量的物质。在本实验中，生产的钠应为 23 g，换成 1 A 电流每小时的产量为 0.86 g，所以电流效率：

$$\eta = \frac{1\ \text{A}\cdot 1\ \text{h实际产钠量}}{0.86} \times 100\%$$

应用上述公式，1 A·1 h实际的产钠量可按表1数值算出其电流效率η：

45 A·h	$\eta_{45}=98.4\%$
35 A·h	$\eta_{35}=98.6\%$
30 A·h	$\eta_{30}=98.3\%$
25 A·h	$\eta_{25}>100\%$
20 A·h	$\eta_{20}=98.8\%$
15 A·h	$\eta_{15}>100\%$

从上述数据可以看出，本法的电流效率一般在98.3%以上，因为在电解过程中几乎无副反应产生[4]，这次测量的结果是粗略的。偏高、偏低主要是由于外电压波动，难以控制电解电流，加之使用的电流表为1.5级（电流表满刻度为75 A），故误差较大。

3.2　能量消耗

能量消耗主要表现在两个方面，一是保温用电，二是电解用电。关于保温用电，本法是在300 ℃下进行电解的，它比起蒸馏法、冷阱法耗电少，但与过滤法相比却有些偏高。对于电解耗电，由表1可计算出来。如45 A的电解电压为0.40 V，5 h共产钠191.5 g，故1 kg钠所需的电可由下式计算出来：

即　$$\frac{(45\ \text{A}\times 0.40\ \text{V}\times 5\ \text{h})\div 1000}{0.1915}=0.470\ \text{度电/千克 Na}$$

以此类推。

30 A电解时，电解耗电为：0.346度电/千克 Na

20 A电解时，电解耗电为：0.262度电/千克 Na

由此可见，电流密度小，则电解所用的电能也小，但是单位时间里的产量也小。控制多大电流密度进行电解要以整个经济性来决定。

3.3　电解电流与槽电压的关系

当温度一定时，电解电流与槽电压成直线关系。电解温度高时，同样的电流，电压要低些，反之亦然。当电解温度、电解电流一定时，电解电压随时间的变化一般较小，总的趋势是随着电解时间的增长而增加。

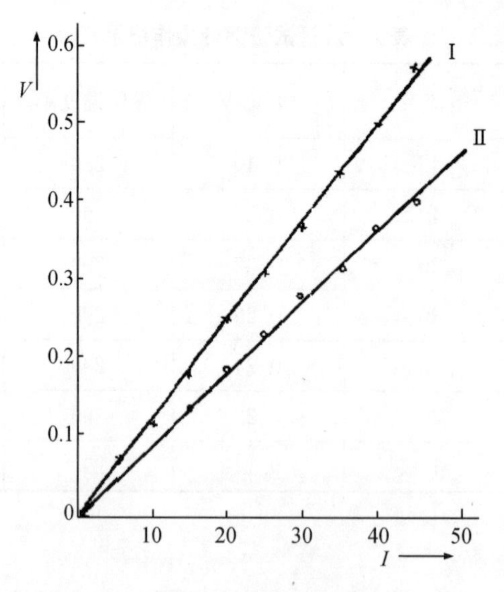

图2　*I*-V关系曲线

为了说明上述变化规律，特列表如下：

表 2　290 ℃下操作 24 天以后电解电流和电压相互关系表

I/A	5	10	15	20	25	30	35	40	45
V/V	0.06	0.12	0.18	0.25	0.31	0.37	0.44	0.50	0.57

表 3　290 ℃下操作 20 天以后电解电流和电压相互关系表

I/A	15	20	25	30	35	40	45
V/V	0.14	0.20	0.24	0.29	0.32	0.37	0.40

由上述两表数据作电解电流与电压的相互关系图，如图 2 所示。图 2 中Ⅰ和表 2 中的数据一致，Ⅱ与表 3 中的数据一致。

3.4　产品质量

这次实验是用湖南衡阳红卫化工厂和天津大沽化工厂的工业钠为原料。所用的分析方法为美国的化学试剂与标准[5]，并参考我国的化学试剂国家标准的氢氧化钠中杂质分析方法[6]。现将我们的产品杂质与德意志联邦共和国的化学试剂 G·R 级标准和美国的 A·C·S 级化学试剂标准[7,8]，以及上海的化学试剂三级标准[9]对比如下：

表 4　产品质量对比表

杂质 / 级别	氯化物 (Cl)	总氮 (N)	磷酸盐 (PO_4)	硫酸盐 (SO_4)	硅酸盐 (SiO_2)	钾 (K)	铁 (Fe)	钙 (Ca)	重金属 (以 Pb 计)
德意志联邦共和国 (G·R)	最大 0.002%	最大 0.0005%	最大 0.0005%	最大 0.002%	未要求	最大 0.01%	最大 0.001%	最大 0.05%	最大 0.0005%
美国 (A.C.S)	最大 0.0015%	最大 0.0005%	最大 0.0005%	最大 0.001%	最大 0.01%	最大 0.05%	最大 0.001%	最大 0.05%	最大 0.0005%
上海 (试剂三级)	小于 0.003%	小于 0.002%	小于 0.001%	小于 0.002%	未要求	未要求	小于 0.002%	未要求	小于 0.001%
大沽化工厂 (工业级)	大于 0.0015%	小于 0.0005%	小于 0.0005%	小于 0.002%	未检查	大于 0.01%	大于 0.001%	小于 0.05%	大于 0.001%
大沽化工厂 (工业级)	大于 0.0015%	小于 0.0005%	小于 0.0005%	小于 0.002%	同上	大于 0.01%	大于 0.001%	未检查	大于 0.001%
本产品 6 号	未发现存在	小于 0.00025%	未发现存在	未发现存在	小于 0.0025%	小于 0.01%	小于 0.0005%	未发现存在	未发现存在
本产品 8 号	未发现存在	小于 0.00025%	同上	同上	未发现存在	同上	未发现存在	同上	小于 0.0005%
本产品 31 号	未发现存在	小于 0.00025%	同上	同上	同上	同上	同上	同上	同上
本产品 40 号	未发现存在	小于 0.00025%	同上	同上	同上	同上	小于 0.0001%	同上	同上

从上表中可以看出，我们的产品纯度是相当高的，其非金属元素几乎不含有，各项指标都达到了钠的一级纯化学试剂标准。根据电解的原理分析，我们的产品不应该含有氮化物，这是由于我们采用了氮作保护气氛和氮气压料，以及油封、油蒸气进入钠中，这些物质都会与钠作用，致使产品污染[10]，若将装置改为真空装置或用其他惰性气体保护，这一污染源是可以避免的。

6 号产品中检查有硅，这是由于我们所使用的实验装置对钠产生了污染，但运行几天后所得的产品中就检查不出有硅存在了。

3.5　装置的使用寿命

本法的主要设备为电解槽，它的不锈钢部件可重复使用，而易于损害的是固体电解质对于含钠的 β-Al_2O_3固体电解质在钠硫电池中已进行了大量的研究，我们使用的这批管子，连续电解，连续出料，只要操作恰当，一个月以上的寿命是没有问题的。在这次实验结束后，我们请湖南省地质局实验室对使用前后的 β-Al_2O_3 陶瓷管进行 X 光鉴定分析，详见表 5、表 6。结果表明，管子在这次实验使用后的结构和组成均未发生变化，说明管子使用性能仍然良好，如果操作适当其寿命应当更长些。

图 3　未使用过的 β-Al_2O_3 金相显微镜照片

图 4　已使用过的 β-Al_2O_3 金相显微镜照片

表 5　X 光鉴定报告

照片编号：__79041__，样品编号：__4__，照片日期：__1978-01-03__。
照片条件：射线______，电压__30__kV，电流__8__mA。
曝光时间：______时______分。
处理情况：扫描。

d/n	I/I_O	d/n	I/I_O	d/n	I/I_O
11.6970	3	2.6547	7	1.7481	1
10.8970	10	2.4944	5	1.7123	1
6.0585	4	2.4051	5	1.6189	1
5.5235	8	2.3630	2	1.5904	5
4.4060	4	2.2310	5	1.5553	5
4.0551	1	2.1263	5	1.5435	4
3.6476	1	1.9953	5	1.4818	2
3.0736	1	1.9867	1	1.4708	1
2.9162	5	1.9701	1	1.4018	8
2.7894	5	1.9285	4		
2.7505	1	1.8305	1		

续表

d/n	I/I_O	d/n	I/I_O	d/n	I/I_O
鉴定结果	$Na_2O\cdot 11Al_2O_3$ 以及含有微量 $Na_2O\cdot 5Al_2O_3$				
讨论					
备注	未使用过的 β-Al_2O_3 管				

鉴定人：郭裕兴，1978 年 1 月 3 日。

表 6　X 光鉴定报告

照片编号：__78038__，样品编号：__1__，照片日期：__1978-01-03__。
照片条件：射线______，电压__30__ kV，电流__10__ mA。
曝光时间：______时______分。
处理情况：扫描。

d/n	I/I_O	d/n	I/I_O	d/n	I/I_O
11.6970	3	2.6547	8	1.7123	2
10.8970	10	2.4944	5	1.6189	1
6.0585	2	2.4051	4	1.5904	4
5.5235	8	2.3630	1	1.5553	3
4.4060	4	2.3312	6	1.5435	3
4.0551	1	2.1263	5	1.4818	1
3.6476	1	1.9955	7	1.4708	1
3.0736	1	1.9610	1	1.4018	10
2.9162	4	1.9285	3		
2.7894	5	1.8305	4		
2.7505	1	1.7481	1		
鉴定结果	$Na_2O\cdot 11Al_2O_3$ 为主；含微量 $Na_2O\cdot 5Al_2O_3$				
讨论					
备注	已使用过的 β-Al_2O_3 管				

鉴定人：郭裕兴，1978 年 1 月 3 日。

在使用过程中，造成这种陶瓷材料损坏的原因，目前并未完全查明。根据钠硫电池的研究情况，已查出的一些原因，大致有以下几个方面：

（1）机械应力不均匀会造成破坏。由于机械应力不均匀可引起刚玉与 β-Al_2O_3 管接合处产生应力不均匀，其结果有可能在此处开裂或扭断。由于采用了一定的连接方法，这一问题有所克服。

（2）热应力不均匀也会损害它。由于 β-Al_2O_3、8 号玻璃、α-Al_2O_3 是三种不同的材料，本身的膨胀系数不等，若温度变化频繁，就会损害，特别是当温度急变或钠凝固后再急剧升温熔化时更易被损害。若瓷管一旦遭到损害，则槽电压极低，也不能进行电解，可立即排除该套装置，不致污染精钠。

（3）大电流和高的槽电压会击穿它。大电流和高电压时，Na^+ 可能来不及迁移到阴极区，而在晶格内就被还原成钠，造成“钠沉积”或局部过热，使晶格破坏。这种材料用在钠硫电池上，我国常用的电流密度为 200～300 mA/cm^2，最高可达 690 mA/cm^2，钠硫电池的充电电压可达 2.5 V 左右，超过 2.5 V 后易于损坏。随着该种材料性能的提高，电流密度可进一步加大。

（4）金属钠对 β-Al_2O_3 和 α-Al_2O_3 等材料的腐蚀应设法减轻，钠对 β-Al_2O_3 的腐蚀是很轻微的。从国外报道来看，这种材料在熔融氯化钠和氯化锌的混合物内电解制氢氧化钠的实验中测出腐蚀速度大约为0.002 m・m/年[5]。我们只是电解钠，其腐蚀速度将更低。我们检查了31号样品（第14天），40号样品（第19天）、67号样品（第30天）中的Al^{+++}，都未发现有Al^{+++}的存在，这说明，金属钠对这种陶瓷材料的腐蚀是微乎其微的。

（5）杂质进入晶格中，造成堵塞，使槽电压升高。从我们实验中看出，若连续不断进行电解，其升高速度很慢。

美国福特汽车公司的钠硫电池已可使用16个月，钠硫电池的使用条件更为苛刻。若将此材料用于电解提纯钠，其寿命将更长。根据我们的实验判断，我国目前这种材料应用于制高纯钠时，其寿命至少可达一个月以上，能满足工业上的要求。

4 结 论

（1）本法设备简单，操作方便，能量消耗小，产品质量好，可满足原子能发电站和稀有金属冶炼用钠的要求，也可作为优级纯化学试剂。该陶瓷材料的寿命达一个月以上。因此，从我们的实验情况来判断，用本法来提纯金属钠具有工业价值。

（2）这种方法不但可以用于制造高纯钠，而且还可以制造高纯烧碱。

（3）目前，对这种陶瓷材料的质量检查还没有可靠的方法。现在只凭经验去判断，这是影响整个电解装置寿命的一个因素。我们用抽真空的办法去检查，虽然有一定效果，但不一定完全可靠，这是一个急待解决的问题。

（4）本法的电解装置，要采用何种结构、多大电流密度、多高槽电压以及寿命温度为宜，损坏机理的探讨等，这是今后应努力研究的课题。

参考文献

[1] Allen K・W etc. Supplement to mellor's Comprehensive treatise on inorganic and theoretical Chemistry，Vol Ⅱ，supplement Ⅱ，the alkali metals part Ⅱ，P. 356-360.

[2] Gcr. offem 2025477（Cl. C，22d）25Fed，1971.

[3] 特公昭.45—13223，ソーダ盐素，22，No. 254，28（1971）.

[4] 陈宗璋. 关于用β-Al_2O_3为隔膜电解熔融氯化钠或粗钠制取高纯金属钠和烧碱的初步研究［J］. 湖南大学学报 1979（03）：96-102.

[5] Reagent. Chemicals and Standards［M］Van Nostrand（1967年第5版）.

[6] 国家标准．化学试剂汇编［M］. 技术标准出版社出版：1971.

[7] Reagents. Diagnostica Chemicals. Merck，1976.

[8] Chemicals，Carlo Erha，1971.

[9] 上海北桥化工厂．泸 Q/HG12－971－66标准.

[10] 马夏尔・西蒂格. 钠的制造、性质及用途［M］. 化学工业出版社，1959.

（湖南大学学报（自然科学版），1979年，第1期）

关于钠硫电池极化的研究

陈宗璋，蒋忠锦，谢乃贤，黄高山，马维宾

摘　要：本工作是采用K-M正弦波脉冲法，并使用灌有纯钠的β-Al_2O_3瓷管作钠参考电极，对钠硫电池的极化进行了研究，具体地测量出钠硫电池在放电时的总极化以及阳极、阴极的极化情况，测量出的结果表明钠硫电池的极化主要是电阻极化为主，电阻极化又主要是由瓷管本身的电阻所造成，浓度极化是很小的，它主要发生在瓷管与硫的接触介面上。

The Study of the Polarization of the Na-S Cell

Chen Zongzhang，Jiang Zhongjin，Xie Naixian，
Huang Gaoshan，Ma Weibin

Abstract：By applying the K-M sine wave method and using β-Al_2O_3 tube filled with pure sodium as a reference electrode，we have studied the total polarization of the Na-S cell in the course of discharging as well as the polarization of the anodic and cathodic electrodes. The results of measurement show that the polarization of the Na-S cell is mainly the polarization of the resistance，and the resistance，in turn，is formed by the resistance of the porcelain itself. The concentration polarization is very small，which chiefly occurs on the interface between the porcelain tube and sulfur.

1　前　言

钠硫电池是一种有希望作为动力电源的电池，目前国内外对它进行着深入细致的研究。由于钠硫电池是一种高温电池，又加上电池的原料——钠和硫——都是容易在空气中起变化的物质，所以对它的研究具有一定的困难。在钠硫电池的极化研究方面，国外也曾做过一些工作，例如，英国铁道科研部化学研究组的J. L. Sudworth和M. D. Haines等人根据钠硫电池的充放电曲线是直线，而得出钠硫电池的硫极和钠极［他们假定β-Al_2O_3瓷管与钠共同组成钠极）的极化，均是电阻极化为主的结论（N. Weber N，J. T. Kummer，21 annual meeting Power source Conference，21，37 (1967)；和J. L. Sudworth，M. D. Hames，Power Sources，3，227（1970）］。英国电工协会研究中心的L. J. Miles和I. Wynn Jones等人利用电池放电时，在中断短暂的时间内观察开路电压恢复的情况，判断出钠硫电池的极化主要是电解质的电阻所造成［L. J. Miles，I. Wynn Jones，Power sources，3，245（1970）］。而日本专利号47-34892的研究者则认为钠硫电池的内阻中主要是阴极混合剂的电阻，因为阴极内主要物质硫是绝缘的。虽然这些研究者，对钠硫电池的极化进行了研究，但都没有将钠硫电池的极化具体地测量出来，我们在假定把β-Al_2O_3瓷管与钠共同作为钠极，硫磺与碳毡以及不锈钢外壳作为阴极的情况下，利用K-M正弦波脉冲法［K. Kordesch and A. Marleo，J. Electrochem，Soc. 107，480（1960）和L. W. Nisdrach and M. Tochner，Electrochem，Tech，Vol. 5，270（1967）］，并采用灌注了钠的β-Al_2O_3瓷管作为参考电极，当钠硫电池在放电时，分别对钠极和硫极的极化进行了测量，从我们测量的结果中进一步证实了钠硫电池在放电时的极化主要

是β-Al_2O_3陶瓷隔膜本身的电阻，再其次则是陶瓷隔膜与硫磺的介面上的浓度极化所造成的。我们的工作不仅在于测出了电池在放电时的总极化，而且在于选用钠参考电极后，定量地测量了电池在放电时，极化在阳极和阴极的分布情况。

2 实验方法

实验的原理和方法，已在《钠硫电池的内阻和极化的测定》一文中叙述过[1]。本实验在测量电池的电压时，采用了PZ8型数字电压表以及与其相匹配的LY4型数字打印机。

参考电极是采用钠电极[2,3]。我们的方法是将金属钠注入含Na_2O的β-Al_2O_3瓷管中，为了避免由于钠硫电池大电流放电时，硫极的浓度改变，而引起作为参考电极的钠电极的电极势变化，就将它插入一个具有毛细孔的α-Al_2O_3的瓷管中（或硬质玻璃管中），α-Al_2O_3或玻璃管中灌入熔化了的硫和碳纤维，并用铂丝作引出导线，毛细孔则用石棉和碳纤维的混合物将其墙塞，但是却被硫磺所润湿。其钠参考电极的装置如图1所示。

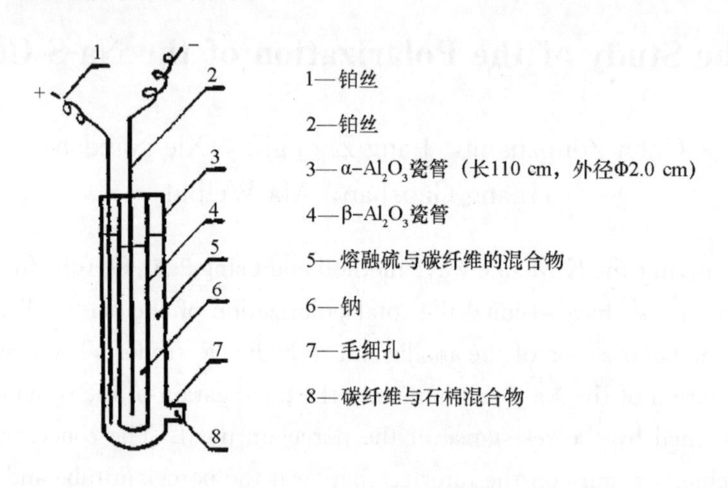

图1 钠参考电极示意图

被测电池的实验装置简图，如图2所示。

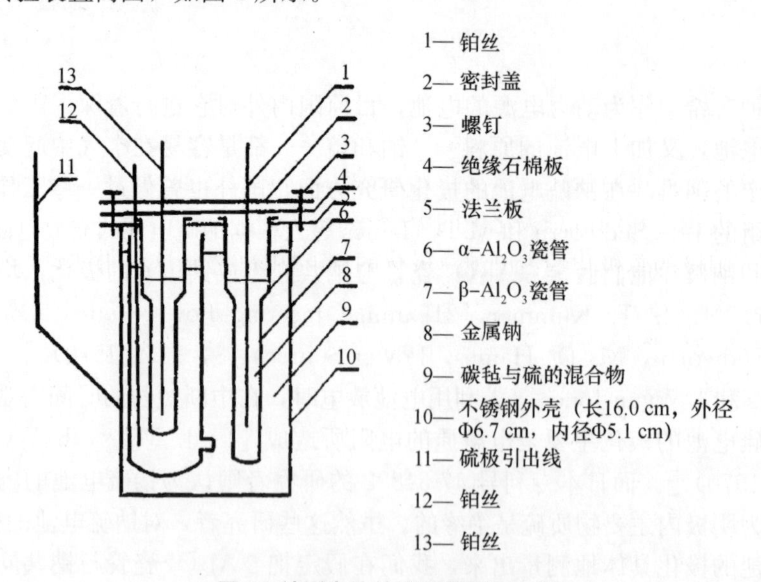

图2 被测电池的实验装置示意图

将被测电池的实验装置放入特制的电炉中缓慢加热至320 ℃，并恒温约1 h，然后将参考电极中的钠极13与硫极12之间串入可调电阻、电流表和开关，用数字电压表测定电压，接通开关，让其小电流放电片刻，使参考电极的β-Al_2O_3瓷管外产生少量硫离子和钠离子，然后又用小电流充电片刻，断开开关，继续恒温使电极 12 与 13 间的开路电压为 2.082 V，这样，参考电极的电极势处于平衡状态并稳定。

被测电池在 320 ℃下恒温后，其开路电压也为 2.082 V。

将被测电池的钠极、硫极以及参考电极中的钠极分别接入 K-M 装置中。放电前，钠硫电池、硫极与参考电极的开路电压均为 2.082 V，钠极和钠参考电极间的开路电压为 0 V。

实验是在 1 A 放电后，再充足电，然后用 2 A 电流放电的情况下，在一定的时刻进行测量。我们按上述方法对两组不同的实验装置进行了测量。

3 实验结果与讨论

将测量所得的数据，按 K-M 正弦波脉冲法的原理进行数据处理。所得实验结果列于图 3、图 4 中。

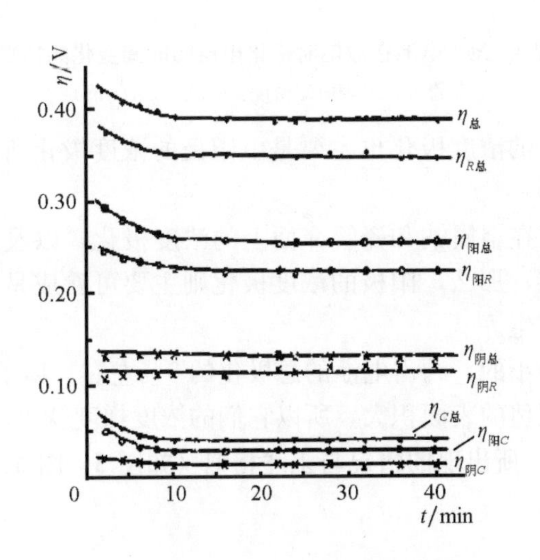

图 3 №1 电池在放电时极化电压随时间变化的情况

（瓷管外径表观电流密度：62.09 mA/cm²）

3.1 概要（从图 3、图 4 中看出）

(1) 所得实验结果都表明了钠硫电池的总极化为阳极和阴极的各种极化之和。

(2) 电池的总极化中，电阻极化比浓度与化学极化之和要大。电阻极化约占总极化中的 87%～90%，而浓度与化学极化之和约占总极化中的 10%～13%。

(3) 在电池中，阳极的总极化约占电池总极化的 65%和 80%，这说明钠硫电池的总极化主要是阳极造成的。

阳极的总极化中，则又是阳极的电阻极化为主，它约占阳极的总极化的 90%，而占整个钠硫电池总极化的 60%～70%。这又说明了钠硫电池的极化主要是阳极的电阻极化所造成。

根据我们以前的工作[1]，阳极的电阻极化则主要是陶瓷隔膜本身的电阻所造成。

(4) 阴极部份的极化也主要是电阻极化为主，它是碳毡、不锈钢外壳、硫化物与硫的混合物本身的电阻，以及碳毡与不锈钢外壳的接介电阻、硫化物与它们的接介电阻等所造成。由于碳毡的表面积大，它们之间的接触面也大，所以整个硫极部分的电阻就显得小些。阴极的电阻极化约占阴极总极化的 90%，占电池总极化的 20%～30%。

(5) 钠硫电池里整个的浓度与化学极化之和在总极化中所占的份量小。由于钠硫电池是高温电池，并且没有气体参加反应，因此，化学极化可能是很小的。若将它忽略不计，那么，浓度与化学极化之和的总效应，就可以近似地只看作是浓度极化。

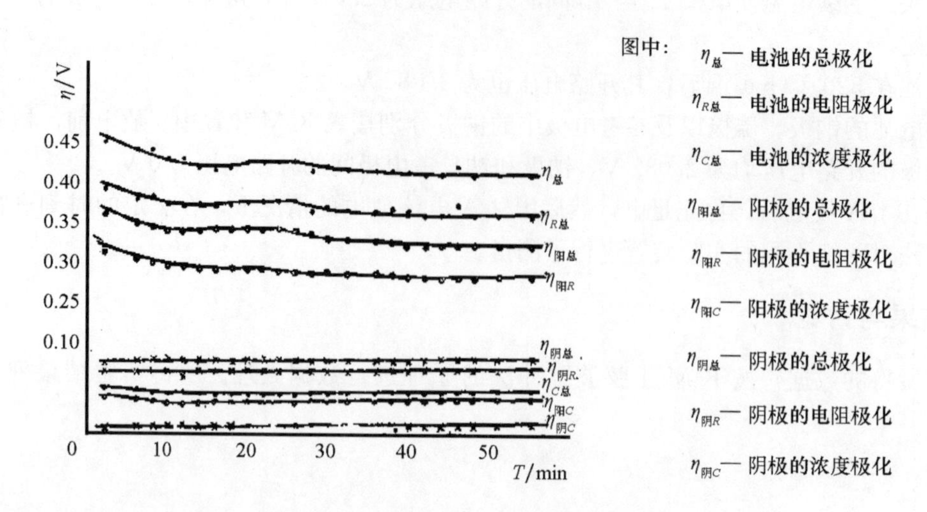

图 4 №2 电池在放电时极化电压随时间变化的情况

（瓷管外径表观电流密度：68.80 mA/cm²）

从测量结果中看出，电池的浓度极化也主要是由阳极的浓度极化所引起的，约占电池总的浓度极化的 75%～80%。

根据我们以前的工作[6]，在金属钠和瓷管介面上的浓度极化，以及陶瓷材料本身的钠离子迁移的浓度极化都很小，几乎为零，那么，阳极的浓度极化则主要可看成是由瓷管与硫的接触介面上离子或分子的扩散浓度梯度所产生。

(6) 阴极的浓度极化是很小的，约占电池的总极化的 3%左右。离子或分子的迁移，可能主要是在碳毡与硫的介面上，由于碳毡的表面积大，所以它们的浓度梯度就小。

3.2 当放电电流密度增加时，所出现的情况与上述相似（如图 5、图 6、图 7 所示）

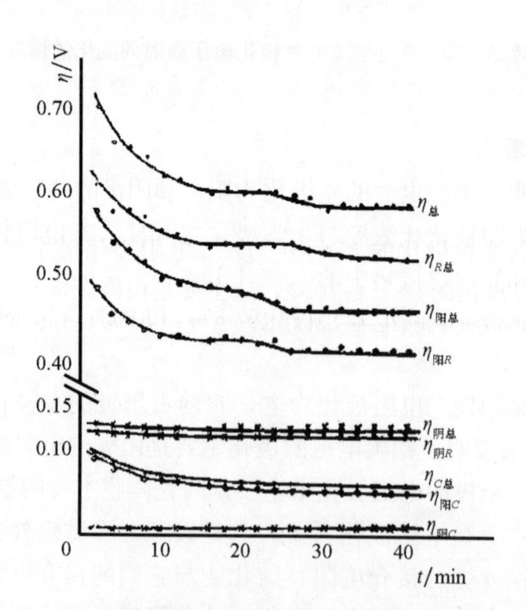

图 5 №2 电池在放电时极化电压随时间变化的情况

（瓷管外径表现电流密度：103.19 mA/cm²）

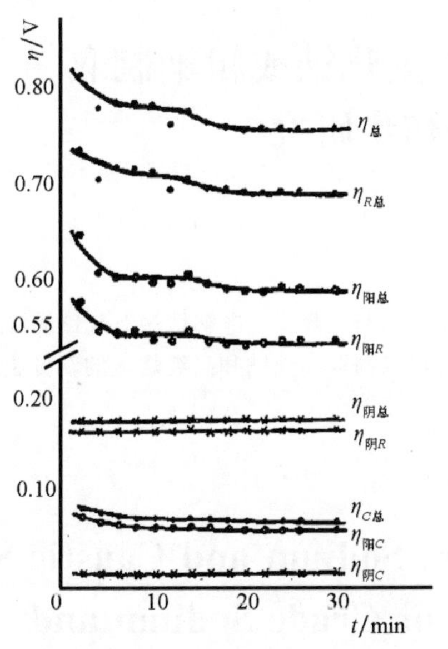

图 6　№2 电池在放电时极化电压随时间变化的情况

（瓷管外径表现电流密度：137.60 mA/cm²）

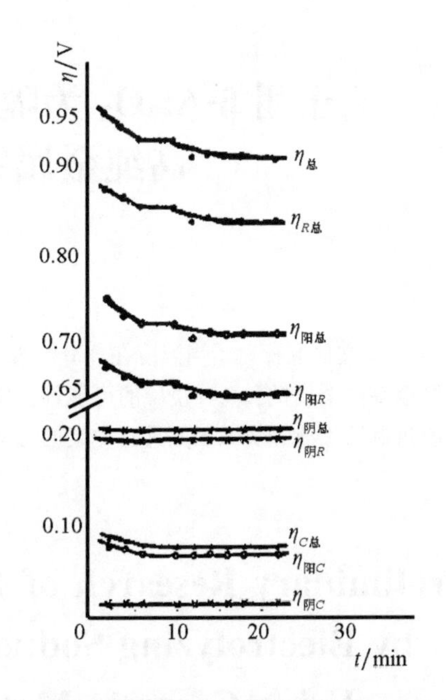

图 7　№2 电池在放电时极化电压随时间变化的情况

（瓷管外径表现电流密度：172.00 mA/cm²）

3.3　参考电极的选择

由于β-Al_2O_3 陶瓷隔膜是固体电解质，在其中插入参考电极来进行测量，这在技术上是相当困难的。我们只能假设将金属钠与瓷管共同看成是钠极。参考电极插在硫与碳毡中，则电解质是多硫化钠。

钠电极作参考电极，电池在放电前、放电过程中以及放电完后都测量了图 2 中的电极 12 与 13 之间的开路电压均为 2.028 V。这说明钠参考电极的电极势是相当稳定的。

在做实验之前，也测量了钠参考电极与电池的钠极间的开路电压，其开路电压为 0 V。电池放电完后，它们之间的开路电压为零或为 0.007 V，不充电，让其恒温，这很小的开路电压又回复到 0 V。当钠硫电池放电后再充足电，又测得它们之间的开路电压仍为 0 V。这说明毛细孔中石棉两边的浓差电势很小，几乎可忽略不计。

4　结　论

假设将钠硫电池中的β-Al_2O_3 瓷管与金属钠都看成是钠极时，然后在硫极中插入钠参考电极，我们利用 K-M 正弦波脉冲法分别测量了钠极与硫极的极化。从测量的结果表明钠硫电池的极化主要是电阻极化，电阻极化约占电池总极化的 87%～90%，电阻极化又主要是阳极的电阻极化所造成，阳极的电阻极化约占电池的总极化的 60%～70%，这主要是由陶瓷电解质本身的电阻所引起。

阳极的浓度极化也比阴极的浓度极化大，阳极的浓度极化约占电池总的浓度极化的 75%～80%，这主要是由瓷管与硫的接触介面上的浓度梯度引起。

在电池总的极化中，阳极的极化比阴极的极化大，阳极的极化占电池总极化的 65%～80%。这说明钠硫电池的极化主要是阳极造成的。

参考文献

[1] 谢乃贤，陈宗璋，翁珍慧，等. 钠硫电池的内阻和极化的测定 [J]. 湖南大学学报（自然科学版），1979，7（1）：91-97.

[2] Ю. К. 捷利马尔斯基，Б. Ф. 马尔科夫著. 熔盐电化学 [M]. 彭瑞伍，译. 上海科学技术出版社，1964.

[3] A. N. 别略耶夫等著. 熔盐物理化学 [M]. 胡方华，译. 中国工业出版社，1963.

（湖南大学学报，1979 年第 1 期）

关于用 β-Al_2O_3 为隔膜电解熔融氯化钠或粗钠制取高纯金属钠和烧碱的初步研究

陈宗璋

摘　要：本文研究探讨了当温度在 320 ℃左右时，用 β-Al_2O_3 陶瓷材料为隔膜，电解熔融氯化钠的混合物或电解粗钠来制取高纯金属钠和高纯烧碱的可能性。实验证明，这是一种可以制取高纯钠和高纯烧碱的新方法。此新方法可能对改进制纳工业和烧碱工业具有一定的意义。

A Preliminary Research of Making Pure Sodium and Caustic Soda by Electrolyzing Sodium Chloride or Crude Sodium and Using Ceramic Materials β-Al_2O_3 as a Membrane

Chen Zongzhang

Abstract: This paper describes the possibility of making pure sodium and caustic soda by electrolyzing a mixture of melted sodium chloride or crude sodium and using ceramic materials β-Al_2O_3 as a membrane at about 320 ℃. The experiments demonstrate that this is a new method of production. It will in a certain sense improve the process of manufacturing pure sodium and caustic soda.

1　概　述

β-Al_2O_3 是近十多年发展起来的一种特种陶瓷材料，它是一种固体电解质［高桥武彦，电气化学および工业物理化学，Vol. 44，NO. 2，78-86（1976）］。自从 1966 年美国福特汽车公司将它应用作钠硫蓄电池的隔膜后［Proc. 21ST Annual Power Sources Conf. 21，42（1967）］，国内外对它进行着广泛的研究。本工作是想利用在 Na・β-Al_2O_3 材料中可允许钠离子在其中迁移，而其他的离子不容易或者不能够在其中迁移的特性，探讨将它用作隔膜，并在温度为 320 ℃左右时，电解熔融氯化钠混合物或电解粗钠来制取高纯金属钠和高纯烧碱的可能性。

过去曾有人利用多孔的刚玉（即 α-Al_2O_3）为隔膜电解熔融氢氧化钠制取钠[1]，但它是利用钠离子穿过多孔刚玉的孔隙，由于槽电压高、电流密度小，而未能应用于实际生产。Na・β-Al_2O_3 是固体电解质，钠离子在晶格中交换、传递，进行着离子迁移，因此，它们的导电机理是不同的。1971 年日本曾有以 β-Al_2O_3 陶瓷材料为隔膜在 530 ℃～850 ℃下电解熔融碱金属氯化物制取碱金属的专利报道[2]，但因它所需的电解温度太高，用于实际生产有困难。德意志联邦共和国在 1971 年曾有以 β-Al_2O_3 为隔膜电解熔融氢氧化钠制钠的专刊报道[3]。

用水银法生产烧碱严重污染环境。石棉隔膜法生产的烧碱纯度不高，提纯它所消耗的能量多。目前国内外主要在研究有机树脂的离子交换膜法。离子交换膜法仍存在着一些问题，例如通过膜上的电流密度较小，槽电压较高，作为原料的盐水要预先精制，产品中的氯离子和钾离子的含量仍较多[4,5]。若用 β-Al_2O_3 为隔膜，在 320 ℃左右电解熔融氯化钠的混合物制取金属钠，然后由金属钠转化成烧碱（或直接转化成烧碱），产品的纯度高，几乎不含有阴离子和二阶以上的阳离子。因此，这是一种新的方法。这种新方法可能对改进制钠工业和烧碱工业具有一定的意义。

目前生产金属钠一般是在 600 ℃左右电解熔融氯化钠混合物，所得的金属钠中含有大量的氯、钾、钙等杂质。以 β-Al_2O_3 为隔膜来制取金属钠，在 300 ℃左右时电解熔融氯化钠的混合物中可以大大地减少能量的消耗，所得的产品纯度高。

另外，我还使用了 β-Al_2O_3 隔膜，将粗钠放在阳极区内，温度在 320 ℃左右进行电解提纯金属钠，所得的精钠进入阴极区内，这种精钠的纯度也高，而且不含有氧和碳等杂质。这是一种提纯钠的新方法，这种方法所消耗的能量少，操作简便。

2 实验方法与结果处理

2.1 制取金属钠

将化学纯的氯化钠与氯化锌等化合物按最低共熔混合物的比例混合[6,7]，并加入适量的碳纤维（长度 2～3 cm）。此混合物装入硬质玻璃管（长 17 cm，内径 4.2 cm）。然后加热熔化，并保温一段时间，以排除其中残存的水分和气体，直至无气泡冒出为止。

将 β-Al_2O_3 瓷管预热后，并注入优级纯的金属钠（为德意志联邦共和国的 G・R 级化学试剂），密封后趁热插入 NaCl 的熔盐混合物中。β-Al_2O_3 瓷管是由中国科学院上海硅酸盐研究所和湖南省陶瓷研究所在 1974 年提供的。

用石墨棒，或者碳纤维编织成辫子，或者剪成条状的碳毡作阳极，以镍作阴极。

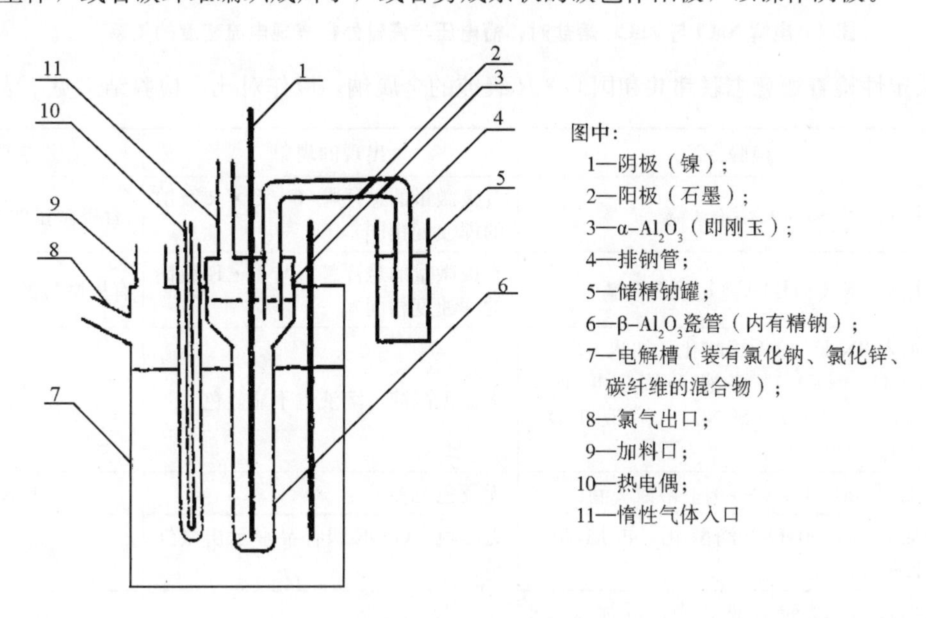

图 1 电解熔融氯化钠实验装置示意图

实验装置如图 1。

将电解槽的温度控制在 320±5 ℃，然后通以直流电，测定槽电压随电解电流变化的情况，并将所得结果绘于图 2 中。

测量完毕后，将（1）号瓷管的槽电压控制在 4.5 V 左右，电流密度控制在 200～300 mA/cm^2，进行电解。对于（2）号瓷管，槽电压控制在 6.5 V 左右，电流密度控制在 150 mA/cm^2 进行电解。在电解过程中并未发生像钠硫电池那样的情况，当充电电压超过 2.5 V 时，瓷管易被损坏。按库仑计测得的电流效率约为 96%（本实验没有采取测量析出氯气的方法，而是采取直接称量整个β-Al_2O_3 瓷管的方法，这样做是粗略的）。从理论上分析，其电流效率应接近于 100%。

取产品 0.5 g，与 5 mL 无水酒精（分析纯）反应，反应完毕后加入离子交换水 20 mL，然后用 6N HNO_3 中和，分别取 1 mL 此溶液用下列方法检查氯、钙、锌、钾、铁、铅等离子的存在情况。

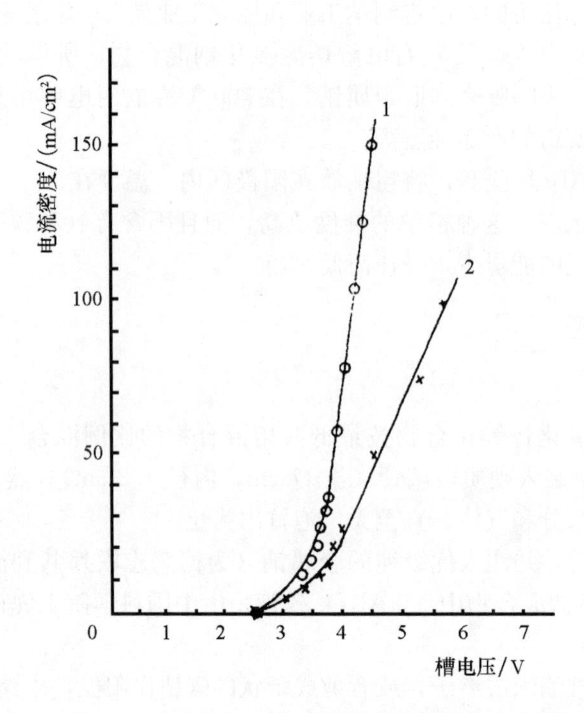

图 2　电解 NaCl 与 $ZnCl_2$ 熔盐时，槽电压与瓷管外径表现电流密度的关系

并按同样方法定性检查德意志联邦共和国 G·R 级纯的金属钠，以作对比，检验结果见下表：

产品溶液	检验方法	出现的现象	结果
1 mL	用 0.5N $AgNO_3$ 溶液 1 滴	有极微量的悬浮粒（与 G·R 级钠的浑浊度相同）	有极微量的 Cl^-（注）
1 mL	用 0.5N $(NH_4)_2C_2O_4$ 溶液 2 滴	有极微量的悬浮粒（与 G·R 级钠的浑浊度相同）	有极微量的 Ca^{++}（注）
1 mL	加入 2N HNO_3 1 滴酸化，加入 0.02% 的 $Co(NO_3)_2$ 溶液 1 滴，再加入 $(NH_4)_2[Hg(SCN)_4]$ 溶液 1 滴，加热	无蓝色沉淀，溶液也不显蓝色	无 Zn^{++}
1 mL	加入 $Na_3[Co(No_2)_6]$ 溶液 2 滴	无黄色沉淀	无 K^+
1 mL	加入 2N HNO_3 1 滴酸化，再加 20% KSCN 溶液 1 滴	无红色（G·R 级样品显示出微红色）	无 Fe^{+++}
1 mL	加入 6N 醋酸溶液 2 滴，再加入 3N K_2CrO_4 溶液 5 滴	无黄色沉淀	无 Pb^{++}

注：这可能是母体钠中含有较多的 Cl^-（0.002%）和较多的 Ca^{++}（0.05%）造成的污染所致。

从图 2 中求得分解电压为 3.48 V，这与 800 ℃时氯化钠的分解电压 3.39 V 很接近[8,9]。图 2 中的曲线分别表示两根不同的 β-Al_2O_3 瓷管的实验结果。由于瓷管本身的电阻不同，两根曲线的斜率也就不同。另外，它们的起始电压分别为 2.53 V 和 2.55 V，这是由于这种装置本身就是一个原电池。

2.2　金属钠的提纯

高纯钠的制造在国外虽然有多种不同的方法，但是技术复杂，要求也高，操作困难[1,10]。本法是用 β-Al_2O_3 为隔膜进行电解提纯，方法简便，利用 β-Al_2O_3 是固体电解质这一特点，在电场作用下，若以金属钠作阳极，则阳极区的钠会失去电子变为 Na^+，并在 β-Al_2O_3 中进行迁移。

$$\text{阳极区：} Na - e \rightarrow Na^+$$

阴极也以金属钠为导体，则 Na^+ 就会在阴极区获得电子而被还原。

$$阴极区：Na^+ + e \rightarrow Na$$

实验方法与上面的步骤相似，实验装置也与上面的装置相似。

将提纯钠的实验装置放入坩埚电炉中，温度控制在 320±5 ℃，然后测定电流与槽电压的关系，所得实验结果绘于图 3 中。

从图 3 可知，*I-V* 是直线关系，这说明体系在电解时，几乎无副反应发生，主要是 β-Al_2O_3 中的 Na^+ 的迁移，这一点与用 K-M 正弦波脉冲法测定极化时所得结果相一致，即此体系主要是电阻极化，而浓度与化学极化几乎为零[11]。在电解时因为没有副反应进行，所以电流效率几乎为 100%，并且槽电压也很低，实验最初控制槽电压在 2 V 左右，电流密度控制在 100 mA/cm^2～160 mA/cm^2 进行电解。当瓷管在电解过程中不断被钠完全润湿后，控制槽电压在 0.4 V 左右，电流密度控制在 200 mA/m^2～250 mA/m^2 下进行电解。将产品按同样的方法作定性检查，其情况与上面的现象相同。

图 3 中，直线 1 与直线 2 分别代表测量两根不同的 β-Al_2O_3 瓷管的实验结果。由于瓷管本身的电阻和对钠的润湿程度等不同，所以它们的斜率不同。直线 2 的起始点为 0.03 V，这是由于瓷管与钠的界面上有电位差，两边的电位差又并不一定都相同，所以产生了这个现象。若在正反方向上，间断通过短时的直流电，此电位差就可消失，如图 3 中 1 号直线，采取消除最初的电位差后，它的起始点就为 0 V。这两条直线是在电解初期瓷管未被钠完全润湿时测定的，故其电阻相当高，当电解不断进行，瓷管完全被钠润湿，槽电压逐渐降低，电流密度也就相应增加。

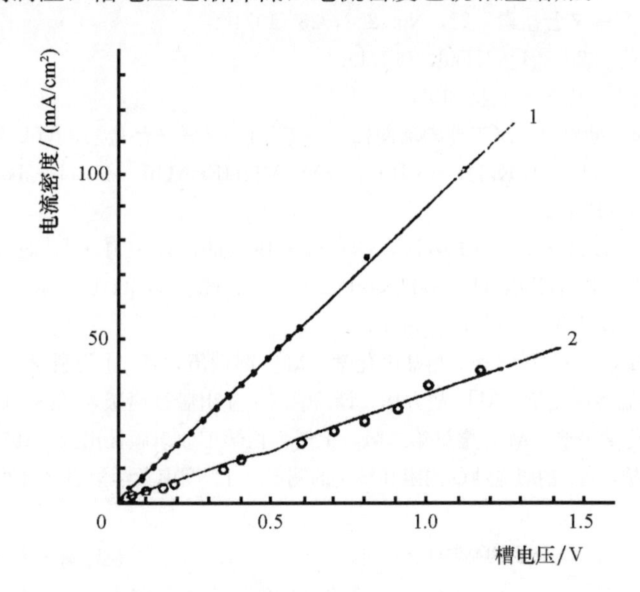

图 3　提纯金属钠时，槽电压与瓷管外径表现电流密度的关系

2.3　氢氧化钠的制备

将上面所得的钠在纯氧或空气（除去 CO_2）中燃烧，得到 Na_2O，其反应式如下：

$$2\ Na + \frac{1}{2}O_2 \rightarrow Na_2O$$

然后将 Na_2O 与水作用，即得 NaOH，其反应式如下：

$$Na_2O + H_2O \rightarrow 2NaOH$$

这两步反应都容易进行，且容易操作，其实验装置可参考这方面工业生产装置[1]。

为了得到副产物氢气，可以直接在瓷管内转化。或者将熔化了的钠以雾状的形式与除去了氧气的水蒸汽或水雾进行反应，可以得到 NaOH 和 H_2。由于除去了氧气，又都是以雾状的形式接触参加反应，就不致于引起因反应剧烈而导致 H_2 和 O_2 作用所发生的爆炸。其反应式为：

$$Na+H_2O \rightarrow NaOH+\frac{1}{2}H_2$$

3　结　论

（1）用 Na・β-Al_2O_3 为隔膜，在 320 ℃左右电解熔融氯化钠与氯化锌等物质的混合物制造金属钠是一种制钠的新方法。它比现在所采用的在 600 ℃左右电解熔融氯化钠混合物制造钠的方法优越。它所消耗的能量少，操作简便，所得到的产品纯度高。

（2）用 Na・β-Al_2O_3 为隔膜，在 320 ℃左右电解粗钠提纯金属钠是一种新的提纯钠的方法，它比其他提纯金属钠的方法优越。用这种方法所提纯的金属钠的纯度高，而且操作简便，所消耗的能量少。

（3）用 Na・β-Al_2O_3 为隔膜，在 320 ℃左右电解熔融氯化钠混合物所制取的钠或由粗钠电解提纯后的钠，将它与氧反应制得氧化钠后再与水作用可制取纯的氢氧化钠，也可以将所制取的高纯金属钠在隔绝空气的情况下，以雾状的形式直接与水蒸汽反应生成 NaOH 和 H_2 或者直接在瓷管内转化，这在技术上是可能实现的。这是一种制造烧碱的新方法，用这种方法所得的产品，不但纯度高，而且氢气也不含有水分。

参考文献

[1] 马多尔・西蒂格普. 钠的制造、性质及用途 [M]. 沈贯甲，译，化学工业出版社出版，1959. 10.

[2] 特公昭 45—13223，[J] ソーダと盐素，22，No. 254，28 (1971).

[3] Ger. Offen 2025477 (cl. C，22d) [J] 25Fed，(1971).

[4] 水银污染とソーダ工业 [J]. 化学と工业. 1976.

[5] 日本ソーダ工业会调查部. 世界ソータ工业の动向について [J] ソーダと盐素，Vol. 26，No. 2，11-33 (1975).

[6] Ф・В・цухрВ，И・А・ОСТР ○ ВеКиИ，В・В・лачиМ. МИНЕРАГЫ. ИЗдаТе-лbcxbo НауКа，[M] МосК-ОВА (1974)，ТОМ 2，СТР425.

[7] Н・К・ВоскресеНская，Н・Н・ЕВсееВа，С・И・Верулb，И・Л・ВерсщеТиНа. СпраВОчНик По Ппаbkocти СистеМ ИЗ beЗВОДНЫХ НеорraНическиx Солей，ИЗдаТелbctbo АКадеМии Наук cccp，[M] МоскВа (1961)，ЛиНград，ТОМ 1，СТР 535-537.

[8] Ю. К. 捷利马尔斯基，Ь. Ф. 马尔科夫著. 熔盐电化学 [M]. 彭瑞伍，译. 上海科学技术出版社出版，1964. 8.

[9] A. N. 别略耶夫等著. 熔盐物理化学 [M]. 胡方华，译. 中国工业出版社出版，1964. 4.

[10] 何译人编译. 无机制备化学手册 [M]. 增订第二版，上册，化学工业出版社出版，1972. 8.

[11] 谢乃贤，陈宗璋，何国雄，等. 钠硫电池的内阻和极化的测定. [J] 湖南大学学报（自然科学版），1979，7 (1)。

（湖南大学学报，1979 年第 3 期）

超离子导体及其在化学化工上的应用

王昌贵，杨进全，陈宗璋，文国安

1 什么是超离子导体

超离子导体（super ionic conductor）又叫快离子导体（fast ionic cnductor）或称固体电解质。它是近十多年来发展起来的一类新型固体材料[1]。它直接涉及能源问题，所以愈来愈受到人们的重视。过去十多年来，人们主要的精力集中在晶体超离子导体材料的应用和研究上。近年来人们已注意到对非晶态超离子导体材料的研究[2]。

离子晶体一般属于绝缘体，也就是说，在完善的离子晶体中，不存在导电的自由电子，而离子也被约束在晶体的格点附近，作微小的振动，因为不能迁移，所以不导电。但在实际的离子晶体中，由于存在晶格缺陷，如空位、填隙离子等，借助空位或填隙离子的移动，就发生了离子的扩散运动，在外电场的作用下，这种离子晶体可通过离子的迁移而导电，其导电的性质和电解质溶液中的离子导电性质相类似。但由于一般离子晶体中能迁移的离子密度非常小，因而导电性能很差。例如 NaCl 晶体在室温时，其电导率 σ 为 10^{-14}（$\Omega\cdot$cm）$^{-1}$数量级，对于这种情况，由于其电导率小于 10^{-9}（$\Omega\cdot$cm）$^{-1}$，因此我们认为 NaCl 晶体在室温下仍然属于绝缘体。就超离子导体来说，并没有一个确切的定义，一般说，是离子的电导率达 10^{-3}（$\Omega\cdot$cm）$^{-1}$以上的一类固体的电解质。而离子电导率最高的可达 3～4（$\Omega\cdot$cm）$^{-1}$，此时离子的扩散系数也在 10^{-5} cm^2/sec 以上，这与液体电解质的数值相当。

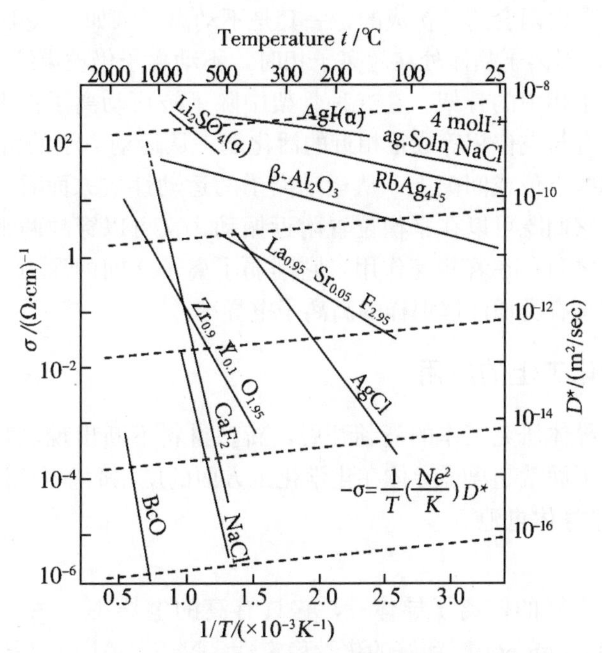

图 1 几种离子晶体的电导率与温度的关系

图 1[3]所示是几种离子晶体的电导率 σ（$\Omega\cdot$cm）$^{-1}$（为左纵坐标）或扩散系数 D^*（m^2/sec）（为右纵坐标）对温度 t/ ℃或 $1/T$[注]的关系图。图的右上角是 4 mol・I^{-1} | 氯化钠溶液的电导率，以供对比之用。

2　超离子导体发展简况和应用前景

固体电解质研究的发展已有几十年的历史，但是被人们所重视还是近十多年来的事情。早在1834年法拉第首次发现了固体中离子传输现象。1889年发现了氧离子导体ZrO_2（Y_2O_3掺杂）。1913年吐邦特（C. Tubandt）发现温度在150 ℃以上时α-AgI有很高的离子导电性，具有类似于熔融体的离子电导率。1934年凯特拉（J. A. Keteloar）发现α-Ag_2HgI_4在高于室温时也有很大的离子导电性，翌年对这种高离子电导率的机理进行了理论解释。但这些都没有引起人们的重视。1961年合成了Ag_3SI，在室温下它的电导率可与液体电解质的电导率相比，这可以说是第一个在室温下的超离子导体。1966年布拉得利（J. N. Bradley）发现$RbAg_4I_5$在室温时有更高的离子电导性，同年斯特布（T. G. Staebe）发现一系列用元素周期表中IA或IB族元素掺杂的β-Al_2O_3都有较高的离子导电性，其中以Na·β-Al_2O_3为最高，两年后的1968年Na·β-Al_2O_3首先在钠硫电池方面获得应用。由于直接与能源问题有关，于是引起了人们对它的研究兴趣。根据统计，当前已进行研究和探索的超离子导体材料超过三四百种之多。

超离子导体可以取代液体电解质做成高温燃料电池、高能量密度的动力电池和贮能电池。也有可能做成微型固体电池，直接引入集成电路中，从而可制成带电源的集成电路元件，这在电子技术上将有深远的意义。另外它还可以做成各种离子器件，例如低能密度固体电池、电化学传感器、大容量电容器、离子选择电极、固体库仑计及记时器、记忆元件等。可以预言，当人们进一步揭示超离子导体的导电机理和发展更多的超离子导体材料之后，在固体物理学领域中也将形成一门新的学科——固体离子学。

3　超离子导体的导电机理

超离子导体的导电机理相当复杂，与一般离子晶体的导电机理不同。但可以简单地认为超离子导体是具有液固二相性的固体。甚至它被认为是物质的一个独立相，即超离子相。目前已了解到，具有超离子相的离子导体是由两套离子构成的，一套是不动离子（如α-AgI中的I^-离子），另一套是可动离子（如Ag^+离子）。当离子晶体处在超离子相时，不动离子仍被束缚在固定位置上，做有限幅度的振动，它形成了超离子相中的骨架。在这种骨架中除了被可动离子占据的空位外，还有许多间隙位置，这些间隙位置具有与空位相等或很相近的活化能，从运动离子的角度来看，它们是等效的，运动离子统计地分布在这些空位或间隙上。从运动离子的运动性质方面看，运动离子像在液体中那样在晶体中做布朗运动。它们既可以在平衡位置附近振动，又可以穿越两平衡位置间的势垒进行扩散，运动离子与骨架离子之间存在着相互作用，它削弱了离子之间的斥力。运动离子的大规模的可迁移性，使得超离子导体具有类似液体那样的高离子电导率。

4　超离子导体在化学化工上的应用

近年来，由于超离子导体研究工作的蓬勃开展，新型材料不断出现，并迅速地被应用到军事和工农业生产等领域中去。下面就超离子导体在化学化工方面的应用简单介绍如下。

4.1　化学能源——超离子导体电池

4.1.1　钠硫电池

Na·β-Al_2O_3是一种良好的钠离子导体[4]，它具有高的电导率（~10^{-1} $(\Omega\cdot cm)^{-1}$，500 ℃时），较高的强度（~2000 Kgf/cm^2）和好的化学稳定性。Na·β-Al_2O_3是目前已知的最好的Na^+离子导体，现主要用于钠硫电池。

钠硫电池是一种高能蓄电池，用钠作负极，熔融硫/多硫化钠作正极，工作温度350 ℃，开路电压2.074 V。

$$\overset{(-)}{Na}(液) \mid \beta\text{-}Al_2O_3 \mid S(\overset{(+)}{Na_2S_x}) \mid C$$

电化学反应：

$$Na_2S_x \underset{放电}{\overset{充电}{\rightleftharpoons}} 2Na + xS$$

它具有能量密度高，原料丰富易得，没有污染等优点。现正开发用于车辆的驱动能源和电站储能装置。国外研究钠硫电池的主要机构有美国的福特公司、美国和法国的通用电气公司、英国的铁路技术中心和氯化物无声电力公司、德意志联邦共和国的BBC公司以及日本的汤浅公司等。经过十几年的努力，钠硫电池的研究取得了较大的突破，现已进入中间扩大试验阶段，可望在20世纪80年代后期进入市场。现在国外对钠硫电池的研究已有相当大的规模，如美国福特公司每年投资400万美元，计划在1987年进行5 MW·h钠硫电池的“BEST”试验，若增加投资还可提前到1985年。福特公司和通用电气公司对于电站用电池的设计，单体电池容量在300～400 W·h之间，40～50个单体电池并联成一束，9束电池串联成一个储能系统的结构单元。这种结构单元的容量是100～150 KW·h，电压20 V，体积1.6 m^3，重2～3 t，并可以单独移开修理或更换。在此基础上可组成兆瓦级的电池组。又如氯化物无声电力公司的工作，包括从$Na\cdot\beta\text{-}Al_2O_3$到钠硫电池的全部制造过程，所用设备具有生产规模，将来研制成功后，即可连同电池技术作为成套专利出售。他们的目标是7.5 t卡车的钠硫电池组，一次充电后行程120英里，电池的总容量为140 kW·h，由480个单体电池组成，96个电池串联成一组，然后五组并联，有效工作电压180 V。该公司认为到20世纪80年代中期以后，可以实用化。

在我国的北京大学、北方工业公司、中国科学院上海硅酸盐研究所、广州市机电工业研究所、湖南大学等单位也一直在进行这方面的研究工作，并取得了一定的进展。总的来说，钠硫电池的研制，近年来取得了很大的进展，它的成功已经指日可待。

4.1.2 *微型电池*

自20世纪60年代中期以来，发现的在室温下电导率在10^{-3}～10^{-1} $(\Omega\cdot cm)^{-1}$范围的Ag^+离子导体约有30多种，它们都是以AgI为基础，再用其他的阳离子或阴离子以及混合离子来取代AgI中离子而形成的具有“开放”结构的化合物。其中电导率最高也是研究得最多的是$RbAg_4I_5$超离子导体，其室温电导率为2.8×10^{-1} $(\Omega\cdot cm)^{-1}$，与液体电解质相近，例如KOH溶液的电导率为0.5 $(\Omega\cdot cm)^{-1}$。

1968年美国报道，$Ag\mid RbAg_4I_5\mid RbI_3$电池已用于武器装置，电池组尺寸为Φ127×127 mm，电压2.8±0.5 V（5个单体），工作电流25 μA，放电时间72 h，温度－55 ℃～＋71 ℃，耐4000周/分钟旋转及1300 g的振动和冲击，搁置寿命预计10年。

锂碘电池是1968年起由美国催化剂研究公司（CRC）研制，以后由W. Greatbatch公司用于心脏起搏器。虽然锂碘电池内阻大，输出电流小，因其具有不漏液、不漏气、可靠性高和寿命长等独特优点，所以在功耗仅需数十微瓦，工作温度为37 ℃的起搏器上已获得了成功的应用。据1979年秋统计，共制造50万只锂碘电池，植入人体约40万只以上，在各种心脏起搏器中锂碘电池是发展最快的。我国从1976年起由天津电源研究所着手研究锂碘电池，1977年进行动物试验，1978年作为心脏起搏器电源植入人体，1979年第一代产品设计定型，已植入人体42例，迄今无一例失效。

锂碘电池具有寿命长、全密封等特性，它还适用于其他微功耗的电子器件上，国外已考虑将其用于电子手表、电子计算机、CMOS固体存贮器件、各种新型植入式医疗器械、装饰钮扣等方面。目前CRC公司已有圆筒形与圆片形锂碘电池产品，有的设计成可直接焊在印刷线路板上。电池的工作温度范围不一，最高的可达150 ℃，最低的－55 ℃。

1978年法国Bordeaux大学Y. Danto等，研究了$Pb\mid PbF_2\mid BiF_3\mid Bi$薄膜电池，充放电过程可表示为：

$$3PbF_2 + 2Bi \underset{放电}{\overset{充电}{\rightleftharpoons}} 3Pb + 2BiF_3$$

此种薄膜电池的优点是直流电阻小，并可集成到微电子线路中去。

固体电解质电池是一项涉及固体化学、固体物理、电化学、材料科学等多门学科的研究课题，电源的发展与上述诸学科的发展互相推动和促进，随着科学技术的发展和电子器件的微型化，固体电解质电池的独特优势将得到进一步的发挥。

4.2　电化学传感器（electrochemical sensor）

利用固体电池的电化学原理，可以制成各式各样的固体电化学传感器。

图 2 是银基电解质制成的电化学传感器的简单装置。主要原理是被分析气体通过聚四氟乙烯膜后，与活性电极 AlI_3 反应，反应式如下：

$$4AlI_3+3O_2\rightarrow 2Al_2O_3+6I_2$$

产生的游离碘向多孔石墨电极扩散，形成电池：

$$Ag \mid RbAg_4I_5 \mid I_2+石墨$$

总的放电反应为：

$$2Ag+I_2\rightarrow 2AgI$$

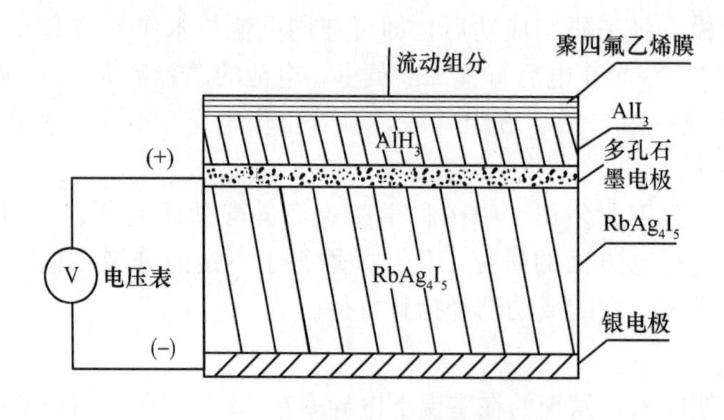

图 2　电化学传感器示意图

电压表上的电压值随输入被测气体的量而变化，由此可得气体中氧的含量。更换活性电极，利用同样的原理可以分析氟、氯、臭氧、一氧化碳、一氧化氮、乙炔、氨、氯化氢、四氧化二氮、二氧化氮等气体。

又例如由氧化锆作成的氧传感器。即 ZrO_2 掺入一定数量的 CaO 或 Y_2O_3，Yb_2O_3 就成了具有传递氧离子特性的固体电解质。表达形式如下：

$$Pt（O_2）\mid ZrO_2 \mid Pt（O_2）$$

在 ZrO_2 两侧熔上铂电极，当 550 ℃以上，两侧的氧浓度又有差异时，浓度较高一侧的氧经电极的催化，吸收 4 个电子形成氧离子，$O_2+4e\rightarrow 2O^{2-}$，然后经固溶体中氧缺位的传递到达另一侧，又经电极的催化，放出 4 个电子成为氧分子，$2O^{2-}-4e\rightarrow O_2$。失掉电子一侧的电极是负极，得到电子一侧的电极是正极，参见图 3 所示。

如果用导线把正负极连接起来，经二次仪表的显示，可用 Nernst 公式计算出未知的氧含量，因为氧浓度与电势值的大小有一定的函数关系，即

$$E=\frac{RT}{4F}\ln\frac{p_1}{p_2}$$

式中：R 为气体常数，T 为绝对温度，F 为法拉第常数，p_1 和 p_2 为电极两侧氧的浓度。这种氧电极适用于冶金、化工、电子、原子能等工业部门和科研单位。氧化锆氧分析器具有测量范围宽，反应速度快，有足够的精度，连续使用，稳定可靠，维护量小，使用方便，体型轻小等优点。

用固体电解质制成的其他电化学传感器，即所谓离子选择电极，在国内外都获得了广泛的应用。目前已制出或使用的电极（指选择性固体电解质电极感应膜）有 F^-、Cl^-、Br^-、I^-、CN^-，S^{2-}、O^{2-}、H^+、Na^+、Ag^+、Ca^{2+}、Pb^{2+} 等等。

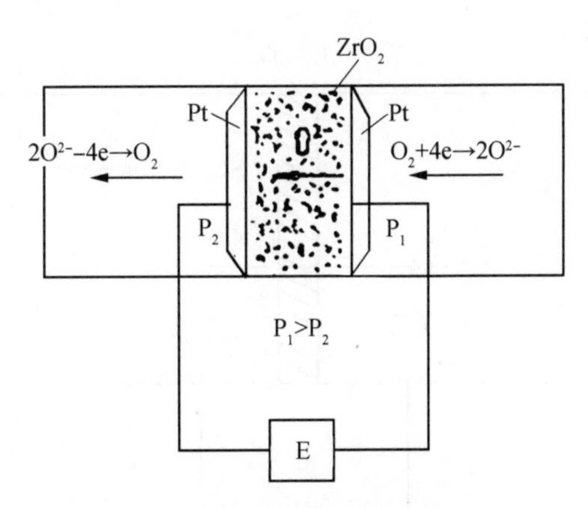

图 3 氧离子选择电极原理图

4.3 用 Na·β-Al_2O_3 作为隔膜，电解制取高纯钠和高纯烧碱

由于目前大量需要氯碱工业产品，耗电量急剧增加。据估计，目前每年仅用于氯碱工业生产上的电量就占整个化学工业总耗电量的 22%。用 Na·β-Al_2O_3 作为隔膜，在 320 ℃～350 ℃左右电解熔融氯化钠与氯化锌混合物制取高纯金属钠或高纯烧碱，是一种新方法，该法对改进和创新氯碱工业具有一定的意义。在我国，湖南大学陈宗璋等人于 1975 年开展了用 Na·β-Al_2O_3 作为隔膜在 320 ℃下电解熔融氯化钠与氯化锌的混合物制取高纯金属钠和烧碱，以及由粗钠电解制取高纯金属钠的研究工作[5,6]。中国科学院上海硅酸盐研究所、锦西化工研究院、广州市机电工业研究所等单位于 1977 年以后，也相继开展了这方面的研究工作。在国外，日本京都大学吉沢研究室的吉沢四郎、伊藤靖彦等人也于 1976 年以后一直在进行这方面的研究工作［吉沢四郎，伊藤靖彦·溶融塩，19 (2)，177 (1976)；Y. Ito，S. Nakamatsn，S. Yoshizawa，J. Applied Electrochemistry，(6)，361 (1976)；京都大学吉沢研究室·ソーダと塩素，(6) 14 (1977)；(7)，1 (1977)；(4)，1 (1978)；(5)，1 (1978)；(9)，1 (1979)］。

用 Na·β-Al_2O_3 作为隔膜电解制钠和制烧碱有以下五个方面的工作：

4.3.1 由粗钠制高纯钠

$$\overset{(-)}{\text{Na}}\text{（精）} \mid \text{Na}\cdot\beta\text{-Al}_2\text{O}_3 \mid \overset{(+)}{\text{Na}}\text{（粗）}$$

4.3.2 由熔融 NaOH 制高纯钠

$$\overset{(-)}{\text{Na}}\text{（精）} \mid \text{Na}\cdot\beta\text{-Al}_2\text{O}_3 \mid \overset{(+)}{\text{NaOH}}$$

4.3.3 由粗 NaOH 制高纯 NaOH

$$\overset{(-)}{\text{NaOH}} \mid \text{Na}\cdot\beta\text{-Al}_2\text{O}_3 \mid \overset{(+)}{\text{NaOH}}$$

4.3.4 由 NaCl-$ZnCl_2$ 熔盐制高纯钠

$$\overset{(-)}{\text{Na}}\text{（精）} \mid \text{Na}\cdot\beta\text{-Al}_2\text{O}_3 \mid \overset{(+)}{\text{NaCl-ZnCl}_2}$$

4.3.5 由 NaCl-$ZnCl_2$ 熔盐制高纯烧碱

$$\overset{(-)}{\text{NaOH}}\text{（精）} \mid \text{Na}\cdot\beta\text{-Al}_2\text{O}_3 \mid \overset{(+)}{\text{NaCl-ZnCl}_2}$$

上述五项研究课题的基本原理是一样的，下面就其中两项加以简述。

(1) 用 Na·β-Al_2O_3 作为隔膜电解粗钠制高纯纳

本法是一种新方法，即用 Na·β-Al_2O_3 作为隔膜，以粗钠和精钠分别作阳极和阴极。图 4 为提纯钠装置原理图。

由于 Na·β-Al_2O_3 具有很高的钠离子电导率，在电场的作用下，阳极区的粗钠失去电子后变成钠离子，钠离子通过 Na·β-Al_2O_3 迁移到阴极获得电子被还原成金属钠。在 Na·β-Al_2O_3 晶格中钠离子的迁移具有一定的选择性，二价以上的离子难以通过，特别是 O、C、H、S、Cl、P、N、Si 等

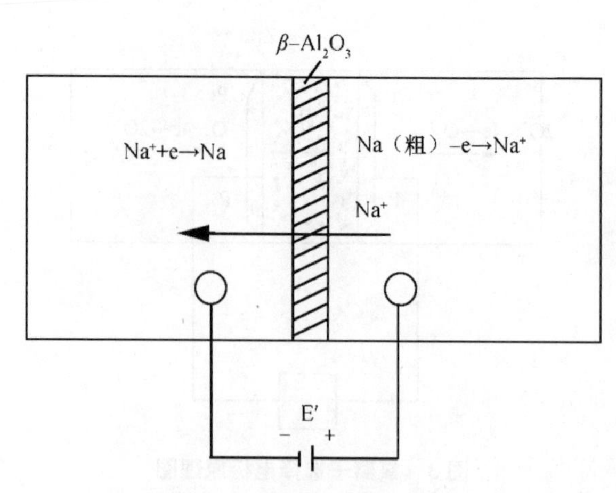

图 4　提纯钠装置原理图

离子都不能通过。因此所得的产品纯度高，并且有设备简单、操作方便、直流电能消耗少等优点。

国内有关单位已将这种高纯钠成功地应用于钠激光光谱的研究工作方面，也曾应用于稀有金属铌、钽的冶炼，使铌或钽中氧、碳和硅等杂质的含量明显地降低了。

（2）用 Na·β-Al_2O_3 作为隔膜电解 NaCl-$ZnCl_2$ 熔盐制取高纯烧碱

此法是以 Na·β-Al_2O_3 作为隔膜，氯化钠为原料、氯化锌作助熔剂，电解熔融 NaCl-$ZnCl_2$ 熔盐体系制取高纯 NaOH。图 5 为这一试验装置的示意图。

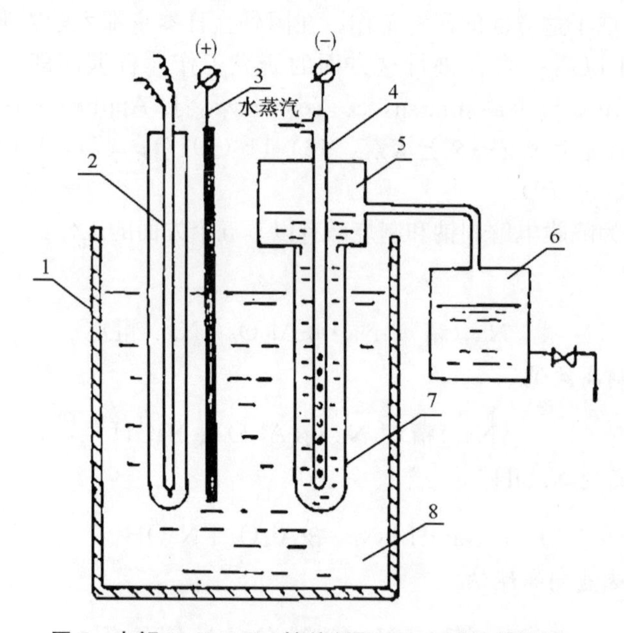

图 5　电解 NaCl-$ZnCl_2$ 熔盐制取 NaOH 试验装置图

1—电解槽；2—热电偶；3—石墨阳极；4—水蒸汽管兼作阴极；5、6—NaOH 储罐；7—β-Al_2O_3；8—NaCl·$ZnCl_2$ 熔盐

在电解槽中，用 Na·β-Al_2O_3 作为隔膜，以石墨为阳极、镍管为水蒸汽导入管并兼作阴极，电解反应为：

$$阳极：Cl^- - e \rightarrow \frac{1}{2}Cl_2\uparrow$$

$$阴极：H_2O + e \rightarrow OH^- + \frac{1}{2}H_2\uparrow$$

Na^+ 离子则通过 Na·β-Al_2O_3 管从阳极室迁移到阴极室，在阴极室与 OH^- 生成 NaOH，总反应式为：

$$NaCl+H_2O \rightarrow NaOH+\frac{1}{2}Cl_2\uparrow+\frac{1}{2}H_2\uparrow$$

由于这种方法没有副反应，电流效率接近100%，而且生产出来的烧碱浓度高，可以得到固碱，可省去蒸煮浓缩工序。与水银法生产烧碱相比较，可防止严重的环境污染和降低能耗；与石棉隔膜法生产烧碱相比可提高烧碱的纯度，也可减少直流电能消耗。但目前也存在不少问题，例如Na・β-Al_2O_3管的性能和寿命还要进一步提高，还要进一步解决电解工艺方面的耐高温和耐腐蚀材料等问题，电解槽的结构也还要进一步改进。总之，在利用Na・β-Al_2O_3作为隔膜电解制备高纯钠和烧碱等方面已取得了一定的进展。

此外，根据上述基本原理亦可推广到电解其他碱金属卤化物制取高纯碱金属。例如由LiCl制取高纯Li等，但固体电解质则应采用相应的Li・β-Al_2O_3等。

总之，超离子导体在生产和科学研究上的应用是非常广泛的，今后将会更深入地进行理论研究和扩大应用范围，为我们提供更多的新材料和新工艺。

（本文曾得到北京大学化学系杨文治副教授的帮助，谨此致谢。）

参考文献

[1] Paul Hagnemuller, Vangool W. Solid Electrolytes. Academic Press, New York, San Francisco, London, 1 (1978).

[2] 俞文海. 超离子导电体［J］自然杂志，1 (8)，484 (1978).

[3] L. E. J. Roberts. Solid State Chemistry. Butterworth, London, 188 (1975).

[4] 温廷链. β-氧化铝——一种快离子导体［J］：硅酸盐学报，7 (4)，380 (1979).

[5] 陈宗璋. 关于用β-Al_2O_3为隔膜电解熔融氯化钠或粗钠制取高纯金属钠和烧碱的初步研究［J］. 湖南大学学报（自然科学版），1979，7 (3)：101-107.

[6] 陈宗璋，陈昭宜，黄吉东. 用Na・β-Al_2O_3陶瓷材料为隔膜提纯金属钠的研究［J］. 湖南大学学报（自然科学版），1979 (1)：81-90.

（化学通报，1981年第9期）

Na・β-Al_2O_3隔膜提纯金属钠的研究

陈昭宜，陈宗璋，黄吉东

1　概　况

高纯金属钠在原子能发电站、稀有金属冶炼以及化工等部门都有很重要的用途。

由于金属钠的化学性质特别活泼，要提纯它确实存在不少困难。目前提纯的方法大都以工业钠为原料，采用冷阱法、蒸馏法和过滤法进行纯化[1]，但这些方法都存在一些缺点，并且产品的质量不够高。

上述几种提纯的方法均属物理纯化法，而本法则为一电化学方法，即利用含有 Na_2O 的 β-Al_2O_3 固体电解质为隔膜，以粗钠（工业纳）和精钠（已纯化的钠）分别作阳极和阴极进行电解，控制一定的电流密度和槽电压，在直流电场的作用下阳极区的钠失去电子后变成钠离子，该离子在 β-Al_2O_3 中迁移至阴极区而获得电子被还原为金属钠。

由于钠和其他元素（杂质）的氧化还原电位、实际分解电压、离子半径以及它们在 β-Al_2O_3 晶格中的迁移特性不同，控制一定的电流密度和槽电压，除 Na^+ 可以顺利地通过该隔膜到达阴极区外，其他的元素都难以通过，特别是非金属元素如：O、C、H、S、Cl、P、N、Si 等都不可能通过（值得注意的是其中 O、C、H、Si 等正是用于核反应堆和稀有金属冶炼的金属钠中最有害的杂质）。经该法提纯的金属钠其纯度已超过德意志联邦共和国一级化学试剂（G・R）标准和美国的 A. C. S 试剂标准。本法除所得产品纯度高外，还具有设备简单、操作方便、能量消耗低等优点。

国外，在 20 世纪 70 年代初，德意志联邦共和国和日本曾有以 β-Al_2O_3 材料为隔膜在 530 ℃～850 ℃下电解熔融氯化钠的混合物和在 300 ℃下电解熔融氢氧化钠制取高纯钠的专利［Ger. offen 2025477（cl. c 22d）25Fed 1971 和《ソーダと盐素》No. 254 第 22 卷 第三号 昭和 46 年 8 月 特公 45－13223］。我校陈宗璋同志曾于 1976 年利用钠硫电池的原理，用 β-Al_2O_3 为隔膜在 320 ℃下电解熔融氯化钠、氯化锌熔盐体系制取高纯钠和烧碱，以及粗钠电解制精钠的研究[2]。最近几年来，利用该种材料由氯化钠熔盐体系制取高纯钠和烧碱，在国外（如日本、美国）也引起了广泛注意，并迅速在这方面开展研究工作［《ソーダと盐素》昭和 52 年 7 月第 28 卷第 7 号 No. 330 和《山东氯碱》No2 1977 32～36 山东氯碱工业技术情报站，青岛化工厂编］。

2　实验方法

本实验装置如图 1 所示，另加附属设备惰气系统、加热炉、油封取样杯等。

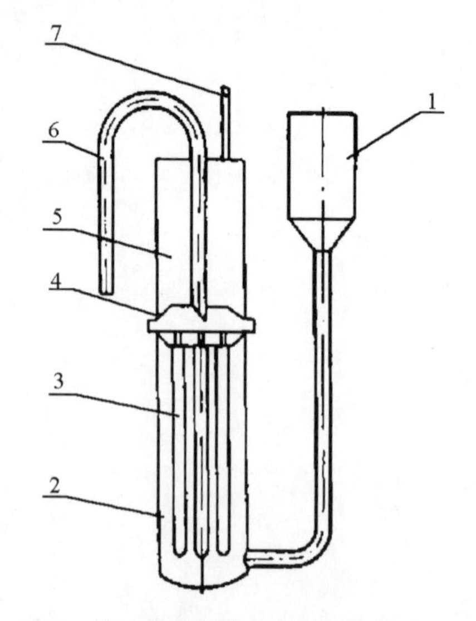

图 1　由工业钠制高纯钠装置示意图

1—加料槽；2—β-Al_2O_3 槽；3—下贮钠器；4—刚玉接头；5—上贮钠器；6—出料管；7—惰性气引入管

操作方法是先将粗钠装入下贮钠器 3，再将刚玉接头与下贮钠器密封好，运用真空注钠术将精钠灌入上贮钠器 5 中，其装填量使钠与排钠管（兼作阴极）6 接触即可，然后立即将整个装置放入加热器中，使温度逐步上升到 300 ℃左右，控制一定的电流密度和槽电压进行电解。

在直流电场作用下，阳极区的钠失去一个电子变成 Na^+，并穿过 β-Al_2O_3 隔膜向阴极区迁移，并在阴极区得到一个电子重新被还原为金属钠。

$$\text{阳极区：} Na - e \rightarrow Na^+$$

$$\text{阴极区：} Na^+ + e \rightarrow Na$$

如此，钠不断地从阳极区转移至阴极区，即不断地被提纯。待上贮钠器充满被纯化了的金属钠时，可用惰性气体将其压出，或令其连续流出。本实验是采用间歇出料的。

3　实验结果

为考察该法的工业价值，在单管试验的基础上，进行了六管组装试验。其中每根 β-Al_2O_3 管长 15 cm，直径 1 cm，外径表观面积 47.1 cm^2，实验从 1977 年 12 月 5 日开始到 1978 年 1 月 3 日结束，连续运行了 30 天。为了以不同的电解电流考查设备的寿命、能量消耗和电流效率，我们将电解电流从 15 A 逐步增加到 45 A，每次电流的增加幅度为 5 A，实验结果见表 1。

表 1　六管试验部分操作记录

电流/A	电压/V	操作温度/ ℃	电解时间/h	产量/g
15	0.14	290	10.0	143.5
20	0.22	290	7.8	131.0
25	0.24	290	6.0	137.7
30	0.29	290	8.0	201.0
35	0.32	290	7.3	217.5
40	0.37	290	5.0	未称量
45	0.40	280	5.0	191.5

3.1　电流效率

根据法拉第定律，在电解过程中，每 96500 KC 的电量在两极上都应析出或分解一个当量的物质。

本实验，通电量每 96500 KC 应产生纯钠 23 g。经换算理论上每安培每小时应产生 0.86 g 纯金属钠。所以电流效率可按下式计算：

$$\eta = \frac{\text{每安培・每小时实际产钠量}}{0.86} \times 100\%$$

应用上述公式，对表 1 数值计算结果如下：

$$45\ A \cdot h;\ \eta_{45} = 98.4\%$$

$$35\ A \cdot h;\ \eta_{35} = 98.6\%$$

$$30\ A \cdot h;\ \eta_{30} = 98.3\%$$

$$25\ A \cdot h;\ \eta_{25} > 100\%$$

$$20\ A \cdot h;\ \eta_{20} = 98.8\%$$

$$15\ A \cdot h;\ \eta_{15} = 100\%$$

从上述数据可以看出本法的电流效率一般在 98.3%以上，因为在电解过程中几乎无副反应产生[2]，电流效率应该接近 100%，这次测得的数据偏高或偏低的原因主要是由于外电压波动，难以得到稳定的电解电流所致。

3.2　能量消耗

能量消耗主要表现在两个方面，一是保温用电，二是电解用电。关于保温用电，本法是在

300 ℃下进行电解的，估计耗电量比蒸馏法、冷阱法低，比过滤法稍高。

对于电解耗电，可利用表1所列数据进行计算。如电流为45 A时，它的电解电压为0.40 V，电解5 h共产精钠191.5 g，故每产1 kg精钠耗电可由下式计算：

即：$\frac{45\times0.40\times5}{0.1915\times1000}=0.470$ 度电/千克钠

以此类推。

当电流为30 A时，电解耗电为0.346度电/千克钠；

当电流为20 A时，电解耗电为0.262度电/千克钠。

由此可见，电流密度小，则电解所用的电能也小，但是单位时间里的产量也小。控制多大电流密度进行电解要以整个经济性来决定。

3.3 电解电流与槽电压的关系

当温度一定时，电解电流与槽电压成直线关系。电解温度高时，同样的电流，电压要低些，反之亦然。当电解温度、电解电流一定时，电解电压随时间的变化一般较小，总的趋势是随着电解时间的增长而增加。

为了说明上述变化规律，特列表如下（见表2、表3）。

表2 290 ℃下操作24 d以后电解电流和电压的关系

I/A	5	10	15	20	25	30	35	40	45
V/V	0.06	0.12	0.18	0.25	0.31	0.37	0.44	0.50	0.57

表3 290 ℃下操作20 d以后电解电流和电压的关系

I/A	15	20	25	30	35	40	45
V/V	0.14	0.20	0.24	0.29	0.32	0.37	0.40

由表2和表3的数据作 I-U 关系曲线（图2）。由图看出电流与电压基本上为直线关系。

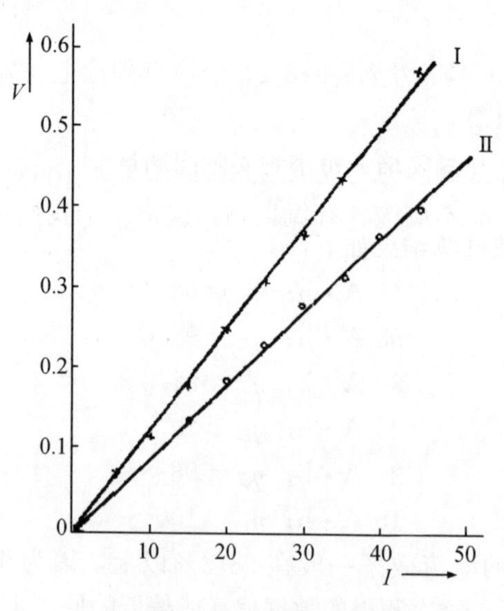

图2 *I-U* 关系曲线

3.4 产品质量

这次实验是用湖南衡阳红卫化工厂和天津大沽化工厂的工业钠为原料。所用的分析方法为美国的化学试剂与标准（1967 年第 5 版）[3]，并参考我国的化学试剂国家标准的氢氧化钠中杂质分析方法（1971 年版）[4]。现将我们提纯的产品质量与德意志联邦共和国的化学试剂一级标准（1976 年）[5]和美国的 A. C. S 级化学试剂标准[6]，以及上海的化学试剂三级标准[7]对比如下（见表 4）。

表 4　产品质量对比表

杂质 / 级别	氯化物 (Cl)	总氮 (N)	磷酸盐 (PO_4)	硫酸盐 (SO_4)	硅酸盐 (SiO_2)	钾 (K)	铁 (Fe)	钙 (Ca)	重金属 (以 Pb 计)
德意志联邦共和国 (G·R)	最大 0.002%	最大 0.0005%	最大 0.0005%	最大 0.002%	未要求	最大 0.01%	最大 0.001%	最大 0.05%	最大 0.0005%
美国 (A. C. S)	最大 0.0015%	最大 0.0005%	最大 0.0005%	最大 0.001%	最大 0.01%	最大 0.05%	最大 0.001%	最大 0.05%	最大 0.0005%
上海 (试剂三级)	小于 0.003%	小于 0.002%	小于 0.001%	小于 0.002%	未要求	未要求	小于 0.002%	未要求	小于 0.001%
大沽化工厂 (工业级)	大于 0.0015%	小于 0.0005%	小于 0.0005%	小于 0.002%	未检查	大于 0.01%	大于 0.001%	小于 0.05%	大于 0.001%
大沽化工厂 (工业级)	大于 0.0015%	小于 0.0005%	小于 0.0005%	小于 0.002%	同上	大于 0.01%	大于 0.001%	未检查	大于 0.001%
本产品 6 号	未发现存在	小于 0.00025%	未发现存在	未发现存在	小于 0.0025%	小于 0.01%	小于 0.0005%	未发现存在	未发现存在
本产品 8 号	未发现存在	小于 0.00025%	同上	同上	未发现存在	同上	未发现存在	同上	小于 0.0005%
本产品 31 号	未发现存在	小于 0.00025%	同上	同上	同上	同上	同上	同上	同上
本产品 40 号	未发现存在	小于 0.00025%	同上	同上	同上	同上	小于 0.0001%	同上	同上

说明："未发现存在"是采用上述化学试剂国家标准检查所得结果（未采用其他更灵敏的方法去检查）。

从表 4 中看来我们提纯的金属钠纯度相当高，几乎不含有非金属杂质，所有指标不但超过了国家标准，而且超过了德意志联邦共和国的一级试剂和美国的 A. C. S 标准。

根据电解的原理分析，本产品不应该含有氮化物，这是由于我们采用了氮气保护，而在一定的条件下钠与氮气反应为氮化钠，致使提纯钠遭到污染之故。若将系统改为真空密封装置或用其他惰性气体保护，该污染源是可以避免的。

6 号产品中含有硅，这可能是由于我们所使用的实验装置对钠产生污染所致。

4　装置的使用寿命

本法的主要设备为电解槽，电解槽的关键部件为 β-Al_2O_3。本实验所用的 β-Al_2O_3 管是中国科学院上海硅酸盐研究所提供的。我们认为在电解过程中电压稳定、连续电解、连续出料，只要操作恰当，一个月以上的寿命是没有问题的。在这次实验结束后，我们请湖南省地质局实验室对使用前后的 β-Al_2O_3 陶瓷管进行 X 光鉴定分析（见表 5、表 6），鉴定结果表明，该管在这次实验使用后其结构和组成均未发生变化。

表 5　X 光鉴定报告

照片编号：79041，样品编号：4，照片日期：1978 年 1 月 3 日。

照片条件：射线＿＿＿，电压＿30＿kV，电流＿8＿mA。
曝光时间：＿＿＿时＿＿＿分。
处理情况：扫描。

d/n	I/I_O	d/n	I/I_O	d/n	I/I_O
11.697	3	2.6547	7	1.7481	1
10.897	10	2.4944	5	1.7123	1
6.0585	4	2.4051	5	1.6189	1
5.5235	8	2.3630	2	1.5904	5
4.4060	4	2.2310	5	1.5553	5
4.0551	1	2.1263	5	1.5435	4
3.6476	1	1.9953	5	1.4818	2
3.0736	1	1.9867	1	1.4708	1
2.9162	5	1.9701	1	1.4018	8
2.7894	5	1.9285	4		
2.7505	1	1.8305	1		
鉴定结果	$Na_2O \cdot 11Al_2O_3$ 以及含有微量 $Na_2O \cdot 5Al_2O_3$				
讨论					
备注	未使用过的 β-Al_2O_3 管				

审核＿＿＿＿鉴定人＿郭裕兴＿，1978年1月3日。

表6 X光鉴定报告

照片编号：＿78038＿，样品编号：＿1＿，照片日期：＿1978年1月3日＿。
照片条件：射线＿＿＿，电压＿30＿kV，电流＿10＿mA。
曝光时间：＿＿＿时＿＿＿分。
处理情况：扫描。

d/n	I/I_O	d/n	I/I_O	d/n	I/I_O
11.6970	3	2.6547	8	1.7123	2
10.8970	10	2.4944	6	1.6189	1
6.0585	2	2.4051	4	1.5904	4
5.5235	8	2.3630	1	1.5553	3
4.4060	4	2.3312	6	1.5435	3
4.0551	1	2.1263	5	1.4818	1
3.6476	1	1.9955	7	1.4708	1
3.0736	1	1.9610	1	1.4018	10
2.9162	4	1.9285	3		
2.7894	5	1.8305	1		
2.7505	1	1.7481	2		
鉴定结果	$Na_2O \cdot 11Al_2O_3$ 为主；含微量 $Na_2O \cdot 5Al_2O_3$				
讨论					
备注	已使用过的 β-Al_2O_3 管				

审核＿＿＿＿鉴定人＿郭裕兴＿，1978年1月3日。

在使用过程中，造成这种陶瓷材料破坏的原因，目前尚未完全查明。根据运用的钠硫电池方面的情况，已知造成破坏的原因大致有以下几个方面：

（1）机械应力不均匀：主要表现在刚玉与 β-Al_2O_3 管接合处产生应力不均匀，其结果有可能在此处开裂或扭断；当采用适当的联结方法，这一问题有所克服。

（2）热应力不均匀：由于 β-Al_2O_3、玻璃、刚玉三种材料的膨胀系数不同，当温度变化频繁时就易损害，特别是当温度骤变或金属钠凝固后再急剧升温熔化时更易损害。

（3）大电流和高的槽电压：当大电流高电压通过时，Na^+ 来不及迁移到阴极区，而在 β-Al_2O_3 隔膜的晶格内就被还原成 Na，即所谓"钠沉积"，或产生局部过热而使晶格遭到破坏。这种材料用在钠硫电池上常用的电流密度为 200 mA/cm^2～300 mA/cm^2（最高可达 690 mA/cm^2），充电电压一般在 2.5 V 左右，超过 2.5 V，管子易于损坏。随着该种材料性能的提高，使用的电流密度已进一步加大。

（4）金属钠对 β-Al_2O_3 和刚玉的腐蚀：金属钠对上述两种材料的腐蚀是很轻微的。据国外报道，用氯化钠和氯化锌的熔盐电解制氢氧化钠，其腐蚀速度大约为 0.002 m • m/年[5]。我们曾抽查了 31＃、40＃、67＃样品中铝离子，分析结果在上述三个样品中均未发现有 Al^{+++} 的存在。

（5）杂质进入晶格：杂质进入造成堵塞，槽电压升高，致使管子损坏。从本实验观察，连续电解一个月其电压升高速度很慢。

在国外，美国福特汽车公司的钠硫电池已可使用 16 个月。而钠硫电池的使用条件要比用于金属钠的提纯苛刻得多。最近上海硅酸盐研究所用 β-Al_2O_3 管提纯金属钠的寿命试验已运转两个多月还在继续工作，这说明该材料用于提纯金属钠方面按最保守的结论寿命至少可达一个月以上。

图 3 未使用过的 β-Al_2O_3 鉴定照片

图 4 已使用过的 β-Al_2O_3 鉴定照片

5 结 论

（1）本法设备简单，操作方便，能量消耗小，产品质量好。提纯的钠可作为稀有金属冶炼中的钠还原剂和原子能发电站中的载热体，以及化学试剂一级钠。本法不但可以制得高纯钠，而且还可以制得高纯氢氧化钠。

（2）目前对这种陶瓷材料的质量检查尚没有可靠的方法，是影响本装置寿命的一个因素。这是一个有待今后解决的问题。

（3）本法的电解装置的结构，采用多大的电流密度，控制多高的温度，损坏机理的探讨仍是今后应努力研究的课题。

参考文献

[1] K. W. Allen, Jonassen H. B. Supplement to mellor's comprehensive treatise on inorganic and theoretical chemistry Vol. Ⅱ, Supplement Ⅱ, the alkali metals part Ⅰ [J]. J, Am, Chen, Soc, 1963 (4): 490-491.

[2] 陈宗璋. 关于用 β-Al_2O_3 为隔膜电解熔融氯化钠或粗钠制取高纯金属钠和烧碱的初步研究 [J]. 湖南大学科研处，

总号 140.（内部资料）

[3] Reagent. Chemicals and Standards（1967 年第 5 版）.

[4] 国家标准. 化学试剂汇编. 技术标准出版社，1971.

[5] Reagents. Diagnostica Chemicals Merck，1976.

[6] Carlo Erha. Chemicals. 1971.

[7] 上海北桥化工厂. 沪 Q/HG12-971-66 标准，1977.

（无机盐工业，1979 年第 3 期，总 16 期）

电子探针对 β-Al_2O_3 固体电解质中钠沉积现象的研究

刘正坤，陈宗璋

摘 要：本文用电子探针分析仪以不同加速电压发射的稳定电子束流定点注入和定域扫描 β-Al_2O_3 陶瓷样品，模拟在稳定自然电场内观察钠离子的活动情况及其产生的效果。发现钠在 β-Al_2O_3 中迁移速度、沉积浓度及其集合特征，除受电场制约外，还明显地受材料自身各部分显微组织结构和电化学过程中导电离子 Na^+ 自身迁移和富集规律的强烈影响。

Study on Sodium Deposition in β-Al_2O_3 Solid Electrolyte Using Epma

Liu Zhengkun，Chen Zongzhang

Abstract：In this paper，high voltage electron beam from EPMA instrument is used to inject β-Al_2O_3 caramic sample at a fixed point and to scan the sample over a fixed site，to simulate the sodium ion motion and its effects on the material in a stable electrical field. It is found that the migration rate，the probability of occurence and the deposition characteristics of sodium in the β-Al_2O_3 ceramics are significantly affected by the microstructure of the material and the electro-chemical process of the sodium migration and accumulation besides the electrical field.

1 引 言

我们曾将 β-Al_2O_3 作为隔膜材料组成一些不同的电解池进行“钠沉积”现象的研究[1]。近几年来，国内外不少学者对 β-Al_2O_3 等固体电解质的钠沉积现象进行了多种途径、多种形式的研究［Kuo Chu-kun，Li Shan-Tin，*Solid State Ionics*［9/10］（1983）177；李香庭，郭祝崑，硅酸盐学报，9［3］（1981）276；以及 R. D. Armstrong，T. Dickinson，and J. Turner，*J. EJectrochimt. Acta*，19（1974）187］。本研究用电子探针分析仪以不同加速电压发射的稳定电子束流定点注入和定域快速均匀扫描 β-Al_2O_3 陶瓷样品，模拟在直流稳定电场内观测钠离子的活动情况及其产生的各种效果；运用扫描电镜的高分辨成像在真空中随时观察钠的沉积集合现象，用电子探针微区分析手段同时检测钠沉积产物的成分变化特性。李香庭、郭祝昆等人曾采用电子探针分析仪发射的电子束对 β-Al_2O_3 单晶定点垂直于（001）晶面注入进行过研究，观察到钠离子以同等速率和几率向电子束注入点迁移，钠的沉积浓度以注入点为中心成径向对称分布[2]。而在本研究工作中，对多晶陶瓷管的任一断面进行实验均发现在多晶 β-Al_2O_3 中 Na^+ 的迁移速率和几率在电化学过程的不同时期有着显著的差异，钠的沉积浓度也不呈径向对称，而是依材料自身晶体结构、晶粒显微镶嵌结构、沉积前后时间和阶段以及电场条件的不同而呈不同形态的分布、集合和金属钠晶体的生长。

2 实验方法和结果

本实验采用中国科学院上海硅酸盐研究所制造的直径为 10 mm、壁厚为 1 mm 的 β-Al_2O_3 多晶陶瓷管用环氧树脂导电胶包埋封装，经磨平抛光后不喷镀任何导电物质直接进行电镜观测。钠沉积研究使用 JSM-35C 型扫描电子显微镜和电子探针显微分析仪，电子束流分别采用 10 kV、15 kV、20 kV、25 kV 四种不同的加速电压，样品吸收电流分别选取 $3\times10^{-10}\sim2\times10^{-8}$ A。入射电子束直径约为 0.1 μm～1 μm，电子束入射深度约 0.5 μm～3 μm。钠沉积观测主要采用两种形式分别进行：一种为电子束定点连续注入；另一种为电子束定域连续快速扫描。扫描速度为 0.04 s/frame，扫描线为 1066 lines/frame。

样品在未喷镀导电覆膜的情况下用 25 kV 加速电压、2×10^{-8} A 的电子束进行各种扫描观察时，样品上无任何电子堆积的充电现象，证实该材料导电性能良好[3]。当用 25 kV 加速电压电子束流定点连续注入时，发现钠离子很快向注入点及其附近迁移富集，并获取电子束中的电子还原成金属钠后呈结晶形态从 β-Al_2O_3 中析出。随着电子束注入时间的延长即电子注入量的增加，其金属钠晶体也随之不断长大。可以明显地看到，其结晶形态往往呈立方体，或依附 β-Al_2O_3 晶体结构形成假六方体（图 1～图 4），同时，常常伴随着有金属钠晶须的生长（图 1～图 3）。这些晶须是在钠沉积的同时，由于高能（25 keV）电子束的连续轰击加热升温所造成部分刚还原沉积的固态金属钠原子气化升华，并在轰击点附近快速生长成形态不一的单根晶须。

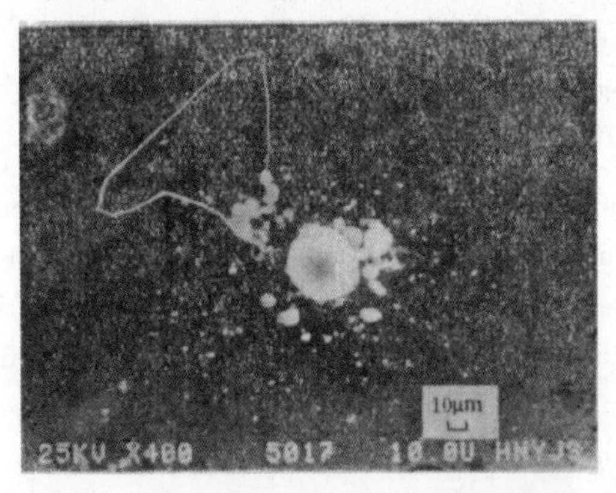

图 1　电子束定点注入 β-Al_2O_3 10 min 后，钠沉积结晶及熔融、升华生长的金属钠晶须

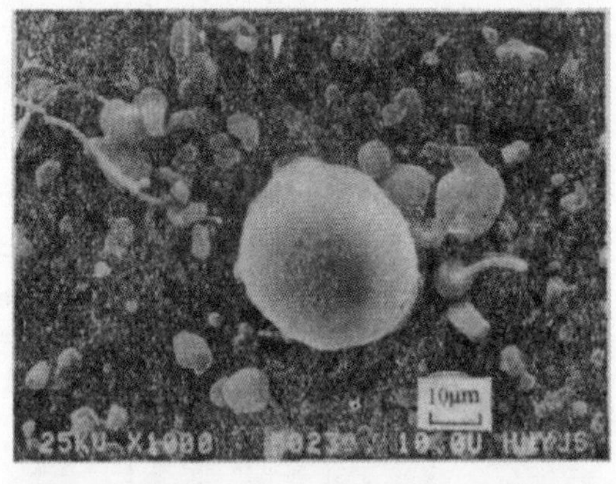

图 2　电子束定点注入 10 min 后，再经快速定域扫描至 13 min 时钠沉积形成的晶体和晶须

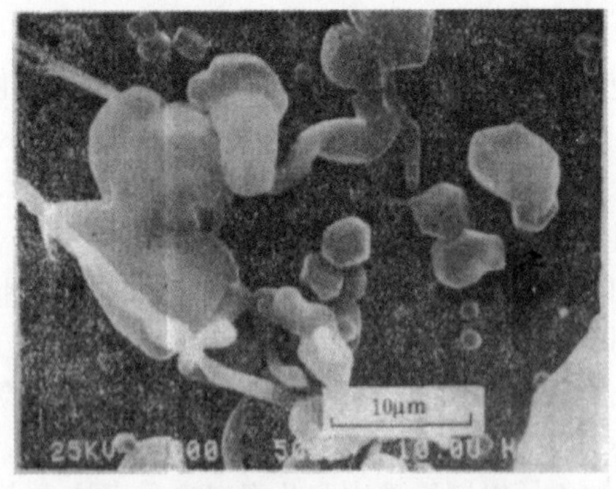

图 3　钠沉积形成的立方体和六方柱状金属钠晶体及不规则晶须（图 2 局部放大）

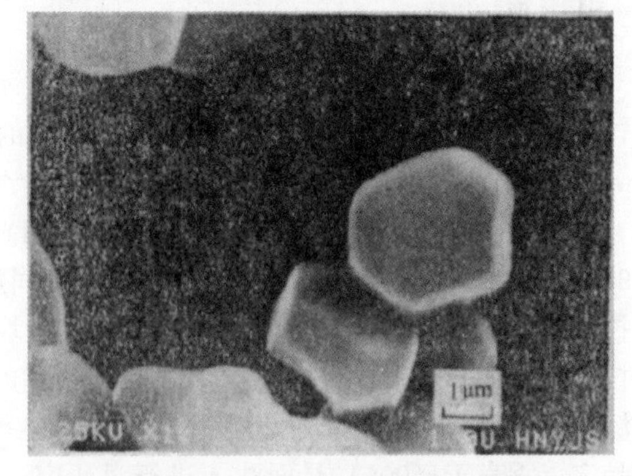

图 4　钠沉积形成的假六方片状和六方柱状晶体（图 3 局部放大）

除电子束定点注入外，还选择了一个晶粒镶嵌结构明显的试样，在其磨光面上任一微区进行了定域连续快速扫描观察。微区面积为 30 μm×40 μm，连续观察钠的沉积状况。发现钠沉积完全遵循晶体物质结晶生长的形成过程，首先在 β-Al_2O_3 晶粒的棱角坎坷处形成晶核，然后逐渐长大。

图 5 为金属钠沉积过程中金属钠晶体生长的连续变化状况。图 5（a）为电子束开始扫描时的微区形貌，视域中可见各种形态 β-Al_2O_3 晶粒的镶嵌状态及晶界的坎坷棱角，未见任何金属钠的存在；

图5（b）为扫描10 min后的钠沉积，可见0.1 μm～0.5 μm的金属钠微小晶核已经在晶界棱角处开始形成；图5（c），（d）为各个晶界面上钠沉积晶核不断形成，金属钠晶体逐渐长大的生长情况。由此可见，钠离子的迁移渗出是沿着晶体层面和界面进行传输的，而金属钠的沉积主要集中在晶粒镶嵌界面及其显微结构裂隙处。

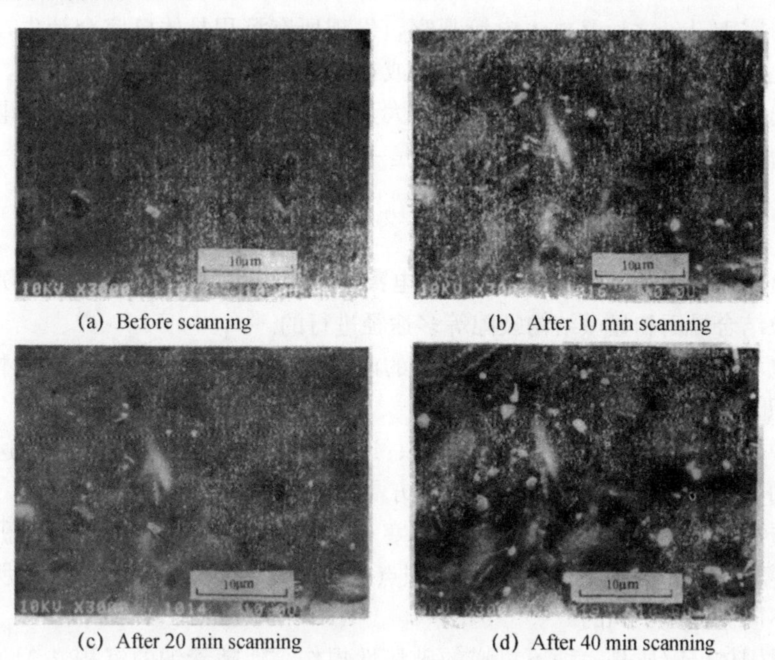

(a) Before scanning (b) After 10 min scanning

(c) After 20 min scanning (d) After 40 min scanning

图5 定域快速扫描时钠沉积状况

在电子束定点连续注入的同时，用笔记录仪对该点钠的含量变化情况进行了连续测定，以横坐标表示连续注入时间，纵坐标表示钠的含量，得出了图6所示钠的含量起伏变化曲线。

分析图6钠的变化曲线可以看到：①钠的饱和点（顶点）是低→高→低→高……不断起伏变化的，这是由于注入电子堆积后使入射电子束在注入点四周不断漂移，因此钠的沉积点也在不断变换，这与李香庭、郭祝崑所得结果相同[3]；②每条曲线的上升斜率代表每个点钠沉积量的前期增长速度，它们基本相同，说明在同一材料的不同微区钠离子的前期迁移速度是基本相同的，但到达或接近饱和点时代表钠沉积浓度的上升极限高度、顶部宽度和下落梯度是各不相同的，说明在不同微区钠沉积量是不同的；③钠的第一个饱和点浓度最高（钠沉积最多），此后，饱和点浓度逐渐减小，说明钠的迁移和沉积量在逐渐减少。为了进行对比，当进行快速面扫描观察时，也同时对扫描区域内表层沉积钠的含量变化进行了连续测定，结果显示于图7。

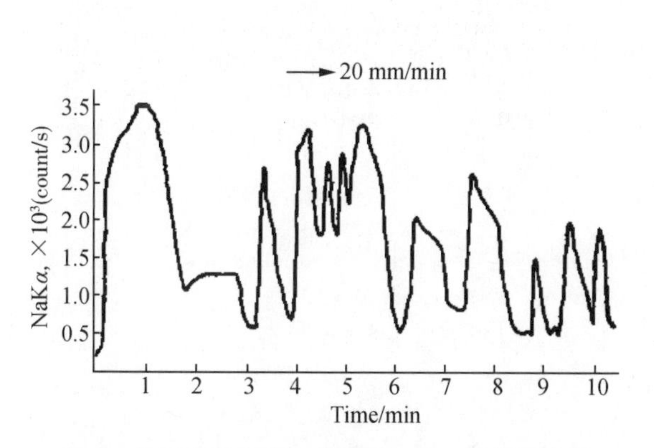

图6 电子束定点注入多晶β-Al_2O_3时钠浓度随注入时间的变化曲线

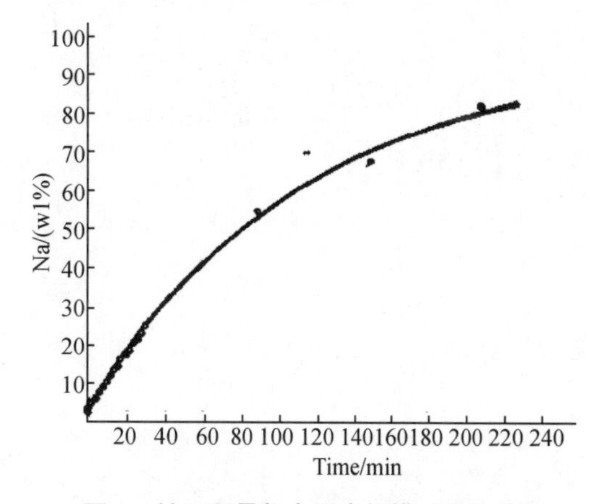

图7 钠沉积量与电子束扫描时间的关系

从图7中也可看出，钠的前期迁移速度和沉积是均匀的，与电场作用时间成直线比例关系，到后期，其迁移和沉积效率逐渐减小，最后用电子探针对这些从β-Al_2O_3中析出的晶体进行分析表明，这些晶体全为较纯的金属钠。

在β-Al_2O_3磨光面上任一微区用电子束快速连续扫描3 h后，将该视域内在真空中析出的金属钠晶体移置大气中暴露16 h，之后又放入电镜观察，发现所有沉积晶体已完全消失，在该沉积区内留下了许多相应的孔洞；再用电子束注入这些孔洞或在该孔洞区内进行定域扫描时，均未能见到再有金属钠晶体重新出现，且电子束入射电子在该区大量堆积，致使该区各处严重充电，可见这一沉积区的导电性已经遭到破坏，这进一步证实钠沉积是一种不可逆的破坏性损伤。

3 结 论

(1) 在电场负电势作用下，β-Al_2O_3中的导电离子Na^+可以发生迁移和还原沉积，这种作用是沿结晶层面、晶粒结合界面和显微结构裂隙等多途径进行的。

(2) 在稳定电场作用下，同一材料中钠离子的前期迁移速率在不同部位是基本相同的，但在不同沉积点上钠沉积几率（浓度）是不同的。

(3) 在真空中，钠沉积是一种包括离子迁移、还原沉积、晶体生长的复杂快速反应过程，其最终是金属钠原子的有序排列、形成各种立方和六方晶体。

(4) 钠沉积造成材料中钠离子传导通道的阻塞和破坏，形成金属钠的局部堆积，造成局部离子电导-电子电导的复合电导。因为材料中不同沉积点的损伤和钠堆积状况的不同，所以在后期钠的迁移和沉积速率在不同微区是不同的。

(5) 钠沉积对固体电解质是一种不可逆的破坏性损伤，伴随着钠的沉积β-Al_2O_3中将出现相应的熔蚀孔洞，材料中的钠离子也将逐渐减少，其特性和功能也逐渐趋向衰亡。

参考文献

[1] 陈宗璋，刘正坤，王昌贵，等. 关于β-Al_2O_3固体电解质中钠沉积现象的研究［J］. 硅酸盐学报，1983，11（4）：459.

[2] 郭祝崑，李香庭. 钠与β-氧化铝陶瓷氧化物组分（包括氧化物杂质）之间的还原反应的热力学探讨［J］. 硅酸盐学报，1979，(2)：68-71.

[3] 林祖纕，郭祝崑，孙成文，等. 快离子导体［M］. 上海：上海科技出版社，1983：157-158.

（硅酸盐学报，第16卷第1期，1988年2月）

关于 β-Al_2O_3 固体电解质中钠沉积现象的研究

陈宗璋，杨进全，王昌贵，文国安，刘正坤，郭裕兴

摘　要：在电解制取金属钠和钠硫电池充电过程中，β-Al_2O_3 隔膜往往发生钠沉积现象。我们研究了 β-Al_2O_3 在发生钠沉积后的组成和显微结构情况，以及产生钠沉积的条件和原因。研究结果表明，在一般情况下钠沉积主要发生在晶界以及气孔、裂缝等空隙处，发生钠沉积的化学反应主要是钠阴极上的电化学还原反应，由钠沉积产生的黑色物质主要是钠、钾和镁等。高的槽电压和大的电解电流密度，以及 β-Al_2O_3 的晶粒粗大、多孔等都是加速钠沉积的因素。在某些情况下发生钠沉积时也伴随发生钾沉积。

Study of Sodium Deposit Occurred on the β-Al_2O_3 Solid Electrolyte

Chen Zongzhang，Yang Jinquan，Wang Changgui，
Wen Cuoan，Liu Zhengkun，Guo Yuxing

Abstract：In the process of producing Na-metal and charging of sodium-sulfur battery while using β-alumina as an electrolyte membrane，Na-deposition is always observed. Research shows that sodium deposit mainly occurs on the boundaries，pores and cracks of crystals under general conditions. The sodium depesition takes place as an electro-chemical reduction on the Na-cathodes and produces black materials of largely are sodium，potassium and magnesium. Highter trough voltage，greater electrolysis current density，bigger crystal size，and higherporosity and loose structure of β-alumina are factors accelerating sodium deposition. In certain cases，potassium deposit also takes place with sodium deposit.

1　前　言

由 β-Al_2O_3 作为钠硫电池和制取高纯钠及烧碱的电解池隔膜[1-5]已有十多年的历史。在使用过程中，β-Al_2O_3 与阴极区的钠接触的一面常常发生变黑现象——钠沉积，使 β-Al_2O_3 的使用寿命缩短。郭祝崑和李香庭等观察过 β-Al_2O_3 陶瓷内沉积的金属钠和它所引起的电子电导以及陶瓷发黑现象[6]。他们还通过热力学数据计算，指出发生钠沉积的反应可能主要是钠与 β-Al_2O_3 和外来氧化物中的 Al、Mg、K、Si、Fe 和 Ca 等被还原出来，或被还原成低价氧化物，致使 β-Al_2O_3 陶瓷变黑和形成电子电导。我们使用上海硅酸盐研究所提供的 β-Al_2O_3 陶瓷管为隔膜电解提纯钠，电解熔融 NaCl-$ZnCl_2$ 的混合物或电解熔融 NaOH 制取钠等实验来观察钠沉积现象。

2　实验方法与结果

2.1　电解实验

电解实验所用的 β-Al_2O_3 管长 150 mm，外径 10 mm，壁厚 1 mm。其批号为上硅 771122 号（纯

β-Al_2O_3）和 810129 号（掺 MgO 的 β-Al_2O_3）。它们的电阻率为 8.4～9.9 Ω · cm。将这样的 β-Al_2O_3 作隔膜组成以下三种电解池进行电解，瓷管内为阴极区，瓷管外为阳极区。

（1）（—）Na | β-Al_2O_3 | Na（+）

（阴极和阳极的引线都为不锈钢或钨丝或铜丝，阳极区的钠为工业纯。）

（2）（—）Na | β-Al_2O_3 | NaOH（+）

（阴极引出线为不锈钢或铜丝，阳极为镍片，NaOH 为化学纯。）

（3）（—）Na | β-Al_2O_3 | NaCl-$ZnCl_2$（+）

（阴极引线为不锈钢，阳极为石墨，NaCl 和 $ZnCl_2$ 的摩尔比为 45∶55，都是化学纯。）

电解实验的结果列于表 1、表 2 和表 3 中。

表 1　第一种电解池的情况

No.	Temp. /K	Current density /（A/m²）	Cell voltage /V	Time of electrolysis/h	State of interior surface of the cell	State of β-Al_2O_3 **	Note
1	623	2000	0.50	360	Not blacken	Small grain, compact	Pure β-Al_2O_3
2	623	2000	0.50	720	Ditto	Ditto	Ditto
3*	623	4500	2.14	354.2	Ditto	Large grain, less compact	MgO-doped β-Al_2O_3
4*	623	5500	2.81	339.9	Become grey	Ditto	Ditto
5*	623	7600	3.26	365.6	A shallow layer of black color	Ditto	Ditto

表 2　第二种电解池的情况

No.	Temp. /K	Current density /（A/m²）	Cell voltage /V	Time of electrolysis/h	State of interior surface of the cell	State of β-Al_2O_3	Note
1	623	1670	2.9	36	About 0.5 mm thickness become black	Large grain, many pores	MgO-doped β-Al_2O_3
2	623	1500	2.6	345	Not blacken	Fine grain, compact	Ditto
3	623	1500	2.8	96	Ditto	Ditto	Pure β-Al_2O_3
4	623	1100	2.5	363	Ditto	Ditto	Ditto

表 3　第三种电解池的情况

No.	Temp. /K	Current density /（A/m²）	Cell voltage /V	Time of electrolysis/h	State of interior surface of the cell	State of β-Al_2O_3	Note
1	623	2050	4.5	60	From inner to outer surface all becomes black	Large grain, many pores, can be seen by the naked eye	MgO-doped β-Al_2O_3
2	623	1050	4.5	41	Become black	Ditto	Ditto
3	623	1050	4.5～5.0	50	Not blacken	Small grain	Ditto

2.2　粉末衍射分析

将上面用的β-Al_2O_3管在使用前和使用后用X射线粉末衍射分析，结果表明：①所有β-Al_2O_3都是β型；②使用后它们的晶体结构与使用前相比，几乎无变化。

2.3　观察形貌

用扫描电子显微镜观察已发生钠沉积和未发生钠沉积的β-Al_2O_3的形貌，其方法是：将第二种电解池中第一号的β-Al_2O_3管在实验后依次用分析纯酒精和去离子水洗净烘干，在瓷管的断口上用真空镀膜法喷镀一层导电金膜。用扫描电子显微镜观察断口的形貌见图1、图2。

图1　瓷管断面，靠近内壁（即图中左边所示）已发生钠沉积的二次电子形貌像（2000×）

图2　瓷管断面，靠近外壁（外壁在图右外）未发生钠沉积部位的二次电子形貌像（2000×）

从图1看出，已发生钠沉积的一边（靠内壁的一边），有一层物质包住了晶粒，看不到晶粒的形状。而图2所示未发生钠沉积的一边晶粒的形状仍很清晰，没有被其他物质包围。

2.4　用电子探针分析断面组成

（1）将沉积前的上硅771122号样品（纯β-Al_2O_3）和810129号样品（掺MgO的β-Al_2O_3）及沉积后的第二种电解池的第一号样品的断口在分析纯无水乙醇中磨平抛光，并用真空镀膜法镀一层导电碳膜，测量条件为：探针加速电压为20 kV，样品吸收电流为1.5×10^{-8}A。分析结果如下：

①沉积前的771122号和810129号样品，由内往外钠的分布基本是均匀的，未见钠在内壁和外壁发生富集的情况，仅是由于样品分析断面中的显微孔隙和高低凸起，钠相对含量的测量计数发生高低变化，见图3、图4。同时可见，二者的钠含量很不相同，810129号瓷管只有771122号瓷管的60%。

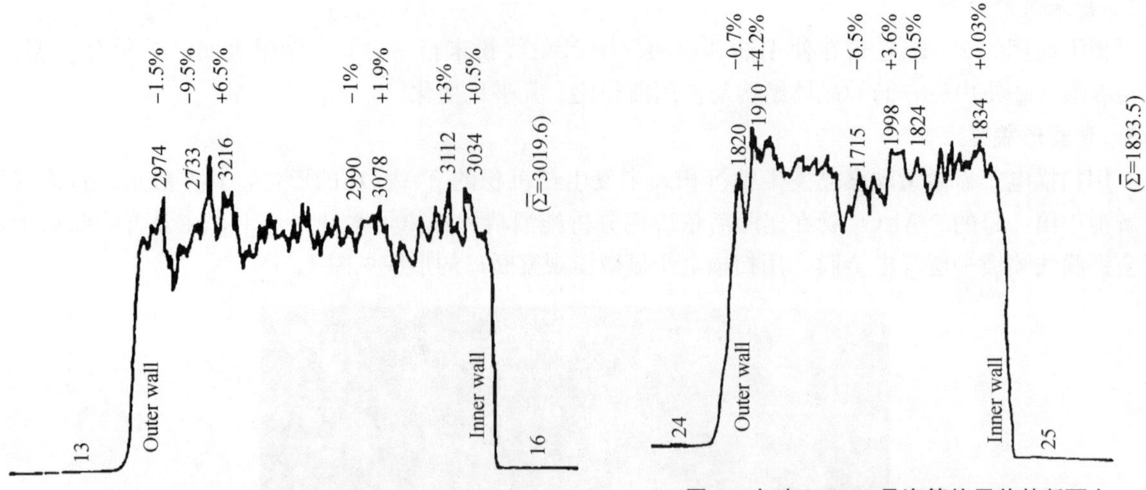

图 3　上硅 771122 号瓷管使用前其断面上钠的线分布浓度变化曲线

图 4　上硅 810129 号瓷管使用前其断面上钠的线分布浓度变化曲线

②沉积后的样品中钠的分布较不均匀，在发生钠沉积的一边，略有富集，见图 5、图 6、图 7。

图 5　瓷管断面靠内壁一边的 $NaK_{\alpha 1}$ X 射线面分布浓度像（600×）
（图中白点所示，可见白点区的左边——内壁区较密）

图 6　瓷管断面靠外壁一边的 $NaK_{\alpha 1}$ X 射线面分布浓度像（600×）
（图中白点所示，可见白点区的右边——外壁区较稀少）

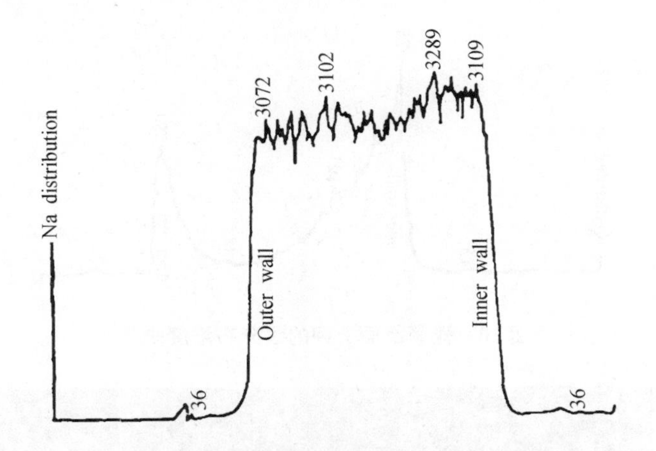

图7 瓷管断面上钠的线分布浓度曲线

③沉积后的样品中钾的分布很不均匀，靠内壁和外壁都呈现富集，但内侧最多，见图8、图9、图10。

图8 瓷管断面靠内壁一边的$KK_{\alpha1}$ X射线面分布浓度像（600×），即图中白点所示，白点区的左边（内壁附近）明显富集（600×）

图9 瓷管断面靠外壁一边的$KK_{\alpha1}$ X射线面分布浓度像（600×），可见图中白点区的右边（外壁附近）较为富集（600×）

④沉积后的样品中镁的分布也不均匀，在内侧富集，见图11、图12、图13。

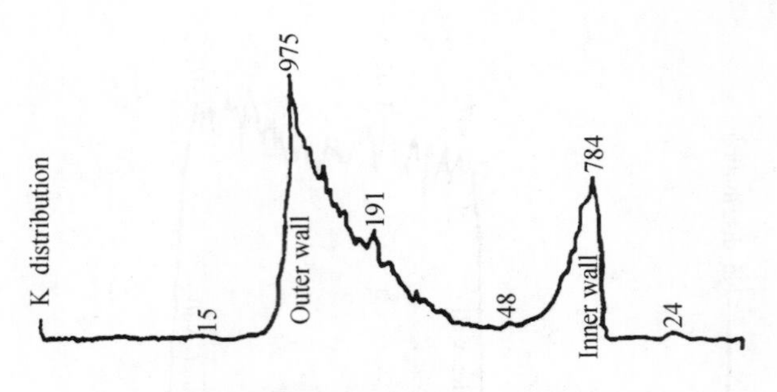

图 10　瓷管断面上钾的线分布浓度曲线

图 11　瓷管断面靠内壁一边的 $MgK_{\alpha1}$ X 射线面分布浓度像（600×），可见白点区左边（内壁附近）较为富集（600×）

图 12　瓷管断面靠外壁一边的 $MgK_{\alpha1}$ X 射线面分布浓度像（600×），可见白点区右边白点较稀少（600×）

（2）将第一种电解池中第 5 号样品的断面也用电子探针分析钠和钾的分布情况，结果见图 14、图 15、图 16、图 17。从这四个图看出，钠沉积的一边主要是钠的富集，而不是钾的富集。从图 16、图 17 可看出，钾的 $K_{\alpha1}$ X 射线面分布浓度像已在探测感度以外，与背景浓度几乎无区别，即不是前面（1）中所出现的情况。这是由于在做实验时，第一种电解池中的第 3、4 和 5 号实验装置中，阴、阳极区（即瓷管的内、外部）都装的是钠，全部密封，以后不再加钠，瓷管的内外侧交换作为阴、阳极进行电解，但只是瓷管的内侧作阴极时才按表 1 中所指定的电流密度电解。电解到一定时间后，

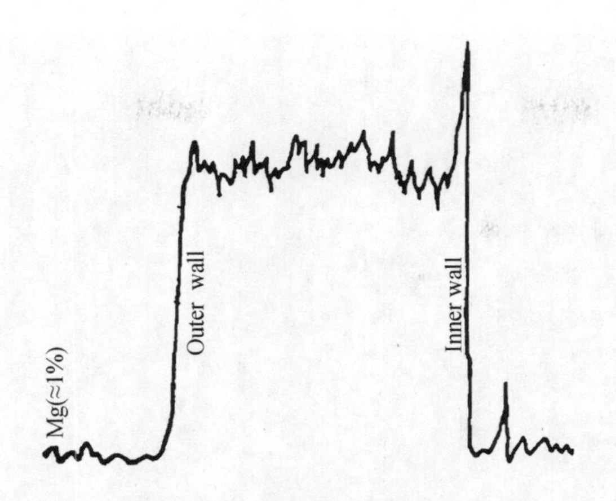

图 13 瓷管断面上镁的线分布浓度曲线

就将瓷管外侧作阴极，以 450 mA/cm^2 的电流密度电解，如此反复进行。这种电解的办法是只加一次钠，未继续从原料中引进钾。因此，沉积物中主要是钠。这一事实也说明了当原料中不断有钾引入时，沉积物中就含有钾。

图 14 瓷管断面上靠外壁一边钠的面分布浓度像（白点所示）（1000×）

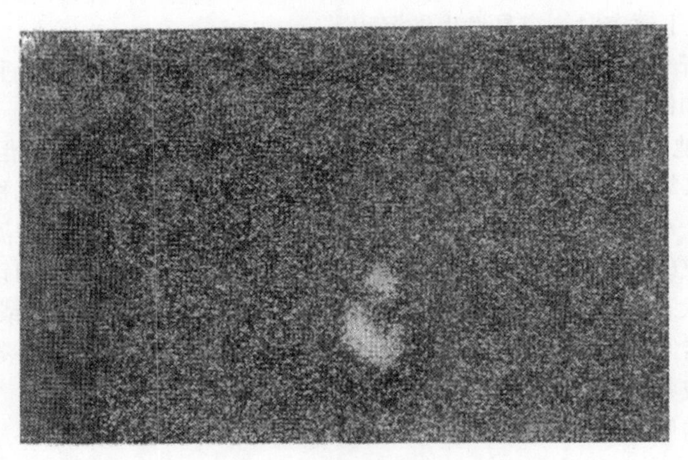

图 15 瓷管断面上靠内壁一边钠的面分布浓度像（白点所示）（1000×）

图 16 瓷管断面上靠内壁一边钾的面分布浓度像（白点所示，含 K<0.5%）（1000×）

图 17 瓷管断面上靠外壁一边钾的面分布浓度像（白点所示，含 K<0.5%）（1000×）

3 结论

（1）从表 1、表 2 和表 3 中看出：①当电解的电流密度大或槽电压高时，容易发生钠沉积；②当 β-Al_2O_3 的晶粒粗大、不致密时，容易发生钠沉积。

（2）电子探针分析结果表明：①当钾存在时也会使瓷管内壁变黑，形成钾沉积；②使瓷管变黑的黑色物质主要是钾和钠。

（3）在 Na-Na 电池中未发生钠沉积的那一边也是紧密与钠长期接触的，但却不变黑，这说明钠并未与 β-Al_2O_3 和外来氧化物作用而生成 Al、Mg、Fe、Cr、Si 等。由于钠沉积与电解时的槽电压和电解的电流密度以及 β-Al_2O_3 的晶粒大小有关，因此发生钠沉积的反应主要应是钠离子或钾离子在晶界、气孔等处所形成的微小钠电极上获得电子的电化学还原反应，形成的钠、钾黏附在 β-Al_2O_3 晶粒上，成高度分散状态，因而呈现黑色或灰色。由于在这些地方形成的钠或钾愈集愈多，致使 β-Al_2O_3 从内侧向外侧延伸，形成局部电子导电，使局部电流过大发热使其断裂。在断裂后的瓷管断口处观察到有黑色树枝状纹路。

至于镁为何也在内侧富集？有待进一步研究。

参考文献

[1] 陈宗璋．关于用 β-Al_2O_3 为隔膜电解熔融氯化钠或粗钠制取高纯金属钠和烧碱的初步研究［J］．湖南大学学报（自然科学版），1979，6（3）：96-102.

[2] 陈宗璋，陈昭宜，黄吉东. 用Na·β-Al_2O_3陶瓷材料为隔膜提纯金属钠的研究［J］. 湖南大学学报（自然科学版），1979（1）：81-90.
[3] 温廷琏. β-氧化铝——一种快离子导体［J］. 硅酸盐学报，1979（4）：106-113.
[4] 王昌贵，杨进全，陈宗璋，等. 超离子导体及其在化学化工上的应用［J］. 化学通报，1981（9）：1-6.
[5] 杨文治. 固体电解质的电化学［J］. 化学通报，1981（10）：39-45.
[6] 郭祝崑，李香庭. 钠与β-氧化铝陶瓷氧化物组分（包括氧化物杂质）之间的还原反应的热力学探讨［J］. 硅酸盐学报，1979（2）：68-71.

（硅酸盐学报，第11卷第4期，1983年12月）

快离子导体及其在仪器仪表中的应用

王昌贵，陈宗璋

1 快离子导体[1]

金属、半导体和超导体借助自由电子导电，导电时不发生化学性质的变化。电解质溶盐和熔融盐借助离子分解成的正离子和负离子导电，导电时伴随有化学变化。离子晶体一般属于绝缘体，在完善的晶体中不存在导电的自由电子，所以不导电。20 世纪初发现一些固体具有离子导电的性质，新的发现冲破固有观念，逐步地把电解质、离子和溶液的概念引入到固态物质中，当离子晶体的离子电导率 $\sigma \geqslant 10^{-2}\ \Omega^{-1} \cdot cm^{-1}$ 时，活化能小于 0.5 eV，这种离子晶体称为快离子导体（fast ionic conductor）。离子晶体电导率最高可达 3～4 $\Omega^{-1} \cdot cm^{-1}$ 数量级，与氯化钠晶体在常温下的电导率 $\sigma = 10^{-14}\ \Omega^{-1} \cdot cm^{-1}$ 相比，称这类固态物质为超离子导体（super ionic conductor）。研究电化学的专家们习惯称它为固体电解质（solid electrolytes）。从此，人们开始建立起固体离子和固体溶液的新概念，并形成了一门新的学科——固态离子学。它是材料科学的一个新的分支。

2 快离子导体发展简介[1]

早在 100 多年前（1834 年），法拉第首次发现固体电解质 PbF_2 具有离子传输现象。20 世纪以来，固体电解质的第一个应用实例是能斯特光源（在高温下，ZrO_2 用于能斯特宽带光源的白炽灯上，当电流通过 ZrO_2 时，电阻降低发出光束）。1889 年发现氧离子导体（$ZrO_2 \cdot Y_2O_3$）。1913 年塔班德（C. Tubandt）发现在 150 ℃ 以上时，α-AgI 有很高的离子导电性。1934 年凯特尔卡（J. A. Ketelcar）发现 α-Ag_2HgI_4 在高于室温时，就有较大的离子导电性。同年斯特罗克（Strock）发现 AgI 在 146 ℃经历固态相变以后，具有较高的离子电导率。在这以后的 30 年中，以 AgI 为基础的 Ag 离子导体的研究取得了重大的进展。1961 年合成的 Ag_3SI 在室温下的电导率可与液体电解质相比，可以说这是第一个在室温下的超离子导体。1966 年布雷德利（J. N. Bradley）发现，在室温时 $RbAg_4I_5$ 的电导率达到了熔盐电导率的水平。1967 年库默（Kummer）和 Yao 发现 β-Al_2O_3 在 300 ℃时有很高的离子电导率，这是固体电解质发展史上的又一重大进展。1968 年，β-Al_2O_3 首先用于高能密度的钠硫电池。据统计当前正在进行研究和探索的超离子导体材料，已有数百种之多。

固体电解质应用的一个方面是取代液体电解质制成高能量密度的动力电池，理论比能量可达 760 Wh/kg，是铅酸电池的 10 倍，且无自放电现象，充电效率几乎为 100%。同时人们还以极大的兴趣注意到氧化锆浓差电池有可能成为一种新型发电机——高温燃料电池。宇宙航行、核潜艇等急需一种质量轻、体积小、功率大、可移动的电源，而燃料电池正具备这些优点。固体电解质可做成寿命长、低能量的微型固体电池，有可能直接引入集成电路中，制成带电源的集成元件，这在微电子技术上将具有深远意义。

固体电解质应用的另一方面是制成各种离子器件，如电化学传感器、离子选择电极、固体库仑计、电显色器件、记忆元件和磁流体发电的电极材料等等。

3 快离子导体的物理模型

快离子导体物理性质的主要特点是具有固液两相性。快离子相的特点是单离子熔融，或亚晶格无序，属晶-半液态。具有快离子相的离子晶体由不运动离子亚晶格和运动离子亚晶格构成。当离子晶体处在快离子相时，不运动离子仍被束缚在固定位置上，做有限幅度的振荡，形成快离子相的骨架。运动离子像液体那样在晶格中做布朗运动，它们可在平衡位置附近振荡，亦可穿越两平衡位置间的势垒进行扩散，运动离子与骨架离子之间存在着重要的相互作用，它削弱了同电荷离子之间的相互斥力，破坏了晶体中通常的声子谱。运动离子的这种大规模的可迁移性，造成了快离子导体的高离子电导率。

快离子导体的导电机理相当复杂，目前的理论有经典扩散理论，模型有晶格气体模型、连续随机模型和离子能带模型等。常用的固体电解质属空穴导电。大多数氧离子导体具有萤石结构，在它的内部存在着很大的空洞，这有利于氧离子在晶体中迁移。因此，它的导电能力很强。图 1 所示的是快离子导体中可运动阴离子迁移的一条近似直线的通道。

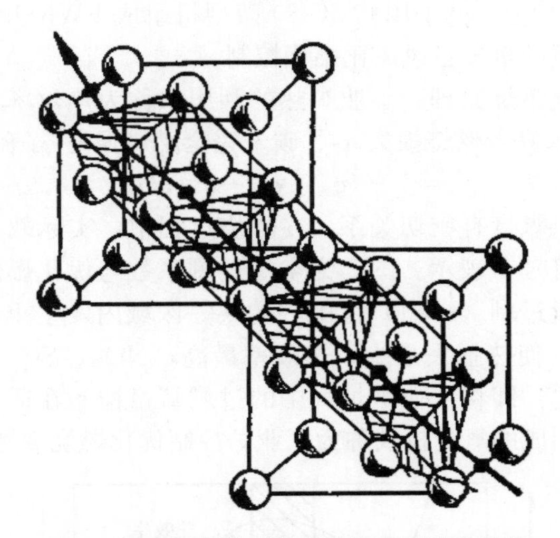

图 1　快离子导体中可运动阴离子迁移通道

4　快离子导体在仪器、仪表中的应用

物理学界对快离子导体的兴趣就像对半导体、超导材料以及液晶等一样，把它作为一种新的物相来研究离子传输特性。电化学界则着重研究各种固体电解质的性质和应用。从仪器、仪表发展史来看，专家们对各种新技术感兴趣，特别是利用物理学、化学、电子学、生物学等各种现代科学的新成就、新效应来发展传感新技术，然后在仪器、仪表中加以采用。这是当今仪器、仪表界发展的一种趋势，也是世界各国各厂家在竞争中立于不败之地、走在发展前列的重要手段之一。下面我们将着重讨论快离子导体在仪器、仪表中的应用，以及我们在这方面所取得的成果。

4.1　快离子导体电化学传感器

快离子导体电化学传感器能迅速、灵敏、定量、选择地测出复杂介质中所需测定的离子或中性分子的浓度。最典型的是氧离子导体，而氧化锆又是最先用于分析氧的一种固体电解质材料。用氧化锆制成的氧传感器，又称为固体电解质氧浓差电池，它为许多工业过程氧的定量分析提供一种灵敏的测量手段。传感器由下列浓差电池组成：

$$\overset{\text{参比气体(空气)}}{\mathrm{Pt},\ P_0}\ \Big|\ \overset{\text{氧化锆管}}{ZrO_2\cdot Y_2O_3}\ \Big|\ \overset{\text{待测气体}}{P,\ \mathrm{Pt}}$$

氧化锆氧传感器就是利用氧离子易在电解质内移动的原理制成的。在其内外周一旦形成多孔质的铂（Pt）电极，且分别与不同氧分压的气体（P_0 为空气中的氧含量，P 为待测气体的氧含量）接触时，由于两电极间的电极电位差而产生了氧离子迁移。由此产生的电动势 E，可以从能斯特理论公式求出：

$$E=\frac{RT}{4F}\ln\frac{P_0}{P} \tag{1}$$

式中：R 为气体常数，等于 8.3143 焦/开·摩；F 为法拉第常数，等于 96484.6 库/摩。

在温度（T）一定的情况下，由公式（1）可知，电动势 E 仅与氧分压差有关。当氧传感器内周与空气接触、外周与待测气体接触时，测得两电极间的电动势 E，便可求出待测气体中的氧含量。归纳起来，这类氧传感器可用于下述几个方面。

4.1.1　快离子导体氧传感器在工业炉优化燃烧系统中的应用

工业炉是国民经济各部门不可缺少的热能动力设备。我国已拥有各类工业炉 30 多万台，年耗煤量 2 亿多吨，排尘量 1000 多万吨，是大气环境污染的主要污染源之一。用快离子导体氧传感器来控制工业炉优化燃烧，可提高热效率，能耗可减少 3%～10%。我们已成功地把它用于氮肥厂 SHF10 25/400-L 型工业沸腾炉上，并采用 CMC-80 微型机组成 FWK-1 型沸腾炉微机控制系统，实现以烟道气含氧量为最佳目标的自校正风煤比燃烧控制。

（1）工业炉热效率与优化燃烧原理。工业炉热的利用率称为热效率。工业炉的热损失有四个方面，即排烟热损失 q_2、气体未完全燃烧损失 q_3、碳未完全燃烧损失 q_4 和散热损失 q_5。其热效率：

$$\eta=1-(q_2+q_3+q_4+q_5) \tag{2}$$

燃料燃烧完全与否，与供氧量有密切关系。在燃烧过程中，实际鼓入的空气量与理论空气量之比，称为空气过剩系数，用符号 α 表示。图 2 为空气过剩系数与优化燃烧的关系。由图 2 可知，从空气量不足（$\alpha<1$）到空气量过剩（$\alpha>1$）范围内的某一区域内发生重叠，这个重叠区附近就是优化燃烧区。要实现优化燃烧，使热损失最少，热效率最高，NO_x、SO_2、SO_3 污染小，必须把空气过剩系数控制在适当的范围内，即将工业炉烟气中的过剩氧量控制在适当的范围内。因此，人们把利用快离子导体材料氧化锆制成的氧分析仪称为工业炉控制优化燃烧的慧眼。

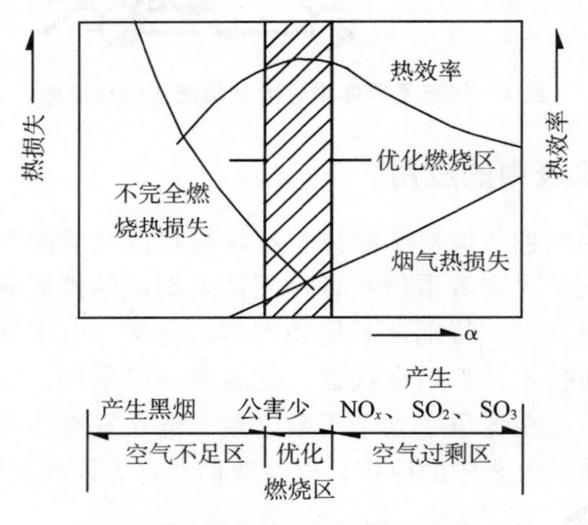

图 2　空气过剩系数与优化燃烧的关系

实践证明，利用氧化锆氧分析仪控制优化燃烧，比红外线分析仪具有更多优点：首先是控制灵敏度高，当空气过剩系数控制在 $\alpha=1.08\pm0.04\%$时，氧量控制在 $1.6\pm0.7\%$，而红外线 CO_2 分析仪则控制在 $CO_2\%=14.4\pm0.5\%$；其次，氧化锆探头像热电偶一样能直接插入工业炉中，响应时间小于 10 s，而红外线分析仪取样是抽出式的，响应时间约为 1 min。

（2）优化燃烧氧量的确定。要保证优化燃烧，必须找到工业炉的优化燃烧氧量范围。优化燃烧氧量的调整实际是工业炉燃烧过程中入炉空气量和燃料量比值的调整。正常状态下的优化燃烧氧量范围如表 1 所示。

表 1　正常状态下工业炉优化燃烧氧量范围（炉膛出口处）

参数＼炉型	燃油炉	大中型燃煤炉	工业炉（6～20 吨/时）
空气过剩系数 氧含量/%	1.05～1.15 1.0～3.0	1.25～1.4 3～6	1.4～1.5 6～8

我国工业炉漏风系数较大，使用时要进行实际测试，并加以修正。

（3）优化燃烧氧量测试方法。优化燃烧氧量测试一般是将氧传感器安装在工业炉过热器后。在改变工业炉送风量和燃料量配比的同时，测量负荷、氧量、一氧化碳含量和烟气中含碳量，然后求出在不同负荷下烟气热损失与氧含量的关系，对应于烟气热损失最小的范围就是优化燃烧氧量范围。表 2 为某电厂燃煤锅炉优化燃烧氧量的测试数据。

表 2　某厂燃煤锅炉烟气热损失与氧量的关系（$t=120$ ℃）

O_2/%	10.3	9.5	7.2	4.9	2.6	1.0
q_2/%	9.07	8.40	7.00	6.00	5.25	4.67
q_3/%	0	0	0	0	2.20	4.40
q_2+q_3/%	9.07	8.40	7.00	6.00	7.45	9.07

由表 2 可知，优化燃烧氧量范围为 5±0.6%O_2，在此氧量范围内，热损失最小。

对一般小型炉，没有完善的测试手段，我们在某台 20 吨/时锅炉上做测试，测得优化燃烧氧量下限为 6%，测后确定 6%～8%O_2 作为该炉的优化燃烧氧量范围，收到了明显的效果。

（4）以氧含量为最佳目标的自校正风煤比微机控制系统。在控制技术方面，燃煤炉要比燃油炉困难得多，此外煤的成分随矿区与煤种品质不同有较大的差别——在生产过程中难以找到锅炉给煤量与风量的最佳配比，因此就无法实现优化燃烧。为了解决这个问题，我们引入氧含量为最佳目标的自校正补偿，采用测试锅炉烟气含氧量来修正风量和煤量的配比［亦称风煤比（G_a/G_c）］。根据控制系统组成关系框图（参见图 3），可推出风煤比与氧量之间的关系式：

$$G_a/G_c=\frac{K_v G_{a\max} I_{O_2}}{10^2} \tag{3}$$

式中：G_a 为鼓风机送风量（m^3/h），G_c 为给煤量（kg/h），$G_{a\max}$ 为鼓风机最大送风量（m^3/h），K_v 为煤量测量仪表转换系数，I_{O_2} 为氧化锆氧量变送器输出电流信号（mA）。

由公式（3）可知，当 K_v、$G_{a\max}$、I_{O_2} 不变时，$G_a/G_c=K_1$ 为常数，则进风量 G_a 与给煤量 G_c 维持燃烧过程所需的风煤配比。当煤量和成分发生变化时，$G_a/G_c=K_1$ 发生变化，若比值减小，锅炉烟气中含氧量降低，煤质燃烧不完全，引入 I_{O_2} 信号后，由于 K_1 减小，氧含量降低，经过微机运算，控制系统发出一个调节信号，开大鼓风机进风蝶阀，使 G_a 增大，氧量变送器输出信号，I_{O_2} 增大。这样就可以补偿因煤种品质变化而引起的 K_1 值的变化。将锅炉燃烧系统维持在一个较合适的优化燃烧区，使锅炉运行处于最佳工况。

4.1.2　快离子导体氧传感器在汽车节能控制装置中的应用

目前我国拥有机动车约 400 多万辆，其中集中于城市的约 200 多万辆，年耗油量仅城市为 1000 多万吨，而且每年以 10%的速度在递增。

随着汽车拥有量的增加，汽车对城市的排气污染日趋严重。因此，当前汽车工业发展的任务是减少排放污染和节约燃油量。

（1）汽车节能与环境污染。汽车用的燃料是由碳氢化合物组成的，当燃烧不完全时，排放物中含有较多的 CO 和 HC 化合物，不仅浪费燃料，而且污染环境。以我国中等城市长沙来讲，现有 3 万多辆机动车，若全部运行，每天向空中排放污染物 CO 约 75 吨，HC 化合物约 9 吨，NO_x 化合物约

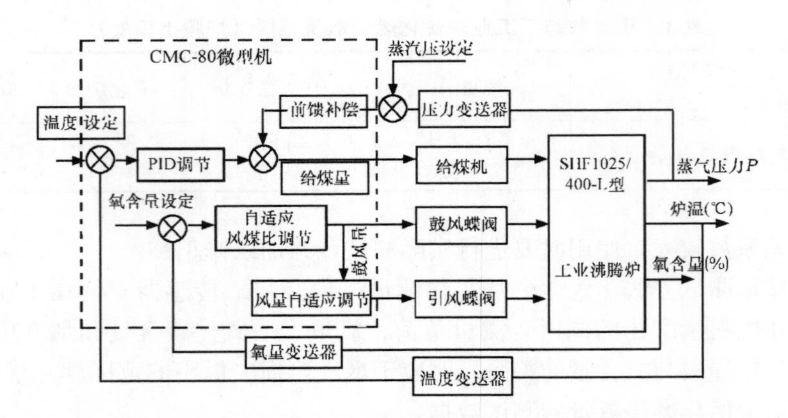

图 3 以氧含量为最佳目标的自校正风煤比微机控制系统组成框图

3 吨。1970 年全世界人为污染源向大气排放的 CO 约 2.2 亿吨，其中 55%以上是由汽车排放的。而发达国家城市中的 CO 甚至 80%是汽车排放的，这些排放物在太阳光中的紫外线（3000～4000 A）照射下，发生光化学反应，形成一种毒性很大的二次污染，对人类有强烈的刺激和毒害。因此，光化学烟雾又称为杀人烟雾。1956 年美国洛杉矶产生光化学烟雾，四天之内死亡 1000 多人；1970 年日本东京产生光化学烟雾致使 11540 人眼睛发痛、流泪、呼吸困难。因此，美国、日本等国采取法律措施来控制汽车污染。美国于 1970 年就制定了大气清净法，即《马斯基法》，严格规定了汽车排气限制标准。

为节省汽车燃料消耗，以日本丰田汽车为例，行驶 10 万公里路程来研究汽车能耗。根据全面的数据分析，行驶所耗的能量约占全部能量的 78%，制造汽车所需的能量只占全部能量的 6.7%，生产汽车使用材料折算的能量约占 15%，总计约消耗能量 1.3 亿千卡。图 4 为汽车各阶段能量消耗统计图。

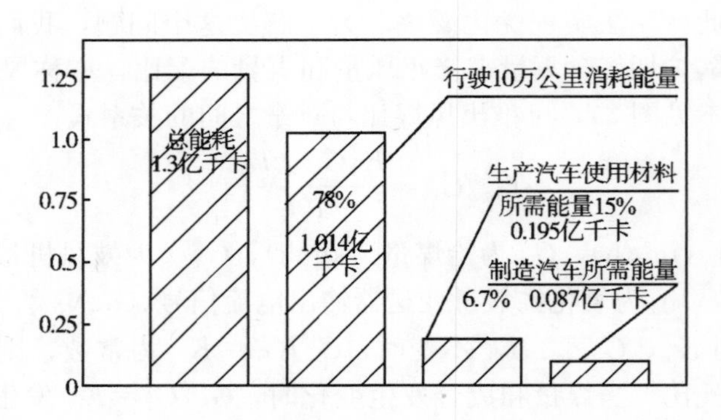

图 4 丰田汽车各阶段能量消耗统计图

由上述能耗分析对比可知，行驶状态最佳系统化是有效利用能量的主要方面，即动态控制才是汽车进一步研究的目标。目前国外在汽车排气管上装置氧化锆氧传感器，并配以电子装置控制汽车进气量和油量的配比，可节省能耗 6%～10%。1977 年日本丰田汽车（股份）公司大力发展这种技术，在世界上首次将氧化锆氧传感器用于轿车。接着美国轿车也使用此种传感器来控制汽车的进气量和油量的配比，1980 年占总轿车量的 9.4%，1981 年则上升到 73.3%。据报道日产 ECCS 系统可降油耗 10%，福特 EEC 系统可降油耗 7%～14%。不仅节约燃油，而且大大地减少了环境污染。

（2）空燃比与氧离子导体氧传感器。汽油在汽车发动机中燃烧的充分程度，主要由汽油和空气形成可燃混合气来决定。空气量对燃油量的配比称为空燃比，用 A/F 表示。

$$A/F=\alpha L_0 \tag{4}$$

式中：$\alpha=L/L_0$ 称为过量空气系数。L 为燃烧 1 kg 汽油所需的实际空气量，L_0 为 1 kg 汽油完全燃烧所需的最低空气量。当 $\alpha=1$ 时，空气量对燃油量的比值称为理论空燃比，即 $A/F=L_0$。我国当前汽车用理论空燃比一般为 14.2～14.9。根据燃烧化学原理，当过量空气系数 $\alpha=1$ 时，燃料完全燃烧，其产物为 CO_2 和 H_2O，即

$$C_nH_m+\left(n+\frac{m}{4}\right)O_2=n\ CO_2+\frac{m}{2}H_2O \tag{5}$$

当空气量不足时，$A/F<L_0$，有部分燃料不能完全燃烧，则生成 CO，即

$$C_nH_m+\left(\frac{n}{2}+\frac{m}{4}\right)O_2=n\ CO+\frac{m}{2}H_2O \tag{6}$$

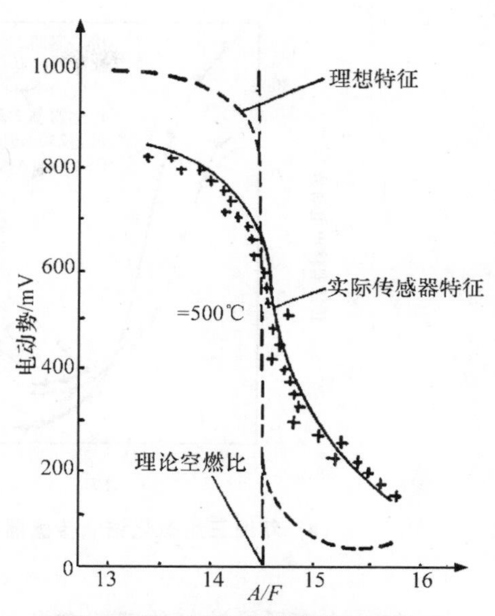

图 5　氧化锆氧传感器输出电动势和空燃比的关系特性曲线

从上述化学反应中可看出，汽车尾气中 CO 排放浓度基本上受空燃比支配，特别是尾气中氧的浓度与空燃比关系密切。氧化锆氧传感器能测出尾气中氧浓度和空气（参考气）中氧浓度之差，输出相对应的电动势。图 5 为氧化锆氧传感器输出电动势和空燃比的关系特性曲线。由图 5 可知，当 $A/F=14.5$ 以上时，氧传感器输出电动势从大约 800 mV 急剧地下降到 100 mV 左右，这是因为空气进入量多于理论所需空气量的 14.6 倍时，尾气中氧的浓度急剧增加，其结果是尾气中氧浓度与参考气（空气）中氧的浓度差急剧变小，引起电动势显著下降。如果要同时除去尾气中 CO、HC、NO_x 三种有害成分，则可采用所谓三元催化反应。图 6 为汽车发动机空燃比控制系统原理图。

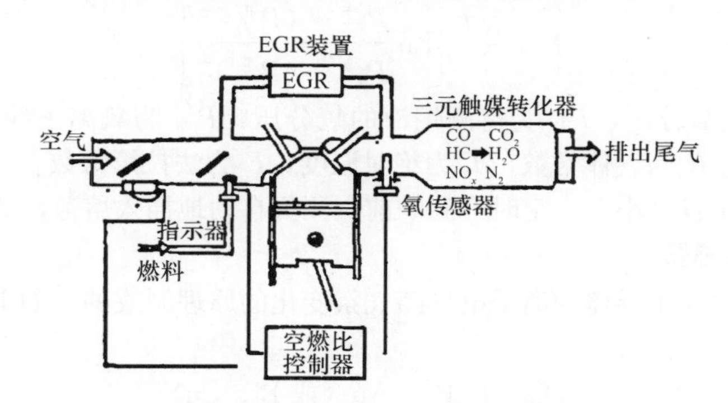

图 6　汽车发动机空燃比控制系统原理图

（3）快离子导体氧传感器在汽车上的应用。在技术上汽车用氧化锆氧传感器的要求比烟道氧传感器更高。湖南大学与中国原子能科学研究院合作，研制汽车用氧化锆氧传感器，并选用国内汽车拥有量比重最大的解放牌 CA-10C 发动机和 492Q 汽油机，在日本小野公司生产的 KY300 型微机控制的试验台架上试验。从计算机打印和绘制的数据、图标来看，汽车用氧化锆氧传感器输出的电信号中出现电压阶跃，符合氧传感器在空燃比变化范围内输出信号在 100 mV～800 mV 之间阶跃，满足 CA-10C 发动机空燃比在中小负荷时（$A/F=12.5$～16.5）应有的电压阶跃规律。此项传感器技术研制成功，填补了我国在汽车氧化锆氧传感器这一领域的空白。图 7（a）是我国研制的旧 1#、新 2#、新 3# 汽车用氧化锆氧传感器在不同工况下得到的与理论相近似的实验曲线，同美国通用汽车公司实验室报告中的实验曲线（图 7（b））对照，其结果是一致的。

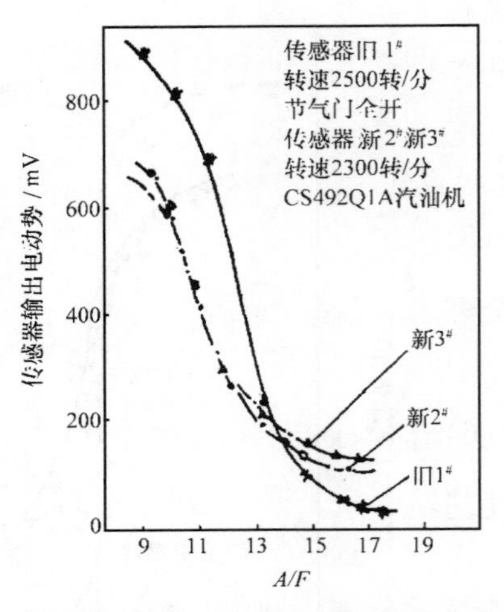

(a) 新旧三组氧化锆氧传感器实验曲线

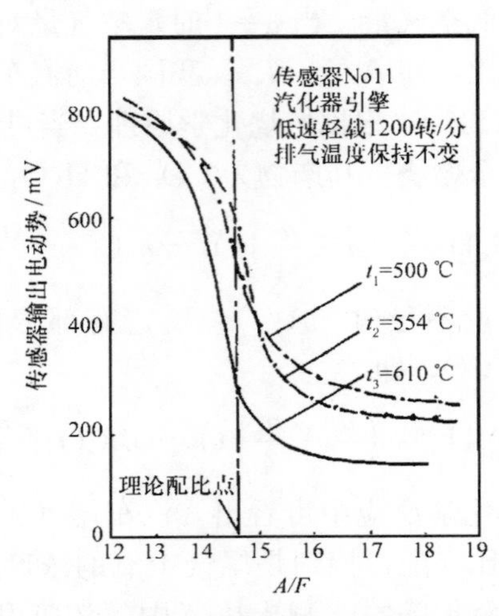

(b) 美国通用公司氧化锆氧传感器实验曲线

图 7

(4) 快离子导体氧传感器在高温冶炼控制钢液质量中的应用。用来测定钢液中氧含量的氧化锆氧传感器（亦称测头）能快速直接测出溶于钢液中含氧量。不少国际商品采用管式测头，可在 8～15 s内测出钢液含氧量（氧的活度值 α_0），参比材料不采用空气，常用的为 Cr/Cr_2O_3。由于在高温下氧化锆显示 n 型电子电导。因此，必须对计算用的能斯特理论公式进行校正，校正后的实用公式如下：

$$E=\frac{RT}{F}\left[\mathrm{Ln}\frac{P_e'^{\frac{1}{4}}+(P_{O_2}^{\mathrm{II}})^{\frac{1}{4}}}{P_e'^{\frac{1}{4}}+(P_{O_2}^{\mathrm{I}})^{\frac{1}{4}}}\right] \tag{7}$$

式中：$P_{O_2}^{\mathrm{II}}$ 为参比材料的氧分压，$P_{O_2}^{\mathrm{I}}$ 为待测钢液的氧分压，P'_e 为氧离子导体的离子电导率和电子电导率相等时的氧分压，R 为气体常数，T 为绝对温度，F 为法拉第常数。

国外专门设计一种半自动小车，定时开到炉前，测头自动地插入熔池，测成率高达 96%。

4.2　快离子导体气敏传感器

这种传感器是根据快离子导体的离子电导随气氛变化的原理制成的。如 LaF_3 气敏探头，电池组成如下：

$$Au \mid LaF_3 \mid Au\text{（或 Bi、Cu）}$$

在抛光的 Al_2O_3 基极上涂铬，随后依次涂上金（或铋、铜作阳极），LaF_3 和金（作阴极）制成气敏器件。如在两极上加一定的电压，则由于它对各种气体的敏感特性不同，所以测出它的扩散极限电流，就可知气体的浓度。图 8 为 LaF_3 气敏传感器结构原理图。

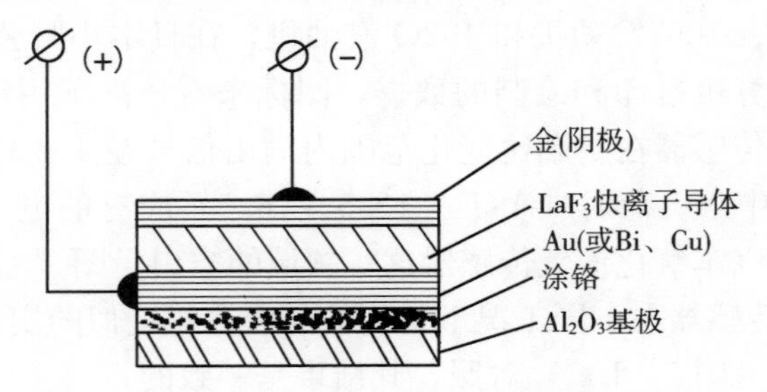

图 8　LaF_3 气敏传感器结构原理图

气敏传感器的另一种形式，其装置如图 9 所示。当待分析的气体通过聚四氟乙烯薄膜后，与活性电极 AlI_3 产生如下反应：

$$4AlI_3+3O_2=2Al_2O_3+6I_2 \tag{8}$$

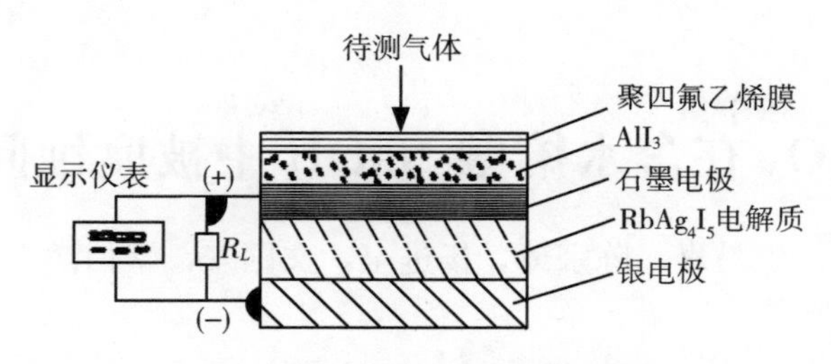

图 9　$RbAg_4I_5$ 气敏传感器原理图

产生的游离碘向多孔石墨扩散，形成以下电池：

$$Ag \mid RbAg_4I_5 \mid I_2 + 石墨$$

其放电反应为：

$$2Ag + I_2 = 2AgI \tag{9}$$

电池输出电压随游离碘的含量而变化，可测出氧的含量。如果更换活性电极，则根据上述原理可以分析 F_2、Cl_2、O_3、CO、NO、NO_2，N_2O_4、C_2H_2、NH_3、HCl、SO_2 等气体。

4.3　其他方面的应用

快离子导体在仪器、仪表方面的应用很广泛，不可能一一加以讨论，现对其他方面的应用作一下简介。

(1) 快离子导体制成的电显色器件，其着色、消色的响应时间可达 0.2 s，其特点：对比度大、不老化，具有大面积显示和记忆特性，可望用于电子手表、计算器、数字定时脉冲，以取代液晶显示。

(2) 快离子导体可制成各种电化学元件。例如微库仑计、积分元件、计时元件和记忆元件等。最早的积分元件为瓦格纳（Wagner）所设计，并用于 V-2 火箭作射程控制。

(3) 快离子导体可制成热电势转换元件。在 AgI 的两端面真空沉积银作电极，同时在两电极之间加上温差，离子即由高温区向低温区扩散，产生热电动势。当碘蒸气为 1.0133×10^5 Pa 时，电极两端温差 $\Delta t = 550$ ℃～350 ℃，电解质材料厚度为 1 mm，电极面积为 10 cm^2，其开路电压为 0.112 V，短路电流可达 27 A。当 $\Delta t \geqslant 280$ ℃时，热电势为 0.347 V，对应热功率为 1.24 mV/ ℃。有可能用于太阳能的转换。

(4) 快离子导体可制成微功率电源。快离子导体锂碘电池是 20 世纪 70 年代发展起来的新型电源，主要用于输出功率较低的长时间工作的精密电子仪器、仪表中，它具有可靠性高、寿命长等独特优点。

(5) 快离子导体在医疗事业中的应用。现在快离子导体锂碘电池产量与临床应用的数目与日俱增，据 1986 年统计，90%以上心脏起搏器由锂碘电池供电。

我国 1978 年就成功地将心脏起搏器植入人体。目前世界上已有 40 多万人植入心脏起搏器。

1979 年我国研制成功第一代快离子导体锂碘电池 2302 型与 2302A 型，电池寿命均超过 5 年。1980 年起我国研制的 2312 型快离子导体微功率电池尺寸为 27.6 mm×36.8 mm×8.2 mm，体积只有 6.4 cm^3，质量仅 20 g，工作电流为 1～100 μA，容量为 1.6 A时，其开路电压为 2.8 V，自放电在 10 年内小于 5%。

参考文献

[1] 俞文海. 超离子导电体 [J]. 自然杂志，1978 (8)：26-30.

（自然杂志，第 12 卷第 2 期，1989 年）

关于 Na・β-Al_2O_3 在含水熔融 NaOH 中被腐蚀问题的初步研究

王昌贵，陈宗璋，杨进全，文国安，李伯鸿

摘　要：本文介绍了在用 Na・β-Al_2O_3 为隔膜电解熔融 NaOH 制钠和电解熔融 NaCl（加 $ZnCl_2$）制 NaOH 的试验中，Na・β-Al_2O_3 被腐蚀的现象和影响腐蚀的因素，并对被腐蚀的原因进行了分析，初步探索了减轻腐蚀应具备的条件。

A Preliminary Study of Corrosion of β-Alumina Caused by Molten NaOH Containing Water

Wang Changgui，Chen Zongzhang，Yang Jinquan，Wen Guoan，Li Bohong

Abstract：The phenomena of corrosion of β-alumina used as the membrane for electrolysis of molten NaOH to prepare Na metal and electrolysis of molten NaCl（containing $ZnCl_2$）to prepare NaOH are presented. Factors affecting the corrosion and its probable causes are also discussed and analyzed. A preliminary study of the conditions to be provided for the reduction of corrosion is made.

1　Na・β-Al_2O_3 的结构简介[1]

Na・β-Al_2O_3（以下简称“β-Al_2O_3”）的化学式为 Na_2O・11Al_2O_3（实际上 Na_2O 的量可在一定范围内变动，Na_2O・11Al_2O_3 是理想结构的化学式）。它的晶体结构属于六方晶系。在 β-Al_2O_3 中 Al^{3+} 和 O^{2-} 离子的排列方式和在尖晶石 $MgAl_2O_4$ 中一样，即 O^{2-} 离子成立方密堆积，Al^{3+} 占据其中四面体和八面体位置。由四层密堆积 O^{2-} 离子和 Al^{3+} 离子组成的基块常称为尖晶石基块。基块之间被疏松的 Na-O 层隔开。每个 β-Al_2O_3 晶胞内含有两个 $Al_{11}O_{16}$尖晶石基块和两个 Na-O 层，Na-O 层为镜面，通过 Na-O 层上下两个尖晶石基块成镜面对称。由于尖晶石基块中 O^{2-} 为密堆积，Na^+ 只能在 Na-O 层中移动，因此，β-Al_2O_3 具有二维导电性。

为了提高 β-Al_2O_3 的电导率，常加入约 2%的 MgO 或 Li_2O，称为掺杂 β-Al_2O_3，不掺 MgO 或 Li_2O 的称为纯 β-Al_2O_3。

β-Al_2O_3 是近十多年来新发展起来的固体电解质材料，被用作钠硫电池和其他原电池或电解池的隔膜。它的主要质量指标是长寿命和高电导率。显然，若无足够的使用寿命就不能应用。因此，β-Al_2O_3寿命的研究是一个相当重要的问题，而影响 β-Al_2O_3 使用寿命的因素又很多，本文仅就实验中所看到的 β-Al_2O_3 管的腐蚀现象做一些初步的探讨。

2　实验装置和原理

实验采用中国科学院上海硅酸盐研究所提供的 β-Al_2O_3 管（长 150 mm，外径 10 mm，壁厚 1 mm）为隔膜电解熔融 NaOH 制钠；用广州市机电工业研究所提供的 β-Al_2O_3 管（长 200 mm，外径 25 mm，壁厚 1.5 mm）为隔膜电解熔融 NaCl（加 55%ZnCl$_2$（摩尔）为助熔剂）制 NaOH，发现某些 β-Al$_2$O$_3$ 被腐蚀，有的还很严重，腐蚀穿透。电解试验的装置和原理如下。

2.1 以 β-Al$_2$O$_3$ 为隔膜电解熔融 NaOH 制钠

2.1.1 单管试验

单管试验即只用一根 β-Al$_2$O$_3$ 管电解，实验装置的简图见图 1。

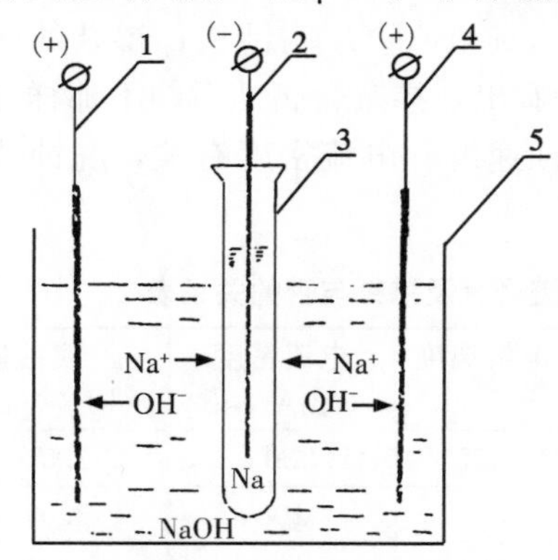

图 1　电解熔融 NaOH 制钠单管试验示意图

1、4—Ni 片（圆筒形）阳极；2—Na（熔融）阴极；3—β-Al$_2$O$_3$ 管；5—刚玉坩埚

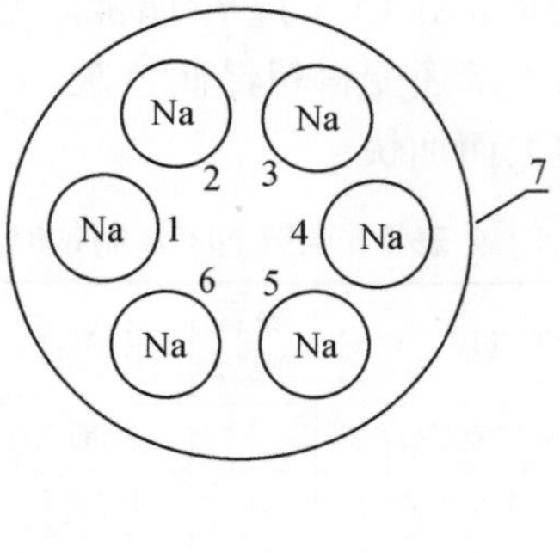

图 2　六管电解装置示意图

1～6—β-Al$_2$O$_3$ 管；7—镍坩埚兼作阳极

实验时以 β-Al$_2$O$_3$ 管为隔膜；Ni 圆筒（1）为阳极，Na（2）为阴极；两极间距约 8～10 mm，电解熔融 NaOH，温度 360 ℃左右，电解时 OH^- 向阳极迁移，在阳极被氧化为 H_2O 和 O_2，Na^+ 通过 β-Al$_2$O$_3$ 隔膜向阴极迁移，在阴极被还原为 Na。电极反应如下：

阳极：$2OH^- - 2e \rightarrow H_2O + \frac{1}{2}O_2$

阴极：$2Na^+ + 2e \rightarrow 2Na$

总的反应为：$2NaOH \rightarrow 2Na + H_2O + \frac{1}{2}O_2$

2.1.2 六管试验

六管试验即用六根 β-Al$_2$O$_3$ 管组装在一起电解，实验装置见图 2。

六管电解 NaOH 制钠的原理与单管试验相同。

2.2 以 β-Al$_2$O$_3$ 为隔膜电解熔融 NaCl 制 NaOH

实验装置见图 3。其原理是以 β-Al$_2$O$_3$ 管为隔膜；石墨棒（1、2、6）为阳极；Ni 管（5）为阴极；两极间距 8～10 mm，电解熔融 NaCl（加 ZnCl$_2$）。电解时从镍管（5）向阴极区通水蒸汽。电解进行时 Cl^- 向阳极迁移，在阳极被氧化为 Cl_2，Na^+ 通过 β-Al$_2$O$_3$ 隔膜向阴极区迁移，但在阴极上被还原的不是 Na^+ 而是 H_2O。电极反应如下：

阳极：$Cl^- - e \rightarrow \frac{1}{2}Cl_2$

阴极：$H_2O + e \rightarrow OH^- + \frac{1}{2}H_2$

总反应为：$NaCl + H_2O \rightarrow NaOH + \frac{1}{2}Cl_2 + \frac{1}{2}H_2$

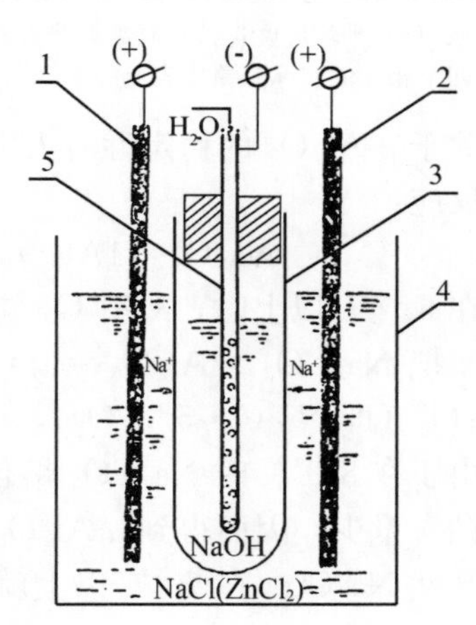

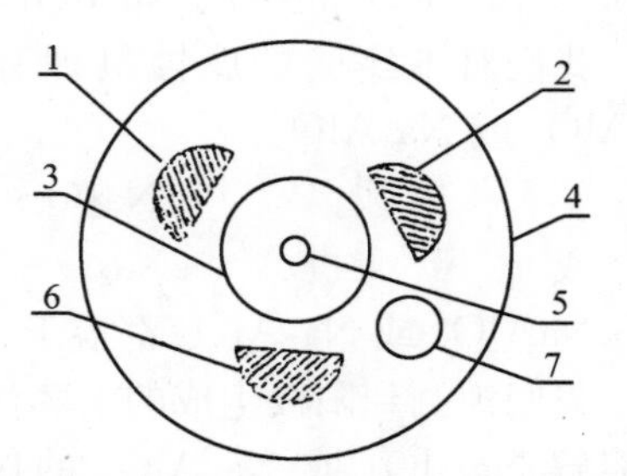

图 3　电解熔融 NaCl 制 NaOH 示意图

1、2、6—石墨阳极；3—β-Al$_2$O$_3$ 管；4—刚玉坩埚；5—水蒸汽管兼作阴极；7—热电偶插孔

3　结果与讨论

3.1　电解 NaOH 制钠

电解熔融 NaOH 制钠时发现 β-Al_2O_3 管的外壁被腐蚀，单管电解时，靠近液面处腐蚀最严重，下部腐蚀较轻，有时甚至看不出腐蚀。六管电解时管子下部也被腐蚀，只是程度上比液面处轻一些，但比单管电解严重得多。腐蚀速度与 β-Al_2O_3 掺杂与否有关，纯 β-Al_2O_3 腐蚀快，掺杂的腐蚀较慢（见表 1）。纯 β-Al_2O_3 的管壁腐蚀后变得很光滑，从六管试验看出，掺杂管腐蚀后却不那样光滑，有些掺杂管的下部还变得粗糙而色灰。对于单管电解还发现腐蚀速度和电流密度有关，腐蚀速度随电流密度的增大而加快。

表 1　电解 NaOH 制钠时 β-Al_2O_3 管的腐蚀速度和电流密度及掺杂与否的关系表

试验日期	装置管数	β-Al_2O_3 管号	掺杂与否	实际电解小时数	电解温度（a）/ ℃	电流密度 /（mA/cm^2）	腐蚀速度（b）/（mm/hr）
1980.4.14—1980.4.17	1	上海 77—1122	纯	41	357	50	2.0×10^{-2}
1980.3.31—1980.4.2	1	上海 77—1122	纯	30	367	100	3.0×10^{-2}
1980.4.22	1	上海 77—1122	纯	9	364	130	4.2×10^{-2}
1980.4.7	1	上海 1978	掺杂	3	352	167	看不出腐蚀
1980.6.17—1980.7.4	1	上海 800508	掺杂	216	320（c）	75	看不出腐蚀
1980.9.17—1980.9.23	6	上海 800525	纯	129	320（c）	100	4.7×10^{-3}（三根平均值）
1980.8—29	6	上海 8001727 和 500505 各三根	掺杂	177	320（c）	100	6.3×10^{-4}（四根平均值）

注：（a）平均温度；（b）腐蚀最严重处的腐蚀速度；（c）热电偶冷端为室温，6～9 月比 3～4 月的室温高，故后面的三个温度和前面四个相比的实际温差比表上的小。

关于 β-Al_2O_3 的稳定性有人发现，有碱存在时会略微降低 β-Al_2O_3 的稳定性，在 70 ℃以上发生下列反应：

$$Na_2O\cdot 11Al_2O_3 + xNa_2CO_3 \rightarrow (1+x)\ Na_2O\cdot 11Al_2O_3 + xCO_2\uparrow$$

在 620 ℃以上时，β-Al_2O_3 同 Na_2CO_3 反应生成 $NaAlO_2$。与此相关，有人在制备 β″-Al_2O_3 时也看到，把 Na_2CO_3 ∶ Al_2O_3 = 1 ∶ 5 的混合物加热到 1100 ℃发生了偏析现象，即没有得到纯的 β″-Al_2O_3（即 $Na_2O\cdot 5Al_2O_3$），而是产生了 β″-Al_2O_3、α-Al_2O_3 和 $NaAlO_2$。Ray 和 Subbarao 认为这是由于在 851 ℃时 Na_2CO_3 熔化了，慢慢向坩埚底部流动，使底部的钠较多，导致生成 $NaAlO_2$，顶部钠含量少，因而得到 α-Al_2O_3。

既然 Na_2CO_3 在 70 ℃以上就能和 β-Al_2O_3 起作用，620 ℃以上时和 β-Al_2O_3 生成 $NaAlO_2$，在 1100 ℃和 Al_2O_3 也生成 $NaAlO_2$，那么 NaOH 比 Na_2CO_3 的碱性强得多，更易和 β-Al_2O_3 作用。因此，我们对本实验的腐蚀机理有如下设想：即在实验温度下，β-Al_2O_3 和熔融 NaOH 作用生成 $NaAlO_2$ 或 Na_3AlO_3：

$$Na_2O\cdot 11Al_2O_3 + 20NaOH \rightarrow 22NaAlO_2 + 10H_2O$$

或

$$Na_2O\cdot 11Al_2O_3 + 64NaOH \rightarrow 22Na_3AlO_3 + 32H_2O$$

$NaAlO_2$ 或 Na_3AlO_3 都溶于水，但反应本身产生的水可能不够，要吸收更多的水才能使它们溶解。我们观测到阳极生成的水蒸汽和氧的汽泡总是向 β-Al_2O_3 管流去，并且围在管壁上，这些水起了溶解 $NaAlO_2$ 或 Na_3AlO_3 的作用，和阳极来的水汽接触的地方，由于 β-Al_2O_3 管表层生成的 $NaAlO_2$ 或 Na_3AlO_3 被溶解，使 β-Al_2O_3 的腐蚀不断向深处发展，而水汽未到达之处，由于 $NaAlO_2$ 或 Na_3AlO_3 膜未被溶解，它阻止了 β-Al_2O_3 管继续受腐蚀。

电解产品中 Al 含量的测定结果也表明：我们的设想的可靠性。电解 NaCl 制 NaOH 时腐蚀的是管子内壁，β-Al_2O_3 的腐蚀产物进入 NaOH 中；电解 NaOH 制钠时，腐蚀的是管子外壁，腐蚀产物不能进入产品钠中。因此，产品 NaOH 中铝化合物含量应比产品钠中多，测定结果也确实如此，产品 NaOH 中铝含量（0.008%）是产品钠中的 10 倍，实际上应都以钠作基准，若将前者换算成钠中铝的含量，则前者是后者的 17.4 倍。铝含量是用比色法测定的。将待测试样溶于水中，用 6N 盐酸中和，再加乙酸-乙酸铵缓冲溶液（PH＝4～5）和铝试剂。此法测得的是溶液中的 Al^{3+} 离子。由此可知腐蚀产物是 $NaAlO_2$ 或 Na_3AlO_3，因为在此条件下，铝只有以这两种形式存在才能溶于水形成 Al^{3+} 离子。

关于汽泡从阳极向阴极流动的原因，我们认为：①电炉在电解槽外围（见图 1、2、3），阳极处离炉壁近，温度高；β-Al_2O_3 管处离炉壁远，温度低。于是阳极处熔体轻而上升；β-Al_2O_3 管处熔体重而下降，产生对流，使熔体呈环形流动如图 4 所示。这样阳极产生的汽泡上升到液面后就随熔体流向 β-Al_2O_3 管，使 β-Al_2O_3 管的接近液面处受腐蚀。②汽泡对 Na^+ 离子有吸附作用，使其带正电，带正电的汽泡在电场作用下从正极向负极迁移。于是阳极产生的汽泡，既受到一个向上的浮力又受到一个从正极向负极的横向电场力，它们的合力就以一定的仰角 α 指向 β-Al_2O_3 管（见图 4），按 α 角把汽泡向 β-Al_2O_3 管上推。由于“对流”和“合力”两个因素都把汽泡推向 β-Al_2O_3 管靠近液面处的部分，使那里腐蚀最严重。β-Al_2O_3 管下部则只有“合力”一个因素将汽泡向那里推，所以汽泡少，腐蚀较慢。

从 β-Al_2O_3 管下部的腐蚀情况看，为什么单管电解时腐蚀轻，而六管时腐蚀重（二者在液面处的腐蚀程度相近）？因为单管电解时的槽电流比六管的槽电流小，因而槽电压较低，汽泡受的横向电场力小，其合力的仰角 α 大，故下部腐蚀轻；六管电解时，槽电流大，槽电压较高，汽泡受的横向电场力大，使合力的仰角 α 小，故 β-Al_2O_3 管下部的汽泡多，腐蚀较重。

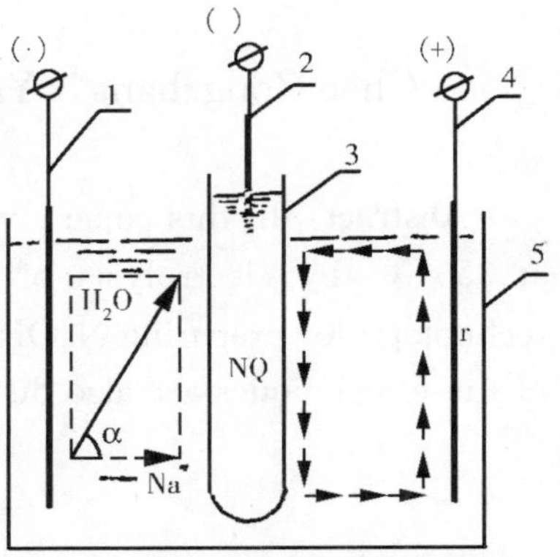

图 4　“对流”和“合力”示意图

β-Al_2O_3 的腐蚀受内因、外因的影响，外因是熔融 NaOH 和水蒸汽，内因之一是掺杂与否，关于掺杂后提高抗腐蚀能力的机理有待进一步研究。

3.2　电解 NaCl 制 NaOH

在此实验中 β-Al_2O_3 管下部盛 NaOH，上部是空的与大气相通；电解时水蒸汽通入 NaOH，反应激烈，使碱上冲，水蒸汽的一部分被电解或吸收，一部分从碱中逸出。

在此实验中观测到 β-Al_2O_3 管的内壁被腐蚀；纯 β-Al_2O_3 比掺杂的腐蚀快；腐蚀后的管壁也变得更为光滑。从部位观测，和汽相接触的部分，特别是最上部腐蚀最严重，有的几乎腐蚀穿透；和液相接触的部分腐蚀程度轻。分析原因：①可能是汽相（包括水汽和碱沫）的水分浓度比液相大；②带正电荷的汽泡受电场作用向负极移动，其移动方向是背离 β-Al_2O_3 管内壁。因此在液相和 β-Al_2O_3 管接触的水汽可能少些，$NaAlO_2$ 或 Na_3AlO_3 溶解得慢，和汽相接触的 $NaAlO_2$ 或 Na_3AlO_3 溶解得快。

4　初步结论

以 β-Al_2O_3 为隔膜电解熔融 NaOH 制钠和电解熔融 NaCl（加 $ZnCl_2$）制 NaOH，β-Al_2O_3 管均受腐蚀（单管制钠时有些掺杂的 β-Al_2O_3 管看不出受腐蚀）。从此现象设想腐蚀的机理是：β-Al_2O_3 与熔融 NaOH 作用生成 $NaAlO_2$ 或 Na_3AlO_3，它们吸收足够的水分后就会溶解。但此设想是否正确还待实验证明。影响腐蚀速度的因素有：掺杂与否，掺杂能提高 β-Al_2O_3 的抗腐蚀能力；对电解熔融 NaOH 制钠，腐蚀速度还与电流密度有关，腐蚀速度随电流密度的增大而加快。

参考文献

[1] 俞文海. 超离子导电体 [J]. 自然杂志，1978，1 (8)：484.

（湖南大学学报，第 8 卷第 2 期，1981 年）

β-Al_2O_3 隔膜法电解熔融氯化钠制取高纯钠和氢氧化钠的研究

陈宗璋，杨进全，文国安，王昌贵，李伯鸿

摘　要：本文探讨用 β-Al_2O_3 为隔膜，在 350 ℃左右电解熔融氯化钠与氯化锌混合物，制取高纯金属钠，和由此高纯金属钠转变为氢氧化钠，以及一步法制取氢氧化钠等新工艺的优越性和存在的问题。

A Study of Preparing High Purity Na and NaOH by Electrolysis of NaCl with β-Al_2O_3 as Membrane

Chen Zongzhang，Yang Jinquan，Wen Gouan，Wang Changui，Li Bohong

Abstract：In this paper，we have studied the new technology for preparing high purity Na metal at 350 ℃ by electrolysis of melted NaCl-$ZnCl_2$ mixture using β-Al_2O_3 as membrane and the technology for preparing NaOH from the metallic sodium obtained. The advantages and shortcomings of these techniques are also discussed.

1　前　言

利用 Na·β-Al_2O_3 固体电解质作为隔膜材料，来电解熔融 NaCl 制取金属钠和烧碱的研究工作，在国内外相继开展[1,2,3,4]。本研究进一步探讨在 350 ℃～400 ℃温度下，以 Na·β-Al_2O_3 为隔膜，电解熔融 NaCl-$ZnCl_2$ 混合物制金属钠，进而转化成烧碱，及一步法制 NaOH 等新工艺的优点和存在的问题。所使用的 β-Al_2O_3 管由中国科学院上海硅酸盐研究所和广州机电工业研究所提供。

2　由 NaCl 制 Na 的实验方法与结果

在 350 ℃左右电解熔融 NaCl-$ZnCl_2$ 混合物（摩尔比：NaCl∶$ZnCl_2$＝45∶55），在电场作用下，Na^+ 穿过 β-Al_2O_3 隔膜迁移到阴极被还原为 Na，Cl^- 迁移到石墨阳极上被氧化成 Cl_2。

$$\text{阴极：} Na^+ + e \rightarrow Na$$

$$\text{阳极：} Cl^- - e \rightarrow \frac{1}{2}Cl_2$$

电解反应为：

$$NaCl\ (NaCl\text{-}ZnCl_2) \rightarrow Na\ (l) + \frac{1}{2}Cl_2\ (g)$$

此反应的 ΔG°＝347.27 kJ/mol，由 ΔG°算得理论分解电压为 3.60 V。

此法可制得纯钠，并进一步用此纯钠与水蒸气作用获得纯 NaOH，其直流电能的消耗约为 2750～2900 kW·h/t NaOH[2,3]。

2.1　电流与槽电压的关系

测电流与槽电压的关系时，首先按图 1 制作一个 β-Al_2O_3 管（管内不含 O_2）的钠电极。制作方法是：把 β-Al_2O_3 管口封接一个玻璃泡（8 号玻璃），管内插一根钨丝，钨丝的下部与 β-Al_2O_3 管的内壁紧密接触，并将 β-Al_2O_3 管内抽成真空，把它预热后插入装有熔融钠的不锈钢筒中（Na 面上有流动的惰性气体保护）。温度升至 320 ℃，以钨丝为阴极，不锈钢筒为阳极，槽电压控制在 1.5 V 以下进行电解，此时的电流强度大于 10 mA，Na^+ 在与瓷管内壁接触的钨丝上还原成钠。随着电解的进行，钠量增加，此时需不断调节电压，增大电流，槽电压控制在 1.5 V 左右，电解至液体钠充满瓷管为止，冷至 100 ℃～200 ℃，取出瓷管并用玻璃布包住保温，让其慢慢冷至室温，瓷管表面的钠和 Na_2O 等依次用无水酒精和清水洗净，并细心烘干。

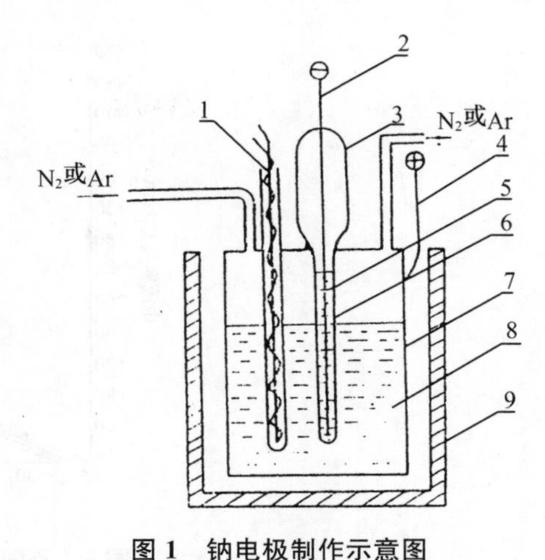

图 1　钠电极制作示意图

1—热电偶；2—钨丝（阴极）；3—玻璃泡；4—阳极；5—精钠；6—β-Al_2O_3 管；7—不锈钢筒；8—粗钠；9—电炉

将上面制作好的钠电极插入固体 NaCl-$ZnCl_2$ 混合物中，一同缓慢升温至 NaCl-$ZnCl_2$ 熔化为止，如图 2 所示。石墨阳极与瓷管间的距离为 25 mm。瓷管长 150 mm，外径 10 mm，壁厚 1 mm。NaCl 烘干，$ZnCl_2$ 预先熔化，把 NaCl 与 $ZnCl_2$ 混合熔化后，在熔融状态保持 4 h 以上，尽量除去水分。

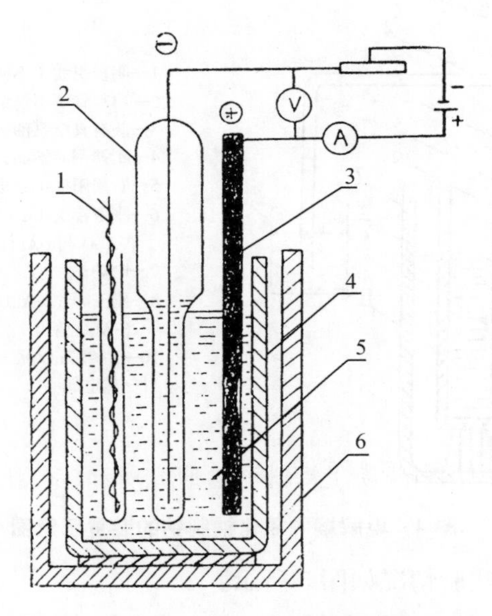

图 2　测定电流-电压关系的装置示意图

1—热电偶；2—钠电极；3—石墨阳极（三根，成三角形配置在 β-Al_2O_3 管周围）；4—刚玉坩埚；5—NaCl-$ZnCl_2$ 混合物；6—电炉

在不同温度条件下，所测得的电流与槽电压的关系如图 3 所示。

2.2　电流效率的测定

将制好的钠电极称重后，按图 2 的装置插入 NaCl-$ZnCl_2$ 混合物中，缓慢升温至熔化。熔盐在 350 ℃左右保持 4 h 以上，或预先用另一个钠电极进行电解至氯气发生为止，除去水分，用直流稳流器作直流电源向电解槽通以恒定的直流电，记下电流的大小和通电的时间，然后取出缓慢冷却，用水洗净，细心烘干称重。这样就可以测得在通以一定的电量后所获得的钠量，从而可计算出电流效率。

测量了三个样品分别为：102％、101％、99.2％，这些结果表明，这种电解制钠法的电流效率几乎为 100％，说明这种电解过程几乎无副反应发生。

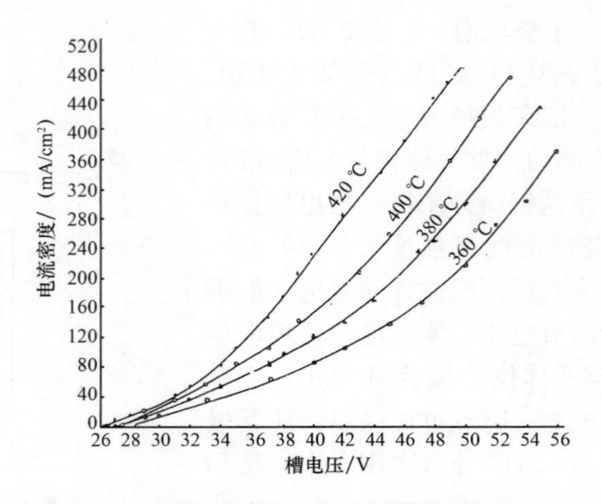

图 3　不同温度下电流密度与槽电压的关系

2.3　电解过程中槽电压随时间变化的情况

为了观察电压随时间变化的情况，我们使用如图 4 的装置。电解一段时间后，用惰性气体将生成的钠从储罐中压入盛有真空泵油的烧杯中或让其自动溢出至油杯中。

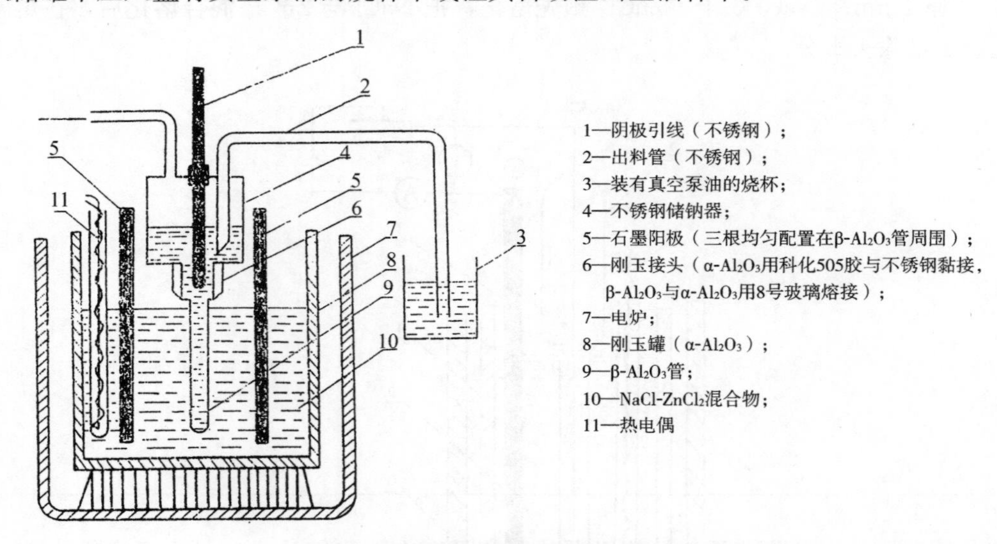

图 4　电解熔融氯化钠制钠的装置示意图

用不同的几根瓷管所作的实验情况如图 5 所示。

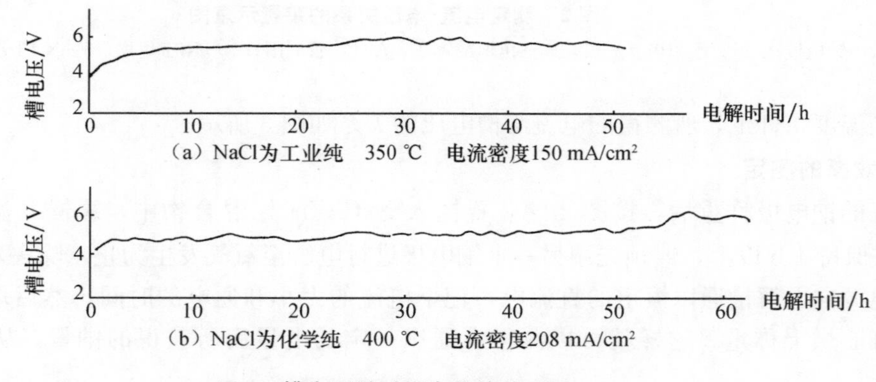

图 5　槽电压随时间变化的关系图

从图 5 可以看出，在电解初始阶段，槽电压都略有上升，至某一电压值后就稳定住，几乎不随时间而变化。

图 5（a）是用工业纯 NaCl 为原料进行电解。图 5（b）是用化学纯 NaCl 为原料进行电解。这些结果表明，不论使用的原料是工业纯或化学纯，槽电压都较稳定。

2.4 产品的质量

按图 2 所示的装置取样分析，分析方法参考文献[5，6]进行。分析结果列于表 1。

表 1

杂质 编号	Cl /%	SO_4 /%	PO_4 /%	N /%	SiO_3 /%	Fe /%	K /%	Ca /%	Mg /%	Ni /%	Al /%	重金属（以银计）/%	Zn /ppm
1 号 Na	0.0029	无	0.0032	无	0.011	0.00017	0.015	无	0.00014	无	0.00017	无	
2 号 Na	0.0050	无	0.0012	无	无	0.00024	0.017	无	0.00016	无	0.00013	0.0019	
3 号 Na	0.0011	无	0.0018	无	0.012	0.00007	0.012	无	0.00049	无	0.00017	0.0009	
1 号 NaOH	0.0017	无	0.0018	无	0.0063	0.0001	0.009	无	0.00008	无	0.0001	无	0.54
2 号 NaOH	0.0029	无	0.0007	无	无	0.00014	0.01	无	0.00009	无	0.00075	0.0011	0.94
3 号 NaOH	0.0006	无	0.0010	无	0.0069	0.00004	0.007	无	0.00028	无		0.0005	1.34
1 号高纯钠	无	无	无	0.00025	无	无	0.01	无				无	
2 号高纯钠	无	无	无	0.00025	无	无	0.01	无				0.0005	
美国钠（A.C.S）	0.0015	0.001	0.0005	0.0005	0.01	0.001	0.05	0.05				0.0005	
德意志联邦共和国钠（G·R）	0.002	0.002	0.0005	0.0005		0.001	0.01	0.05				0.0005	
中国 NaOH（G·R）	0.002	0.002	0.0005	0.0005	0.003	0.005	0.01	0.01	0.001	0.001		0.003	

从表的分析数据看出有阴离子和二价以上的阳离子存在，我们认为这是由于瓷管内壁难于清洗干净，使最初生成的钠被污染所致。若让钠连续不断地流出，经过一段时间后取样分析，就可避免这一问题。例如在提纯钠的操作中，最初流出的钠也有阴离子出现，但经过几天后取样分析，负离子就几乎没有了[2]。

2.5 各种材料耐腐蚀的情况

刚玉（α-Al_2O_3）容器和不锈钢制的阴极和储钠器等都不被介质腐蚀。石墨电极有被腐蚀的现象，但将氯化钠烘干除去水分可减轻腐蚀。

如前所述，因为是以敞开体系电解，所以逸出的氯气对储钠器、石墨电极上的铜接头等都有腐蚀。

β-Al_2O_3 和 α-Al_2O_3 之间用 8 号玻璃连接，此材料在钠中最初生成一种薄而致密、坚硬的浅黄色物质，此物质起着保护作用，故玻璃不再被腐蚀。

科化 505 胶不耐钠的腐蚀，但由于刚玉头与不锈钢接头用科化 505 胶黏接后，留出的缝隙小，缝隙外面露出的胶与钠作用后生成的物质堵塞了缝隙，阻止了科化 505 胶进一步被腐蚀。

2.6 β-Al_2O_3 管内壁发生“钠沉积”的情况

本实验中曾遇到一些瓷管在电解后内壁变成灰色和黑色，并且是从内壁向外壁延伸，这种现象称为钠沉积。郭祝崑、李香庭等人曾对这一现象进行过研究。我们对这一现象也进行过研究[7,8]，实验结果表明，这种变黑的现象主要是钠、钾等离子未到达 β-Al_2O_3 管内的钠电极上，而是在瓷管的晶粒界面间、空穴等处被电化学还原，附着在 β-Al_2O_3 的晶粒上所形成的一种颜色。“钠沉积”除与电解时的槽电压、电流密度、温度等有关外，主要决定于 β-Al_2O_3 管的结构情况。实验还表明，易发生“钠沉积”的 β-Al_2O_3 管大多是晶粒粗大、不紧密、气孔和缝隙很多者。这种管在电解过程中极易破裂，破裂时瓷管的断口处呈树枝状的黑色纹路。易于破裂的原因是由于沿黑色纹路形成了电子导电，流过的电流过大，局部发热所致。破裂时钠与 $ZnCl_2$ 作用，将 Zn^{2+} 还原，而且反应剧烈。其反应式为：

$$2Na + ZnCl_2 \rightarrow Zn + 2NaCl$$

3　电解熔融 NaCl 一步法制成 NaOH

3.1　一步法的原理与方法

同是电解 NaCl-$ZnCl_2$ 熔盐，若是向阴极区通入水蒸气，可一步得到 NaOH。试验装置如图 6 所示。用刚玉作电解槽，装入 NaCl-$ZnCl_2$ 混合物，其配比与制 Na 相同。β-Al_2O_3 管（广州市机电工业研究所提供，规格为长 200 mm、外径 20 mm、壁厚 1.5～2.0 mm）插入熔盐中，管内插有聚四氟乙烯塞的银管作阴极，银管下部（浸入熔融碱中）开许多小孔，上端有一扩大部分，再将一镍管（ϕ5 mm）插入银管内作水蒸气导入管。水蒸气与熔融物反应有时比较剧烈，多孔银管的存在，尤其银管的扩大部分对碱液外冲时起缓冲作用，故可减轻对 β-Al_2O_3 管的冲击。在 β-Al_2O_3 管的外围插三根石墨棒作阳极，石墨棒与 β-Al_2O_3 管的距离约 10 mm。

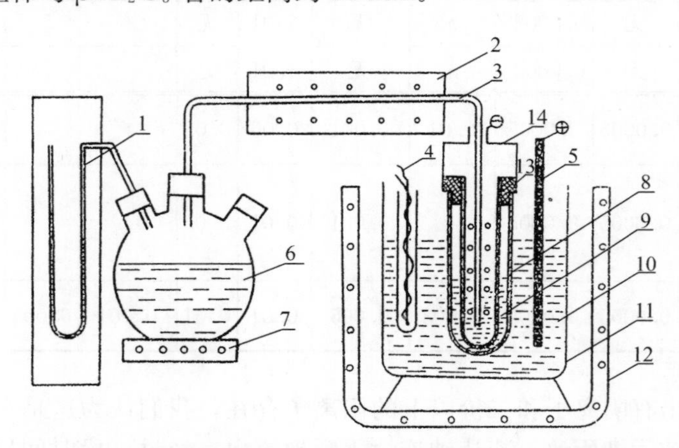

图 6　电解熔融氯化钠混合物制氢氧化钠的装置示意图

1—压力计；2—电炉；3—镍管（兼阴极）；4—热电偶；5—石墨阳极；6—水；7—电炉；8—β-Al_2O_3 管；9—NaOH；10—NaCl-$ZnCl_2$；11—刚玉坩埚；12—电炉；13—聚四氟乙烯；14—银管

实验时，在 β-Al_2O_3 管中加约 4 cm 高的 NaOH 作为导体，电解槽温度控制在 340 ℃左右，通入已预热到约 340 ℃的水蒸气，进行电解。

电解时有如下反应：

$$\text{阳极区：} Cl^- - e \rightarrow \frac{1}{2}Cl_2$$

$$\text{阴极区：} H_2O + e \rightarrow OH^- + \frac{1}{2}H_2$$

$$\text{总反应：} Cl^- + H_2O \rightarrow \frac{1}{2}Cl_2 + OH^- + \frac{1}{2}H_2$$

Na^+ 在电场作用下，从阳极区穿过 β-Al_2O_3 隔膜进入阴极区。

这一工艺的总反应为：

$$H_2O\ (g)\ +NaCl\ (NaCl\text{-}ZnCl_2) \rightarrow \frac{1}{2}H_2\ (g)\ +NaOH+\frac{1}{2}Cl_2\ (g)$$

此反应的 ΔG°=54.3 千卡/mol，理论分解电压为 2.35 V[5]。

3.2 一步法的结果与讨论

3.2.1 槽电压随时间变化的情况

β-Al_2O_3 管直接插入工业纯 NaCl 原料的熔融混合物中电解（NaCl 与石棉隔膜法制烧碱所用的相同，但未经任何净化处理，只是烘干除去水分；$ZnCl_2$ 为化学纯）。槽电压较稳定，如图 7 所示。

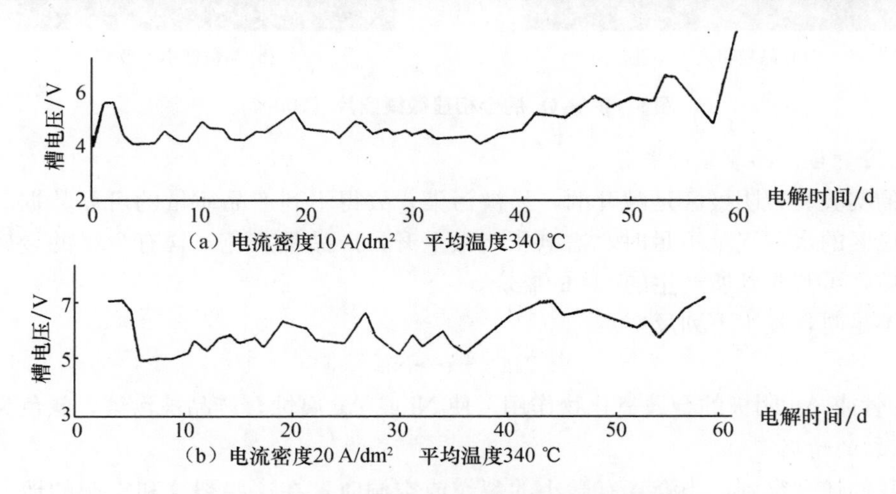

图 7　槽电压（日平均值）随时间变化的情况

但有时在电解过程中，槽电压则随时间逐日上升，如图 8 所示。属于这种情况时，瓷管外层表面变成浅灰色，且成龟裂状的裂纹。用金相显微镜观察，该瓷管晶粒粗大，肉眼也能见到大颗粒的晶体，如图 9（a）所示。槽电压不随电解时间而升高的瓷管，其晶粒细微、紧密，如图 9（b）所

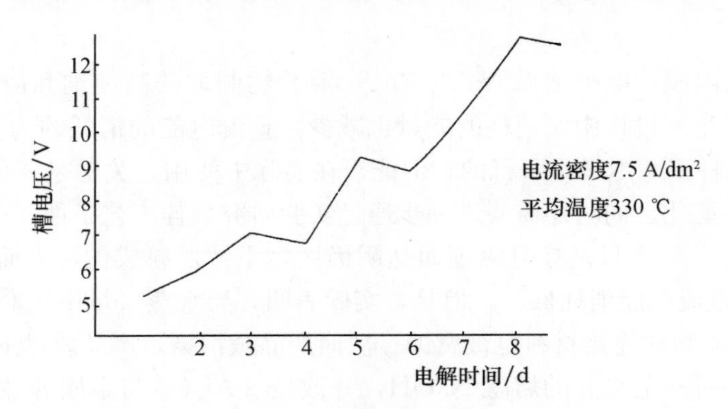

图 8　槽电压随时间变化较大的情况

示。因此，槽电压是否稳定主要取决于瓷管本身的质量。其次也与温度、熔盐的组成、阳极与阴极间的距离、阴极区中碱的含水量等因素有关。温度高，熔盐中 NaCl 的含量适当多些，槽电压就低；反之，槽电压就高。而 β-Al_2O_3 瓷管在电解过程中被腐蚀的情况，参见文献[9]。

3.2.2 连接材料问题

β-Al_2O_3 管与银管之间的连接，我们使用聚四氟乙烯材料，随着实验时间的增长发生渗漏，在 350 ℃时聚四氟乙烯材料就分解。日本京都大学吉沢研究室使用的是三氧化二铝黏接剂和碳纤维[5]，也发生渗漏。因此能在 350 ℃左右耐熔融 NaOH 腐蚀的黏接材料尚待探索。用柔性石墨作垫片，采用机械连接也许是有希望的连接法。

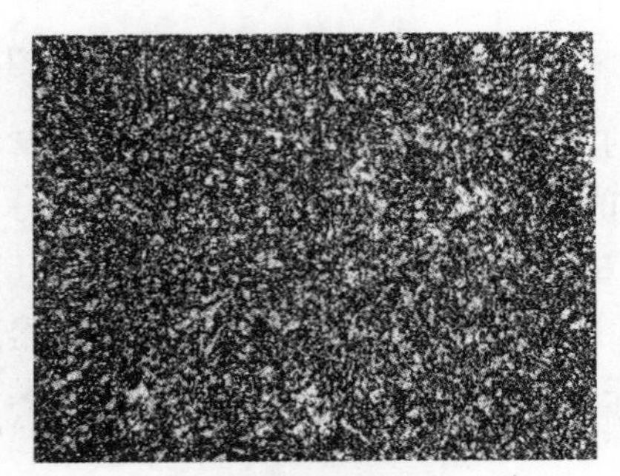
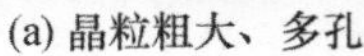

(a) 晶粒粗大、多孔　　　　(b) 晶粒细小、致密

图 9　β-Al_2O_3 的金相显微镜照片（200×）

3.2.3　水蒸气用量与产品质量的关系

图 6 所示的实验装置阴极区是敞开的，易被污染，故得不到产品质量的可靠数据。但可以观察到，在通入阴极区的水蒸气量不足时，槽电压略微上升，产品呈灰色，含有少量的金属钠；在加水或通入水蒸气后，可观察到所产生的 H_2 的燃烧。

水蒸气量不足时，发生下列反应：

$$Na^{+}+e \rightarrow Na$$

此钠与 Ni 管或 Ag 阴极的金属氧化物作用，使 Ni 或 Ag 腐蚀，产品被污染，颜色为浅绿色。

3.2.4　瓷管破裂的情况

实验中，我们还观察到，当瓷管有微小的裂纹或空洞时，在这些裂纹和空洞的地方，NaOH 与 $ZnCl_2$ 作用生成一种白色的、熔点较高的物质，这种物质可以起着自动堵塞这些空洞或裂纹的作用。空洞或裂纹太大就不能被生成物堵塞，NaOH 与 $ZnCl_2$ 反应后的生成物呈白色状态，悬浮在熔盐中，熔盐的黏度增加，使槽电压升高。

4　结　论

（1）用 β-Al_2O_3 为隔膜，电解熔融 $NaCl_2$-$ZnCl_2$ 混合物制取的高纯钠和由此高纯钠转化成的烧碱，不但纯度高，而且生产过程中所消耗的能量也减少，直流电能的消耗约为 2750～2900 kW·h/t NaOH。实验表明，这种工艺本身是可行的，但能否在实际中使用，关键是要研究如何提高 β-Al_2O_3 这种新材料的质量和大型化。同时还需要进一步通过实验研究最佳工艺条件。

（2）一步法中，由于 Na^{+} 只是穿过隔膜而达阴极区，不被还原成钠，因而不会使 β-Al_2O_3 发生“钠沉积”现象，而且直流电能消耗低[5]。但是，实验表明，当水蒸气量不足时，Ni 或 Ag 阴极被腐蚀。β-Al_2O_3 与金属容器间的连接材料也被腐蚀。从而产品被污染，产品质量下降。因此，采用这一方法，管内必须始终保持一定水分的熔融 NaOH，并改变 β-Al_2O_3 与金属容器连接的方法，才能使 NaOH 不被污染。

（3）β-Al_2O_3 管的质量对一步法的槽电压影响很大，故需选用电阻小且能耐水蒸气腐蚀的 β-Al_2O_3 材料。

参考文献

[1] 陈宗璋. 关于用 β-Al_2O_3 为隔膜电解熔融氯化钠或粗钠制取高纯金属钠和烧碱的初步研究 [J]. 湖南大学学报（自然科学版），1979，7（3）：101-107.

[2] 陈宗璋，陈昭宜，黄吉东. 用 Na·β-Al_2O_3 陶瓷材料为隔膜提纯金属钠的研究 [J]. 湖南大学学报（自然科学版），1979（1）：81-90.

[3] 山东省氯碱工业科学技术情报站等. 山东氯碱 [M]. 山东省氯碱技术情报站，1973.

[4] 巫廷满，韩荫沪，曹咏絮，等. 用 Na·β-Al_2O_3 固体电解质提纯金属钠及其应用. 中国第一届快离子导体学术讨

论会报告 [R]. 1980，10，黄山市.
[5] Joseph Rosin. Reagent Chemicals and Standards [M]. Van Nostrand，1967.
[6] 国家标准. 化学试剂汇编 [S]. 技术标准出版社出版，1971.
[7] 郭祝崑，李香庭. 钠与β-氧化铝陶瓷氧化物组分（包括氧化物杂质）之间的还原反应的热力学探讨 [J]. 硅酸盐学报，1979（2）：68-71.
[8] 陈宗璋，杨进全，王昌贵等. 关于β-Al_2O_3 固体电解质中钠沉积现象的研究 [J]. 硅酸盐学报，1983（4）：77-86.
[9] 王昌贵，陈宗璋等. 关于 Na·β-Al_2O_3 在含水熔融 NaOH 中被腐蚀问题的初步研究 [J]. 湖南大学学报（自然科学版），1981，2（2）：25.

（湖南大学学报，第 12 卷第 2 期，1984 年）

在熔融 $ZnCl_2$ 中 Na/Na・β-Al_2O_3 参考电极的研究

陈宗璋，钟传建，赵 明，旷亚非，丁展望

摘 要：本文叙述了 Na/Na・β-Al_2O_3 参考电极的制作方法，并对它作为熔融盐体系中的参考电极时所应具备的可逆性、稳定性、耐高温和耐腐蚀性作了初步的研究。实验证明，它可以成为熔融盐体系中一种较好的参考电极。

Study of Na/Na・β-Al_2O_3 Reference Electrode in Molten $ZnCl_2$

Chen Zongzhang，Zhong Chuanjian，Zhao Ming，Kuang Yafei，Ding Zhanwang

Abstract：The method for preparing the Na/Na・β-Al_2O_3 reference electrode of molten salt systems is described in this paper. The reversibility and stability of this electrode as well as its resistance to high temperature and corrosion have been studied. It is fonnd that the Na/Na・β-Al_2O_3 electrode can be used as general reference electrode for molten salt systems.

1 前 言

在熔融盐的电化学测量中，根据被研究体系的性质和温度范围可选用各种参考电极。有人提出可用 Na/玻璃电极作为通用参考电极[1,2,3]。但是，Na/玻璃电极有不耐某些熔融盐和熔融钠的腐蚀、电阻大、制作困难等缺点。曾有人将 Na/Na・β-Al_2O_3 作为熔融盐的电化学测量中的参考电极[6-8]，但对于将 Na/Na・β-Al_2O_3 作为参考电极所应具备的一些必要的性质却未进行过研究。本文对 Na/Na・β-Al_2O_3 的可逆性、稳定性、耐高温和耐腐蚀作了初步的研究，现分述如下。

2 电极的制作和原料的处理

2.1 Na/Na・β-Al_2O_3 参考电极的制作[4,5,6]

如图 1 所示，将 β-Al_2O_3 管与 DM-308 玻璃熔接，然后再用硬质玻璃连接，β-Al_2O_3 管内插一根紧靠瓷管内壁的钨丝作电极的引出线，通过抽气口将瓷管内抽成真空度为 10^{-3} 至 10^{-4} mmHg 柱，并证明瓷管不漏气后，再将抽气口封接。

此β-Al_2O_3 在插入电解池前应预热至 120 ℃左右，电解池中的钠也应预先在不断通入氩气（2 L/min）的情况下加热至 120 ℃左右，β-Al_2O_3 管即可插入此粗钠中。

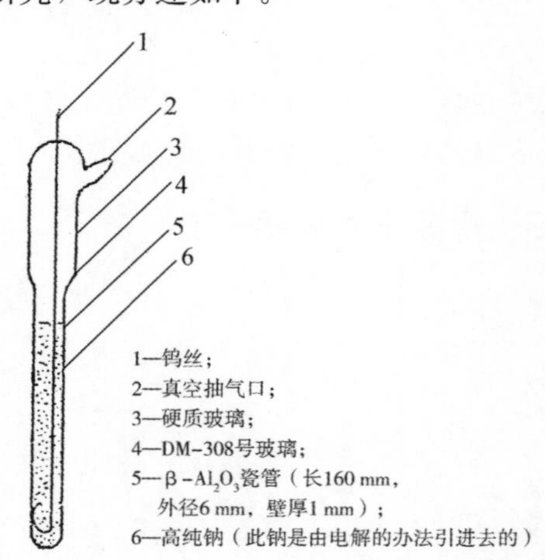

图 1 Na/Na・β-Al_2O_3 电极构造示意图

然后按图 2 所示的装置用电解的方法，使 Na 进入管内。电解池用下式表示：

$$\text{精 Na}\overset{(\text{阴极})}{}（\text{液态}）\mid Na^{+}\cdot\beta\text{-}Al_2O_3（\text{固态}）\mid \text{粗 Na}\overset{(\text{阳极})}{}（\text{液态}）$$

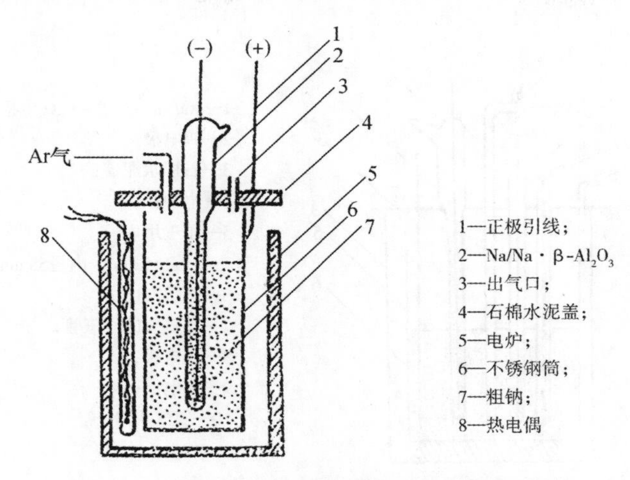

图 2　β-Al_2O_3 隔膜法电解制备高纯钠的装置示意图

电解时，温度控制在 300 ℃～360 ℃，槽电压控制在 1.5 V 以下，电流最初控制在约数毫安，随着电解的进行，由于在管内有钠析出，管内导电面积增加，可逐渐增加电流至 1～2 A（只要槽电压低于 1.5 V，可适当增大电流）。电解至管内的钠液面低于 β-Al_2O_3 管口约 10 mm 即可。电解完后使温度降至 120 ℃左右，从粗钠中取出 β-Al_2O_3 瓷管，立即用已预热的玻璃布包裹住并擦去瓷管外所黏附的钠，待冷却后先用脱脂棉浸渍无水酒精清洗瓷管表面，再用去离子水尽快清洗瓷管表面，在红外灯下烘干。以上的操作都应谨慎细心并戴上防护面罩和手套。用以上方法就制成了 Na/Na·β-Al_2O_3 参考电极。瓷管内的钠其纯度高，且不含有氧，[5,6]将它存放在干燥器内备用。使用时，应将它插入被测体系内缓慢升温，防止由于温差大，陶瓷管被损坏。

2.2　锌电极

将适量的锌粒（分析纯），熔于玻璃管底部，插入钨丝，并在如图 3 所示的部位开一个小孔，以使溶融盐能与锌接触。Zn 与 $ZnCl_2$ 溶融盐组成的电极是可逆电极。

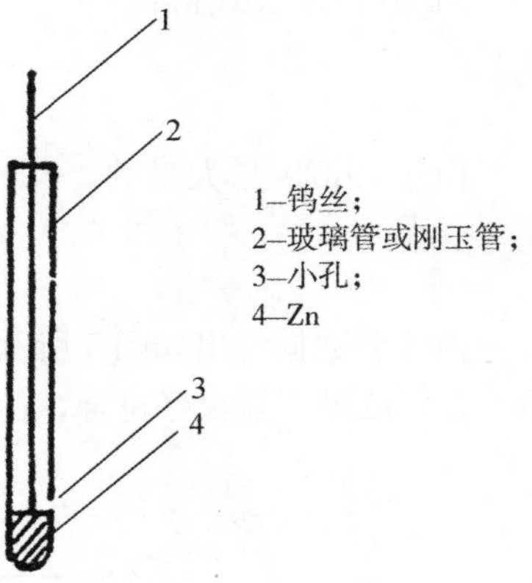

2.3　工作电极

一根直径为 2 mm 的钨丝。

2.4　原料的脱水

NaCl（分析纯）用灼烧的办法除去水分。

$ZnCl_2$（分析纯）熔融后通入氩气数小时，然后再加入锌粉（分析纯），保持数小时，以除去熔盐中的水分。$ZnCl_2$ 中所含的杂质 Na^+ 要预先分析，对加入的 NaCl 的浓度进行校正。

1—钨丝；
2—玻璃管或刚玉管；
3—小孔；
4—Zn

图 3　Zn 电极构造示意图

3　主要测量仪器

（1）UJ25 型高电势直流电位差计。

（2）PZ8 型数字电压表。

（3）LY4 型数字打印机。（以上均属上海电表厂出产）

（4）JWL-30 型晶体管直流稳流器（上海第二电表厂出产）。

4　实验结果

实验装置如图 4 所示。

测量时的温度变化不超过±0.5 ℃，实验结果如下。

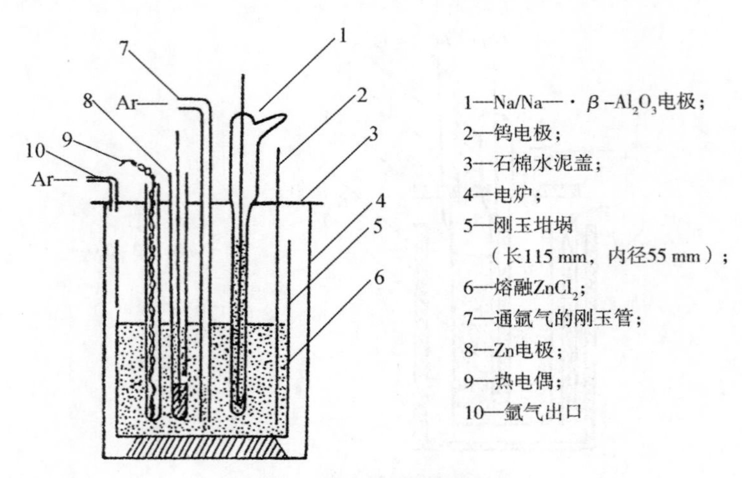

图 4　电池装置示意图

4.1　可逆性

实验的电池体系为：

Na（液）｜Na·β-Al_2O_3（固）｜NaCl（液，a_{Na^+}）＋$ZnCl_2$（液）｜Zn（固或液）

4.1.1　与 Nernst 公式符合情况

上述电池的电池反应为：

负极：$2Na-2e \rightarrow 2Na^+$（a_{Na^+}）

正极：Zn^{2+}（$a_{Zn^{2+}}$）＋$2e \rightarrow Zn$

电池反应：$2Na+Zn^{2+}$（$a_{Zn^{2+}}$）$\rightarrow 2Na^+$（a_{Na^+}）＋Zn

由 Nernst 公式得：

$$E=E^0-\frac{2.303}{2F}\log\frac{a_{Na^+}^2 \cdot a_{Zn}}{a_{Na}^2 \cdot a_{Zn^{2+}}}$$

由于 $ZnCl_2$ 是大量的，Na^+的浓度小，则上式可简写为：

$$E=E^0-\frac{2.303}{F}\log m_{Na^+}$$

由实验数据绘出如图 5 所示的 E-log m_{Na^+} 的关系图。实线为理论计算值，实测数据用圆圈和黑点表示，在低浓度下能很好符合，在高浓度下不符合，这是由于高浓度时未考虑活度系数的影响所致。

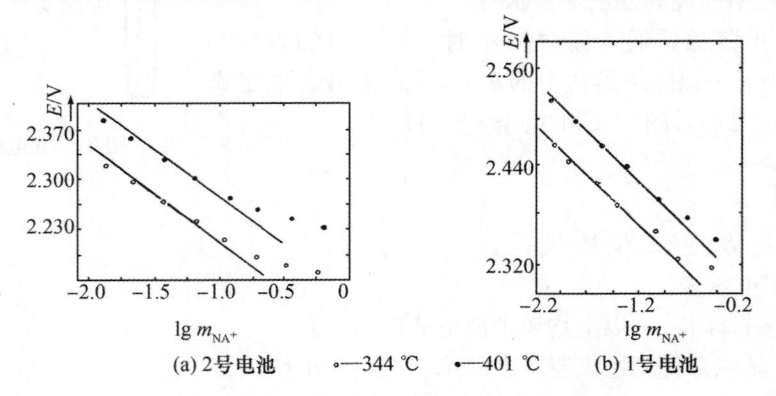

图 5　Na-Zn 电池电动势与 Na^+ 浓度的关系

4.1.2　微极化实验

微极化的电流先由 1 μA 至 5 μA，然后由 5 μA 至 1 μA，电流的精密度控制在±0.5%。从图 6 可见，未出现不可逆电极所具有的那种滞后现象。

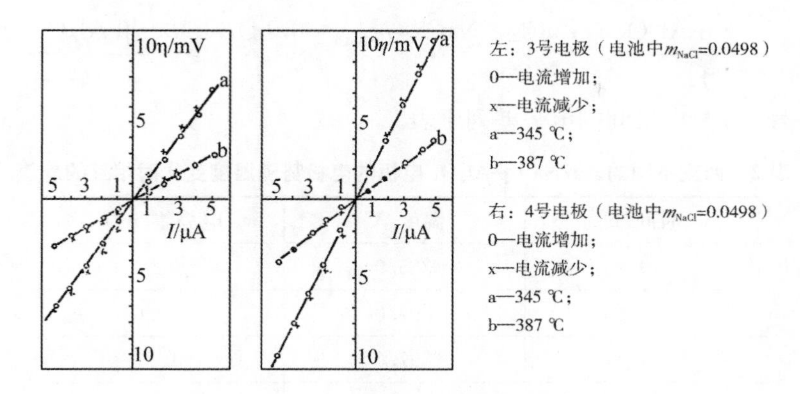

图 6 Na－Zn 电池的微极化情况

4.1.3 大电流极化情况

分别以 5 mA、20 mA、50 mA 的电流放电 5 min，随即测量电池的电动势恢复到平衡时的时间，实验表明在 8 min 内，即恢复到平衡时的数值，结果列入表 1。

表 1 电池被放电 5 分钟后，恢复到平衡值所需的时间

I=5 mA		I=20 mA		I=50 mA	
t/min	E/V	t/min	E/V	t/min	E/V
0	2.1566	0	2.1470	0	2.1500
1	2.1625	1	2.1630	1	2.1670
2	2.1669	2	2.1680	2	2.1714
3	2.1710	3	2.1715	3	2.1748
4	2.1729	4	2.1732	4	2.1772
5	2.1734	5	2.1760	5	2.1786
6	2.1748	6	2.1771		
7	2.1756	7	2.1778		
$E_{平衡}$=2.1750 V	T=337.0 ℃	$E_{平衡}$=2.1780 V	T=338.0 ℃	$E_{平衡}$=2.1786 V	T=338.0 ℃
电池中的 NaCl 的浓度 m=0.14					

从表 1 中可以看出大电流极化后电极电位回到平衡值的时间都较短。

4.2 重现性

重现性与可逆性是互相有关的，从图 5 和图 6 可以看出这点。从低温向高温测量或从高温向低温测量都能很好接近，如图 7 所示。

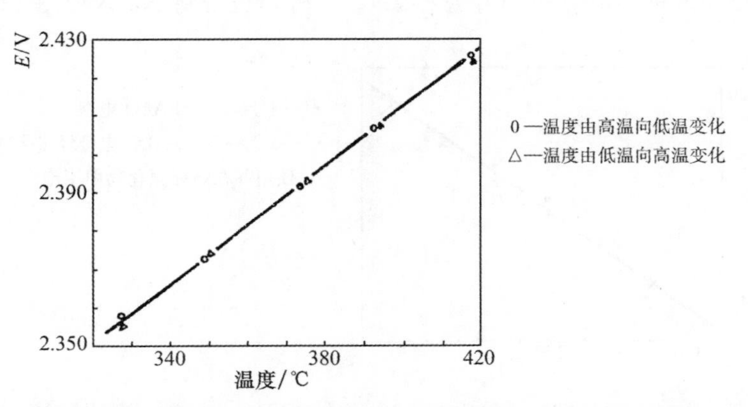

图 7 Na-Zn 电池的电动势与温度的关系（Na/Na·β-Al_2O_3 电极与 Zn 电极组成的电池，m_{NaCl}=0.0573）

将同一条件下制备的两支电极（5 号、6 号）组成如下电池：

$$\underbrace{Na \mid Na \cdot \beta\text{-}Al_2O_3}_{5号} \mid ZnCl_2,\ NaCl\ (m_{NaCl} \approx 0.14) \mid \underbrace{Na \cdot \beta\text{-}Al_2O_3 \mid Na}_{6号}$$

实验测得的5号、6号电极间的电势差列于表2。

表2　两支不同的 Na/Na・β-Al_2O_3 电极的电极势随温度变化时相互的差值

时间/h	温度/℃	电势差/mV
0	335.0	0.6
3	397.0	−0.6
4	397.0	1.5
6	345.0	−1.1
16	335.0	1.2

从上表可以看出，在335 ℃～397 ℃间，5号、6号两电极间的电极势相差很小。

4.3　稳定性

当温度稳定时，Na/Na・β-Al_2O_3 电极的电势随时间的变化小，如图8所示，5 h不超过±1.5 mV，8 h不超过±5.0 mV。

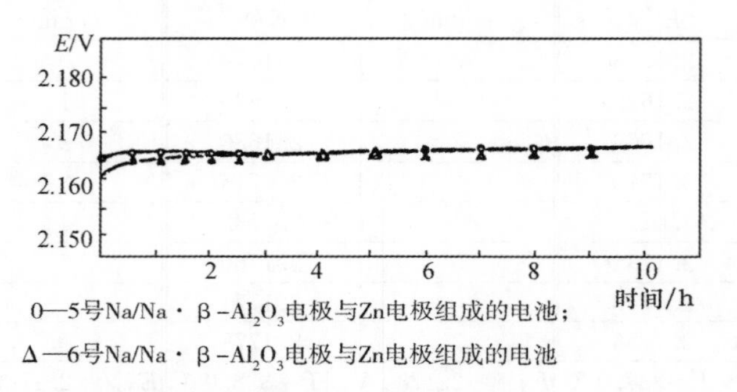

图8　Na-Zn 电池的电动势随时间变化的情况（m_{NaCl}=0.14，T=341 ℃）

4.4　耐腐蚀性

纯的 Na・β-Al_2O_3 或掺杂的 Na・β-Al_2O_3 在熔融氯化钠与氯化锌的混合物、金属钠、氢氧化钠中都不发生腐蚀[5,6,7,8]。将曾经浸入 $ZnCl_2$ 熔盐中的 Na/Na・β-Al_2O_3 参考电极取出，插入 NaF-NaCl 熔盐中（摩尔比为：NaF∶NaCl=7∶3），在1700 ℃～950 ℃时，连续浸泡48 h（此熔盐体系是用φ20 mm，长200 mm的 Na・β-Al_2O_3 管盛装）。另外，也曾将 Na/Na・β-Al_2O_3 参考电极插入

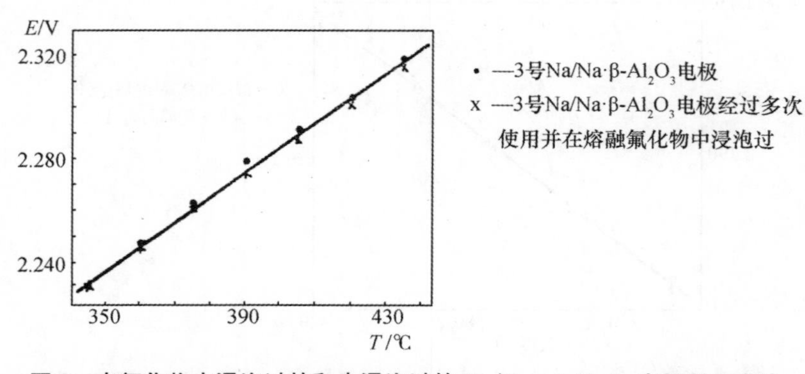

图9　在氟化物中浸泡过的和未浸泡过的 Na/Na・β-Al_2O_3 电极所组成的 Na-Zn 电池的电动势与温度的关系（电池中 m_{NaCl}=0.14）

由 NaF-LiF 组成的熔盐体系中（NaF 的摩尔百分数为 38.5%），温度为 630 ℃，浸泡 24 h。经浸泡后其外表变为黑色，但盛装熔融盐的 Na·β-Al_2O_3 管的内壁仍为白色，从外表看没有明显的被腐蚀现象。浸泡后的电极与浸泡前的电极的电极势相差约 4 mV，如图 9 所示。这说明 Na·β-Al_2O_3 在氟化物熔融盐体系中也可使用。据有关资料报道，β-Al_2O_3 不与氟化物起作用。

4.5 K^+ 的影响

当在含 Na^+ 离子的浓度小的 $ZnCl_2$-NaCl 体系中，加入 K^+ 离子后，Na-Zn 电池的电动势的变化如表 3 所示。

表 3 体系的温度为 392.0 ℃，ZnCl-NaCl 体系中 NaCl 的浓度为 0.0233 m，Na-Zn 电池的电动势随 KCl 浓度变化

KCl 的浓度/mol	7 号电极所组成的 Na-Zn 电池的电动势/V	8 号电极所组成的 Na-Zn 电池的电动势/V
$<2.6\times10^{-4}$	2.4031	2.4073
0.0083	2.3985	2.4038
0.0324	2.3812	2.4015
0.0726	2.3750	2.3964

随着 KCl 浓度的增加，电池电动势下降。这应考虑到由于体系中物质的增加，离子强度对它有影响，也应考虑到 K^+ 离子将 β-Al_2O_3 中的 Na^+ 交换一些，K^+ 进入 β-Al_2O_3 的晶格中，从而使 Na/Na·β-Al_2O_3 电极的电极势改变。

4.6 使用寿命

以上电极曾使用 20～25 次，使用时间 150～200 h，都因操作不慎损坏。

4.7 不同电极的电极势

用同一条件下制作和烧成的 Na·β-Al_2O_3 材料制成的 Na/Na·β-Al_2O_3 电极，其电极势稍有不同，但差值不大，例如表 2 中所列的两支电极和图 8 中所示的数据。对于不同条件下制作和烧成的 Na·β-Al_2O_3 所制得的电极，其电极势之间有较大差距，例如图 5 中的两支电极所示的数据和表 3 中所示的数据。这种现象与玻璃氢电极、氟离子电极（氟化镧）、氧离子电极（氧化锆）等有相似之处。产生这种现象的原因可能是由于 Na·β-Al_2O_3 材料的组成、结构、烧成条件等因素的影响所致。这可以采用：①将电极浸入含有一定 Na^+ 离子浓度的熔融盐中或熔融 NaOH 中进行电解或充、放电，或按图 1 所示的装置在制作电极时，充、放电两三次，来减弱或消除这种差别；②也可以用另一可逆电极进行校正。

5 结　论

综上所述，Na/Na·β-Al_2O_3 参考电极具有可逆电极所应具备的性质，而且也可适用于高温和某些强腐蚀性的熔融盐体系。因此，它可以成为熔融盐体系中一种较好的参考电极。

参考文献

[1] 沈时英，胡方华. 熔盐电化学理论基础 [M]. 北京：中国工业出版社，1965.
[2] [苏] Ю·К·捷利马尔斯基，Б·Φ·马尔科夫. 熔盐电化学 [M]. 彭瑞伍，译. 上海科学技术出版社，1965.
[3] 蒋汉瀛. 冶金电化学 [M]. 冶金工业出版社，1983.
[4] 陈宗璋，蒋忠锦，谢乃贤，等. 关于钠硫电池极化的研究 [J]. 湖南大学学报（自科版），1979，7 (1)：91-97.
[5] 陈宗璋，陈昭宜，黄吉东. 用 Na·β-Al_2O_3 陶瓷材料为隔膜提纯金属钠的研究 [J]. 湖南大学学报（自科版），1979 (1)：81-90.
[6] 陈宗璋. 关于用 β-Al_2O_3 为隔膜电解熔融氯化钠或粗钠制取高纯金属钠和烧碱的初步研究 [J]. 湖南大学学报

（自然科学版），1979，7（3）：101-107.

[7] 陈宗璋，杨进全，文国安，等. β-Al_2O_3 隔膜法电解熔融氯化钠制取高纯钠和氢氧化钠的研究 [J]. 湖南大学学报（自然科学版），1984，11（2）.

[8] 王昌贵，陈宗璋. 关于 Na·β-Al_2O_3 在含水熔融 NaOH 中被腐蚀问题的初步研究 [J]. 湖南大学学报（自然科学版），1981，2（2）：25.

（湖南大学学报，第 14 卷第 2 期，1987 年）

β-Al_2O_3 隔膜法电解熔融 NaOH 制 Na 的研究

杨进全，陈宗璋，文国安，王昌贵，李伯鸿

1 引 言

钠是化工、冶金、原子能和国防等工业的重要原料或材料。目前各种工业电解制钠法不仅产品纯度不高，达不到原子能等工业部门的要求；而且电流效率低，能耗大。因此，寻找一种新的电解制钠法是有意义的。

β-Al_2O_3 是近十几年来发展起来的一种新型固体电解质材料[1]。它的特点是在电场作用下，钠离子可以在其中自由地迁移，其他离子则不能或较难通过。它主要用于钠硫电池。1971 年德意志联邦共和国专利报道用 β-Al_2O_3 隔膜电解熔融 NaOH 和 NaCl 制钠［Kawakami，TakayaJ；Inoue，Kiyashi，Ger，Offen. 2025477（Cl. C22d），25Feb. 1971.］。1975 年我校也开展了用 β-Al_2O_3 隔膜电解提纯钠和从 NaCl 制钠与制 NaOH 的研究[2,3,4,5]。1976 年日本京都大学吉沢研究室开展了用 β-Al_2O_3 隔膜电解 NaCl 制钠和制 NaOH 以及电解 NaOH 制钠的研究［日本京都大学吉沢研究室，ソーダと盐素，6（14），1977.］。从 1979 年 9 月起，我们和中国科学院上海硅酸盐研究所协作，以该所提供的 β-Al_2O_3（Na 式）管为隔膜，开始进行电解熔融 NaOH 制钠的研究。

2 实验原理和装置

实验装置如图 1 所示。刚玉容器 1 为电解槽，内盛熔融 NaOH，镍片 2 为阳极，β-Al_2O_3 管 3 为隔膜，其规格为外径 10 mm，壁厚 1 mm，长 150 mm。β-Al_2O_3 管通过刚玉接头 4 和不锈钢接头 5 连接到储钠器 6 上。用抽吸法将熔融钠从储钠器的孔中吸入 β-Al_2O_3 管作阴极，再从吸钠孔插入一根铜棒 8 和钠接触作为阴极引出线。然后将 β-Al_2O_3 管插入熔融 NaOH 中，两极接上直流电，这时电解槽中的 OH^- 离子向阳极迁移，在阳极发生如下反应：

$$2OH^- - 2e^- \rightarrow H_2O + \frac{1}{2}O_2$$

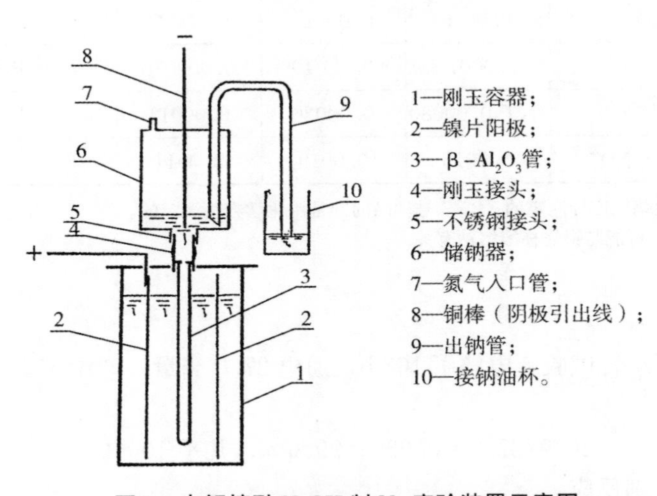

图 1 电解熔融 NaOH 制 Na 实验装置示意图

Na^+离子则穿过β-Al_2O_3管壁迁移到阴极，在阴极上被还原：

$$2Na^+ + 2e^- \rightarrow 2Na$$

电池总反应为：

$$2NaOH \rightarrow 2Na + H_2O + \frac{1}{2}O_2$$

随着电解的进行，储钠器内钠的液面逐渐升高，电解一定时间后，从孔7通入氮气，把储钠器内的钠通过出料管9压入油杯10中，这就是产品。

β-Al_2O_3管和刚玉接头之间用8号玻璃粉熔接，但玻璃不耐熔融NaOH腐蚀，我们用聚四氟乙烯和聚苯硫醚将它保护起来，并使之位于液面之上，基本解决了玻璃受腐蚀问题。刚玉接头和不锈钢接头之间用科化-505黏接剂黏接。不锈钢接头和储钠器之间为螺纹连接。

3　实验结果

3.1　产品质量

因为目前尚无钠的标准分析方法，我们将钠样放置于冰水浴中的银烧杯内，滴加水制成NaOH水溶液，参照国家标准《无机化学试剂》1978年和1971年版中关于NaOH的分析方法，用分光光度计比色或比浊，测了三个钠样的杂质百分含量（如表1所示）。为了比较还列入了德意志联邦共和国的G.R.级试剂钠的杂质标准[Reagents Diagnostics Chemicals Merck. 1976.]。由表可见，本产品的质量和德意志联邦共和国的G.R.级试剂相近。

表1　钠中的杂质含量

含量/% 产品 杂质	本产品			德意志联邦共和国（G.R.）
	1	2	3	
氯化物（Cl）	0.0010	0.0014	0.0014	最大0.002
氮化物（N）	0.0002	0.00084	0.00084	最大0.0005
硫酸盐（SO_4）	0.0020	0.00007	0.0001	最大0.002
硅酸盐（SiO_3）	0.0060	0.019	0.010	未要求
钾（K）*	0.0090	0.017	0.017	最大0.01
铁（Fe）	0.00070	0.00010	0.000070	最大0.001
钙（Ca）	0.010	0.019	0.019	最大0.05
镁（Mg）	0.0016	0.00028	0.00028	未要求
镍（Ni）	0.00070	0.00010	0.000070	未要求
铝（Al）	小于0.00080	0.00020	0.00014	未要求
重金属（以Ag计）**	0.0015	0.0019	0.0011	0.0005

注：*1号样品的钾是用火焰光度计测定的；2、3号样品的钾是用化学方法测定的。
**重金属含量较高，可能与银烧杯溶解钠有关。

3.2　电流效率和产率

我们用一根纯β-Al_2O_3管试验，电解了162 h，通电27.0当量，产钠619 g，即26.9当量，电流效率为：

$$26.9/27.0 = 0.996 = 99.6\%，几乎100\%$$

可见电解过程不存在副反应。

电解过程的平均槽电压为2.95 V，所以生产1 t钠的直流电耗为

$$\frac{27.0\times96500\times162\times2.95}{162\times3600\times1000\times0.619}\times1000=3450\ (\text{度电/吨 Na})$$

目前生产上用的金属网隔膜法电解熔融 NaOH 制钠，虽然电极反应相同，即

$$\text{阳极：}2OH^- - 2e^- \rightarrow H_2O + \frac{1}{2}O_2$$

$$\text{阴极：}2Na^+ + 2e^- \rightarrow 2Na$$

但因隔膜是金属网，阳极反应生成的水扩散到阴极，与钠发生如下反应：

$$Na + H_2O \rightarrow NaOH + \frac{1}{2}H_2$$

和电极反应联系起来看可知，阴极产生的钠有一半与水反应消耗了，因此理论上的电流效率也不会大于 50%，实际上长期运行的平均电流效率只有约 40%（不过，若能设法使阳极产生的水挥发一部分，照理电流效率应可超过 50%），直流电能消耗为 15759（度电/吨 Na）。本装置由于采用β-Al_2O_3 隔膜只允许 Na^+ 离子通过，不让水分子通过，因此电流效率几乎达 100%。

我们用一根纯 β-Al_2O_3 管电解了 184 h，共消耗化学纯 NaOH 1138 g，该产品的 NaOH 含量不少于 95.0%。如按 95.0%计算，则消耗纯 NaOH 1081 g，其中含钠 622 g；实际产钠 619 g，故产率为：

$$619/622=0.995=99.5\%$$

考虑到熔融 NaOH 在电解过程中有挥发损失，所以实际上产率也几乎是 100%。

3.3 分解电压和开路电压

我们测定了不同温度下电流密度（按 β-Al_2O_3 管内壁面积计算）与槽电压的关系（如图 2 所示）。由图求得各温度下 NaOH 的分解电压列于表 2。

表 2 不同温度下 NaOH 的分解电压

温度/ ℃	320	340	360	380	400	420	440
分解电压/V	2.15	2.10	2.10	2.10	2.09	2.06	2.04

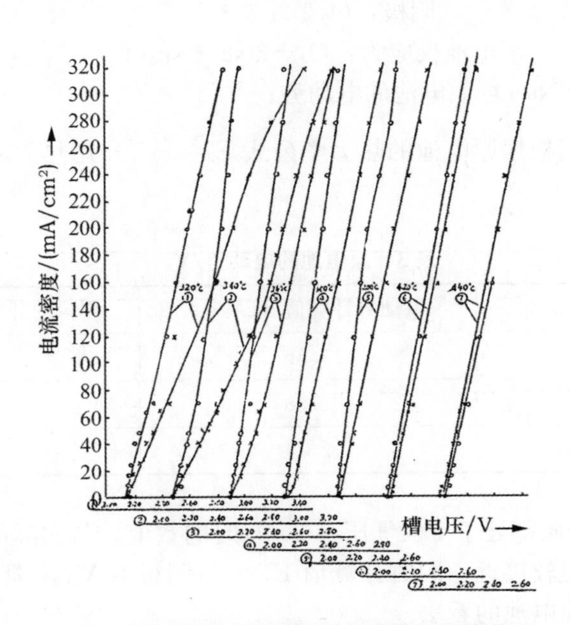

图 2 不同温度下槽电压与电流密度的关系

Θ—掺杂（MgO）β-Al_2O_3 管的实验点；x—纯 β-Al_2O_3 管的实验点

由表 2 可知，360 ℃左右的分解电压为 2.10 V，用 1 大气压下的热力学数据计算则为 2.18 V。

分解电压随温度升高而降低。

图 2 还表明，在同一温度和电流密度下，用掺杂（MgO）β-Al_2O_3 管比用纯 β-Al_2O_3 管槽压要低。这可能是由于掺杂后电阻减小之故[2]。

关于电池的开路电压，在实验过程中，我们测定了三个不同阶段的数值。电解开始时，也就是电解槽内固体 NaOH 熔化后就插入 β-Al_2O_3 管（装满钠的）测量，此时开路电压为 1.30 V；电解一段时间后停止电解，此时的开路电压为 2.20 V；电解停一夜之后，第二天早上的开路电压则为 2.10 V。以上三种情况的温度范围相同，都是 320 ℃～360 ℃。

对这三个不同的开路电压我们的看法是：

（1）NaOH 刚熔化时，因其中含有水分（NaOH 原来含有的或在加热熔化时吸收的），形成了 Na-H_2O 原电池，它的电动势约为 1.30 V[7]。原电池的电极反应为：

$$\text{阳极：}Na - e^- \rightarrow Na^+$$

$$\text{阴极：}H_2O + e^- \rightarrow OH^- + \frac{1}{2}H_2$$

$$\text{电池反应为：}H_2O + Na \rightarrow NaOH + \frac{1}{2}H_2$$

（2）电解时阳极产生 O_2 和 H_2O，停止电解时形成 Na-O_2（H_2O）原电池，其电极反应为

$$\text{阳极：}2Na - 2e^- \rightarrow 2Na^+$$

$$\text{阴极：}\frac{1}{2}O_2 + H_2O + 2e^- \rightarrow 2OH^-$$

$$\text{电池反应为：}2Na + \frac{1}{2}O_2 + H_2O \rightarrow 2NaOH$$

2.20 V 的开路电压对应于 Na-O_2（H_2O）原电池的电动势。

（3）电解停一夜后，阳极区的水跑光了，而 O_2 却被镍阳极吸附着，因而变成 Na-O_2 原电池，电极反应为：

$$\text{阳极：}2Na - 2e^- \rightarrow 2Na^+$$

$$\text{阴极：}O_2 + 2e^- \rightarrow O_2^-$$

$$\text{电池反应为：}O_2 + 2Na \rightarrow Na_2O_2$$

开路电压 2.10 V 对应于 Na-O_2 原电池的电动势。

为了验证上述看法，我们根据原电池的热力学公式 $E^\circ = \frac{-\Delta G^\circ}{nF}$ 用热力学数据计算了上面三个电池的电动势，数据列于表 3。

表 3　原电池的电动势/V

电池	电动势计算值（$E^\circ_{25℃}$）	测得的开路电压（$V_{360℃}$）
Na-H_2O（g）	1.56	1.30
Na-O_2	2.58	2.10
Na-O_2［H_2O（g）］	2.74	2.20

由于计算值 $E^\circ_{25℃}$ 是各物质都处于 1 大气压和 25 ℃时的数值，与实际的温度、压力和测量条件不同，所以数值有所不同，但较接近，同时计算值 $E^\circ_{25℃}$ 与测得值 $V_{360℃}$ 具有变化规律上的一致性，这也符合我们关于上面三个原电池的看法。

3.4　主要问题——β-Al_2O_3 管的寿命

关于 β-Al_2O_3 管的寿命，我们从 1979 年 10 月到 1980 年 8 月先后做过 28 次单管试验，寿命最长的电解了 363 h 还未坏，最短的只电解了 3 h。在这 28 次试验中，第一次用不锈钢作电解槽，石墨作

阳极。因不锈钢和石墨被 NaOH 腐蚀，使熔融碱黏度越来越大，实验无法进行下去。其余 27 次是用刚玉作电解槽，镍片作阳极。其中有 3 次管子损坏是人为的，还有一次是管子和刚玉头连接不好，漏钠。再一次是管子有个小孔。其余 22 次是自然损坏。

从 1980 年 8 月到 1981 年 4 月又做了 5 次六管组装电解试验，寿命最长的 345 h，最短的 8 h，都是自然损坏的。

从上述自然损坏的实验中我们看到，影响 β-Al_2O_3 管寿命的因素可以归纳为下面几个方面：

（1）β-Al_2O_3 管被腐蚀。我们发现有一部分 β-Al_2O_3 管电解后外壁被腐蚀，纯 β-Al_2O_3 管比掺杂（MgO）管腐蚀速度更快。对于掺杂管则晶粒粗而不均匀的易腐蚀，细而匀的难腐蚀或不腐蚀。腐蚀最快的部位是靠近液面处，最严重的几次 1 mm 厚的管壁几乎腐蚀穿了。腐蚀后的管壁变得很光滑，我们看到阳极产生的水汽泡总是向阴极流去；管子的腐蚀可能是熔融 NaOH 和水汽共同作用的结果[8]。

因为近液面处腐蚀最快，六管电解时我们试验过将 β-Al_2O_3 管接近液面部分用 Ni 片包住，发现能明显延长 β-Al_2O_3 管的寿命。

（2）“钠沉积”。在自然损坏的管子中，有一部分内壁表层变成灰黑色（纯 β-Al_2O_3 管和掺杂管都有），被称为“钠沉积”现象。电流密度越大钠沉积越易发生。我们将其中的一根做了离子探针表层杂质对比分析（上海测试技术研究所测），结果发现，管子发生钠沉积后，Na 和其他杂质的含量增加了许多倍。发生钠沉积的原因，虽有一些研究者提出了看法，但目前尚未得出为大家所公认的解释。管子发生钠沉积后很快破裂。

（3）温度不均匀。我们看到 β-Al_2O_3 管特别是掺杂管，容易因温度不均匀而破裂，其承受温差的能力明显地不如硬质玻璃管好。因为硬质玻璃的热膨胀系数是（3.3～5.6）$\times10^{-6}$，β-Al_2O_3 的是 6.1$\times10^{-6}$，掺杂的 β-Al_2O_3 可能比 6.1$\times10^{-6}$更大。

（4）电流密度过大。电流密度过大，即使不发生钠沉积也易使 β-Al_2O_3 管破裂。我们几次发现因提高电流密度使 β-Al_2O_3 管破裂的情况。但多大的电流密度算“过大”还不清楚，看来也很难有一个统一的数值，因为能承受的最大电流密度和 β-Al_2O_3 管的质量有关，而它的质量很难制得一样。电流密度过大易使 β-Al_2O_3 管破裂的原因，我们认为是：一方面加在 β-Al_2O_3 管壁两侧的电压随电流密度增大而升高，升到一定程度会使 β-Al_2O_3 击穿；另一方面，β-Al_2O_3 管的电阻不一定很均匀，电阻小的部位电流密度大发热多，大到一定程度，电阻小的部位因产生更多热量不能及时传走，使局部温度过高也会使管子破裂。

表 4　离子探针表层杂质对比分析数据*

元素		Na	Mg	Si	K	Ca
流强	白色面（外表面）	11.7049	11.3514	0.6182	4.2075	3.0079
	黑色面（内表面）	82.7992	25.8333	1.9498	10.4647	12.4252

注：* 都是三次测量的平均值。

4 结 论

综上所述，以 β-Al_2O_3 为隔膜电解熔融 NaOH 所得钠的纯度是高的；电流效率几乎为 100%，每吨钠的直流电耗为 3450°，比目前工业上的方法（15759°）低得多，仅为后者的 21.9%。NaOH 在 360 ℃时的分解电压为 2.10 V，和计算值 2.18 V 接近；分解电压随温度升高而降低。此电池因条件不同有三个不同的开路电压，对应三个不同的原电池。

从产品纯度、电流效率和直流电耗来看，本法有突出的优点，大有发展前途，目前的主要问题是如何提高 β-Al_2O_3 管的寿命，并使之大型化。其次 β-Al_2O_3 管和储钠器间的连接也需进一步改进。

目前国内外都很重视 β-Al_2O_3 的研究。随着 β-Al_2O_3 研究工作的进展，本法工业化大有希望。

参考文献

[1] 王昌贵，杨进全，陈宗璋，等. 超离子导体及其在化学化工上的应用 [J]. 化学通报，1981 (9)：1-6.

[2] 陈宗璋，陈昭宜，黄吉东. 用 Na・β-Al_2O_3 陶瓷材料为隔膜提纯金属钠的研究 [J]. 湖南大学学报（自然科学版），1979 (1)：81-90.

[3] 陈宗璋. 关于用 β-Al_2O_3 为隔膜电解熔融氯化钠或粗钠制取高纯金属钠和烧碱的初步研究 [J]. 湖南大学学报（自然科学版），1979，7 (3)：101-107.

[4] 马夏尔・西蒂格. 钠的制造、性质及用途 [M]. 北京：化学工业出版社，1959.

[5] 陈宗璋，杨进全，文国安，等. β-Al_2O_3 隔膜法电解熔融氯化钠制取高纯钠和氢氧化钠的研究 [J]. 湖南大学学报（自然科学版），1984，11 (2).

（无机盐工业，1982 年第 4 期，总 35 期）

复合生物骨材料

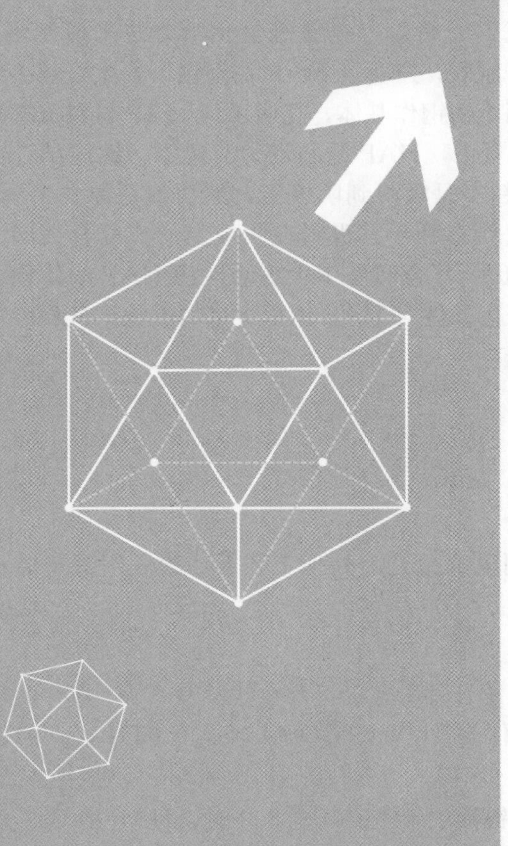

电镀条件对不锈钢基 Ni-HAP 复合生物材料中 HAP 含量的影响

白晓军，刘海蓉，陈宗璋

摘　要：研究了电镀液中羟基磷灰石（HAP）粒子表面的荷电状况，讨论了电镀工艺条件对生物活性物 HAP 在镀层中含量的影响，并确定了复合电镀的最佳工艺参数，为制得性能优良的不锈钢基 Ni-HAP 复合生物材料提供了可靠依据。

关键词：电镀工艺条件；Ni-HAP 复合生物材料；表面荷电状况

1　前　言

20 世纪 70 年代以来的研究发现，羟基磷灰石（hydroxyapatite，简称“HAP”）是人体骨骼中最主要的无机成分，具有优越的生物活性，与人体骨骼有良好的生物相容性，国内外均致力于将其制成医用的新型骨科材料[1-5]。几年来我们尝试了采用复合电镀等电化学方法来研制不锈钢基 Ni-HAP 复合生物材料[4,6]，由于其可在较低温度下制取，避免了 HAP 在高温下发生羟基丢失，致使其生物活性破坏等不良现象[3-5,7]；同时该材料采用不锈钢作基体，克服了纯 HAP 材料疏松多孔、强度较低的不足。由复合电镀法制成的 HAP 复合材料中，HAP 分布均匀、致密，镀层结合良好，具有良好的应用前景[6]。因为在复合电镀中，HAP 粒子是吸附到阴极上，然后被还原的金属 Ni 所覆盖而进入复合镀层，所以，若微粒表面带正电荷，则有利于其吸附在阴极上形成复合镀层。因此，本试验首先探讨在 HAP 镀液中的荷电状况。同时因为复合镀层中生物活性物 HAP 的体积含量是影响材料各种性能的极重要因素，本文还考察了各工艺条件对 HAP 体积含量的影响，从而确定了获得复合材料的最佳工艺参数，为今后的实践提供依据。

2　实验方法

以奥氏体不锈钢为基体，HAP 粒径 1 μm～5 μm，Ca/P=1.67。

2.1　前处理工艺

通过对比实验，本研究中对不锈钢基体采用电解抛光前处理工艺[7]，然后用重蒸馏水清洗三次再进入镀槽。

2.2　复合电镀工艺

本研究采用的复合电镀工艺镀液组成及工艺条件如下：$NiSO_4 \cdot 7H_2O$，250～300 g/L；$NiCl_2 \cdot 6H_2O$，30～60 g/L；H_3BO_3，35～40 g/L；$CH_3(CH_2)_{10}CH_2OSO_3Na$，0.05～0.10 g/L；HAP 粒子，10～200 g/L；pH 值 3.0～4.0，温度 45 ℃～60 ℃，D_A1.0～40.0 A/dm^2，搅拌方式机械搅拌。

由于当 pH<2 时，HAP 会发生溶解，而将镀液的 pH 值调至 3.0 时，HAP 中 Ca^{2+} 的溶出量<10^{-6}mol/L，可以忽略不计，因此镀液的 pH 值≥3.0 时，HAP 可以稳定存在，再根据瓦特型镀液的 pH 值范围，我们选择的 pH 值研究范围为 3.0～4.0。

2.3　镀液中 HAP 粒子表面荷电状况

复合电镀中，虽然加入的 HAP 颗粒是不导电的陶瓷微粒，但其表面吸附的镀液中的离子或分子会改变微粒的带电性，而且 HAP 表面的荷电状况将直接影响到复合镀层 HAP 微粒的含量，是形成复合镀层的重要条件。因此我们首先对实验中采用的 HAP 微粒的表面荷电状况进行了研究。

（1）先将配好的镀液取出 20 mL 移入 500 mL 容量瓶，加蒸馏水稀释至刻度，摇匀，从容量瓶中取10 mL溶液置入250 mL锥形瓶，加过量氨性缓冲液调pH值至9，滴加适量紫脲酸胺指示剂溶液，用0.0972 mol/L的EDTA溶液进行络合滴定，溶液颜色由浅黄红转变为紫色，表示到达终点。记下所消耗的EDTA体积数，重复三次实验，计算出镀液中Ni^{2+}的含量。

（2）在镀液中加入计算量的HAP粉末，浸泡12 h后，将镀液过滤取滤液20 mL，重复与（1）类似的步骤。重复三次试验，计算出加入HAP后镀液中Ni^{2+}的含量。

（3）分别用酸度计测量加入HAP前后镀液的pH值。

2.4 工艺条件对镀层性能的影响

通过实验，考察了温度、阴极电流密度、镀液中HAP含量及镀液pH值等对复合镀层中HAP体积含量的影响。

3 结果与讨论

3.1 镀液中HAP粒子表面荷电状况

系列实验结果见下表。

表 HAP粒子对镀液中Ni^{2+}浓度和pH值变化的影响

镀液中HAP浓度/（g/L）	Ni^{2+}浓度/（mol/L）	pH值
0	1.34	3.40
80	1.02	3.67

从表可知：当镀液中加入HAP粒子后，镀液中的Ni^{2+}浓度降低，pH值升高。这表明在本实验条件下，由于HAP微粒表面吸附了镀液中的Ni^{2+}和H^{+}而荷正电，使镀液中Ni^{2+}、H^{+}浓度降低，pH值升高。通过测试有利于深化我们对于复合电沉积过程的认识。因为HAP粒子吸附了镀液中的Ni^{2+}和H^{+}使表面荷正电，所以在搅拌和电场力的作用下，HAP粒子能运动到阴极并被吸附到阴极上。

由表可知，HAP表面吸附Ni^{2+}较多，因此在搅拌和电场力作用下运动到阴极时，这种离子团易进入阴极双电层并最终接触阴极，HAP粒子上吸附的Ni^{2+}在阴极上放电，生成Ni金属沉积在HAP粒子周围，并逐渐将HAP粒子包埋在镀层中而最终形成Ni-HAP复合镀层。

3.2 温度对复合镀层中HAP体积含量的影响

由图1可知，当pH=3.5时，复合镀层中HAP含量随温度升高而缓慢下降。这一趋势符合多数情况下温度对复合镀层中微粒含量的影响方式[8]。因为镀液的温度升高会使镀液内离子的热运动加强，并增加其平均动能；温度升高还会导致微粒表面的吸附能力下降，并使阴极过电位减小，电场力也会削弱，这些均对微粒嵌入镀层不利，所以升温后易导致镀层中微粒含量降低。

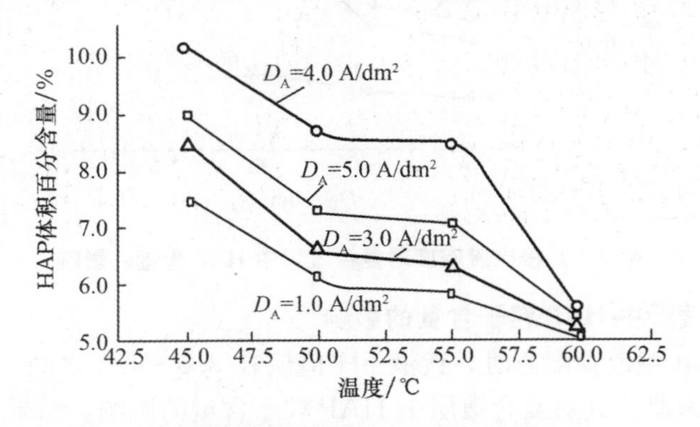

图1 镀液温度对复合镀层中HAP含量的影响

3.3 镀液 HAP 浓度对复合镀层中 HAP 含量的影响

由图 2 可知，在其他操作条件相同的情况下，镀液中的 HAP 粒子浓度越高，所得镀层的 HAP 粒子含量也越高。这是因为镀液中 HAP 粒子浓度越高，在合适的搅拌速度下，HAP 粒子就越容易被阴极吸附，从而使 HAP 粒子更容易嵌入 Ni 层所致。

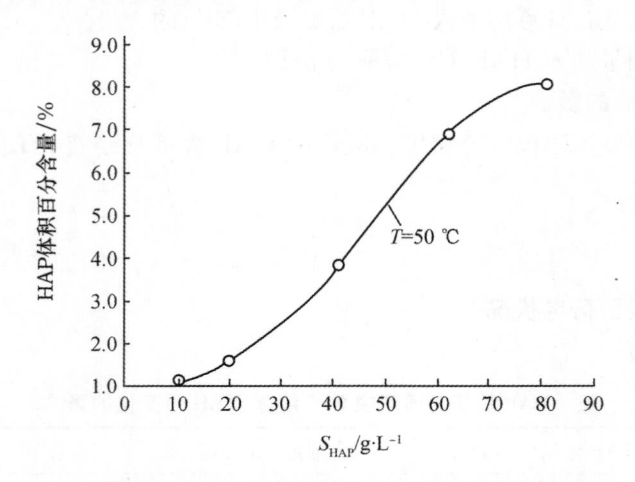

图 2 镀液中 HAP 粒子浓度对复合镀层中 HAP 含量的影响

3.4 阴极电流密度对复合镀层中 HAP 粒子含量的影响

在 Ni-HAP 复合电镀中，阴极电流密度增加，则复合镀层厚度也随之增加；在同一温度下，镀层中 HAP 微粒含量都是先增加后减少，并在 D_A=4.0 A/dm^2 时具有最高值，这表明电沉积过程中采用过低或过高的电流密度都是不利的。在本实验条件下，阴极电流密度在 4.0 A/dm^2 比较合适。

复合镀层中 HAP 的含量随阴极电流密度的变化关系是两方面趋势共同作用的结果。一方面，阴极电流密度增大，阴极的过电位会相应地增高，因而电场力增强，使阴极对吸附着正离子的固体微粒的静电引力增强，这样可以提高基质金属的沉积速度，并对 HAP 粒子与基质金属的共沉积有一定的促进作用；但另一方面，当阴极电流密度增大时，HAP 微粒被输出到阴极附近并嵌入镀层中的速度随电流密度而增大的程度常赶不上基质金属沉积速度的提高，这样就会使镀层内微粒的含量下降。这两种趋势的共同作用结果见图 3。由图 3 可知，D_A=4.0 A/dm^2 时能获得 HAP 含量较高的复合镀层。

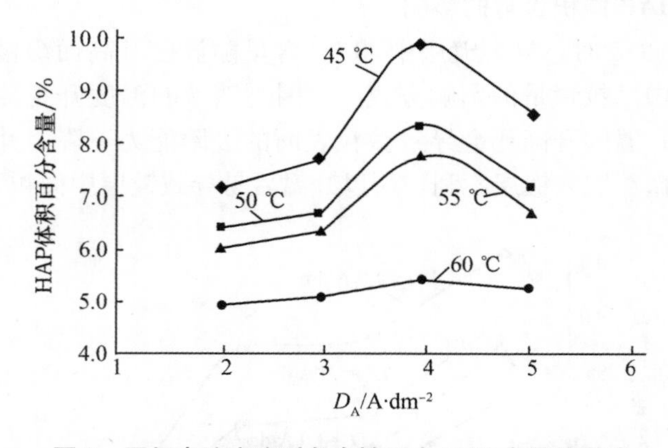

图 3 阴极电流密度对复合镀层中 HAP 含量的影响

3.5 镀液 pH 值对复合镀层中 HAP 粒子含量的影响

前面已知，采用 Watt 型镀镍配方时，镀液 pH 值应在 3.0～4.0 之间。所以本实验中选取三个 pH 值：3.0、3.5、4.0 来研究其对复合镀层中 HAP 粒子含量的影响，结果见图 4。

从图 4 可以看出，不同电流密度条件下，在镀液 pH=3.5 时，复合镀层中 HAP 含量均最低，

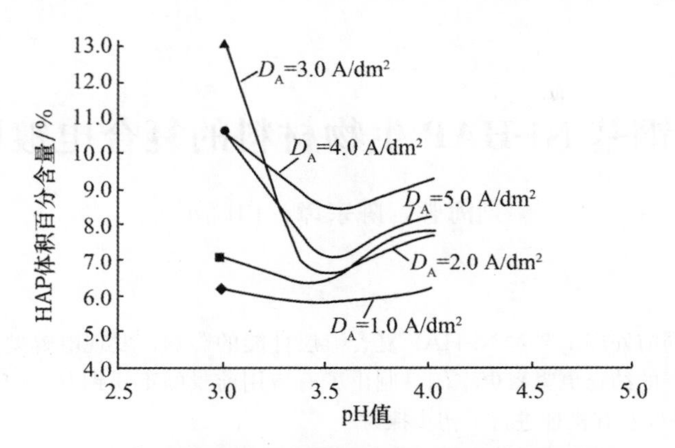

图 4 镀液 pH 值对复合镀层中 HAP 含量的影响

除 $D_A=2.0\ A/dm^2$ 时，其余电流密度下，pH＝3.0 时镀层中 HAP 含量均比 pH＝4.0 时高，即 HAP 含量与镀液 pH 值关系一般可表示为：

$$HAP(V\%)_{pH=3.0} > HAP(V\%)_{pH=4.0} > HAP(V\%)_{pH=3.5}$$

这一变化规律原因如下：较高温度（55 ℃）条件下 HAP 粒子虽然本身是陶瓷粒子不导电，但实验证明，在镀液中 HAP 表面吸附了一些 Ni^{2+} 和 H^+，因而镀液的 pH 值下降，H^+ 浓度升高有利于 H^+ 更多地吸附于 HAP 粒子表面，使 HAP 在电化学作用下更易向阴极运动，促进 HAP 和 Ni 共沉积，因而 pH＝3.0 时，复合镀层中 HAP 的含量要高于 pH＝3.5 时镀层中 HAP 的含量。当 D_A＝3.0 A/dm² 时，pH 从 3.0 升至 3.5，HAP 含量（V%）从 12.91%降到 6.45%，前者几乎是后者的两倍，影响是很明显的。当 pH 值从 3.5 升到 4.0 时，由于镀液 pH 值的上升，H^+ 浓度下降，H_2 析出量将会减少，从而降低了由于析出 H_2 而引起的对 HAP 粒子在阴极表面黏附所产生的不利影响，对复合镀层中 HAP 含量的增加有利，从而使复合镀层中 HAP 的含量不降反升。

3.6 最佳工艺参数的确定

由以上的实验可以得到获得良好复合镀层的最佳工艺参数为：C_{HAP}＝90 g/L 时，D_A＝4.0 A/dm²，pH＝3.0～4.0，T＝45 ℃～55 ℃，时间 1～3 h。

各操作条件对复合镀层其他性能的影响将在另文中讨论。

4 结 论

（1）在 pH 值为 3.0～4.0 时，HAP 粒子能稳定存在于镀液中进行复合电镀。

（2）各操作条件（温度、镀液中 HAP 粒子浓度、电流密度、镀液 pH 值等）对复合镀层中 HAP 粒子的体积含量均有不同程度的影响。

（3）给出了获得复合镀层的最佳工艺参数。

参考文献

[1] 戴兆琛. 人工移植材料的发展及其研究现状 [J]. 材料工程，1994 (2)：40.
[2] 陈兵，等. 块状羟基磷灰石人工骨隆鼻的实验研究及临床应用 [J]. 中华整形烧伤外科杂志，1994，10 (5)：368.
[3] 高家诚，等. 生物陶瓷涂层材料发展概况 [J]. 电碳，1996，(4)：7.
[4] 白晓军. 金属羟基磷灰石生物活性复合材料研究 [J]. 现代技术陶瓷，1996 年增刊上卷：453.
[5] 张亚平，等. 激光熔覆生物陶瓷复合涂层 [J]. 材料研究学报，1994，8 (1)：93.
[6] 刘海蓉，陈宗璋，白晓军. 不锈钢基 Ni-HAP 生物材料的复合电镀研究 [J]. 无机材料学报，1998，13 (6)：913.
[7] 冉均国，郑昌琼. 羟基磷灰石种植材料的表面改性研究 [J]. 生物医学工程通报，1994，6 (01)：104.
[8] 郭鹤桐，张三元. 复合镀层 [M]. 天津：天津大学出版社，1991.

（材料保护，第 32 卷第 9 期，1999 年 9 月）

不锈钢基 Ni-HAP 生物材料的复合电镀研究

刘海蓉，陈宗璋，白晓军

摘　要：本文研究了不同前处理工艺对 Ni-HAP 复合镀层性能的影响，发现电解抛光的基体与复合镀层的结合比机械抛光的基体与复合镀层的结合更紧密更牢固，制出了有应用前景的不锈钢基 Ni-HAP 复合生物材料，还对获得高 HAP 含量镀层的工艺条件及其机理进行了初步探讨。

关键词：Ni-HAP 生物材料；不锈钢基体；抛光工艺；复合电镀；羟基磷灰石（HAP）

分类号：TQ174

Investigation on the Composite Plating for Non-corrosive Steel-based

Liu Hairong，Chen Zongzhang，Bai Xiaojun

Abstract：The influence of proceeding treatment technology on properties of Ni-HAP composite coating was investigated. From the results，the degree of combination of the matrix being treated by-electropolishing with the composite coating was denser and firmer than that of the matrix beingtreated by mechemical polishing with the composite coating. As a result，a new-applied noncorrosive steel-based Ni-HAP composite biomaterial was produced. Moreover，a tentative study about the technology and mechanism of getting high-HAP contents coating was done.

Key words：Ni-HAP biomaterial，non-corrosive steel matrix，polishing technology，composite-plating，hydroxypatite（HAP）

1　引　言

羟基磷灰石（HAP）是人体骨骼中主要的无机成分，与人体骨骼有良好的生物相容性，以羟基磷灰石（HAP）为主要成分的生物陶瓷通过各种方法提高其力学性能后已广泛地应用于骨修补手术中[1-4]，然而一般生物陶瓷受其强度的限制无法作承力材料使用。众所周知，不锈钢具有较好的力学性能和优良的加工性能，但其与生物体的亲合能力差，亦限制了其应用。为解决以上两个矛盾，国内外当前均在研制金属- HAP 复合材料[1-5]。例如等离子喷涂、激光熔覆[6]等方法来制取可承力的金属- HAP 生物材料，但这些方法仍存在着涂层生物活性不高及涂层易脱落、溶解、侵蚀的缺点[7]。

本研究采用较低温度下在不锈钢基上用复合电镀的方法沉积 Ni-HAP 生物活性镀层来解决上述金属基复合材料存在的缺陷。

2　实验方法

不锈钢采用的是奥氏体不锈钢，HAP 粒直径 1 μm～5 μm，Ca/P＝1.67。

2.1 前处理工艺

2.1.1 机械抛光

用金相砂纸、抛光膏，用半机械、半手工方法抛光，然后经酸洗，有机溶剂清洗，重蒸馏水清洗吹干后直接进入镀槽。

2.1.2 电解抛光[8]

按以上工艺条件将不锈钢试片电解抛光后，用重蒸馏水清洗三次直接进入镀槽。

表 1 电解抛光液成分及工艺条件

Component	Content/wt%	Technical schedule	
H_3PO_4 (d=1.7)	50～60	Temperature/℃	50～60
H_2SO_4 (d=1.84)	20～30	Voltage/V	6～8
H_2O	15～20	D_A/A·dm^{-2}	20～100
		Time/min	10
		Cathode	Pb

2.2 复合镀工艺

将上述两种工艺制得的试样，按以下工艺条件进行复合镀。电镀工艺如表 2 所示：

表 2 镀液成分及工艺条件

Component	Content/ (g·L^{-1})	Technical schedule	
$NiSO_4·7H_2O$	250～300	pH	2.5～4
$NiCl_2·6H_2O$	30～60	Temperature/℃	45～60
H_3BO_3	35～40	D_A/A·dm^{-2}	1.0～40
$CH_3(CH_2)_{10}CH_2OSO_3Na$	0.05～0.1	Stir pattern	Mechanical strring
Particle of HAP	10～200		

3 结果与讨论

3.1 前处理工艺对复合镀层性能的影响

用金刚石刻划镀层表面时，复合镀层会与用机械抛光法处理的基体分离甚至脱落。证明机械抛光法制得的基体与复合镀层结合强度较差。这是因为不锈钢表面易形成致密的氧化膜，虽经机械抛光和酸洗亦不能完全除去。

而用电解抛光法制得的基体与复合镀层结合得很好。在金刚石刀划痕处作 180°折叠，复合镀层也不易与基体分离。证明电解抛光除去氧化膜彻底，有利于 Ni-HAP 复合镀层与基体表面的结合。这种方法获得的生物材料，其生物活性镀层与基体结合牢固，使其既有良好的力学性能，又有较高的生物活性，因而此材料有应用的前景。

3.2 经电解抛光所镀的 Ni-HAP 复合镀层中 HAP 颗粒的分布

从图 1 可看出 HAP 颗粒在复合镀层表面分布较密，同时 HAP 颗粒分布比较均匀。可见，搅拌方式和速度是比较适宜的。

由于活性物质 HAP 颗粒在表面所占面积较大，这将有利于材料与生物体的结合。

由图 2 可知，HAP 颗粒在复合镀层中的分布也是均匀的。

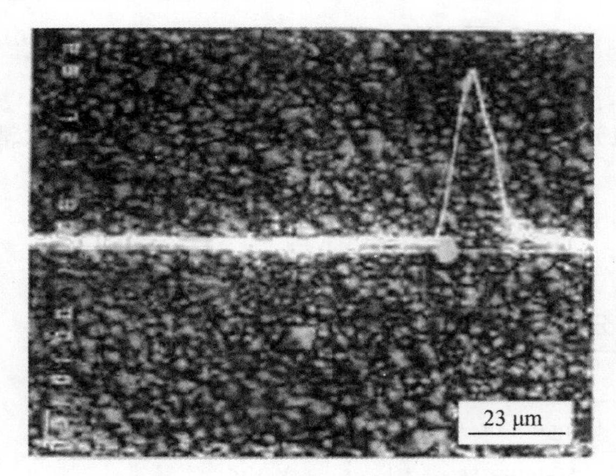

图 1　1#试样 SEI 表面形貌图

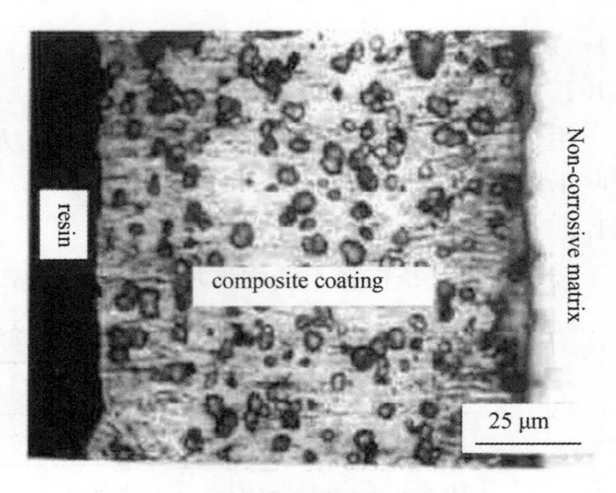

图 2　1#试样横截面光学金相图

3.3　HAP 颗粒在镀片不同垂直位置上的分布

从图 3、图 4 可知，HAP 在垂直方向上分布也比较均匀。在比较合适的搅拌下 HAP 颗粒沉降速度很小，造成的 HAP 垂直浓度梯度很小，因此在镀层垂直方向上 HAP 颗粒的分布亦较均匀。这样制得的生物材料各个部位的生物活性均相差不大。

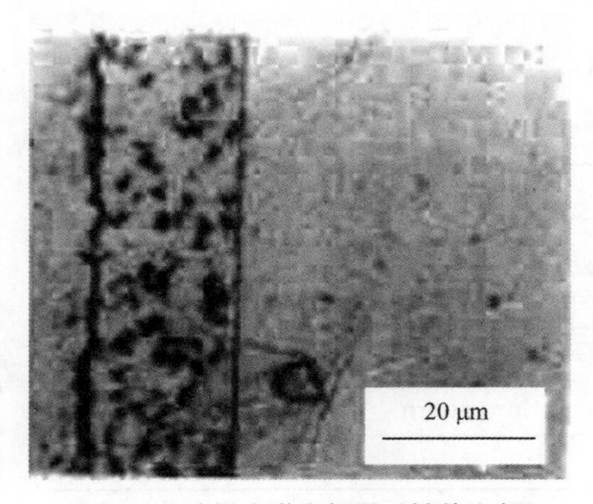

图 3　2#试样光学金相图（镀片上部）

图 4　2#试样光学金相图（镀片下部）

3.4　HAP 颗粒在镀层中的结合情况

图 5、图 6 中白线为 Ca 的能谱线，代表 HAP 含量的高低。

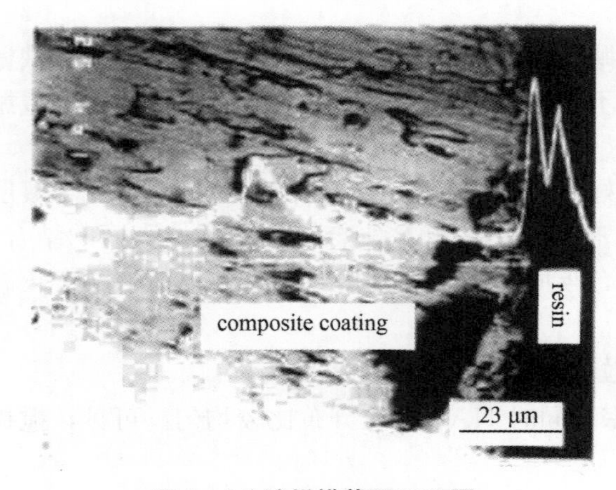

图 5　3#试样横截面 BEI 图

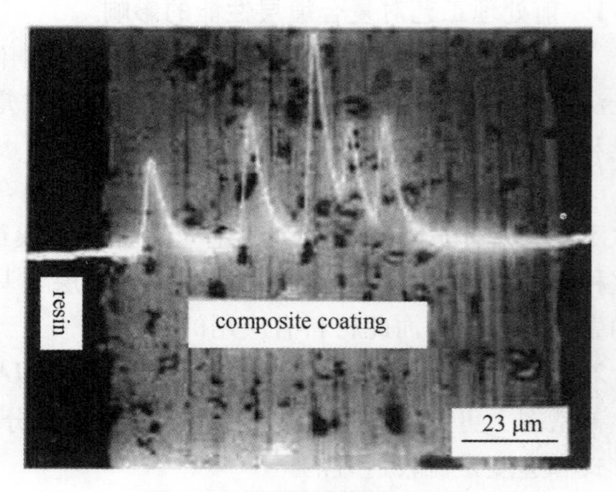

图 6　4#试样横截面 BEI 图

图 5 的试样是经线切割后，反复抛光而得的样品，发现大量 HAP 颗粒在抛光过程中从镀层脱落进入了镶嵌试样的树脂中，在两者界面上出现峰值。

图6的试样未经反复抛光，所以树脂中无HAP颗粒。由此推出，本复合电镀工艺中HAP颗粒主要是电镀时通过吸附作用附着于阴极上，由Ni覆盖而镶嵌于镀层之中，与Ni不存在明显化学作用。这符合现在对复合电镀过程的共识[9]。由于人工骨材的生物活性取决于HAP的性质，所以在制作复合人工骨材时，HAP不能与其他物质作用而发生变性。图6可说明HAP不与Ni作用，在镀层中仍能保持其特性，因而本材料生物活性就得到了保证。

3.5 电流密度对镀层HAP含量沉积速度的影响

由图7可知，沉积速度基本上由Ni的沉积速度决定。Ni的沉积速度随D_A增大而增加，沉积速度基本是呈线性关系。

由图8可知，HAP的含量在随D_A增大时出现峰值，影响HAP含量的有两个因素即Ni的沉积速度和HAP的沉积速度。只有Ni沉积厚度超过HAP颗粒半径时，HAP才会被固定。随着D_A增加，阴极电压增加，有利于HAP的吸附，使HAP颗粒在阴极平均停留数量和停留时间增加，有利于HAP的沉积，但D_A再增加，HAP在阴极的停留数量基本饱和，所以HAP的沉积不会变化太多，而Ni的沉积却增加很快，所以镀层中HAP的含量减少。因此在D_A不断增加时，HAP含量会出现一个峰值。

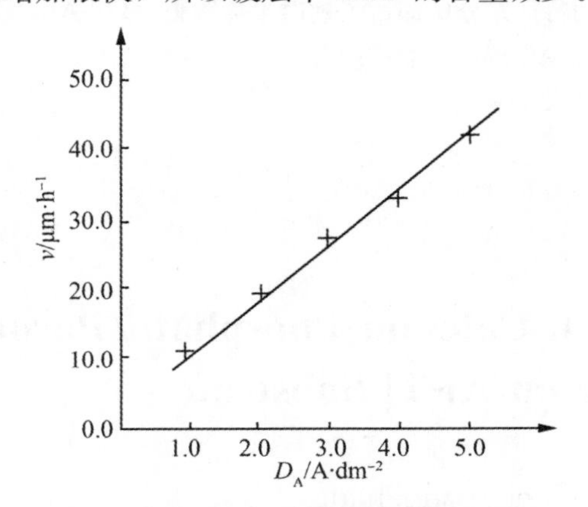

图7 电流密度-沉积速度关系曲线图

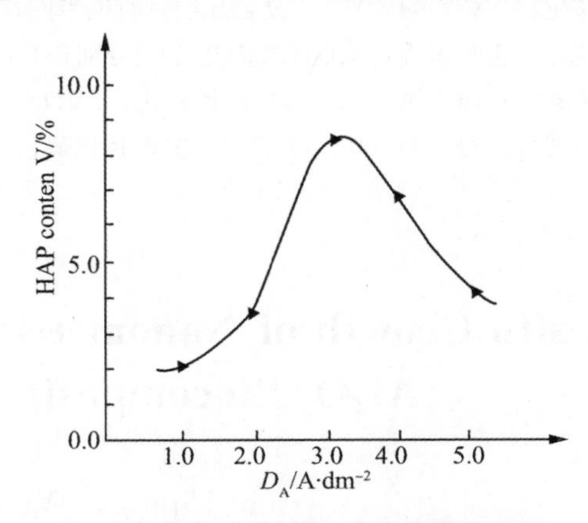

图8 电流密度与HAP含量关系曲线图

4 结论

(1) HAP能与Ni在不锈钢基体上共沉积形成复合材料。

(2) 不锈钢基片经电解抛光后与Ni-HAP镀层结合更紧密。

(3) HAP在镀层中的分布比较均匀。

(4) 随着D_A的增加，沉积速度基本呈线性增加。而HAP在复合镀层中的含量随D_A增加出现一峰值，即要得到高HAP含量的镀层存在一个最佳电流密度。

参考文献

[1] 高家诚，张亚平．生物陶瓷涂层材料发展概况［J］．电碳，1996（4）：7-11.
[2] 刘康时．磷灰石质生物陶瓷的进展［J］．中国陶瓷工业，1993，4（3）：5-10.
[3] 郑岳华，侯小妹，杨兆雄．多孔羟基磷灰石生物陶瓷的进展［J］．硅酸盐通报，1995（3）：20-24.
[4] M G S Murray，J Wang，C B Ponton，et al. An improvement in processing of hydroxyapatite ceramics［J］. Journal of Materials Science，1995，30（12）：3061-3074.
[5] 曹永平，严尚诚，鞠卫东．羟基磷灰石涂层人工髋关节［J］．中华骨科杂志，1997（3）：194-197.
[6] 张亚平，高家诚，谭继福，等．激光熔覆生物陶瓷复合涂层［J］．材料研究学报，1994，8（1）：93-96.
[7] 白晓军，王迎军，冉伟．金属羟基磷灰石生物活性复合材料研究［J］．现代技术陶瓷，1996年增刊（第九届特种陶瓷学术年会论文专辑）上卷：453-455.
[8] 郑永锋．不锈钢电镀［J］．电镀与环保，1996，4（16）：6-7.
[9] 郭鹤桐，张三元．复合镀层［M］．天津：天津大学出版社，1991.

（无机材料学报，第13卷第6期，1998年12月）

Al-Ti 基体上纳米网状钙磷陶瓷/多孔 Al_2O_3 生物复合涂层的原位生长

何莉萍，吴振军，陈宗璋

摘　要：先采用 PVD 法在医用钛金属表面沉积一层 Al 膜，得到 Al-Ti 基体材料；而后采用阳极氧化与水热合成复合制备技术在 Al-Ti 基体上成功构造了由纳米网状磷酸盐组成的钙磷生物陶瓷/Al_2O_3 多孔复合生物涂层。利用扫描电镜（SEM）、透射电镜（TEM）、电子能谱（EDAX）、X 射线衍射（XRD））表征了阳极氧化前后铝膜和钙磷生物陶瓷涂层的微观形貌、元素构成以及晶相成分。结果表明：在阳极氧化过程中，钙、磷元素嵌入阳极氧化铝（AAO）膜，并经水热处理反应原位生成钙磷陶瓷；钙磷陶瓷晶体从 Al_2O_3 孔洞长出并覆盖于多孔氧化膜的表面；最终获得的钙磷生物陶瓷/多孔 Al_2O_3 复合涂层具有纳米网状、多孔的结构特征。分析探讨了钙磷生物陶瓷/多孔 Al_2O_3 复合潦层的原位生长过程，浓度梯度与电位差分别是 Ca、P 元素进入 AAO 膜的主要推动力。

关键词：磷酸钙；钛基体；阳极氧化；PVD；水热处理；生物复合材料

中图分类号：TG148；O611.4　**文献标识码**：A

In-situ Growth of Nanometric Network Calcium Phosphate/Porous Al_2O_3 Biocomposite Coating on Al-Ti Substrate

He Liping, Wu Zhenjun, Chen Zongzhang

Abstract: Pure Al thin film was PVD-deposited on medical titanium to form Al-Ti substrate. Al-Ti substrate was then applied to the hybrid technique of anodization and hydrothermal treatment, which finally led to the successful fabrication of nanometric network calcium phosphate/porous Al_2O_3 biocomposite coating on Al-Ti substrate. Scanning electron microscopy (SEM), transmission electron microscopy (TEM), energy-dispersive X-ray analysis (EDAX) and X-ray diffraction (XRD) were employed to study the microstructures and compositions of Al thin film and calcium phosphate/porous Al_2O_3 biocomposite coating. The results indicate that the Ca and P ions are incorporated into the anodized alumium oxide (AAO) during the anodization process, and the incorporated Ca and P reacted to be calcium phosphate after hydrothermal treatment. The calcium phosphate grows from the holes of AAO and covers the surface of AAO layer. In addition, the mechanism for the in-situ growth process of calcium phosphate/porous Al_2O_3 biocomposite coating was discussed. The concentration gradient and potential difference contribute to the incorporation of Ca and P into AAO film, respectively.

Key words: calcium phosphate, Ti substrate, anodization, PVD, hydrothermal treatment, biocomposite

---

钛及其合金（如 $Ti_6A_{14}V$）具有质轻、耐挤压、抗弯曲等优良的力学性能，是目前较多应用于人体硬组织取代与修复领域的一类医用材料；但因属于惰性生体材料，在植入人体后有致毒（引起

炎症、刺激、过敏等）和导致突变的危险[1]。因此，各国研究者正积极开发优异生物活性与良好力学性能兼备的新一代人造硬组织材料，其中较为活跃的方向之一便是在钛及其合金表面构造生物活性磷酸钙盐陶瓷涂层。现已开发出多种在金属基体上制备生物活性涂层的工艺和方法。如：等离子喷涂法[2]、溶胶-凝胶法[3]、激光熔覆[4]、仿生生长[5]、化学沉积[6]、电镀共沉积[7]、电泳沉积[8]、电结晶[9]等。但由于热膨胀不匹配以及杂质相的生成引起涂层与基体结合强度低和生物活性下降[10]，使其难以满足长寿命、安全、可靠的临床应用要求。因此，研究新的制备工艺，开发新的生物复合材料体系就显得十分重要。

基于阳极氧化生成 Al_2O_3 优异的耐磨、抗蚀性能以及具有多孔的结构特征[11]，我们提出了先在钛表面沉积铝膜，经阳极氧化获得 Al_2O_3/Al-Ti基底，与此同时，钙、磷元素原位嵌入 Al_2O_3 膜层中，再于酸性介质中水热处理，在多孔 Al_2O_3/Al-Ti基底上原位生长钙磷生物陶瓷涂层的新工艺。研究了各阶段材料的组成与形貌特征，对钙磷生物陶瓷涂层的原位生长过程作了初步探讨。

1　实　验

1.1　样品制备

在商业纯钛片（*d*18 mm×（0.5～0.8）mm，纯度高于99.99%）上物理气相沉（PVD）铝膜（铝靶纯度高于99.99%，英国Goodfellow公司生产）。将所制得Al-Ti材料作为阳极，以大面积铝板作为阴极，含钙、磷盐为主要成分的电解质提供钙、磷元素，直流电压恒压阳极氧化，以去离子水洗涤、吹干，获得含钙、磷元素的多孔 Al_2O_3/Al-Ti复合材料。随后将其置于高压反应釜中进行水热处理，工艺条件为：212 ℃，2.0 MPa，8 h，介质为磷酸的去离子水溶液（1∶800）。将水热处理后的样品用去离子水反复淋洗，吹干。

1.2　测试与表征

利用扫描电镜及能谱仪（SEM＋EDAX，JE-OL/JSM-5600）观察PVD沉积铝膜形貌、阳极氧化后以及水热处理后样品的表面形貌、结晶形态和表面元素构成；用透射电镜（TEM，Philips CM20）分析水热处理后多孔复合膜的结构特征；用X射线衍射仪（XRD，Siemens D5000）测试复合涂层体系的物相组成。

2　结果与讨论

2.1　多孔 Al_2O_3/Al-Ti基底的形貌与成分分析

采用PVD法在钛基底上沉积的铝膜形貌如图1所示。从图可知，由于铝的局部团聚，使铝膜呈现一定的粗糙度。非平滑纯铝膜的形成是后续阳极氧化的基础，也为水热处理原位生长钙磷生物陶瓷涂层提供了更多的嵌入生长点。

上述Al-Ti基底经阳极氧化处理后，成功转变为多孔 Al_2O_3/Al-Ti体系，图2所示为其SEM微观形貌。众所周知，铝的常规阳极氧化（通常以硫酸、草酸、磷酸或它们的混合物作为电解介质）通常形成具有密布、六棱柱状结构孔洞的多孔 Al_2O_3 层。但从图2可知，本实验所得多孔 Al_2O_3 层的针孔孔径在10 nm～30 nm之间，分布较为疏散，而且粗糙表面（铝的团聚）并未随着电解的进行而变得平滑。由于阳极氧化条件（如电压、温度、时间等）与常规阳极氧化相近似，故可推断正是特殊的电解质造成了该阳极氧化 Al_2O_3 的形貌特征。

电子能谱分析（图3）表明此多孔 Al_2O_3 膜中含有Ca、P元素。因为已用去离子水反复清洗经阳极氧化的样品，所以Ca、P元素是存在于多孔膜中而非吸附于其表面，能谱图中未检测到其他元素也证明了这一点。

图 1 PVD 法沉积铝膜的表面形貌

图 2 阳极氧化铝的表面形貌

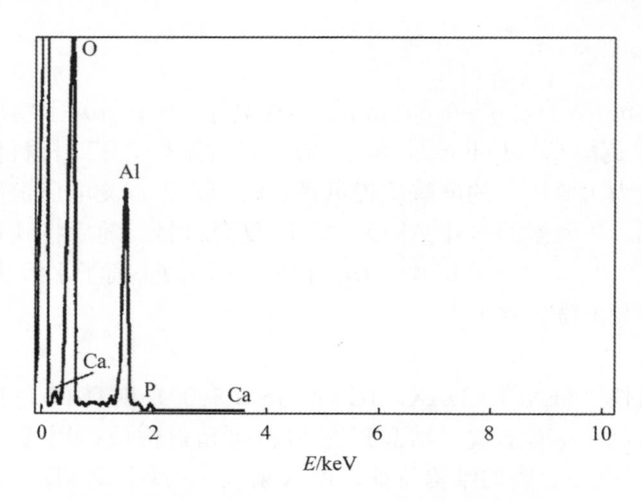

图 3 阳极氧化铝 EDAX 成分分析结果

2.2 钙磷生物陶瓷涂层的形貌、物相分析

经过水热处理后，在含钙、磷元素的多孔 Al_2O_3/Al-Ti 基体上成功构造了纳米网状钙磷生物陶瓷涂层，其微观形貌如图 4 所示。从图中可知，所得涂层由直径为 7 nm～30 nm、长度为 200 nm～650 nm 并相互交连成网状的针状晶体构成。该钙磷涂层的形状和结构在一定程度上模拟人体骨骼结构特征，即人体密质骨中羟基磷灰石沿胶原体生长，并且胶原体呈纤维网状结构，羟基磷灰石也为纳米级纤维网状晶体。在进行硬组织植入修复或替换时，这种仿生涂层结构将有利于新生骨的生长

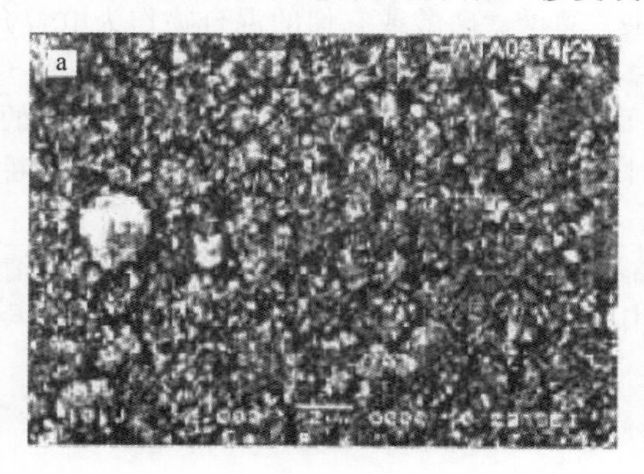

图 4 钙磷生物陶瓷涂层的表面形貌

嵌入，形成牢固的“骨整合”，从而提高新骨与植入体系间的结合强度，延长植入材料的有效使用寿命。图 5 所示为钙磷陶瓷-Al_2O_3/Al-Ti 多孔体系的 TEM 形貌。从图中可清晰地观察到多孔 Al_2O_3 层的管状结构，且在纤维管状结构中有钙磷盐相（图中多孔层较为明亮的部分）以纳米线形式存在。X 射线衍射分析结果表明（如图 6 所示），复合涂层由水合 Al_2O_3、水合 $CaHPO_4$ 与 $CaHPO_4$ 构成；此外，还可观察到 Al_2O_3 的非晶峰（图 6 中左侧的矮宽峰）。可见生物陶瓷涂层是磷酸钙盐的混合物相。但从图 4 与图 6 所显示的结果来看，复合涂层的表面绝大部分为三斜磷酸钙。文献［12］表明，前述几类酸性磷酸钙能在体内生理环境中转换为羟基磷灰石，因此，该复合磷酸钙盐涂层将具有优异的生物活性与生物相容性。而且所得材料的原位生长效应、多孔效应以及仿生结构特征将有可能提高陶瓷涂层与基体之间的结合强度等力学性能。

图 5　含钙磷陶瓷（白色线状物）多孔 Al_2O_3 层的 TEM 形貌

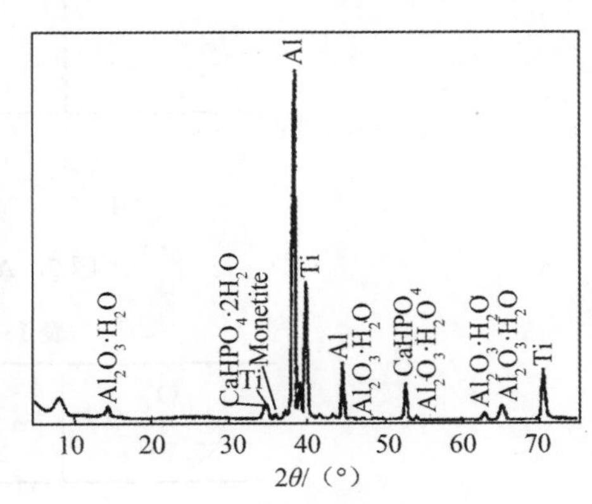

图 6　钙磷生物陶瓷复合涂层的 XRD 谱

2.3　钙磷生物陶瓷/Al_2O_3 复合涂层的原位生长过程分析

2.3.1　影响钙磷元素进入 Al_2O_3 层的主要因素

文献［13］表明，在进行电解处理时，强电场中的带电粒子（如离子、荷电胶粒等）将按电场的作用力作相应运动，即负电粒子向高电位处迁移，而荷正电的粒子则朝低电位方向运动；当电场强度不高时，荷电粒子则受浓度梯度等其他势场的影响更大，甚至出现逆电场方向的迁移运动。

本研究中，在阳极氧化的初始阶段，Al-Ti 基体的铝膜表面将迅速形成致密的 Al_2O_3 层。在导电能力低的 Al_2O_3 层完全形成之前，电解质溶液电压将占整个槽压的较大部分，加之极间距较小（<5 cm），所以电解质中的带电离子或带电基团将在强电场中发生定向移动，如 Ca^{2+} 向阴极迁移，而含磷的负电基团则会在阳极基片附近富集，后者进入阳极表面双电层并在发生某些相应的化学与电化学反应后，磷元素以杂质的形式嵌入 Al_2O_3 晶格形成缺陷。此阶段仅有极少量的钙元素混入 Al_2O_3 层。

当形成致密 Al_2O_3 层后，阳极氧化进入多孔 Al_2O_3 层的生长阶段，电解体系的电阻变得很大，电流密度随之降低，阳极附近双电层内的化学与电化学反应趋于平缓。一方面，含磷的负电基团继续在阳极表面富集、反应并进入 Al_2O_3 多孔层，但数量较致密 Al_2O_3 层形成阶段要少；另一方面，由于电解质中的电场强度非常低（此时电解液的阻值相对于近乎绝缘的 Al_2O_3 层阻值可忽略不计），故浓度梯度将成为高浓度离子（如实验体系中的 Ca^{2+}）运动的主要推动力。因此，该阶段将有大量的 Ca^{2+} 在浓度差的作用下进入阳极双电层，且进入不断生长变厚的多孔 Al_2O_3 层中。

最终在电势差、浓度差以及相关双电层反应的共同作用下，钙、磷元素进入 Al_2O_3/Al-Ti 体系中且呈梯度分布（如图 7 所示）：从致密 Al_2O_3 层到多孔 Al_2O_3 层，磷含量降低，钙含量增加。由于致密 Al_2O_3 层形成过程很短，阳极氧化的绝大部分时间为多孔 Al_2O_3 层的生长，所以氧化铝中钙含量应比磷含量高。该分析结果很好地与能谱（EDAX）元素分析结果（见表 1）相吻合。

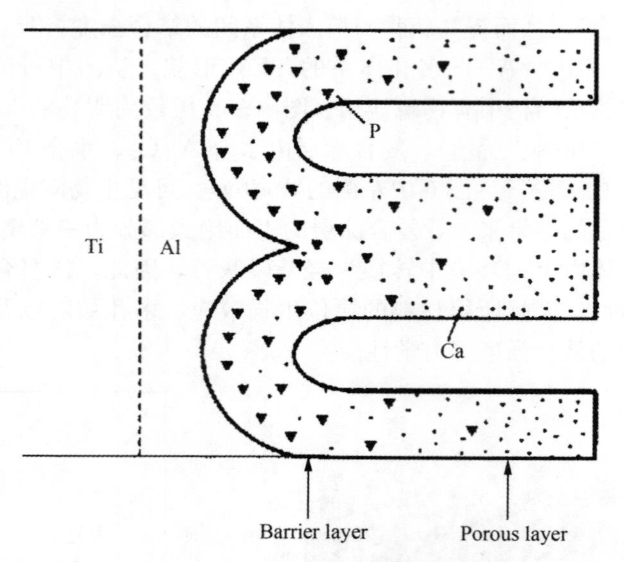

图7　Al_2O_3 中钙、磷元素分布示意图

表1　Al_2O_3 膜层中各元素的含量

O	Al	Ca	P
65.74%	30.39%	3.43%	0.44%

2.3.2　涂层的水热生长分析

经阳极氧化的样品在 212 ℃，2.0 MPa 的高温高压蒸汽中进行处理，主要有以下三方面的变化。

（1）Al_2O_3 层中的钙、磷元素由于热运动，向多孔 Al_2O_3 层富集并伴随有与氧等其他元素或基团间的反应，生成少量磷酸钙盐晶种。

（2）随着水热处理时间的延长，磷酸钙盐从 AAO 膜孔中沿管壁向外生长，最终覆盖在 AAO 膜表面，形成生物活性优异的纳米生物陶瓷涂层。

（3）高温状态使水热处理料液中 H_3PO_4 的第二、三级离解变得容易，可为富余的钙离子提供充足的磷源（HPO_4^{2-}、PO_4^{3-}）以生成磷酸钙盐陶瓷相。

由于阳极氧化铝具有薄致密层与厚多孔层的独特结构，使其所含的钙、磷元素在高温高压条件下可完全参与磷酸盐的成核生长反应，避免致密 Al_2O_3 层中残留钙、磷杂质元素而导致的氧化铝层与基底间结合强度下降。因此，采用先阳极氧化再水热处理的复合制备技术，可完全将含钙、磷元素的阳极化多孔 Al_2O_3 充分转变为钙磷陶瓷/多孔 Al_2O_3 复合涂层，即使复合涂层原位生长于 Al-Ti 基体上。

3　结　论

在钛片上 PVD 法预沉积纯铝膜，通过阳极氧化与水热处理复合制备技术在 Al-Ti 基体上成功制得了纳米网状磷酸钙盐/多孔 Al_2O_3 生物复合涂层材料。在阳极氧化阶段，钙、磷元素分别在电位差和浓度差的作用下进入阳极氧化铝层并呈梯度分布；经水热处理，于 Al-Ti 基体上原位形成具有纳米尺寸的网状钙磷生物陶瓷/多孔 Al_2O_3 复合涂层。

参考文献

[1] 陆峰. 人体植入金属腐蚀与防护研究的进展 [J]. 材料保护，1995，28（6）：21-22.

[2] Yang C Y，Wang B C，Wu J D. The influences of plasma spraying parameters on the characteristics of hydroxyapatite coating：a quantitative study [J]. J Mater Sci，1995，30（6）：249-257.

[3] Liu D M, Liua M, Troczynski T, et al. Water-based sol-gel synthesis of hydroxyapatite: process development [J]. Biomaterials, 2001, 22 (13): 1721-1730.

[4] Arita H, Castano V M. Synthesis and processing of hydroxyapatite ceramic tapes with controlled porosity [J]. J Mater Sci Lett, 1995, 14 (6): 19-23.

[5] Zhu P X, Masuda Y, Koumoto K. A Novel Approach to Fabricate Hydroxyapatite Coating on Titanium Substrate in an Aqueous Solution [J]. J Ceram Soc Japan, 2001, 109 (8): 676-680.

[6] 张春艳，高家诚，李龙川，等. 钛合金表面化学沉积钙-磷基生物陶瓷 [J]. 中国有色金属学报，2002，12 (S2): 117-121.

[7] He Liping, Liu Hairong, Chen Dachuan, et al. Fabrication of HAP/Ni biomedical coatings using an electro-codeposition technique [J]. Surface and Coatings Technology, 2002, 160 (2-3): 109-113.

[8] Stoch A, Brozek A, Kmita G, et al. Electrophoretic coating of hydroxyapatite on titanium implants [J]. J Mol Struct, 2001, 596: 191-200.

[9] Shirkhanzadeh M. Direct formation of nanophase hydroxyapatite on cathodically polarized electrodes [J]. J Mater Sci: Mater in Med, 1998, 9 (2): 67-72.

[10] 俞耀庭，张兴栋. 生物医用材料 [M]. 天津：天津大学出版社，2000：116-137.

[11] Shi Donglu, Jiang Gengwei. Synthesis of hydroxyapatite films on porous Al_2O_3 substrate for hard tissue prosthetics [J]. J Mater Sci Eng C, 1998, 6: 175-182.

[12] Prado M H, Silva D, Lima J H C, et al. Transformation of monetite to hydroxyapatite in bioactive coatings on titanium [J]. Surface and Coatings Technology, 2001, 137 (2-3): 270-276.

[13] 高云震，任继嘉，宁福元. 铝合金表面处理 [M]. 北京：冶金工业出版社，1991.

（中国有色金属学报，第14卷第3期，2004年3月）

不同电解质制备多孔阳极化 Al_2O_3 的形貌与间接诱导形成钙磷涂层能力

吴振军，何莉萍，陈宗璋，李素芳

摘　要：利用在 Na_3PO_4 溶液中的直流恒压阳极氧化法和 H_3PO_4 溶液中的恒流阳极氧化法对纯铝片进行阳极化处理。用扫描电子显微镜观察经阳极氧化样品的形貌结构，电子能谱测定诱导生成钙磷涂层的元素构成。结果表明：Na_3PO_4 电解液中阳极化铝片发生过氧化行为形成过氧化膜；以稀 H_3PO_4 为电解液制得了孔径可达 120 nm～150 nm 的规整多孔阳极氧化铝（anodic aluminum oxide，AAO）膜。经多步预处理后，再在模拟体液中浸渍 2.5 d，过氧化 AAO 膜比规整多孔 AAO 膜显示出更为优异的诱导生成钙磷陶瓷涂层的能力。

关键词：钙磷陶瓷涂层；阳极氧化；过氧化；多孔阳极氧化铝；诱导生成

中图分类号：TQ174.75　**文献标识码**：A　**文章编号**：0454-5648（2004）09-1178-06

Morphology and Indirect Inductive Ability for Calcium Phosphate Coatings of Porous Aluminum Oxide Synthesized in Different Electrolytes

Wu Zhenjun，He Liping，Chen Zongzhang，Li Sufang

Abstract：The anodization of pure Al foils were accomplished using DC constant voltage method in Na_3PO_4 solution and galvanostatic method in H_3PO_4 solution. The morphology of porous anodic aluminum oxide (AAO) was investigated by scanning electron microscopy，and the compositions of inductively formed calcium phosphate coatings were determined by energy-dispersive X-ray analysis. The results show that the Al foils anodized in Na_3PO_4 form peroxidation AAO films while the Al foils anodized in diluted H_3PO_4 form uniform porous AAO films with the pores diameter of 120 nm～150 nm. It is found that the peroxidation AAO films exhibit more excellent ability for the inductive formation of calcium phosphate coatings than the uniform ones after being pretreated and soaked in a simulated body fluid for 2.5 d.

Key words：calcium phosphate coatings，anodization，peroxidation，porous anodic aluminum oxide，inductive formation

---

20 世纪中叶，人们就已经较为详尽地研究了在金属铝及其合金表面所合成的阳极化 Al_2O_3（anodic aluminum oxide，AAO）多孔膜的结构特征[1]。阳极氧化铝可通过恒流、恒压、阶跃、脉冲等直流方法或交直流迭加技术来制备[2]。随着相关生长机理研究的深入以及实验技术的改进，已经开发了具有不同微观形貌结构和多种功能的各种多孔阳极化氧化铝[3-7]。正是由于这种膜具有独特的微观结构（底部为致密 Al_2O_3 层，外部为多孔 Al_2O_3 层），及其优异的理化性能（耐磨损、抗腐蚀、生物相容等），阳极化氧化铝不仅用作装饰保护的基底材料，还在其他诸多领域有着重要的应用，如用

来制作高比表面电介质、合成纳米线与纳米管用模板、生物传感器、生物相容承载材料以及微型反应器等[8-10]。

徐可为等[11]已采用微弧氧化加水热处理复合制备技术合成了磷灰石/氧化钛生物复合涂层。基于AAO具有优异的耐蚀性能，而且制备工艺成熟，因此，实验中首先采用恒直流法（电解质为磷酸溶液）和直流恒压法（电解质为磷酸三钠）阳极氧化分别合成了多孔AAO膜，再采用模拟体液（simuiated body fiuid，SBF）诱导沉积的“软化学”法在多孔AAO膜表面获得了钙磷陶瓷涂层，对不同条件下Al的阳极化行为、多孔 Al_2O_3 的形貌特征以及不同形貌AAO膜对钙磷陶瓷的诱导生成能力进行了初步研究。

1 实 验

从铝板上剪取实验用铝片（10 mm×10 mm×0.1 mm，Al的质量含量为99.95%），经过丙酮超声清洗、热碱液去油、酸蚀和去离子水冲洗后，晾干。恒压阳极氧化电压分别为40 V、80 V，以浓度为65 g/L的 Na_3PO_4 水溶液作为电解质；恒流阳极氧化的电流密度分别为5 mA/cm^2、10 mA/cm^2、15 mA/cm^2，电解质为4%（质量分数）H_3PO_4 溶液。电解槽采用双电极体系：样品铝片为阳极，石墨为阴极；阳极氧化在恒温、搅拌的条件下进行。以电泳仪（DYY-6B，北京）作为直流电源。

经阳极氧化的样品，用去离子水反复冲洗，吹干。用扫描电子显微镜（SEM，JSM-5600，Japan）观察其表面的微观形貌。

室温下将所有样品先后浸泡于0.5 mol/L NaH_2PO_4 溶液（24 h）和饱和澄清的 $Ca(OH)_2$（4 h）溶液中，最后将这些经预浸泡处理的样品在SBF中进行仿生处理，处理条件为表1所示。取出样品，用去离子水洗涤、吹干，用扫描电子显微镜加能谱仪（SEM+EDAX，JEOL/JSM-5600，Japan）观察样品的形貌、测定表层元素构成。

表1 模拟体液处理条件

Composition of SBF	Concentration/（mmol·L^{-1}）	Buffering agent	θ/℃	pH value
NaCl	136.8	45 mmol·L^{-1}	37.0±0.5	7.4
$NaHCO_3$	4.2	[（$CH_2OH)_3$·CNH_2）and 1.0 mol·L^{-1} HCl]		
KCl	3.0			
$K_2HPO_4\cdot 3H_2O$	1.0			
$MgCl_2\cdot 6H_2O$	1.5			
$CaCl_2$	2.5			
Na_2SO_4	0.5			

2 结果与讨论

2.1 多孔氧化铝的形成

图1为铝片在不同电流密度下进行恒流阳极氧化所得到的槽压-时间关系。图中曲线均由下述三个连续的主要部分构成：$a\to b$，电解槽压在短时间内迅速上升。该部分表明在铝基底上致密阻挡层的快速形成，所得到的致密 Al_2O_3 膜导电性很差，因此造成表面电阻的升高；$b\to c$，这是多孔氧化铝生成的初始阶段，槽压有一定程度的下降。由于孔洞为参与导电的离子提供了迁移通道，使得阳极表面氧化膜电阻有一定程度的下降；$c\to d$，随着电解电压的稳定，多孔阳极氧化铝进一步生长，孔洞变大、变深。

从图1中可知，恒流阳极氧化的电流密度越高，阻挡层与多孔层的最终电阻就越低。这是由于大电流密度致使AAO膜形成孔径更大的多孔层和厚度较小的致密阻滞层。

图2中的曲线表明了40 V和80 V恒压氧化时电流密度与时间的关系。在阳极氧化的开始阶段，阻挡层的迅速形成导致了电流密度的显著下降；随后是多孔膜层的形成，表现为图2中的一个较为缓和的二次电流下降过程；最后，多孔氧化铝进一步生长、成型，此时电流密度不再变化。然而，曲线中却未观察到通常在酸性阳极氧化中所出现的电流小幅回升现象。这可能归因于碱性电解质中部分溶解的铝离子在阳极表面能生成氢氧化铝溶胶，此溶胶层所造成的阳极表面电阻增加，部分地抵消了上部致密层转化为多孔层所带来的氧化层电阻下降。

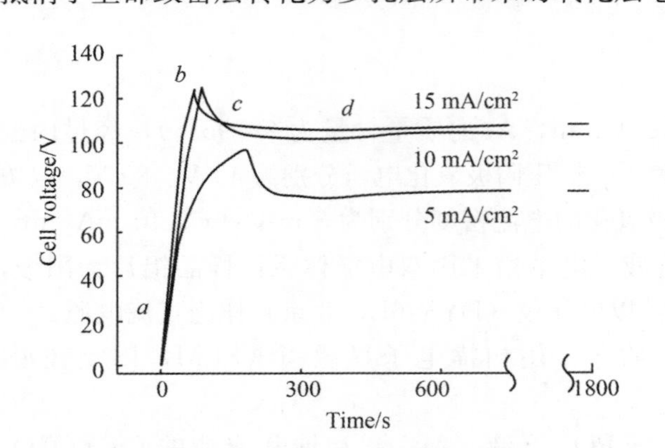

图1　不同电流密度下，多孔氧化铝的阳极化行为曲线

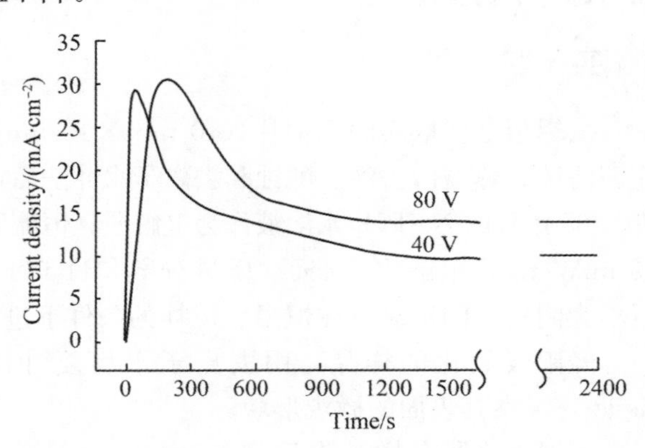

图2　不同槽压下，多孔氧化铝的阳极化行为曲线

与图1对照可以看出，在碱性溶液中恒压阳极氧化时，40 V与80 V条件下所对应的最终电流密度分别接近10 mA/cm^2 和15 mA/cm^2，而图1中相应电流密度下所达到的稳定槽压分别约为100 V和110 V。这表明实验中所制备的碱性阳极化多孔氧化铝膜比酸性阳极化氧化铝膜具有更好的导电能力。

2.2　形貌结构分析

图3是在Na_3PO_4碱性电解液中制备的多孔样品的SEM照片。从图3中可看出，在直径为150 nm～200 nm的大坑（或称之为浅洞）底部，分布着直径在30 nm～40 nm之间的大量细孔。有关铝的阳极氧化的研究[12]已经确认在某些阳极化条件下会出现过氧化行为，从而导致具有非规则形貌特征的阳极化氧化铝的生成。即在过氧化阶段，由于剧烈氧化和溶蚀的共同作用，分别使细孔生成和上部初始孔洞拓宽，从而使得针眼状孔洞在初始孔洞底部显露出来。此阶段即对应于图2所示的阳极氧化过程中出现的二次电流下降部分。

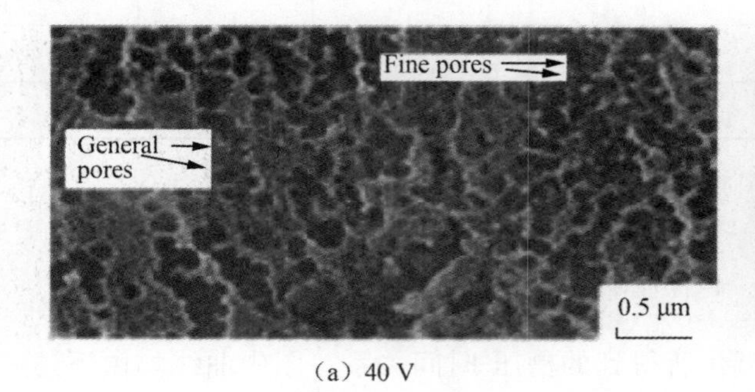

(a) 40 V

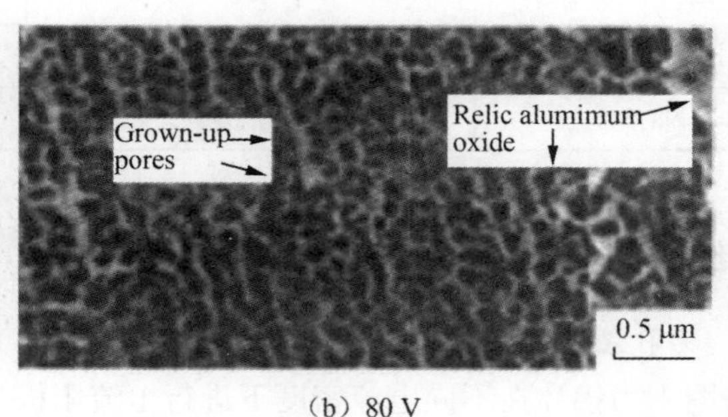

(b) 80 V

图3　以65 g/LNa_3PO_4为电解质，15 ℃，不同槽压下所获得的多孔氧化铝表面的SEM照片

图4给出了过氧化膜的一种可能生长过程，即先生成具有正常孔洞结构的多孔阳极氧化铝［图4（a）～图4（c）］，随着过氧化的进行，在初始形成孔洞的底部生成大量的针孔，最后原始孔洞扩大、针孔进一步生长得到过氧化多孔氧化铝膜［图4（d），图4（e）］。

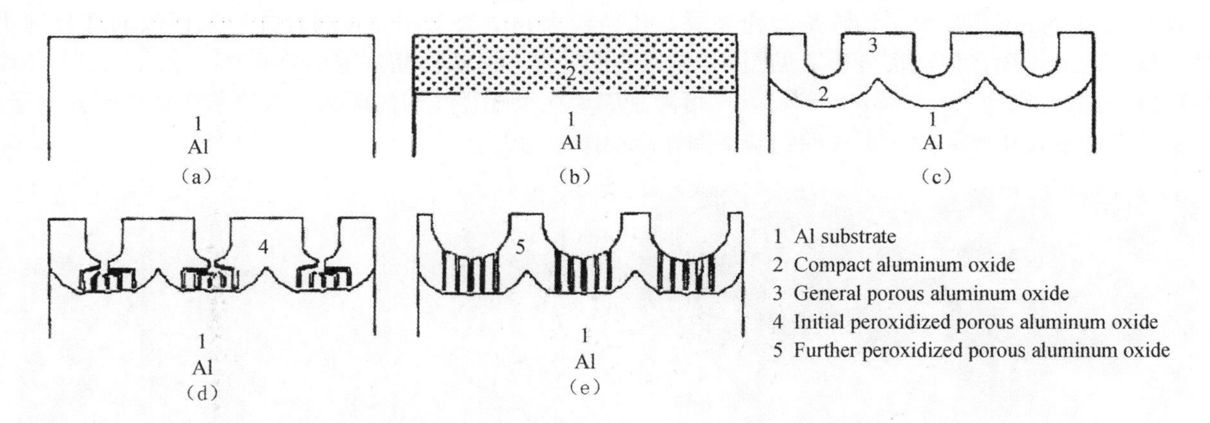

图 4 过氧化多孔氧化铝生长过程示意图

此外，长时间过氧化将导致膜层的电击穿，呈现较高的终了电流密度（图 2 中 80 V 时的曲线）和过多阳极化氧气的产生。在这种情况下，因为发生剧烈的电化学反应并释放出富余的氧气，使最初形成的部分多孔氧化物被溶解、剥离，因过氧化而形成的细孔则长大并显露出来。故在图 3（b）中可看到氧化铝膜层表面存在一些白色剥离残留物和较为均一的大孔洞。

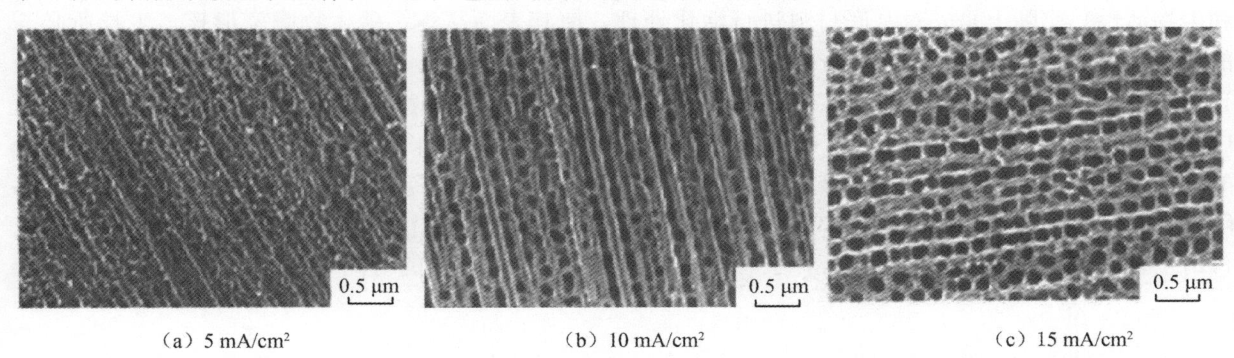

（a）5 mA/cm² （b）10 mA/cm² （c）15 mA/cm²

图 5 以 4%（质量分数）的 H_3PO_4 为电解质，不同电流密度，26 ℃下所制备多孔氧化铝表面的 SEM 照片

图 5 为在磷酸电解质中所制备的多孔氧化铝的表面形貌。这些扫描电镜（SEM）照片表明：当其他实验参数相同时，随着阳极化电流密度的升高，氧化铝膜的孔径变大、孔密度下降（见表 2）。与在 Na_3PO_4 电解质中的阳极氧化对比，该阳极氧化过程中未发生过氧化，这可能是因为在碱性介质中，存在既能溶蚀铝基底又能和铝离子反应生成 Al $(OH)_3$ 胶体的大量 OH^-，而酸性介质中则靠水分子电解得到氧负离子来完成氧化铝膜的生长，即两种电解质中氧化铝膜的生长机理不同。

表 2 不同电流密度氧化所得样品的孔径与表面孔密度

Current density/ $(mA\cdot cm^{-2})$	5	10	15
Pore diameter / nm	50～70	90～110	120～150
Surface pore density$\times 10^{-6}$/ cm^2	120～130	50～60	30～40

2.3 钙磷陶瓷涂层的诱导生成

图 6 和图 7 分别为在 Na_3PO_4 与在 H_3PO_4 电解液中诱导沉积得到的钙磷基陶瓷涂层的微观形貌。图 6 所显示的钙磷基陶瓷涂层已完全覆盖于多孔氧化铝的表面，而且能清晰地看到涂层上存在微裂纹，这可能是由于膜层较厚、应力不均所致，与图 7 中钙磷涂层所对应 Ca、P 含量（见图 8）相比，该钙磷涂层的能谱（见图 9）显示较高的 Ca、P 含量也证实了生成的膜层厚度较大。此外，还可从图 6 中看到底层氧化铝孔洞的大致轮廓，即图 6 中相对较暗的部位。而从图 7 可以看出，多孔氧化

铝膜的大部分亦沉积形成了钙磷基陶瓷涂层，孔径较大和由数个相邻孔洞合并生长而成的部分则仍然呈现一定的深度；但能谱分析（见图8）结果表明，图7所示样品指定部分的Ca、P含量基本相等（其摩尔分数分别约为0.5%，3.8%），这可能是因为在大孔径孔洞的底部也沉积了钙磷基陶瓷涂层，且整个多孔氧化铝膜表面所形成的钙磷基陶瓷涂层厚度均匀。

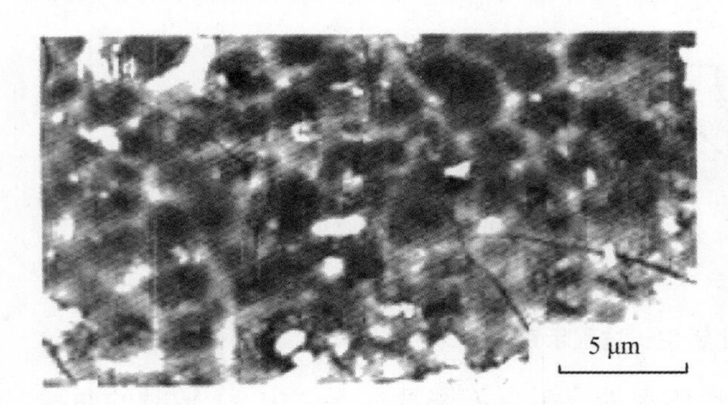

图6　Na_3PO_4 中 80 V 恒压合成多孔氧化铝表面诱导沉积钙磷涂层的形貌

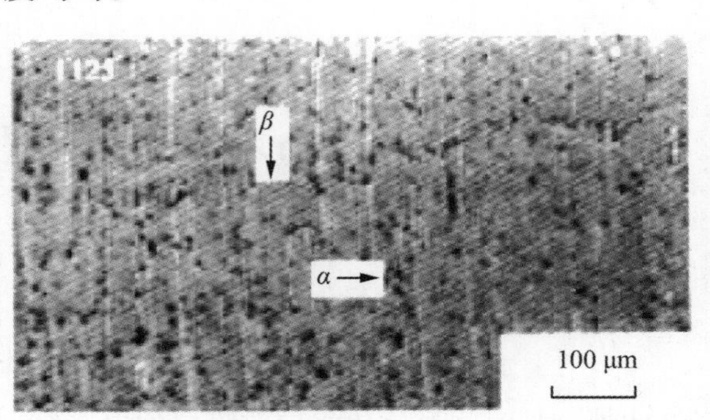

图7　H_3PO_4 中 15 mA/cm² 恒流合成多孔氧化铝表面诱导沉积钙磷涂层的形貌

已有研究[13]表明，仿生沉积钙磷生物陶瓷涂层（提高硬组织修复与取代医用金属的生物相容性和生物活性）实际上是先对基底材料进行活化处理，使其表面富集钙磷生物陶瓷形核、生长所必需的活性基团，如Si-OH，Zr-OH，COOH和PO_4H_2等，而Al-OH基团的成核能力相对较弱。但多孔氧化铝具有较强的吸附能力，实验中经阳极氧化得到的样品，其表面的多孔膜层在NaH_2PO_4溶液中浸泡将吸附PO_4H_2基团，随后Ca（OH）$_2$溶液中的少量Ca^{2+}由于静电吸引与$H_2PO_4^-$结合为磷酸钙盐，成为样品表面在模拟体液（SBF）中诱导沉积钙磷生物陶瓷涂层的活性中心；由于提供了钙磷生物陶瓷涂层生长所需的成核中心，所以相对于直接将表面带有活性基团的样品浸渍于SBF中进行仿生处理（需数天至几周）而言，实验中诱导沉积钙磷陶瓷涂层的时间（仅为2.5 d）要短得多。

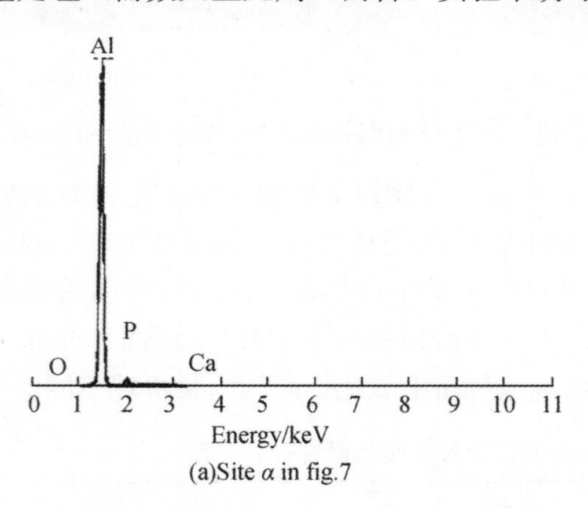

(a)Site α in fig.7

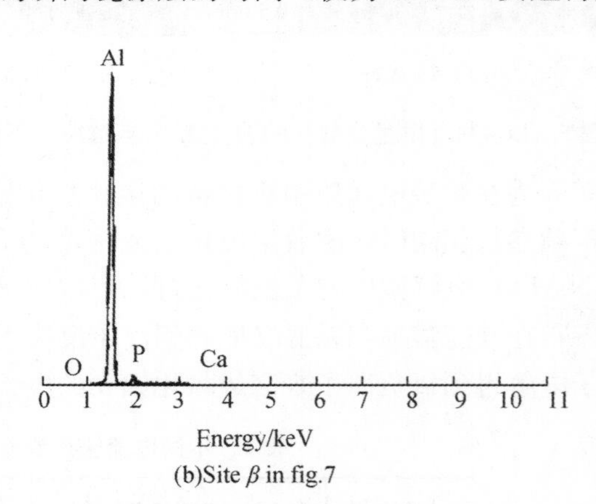

(b)Site β in fig.7

图8　在 H_3PO_4 中，15 mA/cm² 恒定电流合成多孔氧化铝表面诱导沉积钙磷涂层的 EDAX 图谱

另外，扫描电镜（SEM）和能谱分析（EDAX）均表明，最终在过氧化多孔氧化铝膜（Na_3PO_4为电解质）表面所获得的钙磷基陶瓷涂层要比常规多孔氧化膜（H_3PO_4为电解质）表面形成的涂层厚。这说明在相同的处理条件下，前者对PO_4H_2基团的吸附能力要比后者强。根据碱性条件铝阳极氧化的阴离子凝聚理论[12]，碱性电解时在铝表面阻挡层上形成Al（OH）$_3$阴离子凝聚层，该凝聚层发生部分脱水，生成由AlOOH和Al_2O_3构成的多孔氧化层。显然，该层中的AlOOH所带羟基基团与酸性的H_2PO_4基团相互间存在潜在的化学反应倾向，能与后者进行化学吸附，故对其显示出较强的吸附能力；在酸性环境中阳极氧化时，氧化铝膜主要为Al_2O_3，所以其对$H_2PO_4^-$的吸附将以较弱的物理吸附和少量的氢键吸附为主。因此，强吸附使阳极化氧化膜表面拥有数目较多的稳定的

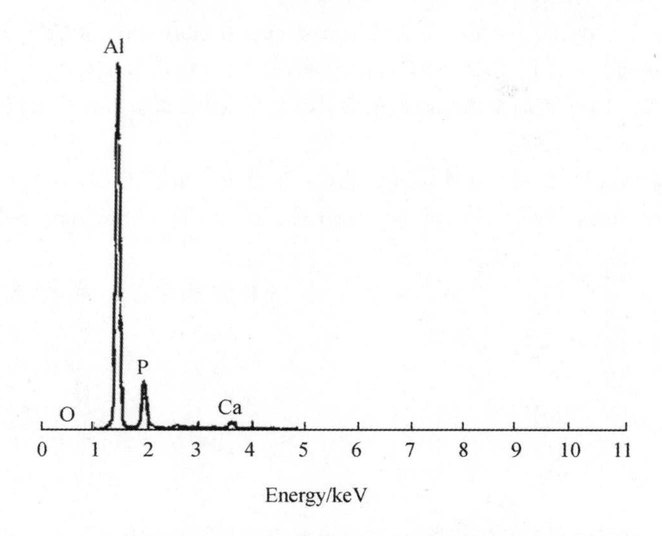

图 9 Na_3PO_4 中 80 V 恒压合成多孔氧化铝表面诱导沉积钙磷涂层的 EDAX 图谱

活性点，在相同的模拟体液仿生处理条件下，能沉积出更多的钙磷元素。

从能谱图中还可看出，磷元素含量都高于钙元素含量（P/Ca 的峰高比：图 8 中约为 7.6，图 9 中约为 4.1），这是由于阳极氧化过程中含磷基团（如 PO_4^{3-} 等）进入氧化铝膜层所致[12]。

3 结 论

（1）在稀磷酸液中合成了形貌均一、孔径可达 120 nm～150 nm 的多孔 AAO 膜；在 Na_3PO_4 电解质中得到了具有非规则形貌的过氧化多孔 AAO 膜。

（2）通过将所制备的多孔膜预浸渍吸附 PO_4H_2 基团与形成磷酸钙盐成核中心，可大大提高其诱导仿生沉积钙磷陶瓷涂层的能力。

（3）获得了保留大孔径孔洞并沉积钙磷陶瓷涂层的多孔复合膜，若用于人体硬组织的修复与取代，这种形貌结构将有利于新生骨长入孔洞，形成牢固的“铆合”，同时获得优异的生物活性和良好的机械力学性能。因此，所制备的多孔阳极氧化铝可望作为基底材料用于在铝及其合金表面构造生物活性钙磷陶瓷涂层并应用于医疗领域。

参考文献

[1] Keller F, Hunter M S, Robinson D L. Structural features of anodic oxide films on aluminum [J]. J Electrochem Soc, 1953, (100): 411-419.

[2] Grubbs C A. Anodizing of aluminum [J]. Met Finish: Guidebook Dir Issue, 1999, 97 (1): 480-496.

[3] Thompson G E. Porous anodic alumina: fabrication, characterization and applications [J]. Thin Solid Films, 1997, 297 (1-2): 192-201.

[4] Thompson G E, Furneaux R C, Wood G C. Nucleation and growth on porous anodic films on aluminum [J]. Nature, 1978, 272 (5652): 433-435.

[5] Heber K V. Studies on porous Al_2O_3 growth—— I physical model [J]. Electrochim Acta, 1978, 23: 127-133.

[6] Heber K V. Studies on porous Al_2O_3 growth—— II ionic conduction [J]. Electrochim Acta, 1978, 23: 135-139.

[7] Patermarakis G, Moussoutzanis K. Electrochemical kinetic study on the growth of porous anodic oxide films on aluminum [J]. Electrochim Acta, 1995, 40 (6): 699-708.

[8] Almawlawi D, Liu Z, Moskovits M. Nanowires formed in anodic oxide nanotemplates [J]. J Mater Res, 1994, 94: 1014-1018.

[9] Martin C R. Nanomaterials: a membrane-based synthetic approach [J]. Science, 1994, 266: 1961-1966.

[10] Routkevitch D，Bigioni T，Moskovits M，et al. Electrochemical fabrication of CdS nanowire arrays in porous anodic aluminum oxide templates [J]. J Phys Chem，1996，100：14037-14047.
[11] 黄平，徐可为，憨勇，等. 基于表面生物学改性的多孔状二氧化钛/磷灰石复合涂层的制备 [J]. 硅酸盐学报，2002，30 (3)：316-320.
[12] 高云震，任继嘉，宁福元. 铝合金表面处理 [M]. 北京：冶金工业出版社，1991.
[13] Kim H M. Bioactive ceramics：challenges and perspectives [J]. J Ceram Soc Jpn，2001，109 (4)：S49-S57.

（硅酸盐学报，第 32 卷第 9 期，2004 年 9 月）

复合溶胶-凝胶法制备硅基含钛磷灰石蜂窝多孔涂层

吴振军，李文生，袁剑民，任艳群，陈宗璋

摘　要：采用复合溶胶-凝胶法在单晶硅表面制备含钛磷灰石蜂窝状多孔涂层。采用热重-差热分析（TG-DSC）测定复合凝胶层转化为蜂窝多孔涂层的温度，采用SEM、ICP-AES、XRD与EDS等技术对涂层的微观形貌与成分进行分析；通过在pH值分别为7.0和7.4的模拟液（SBF）浸泡实验考察涂层的化学稳定性和对骨状磷灰石的诱导能力。结果表明：复合凝胶层转化为含钛磷灰石蜂窝多孔涂层的适宜温度为580 ℃～800 ℃，蜂窝状多孔涂层由含钛磷灰石构成，蜂窝孔径约为0.5 μm～1.0 μm，涂层中贯穿有直径约100 nm、长数微米的氧化钛纳米线；蜂窝状多孔涂层在pH值为7.0的SBF中具有良好的化学稳定性，在pH值为7.4的SBF中能诱导骨状磷灰石的形核与生长，体现出优异的骨磷灰石诱导性能。

关键词：复合溶胶-凝胶；磷灰石；氧化钛；蜂窝状多孔涂层；单晶硅
中图分类号：TQ174.1　**文献标志码**：A

Fabrication of Honeycomb-Like Titanium-Containing Apatite Coating on Silicon by Hybrid Sol-Gel Method

Wu Zhenjun，Li Wensheng，Yuan Jianmin，Ren Yanqun，Chen Zongzhang

Abstract：The titanium-containing apatite coating (TCAC) with honeycomb-like structure was fabricated on single crystal silicon by a hybrid sol-gel approach including preparation of hybrid sol containing calcium，phosphorous and titanium，immersion and spin of specimens in hybrid sol，desiccation of hybrid sol，and calcination of hybrid gel. TG-DSC curve was used to determine appropriate temperature for the conversion of hybrid gel into coating. SEM，ICP-AES，XRD and EDS were employed to characterize the morphologies and compositions of specimens. The chemical stability and inductive ability for bone-like apatite of TCAC were tested by soaking specimens in simulated body fluid (SBF) with pH values of 7.0 and 7.4，respectively. The results show that hybrid gel forms honeycomb-like coating，which composes of titanium-containing apatite，at calcination temperatures ranging from 580 ℃ to 800 ℃，the aperture of coating is 0.5～1.0 μm and titania nanowires with approximately diameter of 100 nm and the micro-metric length are embedded in as-obtained honeycomb-like TCAC. TCAC possesses good chemical stability and bone-like apatite inductive ability based on nucleation and growth of apatite crystals in SBF with pH value of 7.0 and 7.4，respectively.

Key words：hybrid sol-gel，apatite，titania，honeycomb-like coating，single crystal silicon

---

单晶硅作为一种重要的半导体材料，已被广泛地应用于生物学和医学研究与应用领域中。目前，单晶硅在生物芯片、生物传感器和微电子机械系统等微型器件中都有重要的应用[1-4]。但晶体硅是一

种生物惰性材料，被植入人体后，会导致凝血异常、炎症、组织病变等不良生理反应[5-6]。因此，对晶体硅进行表面生物学改性，提高晶体硅与细胞和组织的生物相容性，以期达到医学安全诊断和治疗的要求[7]。

目前，相关研究工作已开始关注硅的表面生物学改性，如采用离子注入方法在硅表层引入 H 等元素，使硅表面具备在生理环境中诱导沉积磷灰石生物涂层的能力[8]。另有报道分别采用化学沉积法[9-10]、溶胶-凝胶（sol-gel）法[11]和仿生沉积法[12]等在硅基表面直接制备磷灰石生物陶瓷涂层，但这些制备方法需采用后续高温处理提高磷灰石涂层的附着力，磷灰石的热膨胀系数在（13～18）×$10^{-6}K^{-1}$，远高于晶体硅的热膨胀系数，这将导致磷灰石涂层内部及其与硅基界面出现残余应力，使涂层的力学稳定性下降。此外，前述方法制备的磷灰石涂层结构通常较为致密，植入体内后可能不利于细胞与新生组织的附着与生长。因此，引入热膨胀系数介于磷灰石生物陶瓷涂层与硅基之间的组分，并在保持涂层具有优良生物相容性的前提下使其具有与基底相匹配的机械、力学性能以及适合细胞与组织附着和生长的表面结构，对扩大晶体硅在生物学和医学领域的应用具有重要的意义。

已有研究[13-21]表明，氧化铝、氧化锆以及氧化钛是提高生物陶瓷涂层力学性能的较理想的改性组分，特别是氧化钛还具有可靠的生物相容性。基于此，本研究通过制备同时含有钙、磷与钛的复合溶胶-凝胶（hybrid sol-gel）体系，在单晶硅表面制备含钛的磷灰石蜂窝状多孔涂层，采用热重-差热技术（TG-DSC）确定含钛磷灰石涂层的形成温度，场发射扫描电镜（FE-SEM）观察涂层的形貌结构，电子能谱（EDS）和 X 射线衍射研究涂层的元素与晶体构成，在模拟体液（SBF）中浸泡样品以考察涂层的化学稳定性与诱导能力。

1 实 验

1.1 样品制备

样品制备过程主要包括：硅片表面的清洗，复合溶胶-凝胶的制备和硅基涂层的制备。

1.1.1 硅片表面的清洗

先将厚度约为 450 μm 的单晶硅大圆片切割成 20 mm×10 mm 的小片，分别用 30%的盐酸和去离子水淋洗表面，再将硅片放在超声波清洗器中，用无水乙醇和丙酮分别清洗 20 min 后，最后用去离子水反复清洗表面，晾干备用。

1.1.2 复合溶胶-凝胶的制备

精确称取 1 g 五氧化二磷（AR）和 5.5 g 四水硝酸钙（AR），在磁力搅拌下分别溶于 30 mL 无水乙醇（AR）中得到溶液 A 和溶液 B，将溶液 B 在磁力搅拌下缓慢滴入溶液 A 中，陈化 12 h，即得到含钙和磷的溶胶（S1）。精确量取 1.5 mL 钛酸丁酯（AR），在磁力搅拌下溶入 4.5 mL 无水乙醇中，陈化 12 h，即得到含钛的溶胶（S2）。将溶胶 S1 与溶胶 S2 在磁力搅拌下缓慢混合，陈化 24 h 得到含钛、钙与磷的复合溶胶（HS3）。

1.1.3 硅基涂层的制备

先取一定量的复合溶胶 HS3 在 80 ℃烘 50 min，去除大部分溶剂形成复合凝胶（hybrid gel，HG），采用综合热分析仪（STA449C，德意志联邦共和国）对 HG 进行热重-差热（TG-DSC）分析，升温速率为 10 ℃/min，测试在空气氛围中进行，确定 HG 转变为含钛磷灰石的适宜温度。

将准备的干净硅片放置在匀胶机吸盘中心，将复合溶胶 HS3 滴在硅基表面进行匀胶，形成硅基溶胶层，随后将硅基溶胶层在 80 ℃保温 50 min，得到硅基凝胶层，最后将硅基凝胶放入坩埚电阻炉（KSY-DT）中，在 TG-DSC 确定的含钛磷灰石烧成温度下处理 1 h 后随炉冷却，取出备测。

1.2 样品表征与体外性能评价

模拟体液（SBF）的配制见文献［22］。所配制的 SBF 成分相同，SBF 的 pH 值采用缓冲液分别调节为 7.0 和 7.4，SBF 的 pH 值由精密数字 pH 计（pHS-3C，上海）测定。将制备好的硅基涂层在 pH 值不同的 SBF 中分别浸泡 4 d 和 10 d。

采用等离子体原子发射光谱仪（ICP/AES，PS-6，美国；检出限 10^{-3}～10^{-4} ng/g 级，精度约 1%）测定浸泡 4 d 和 10 d 后 pH 为 7.0 的 SBF 中的钙、磷以及钛元素的含量。

采用 SEM 观察 SBF 浸泡前、后硅基涂层表面的微观形貌，采用面分析模式 EDS 测定涂层的元素构成，X 射线衍射仪（XRD，SiemensD5000，$CuK_{\alpha1}$，35 kV，30 mA，$\lambda=1.54056$Å，德意志联邦共和国）测定硅基涂层的物相。

2 结果与讨论

图 1 所示为复合凝胶的热重-差热分析（TG-DSC）结果。从图中 1 的 TG 曲线可知，在 200 ℃左右，复合凝胶出现了明显的质量损失，质量减少量接近 59%。在进行 TG 测试前，由于复合凝胶已在鼓风烘箱中于 80 ℃干燥 50 min，样品所含部分乙醇以及少量水等溶剂已基本挥发，因此，200 ℃附近的凝胶质量损失可能主要对应于凝胶中磷酸酯与钛酸丁酯燃烧和分解所放出的大量的 CO_2 和 H_2O，以及硝酸钙分解释放出的氮氧化合物。因硝酸钙和钛酸丁酯分解温度较磷酸酯开始燃烧的温度低且需吸收大量的热，故在 200 ℃附近的 DSC 曲线上首先出现一个向下的吸热峰，随着分解反应的完成，磷酸酯与钛酸丁酯分解产物开始燃烧并放出大量的热，从而在 200 ℃～300 ℃出现一个明显的放热峰。从 TG 曲线上还可在 500 ℃～600 ℃观察到一个较小的质量损失过程，这表明硝酸钙分解产物与磷酸酯燃烧产物之间发生反应生成磷灰石的同时，还有少量的副产物形成并挥发出来，通常生成磷灰石的反应为吸热过程，且副产物挥发也会带走一定的热量，因此在 DSC 曲线的相应位置出现一个较小的吸热峰。在温度高于 600 ℃的区域，TG 曲线上已没有明显的质量损失出现，但 DSC 曲线上有一个显著的吸热峰，这说明质量损失组分的燃烧、分解以及生成磷酸钙盐之外的副产物的反应已经完成，800 ℃附近的吸热峰对应于磷酸钙盐不同物相间的转变反应，如磷灰石的结晶及其转化为磷酸三钙等吸热化学变化过程。文献［11］中的研究表明：采用溶胶-凝胶体系制备磷灰石的焙烧温度高于 800 ℃时，会有部分磷灰石热分解生成其他磷酸钙盐，其他磷酸钙盐在生理环境中的化学稳定性比磷灰石差，更重要的是会明显降低磷灰石涂层诱导骨组织附着与生长的性能。据此，采用复合溶胶-凝胶制备含钛磷灰石涂层的适宜烧结温度在 580 ℃以上，但应低于 800 ℃。为避免高温烧制过程晶体硅基与空气中的氧以及凝胶分解产物发生的反应所造成的对基材成分与性能的影响，本研究以 600 ℃保温 1 h 作为含钛涂层的烧成工艺参数。

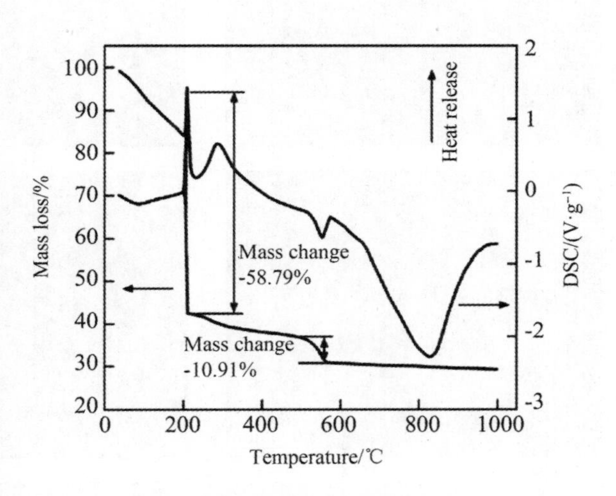

图 1 复合凝胶的 TG-DSC 结果

图 2 所示为复合凝胶经 600 ℃处理 1 h 及其在 pH 值为 7.0 的 SBF 中浸泡 10 d 和在 pH 值为 7.4 的 SBF 中浸泡 4 d 与 10 d 后的表面形貌。从图 2 可知，复合凝胶表面有直径为 1 μm～2 μm 的开口与未开口的小孔，这应是复合溶胶中的乙醇和水等溶剂挥发所形成的［见图 2（a）］；经 600 ℃处理 1 h 后得到的涂层呈蜂窝状多孔结构［见图 2（b）］，孔径为 0.5 μm～1 μm，在大孔底部还可观察到 10 nm～50 nm 的细孔。图 2（c）所示为对应样品的放大照片，从该照片中还可观察到部分大孔边缘和内部出现了裂隙，并观察到了贯穿在蜂窝状多孔涂层中的直径约为 10 nm 的线状物（如图 2（c）中箭头所示）。在通过干燥处理将复合溶胶转变为复合凝胶的过程中，主要为大部分乙醇溶剂的挥发，但在配制复合溶胶时，五氧化二磷与乙醇反应会生成一定量的水，加上硝酸钙水合物引入的水，在加热过程中会导致钛酸丁酯水解产生钛酸。相关研究[23-24]表明，当加热到一定温度时，钛酸会逐渐失水首先生成薄膜状的非定形氧化钛，进一步升高温度，薄膜状氧化钛则卷曲形成氧化钛纳

米管或氧化钛纳米线，且在碱性环境中更适于氧化钛一维纳米结构的形成。本研究所制备的复合凝胶在焙烧过程中，硝酸钙热分解得到的氧化钙及其进一步与磷酸根反应生成的磷灰石都是碱性物质，因此图 2（c）中贯穿于涂层中的纳米线状物可能为氧化钛一维纳米材料。

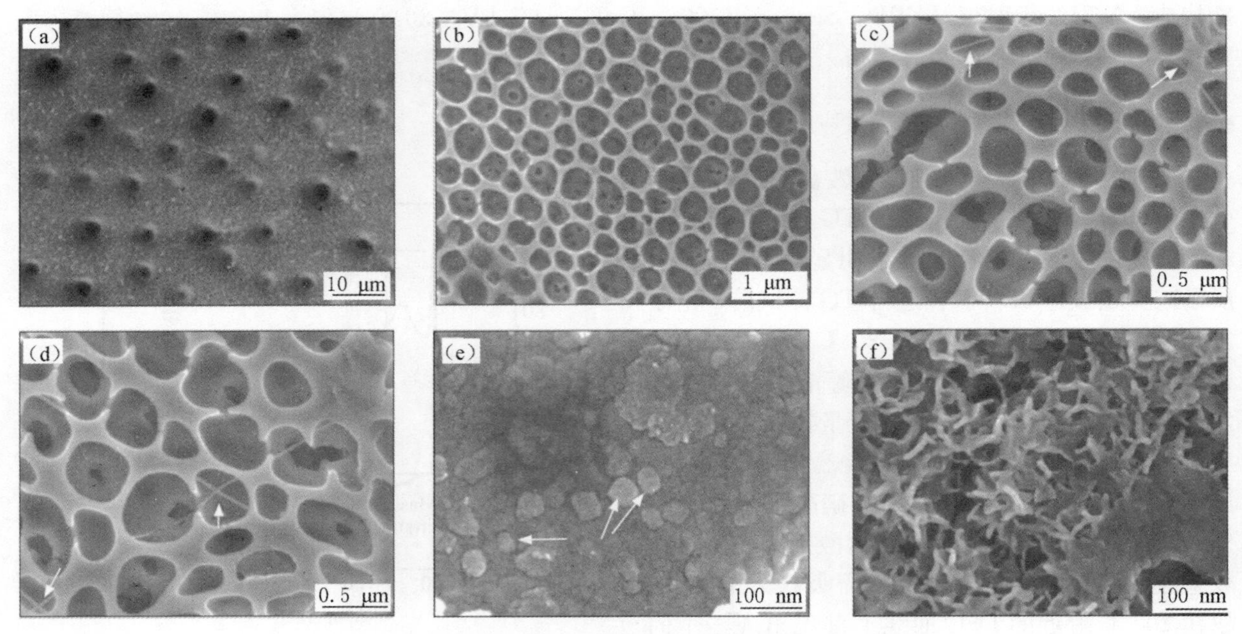

图 2　不同条件下制备样品的形貌

Morphologies of specimens subjected to different processes：(a) Hybrid gel；(b) Coating formed by calcination at 600 ℃ for 1 h；(c) Magnified photo of (b)；(d) Soaking in SBF with pH of 7.0 for 10 d；(e) Soaking in SBF with pH of 7.4 for 4 d；(f) Soaking in SBF with pH of 7.4 for 10 d

在 pH 值为 7.0 的 SBF 中浸泡 10 d 后，所形成的蜂窝状多孔涂层的结构未发生明显变化［见图 2（d）］，绝大部分孔洞孔径为 500 nm 左右，且仍可观察到直径 10 nm 左右的线状物，其形态也没有明显变化。这表明所制备的蜂窝状多孔涂层在 pH 值较低仿生溶液中具有较好的化学稳定性。在 pH 值为 7.4 的 SBF 中分别浸泡 4 d 与 10 d 后，涂层的表面形貌如图 2（e）和（f）所示。从图 2（e）和（f）可知，在浸泡 4 d 的样品表面形成了 100 nm 以下的粒状突出物，这与文献［25］报道的 SBF 中钙、磷元素富集形核的形态相近；浸泡 10 d 后在样品表面形成了大量由 30 nm～50 nm 的针状晶体构成的新沉积层，这种结构也与骨状磷灰石结构相似[26-28]，表明所制备的蜂窝状多孔涂层在 SBF 中能有效地诱导磷灰石类似物的形核与生长。

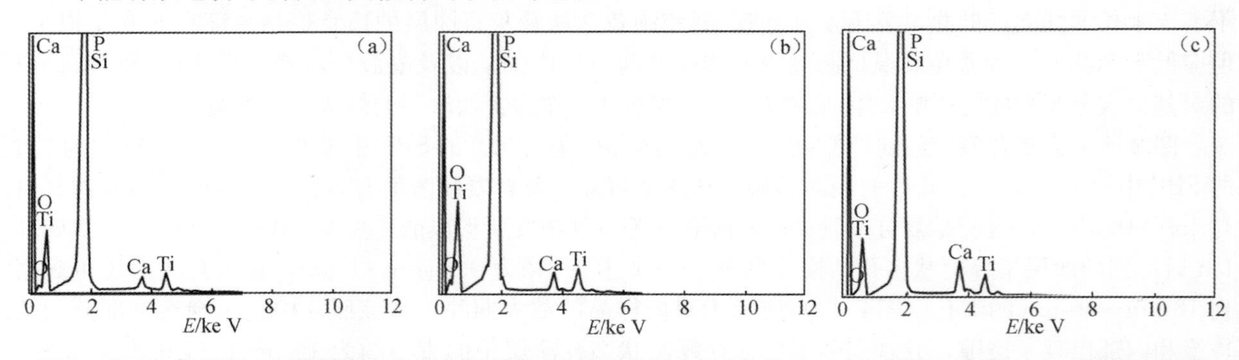

图 3　经 600 ℃烧制 1 h 获得的涂层（a）及其在 pH 值分别为 7.0（b）和 7.4（c）的 SBF 中浸泡 10 d 后的 EDS 谱

EDS spectra of coating after calcination at 600 ℃ for 1 h (a) and then soaking in SBF with pH of 7.0 (b) and 7.4 (c) for 10 d

图 3 所示为所制备的硅基蜂窝状多孔涂层在 pH 值不同的 SBF 中浸泡 10 d 前后的 EDS 谱。从图 3 可知，除硅之外，EDS 还检测出涂层含有钙、磷以及钛元素，其中钙和磷的摩尔比约为 1.66∶1，

接近原料以及化学整比羟基磷灰石中的钙与磷的摩尔比（为 1.67∶1），钙和钛的摩尔比约为 5.5，也与原料的配比相近。这表明在 600 ℃下，复合凝胶中的钙、磷和钛均不会出现明显的热挥发损失。与浸泡前相比，在 pH 为 7.0 的 SBF 中浸泡 10 d 后［见图 3（b）］，样品的 EDS 谱差异不明显，且相应的 ICP-AES 测试也表明 SBF 中的钙、磷、钛浓度没有可检出的变化，这进一步证实所制备的硅基蜂窝状涂层在较低 pH 值的 SBF 中具有较优的化学稳定性。图 3（c）所示为样品在 pH 为 7.4 的 SBF 中浸泡 10 d 后的 EDS 谱，可观察到明显增强的钙、磷元素峰，基底硅的峰则有所减弱，表明有含钙和磷的新物质在硅基蜂窝状涂层表面形成，这与 SEM 的结果一致［见图 2（f）］。

图 4 所示为硅基蜂窝状多孔涂层在 pH 值为 7.0 与 7.4 的 SBF 中浸泡前、后的 XRD 谱。从图 4 中可以看出，各条谱线在 2θ 为 31°～35°、62°均有明显的磷灰石所特有的衍射峰出现，2θ=70°则对应单晶硅的衍射峰，这表明在 600 ℃热处理后，晶体硅表面的复合凝胶层已转化为磷灰石涂层。与基底硅的衍射峰相比，磷灰石在 2θ 为 31°～33°附近的三强衍射峰相对较弱且未清晰分离，这可归因于蜂窝多孔涂层的结晶性相对较低、构成涂层的晶体具有纳米尺寸造成的衍射峰宽化。而衍射谱中未出现氧化钛的衍射峰，这可能是因为氧化钛晶体在复合涂层中的含量较低且相对分散所致。在 pH 值为 7.0 的 SBF 中浸泡 10 d 后，与浸泡前对比发现谱没有明显变化，而在 pH 值为 7.4 的 SBF 中分别浸泡 4 d 和 10 d 后，磷灰石的特征衍射峰明显增强，不仅在 2θ 为 20°～25°附近出现了宽化的新的衍射峰，在 2θ 为 31°～35°的磷灰石三强特征衍射峰也分离得更加清晰，涂层衍射峰强度的改变证实所制备的硅基蜂窝状多孔含钛磷灰石涂层在 SBF 中具有优异的诱导骨状磷灰石形核与生长的性能。

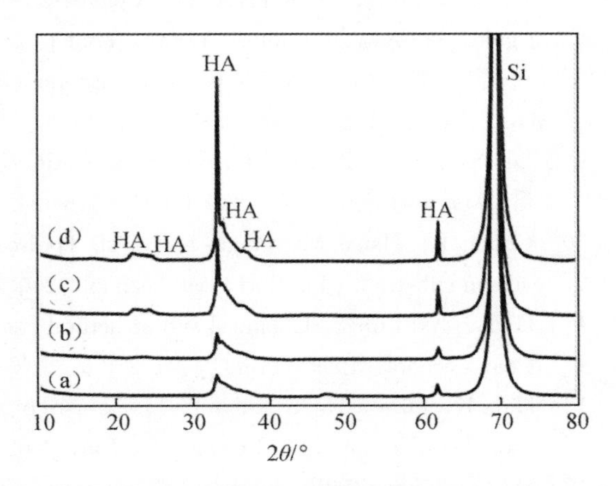

图 4　在 600 ℃烧制 1 h 所制备的硅基涂层及其在 pH 值为 7.0 的 SBF 中浸泡 4 d 和在 pH 值为 7.4 的 SBF 中浸泡 4 d 与 10 d 后的 XRD 谱

XRD patterns of coating after calcination at 600 ℃ for 1 h (a) and then soaking in SBF with pH of 7.0 for 4 d (b) and pH of 7.4 for 4 d (c) and 10 d (d)

3　结　论

（1）采用涂覆和焙烧含钙、磷与钛的复合溶胶-凝胶体系在单晶硅基表面制备含钛的磷灰石复合涂层。

（2）复合溶胶在溶剂挥发和酯水解共同作用下，使所制备的硅基含钛磷灰石复合涂层形成蜂窝状多孔结构，蜂窝结构的孔径为 0.5 μm～2 μm；其中，钛酸丁酯的水解以及碱性焙烧环境可能是导致在蜂窝涂层形成直径约 10 nm、长度为微米级的纳米线状物，其成分应为氧化钛。

（3）硅基含钛磷灰石复合涂层在 pH 值为 7.0 的 SBF 中出现溶解，多孔磷灰石与氧化钛纳米线状结构在中性 SBF 中具有良好的化学稳定性；在 pH 值为 7.4 的 SBF 中浸泡 4 d 后，其表面能诱导纳米磷灰石形核，浸泡 10 d 后，能诱导沉积形成骨状纳米磷灰石晶体。这表明硅基含钛蜂窝状多孔磷灰石涂层具有优异的骨磷灰石诱导性能。

参考文献

[1] Diao J, Ren D, James R, Lee K. A surface modification strategy on silicon nitride for developing biosensors [J]. Anal Biochem, 2005, 343 (2): 322-328.

[2] Bessueille F, Dugas V, Vikulov V, et al. Assessment of porous silicon substrate for well-characterised sensitive DNA chip implement [J]. Biosensors and Bioelectronics, 2005, 21 (6): 908-916.

[3] Archer M, Christophersen M, Fauchet P M. Electrical porous silicon chemical sensor for detection of organic solvents [J]. Sensors and Actuators B, 2005, 106 (1): 347-357.

[4] Zauria S, Martelet C, Jaffrezic R, et al. Porous silicon a transducer material for a high-sensitive biochemical sensor: Effect of a porosity, pores morphologies and a large surface area on a sensitivity [J]. Thin Solid Films, 2001, 383 (1/2): 325-327.

[5] Bharat B, Dharma R T, Matthew T K, et al. Morphology and adhesion of biomolecules on silicon based surfaces [J]. Acta Biomater, 2005, 1 (3): 327-341.

[6] Suet P L, Williams K A, Canham L T, et al. Evaluation of mammalian cell adhesion on surface-modified porous silicon [J]. Biomaterials, 2006, 27 (6): 4538-4546.

[7] Ding Y J, Liu J, Wang H, et al. A piezoelectric immunosensor for the detection of α-fetoprotein using an interface of gold/hydroxyapatite hybrid nanomaterial [J]. Biomaterials, 2007, 28 (12): 2147-2154.

[8] Liu X Y, FU R K, Poon R W, et al. Biomimetic growth of apatite on hydrogen-implanted silicon [J]. Biomaterials, 2004, 25 (25): 5575-5581.

[9] Chen S, Zhu Z, Zhu J, et al. Hydroxyapatite coating on porous silicon substrate obtained by precipitation process [J]. App Surf Sci, 2004, 230 (1/4): 418-424.

[10] Chung R, Hsieh M, Panda R, et al. Hydroxyapatite layers deposited from aqueous solutions on hydrophilic silicon substrate [J]. Surf Coat Technol, 2003, 165 (2): 194-200.

[11] Hwang K, Lim Y. Chemical and structural changes of hydroxyapatite films by using a sol-gel method [J]. Surf Coat Technol, 1999, 115 (2): 172-175.

[12] Hata K, Ozawa N, Kokubo T. Mechanism of apatite formation on single crystal silicon in an aqueous solution at room temperature [J]. J Ceram Soc Jpn, 2002, 110 (11): 990-994.

[13] Shi D L, Jiang G W. Synthesis of hydroxyapatite films on porous Al_2O_3 substrate for hard tissue prosthetics [J]. Mater Sci Eng C, 1998, 6 (3): 175-182.

[14] 吴振军，杨妍，陈宗璋，等. 硅基 HA/Al_2O_3 复合生物涂层的制备与表征 [J]. 功能材料，2008，39 (8)：1355-1358.

[15] 王周成，倪永金，黄金聪. 电泳沉积和反应结合制备羟基磷灰石/氧化铝复合涂层 [J]. 硅酸盐学报，2008，36 (6)：71-76.

[16] 宁成云，王迎军，叶建东，等. 氧化锆增韧 HA/ZrO_2 功能梯度涂层的 TEM 分析 [J]. 功能材料，2006，37 (3)：69-71.

[17] Xiao X F, Liu R F, Zheng Y Z. Characterization of hydroxyapatite/titania composite coatings codeposited by a hydrothermal-electrochemical method on titanium [J]. Surf Coat Technol, 2006, 200 (14/15): 4406-4413.

[18] Yamashita K, Nagai M, UMEGAKI T. Fabrication of green films of single- and multi-component ceramic composites by electrophoretic deposition technique [J]. J Mater Sci, 1997, 32 (12): 6661-6664.

[19] Ishizawa H, Ogino M. Characterization of thin hydroxyapatite layers formed on anodic titanium oxide films containing Ca and P by hydrothermal treatment [J]. J Biomed Mater Res, 1995, 29 (6): 1071-1079.

[20] Kumar R, Wang M. Functionally graded bioactive coatings of hydroxyapatite/titanium oxide composite system [J]. Mater Lett, 2002, 55 (3): 133-137.

[21] 付涛，徐可为，憨勇. 等离子喷涂-水热处理制备二氧化钛-羟基磷灰石复合涂层 [J]. 硅酸盐学报，2003，31 (1)：95-98.

[22] 吴振军，何莉萍，陈宗璋. 含钙阳极氧化铝的制备及其体外性能 [J]. 中国有色金属学报，2005，15 (10)：1572-1576.

[23] Kasuga T, Hiramatsu M, HOSON A, et al. Formation of titanium oxide nanotube [J]. Langmuir, 1998, 14 (12): 3160-3163.

[24] 孔祥荣，彭鹏，孙桂香，等. 二氧化钛纳米管的研究进展 [J]. 化学通报，2007，70 (1)：10-15.

[25] Tsuru K, Kubo M, Haykama S, et al. Kinetics of apatite deposition of silica gel dependent on the inorganic ion composition of simulated body fluids [J]. J Ceram Soc Jpn, 2001, 109 (5): 412-418.

[26] Lenka J, Frank A M, ALES H, et al. Biomimetic apatite formation on chemically treated titanium [J]. Biomaterials, 2004, 25 (3): 1187-1194.

[27] Uchida M, Kim H M, Kokubo T, et al. Structural dependence of apatite formation on zirconia gels in a simulated

body fluid [J]. J Ceram Soc Jpn, 2002, 110 (8): 710-715.
[28] Shirtliff V J, Hench L L. Bioactive materials for tissue engineering, regeneration and repair [J]. J Mater Sci, 2003, 38 (3): 4697-4707.

（中国有色金属学报，第 20 卷第 8 期，2010 年 8 月）

硅基 HA/Al_2O_3 复合生物涂层的制备与表征

吴振军，杨　妍，陈宗璋，李素芳

摘　要：通过磁控溅射沉积、阳极氧化与溶胶-凝胶结合的多步技术在 Si（100）表面制备了 HA/Al_2O_3 复合生物涂层材料。采用 TG-DSC 测定了复合涂层中 HA 外层的烧成温度，采用 XRD、FT-IR 以及 EDS 分析了 Si（100）基 HA/Al_2O_3 复合生物涂层的组成，并借助 SEM 研究了复合涂层的表面与截面的微观形貌。研究表明，凝胶完全转变为 HA 外层的最低温度约为 550 ℃，凝胶经 600 ℃处理 30 min 后可在 Si（100）- Al_2O_3 基上形成具有一定数量纳米细孔且含有少量 CO_3 的 HA 外层；HA 外层嵌入 Si（100）基阳极氧化 Al_2O_3 多孔层的孔洞中构成 HA/Al_2O_3 复合生物涂层。

关键词：Si（100）；HA/Al_2O_3；复合生物涂层；阳极氧化；溶胶-凝胶

中图分类号：TQ174.1　**文献标识码**：A　**文章编号**：1001-9731（2008）08-1355-04

Fabrication and Characterization of HA/Al_2O_3 Composite Biocoating on Silicon

Wu Zhenjun，Yang Yan，Chen Zongzhang，Li Sufang

Abstract：A composite biocoating，HA/Al_2O_3，was fabricated on Si（100）by a multi-step method including magnetron sputtering，anodization and sol-gel treatment. TG-DSC was applied to determining the sintering temperature of HA outer layer in as-prepared composite biocoating. XRD，FT-IR，EDS，and SEM were employed to investigate the compositions and morphologies of the HA/Al_2O_3 composite biocoating on Si（100）. Results show that gel can be converted into HA at a temperature above 550 ℃. After sintering at 600 ℃ for 30 min，CO_3-containing HA layer with nanometric pores is formed on Si（100）-Al_2O_3 substrate. The as-obtained Si（100）-based composite biocoating is characterized as an interlocking interface between HA outer layer and anodic Al_2O_3 intermediated layer due to the incorporation of HA into the pores of anodic Al_2O_3.

Key words：Si（100），HA/Al_2O_3，composite biocoating，anodization，sol-gel

1　引　言

单晶硅是制作生物芯片（biochips）、微传感器（micro-sensors）、微电子机械系统（micro-electro-mechanical system，MEMS）等微型器件的关键材料[1]，这些微型器件具有使用体积小、灵敏度高以及易于操控等优点，在生物学和医学领域具有极大的应用潜力。但单晶硅为生物惰性材料，需进行表面生物学改性以扩大其在生物学和医学领域的应用[2]。目前，仅有少量研究工作涉及改善硅片的表面生物学性能，采用的方法包括离子注入[3]、化学沉积[4]、溶胶-凝胶（sol-gel）法[5]、仿生沉积[6]等几种方法。但离子注入改性所需设备昂贵，采用其他方法，如化学沉积涉及的高温处理过程通常会导致在 HA 涂层中形成生物相容性较差的磷酸钙盐，从而使 HA 涂层生物学性能下降。

我们在前期研究工作中，采用物理气相沉积、阳极氧化、电沉积和水热处理多步合成法在金属Ti表面成功制备了 HA/Al_2O_3 复合生物涂层，发现通过引入具有多孔网状结构的阳极氧化 Al_2O_3 中间过渡层，有助于改善HA涂层与基材的结合强度[7]。本工作以阳极氧化 Al_2O_3 作为中间过渡层，采用溶胶-凝胶（sol-gel）技术制备HA外层，在Si（100）基表面成功构造了 HA/Al_2O_3 复合生物涂层并对其成分与形貌结构进行了表征，期望为单晶硅的表面生物学改性提供新的途径。

2 实 验

2.1 材料制备

Si（100）铝膜的沉积：以单晶Si（100）为基底，纯铝（Al>99.999%，Goodfellow，英国）为靶材，采用磁控溅射系统（TEER，英国）制备Al-Si基材，沉积偏转电压为－100 V，Al靶电流为4.5 A，沉积时间为60 min。

Al-Si的阳极氧化：采用电泳仪（DYY-6B，北京）作为电源，以Si（100）铝膜为阳极，纯铝片为阴极进行阳极氧化。电解质为0.5 mol/L的 H_3PO_4，阳极氧化电流密度恒定为20 mA/cm^2，时间9 min，室温水浴，磁力搅拌。

Si（100）-Al_2O_3 表面HA涂层的形成：将 $Ca(NO_3)_2 \cdot 4H_2O$ 与 $CH_3PO(OH)_2$（亚磷酸-甲基酯）按1.67∶1的摩尔比溶入无水乙醇，磁力搅拌2 h形成溶胶，室温静置陈化30 d备用。取Si（100)-Al_2O_3 样品浸入陈化处理的溶胶中，并在超声器（80 kHz）中处理20 min；从溶胶中缓慢取出样品，匀胶15 s，80 ℃烘15 min使溶胶转变为凝胶，最后在坩埚电阻炉中分别于500 ℃、600 ℃、700 ℃、800 ℃热处理15～60 min，形成 HA/Al_2O_3 复合生物涂层材料。

2.2 表征与分析

采用综合热分析仪（耐驰STA449C，德意志联邦共和国）对经陈化处理的溶胶进行热重-差热（TG-DSC）分析。X射线衍射仪（XRD，Siemens D5000，CuKα1，35 kV，30 mA，$\lambda=0.154056$ nm，德意志联邦共和国）与傅立叶变换红外光谱仪（FT-IR，PE Spectrum One，美国）分析复合生物涂层的相组成。扫描电子显微镜（SEM，JEOL/JSM-5600，20 kV，日本）观察复合生物涂层表面与截面的微观形貌，能谱仪（EDS）测定复合生物涂层截面的元素分布。

3 结果与讨论

3.1 热重-差热（TG-DSC）分析

配制的溶胶在陈化30 d后，其TG-DSC分析结果如图1所示。从图1中热重（TG）曲线可以清楚地看出，在升温过程中，样品先后经历了30 ℃～100 ℃、150 ℃～450 ℃、500 ℃～550 ℃三个明显的失重阶段。在温度低于100 ℃时，失重主要来自溶剂乙醇和吸附水的挥发；150 ℃～450 ℃区间的失重率最高，达到21.19%；最后，在500 ℃～550 ℃较小范围内也还有超过8%的失重率；当温度升至约550 ℃以上时，TG曲线呈现为一平台，样品不再有质量变化。

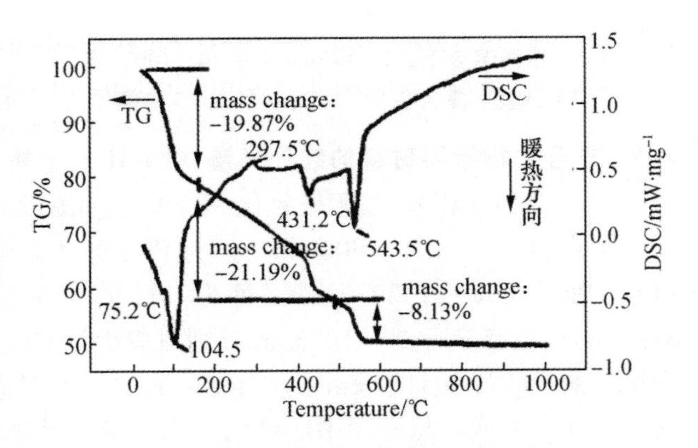

图1 陈化30 d后溶胶的TG-DSC曲线

样品的DSC曲线在失重区间内有四个吸热峰和一个放热峰。DSC曲线上首先在75 ℃附近出现一个对应于乙醇挥发的吸热峰；在达到100 ℃时，吸附水与乙醇继续吸热逸出，出现一个较强的吸热峰；曲线在297.5 ℃处有一个小的放热峰，这可能是由于亚磷酸-甲基酯中的部分含碳基团燃烧放出热量所致，此阶段可能同时有分解反应和其他吸热反应发生，从而使放热峰较弱；当温度升至 431 ℃时，DSC 曲线上又出现一吸热峰，这可能是吸热反应所需的热量已超过有机基团氧化燃烧所能释放的热量；曲线在 543.5 ℃处的较强吸热峰预示燃烧反应已经完成，样品中主要发生的为生成稳定新物质的吸热反应，这与 TG 曲线进入平台区相吻合。

3.2　复合生物涂层材料的 XRD 分析

图 2 为 Si（100）基阳极氧化 Al_2O_3 表面凝胶在不同温度热处理 30 min 后的 XRD 谱图。

从图 2 中可知，当处理温度高于 500 ℃时，处于 $2\theta=30°\sim35°$之间的 HA 三强衍射峰变得尖锐，表明升高温度能提高 HA 涂层的结晶性；经 800 ℃处理的样品则出现了少量其他非 HA 衍射峰，表明较高的温度造成了 HA 的分解，因此，所采用的凝胶热处理温度应低于 800 ℃。结合图 1 中的 TG-DSC 结果可知，在 550 ℃左右凝胶即可完全转化为 HA 涂层。本研究中选取 600 ℃作为 HA 涂层的制备温度。

Si（100）基复合生物涂层材料在 600 ℃热处理不同时间后的 XRD 谱图如图 3 所示。同样，各图谱中均能清楚地观察到基底 Si（100）与 HA 外层的衍射峰。当热处理时间达到 45 min 时，$2\theta=33°$处所对应的 HA 的（300）晶面衍射峰明显增强，并与 $2\theta=34°$处所对应的（202）晶面衍射峰宽化结合在一起，这可归因于（300）面与（202）面的优先取向生长。但在骨磷灰石晶体中，这两个晶面无择优取向生长[8]，因此，热处理时间应不超过 30 min。此外，Al_2O_3 的衍射峰在 45 min 之后变得非常明显。一方面可能是因为原有阳极氧化 Al_2O_3 在此条件下转变为结晶性更好的形态；另一方面，凝胶原料中的氧化基团（如 NO_3）也可使阳极氧化过程中尚未被氧化的残留铝膜转化为 Al_2O_3，这都能增强 Al_2O_3 的衍射峰。

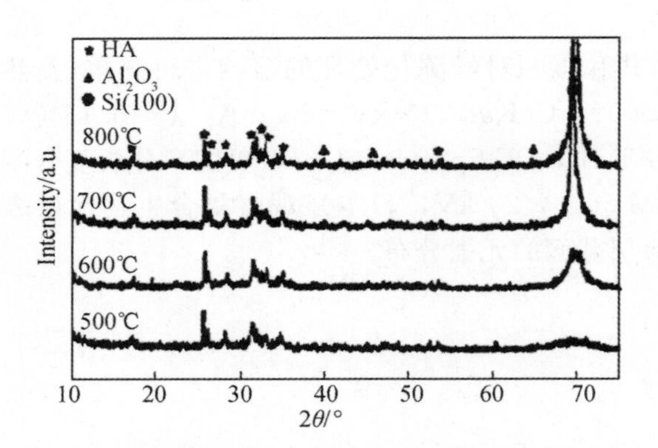

图 2　不同温度下处理 30 min 形成 Si（100）基 HA/Al_2O_3 复合生物涂层材料的 XRD 谱图

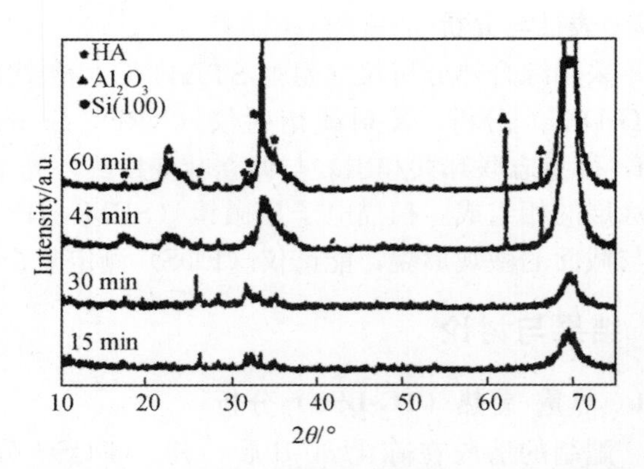

图 3　600 ℃热处理不同时间后 Si（100）基 HA/Al_2O_3 复合生物涂层材料的 XRD 谱图

3.3　复合生物涂层材料的红外光谱（FT-IR）分析

图 4 为 Si（100）基阳极氧化 Al_2O_3 表面凝胶经不同温度热处理 30 min 后的 FT-IR 谱图。

图 4 中 565 cm^{-1}、603 cm^{-1}处为 PO_4 的弯曲振动峰，962 cm^{-1}、1034 cm^{-1}、1095 cm^{-1}处对应 PO_4 的伸缩振动峰；3570 cm^{-1}处为 OH 的伸缩振动峰，1403 cm^{-1}为非架桥 OH 的弯曲振动峰，879 cm^{-1}、1455 cm^{-1}、1636 cm^{-1}则对应少量 CO_3 的振动峰[9-10]。此外，500 ℃处理样品中还含有少量水的吸收峰（3470 cm^{-1}），1385 cm^{-1}处所对应的 NO_3 吸收峰[11]，表明凝胶中原料向 HA 的转化反应尚未完成。从谱图中还可以看出，随着处理温度的提高，样品中所含的水和 NO_3 逐渐消失，CO_3 的吸收峰逐渐弱化，而 PO_4 的吸收峰则变得尖锐。这与前文 TG-DSC 的分析结果相一致，即凝胶前驱体生成 HA 的温度高于 550 ℃。

图 5 为 Si（100）基复合生物涂层材料在 600 ℃热处理不同时间后的 FT-IR 谱图。从图 5 中各谱线中可清楚地看到 565 cm^{-1}、603 cm^{-1}、962 cm^{-1}、1034 cm^{-1}、1095 cm^{-1}处对应 PO_4 的吸收峰，1403 cm^{-1}、3570 cm^{-1}处对应 OH 的吸收峰，1455 cm^{-1}、1636 cm^{-1}处对应的是少量 CO_3 的振动

峰。随着处理时间的延长，以上官能团所对应的吸收峰位置未出现偏移，但 879 cm^{-1}处 CO_3 的吸收峰逐渐显现出来，这表明有少量 CO_2 从周围空气进入涂层晶体中。

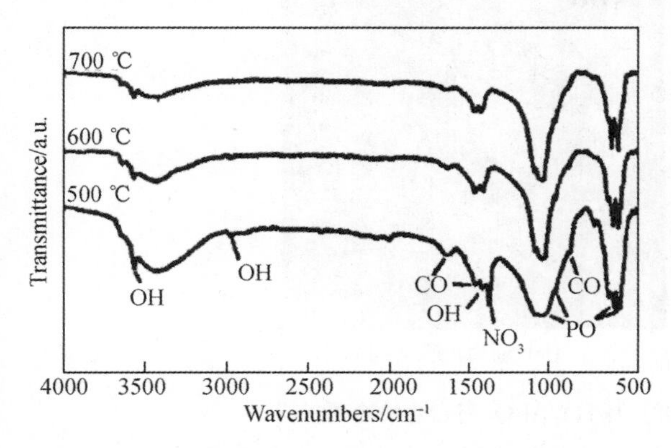

图 4 不同温度下处理 30 min 形成 Si（100）基 HA/Al_2O_3 复合生物涂层材料的 FT-IR 谱图

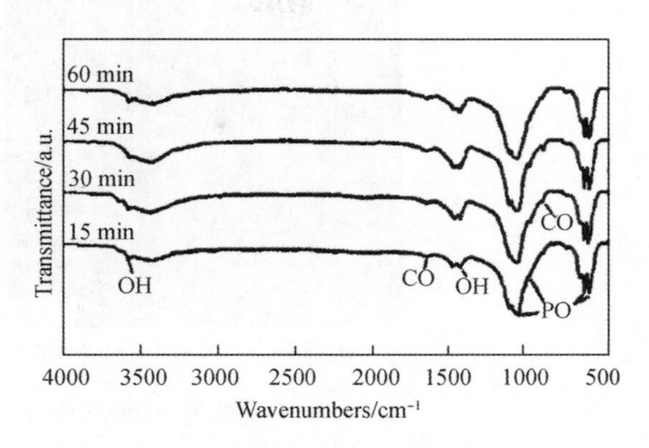

图 5 600 ℃热处理不同时间后 Si（100）基 HA/Al_2O_3 复合生物涂层材料的 FT-IR 谱图

3.4 复合生物涂层材料的微观形貌结构

图 6 为 Si（100）基阳极氧化 Al_2O_3 表面凝胶经不同温度热处理 30 min 后所形成外涂层的表面形貌。

在采用溶胶-凝胶技术制备陶瓷涂层时，不当的凝胶制备与后续热处理工艺常导致在涂层中出现过高的残余应力或应力分布不均的现象，使涂层容易出现微裂纹，降低涂层的整体力学性能，从而引起涂层从基底脱落的严重后果。这样，也就失去了涂层对基底的保护和表面生物学改性功能。从图 6 可以看出，不同温度下形成的涂层均未出现明显的微裂纹。这表明经过匀浆与低温去溶剂前处理后，可在 20 ℃/min 的升温速率、不超过 800 ℃的热处理温度和随炉冷却的工艺规范下有效地消除涂层应力不均的现象，从而避免在涂层中形成微裂纹。

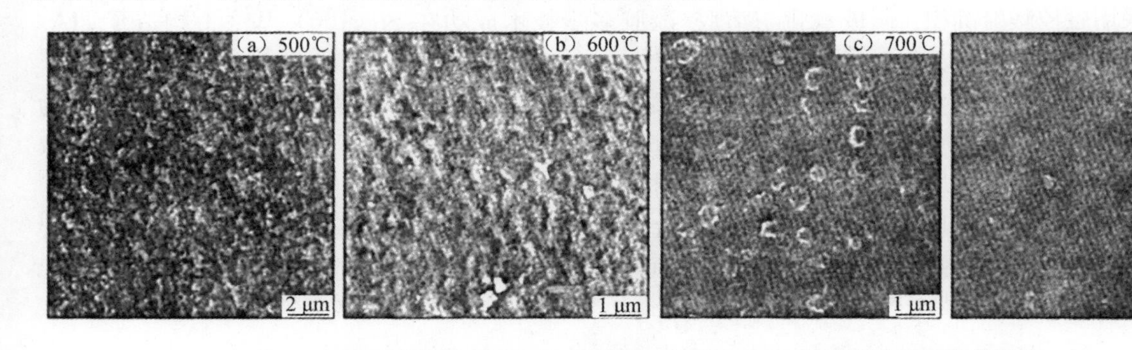

图 6 不同温度热处理 30 min 形成 Si（100）-Al_2O_3 基表面涂层的微观形貌

根据前述溶胶的 TG-DSC 分析结果可知，500 ℃低于凝胶完全形成 HA 涂层所需的反应温度（约 550 ℃），此温度下涂层中还存在原料的分解等反应，由于这些反应产生气体，因而使涂层中出现许多气孔，涂层也因此显得疏松［见图 6（a）］。当处理温度为 600 ℃时，涂层中的变化主要为 HA 的生成反应和 HA 晶体的生长，但其表面仍存在一些未完全封闭的气孔，图 6（b）显示这些气孔的孔径约为 150 nm。微孔的存在可增大涂层的比表面积，在与体液接触时有助于形成更多的骨磷灰石成核活性点，进而促进新骨的快速诱导沉积。图 6（c）表明当样品在 700 ℃处理时，涂层表面部分 HA 晶体长大甚至略微突出，而微孔数量则明显减少。经 800 ℃处理后［图 6（d）］，HA 晶体融和在一起形成致密涂层，相应地，涂层表面微孔完全消失。

图 7 为 600 ℃热处理 30 min 后 Si（100）基 HA/Al_2O_3 复合生物涂层材料自然断面的 Ca、Al 元素分布情况和微观形貌结构。

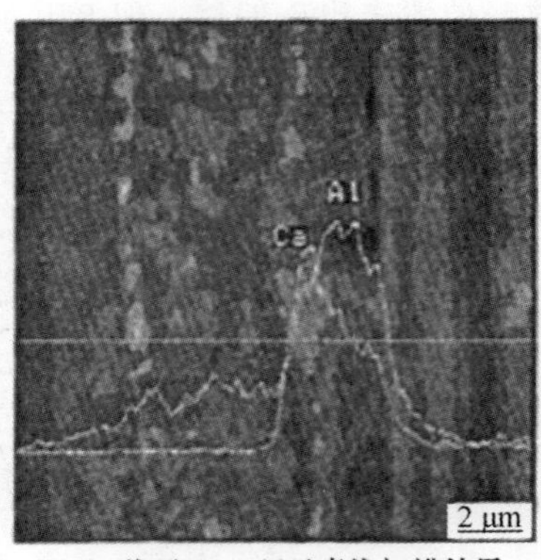

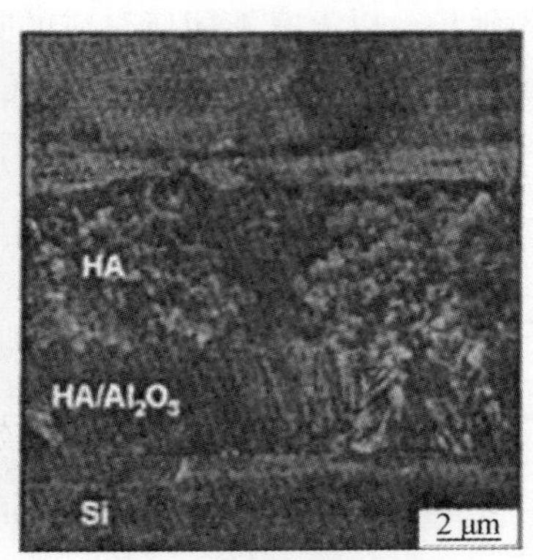

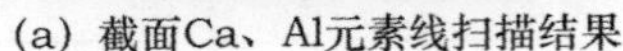
(a) 截面Ca、Al元素线扫描结果　　　　(b) 断面形貌结构

图 7　600 ℃热处理 30 min 形成的 Si（100）基 HA/Al_2O_3 复合生物涂层材料

从图 7（a）可以看出，Ca 元素在复合生物涂层材料的横截面上呈梯度分布，即在靠近外层外表面约 2 μm 厚度范围内其对应的峰强度较大，往基底方向 Ca 元素信号强度逐渐减弱至背底强度；而 Al 元素也呈梯度分布，但其含量变化方向与 Ca 元素变化方向恰好相反，在与基底靠近的约 2 μm 厚度范围内其对应的峰强度最大，朝外涂层方向峰强度逐渐减弱直到变为背底强度。Ca、Al 元素这种呈相反方向的梯度分布情况表明，热处理后所形成的 HA 外层局部进入阳极氧化 Al_2O_3 多孔层的孔洞中，从而形成了具有镶嵌式界面结构的 HA/Al_2O_3 复合生物涂层材料。

Si（100）基 HA/Al_2O_3 复合生物涂层材料截面的形貌结构如图 7（b）所示。从图 7 中可知，涂层的整体厚度约为 4.9 μm，其中表层 HA 层的厚度约为 2.8 μm，阳极氧化 Al_2O_3 中间层的厚度约为 2.1 μm。

4　结　论

（1）采用磁控溅射沉积、阳极氧化与溶胶-凝胶多步技术成功在 Si（100）基底上构造了 HA/Al_2O_3 复合生物涂层材料。

（2）在所制备的 Si（100）基 HA/Al_2O_3 复合生物涂层中，HA 外层的最低形成温度约为 550 ℃，在 Si（100）-Al_2O_3 基上涂敷的凝胶在 600 ℃热处理 30 min 后，即可转变为无明显晶面取向生长、保留一定数量纳米细孔且含有少量 CO_3 根的 HA 外层。

（3）在所制备的 Si（100）基 HA/Al_2O_3 复合生物涂层中，HA 外层嵌入阳极氧化 Al_2O_3 多孔层的孔洞中，HA 外层与阳极氧化 Al_2O_3 中间层之间形成嵌合界面。

参考文献

[1] Zhu P，Masuda Y，Koumoto K. A Novel Approach to Fabricate Hydroxyapatite Coating on Titanium Substrate in an Aqueous Solution [J]. Journal of the Ceramic Society of Japan，2001，109（1272）：676-680.

[2] Hata K，Ozawa N，Kokubo T，et al. Bonelike Apatite Formation on Various Kinds of Ceramics and Metals [J]. Journal of the Ceramic Society of Japan，2001，109（109）：461-465.

[3] Liu X，Fu R K，Poon R W，et al. Biomimetic growth of apatite on hydrogen-implanted silicon [J]. Biomaterials，2004，25（25）：5575-5581.

[4] Chung R J，Hsieh M F，Panda R N，et al. Hydroxyapatite layers deposited from aqueous solutions on hydrophilic silicon substrate [J]. Surface & Coatings Technology，2003，165（2）：194-200.

[5] Hwang K，Lim Y. Chemical and structural changes of hydroxyapatite films by using a sol-gel method [J]. Surface & Coatings Technology，1999，115（2-3）：172-175.

[6] Hata K，Ozawa N，Kokubo T. Mechanism of Apatite Formation on Single Crystal Silicon in an Aqueous Solution at Room Temperature [J]. Journal of the Ceramic Society of Japan，2010，110（1278）：990-994.

[7] 吴振军，何莉萍，陈宗璋. Fabrication and characterization of hydroxyapatite/Al_2O_3 biocomposite coating on titanium [J]. 中国有色金属学报（英文版），2006，16（2）：259-266.

[8] Handschin R G，Stern W B. X-ray diffraction studies on the lattice perfection of human bone apatite（Crista iliaca）[J]. Bone，1995，16（4 Suppl）：355S.

[9] Russell S W，Luptak K A，Suchicital C T A，et al. Chemical and Structural Evolution of Sol-Gel-Derived Hydroxyapatite Thin Films under Rapid Thermal Processing [J]. Journal of the American Ceramic Society，1996，79（4）：837-842.

[10] Filho O D，Latorre G P，Hench L L. Effect of Crystallisation on Apatiue-Layer Formation of Bioactive Glass S45S [J]. Journal of Biomedical Materials Research，1996，30（4）：509-514.

[11] Lin X，Li X，Fan H. et al. In situ synthesis of bone-like apatite/collagen nano-composite at low temperature [J]. Materials Letters，2004，58（27-28）：3569-3572.

（功能材料，第 39 卷第 8 期，2008 年 8 月）

含钙阳极氧化铝的制备及其体外性能

吴振军，何莉萍，陈宗璋

摘　要：通过阳极氧化与电化学沉积复合制备方法获得了含钙阳极氧化铝膜（AACC）。采用扫描电镜和电子能谱仪分别研究了不同条件制备的含钙阳极氧化铝膜的形貌与元素组成；采用等离子体原子发射光谱仪、pH 计和 X 射线衍射仪研究了含钙阳极氧化铝膜在模拟体液中的化学稳定性与诱导行为。结果表明：当钙盐浓度为 10 g/L 时，采用不同电化学沉积电压，含钙阳极氧化铝膜的钙含量约在 1%～10%间变化；含钙阳极氧化铝膜在模拟体液中稳定性很好，并能诱导骨状磷灰石的生成。

关键词：阳极氧化铝；电化学沉积；模拟体液；体外性能；磷灰石

中图分类号：TQ174.7；O611.4　**文献标识码**：A

Fabrication and in Vitro Performance of Anodic Alumina Containing Calcium

Wu Zhenjun，He Liping，Chen Zongzhang

Abstract：Anodic alumina containing calcium（AACC）was prepared by a joint method of anodization and electrodeposition. The morphology and composition of AACC were studied by scanning electron microscopy（SEM）and energy dispersive spectrometry（EDS），respectively. The chemical stability and induction ability of AACC in a simulated body fluid（SBF）were also investigated by inductively coupled plasma/atomic emission spectroscopy（ICP/AES），pH meter and X-ray diffractrometry（XRD）. The results show that the calcium content in anodic alumina varies with electrodeposition voltage within a range 1%～10% in 10 g/L calcium salt solution. The as-prepared AACC exhibits high chemical stability and can induce the formation of bone-like apatite in SBF.

Key words：anodic alumina，electrodeposition，simulated body fluid，in vitro performance，apatite

---

多孔阳极氧化铝因其表面具有蜂窝多孔的独特结构，并具有较优的耐磨防蚀性能，已在纳米物质（粒、线、管等）合成、微反应、电介质、表面修饰及腐蚀防护等[1-7]领域获得了广泛的应用。

正是基于阳极氧化铝的多孔网状结构、耐磨损、耐腐蚀性能和比磷灰石更接近于医用金属的热膨胀系数，在先前的研究工作中作者已制备了以阳极氧化铝膜为中间过渡层的复合生物涂层，即在硬组织医用金属表面沉积一层纯铝膜，通过阳极氧化、水热处理使其转变为 CaP/Al_2O_3 生物复合涂层，阳极氧化 Al_2O_3 中间层与 CaP 表层之间具有镶嵌式界面结构，有助于提高生物涂层与基底金属间的结合强度，并可能防止体液对金属的侵蚀，阳极氧化 Al_2O_3 在医用金属的表面生物学与力学改性方面体现出一定的应用价值[8-11]。但由于 Al_2O_3 在体液环境中其表面所形成的 Al-OH 基团带正电，不能诱导新骨的形成[12]，本身不具有诱导磷灰石生成的能力，呈生物惰性，从而限制其作为硬组织植入材料的应用领域。

本文作者探索了一种新的对阳极氧化铝实现表面生物学改性的方法，即通过电化学法在阳极氧化铝的孔洞与表面沉积钙盐，使其转变为含钙阳极氧化铝膜（AACC），研究了电化学沉积条件对AACC膜表面形貌与钙元素沉积量的影响，并考察了AACC的体外性能。

1 实 验

1.1 含钙阳极氧化铝膜（AACC）的制备与表征

将剪取的铝片（20 mm×10 mm×0.1 mm，纯度99.95%）先后进行丙酮超声清洗、热碱去油、酸中和、去离子水超声清洗后，室温干燥。经过预处理的铝片在100 g/L的$Na_3PO_4 \cdot 12H_2O$溶液中于60 V直流恒压阳极氧化，氧化温度25.5 ℃，时间30 min，钛钢为阴极。

以经阳极氧化的铝片为阴极，石墨为阳极，在含Ca^{2+}溶液中进行电化学沉积。电化学沉积条件为：直流恒压6～12 V，钙盐浓度10 g/L，时间10 min，室温搅拌。

用扫描电镜（SEM，JSM-5600，20 kV）观察AACC膜的形貌，能谱仪（EDS，JEOL-5600）测定AACC膜中钙元素含量。

1.2 AACC膜的体外性能分析

采用模拟体液（SBF）浸泡法研究AACC膜的体外性能。SBF由分析纯试剂溶于去离子水配制，45 mmol/L $(CH_2OH)_3CNH_2$和1.0 mol/LHCl作为缓冲溶液调节pH值，实验温度维持在(37.0±0.5)℃，SBF与人体血浆成分见表1。

AACC膜的体外稳定性：不更换SBF溶液，采用精密数字pH计（pHS-3C，上海）测定SBF的pH值变化，等离子原子发射光谱仪（ICP/AES，PS-6）测定SBF中Ca、P元素浓度的变化。

AACC膜的诱导能力：每2 d更换一次SBF溶液，采用扫描电镜（SEM，JSM-5600，20 kV）观察AACC膜在SBF中浸泡后的表面形貌，采用X射线衍射仪（XRD，Siemens D5000，CuKαl，λ=0.154056 nm）表征AACC膜表面的物相组成。

表1 SBF与人体血浆的化学成分

Ion	SBF	Blood plasma	Ion	SBF	Blood plasma
Na^+	142	142	K^+	5.0	5.0
Ca^{2+}	2.5	2.5	Mg^{2+}	1.5	1.5
HCO_3^{2-}	4.2	27.0	HPO_4^{2-}	1.0	1.0
SO_4^{2-}	0.50	0.50	pH	7.40	7.40

2 结果与讨论

2.1 含钙阳极氧化铝膜（AACC）的形貌与组成

图1所示为铝片60 V恒压氧化时电流密度随时间的变化。从图中可知，电流密度经历了先短时间内急剧下降，然后回升至一极大值，最后再小幅降低直到基本稳定三个连续阶段，它们分别对应致密阳极氧化铝的快速形成、多孔阳极氧化铝的初步形成和进一步发展阶段。与在硫酸、草酸、磷酸等酸性介质中生成的阳极氧化铝膜相比，碱性介质中阳极氧化铝膜虽然孔径不是很均一（非规整表面形貌），但其孔径相对较大，而且既耐酸，又具有较优的抗碱蚀能力[13]，考虑到人体体液的弱碱性，碱性阳极氧化铝可能具有更强的应用优势。

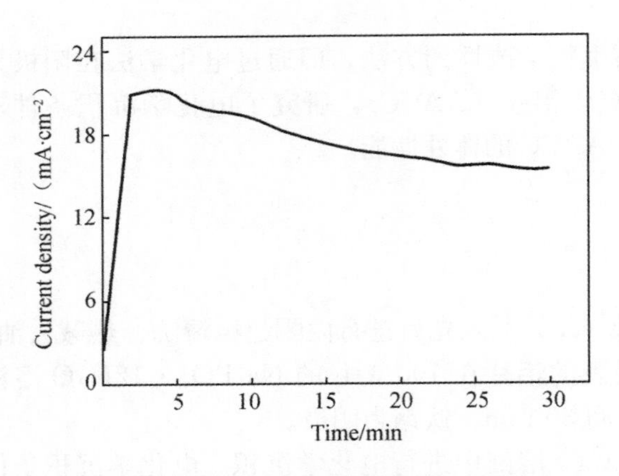

图 1　60 V 恒压铝的阳极氧化行为曲线

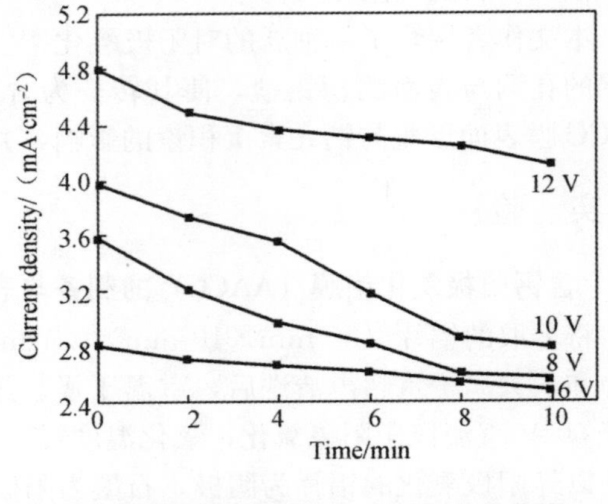

图 2　不同电压下的电化学沉积行为曲线

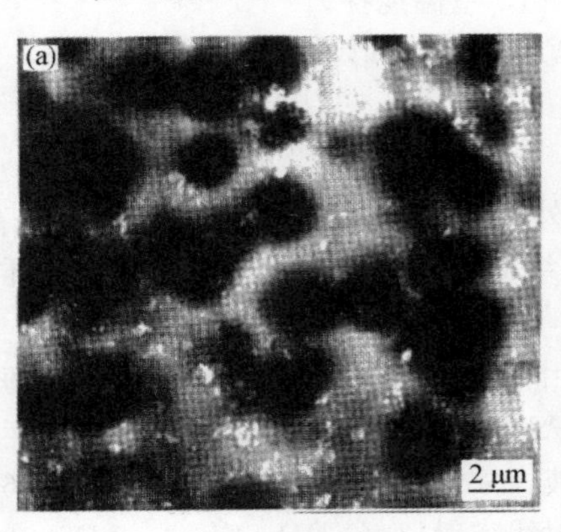

图 3　不同电压下电化学沉积制备 AACC 膜的表面形貌

Surface morphologies of AACC films prepared at 6 V（a） and 12 V（b）

图 2 所示为不同电压下电化学沉积电流密度随时间的变化。随着电化学沉积的进行，电流密度均出现一定程度的下降，这表明有钙盐沉积在阳极氧化铝的孔洞中，造成阳极氧化铝膜电阻增加，导电性下降。从图 3 可清楚地观察到在阳极氧化铝膜孔洞及表面所沉积的物质。当沉积电压较高时，阳极氧化铝膜的孔洞则几乎被沉积物完全覆盖，由于此时电流密度相对较大，还可从沉积物上看到因阴极氢气析出所形成的气孔［图 3（b）］。

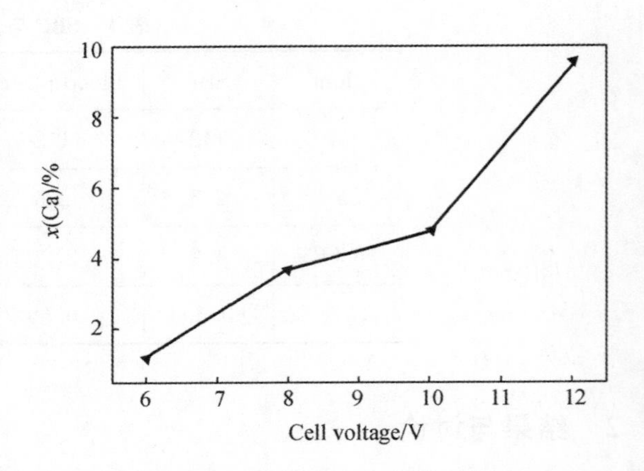

图 4　不同电压下 AACC 膜中钙含量的变化

图 4 所示为不同电解电压下阳极氧化铝膜表面 Ca 含量（摩尔分数）的变化。由图可知，电解质浓度一定时，阳极氧化铝膜表面沉积的钙含量随电解电压的升高而增加，这与图 3 所示高电压比低电压沉积物更多相一致。

2.2　含钙阳极氧化铝膜（AACC）的体外性能

2.2.1　AACC 膜的稳定性

以 6 V 和 12 V 直流恒压制备的 AACC 膜为研究对象，图 5 和图 6 所示分别为 SBF 中 Ca、P 含量及其 pH 值随样品浸泡时间的变化。从图 5 可知，随着浸泡时间的延长，SBF 中的 Ca、P 含量均呈下降趋势，即有 Ca 和 P 沉积到 AACC 膜表面；此外，通过 ICP/AES 未检测到 SBF 中含有 Al 元素，这表明阳极氧化铝亦未在 SBF 中发生化学溶解。由此可知，AACC 膜在所配制的 SBF 中具有较优的稳定性。

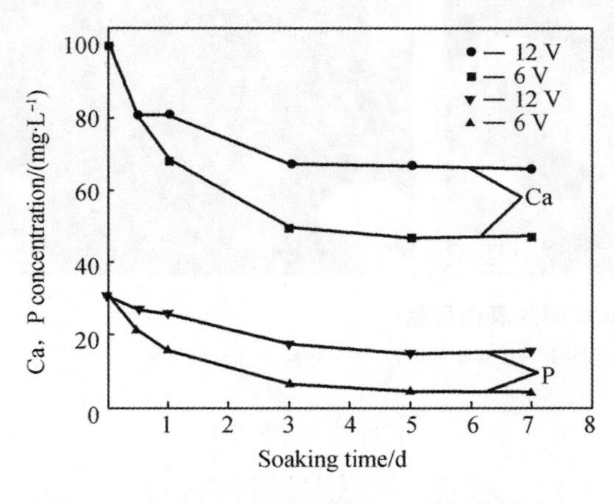

图 5 SBF 中 Ca、P 浓度随浸泡时间的变化

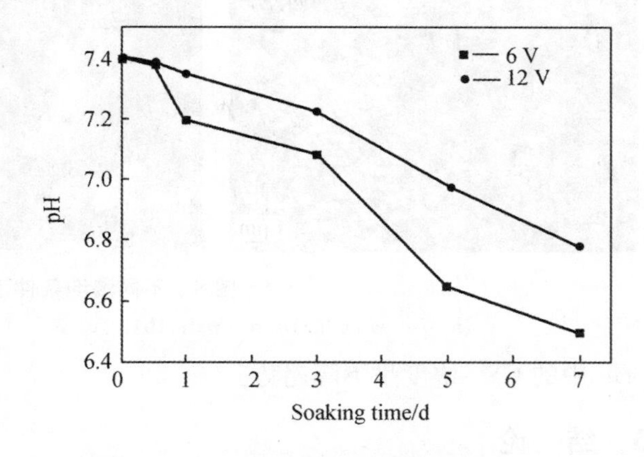

图 6 SBF 的 pH 值随浸泡时间的变化

浸泡过程中 SBF 的 pH 值不断下降，即其碱性降低，这可能是由于 Ca 和 P 元素沉积到 AACC 膜表面时要消耗 SBF 中的部分 OH^- 以形成骨类磷灰石，从而造成 SBF 中的 OH^- 浓度减小。根据图 5 给出的数据计算可知，沉积到 AACC 膜表面的 Ca/P 比分别为 1.56（6 V）和 1.68（12 V），与骨类磷灰石中的 Ca/P 比相近[14]。

2.2.2 *磷灰石在 AACC 膜表面的诱导生长*

图 7 所示为 6 V 恒压条件下制备的 AACC 膜在 SBF 中浸泡不同时间后的物相组成，作为对照，在未更新 SBF 中一直浸泡 7 d 的 AACC 膜的 X 射线衍射谱也列于图 7 中［图 7（b）］。由图可知，在定期更新的 SBF 中浸泡 3 d 后，X 射线衍射谱中即出现明显的磷灰石衍射峰，表明在较短时间内有磷灰石矿化沉积在 AACC 膜表面；当 SBF 未定期更新时，沉积物峰明显宽化并出现少量其他 CaP 相杂峰。

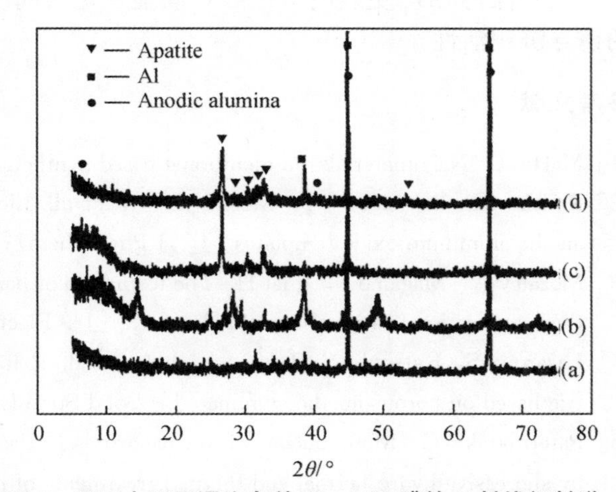

图 7 SBF 中不同浸泡条件下 AACC 膜的 X 射线衍射谱

(a) 0 d；(b) 7 d without SBF renewal；(c) 3 d；(d) 7 d with SBF renewal every two days

图 8 所示为 AACC 膜在 SBF 中以不同方式和时间浸泡后相应的表面形貌。与通常仿生成核得到球型颗粒不同［图 8（b）、（c）］，除少量小颗粒外，图 8（a）中大部分沉积物按一定方向生长形成丝网状结构，这可能是因为 SBF 未更新，溶液中不断减少的 Ca、P 含量不足以使矿化沉积后期磷灰石晶核进一步长大，导致沉积物结晶性较低或形核晶体尺寸较小，这与其宽化的 X 射线衍射峰［图 7（b）］相吻合。图 8（c）中的龟裂可能是由于 SBF 不含胶原等有机组分、诱导沉积磷灰石涂层厚度较大以及涂层干燥时缩水所致；而在真实体液中，胶原等有机成分的存在完全可避免这种龟裂的形成。

已有研究[15]表明，通过离子注入使医用金属表面富含钙元素，在体液环境中浸泡时能促进骨状磷灰石在医用金属表面的矿化沉积，这可能是由于金属表层的钙元素能部分转变为磷灰石形核所需的活性中心，即 Ca^{2+}，从而实现了医用金属表面的生物活化改性。同样，所制备的 AACC 膜表面富含钙元素，当浸泡于对磷灰石为过饱和溶液的 SBF 中时[16]，表面所富含的钙元素将作为活性中心，诱导磷灰石在 AACC 膜表面迅速形核、生长，即 AACC 膜表面的形核活性基团 Ca^{2+} 使其表现出较强的诱导磷灰石沉积的能力。由于磷灰石的快速形核与生长需不断消耗 SBF 中的 Ca^{2+}，故浸泡期间

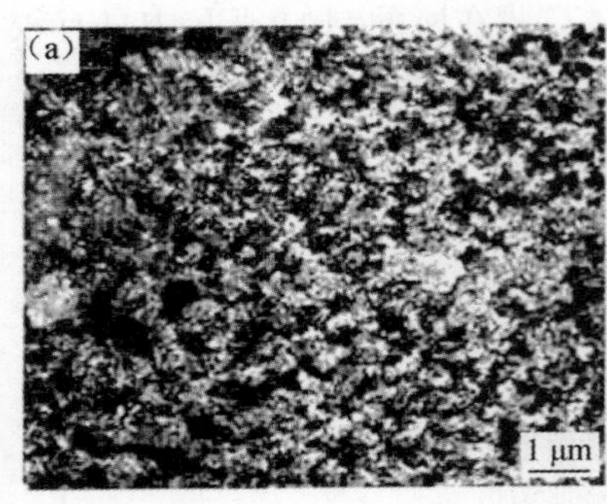

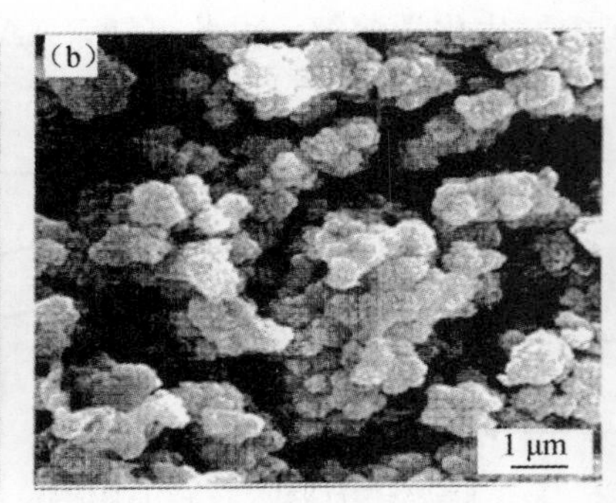

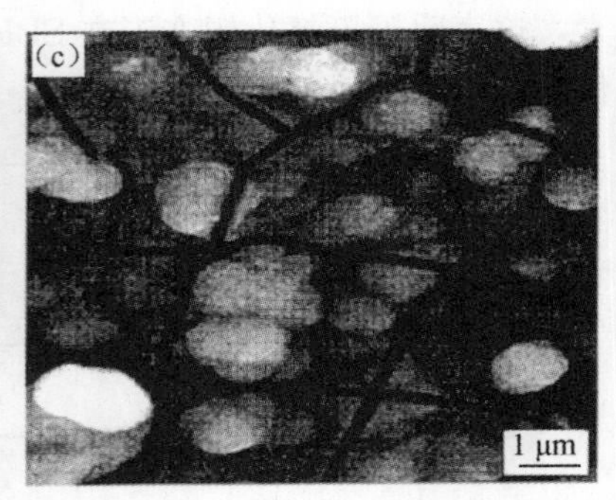

图 8 不同浸泡条件下 AACC 膜的表面形貌

(a) 7 d without SBF renewal; (b), (c) 3 d, 7 d with SBF renewal every two days, respectively

SBF 中的 Ca^{2+} 浓度呈下降趋势。

3 结 论

(1) 采用阳极氧化与电化学沉积结合的方法能制备 AACC。

(2) AACC 膜中钙含量随电化学沉积电压的升高而增加，当电压为 6～12 V 时，AACC 膜中钙的摩尔分数约为 1%～10%。

(3) AACC 膜在所制备的 SBF 中具有较优的化学稳定性。

(4) 保持 SBF 更新时，AACC 膜能在短时间内诱导骨状磷灰石的形核与生长，其表面具有较高的诱导沉积活性。

参考文献

[1] Martin C. Nanomaterials: a membrane-based synthetic approach [J]. Sicence, 1994, 266: 1961-1966.

[2] Routkevitch D, Bigioni T, Moskovits M, et al. Electrochemical fabrication of CdS nanowire arrays in porous anodic aluminum oxide templates [J]. J Phys Chem, 1996, 100: 14037-14047.

[3] Mozalev A, Magaino S, Imai H. The formation of nanoporous membranes from anodically oxidized aluminium and their application to Li rechargeable batteries [J]. Electrochimica Acta, 2001, 46 (18): 2825-2834.

[4] Lazarouk S, Katsouba S, Demianovich A, et al. Reliability of built in aluminum interconnection with low-ε dielectric based on porous anodic alumina [J]. Solid State Electronics, 2000, 44 (5): 815-818.

[5] Patermarakis G, Moussoutzanis K, Chandrinos J. Preparation of ultra-active alumina of designed porous structure by successive hydrothermal and thermal treatments of porous anodic Al_2O_3 films [J]. Applied Catalysis, A: General, 1999, 180 (1-2): 345-358.

[6] Grubbs C. Anodizing of aluminum [J]. Metal Finishing: Guidebook and Directory Issue, 1999, 97 (01): 480-496.

[7] Inoue S, Chu S Z, Wada K, et al. New roots to formation of nanostructures on glass surface through anodic oxidation of sputtered aluminum [J]. Sci Tech of Adv Mater, 2003, 4: 269-276.

[8] He L, Mai Y, Chen Z. Fabrication and characterization of nanometer CaP (aggregate) / Al_2O_3 composite coating on titanium [J]. Mater Sci Eng A, 2004, A367 (1-2): 51-56.

[9] He L, Mai Y, Chen Z. Effects of anodization voltage on CaP/Al_2O_3-Ti nanometre biocomposites [J]. Nanotechnology, 2004, 15 (11): 1465-1471.

[10] 何莉萍，吴振军，陈宗璋. Al-Ti 基体上纳米网状钙磷陶瓷/多孔 Al_2O_3 生物复合涂层的原位生长 [J]. 中国有色金属学报，2004，14 (3)：460-464.

[11] 吴振军，何莉萍，陈宗璋，等. 两步电化学法制备羟基磷灰石/氧化铝复合生物涂层的研究 [J]. 硅酸盐学报，2005，33 (2)：230-234.

[12] Kim H. Bioactive Ceramics: Challenges and Perspectives [J]. J Ceram Soc Jpn, 2001, 109 (4): S46-S57.

[13] 高云震，任继嘉，宁福元. 铝合金表面处理 [M]. 北京：冶金工业出版社，1991：55-97.
[14] Posner A. The mineral of bone [J]. Clin Orthop Relat Res，1985，200：87-89.
[15] Wieser E，Tsyganov I，Matz W，et al. Modification of titanium by ion implantation of calcium and/or phosphorus [J]. Surface and Coatings Rechnology，1999，111 (1)：103-109.
[16] Abe Y，Kawashita M，Kokubo T，et al. Effects of Solution on Apatite Formation on Substrate in Biomimetic Process [J]. J Ceram Soc Jpn，2001，109 (2)：106-109.

（中国有色金属学报，第 15 卷第 10 期，2005 年 10 月）

两步电化学法制备羟基磷灰石/氧化铝复合生物涂层的研究

吴振军，何莉萍，陈宗璋

摘　要：研究旨在开发一种可应用于医用金属表面生物学改性的复合生物陶瓷涂层。通过先阳极氧化、再电沉积的两步电化学方法成功制备了羟基磷灰石（hydroxyapatite，HA）/Al_2O_3 复合生物涂层。利用扫描电子显微镜（SEM）研究了阳极氧化 Al_2O_3（anodic aluminum oxide，AAO）膜的表面形貌与 HA/Al_2O_3 复合涂层的表面及截面形貌结构；X 射线衍射仪（XRD）、Fourier 变换红外光谱仪（FT-IR）与能谱仪（EDS）表征了复合涂层的物相组成；等离子原子发射光谱仪（ICP-AES）和黏接拉伸试验分别测定涂层在模拟体液（SBF）中的体外行为和浸渍后涂层间的结合强度。结果表明：所制备的 HA 含有少量碳酸根，在 SBF 中呈现优良的稳定性并能诱导新的磷灰石层的形成；HA 底部嵌入 AAO 膜的孔洞中形成互锁界面，经模拟体液处理后两者之间结合强度为 3.2 MPa。

关键词：羟基磷灰石/氧化铝；阳极氧化；电沉积；复合生物涂层

中国分类号：TQ174.1　**文献标识码**：A　**文章编号**：0454-5648（2005）02-0230-05

Study on Hydroxyapatite/Alumina Composite Biocoating Prepared by a Two-Step Electrochemical Method

Wu Zhenjun，He Liping，Chen Zongzhang

Abstract: The purpose of this research was to develop a new compound bioceramic coating for the surface modification of biomedical metals. Hydroxyapatite（HA）/Al_2O_3 composite biocoating was successfully prepared by a two-step electrochemical method including anodization and subsequent electrodeposition. The surface morphologies of porous anodic aluminum oxide（AAO）and HA/Al_2O_3 composite coating and the cross section microstructure of the HA/Al_2O_3 coating were investigated with SEM. The compositions of HA/Al_2O_3 coating were determined by XRD，FT-IR，and EDS techniques. In vitro behavior in a simulated body fluid（SBF）and adhesive performance of the as-prepared composite coating were investigated by ICP-AES and tensile test，respectively. The results show that the electrodeposited HA layer，containing a small amount of CO_3^{2-}，has good stability in SBF and can induce the deposition of apatite from SBF. It is also found that an interlocking-like interface in HA/（Al_2O_3）composite coating is formed due to the embedding of HA layer into the pores of AAO. The adhesive strength between HA and AAO is of 3.2 MPa after soaking in SBF for 7 d.

Key words: hydroxyapatite/alumina，anodization，electrodeposition，composite biocoating

---

传统的生物医用金属材料及其合金，因其较低的生物相容性，常常导致植入失效[1-2]。因此，开发同时具有优良生物活性与良好机械力学性能的复合生物材料是目前硬组织植入材料研究的热点之

一，其中最受关注的体系之一便是金属基羟基磷灰石［hydroxyapatite，HA，分子式$Ca_{10}(PO_4)_6 \cdot (OH)_2$］涂层材料。目前已发展了多种制备 HA/金属复合材料的技术，如等离子喷涂[3]、离子束辅助沉积[4]、电沉积[5]、溶胶-凝胶处理[6]等，但制备过程涉及的高温等恶劣条件造成涂层成分多样化，这使得涂层生物活性降低，而涂层与基底金属力学性能的不匹配则造成涂层性能稳定性下降。

基于以上问题，可考虑在温和条件下制备具有梯度结构的复合生物涂层，HA/金属材料植入体系性能加以改进，如 Ishizawa 等[7]采用微弧氧化加水热处理制备了 HA/TiO_2-Ti 生物复合材料，但制备过程不安全、原材料较昂贵；此外，水热处理后致密 TiO_2 膜层中残留的 Ca，P 元素还导致复合涂层与基体金属间的结合强度下降。He 等[8]则通过物理气相沉积（PVD）、阳极氧化以及水热处理复合制备技术成功构造了 CaP/Al_2O_3-Ti 复合材料，拟通过陶瓷涂层的原位生长效应和纳米效应提高涂层的机械力学性能及其生物学性能，但复合涂层的表层为非 HA 的其他磷酸钙盐物相，复合涂层的生物活性尚待进一步确定。为此，提出采用先阳极氧化制备具有多孔结构的阳极化 Al_2O_3（anodic aluminum oxlde，AAO）、再电沉积的两步电化学方法获得了一种新型的、可望构造于医用金属表面的 HA/Al_2O_3 复合生物涂层，研究了该复合涂层的形貌结构和物相组成，并初步测试了其体外行为与结合强度。

1 实 验

1.1 样品制备

从铝板上剪取实验用铝片（尺寸为 20 mm×10 mm×0.1 mm，纯度 99.95%），先后经过丙酮超声清洗、热碱液去油、酸洗和去离子水超声清洗后，室温干燥。将经过预处理的铝片在1 mol/L H_3PO_4 中 110 V 直流恒压下进行阳极氧化，氧化温度 16.5 ℃，时间 50 min，钛钢为对电极。

用去离子水配制含 $Ca(NO_3)_2$ 0.1 mol/L 与 NaH_2PO_4 0.05 mol/L 的溶液作为电解液，调节溶液 pH 值为 5～6，以阳极氧化铝片为阴极，石墨为阳极，在 4 V 直流恒压、室温、搅拌条件下电沉积 20 min。

1.2 性能测试与分析

用扫描电镜（SEM，JSM-5600，20 kV）观察 AAO 膜表面、复合涂层表面与截面的形貌结构。用 JEOL-5600 能量色散谱仪（energy dispersive spectrometer，EDS）研究 Ca、P 元素在复合涂层中的分布。X 射线衍射仪（XRD，D-max/rA，Cu Kαl）及 Fourier 红外光谱仪（FT-IR，PE Spectrum One）表征复合涂层的物相组成。等离子原子发射光谱仪（ICP-AES，PS-6）测定浸渍有电沉积样品的模拟体液（simulated body fluid，SBF）中 Ca、P 元素浓度的变化。电子万能试验机（WDW-100，上海申力）测试在 SBF 中浸渍 7 d 后复合涂层的结合强度，环氧树脂为黏结剂，拉伸速度为0.02 mm/min。

在模拟体液中测试复合涂层的体外行为，处理条件见表 1。

表 1 体外行为测试条件

Buffering agent	Composition of SBF/（mmol·L^{-1}）							Temperature /℃	pH value
	NaCl	$NaHCO_3$	KCl	$K_2HPO_4 \cdot 3H_2O$	$MgCl_2 \cdot 6H_2O$	$CaCl_2$	Na_2SO_4		
45 mol/L［$(CH_2OH)_3CNH_2$］+1.0 mol/LHCl	136.8	4.2	3.0	1.0	1.5	2.5	0.5	37.0±0.5	7.4

2 结果与讨论

2.1 多孔 AAO 膜的形貌结构

所制备的多孔阳极氧化 Al_2O_3（AAO）的表面形貌如图 1 所示。与在硫酸、草酸等介质中所得

到的阳极氧化 Al_2O_3 相比，在磷酸中生成的AAO膜具有更大的孔径，实验中多孔AAO的孔径约为100 nm～130 nm。大孔径有利于后续电沉积过程电解液对AAO膜多孔层的浸润，从而在孔洞亦沉积出生物涂层。此外，AAO膜所具有的较厚多孔外层与较薄底部阻挡层的独特结构[9]，特别是外部多孔层孔洞可作为离子传导的通道，使其具有一定的离子导电能力，AAO膜的这一性质是后续电沉积制备钙磷陶瓷涂层的重要前提之一。

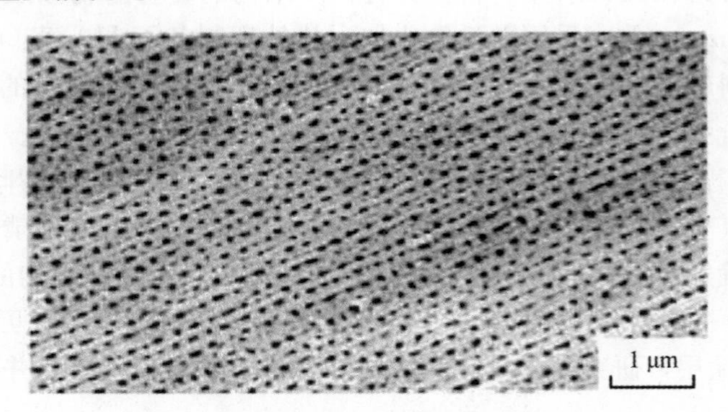

图1　所制备AAO膜的表面形貌

2.2　复合涂层的组成与形貌

电沉积后复合涂层的物相组成如图2所示。从图中可清楚地看出HA晶体的三个强峰、$2\theta=26°$附近的（002）晶面特征峰以及其他晶面衍射峰，各峰位置很好地与JCPDS9-432中所提供的羟基磷灰石衍射峰数据相吻合。此外，峰形尖锐表明HA结晶较好，且没有观察到其他钙磷陶瓷相的衍射峰。相关研究[10]表明，在电解时阴极（基体材料）表面由于 H^+ 的消耗而造成pH值的升高，使电沉积含HA的生物活性涂层成为可能。实验中使用弱碱性的 NaH_2PO_4 作为P源可能是直接沉积得到HA生物涂层的原因之一。另外，从XRD图中还可以看到基底Al与 γ-Al_2O_3 的晶态峰，以及不太明显的非晶 Al_2O_3 宽化峰。根据Patermarakls等[11]的研究结果，AAO通常由 γ-Al_2O_3 和非晶 Al_2O_3 构成，而只有当电流密度达到一定值（其大小视具体阳极氧化条件不同）时，才能从XRD图谱中观察到AAO膜中非晶 Al_2O_3 所对应的非晶峰。本研究采用恒压阳极氧化，除了在开始电解的极短时间内电流密度较大外，大部分时间内电流密度均较低，这可能是图2中 Al_2O_3 非晶峰不明显的原因。

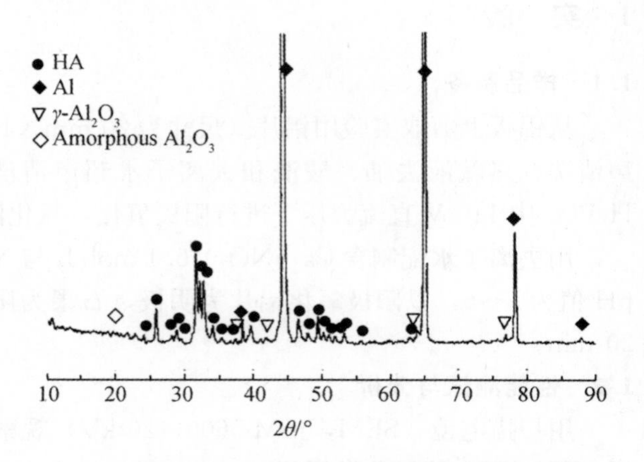

图2　HA/Al_2O_3 复合生物涂层与基底的XRD谱图

从复合涂层的FT-IR谱图（见图3）中可观察到 PO_4^{3-} 在1000 cm^{-1} 附近的伸缩振动吸收峰；3400 cm^{-1} 和630 cm^{-1} 附近为O—H的伸缩振动吸收峰；1640 cm^{-1} 与1460 cm^{-1} 则分别对应于O—H的弯曲振动吸收峰和非架桥O—H的弯曲振动吸收峰；该谱图中在875 cm^{-1} 处有一吸收峰，结合图2所示的复合涂层物相分析结果可知，此吸收峰应对应涂层中的 CO_3^{2-} 而非 HPO_4^- 基团；此外，图3中IR谱还表明涂层中

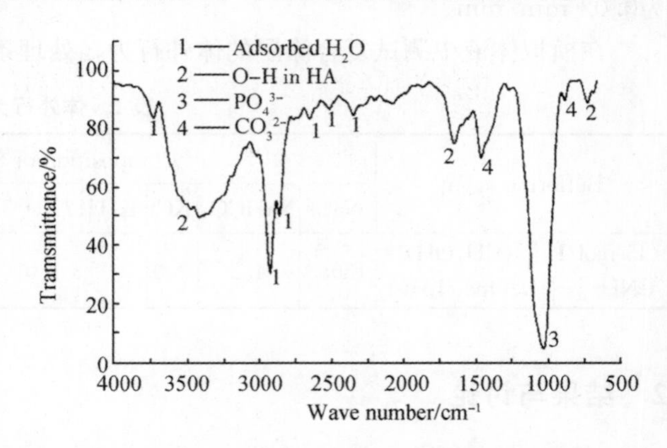

图3　HA/Al_2O_3 复合生物涂层的FT-IR谱图

含有一定量的吸附水。从复合涂层的制备过程来看，CO_3^{2-} 应该是在电沉积时来自空气中的 CO_2。人体骨骼中的主要无机组分正好是含有一定量吸附水的碳酸羟基磷灰石（carbonated hydroxy apatite，CHA）[12]，因此，就成分而言，所制备的 HA 涂层与骨磷灰石具有相似性。

所沉积的 HA 涂层在 SBF 中浸渍前后的表面形貌如图 4 所示。从图 4（a）中可以看到宽度介于 350 nm～450 nm 的短棒状晶体，涂层表面存在少量的间隙，这可能是电沉积过程中阴极氢气逸出或晶粒相互搭叠所造成的，但涂层大部分区域较为均匀致密。钙磷生物陶瓷涂层的阴极电沉积制备可采用恒电流或恒电压两种控制方式进行，但是要直接得到 HA 含量较高的生物活性涂层，应用恒电流法需要在较高的电流密度下进行沉积，阴极反应所生成的氢气将造成涂层致密性与结合强度下降；而应用恒电压法，随着涂层的生长，电流密度呈下降趋势，可有效避免过多氢气带来的不利影响[13]。

电沉积 HA 涂层在 SBF 中浸渍 7 d 后，其表面被一层新的沉积物所覆盖［图 4（b）］。由于 HA 为生理环境中最稳定的磷酸钙盐晶相，体液对于 HA 为过饱和溶液，因此，当 HA/Al_2O_3 复合涂层在 SBF 中浸渍处理时，复合涂层的表面将诱导骨状磷灰石的成核、生长，形成新的矿化沉积磷灰石生物涂层[14]。

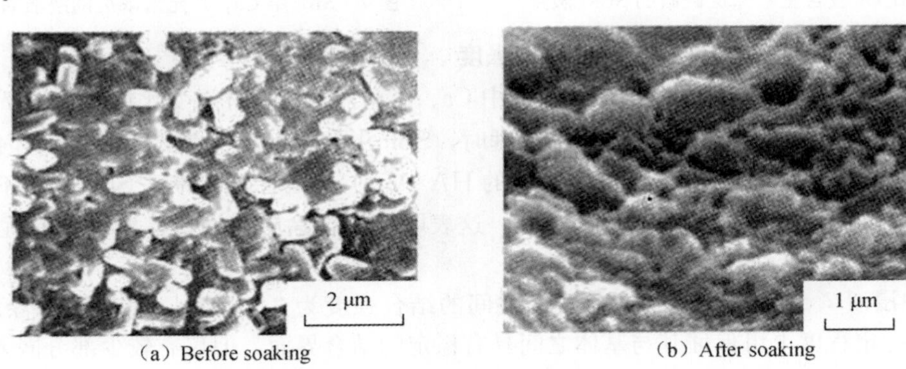

（a）Before soaking （b）After soaking

图 4 电沉积 HA 涂层在 SBF 中浸渍前和浸渍后的表面形貌

HA/Al_2O_3 复合涂层的截面形貌与 Ca，P 元素的分布情况如图 5 所示。由图中 EDS 线扫描［图 5（a）］的结果可知，AAO 膜的阻挡层不含有 Ca 元素，而在多孔层部分则显示了 Ca 元素的存在，在离多孔层表面约 1.5 μm～2 μm 处 Ca 元素信号明显增强，至 HA 层其信号达到最大值。图 5（b）为 P 元素在复合涂层中的分布情况，同样，在 AAO 膜阻挡层中未检测到 P 元素，但在整个多孔层部分，较强的能谱信号表明较多 P 元素的存在，这说明既有磷酸根离子在阳极氧化过程中进入 AAO 膜多孔层[15]，也有含磷离子在电沉积过程中进入多孔 Al_2O_3 层。AAO 膜多孔层中同时存在 Ca、P 元素，表明在多孔层中，特别是其表面以下约 1.5 μm～2 μm 深度范围内，沉积生成了部分 HA 晶体。

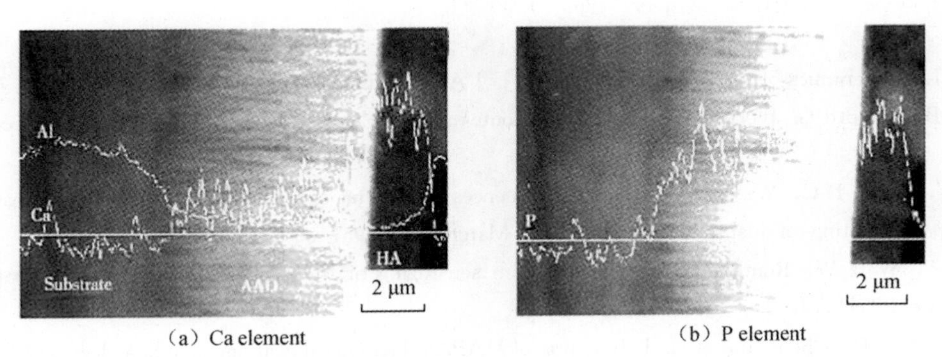

（a）Ca element （b）P element

图 5 HA/Al_2O_3 复合生物涂层中 Ca，P 元素的 EDS 线扫描能谱图

图 6 为复合涂层截面的 SEM 照片。由图 6 可以看出，在 AAO 膜多孔层一定深度范围内的确存

在HA晶体，图中光亮部分正是其放电所致（样品未作喷金处理）。整个HA涂层的厚度约为3.5 μm～4 μm，AAO膜的厚度约为8 μm，且HA涂层底部生长于AAO膜孔洞中，形成了嵌入式界面结构。嵌入AAO膜中的HA厚度约为2 μm。

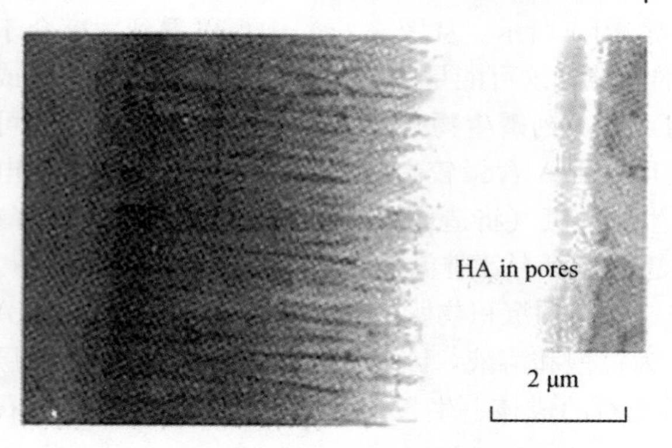

图6 HA/Al_2O_3 复合生物涂层截面的SEM照片

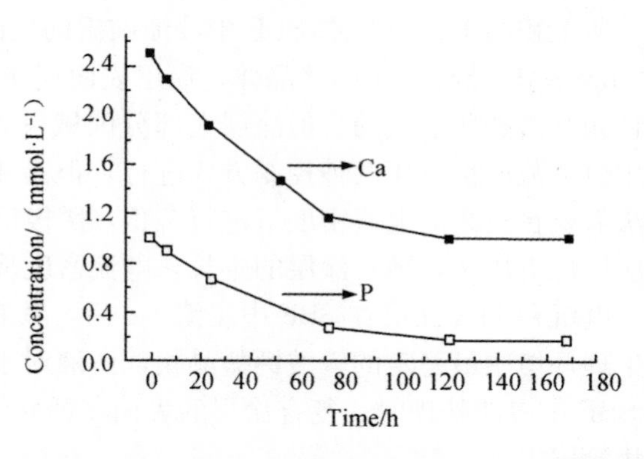

图7 SBF中Ca，P元素浓度随浸渍时间的变化

2.3 HA/Al_2O_3 复合涂层的体外稳定性与结合强度

HA/Al_2O_3 复合涂层浸渍在SBF中，溶液中Ca、P元素含量随时间变化情况如图7所示。从图7中曲线可知，当 HA/Al_2O_3 复合涂层浸渍处理时，SBF中的Ca，P元素浓度在72 h内都有明显的下降，之后的96 h其浓度则变化不大。所制备的 HA/Al_2O_3 复合涂层浸渍在SBF中时不仅未出现溶解现象，而且在较短时间内能诱导沉积磷灰石，这表明该复合涂层在模拟体液中具有优良的抗溶解能力和化学稳定性。

在SBF中浸渍7 d后，HA层与AAO膜之间的结合强度为3.2 MPa。虽然HA涂层在SBF中优良的稳定性一定程度上可保证其与基体之间具有稳定的结合界面，但仅有较少部分嵌入AAO膜孔洞中（见图6），这可能是涂层结合强度不太高的原因。在AAO膜中沉积较厚HA涂层以及对复合涂层进行水热等处理后，利用AAO膜的封孔效应可能有助于提高复合涂层内部的结合强度。

3 结 论

（1）通过阳极氧化与电沉积两步电化学方法成功制备出 HA/Al_2O_3 复合涂层。

（2）所制备复合涂层底层为孔径介于100 nm～130 nm之间的多孔 Al_2O_3 膜，上部为含有少量碳酸根和一定量吸附水的HA致密层，两层之间形成镶嵌式界面结构。

（3）复合涂层在SBF中浸渍处理时显示了良好的稳定性，并能诱导磷灰石的沉积。

（4）SBF中浸渍处理7 d后HA层与AAO膜之间的结合强度为3.2 MPa。

参考文献

[1] Hench L L. Bioceramics：from concept to clinic [J]. J Am Ceram Soc，1991，74（7）：1487-1510.

[2] Nissan B B，Pezzotti G. Bioceramics：processing routes and mechanical evaluation [J]. J Ceram Soc Jpn，2002，110（7）：601-608.

[3] Yang C Y，Wang B C，Wu J D，et al. The influences of plasma spraying parameters on the characteristics of hydroxyapatite coating：a quantitative study [J]. J Mater Sci，1995，30（6）：249-257.

[4] Pham M T，Watz W，Reuther H，et al. Ion beam sensitizing of titanium surfaces to hydroxyapatite formation [J]. Surf Coat Technol，2000，128129：313-319.

[5] He L P，Liu H R，Chen Z Z，et al. Fabrication of HAP/Ni biomedical coatings using an electro codeposition technique [J]. Surf Coat Technol，2002，160（2-3）：109-113.

[6] Dean D M，Liua M，Troczynskia T，et al. Water based sol-gel synthesis of hydroxyapatite：process development [J]. Biomaterials，2001，22（13）：1721-1730.

[7] Ishizawa H, Ogino M. Characterization of thin hydroxyapatite layers formed on anodic titanium oxide films containing Ca and P by hydrothermal treatment [J]. J Biomed Mater Res, 1995, 29 (9): 1071-1079.
[8] He L P, Mai Y W, CHEN Z Z. Fabrication and characterization of nanometer CaP (aggregate) /Al_2O_3 composite coating on titanium [J]. Mater Sci Eng A, 2004, 367 (1-2): 51-56.
[9] Thompson G E. Porous anodic alumina: fabrication, characterization and applications [J]. Thin Solid Films, 1997, 297 (1-2): 192-201.
[10] Yen S K, Lin C M. Cathodic reactions of electrolytic hydroxyapatite coating on pure titanium [J]. Mater Chem Phys, 2003, 77 (1): 70-76.
[11] Patermarakis G, Moussoutzanis K. Mathematical models for the anodization conditions and structural features of porous anodic Al_2O_3 films on aluminum [J]. J Electrochem Soc, 1995, 142 (3): 737-743.
[12] Posner A S. The mineral of bone [J]. Clin Orthop Relat Res, 1985, 200: 87-89.
[13] Kumar M, Xie J, Chittur K, et al. Transformation of modified brushite to hydroxyapatite in aqueous solution: effects of potassium substitution [J]. Biomaterials, 1999, 20 (15): 1389-1399.
[14] Kim H Y. Bioactive ceramics: challenges and perspectives [J]. J Ceram Soc Jpn, 2001, 109 (4): S49-S57.
[15] Yang M R, Wu S K. The improvement of high-temperature oxidation of Ti-50Al by anodic coating in the phosphoric acid [J]. Acta Mater, 2002, 50 (4): 691-701.

(硅酸盐学报，第 33 卷第 2 期，2005 年 2 月)

纳米晶状磷酸钙盐/Al_2O_3-Ti生物复合材料的制备与结构表征

何莉萍，吴振军，陈宗璋，米耀荣

关键词：阳极氧化；水热处理；磷酸钙/Al_2O_3-Ti；纳米；生物复合材料；硬组织；替换材料
分类号：O614.31；O614.41；O614.23；TQ174.1

Preparation and Characterization of Nanocrystalline Calcium Phosphate/Al_2O_3-Ti Biocomposite

He LiPing，Wu Zhenjun，Chen Zongzhang，Mai Yiuwing

Abstract：This work aims at developing a new and reliable biomaterial for implant application by fabricating calcium phosphate/Al_2O_3 biocomposite coating on medical titanium using a hybrid technique of anodic oxidation and hydrothermal treatment. The pre- and post-anodized samples were investigated by scanning electron microscopy (SEM), energy dispersive analysis of X-ray (EDAX), transmission electron microscopy (TEM), and X-ray diffraction (XRD) techniques. The results indicated that porous anodic alumina film containing Ca and P was obtained on the as-prepared Al-Ti substrate through anodization, and the subsequent hydrothermal treatment led to the formation of calcium phosphate crystals. SEM and TEM results showed that calcium phosphate crystals were in nanometer, in-situ embedded in the walls of the cylindrical structure of anodic alumina, and finally formed a thin and porous top layer on the anodic alumina layer. The nanometer effect of calcium phosphate top layer, the porous and cylindrical microstructure of calcium phosphate/Al_2O_3-Ti, and the in-situ growth effect are expect to possess a very good combination of bioactivity and mechanical integrity.

Key words：anodic oxidation，hydrothermal treatment，calcium phosphate/Al_2O_3-Ti，nanometer，biocomposite，hard tissue，implant

---

0　引　言

众所周知，钛及其合金具有优良的机械力学性能，但其生物活性不足。因此，在金属基体上涂敷一层生物活性涂层，结合金属与生物活性材料的各自优势，已成为世界各国学者研究最为活跃的生物复合材料体系之一。该体系可用于临床医学，作为人体硬组织等的修复替换材料。

目前，已开发出多种在金属基体上制备生物活性涂层的工艺和方法。如：等离子沉积法[1]、离子束溅射法[2]、激光熔覆法[3]、溶胶-凝胶法[4]、电化学沉积与水热处理合成法[5]、电泳沉积[6]、电结晶[7]等多种方法。但现有涂层材料尚存在一些问题：①由于替换材料的高硬度而导致其周围硬组织坏死[8]；②由于疲劳磨损或热膨胀不匹配引起涂层脱落[9]；③由于异质相导致生物活性降解[10]。因此，研究新的制备工艺，开发新的生物复合材料体系就显得十分重要。

考虑到 Al_2O_3 具有优异的抗磨损、耐腐蚀等性能，以及较好的生物相容性，常作为临床选用的人造硬组织承载材料[11]，故在本研究工作中，我们首次采用阳极氧化与水热处理复合工艺研制酸式磷酸钙/Al_2O_3-Ti 生物复合材料体系。该体系不同于由日本 Ishizawa 等研制的 HAP/Al_2O_3-Ti 复合体系[12]。主要体现在两方面：其一，阳极氧化前采用物理气相沉积（PVD）方法预沉积一层 Al 薄膜；其二，酸式磷酸钙/Al_2O_3-Ti 体系中中间过渡层 Al_2O_3 为多孔结构（TiO_2 为致密中间层），酸式磷酸钙相为纳米级晶体，并沿 Al_2O_3 的孔壁生长且覆盖 Al_2O_3 层表面，而多孔结构可诱导周围骨组织生成，使得替换材料与周围骨组织、复合涂层与基体形成牢固的键结合，从而提高生物活性和涂层强度。因此，本文着重介绍了研制酸式磷酸钙/Al_2O_3-Ti 体系的制备方法，并对所研制材料的组成和结构进行了初步分析。

1 实验部分

1.1 原材料及工艺过程

采用 PVD 方法，以英国 Goodfellow 公司生产的铝（Al＞99.99%）为靶材在金属 Ti（Φ＝18 mm，0.5 mm～0.8 mm 厚，Ti＞99.99%）基上沉积一层 Al 膜。再将沉积了 Al 膜的 Ti 基体材料（Al-Ti）作为阳极，Al 为阴极，以 Fluke（德）生物化学公司生产的醋酸钙（CA，$C_4H_6CaO_4$）和 β-GP（$C_3H_7NaO_6P \cdot 5H_2O$）为原料，按一定浓度配制成含 Ca、P 元素的电解质，在 20 V～70 V 直流下阳极氧化，从而在 Al-Ti 上形成含钙、磷元素的阳极氧化 Al_2O_3 膜（AAO 膜）。阳极氧化后的阳极材料于 212 ℃、2.0 MPa 条件下水热处理 8 h，水热处理介质为去离子水，获得所设计的纳米酸式磷酸钙/纤维管状多孔 Al_2O_3-Ti 生物复合材料。合成方法及工艺流程如图 1 所示。

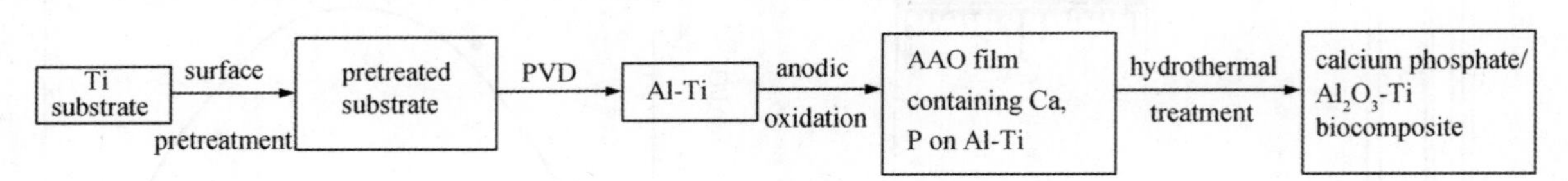

图 1 合成方法及工艺流程图

1.2 测试分析

采用表面轮廓曲线仪（Talyor-Hobson）测定预沉积的 Al 膜厚度。采用 X-射线衍射分析仪（XRD，Siemens D5000）、扫描电子显微镜及能谱仪（SEM＋EDAX，JEOL/JSM-5600）以及透射电镜（TEM，Philips CM20）深入分析、研究各阶段样品的组成和微观结构特征。能谱分析（EDAX）不同电压下阳极氧化膜的 Al/O 值。其中 XRD 测试条件为：Cu Kα，40 kV，30 mA，扫描速度为 $0.05° \cdot s^{-1}$。TEM 分析在 200 keV 条件下进行。

2 结果与讨论

2.1 PVD 沉积

在 Ti 基上采用物理气相沉积（PVD）法沉积的 Al 膜，厚度经测定为 2.54 μm，其显微形貌如图 2 所示。从图 2 可知，Al 膜中发生了较为明显的团聚现象，Al 膜表面为非光滑表面，这是由于沉积膜厚度较大所致。这将不影响以后磷酸钙相/Al_2O_3 复合涂层的形成。因为电化学处理时，阳极表面需要有一定的粗糙度。相应的 EDAX 结果（图 3）清楚表明所沉积的 Al 膜为纯铝相，不存在其他任何杂质相。

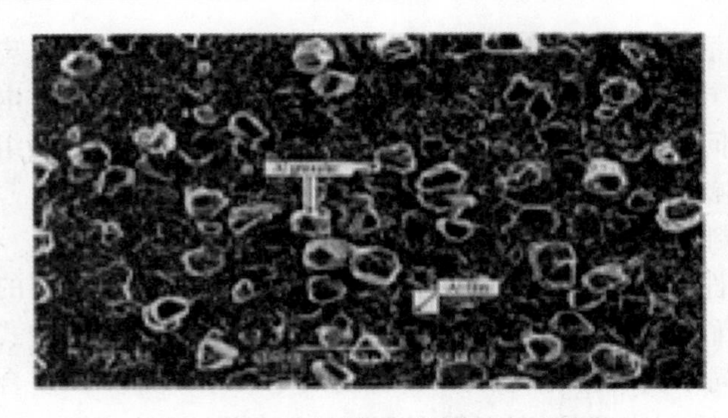

图 2　PVD 法沉积的 Al 膜的 SEM 图

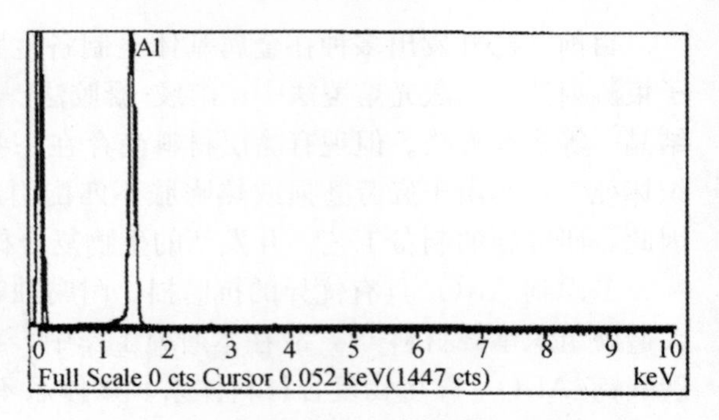

图 3　PVD 法沉积的 Al 膜的 EDAX 成分分析

2.2　阳极氧化

Al-Ti 基体在 60 V 直流电压下阳极氧化，所得产物经扫描电镜分析可知，Al 膜经阳极氧化形成阳极氧化铝（AAO）膜，并完全覆盖于钛基上。AAO 膜为多孔膜，孔的大小介于 10 nm～50 nm 之间。与铝的常规直流阳极氧化（以硫酸、草酸、磷酸等酸类物质作为电解质）不同，本研究中所获得的氧化膜其表面孔洞呈疏散排布，孔隙率相对不高，这可能与较为粗糙的起始阳极氧化表面和所采用的特殊电解介质有关。相应的 EDAX 结果表明，AAO 膜中含 Ca、P 元素（图 4，原子百分含量分别为 0.24%和 0.20%），即在 AAO 膜形成过程中，Ca、P 元素同时沉积于 AAO 膜中。与采用先阳极氧化，再用含 Ca、P 元素的溶液浸渍法相比，将使磷酸钙相生物活性涂层具有原位生长效应，可望提高生物活性涂层与基体材料的结合强度。

此外，Al 膜的阳极氧化程度与阳极氧化电压密切相关，二者关系如图 5 所示。结果指出，为获得较高氧化程度的 AAO 膜，阳极氧化电压应控制在 30 V～60 V 之间。这一结果与 Ishizawa 等的研究结论一致[12]。

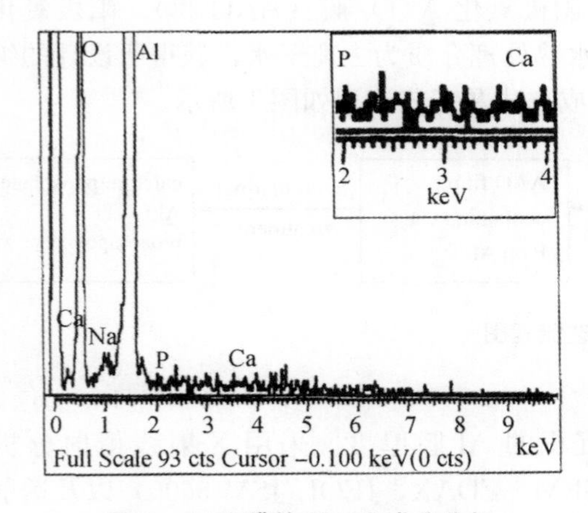

图 4　AAO 膜的 EDAX 成分分析

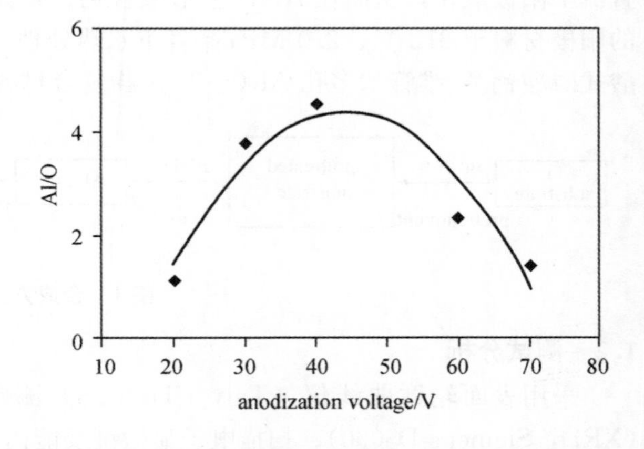

图 5　AAO 膜的氧化程度与阳极氧化电压的关系

2.3　水热处理后

水热处理之后所得产品即为我们所设计的磷酸钙相/Al_2O_3-Ti 体系。将 60 V 直流电压阳极氧化条件下所得的 AAO 膜在 212 ℃、2.0 MPa 下经 8 h 水热处理后采用 XRD、SEM＋EDAX 和 TEM 分别进行组成和微观结构分析。XRD 结果（图 6）表明：所获得的陶瓷涂层由酸式磷酸钙、三斜磷酸钙（Monetite）两种磷酸盐晶相构成，从峰强度判断，混合相以后者为主。在人体生理环境中，它们能够诱

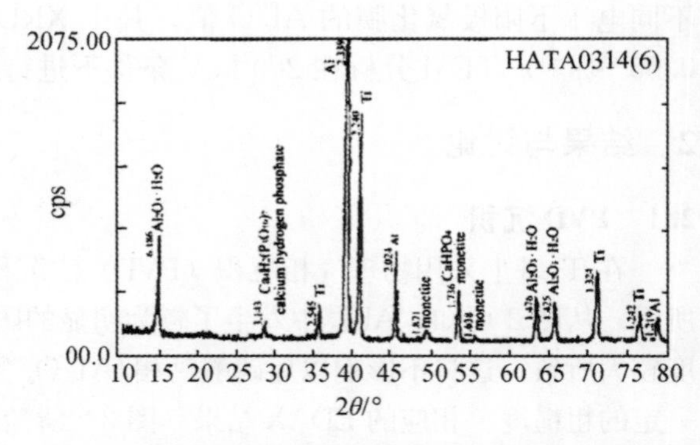

图 6　水热处理后最终获得的生物材料的 XRD 图

导沉积骨状磷灰石（Bonelike Apatite）[13]，所以实验中制备的陶瓷涂层具有较好的生物活性。SEM（图 7）和 TEM（图 8）结果显示，所获得的酸式磷酸钙/Al_2O_3-Ti 体系中，AAO 膜为多孔纳米管状结构，在其表面均匀覆盖一层片状结构的磷酸钙盐晶体，该类晶体长约为 150 nm～250 nm，宽约为 100 nm。所构造酸式磷酸钙/Al_2O_3-Ti 生物复合材料体系表面的钙磷生物陶瓷涂层以纳米形式覆盖，将提高此类复合材料的生物活性。由于 AAO 膜层具有多孔管状结构，AAO 膜底部的 Ca、P 经水热处理能够完全结晶析出，可克服 HAP/TiO_2-Ti 体系中 TiO_2 底部残留较多未结晶 Ca、P 成分而导致复合材料体系中涂层与基体结合强度不高的缺点。

图 7　水热处理后最终获得生物涂层材料的微观形貌

图 8　水热处理后最终获得的生物材料的 TEM 图

因此，所得酸式磷酸钙涂层表面结构疏松，其底部又嵌入 AAO 膜的多孔纳米管状结构内，即酸式磷酸钙涂层分布于如图 9 阴影部分所示的区域，呈 T 字形，我们称之为 T 形效应，又称钉子效应。这将诱导复合生物材料（硬组织替换材料）与周围骨组织的良好结合，提高替换材料与周围组织的结合强度。

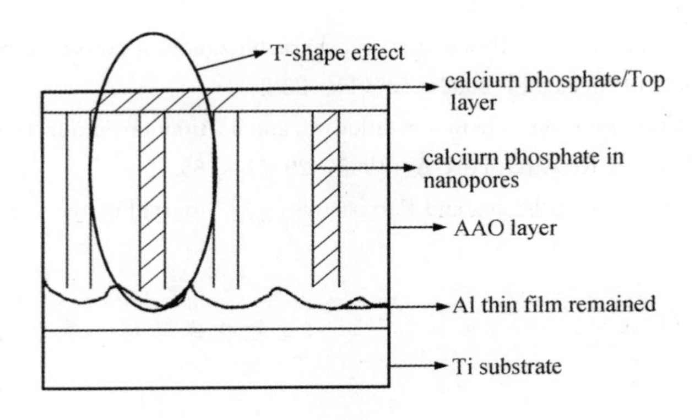

图 9　所研制生物材料的 T 形效应示意图

3　结　论

本工作首次采用阳极氧化及水热处理复合技术，成功研制出了纳米晶状酸式磷酸钙/纤维管状 Al_2O_3-Ti 生物复合材料体系。所得酸式磷酸钙/Al_2O_3-Ti 体系具有以下几大特点：①磷酸钙盐涂层具有纳米效应；②阳极氧化 Al_2O_3 层的多孔效应；③钙磷生物陶瓷涂层的原位生长效应；④酸式磷酸钙/Al_2O_3 复合涂层所形成的 T 形效应。

鉴于此，所研制的酸式磷酸钙/Al_2O_3-Ti 体系可望具有良好的生物活性和机械力学性能。该体系的相关生物活性和机械力学性能将在近期内报道。总之，该生物复合材料的成功研制可望扩大临床医学用硬组织替换材料体系，为广大骨损伤患者带来福音。

参考文献

[1] Hayashi K，Noda I，Uenoyama K，et al. Breakdown corrosion potential of ceramic coated metal implants [J]. Journal of Biomedical Materials Research，1990，24 (8)：1111-1113.

[2] Ektessabi A M. Ion beam processing of bio-ceramics [J]. Nuclear Instruments & Methods Physics Research，1995，99 (1)：610-613.

[3] Wang C K，Lin J Ju C P，et al. Structural characterization of pulsed laser-deposited hydroxyapatite film on titanium substrate [J]. Biomaterials，1997，18 (20)：1331.

[4] Morita S，Sei T，Tsuchiya T. Preparation of hydroxyapatite thin film on alumina substrate by sol-gel process [J]. Phosphourus Research Bulletin，1995，5：31-36.

[5] Ishizawa H，Fujino M，Ogino M. Mechanical and histological investigation of hydrothermally treated and untreated anodic titanium oxide films containing Ca and P [J]. Journal of Biomedical Materials Research，1995，29 (11)：1459.

[6] Zhitomirsky I，Gal-Or L. Electrophoretic deposition of hydroxyapatite [J]. Journal of Materials Science Materials in Medicine，1997，8 (4)：213-219.

[7] Vijayaraghavan T V，Bensalem A. Electrodeposition of apatite coating on pure titanium and titanium alloys [J]. Journal of Materials Science Letters，1994，13 (24)：1782-1785.

[8] Rashmir-Raven A M，Richardson D C，Aberman H M，et al. Response of cancellous and cortical canine bone to hydroxylapatite-coated and uncoated titanium rods [J]. Latin American Journal of Aquatic Research，1995，6 (4)：237.

[9] Maruno S，Ban S Wang Y F，et al. Properties of Functionally Gradient Composite Consisting of Hydroxyapatite Containing Glass Coated Titanium and Characters for Bioactive Implant [J]. Journal of the Ceramic Society of Japan，1992，100 (1160)：362-367.

[10] Cheang P，Khor K A. Addressing processing problems associated with plasma spraying of hydroxyapatite coatings [J]. Biomaterials，1996，17 (5)：537-544.

[11] Bose S，Darsell J，Hosick H L，et al. Processing and characterization of porous alumina scaffolds [J]. Journal of Materials Science Materials in Medicine，2002，13 (1)：23-28.

[12] Ishizawa H，Ogino M. Formation and characterization of anodic titanium oxide films containing Ca and P [J]. Journal of Biomedical Materials Research Part A，1995，29 (1)：65.

[13] Kim H M，Bioactive Ceramics. Challenges and Perspectives [J]. Journal of the Ceramic Society of Japan，2001，109 (1268)：S49-S57.

（无机化学学报，第 20 卷第 3 期，2004 年 3 月）

电化学方法制备 HAP/金属生物复合材料研究进展

吴振军，何莉萍，陈宗璋

摘　要：着重介绍了四种制备 HAP（羟基磷灰石）/金属生物复合材料的电化学方法，即电结晶、电泳沉积、电镀共沉积和阳极氧化；详细叙述了四种方法相关的研究进展，并对利用电化学方法在金属或合金上制备 HAP 生物涂层的发展趋势作了概述。

关键词：HAP；生物复合材料；电化学方法

中图分类号：TQ174.1　**文献标识码**：A　**文章编号**：1001-3660（2003）03-0001-04

Research Progress of HAP/Metal Biomaterials Fabricated by the Electrochemistry Methods

Wu Zhenjun，He Liping，Chen Zongzhang

Abstract：Currently，there are four major types of electrochemistry methods used for fabricating HAP/metal biomaterials. They are electrocrystallization，electrophoretic deposition，electrocodeposition and anodization methods. In this paper an overview on the development and the current state of these four methods are given. The future work about the electrochemistry methods is also suggested in this paper.

Key words：HAP，Biocomposite materials，Electrochemistry methods

0　引　言

在硬组织修复与取代领域，全世界生物材料产业生产额每年增长近 23 亿美元。据估计，在美国每年就要进行 30 万例关节置换手术；全球每年接受髋骨手术（修复材料主要为涂覆生物涂层的钛合金）的则有 50 万人左右，而这一数字还以 10 万人/年的速度在增加。然而仅在英国，每年进行的髋骨取代手术中就有 18%是返修手术；在我国，每年也有数百万例骨缺损病人，但在生物植入体的临床应用上，还仅局限于颌面部（如鼻骨、锁骨、颧骨等），对于承载部位硬组织（如关节骨，也是最易受损的部位），则还鲜有真正成功的应用。因此，构造可靠持久的人造硬组织修复与取代生物材料具有重大的实际意义，积极开展相关研究工作势在必行。

目前，世界各国学者研究最为活跃的领域之一便是开发 HAP/金属生物复合材料，即在金属基体上制备 HAP 生物涂层材料。这样做主要是基于两个方面的原因。首先，HAP［Hydroxyapatite，即羟基磷灰石，分子式 $Ca_{10}(PO_4)_6(OH)_2$］与人和动物骨组织的无机成分一致[1]，所以当作为硬组织植入体的表层与周围机体组织相接触时，不会像金属植入体那样有致毒（引起炎症、刺激、过敏等）和导致突变的危险，而且还能诱导附近骨组织的生长，形成牢固的骨键合，表现出优异的生物相容性和生物活性；其次，单纯的 HAP 晶体脆性大、抗折强度低，不宜用于承载硬组织的修复与取代，而金属材料（如钛、钛合金、不锈钢等）则可以弥补 HAP 植入体机械强度不足的缺陷。故

HAP/金属生物复合材料结合了 HAP 生物活性好和金属机械强度高的优点，是现在和未来的人与动物硬组织损伤后修复或取代的理想材料。本文讨论了四种制备 HAP/金属生物复合材料电化学方法的基本原理和特点，并重点介绍了最新研究动向。

1　阴极结晶沉积

常用的阴极结晶沉积技术（又称电沉积或电结晶）的基本原理是在含 Ca^{2+} 和 $H_2PO_4^-$ 的电解液中，在一定的阴极电位、电解质浓度、pH 值、温度等条件下，在金属基体（作为电解池的阴极）上结晶出 $CaHPO_4 \cdot 2H_2O$（brushite），再经过碱液浸渍或热处理或水热处理或仿生液中浸渍，使其转化为羟基磷灰石 HAP，当前为多数人所接受的反应过程可归结为以下四个主要反应[2]：

（1）水在阴极表面附近的还原：

$$2H_2O + 2e^- = H_2 + 2OH^-$$

（2）$CaHPO_4 \cdot 2H_2O$ 的结晶析出：

$$H_2PO_4^- + OH^- = HPO_4^{2-} + H_2O$$

$$HPO_4^{2-} + Ca^{2+} + 2H_2O = CaHPO_4 \cdot 2H_2O$$

（3）$CaHPO_4 \cdot 2H_2O$ 向 HAP 转变：

$$10CaHPO_4 \cdot 2H_2O + 12OH^- = Ca_{10}(PO_4)_6(OH)_2 + 4PO_4^{3-} + 12H_2O$$

使用电沉积技术，通过调节沉积电位（电流）、电解液的组成及浓度、pH 值、反应温度、金属基体的表面形态以及后处理工艺参数，可制得不同厚度（几个微米到数百个微米）、不同形貌（多孔或致密，片状或针状）、不同组成（含 F 或 CO_2 或 Ni 等）的 HAP 生物涂层。加拿大学者 M. Shirkhanzadeh[3]在 1991 年用类羟基磷灰石粉末溶于 NaCl 溶液中作为电解液，以 HCl 调节 pH 值，在 Ti_6Al_4V 合金材料上电沉积得到了含 3.7%CO_3 的多孔针状缺钙 HAP 生物涂层，这一含量接近于自然骨质中 CO_3 的值（约 4%）；此外，他还在具有不规则表面和多孔的基体上用同样的方法成功制得了均一的 HAP 生物涂层[4]。显然，这对在形状复杂的硬组织植入体上制备 HAP 生物涂层和术后的骨诱导生长（多孔）等方面都是极为有利的。M. Shirkhanzadeh 还在 1995 年[5]以 Ca（NO_3）$_2$ 和 $NH_4H_2PO_4$ 为电解液的主要成分，分别以多孔的 CO-Cr-M$_O$ 合金和机械抛光的 Ti_6Al_4V 合金为基底，在较低的温度下电结晶得到含 CO_2 或 F 的预置涂层，再用水热处理得到碳酸化 HAP 涂层或氟化 HAP 涂层。

国内学者徐可为等[6]则重点研究了电沉积与水热处理等方法结合制备 HAP 生物涂层的工艺条件，发现水热处理有利于形成连锁网状涂层（其中 HAP 晶体呈针状）。此外，他们还对电沉积加水热处理制备 HAP 涂层的机理与动力学作了相应的探讨[7,8]。张建民等[9]则在一定工艺条件下直接由电结晶法制得了缺钙、非计量化学比的纳米级羟基磷灰石涂层。

2　电泳沉积

电泳沉积法是指使存在于胶体溶液中的 HAP 带电胶粒在一定直流电场的作用下，经过电泳和沉积两个主要过程，从而获得 HAP 生物涂层的技术。

早在 20 世纪 80 年代，电泳沉积技术就被应用于制备生物活性陶瓷涂层[10]。在众多相关研究中，科研工作者主要从控制 HAP 颗粒的大小、胶体液的组成与性质、沉积电流和电场强度等方面来优化电泳沉积 HAP 生物涂层。为实现电泳沉积，关键在于制备稳定的胶体溶液，而选用合适的溶剂尤为重要。常用的溶剂有质子型非水溶剂，如甲醇、乙醇、丁醇等醇类物质，但要经过较长的陈化时间才能获得稳定和具有活性的胶体溶液；而强碱的加入则可加速质子型有机溶剂形成稳定的胶体溶液，其实质就是缩短 HAP 胶粒的荷电时间。

为降低 HAP 与基体金属材料间热膨胀系数的差异，避免涂层的机械失效，陈晓明等[11]首先在 Ti_6Al_4V 基体上电泳沉积经 HAP 改性的生物玻璃（BG），然后加入 HAP 的无水乙醇悬浮液继续沉积，最后在氩气氛中于 850 ℃～1000 ℃烧结，制得了性能优良（结合强度>18 MPa）的 HAP 生物梯度涂层。

K. Yamashita 等[12]研究了乙酰丙酮与乙醇混合溶剂组成对电泳沉积 HAP-YSZ（yttria stabilized zirconia）涂层体系质量的影响，指出通过调节溶剂组分，可对涂层组成与质量进行有效控制。I. Zhitomirsky 等[13]则讨论了沉积时间、电压等条件对涂层质量的影响，总结出了电泳沉积涂层质量的计算公式：

$$W = C\mu Ut/d$$

式中：C 表示粉体浓度；μ 表示动力学黏度；U 表示有效沉积电压；t 表示沉积时间；d 表示电极间距离。

近年来，电泳沉积研究注重于 HAP 涂层的掺杂[14]（如加入 Al_2O_3、ZrO_2 等陶瓷粉末或纤维）和功能梯度 HAP 涂层[15]的设计，以期获得具有更优机械性能和其他特定功能的 HAP/金属生物复合材料。

3 电镀共沉积

电镀共沉积又称复合电镀，是通过直流电镀金属（如 Ni、Co 等）的过程，使 HAP 微粒共沉积并弥散分布于金属镀层中，这一方法的优点在于可获得含其他元素的 HAP 生物复合镀层，并可明显提高镀层与基体的结合强度。

广州工业大学白晓军等[16]利用含 Ni 与 HAP 微粒的复合镀液，在一定温度、pH 值、电流密度和搅拌速度下共沉积得到 HAP 含量达 20%以上的 HAP-Ni 复合镀层，该复合镀层内应力低、结合力大、无毒性（对 L929 细胞），有希望应用于临床医学。

湖南大学陈宗璋、白晓军等[17,18]以奥氏体不锈钢为基底，发现前处理工艺对复合镀层的机械性能有重要影响（电解抛光基体上的镀层优于机械抛光基体上的镀层），并提出了电镀过程的初步机理；对镀液 pH 值、HAP 微粒浓度、电镀温度、阴极电流等电镀工艺参数作了详细探讨，给出了在一定粉体浓度时获得性能良好复合镀层的最佳工艺参数。

文献［19］对不锈钢基体上电镀所得 HAP-Ni 复合镀层的形貌、成分、结构作了深入分析和研究，证明了复合电镀技术在骨骼取代材料领域运用的可能性。鉴于 Ni 基的一定毒性，提出了采用复合电镀工艺开发 HAP-Ti 体系的设想。据悉，目前相关研究工作已在开展。Dasapathy 等[20]则应用电镀共沉积法于室温下在钛表面获得了结合强度较高的 HAP-Co 复合镀层。

4 阳极氧化

HAP/金属生物复合材料的阳极氧化制备法是将经过预处理的金属基底（一般为钛及钛合金）作为阳极，在含 Ca、P 元素的水溶液中进行电解，金属基体发生阳极氧化反应，生成含 Ca、P 元素的复合氧化膜（一般为多孔质膜）；表面生成复合氧化膜的金属基体再经过水热处理，使 Ca、P 元素转化为 HAP 晶体附着生长于多孔质金属表面。

该方法制备 HAP/金属生物复合材料最先见于 H. Ishizawa 等[21]的研究。他们以金属钛为基底材料，电解液主盐为乙酸钙和β-甘油磷酸钠，先于 50 mA/cm^2 的电流密度（直流）下恒流氧化，待槽压升至设定值（150～400 V）后转为恒压氧化。实验研究了恒压电压值对复合氧化膜厚度的影响，发现膜厚与电压成正比；而电解液主盐的浓度与配比不仅影响到复合氧化膜的形状，更是决定复合氧化膜中 Ca、P 含量与比值的关键因素。此外，H. Ishizawa 等[22]还分析了水热处理前后复合氧化膜的成分分布和 HAP 晶体的生长形态，指出复合氧化膜中 Ca、P 元素由表及内呈梯度分布，而水热处理后所得的 HAP 涂层则均匀分布于多孔质膜的表面，有的 HAP 单晶直接由氧化膜内长出。因为多孔 TiO_2 膜由钛基氧化而成，两者间无特定界面，而由阳极氧化-水热处理合成的 HAP 涂层又由复合膜中的 Ca、P 元素生成，所以由于 TiO_2 膜这一过渡层的存在，不仅使基体 Ti 得到很好的保护，生物稳定性更高，而且还大大提高了 HAP 生物涂层的机械性能（结合强度可达 40 MPa）。

值得注意的是在国内湖南大学何莉萍教授与香港城市大学的合作研究中，首次采用阳极氧化和水热处理复合方法开发了 HAP/Al_2O_3-Ti 体系，该材料体系在结构上和性能上均优于 HAP/TiO_2-Ti 体系，原因在于 HAP 不仅以纳米晶相存在，而且附着在 Al_2O_3 形成的纳米孔管中，Al_2O_3 形成的纳米孔管不仅可诱导移植材料附近骨组织的生长，还能通过 T 字形效应形成牢固的骨键合，提高涂层与基体、涂层与新生组织的结合强度。此外，西安交通大学憨勇、徐可为等[23]也采用微弧阳极氧化法，成功地在铝基、钛基上形成了 HAP-Al_2O_3、HAP-TiO_2 复合生物涂层。所有这些工作表明我国在骨骼移植材料研究领域占有一席之地。因为阳极氧化方法具有多样性，可采用多种输出和操作工艺，如恒流、恒压、恒流-恒压、脉冲直流等，而这些工艺过程对复合氧化膜的形貌、组成和分布具有较大影响，开展相关领域的深入研究，将有助于充分发挥这类方法制备 HAP/金属生物复合材料的优势。

5 结 语

利用电化学方法制备 HAP/金属生物复合材料，虽然发展时间不长，在机理确定和工艺参数的改进等方面还有很多工作要做，但仍然显示出了明显的优势：涂层均匀、制备过程简洁快速、条件温和、所需投资少等，所以值得重视。

今后的发展方向是除了继续探索、优化各种反应机理和工艺参数外，就是将电化学方法与其他方法有效结合，制备掺杂增强和梯度增强的 HAP/金属基生物复合材料，在保证涂层良好的生物相容性和活性的前提下，进一步提高其机械性能，为世界骨损伤患者带去福音。

参考文献

[1] 王迎军，刘康时. 生物医学材料的研究与发展［J］. 中国陶瓷，1998，34（05）：26-29.

[2] 张建民，冯祖德，林昌健，等. 电化学方法制备磷酸钙生物陶瓷镀层［J］. 中国陶瓷，1998，34（05）：38-40.

[3] Shirkhanzadeh M. Bioactive calcium phosphate coatings prepared by electrodeposition［J］. Journal of Materials Science Letters，1991（10）：1415-1417.

[4] Shirkhanzadeh M. Method for depositing bioactive coatings on conductive substrates［P］. US：650189，1991.

[5] Shirkhanzadeh M. Calcium phosphate coatings prepared by electrocrystallization from aqueous electrolytes［J］. Journal of Materials Science：Materials in Medicine，1995（06）：90-93.

[6] 黄立业，憨勇，徐可为. 电化学沉积-水热合成法制备羟基磷灰石生物涂层的工艺研究［J］. 硅酸盐学报，1998（01）：87-91.

[7] Han Y，Xu K W. Morphology and composition of hydroxyapatite coatings prepared by hydrothermal treatment on electrodeposited brushite coatings［J］. Journal of Materials Science：Materials in Medicine，1999（10）：243-248.

[8] Huang L Y，Xu K W，Lu J. A study of the process and kinetics of electrochemical deposition and the hydrothermal synthesis of hydroxyapatite coatings［J］. Journal of Materials Science：Materials in Medicine，2000（11）：667-673.

[9] 张建民，冯祖德，林昌健，等. 电化学法制备生物活性陶瓷材料研究［J］. 高等学校化学学报，1997（06）：961-962.

[10] 张建民，杨长春，石秋芝，等. 电泳沉积功能陶瓷涂层技术［J］. 中国陶瓷，2000（06）：36-40.

[11] 陈晓明，李世普，韩庆荣，等. 在非水溶液体系中电泳沉积 Ti_6Al_4V/BG/IIA 梯度涂层［J］. 硅酸盐学报，2001（06）：565-568.

[12] Yamashita K，Umegaki T，Nagai M. Fabrication of green films of single-and multi-component ceramic composites by electrophoretic deposition technique［J］. Journal of Materials Science，1997（24）：6661-6664.

[13] Zhitomirsky I，Gal-Or L. Electrophoretic deposition of hydroxyapatite［J］. Journal of Materials Science. Materials in Medicine，1997（4）：213-219.

[14] Laubersheimer，Juergen. Manufacture of dental prosthetics by electrophoretic deposition of ceramic particals［P］.

DE：10049971，2002.

[15] Tabellion Jan，Clasen Rolf. Manufacturing of advanced ceramic components via electrophoretic deposition [J]. Key Engineering Materials，2002：206-213.

[16] 白晓军，金展鹏，黎樵燊，等. 金属生物活性复合材料研究 [J]. 功能材料，1999，30 (03)：335-336.

[17] 刘海蓉，陈宗璋，白晓军. 不锈钢基 Ni-HAP 生物材料的复合电镀研究 [J]. 无机材料学报，1998，13 (06)：913-917.

[18] 白晓军，刘海蓉，陈宗璋. 电镀条件对不锈钢基 Ni-HAP 复合生物材料中 HAP 含量的影响 [J]. 材料保护，1999 (09)：5-6.

[19] He L P，Liu H R，Chen D H，et al. Fabrication of Hap/Ni biomedical coatings using an electrocodeposition technique [J]. Surface and Coatings Technology，2002，160：109-113.

[20] Dasarathy H，Riley C，Cobel H D，et al. Hydroxyapatite/metal composite coatings formed by electrocodeposition [J]. Journal of Biomedical Materials Research，1996，31 (01)：81-89.

[21] Ishizawa H，Ogino M. Formation and characterization of anodic titanium oxide films containing Ca and P [J]. Journal of biomedical materials research，Part B. Applied biomaterials，1995 (1)：65-72.

[22] Ishizawa H，Ogino M. Characterization of thin hydroxyapatite layers formed on anodic titanium oxide films containing Ca and P by hydrothermal treatment [J]. Journal of Biomedical Materials Research，1995，29：1071-1079.

[23] Tao F，Ping H，Yong Z，et al. Preparation of microarc oxidation layer containing hydroxyapatite crystals on Ti_6Al_4V by hydrothermal synthesis [J]. Journal of Materials Science Letters，2002 (3)：257-258.

（表面技术，第 32 卷第 3 期，2003 年 6 月）

碳及其石墨材料

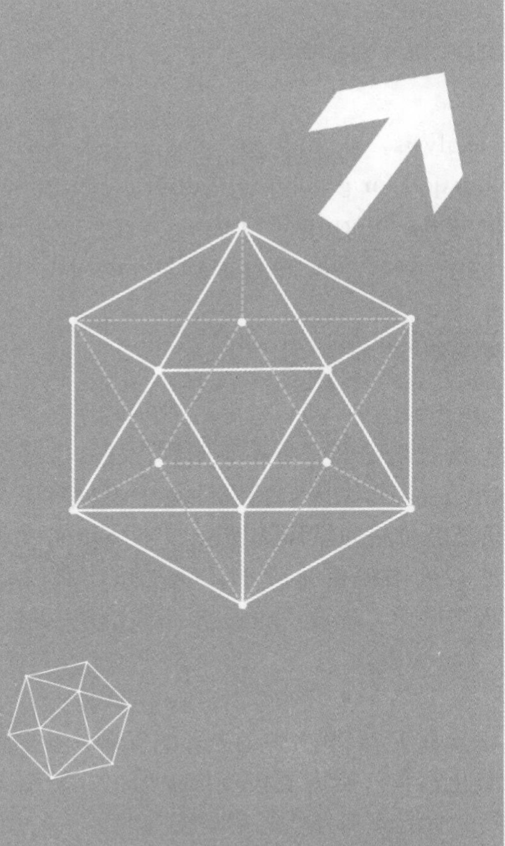

硫酸石墨层间化合物的溶出伏安行为研究

陈宗璋，陈剑平

摘　要：用溶出伏安法研究硫酸石墨层间化合物在 H_2SO_4 中的慢扫描溶出行为，发现随着中间富集过程的变化其溶出结果呈规律性变化，特别是在 18 mol/L H_2SO_4 中，低电位分段富集时，其溶出峰较同电位一次富集的溶出峰要宽和广，这个发现将导致生产出低残余化合物含量的柔性石墨密封材料。

关键词：硫酸石墨层间化合物；溶出伏安法；柔性石墨

分类号：TQ165

Quasi Stripping Analysis for Sulfuric Acid-Graphite

Chen Zongzhang, Chen Jianping

Abstract: By the means of quasi-stripping analysis, a study of slow linear sweep has been applied to the H_2SO_4-GIC, prepared by anodic oxidation for graphite in sulfuric ionization. Different stripping results are found on the condition of changing interpreelectrolysis steps, especially in the low potential, the stripping peak is broadened. These can make people to product flexible graphite with low residual compoud.

Key words: sulfuric acid-graphite, quasi stripping analysis, flexible graphite

硫酸石墨层间化合物（以下简称 H_2SO_4-GIC）的发现已有一百多年的历史了，它经处理后制成的膨胀石墨材料已在工业上得到了较为广泛的应用[1]。多年来人们特别注重常规材料研究方法的研究，电化学方面虽已做了较多的工作，但主要还只是电位法和循环伏安法[2-9]。本文首次将溶出伏安法引入该体系的研究，其实验构思是电极反应使石墨阳极氧化成 H_2SO_4-GIC，从而使溶液中的 H_2SO_4 富集于电极之中，负扫描时它们又能从电极中溶出，形成一较完整的溶出伏安曲线。

1　实验

分别作天然石墨电极在 18 mol/L H_2SO_4 及 10 mol/L H_2SO_4 中的循环伏安图，参照体系的循环伏安图对天然石墨电极进行分段或分步分段阳极氧化富集，然后阴极负扫描溶出。所谓分段富集是指参照体系的循环伏安图，选取不同电位进行富集；所谓分步分段富集是指参照体系的循环伏安图，采用多个富集电位对同一电极分步依次富集，其最终富集电位与前种情况相同。

试样：湖北宜昌产天然鳞片石墨，含碳 98%以上，在 400 kg/cm^2 的高压下压制成约 2 mm 厚的薄块。

研究电极：用一约 5 mm×5 mm×2 mm 的铂片夹入一石墨块并在周围绕以聚四氟乙烯细线，使铂片夹上绕满约 1 mm×1 mm 的小孔。

辅助电极：大面积铂片电极。

参比电极：饱和甘汞电极，测得电位为 E。

溶出伏安试验：采用DCD-1型信号发生器；HDN-7型晶体管恒电位仪；LZ3-202型X-Y函数记录仪记录数据；电位值由PZ8型数字电压表进行校正。扫描速度均为1 mV/s，富集电位以循环伏安法所得曲线为基准，从生成n阶GIC（$n\geqslant2$）到生成1阶GIC的过氧化物GO为止，分段选取。

2 结果及讨论

2.1 18 mol/L H_2SO_4 中 H_2SO_4-GIC的溶出情况

天然石墨电极18 mol/L H_2SO_4中循环伏安曲线如图1所示。

图1与姜荆所作HOPG循环伏安图十分相似[3]。由图可知0.5 V、0.9 V、1.2 V及1.7 V附近各有一峰值出现，参照前人研究成果可知[4,5]，0.9 V附近的峰对应为3阶GIC（$C_{96}^{+}HSO_4\cdot2.5H_2SO_4$）和2阶GIC（$C_{48}^{+}HSO_4\cdot2.5H_2SO_4$）之间的准平衡反应过程；1.2 V附近的峰对应的为2阶GIC到1阶GIC（$C_{24}^{+}HSO_4\cdot2.5H_2SO_4$）的准平衡过程；而0.5 V附近的峰可能是$n$阶GIC（$n\geqslant3$）之间的转变过程。

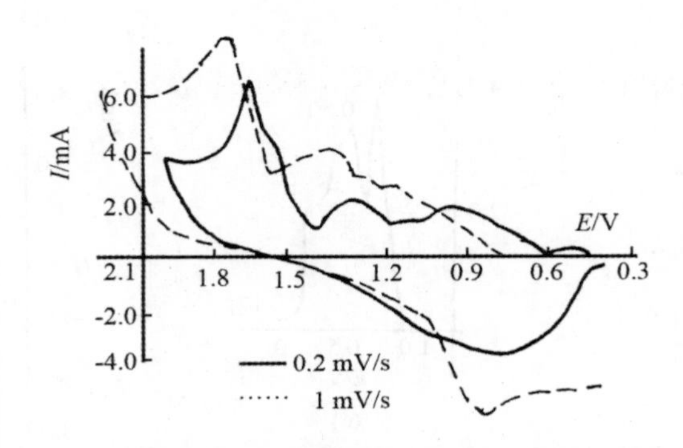

图1 天然石墨电极在18 mol/L H_2SO_4 溶液中的循环伏安图

我们选取1.20 V、1.30 V、0.90 V及0.60 V为富集电位，并作了0～1.27 V之间的循环伏安扫描，扫描速度均为1 mV/s，实验结果如图2所示（以溶出电流为正电流）。

图2（a）、图2（b）中体系只有两个明显的溶出峰，而且均在0.6 V附近有一个不明显的溶出峰；图2（c）最终富集电位与图2（b）均为1.30 V，但中间经过0.90 V的富集，结果不但出现了与图2（a）、图2（b）相同的两溶出峰，而且在0.72 V处出现一明显的溶出峰，此峰不但峰值明显，而且溶出电位较前两图提前了近100 mV。

图2（d）、图2（e）最终富集电位均为0.90 V，但图2（e）由于预先经过了0.60 V的中间富集，结果其0.50 V的溶出峰明显较前图来得宽，溶出电位从0.37 V变到了0.17 V。

可以认为这种溶出规律的变化是由D-H畴引起的[1]，由于预富集带来一定的D-H畴分布，从而使H_2SO_4-GIC中C平面发生弯曲，图2（c）表明，当$E_0=1.30$ V时，0.90 V的预富集产生较多的二阶D-H畴分布，弯曲的C平面必然有种内在的压力将插入物挤出，所以它的溶出峰分辨得开一些。图2（f）中，当$E_0=0.90$ V时，0.60 V的预富集产生的可能是三阶或三阶以下的D-H畴，在这种D-H畴内，弯曲的C平面像箱子一样将插入物锁入其中，所以插入物不易溶出，其溶出峰必然显得拖拉。而这种箱式结构很可能使其变成H_2SO_4-GIC的残余化合物时，使石墨层中的“小岛”分布得更均匀些，“小岛”内所含插入剂更多一些，从而生产出低残余物质含量的柔性石墨材料[10]。（注：“小岛”是指石墨层中含残余的插入剂（H_2SO_4和HSO_4^-）的区域）。

依照这种设想，在电解法生产H_2SO_4-GIC时，如果采取分段分步氧化制取，中间先经由较低的预富集电位，那么就有可能生产出低残留物、高膨胀度的柔性石墨材料，从而解决这种材料在工业应用上的一大难题。

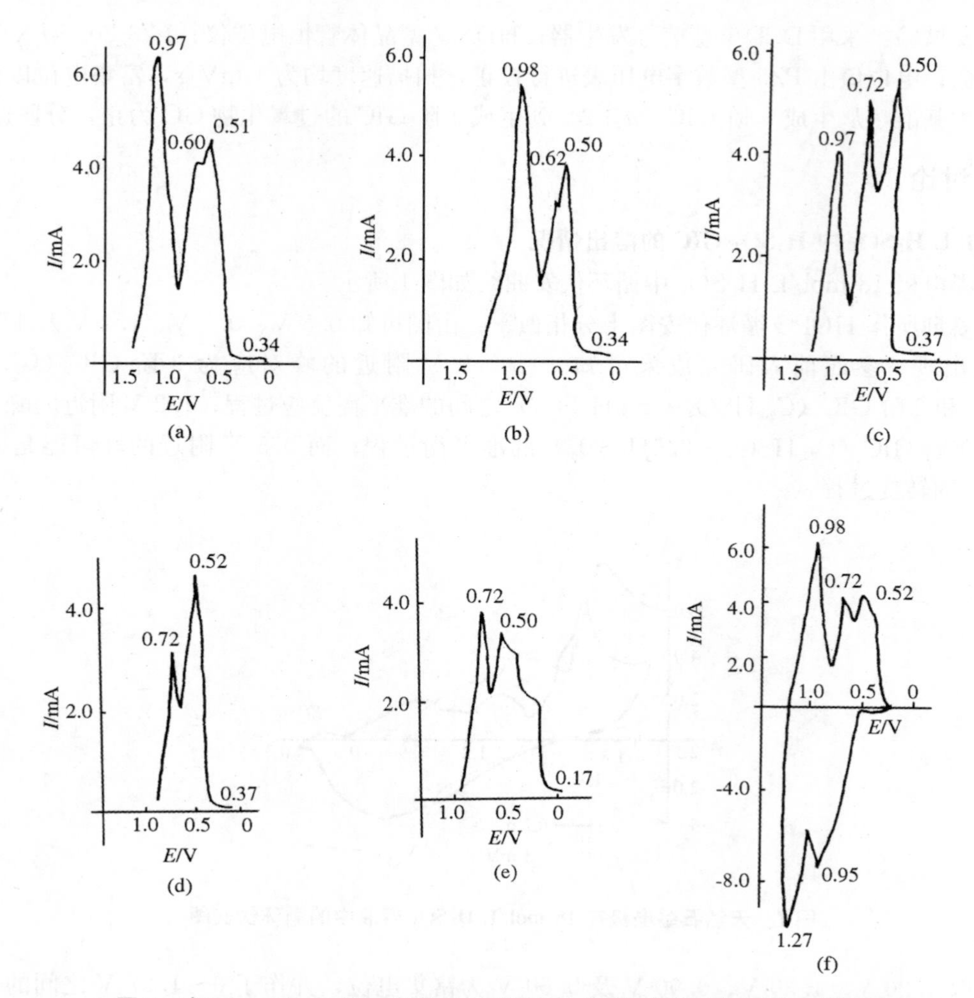

图 2　在 18 mol/L H_2SO_4 溶液中，不同富集条件下石墨电极的溶出伏安图

(a) $E_0=1.20$ V；(b) $E_0=1.30$ V；(c) $E_{01}=0.90$ V，$E_{02}=1.30$ V；(d) $E_0=0.90$ V；(e) $E_{01}=0.60$ V；(f) $E_{02}=0.90$ V

2.2　10 mol/L H_2SO_4 中的溶出情况

10 mol/L H_2SO_4 中天然石墨的循环伏安曲线如图 3 所示，扫描速度为 0.2 mV/s。

图 3 中 1.2 V、1.5 V 附近有两个峰值出现，可以认为 1.2 V 附近的峰对应的为 n 阶 GIC 到 2 阶 GIC 的转变过程，1.5 V 附近的峰对应的为 2 阶 GIC 到 1 阶 GIC 的准平衡过程。参照图 3 选取不同的富集电位，然后以 1 mV/s 的速度溶出，得 a～k11 条溶出伏安曲线如图 4 所示。

曲线 a～h，k 的 E_0 值分别为 1.17 V、1.21 V、1.26 V、1.30 V、1.40 V、1.46 V、1.50 V、1.60 V、1.76 V；曲线 i 的 $E_{01}=1.21$ V，$E_{02}=1.60$ V；曲线 j 的 $E_{01}=1.21$ V，$E_{02}=1.50$ V。

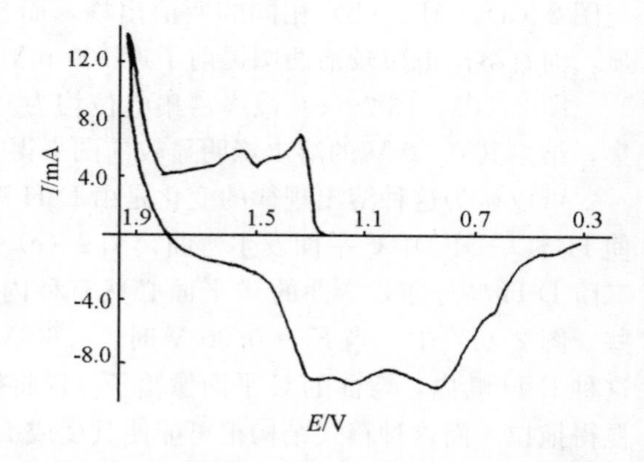

图 3　天然石墨电极在 10 mol/L H_2SO_4 溶液中的循环伏安曲线

图 5 中各曲线对应的 E 值是：曲线 a′的 $E_{01}=1.14$V，$E_{02}=1.49$ V，$E_{03}=1.60$ V；曲线 b′的 $E_{01}=1.17$ V，$E_{02}=1.49$ V，$E_{03}=1.60$ V；曲线 c′的 $E_{01}=1.21$ V，$E_{02}=1.49$ V，$E_{03}=1.60$ V；曲线 d′的 $E_{01}=1.21$ V，$E_{02}=1.60$ V；曲线 e′的 E_{01}

$=1.21\ V$，$E_{02}=1.60\ V$；曲线 f′的 $E_{01}=1.41\ V$，$E_{02}=1.60\ V$；曲线 g′的 $E_{01}=1.50\ V$，$E_{02}=1.60\ V$。

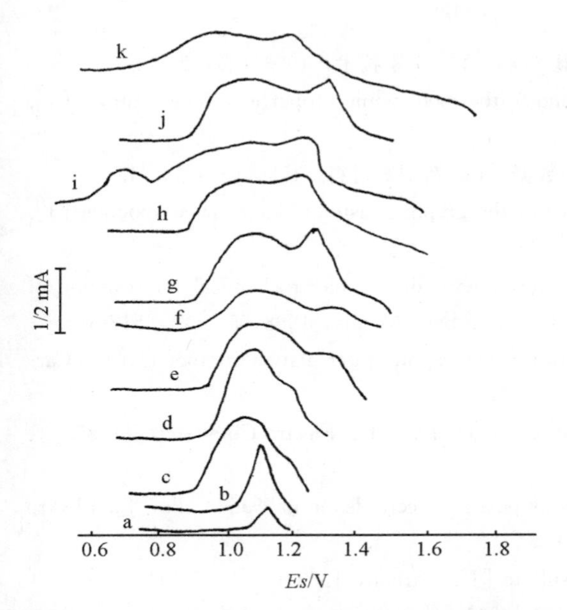

图 4　在 10 mol/L H_2SO_4 溶液中，不同富集条件下石墨电极的溶出伏安图

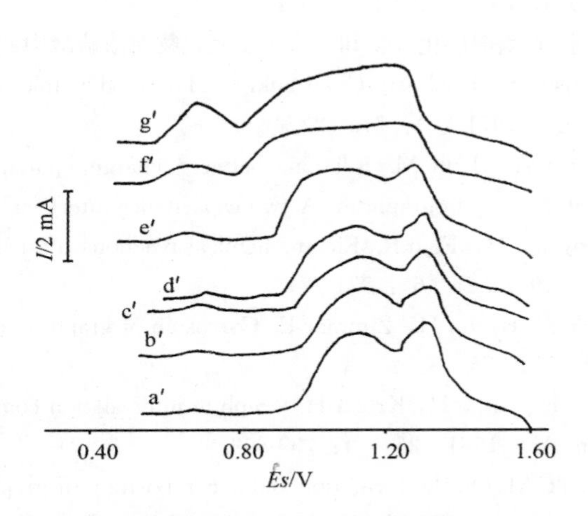

图 5　石墨电极在 10 mol/L H_2SO_4 溶液中，取最终富集电位 $E_0=1.60$ V 时，不同富集条件下的溶出伏安图

可以明显看出除谱线 i、j 外，从谱线 a 到 k 随着富集电位的升高，溶出峰由一小而尖的峰变成两个较明显的峰，再叠和成一个溶出宽峰，谱线 g 富集电位 $E_0=1.50\ V$，谱线 j 第一次富集电位为 $E_{01}=1.21\ V$，第二次富集电位为 $E_{02}=1.50\ V$，它们溶出情况完全相同；谱线 h 和谱线 i 虽然最终富集电位均为 $E_0=1.60\ V$，但由于谱线 i 中间经过了 $E_{01}=1.21\ V$ 的预富集，最后它们的溶出结果相差很大，谱线 h 溶出在 1.4 V～0.9 V 完成，而谱线 i 溶出一直拖到 0.7 V 以后，并且在 0.7 V 附近出现一个新的溶出峰。为更加细致地考察这种情况，我们取最终富集电位为 $E_0=1.60\ V$，中间选取不同的电位进行预富集，以 mV/s 的速度溶出，得 a′～f′谱线如图 5 所示。

由图 5 可以看出，从 a′到 f′，当 E_{01} 也就是第一次富集电位较小时，1.4 V～0.9 V 之间的溶出峰出现得十分明显，谱形与图 4 中谱 g（$E_0=1.50\ V$）的谱形相似，且在 0.7 V 附近的溶出峰很小且不明显，当 $E_{01}=1.14\ V$ 时，这个峰似乎看不见。当 E_{01} 较大时，如谱线 f′和 g′，1.4 V～0.9 V 之间的两溶出峰叠合在一起，并负移约 1.0 mV，且于 0.7 V 附近出现一明显的溶出峰；谱线 c′和 d′，第一次富集电位和最终富集电位相同，虽然谱线 c′中间还经历了 $E_{02}=1.49\ V$ 的富集，它俩的溶出情况基本一样；谱线 g′的第一次富集电位为 $E_{01}=1.50\ V$，与谱线 c′的中间富集电位 $E_{02}=1.49\ V$ 相差很小。但由于第一次富集电位的不同，它们的溶出情况相差很大，所以似乎可以说在分步分段富集过程中，起作用的还只是第一次富集电位。这些现象和规律似乎不是 D-H 畴能解释得了的，很可能与溶液中存在的大量水分子有关。

3　结论

（1）利用准溶出伏安法，能够很好地研究非电化学法合成的 GIC，也能很好地研究电化法和化学法合成的 GIC 的区别及联系。D-H 畴的存在是影响溶出结果的重要原因。

（2）用溶出伏安法研究硫酸石墨层间化合物在 H_2SO_4 溶液中的慢扫描溶出行为，发现随着中间富集过程的变化其溶出结果呈规律性变化。在 18 mol/L H_2SO_4 溶液中低电位分段富集时其溶出峰较同电位一次富集的溶出峰要宽和广。这个发现将导致生产出低残余化合物含量的柔性石墨密封材料。

参考文献

[1] 沈万慈，等. 石墨层间化合物（GICS）材料的研究动向与展望（续）[J]. 炭素技术，1993（3）：26-32.

[2] Metrot A，Fuzellier H. The graphite-sulfate lamellar compounds9-ithermodynamic properties，New Data， [J]. Carbon，1984，22（2）：131-133.

[3] 姜荆. 石墨嵌层化合物和石墨过度氧化物在浓硫酸中的热力学数据 [J]. 新型炭材料，1990（3）：71-74.

[4] Aronson S，Frishberg C，Frankl G. Thermodynamic properties of the graphite-bisulfate lamellar compounds [J]. Carbon，1971（9）：715-723.

[5] Metrot A，Tinli M. Relatons between charge，potential and fermi level during electrochemical intercalation of H_2SO_4 into pyrographite：A two capacitance interfacial model [J]. Synthetic Metals，1998，5（12）：517-523.

[6] Shioyama H，Fujii R. Electrochemical reactions of stage 1 sulfuric acidgraphite intercalation compound [J]. Carbon，1987，25（6）：771-774.

[7] Beck F，Krohn H，Zjmmer E. Corrosoin of graphite intercalation compounds [J]. Electro Chim Acta，1986，31（3）：371-376.

[8] Beck F，Jurge H，Krohn H. Graphite intercalation compounds as positive electrodes in galvanic Cells [J]. Electro chim Acta 1981，26（7）：799-809.

[9] Inagaki M. On the formation and decomposition of graphite-bisulfate [J]. Carbon，1966（4）：137-141.

[10] 涂文懋，等. 可膨胀石墨中有害硫的研究 [J]. 炭素，1994（2）：8-11.

（湖南大学学报，第22卷第4期，1995年8月）

几种石墨层间化合物的溶出伏安行为研究

陈剑平，陈宗璋

摘　要：本文首次将溶出伏安法用于研究：$H_2SO_4+HNO_3$；$H_2SO_4+KMnO_4$；$H_2SO_4+HNO_3+FeCl_3+KMnO_4$ 等反应介质中制取石墨层间化合物（以下简称 GIC）时的溶出伏安行为，发现化学法合成的 GIC 与电化学法合成的 GIC 溶出伏安谱线图在反应时间短时相似，随着反应时间增长溶出伏安谱线图则有较大的差异等实验现象，因此，溶出伏安法可以用作制取 GIC 过程中了解反应情况的一种有效的研究方法。

1　前言

GIC 是一类已得到广泛应用的新型材料，对它的研究也逐步深入进行[1,2]，但从已开展的研究工作来看，电化学方面的工作做得还很不够，而且如今已开展的工作几乎都不能研究非电化学法合成的 GIC 的电化学性质，也无法研究化学法合成的 GIC 与电化学法合成的 GIC 之间的结构及特性差异，所以这方面的工作一直在 GIC 的研究中是一个空白。我们首次将溶出伏安法引入该体系的研究中[3]，对不同富集条件下 H_2SO_4-GIC 的溶出行为作了较为系统的研究，发现了一些新的规律和现象，我们认为，该方法对研究电化学合成的 GIC 及其与化学法合成的 GIC 差异十分有效。

2　实验

实验中所采用的仪器为 XFD-8 型超低频信号发生器（宁波东风无线电厂），PZ8 型直流数字电压表（上海电表厂），HDV-7 型恒电位仪（福建三明无线电二厂），LZ3-204 型函数记录仪（上海大华仪器厂）。

石墨来源为湖北宜昌产天然石墨（80 目，含碳量 98%），将其在 0.4 t/cm^2 的压力下压制成紧密的，约 2 mm 厚的薄片，实验中所用其他试剂均为分析级。

采用三电极研究体系，研究电极为一宽约 5 mm×5 mm 的铂片夹，夹入一同等大小的石墨片，为防止研究过程中石墨片可能脱落，在铂片表面形成一些约 1 mm×1 mm 的小孔，以一大小约 3 cm×3 cm 的铂片作辅助电极，饱和汞电极为参比电极，其电极电位为：$E=0.241$ V，以其为基准的测量电位记为 E_S。

实验时将制好的铂片夹电极放入以下四种反应介质中反应一段时间。

①100 mL H_2SO_4+10 mL HNO_3；

②100 mL H_2SO_4+2.3 g $KMnO_4$；

③100 mL H_2SO_4+0.5 g $FeCl_3$+25 mL HNO_3+1.7 g $KMnO_4$；

④A 液：50 mL H_2SO_4+15 mL HNO_3+0.3 g $FeCl_2$，B 液：50 mL H_2SO_4+12 mL HNO_3+0.7 g $KMnO_4$。(电极先放入 A 液中反应一段时间，再放入 B 液中反应一段时间)

溶出伏安实验：将在上述四种反应介质中反应一段时间的研究电极，放入 18M H_2SO_4 中冲洗一下，然后放入 18M H_2SO_4 中对其进行阳极线性负扫描溶出，为便于对比研究，先用数字电压表测出化学法制备的 GIC 的电位；用该电位电化学氧化制取 H_2SO_4-GIC，然后用同样条件溶出，比较它们的谱图，扫描速度均控制为 1 mV/s。

3 结果与讨论

3.1 化学法制取 H_2SO_4-GIC 和电化学法制取 H_2SO_4-GIC 的溶出伏安行为

$H_2SO_4+HNO_3$ 为反应介质合成的 GIC，及同电位电化学氧化制取的 H_2SO_4-GIC 在 18M H_2SO_4 中慢扫描溶出伏安对比如图 1 所示，图中实线表示化学法制取 GIC 的溶出情况，虚线表示电化学法制取 H_2SO_4-GIC 的溶出情况。

石墨在 $H_2SO_4+HNO_3$ 介质中反应生成的是 H_2SO_4-GIC[4]。

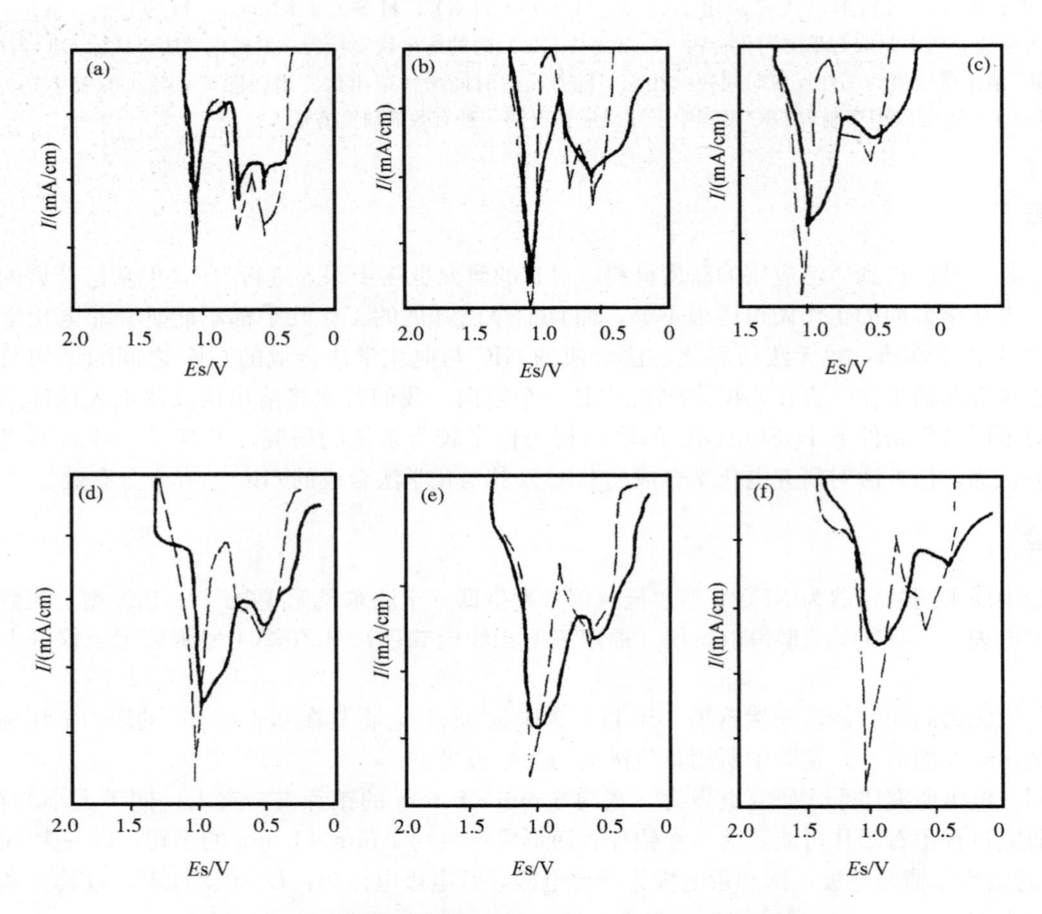

图 1 化学法和电化学法制备的 H_2SO_4-GIC 的溶出伏安曲线

(——化学法，－－－电化学法）(a) 反应 0.5 h，$E_0=1.20$ V；(b) 反应 1.0 h，$E_0=1.27$ V；(c) 反应 1.5 h，$E_0=1.31$ V；(d) 反应 3.2 h，$E_0=1.36$ V；(e) 反应 11.5 h，$E_0=1.37$ V；(f) 反应 71 h，$E_0=1.41$ V

从图 1 可以看出，(a) 反应时间很短时（$t=0.5$ h，$E_0=1.20$ V），化学法制备的 GIC 和电化学法制备的 H_2SO_4-GIC 溶出峰形和峰值电位均十分相似，在 1.0 V、0.7 V、0.5 V 附近，它们都有三个峰出现，只是电化学法制取的 H_2SO_4-GIC 的溶出峰显得饱满一些，随着反应时间的增长（(b) →(f)，$E_0=1.27$ V→1.41 V)，化学法制取的 GIC 只有两个溶出峰，且 1.0 V 附近峰的峰形逐渐变粗，0.7 V 及 0.5 V 附近的两个峰合并为一个峰，在 0.5 V 附近出现，而且随着反应时间的增长而负移；同电位电化学氧化制取的 H_2SO_4-GIC，1.0 V 附近的峰大体与化学法相同，但从 (b) 到 (f) 可以明显看出其溶出峰是逐渐由 3 个过渡到 2 个。这些现象说明，化学法和电化学法制取的，虽同为 H_2SO_4-GIC，且其电位均相同，但由于其自身结构有差异，所以它们的溶出行为也有所差异。

3.2 化学法制取 $KMnO_4$-H_2SO_4-C-GIC 三元 GIC 的溶出行为

H_2SO_4-$KMnO_4$ 为反应介质制取的 GIC 及同电位电化学氧化制取的 H_2SO_4-GIC，在 18M

H_2SO_4 中的慢扫描准溶出伏安行为对比图，如图 2 所示，图中实线表示化学制取的 GIC 的溶出情况，虚线表示电化学法制取的 H_2SO_4-GIC 的溶出情况。

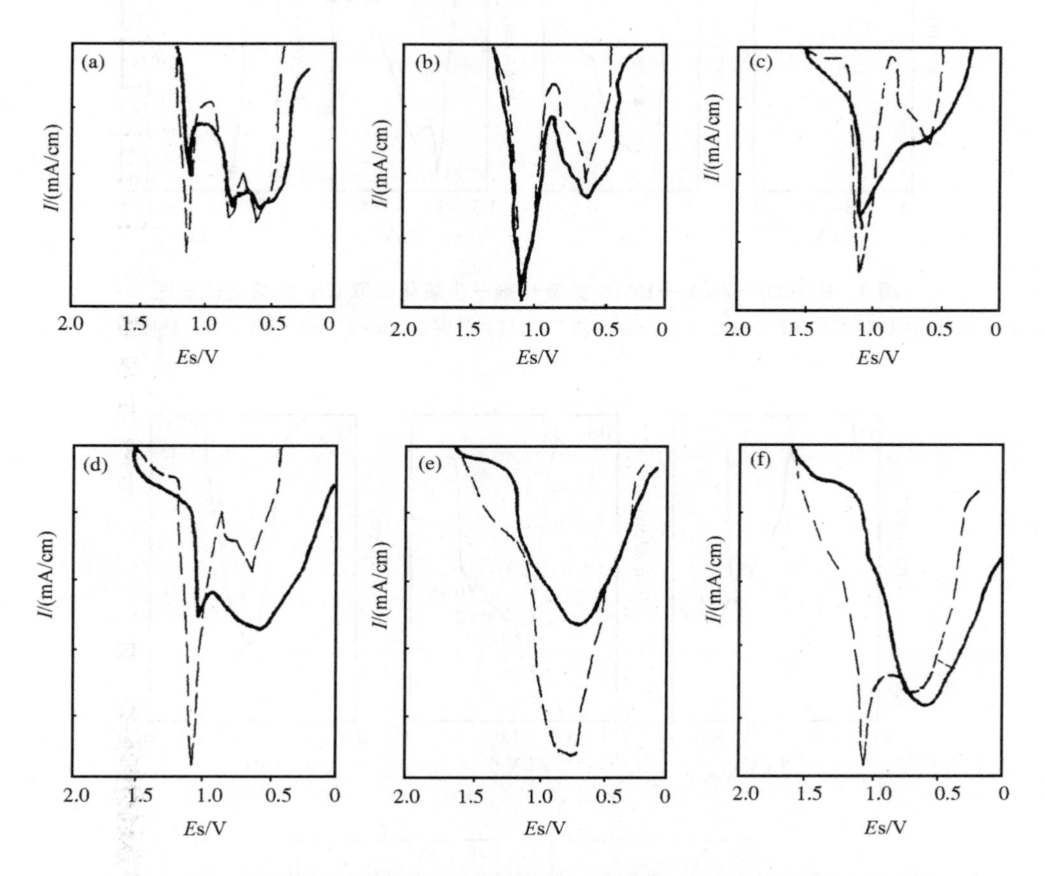

图 2 $KMnO_4$ 为氧化剂制取的 GIC 和电化学法制取的 H_2SO_4-GIC 的溶出伏安图

（——化学法，－－－电化学法）(a) 反应 10 min，E_0＝1.22 V；(b) 反应 15 min，E_0＝1.35 V；(c) 反应 0.5 h，E_0＝1.51 V；(d) 反应 1.5 h，E_0＝1.56 V；(e) 反应 6 h，E_0＝1.66 V；(f) 反应 16 h，E_0＝1.60 V

以 $KMnO_4$ 为氧化剂，化学法制取的为一种 C-$KMnO_4$-H_2KSO_4 的三元 GIC[4,5]。从图 2 中可以看出（a）和（b）反应时间很短，化学法制取的 GIC 和电化学法制取的 H_2SO_4-GIC 溶出谱形很相似。图 2（c）反应 0.5 h，E_0＝1.51 V，化学法制取的 GIC 只在 1.03 V 处出现一尖峰，0.6 V 附近出现一个大的溶出带；反应到 1.5 h，图 2（d）中，1.03 V 的峰负移，且只露出一个小尖点，而 0.6 V附近出现一个宽峰；反应到了 6 h 以上，图 2（e）和（f）中，1.03 V 处的峰完全消失，整个谱图只在 0.6 V 附近出现一宽峰。而电化学法制取的 H_2SO_4-GIC 在图 2（c）、（d）、（f），均有两个溶出峰出现；只是在图 2（e），E_0＝1.66 V 才只有一个峰，但其峰值电位却要正得多。这些现象说明，反应时间一长，$KMnO_4$ 也以某种形式插入了石墨层间形成了一种三元 GIC。其嵌入物与石墨层的接合力可能很强，所以溶出比较困难。值得注意的是图 2（e）和（f），前者反应时间比后者短了 10 h，但电位却很高。

3.3 $KMnO_4$＋HNO_3＋$FeCl_3$＋H_2SO_4 合成三元以上 GIC 的溶出行为

以 HNO_3＋$KMnO_4$＋$FeCl_3$＋H_2SO_4 为反应介质合成多元 GIC，我们采用两种方式。

（1）石墨直接浸入 H_2SO_4＋HNO_3＋$KMnO_4$＋$FeCl_3$ 反应液中，由于氧化剂之间的相互作用，体系中有一定的 Cl_2 气产生，其溶出情况如图 3 所示。

这个体系合成的为一种三元以上的 GIC[6]，从反应的谱图来看，图 3（a）有点像 H_2SO_4-GIC 的溶出谱形，图 3（b）、（c）、（d）则完全不同于 H_2SO_4 的溶出谱形，特别值得注意的是图 3（b）、

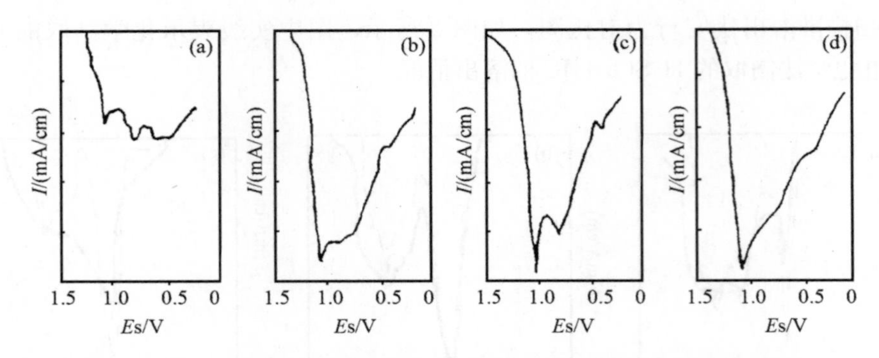

图 3　$KMnO_4+FeCl_3+HNO_3$ 为氧化剂一步氧化制取 GIC 的溶出伏安图

(a) 反应 10 min，E_0=1.23 V；(b) 反应 0.5 h，E_0=1.40 V；(c) 反应 4.5 h，E_0=1.51 V；(d) 反应 16.5 h，E_0=1.34 V

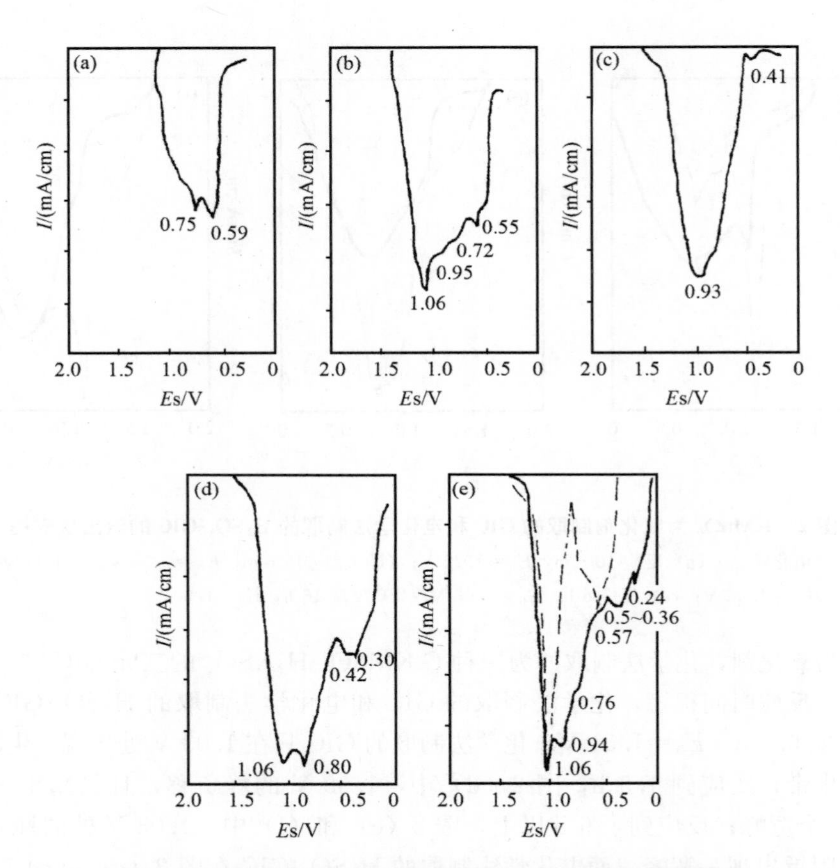

图 4　两步化学氧化法合成的多元 GIC 的溶出伏安谱线图

(a) A 液反应 4 min，B 液反应 6 min，E_0=1.71 V；(b) A 液反应 6 min，B 液反应 15 min，E=1.326 V；(c) A 液反应 24 min，B 液反应 42 min，E_0=1.55 V；(d) A 液反应 58 min，B 液反应 73 min，E_0=1.536 V；(e) A 液反应 23.5 h，B 液反应 7.0 h，E_0=1.472 V

(c)，它们在 0.4 V 附近均有一小峰出现，图 3 (d) 则在该处有一不明显的峰，通过我们对 H_2SO_4-GIC 的研究，可以确定该峰不是 HSO_4^- 溶出的表征，一定为其他某种嵌入物溶出所致。

为避免 $KMnO_4$ 与 $FeCl_3$ 混在一起发生反应，我们采用下面一种反应形式。

(2) 将该反应分成两步，第一步将石墨电极浸入 A 液（$H_2SO_4+HNO_3+FeCl_3$）反应一段时间，第二步将 A 液中反应了一段时间的电极再放入 B 液（$H_2SO_4+HNO_3+KMnO_4$）反应一段时间，其溶出伏安曲线如图 4 所示。

由图 4 中可以看出，反应时间很短时，图 4 (a) E_0=1.17 V，只在 0.75 V 及 0.59 V 出现两峰；

反应时间增长一点，图 4（b）E_0＝1.326 V，此时在 1.06 V、0.72 V、0.55 V 出现三个 H_2SO_4-GIC 的特征峰，同时在 0.95 V 出现一其他嵌入物质的溶出峰；图 4（c）只在 0.93 V 及 0.41 V 处出现两峰；图 4（d）则在 1.06 V、0.80 V、0.42～0.30 V 处出现两个峰及一个溶出峰带，可以认为 1.06 V 处峰为 HSO_4^- 溶出所致，而 0.80 V 及 0.42～0.30 V 处峰则为其他嵌入物溶出所致；图 4（e）反应时间很长，所以可能形成了较完整的多元 GIC，其在 1.06 V、0.94 V、0.76 V、0.57 V、0.24 V 及 0.50 V～0.36 V 处，出现 6 个明显或不太明显的峰或峰带，可以认为 0.94 V、0.24 V 及 0.50～0.36 V 处的溶出是由非 HSO_4^- 的某种物质溶出所致。

4 结论

（1）H_2SO_4＋HNO_3 的反应介质中，反应时间短时，电化学法和化学法制得的 GIC 溶出伏安谱线图相似，但反应时间增长则有较大的差异。

（2）H_2SO_4＋$KMnO_4$ 的反应介质中，电化学法和化学法制得的 GIC 的溶出伏安谱线图不同。

（3）$KMnO_4$＋HNO_3＋$FeCl_3$＋H_2SO_4 的反应介质中用一步氧化法制取的溶出伏安谱线互不相同，且它们与 H_2SO_4＋HNO_3，H_2SO_4＋$KMnO_4$ 制得的 GIC 的溶出伏安谱线图也不相同。

（4）以上结果说明，可以将溶出伏安法用作 GIC 的制备过程中，是了解反应进行情况的一种有效的研究方法。

参考文献

[1] 沈万慈，祝力，侯涛，等. 石墨层间化合物（GICs）材料的研究动向与展望 [J]. 炭素技术，1993，12（05）：22-28.

[2] 沈万慈，祝力，侯涛，等. 石墨层间化合物（GICs）材料的研究动向与展望（续）[J]. 炭素技术，1993，12（06）：26-32.

[3] 陈宗璋，陈剑平. 硫酸石墨层间化合物的溶出伏安行为研究 [J]. 湖南大学学报，1995，24（04）：38-42.

[4] Michio Inagaki，Norio Iwashita，Eiji Kouno. Potential change with intercalation of sulfuric acid into graphite by chemical oxidation [J]. Carbon，1990，28（1）：49-55.

[5] Avodeev V V，Monyakina L A，et al. Chemical synthesis of graphite hydrogenosulfate：calorimetry and potentiometry studies [J]. Carbon，1992，30（6）：825-827.

[6] 张增民，徐军，童筱苏. 高倍膨胀率鳞片石墨的制造方法：中国，87106070 [P]. 1989-4-12.

（上海硅酸盐，第 4 期，1995 年 12 月）

RSO-HCL 体系溶解金刚石合成块中触媒的研究

郑日升，陈宗璋

摘　要：本文提出了一种采用氧化剂与盐酸一起溶解镍基合金触媒的人造金刚石提纯新方法。实验选用无毒低价的固体物质 RSO 作氧化剂，取得了令人满意的结果。RSO-HCL 体系溶解金刚石合成块中触媒与采用 HNO_3-HCL 体系相比，酸雾排放量和氮氧化物排放量均少 96%以上，氯气排放量少 99%；并且处理成本亦有所降低，而溶解的速度和效果基本相同。

关键词：氧化剂；氧化还原反应；人造金刚石；提纯触媒

1　前言

在合成金刚石的过程中，触媒是必不可少的原材料。根据结构对应和定向成键等原则以及金刚石行业的大量实践，合成金刚石用的最有效的触媒大都是镍、钴、锰、铁、铬等元素和由它们组成的合金。国内合成金刚石普遍使用镍基合金的触媒[1]。

镍和镍基合金的化学性质比较稳定，它们在非氧化性酸溶液中溶解缓慢，必须用较强的氧化剂与之发生氧化还原反应才能快速溶解；另一方面，它们在空气中能迅速形成一层极薄的钝化膜，在浓硫酸和浓硝酸中产生钝化而难溶解，即它们在极强氧化剂中也难溶解。镍和镍基合金的交换电流密度很小，用电解法溶解则电解速度很慢。尤其是粉末触媒合成块，其触媒粉末和石墨粉末牢固地胶合在一起，难以预先去掉石墨，用电解法溶解触媒则更难实现。

根据镍和镍基合金的化学性质，人造金刚石提纯，对触媒成分的溶解主要是利用各种无机酸或它们的混合物，通常使用一定浓度的硝酸和王水[2]。这类方法的溶解速度快，操作简单，但酸耗量大，废气污染严重，废水回收及原材料贮存都麻烦。为了解决废气污染问题，许多单位采用添加剂抑制氮氧化物的逸出，以及同时设计氮氧化物吸收净化装置，取得了一定的效果，但都不能在生产应用中从根本上消除废气污染。也有人使用盐溶液置换法和电解法取代酸溶法，盐溶液置换法不适合于大批量生产应用，电解法对片状触媒合成块有效，但对粉末触媒的处理仍是一个难题。

本文研究的 RSO-HCL 体系，无论是对片状触媒合成块还是对粉末触媒合成块中的触媒溶解，都能取代硝酸体系和王水体系，在保证了溶解效果的同时，去掉了硝酸，减少了酸雾，降低了成本，较好地解决了以往的金刚石提纯溶触媒方法所存在的污染严重、操作条件恶劣等问题。

2　实验与结果

2.1　氧化剂的选择

用氧化剂和盐酸一起溶解金刚石合成块中触媒的关键是要选用一种合适的氧化剂。我们认为这种合适的氧化剂应能满足以下要求：

（1）其还原反应的标准电极电位在+0.80 V～+1.40 V之间；

（2）无毒，且化学性能稳定；

（3）溶解性能好；

（4）价格低廉，贮运方便。

通过多次探索试验和理论分析，选用固体氧化剂 RSO 基本符合上述要求。

用工业纯 RSO 和工业盐酸配制溶液溶解金刚石合成块中触媒，在室温为 30 ℃的条件下做试验，反应开始较慢，逐渐加快，达到高潮后，溶液表面形成一层气泡，放出气体很少，溶液温度维持在

80 ℃～90 ℃之间，触媒的溶解速度较快，小批量试验能在 2 h 内溶完。

应当指出的是 RSO-HCL 体系溶解金刚石合成块中触媒，主要靠氯离子在氧化剂的作用下与镍、钴、锰等元素发生反应，这个过程有氯气析出，因此控制好溶液浓度和在溶液中引入析氯抑制剂是必不可少的。另外多次探索试验表明，要提高触媒的溶解效率，有必要加入少量的硝酸盐作为反应的促进剂，RSO-HCL 溶液才能迅速彻底地溶解触媒金属。

2.2 浓度和温度对溶解速度的影响

用工业纯原料配制 RSO-HCL 溶液，在抽风柜内，于塑料盆中溶解 $Ni_{70}Mn_{20}Cu_{10}$ 粉末触媒合成块。RSO-HCL 溶液用搪瓷盆于电炉上加热到实验所需初始温度后倒入反应盆内，每次溶解的合成块均为 2 kg 左右，RSO-HCL 溶液均过量 10%以保证溶解反应彻底。从 RSO-HCL 溶液倒入盛有合成块的塑料盆起开始计时到反应终止，确定为溶解时间。

图 1 是三种具有代表性浓度的 RSO-HCL 溶液（其 RSO 的浓度分别为 C_1、C_2、C_3，$C_1 > C_2 > C_3$，C_3 浓度很低），在不同初始反应温度（T_c）下溶解 $Ni_{70}Mn_{20}Cu_{10}$ 粉末触媒合成块中触媒，考察溶解反应时间（t_r）变化情况的 t_r-T_c 曲线。

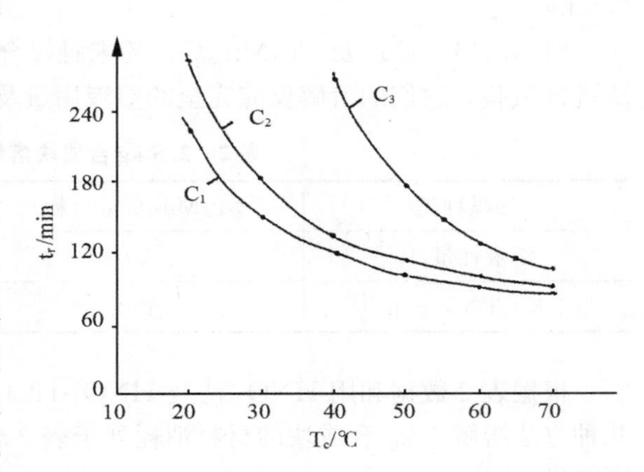

图 1 不同浓度溶液溶解触媒的 t_r-T_c 曲线

2.3 废气成分及其总量的测定

实验装置如图 2 所示。用锥形瓶作溶解反应器，其内所用试剂均为工业纯产品，反应放出的所有气体经酸雾吸收器吸收酸雾后，通过缓冲瓶，进入废气吸收器。因反应只可能放出氯气和氮氧化物，废气吸收采用过量的 $NaOH$-H_2O_2 混和溶液，分两级吸收，保证最终排出尾气是无色无味的。酸雾、废气的吸收收集和化学分析是委托长沙矿冶研究院环境保护研究所协助完成的。

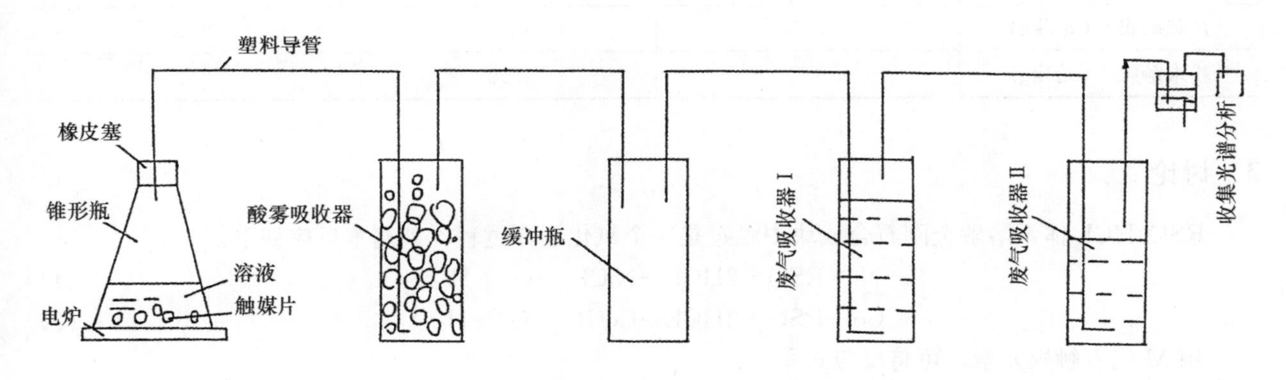

图 2 酸雾、废气吸收装置示意图

实验将 RSO-HCL 体系和 HNO_3-HCL 体系在同样的盐酸浓度（$2C_2M$）条件下，进行溶解合成块中触媒的对比。分别对 20 g 预先剥离了石墨并经吹干的片状 $Ni_{70}Mn_{25}Cu_5$ 触媒的溶解测定了酸雾废气排放总量。测定结果列于表 1。

表 1 溶解 20 g $Ni_{70}Mn_{25}Cu_5$ 触媒片放出的废气总量

体系	酸雾	氯气	NO_x（以 NO_2 计）	总量
RSO-HCL	86.14 mg	20.40 mg	284.28 mg	390.82 mg

续表

体系	酸雾	氯气	NO_x（以 NO_2 计）	总量
HNO_3-HCL	2191.00 mg	2063.45 mg	9416.94 mg	13671.39 mg

由于测定溶解触媒排放的酸雾废气总量所需吸收溶液费用较多，不便溶解太多的触媒。在实验过程中，溶解反应放出的热量较少，故在反应开始前需进行预热和反应即将终止时进行间断加热。

2.4 试剂消耗情况的考察

根据 RSO-HCL 溶液的浓度和温度对溶解速度的影响实验结果，配制 RSO 浓度为 C_2 的 RSO-HCL 溶液，这样可利用反应热来维持溶解反应的平稳进行。用连续滴加该浓度的 RSO-HCL 溶液至合成块中触媒完全溶解为止的方法来确定试剂用量。溶液的初始温度均定为 30 ℃，合成块质量均为 2.5 kg 左右。

对 $Ni_{70}Mn_{20}Cu_{10}$ 及 $Ni_{70}Mn_{25}Cu_5$ 粉末触媒合成块和预先剥离了石墨的 $Ni_{70}Mn_{25}Cu_5$ 片状触媒合成块进行试验，它们的溶解反应完全的溶液用量及溶解时间列于表 2。

表 2　2.5 kg 合成块溶解触媒的溶液耗量与溶解时间

触媒种类	$Ni_{70}Mn_{20}Cu_{10}$（粉）	$Ni_{70}Mn_{25}Cu_5$（粉）	$Ni_{70}Mn_{25}Cu_5$（片）
溶液耗量/L	20	22	20
反应时间/min	180	220	110

根据表 2 数据和用 HNO_3 法及 HNO_3-HCL 法溶解金刚石合成块中触媒的生产统计数据，将这几种方法溶解 1 kg 合成块的材料消耗列于表 3。表 3 中数据是按国家计划价、不计材料贮运费的计算结果。

表 3　几种溶解触媒方法的材料消耗对比

方法	HNO_3 法	HNO_3-HCL 法	RSO-HCL 法
片状触媒/（元/kg）	3.5	2.5	2.1
粉末触媒/（元/kg）	4.2	2.9	2.4

3　讨论

RSO-HCL 体系溶解金刚石合成块中触媒是一个氧化还原过程，其基本反应如下：

$$Ni+RSO+2HCL \rightarrow NiCL_2+G_2+H_2O \quad (1)$$

$$Co+RSO+2HCL \rightarrow CoCL_2+G_2+H_2O \quad (2)$$

用 M 代表触媒元素，可将反应式写成：

$$M+RSO+2HCL \rightarrow MCL_2+G_2+H_2O \quad (3)$$

式中 RSO 是氧化剂，G_2 是一种无毒产物。

在触媒溶解反应进行的过程中，溶液表面能形成一层较厚的气泡，这层气泡形成的原因是我们采用的析氯抑制剂具有一定的表面活性，它对减少酸雾和提高酸的利用率起到了良好的作用，表 1 中酸雾总量测定结果充分证实了这一点。

当 RSO-HCL 溶液的初始温度达到 30 ℃～40 ℃时，RSO-HCL 体系溶解金刚石合成块中触媒的反应便能较快地达到反应高潮并维持溶解速度平稳地进行。达到高潮后的溶液温度能始终维持在 80 ℃～90 ℃之间，说明溶解反应是放热的。利用：

$$\Delta H_r, T=\sum(\Delta H_f, T)_{生成物}-\sum(\Delta H_f, T)_{反应物}$$

查表计算反应（1）的热效应为：ΔH_r，298≈－580 kJ，据此计算将溶解反应控制在 90 ℃左右的 RSO 浓度与 C_2 相近。

RSO 浓度为 C_2 的 RSO-HCL 溶液溶解金刚石合成块中触媒反应放出的气体很少，并且主要是水泡。表 1 中废气总量测定结果指出，RSO-HCL 体系仅为 HNO_3-HCL 体系溶解合成块中 $Ni_{70}Mn_{25}Cu_5$ 触媒片放出酸雾废气总量的 2.86%。说明溶解反应是按（3）式进行的，几乎没有副反应。表 1 结果表明，RSO-HCL 体系溶解金刚石合成块中触媒的环境效果，比用硝酸体系溶解触媒的废气净化装置的净化效果要好得多[3]。根据表 1 计算结果，RSO-HCL 体系与 HNO_3-HCL 体系相比，溶解金刚石合成块中触媒的酸雾和氮氧化物排放量少 96%以上，氯气排放量少 99%。

图 1 的 t_r-T_c 曲线表明，当溶液的初始温度加热到 70 ℃以上时，RSO-HCL 溶液浓度对溶解触媒的速度的影响显得很小。RSO 浓度为 C_3 的 RSO-HCL 溶液，浓度极稀，在室温下该溶液与触媒反应极为缓慢，但将之加热，溶解速度立即加快。这一结果表明，RSO-HCL 体系溶解金刚石合成块中触媒，反应是彻底的，溶液的利用率是高的。利用标准生成热和绝对熵计算反应（1）的自由焓差：

$$\Delta G_r^*，T=\Delta H_r^*，298+\int_{298}^{T}\Delta G\mathrm{d}'T-T(\Delta S_r^*，298+\int_{298}^{T}Cp/T\mathrm{d}T)$$

查表求得 90 ℃时，反应（1）的 ΔG_r^*，388≈－586 kJ，再根据 ΔGr，T＝－RTtmKa，可计算得 90 ℃时，反应（1）的平衡常数：Ka＝7.8×10^{78}，可见溶解反应完全能进行到底，和实验结果一致。

表 2 结果指出，RSO-HCL 体系溶解粉末触媒比溶解片状触媒慢，原因是粉末触媒合成块中石墨与触媒结合得很牢固，石墨对触媒的包覆减少了反应的接触面。而 $Ni_{70}Mn_{20}Cu_{10}$ 粉末触媒合成块比 $Ni_{70}Mn_{25}Cu_5$ 粉末触媒合成块中触媒溶解速度快及试剂耗量少的原因与铜离子在溶液中置换镍和锰，能起“置换催化”作用等有关。可见触媒种类和触媒成分对溶解速度亦有影响。

从表 3 数据看出，RSO-HCL 体系比 HNO_3 体系和 HNO_3-HCL 体系溶解合成中触媒的试剂费用要少，并且 RSO 是一种固体物质，其贮运费用比硝酸的贮运费用要少得多，更主要的是 RSO-HCL 体系用于人造金刚石提纯溶解触媒不必设置庞大的废气净化装置，大大地减少了设备投资和去掉了净化费用，从而可大大降低人造金刚石的提纯成本。

4　结论

（1）RSO-HCL 体系溶解金刚石合成块中镍基合金触媒，通过控制溶液浓度利用反应热来维持反应平稳进行到底，可取代硝酸体系和 HNO_3-HCL 体系。

（2）RSO-HCL 体系溶解金刚石合成块中触媒具有良好的环境效果。与采用 HNO_3-HCL 体系相比，酸雾和氮氧化物排放量均少 96%以上，氯气排放量少 99%。

（3）RSO-HCL 体系溶解金刚石合成块中触媒，其反应彻底，试剂利用率高，原材料便宜，处理成本低于硝酸和王水溶解触媒方法。

（4）RSO-HCL 体系，对片状触媒和粉末触媒合成块中触媒的溶解同样适用，但溶解速度和试剂耗量有所不同。

参考文献

[1] 王光祖. 超硬材料合成工艺学 [M]. 中国磨料磨具工业公司，1987，(内部资料).

[2] 白留奇. 超硬材料 [M]. 中国磨料磨具工业公司，1989，(内部资料).

[3] 院兴国. 超硬材料提纯、分选、检验工艺学 [M]. 中国磨料磨具工业公司，1992，(内部资料).

（超硬材料与工程，1996 年第 1 期）

镀镍石墨烯的微波吸收性能

方建军，李素芳，查文珂，从洪云，陈俊芳，陈宗璋

摘　要：用化学还原液相悬浮氧化石墨法制备了石墨烯，经亲水处理后，利用化学镀镍法在其表面镀上均匀镍颗粒层。采用 SEM、EDX、振动样品磁强计等对样品的形貌、元素成分与磁性质进行了表征，并用矢量网络分析仪测试了样品在 2 GHz～18 GHz 频带内的复磁导率和复介电常数，利用计算机模拟出不同厚度材料的微波衰减性能。结果表明，材料的微波吸收峰随着样品厚度的增加向低频移动，材料的电磁损耗机制主要为电损耗，未镀镍石墨烯的吸波层厚度为 1 mm 时，在 7 GHz 左右最大衰减值为－6.5 dB，镀镍石墨烯的吸波层厚度为 1.5 mm 时，在约 12 GHz时最大值为－16.5 dB，并且在频带 9.5 GHz～14.6 GHz 的范围内达到－10 dB 的吸收。

关键词：石墨烯；化学镀镍；吸波性能

中图分类号：TQ153　　**文献标识码**：A

Microwave Absorbing Properties of Nickel - coated Graphene

Fang Jianjun, Li Sufang, Zha Wenke, Cong Hongyun,
Chen Junfang, Chen Zongzhang

Abstract: Graphene sheets were prepared by using chemical reduction of a colloidal suspension of graphene oxide sheets in water. After hydrophilic treatment and chemical plating, a layer of nickel particles was uniformly coated on the surfaces of the graphene sheets. The morphologies of the pure graphene (GF) and Ni-coated graphene (NGF), nickel element content on the graphene surface and magnetic properties of the NGF were examined by SEM, EDX and VSM, respectively. The complex relative permittivity and permeability of the NGF absorber were measured by using a microwave network analyzer in the frequency range of 2 GHz～18 GHz. The reflection loss curves of the GF and NGF were calculated using computer simulation technique. It is found that in the frequency range of 2 GHz～18 GHz, with the increase of the matching thickness, the maximum absorbing peaks of the GF and NGF shift to lower frequency region, so GF and NGF are dielectric loss microwave absorption materials. When the matching thickness is 1 mm, the maximum absorption peak of the GF is －6. 5 dB at about 7 GHz. When the matching thickness is 1. 5 mm, the maximum absorption peak of the NGF is －16. 5 dB at 9. 25 GHz and the frequency region in which the maximum reflection loss is more than －10. 0 dB is 9. 5 GHz～14. 6 GHz.

Key words: graphene, chemical plating nickel, microwave absorption properties

随着微波电子技术的快速发展，电磁干扰技术的应用领域越来越广，电磁干扰技术在消除或减弱微波电子产品如计算机、微波炉、移动电话等的电磁辐射有广泛应用。电磁干扰材料因具有干扰性能好、制备工艺简单和容易调节等优点，而成为电磁干扰技术研究的核心。

石墨烯是最新发现的碳单质，是目前知道最薄的材料，它的质量轻、密度小、导电性优良、热

稳定性好、机械性能好、电子传导快[1]，人们对石墨烯在多个应用领域如生物传感器[2-3]、分子检测[4]、超级电容器[5]、储氢材料[6-7]、电池材料[8]、超导体材料[9]等进行了探索研究。石墨烯也易于满足电磁干扰材料“薄、轻、宽、强”的要求，是一种极有发展前途的新型吸波剂。目前，石墨烯作为电磁干扰材料在国内外的研究都处于起步阶段。Liang 等[10]和 Mikhailov[11]研究了石墨烯在电磁波方面的干扰和响应特性，发现石墨烯在 X 波段电磁干扰效果好，石墨烯的电子对频率的辐射具有非线性响应的特点。石墨烯对电磁波的干扰特性和可能实现对电磁干扰材料吸收频带宽、兼容性好、质量轻和厚度薄等特点，都是人们希望电磁干扰材料所拥有的。

本工作以石墨烯为原料，经亲水处理后，采用化学镀在石墨烯上沉积纳米镍颗粒，并在 2 GHz～18 GHz 频段范围内的电磁参数进行测试，利用计算机模拟得到了微波吸收曲线，研究不同厚度镀镍石墨烯的吸波特性。

1 实验

1.1 石墨烯的化学镀镍

采用化学还原液相悬浮氧化石墨法制备石墨烯[12]，进行亲水处理[13]，并进行化学镀镍。

1.1.1 化学镀前敏化、活化预处理

（1）敏化。0.1 g 亲水处理后的石墨烯加入到 100 mL 浓度为 12 g/mL 新鲜的 $SnCl_2$ 敏化液中进行敏化，敏化温度（T）为 25 ℃，时间（t）为 50 min。敏化过程中维持超声振荡。敏化后过滤，用去离子水清洗至中性。

（2）活化。将敏化处理后的石墨烯加入到 100 mL 浓度为 1 g/mL 的 $PbCl_2$ 活化液中进行活化，活化条件为：T=25 ℃，t=50 min。活化过程中维持超声振荡。活化后过滤，用去离子水清洗至中性。所得灰黑色石墨烯保存备用。

1.1.2 化学镀镍

（1）化学镀镍溶液基本组成及条件

化学镀镍溶液组成及条件如表 1 所示。

表 1 化学镀镍溶液的组成及条件

Bath composition		Plating condition	
$NiSO_4 \cdot 7H_2O$	22 g/L	pH	～10
$N_2H_4 \cdot H_2O$	35 g/L	Temperature（T）	75 ℃
Sodium citrate	30 g/L	Ultrasonic power	90 W
Sodium tartrate	10 g/L	Time	35 min
$(NH_4)_2SO_4$	50 g/L	Graphene powder	2 g/L
Surfactants	0 or 3		
$NH_3 \cdot H_2O$	5%		

（2）化学镀的操作过程

活化后的石墨烯以 2 g/mL 的浓度加入到一定量的镀液中，再加入微量表面活性剂，于室温下超声分散 30 min，再升温至 75 ℃，反应 35 min，然后用循环水冷却至室温，将反应体系真空抽滤，滤饼用去离子水清洗后干燥，得灰黑色固体粉末。

1.2 形貌、成分和磁性能分析

采用 JSM-6700F 扫描电子显微镜（SEM）和 H-800 高分辨透射电子显微镜（HRTEM）研究石墨烯材料和镀镍石墨烯材料的微观形貌，及 EDX 分析镀镍石墨烯材料的元素组成。采用振动样品磁

强计（HH-50，中国）测试材料的磁性能。

1.3　电磁参数的测量

测量仪器为 85071 矢量网络分析仪。将材料与石蜡按质量比为 3∶10 熔融混合，再把混合物做成 2 mm 的波片，通过波导法测定镀镍石墨烯材料的电磁参数（ε，μ）。将样片装入 2.6 GHz～4.0 GHz、4 GHz～6 GHz、6 GHz～8 GHz、8 GHz～12 GHz、12 GHz～18 GHz 的法兰片，用波导法测量电磁参数。

以传输线理论为基础，将实验测量的材料电磁参数根据公式（1）[14]：

$$Z_{\text{in}}=\sqrt{\frac{\mu_r}{\varepsilon_r}}\tanh\left(j\frac{2\pi fd}{c}\sqrt{\mu_r\varepsilon_r}\right) \tag{1}$$

可以得到电磁波在材料上的功率反射系数 Γ 为：

$$\Gamma=\left[\sqrt{\frac{\mu_r}{\varepsilon_r}}\tanh\left(j\frac{2\pi fd}{c}\sqrt{\mu_r\varepsilon_r}\right)-1\right]\Big/\left[\sqrt{\frac{\mu_r}{\varepsilon_r}}\tanh\left(j\frac{2\pi fd}{c}\sqrt{\mu_r\varepsilon_r}\right)+1\right] \tag{2}$$

用 dB 表示的反射率 R 为：

$$R=20\lg\ |\Gamma| \tag{3}$$

式中：ε_r、μ_r 和 d 分别为吸波材料的相对介电常数、相对磁导率和厚度，f 为电磁波的频率，c 为光速。

利用计算机模拟技术，计算材料的吸波性能，得出材料吸波性能的模拟曲线。

2　结果与讨论

2.1　石墨烯的微观形貌

图 1（a）显示的是石墨烯试样干燥后的 SEM 照片。从图中可以看到，石墨烯试样在干燥条件下是由皱曲的薄膜组成，且各膜相互叠合聚集在一起。图 1（b）为石墨烯样品超声分散后的 HRTEM 照片。以 Cu 网为载体，在高分辨透射电子显微镜下观察到石墨烯是一个透明的、有着光滑表面和边缘的薄膜，还能够看到石墨烯薄膜上存在折叠的皱纹，这可能是由于石墨烯层彼此重叠引起的。

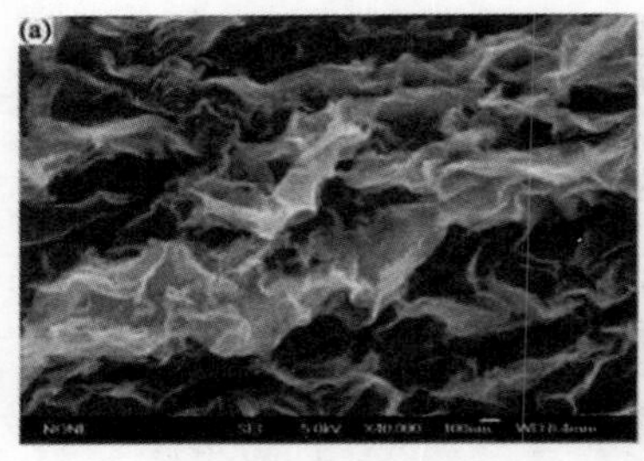

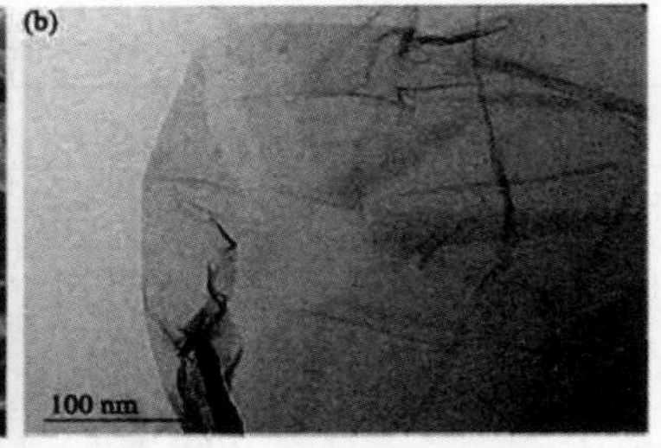

图 1　石墨烯材料的 SEM（a）及 HRTEM（b）照片

2.2　镀镍石墨烯的微观形貌和能谱

目前化学镀镍中最常用的还原剂有次亚磷酸钠、硼氢化钠、二甲基硼烷、肼。用前三种做还原剂时，获得的化学镀镍层含有 P、B。含 Ni-P 和 Ni-B 合金的镍镀层的磁性能会明显下降，当 P 含量过高（>8 wt%）时将不再具有磁性。而肼镀液获得的化学镀镍层可含镍 99%，甚至更高，而磁性基本无损耗。为了使镀镍石墨烯具有强的磁性，提高材料的磁损耗，本实验中选择 $N_2H_4\cdot H_2O$ 为还原剂。

为表征镀镍石墨烯的微观形貌和检测镍的镀覆情况，对镀镍石墨烯做了扫描电子显微镜分析和能谱测试（如图 2 所示）。

图 2（a）为镀镍后石墨烯的低倍率 SEM 照片，从图中可以看出镀镍后的石墨烯彼此之间不容易聚集在一起，在镀镍后的干燥过程中也可以目视观察到，说明石墨烯镀后由于附有镍颗粒，表面张

力减弱。图 2（b）是倍率稍高的 SEM 照片，从中可看到镀覆的镍颗粒，同时还能看到石墨烯的波澜状及皱褶。图 2（c）是选择区域的高倍率 SEM 照片，在本化学镀条件下，获得的镍颗粒大小比较一致，约在 40 nm 左右，且在石墨烯上的分布比较均匀。此外，在图 2（c）中显示出来的石墨烯基底特别的透明，透过第一层石墨烯片，可以明显地看到位于较里面石墨烯片上的镍颗粒，在图中折起来的一处显示出石墨烯片上覆有明显的镍纳米颗粒。

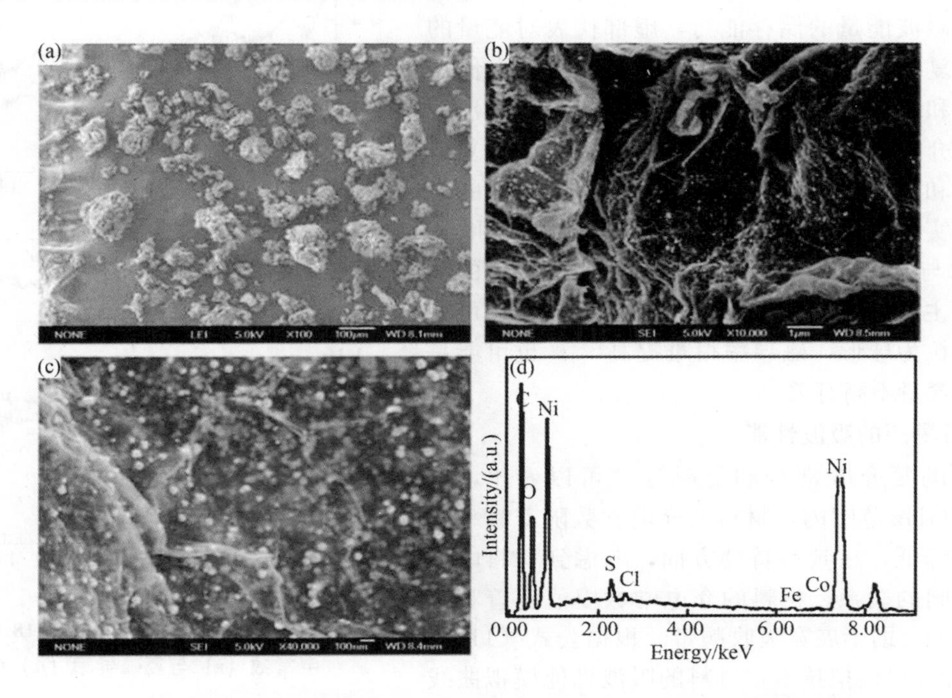

图 2　镀镍石墨烯的表面形貌 SEM 照片（a）～（c）和 EDX 能谱（d）

图 2（d）为镀镍后石墨烯的 EDX 能谱图，从能谱图的分析结果可以看出，镀后的石墨烯镍含量比较高，并且是以微晶的形式存在，约占总质量的 50%。从图 2（d）中还可以看到含有较高的 S、O 元素，由此可见石墨烯上含有磺酸基，说明石墨烯亲水处理是成功的，因为样品已用去离子水洗涤，经氯化钡溶液检测洗涤后的样品不含有硫酸根离子，所以 S、O 的存在不可能是硫酸根导致的。

2.3　镀镍石墨烯的磁性能

为了解镀镍石墨烯的磁性能和所属磁性材料类型，对镀镍石墨烯复合材料进行了磁滞回线分析，结果如图 3 所示。

图 3 中可以发现，样品的磁滞回线窄而长，剩余磁感应强度 Br（21.57 A·m/Kg）和矫顽磁力 Hc（1.34 A/m）都很小，是典型的软磁材料。软磁材料的基本特征是磁导率相对较高，易于磁化及退磁，在外加磁场磁化过程中会发热，使电磁能转换成热能损耗掉[15]。因此适合做电磁干扰材料。磁滞回线结果显示，镀镍石墨烯材料正是软磁材料，且磁滞回线面积也较大，有利于微波段电磁波的干扰吸收。

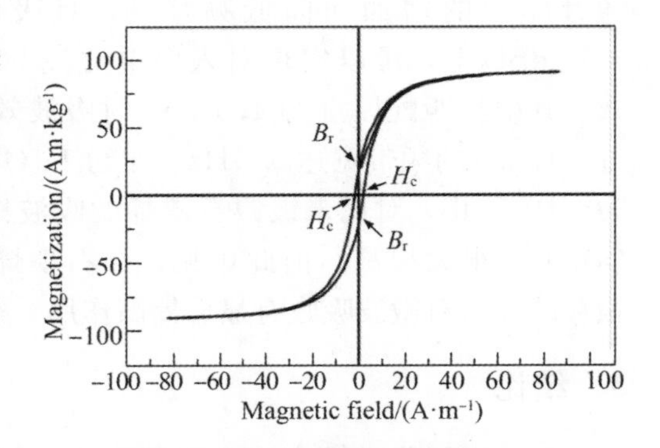

图 3　镀镍石墨烯的磁滞回线

2.4　镀镍石墨烯的电磁参数

测定镀镍石墨烯复合材料和石蜡复合的电磁参数，结果如图 4 所示。实验用石墨纯度很高，石墨中无磁性材料，所以制备得到的未镀镍石墨烯对电磁波的磁损耗很小，近似可以忽略，在这里不讨论未镀镍石墨烯材料的电磁参数。

图 4 中，(a)、(b) 分别为镀镍石墨烯的复介电常数 (ε) 和复磁导率 (μ)。ε 和 μ 是判断材料在电磁场中对微波吸收的两个基本参数，二者一般用复数的形式表示：$\varepsilon=\varepsilon'-j\varepsilon''$和$\mu=\mu'-j\mu''$，复介电常数实部代表材料对电磁波能量的储存能力，虚部代表对能量的损耗能力；复磁导率的实部和虚部则与磁介质内储藏的能量密度和磁损耗功率成正比。从图 4 中可看出镀镍石墨烯复介电常数的实部和虚部都比较大，而复磁导率的实部和虚部都相对较小，其中复介电常数的虚部值逐渐与实部接近，甚至在图 4 (a) 中6 GHz和 16 GHz 处虚部与实部的值一样大。由此可知，材料的电磁损耗机制主要为电损耗。材料的磁导率较小，可能是因为镍颗粒为球形，磁导率很难提高[16]，也可能是因为与镍的含量不高有关。

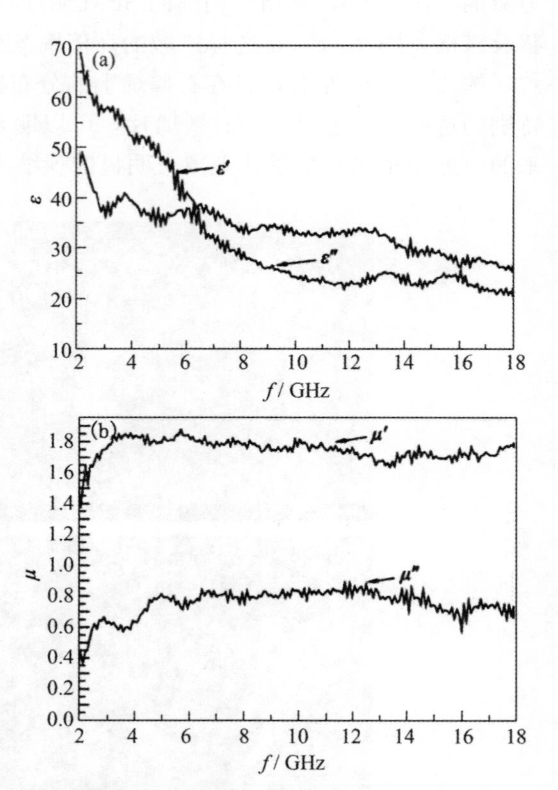

图 4　镀镍石墨烯材料在 2 GHz～18 GHz 的复介电常数 (ε) 与复磁导率 (μ) 谱

2.5　镀镍石墨烯的吸波性能

从材料的复介电常数和复磁导率可以看出，在 2 GHz～18 GHz 范围内，材料的介电常数随着频率的升高而逐渐降低，在频率特性方面，考虑到材料电厚度和频率之间的关系，材料的介电常数模值随着频率的提高而降低有助于展宽吸收频带。根据公式 (1) ～(3)，利用计算机模拟技术，材料的吸波性能模拟曲线结果如图 5 所示。

图 5 (a) 为不同厚度未镀镍石墨烯材料吸波性能计算机模拟曲线图。石墨烯材料的微波吸收峰随着厚度的增加而向低频移动，在吸波层厚度为 1 mm 时，在 7 GHz 左右有最大衰减值−6.5 dB，而且总体上都很小，不能实现对微波的 90% 衰减。由此可见，石墨烯对 2 GHz～18 GHz 频带的电磁波衰减效果较差。

图 5 (b) 为不同厚度化学镀镍石墨烯吸波性能计算机模拟曲线。镀镍石墨烯复合材料的微波吸收峰也随着厚度的增加而向低频移动，且吸波水平达到−10 dB以上，可以实现对入射电磁波 90% 的功率衰减。其中当匹配厚度为 1.5 mm 时吸波效果最好，超过−10 dB 的频带宽达 5 GHz，在约 12 GHz 有最大值为−16.5 dB。对比未镀镍石墨烯的吸波性能 [见图 5 (a)] 有很大提高。由此可见，在石墨烯材料中，镍颗粒的加入对微波吸收有显著提高作用。

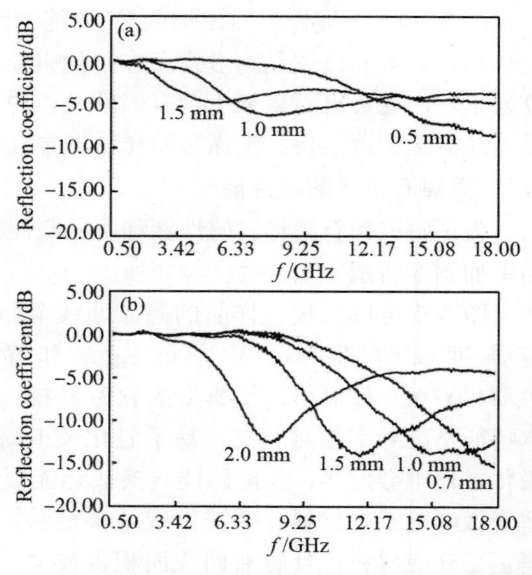

图 5　不同厚度的石墨烯 (a) 和镀镍石墨烯 (b) 理论反射损耗随频率的变化曲线

3　结论

(1) 采用化学镀方法在石墨烯表面镀覆了一层镍颗粒，通过 SEM、EDX 等测试手段分析了化学镀镍的沉积情况，镍颗粒沉积分布均匀，粒径统一、细小 (40 nm 左右)，镍含量较高。

(2) 根据化学镀镍石墨烯的磁学性能，得出其为软磁材料，适合做电磁干扰材料。对未镀镍石墨烯材料和石墨化学镀镍石墨烯进行了电磁参数测试，经计算机模拟获得不同厚度下材料的微波衰减曲线。结果表明，未镀镍石墨烯对微波吸收的极大值只能达到－6.5 dB，微波衰减效果不佳；而不同厚度镀镍石墨烯的微波吸收曲线中，在频带宽达 5 GHz 的范围内达到了－10 dB 的吸收，其中在约 12 GHz 有最大值为－16.5 dB。对比未镀镍石墨烯的微波吸收性能，结果显示，镀镍石墨烯大大提高了微波的衰减性能。

参考文献

[1] Mazdak T. Trends in graphene research [J]. Materials Today, 2009, 12 (10): 34-37.

[2] Zhou K F, Zhu Y H, Yang X L, et al. A novel hydrogen peroxide biosensor based on Au-graphene-HRP-chitosan biocomposites [J]. Electrochimica Acta, 2010, 55 (9): 3055-3060.

[3] Shan C H, Yang H F, Han D X, et al. Graphene/AuNPs/chitosan nanocomposites film for glucose biosensing [J]. Bioelectrochemistry, 2010, 25 (5): 1070-1074.

[4] Chi M, Zhao Y P. Adsorption of formaldehyde molecule on the intrinsic and Al-doped graphene: a first principle study [J]. Computational Materials Science, 2009, 46 (4): 1085-1090.

[5] Lu T, Zhang Y P, Li H B, et al. Electrochemical behaviors of graphene-ZnO and grapheme-SnO_2 composite films for supercapacitors [J]. Electrochimica Acta, 2010, 55 (13): 4170-4173.

[6] Park H L, Yi S C, Chung Y C, et al. Hydrogen adsorption on Li metal in boron-substituted graphene: an ab initio approach [J]. International Journal of Hydrogen Energy, 2010, 35 (8): 3583-3587.

[7] Rao C N R, Sood A K, Subrahmanyam K S, et al. Grephene: the new two-dimensional nanomaterial [J]. Angewandte Chemie International Edition, 2009, 48 (42): 7752-7777.

[8] Yao J, Shen X P, Wang B. In situ chemical synthesis of SnO_2-graphene nanocomposite as anode materials for lithium-ion batteries [J]. Electrochemistry Communications, 2009, 11 (10): 1849-1852.

[9] Soodchomshom B, Tang I M, Hoonsawat R, et al. Perfect switching of the spin polarization in a ferromagnetic gapless graphene/superconducting gapped graphene junction [J]. Journal of Physics C, 2010, 470 (1): 31-36.

[10] Liang J J, Yan W, Yi H. Electromagnetic interference shielding of graphene/epoxy composites [J]. Carbon, 2009, 47 (3): 922-925.

[11] Mikhailov S A. Electromagnetic response of electrons in graphene: non-linear effects [J]. Physica E: Low-dimensional Systems and structures, 2008, 40 (7): 2626-2629.

[12] Stankovich S. Synthesis of graphene-based nanosheets via chemical reduction of exfoliated graphite oxide [J]. Carbon, 2007, 45 (7): 1558-1565.

[13] Si Y C, Samulski E T. Synthesis of water soluble graphene [J]. Nano Letters, 2008, 8 (6): 1679-1682.

[14] 邢丽英. 隐身材料，2 版 [M]. 北京：化学工业出版社，2004：23-30.

[15] Zou Y H, Liu H B, Yang L, et al. The influence of temperature on magnetic and microwave absorption properties of Fe/graphite oxide nanocomposites [J]. Journal of Magnetism and Magnetic Materials, 2006, 302 (2): 343-347.

[16] Dong X L, Zhang Z D, Zhao X G, et al. The preparation and characterization of ult rafine Fe-Ni particles [J]. Materals Research, 1999, 14 (2): 398-406.

(无机材料学报，第 26 卷第 5 期，2011 年 5 月)

对天然鳞片石墨及椰壳活性炭进行液相氧化的初步研究

邹艳红，傅　玲，刘洪波，陈宗璋

摘　要：以天然鳞片石墨和椰壳活性炭为原料，在 Hummers 法基础上制备了氧化石墨和氧化活性炭，研究了液相天然鳞片石墨和椰壳活性炭氧化前后的结构与性能的变化。结果表明：液相氧化过程中存在表面氧化和层间氧化两种氧化反应机制，石墨质材料既有表面氧化也有层间氧化，而炭质材料则以表面氧化为主。表面氧化使氧化石墨和氧化活性炭中均含有大量极性基团，这些基团的存在使它们表现出较强的极性和一定的化学活性，层间氧化使氧化石墨的层间距由原石墨的 0.3354 nm 增加到 0.8981 nm，石墨片层之间的基团及 H_2O 分子的存在是层间距增大的主要原因。在稀的碱性溶液中，氧化石墨层离后为针状或扁球状纳米颗粒，颗粒之间存在一定的团聚，而氧化活性炭为球状纳米颗粒，团聚后呈直链状。

关键词：液相；氧化；天然鳞片石墨；活性炭

中图分类号：TB321　　**文献标识码**：A

Preliminary Research on the Liquid Phase Oxidation of Natural Graphite Flakes and Activated Carbon

Zou Yanhong, Fu Ling, Liu Hongbo, Chen Zongzhang

Abstract: Based on the Hummers method, graphite oxide and oxidation activated carbon were prepared from graphite and activated carbon. The differences in the structure and property of graphite and activated carbon before and after the liquid-phase oxidation were analyzed. The analysis showed that there were surface oxidation and internal oxidation for natural graphite flakes, but there was only surface oxidation for activated carbon of coconut shells. Surface oxidation took place because the natural graphite flakes and activated carbon possessed many polarity groups, which gave them strong polar and chemical activity. Internal oxidation increased the distance between the layers of graphite flakes from 0.3354 nm to 0.8981 nm, which was induced by the polarity groups and H_2O between the layers of graphite flakes. In alkaline solution, graphite oxide delaminated into needle-like and spherical nano-particles, some of which coalesced. The oxidation activated carbon was in the form of spherical nano-particles, which coalesced into chain structure.

Key words: liquid-phase, oxidation, nature graphite flakes, activated carbon

0　前　言

石墨晶体中层面上的碳原子之间存在很强的共价键作用，而层间碳原子则以较弱的范德华力相结合，这种结构特点为许多物质进入碳原子层间形成纳米复合材料创造了良好的条件。但石墨固有的不亲水、亲油的性质和较小的层面间距，使其与高分子化合物的复合受到了一定程度的限制[1-3]。

在酸和强氧化剂的作用下，石墨可被液相氧化成层间存在大量极性基团的氧化石墨。这些极性基团的存在，使氧化石墨的亲水性大大提高，更易于吸附极性分子和高分子化合物形成纳米复合材料[3-5]。

近年来，聚合物/氧化石墨插层纳米复合材料的研究引起了人们的广泛关注，人们期望它能够在聚合物的改性方面发挥重要的作用。但大多数研究者在液相氧化制备氧化石墨时采用的原材料均为天然鳞片石墨，很少涉及碳源的结构对产物结构和性能的影响。为此本文采用 Hummers 法[6]，选取天然鳞片石墨和椰壳活性炭这两种结构相差很大的碳源，进行液相氧化处理，比较了氧化前后它们在颗粒大小、形貌、结构和存在的化学官能团等方面的差异。

1 实验

1.1 原料与化学试剂

天然鳞片石墨（粒径小于 44 μm，纯度为 99%）、椰壳活性炭（粒状，经球磨 10 h 后粒径小于 5 μm)、98%浓硫酸（化学纯）、硝酸钠（分析纯）、高锰酸钾（分析纯）。

1.2 试样制备

在 500 mL 的烧杯中加入适量 98%的浓硫酸，用低温冷却循环液泵冷却至 0 ℃，搅拌中加入10 g 天然鳞片石墨（或活性炭）、5 g $NaNO_3$ 和 30 g $KMnO_4$，控制反应液温度在 10 ℃～15 ℃，搅拌反应 12 h 以上，此阶段为低温反应。然后将烧杯置于 35 ℃左右的恒温水浴中，待反应液温度升至 35 ℃左右时继续搅拌 30 min，即完成了中温反应。最后进行高温反应，即在搅拌中加入 460 mL 去离子水，待反应液温度上升至 100 ℃左右时，继续搅拌 30 min。用去离子水将反应液稀释至 800～1000 mL 后再加一定量的 5%H_2O_2，趁热过滤，用 5% HCl 和去离子水充分洗涤直至滤液中无 SO_4^{2-}（用 $BaCl_2$ 溶液检测），然后在 50 ℃的烘箱中干燥 48 h，研磨过筛后，置于干燥器中保存，备测。

2 结果与讨论

2.1 实验现象

在低温反应阶段，向反应液中加入 $KMnO_4$ 时，由于反应为放热反应，反应液的温度会上升，同时有白色烟雾冒出，反应液呈红褐色，且黏度很大。在高温反应阶段，当向反应液中加入去离子水时，反应温度急剧上升，有大量气泡冒出，并伴有白色烟雾。以鳞片石墨为原料的反应液中加入 5%的 H_2O_2 后，溶液变成金黄色，而以活性炭为原料时则无此现象，这显然是由于活性炭具有较强吸附性而使溶液脱色的缘故。过滤后的氧化石墨呈黄褐色，在 50 ℃的空气中干燥时，由于部分氧原子从石墨层间脱出而逐渐变成深黑色。干燥后的氧化石墨失去了石墨固有的光泽、良好的润滑性和导电性，在高温下快速加热时可发生爆炸性分解。而过滤、干燥后的氧化活性炭与原料活性炭相比外观上看不出明显的变化，在高温下快速加热时也不会出现爆炸性分解现象。

2.2 粒度分布

采用 L-1155 型激光粒度分布测试仪对液相氧化前后的试样进行粒度分布测定。为使样品能够尽可能分散均匀，除进行机械搅拌外还采用频率为 28 kHz 的超声波分散仪进行分散处理。天然鳞片石墨、氧化石墨、活性炭、氧化活性炭等 4 种试样的粒度分布测定结果如表 1 所示。从表中可以看出，石墨被氧化后最小粒径、累积 10%的粒径明显减小，平均粒径减小，但累积 97%的粒径却有所增大，说明石墨被氧化后既发生了一定程度的层离，又存在一定程度的团聚。而活性炭被氧化后，累积 10%的粒径、累积 97%的粒径以及平均粒径都有不同程度的增大，表明活性炭被氧化后，亲水性提高，更易发生颗粒团聚。

表1　液相氧化前后试样的粒度分布

样品	最小粒径/μm	累积10%的粒径/μm	累积97%的粒径/μm	平均粒径/μm
石墨	9.0	15.94	47.78	27.39
氧化石墨	<1.0	2.53	57.23	24.29
活性炭	<1.0	0.31	4.24	1.81
氧化活性炭	<1.0	0.88	17.63	6.22

2.3　颗粒大小及形貌分析

将少量氧化石墨或氧化活性炭加入到一定量的去离子水中，再加适量的NaOH溶液，用超声波充分分散后滴加在铜网上，干燥后采用日立H-800型透射电镜观察，得到的试样形貌如图1和图2所示。其中图1（a）、（b）均为氧化石墨的透射电镜图，图2为氧化活性炭的透射电镜图。从图1中可以看出，氧化石墨在稀的碱性水溶液中发生了一定程度的层离。层离后的氧化石墨由石墨的微米级平面片晶状结构变为直径约10 nm～30 nm的针状［图1（a）］或直径约40 nm～60 nm的扁球状［图1（b）］纳米颗粒，并且彼此团聚在一起，表明氧化石墨层离时发生了不同程度的折断破坏。折断破坏初期以形成针状纳米颗粒为主，折断破坏较严重时，石墨层面完全破裂成纳米级碎片，这些纳米级碎片自组装成图中的扁球状纳米颗粒。而氧化活性炭在稀的碱性水溶液中存在较严重的团聚，直径约40 nm～70 nm的球状氧化活性炭纳米颗粒团聚后呈直链状结构（见图2）。

(a)

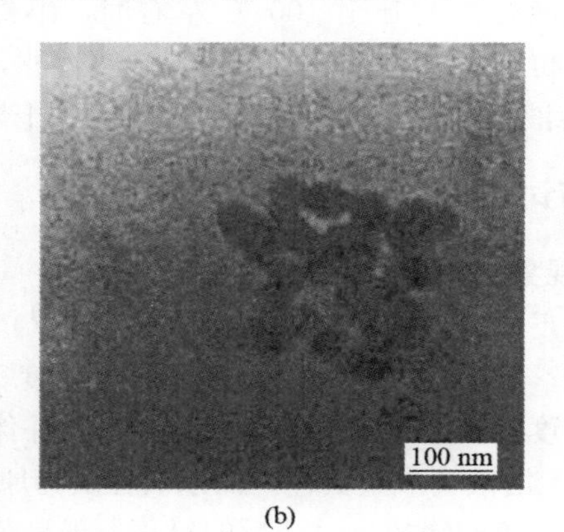

(b)

图1　氧化石墨的透射电镜形貌

2.4　晶体结构

采用日本理学D/max×2550型X射线衍射仪对液相氧化前后的试样进行测定，所得结果如图3和图4所示。图3为原料石墨（a）和氧化石墨（b）的X射线衍射谱。从图中可以看出，石墨被氧化后，原石墨的（002）和（004）衍射峰消失，出现了氧化石墨特有的较弥散的（001）衍射峰，这表明石墨被氧化后，晶体的有序性减少，I_c值由0.3354 nm增加到0.8981 nm，这一结果与文献报道是相符合的[7]。产生这种现象的原因是：石墨被氧化时，氧原子既可以与石墨层面边缘上的具有悬空键的碳原子反应，生成各种含氧官能团，也可以通过俘获石墨层间的π电子而进入石墨层间，并与层面上的碳原子形成碳-氧共价键。这种环氧基团的存在，不仅使石墨失去了固有的光泽、良好的润滑性和导电性，而且使石墨层面由原来的碳六角网格平面结构变成马鞍形的曲拱面结构[8]，层面间距

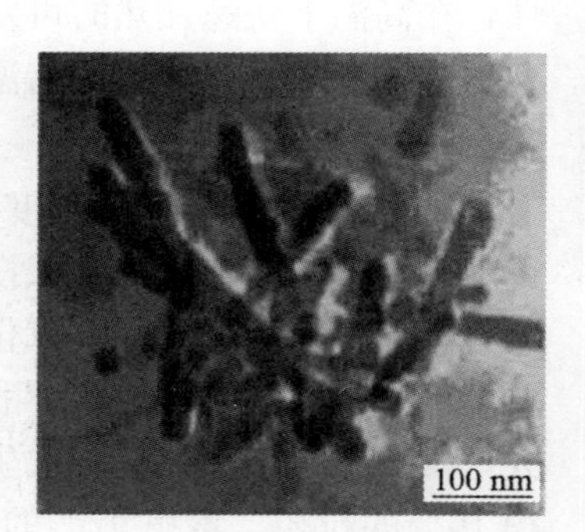

图2　氧化活性炭的透射电镜形貌

也随之增加。石墨氧化后层间极性基团的存在和层面间距增大，使氧化石墨具有极大的吸附水分子的能力。大量研究表明，氧化石墨的层间距依制备方法和含水量的不同而不同，绝干状态的氧化石墨的层间距 I_c 值通常在 0.605 nm～0.614 nm 之间[9]，因此上述实验结果也说明在 50 ℃的空气中干燥后的氧化石墨中仍含有一定量的水分。图 4 为原料活性炭（a）和氧化活性炭（b）的 X 射线衍射图谱。从图 4 中可以看出，氧化后的活性炭的衍射峰与原料活性炭的衍射峰相比较，弥散的（002）峰有向左移的趋势，说明其结构也发生了一定程度的改变，层间距略有增加。但由于活性炭中的石墨微晶发育不完善，数量也较少，氧化反应主要发生在活性炭颗粒的外表面和孔表面，而不是石墨微晶层间，因此没有出现氧化石墨特有的位于低角度的（001）衍射峰。

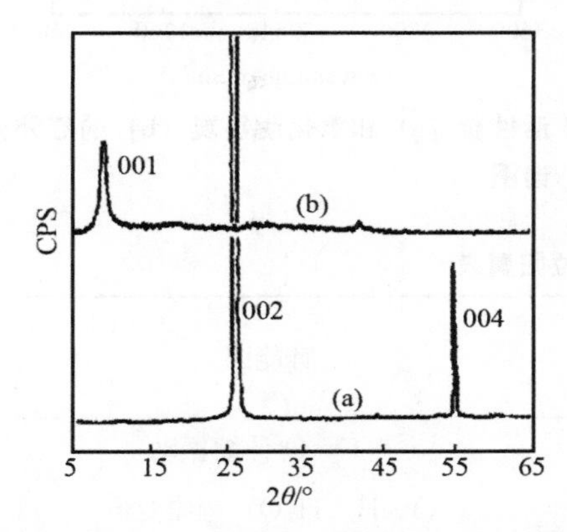

图 3　石墨（a）和氧化石墨（b）的 X 射线衍射谱

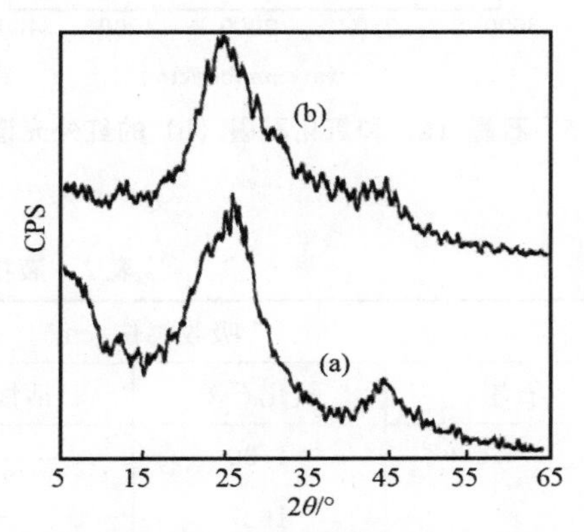

图 4　活性炭（a）和氧化活性炭（b）的 X 射线衍射谱

2.5　化学官能团

采用 AQS-20 型傅立叶红外光谱仪测定液相氧化前后试样的红外吸收光谱，通过各个吸收峰的波数分析试样中存在的各种化学官能团。图 5 对比列出了原料石墨（a）和氧化石墨（b）的红外光谱。可以看出，在所测量的波数范围内，石墨被氧化后出现了一系列新的红外吸收峰，其中 1730 cm^{-1}处的吸收峰归属为氧化石墨的—C=O 或其共轭基团的伸缩振动；1537 cm^{-1}附近出现的弱峰，表明氧化石墨中仍存在来自原料鳞片石墨的—C=C 键；1627 cm^{-1}处出现了水分子的变形振动吸收峰，说明氧化石墨中存在着水分子，这与氧化石墨具有较强的吸水性是相符合的。根据吸水和脱水共存的观点，在 1383 cm^{-1}、1229 cm^{-1}、1062 cm^{-1}处出现的吸收峰分别归属于 O—H，C—OH 及 C—O—C 的振动吸收峰就是顺理成章的了，而 869 cm^{-1}附近的吸收峰则为环氧基和过氧基的特征峰。

图 6 为原料活性炭（a）和氧化活性炭（b）的红外光谱对比图。与氧化石墨一样，活性炭被氧化后，红外吸收峰增多，其中 1723 cm^{-1}、1608 cm^{-1}、1531 cm^{-1}、1376 cm^{-1}和 1222 cm^{-1}的吸收峰分别归属于—C=O，H_2O，—C=C（来自原料活性炭中的石墨微晶层面上碳原子的伸缩振动），O—H 和 C—OH 的振动，但在 1062 cm^{-1}处没有出现 C—O—C 的振动，869 cm^{-1}附近也没有出现环氧基或过氧基的特征峰，说明活性炭中的石墨微晶发育不完善，氧原子没有插入石墨微晶层间并与层面上的碳原子结合。这与氧化活性炭的 X 射线衍射分析结果是一致的。氧化石墨和氧化活性炭的红外吸收峰归属如表 2 所示。

综上所述，液相氧化使氧化石墨和氧化活性炭中含有大量的极性基团，这些极性基团的存在使得氧化石墨和氧化活性炭具有良好的亲水性、吸附极性分子的能力和通过交换 H^+吸附有机或无机离子的能力，为氧化石墨和氧化活性炭与其他化学物质的复合创造了良好的表面条件，因此可望发展成为一种制备碳纳米复合材料的新方法。

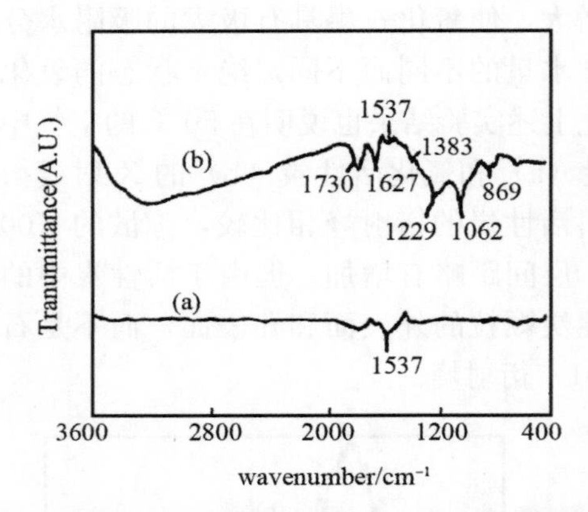

图 5　石墨（a）和氧化石墨（b）的红外光谱图

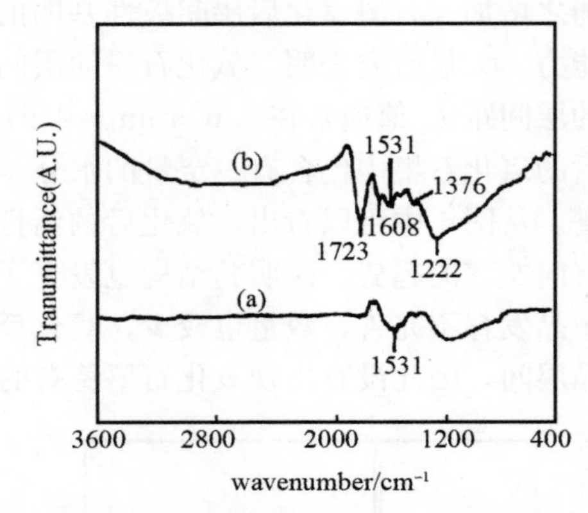

图 6　活性炭（a）和氧化活性炭（b）的红外光谱图

表 2　液相氧化前后试样的 FT-IR 峰位归属表

吸收峰位/cm^{-1}				官能团
石墨	氧化石墨	活性炭	氧化活性炭	
—	1730	—	1723	—C=O 伸缩振动
—	1627	—	1608	O—H（H_2O）弯曲变形
1537	1537	1531	1531	C=C 环伸缩振动
—	1383	—	1376	O—H 弯曲变形
—	1229	—	1222	C—OH 弯曲变形
—	1062	—	—	C—O—C 伸缩振动
—	869	—	—	环氧和过氧基团

3　结论

根据上述实验结果和分析，可以得到如下结论：

（1）采用 Hummers 法对石墨质和炭质原材料进行液相氧化处理时，氧化反应的机制受原材料晶体结构的影响较大。石墨晶体发育完善的石墨质材料既有表面氧化也有层间氧化，而石墨晶体发育不完善的炭质材料则以表面氧化为主。

（2）表面氧化的结果使得氧化石墨和氧化活性炭中含有大量的极性基团（—C=O，C—OH 等），这些极性基团的存在赋予氧化石墨和氧化活性炭良好的亲水性、选择吸附性和离子交换性等。

（3）层间氧化的结果使氧化石墨的层间距由原石墨的 0.3354 nm 增加到 0.8981 nm，石墨片层之间的—C=O，—OH，C—O—C 等基团及 H_2O 分子的存在是层间距增大的主要原因。

（4）氧化石墨在稀的碱性溶液中可以发生一定程度的层离，层离后的氧化石墨为针状或扁球状的纳米颗粒，这些纳米颗粒之间存在一定的团聚现象，而氧化活性炭为球状纳米颗粒，团聚后呈直链状。

参考文献

[1] 苏育志，刘成波，张瑞芬，等. 氧化石墨的合成及其结构研究［J］. 广州师院学报，2000，21（3）：55-59.
[2] 刘平桂. 聚苯胺嵌入氧化石墨复合物的合成及表征［J］. 高分子学报，2000（4）：492-494.
[3] 胡源，徐加艳，汪少锋，等. 聚合物/氧化石墨纳米复合材料的制备及表征［J］. 稀有金属材料与工程，2001，30（增刊）：592-595.

[4] Liu P, Gong K. Synthesis of Polyaniline-intercalated Graphite Oxide by an in situ Oxidative Polymerization Reaction [J]. Carbon, 1993, 37 (4): 706-707.

[5] Kotov N A, Dekany I, Fendler J H. Ultrathin Graphite Oxide-Polyelectrolyte Composites Prepared by Self-Assembly: Transition betw een Conductive and Non-Conductive [J]. Adv Mater, 1996, 8 (8): 637-641.

[6] William S, Hummers J R, Richard E. offeman, Preparation of Graphite Oxide [J]. J Am Chem Soc, 1958, 80 (2): 1339.

[7] Hontoria Lucas C, Lopez-Peinado A J. Study of Oxygen-Containing Groups in a Series of Graphite Oxides: Physical and Chemical Characterization [J]. Carbon, 1995, 33 (11): 1585-1592.

[8] Mermous M, Chabre Y, Rousseau A. FTIR and 13 CNMR Study of Graphite Oxide [J]. Carbon, 1991, 29 (3): 469-474.

[9] Takashi Kyotani, Hideki Moriyama. High Temperature of Polyfuryl Alcohol/Graphite Oxide Intercalation Compound [J]. Carbon, 1997, 35 (8): 1185-1203.

（湖南大学学报（自然科学版），第31卷第5期，2004年10月）

聚苯胺/氧化石墨的合成及其在DNA识别上的应用

邹艳红，吴　婧，刘洪波，陈宗璋

摘　要：采用层离/吸附和原位聚合相结合的方法合成了聚苯胺/氧化石墨复合材料（PAn/GO）。利用TEM、AFM、XRD、FTIR等方法对PAn/GO的结构和电化学性能进行了研究。以PAn/GO修饰炭糊电极为工作电极，采用方波伏安法（SWV）检测了单链小牛胸腺DNA（CTssDNA）和双链小牛胸腺DNA（CTdsDNA）。研究结果表明：PAn/GO为当量直径约60 nm～70 nm的扁球状纳米颗粒，这些纳米颗粒呈链状聚集，并具有电化学活性；聚苯胺（PAn）以双层平行排列的方式嵌入氧化石墨层间和包覆在氧化石墨表面两种形式与氧化石墨结合；PAn/GO修饰炭糊电极识别单链小牛胸腺DNA（CTssDNA）和双链小牛胸腺DNA（CTdsDNA）时的峰电位分别为90.99 mV和18.00 mV。

关键词：聚苯胺；氧化石墨；复合材料；电化学活性；DNA

中图分类号：TB332　　**文献标识码**：A

Preparation of Polyaniline-intercalated Graphite Oxide Composite and its Application in Detecting DNA

Zou Yanhong, Wu Jing, Liu Hongbo, Chen Zongzhang

Abstract: Polyaniline-intercalated graphite oxide (PAn /GO) composites were synthesized by a procedure similar to an exfoliation/adsorption followed by in situ polymerization. The microstructure and electrochemical activity of PAn /GO composite were investigated by TEM, AFM, XRD and FT-IR. Calf thymus single-stranded DNA (CTssDNA) and double-stranded DNA (CTdsDNA) were indentified by square wave voltammograms (SWV) using PAn /GO compositemodified carbon paste as a working electrode. Results show that the PAn /GO composite in an ellipsoidal shape and with an equivalent diameter of 60 nm～70 nm, aggregates to form chains and possesses electrochemical activity. One portion of PAn was intercalated into GO by two parallel chains, and the other portion was coated on the surfaces of the GO. The SWV redox potentials of a PAn /GO composite modified carbon paste electrode in CTssDNA and CTdsDNA solutions are 90.99 mV and 18.00 mV respectively.

Key words: Polyaniline, Graphite oxide, Composite, Electrochemical activity, DNA

1　前言

向准二维的层状化合物氧化石墨（GO）层间插入带有活性基团—C—N和富电子苯环的聚苯胺类有机物，相当于氧化石墨被这类有机物进行了化学修饰，形成了一种层间含有大量极性基团如—C—N、—C═O、—OH等的聚苯胺/氧化石墨复合材料（PAn/GO）[1-6]，此类复合材料表现出较强的极性和电化学活性。据资料[7-10]报道，含有—C—N和—C═O基团的物质，易于与生物小分子

(维生素、神经传导物多巴胺)和核苷酸类(DNA、ATP及其他碱基三磷酸腺苷等)在一定电位下发生氧化还原反应。因而用PAn/GO做成电极可免去化学修饰过程,简化操作步骤;又由于用于修饰的化学物质被牢固地固定在电极上,可提高电极性能的稳定性,延长电极的使用寿命,进而为电极的修饰提供了新的方法。

本研究采用层离/吸附和原位聚合相结合的方法合成了聚苯胺/氧化石墨复合材料(PAn/GO),并对其结构进行了表征与分析。通过与空白炭糊电极和聚苯胺修饰的玻璃炭电极对比,考察了PAn/GO修饰炭糊电极的电化学特性,并以单链小牛胸腺DNA(CTssDNA)和双链小牛胸腺DNA(CTdsDNA)为研究对象,初步探讨了采用PAn/GO修饰炭糊电极识别不同类型生物DNA的可能性,试图为PAn/GO的应用开辟新的途径。

2 实验部分

2.1 PAn/GO的制备与表征

取一定量自制的GO,加入到适量的三级蒸馏水中,室温下搅拌48 h,静置,然后用三级蒸馏水稀释,直至其浓度约为2×10^{-3} kg/L。取400 mL上述氧化石墨悬浮液,用0.1 mol/L的NaOH将其中和至pH≈8,搅拌中慢慢滴入6 mL苯胺溶液,继续搅拌20 min,以保证它们完全混合。缓慢地滴入100 mL浓度为0.4 mol/L的$FeCl_3$水溶液后继续搅拌反应3 h,过滤,用水充分洗涤,直至洗涤液中无Cl^-(用$AgNO_3$溶液检测),过滤、干燥后即可得到黑色的PAn/GO粉末。

GO和PAn/GO的颗粒尺寸和表面形貌观察采用H-800型透射电镜(TEM)和P47BIO型扫描原子力显微镜(AFM),层间重复周期的测定采用D/maxX2550型全自动转靶X射线衍射仪,表面官能团分析采用AQS-20型傅里叶红外光谱仪(FTIR)。

2.2 PAn/GO修饰炭糊电极的制备

取一定量的石蜡溶于少许乙醚中,再将与石蜡等质量的石墨粉和一定量的PAn/GO用超声波振荡混合均匀后加入到溶解的石蜡中,充分搅拌得到均匀的炭糊。炭糊在室温下放置,直到绝大部分乙醚挥发,然后将其压入特制的PVC管中,高度约为1 cm,做成炭糊电极。作为对比,同时制备了只有石墨粉而没有添加PAn/GO的空白炭糊电极和直接用聚苯胺修饰的玻璃炭电极。

2.3 测定电极特性的方波伏安法

在预备实验中采用循环伏安法检测PAn/GO修饰炭糊电极对CTssDNA的识别时,发现噪声较强,讯号较弱。由于方波伏安法能消除或者减少双电层充电电流的影响,讯噪比比交流伏安法好,在适宜的条件下,被测定对象的最低浓度可达10^{-7} mol/L,是目前电化学分析法中灵敏度比较高的测定方法之一,故本研究采用方波伏安法(SWV)。在方波振幅为25 mV,频率为120 Hz,电压范围为−0.4 V~0.8 V内进行扫描,测定PAn/GO修饰炭糊电极及其对比电极在三羟甲基氨基甲烷(tris)空白缓冲溶液(12.1 g三羟甲基氨基甲烷溶于1000 mL水中,再用NaOH溶液调节至pH=7.2)、单链小牛胸腺DNA(CTssDNA)溶液和双链小牛胸腺DNA(CTdsDNA)溶液中的方波伏安曲线。工作电极为PAn/GO修饰炭糊电极等三种被考察的电极,参比电极为饱和甘汞电极(SCE),对比电极为铂片电极。

3 结果与讨论

3.1 PAn/GO的结构表征

3.1.1 颗粒形貌

将少量氧化石墨或PAn/GO加入到一定量的去离子水中,再加适量的NaOH溶液,用超声波充分分散后滴加在铜网上,干燥后进行透射电镜观察,得到的试样形貌如图1所示。可以看出,氧化石墨在稀的碱性水溶液中发生了一定程度的层离,层离后的氧化石墨为针状或扁球状纳米颗粒,但彼此团聚在一起[图1(a)]。聚苯胺嵌入氧化石墨层间后,氧化石墨原有的针状结构被破坏,而扁球状结构被保留，但扁球状纳米颗粒的当量直径由 40 nm～60 nm 增加到 60 nm～70 nm，且这些扁球状纳米颗粒团聚成链状［图 1（b）］。这是因为在 PAn/GO 的形成过程中，苯胺单体被吸附在层离的氧化石墨片层上，当外加氧化剂使苯胺氧化生成聚苯胺时，受静电力的作用，氧化石墨片层瞬间即在原位生成的聚苯胺分子链上吸附并重新堆垛，进而形成了图 1（b）所示的结构。

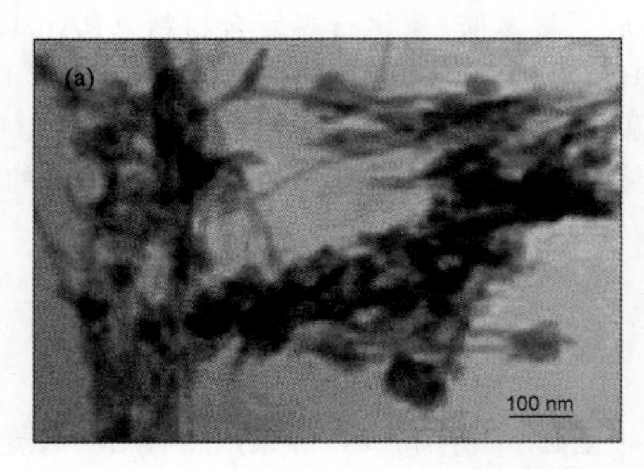

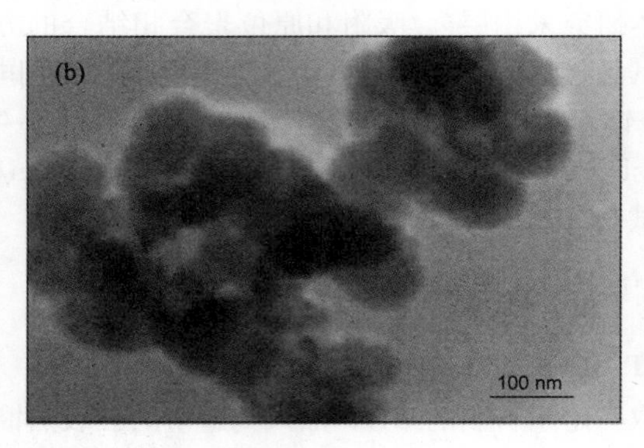

图 1　氧化石墨（a）和 PAn/GO（b）的 TEM 像

为了进一步表征 PAn/GO 的微观空间结构，观察了 PAn/GO 在扫描原子力显微镜（AFM）下的形貌，所得结果如图 2 所示。从图中可以看出，PAn/GO 的扁球状纳米颗粒团聚成链状结构时，沿高度方向的尺寸在 14 nm 以下，远小于透射电镜图谱中 PAn/GO 颗粒的直径。这一结果进一步说明 PAn/GO 是一种扁球状的纳米颗粒，并且这种扁球状颗粒团聚时，具有平面取向性。

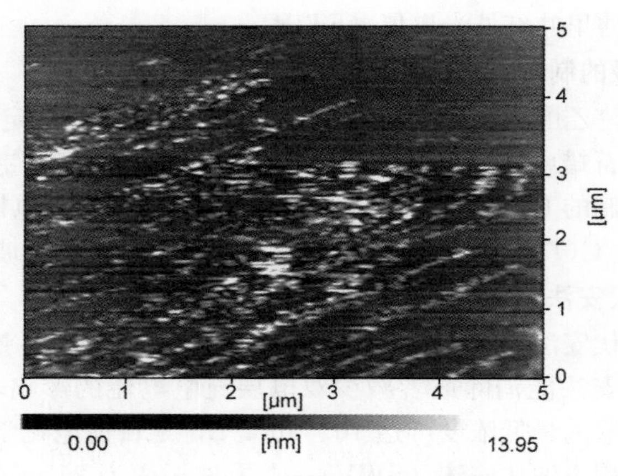

图 2　PAn/GO 的 AFM 像

3.1.2　晶体结构

图 3 为氧化石墨和 PAn/GO 的 XRD 谱图。从图中可以看出，通过层离/吸附和原位聚合相结合的方法合成的 PAn/GO 中，氧化石墨本身的（001）衍射峰已完全消失，取而代之的是出现了复合物的多个较弥散的（001）衍射峰，计算表明 PAn/GO 的层间重复周期 I_c 为 1.7565 nm，而氧化石墨的 I_c 值为 0.8981 nm，净增值为 0.8584 nm，约为聚苯胺分子层厚度的两倍（0.9 nm），说明聚苯胺已嵌入氧化石墨层间。考虑到氧化石墨易吸水而导致其 I_c 值偏大，形成 PAn/GO 时层间重复周期的净增值还要大些，因此可以初步认为聚苯胺是以双层平行排列的方式存在于氧化石墨层间。而衍射峰的强度减弱和宽度增加则表明所生成的复合物虽然具有一定的层状结构但结晶性较差。此外从图 3（b）中还可以看出，在 $2\theta=25°\sim30°$ 之间还出现了较弥散的强度较高的聚苯胺的衍射峰，说明仍有一部分聚苯胺包覆在氧化石墨颗粒的表面。

3.1.3　化学官能团

图 4 为氧化石墨和 PAn/GO 的 FTIR。通过对比可以看出，导电聚合物聚苯胺嵌入氧化石墨层

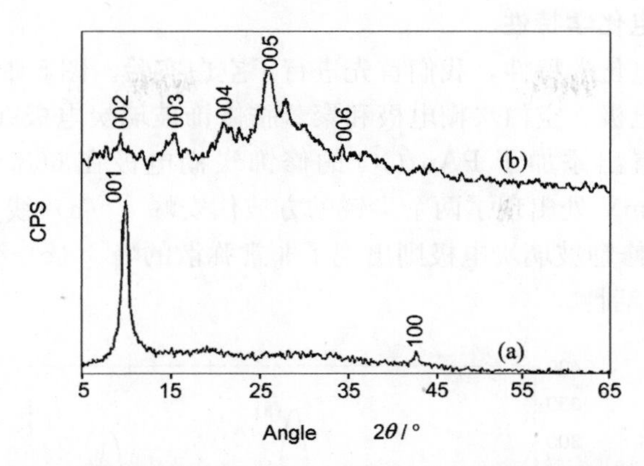

图3 氧化石墨（a）和PAn/GO（b）的X射线衍射谱

间后，红外光谱发生了较大的变化。氧化石墨特有的极性基团（如—C ═ O，C—O—C）在PAn/GO中并未出现，同时出现了一些新的极性基团（如C—N、C—C等，主要峰位归属见表1），这说明聚苯胺嵌入氧化石墨层间时与氧化石墨层间的—C ═ O、C—O—C等基团发生了一定的化学反应，苯胺中的N、H等原子与之结合形成了C—N、C—C及C—H等基团，这一结果进一步说明聚苯胺已成功地嵌入了氧化石墨层间。

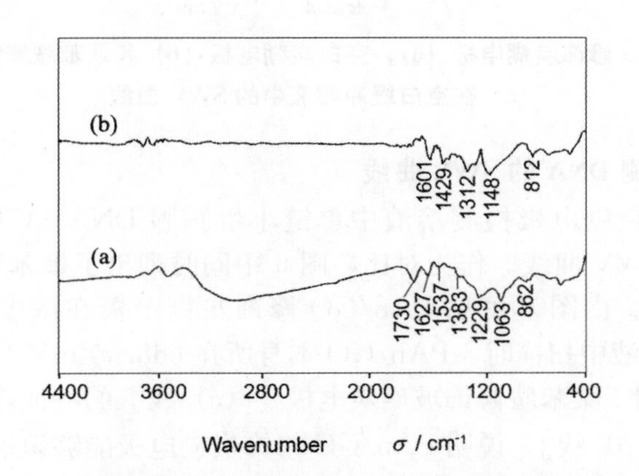

图4 氧化石墨（a）和PAn/GO（b）的红外光谱

表1 氧化石墨和PAn/GO的红外光谱峰位归属

Wavenumber δ/cm^{-1} Graphite oxide	PAn/GO	Assignment
1730		—C ═ O stretching
1627	1601	O—H（H_2O） bending
1537		C ═ C stretching
	1429	C—C ring stretching
1383		—OH bending
	1312	C—H bending or C—N stretching
1229		C—OH bending
	1148	C—H bending (in-plane)
1063		C—O—C stretching
862	812	epoxy or peroxide groups

3.2 PAn/GO 复合材料的电化学特性

为了研究 PAn/GO 的电化学特性，我们首先进行了空白实验。图 5 中（a）、（b）、（c）分别为添加了 PAn/GO 的修饰炭糊电极、空白炭糊电极和聚苯胺修饰玻璃炭电极在 tris 空白缓冲溶液中的方波伏安曲线。从图中可以看出添加了 PAn/GO 的修饰炭糊电极在 668.00 mV（对饱和甘汞电极（SCE），下同）和 202.70 mV 处出现了两个尖锐的方波伏安峰［（a）线］，空白炭糊电极没有出现此峰［（b）线］，而聚苯胺修饰玻璃炭电极则出现了非常弥散的峰［（c）线］，这表明 PAn/GO 具有不同于单纯聚苯胺的电化学活性。

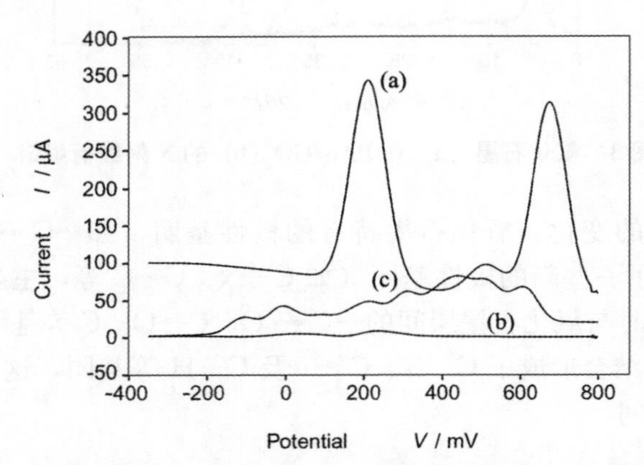

图 5　PAn/GO 修饰炭糊电极（a），空白炭糊电极（b）和聚苯胺修饰玻璃炭电极（c）在空白缓冲溶液中的 SWV 曲线

3.3 PAn/GO 修饰电极检测 DNA 的 SWV 曲线

图 6 是 PAn/GO 修饰炭糊电极检测溶液中单链小牛胸腺 DNA（CTssDNA）和双链小牛胸腺 DNA（CTdsDNA）时的 SWV 曲线。作为对比，图 6 中同时列出了聚苯胺修饰玻璃炭电极在 CTss-DNA 溶液中的 SWV 曲线。由图 6 可见 PAn/GO 修饰炭糊电极在浓度为 4.15×10^{-3} mg/mL 的 CTssDNA 和 CTdsDNA 溶液中扫描时，PAn/GO 本身所在 668.00 mV 与 202.70 mV 处的方波伏安峰消失，出现了新的且不同于聚苯胺修饰玻璃炭电极［（c）线］的特征峰，峰电位分别为90.99 mV［（a）线］和 18.00 mV［（b）线］，说明 PAn/GO 修饰炭糊电极能够识别单链和双链 DNA，而聚苯胺修饰玻璃炭电极在相同浓度的 CTssDNA 溶液中扫描时，SWV 曲线上只有较弥散的方波伏安峰。实验还发现，PAn/GO 修饰炭糊电极的峰电流与 CTssDNA 和 CTdsDNA 溶液的浓度在 34×10^{-3} mg/mL～241×10^{-3} mg/mL 的范围内呈线性关系，峰电流随 CTssDNA 和 CTdsDNA 溶液

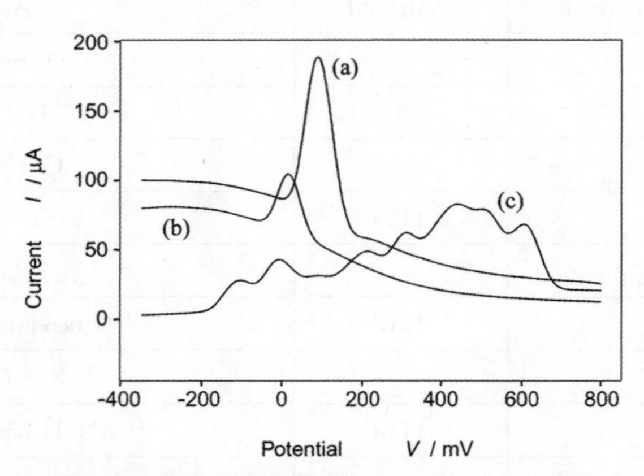

图 6　PAn/GO 修饰炭糊电极在 CTssDNA 溶液中（a）、CTdsDNA 溶液中（b）和聚苯胺修饰玻璃炭电极在 CTssDNA 溶液中（c）的 SWV 曲线

浓度的增大而增大，而峰电位则不随CTssDNA和CTdsDNA溶液浓度的改变而改变。

4 结论

(1) 采用层离/吸附和原位聚合相结合的方法制备的PAn/GO为当量直径约60 nm～70 nm的扁球状颗粒，这些纳米颗粒呈链状聚集。

(2) 在PAn/GO复合材料中，聚苯胺以嵌入氧化石墨层间和包覆在氧化石墨表面两种形式与氧化石墨结合。

(3) PAn/GO具有不同于聚苯胺的电化学活性，在668.00 mV和202.70 mV处出现两个尖锐的方波伏安峰。

(4) PAn/GO修饰炭糊电极在CTssDNA和CTdsDNA溶液中的特征峰电位分别为90.99 mV和18.00 mV，利用此电极可识别单链和双链DNA。

参考文献

[1] Peng Xiao, Min Xiao. Direct synthesis of a polyaniline-intercalated graphite oxiden anocomposite [J]. Carbon, 2000, 38 (4): 623-641.

[2] Pinggui Liu, Kecheng Gong. Synthesis of a polyaniline-intercalated graphite oxiden anocomposite by an in situ oxidative polymerization reaction [J]. Carbon, 1999, 37 (4): 706-707.

[3] 魏兴海，张金喜，史景利，等. 无硫高倍膨胀石墨的制备及影响因素探讨 [J]. 新型炭材料，2004，19 (1)：45-47.

[4] 康飞宇. 石墨层间化合物和膨胀石墨 [J]. 新型炭材料，2000，15 (4)：80.

[5] 肖敏，杜续生，孟跃中，等. 热处理条件对氧化石墨结构和导电性能的影响 [J]. 新型炭材料，2004，19 (2)：92-96.

[6] 李新禄，康飞宇. 从第13届国际插层化合物大会看插层化合物的最新发展趋势 [J]. 新型炭材料，2005，20 (3)：286-288.

[7] 沈万慈，曹乃珍，李晓峰，等. 多孔石墨吸附材料的生物医学应用研究 [J]. 新型炭材料，1998，13 (1)：49-53.

[8] Fang Xu, Lin Wang, Mengnan Gao, et al. Amperometric deremination of glutathione and cysteine on a Pd-IrO_2 modified electrode with high performance liquid chromatography in ratbrain microdialysate [J]. Anal Bioanal Chem, 2002, 372: 791-794.

[9] Jeremiah Mbindyo, Liping Zhou, Zhe Zhanga, et al. Detection of chemically induced DNA damage by derivative square wave voltammetry [J]. Anal Chem, 2000, 72: 2059-2065.

[10] 陈国华，吴大军，叶葳，等. 电化学插层对石墨晶层的剥离作用 [J]. 新型炭材料，1999，14 (3)：59-62.

(新型炭材料，第20卷第4期，2005年12月)

氧化石墨在 H_2 还原过程中的结构与性能变化

邹艳红，刘洪波，傅　玲，陈宗璋

摘　要：对氧化石墨进行了热解和 H_2 还原处理，通过元素分析、X 射线衍射分析、傅里叶变换红外光谱仪（FTIR）分析和粉末电阻率测定，初步探讨了氧化石墨的分子组成、官能团、晶体结构和电导率随还原温度的变化规律。结果表明：对经 220 ℃热处理的热解氧化石墨进行 H_2 还原处理时，随着还原温度的升高，还原氧化石墨中氧元素的质量百分含量减小，晶体结构逐渐回复为石墨的晶体结构，但存在明显的晶粒细化现象；随温度的升高，还原氧化石墨的电导率增大，并在 500 ℃时达到最大值 6.67 S/cm；当还原温度超过 500 ℃时，由于层间距增大及晶粒进一步细化，其电导率又逐渐降低；热解氧化石墨在 H_2 中的还原过程可以分为两个阶段，第Ⅰ阶段主要发生—C=O 基团和 C—OH 基团的还原反应，第Ⅱ阶段残余的 C—OH 基团被还原。

关键词：氧化石墨；还原；晶体结构；电导率

中图分类号：TB321　　**文献标识码**：A

Changes of Structures and Properties of Graphite Oxide in Process of Reduction Under H_2

Zou Yanhong，Liu Hongbo，Fu Ling，Chen Zongzhang

Abstract：Reduced graphite oxide at different temperatures was synthesized from graphite oxide by high temperature treatment and reduction under H_2. Composition，functional group，cry stal structure and conductivities of reduced graphite oxide at different temperatures were investigated by elemental analysis，XRD，FT-IR and automatic multi-function resistivity measuring instrument. The results show that with the increasing of temperature oxygen content of pyrolytic graphite oxide at 220 ℃（PGO220）decreases. Although the grain is refined，the crystal structure is similar with that of graphite. The conductivity of reduction graphite oxide increases with the increasing temperature and at 500 ℃ it reaches the maximum，6.67 S/cm. When above 500 ℃ its conductivity decreases because of excursions and grain refining. There are two stages in the process of GO reduction. During the first stage—C＝O and C—OH are reduced，then the residual C—OH is reduced during the second stage.

Key words：graphite oxide，reduce，crystal structure，conductivity

自 19 世纪 40 年代 Brodie 首次合成氧化石墨以来，有关氧化石墨的研究曾引起人们极大的兴趣，研究工作主要集中在氧化石墨的合成方法和结构模型等方面[1-6]。近年来，随着纳米科技的发展与进步，人们开始关注具有独特光、电、磁性能的过渡金属/碳纳米复合材料，氧化石墨又成为人们研究的热点之一[7-11]。氧化石墨是石墨经深度液相氧化得到的一种层间距远大于原石墨的层状化合物，层间含有大量的极性基团如—C=O、—OH、C—O—C 等，这些极性基团的存在，使氧化石墨在水溶液中具有良好的层间吸附性[12,13]。因此利用氧化石墨层间可吸附大量离子的特性使过渡金属离子吸附到氧化石墨层间，再通过一定的方式还原成过渡金属，则可望发展成一种新的制备过渡金属/碳纳米复合材料的方法。

大量研究表明[14,15]，在 H_2 还原过程中不仅过渡金属离子被还原成过渡金属原子，而且氧化石墨本身也有不同程度的还原，因此为了更好地研究过渡金属/碳纳米复合材料，本文作者采用在高纯 H_2 中对氧化石墨进行还原处理的方法，考察了氧化石墨的分子组成、官能团、晶体结构和电导率随还原温度的变化规律，并据此对氧化石墨的 H_2 还原过程及还原氧化石墨导电性能提高的原因进行了初步探讨。

1 实验

1.1 实验原料

天然鳞片石墨（粒径小于 44 μm，碳含量为 99%）、98%浓硫酸（化学纯）、硝酸钠（分析纯）、高锰酸钾（分析纯）、H_2（高纯）。

1.2 氧化石墨的制备与热解预处理

氧化石墨（GO）采用 Hummers 法自制，具体参见文献 [1]。

本文作者的前期研究发现快速加热氧化石墨时，当加热温度达到 180 ℃～210 ℃时，氧化石墨会发生爆炸性分解，生成絮状的无定形碳，而缓慢加热则不会发生上述现象，因此在进行 H_2 还原之前需先将氧化石墨进行预处理。预处理的方法是将装有氧化石墨的瓷坩埚埋在石墨填料中，在马弗炉中以 0.2 ℃/min 的速度加热到 220 ℃，到达目标温度后保温 2 h，试样记为 PGO 220。

1.3 还原氧化石墨的制备

将预处理后的氧化石墨置于管式电阻炉中的石英管中，在高纯 H_2 气氛中以 2 ℃/min 的升温速度分别加热到 300 ℃、500 ℃、700 ℃、900 ℃和 1000 ℃，到达目标温度后保温 8 h，即得到不同还原温度下的还原氧化石墨，分别记为 RGO 300、RGO 500、RGO700、RGO 900 和 RGO 1000。

1.4 组成、结构与性能分析方法

采用美国立克公司 CS-444 型碳、硫分析仪和 TC-436 型氮、氧分析仪对 H_2 还原前后的试样进行碳、氧元素分析。采用美国尼高力公司 Nicolet Nexus 型傅里叶变换红外光谱仪分析试样中的官能团。采用日本理学 D/max X2550 型全自动转靶 X 射线衍射仪分析试样的晶体结构。采用中国科学院山西煤炭化学研究所科学仪器厂 GM-Ⅱ型多功能电阻率自动测定仪测定试样的电阻率（在测定氧化石墨的电阻率时对仪器进行了适当的改进，以扩大其量程）。

2 结果与讨论

2.1 还原氧化石墨的分子组成与还原温度的关系

采用碳、硫分析仪和氮、氧分析仪对热解氧化石墨和 H_2 还原后的还原氧化石墨试样进行碳、氧元素分析时，如果忽略 H 以外其他元素的影响，则通过测定试样碳、氧元素的百分含量，可以计算出各试样的分子组成。热解氧化石墨和不同还原温度下的还原氧化石墨的碳、氧元素质量百分含量及分子组成如表 1 所示。由于氧化石墨的分子组成随含水量的不同有较大的变化，再加上测定碳、氧元素含量时会发生爆炸性分解而无法得到其准确的数据，故表 1 中未列出氧化石墨的碳、氧元素含量及分子组成。从表 1 可以看出，与热解氧化石墨相比，随着还原温度的升高，还原氧化石墨中氧元素的百分含量减小，相应的碳元素的百分含量增加。当还原温度从 300 ℃上升到 500 ℃时，氧含量从 17.61%迅速下降到 5.1%，表明氧化石墨中有大量的含氧官能团发生了还原反应。当还原温度上升到 900 ℃时，试样中氧原子含量仅为 0.5%左右，说明氧化石墨中的含氧官能团已基本上被还原了。

表1　热解氧化石墨及还原氧化石墨的分子组成

Sample	C	O	Composition
PGO220	74.80	20.40	$CO_{0.2046}H_{0.7701}$
RGO300	79.41	17.61	$CO_{0.1662}H_{0.4534}$
RGO500	90.30	5.10	$CO_{0.0424}H_{0.6113}$
RGO700	91.92	4.98	$CO_{0.0406}H_{0.4074}$
RGO900	97.70	0.56	$CO_{0.0057}H_{0.2137}$
RGO1000	97.51	0.59	$CO_{0.0045}H_{0.2351}$

2.2　还原氧化石墨的官能团与还原温度的关系

图1所示为氧化石墨、热解氧化石墨及不同还原温度下的还原氧化石墨的红外光谱，各试样的吸收峰归属如表2所示。图1中曲线（a）为氧化石墨的红外光谱，在3433 cm^{-1}附近出现了较强的

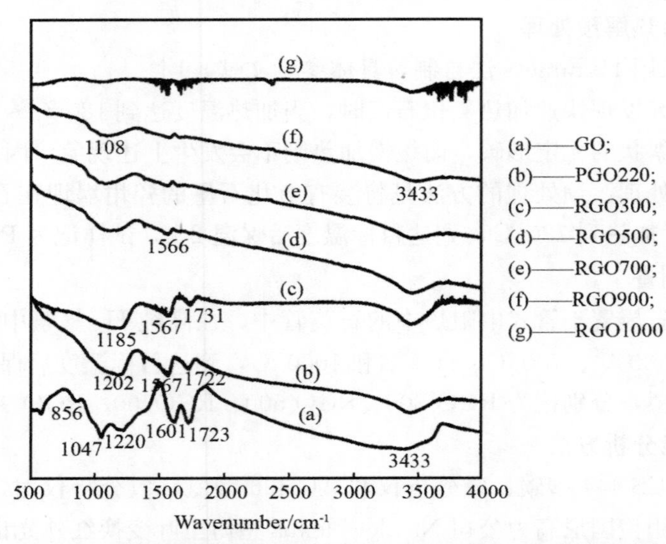

图1　氧化石墨、热解氧化石墨及还原温度不同的还原氧化石墨的红外光谱

C—OH基团和—OH基团（H_2O）的伸缩振动特征吸收峰，1601 cm^{-1}附近出现了较强的O—H基团（H_2O）弯曲振动特征吸收峰，在1723 cm^{-1}、1220 cm^{-1}、1047 cm^{-1}及856 cm^{-1}附近分别出现了—C=O基团的伸缩振动、C—OH基团的弯曲振动、C—O—C基团的伸缩振动和环氧或过氧基团的特征吸收峰，说明氧化石墨中存在吸附水和多种含氧基团。图1中曲线（b）为经220 ℃热处理的热解氧化石墨的红外光谱，可见3433 cm^{-1}附近的C—OH基团和—OH基团的伸缩振动特征吸收峰强度降低，1601 cm^{-1}附近的O—H基团的弯曲振动特征吸收峰消失，说明氧化石墨经220 ℃热处理后表面和层间的吸附水已被脱出。曲线（b）中未出现C—O—C基团的伸缩振动、环氧或过氧基团的特征吸收峰，表明氧化石墨中的C—O—C、环氧及过氧基团已发生了分解反应。而在1567 cm^{-1}附近出现共轭—C=C键伸缩振动的特征吸收峰，这是上述含氧基团分解所带来的必然结果。经300 ℃处理的还原氧化石墨（曲线（c））与热解氧化石墨（曲线（b））的红外光谱没有太大差别，说明在该温度下H_2的还原作用不明显。但由于—C=O基团的还原，C—OH基团弯曲振动的峰位从1202 cm^{-1}位移到1185 cm^{-1}（500 ℃处理后位移至1108 cm^{-1}）。经500 ℃处理的还原氧化石墨（曲线（d））中—C=O基团的特征吸收峰消失，说明—C=O基团与H_2发生了还原反应且反应较完全，因此还原温度在300 ℃～500 ℃之间时，氧含量应有较大幅度地下降，这与表1中所列的元素分析结果一致。900 ℃处理的还原氧化石墨［曲线（f）］与700 ℃处理的还原氧化石墨［曲线（e）］相比

较可以看出，不仅随还原温度的升高逐渐向低波数方向位移的C—OH 基团弯曲振动吸收峰强度进一步减弱，而且 3433 cm^{-1}处 C—OH 基团伸缩振动的特征吸收峰强度也明显减弱，说明氧化石墨中残余的C—OH 基团已基本被还原，因此氧含量的下降幅度增加。随着还原温度的进一步升高，还原氧化石墨中各基团的含量几乎趋向于零，以致 1000 ℃处理的还原氧化石墨曲线（g）中未出现任何吸收峰。

表 2　氧化石墨、热解氧化石墨及还原温度不同的还原氧化石墨的红外光谱峰位归属表

Wavenumber/cm^{-1}							Assignment
GO	PGO220	RGO300	RGO500	RGO700	RGO900	RGO1000	
856	—	—	—	—	—	—	Epoxy or peroxide groups
1047	—	—	—	—	—	—	C—O—C stretching
1220	1202	1185	1108	1108	1108	—	C—OH bending
1601	—	—	—	—	—	—	O—H（H_2O） bending
—	1567	1567	1566	1566	1566	—	Conjugated—C=C stretching
1723	1722	1731	—	—	—	—	—C=O stretching
3433	3433	3433	3433	3433	3433	—	C—OH and—OH（H_2O） stretching

2.3　还原氧化石墨的晶体结构与还原温度的关系

图 2 所示为天然鳞片石墨（a）、氧化石墨（b）、220 ℃热处理的热解氧化石墨（c）及还原温度不同的还原氧化石墨（d）～（h）的 X 射线衍射谱。由图 2 可见，经 220 ℃处理的热解氧化石墨［曲线（c）］由于层间吸附水的脱出以及 C—O—C 基团、环氧及过氧基团的分解，在一定程度上破坏了原有氧化石墨的晶体结构，因此热解氧化石墨［曲线（c）］的（001）峰位移至 19.5°附近，且强度显著降低。此外在 20°～28°之间还出现了一个较为弥散的衍射峰，说明 220 ℃处理的热解氧化石墨［曲线（c）］结晶性较差，为无定形态。300 ℃处理的还原氧化石墨［曲线（d）］中（001）峰位移至 24.4°附近，与此同时，试样中开始出现石墨晶体特有的（002）衍射峰，这显然是由于氧化石墨中的碳六角网格平面由锯齿状结构逐渐回复为平面结构所造成的。还原氧化石墨［曲线（e）］与天然鳞片石墨［曲线（a）］的 X 射线衍射谱非常接近，表明经 500 ℃处理的还原氧化石墨［曲线（e）］已重新回复为石墨的晶体结构，但从（002）和（004）衍射峰变宽，（100）和（101）衍射峰不明显来看，还原过程中存在明显的晶粒细化现象。700 ℃～1000 ℃处理的还原氧化石墨［曲线（f）、（g）、（h）］在 26.5°附近都出现了石墨（002）面的特征衍射峰，但从 700 ℃开始随着还原温度的升高，衍射峰有变宽、变弱和向低角度方向位移的趋势，说明还原温度过高时会产生层间距增大和晶粒进一步细化等结构变化现象。

2.4　还原氧化石墨的电导率与还原温度的关系

表 3 列出了各试样的电导率、碳六角网格平面层间距 d_{002} 和沿 c 轴方向的堆积厚度 L_c。由于 220 ℃处理的热解氧化石墨和 300 ℃处理的还原氧化石墨的衍射峰较为弥散，因此未计算 d_{002} 和 L_c 值。从表 3 可以看出，氧化石墨的层间距为 0.898 nm，比石墨的 0.338 nm 大了 0.56 nm，且层面中的碳六角网格由石墨特有的平面结构变成了锯齿状结构，破坏了石墨层间的 π 电子结构，因而其导电性很差，电导率比原石墨降低了 5 个数量级。220 ℃处理的热解氧化石墨由于层间吸附水的脱出、C—O—C 基团、环氧及过氧基团的分解及大量共轭—C =C 键的出现，使氧化石墨层间距降低，π 电子浓度增加，因此电导率从氧化石墨的 3.4×10^{-4} S/cm 提高到了 0.39 S/cm，提高了 3 个数量级。随着还原温度的升高，氧化石墨的晶体结构逐渐回复为石墨的晶体结构，层间距也逐渐接近原石墨，因此电导率逐渐增加，并且在还原温度为 500 ℃时达到最大值。当还原温度超过 500 ℃时，还原氧

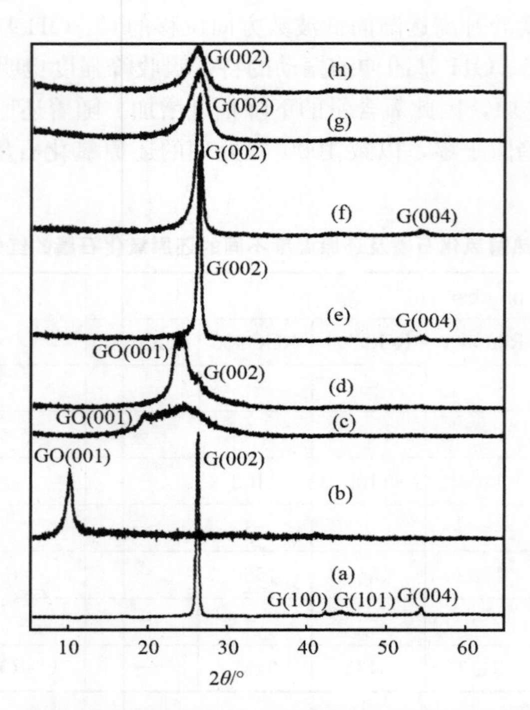

图 2 石墨、氧化石墨、热解氧化石墨及还原氧化石墨的 X 射线衍射谱

化石墨的晶体结构开始偏离石墨的晶体结构，其表现为层间距（$d002$）增大和晶粒细化（Lc 减小），因此电导率又逐渐降低。值得指出的是，尽管还原氧化石墨在一定程度上具有石墨的晶体结构，但从图 2 可以看出，所有的还原氧化石墨的 X 射线衍射谱中都没有出现晶体发育完整的原石墨的（100）或（101）衍射峰，说明还原氧化石墨并不完全具有石墨的晶体结构，再加上晶粒细化导致 π 电子的迁移率减小，故即使经 500 ℃处理的电导率最大的还原氧化石墨，其电导率仍比原石墨的电导率（67 S/cm）低一个数量级。

表 3 石墨、氧化石墨、热解氧化石墨及还原温度不同的还原氧化石墨的晶格常数和电导率

Sample	$d002$/nm	Lc/nm	Conductivity/（$S \cdot cm^{-1}$）
G	0.338	23.1	67.00
GO	0.898	12.8	3.4×10^{-4}
PGO 220	—	—	0.39
RGO 300	—	—	1.81
RGO 500	0.337	16.2	6.67
RGO 700	0.334	10.2	4.35
RGO 900	0.337	8.4	2.70
RGO 1000	0.338	8.4	1.88

2.5 热解氧化石墨的还原过程

随着还原温度的升高，还原氧化石墨的氧含量、官能团、晶体结构以及电导率都发生了很复杂的变化。尽管发生此种变化的原因目前还不十分清楚，但按照还原氧化石墨的氧含量、官能团、晶体结构以及电导率随还原温度的变化趋势，我们仍可以大致将热解氧化石墨的还原过程分为两个阶段，图 3 所示为以还原氧化石墨的氧含量随还原温度的变化表示的还原过程。第Ⅰ阶段即还原温度在 300 ℃～500 ℃之间时，主要发生—C=O 基团和 C—OH 基团的还原反应，氧含量明显降低，晶体结构逐渐回复为石墨的晶体结构，电导率逐渐增大，500 ℃时达到最大值 6. 67 S /cm；第Ⅱ阶段即热解温度在 700 ℃～900 ℃之间时，随着还原温度的进一步升高，残余的 C—OH 基团被还原，氧含量进一步降低，晶体结构逐渐偏离石墨的晶体结构，电导率也逐渐降低。

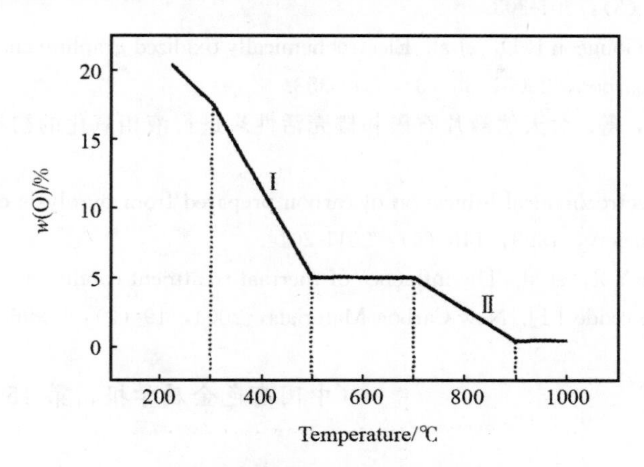

图 3 热解氧化石墨的还原过程

3 结论

（1）经 220 ℃处理的热解氧化石墨，其层间吸附水被脱出，C—O—C 基团和环氧或过氧基团发生了分解反应，电导率提高了 3 个数量级。

（2）随着还原温度的升高，氧化石墨中氧元素的质量分数逐渐减小，碳元素的质量分数缓慢增加。

（3）随着还原温度的升高，还原氧化石墨的晶体结构逐渐回复为石墨的晶体结构，但存在明显的晶粒细化现象，电导率逐渐增大并在 500 ℃时达到最大值 6. 67 S/cm。当还原温度超过 500 ℃时，由于层间距增大和晶粒进一步细化，还原氧化石墨的电导率又逐渐降低。

（4）热解氧化石墨在 H_2 中的还原过程可分为两个阶段，第Ⅰ阶段主要发生—C＝O 基团和 C—OH 基团的还原反应，第Ⅱ阶段残余的 C—OH 基团被还原。

参考文献

[1] Hummers W S，Offeman Jr R E. Preparation of graphite oxide [J]. J Am Chem Soc，1958，80 (2)：1339.

[2] Nakajima T，Mastsuo Y，Hagiwara R，et al. A new structure model of graphite oxide [J]. Carbon，1988，26 (3)：357-361.

[3] Nakajima T，Mastsuo Y，Hagiwara R，et al. Formation process and structure of graphite oxide [J]. Carbon，1994，32 (3)：469-475.

[4] Mermoux M，Chabre Y，Rousseau A，et al. FTIR and 13C NMR study of graphite oxide [J]. Carbon，1991，29 (3)：469-474.

[5] Hontoria Lucas C，Lopez-Peinddo A J. Study of oxygen containing groups in a series of graphite oxides：physical and chemical characterization [J]. Carbon，1995，33 (11)：1585-1592.

[6] Anton Lerf，Heyong Hee. Structure of graphite oxide revisited [J]. J Phys Chem，1998，102：4477-4482.

[7] 张海燕，何艳阳，薛新民，等. 碳弧法中碳包 Fe 纳米晶及其相关碳微团的形成 [J]. 无机材料学报，1999，14 (2)：291-296.

[8] Li X K，Lei Z X，Ren R C，et al. Characterization of carbon nanohorn encapsulated Fe particles [J]. Carbon，2003，41 (15)：3063-3074.

[9] Cassag neau T，Fendler J H. Preparation and layer by layer self-assembly of silver nanoparticle scapped by graphite oxide nanosheets [J]. J Phys Chem B，1999，103 (11)：1789-1793.

[10] Liu P G，GONG K C. Synthesis of polyaniline-intercalated graphite oxide by an in situ oxidative polymerization reaction [J]. Carbon，1999，37 (4)：701-711.
[11] Matsuo Y，Sugie Y. Preparation，structure and electrochemical property of pyrolytic carbon from graphite oxide [J]. Carbon，1998，36 (3)：301-303.
[12] Peckett J W，Trens P，Gougeon R D，et al. Electrochemically oxidized graphite characterization and some ion exchange properties [J]. Carbon，2000，38 (3)：345-353.
[13] 邹艳红，傅玲，刘洪波，等. 对天然鳞片石墨和椰壳活性炭进行液相氧化的初步研究 [J]. 湖南大学学报，2004，31 (5)：22-26.
[14] Matsuo Y，Sugie Y. Electrochemical lithication of carbon prepared from pyrolysis of graphite oxide [J]. Journal of the Electrochemical Society，1999，146 (6)：2011-2014.
[15] Xiao M，Du X S，Meng Y Z，et al. The influence of thermal treatment conditions on the structures and electrical conductivities of graphite oxide [J]. New Carbon Materials，2004，19 (2)：92-96.

（中国有色金属学报，第 15 卷第 6 期，2005 年 6 月）

热解温度对氧化石墨的结构与导电性能的影响

邹艳红，刘洪波，傅　玲，李　波，陈宗璋

摘　要：通过元素分析、X射线衍射分析、Fourier变换红外光谱仪和粉末电阻率测定探讨了不同热解温度下处理的热解氧化石墨的化学组成、晶体结构和电导率随热解温度的变化规律。结果表明：氧化石墨的热解过程可分为三个阶段：第Ⅰ阶段即热解温度低于180 ℃时，热解氧化石墨仍维持着氧化石墨的层状有序结构，但层间距迅速减小，电导率逐渐增加；第Ⅱ阶段即热解温度在180 ℃～500 ℃之间时，热解氧化石墨的晶体结构由氧化石墨态经由过渡态逐渐向类石墨态转变，当热解温度为500 ℃时完全转化为类石墨态，电导率达到最大值；第Ⅲ阶段即热解温度在500 ℃～1000 ℃之间时，热解氧化石墨的晶体结构为类石墨态，相比原石墨存在明显的晶粒细化现象，电导率也随着热解温度的上升而逐渐降低。

关键词：氧化石墨；热解；晶体结构；电导率

中图分类号：TB321　　**文献标识码**：A　　**文章编号**：0454-5648（2006）03-0318-05

Influence of Pyrolytic Temperature on Structures and Properties of Graphite Oxide

Zou Yanhong, Liu Hongbo, Fu Ling, Li Bo, Chen Zongzhang

Abstract: The changes of compositions, crystal structures and conductivities of pyrolytic graphite oxide (PGO) heat treated at different temperatures were investigated by chemical elemental analysis, X-ray diffraction, Fourier transform infrared spectroscopy and conductivity measurement. The results show that there are three stages in the process of pyrolysis of graphite oxide (GO). At the first stage, namely under 180 ℃, the crystal structures of PGO are still order layered structures of GO. But with the temperature rise the interlayer distance of graphite flakes becomes smaller and the conductivity increases gradually. At the second stage, namely at 180 ℃～500 ℃, the crystal structure of the PGO from GO gradually transforms into a graphite-like state via a transition state, and at 500 ℃ it transforms completely into a graphite-like state, and conductivity reaches the maximum. At the third stage, namely at 500 ℃～1000 ℃, the crystal structure of PGO is a graphite-like state structure, with obviously refined grains of PGO. With the increase of temperature, the conductivity decreases.

Key words: graphite oxide, pyrolysis, crystal structure, electro conductivity

氧化石墨（graphite oxide，GO）是石墨（graphite，G）经深度液相氧化得到的一种层间距远大于原石墨的层状化合物，其层间含有大量的极性基团：—C=O，—OH，C—O—C等，这些极性基团的存在，使氧化石墨在水溶液中具有良好的层间吸附性[1-5]。因此利用氧化石墨层间可吸附大量离子的特性使过渡金属离子吸附到氧化石墨层间，再通过隔绝空气下的热解处理（类似于碳热还原）

即可得到一种过渡金属粒子（原子或原子团）高度分散在氧化石墨片层之间的过渡金属/氧化石墨纳米复合材料[6-9]。过渡金属/氧化石墨纳米复合材料既具有过渡金属的特性，又具有热解氧化石墨的特性，因此用作吸波材料，具有密度小、电导率高、吸收频段宽等优异性能，是一种很有研究价值的吸波材料[10-13]。

采用上述方法制备过渡金属/氧化石墨纳米复合材料时，体系中同时进行着氧化石墨的热解和过渡金属离子的碳热还原两个过程，这两个过程既有联系又有区别，且存在协同作用的可能性。因此为深入地研究过渡金属/氧化石墨纳米复合材料的热解形成过程，在隔绝空气的条件下缓慢加热氧化石墨，单独对其进行热解处理，以考察热解温度对热解氧化石墨（pyrolytic graphite oxide，PGO）的分子组成、官能团及晶体结构的影响，并据此对氧化石墨的热解过程及电导性能提高的原因进行了初步探讨。

1　实验

1.1　氧化石墨的制备

实验所用原料包括：天然鳞片石墨（粒径小于 44 μm，碳含量为 99%）、98%浓硫酸（化学纯）、硝酸钠（分析纯）、高锰酸钾（分析纯）。氧化石墨采用 Hummers 法[1]自制，具体制备方法详见参考文献［9］。

1.2　热解氧化石墨的制备

将装有氧化石墨的瓷坩埚埋在石墨填料中以隔绝空气，在马弗炉中进行热解处理。考虑到低于 220 ℃时若升温速度过快，氧化石墨会发生爆炸性分解，故采用分段升温的办法对氧化石墨进行热解处理，220 ℃以下以 12 ℃/h 的速率升温，220 ℃以上以 120 ℃/h 的升温速率分别加热到 100 ℃、140 ℃、180 ℃、200 ℃、220 ℃、300 ℃、500 ℃、700 ℃、900 ℃和 1000 ℃，到达目标温度后保温 8 h，即得到不同热解温度处理的热解氧化石墨。各样品分别记为 PGO100、PGO140、PGO180、PGO200、PGO220、PGO300、PGO500、PGO700、PGO900 和 PGO1000。

1.3　性能测试

用美国 Leco 公司 CS-444 型碳、硫分析仪和 TC-436 型氮、氧分析仪对热解前后的样品进行碳、氧元素分析。用美国 Nicolet 公司 Nicolet Nexus470 型 Fourier 变换红外光谱（Fouriert ransform infrared spectroscopy，FTIR）仪分析样品中存在的表面官能团。用日本理学 D/max X2550 型全自动转靶 X 射线衍射（X-ray diffraction，XRD）仪分析样品的晶体结构。用中国科学院山西煤炭化学研究所科学仪器厂 GM-Ⅱ型多功能电阻率自动测定仪测定样品的电阻率（在测定电阻率较高的样品时对仪器进行了适当的改装，以扩大其量程）。

2　结果与讨论

2.1　热解温度对热解氧化石墨分子组成的影响

采用碳、硫分析仪和氮、氧分析仪对热解氧化石墨进行碳、氧元素分析时，如果忽略 H 元素的影响，则通过测定样品中碳、氧元素含量的质量分数，可以计算出各样品的分子组成，所得数据如表 1 所示。由于热解温度在 220 ℃以下的热解氧化石墨在测定碳、氧元素含量时会发生爆炸性分解而无法得到准确的数据，故受仪器升温速度的限制，表 1 中未列出热解温度在 220 ℃以下的热解氧化石墨的碳、氧元素含量及分子组成。从表 1 可以看出：随着热解温度的升高，样品中氧元素的含量减小，相应的碳元素含量增加。当热解温度从 300 ℃上升到 500 ℃时，氧含量从 18.12%（质量分数，下同）迅速降低到 9.1%，说明热解氧化石墨中有大量的含氧官能团发生了分解反应。当热解温度上升到 1000 ℃时，样品中氧元素含量仅为 0.96%左右，说明热解氧化石墨中的含氧官能团基本上被分解了。同时从表 1 还可以看出：随着热解温度的升高，热解氧化石墨中的 H/C 原子比也是逐渐减小的。

表 1 不同热解温度处理的热解氧化石墨的分子组成

Sample	Treating temperature/ ℃	w (C) /%	w (O) /%	Composition
PGO220	220	74.80	20.40	$CO_{0.2046}H_{0.7701}$
PGO300	300	78.85	18.12	$CO_{0.1724}H_{0.6121}$
PGO500	500	88.01	9.10	$CO_{0.0775}H_{0.3941}$
PGO700	700	90.21	8.46	$CO_{0.0703}H_{0.1769}$
PGO900	900	97.12	1.49	$CO_{0.0115}H_{0.1717}$
PGO1000	1000	97.71	0.96	$CO_{0.0074}H_{0.1633}$

Note：PGO220，PGO300——Samples of pyrolytic graphite oxide heattreated at 220 ℃ and 300 ℃，respectively (below same).

2.2 热解温度对热解氧化石墨表面含氧官能团的影响

图 1 为氧化石墨及不同热解温度处理的热解氧化石墨的红外光谱，各吸收峰的归属如表 2 所示。从图 1 及表 2 可以看出：当热解温度达到 140 ℃时，856 cm^{-1}附近环氧或过氧基团的特征峰和 1601 cm^{-1}附近 O—H（H_2O）基团的弯曲振动特征峰消失，在 1567 cm^{-1}附近开始出现共轭—C=C 键的特征峰，说明此温度下氧化石墨层间的吸附水已完全被脱出，环氧或过氧基团发生分解，导致碳氧键断裂并转化为共轭—C=C 键。热解温度达到 180 ℃时，1047 cm^{-1}附近 C—O—C 基团伸缩振动的特征峰消失，说明位于氧化石墨片层之间的 C—O—C 基团已完全分解。当热解温度达到 500 ℃时，1732 cm^{-1}附近—C =O 基团的特征峰消失，说明—C =O 基团已分解完全；而1205 cm^{-1}附近 C—OH 基团的特征峰强度减弱，则说明部分 C—OH 基团也发生了分解反应；因此 500 ℃处理的热解氧化石墨中氧含量有较大幅度地下降。当热解温度达到 900 ℃时，由于 1205 cm^{-1}处残余 C—OH 基团的特征峰强度显著减弱，热解氧化石墨的氧含量又一次大幅度下降。当热解温度达到 1000 ℃时，热解氧化石墨中未出现任何吸收峰，说明氧化石墨中各基团的含量已相当低，大部分已发生了分解反应。上述结果表明：红外光谱分析与 2.1 节中的元素分析结果是基本吻合的，也与 Lucas 等[14-15]的研究结果一致。

表 2 氧化石墨及不同温度处理的热解氧化石墨的 FTIR 峰位归属表

Wave number/cm^{-1}											Assignment
GO	PGO100	PGO140	PGO180	PGO200	PGO220	PGO300	PGO500	PGO700	PGO900	PGO1000	
856	864	—	—	—	—	—	—	—	—	—	Epoxy or peroxide groups
1047	1047	1047	—	—	—	—	—	—	—	—	C—O—C stretching
1220	1211	1202	1202	1202	1202	1200	1208	1206	1205	—	C—OH bending
—	—	1567	1567	1567	1567	1578	1596	1598	1599	—	—C=C stretching
1601	1601	—	—	—	—	—	—	—	—	—	O—H (H_2O) bending
1723	1731	1722	1722	1722	1722	1732	—	—	—	—	—C=O stretching
3433	3413	3421	3430	3430	3438	3436	3442	3441	3440	—	C—OH, —OH (H_2O) stretching

2.3 热解温度对热解氧化石墨晶体结构的影响

图 2 为石墨、氧化石墨及不同温度下处理的热解氧化石墨的 XRD 谱。各特征峰的面间距 d，沿 c 轴方向的堆积厚度 L_c 值如表 3 所示。从图 2 可以看出：当热解温度不超过 140 ℃时，热解氧化石墨仍维持着氧化石墨的层状有序结构，即都出现了氧化石墨的（001）特征峰，但由于层间水的脱出及环氧或过氧基团的分解，峰位逐渐向高角度方向位移，层间距逐渐减小。同时，（001）特征峰的

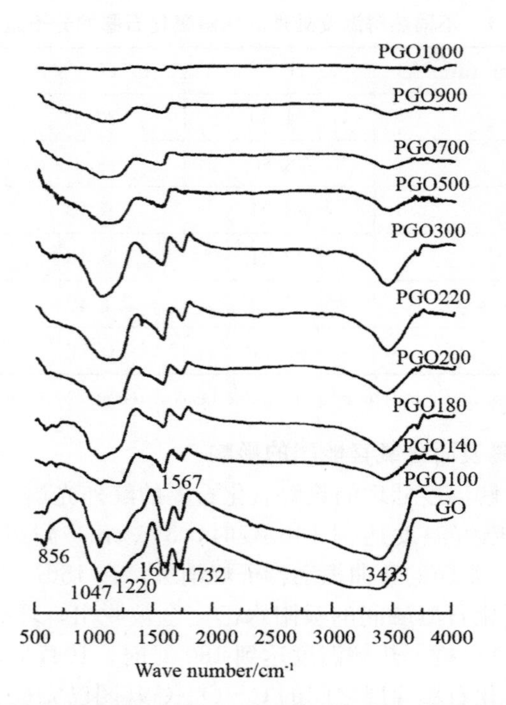

图 1　氧化石墨及不同温度处理的热解氧化石墨的 FTIR 谱

强度逐渐减弱，说明在层间水脱出及环氧或过氧基团分解的过程中，部分氧化石墨片层发生了膨胀或层离。当热解温度在 140 ℃～300 ℃之间时，热解氧化石墨的晶体结构发生了由氧化石墨态经过渡态逐渐向类石墨态的转变，表现为：氧化石墨的（001）特征峰不再发生向高角度的位移，而是稳定在 19.5°附近，但强度随热解温度的升高而降低，并在 300 ℃的热解温度下完全消失；代表石墨结构的（002）特征峰（26.5°附近）的强度随热解温度的升高而不断增大；在氧化石墨的（001）特征峰与石墨的（002）特征峰之间出现了一个较为弥散的过渡态产物的衍射峰。当热解温度达到 500 ℃时，热解氧化石墨中仅在 25.7°处出现强度较高的石墨的（002）衍射峰，虽然该峰与原料石墨的（002）特征峰相比存在较大的差距，如峰位向低角度偏移、强度低、峰型较宽等，但热解氧化石墨已由过渡态完全转化为类石墨态。当热解温度达到 700 ℃时，热解氧化石墨中（002）特征峰的峰位稳定在 26.6°附近，平均层间距为 0.337 nm，与原石墨一致，但衍射峰的强度低于原石墨而宽度高于原石墨，表明其晶粒较原石墨少而小。从 700 ℃开始随着热解温度的升高，衍射峰有变宽、变弱即存在晶粒数目减小和晶粒细化的趋势。

2.4　热解温度对热解氧化石墨电导性能的影响

表 3 列出了各样品的电导率、碳六角网格平面层间距 d（对氧化石墨为 d_{001}，对类石墨为 d_{002}）和沿 c 轴方向的堆积厚度 L_c。由于 180 ℃、200 ℃、220 ℃和 300 ℃处理的热解氧化石墨的衍射峰较为弥散，为氧化石墨态、过渡态和类石墨态的混合峰，因此未计算 d 和 L_c 值。从表 3 可以看出：氧化石墨中由于层间吸附水和大量极性基团的存在，其层间距高达 0.898 nm，比原石墨的 0.338 nm 增大了 0.56 nm，同时碳六角网格平面也由石墨的平面结构变为锯齿状结构[9]，因而导电性很差，电导率比原石墨降低了 5 个数量级。随着热解温度的提高，氧化石墨中的层间吸附水和易分解基团脱出，碳六角网格平面由锯齿状结构逐渐向平面结构转化，层间距逐渐降低。与此同时，由于大量共轭—C=C 键的出现，层间 π 电子浓度增加，因此电导率逐渐增加，220 ℃处理的热解氧化石墨的电导率从氧化石墨的 3.4×10^{-4} S/cm 提高到了 0.39 S/cm，提高了 3 个数量级。在 220 ℃～500 ℃热解温度范围内，随着温度的升高，热解氧化石墨的晶体结构逐渐接近石墨的晶体结构，因此电导率进一步增加，500 ℃处理的热解氧化石墨的导电率达到最大值 4.08 S/cm。热解温度达到 700 ℃以

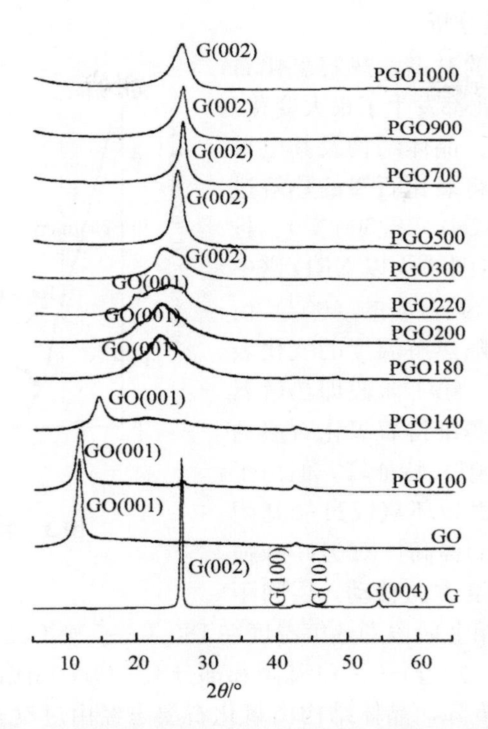

图 2　石墨、氧化石墨及不同温度处理的热解氧化石墨的 XRD 谱

后，随着温度的进一步升高，热解氧化石墨中碳六角网格平面的间距稳定在 0.337 nm，与原始石墨一致，但由于晶粒数目减少和晶粒的细化，因此电导率又逐渐降低。

表 3　石墨、氧化石墨及热解氧化石墨的层间距 d、堆积厚度 L_c 和电导率

Sample	Treating temperature/ ℃	d/nm	L_c/nm	Electro-conductivity/ (S · cm^{-1})
G	—	0.338	23.1	67
GO	—	0.898	12.8	3.4×10^{-4}
PGO100	100	0.760	19.1	2.8×10^{-4}
PGO140	140	0.610	11.5	8.2×10^{-3}
PGO180	180	—	—	4.0×10^{-2}
PGO200	200	—	—	9.6×10^{-2}
PGO220	220	—	—	0.39
PGO300	300	—	—	0.81
PGO500	500	0.346	8.2	4.08
PGO700	700	0.337	11.3	3.26
PGO900	900	0.337	10.3	1.29
PGO1000	1000	0.337	8.4	1.03

d—Interlayer distance; L_c—Lattice constant.

2.5　氧化石墨的热解还原过程分析

如上所述，随着热解温度的升高，热解氧化石墨的化学组成、结构和电导性能都发生了很大变化。根据热解氧化石墨的化学组成、晶体结构及其电导率随热解温度的变化关系，可将氧化石墨的热解过程分为Ⅰ（低于 180 ℃）、Ⅱ（180 ℃～500 ℃）、Ⅲ（500 ℃～1000 ℃）三个阶段。图 3 为以 XRD 谱中氧化石墨态的（001）衍射峰、类石墨的（002）衍射峰以及过渡态的衍射峰强度随热解温度的变化表示的氧化石墨的热解还原过程。第Ⅰ阶段即热解温度低于 180 ℃时，热解氧化石墨维持着氧化石墨的层状有序结构，存在明显的（001）特征峰，但由于层间水的脱出及 C—O—C 基团和环氧或过氧基团的分解，因此，随着热解温度的提高，（001）峰强度逐渐减弱，峰位逐渐向高角度方向移动，层间距迅速减小，电导率逐渐增加。第Ⅱ阶段即热解温度在 180 ℃～500 ℃之间时，热解氧化石墨中氧化石墨态、过渡态和类石墨态共存。随着—C=O 基团和部分 C—OH 基团的分解，热解氧化石墨中的极性基团急剧减少，氧含量急剧下降，晶体结构由氧化石墨态经由过渡态逐渐向类石墨态转变，电导率也逐渐增加。当热解温度达到 500 ℃时，热解氧化石墨完全转化为类石墨结构，电导率也达到最大值。第Ⅲ阶段即热解温度在 500 ℃～1000 ℃之间时，随着热解温度的进一步升高，由于残余 C—OH 基团的分解在一定程度上破坏了类石墨的片层结构，因此热解氧化石墨出现晶粒数目减少、晶粒细化和电导率下降的现象。

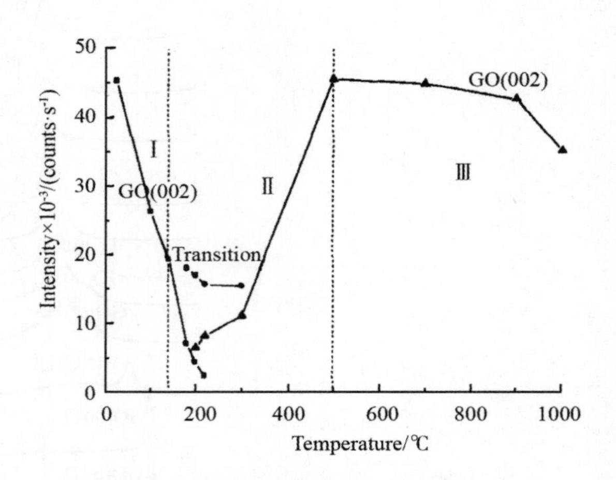

图 3　氧化石墨的热解还原过程

3　结论

（1）热解温度对热解氧化石墨的化学组成、晶体结构和电导率有较大的影响。随着热解温度的升高，热解氧化石墨中氧元素含量的质量分数减小，晶体结构由氧化石墨态逐渐向类石墨态转变，电导率则由 3.4×10^{-4} S/cm 提高到 4.08 S/cm。

（2）氧化石墨的热解过程可分为Ⅰ（低于 180 ℃）、Ⅱ（180 ℃～500 ℃）、Ⅲ（500 ℃～1000 ℃）三个阶段。第Ⅰ阶段热解氧化石墨仍维持着氧化石墨的层状有序结构，但层间距迅速减小，电导率逐渐增加。第Ⅱ阶段热解氧化石墨的晶体结构由氧化石墨态经由过渡态逐渐向类石墨态转变，当热解温度为 500 ℃时完全转化为类石墨态，电导率达到最大值。第Ⅲ阶段热解氧化石墨保持类石墨的层状有序结构，层间距不变，但晶粒尺寸逐渐减小，电导率也逐渐减小。

（3）氧化石墨经高温热解处理后，其晶体结构不能完全还原为石墨结构，主要表现为晶粒数目减少和晶粒细化，电导率也较原石墨降低了 1 个数量级以上。

参考文献

[1] William S, Hummers J R, Richard E O, et al. Preparation of graphite oxide [J]. J Am Chem Soc, 1958, 80 (2): 1339-1343.

[2] Nakajima T, Mabuch I A, Haguwara R, et al. A new structure model of graphite oxide [J]. Carbon, 1988, 26 (3): 357-361.

[3] Nakajima T, Mas tsuoy. Formation process and structure of graphite oxide [J]. Carbon, 1994, 32 (3): 469-475.

[4] Mermoux M, Chabre Y, Rousseau A, et al. FTIR and ^{13}C NMR study of graphite oxide [J]. Carbon, 1991, 29 (3): 469-474.

[5] Heh Y, Jacek K, Lerf A, et al. A new structure of graphite oxide revisited [J]. J Phys Chem, 1998, 102: 4477-4482.

[6] 张桂林. 碳层包裹铁纳米颗粒的研究 [J]. 仪器仪表学报, 1995, 16 (1): 267-271.

[7] 张海燕, 何艳阳, 薛新民, 等. 碳弧法中形成的碳包铁及其化合物纳米晶 [J]. 物理学报, 2000, 49 (2): 362-363.

[8] 刘静, 雷中兴, 李和平, 等. 碳包覆磁性金属纳米粒子的制备及表征 [J]. 武汉科技大学学报, 2003, 26 (2): 123-125.

[9] 邹艳红, 傅玲, 刘洪波, 等. 对天然鳞片石墨和椰壳活性炭进行液相氧化的初步研究 [J]. 湖南大学学报, 2004, 31 (5): 22-26.

[10] 赵东林, 沈曾民, 迟伟东, 等. 碳纤维结构吸波材料及其吸波碳纤维的制备 [J]. 高科技纤维与应用, 2000, 25 (3): 8-12.

[11] Wu W Z, Zhu Z P, Liu Z Y. A study of the explosion of Fe Chybrid xerogels and the solid products [J]. Carbon, 2003, 41 (3): 309-315.

[12] Qiao Z P, Xie Y, Li G, et al. The preparation of nanocomposites by radiation [J]. J Mater Sci, 2000, 35 (2): 285-289.

[13] Asriana S, Jose D A, Waldemar A A M, et al. A study of nanocrystalline NiZn-ferrite SiO_2 synthesized by sol-gel [J]. Magn Magn Mater, 1999, 192: 277-280.

[14] Lucas C H, Lopez A J, Lopez J D, et al. Study of oxygen containing groups in a series of graphite oxides: physical and chemical characterization [J]. Carbon, 1995, 33 (11): 1585-1592.

[15] 肖敏, 杜续生, 孟跃中, 等. 热处理条件对氧化石墨结构和导电性能的影响 [J]. 新型炭材料, 2004, 19 (2): 92-96.

(硅酸盐学报, 第34卷第3期, 2006年3月)

制备低硫高倍膨胀石墨的正交法研究

陈小文，夏金童，陈宗璋，周声劢

摘　要：首次用硝酸（65%）、乙酸酐和硫酸（98%）的混合液与天然鳞片石墨反应制备低硫高倍膨胀石墨。通过正交实验和分析，筛选出最佳制备条件：石墨、硝酸（65%）、乙酸酐（97%）、硫酸（98%）的质量比为1∶1.4∶1.5∶1.5，反应时间为30 min，反应温度为25 ℃，膨胀石墨的含硫量600 ppm，膨胀倍数在190以上。

关键词：低硫高倍数膨胀石墨；制备；正交法

中图分类号：TQ165　　**文献标识码**：A

Study on Preparation of Low-sulphur and High-times Expanded Graphite by Using the Orthogonal Method

Chen Xiaowen，Xia Jintong，Chen Zongzhang，Zhou Shengmai

Abstract：Low-sulphur and high-times expanded graphite was prepared for the first time by reacting natural flake graphite with mixing solution made from nitric acid（65%），acetic anhydride（97%）and sulfuric acid（98%）. The optimum conditions for the preparation were screened out after the orthogonal tests and analyses. Weight ratio of graphite∶65% nirtric acid∶97% acetic anhydride：98% sulfuric acid is 1∶1. 4∶1. 5∶1. 5；reacting time，30 min；reacting temperature，25 ℃. The sulphur content and expanding times of the final product are 600 ppm and over 190 respectively.

Key words：low-sulphur and high-times expanded graphite，preparation，orthogonal method

1　前言

被誉为第二代密封材料的膨胀石墨，因其残存元素尤其是硫的影响，往往会加速金属的电偶腐蚀及缝隙腐蚀，使密封效果受到极大损害，最终导致密封失效乃致严重事故的发生[1]。因此，在保持较高的膨胀倍数的前提条件下（膨胀倍数$N \geqslant 180$），如何降低膨胀石墨中残存硫的含量，已成为国内外众多科研工作者探讨研究的热门课题。

制备膨胀石墨的传统化学方法是在105 ℃的较高温度下，用含有90%的硫酸（98%）和10%的硝酸（65%以上）的混合酸和天然鳞片石墨反应[2]。这种方法的缺点是：含硫量高达3%～4.5%[3]，而且反应温度较高，操作不便。由于膨胀石墨中残存的硫主要来源于插层剂[1]，故而较为理想的降硫方法就是少用乃至不用浓H_2SO_4而改用其他物质作插层剂[4-6]。有机物（酸、酯）成分中只含有C、H、O，如以其作插层剂，高温膨化时，有机物会分解气化，不仅不会造成有害物的残留，反而有助于硫的去除。因此，为了达到含硫量低、膨胀倍数高的双指标，本文以浓硝酸为氧化剂，以一定配比的乙酸酐和浓H_2SO_4混合液为插层剂，通过正交实验和分析，筛选出膨胀石墨的最佳制备条件。

2 实验

2.1 主要原材料

天然鳞片石墨：粒度为+60 目，含碳量为 99%；

浓硫酸：纯度 98%；

浓硝酸：纯度 65%；

乙酸酐：纯度 97%。

2.2 膨胀石墨的制备过程

称取若干组重 10 g，粒度为+60 目的天然鳞片石墨，分别加入不同质量配比的浓硝酸、浓硫酸、乙酸酐的混合液中，在 25 ℃的条件下反应不同的时间后，水洗至中性，脱水，晾干或在 50 ℃～60 ℃的烘箱内烘干，再在 1000 ℃的温度下迅速膨胀，即可制得不同含硫量、不同膨胀倍数的膨胀石墨。

2.3 硫含量及膨胀倍数的测定方法

2.3.1 硫含量测定方法

依中华人民共和国标准（GB1430-78）《炭素材料硫量测定方法》，即以艾氏卡混合试剂做空白试验，通过测取硫酸钡的含量，来推算硫的含量。

2.3.2 膨胀倍数的测量方法

将膨胀石墨倒入量筒中，测其体积，并以分析天平准确称取这部分膨胀石墨的质量，再求其体积密度。膨胀倍数＝原料石墨的体积密度∶膨胀石墨的体积密度。

3 结果与讨论

含硫量和膨胀倍数是决定膨胀石墨质量高低的两个重要参数。就工业生产的实用而言，通常要求膨胀倍数 $N\geqslant 180$，含硫量 $S\leqslant 800$ ppm。基于此因，本研究以膨胀倍数和含硫量为考察指标，设计双指标正交实验，综合探讨了影响膨胀倍数与含硫量的主要因素——原料配比和反应时间。

3.1 正交实验的方案设计、数据处理及制图

3.1.1 因素和水平的确定

见表 1（每个实验中，天然鳞片石墨的质量固定为 10 g）。

表 1 因素和水平

水平	因素			
	A 硝酸质量/g	*B* 硫酸质量/g	*C* 乙酸酐质量/g	*D* 反应时间/min
1	8	5	5	30
2	14	15	10	60
3	20	25	15	90

3.1.2 表头的设计

见表 2。本实验为四因素三水平实验，选用 $L9\ (3^4)$ 正交表[7-8]。

表 2 表头

因素	*A*	*B*	*C*	*D*
次序	1	2	3	4

3.1.3　正交试验的结果见表 3。

表 3　正交实验的结果

	次数	因素 A	因素 B	因素 C	因素 D	含硫量（S）	膨胀倍数（N）
		次序 1	次序 2	次序 3	次序 4		
	1	1 (8)	1 (5)	1 (5)	1 (30)	460	60
	2	1	2	2	2	1280	170
	3	1	3	3	3	720	230
	4	2 (14)	1	2 (10)	3	710	80
	5	2	2 (15)	3	1	600	190
	6	2	3	1	2 (60)	1300	280
	7	3 (20)	1	3 (15)	2	360	50
	8	3	2	1	3 (90)	800	150
	9	3	3 (25)	2	1	1060	220
含硫量（ppm）（S）	k_1	2460	1530	2560	2120		
	k_2	2610	2680	3050	2940		
	k_3	2220	3080	1680	2230		
	$\bar{k}_1$	820	510	853.3	706.7		
	$\bar{k}_2$	870	893.3	1016.7	980		
	$\bar{k}_3$	740	1026.7	560	743.3		
	R	130	516.7	456.7	273.3		
膨胀倍数（N）	k_1	460	190	490	470		
	k_2	550	510	470	500		
	k_3	420	730	470	460		
	$\bar{k}_1$	155.3	63.3	163.3	156.7		
	$\bar{k}_2$	183.3	170	156.7	166.7		
	$\bar{k}_3$	140	243.3	156.7	153.3		
	R	43.3	180	6.6	13.4		

注：表 3 中 k_1、k_3、k_3 分别为每列各水平下的数据（指标）之和；$\bar{k}_1$、$\bar{k}_2$、$\bar{k}_3$ 分别为每列各水平下的数据之和的平均值；R 为每列极差，即数据之和平均值的最大差值

3.1.4　各因素对指标影响的主次顺序

见表 4（依据表中之极差的大小排序）。

表 4　因素对指标影响的顺序

指　标	因素主次顺序 主——→次			
含硫量 S	B	C	D	A
膨胀倍数 N	B	A	D	C

3.1.5　因素与指标的关系图（趋势图）

见图1、图2。图1为含硫量 S 与四因素的关系图，图2为膨胀倍数 N 与四因素的关系图。图中横坐标表示各因素水平，纵坐标表示各指标值（即数据之和的平均值）。

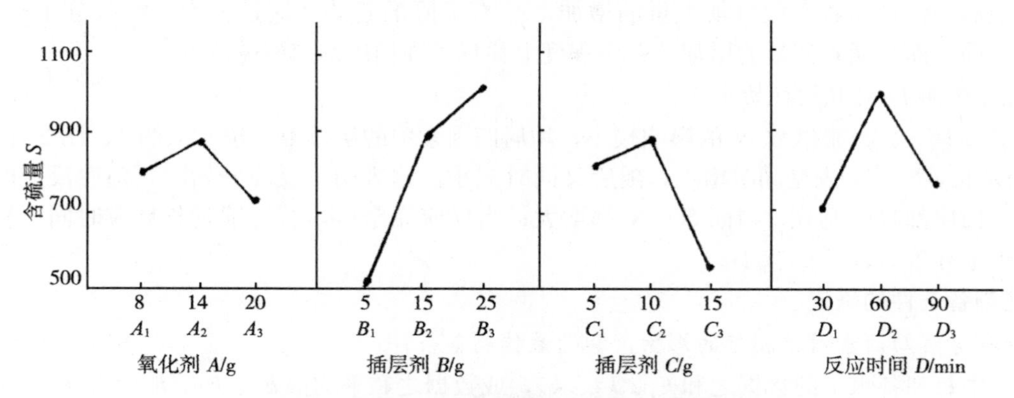

图1　含硫量 S 与四因素的关系图（趋势图）

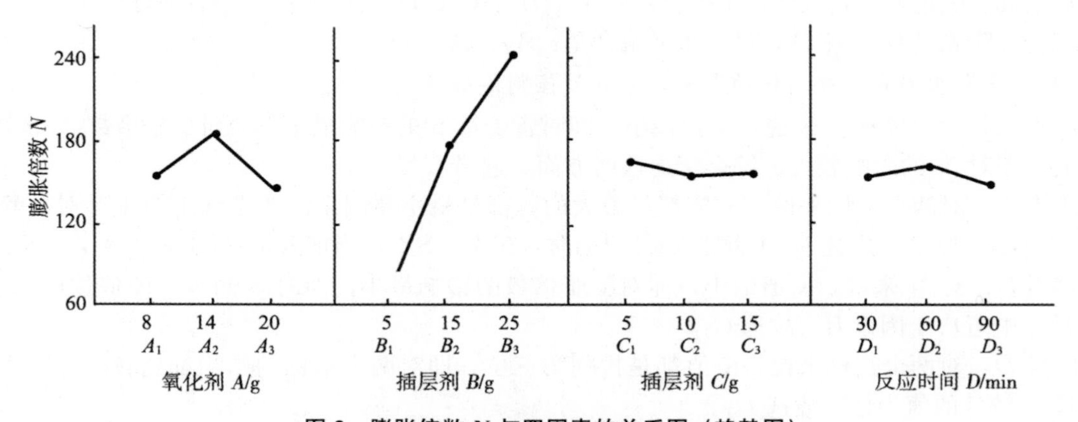

图2　膨胀倍数 N 与四因素的关系图（趋势图）

3.2　四因素对双指标的影响

对含硫量 S 来说，B 的极差最大，其次是 C、D，极差最小的是 A，即硫酸加入量的大小对含硫量 S 影响最大，乙酸酐加入量的大小次之，反应时间再次之，影响最弱的是硝酸加入量。对膨胀倍数 N 而言，按极差大小顺序排列为：$B>A>D>C$，即硫酸加入量的大小对膨胀倍数的影响也是最主要的，其次是硝酸的加入量，然后是反应时间，影响最弱的是乙酸酐的加入量。

3.2.1　氧化剂（即浓 HNO_3）对双指标的影响

从图1可知，随着 A 加入量的增大，含硫量先是增大，增大到一定程度时，再下降。相应地，从图2也可发现，A 对膨胀倍数的影响具有相似的趋势。这主要是因为，随着氧化剂浓 HNO_3 加入量的增大，氧化效果增强，更多的是石墨层面被打开，更多的插层剂离子或离子团能够进入石墨层间，因而膨胀倍数增大，含硫量增大。当氧化剂加入到一定程度后，氧化作用已经十分充分，若再增加氧化剂的量，则一者会出现过氧化现象，二者插层剂含量因受到氧化剂的稀释而相应降低，从而影响了插层效果，导致膨胀倍数减小，含硫量降低。

3.2.2　插层剂 B（即浓 H_2SO_4）对双指标的影响

从表4得知，B 的加入量对含硫量 S，膨胀倍数 N 的影响最大，这是因为膨胀石墨中硫的含量主要来自于插层剂浓 H_2SO_4，而且硫酸分子插入石墨层间的能力最强[9]。同理，随着 B 的加入量的增大，含硫量将不断增大，膨胀倍数 N 也有增大的趋势，这一点可以从图1、图2的曲线反映出来。

3.2.3　插层剂 C（即乙酸酐）对双指标的影响

从表4、图1、图2可知，乙酸酐的加入量对含硫量 S 影响较大，居四因素中的第二位；随着乙酸酐加入量的增加，含硫量先是增大，然后下降。乙酸酐的加入量对膨胀倍数 N 的影响最小，居四因素中的最后一位；随着乙酸酐加入量的增加，N 有下降的趋势。这是因为乙酸酐分子极性较差，插层能力较弱，而且随着其量的增加，一定程度上稀释了强插层剂硫酸的浓度。

3.2.4　反应时间 D 对双指标的影响

D 对含硫量 S、膨胀倍数 N 的影响较小，均居四因素中的倒数第二位，从图1、图2还可发现，随着 D 的延长，S、N 先是同时增大，随后又同时减小。这表明，反应开始时，随着反应时间的延长，氧化、插层都趋向充分，因而 S、N 都增大；当反应完全后，若继续延长反应时间，则可能因为过氧化现象导致 S、N 的减小。

3.3　最佳制备条件的确定

3.3.1　分期考察四因素对单指标的影响，初选最佳制备条件

按表3中每列各水平的数据之和 k_1、k_2、k_3，或数据之和平均值 $\bar{k}_1$、$\bar{k}_2$、$\bar{k}_3$，及图1、图2，确定各因素的最优水平组合如下：

①对指标含硫量来说，最优水平组合是：A_3、B_1、C_3、D_1（含硫量 S 小者为好）；

②对指标膨胀倍数 N 来说，最优水平组合是：A_2、B_3、C_1、D_2。

3.3.2　综合平衡四因素对双指标的影响，选取最佳制备条件

①因素 A：对含硫量 S 来说，R 值最小，即对含硫量 S 的影响最小；而对膨胀倍数 N 来说，R 值第二大，即对 N 的影响较大。综合考虑这两方面，选 A_2。

②因素 B：对两个指标来说，R 值都是最大的，都是最主要因素。考虑到工业生产对含硫量的要求在800 ppm以下，故选 B_2（当加入量 $>B_2$ 时，$N\uparrow$，$S\uparrow$；当加入量 $<B_2$ 时，$N\downarrow$，$S\downarrow$）。

③因素 C：对 N 来说，R 值最小，即对膨胀倍数的影响最小；而对 S 而言，R 值位居第二位，即对 S 的影响近次于因素 B。故选 C_3。

④因素 D：对两个指标来说，R 值都是排列第三位，即对两个指标的影响都比较小，以主要指标含硫量 S 较低的值为佳，故选 D_1。

经过综合分析平衡后，选取最佳制备条件为：A_2、B_2、C_3、D_1，即实验方案5：浓硝酸的加入量为14 g，浓硫酸的加入量为15 g，乙酸酐的加入量为15 g，反应时间为30 min。以此方案制得的膨胀石墨含硫量为600 ppm，膨胀倍数为190。

3.4　推论与验证

从图1、图2可以看出，当浓硫酸的加入量在15 g～25 g之间时，适当增大硫酸的加入量，完全可以制得含硫量在800 ppm以下、膨胀倍数为200以上的膨胀石墨。为验证此推论，笔者采用如下方案进行实验：鳞片石墨，10 g；浓硝酸，14 g；浓硫酸，20 g；乙酸酐，15 g；反应时间，30 min。结果发现，制得的膨胀石墨含硫量为750 ppm，膨胀倍数为250。

4　结论

本方法制得的膨胀石墨膨胀倍数在190以上，含硫量只有600 ppm，大幅度降低了硫的含量，而且，通过适当增加硫酸的配比，可以在保证硫的含量低于800 ppm前提下，显著增大膨胀倍数到250以上，从而为不同生产与科研领域对膨胀石墨材料的不同要求，提出切实可行的方案。此外，本方法还具有反应温度低，反应时间短，工艺简单，洗涤容易，操作方便等优点。

参考文献

[1] 张瑞军，刘建华. 化学法制备可膨胀石墨中 $KMnO_4$ 等氧化剂氧化特性的比较研究等 [J]. 炭素，1998，26（2）：39-42.

[2] 宋克敏，李国，冯玉玲，等. 混酸法制备低硫可膨胀石墨 [J]. 无机材料学报，1996，11 (4)：749-753.
[3] 李儒臣，董志荣. 一种用化学法制造低硫可膨胀石墨的方法：中国，CN93107115. 1 [P]. 1993-06-19.
[4] 陈希陵，宋克敏，李冀辉，等. 冰醋酸为介质制备低硫可膨胀石墨 [J]. 无机材料学报，1996，11 (2)：381-384.
[5] 黎梅，臧大乔，李北辉. 以重铬酸钾作氧化剂制备低硫可膨胀石墨 [J]. 炭素，1997，25 (4)：46-49.
[6] 李冀辉，黎梅. 制备低硫可膨胀石墨的新方法 [J]. 新型炭材料，1999，14 (1)：64-68.
[7] 关振铎. 试验数据处理与试验设计 [M]. 北京：清华大学出版社，1990：11.
[8] 缪征明. 数理统计在分析化学中的应用 [M]. 四川：四川科学技术出版社，1987：271.
[9] 宋克敏，刘金鹏，靳通收，等. 制备无硫可膨胀石墨的研究 [J]. 无机材料学报，1997，12 (2)：252-256.

（炭素，第 3 卷，2000 年）

制备低硫高倍数膨胀石墨优化工艺条件的研究

陈小文，夏金童，陈宗璋，周声劢

摘要：研究了以化学氧化法制备膨胀石墨时，原料石墨含硫量、氧化剂、插层剂、酸化、水洗与干燥工艺、膨化工艺等因素对膨胀石墨含硫量和膨胀倍数的影响，提出了制备低硫高倍数膨胀石墨的优化工艺条件。即插层前对原料石墨进行降硫处理；选用65%的浓 HNO_3 或是30%的双氧水为氧化剂；以浓 H_2SO_4 与有机物混合液为插层剂；酸化反应的时间、温度随氧化剂、插层剂不同而变化；以50 ℃～60 ℃的去离子水水洗石墨层间化合物至pH为6～7；在55 ℃的烘箱内干燥45 min或在日光下晾干（90 min）；膨化温度为1000 ℃；膨化时间为60 s。结果表明：以此工艺制得的膨胀石墨，膨胀倍数在230 N以上，含硫量为 1000×10^{-6} 左右。

关键词：低硫高倍数膨胀石墨；制备；优化工艺条件

中图分类号：O613.71　　**文献标识码**：A　　**文章编号**：1001-3741-（2000）06-0001-04

Study of the Optimum Process Conditions for Preparing Low-sulphur and High-times Expanded Graphite

Chen Xiaowen, Xia Jintong, Chen Zongzhang, Zhou Shengmai

Abstract: The influence of various factors including the sulphur content of raw graphite, oxidants, intercalation compounds, acidification, watering, drying and expanding process on the sulphur content and final voltune of expanded graphite, was studied when the expanded graphite was prepared by the method of chemistry oxidation. The optimum conditions are obtained for preparation of expanded graphite with low-sulphur content and high expanding performance, that is: reducing the sulphur content of the raw graphite before it is intercalated; using dense nitric acid (65%) or hydrogen peroxide as an oxidant; using the mixture of dense sulfuric acid and organic compounds as intercalation compounds: adjusting the time and the temperature of acidating reaction with the variation of the oxidant and the intercalation compounds: washing graphite compounds with pure water till the pH=6～7; drying the samples in a dryer at 55 ℃ for 55 min or under the sun light for 90 min; the temperature for expanding being at 1000 ℃ and the time of expanding being 60 s. The result shows that the expanded time of the expanded graphite prepared under these optimum conditions is over 230 N, and its sulphur content is about 1000×10^{-6}.

Key words: Low-sulphur and high-times expanded graphite, preparation, optimum technological conditions

以天然鳞片石墨为原料，经特殊的化学处理和高温膨胀而成的膨胀石墨，微观上与天然鳞片石墨处在同一晶系——六方晶系[1]，保留了天然石墨的许多优点，诸如耐热性、耐腐蚀性、耐辐射性、导电导热性、自润滑性及摩擦系数低等优良性质；除此之外，它又具有天然石墨所没有的可挠性、回弹性、不渗透性等特性。因而，自20世纪60年代起作为一种新型的工程材料问世以来，已广泛地应用于石油、化工、冶金、机械、发电、自动仪表、宇航及核反应堆等领域[2]，特别是作为密封材料使用时，其密封性能远优于主要传统密封材料石棉，被誉为第二代密封材料。

然而，当膨胀石墨用作密封材料时，往往会引起金属的电偶腐蚀及缝隙腐蚀，而且随着密封时间的延长，金属密封面的腐蚀程度会愈加严重，密封效果受到极大损害，最终导致密封失效乃致严重事故的发生。研究表明，膨胀石墨中的残存元素，尤其是硫，对金属的电偶腐蚀及缝隙腐蚀均有明显的促进作用[3]。因此，降低膨胀石墨中残存硫的含量，无疑是减缓金属腐蚀的有效途径。迄今为止，国内外很多研究者对此进行了大量的探讨和研究，并取得了一些可喜的成果。值得注意的是，降低膨胀石墨含硫量的同时，往往会引起膨胀倍数的降低，从而一定程度上削弱了膨胀石墨的优异性能。基于此因，本研究以含硫量和膨胀倍数作为考察实验结果的双指标，通过大量实验，综合分析了影响此双指标的各种因素，并提出了最优化工艺条件。

1 实验

1.1 主要原材料

天然鳞片石墨：粒度 0.25 mm，含碳量 99%；浓硫酸：质量分数 98%；浓硝酸：质量分数 65%；双氧水：质量分数 30%；冰醋酸：质量分数 99%；高锰酸钾：质量分数 98%；乙酸酐：质量分数 97%。

1.2 膨胀石墨的制备过程（化学氧化法）

称取若干组重 10 g、粒度为 0.25 mm 的天然鳞片石墨，以不同的氧化剂（双氧水、浓硝酸、高锰酸钾）、不同的插层剂（浓硫酸、冰醋酸、乙酸酐）混合，在不同的温度下反应一定的时间后，水洗至 pH=5、6、7 三种不同的情况，脱水，晾干或在 50 ℃～60 ℃烘干，再在 800 ℃～1000 ℃的不同温度下迅速膨胀，制得不同含硫量、不同膨胀倍数的膨胀石墨。

1.3 硫含量及膨胀倍数的测定方法

（1）硫含量测定方法（以下简称“重量法”）：依中华人民共和国标准（GB1430－78）《炭素材料硫量测定方法》，即以艾氏卡混合试剂做空白试验，通过测取硫酸钡的含量，来计算硫的含量。

（2）膨胀倍数的测量方法：将膨胀石墨倒入量筒中，测其体积，并以分析天平准确称取这部分膨胀石墨的质量，再求其体积密度。膨胀倍数=石墨的体积密度∶膨胀石墨的体积密度。

2 实验结果与分析

2.1 鳞片石墨原料对实验结果的影响

分别以经过特殊的物理化学处理的鳞片石墨和未经处理的天然鳞片石墨作原料，加入一定配比的浓硫酸、浓硝酸后，所得数据如表 1 所示。原料质量配比为：（天然）鳞片石墨∶浓硝酸∶浓硫酸=1∶1∶3。

从表 1 可知，经过处理过的鳞片石墨，含硫量较低，由其制取的膨胀石墨含硫量也较低，而膨胀倍数却变化不大（与未处理过的鳞片石墨相比）。

表 1 原料与膨胀石墨质量指标关系

原　　料	膨胀倍数/N	含硫量/10^{-6}	
		原料石墨	膨胀石墨
未处理过的鳞片石墨	230	1400	2200
热处理过的鳞片石墨	220	900	1500

2.2 氧化剂对实验结果的影响

化学法制备膨胀石墨时，由于氧化剂的作用，石墨边缘相邻层面的碳原子相互排斥，使得层面间距增大，从而为插层剂离子或离子团的进入创造了必要条件。本研究考察了浓 HNO_3、双氧水、高锰酸钾三种氧化剂对实验结果的影响，如表 2 所示。从表 2 可以看出：

(1) 在以浓 HNO_3 为氧化剂的条件下，当石墨与浓 HNO_3 的质量配比由 1∶0.5 增大到 1∶1 时，膨胀倍数由 110 倍增大到 220 倍；然而，当继续增大其比例到 1∶3 时，膨胀倍数却由 220 倍降至 170 倍。这一数据表明，氧化剂加入量不够时，随其加入量的增大，膨胀倍数不断增大，而氧化剂超过一定量时，膨胀倍数不仅不再增大，反而有减小的趋势。

(2) 双氧水的氧化能力很强，当其量较大（如：石墨∶双氧水＝1∶4）、放置时间较长时，出现了严重的过氧化现象，石墨中的碳有相当一部分被氧化成气体，从而使得酸化浸泡后的石墨颗粒小，石墨的量也减少，膨胀无法实现。

(3) 在以双氧水为氧化剂的同时，加入少量的 $KMnO_4$，结果发现当把浓 H_2SO_4 加入时，会有红棕色的烟雾放出，表明浓 H_2SO_4 稀释时放出大量的热，使得 $KMnO_4$ 发生分解，生成 MnO_2。在测硫实验临近结束时发现，从 850 ℃左右的高温炉中取出的坩埚内除有少量白色的 $BaSO_4$ 粉末外，还有较多的蓝绿色物质。这一现象表明：在插层反应时，有锰离子进入石墨层间。

2.3 插层剂对实验结果的影响

由表 2 得知，在以 65%的浓 HNO_3 为氧化剂、以 98%的浓硫酸为插层剂的条件下制取膨胀石墨，其含硫量往往在 1200×10^{-6}以上。由于膨胀石墨中残存的硫主要来源于插层剂[3]，故而较为理想的降硫方法，就是少用乃至不用浓 H_2SO_4 而改用其他物质作插层剂[4-6]。有机物（酸、酯）成分中只含 C、H、O，如以其作插层剂，高温膨化时，有机物会分解气化，不仅不会造成有害物的残留，反而有助于硫的去除。所以笔者分别以冰醋酸、乙酸酐以及它们与浓硫酸的混合液作为插层剂，以浓 HNO_3 为氧化剂，制取膨胀石墨，实验结果列于表 3。

表 2 原料及其配比与膨胀石墨质量指标关系

原料及其质量比	膨胀倍数/N	含硫量/10^{-6}
石墨∶浓 H_2SO_4∶浓 HNO_3＝1∶3∶0.5	110	1300
石墨∶浓 H_2SO_4∶浓 HNO_3＝1∶3∶1	220	1500
石墨∶浓 H_2SO_4∶浓 HNO_3＝1∶3∶3	170	1200
石墨∶浓 H_2SO_4∶双氧水 HNO_3＝1∶3∶1	120	1400
石墨∶浓 H_2SO_4∶双氧水 HNO_3＝1∶3∶4	不能膨胀；浸泡 1 h 后，石墨量明显减少	
石墨∶浓 H_2SO_4∶双氧水 $KMnO_4$∶冰醋酸＝1.2∶0.3∶0.15∶1.5	160	用重量法测不出硫的质量
石墨∶浓 H_2SO_4∶双氧水 $KMnO_4$∶冰醋酸＝1.2∶1.5∶0.3∶1.5	基本上不膨胀	

表 3 原料及其不同配比与膨胀石墨性能指标关系

原料及其质量比	膨胀倍数/N	含硫量/10^{-6}
石墨∶浓 H_2SO_4∶浓 HNO_3＝1∶1∶3	220	1500
石墨∶浓 HNO_3∶浓 H_2SO_4∶冰醋酸＝1∶1∶2∶0.8	140	1250
石墨∶浓 H_2SO_4∶冰醋酸＝1∶1∶2.5	基本上不膨胀	
石墨∶浓 HNO_3∶浓 H_2SO_4∶乙酸酐＝1∶1∶2∶1.2	180	1100
石墨∶浓 HNO_3∶乙酸酐＝1∶1∶2.5	基本上不膨胀	
石墨∶浓 HNO_3∶冰醋酸＝1∶1∶2.5	基本上不膨胀	

从表3可以看出，单独以冰醋酸或者乙酸酐为插层剂时，难以制得膨胀石墨，这是因为有机物一般极性较差，很难单独插入石墨层间形成石墨层间化合物。为了制得膨胀倍数较大的膨胀石墨，可以通过调节浓硫酸与有机物的配比，以其混合液为插层剂，而达到如期的目的。

2.4 酸化、水洗和干燥工艺对实验结果的影响

选用不同配方的原料进行反应，其酸化反应的时间不同，对反应温度的要求也有所不同，实验表明，对于以浓 H_2SO_4 为插层剂、浓 HNO_3 为氧化剂的混合液，在加入鳞片石墨时，酸化反应的时间一般以 0.5～1 h 为好，反应温度最好不超过 35 ℃；而以高锰酸钾、双氧水为氧化剂，以浓 H_2SO_4 和有机物的混合液为插层剂时，反应温度应控制在 20 ℃～25 ℃左右，否则高锰酸钾易分解，而有机物也会因为温度高而挥发，对此类反应，时间一般为 1.5～2 h。

插层产物的水洗方法对可膨胀石墨中硫等残存物的含量也有较大的影响。在水洗工序时，先用自来水将插层产物水洗至 pH 值为 5～6 左右，然后用 50 ℃～60 ℃左右的去离子水将插层产物洗涤至 pH 值为 6～7，最后用真空泵装置减压抽滤的办法强制泄水。不言而喻，这对于含硫量的降低是起着较大作用的。

干燥工艺对于控制可膨胀石墨中水分的含量，进而对膨胀倍数有着明显影响。在可膨胀石墨中水分以两种形式存在，即分布在可膨胀石墨表面及石墨层间，表面的水分对高温膨化无贡献，只有石墨层间的水分在高温汽化时才有助于膨化[7]。因此，在可膨胀石墨的干燥过程中，应把握好干燥的时间与温度。表4是笔者对同一种可膨胀石墨在不同条件下干燥所得的实验结果。从表4可知，在实验A、C的条件下实现干燥，对提高膨胀倍数大有裨益。

表4 可膨胀石墨烘干温度和时间与膨胀石墨质量指标关系

实验号	实验条件	温度/℃	时间/min	现　象	膨胀倍数/N	含硫量/10^{-6}
A	在烘箱内干燥	55	45	可膨胀石墨成团结块	210	1100
B	在烘箱内干燥	120	30	盛装可膨胀石墨的烧杯内壁，有黄色的硫单质析出	180	1050
C	在日光下晾干，有微风	30	90	可膨胀石墨成团结块	210	1100

2.5 膨化工艺对实验结果的影响

提高膨化温度或延长膨化时间，均可增大膨胀倍数，降低膨胀石墨的含硫量，见表5。

表5 膨化温度与膨化时间对膨胀石墨质量指标的影响

膨化温度/℃	膨化时间/s	产品膨胀倍数/N	产品含硫量/10^{-6}
900	70	190	1080
1000	70	230	1000
1100	70	232	980
1000	40	175	1120
1000	60	228	1030
1000	80	230	990

本研究还发现，膨化设备和膨化器皿对实验结果也有一定的影响。笔者做过这样的对比实验：实验A，把盛装可膨胀石墨的膨化器皿（如瓷坩埚）放入电热炉后，打开电热炉盖，使炉外、炉内的空气能自由扩散；实验B，关上电热炉盖，使炉内空气无法向炉外扩散。结果表明，对同样的可膨胀石墨，实验A中膨胀石墨的含硫量为 1050×10^{-6}，而实验B中膨胀石墨的含硫量为 1250×10^{-6}。

这表明，实验B因为排气效果不好，膨化后的废气不能尽快排出炉外，废气中的 SO_2 或 SO_3 发生了所谓的回硫现象，从而导致了含硫量的增多。通过实验，笔者还发现，如果盛装可膨胀石墨的膨胀器皿（如坩埚）开口宽度较大，深度较小，则膨胀倍数有增大的趋势，而含硫量有所下降；反之，则膨胀倍数有下降的趋势，含硫量则有所上升。

3　结论

插层之前，对天然磷片石墨进行特殊的物理化学处理可以降低膨胀石墨含硫量。选用65%的浓 HNO_3 或30%的双氧水为氧化剂比较易于控制其加入量，氧化效果也较好。用浓 H_2SO_4 与有机物（如冰醋酸、乙酸酐等）混合液为插层剂，既可保持较高的膨胀倍数，又可降低硫的含量。酸化时间、温度应随原料种类、配方而变化。以50 ℃～60 ℃温度的去离子水水洗石墨层间化合物至pH值为6～7，并采取强制泄水的措施；在55 ℃的烘箱内干燥45 min或在日光下晾干（时间为90 min）；提高膨化温度（以1000 ℃左右为宜），延长膨化时间（以60 s为宜），均有助于降低含硫量，提高膨胀倍数。

参考文献

[1] 涂文懋，米国民，曾宪滨. 可膨胀石墨中有害硫的研究 [J]. 炭素，1994，22 (2)：8-11.
[2] 刘洪波，张红波. 柔性石墨一金属间的腐蚀机理及其防护措施 [J]. 炭素，1994，22 (1)：21-26.
[3] 张瑞军，刘英杰，沈万慈. 柔性石墨中残存的有害硫及解决办法 [J]. 炭素，1997，25 (2)：24-28.
[4] 陈希陵，宋克敏，李冀辉，等. 以冰醋酸为介质制备低硫可膨胀石墨 [J]. 无机材料学报，1996，11 (2)：381-383.
[5] 宋克敏，李国，冯玉玲，等. 混酸法制备低硫可膨胀石墨 [J]. 无机材料学报，1996，11 (4)：749-752.
[6] 黎梅，臧大乔，李北辉. 以重铬酸钾作氧化剂制备低硫可膨胀石墨 [J]. 炭素，1997，25 (4)：46-49.
[7] 顾家琳，刘虎，张帆，等. 可膨胀石墨中水分的作用 [J]. 炭素，1998，26 (3)：2-6.

（炭素技术，总第111期，2000年第6期）

电解制氟与石墨阳极表面氟化石墨钝化层的研究

夏金童，徐盛明，熊友谊，周声劢，陈宗璋

摘 要：合成氟化石墨的关键原料是单质氟气。利用自制的电解装置，通过电解熔盐 KF・2HF 成功地制取了氟气。采用特制的阳极罩使电解制得的 F_2 与 H_2 隔离，提高了安全性。用石墨材料作阳极，表面易生成不利于电解电流通过的钝化层，经红外光谱测试分析，其组成为富含 F—C 键的氟化石墨，而用无定型炭材料作电解阳极，不易生成该钝化层，且使用寿命较长。

关键词：安全制氟；钝化层；氟化石墨

Study on Electrolysis Preparation Fluorine and Passivation Layer of Graphite Fluoride Formed on Graphite Anode Surface

Xia Jintong, Xu Shengming, Xiong Youyi, Zhou Shengmai, Chen Zongzhong

Abstract: The key raw material of synthesis graphite fluoride was a kind of simple substance fluorine gas. By means of self-made up electrolyzer, a fluorine gas was successfully obtained with electrolysis molten salt KF・2HF. In order to in crease safety, the anode producing F_2 was cut off from the cathode producing H_2 with the specific anode casing. The graphite anode surface easefully produced the passivation layer, which was hardly passed by electric current in electrolysis preparation fluorine. By IR spectra testing the result showed that the passivation layer was consisted of the graphite fluoride with F—C bonds. The amorphous carbon anode could hardly produce the passivation layer, thus, a service life of the carbon anode was much longer than the graphite anode.

Key words: Safety properation fluorine, Passivation layer, Graphite fluoride

1 前言

氟化石墨具有一系列独特的优良性能和潜在的广阔市场，已引起国内众多相关单位和研究者们的极大兴趣和关注[1,2]。合成制备氟化石墨最关键的原料是单质氟气，由于国内无厂家可供货，国际市场价格奇贵，加之氟属剧毒危险品，申购此原料困难重重，这些是制约国内研制和开发氟化石墨的主要原因之一。

几年来，本课题组在分析国外大量的有关文献基础上，结合现有的条件，克服种种困难，终于研制出较为纯净的氟气，并进而用自制氟气和石墨粉在高温中成功地合成制得了氟化石墨。

氟是最强的氧化剂。电解制氟气除有较大的危险性外，在技术上也有一定的难度，如：电解液配制、电解槽制作及电极选择等。特别是石墨材料作电解制氟阳极，其表面易生成钝化层，进而产生阳极效应[3]，使电解电流急剧下降，导致无法进行正常电解制氟。本文主要就这些问题进行讨论和分析。

2　电解制氟气

2.1　氟气性质

氟属Ⅶ类主族（卤素），原子量 18.99，沸点 −188.14 ℃，它是卤素中电子亲合力和电离势最大的元素，故是最强的氧化剂之一，化学性质极为活泼，能与大多数元素反应，甚至在极低温度下（<−200 ℃）氟与氢作用时，也有爆炸反应发生。气体氟呈淡黄色，有特殊的气味、剧毒。

2.2　电解槽与电解液

电解制氟涉及的难点较多，其中电解液配制、电极选择、电解槽制作和氟气净化处理装置对于能否成功电解出满足合成氟化石墨要求的氟气是至关重要的，其中氟气电解槽是最关键的设施。本研究研制的制氟电解槽见图 1，实验表明该电解槽可满足实验室制氟的需要。

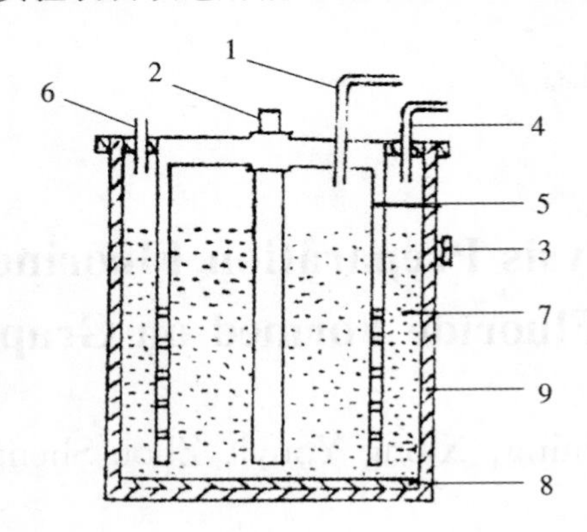

1—氟气出口；2—阳极；3—阴极接线柱；4—氢气出口；5—阳极罩；6—平衡出气口；7—电解液；8—氟塑料垫板；9—不锈钢槽体

图 1　氟气电解槽示意图

液体无水氟化氢是非导体，必须加入氟化钾，使之成为导体后才能用作制氟电解液。本研究电解液配方组成为：无水 KF60%，无水 HF40%，其摩尔数之比为 1∶2。电解制氟过程电解液温度保持 100 ℃左右。HF 和所配制的电解液体系可以看作类似于 KOH 水溶液，KF 是溶质，HF 是溶剂，电解反应时消耗掉的只有 HF，而 KF 并未参与反应，只是为了增强电解液的导电能力而加入的。因而电解过程中，定期称量电解槽观察其质量变化，及时补充 HF 非常重要，以保持 HF 和 KF 的正常量比关系（KF·1.8HF～KF·2.2HF），这样才能保持连续不断稳定地进行电解制氟气。

2.3　注意事项与安全保障

实验表明：HF 和 KF 的混合反应非常剧烈，易爆炸性地溅射出反应液，并会放出大量的热，因而配制电解液时需格外小心。在电解过程中，炭阳极表面产生氟气，不锈钢电解槽内壁（阴极）产生氢气，电解出来的氟气和氢气绝不能混合，否则易产生爆炸事故。本研究的电解槽内采用塑料王“阳极罩”使氟气和氢气完全隔离，实际安全效果良好。电解制备出的氟气排出时还携带出少量 HF 气体，这对合成氟化石墨有影响，本研究采用自制的化学冷却阱和充填 100 ℃左右的粉粒状氟化钠的缓冲罐作为氟气二级纯化装置。实验表明：二级纯化装置不但净化氟气效果良好，而且是电解制氟体系中一种重要安全保障装置。另外，整个气体通道需用不锈钢管，尾气不可直接排空，需用碱性溶液吸附处理。

3　石墨阳极的钝化层与氟化石墨的关系

3.1　阳极效应现象

电解制氟气多采用炭-石墨材料作阳极，其电流效率高达 80%～90%，比镍阳极的 60%高出许多。本研究使用过多种型号阳极材料，但主要是石墨阳极和无定形炭阳极。

在使用石墨阳极进行电解制氟过程中，发现开始时，电解电流可以保持在一较高值范围内，电解效率很高，产生的氟气量较大，但电解约 1 h 左右，出现了极不利于电解的阳极效应，主要表现在电解电流急剧下降，加大电解电压，基本无效果。有时，经过一定时间后，电解电流突然又增大，但随后不久，又恢复到很小的电解电流值，见图 2。

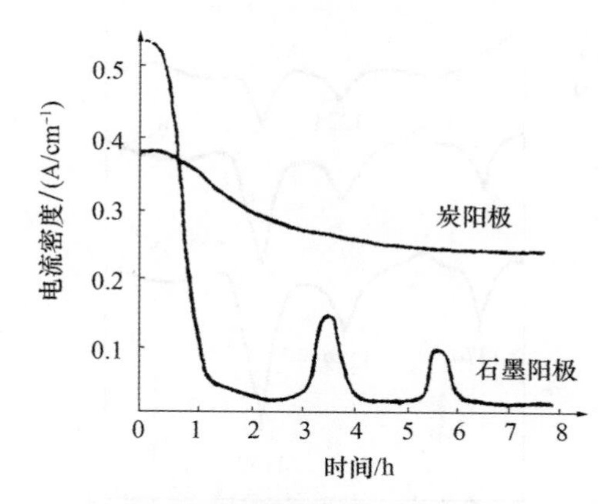

图 2　两种阳极电解电流密度与时间关系（电压 12 V）

将出现阳极效应的石墨电极从电解槽中取出，经烘干打磨表面，重新装入电解槽使用，效果与新石墨阳极一样，但随后不久又重出现了阳极效应，这说明石墨阳极的表面在电解制氟过程中，会形成两种不导电的钝化层物质。另外，从电解槽中取出石墨阳极时，常常发现电解液表面悬浮着一些浅黑色的细渣粒。而使用无定形炭阳极，虽然其电解电流仅为石墨阳极的 2/3，但电流电压较稳定，有时一根无定形炭阳极可连续正常使用几十个小时。

3.2　钝化层红外光谱分析

将出现过“阳极效应”的石墨阳极从电解液中取出，用沸水反复冲洗以去除粘附于其表面的电解液，再用小刀轻轻刮下其表面部分。还将经 20 h 电解使用后的无定形炭阳极和未通电使用但在电解液中浸泡 10 h 的石墨阳极也采用以上办法进行了表面物质的处理和收集。另外，将上述所提到的浮在电解液表面的浅黑色微粒也进行了收集。

将以上四种样品，分别放在去离子水中煮沸，并反复冲洗至洗液经 pH 试纸测定为中性为止，再在 110 ℃下烘干。由于 HF 和 KF 易溶于水，且氟化氢沸点较低（19.4 ℃），通过以上处理，可以除去所收集的样品中的 KF 和 HF。将四种样品进行红外光谱测试，结果见图 3。

红外光谱法表明[4]：在波数 1000 cm^{-1}～1400 cm^{-1}之间若有吸收谱峰带，则存在 F—C 键。从图 3 中发现，悬浮微粒试样（a 样）和石墨阳极“钝化层”样品（b 样），在波数 1157 cm^{-1}、1229 cm^{-1}和 1370 cm^{-1}处存在红外光谱吸收峰，因此可认为 a 样和 b 样中含有 F—C 键的氟化石墨（氟化石墨是电的不良导体）。无定形炭阳极表面样品（c 样）在 1157 cm^{-1}和 1224 cm^{-1}处存在较弱的吸收谱峰，而未经电解但浸泡在电解液达 10 h 的石墨阳极的表面样品（d 样）未发现有吸收谱峰。

红外光谱的吸收谱峰强度的大小，可相对说明被测物质含量（浓度）的多和少，强度越大，含量（浓度）越多。从图 3 中可以看出 a 样的红外吸收谱峰强度最大，b 样次之，c 样最小，因此可以认为 a 样的氟化石墨含量最多，b 样次之，c 样最少。这是因为石墨阳极表面的微观结构和气孔是不均匀的，形成的钝化层也是不均匀的。在石墨阳极表面，由于密度、应力、电流电压的大小等不同，一些富含 F—C 键部分钝化层，可能会从石墨阳极上脱落，并悬浮在电解液表面。而无定形炭阳极并不是石墨层状结构，氟插入其表面的深度远不及石墨阳极，故难以形成较厚的钝化层，其吸收谱峰强度最小，也说明了这一现象。由于 d 样品未进行电解制氟，故不存在 F—C 键。

4　结论

（1）研制的制氟电解槽和氟气二级纯化装置，可以满足合成氟化石墨制氟需要，且纯化装置不

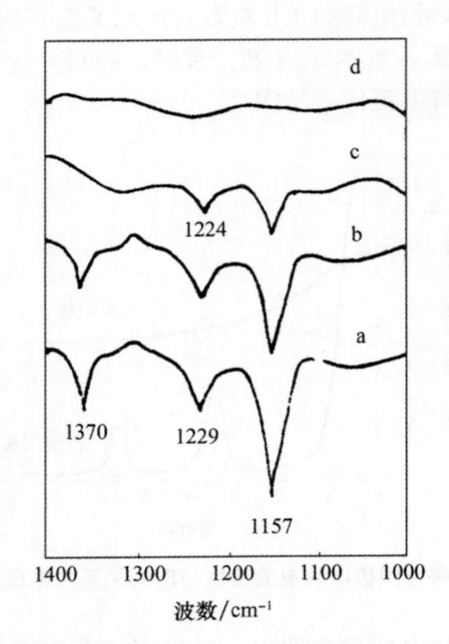

a—电解液表面悬浮微粒样；b—石墨阳极表层样（电解 2 h）；c—炭阳极表层样（电解 20 h）；d—石墨阳极表层样（浸泡 10 h）

图 3 四种样品红外光谱图

但具有纯化氟气的功效，而且还可起到安全保障的作用。

（2）无定形炭阳极不易形成厚的钝化层，电解过程无明显阳极效应现象，电极可连续使用 20 h 以上。

（3）用石墨电极作为电解制氟阳极，使用 1 h 左右，电解电流急剧下降，表明电极出现阳极效应，其表面形成不利于电流通过的钝化层，经红外光谱测试分析，该钝化层是一种富含 F—C 键的氟化石墨。

参考文献

[1] 孟宪光. 氟化石墨及其合成 [J]. 炭素，1997，25（2）：28-33.
[2] 文虎. 新型固体润滑剂——氟化石墨 [J]. 电碳，1993，5（3）：1-7.
[3] Tsuyoshi，Nakajima. Graphite fluoride—A new material [J]. Chemtech，1990，20（7）：426-429.
[4] 卢勇泉，邓振华. 实用红外光谱解析 [M]. 北京：电子工业出版社，1989，122-126.

（炭素，第 3 期，1998 年）

氟化石墨的制备及表征

征茂平，金燕苹，夏金童，陈宗璋

摘　要：通过石墨与电解熔盐 KF・2HF 所产生的氟气反应，制得了氟化石墨。采用扫描电镜、X 射线衍射和红外光谱对其形貌和结构进行测定，并研究了反应温度对氟化石墨结构的影响，初步探讨了氟化石墨的反应机理。

关键词：氟化石墨；润滑剂；材料制备

Preparation and Characterization of Fluoridized Graphite

Zheng Maoping, Jin Yanping, Xia Jintong, Chen Zongzhang

Abstract: Fluoridized graphite was prepared by the reaction of graphite to fluorine gas, which was produced by electrolysis of KF・2HF melt salt at 100 ℃. SEM, XRD and IRS were used to analyze the microstructure of the materials. The effects of the reaction temperature on the microstructure of fluoridized graphite as well as reaction mechanism were also investigated.

Key words: graphite fluoride; labricant; material preparation

1　引言

氟化石墨是通过氟与碳直接反应生成的石墨插层化合物，有聚单氟碳（CF）$_n$ 和聚单氟二碳（C_2F）$_n$ 两种结构。氟化石墨层间能非常小，约为 8.365 kJ/mol，远比石墨的层间能 39.681 kJ/mol 低[1]，可以用作固体润滑剂，以取代在空气中使用会降低润滑性能的石墨和二硫化铝。因为其化学热稳定性好，在所有气氛中润滑性能亦不受影响，即使在高温、高压和高负荷下，仍保持良好的润滑性能。用氟化石墨制成的润滑油脂，摩擦系数小，并且对金属无腐蚀作用。将氟化石墨加入碳纤维制备 GF/C 复合材料，可增强材料的承载能力，降低材料表面因摩擦而产生的热量[2]，还可用氟化石墨制作锂电池的电极，能使输出电压比普通电池提高 2 倍，且使用温度范围广，储存周期长[3]。预期氟化石墨还会有新的用途。

2　试验方法

氟化石墨的制备，是通过电解无水 HF，使生成的氟气与石墨反应而制得。由于 HF 是弱电解质，通过加入 KF 来增强其导电性。本试验所用电解质为中温电解质，其组成在 KF・1.8 HF～KF・2.2 HF 范围内，熔点 65±2 ℃，所以工作温度选定在熔点以上，使电解质充分融熔，同时确保 HF 挥发不太大。电解过程中，由于 KF 不参与反应，而 HF 一直处于消耗中，因而应定时称量电解槽，观察其质量变化，及时补充 HF，使熔盐体系维持在上述范围内。图 1 为自制电解槽装置。

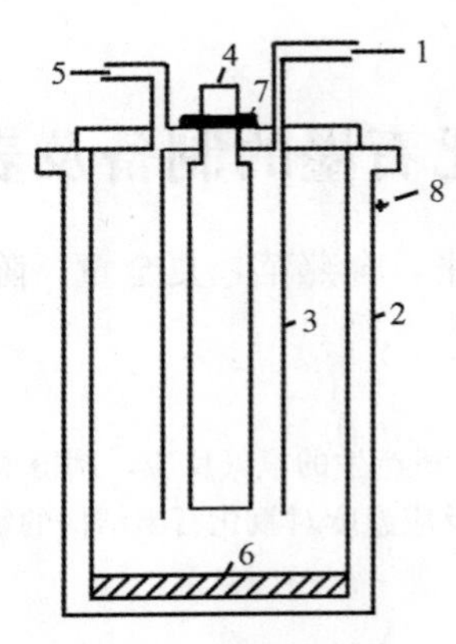

图 1　电解槽装置

1—氟气出口；2—阴极；3—阳极罩；4—阳极；5—氢气出口；6—绝缘垫片；7—T 型夹套；8—阳极接线处

3　结果与讨论

3.1　氟气制备

制备单质氟气，主要用电化学方法，用不同形式的电解池在不同的温度下进行 KF・HF 体系电解。

3.1.1　电极的选择

试验中，曾用金属镍片作阳极材料，虽然使用寿命较长，但电流效率较低，仅 60%左右，并且一旦电解质中水分较多或镍阳极含有杂质，则阳极很快被腐蚀；用石墨化程度较高的人造石墨电极作为阳极，由于发生严重的插层反应，本身的气孔率也较高，插层后的石墨阳极表面膨胀疏松，随着电解的进行而逐渐剥落，电解无法继续进行。试验发现炭质电极（无定形碳）的电解性能最好，既克服了因插层反应引起的脆裂、剥落，同时也有较高的电流效率；且一旦电极发生阳极反应，打磨其表面后，可继续使用。

3.1.2　阳极效应的产生

试验过程中，用石墨作为电极材料，当增加电流以增加氟气产量时，槽电压会突然升高，而电流却急剧下降，甚至为零，使得电解无法继续。这就是阳极效应，它极大地抑制了氟气产生效率。研究发现阳极效应产生的直接原因是石墨电极表面生成了一层碳-氟化合物膜，Imoto[4]等人认为这层膜的成分就是氟化石墨。因为氟化石墨的表面能非常低，使得电极不被电解质浸润，熔盐与电极无法直接接触，导致电流急剧下降，产生阳极效应。对电解后石墨电极的表面物质进行红外光谱分析，发现存在 F—C 键，因数目较少，所以谱峰的强度不高。

阳极效应的产生，主要是由于电解液中生成的氟气气泡带有负电荷，因阳极极化作用吸附在阳极表面，与电极发生反应。为了消除或抑制阳极效应，在电解完水之后，在电解液中加入 1%～2%的 LiF。带有正电荷的 LiF 粒子可以中和阳极表面处的 F_2 气泡，使其脱离阳极表面，缩短停留时间。

3.2　氟化石墨的表征

3.2.1　氟化石墨的扫描电镜分析

图 2 是在 500 ℃，反应 10 h 的氟化石墨的扫描电镜像。可见氟化石墨的形状很不规整，大小也不均匀，其中一部分聚成团状。

3.2.2　氟化石墨红外光谱分析

氟化石墨的红外光谱测试结果见图 3。有一很强的吸收谱带在波数为 1219 cm^{-1}处，此处对应于氟化石墨中 F—C 键的伸缩振动；由氟化石墨中界面处＝CF_2 和—CF_3 基团的伸缩振动产生的谱带对应于图中 1347 cm^{-1}～1350 cm^{-1}范围内的中强吸收谱带[5]。测试结果与 Nakajima[6]的结论一致。氟

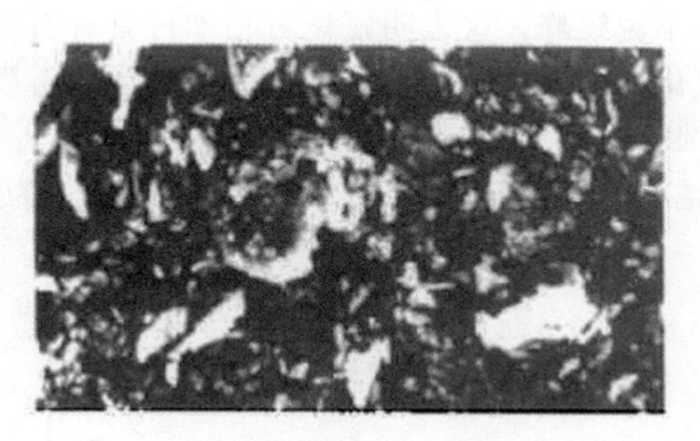

图 2　氟化石墨的扫描电镜像（500×）

化石墨的组成不同，其红外光谱图也存在差异。文献［7］中制备的（$C_{2.5}F$）$_n$ 红外光谱，其较强的吸收谱带在波数 1050 cm^{-1}和 1150 cm^{-1}范围内，这与 Logow 等人对（C_4F）$_n$ 的观察一致。

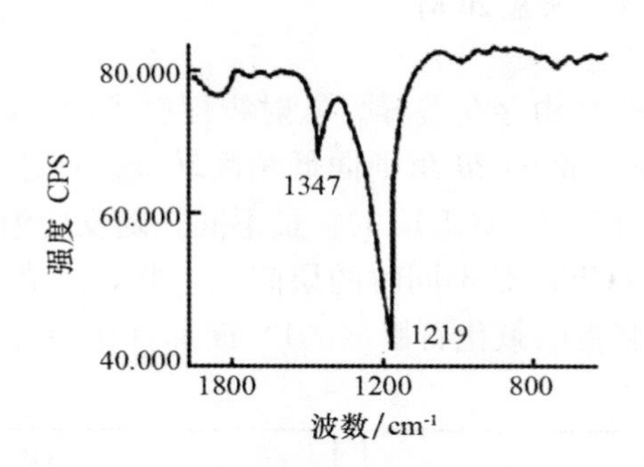

图 3　氟化石墨的红外光谱

由于红外光谱吸收谱带的强度与样品中该物质的含量成正比[8]，所以红外光谱作为一种检测方法，可以定性地分析样品中某种物质的含量。不同反应条件下制备氟化石墨红外光谱谱线的相对强度与温度的关系见图 4。可见反应温度越高，对应于波数 1219 cm^{-1}处的吸收谱带越强，这表明反应生成的 F—C 键增多，反应进行得越完全。同时发现，波数 1350 cm^{-1}左右的吸收谱带强度变化不大，这是由于石墨边界处的 C 原子活性较大，在反应中容易生成＝CF_2 和－CF_3 基团，对反应条件的影响不太大。

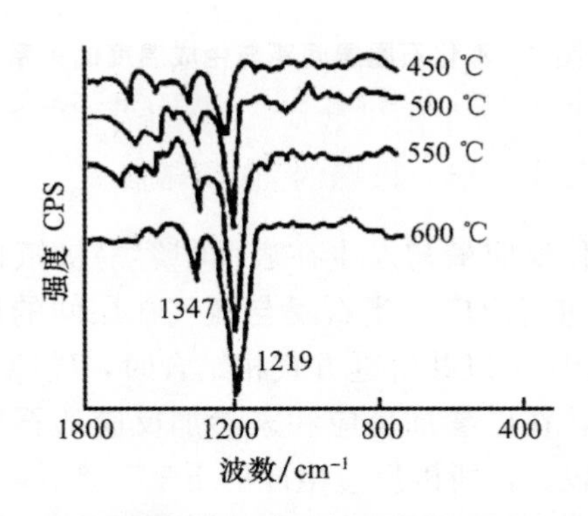

图 4　氟化石墨红外光谱谱线强度与温度的关系

3.2.3　氟化石墨 X 射线衍射分析

本试验所制得氟化石墨，其 X 射线衍射结果见图 5。与原料石墨相比（见图 6），生成氟化石墨后，其结构发生了很大的变化。反映在 X 射线衍射图上为：锐线衍射峰减少，变成了宽面强的特征衍射峰。(001) 面的衍射峰尤其如此。同时，一些衍射峰具有聚合物的特征，衍射峰为复合峰，即在宽幅的衍射带上重叠着许多小锐线峰，这表明氟化石墨不再具有石墨原先完整的晶体结构，而具有某种程度的聚合物特征。氟化完全的石墨其晶格比未完全氟化的石墨受到的破坏程度要大，X射线衍射谱的主要区别在于（001）面和（002）面的衍射峰的强度不同：氟化越完全，（001）衍射强度越大，而（002）衍射强度越小。所以可以把（001）面的衍射峰作为氟化石墨的特征峰。

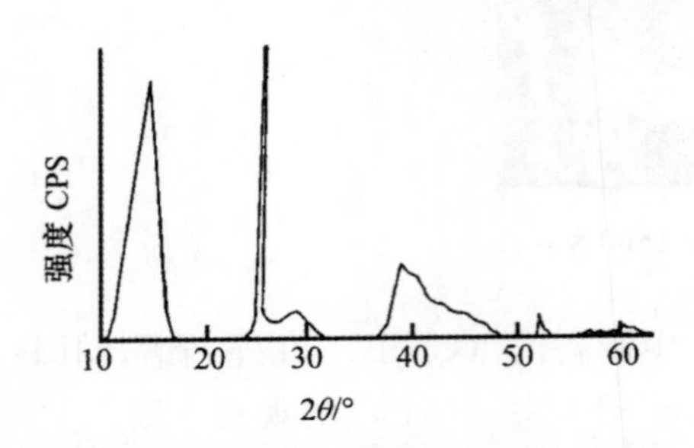

图5　氟化石墨X射线衍射图（550 ℃，反应20 h）

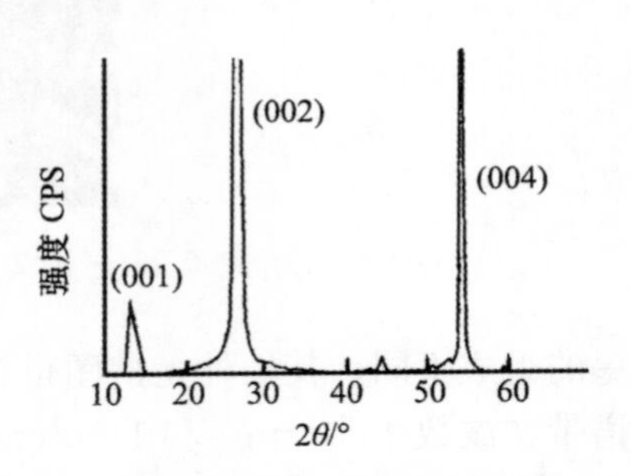

图6　石墨X射线衍射图

不同温度下生成的氟化石墨的结构存在差异。X射线衍射表明，随温度的提高，其（001）面的 2θ 角向高角度方向转变；而（100）面的 2θ 角则向低角度转变。产生氟化石墨结构变化的原因：不同温度下制备的氟化石墨中，$(C_2F)_n$ 和 $(CF)_n$ 的含量不同。随反应温度的提高，氟化石墨中聚单氟碳的含量增加，因为 $(C_2F)_n$ 和 $(CF)_n$ 是不同阶的层间化合物，二者的结构和含量决定了最终所生成氟化石墨的结构。不同温度下制备的氟化石墨（001）面和（100）面与温度的关系见图7。

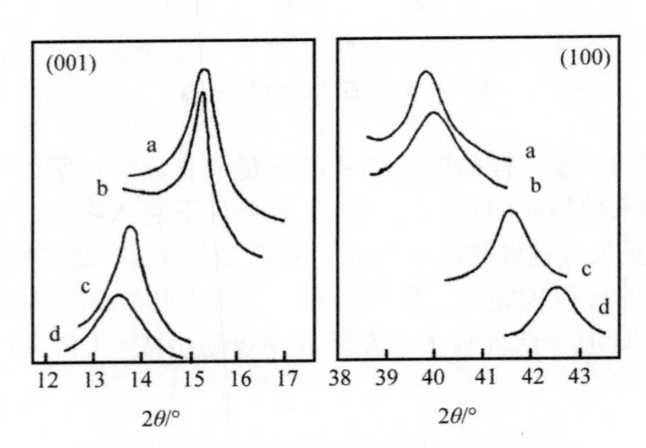

图7　氟化石墨层间距与生成温度的关系

a—450 ℃；b—500 ℃；c—550 ℃；d—600 ℃

3.3　氟化石墨生成机理

石墨是层间结构物质，其氟化反应最初发生在表面很容易被氟化的薄层区域，首先生成聚单氟碳 $(CF)_n$。随后沿着石墨基准面进行反应，当石墨与氟气在层间的反应趋于缓慢，继续反应便会生成聚单氟二碳 $(C_2F)_n$。当氟与碳原子以共价键方式相结合时，碳原子便会形成 SP^3 杂化轨道，因而碳原子的六角网状结构发生膨胀，在已参加反应和未参加反应的石墨层间产生内应力，特别是在反应界面附近的晶格，受到的应力较大，所以反应生成的F—C键不是完整的共价键。这些应变以较弱的F—C键向共价键转变的速度随反应的进行而增大。晶格应变和原子之间价键特征的改变，会引起原子势能的变化。所有这些，都会使得石墨中的碳原子与氟的结合再次变得容易，反应又生成聚单氟碳 $(CF)_n$。基于以上的反应机理，可以解释一些试验结果，如随着反应温度的提高，未参加反应石墨的应变增加，氟与碳原子的反应变得容易，最终使得产品中 $(CF)_n$ 的含量随反应温度的提高而增加。

4 结论

（1）与石墨电极相比，炭质电极具有较好的电解性能，使用寿命长，电解过程不易发生插层反应。

（2）红外光谱测试表明，在波数 1219 cm^{-1} 处有一很强的吸收谱带，此处对应于氟化石墨中F—C键的伸缩振动；波数 1347 cm^{-1}～1350 cm^{-1} 范围内的中强吸收谱带则是由氟化石墨中界面处 $=CF_2$ 和 $-CF_3$ 基团的伸缩振动所产生。

（3）氟化石墨没有完整的晶体结构，其 X 射线衍射峰具有聚合物特征。随着反应温度的提高，（001）面的 2θ 角向高角度方向转变，而（100）面的 2θ 角则向低角度转变。

（4）氟化石墨作为一种新功能材料，将在机械、通信、化工等领域中推广应用。

参考文献

[1] Watanabe N，Nakajima T，Kawaguchi M. The preparation of poly（dicarbon monofluoride）via the graphite intercalation of compound [J]. Bull Chem Soc Japn，1983，56：455-457.

[2] Swope L G. Smith E A. US patent 3，877-894.

[3] Hagiwara R，Lerner M，Bartle N. A Lithium/C_2F primary battery [J]. Electrochem Soc，1988：2393-2394.

[4] Imoto H，Nakajima T，Watanabe N. A study on anode effect in KF・2HF system. I. Esca spectra of carbon and graphite anode surfaces [J]. Bull Chem Soc Japn，1975，48（5）：1633-1634.

[5] 卢涌泉，邓振华. 实用红外光谱分析 [M]. 北京：电子工业出版社，1997：178.

[6] Nakajima T，Watanabe N. Graphite fluoride：a new material [J]. Chem Tech，1990，7 ：426-430.

[7] Mllouk T，Barlett N. Reversible intercalation of graphite by fluorine ：a new bifluoride，$C_{12}HF_2$，and graphite fluorides CF_x（$2<X<5$）[J]. Chem Soc Commun，1983：103-105.

[8] 杨南如. 无机非金属材料测试方法 [M]. 武汉：武汉工业大学出版社，1990：237.

（机械工程材料，第 23 卷第 6 期，1999 年 12 月）

氟化石墨的制备研究

夏金童，征茂平，何莉萍，周声劢，陈宗璋

摘　要：通过电解熔盐 KF·2HF 制取氟气，再使氟气与天然鳞片石墨在高温下反应，从而合成制备了氟化石墨新材料。利用红外光谱等方法对氟化石墨的性能进行了测试和分析。

关键词：氟气；氟化石墨；合成温度

Study on Preparation of the Graphite Fluoride

Xia Jintong, Zheng Maoping, He Liping, Zhou Shengmai, Chen Zongzhang

Abstract: Fluorine gas is prduced by electrolysis of the molten salt KF · 2HF. And a new graphite fluoride material is prepared through reaction with the natural scale graphite under fluorine atmosphere at high temperature. The properties are examined by infrared measurement spectrometry.

Key words: fluorine gas, graphite fluoride, synthesis temperature

1　前言

氟化石墨是氟气与石墨直接在高温中反应而成的一种石墨层间化合物。石墨层间化合物具有作为主体的石墨所没有的某些特异性能，而且其种类繁多，近年来，有关合成方法和物性的研究极为活跃。但是，石墨层间化合物在空气中不稳者居多，这是其作为功能材料使用的最大障碍，而氟化石墨极为稳定，是目前已经工业生产和广泛使用的屈指可数的几种石墨层间化合物之一。

氟化石墨具有极好的自润滑性。作为固体润滑剂，氟化石墨优于石墨和二硫化钼，特别是在高速、高压、高温条件下使用，效果更佳，且不对铁和非铁金属产生任何腐蚀作用，国内外相关专家称之为划时代的新型固体润滑剂[1]。另外，氟化石墨作为高能锂电池的活性物质，已引起新型化学电源研究者们的极大兴趣和重视，并已成功开发相应的高能电池（该电池的能量为锌锰电池的 6～10 倍）[2]。由于氟化石墨具有一系列独特的性能，它还有许多的新用途。

目前，氟化石墨的主要生产国是日本和美国，国内尚无厂家生产，也未见这方面的详细研究报道。由于氟化石墨的生产工艺复杂，设备要求苛刻，加之极少数国家的技术垄断，目前，氟化石墨国际市场价约为 1 ＄/g 左右[1]。氟化石墨在我国的研制势在必行，市场前景广阔，意义重大。

2　实验

2.1　电解法制备氟气

由于氟气来源极其困难，故需自制氟气所用电解质熔盐的组成为 KF·2HF，熔点为 65±2 ℃，电解槽的工作温度为 100±2 ℃，一方面使其熔盐充分熔融，同时 HF 的挥发性又不大。

一般市售氟化钾均含有两分子水，因而在配制电解质前，应将其在 300 ℃左右煅烧数小时，去除水分。电解过程中，在电解质中加入 1%左右的氟化锂，可以有效抑制阳极效应的发生[3]。

自行研制的氟气电解槽装置见图 1。

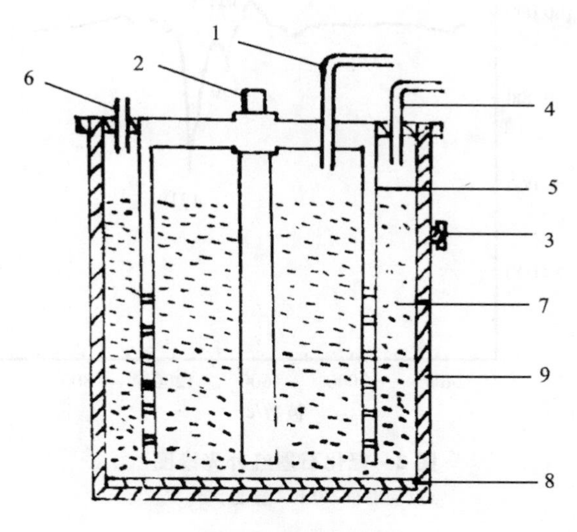

图 1　氟气电解槽

1—氟气出口；2—特种石墨阳极；3—阴极接线柱；4—氢气出口；5—氟塑料阳极罩；6—平衡出气口；7—电解液；8—氟塑料垫板；9—不锈钢槽体

2.2　氟气的净化

从电解槽阳极室出来的氟气中含有少量挥发出的 HF 气体。为了消除 HF，需将氟气通过冷却阱（$CaCl_2$＋冰）和 100 ℃左右的粉粒状氟化钠过滤层，通过这种方法处理，可提高氟气纯度。

2.3　原料石墨的处理

将天然鳞片石墨磨粉后进行提纯处理，其含碳量大于 99%，平均粒度小于 400 目，经处理的石墨置于自制的反应炉中。

2.4　氟气与石墨的反应

将经过纯化处理的氟气直接通入反应炉中，与炉内的石墨在高温下反应，炉温控制在 420 ℃～600 ℃之间，经一定时间反应后，即可获得氟化石墨。

2.5　安全措施

单质氟是所有氧化剂中最强的，氟几乎可与所有元素反应，甚至在－250 ℃氟与氢作用时，也有爆炸反应发生。氟对人体也具有极大的毒害性。为了防止发生爆炸等事故，本实验设备和密封件用材质主要是不锈钢和氟塑料（俗称塑料王），同时要严格限制炉温在 650 ℃以下，绝对禁止氟电解槽阴极产生的氢气和阳极产生的氟气相遇。尾气用掺入油酸的氢氧化钠溶液吸收处理。采取这些措施后，基本上可满足本工艺安全需要。

3　实验结果与讨论

红外光谱法表明[4]，在波数 1000 cm^{-1}～1400 cm^{-1}之间若有吸收谱带，则必定存在 F—C 键。本实验研制所获得的样品经红外光谱测试，在波数 1350 cm^{-1} 处有一中强吸收谱带，在波数 1219 cm^{-1} 处有一很强吸收谱带，如图 2 所示。这与国外相关研究者对氟化石墨测试结果一致。证明本研究所获得的样品是氟化石墨。图 2 中的 1219 cm^{-1} 吸收峰对应于 F—C≡的伸展振动，而 1350 cm^{-1}附近则是氟化石墨边缘处＝CF_2 和－CF_3 基团的伸展振动。

本研究对各个不同温度下所合成的氟化石墨各项性能指标进行了测试，结果见下表。

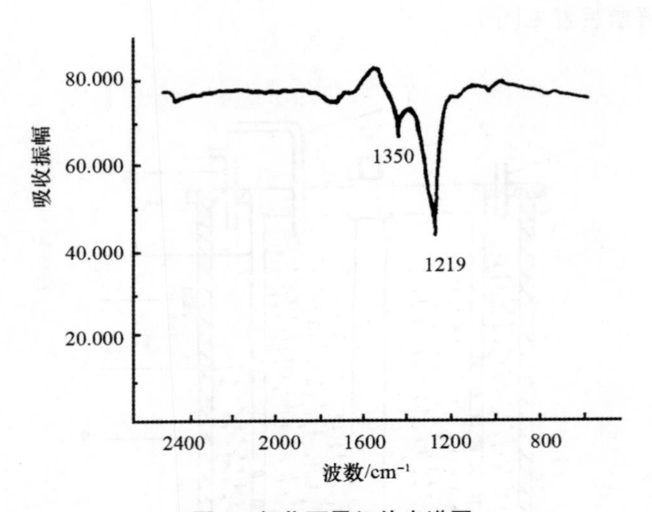

图 2 氟化石墨红外光谱图

（反应时间 20 h，温度 500 ℃）

石墨与不同温度下氟化石墨的性能

项目指标 \ 样品编号	1	2	3	4	5	原料石墨
反应温度/℃	350	400	450	500	550	/
原料石墨重/g	0.51	0.52	0.5	0.51	0.5	/
氟化石墨重/g	0.62	0.72	0.86	0.97	0.91	/
增重/%	22	38	72	90	82	/
真密度/（g/cm^3）	2.31	2.38	2.44	2.54	2.49	2.22
电阻率/（$10^3 \Omega \cdot cm$）	0.02	1.6	2.2	>3	2.82	2.2～10
颜色	灰黑	黄黑	灰黄	灰白	灰白	灰黑
憎水性	良	良	优	极强	极佳	良

注：氟化反应时间均为 20 h。

结果发现，在本实验条件下，氟化反应温度不同，所获得的氟化石墨的性能差异较大。温度越低，所制取的氟化石墨性能越差，这说明反应温度过低，使得石墨的氟化反应不能获得足够的能量，氟化反应就不完全。从表中可看出，反应温度控制在 500 ℃，氟化石墨增重最多，真密度最大，电阻率最高，憎水性极强，并且其外观颜色已变为灰白色，这些正是优质氟化石墨的重要特征。但温度过高，合成的氟化石墨各项性能反而有所降低，这是因为以石墨为原料制取氟化石墨，高温下反应温度与生成物的分解温度很接近。反应体系温度一旦接近生成物的分解临界温度，已生成的氟化石墨可能会有部分分解为无定形碳，进而达到一个分解与生成反应的平衡态。如果温度超过临界温度，分解速度就会大于生成反应速度，则氟化石墨的质量就会大大受影响。

从表中还可以看出，原料石墨的电阻率值远小于氟化石墨的电阻率，这是因为石墨是通过碳六角网面之间的 π 电子来导电的，而原料石墨在氟化反应后，构成石墨网状平面的每个碳原子以 SP^3 杂化轨道同相邻的三个碳原子和氟原子形成了共价键，从而失去了导电性。另外氟化石墨的密度值较大，其主要原因是石墨层间进入了氟原子，即石墨层的上下表面均结合着氟原子，致使石墨的六角网状层面结构遭到破坏，晶体结构不再完整，氟原子进入层间越多，石墨的结晶度就越差，而形成的氟化石墨的密度就越高[5]。

4 结论

（1）自行研制的电解制取氟气装置及氟气的净化设施和反应炉，可以满足合成氟化石墨的需要，且安全性高，结构简单可靠，成本较低。

（2）合成的氟化石墨经红外光谱测定，在波数 1219 cm^{-1} 和 1350 cm^{-1} 处存在 F—C 键的伸展振动，这与国外相关研究者们的报道相一致。

（3）本工艺合成氟化石墨的最佳温度为 500 ℃，高于或低于该温度，氟化石墨性能均会恶化。

参考文献

[1] 文虎. 新型固体润滑剂——氟化石墨 [J]. 电碳，1993，5（3）：1-3.

[2] Tsuyoshi，Nakajima. Graphite fluoride—A new material [J]. Chemtech，1990，20（7）：426-429.

[3] Nakajima T. Preparation and electrical conductive of fluorine-graphite fiber intercalation compound [J]. Carbon，1986，24（3）：343-347.

[4] 卢涌泉，邓振华. 实用红外光谱解析 [M]. 北京：电子工业出版社，1989：23.

[5] Yasushi Kita，Nobuatsu Watanabe. Chemical composition and crystal structure of gaphite fluoride [J]. Journal of the American Chemical Society，1979，101（14）：3847-3849.

（材料导报，第 12 卷第 3 期，1998 年 6 月）

氟化石墨的制备与研究

征茂平，夏金童，顾明元，陈宗璋

摘　要：通过石墨与电解熔盐 KF·2HF 所产生的氟气反应，制得了氟化石墨；采用 X 射线衍射和红外光谱对其结构进行测定；研究了反应温度对氟化石墨结构和组成的影响。

关键词：氟化石墨；红外光谱；X 射线衍射

中图分类号：O613；TQ124　　**文献标识码**：A　　**文章编号**：1001－4381（1999）08－0021－03

Preparation and Study on Fluoride Graphite

Zheng Maoping，Xia Jintong，Gu Mingyuan，Chen Zongzhang

Abstract：Fluoride graphite were prepared by the reaction of graphite and fluorine gas，which was produced by electrolysis of KF·2HF melt salt at 100 ℃. The structure of fluoride graphite was studied through X-ray diffraction and infrared spectrometer，and effects of temperature on its structure and composition were also investigated.

Key words：fluoride graphite，IRS，XRD

氟化石墨是通过氟与碳直接反应而生成的石墨插层化合物。不同于 CF_4、C_2F_6 等碳氟化合物，氟化石墨具有独特的化学和物理特性，受到材料界的重视。德意志联邦共和国化学家 Ruff [Ruff O.，Bretschneider O.，Z. Anorg. Chem. [J]，1937，217：1.]，在 1947 年通过控制爆炸和燃烧反应，由石墨合成了灰色疏水物质 $CF_{0.92}$，并用 X 射线衍射对 $CF_{0.92}$ 结构进行了测试，这是有关氟化石墨的最早报道。1947 年，G. Rudorff [Rudorff W.，Rudorff G.，Z. Anorg. Chem. [J]，1947，253：281.] 通过严格控制反应温度，在 410 ℃～500 ℃范围内合成了 $CF_{0.676}$～$CF_{0.989}$ 氟化石墨；化合物的颜色随氟含量的增加，从灰色变为白色。Rudorff 同时发现，少量氟化氢的存在可起催化作用，使这一反应在低于 400 ℃便可进行。到 1984 年，英国的柏林等人 [Palin D. E.，Wadsworth K. D. Nature [J]，1948，162：925.] 在 420 ℃～450 ℃之间制成了 $(CF_{1.04})_n$ 氟化石墨。

但由于没有发现其独特的性质，未了解其实用价值，对氟化石墨的研究也就没有迅速地开展起来。直到 20 世纪 60 年代后期，人们发现，氟化石墨的层间能比石墨的层间能小得多，从而认识到它的固体润滑性的特点 [Lagow R. J.，Margrave J. L. Chem. and Eng. New s，1970，Jun，12，4：40.]，确定了其使用价值。此后，对氟化石墨作为固体润滑剂和高能量密度锂电池的正极材料的研究，把氟化石墨这一新型功能材料的研制推向了高潮，其应用越来越广。

1　实验

氟化石墨的制备通常是电解无水 HF，使生成的氟气与石墨反应制得。由于 HF 是弱电解质，所以一般加入 KF 来增强其导电性。本实验所用电解质为中温电解质，其组成在 KF·1.8HF～KF·2.2HF 范围内，熔点为 65±2 ℃，工作温度选定在 100 ℃，使电解质充分融熔，同时确保 HF 的挥发不是太大。电解过程中，由于 KF 不参与反应，而 HF 一直处于消耗中，因而应定时称量电解槽，观察其质量变化，及时补充 HF，使熔盐体系维持在 KF·1.8HF～KF·2.2HF 范围内[1]。

2 结果与讨论

2.1 氟化石墨扫描电镜测试

图 1 是在 550 ℃，反应 20 h 制得氟化石墨的扫描电子显微镜像。与原先石墨相比，氟化石墨的粒度变得很细，约在 10 nm 左右，但有一部分氟化石墨聚集成团。

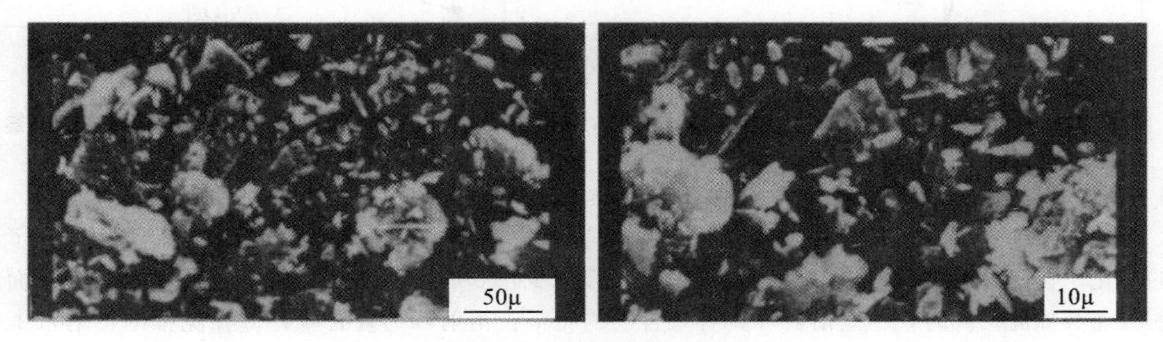

图 1 氟化石墨扫描电子图像

2.2 氟化石墨红外光谱分析

电解产生的氟气与石墨在高温下反应，生成氟化石墨。氟化石墨的红外光谱测试结果见图 2。在波数为 1219 cm^{-1} 处有一很强的吸收谱带，此处对应于氟化石墨中 F—C 键的伸缩振动；波数 1347 cm^{-1}～1350 cm^{-1} 范围内的中强吸收谱带则是由氟化石墨中界面处＝CF_2 和—CF_3 基团的伸缩振动所产生[2]。测试结果与 Nakajima[3] 的结论一致，表明的确制得氟化石墨。氟化石墨的组成不同，其红外光谱图也存在差异。文献［4］中制备的（$C_{2.5}F$）$_n$ 红外光谱，其较强的吸收谱带在波数 1050 cm^{-1} 和 1150 cm^{-1} 范围内，与 Kita Y，et al[5] 对（C_4F）$_n$ 的观察一致。

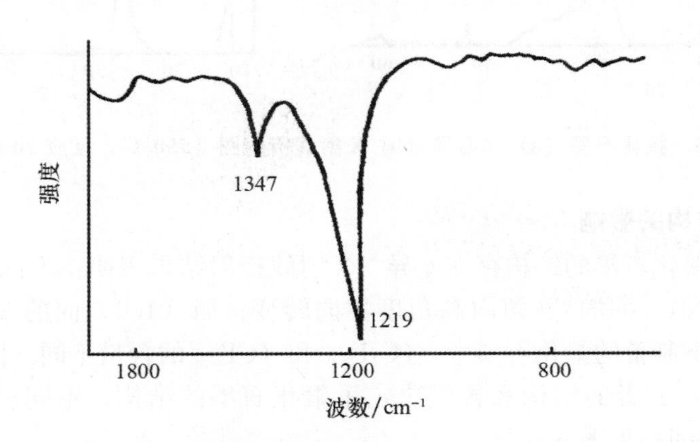

图 2 氟化石墨红外光谱图（550 ℃，反应 20 h）

红外光谱作为一种检测方法，可以定性地分析样品中某种物质的含量，这是由于红外光谱吸收谱带强度与样品中该物质含量成正比[6]。不同反应条件下制备的氟化石墨红外光谱图如图 3。从谱图可以看出：反应时间越长，对应于波数 1219 cm^{-1} 处的吸收谱带越强，表明反应生成的 F—C 键增多，反应进行得越完全。同时发现，波数 1350 cm^{-1} 左右的吸收谱带强度变化不大，这是由于石墨边界处的 C 原子活性较大，在反应中容易生成＝CF_2 和—CF_3 基团，因而反应条件的影响不是太大。

图 3 中氟化石墨红外光谱谱线的相对强度与温度的关系见图 4。

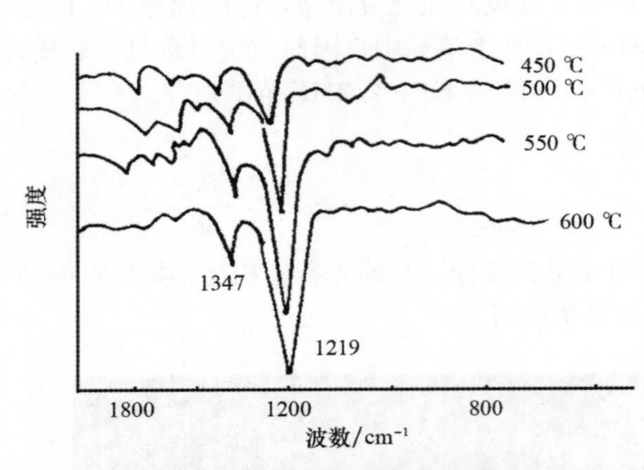

图 3　氟化石墨红外光谱谱线强度与温度的关系

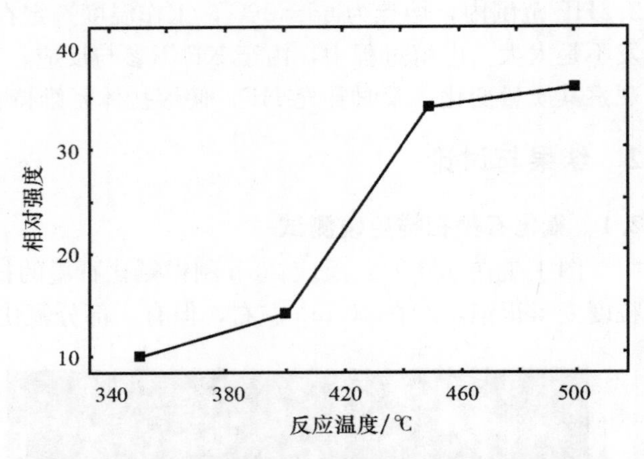

图 4　氟化石墨红外光谱谱线相对强度与温度的关系

2.3　氟化石墨 X 射线衍射分析

氟化石墨的 X 射线衍射结果如图 5 所示。与原料石墨相比，生成氟化石墨后，其结构发生了很大的变化。在 X 射线衍射图上表现为：锐线衍射峰减少，变成了宽而强的特征衍射峰，(001) 面的衍射峰尤其如此。同时，一些衍射峰具有聚合物的特征：衍射峰为复合峰，即在宽幅的衍射带上重叠着许多小锐线峰。表明氟化石墨不再具有石墨原先完整的晶体结构，结构具有聚合物特征。

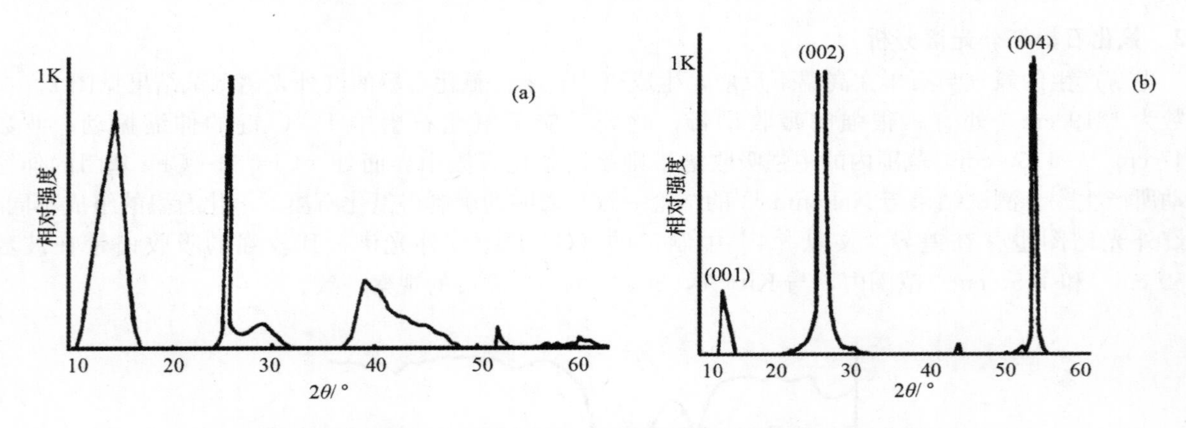

图 5　氟化石墨 (a) 和石墨 (b) X 射线衍射图 (550 ℃，反应 20 h)

2.4　温度对氟化石墨结构的影响

不同温度下生成的氟化石墨的结构存在差异。X 射线衍射结果表明：不同温度制备的氟化石墨，随着温度的提高，其 (001) 面的 2θ 角向高角度方向转变；而 (100) 面的 2θ 角则向低角度转变。其原因在于：不同温度下制备的氟化石墨中，$(C_2F)_n$ 和 $(CF)_n$ 的含量不同。因为 $(C_2F)_n$ 和 $(CF)_n$ 是不同阶的层间化合物，二者的结构和含量决定了氟化石墨的结构。不同温度下制备的氟化石墨 (001) 面和 (100) 面层间距见图 6。

2.5　反应温度对 F/C 的影响

不同温度生成的氟化石墨中，$(C_2F)_n$ 和 $(CF)_n$ 的含量不同。这同样体现在生成物 F/C 的不同。图 7 是 F/C 比与温度的关系。可见，随反应温度升高，F/C 比越来越大，接近于 1，这表明生成物中 $(CF)_n$ 的含量越来越多。

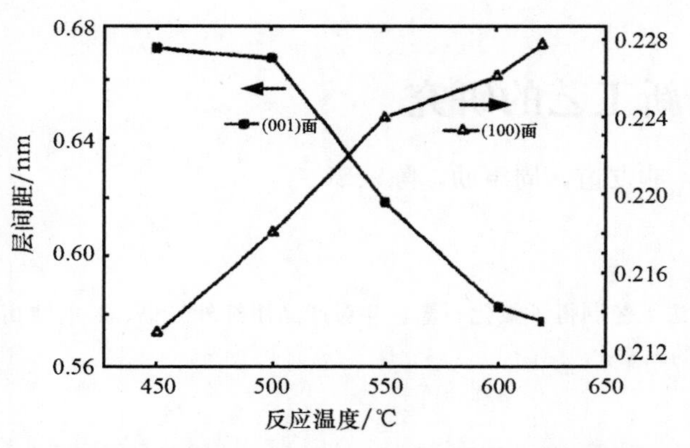

图6　氟化石墨（001）面和（100）面层间距随反应温度变化图

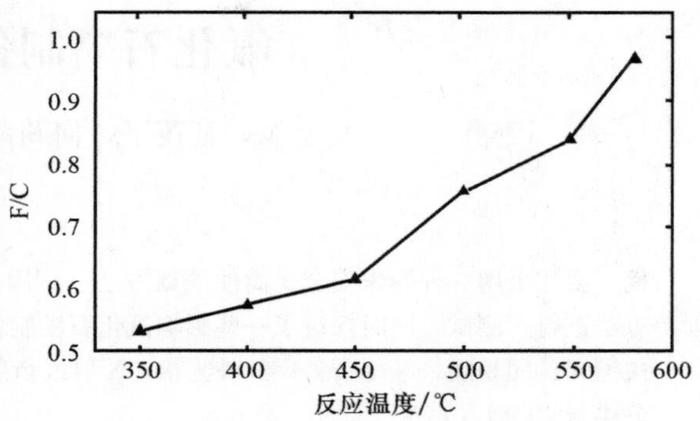

图7　F/C比与温度的关系

3　结论

（1）红外光谱测试表明：在波数为1219 cm^{-1}处有一很强的吸收谱带，此处对应于氟化石墨中F—C键的伸缩振动；波数1347 cm^{-1}～1350 cm^{-1}范围内的中强吸收谱带则是由氟化石墨中界面处$=CF_2$和$—CF_3$基团的伸缩振动所产生。

（2）氟化石墨没有完整的晶体结构，其X射线衍射峰具有聚合物特征。随着反应温度的提高，（001）面的2θ角向高角度方向转变，而（100）面的2θ则向低角度转变。

（3）反应温度越高，氟化石墨中$(CF)_n$的含量越多，F/C比越大，接近于1。

参考文献

[1] Imoto H，Nakajima T，Watanabe N. A study on anode effect in KF・2HF system [J]. Bull Chem Soc Japan，1975，48 (5)：1633-1634.

[2] 卢涌泉，邓振华. 实用红外光谱解析 [M]. 北京：电子工业出版社，1977：178.

[3] Nakajima T，Watanabe N. Graphite Fluoride：a new material [J]. Chemtech，1990，7：426-430.

[4] Mllouk T，Barlett N. Reversible intrcalation of graphite by fluorine：a new bifluoride，$C_{12}HF_2$，and graphite fluorides，CF_x（$2<x<5$）[J]. J Chem Soc Commun，1983，103-105.

[5] Kita Y，Watanabe N，Fuji Y. Chemical composition and crystal of graphite fluoride [J]. J Amer Chem，1974，12：1268-1273.

[6] 杨南如. 无机非金属材料测试方法 [M]. 武汉：武汉工业大学出版社，1990：237.

（材料工程，第8期，1999年）

氟化石墨制备新工艺的研究

夏金童，征茂平，何莉萍，熊友谊，周声劢，陈宗璋

摘　要：采用一种操作安全、简便的新方法——固相法工艺制得了氟化石墨，并对产品用红外光谱、X射线衍射等方法进行了测试，同时探讨了一些影响氟化石墨制备的因素。

关键词：固相法；氟化石墨；红外光谱；X射线衍射

分类号：O613.7

A Study on the Preparation of Graphite Fluoride by the New Technology

Xia Jintong, Zheng Maoping, He Liping, Xiong Youyi,
Zhou Shengmai, Chen Zongzhang

Abstract: A new, unsophisticated and safe methods of graphite fluoride preparation—solid-phase method technology is presented in this paper, and the product is examined by IRS and XRD, otherwise the factors influencing the preparation of graphite fluoride is discussed.

Key words: solid-phase method, graphite fluoride, IRS, XRD

氟化石墨是通过碳和氟在高温下直接反应而生成的石墨层间化合物，分子式一般为（CF）$_n$ 和（C_2F）$_n$，前者称为聚单氟碳，后者称为聚单氟二碳。由于氟化石墨具有独特的物理化学特性，所以在科学界与材料界受到特别重视。氟化石墨制备方法很多，如气相直接合成法、电解法等，但都存在许多问题。以气相法为例：气相法指用氟气直接与石墨在高温下反应，氟气来源于电解 KF·2HF 熔盐，因而阳极的选择极为重要；虽然许多电极在理论上可行，实际使用效果却并不理想。如石墨作阳极时，不仅容易发生阳极效应，降低电流效率，而且在电解过程中容易剥落、碎裂，使用寿命很短。另外，HF 和 F_2 均为剧毒危险品，对人体极其有害。有鉴于此，我们采用了一种新的方法——固相法新工艺来制备氟化石墨，获得了理想的实验结果。此工艺操作简便，反应所需时间也比其他方法少得多。

1　实验部分

1.1　原料预处理

A：石墨粒度≤40 μm，纯度≥99.5％。在实验前将石墨粉放在镍舟中，置于石英管内在真空下加热至 700 ℃，保温 4 h，以除去吸附在石墨表面的空气、水和有机物质。

B：含氟聚合物（PF），在反应前放入沸水中煮沸 3 h，烘干后备用。

1.2　实　验

把经过预处理的石墨粉与含氟聚合物按一定比例在有机溶剂中混合均匀，然后放入烘箱中在 150 ℃左右烘干，进而压片放入镍舟中。把镍舟放入高温炉的石英管内并通氮气适量后密封加热。炉温控制在 300 ℃～600 ℃。反应一段时间后，取出石英管冷却，即可得到粉状的氟化石墨。

2 实验结果及讨论

2.1 反应产物的红外光谱及 X 射线衍射分析结果

固相反应制得的氟化石墨用红外光谱及 X 射线衍射进行了分析。若在红外光谱的波数 1000～1400 cm^{-1}之间有吸收谱带，则存在 F—C 键[1]，并且谱带强度与被测物的含量（浓度）存在正比关系[2]。我们对所制得的样品用红外光谱分析时，发现在波数 1219 cm^{-1}有一很强的吸收谱带，这是由于 F—C 键伸缩振动产生的，如图 1 所示。此结果与国外文献报道一致[3-4]，从而证明我们已制得了氟化石墨。

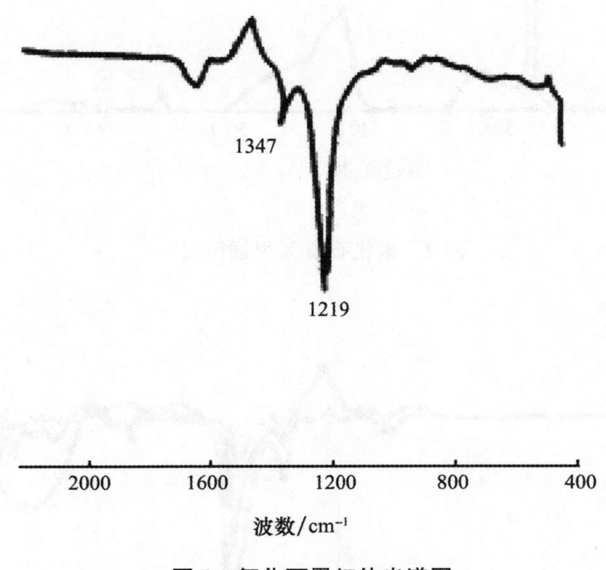

图 1　氟化石墨红外光谱图

样品的 X 射线衍射结果如图 2 所示。在 2θ 角为 12.8°时，有一宽而强的衍射峰，层间距膨胀为 6.916Å。进一步研究发现，氟化石墨的 X 射线衍射图具有典型的有机聚合物衍射图的特征，即衍射峰较宽，有许多重叠峰。

2.2 反应温度对氟化率的影响

同一样品（含氟聚合物与石墨的比例即 PF/C 相同）在不同温度下反应，以温度 460 ℃为佳，如图 3 所示，此时氟化率最大。在此温度下反应 1 h，氟化石墨的收率可达 90%以上。若反应温度较低，虽然也有样品生成，但反应速度较慢，也许是因为温度太低，使得反应不能获得足够的能量。另外，若反应温度太高，氟化率也不会显著增加。这是因为以石墨为原料制备氟化石墨时，高温下的反应温度与生成物的分解温度很接近。反应体系一旦达到生成物的分解临界温度，已生成的氟化石墨就会分解为无定形碳。由于氟化石墨的生成反应和分解反应都释放热量，经常引起连锁反应，使得生成与分解同时存在。因而，反应温度太高，不仅反应的收率很低，而且对氟化石墨的质量也有影响。

2.3 PF/C 配比对氟化率的影响

从图 4 所示的氟化石墨红外光谱图中可以看出：在同样的反应条件下（温度、保温时间相同），含氟聚合物（用 PF 表示）与石墨的配比（PF/C）不同时，虽然氟化率有随 PF/C 增大而增加的趋势，但影响并不显著。合理的解释可以认为在此反应中，含氟聚合物作为反应原料提供氟源。其含量越高，氟化反应进行得愈充分，生成物中所含未反应的石墨也就愈少。但一旦氟源足够，则生成物中的未反应石墨的含量就会很少，因而增多含氟聚合物对氟化率的影响不显著。

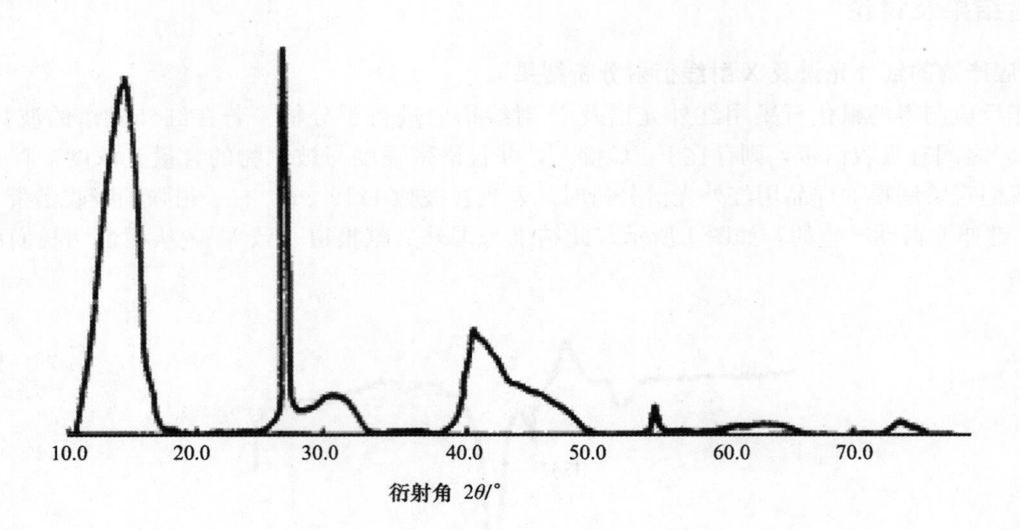

图 2　氟化石墨 X 射线衍射图

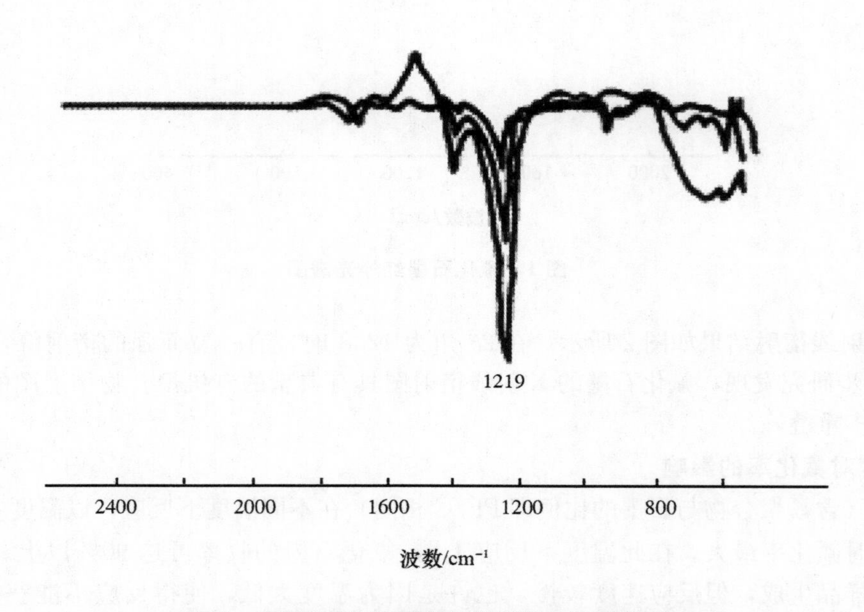

图 3　不同温度下制得的氟化石墨红外光谱图

(由上至下分别为 a、b、c)

a—350 ℃；b—560 ℃；c—460 ℃

2.4　三氟化物催化剂的作用

我们曾在反应体系中加入一些三氟化物作为催化剂。结果发现：同样的反应条件下，加入三氟化物后，反应收率有所提高。因为氟化石墨的分解除与体系温度有关外，还与体系中高碳氟化物的含量有关。当高碳氟化物含量较高时，氟化石墨会在瞬间分解为无定形碳。在反应体系中加入金属三氟化物作催化剂，可以使高碳氟化物分解为低碳氟化物，从而能够减少氟化石墨的分解，提高氟化石墨的最终收率。

2.5　石墨原料粒度的影响

氟与石墨的反应主要在接触表面，当表面反应完成后，反应向石墨层间渗透，而后者是极其缓

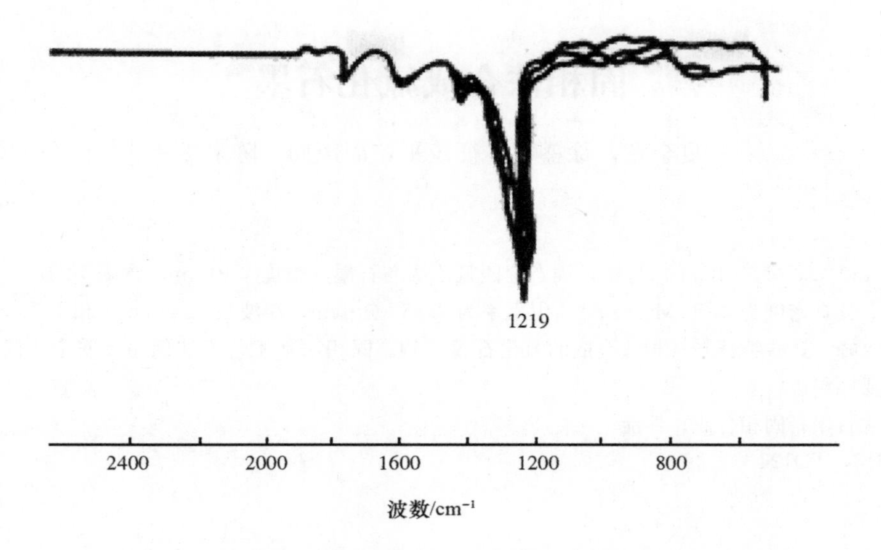

图 4 反应原料配比不同时，制得氟化石墨红外光谱图
（由上至下分别为 a、b、c）
a—PF/C=5∶1；b—PF/C=10∶1；c—PF/C=20∶1

慢的。由于氟的电负性极大，因而 F 与 C 之间是以共价键结合，扩散速率小，使得氟与石墨的反应以表面反应为主，且制得的氟化石墨为超点阵结构。这一原因使得反应对原料粒度有较高要求，固相法反应制备氟化石墨尤其如此。我们的研究表明，固相法反应原料的粒度只有在 40 μm 以下才能制得质量较高的氟化石墨，5 μm 以下更好。另一个原因是因为氟与石墨的反应是非均相合成反应，所以相与相之间的相互作用程度有很大影响。反应原料粒度越小，原料之间接触面积便越大，也更容易混合均匀，从而更加有利于这一合成反应的进行。

3 结论

（1）固相法工艺制备氟化石墨，反应温度对该反应的影响较大。一般说来，在 460 ℃左右，氟化率较高。

（2）改变反应原料之间的配比，对氟化率虽有影响，但并不显著。

（3）在反应体系中加入一些金属三氟化物作为催化剂，可降低反应体系中高碳氟化物含量，提高氟化率。

（4）固相法工艺制备氟化石墨是一种非均相合成反应，因而对反应原料粒度有一定的要求：原料粒度只有在 40 μm 以下才会有好的实验结果。

参考文献

［1］卢涌泉，邓振华. 实用红外光谱解析［M］. 北京：电子工业出版社，1989：19.
［2］杨南如. 无机非金属材料测试方法［M］. 武汉：武汉工业大学出版社，1990：237.
［3］Kita Y，Watanabe N，Fuji Y. Chemical composition and crystal structure of graphite fluoride［J］. J Amer Chem Soc，1979，101（4）：3832-3841.
［4］Lagow R J，Badachhape R B，Wood J L，et al. Some new synthetic approaches to graphite fluoride chemistry［J］. J Chem Soc Dalton Trans，1974，12：1268-1273.

［湖南大学学报（自然科学版），第 26 卷第 1 期，1999 年 2 月］

固相法合成氟化石墨

夏金童，徐盛明，征茂平，周声劢，陈宗璋

摘　要：在 450 ℃，0.5 MPa 的 N_2 中，固态聚四氟乙烯与石墨（粒度<40 μm，含碳>99.7%）合成反应制得灰白色氟化石墨。其真密度为 2.50 Mg·m^{-3}，电阻率为 2.85 kΩ·cm，在波数 1219 cm^{-1}和 1350 cm^{-1}处有F—C共价键红外光谱吸收峰，这些特征与气相法合成的氟化石墨一致。固相法新工艺方法简单、安全、成本低，无需剧毒单质氟气作为主要原料。

关键词：氟化石墨；固相合成；性能
分类号：O613，TQ124

Solid-phase Synthesis Graphite Fluoride

Xia Jintong，Xu Shengming，Zheng Maoping，
Zhou Shengmai，Chen Zongzhang

Abstract：Under nitrogen atmospheric pressure 0.5 MPa，the graphite fluoride was prepared through the synthesis reaction between the graphite powder（grain < 40 μm，carbon content > 99.7%）and the polytetrafluoroethylene at 450 ℃. The real density of the graphite fluoride was 2.50 Mg·m^{-3}，its electrical resistivity is 2.85 kΩ·cm and its colour is greyish white. The graphite fluoride synthesized had a absorb peak value of the infrared reflection spectra on F—C covalent bond at wavenumber 1219 cm^{-1} and 1350 cm^{-1}. The test results showed that the characteristics of the graphite fluoride in solid-phase process preparation consisted with those in gas-phase. The new technology had many advantages，such as simplicity，safety，lower-cost and no toxic fluorine gas as the main raw material.

Key words：graphite fluoride，solid-phase synthesis，properties

石墨是导电体，通过碳六角网面间的 π 电子导电，氟化石墨保持着原有的层状结构，但因氟进入石墨层间，不但使层面的碳原子以 SP^3 杂化轨道同相邻的三个碳原子和氟原子形成共价键而失去导电性（其特征近似绝缘体，灰白色[1]），还导致氟化石墨密度较大（>2.5 Mg·m^{-3}）。由于氟原子与石墨层间的 π 电子形成了共价键，致使石墨层间的键能显著减少，仅为 8.4 kJ·mol^{-1}，远比石墨的层间能 37.6 kJ·mol^{-1}低，这是氟化石墨的润滑性比石墨和二硫化钼好的本质原因。

氟化石墨是一种优于石墨和二硫化钼且被认为是划时代的固体润滑剂[1]。目前被日、美等国垄断，其价格与白银相似[1,2]。现今主要采用气相法工艺[3]，即以单质氟与石墨进行高温反应制得，由于使用了极为活泼的氟，在电解制氟气和合成氟化石墨的过程中，极易发生爆炸和氟气泄漏事故，因而气相法工艺复杂、设备苛刻、安全保障要求严格。

固相法不用氟，安全、简单、成本低，迄今未见到有关报道。

实验：将石墨粉（含碳>99.7%，粒度<40 μm）与固态聚四氟乙烯（粒度<70 μm），按质量

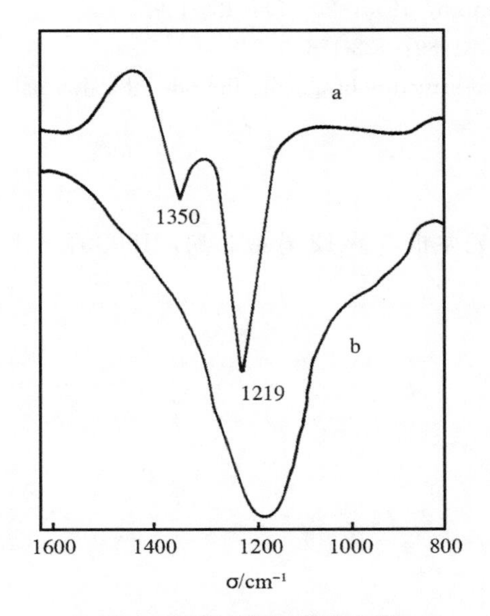

图1 氟化石墨的红外光谱

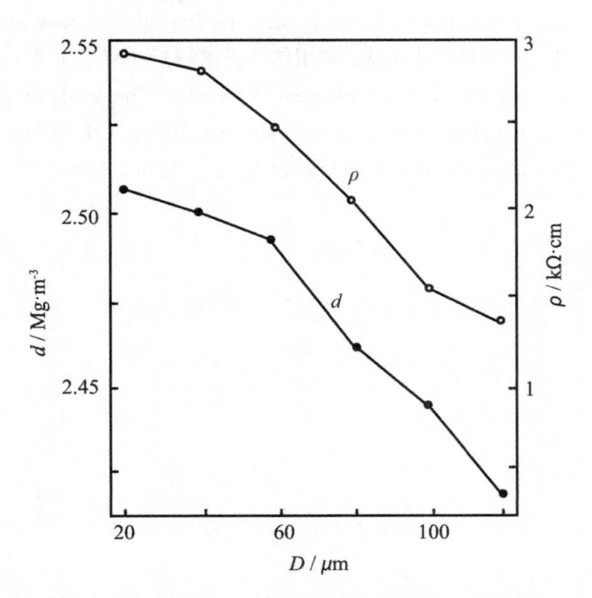

图2 不同颗粒尺寸（*D*）的石墨对氟化石墨的密度（*d*）和电阻率（*ρ*）的影响

比 1∶3 配制混合后，装入镍舟并置于改装的管式炉内。炉温升至 150 ℃，通入氮气，氮气压力保持在 0.5 MPa。以 3 ℃ • min^{-1}升温至 450 ℃，再保温 1 h 进行反应。炉温过低，合成难以进行；炉温过高，会产生剧毒气体。冷却出炉后的产物，经提纯可得到氟化石墨产品。

结果与分析：在合成产品的红外光谱（见图 1a）中，1219 cm^{-1}处有一很强的吸收谱峰，在 1350 cm^{-1}处有中强吸收谱峰，此是由 F—C 键伸缩振动产生的。这与有关氟化石墨的红外光谱特征谱峰的报道相吻合[4,5]。而固态聚四氟乙烯吸收谱峰与之明显不同（图 1b），从而认定用新法合成氟化石墨是成功的。另外，固相法新工艺与气相法工艺合成的氟化石墨测试值非常接近（表 1），也证明固相法新工艺是成功的。

实验还表明：石墨原料越细，制成的氟化石墨的密度越大，电阻率越高（图 2），表明石墨的氟化反应越完全。这是因为与石墨反应的氟原子来自固态聚四氟乙烯，反应开始时主要在其接触面上，当表面反应完成后，氟原子向石墨层间扩散推进，如果原料石墨粒子较粗，氟原子难以扩散到粒子的中心部位，则氟化反应就不彻底，只有石墨粒子＜40 μm，氟化反应比较完全。

表 1 两种氟化石墨和原料石墨及未反应混合料性能指标

Sample	Solid-phase synthesis	Gas-phase synthesis*	Graphite raw material	No reaction mixture
ρ/Ω • cm	2.85×10^3	$>3\times10^3$	0.02	0.94
Real density/Mg • m^{-3}	2.5	>2.52	2.24	2.13
Colour	Greyish white	Greyish white	Black	Greyish black

Note: * sample—abroad doeument report[3,6].

原料石墨粒度＜40 μm，氟化石墨收率为 72%（产品重/反应物重），气相色谱法测得产品的氟含量 55.3%，氟与碳摩尔数之比值为 0.78，由氟化石墨结构形式 $(CF_x)_n$ 知新工艺合成的产品为 $(CF_{0.78})_n$ 形式。

参考文献

[1] 文虎. 新型固体润滑剂——氟化石墨 [J]. 电碳，1993，5 (3)：1-3.
[2] 孟宪光. 氟化石墨及其合成 [J]. 炭素，1997，25 (2)：28-33.

[3] Tsuyoshi，Nakajima. Graphite fluoride—A new material [J]. Chemtech，1990，20 (7)：426-429.
[4] 卢勇泉，邓振华. 实用红外光谱解析 [M]. 北京：电子工业出版社，1989：122-126.
[5] Yasushi Kita，Nobuatsu Watanabe. Chemical composition and crystal structure of gaphite fluoride [J]. Journal of the American Chemical Society，1979，101 (14)：3847-3849.
[6] 孟宪光. 氟化石墨及其合成 [J]. 炭素，1997，25 (2)：28-33.

（材料研究学报，第 12 卷第 3 期，1998 年 6 月）

合成温度与时间对氟化石墨性能的影响研究

夏金童，周声劢，征茂平，熊友谊，陈宗璋

摘　要：电解 KF·2HF 电解液制取氟气，并将其经二级净化设施纯化后，再与鳞片石墨粉（含碳＞99%，粒度＜40 μm）在高温下直接进行反应，制得氟化石墨。在本工艺条件下，保持温度 500 ℃，经 15 h 合成反应所制备的氟化石墨经红外光谱测试分析，在波数 1219 cm^{-1} 处的吸收谱带强度最大，且其真密度、电阻率、含氟量和 F/C 值最高。

关键词：石墨氟化
分类号：TQ165

Influence of Synthesis Temperature and Time on the Graphite Fluoride's Properties

Xia Jintong，Zhou Shengmai，Zheng Maoping，Xiong Youyi，Chen Zongzhang

Abstract：Fluorine gas was prepared by electrolysis of the electrolyte KF · 2HF，then the graphite fluoride was synthesized through a direct reaction between the scaly graphite powder (carbon content＞99%，grain size＜40 μm) and the fluorine gas was purified by two selfmade purgers at high temperature. Under our experiment conditions，the graphite fluoride which was synthesized at 500 ℃ for 15 hours had a strong absorption peak of F—C covalent bond near the wavenumber 1219 cm^{-1} of FTIR spectrum. Besides，its real density，electrical resistivity，fluorine content and F/C ratio had the best values.

Key words：Graphite fluorination

氟化石墨层间键能（约 2 Kcal/mol）远较石墨层间键能（约 9 Kcal/mol）低[1]，因此其具有石墨、二硫化钼远不及的润滑性，且不受使用环境的影响，特别是在高速、高压、高温条件下使用效果更佳。用锂作阳极，氟化石墨作阴极，与非水系电解质组合成的电池，是一种高能量密度、高输出功率的新型电池[2]，已引起化学电源研究者们的极大兴趣和重视。由于氟化石墨具有一系列独特的物理化学性能，其潜在应用范围极为宽广。

氟化石墨的制备现主要采取石墨粉与单质氟气在高温下直接合成的工艺方法。由于关键原料气体氟是卤族元素中电子亲合力和电离势最大的元素，能与绝大多数元素发生快速剧烈反应，因此开发研制氟化石墨难度较大并具有一定的危险性。

由于氟化石墨是高科技精细功能材料，加之其关键技术被日、美等先进工业国家所垄断，20 世纪 90 年代初其价格每克约 1 美元，现仍十分昂贵，迄今为止，国内无生产厂家，也未见到这方面的研究报道。为了缩小我国与先进工业国家在氟化石墨研究与开发领域中的巨大差距，开展氟化石墨的合成研究，是一项十分有意义的工作。

1　实验研究

1.1　技术路线

本研究制定的工艺技术路线见图1。其中的氟气电解槽、氟气净化装置、反应炉等为自行设计制造和安装，整个气体通道均为不锈钢管。

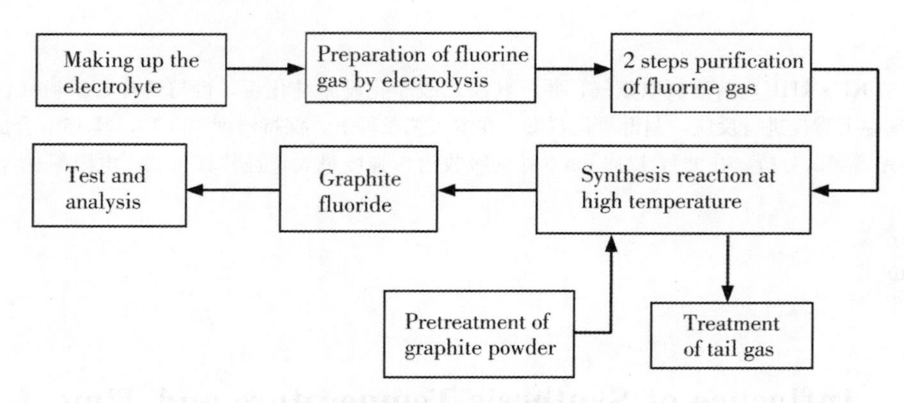

图1　氟化石墨合成工艺流程图

1.2　氟气制备

制备氟气的电解液用KF和HF配制，它们的摩尔数之比为1∶2。利用特制炭电极作阳极，不锈钢电解槽体作阴极，在电解过程中炭阳极表面产生氟气，不锈钢槽体内壁（阴极）产生氢气，由于氟极为活泼，电解过程中，氟气和氢气绝不能相遇混合，否则易发生剧烈爆炸事故。

1.3　石墨氟化反应

采用自制的化学冷阱（$CaCl_2$＋冰）和充填100 ℃的固体氟化钠的缓冲罐作为氟气二级纯化装置，氟气纯化效果良好。经过纯化处理的氟气直接进入装有鳞片石墨粉（含碳＞99%，粒度＜40 μm）的镍合金反应器中（反应器置于改装的管式电炉中）与石墨进行反应。保持一定的炉温和反应时间后，停止通入氟气和加热，并立即通入氮气冷却，即可制得氟化石墨。反应后的尾气需经碱性溶液吸附处理，禁止直接排放空气中。

1.4　测试方法

用美国Analect公司制造的AQS-20型傅里叶红外光谱测定仪，对合成的样品进行红外光谱测试分析，用氟蒸馏-容量滴定法测定样品的氟含量，其他质量指标按常规测试方法测定。

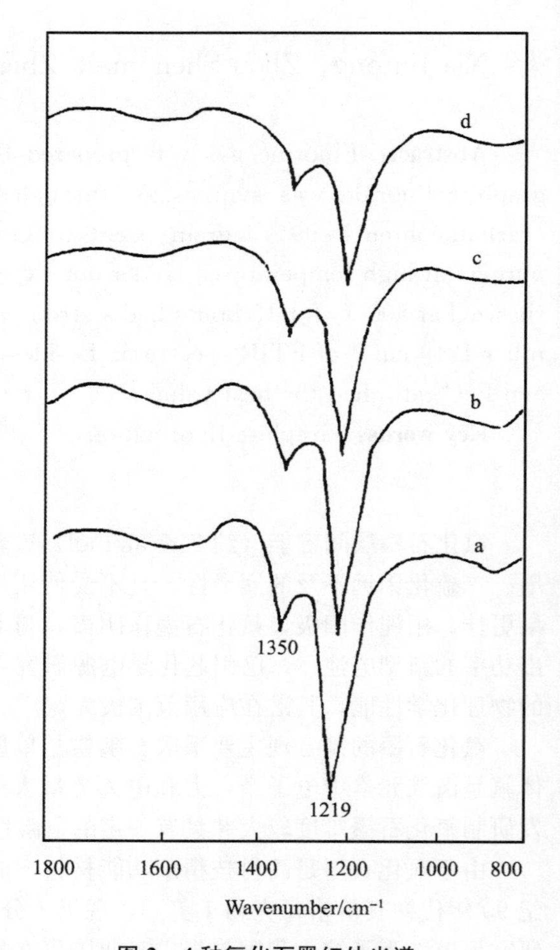

图2　4种氟化石墨红外光谱

a—500 ℃，15 h；b—500 ℃，7 h；
c—450 ℃，15 h；d—450 ℃，7 h

2 讨论与分析

2.1 不同氟化石墨的红外光谱图分析

红外光谱分析法表明[3]：在波数 1000 cm^{-1}～1400 cm^{-1}之间若有吸收谱带，则存在 F—C 键。

图 2 为 4 种样品的红外光谱图，4 种样品的反应条件除温度和时间外，其余反应条件均相同。从图 2 中可以看出，每种样品在波数 1219 cm^{-1}处都有一强的吸收谱带，在波数 1350 cm^{-1}左右有一弱的吸收谱带，这些结果与国外相关研究者关于氟化石墨红外光谱测试结果非常接近[4,5]，表明本研究合成所制得的 4 种样品均是氟化石墨。

红外光谱法不但可定性地对所测试的样品进行某种基团物质分析，而且还可相对说明所测物质含量（浓度）的多和少，这是因为其谱带强度与被测物质的含量（或浓度）存在正比关系，即红外光谱某一物质特征吸收谱带的强度越大，表明该物质的含量（或浓度）越高[6]。

从图 2 中可知：反应时间越长，对应于 1219 cm^{-1}波数的吸收谱带强度越强，反应温度的提高，亦具有同样效果，这表明样品中所含 F—C 键增多了。同时发现波数 1350 cm^{-1}左右的吸收谱带强度变化不大，这反映出石墨边界处的碳原子活性较大，容易生成$=CF_2$ 和$—CF_3$ 基团。通过图 2 可以看出，反应温度 500 ℃，时间 15 h，所合成的氟化石墨谱带强度最大（见图 2 中 a 谱峰），表明在本研究条件下，此时石墨的氟化反应最彻底，所含 F—C 键最多。

此外需要说明的是，本研究使用的鳞片石墨含碳量大于 99%，另外按电化学原理可知，各种物质的电解电位不一样，按正常的电解工艺，电解制得的氟气纯度可达 97%，且制得的氟气又经过二级纯化处理，故可确认，本研究合成的样品中，主要成分是元素 F 和 C。

2.2 4 种氟化石墨综合指标分析

对各个温度与时间条件下合成的氟化石墨的氟含量等指标进行了测试，结果见表 1。

表 1 4 种氟化石墨测试指标

Quality parameter \ Sample No.	a	b	c	d
Temperature/ ℃	500	500	450	450
Time/hour	15	7	15	7
Real density/g · cm^{-3}	2.54	2.52	2.47	2.44
Resistivity/kΩ · cm	3.3	3.1	2.7	2.2
Fluorine Content/%	56.5	55.9	50.1	47.7
F/C Gram molecule ratio	0.82	0.80	0.63	0.57
$(CFx)_n$ formula	$(CF_{0.82})_n$	$(CF_{0.80})_n$	$(CF_{0.63})_n$	$(CF_{0.57})_n$
Colour	Grey white	Grey white	Black yellow	Black yellow

从表 1 可知，不同温度和时间条件下所合成的氟化石墨性能指标有所区别。温度增加，反应时间延长，氟化石墨的真密度、电阻率、氟含量和 F/C 值都有所增加，颜色也从黑黄变为灰白。值得注意的是反应温度为 500 ℃时，延长反应时间，此时的氟化石墨的各项指标变化并不大，表明本工艺条件下，保持合成温度 500 ℃，反应时间 15 h，此时石墨与氟的反应较为充分，这也可从图 2 中的 a 和 b 谱峰的吸收谱带强度相差不大得到验证。

石墨与氟反应生成的氟化石墨，其结构形式是复杂的，因此要制得单一的聚单氟碳 $(CF)_n$ 和聚单氟二碳 $(C_2F)_n$ 是极其困难的，因此所合成的氟化石墨的 F/C 摩尔比值多在 0.5～1 之间。根据氟与石墨的通用反应式[4,7]：$nC_{(固)}+\frac{nx}{2}F_{2(气)}\rightarrow (CF_x)_{n(固)}$，以及所测定和计算的 4 种样品 F/C 摩尔比值，将本工艺条件下合成制得的 4 种氟化石墨的（CF_x）$_n$ 分子式列于表 1 中。

从表 1 中可看出，与原料石墨的密度（2.22 g·cm^{-3}）和电阻率（2.1×10^{-5}kΩ·cm）相比较，氟化石墨的电阻率极高，真密度较大。这是因为石墨是通过碳六角网面之间的 π 电子来导电的，石墨经氟化反应后，氟原子进入石墨层间，致使层面的每个碳原子以 SP3 杂化轨道同相邻的三个碳原子和氟原子形成共价键而失去了导电性。氟化石墨的密度值较大，其主要原因仍是石墨层间进入了氟原子所致，即石墨平面层上下表面均结合着氟原子，氟原子进入层间越多，形成的氟化石墨密度就越高。另外，由于氟原子的电负性极强，大量氟原子进入石墨层间可使石墨的碳层平面之间发生滑动，且部分碳原子发生扭曲，致使石墨六角网状层的结构遭到破坏，其晶体结构不再完善。

3　结论

（1）制定的合成氟化石墨技术路线可行，可满足本工艺条件下合成氟化石墨的需要。

（2）本工艺条件下，反应温度 500 ℃，时间 15 h 制得的氟化石墨在红外光谱波数 1219 cm^{-1} 处吸收谱带强度最大，且其密度值、电阻率、含氟量和 F/C 值最高，表明石墨与氟反应较为彻底，制得的氟化石墨质量较好。

参考文献

[1] 渡边信淳. フツ化黑铅的化学. 化学综说，1993，27：53.
[2] Hagiwara R. A Li thium /C_2F primary battery [J]. Electrochem Soc，1988，9：2293.
[3] 卢勇泉，邓振华. 实用红外光谱解析 [M]. 北京：电子工业出版社，1989：237.
[4] Nakajima T. Preparation and electrical conductivity of fluorineg raphite fiberintercalation compound [J]. Carbon，1986，24 (3)：344.
[5] Kita Y，Watanabe N. Chemical composition and crystal structure of graphite fluoride [J]. J Am Chem Soc，1979，101 (14)：3847.
[6] 董庆年. 红外光谱法 [M]. 北京：石油化学工业出版社，1977：178.
[7] 孟宪光. 氟化石墨及其合成 [J]. 炭素，1997，2：29.

（新型炭材料，第 13 卷第 3 期，1998 年 9 月）

气相法合成氟化石墨的研究

夏金童，刘其城，征茂平，陈小华，周声劢，陈宗璋

摘　要：配制的电解质熔盐组成为：KF（60%）、HF（40%），在100±5 ℃温度范围内电解该熔盐可制得氟气。将所制备的氟气经纯化处理后与鳞片石墨粉在50 ℃进行15 h的反应，成功地合成制得了氟化石墨，其真密度值为2.54 g/cm^3，含氟量为56.5%，F/C值为0.82。与石墨原料的X射线衍射谱峰相比，所合成的氟化石墨的（002）衍射峰强度变弱，而（001）和（100）峰变宽。氟化石墨在波数1219 cm^{-1}和1350 cm^{-1}附近有F—C共价键红外光谱吸收峰。

关键词：氟化石墨；氟气制备；结构分析

Study on Synthesis of Graphite Fluoride in Gas Phase

Xia Jintong，Liu Qicheng，Zheng Maoping，Chen Xiaohua，
Zhou Shengmai，Chen Zongzhang

Abstract：The fluorine gas was produced by electrolysis of a mixed molten salt of KF（60%）and HF（40%）at 100±5 ℃. After being purified，the fluorine gas was introduced into the rcaction system and reacted with the scale graphite powder at 500 ℃ for 15 h to synthcsize the graphite fluoride. The synthesized graphite fluoride has a real density of 2.54 g/cm^3 with its fluorine contenr being 56.5%. The graphite fluoride was also characterized by the infrared adsorption spectrometry and the X-ray diffraction technique.

Key words：Graphite fluoride，preparation of fluorine gas，structure analysis

1　前言

氟化石墨的研究历史已经很久了，1934年德意志联邦共和国化学家O. Ruff就发表了（CF）$_n$的合成方法[1]，1947年G. Rüdoff通过严格控制温度成功地合成了氟化石墨，化合物的颜色随氟含量的增加，从灰色变成白色[1]。这之后氟化石墨的研究时断时续地进行着，主要是人们当时还没有发现其实用价值。直到20世纪70年代初，发现氟化石墨既具有优良的润滑性能又是高能锂电池较为理想的活性阴极材料，才逐渐把氟化石墨的研制推向高潮。

目前，作为高技术、高效益精细化工产品的氟化石墨，在日、美等国已形成工业生产规模，且应用领域也越来越广泛。我国在氟化石墨的研究和开发应用方面与先进发达国家的差距越来越大，因此，深入开展氟化石墨的研究工作具有重要意义。

2　实验

2.1　电解制氟气

在气相法合成氟化石墨中，制取氟气是关键。通常使用组成为KF·（1.8～2.2）HF的中温电

解质，熔点为65±2 ℃。本实验使用KF·2HF熔盐作为电解质制取氟气，因液体HF是非导体，加入KF后使之变为导体才能作为电解质使用。另外，KF的加入可以大大减少HF的挥发，并可减少对电解槽的腐蚀。电解槽的工作温度为100±5 ℃，使电解质熔盐充分溶解，利于电解制氟气，同时HF的挥发又不大。为了降低炭电极的阳极效应，提高电解制氟效率，电解质中加入了微量的氟化锂。电解质组成见表1。

表1　电解质原料质量与组成

药品名称	分子式	分子量	纯度	质量分数/%	克分子数
无水氟化氢	HF	20	99.0%	40	2
无水氟化钾	KF	58	分析纯	60	1
氟化锂	LiF	微量	分析纯	不计	

利用经表面处理的炭棒作阳极，不锈钢槽体作阴极，在电解过程中，阳极产生氟气，不锈钢槽内壁（阴极）产生氢气。需要指出的是，气体氟极为活泼，氟气和氢气决不能相混合（在电解槽内用特制阳极罩使之隔离），否则会发生剧烈爆炸。电解制取的氟气通过自制的二级氟气净化装置进行净化处理，可明显提高氟气纯度。气体通道均为不锈钢管。

2.2　合成反应

称取一定量天然鳞片石墨粉（含碳>99%，粒度<40 μm），装入自制耐腐蚀、耐高温镍合金钢反应器内并置于改装的管式电炉中，将电解制得并经纯化处理后的氟气通入反应器，使石墨粉与氟气在高温下进行合成反应，经一定时间反应后，即可合成制得氟化石墨。由于是以气体氟为主要原料，该工艺合成氟化石墨亦称气相法工艺。

3　结果与讨论

3.1　红外光谱分析

红外光谱分析法表明[2,3]：在波数 1000 cm^{-1} ～1400 cm^{-1}之间若有吸收谱带，则存在F—C键。本实验制备的氟化石墨（反应温度50 ℃，时间15 h）红外光谱测试结果见图1。

从图1可知波数1219 cm^{-1}处有一强的吸收谱带，此处对应于氟化石墨的F—C键的伸缩振动；在波数1349 cm^{-1}处有一较弱吸收谱带，这一波数对应于氟化石墨中的$=CF_2$与$-CF_3$基团。这些结果与国外相关研究者对氟化石墨测试结果一致，证明本研究所制备的样品是氟化石墨。

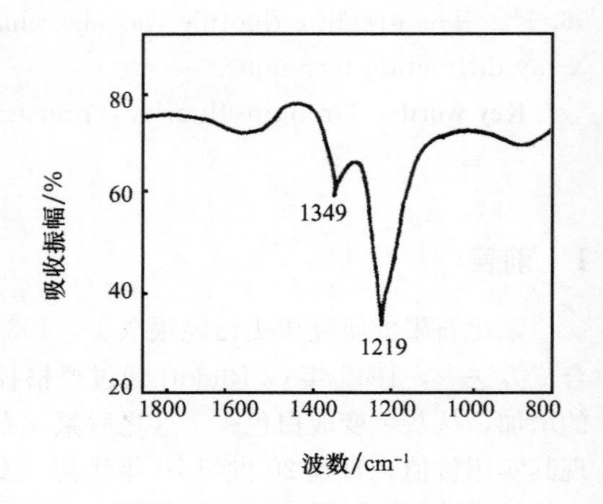

图1　氟化石墨红外光谱图

3.2　X射线衍射分析

将合成反应获得的氟化石墨与石墨原料进行X射线衍射测试分析，结果见图2。从图2中发现两者衍射图谱有显著区别，石墨经氟化反应成为氟化石墨后，(002)衍射峰强度变小，(001)和(100)衍射峰变宽，强度增大。这些测试结果与国外相关研究者对氟化石墨的测试分析相吻合[4,5]。实验表明：由于氟原子进入石墨层间生成氟化石墨，致使石墨的原有结构发生了很大变化，原有的碳原子六角网状层面结构遭到破坏，晶体结构不再完善，结晶度下降。

3.3　真密度与氟化石墨形式分析

本研究所合成的氟化石墨（反应温度500 ℃，时间15 h）真密度为2.54 g/cm^3，氟质量分数为

56.5%，氟化石墨的密度值大于原料石墨（2.22 g/cm^3），其原因是石墨层间进入氟原子所致，即石墨层的上下表面均结合着氟原子。氟原子进入石墨层间越多，形成的氟化石墨密度就越高。由氟的质量分数为56.5%，可知碳的质量分数约为43.5%，故所合成的氟化石墨F/C（摩尔数之比）值为0.82。按反应式[6]：$n\text{C}(\text{固})+\frac{nx}{2}\text{F}_2\xrightarrow{\text{高温}}(\text{CF}_x)_n(\text{固})$，推出本研究合成的氟化石墨形式是（$CF_{0.82}$）$_n$。

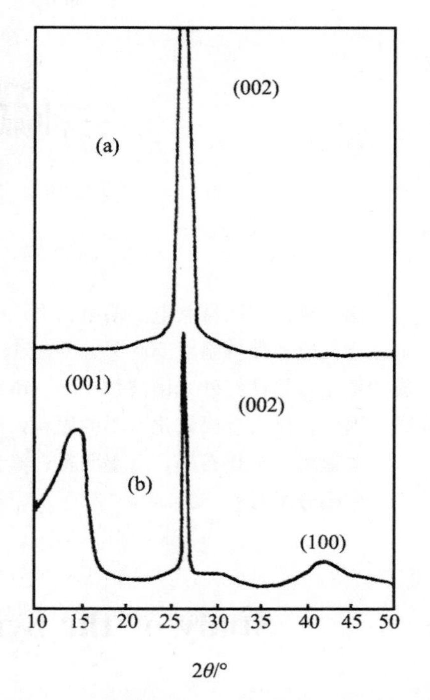

图2 原料石墨（a）和氟化石墨（b）X射线衍射图

4 结论

（1）以KF和HF为主要原料配制的电解质熔盐可满足电解制氟气的需要。

（2）用红外光谱和X射线衍射法对合成的氟化石墨进行测试分析，其结果与国外相关研究者测试结果相吻合，表明用本工艺合成氟化石墨是成功的。

（3）合成的氟化石墨颜色为灰白色，真密度2.54 g/cm^3，氟的质量分数56.5%，F/C值是0.82。

参考文献

[1] 刘宗保. 氟化石墨的性质和应用 [J]. 电碳，1989，1（2）：1-2.

[2] 卢涌泉，邓振华. 实用红外光谱解析 [M]. 北京：电子工业出版社，1989：237.

[3] 董庆华. 红外光谱法 [M]. 北京：石油化学工业出版社，1977：178.

[4] Nakajima T. Preparation and electrical conductive of fluorine-graphite fiber intercalation compound [J]. Carbon，1986，24（3）：343-350.

[5] Yasushi Kita，Nobuatsu Watanabe. Chemical composition and crystal structure of gaphite fluoride [J]. Journal of the American Chemical Society，1979，101（14）：3847-3849.

[6] 孟宪光. 氟化石墨及其合成 [J]. 炭素，1997，(2)：28-30.

（炭素技术，1998年第4期，总第96期）

三种氟化石墨的合成与性能的研究

夏金童，周声劢，孙夫民，焦继岳，征茂平，陈宗璋

摘　要：利用自制电解槽电解 KF·2HF 电解液可制得氟气，将其净化后再与鳞片石墨、人造石墨和土状石墨分别进行反应，保持温度 500 ℃，并经 15 h 连续不断的反应，可合成制得 3 种氟化石墨。测试结果表明：鳞片石墨合成的氟化石墨在红外光谱波数 1219 cm^{-1} 处吸收谱峰强度大于另外两种氟化石墨，且其真密度、含氟量、电阻率最高。因此，作为合成氟化石墨的原料，鳞片石墨优于人造石墨和土状石墨。

关键词：氟化石墨；石墨原料；氟化反应；性能指标

中图分类号：TQ124.4

Study of the Synthesis and Properties on Three Types of Graphite Fluoride

Xia Jintong，Zhou Shengmai，Sun Fumin，Jiao Jiyue，
Zheng Maoping，Chen Zongzhang

Abstract：In a self-made electrolyzer device，a fluorine gas was prepared from electrolyte KF·2HF by the technique of electrolysis. Under our experiment conditions（synthesis time is 15 hours，temperature is 500 ℃），three types of graphite fluoride were successfully synthesized by the separate reaction of three different graphite（scaly，artificial，earthy）with the purified fluorine gas. The experimental results show that the absorption peak strength of the graphite fluoride synthesized using a scaly graphite at IR spectra wave number 1219 cm^{-1} is larger than that other two gypes of graphite fluoride，as well as，its real density，fluorine content and resistivity have the best values of three types of graphite fluoride. As raw materials of synthesizing graphite fluoride，the scaly graphite had superiority over artificial graphite and earthy graphite.

Key words：graphite fluoride，graphite raw material，fluoridation reaction，performance index

1　引言

在氟化石墨出现之前，固体润滑剂主要是石墨和二硫化钼（MoS_2）。石墨在有空气或水蒸汽存在时，具有良好的润滑性能，而在真空或还原性气氛下，润滑性能大为降低。MoS_2 在空气等氧化性气氛下，与氧反应而生成 MoO_2，使其原来的二维层状结构转化为三维结构，因而润滑性能也急剧下降。氟化石墨不但有优异的润滑性能且不受环境气氛影响，因此，作为固体润滑剂，氟化石墨优于石墨和二硫化钼。

氟化石墨之所以具有极其优良的润滑性能，是因为氟原子进入石墨层间并与 π 电子形成了共价键，致使石墨层间的键能显著减少，仅为 8.4 kJ/mol，远比石墨的层间能 37.6 kJ/mol 低[1]，这是其具有优良润滑性的根本原因。另外，由于石墨六角网状平面层的上下表面密布结合着氟原子，且

层与层之间的氟原子相互之间又有斥力，它们可以抵消来自外部的压力，加之，外部的苛刻气氛和温度不易使牢固的F—C键断开，氟化石墨在苛刻气氛和高速、高压、高温条件下也能充分显示出优异的润滑性能，因此，氟化石墨被认为是划时代的固体润滑剂[2]。

另外，将氟化石墨改造为电池阴极材料，并用锂作阳极，与非水系电解质组合成电池（Li/$(CFx)_n$，$0<x\leqslant1$），这种电池的能量密度是锌锰碱性电池的6倍左右，已引起电化学研究者们的极大兴趣和重视[3]。由于氟化石墨具有一系列独特的物理化学性能，其还有一系列新用途。作为高科技、高效益精细功能材料的氟化石墨，在日、美等国已形成工业生产规模，且应用领域也越来越广泛。因此，深入开展氟化石墨的研究工作是一个十分有意义的课题。

2 实验研究

2.1 技术路线

结合现有的实验条件，并通过对国外合成氟化石墨工艺路线和仪器设备进行分析[4,5]，本研究制定的工艺技术路线如下所示。

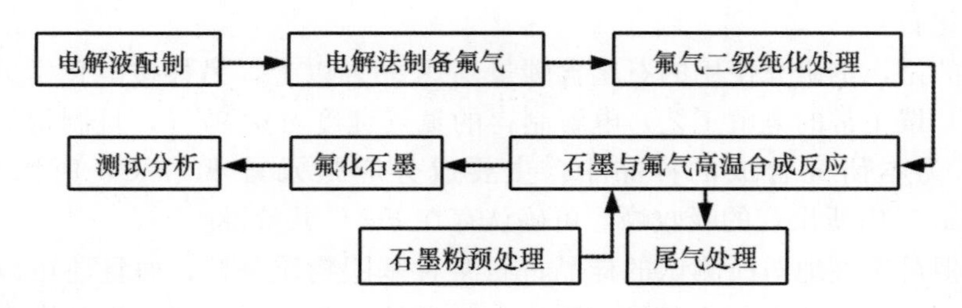

2.2 电解制氟气

合成氟化石墨最关键的原料是单质氟气，国内无厂家可供货，国际市场价奇贵，加之氟又是最强的氧化剂，性质极为活泼，属剧毒危险品，因此制备氟气不但有技术上的难度，还有一定的危险性，这些是制约国内研究和开发氟化石墨的主要原因。

本研究制备氟气的电解液用KF和HF配制，其质量分数分别为w（KF）＝60％，w（HF）＝40％。它们的物质的量比为n（KF）∶n（HF）＝1∶2。利用特种炭电极作阳极，不锈钢电解槽作阴极，在电解过程中，炭阳极表面产生氟气，不锈钢槽体内壁（阴极）产生氢气。由于氟极为活泼，能与大多数元素发生剧烈快速反应，甚至在－200 ℃以下，氟与氢相遇仍会发生爆炸反应[6]。因此，电解过程中，氟气和氢气绝不能相遇混合，否则易发生剧烈爆炸事故。本研究的电解槽采用聚四氟乙烯塑料阳极罩，使氟气和氢气完全隔离，实际安全效果良好。

2.3 石墨原料选择

本研究采用3种较为典型的石墨作为原料，它们是：鳞片石墨、人造石墨和土状石墨，要求含碳量＞99％，粒度小于40 μm。其中鳞片石墨亦称显晶石墨，土状石墨亦称无定形石墨或隐晶石墨和微晶石墨。市售土状石墨最高含碳量仅为92％，故需对土状石墨进行提纯处理，方法是：用氢氟酸浸泡土状石墨粉，过滤后再用水洗涤，该过程反复多次，即可使土状石墨粉的含碳量提高到99％。

2.4 氟化反应

电解制取的氟气经纯化处理后，将其用不锈钢管引入装有一定量石墨粉的镍合金反应器中（反应器置于改装的管式电炉中），并使反应温度保持在设定的高温处（500 ℃），反应一定时间后（15 h），停止通入氟气和加热，并立即通入氮气冷却，即可制得氟化石墨。其化学反应式[5,9]为：

$$n\text{C}(固)+\frac{nx}{2}\text{F}_2\longrightarrow(\text{CF}_x)_n(固)，0<x\leqslant1$$

经氟化反应后的尾气不可直接排入空气中，需用碱性溶液吸附处理。

本实验过程中，始终保持尾气处理溶液平均鼓泡数为50～70个/min，平均约1个/s。由于氟与石墨在设定的高温中的反应产物是固体氟化石墨，故尾气主要成分应为氟，这意味着反应器始终保持稍有过量氟气存在，未参与反应的氟气经过反应器后作为尾气排出。另外，氟气量的多少，可通过调节电解槽的电解电流的大小予以控制，它们为正比关系。如发现尾气处理溶液鼓泡数过多或过少，适当调小或调大电解槽电流，使之鼓泡数达预定值即可。

3　讨论与分析

3.1　红外光谱分析

红外光谱分析法表明[7]：在波数 1000 cm^{-1}～1400 cm^{-1}之间若有吸收谱峰，则存在 F—C 键。

Mallour 等人对制得的 $(C_{2.5}F)_n$ 用红外光谱分析时，发现在波数 1050 cm^{-1}和 1150 cm^{-1}之间有较强的吸收谱峰。但此波数比 Watanabe 等人对 $(CF)_n$ 和 $(C_2F)_n$ 所测定的波数略小一些，他们认为 $(CF)_n$ 和 $(C_2F)_n$ 的波数分别为 1219 cm^{-1}和 1221 cm^{-1}。

将 3 种原料在相同的条件下（温度为 500 ℃，时间 15 h）与氟进行氟化反应，所制得的样品用红外光谱分别进行了测试，发现它们各自在波数 1219 cm^{-1}有一强的吸收谱峰，在波数 1350 cm^{-1}左右有一弱的吸收谱峰。这表明 3 种原料合成的样品中存在 F—C 键，同时表明 3 种石墨原料与氟反应后均成功地变为氟化石墨。

此处需要说明的是，本研究使用的石墨含碳量高达 99%以上，另外按电化学原理知，各种物质的电解电位不一样，按正常的电解工艺，电解制得的氟气纯度可达 97%，且制得的氟气又经过二级纯化处理，故可认为本研究合成的样品中，主要成分应是元素 F 和 C，所以在红外光谱波数 1000 cm^{-1}～1400 cm^{-1}内所出现的吸收峰，可确认存在 F—C 共价键。

红外光谱法不但可定性地对所测试的样品进行某种基团物质分析，而且还可以相对说明所测物质含量（浓度）的多和少。这是因为其谱峰强度与被测物质的含量（或浓度）存在正比关系，即红外光谱某一物质特征吸收谱峰强度越大，表明该物质的含量（或浓度）越高。

从图 1 可以看出，在相同条件下，鳞片石墨原料所合成的氟化石墨（A 样品）在波数 1219 cm^{-1}处的红外光谱峰强度最大；人造石墨所合成的氟化石墨次之（B 样品）；土状石墨所合成的氟化石墨最小（C 样品）。这说明氟原子相对容易进入鳞片石墨粒子的层间结构中，与氟进行反应的碳原子就较多，所含的 F—C 键就较为丰富。由于人造石墨的晶体结构要逊色于鳞片石墨，故所形成的 F—C 键要少一些。土状石墨的晶体结构介于无烟煤与鳞片石墨之间，不但晶体结构差，而且晶粒很小，故在相同条件下氟原子难于深入到其粒子中心部位与碳原子进行反应，所以其合成的氟化石墨 F—C 键最少，在波数 1219 cm^{-1}处的红外吸收谱峰强度最弱。

从图 1 还可看出，3 种氟化石墨在波数 1350 cm^{-1}左右的吸收谱峰强度变化不大，这说明三种原料的石墨粒子边界处的碳原子活性较大，均容易与氟生成$=CF_2$ 和$-CF_3$ 基团。

3.2　质量指标分析

对 3 种不同石墨原料和在相同反应条件下（500 ℃，15 h）合成制得的 3 种氟化石墨（编号为 A、B、C）进行了真密度、电阻率等指标测试，结果列于表 1 中。为了进行比较，也列出了国外文献报道的氟化石墨的相关指标[8]，见表 1 中 D 样。表 2 列出 3 种石墨原料的主要性能指标。

将表 1 中的 A、B、C 样品有关指标与 D 样品相应指标进行比较，发现 A 样与 D 样指标非常接近，B 和 C 样与 D 样及 A 样对应指标数值相比较，质量要差些，但仍符合氟化石墨 $(CF_x)_n$ 形式成立的要求。

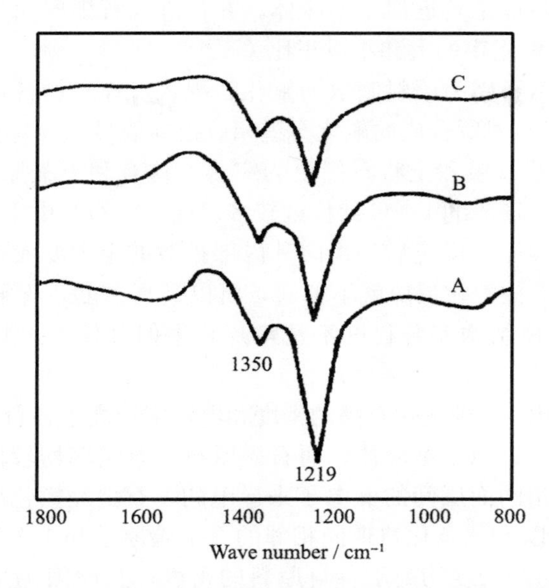

Fig. 1 The infrared reflection spectra on three samples of the graphite fluoride

A—Scaly graphite as raw material; B—Artificial graphite as raw material; C—Earthy graphite as raw material

Table 1 Main test performance index on four samples of the graphite fluoride

Test item	Sample No.			
	A	B	C	D[4,8]
Real density/ ($g \cdot cm^{-3}$)	2.54	2.44	2.36	>2.52
Resistivity/ (kΩ·cm)	3.3	2.5	1.95	>3.0
Carbon content/%	43.1	49.2	54.1	41.5
Fluorine content (%)	56.5	50.5	45.4	58.5
F/C gram molecule ratio	0.82	0.65	0.52	0.87
(CF_x) n formula	$(CF_{0.82})_n$	$(CF_{0.65})_n$	$(CF_{0.52})_n$	$(CF_{0.87})_n$
Colour	Grey white	Grey yellow	Black yellow	White

Note: A—Scaly graphite as raw material, B—Artificial graphite as raw material, C—Earthy graphite as raw material, D—Abroad document report[4,8]

Table 2 Main test performance index on three samples of the graphite raw material

Test item	Sample No.		
	Scaly graphite	Artificial graphite	Earthy graphite
Real density ($g \cdot cm^{-3}$)	2.23	2.22	2.15
Risistivity (kΩ·cm)	0.022	0.035	0.063
Carbon content (%)	99.5	99.6	99.1
Colour	Black	Black	Black

石墨与氟反应变为氟化石墨，其结构形式是复杂的，因此要制得单一的聚单氟碳（CF）$_n$ 和聚单氟二碳（C_2F）$_n$ 是极其困难的。根据氟与石墨的通用反应式[5,9]，本工艺条件下 3 种石墨原料对应所合成的 3 种氟化石墨的形式列于表 1 中。

由于氟原子进入石墨层间可与石墨的层间 π 电子形成共价键（F—C 键）而导致石墨失去导电

性，因此，氟化石墨的重要特征是其近似于绝缘体，并且进入石墨层间氟原子的多和少与所对应的氟化石墨的密度和F/C值及电阻率的大和小成正比关系。

从表1中可看出，用鳞片石墨为原料制取的氟化石墨（A样）的各项指标值高于另外两种氟化石墨（B样和C样），且土状石墨所合成的氟化石墨相应指标值最低。这说明在相同反应条件下，由于鳞片石墨的晶体结构比人造石墨和土状石墨更为完善，这有利于氟原子向其层间内部扩散推进，因此，其氟化反应较为彻底，形成的F—C共价键较多。而土状石墨由于晶粒极小，且晶体结构很不完善，当氟原子与其表面的碳原子反应后，再向其内部扩散的阻力要大得多，致使氟原子难以深入到土状石墨粒子的中心部位，故氟化反应就不彻底，所以其真密度、含氟量与F/C值以及电阻率就小得多。另外人造石墨的晶体结构完善程度不及鳞片石墨但又优于土状石墨，故其各测试指标值居中。

从表1和表2中可以看出，3种氟化石墨的密度和电阻率均高于各自石墨原料相应指标值，特别是氟化石墨的电阻率均极高，近似于绝缘体，而石墨原料的电阻率均较低，是导电体。这是因为石墨是通过碳原子所构成的六角网面层间的π电子来导电的，石墨经氟化反应后，氟原子进入石墨层间，致使层面的每个碳原子以SP^3杂化轨道同相邻的3个碳原子和1个氟原子形成了共价键而失去了导电性。另外，3种氟化石墨密度均高于各自原料的密度，其原因仍是石墨层间进入了氟原子所致，且原料石墨的晶体结构越好，氟原子进入其层间越多，合成的氟化石墨密度就越高。

4　结论

（1）研制的制氟电解槽和二级纯化设施运行可靠，制定的合成氟化石墨技术路线可行。

（2）合成的3种样品经红外光谱测试，在波数1219 cm^{-1}和1350 cm^{-1}处均存在F—C键振动吸收谱峰，表明本研究成功合成制得了氟化石墨。

（3）鳞片石墨、人造石墨和土状石墨均可以作为合成氟化石墨的原料，但鳞片石墨合成制得的氟化石墨综合质量最好。

参考文献

[1] 徐洵. 石墨制品工艺学［M］. 武汉：武汉工业大学出版社，1992：105.
[2] 文虎. 新型固体润滑剂——氟化石墨［J］. 电碳，1993，5（3）：1-3.
[3] Hagiwara R, et al. A lithium-C_2F primary battery［J］. J Electrochem Soc，1988，(9)：2293.
[4] Yasushi Kita，Nobuatsu Watanabe. Chemical composition and crystal structure of gaphite fluoride［J］. Journal of the American Chemical Society，1979，101（14）：3847-3849.
[5] Nakajima T. Preparation and electrical conductive of fluorine-graphite fiber intercalation compound［J］. Carbon，1986，24（3）：343-347.
[6] 费道吉耶夫 H. Л. 电化学生产工艺学［M］. 天津大学化工系译. 北京：高等教育出版社，1959：234.
[7] 董庆年. 红外光谱法［M］. 北京：石油化学工业出版社，1977：178.
[8] Tsuyoshi Nakajimal. Graphite fluoride-A new material［J］. Chem Tech，1990，20（7）：426-429.
[9] 孟宪光. 氟化石墨及其合成［J］. 炭素，1997，25（2）：28-33.

（人工晶体学报，第28卷第2期，1999年5月）

新型功能材料——氟化石墨合成新技术的研究

夏金童，征茂平，刘其城，刘槐清，周声劢，陈宗璋

摘　要：在非氧化性气氛中，用含氟聚合物（FP）和天然鳞片石墨直接进行高温合成反应，成功制得了灰白色氟化石墨。反应温度为 500 ℃，所合成的氟化石墨密度是 2.52 g·cm³，电阻率为 3.1×10³ Ω·cm，F/C 值为 0.80，在波数 1219 cm⁻¹和 1350 cm⁻¹处有 F—C 共价键红外光谱吸收峰。另外，(002) X 射线衍射峰强度变小，(001) 和 (100) 衍射峰变宽且强度增大，这些指标和特征与气相法工艺合成的氟化石墨相吻合。固相法新技术方法简单、安全、成本低，无需剧毒单质气体氟源作主要原料。

关键词：氟化石墨；合成；新技术

1　引言

氟化石墨具有层状结构，其层间键能（约 8.4 kJ·mol^{-1}）远较石墨层间键能（约 37.6 kJ·mol^{-1}）低[1]，作为固体润滑剂，氟化石墨优于石墨和二硫化钼，且不受使用环境和对偶材料的影响，因此氟化石墨被国内外相关研究者和使用者称为划时代的新型固体润滑剂[2]。另外，利用氟化石墨作活性材料可开发出高能量锂电池，其能量密度是锌锰碱性电池的 5～7 倍[3]，已引起各国电化学研究者们的极大兴趣。因氟化石墨具有独特的物理化学性能，其还有一系列新用途。

由于氟化石墨属高科技功能材料产品，加之其关键技术被日、美等先进工业发达国家所垄断，20 世纪 90 年代初，其价格每克高于 1 美元，目前仍十分昂贵[4,5]。氟化石墨主要采用氟气与石墨在高温下合成制得，其基本原理如下[5,6]：$n\mathrm{C}_{(固)}+nx/2\mathrm{F}_{2(气)}\rightarrow(\mathrm{CF}_x)_{n(固)}$。由于使用了剧毒单质氟气作为关键原料，该方法亦称气相法工艺。氟是卤族元素中电子亲合力和电离势最大的元素，是最强的氧化剂，其化学性质极为活泼，能与绝大多数元素发生剧烈反应，甚至在－200 ℃以下，氟与氢相遇也会发生剧烈爆炸反应。气体氟源一般通过电解氟化氢制得（目前国内无厂家供货），在电解制氟过程中以及气相法合成氟化石墨过程中，极易发生爆炸和氟气泄漏事故[7]。故气相法合成工艺原理虽简单，但设备要求苛刻复杂，安全保障严格。目前，国内尚无氟化石墨产品可供。

本研究摒弃了气相法工艺必不可少的危险性极大的剧毒关键原料——单质气体氟，而研究创造了固相法新技术，并成功合成制得氟化石墨。该技术安全、简单、成本低，迄今尚未见到国内外研究论文报道。

2　实验

2.1　原料制备与处理

天然鳞片石墨经细磨，要求粒度＜40 μm，然后用氢氟酸浸泡，洗涤至洗液 pH 值为 7。最终含碳量＞99.7%。在合成前将石墨放在真空下加热 400 ℃，保温 1 h，以除去吸附在石墨表面的空气、水等杂质。含氟聚合物（FP）原料放入沸水中煮沸 1 h，以除去无机盐等杂质，烘干后备用。

2.2　合成反应

把预处理好的石墨粉与含氟聚合物（FP）粉末按一定比例充分搅拌混合均匀，然后压成片状样，将压片放入镍舟中并装入不锈钢管内，再将其置于改装的电炉中。在氮气压力大于 0.5 MPa 非氧化性气氛下，对反应物加热进行合成反应，炉温控制在 450 ℃～550 ℃，反应 2 h 后，电炉停止加热，同时将氮气压力降为 0.2 MPa 对产物进行冷却。利用氟化石墨憎水性极强的性质，将出炉的产物经

过浮选处理，即可得到较为纯净的氟化石墨。

与石墨反应的氟原子来自含氟聚合物（FP）的高温裂解，氟化反应开始时主要发生在反应原料的两颗粒接触面上，表面反应完成后，氟原子将向石墨粒子内部层间扩散推进。

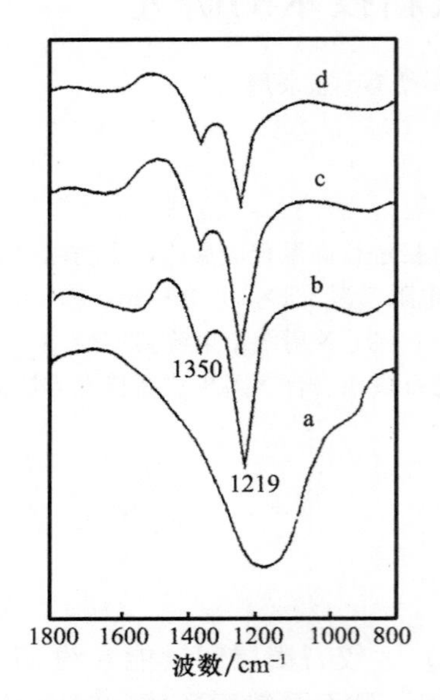

图 1　四种样品的红外光谱

a—含氟聚合物（FP）；b—氟化石墨（500 ℃合成）；c—氟化石墨（450 ℃合成）；d—氟化石墨（550 ℃合成）

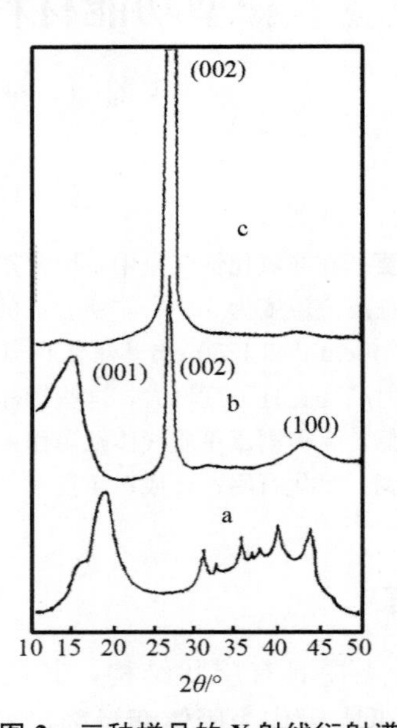

图 2　三种样品的 X 射线衍射谱

a—含氟聚合物（FP）；b—氟化石墨（500 ℃合成）；c—石墨原料

3　讨论与分析

3.1　红外光谱分析

新技术合成制得的氟化石墨，经红外光谱测试，发现三种不同合成温度（其他合成条件均相同）制备的氟化石墨各自均相对在波数 1219 cm^{-1}处有一强的吸收峰，在波数 1350 cm^{-1}左右有一中强的吸收峰（见图 1 中的 b 和 c 及 d 谱峰），这是由 F—C 键的伸缩振动产生的。这些结果与国外相关研究者关于氟化石墨红外光谱测试结果一致[8,9]，并与本课题组用气相法工艺合成的氟化石墨对应测试结果相吻合。而含氟聚合物（FP）谱峰与之明显不同（见图 1 中 a 谱峰），这表明固相法新技术成功合成制得了氟化石墨。

红外光谱不但可定性地对所测试的样品进行某种物质（基团）分析，而且其谱峰强度与被测物质的含量（或浓度）存在正比关系，即红外光谱某一物质特征吸收谱峰强度越大，表明该物质的含量越高[10]。

从图 1 中可知，b 谱峰强度最大，c 次之，d 最弱。这说明在合成温度为 500 ℃时，石墨的氟化率最高，生成的 F—C 键最多；而 450 ℃时，石墨的氟化反应速度较慢，故 F—C 键较少；由于氟化石墨合成与分解温度较为接近，反应体系一旦达到生成物的分解温度，已生成的氟化石墨就会出现分解现象，因而合成温度为 550 ℃时，石墨的氟化率反而急剧下降，这是 d 谱峰最弱的原因。

3.2　X 射线衍射分析

合成温度 500 ℃制得的氟化石墨与石墨原料和含氟聚合物（FP）原料分别进行了 X 射线衍射测试分析，结果见图 2。

从图 2 中可以看出三种衍射图谱有显著区别。石墨经氟化反应后，（002）衍射峰强度变小，而（001）和（100）衍射峰明显变宽，强度增大，见图 2 中 c 和 b 图谱。这些特征与国外相关研究者对氟化石墨X射线衍射测试结果相吻合[9]，也与本课题组气相法的氟化石墨一致，再次表明用新技术成功合成制得了氟化石墨。而图2中a图谱属较为典型的有机聚合物衍射峰。

实验表明：由于氟原子进入石墨层间生成F—C键，致使石墨的原有结构发生了很大变化，石墨晶体结构不再完善，结晶度下降。

3.3 氟化石墨质量指标分析

将国外和本课题组早先采用气相法工艺合成的氟化石墨与我们新近独创的固相法新技术合成的氟化石墨几项最重要的测试数据列于表1中。

从表1中可知，反应温度为450 ℃和500 ℃时，用新技术合成的氟化石墨与两种气相法工艺合成的氟化石墨指标值非常接近，进一步验证了用固相法新技术成功地合成出了氟化石墨。而550 ℃合成的氟化石墨质量要差得多，主要原因是550 ℃时氟化石墨出现了分解现象。

从表1中可以看出，氟化石墨的电阻率非常高，近似绝缘体，而石墨原料电阻率较低，是导电体，这是因为石墨是通过碳六角网面之间的π电子来导电的，而石墨经氟化反应后，氟原子进入石墨层间，致使层面的每个碳原子以SP^3杂化轨道与相邻的三个碳原子和氟原子形成共价键而失去了导电性，由于氟原子与石墨层间的π电子形成了共价键，致使其层间的键能显著减少，这也是氟化石墨的润滑性比石墨和二硫化钼好的主要原因。从表中还可以看出，氟化石墨的真密度要大于石墨的真密度，其主要原因仍是石墨层间进入氟原子所致，理论上可认为石墨层间插入的氟原子越多，则氟化石墨的真密度越大。

表1　五种氟化石墨和石墨原料主要性能指标

Quality Parameter \ Sample No.	1	2	3	4	5	Graphite
Temperature/ ℃	/	500	450	500	550	/
Resistivity/Ω·cm	$>3.0\times10^3$	3.3×10^3	2.85×10^3	3.1×10^3	2.1×10^3	0.02
Real density/$g\cdot cm^{-1}$	>2.52	2.54	2.50	2.52	2.39	2.24
Fluorine content/wt%	58.5	56.5	55.3	55.8	49.2	/
F/C gram molecule ratio	0.87	0.82	0.78	0.80	0.61	/
$(CF_x)_n$ formula	$(CF_{0.87})_n$	$(CF_{0.82})_n$	$(CF_{0.78})_n$	$(CF_{0.80})_n$	$(CF_{0.61})_n$	/
Colour	White	Grey white	Grey white	Grey white	Black yellow	Black

注：1号样品—国外文献报道（气相法工艺）[3,9]；2号样品—本课题组制备（气相法工艺）；3～5号样品—固相法新技术合成。

4 结论

（1）固相法新技术合成的样品各项指标值以及红外光谱和X射线衍射分析特征谱峰与气相法工艺合成的氟化石墨相吻合，表明用新技术成功地合成制得了氟化石墨。

（2）反应温度为500 ℃，新技术合成的氟化石墨质量指标最好。

（3）新技术无需电解制备危险性极大的剧毒单质气体氟作为关键原料，且新技术简单、安全可靠、成本较低。

参考文献

[1] 徐淘. 石墨制品工艺学［M］. 武汉：武汉工业大学出版社，1992：105.
[2] 文虎. 氟化石墨［J］. 电碳，1993（3）：4.
[3] Tsuyoshi Nakajimal. Grahite fluoride-A new material［J］. Chem Tech，1990，20（7）：429.
[4] 刘宗保. 氟化石墨的性质和应用［J］. 电碳，1989（1）：2.
[5] 孟宪光. 氟化石墨及其合成［J］. 炭素，1997（2）：29.

[6] H Groult. Effect of Chemical fluorination od Carbon Anodes Electochemcal properties in KF. 2HF [J]. J Electrichem Soc，1997，144 (10)：3365.
[7] 费道吉耶夫·H. Л. 电化学生产工艺学 [M]. 天津大学化工系泽，北京：高等教育出版社，1959：234.
[8] T Nakajima. Preparation and electrical conductivity of fluorine graphite fiber intercalation compound [J]. Carbon，1986，24 (3)：344.
[9] Yasushi Kita，Nobuatsu Watanabe. Chemical composition and crystal structure of graphite fluoride [J]. Joumal of the American Chemical Socirty，1979，101 (4)：3833-3839.
[10] 董庆年. 红外光谱法 [M]. 北京：石油化学工业出版社，1977：178.

（会议论文；1999 年中国金属学会炭素材料专业委员会第十四次学术交流会）

新型固体润滑剂——氟化石墨的制备与性能的研究

夏金童，陈小华，征茂平，熊友谊，周声劢，陈宗璋

摘　要：通过电解熔盐 KF·2HF 制取氟气，再将氟气与石墨在 500 ℃时进行反应，从而制备了氟化石墨新材料。其密度值为 2.53 g/cm^{-3}、电阻率为 3.1×10^3 Ω·cm，颜色为灰白色，在波数 1219 cm^{-1}、1350 cm^{-1}附近有 F—C 共价键红外光谱吸收峰。对氟化石墨、石墨、二硫化钼进行摩擦系数测试，结果表明：氟化石墨摩擦系数最小，还讨论了氟化石墨的一些特殊性能和工艺条件。

关键词：氟气制备；氟化石墨；摩擦性能

分类号：O613，TQ124

A New Type of the Solid Lubricant Material—Preparation and Properties of Graphite Fluoride

Xia Jintong，Chen Xiaohua，Zheng Maoping，Xiong Youyi，
Zhou Shengmai，Chen Zongzhang

Abstract：Fluorine gas was produced with the electrolysis of the molten salt KF·2HF，then graphite fluoride was prepared through the reaction between graphite powder and fluorine gas at 500 ℃. The real density of the graphite fiuoride was 2.53 g/cm^{-3}，its electrical resistivity 3.1×10^3 Ω·cm and its colour is greyish white. The graphite fluoride synthesized had a absorption peak of infrared refiection spectra on F—C covalent bond at approximation wavenumber 1219 cm^{-1} and 1350 cm^{-1}. By testing friction factor for the graphite fluoride，graphite powder and molybdenum disulphide，the experimental results showed that the friction factor of the graphite fluoride was the smallest. Furthermore，technological conditions and special properties of the graphite fluoride were dissussed.

Key words：preparation of fluorine gas，graphite fluoride，friction properties

1　引言

氟化石墨是当今无机非金属材料园地中的一朵奇葩，优良的润滑性是氟化石墨最引人注目的首要原因。作为固体润滑剂，氟化石墨优于石墨和二硫化钼，特别是在高速、高压、高温条件下使用，效果更佳，且不对金属和其他材料产生腐蚀作用，国内外相关专家称其是划时代的新型固体润滑剂[1]。另外，氟化石墨作为高能量锂电池的活性物质，已开发成功相应的高能量电池（该电池的能量为锌锰碱性电池的 6～9 倍）[2]。氟化石墨还具有一系列其他新用途。

目前，氟化石墨的主要生产国有日本和美国，国内尚无厂家生产，也未见到这方面的详细研究报道。生产氟化石墨主要原料为单质氟气，其毒性大，是最强的氧化剂，因而，生产氟化石墨工艺复杂、设备苛刻、安全保障设施要求极高。氟化石墨属高科技精细无机材料产品，加之极少数先进

工业国家的技术和市场垄断，目前，氟化石墨国际市场价与白银价格相似[1,3]。

2　实验

2.1　工艺路线

参考国外相关研究报道和所作的先期理论分析，同时结合已有的实验条件，本研究所拟定的合成氟化石墨工艺路线见图1。其中氟气电解槽、氟气净化装置、反应炉等为自行设计制造。

2.2　氟气制备

由于国内无确定的厂家生产氟气，国际市场价格奇贵，因此能否制备纯净的氟气是能否成功合成氟化石墨的关键。

氟气制备采用中温反应法，工艺要素包括电解液、电极、电解槽和氟气净化装置四部分。液体氟化氢是非导体，必须加入氟化钾，使之成为导体后才能用作电解液。为了降低阳极极化，提高电流效率，电解液中加入1 wt%～2 wt%的氟化锂[4]。

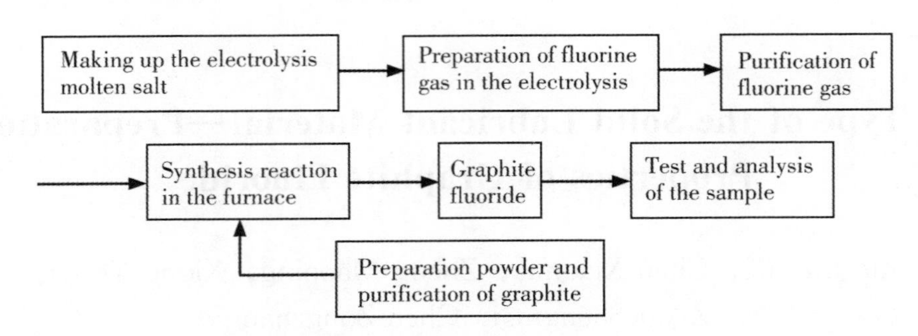

图1　制备氟化石墨主要工艺流程示意图

本研究制备氟气的电解液组成为：KF40%、HF60%，摩尔数之比为1∶2。电解过程中，由于电解反应消耗，电解液中氟化氢量比降低，相应的氟化钾增高，因此，需经常调整加入氟化氢的含量。利用特殊炭棒作为阳极，不锈钢电解槽整体作为阴极，在电解过程中，阳极产生氟气，不锈钢槽内壁（阴极）产生氢气。特别要指出的是，电解过程中，氟气和氢气决不能相混合（在电解槽内用阳极罩使之隔离），否则会发生剧烈爆炸。经电解制得的氟气再通过自制的氟气净化设施，可明显提高氟气的纯度。

2.3　石墨处理

将天然鳞片石墨磨粉后，进行化学提纯处理，最终使用的石墨原料含碳量＞99.5%，平均粒度＜400目。

2.4　合成反应

称取一定量的石墨置于自制的合成反应炉内，保持真空条件，升温至500 ℃，以除去石墨表面吸附的杂质原子气体，停止抽真空，通入经纯化的氟气。保持炉温500 ℃，并经20 h连续不断的石墨氟化反应后，停止通入氟气和加热，并同时向反应炉内通入氮气冷却，然后将反应物出炉，即可合成制得氟化石墨。

3　结果和讨论

3.1　氟化石墨的基本特征

红外光谱法表明：在波数1000 cm^{-1}～1400 cm^{-1}之间若有吸收谱带，则必定存在F—C键[5]。研制获得的样品经红外光谱测试，在波数1350 cm^{-1}处有一中强吸收谱带峰，在波数1219 cm^{-1}处有一很强吸收谱带峰，如图2所示。这与国外相关研究者对氟化石墨测试结果一致[6]，证明本研究所制得样品是氟化石墨。

将国外氟化石墨基本指标特征值和本研究合成制得的氟化石墨及所选用的石墨原料相应指标测试值列于表1。从表1可以看出所研制的氟化石墨与国外的指标非常接近，再一次验证了本研究成功地制得了氟化石墨。

表1　两种氟化石墨和石墨原料主要性能指标

Item index	Graphite fluoride No. 1	Graphite fluoride No. 2	Graphite raw material
Real density/g・cm^{-3}	>2.52	2.53	2.24
Electical resistivity/Ω・cm	$>3\times10^3$	3.1×10^3	0.02
Colour	Greyish white	Greyish white	Blank

Note：sample No. 1—abroad document report[2,6]，sample No. 2—self-preparation and teat

从表中可以看出，原料石墨的粉末电阻率极低，仅为0.02 Ω・cm，而氟化石墨该指标值均很高，这是因为石墨是通过碳六角网面之间的π电子来导电的。氟化石墨虽保持着原有的层状结构，但是，由于氟原子进入石墨层间，致使层面的每个碳原子以SP^3杂化轨道同相邻的三个碳原子和氟原子形成共价键而失去了导电性。另外，原料石墨的密度实测值为2.24 g/cm^{-3}，而表中的氟化石墨的密度值均较大，其原因是石墨层间插入了氟原子所致。

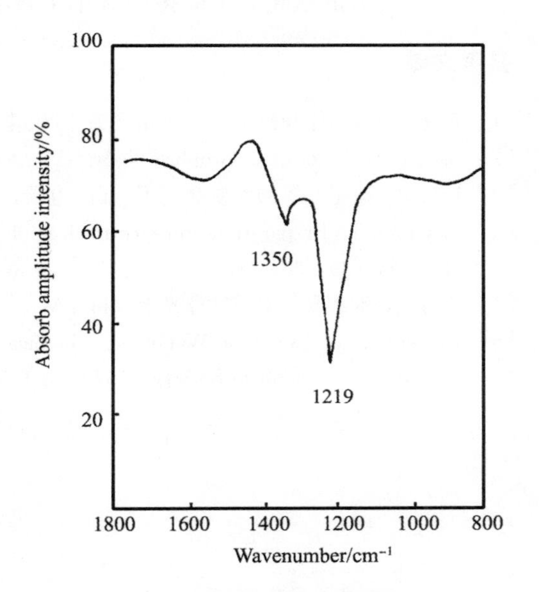

图2　氟化石墨红外光谱

3.2　氟化石墨的润滑性

用石墨、二硫化钼和所研制的氟化石墨三种粉状料分别以两种配比量与树脂配料，经搅拌混合、压型、固化处理，使之成为6种滑块体，还以同样工艺制备了纯树脂样品。利用MHK-50型摩擦试验机，在相同条件下（对偶环材质：不锈钢、压力：100 N、速度：1.5 m・s^{-1}、室温、干摩擦环境）分别测试了7种块体样品的摩擦因数，结果列于表2。

从表2可看到，不管含树脂为15%，还是含树脂85%的块体，其摩擦因数二硫化钼较高，石墨次之，氟化石墨最低，而树脂块体摩擦因数最大。由于是在相同条件下的测试，相对验证了本研究所合成的氟化石墨的确具有优良的润滑性能。

表2　干摩擦条件下7种样品的摩擦因数

Sample name	Resin content/%	Friction factor
Graphite	15	0.17
	85	0.26
Molybdenum disulphide	15	0.19
	85	0.27
Graphite fluoride	15	0.14
	85	0.21
Resin	100	0.39

氟化石墨之所以具有如此好的润滑性，是因为石墨层间的π电子已与氟原子形成了很强的共价键，外部的压力气氛和温度不易使F—C键断开，而层间的键能则显著减小。有报道指出：氟化石墨

层间的结合能极小（约为 9.36 kJ/mol），远比石墨层间的结合能（41.8 kJ/mol）低，因此，氟化石墨层与层之间更容易产生滑移而生成极薄的片状体。另外，插入石墨六角网面之间的氟原子相互之间又有斥力，可以抵消来自外部的压力，故在高温、高速、高压条件下，也能充分发挥其优良的润滑性。

4 结论

（1）制定的合成氟化石墨工艺路线可行，研制的氟气电解槽和反应炉等设施，可以满足本研究的需要。

（2）合成的氟化石墨经红外光谱测定，在波数 1219 cm^{-1}、1350 cm^{-1} 处存在 F—C 键吸收谱峰，另外，其密度值为 2.53 g/cm^{-3}，电阻率值为 3.1×10^{3} Ω·cm，均与国外相关研究报道值相接近。

（3）合成的氟化石墨摩擦因数小于石墨和二硫化钼，证明其的确具有优良的润滑性能。

参考文献

[1] 文虎. 新型固体润滑剂——氟化石墨 [J]. 电碳，1993，5（3）：3-6.
[2] Tsuyoshi，Nakajima. Graphite fluoride-A new material [J]. Chem Tech，1990，20（7）：426-429.
[3] 刘宗保. 氟化石墨的性质和应用 [J]. 电碳，1989，1（2）：3.
[4] Nakajima T. Preparation and electrical conductive of fluorine-graphite fiber intercalation compound [J]. Carbon，1986，24（3）：343-347.
[5] 卢勇泉，邓振华. 实用红外光谱解析 [M]. 北京：电子工业出版社，1989：237.
[6] Yasushi Kita，Nobuatsu Watanabe. Chemical composition and crystal structure of gaphite fluoride [J]. Journal of the American Chemical Society，1979，101（14）：3847-3849.

（无机材料学报，第 13 卷第 3 期，1998 年 6 月）

金刚石晶粒和薄膜的侧向沉积

唐璧玉，靳九成，陈宗璋

摘　要：将传统的灯丝热解化学气相沉积系统改装成侧向沉积系统，并在其中进行了金刚石薄膜的正、侧向沉积。研究表明，侧向沉积的成核密度和生长率与正向沉积的情况基本相同，而侧向沉积系统中金刚石颗粒和薄膜的沉积速率要比传统的沉积系统的高，但结构更趋复杂。讨论了侧向基底对金刚石成核和生长过程的影响，深化了金刚石沉积机理的理解。

关键词：化学气相沉积；侧向沉积系统；金刚石晶粒；金刚石薄膜

Lateral Deposition of Diamond Crystals and Thin Films

Tang Biyu，Jin Jiucheng，Chen Zongzhang

Abstract：A new lateral deposition system was designed based on the traditional hot filament chemical vapor deposition. Lateral deposition of diamond crystals and thin films were first realised in the new system，on silicon mirror substrate surface and pretreated silicon substrate surface by diamond powder respectively. The study shown that lateral deposition of diamonds was proceeded with almost the same nucleation density，growth rate and almost the same morphology and quality as the normal deposition in the new lateral deposition system. The growth rate in the new system was higher than that in old system. But the structure of diamond crystals and thin films was more complicated. The effects of lateral substrate on the deposition were found and studied. The understanding about nucleation and growth of diamond was deepened.

Key words：chemical vapor deposition；lateral deposition system；diamond crystals；diamond thin films

1　引言

近年来，金刚石薄膜的化学气相沉积（CVD）技术不断进步[1]，各种沉积技术，例如，灯丝热解 CVD[2]、电子辅助 CVD[3]、微波等离子体 CVD[4] 和射频等离子体喷吐法[5] 等都能长出性能优异的金刚石薄膜。在这些沉积技术中，灯丝热解 CVD 法被认为是最简单最有效的方法[6-7]，一直用于各种条件下不同基底上金刚石薄膜的沉积。在所有的灯丝热解 CVD 系统中，基底都位于灯丝的正下方，来自气体中的反应基沉积在基底上，以进行金刚石薄膜的正向沉积。为研究金刚石成核和生长的机理，提高生产率，许多研究者研究了各种实验参数，如气压、气体流速、灯丝和基底温度等的变化对金刚石形态和沉积的影响，并摸索出各种增加金刚石成核密度和生长速率的工艺方法，如划痕、磨损等刻蚀性表面预处理方法[8-9]；沉积中间层等非刻蚀性表面预处理方法[10]；沉积前加负偏压[11] 等能增加成核密度，优化实验参数和提高碳源气体的浓度[12]；沉积过程中加正偏压[13]，使用酒精和丙酮等有机物质作为碳源物质[14]，在灯丝与基底间产生直流等离子[15] 等方法提高生长速率。然而，对金刚石成核和生长过程的理解仍不充分。为此，我们将传统的热解 CVD 系统改装成新的侧向沉积系统。并首次报道了金刚石晶粒和薄膜在侧放基底上的沉积。通过与正向沉积结果比较，描述了侧向沉积的特点和规律，研究了新系统中侧放基底对金刚石成核和生长过程的影响，并在此基础上讨论了金刚石成核和生长的机理。

2　实验方法

实验是在改进后的灯丝热解 CVD 系统中进行的。改进后的侧向沉积系统与普通装置的不同之处在于，新系统在灯丝的两侧各加了一片基底，如图 1 所示。继续保留灯丝下面的基底是为了继续进行正向沉积，以便与侧向沉积结果比较。这种新的侧向沉积系统能同时在正、侧向沉积金刚石颗粒和薄膜，极大地提高了装置的使用效率和产量。同时，可方便地进行正、侧向系统沉积结果的对比研究，以及侧向系统内正、侧向沉积的对比研究，探讨沉积机理和各种因素对沉积过程的影响。采用传统 HFCVD 系统的沉积条件，在新系统中正、侧向放置的三片基底上同时进行金刚石颗粒或薄膜的正侧向沉积。传统 HFCVD 系统中的典型沉积条件是，灯丝温度 2000 ℃，基底温度 700 ℃，反应室气压 4 kPa，碳源物质在混合气体中的含量约 0.5%，气体流速 30 mL/min。实验用的气源为丙酮和氢气的混合气体。对沉积的金刚石晶粒和薄膜先经拉曼光谱证实后再用扫描电子显微镜进行分析和研究。

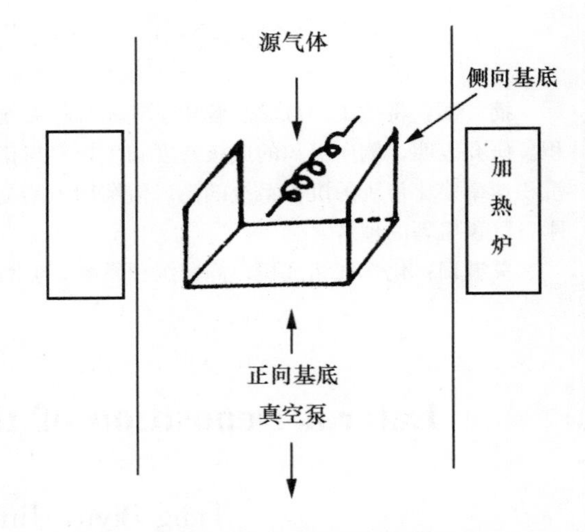

图 1　侧向 CVD 系统的装置示意图

3　结果和讨论

侧向沉积系统中的正、侧向沉积的金刚石晶粒的扫描电子显微图像分别如图 2（a）和（b）所示。这些图像表明正、侧向沉积的效果基本相同，两者的成核密度、成核率和生长率大致相等，形态、微结构和晶质也差不多。因此，正、侧向沉积的成核和生长过程是基本相同的。

图 3（a）和（b）分别是正、侧向沉积的金刚石薄膜的扫描电子显微图像。图像再一次表明，侧向沉积和正向沉积的基本过程相同，它反映了金刚石薄膜沉积中的表面过程，如反应基的表面吸附和解吸过程，与基底的方位无关。

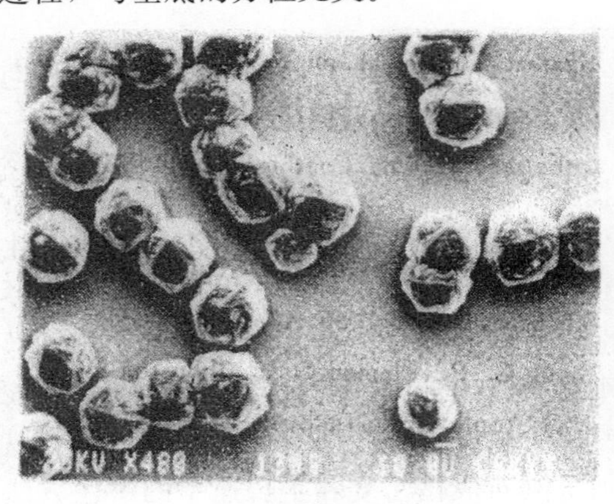

(a)正向沉积

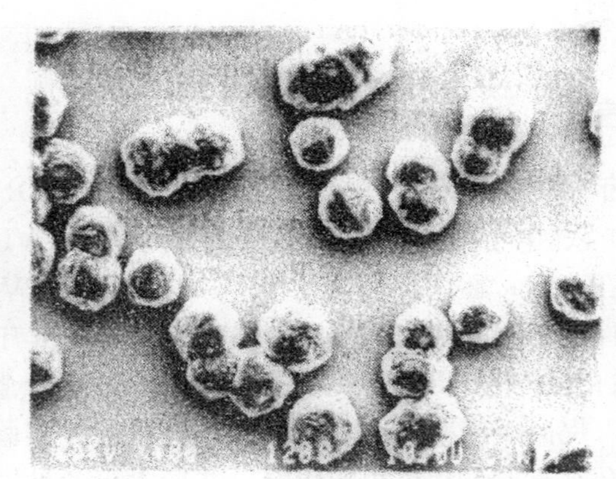

(b)侧向沉积

图 2　金刚石晶粒的扫描电子显微图像

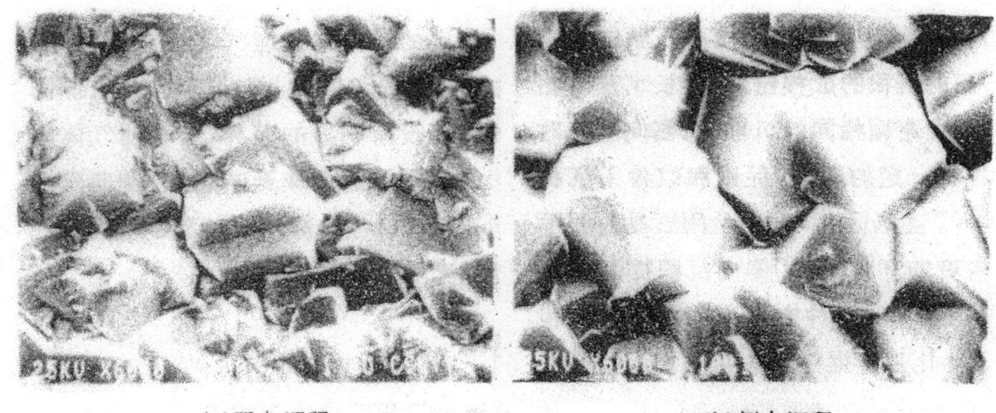

(a)正向沉积　　(b)侧向沉积

图 3　金刚石薄膜的扫描电子显微图像

拆除一片侧向基底，在一片侧向基底的情况下进行正、侧向沉积。发现，沉积效果与前面没有明显的差异，只是正向基底上的沉积区域向着设有侧向基底的一边展宽了一些。

将侧向沉积系统的实验结果与通常正向沉积的结果比较，可以看到，在相同的沉积条件下，侧向沉积系统中的金刚石晶粒的成核密度和生长速率更好一些，但晶粒结构将更趋复杂化。在相同时间内，侧向沉积系统金刚石薄膜生长得稍厚一些，即薄膜的成核密度更大，生长速度更快。

化学气相沉积金刚石薄膜的基本过程是碳源气体和氢气的混合气体在灯丝的热解作用下离解成各种自由基，离解后的混合气体输运到基底表面，并在那里发生表面气-固反应，形成金刚石。因此，反应室内温度场和气体输运的流体场的变化将影响表面气-固反应和金刚石的沉积过程。在侧向沉积系统中，侧放基底将使得反应室的温度场发生变化。沉积系统的气体输运过程也在侧向基底及由其引起的温度场的变化下发生改变，使自然对流扩散过程包含更多的受迫对流和扩散的成分，导致基底表面处气体成分、浓度、能量、质量的分布与传统沉积系统的不同，这些影响使得侧向沉积系统中活性反应基在沉积点的“居留”时间增长，形成金刚石的气-固反应的几率增大，促进了金刚石的形成。与此同时，弛豫时间缩短，结构来不及调整而更加复杂化。用单片侧向基底时，正向基底上沉积区域的扩大清楚表明侧向基底对温度场和气体输运的影响。

在侧向系统内，自然对流是向着灯丝下的正向基底的，所以，反应气体在正、侧向基底的输运过程是不同的，但金刚石在正、侧向基底的沉积没有明显的差异，这表明气体输运过程对金刚石的形成影响不大，侧向基底对金刚石沉积过程的影响主要源于侧向基底引起的温度场的改变。

4　结论

由侧向沉积系统中沉积的金刚石晶粒和薄膜的扫描电子显微图像及其分析得出如下的结论：

（1）金刚石晶粒和薄膜可以侧向地沉积，且与正向沉积的成核密度、生长率基本相同，沉积过程遵循相同的机理。

（2）侧向基底对沉积过程有一定的影响，促进和改善了沉积过程，提高了生长速率，但使金刚石晶粒和薄膜的结构更加复杂化。

（3）侧向沉积提高了装置设备的生长率，这种方法为金刚石晶体和薄膜的工业化生产提供了有益的启示。

参考文献

[1] Matsumoto S, Sato Y, Tsutsumi M, et al. Growth of diamond particles from methane-hydrogen gas [J]. Journal of Materials Science, 1982, 17 (11): 3106-3112.

[2] Matsumoto S, Sato Y, Kamo M, et al. Vapor deposition of diamond particles from methane [J]. Japanese Journal of Applied Physics, 1982, 21 (Part 2, No. 4): L183-L185.
[3] Sawabe A, Inuzuka T. Growth of diamond thin films by electron-assisted chemical vapour deposition and their characterization [J]. Thin Solid Films, 1986, 137 (1): 89-99.
[4] Kamo M, Sato Y, Matsumoto S, et al. Diamond synthesis from gas phase in microwave plasma [J]. Journal of Crystal Growth, 1983, 62 (3): 642-644.
[5] Miyasato T, Kawakami Y, Kawano T, et al. Preparation of sp3-rich amorphous carbon film by hydrogen gas reactive rf-sputtering of graphite, and its properties [J]. Japanese Journal of Applied Physics, 1984, 23 (Part 2, No. 4): L234-L237.
[6] Banholzer W. Understanding the mechanism of CVD diamond [J]. Surface & Coatings Technology, 1992, 53 (1): 1-12.
[7] Jansen F, Machonkin M A, Kuhman D E. The deposition of diamond films by filament techniques [J]. Journal of Vacuum Science & Technology A, 1990, 8 (5): 3785-3790.
[8] Chang C P, Flamm D L, Ibbotson D E, et al. Diamond crystal growth by plasma chemical vapor deposition [J]. Journal of Applied Physics, 1988, 63 (5): 1744-1748.
[9] Iijima S, Aikawa Y, Baba K. Growth of diamond particles in chemical vapor deposition [J]. Journal of Materials Research, 1991, 6 (7): 1491-1497.
[10] Dubray J J, Pantano C G, Meloncelli M, et al. Nucleation of diamond on silicon, SiAlON, and graphite substrates coated with an a-C: H layer [J]. Journal of Vacuum Science & Technology A Vacuum Surfaces & Films, 1991, 9 (6): 3012-3018.
[11] Stoner B R, Ma G, Wolter S D, et al. Characterization of bias-enhanced nucleation of diamond on silicon by invacuo surface analysis and transmission electron microscopy [J]. Physical Review, 1992, 45 (19): 11067-11084.
[12] Wei J, Tzeng Y. Proceeding of third international symposium on diamond materials [J]. The Electrochemical Sociaty (INC: Pennington, NJ 08534-2896), 1994, 505.
[13] Sawabe A, Inuzuka T. Growth of diamond thin films by electron assisted chemical vapor deposition [J]. Applied Physics Letters, 1985, 46 (2): 146-147.
[14] Hirose Y, Terasawa Y. Synthesis of diamond thin films by thermal CVD using organic compounds [J]. Japanese Journal of Applied Physics, 2014, 25 (6): L519-L521.
[15] Fujimori N, Lkegava A, Lmai T, et al. Proceeding of first international symposium on diamond and diamond-like films [J]. The Electrochemical Sociaty (Pennington, NJ 89-12), 1989, 49.

（材料导报，1996 年第 6 期）

基底几何尺寸对金刚石沉积过程的影响

唐璧玉，靳九成，陈宗璋

摘　要：利用灯丝热解化学气相沉积技术在硅基底的边缘、角域处及条形基底上生长出金刚石晶体和薄膜，研究了基底几何尺寸对金刚石沉积过程的影响，探讨了金刚石成核和生长的机理。

关键词：化学气相沉积；金刚石薄膜；基底几何形状与尺寸

Effects of Geometry of Substrate on Deposition Process of Diamond

Tang Biyu，Jin Jiucheng，Chen Zongzhang

Abstract：Diamond crystals and thin films have been deposited on the edge and angle areas of silicon substrate and on the stripe-shape substrate，by hot-filament activated chemical vapor deposition. The effects of geometry of substrate on deposition process were studied，and nucleation and growth mechanism of diamond were also discussed.

Key words：CVD；diamond thin films；geometry of substrate

1　引言

金刚石薄膜集多种优异性能于一身，是一种发展前途很广阔的新型功能材料，在机械切割加工工具、热沉、声学保真、集成电路、光学窗口、耐磨耐腐涂层等领域有着巨大的应用前景。自从应用化学气相沉积（CVD）方法合成金刚石以来[1]，低气压条件下金刚石晶体和薄膜的成核和生长机理的研究一直是这一领域的重要课题。近年来，金刚石薄膜的化学气相沉积不断进步，各种沉积技术。例如灯丝热解 CVD、微波等离子体 CVD、射频等离子体喷涂法等都能生长出金刚石薄膜，并且各种增加成核密度和生长速率的方法也在不断发展。例如划痕磨损等刻蚀性表面预处理方法，沉积中间层的非刻蚀性表面预处理方法和沉积前加负偏压等都能增大成核密度，通过优化工艺参数和沉积过程中加正偏压等可提高生长速率。然而，目前对低气压下金刚石成核和生长的机理仍然不十分清楚。由于基底边缘、尖角处及条形基底的独特性质，研究金刚石在这些位置的沉积不仅有重要的理论价值，而且在金刚石薄膜的涂层应用方面，这些几何因素常常是至关重要的。本文首次披露了金刚石在基底边缘、角域及条形基底上的沉积实验结果，研究了沉积的特点和规律，讨论了成核和生长的机理。

2　实验

金刚石晶体和薄膜是在灯丝热解 CVD 系统中沉积的，实验装置见文献［2］。灯丝位于基底上方约 8 mm 处，灯丝温度控制在 2000 ℃左右，基底温度由灯丝温度和灯丝与基底间距离调节，使其温度约为 700 ℃。反应气体为丙酮和氢气的混合气体，丙酮含量在 0.1%～1%，总气压（2.6～6.5）$\times 10^3$ Pa，气体流速 20～40 mL/min。所有实验都在单晶硅片的基底上进行。实验分为两个部分，一是在基底的边缘和角域处沉积颗粒状金刚石，二是在基底的上述位置沉积金刚石薄膜。实验样品经拉曼光谱证实为金刚石后，再用高倍率扫描电子显微镜进行观测和分析。

3　结果和分析

图 1（a）和（b）分别展示了基底边缘和角域处金刚石颗粒的扫描电子显微图像。从图中可以看出，在基底边缘和角域处，金刚石的成核密度很大，许多晶粒已连接在一起，而基底非边缘表面上的金刚石颗粒，虽然形态与前者相似，但数量稀少。条形基底上的情况与此相似。为研究基底边缘和角域处金刚石成核和生长的详细情况，图 2 显示了金刚石晶粒的高倍率扫描电子显微图像。图像表明，金刚石晶粒沉积在基底尖锐的棱边上，不仅晶粒边缘不与基底边缘平行，其晶面也不与基底

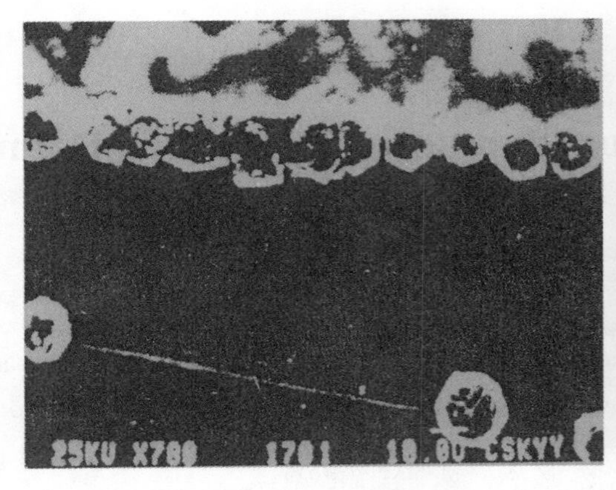

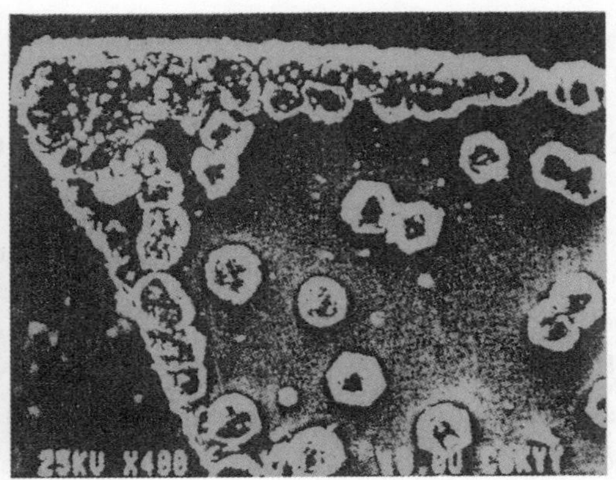

（a）基底边缘处金刚石颗粒的扫描电子显微图像（b）基底角域上金刚石颗粒的扫描电子显微图像

图 1

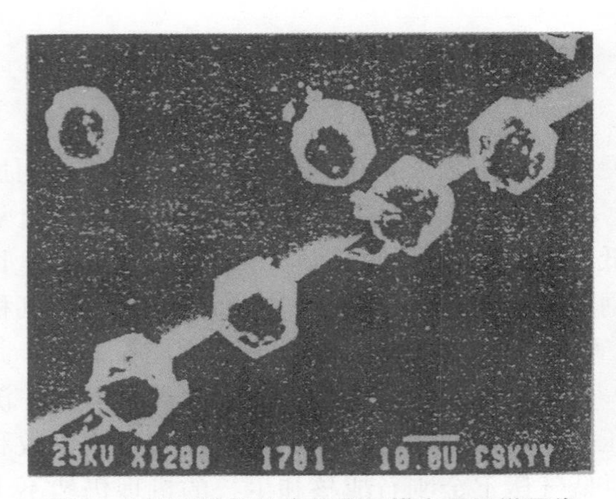

图 2　金刚石晶粒的高倍率扫描电子显微图像

图 3　基底边缘处金刚石薄膜的扫描电子显微图像

表面平行，晶粒似乎凌空地斜长在基底棱边上。除了尖锐的棱线处外，金刚石晶粒未与基底的其他部分接触成键。棱线上的每一晶粒几乎都有一半延伸到棱边的外侧，但对于基底棱边，晶粒位置几乎是对称的。这表明基底棱边和角域处存在更多的很强束缚能的成核点。基底尖锐棱边和角域结构肯定以某种方式在促进金刚石的成核和生长。只有在基底尖锐棱边上和角域处的原子才能够成核成键的现象，不仅导致了金刚石黏结力很弱，还揭示了金刚石的成核依赖于沉积点的结构及其物化性质，如沉积点的表面自由能、束缚能及其能量密度等。这为探索基底表面金刚石的成核机理及黏结力问题提供了很好的线索和启示。作为实验的第二部分，在上述特别位置沉积金刚石薄膜。图 3 为基底边缘处金刚石薄膜的扫描电子显微图像。虽然棱边上的金刚石薄膜与基底非边缘处表面的薄膜

一样粗糙不平，但由于基底的正、侧面已有金刚石沉积，基底棱边的金刚石薄膜已不再尖锐，而变得平坦，边棱处的薄膜厚度反而变小了。它表明：在平坦的金刚石薄膜边沿，金刚石薄膜的二次成核密度变小，生长率变慢。基底角域处和条形基底上金刚石薄膜的生长情况与基底边缘处的情况相似。但对于条形基底，金刚石成膜的时间与条形基底的宽度有关，宽度越小，则成膜时间越短。作者认为，金刚石成膜时间随条形基底宽度变化的主要原因有两个：首先是边缘和角域部分占条形区域的比例随宽度的变窄而增大，而边缘和角域处金刚石成核和生长速率较大，因而总体上缩短了金刚石的成膜时间；其次，由于边缘和角域的独特结构，使得反应室中的温度场，气体输运过程中的流体场，能量、质量、气体成分和浓度的分布在这些位置发生畸变，随着条形基底宽度的变小，畸变将涉及基底的其他区域，使整个沉积区域的活性反应基的黏附率和“居留”时间及表面气-固反应的几率得到不同程度的加强，促进了金刚石的成核和生长，使得金刚石成膜时间缩短。

4 结论

以上分析指出：基底边缘、尖角等几何因素对金刚石晶体和金刚石薄膜的成核和生长有很大的影响。在基底的边缘和角域处，金刚石晶体的成核密度大，生长快。而金刚石薄膜的情况则相反，由于该处的薄膜已趋向平坦，二次成核的密度变小，生长变慢，因而膜厚更小一些。而条形基底上金刚石薄膜的成膜时间随其宽度的变小而变短。基底几何尺寸对金刚石沉积过程影响的研究，深化了对金刚石沉积机理的理解，对金刚石晶体和薄膜优质合成及工业应用，特别是刀具涂层的应用，具有重大的实用价值和指导意义。

参考文献

[1] Matsumoto S, Sato Y, Tsutsumi M, et al. Growth of diamond particles from methane-hydrogen gas [J]. Journal of Materials Science, 1982, 17 (11): 3106-3112.
[2] Klages C P. Chemical vapor deposition of diamond [J]. Applied Physics A, 1993, 56 (6): 513-526.

（微细加工技术，1996 年第 2 期）

金刚石薄膜的分层生长

唐璧玉，靳九成，陈宗璋

摘 要：采用热丝化学气相沉积生长出优异的金刚石薄膜。研究了薄膜的分层生长过程，薄膜的层状结构及膜厚随沉积时间的变化特性。

关键词：化学气相沉积；金刚石薄膜；分层生长；层状结构

Gradational Growth of Diamond Thin Films

Tang Biyu，Jin Jiucheng，Chen Zongzhang

Abstract：High quality diamond thin films were grown by hot-filament chemical vapor deposition. The gradational growth and layer by layer structure of diamond thin films，and the relationship between the thickness of films and the deposition time were studied.

Key words：chemical vapor deposition；diamond thin films；gradational growth；layer by layer structure

---

1 引言

金刚石薄膜集多种优异性能于一身，具有广阔的应用前景[1]。自从 Setaka 等人[2]用化学气相沉积 CVD 法合成金刚石薄膜以来，实现其优质高速生长、开发其潜在应用始终是人们追求的目标。金刚石薄膜的生长模式，不仅决定着其品质性能和生长速率，还揭示了其沉积机理，一直是研究的热点之一。本文用灯丝辅助 CVD 系统沉积出优良的金刚石薄膜，研究了薄膜的分层生长过程及由此形成的层状结构，分析了分层生长的金刚石薄膜厚度随沉积时间的变化特性。

2 实验方法

金刚石薄膜的沉积是在灯丝辅助 CVD 系统中进行的。实验装置见文献［3］。灯丝温度控制在 2000 ℃左右，基底为单晶硅片，位于灯丝下面约 8 mm 处，其温度由灯丝温度和灯丝与基底间距离调节，置于 700 ℃。反应气体为丙酮和氢气的混合气体，丙酮含量为 0.1%～1%容积浓度。总气压（2.6～6.5）$\times 10^3$ Pa，气体流速 20～40 mL/min。实验样品经拉曼光谱证实是金刚石后，再进行相应的观测和分析。

3 结果和分析

图 1 是沉积 5 小时的金刚石薄膜的 SEM 照片。从图中可以看出，薄膜上的晶粒可分为两个层次，每个层次内的晶粒都比较均匀，其实它们分别属于两个薄膜层。尺寸较大的晶粒已基本上构成了金刚石薄膜的表面层。在这些晶粒间隙处的小晶粒是表面层上二次成核及其生长的结果。随着沉积过程的继续进行，这些小晶粒将迅速生长而形成新的一层。与此同时，在新的表面层间隙处又将

发生二次成核及其生长、成层。所以，金刚石薄膜的生长是分层生长的。最终导致薄膜的层状结构。图 2 清楚地显示了金刚石薄膜的层状结构。由于表层膜形成的后期与它上面新一层的形成初期是同时进行的，实验上难以严格控制只产生一层完整的表面层，实验过程中断时，薄膜表面所呈现的是表层膜及其二次成核的颗粒，如图 1 所示。

图 1　金刚石薄膜的扫描电镜照片

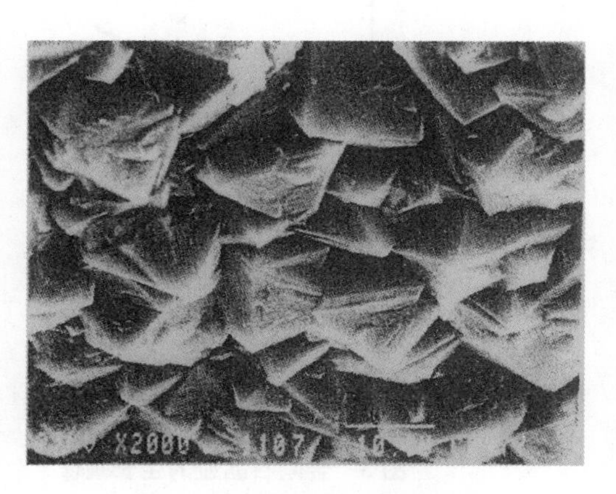

图 2　金刚石薄膜的层状结构

金刚石薄膜的分层生长源于薄膜层晶粒间隙处的二次成核。随着薄膜层数的增加，二次成核的密度越来越小，薄膜层中晶粒尺寸及膜层的厚度越来越大。其晶粒尺寸主要受成核密度的制约，满足关系式：$D=\frac{1}{K\sqrt{\rho}}$。这里 ρ 是成核密度；K 是常数，取值范围为 1.0～2.0，随膜层数的增加而变大。薄膜层厚 d 则与晶粒的生长规律有关。为研究的方便，以硅基片镜面上沉积的颗粒状金刚石为对象，研究晶粒横向尺寸与纵向厚度随沉积时间的关系，得到图 3 所示的曲线。曲线表明，在沉积的首先 2 小时左右，晶粒横向尺寸发展很快，长到约 2 μm。此后，晶粒的纵向发展逐渐占优势。在纵向厚度长到 3 μm 左右时，晶粒表面上发生二次成核，并遵循大致相同的规律生长。由于表面状态和成核几率、成核密度的不同，薄膜上及晶粒上二次核的生长并非与此完全相同，但其趋势和规律是相似的。二次成核及其生长特性决定了膜层的晶粒尺寸厚度及其层数的变化关系，实验中测得的结果见表 1 所示。

表 1　薄膜层数、厚度、晶粒尺寸与沉积时间的关系

层　数	厚度/μm	平均晶粒尺寸/μm	时间/h
1	$\approx 10^{-2}$	$\approx 10^{-2}$	≈1
2	$\approx 10^{-1}$	$\approx 10^{-1}$	≈2.5
3	≈1	≈1	≈4.5
4	≈10	≈10	≈7

金刚石薄膜的分层生长决定了生长速率对沉积时间的非线性。典型实验条件下薄膜厚度与时间关系曲线如图 4 所示。曲线深刻揭示了金刚石薄膜的分层生长特性。图中曲线明显分为几个区段，每一区段对应一膜层，拐点则是沉积速率由慢变快的转折点，相应于膜层的分界处。在此位置，晶粒的纵向生长刚好处于优势，又正值二次成核发生及其生长的初期，此时膜厚迅速增加，随后二次核横向发展占据优势，膜厚增加趋缓，直到二次核的晶粒纵向生长重新占据主导地位，并同时在其间隙处再发生二次成核，膜厚增加再度变快，开始新一膜层的沉积。由于随着薄膜层数的增加，二次成核的密度越来越小，晶粒横向尺寸越来越大，其横向生长的时间也越来越长，使得膜层成层时间逐渐延长，纵向生长的时间相应滞后，膜厚的增长速率有所变慢，膜层厚度却在渐增。薄膜厚度

随沉积时间的这种变化关系再现了金刚石薄膜的分层生长过程。

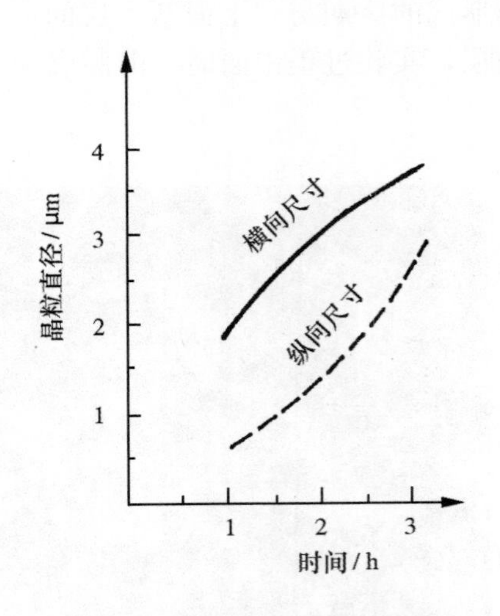

图 3　金刚石晶粒的生长规律

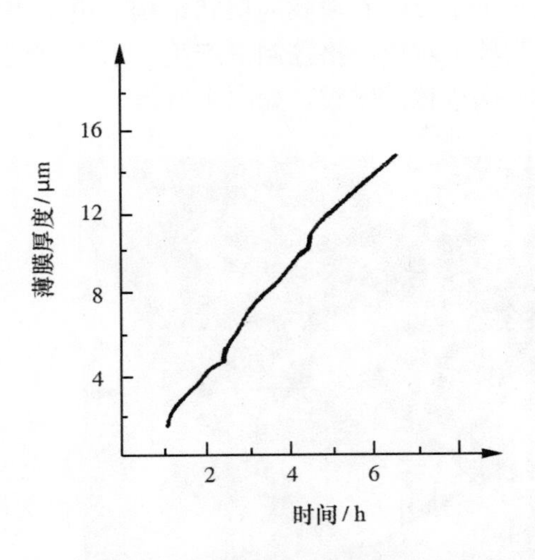

图 4　薄膜厚度与沉积时间的关系

4　结论

（1）化学气相沉积的金刚石薄膜是分层生长的，其根源在于膜层晶粒间隙处的二次成核及其生长。

（2）分层生长的金刚石薄膜具有层状结构，随着薄膜层数的增加，其晶粒尺寸和膜层厚度逐渐变大。

（3）金刚石薄膜的分层生长导致了薄膜厚度与沉积时间的非线性关系。

金刚石薄膜分层生长而形成的层状结构，一定会具有独特的力、热、光、电、声学性能，这些问题值得深入进行研究。

参考文献

[1] Spear K E. Diamond-ceramic coating of the future [J]. Journal of the American Ceramic Society，1989，72（2）：171-191.

[2] Matsumoto S，Sato Y，Tsutsumi M，et al. Growth of diamond particles from methane-hydrogen gas [J]. Journal of Materials Science，1982，17（11）：3106-3112.

[3] 王秀琼，陈本敬，李华，等. 甲烷-氢混合气相生长金刚石薄膜 [J]. 物理，1987，16（10）：619-620.

（微细加工技术，1996 年第 4 期）

化学气相沉积金刚石薄膜的表面过程

唐璧玉，靳九成，夏金童，陈小华，陈宗璋

摘　要：采用简单表面反应模式，对化学气相沉积金刚石薄膜的表面动力学过程进行了研究，得到了金刚石薄膜的沉积速率公式，揭示了影响薄膜生长的因素，并由此讨论了金刚石薄膜生长的机制和规律。

关键词：金刚石薄膜；化学气相沉积；吸附；解吸

分类号：O647.3

Surface Processes of Diamond Thin Films by Chemical Vapor Deposition

Tang Biyu，Jin Jiucheng，Xia Jintong，Chen Xiaohua，Chen Zongzhang

Abstract：The surface kinetics was studied based on the simple diamond surface chemistry. It revealed effects of various factors on deposition processes and led to formula of deposition rate of diamond thin films. The mechanism and the rule of the diamond thin films were also discussed.

Key words：diamond thin films；chemical vapor deposition；adsorption；desorption

---

表面气-固反应及其动力学过程是化学气相沉积金刚石薄膜的核心环节。研究表明[1]：氢原子吸附解吸竞争过程的结果决定着表面活性点的密度；金刚石薄膜的沉积速率和晶体质量取决于金刚石形成基和其他活性自由基在表面活性点的竞争吸附。为深入探索化学气相沉积金刚石薄膜的微观机理，使金刚石生长高速、优质和规范化，表面过程的理论和实验研究一直在广泛进行。这些研究指明了表面过程对金刚石薄膜沉积的影响和作用，促进了金刚石薄膜沉积机理的理解，为金刚石薄膜的优质高速生长提供了有益的启示和线索。本文基于金刚石薄膜沉积的表面反应模式，研究了表面动力学过程，分析讨论了金刚石沉积的动力学机制和规律。

1　表面反应机制

化学气相沉积金刚石薄膜的详细分子原子水平描述还不曾提出。根据金刚石生长化学的总体特征，业已公认[1]：活性氢原子首先通过吸附解吸过程激活固体表面，产生稳定的、至少达百分之几的“空”表面活性点 C_d^*。来自气相的活性甲基 CH_3^* 等金刚石形成基与活性氢原子在表面活性点竞争沉积，并发生化学吸附。吸附的金刚石形成基在氢原子作用下进行一系列合成反应，形成 SP^3 杂化，最后演变成金刚石点阵结构，实现金刚石的生长。虽然乙炔 C_2H_2 等也可作为金刚石的形成基[2]，但与甲基相比，具有低得多的生长速率[2]，通常只考虑甲基作为金刚石形成基的行为，本文亦如此。

综上所述，金刚石表面的主要化学反应为：

$$C_d—H_{(s)} + H^*_{(g)} \underset{k-1}{\overset{k1}{\rightleftharpoons}} C^*_{d(s)} —— + H_{2(g)} \tag{1}$$

$$C^*_{d(s)} —— + CH^*_{3(g)} \underset{k-2}{\overset{k2}{\rightleftharpoons}} C_d—CH_{3(s)} \tag{2}$$

$$C^*_{d(s)} —— + H^*_{(g)} \xrightarrow{k3} C_d—H_{(s)} \tag{3}$$

这里（s）和（g）分别表示固相和气相状态；$C^*_{d(s)}$——表示金刚石表面碳活性点；$C_d—H_{(s)}$和$C_d—CH_{3(s)}$分别表示与金刚石表面碳成键的氢原子和甲基。反应（1）代表金刚石表面成键氢原子的解吸及相应表面点的激活，反应（2）代表甲基在表面活性点的化学吸附沉积，反应（3）代表在表面活性点与甲基竞争的原子氢的吸附。在化学气相沉积金刚石薄膜的条件下，反应（1）～（3）很快达到平衡并维持稳定。在低摩尔浓度甲基和高摩尔浓度氢的气氛中，由于氢原子吸附和解吸之间的竞争效应，表面活性点的密度只依赖于温度而与表面处氢原子浓度无关[3]。

2　表面反应动力学

根据表面气-固反应（1）～（3），氢原子解吸激活的表面活性点变化率为：

$$\frac{dx_1}{dt} = -k_1\theta \tag{4}$$

气-固反应速率为：

$$\frac{dx_i}{dt} = k_i P_i(1-\theta),\ i=2,\ 3 \tag{5}$$

这里θ为氢原子的吸附覆盖率，k_1、k_3为氢原子解吸、吸附速率常数，k_2为甲基吸附速率常数，P_2、P_3分别为甲基和氢原子的分压。因而表面活性点的变化率为：

$$\frac{dx}{dt} = \sum_{i=1}^{3} \frac{dx_i}{dt} \tag{6}$$

在稳态条件下：

$$\frac{dx}{dt} = 0 \tag{7}$$

由此可得到甲基（即金刚石）的沉积速率为：

$$R = k_2 P_2(1-\theta) = \frac{k_1 k_2 P_2}{k_1 + k_2 P_2 + k_3 P_3} \tag{8}$$

吸附过程动力学研究表明：解吸过程总是活化过程，即解吸能比吸附能大得多。它们之间存在如下的关系：

$$E_d^* = E_a^* + Q \tag{9}$$

其中E_d^*，E_a^*，Q分别代表解吸能、吸附能和活化能。金刚石表面氢原子、碳氢自由基的吸附行为也遵循这种规律。Rudder[4]等人分别研究了金刚石（100）、金刚石（110）、金刚石（111）面氢原子的吸附解吸过程，结果表明：吸附能和解吸能随着晶面指数的增大而增大，实验测得的最小的解吸能大于 250 J/mol。根据吸附和解吸的速率常数公式$k = A\exp[-E/KT]$可知，上述各金刚石表面反应中的速率常数满足关系：$k_1 \ll k_2$，k_3。这样式（8）就简化成

$$R = \frac{k_1 k_2 P_2}{k_2 P_2 + k_3 P_3} \tag{10}$$

即金刚石薄膜的沉积速率与甲基的分压呈一级线性关系。这一结论不仅与 Thomas[4]等人的研究结果相符合，也与实验的结果一致。低解吸条件下金刚石薄膜沉积速率R与甲基分压P_2的关系曲线如图 1 所示。

3　分析和讨论

表面反应动力学的实验研究和理论分析都表明：在化学气相沉积金刚石薄膜的条件下，沉积速率R与甲基分压P_2呈一级线性关系。增加P_2，可提高薄膜的沉积速率。金刚石薄膜的化学气相沉积实验证明了这一点。但这种增大沉积速率的途径有着很大的局限性。因为P_2的增加必须受$P_2 \ll P_3$这一限制，否则薄膜的质量将受到影响。同时，从式（10）明显看出：沉积速率与P_3成反比，

直接受着 P_3 的制约。P_3 越大，沉积速率则越小。这是不难理解的：P_3 越大，氢原子在表面活性点的竞争性吸附率越大，势必削弱和抑制甲基等在表面活性点的吸附和沉积。为了满足金刚石薄膜的沉积条件和保持其优良品质，P_3 却必须维持非常高。因为甲基等吸附以后，还必须在大量的原子氢作用下进行 SP^3 杂化，形成金刚石结构。这个生长速率与薄膜品质之间的矛盾正是当前金刚石薄膜大批量生产和应用的难题。仔细分析动力学过程及其结果则发现：金刚石表面动力学研究还包含另一个深刻的结论，即表面氢原子的解吸速率（常数）也是制约金刚石薄膜生长的关键。增大解吸速率会引起沉积速率的极大增加。当解吸速率常数接近吸附速率常数时，即 $k_1 \approx k_2$、k_3，沉积速率 R 简化成 $k_2 \dfrac{P_2}{P_3}$，估计沉积速率可增加 100 倍左右。因为沉积速率对氢原子解吸速率常数 k_1 的依赖即是对氢原子表面解吸、吸附竞争过程的依赖。为形象地显示这种依赖关系，参考化学气相沉积金刚石薄膜的生长条件及有关数据绘出沉积速率 R 与氢原子解吸吸附速率常数比 k_1/k_3 的关系曲线如图 2 所示。曲线表明沉积速率 R 随着 k_1/k_3 的增加而显著地增加，并且在解吸速率 k_1 接近 k_3，即 k_1/k_3 趋近 1 时，沉积速率 R 不再与 k_1 有关，而是趋于一常数。这一分析结论为金刚石薄膜的优质高速提供了指南。通过增大解吸速率来提高生长速率的研究工作正在探索之中。其中含氧系统的研究已取得了可喜的进展。表面氢原子解吸速率（常数）的提高亟待表面动力学全面、深入、细致的研究。

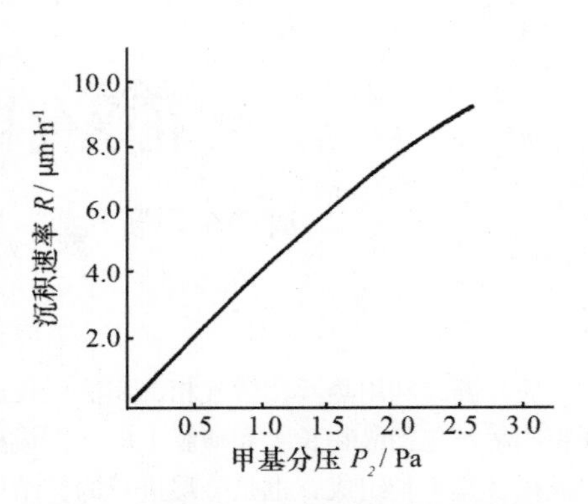

图 1 沉积速率与甲基分压的关系曲线

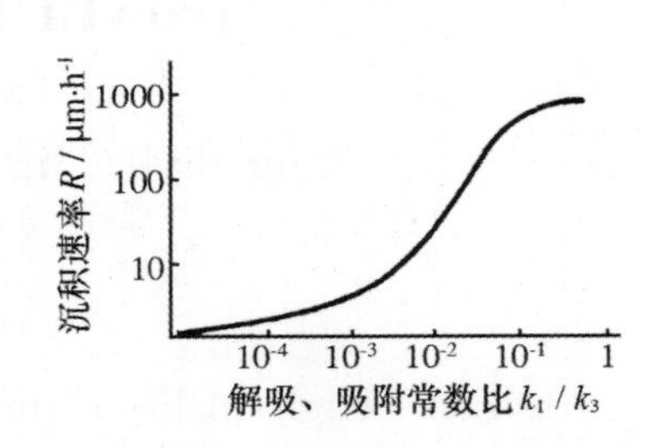

图 2 沉积速率与解吸、吸附常数比的关系曲线

4 结语

表面动力学研究揭示了化学气相沉积金刚石薄膜的微观机理和规律，指明了提高薄膜沉积速率的困难和途径。虽然研究过程作了简化的处理，但突出了问题的实质，这正是它的优势所在。金刚石薄膜的研究现状及潜在应用的实现，亟待表面动力学研究的深入进行并获得突破性进展。

参考文献

[1] Frenklach M. Monte Carlo simulation of hydrogen reaction with the diamond surface [J]. Phys Rev, 1992, B45: 9455.

[2] Martin L R, Hill M W. A flow-tube study of diamond film growth: methane versus acetylene [J]. J Mater. Sci Lett, 1990, 9: 621.

[3] Goodwin D G, Gravillet G G. Numerical modeling of the filamentassisted diamond growth environment [J]. J Appl Phys, 1990, 68: 6393.

[4] Thomas R E, Rudder R A, Markunas R J. Thermal desorption from hydrogenate and oxygenated diamond (100) surface [J]. J Vac Sci, l992, A10: 2451.

（湖南大学学报，第 23 卷第 4 期，1996 年 8 月）

化学气相沉积金刚石薄膜的生长

唐璧玉，靳九成，靳　浩，李绍绿，夏金童，陈小华，陈宗璋

摘　要：利用热丝化学气相沉积法生长出优异的金刚石薄膜。研究表明，金刚石的成核依赖于沉积点的尖锐度，薄膜的生长包括晶粒长大和薄膜上的二次成核及其生长，可用分层生长来描述。金刚石晶粒的生长由外延生长和二次成核及其生长组成，也是分层进行的。结果导致了金刚石晶体和薄膜的层状结构。

关键词：化学气相沉积；金刚石薄膜；分层生长；层状结构

Growth Process for Diamond Thin Films

Tang Biyu，Jin Jiucheng，Jin Hao，Li Shaolü，Xia Jintong，
Chen Xiaohua，Chen Zongzhang

Abstract：High quality diamond thin films were grown by hot finament chemical vapor deposition. Their microstructure and growth processes were studied by means of high-magnification scanning electron miorosoopy. The study showed that nucleation of diamond was determined mainly by the sharp degree of deposition sites. The growth of diamond thin films consisted of growth of primary diamond nuleus，second nucleation and their growth onto the diamond thin rilms，can be described by gradational growth. The growth processes of diamond particles consisted of the epitaxial growth stage and second and their growth stage，can also be decribed by gradational growth. Gradational growth leaded nucleation ayer structure of diamond particles and thin films because of second nucleation and their growth.

Key words：chemical vapor deposition；diamond thin films；gradational growth；gradational structure

---

1　实验方法

金刚石薄膜是在灯丝热解化学气相沉积系统中生长而成的。实验装置与文献［1］所述相似。反应气体是丙酮（0.5%体积分数）和氢气的混合气体；气压为 4 kPa；混合气流速为 20 mL · min^{-1}；控制灯丝温度为 2000 ℃，基底温度为 750 ℃，灯丝和基底之间距离为 8 mm。整个实验分为两部分：首先是金刚石颗粒在硅镜面基底边缘和非均匀损坏的硅基底表面的沉积。这是为了减少晶粒密度，使晶粒稀少，了解晶粒成核点的结构特性；为减少基底边缘缺陷和损伤的影响，镜面基底边缘在沉积前用光学显微镜检查以确保边缘的完整性。实验的第二部分是金刚石薄膜的沉积。基底为金刚石磨膏处理过的硅片，沉积前用酒精清洗，样品经 Raman 光谱证实是金刚石后，再用扫描电镜观测和分析。

2　金刚石薄膜的成核

金刚石薄膜是金刚石晶粒长大、联结而成的。从图 1（a）可见晶粒主要在基底边缘尖锐的棱边

上成核生长。除了尖锐的棱线外，晶粒未与基底的其他部分接触、成键，其晶面也不与基底表面平行。整个晶粒凌空地斜长在棱边上，有大约一半延伸到棱线外边。它表明在尖锐边上有许多束缚能很强的成核点，其原子能与碳原子成键。图 1（b）说明在非均匀磨损的硅基底表面上，金刚石晶粒也只在某些点成核、成键，并不是每个缺陷点或损坏点都能成核。文献中的缺陷加强成核的假设不能圆满解释这一现象。分析晶粒下成核点的结构，结合基底边缘成核的特点，可以认为：金刚石成核不完全依赖于沉积点的缺陷，主要依赖于缺陷处的尖锐程度（锐度）。这与平台-边棱-拐结（TLK）型表面上薄膜沉积的 BCF 理论[2-4]的结果基本一致，具有普适性。下述的金刚石晶体和薄膜上的二次成核也可用锐度假设来描述。成核依赖于锐度的假设还揭示了金刚石薄膜与基底黏结力很弱的原因。

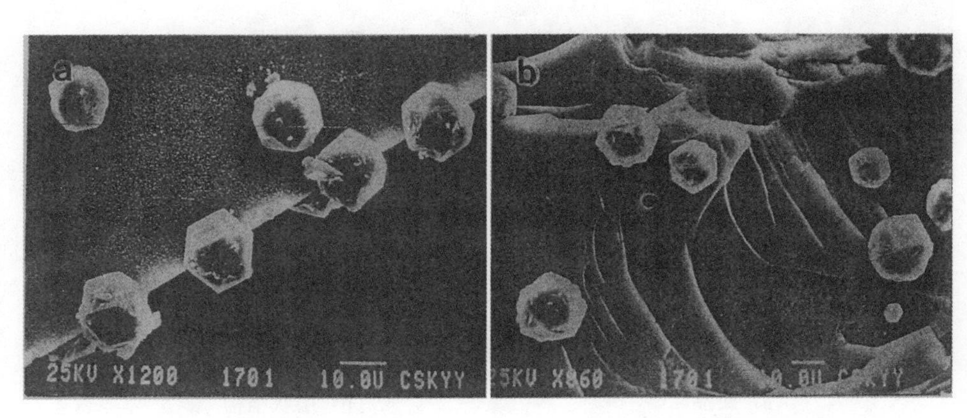

（a）基底边缘金刚石晶粒　　（b）非均匀磨损的硅基底表面金刚石

图 1　金刚石晶粒的扫描电子显微图像

3　金刚石薄膜的层状结构和层状生长

图 2（a）表明金刚石薄膜由一层大颗粒和间隙处的小颗粒组成。前者由初始晶核长大，后者由二次成核生长而成，二次成核的生长形成新的一层。同时，在新的一层上又发生“二次”成核并长大。就这样一层一层地沉积，逐渐变厚，使薄膜具有层状结构，见图 2（b）。观察还表明，薄膜的层厚及其晶粒尺寸依赖于成核密度。成核密度越大，层厚及颗粒尺寸越小。通常，二次成核密度随层数的增加而减少。薄膜的层厚及晶粒尺寸随着层数的增加而增加。

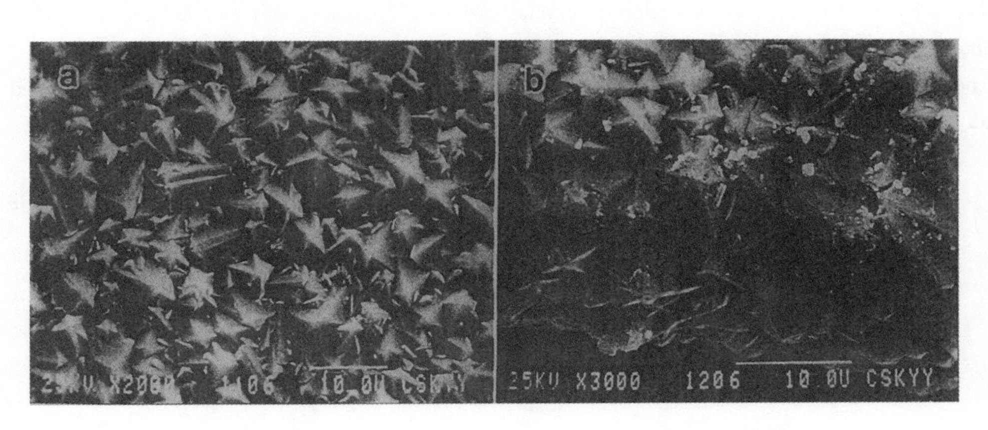

（a）二次成核　　（b）层状结构

图 2　金刚石薄膜的扫描电子显微图像

4 金刚石颗粒的层状结构和分层生长

金刚石晶粒的生长可分为两个阶段。先是晶核的外延生长，在这个阶段中，晶核逐渐长大，同时表面开始粗糙化；或几个晶粒互相靠拢发生聚晶。分别示于图1（a）和图3（a）。可见：第一阶段的结果形成表面粗糙化的大金刚石颗粒。无论是单个金刚石颗粒还是聚晶体，都具有复杂多样的结构，存在一些强束缚能的成核点。在这些颗粒的表面，二次成核发生并长大，形成新的一层。在此过程中，新的一层上二次成核再次发生并开始生长。最终使得金刚石颗粒也具有层状结构，如图3（b）所示。因此，金刚石颗粒的生长也可用分层生长来描述。

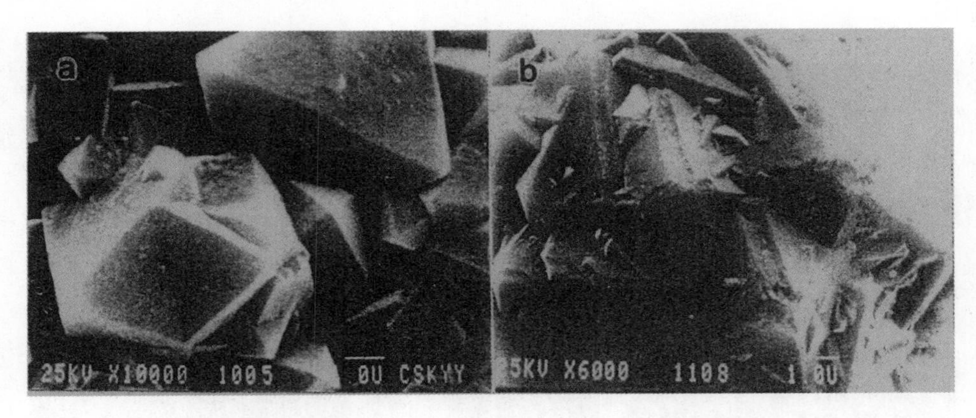

（a）聚晶　　（b）层状结构

图3 金刚石晶粒的扫描电子显微图像

需要指出的是，薄膜上二次颗粒的形貌与晶体上二次颗粒的形貌不同。它说明薄膜上二次核的生长不同于晶体上二次核的生长，其机理上的差别有待研究。

参考文献

[1] Klages C P. Chemical vapor deposition of diamond [J]. Applied Physics A，1993，56（6）：513-526.

[2] Burton W K，Cabrera N，Frank F C. The growth of crystals and the equilibrium structure of their surfaces [J]. Philosophical Transactions of the Royal Society A Mathematical Physical & Engineering Sciences，1951，243（243）：299-358.

[3] Schwoebel R L，Shipsey E J. Step motion on crystal surfaces [J]. Journal of Applied Physics，1966，37（10）：3682-3686.

[4] Voigtlaender K，Risken H，Kasper E. Modified growth theory for high supersaturation [J]. Applied Physics A，1986，39（1）：31-36.

（材料研究学报，第11卷第3期，1997年6月）

CVD金刚石薄膜的应力研究

唐璧玉，靳九成，李绍绿，周灵平，陈宗璋

摘　要：利用X射线衍射研究了化学气相沉积的金刚石薄膜的应力情况。研究表明：热应力在研究范围内为压应力，本征应力是张应力。分析了薄膜厚度、生长温度、碳源浓度等实验参数对薄膜应力的影响。

关键词：化学气相沉积；金刚石薄膜；X射线衍射；应力

中图分类号：O434.1　O613.71

Study on Stress in Chemical Vapor Deposite（CVD）Diamond Films

Tang Biyu，Jin Jiucheng，Li Shaolü，Zhou Lingping，Chen Zongzhang

Abstract：The stress in diamond films by the hot filament assisted chemical vapor deposition process was studed by X-ray diffraction technique. The investigation shows that the thermal stress is compressive in the temperature range studied on and the intinsic stress is tensile. The influence of various experimental parameters on the stress in films was analysed.

Key words：chemical vapor deposition；diamond films；X-ray diffraction；stress

1　引言

金刚石薄膜集多种优异性能于一身[1]，在机械工具涂层、散热热沉、光学窗口、微电子元件和高温集成电路等领域有着广阔的应用前景。特别是机械工具涂层的应用，并不要求高质量的金刚石薄膜，可望会率先实现。由于应力是薄膜制备和生产过程中存在的普遍现象，化学气相沉积（CVD）金刚石薄膜在其岛状核连接成膜过程中，也不可避免地产生应力。它削弱了金刚石薄膜涂层与基底之间的黏结强度，使薄膜涂层易于开裂、脱落，使用寿命大为缩短。所以，应力已成为CVD金刚石薄膜涂层应用的一大难题，亟待解决。然而，有关这方面的研究报道甚少[2,3]，尚未提供充分的可靠数据。本文研究了CVD金刚石薄膜的应力情况，分析讨论了各种因素对它的影响，深化了CVD金刚石薄膜应力的认识和理解，具有实用价值。

2　实验方法

2.1　样品的制备

金刚石薄膜样品是在热丝CVD系统[4]中沉积而成的。基底材料为（100）硅片。气源为丙酮和氢气的混合物。氢气流量：40 scc，丙酮流量：0.2 scc，丙酮含量：0.5 vol. %，反应室气压：160 Pa，灯丝温度：2000 ℃，基底温度：750 ℃，沉积时间根据不同实验条件下的生长率而定，以维持薄膜厚度5 μm左右。薄膜真实厚度由断面显微测定。如果没有特别说明，上述参数保持不变。研究应力与膜厚关系时沉积时间为2～8 h；研究应力与生长温度关系时，基底温度为600 ℃～900 ℃；研究应力与碳源浓度关系时，丙酮含量为0.2 vol. %～1.0 vol. %。

2.2 样品的测试

所有样品经 Raman 光谱证实为金刚石相后，再利用 X 射线衍射测量金刚石薄膜的应力。测量原理是：应力的存在引起晶格畸变，使得晶格常数发生变化，根据 Bragg 衍射公式

$$2d\sin\theta=\lambda \tag{1}$$

确定薄膜材料的晶面间距，则薄膜的应力由下式测定

$$F=\frac{E}{2^e}X=\frac{E}{2^e}\frac{d_0-d}{d} \tag{2}$$

其中 E，e，d_0 分别是薄膜材料的杨氏模量、泊松比和晶面间距［对于金刚石膜，$E=10.5\times10^{11}\,\mathrm{N/m^2}$，$e\approx0.22$，(111) 面的 $d_0=0.20592$ nm］，X 为薄膜的应变。F 的正负分别对应张应力和压应力。金刚石薄膜的本征应力由测得 F 扣除热应力而得到。

3 结果和讨论

3.1 X 射线衍射结果一般性分析

CVD 金刚石薄膜典型的 X 射线衍射结果如图 1 所示。金刚石的（111）、（220）、（311）三个衍射峰都出现在图中。所有样品衍射图都存在这三个峰。由于（220）和（311）峰强度较低，且为非高斯型曲线，故用（111）峰测定的 d 值研究薄膜的应力情况。X 射线源本身的线宽、微细晶粒（$<0.1\,\mu$m）的存在以及晶粒间的微观应力和应变，使得衍射峰具有一定的宽度，由此引起的实验误差在 10%以内。

由于 CVD 金刚石薄膜与基底材料的热膨胀系数不同，X 射线衍射的结果包括了由此而产生的热应力，热应力的大小是

$$F_t=\frac{E}{1-e}X_t=\frac{E}{1-e}(T_f-T_s)\Delta T \tag{3}$$

其中 $E/(1-e)$ 为金刚石的双轴杨氏模量，取值为 1345 GPa[3]；X_t 代表热应变；$T_f=(0.8\sim4.8)\times10^{-6}$℃$^{-1}$，$T_s=(2.4\sim4.2)\times10^{-6}$℃$^{-1}$，它们分别是金刚石薄膜和硅基底的热膨胀系数；$\Delta T$ 是沉积温度与测量温度之差。计算得到的热应力随生长温度的变化曲线如图 2 所示。在实验测量范围内，F_t 为负值，即热应力为压应力。根据下述方程

$$F_i=F-F_t \tag{4}$$

即可由测得的总应力 F 和热应力 F_t 得到薄膜的内应力。

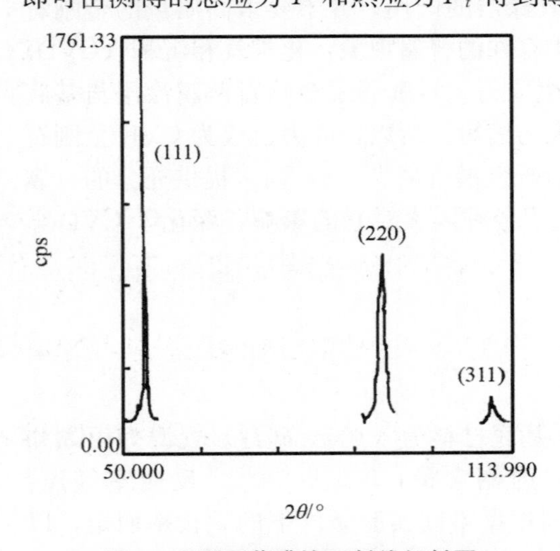

图 1　金刚石薄膜的 X 射线衍射图

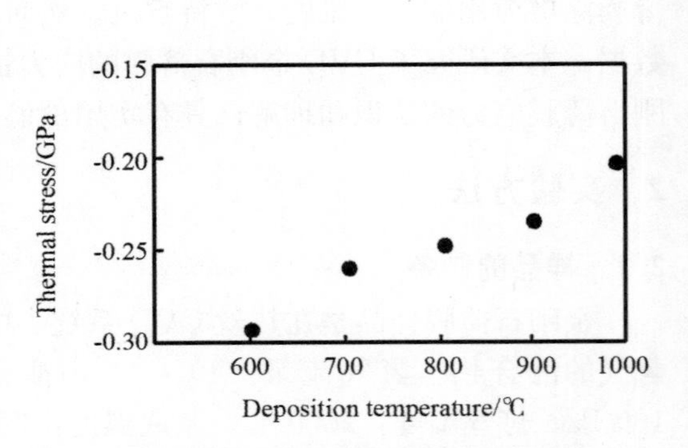

图 2　热应力与基底温度的关系

3.2 实验参数对薄膜应力的影响

X射线衍射测得的各实验条件下金刚石薄膜的 d 值列于表1中。图3到图5分别显示了CVD金刚石薄膜总应力和内应力对各实验参数的依赖关系。实验结果表明所有样品的内应力都是正值，即都是张应力，且样品的总应力也都是正值，呈现张力性质。所以，5 μm厚金刚石薄膜的内应力足以抵消压力性质的热应力。图3表明薄膜总应力和内应力随着膜厚（沉积时间）的增加而增加。由它可以推断：在薄膜非常薄（<1 μm）时，其内应力小于热应力，总应力为负值，呈压力性质。当膜厚约1 μm时，内应力和热应力基本上平衡，总应力将由压力状态向张力状态转化，其绝对值处于最小。膜厚继续增加，张力状态的内应力和总应力都将继续变化，薄膜的力学性能将变得不稳定。薄膜总应力和内应力与基底温度的关系曲线如图4所示。在实验条件下，CVD金刚石薄膜总应力和内应力都随基底温度的升高而增大，并且几乎呈线性关系。因此，稍低的生长温度，有利于薄膜的力学稳定性。图5显示了薄膜应力对碳源气体浓度的依赖关系。碳源浓度越低，总应力和内应力越大。随着碳源浓度的增加，总应力和内应力都在下降，当碳源浓度超过1.0 vol. %时，变化趋势相当平缓，但这时薄膜中含有大量的非金刚石碳了。它表明非金刚石碳的存在导致薄膜应力的下降。

表1 各种实验条件下X射线测得的（111）面的晶面间距 d（d_0=0.20592 nm）

Experimental parameters	Film thickness/μm					Deposition temperature /℃				Concentrition of carbon gas/（vol. %）			
	2	4	6	8	10	600	700	800	900	0.3	0.6	0.9	1.2
d/nm	0.20588	0.20572	0.20577	0.20572	0.20568	0.20586	0.20582	0.20579	0.20574	00.20581	0.20584	0.20586	0.20587

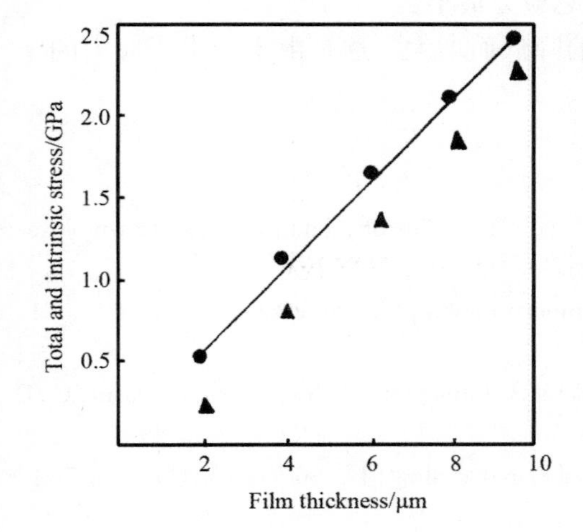

图3 总应力（▲）和内应力（·）随薄膜厚度的变化曲线

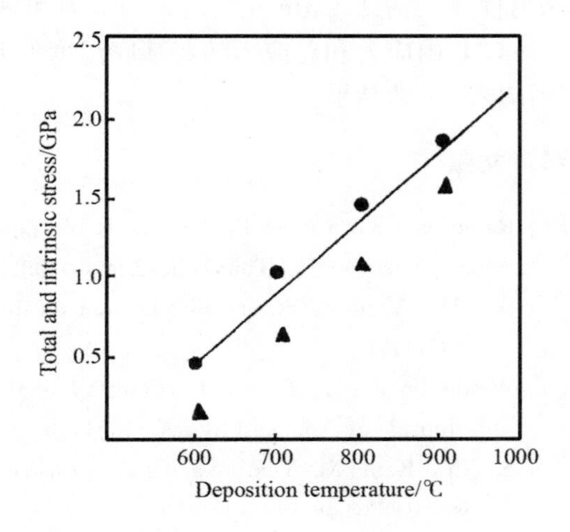

图4 总应力（▲）和内应力（·）随沉积温度的变化曲线

3.3 实验结果的初步分析

CVD金刚石薄膜的研究表明：金刚石薄膜中存在高的晶粒边界密度[4]及一些空隙和 sp^2 碳[5]，具有“多孔”的微结构和大的内表面面积，可引发边界弛豫。所以，CVD金刚石薄膜的张力性质的内应力可由边界弛豫模型来解释[6]。同时，在CVD金刚石薄膜的沉积过程中，基底温度的升高（降低）和碳源浓度的降低（升高），使得薄膜中非金刚石碳、氢等杂质浓度降低（升高）[3]。由于杂质产生压应力[7]，所以，CVD金刚石薄膜内应力随实验条件的变化是由于杂质浓度变化的结果。

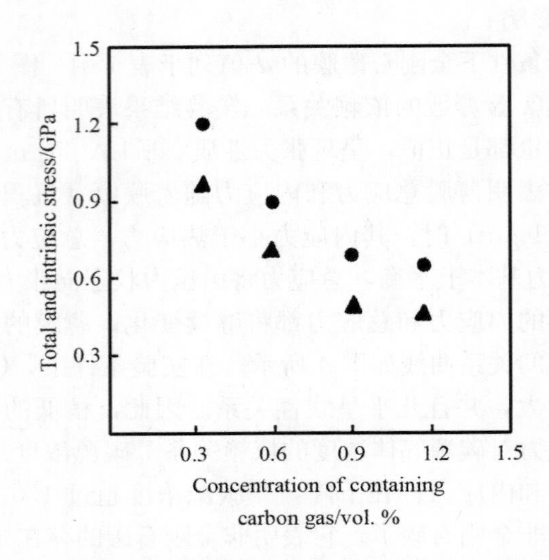

图5　总应力（▲）和内应力（·）对碳源气体浓度的依赖关系

4　结论

（1）硅片上 CVD 金刚石薄膜的热应力是压应力，内应力是张应力。内应力的起源由边界弛豫模型解释。

（2）内应力随膜厚的增加而增大，5 μm 厚的薄膜，其内应力足以抵消热应力，而使总应力呈现张力性质。估计 1 μm 左右时，内应力和热应力趋于平衡，总应力最小。

（3）内应力和总应力随着基底温度的升高和碳源浓度的降低而增大，这是由于产生压应力的杂质浓度减少的结果。

参考文献

[1] Ramesham R，Roppel T，Johnson R W，et al. Characterization of polycrystalline diamond thin films grown on various substrates [J]. Thin Solid Films，1992，212 (1)：96-103.

[2] Guo H，Alam M. Strain in CVD diamond films：effects of deposition variables [J]. Thin Solid Films，1992，212 (1)：173-179.

[3] Windischmann H，Epps G F，Cong Y，et al. Intrinsic stress in diamond films prepared by microwave plasma CVD [J]. Journal of Applied Physics，1991，69 (4)：2231-2237.

[4] Sato Y，Kamo M. Texture and some properties of vapor－deposited diamond films [J]. Surface and Coatings Technology，1989，39 (1)：183-198.

[5] Yue C，Collins R W，Epps G F，et al. Spectroellipsometry characterization of optical quality vapor - deposited diamond thin films [J]. Applied Physics Letters，1991，58 (8)：819-821.

[6] 王秀琼，陈本敬，李华，等. 甲烷-氢混合气相生长金刚石薄膜 [J]. 物理，1987，16 (10)：617-620.

[7] D'Heurle F M，Harper J M E. Note on the origin of intrinsic stresses in films deposited via evaporation and sputtering [J]. Thin Solid Films，1989，171 (1)：81-92.

（高压物理学报，第 11 卷第 1 期，1997 年 3 月）

金刚石薄膜应用研究的进展和趋势

唐璧玉，颜永红，夏金童，陈宗璋

摘　要：简要总结了CVD金刚石薄膜应用研究的现状及进展，并结合CVD金刚石薄膜的市场前景和面临的难题，讨论了金刚石工具器件研究的趋势。

关键词：CVD金刚石薄膜；应用研究；发展趋势

1　引言

金刚石薄膜兼备金刚石优异的物化性质和薄膜材料的特有性能，是继硅、铝之后的第三代功能材料，在机械工具涂层、电子器件、光学材料等领域有着巨大的应用前景[1]。低气压下化学气相沉积（CVD）金刚石薄膜的成功[2]，使科技界和产业界对它的应用寄予厚望。在CVD金刚石薄膜的合成技术和性能研究方面，各国学者进行了很大努力并取得了很大的进步，为其应用研究和产品商业化提供了优越条件，然而整个金刚石的应用市场仍然是个空白。本文就产品商业化进程缓慢的根源及金刚石薄膜应用研究的现状和进展情况，进行了总结，并讨论了今后的研究趋势。

2　金刚石涂层刀具的研究现状

金刚石涂层刀具的应用基本上分为两类：厚膜和薄膜应用。厚膜应用是在容易生长的基底上，沉积厚度大于50 μm的厚膜，通过溶解和其他手段除掉“原始”基底，再硬焊在钻头、铣刀、铰刀等实用刀具基底上制成涂层刀具。这种厚膜刀具性能极为优异，不仅有极高的使用寿命，还有极好的加工精度。特别适合于高硅铝合金、陶瓷复合材料的加工和切割。金刚石厚膜刀具的焊接技术已基本成熟，制约大规模生产和商业应用的主要因素是成本。因此，发展大面积、高质量金刚石薄膜的高速沉积是当务之急。近期这方面突出进展是Karner等人[3,4]成功地设计了一新型的强直流电弧放电装置（HCD-CA）。其基本构造如图1所示。这种新型的金刚石薄膜沉积系统是在原有的DC-arc装置基础上发展起来的，具有极强的放电流和极长的放电柱（约700 mm，远大于DC-arc的10 mm）。基底通常放置于离强流放电柱距离较远的等离子体扩散区域，以致放电柱的涨落对基底处的等离子条件影响较小，能产生条件均匀的大面积进行金刚石薄膜的沉积。同时，极强的放电流产生大量的氧原子和其他活性基，极大地提高了生长速率。这种新装置另一优点是基底的加热和温度控制是由表面处氢的复合来控制的。即调节氢原子流，根据基底的加热率与辐射冷却的补偿程度来调节和确定基底温度，不需另外的冷却装置，省掉了大量的花费和许多设计工作。从而克服了DC-arc装置中因等离子体束流直接喷射使传递到基底的热负载相当大，而需要冷却装置的缺点。这种高效简便的新装置使厚膜应用向实用化转化前进了一大步。

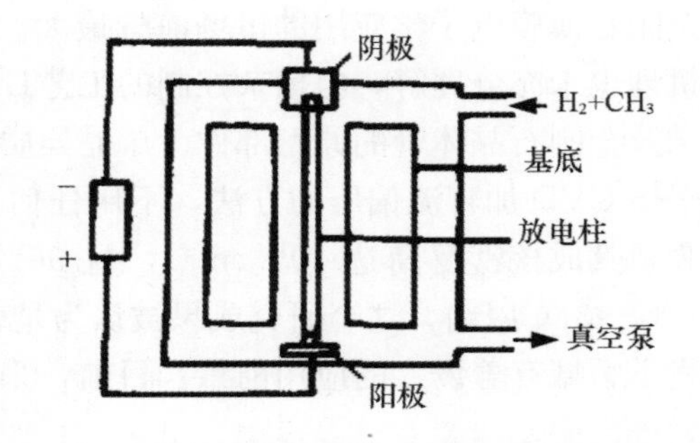

图1　新型直流放电装置示意图

在刀具基底上沉积厚度小于50 μm（通常10 μm左右）的金刚石薄膜涂层。这类刀具的性能与PCD（金刚石复合片）接近甚至超过PCD，而成本远比PCD低，且可以在复杂形状工具上获得均匀涂层。因此比金刚石厚膜工具具有更大的市场竞争力。然而，这方面的一些关键问题远未解决，如低的成棱密度、弱的附着力及微裂纹的形成和扩展等，其中最关键的是结合力较差，成核密度较低。其主要原因是基底大多为硬质合金，其中钴黏结相在化学气相沉积（CVD）金刚石薄膜时促进石墨生长，妨碍金刚石的成核和生长，使金刚石与硬质合金基底的结合力很差。解决这一问题的途径是沉积过渡层，采用物理的或化学的方法精心设计基底的表面状态等。这些方法都不同程度地取得了成功。其中引人注目的和比较有前途的是退碳法和沉积 Si_2N_4 过渡层[5]。Shibuki[6]等人采用沉积初期退碳的方法，大大增强了金刚石的成核密度和涂层与基底间的结合强度。退碳过程如图 2 所示，它使基底表面发生再结晶，导致产生许多 10～100 nm 的微粒，增强了表面的粗糙度，从而能促进成核，改善结合力。而 Si_2N_4 由于其物化性能与金刚石较为接近，使金刚石容易成核，且与 Si_2N_4 黏结牢固，应力也较小，因而是一种理想的过渡层材料和刀具基底材料。使用 Si_2N_4 作为过渡层研制金刚石薄膜刀具已取得一定的成功[5]。

图 2　退碳沉积的示意图

由于影响刀具性能和寿命的主要因素是成核密度、黏结力和涂层薄膜的稳定性，今后一段时期内，它们仍是亟待解决的关键问题。

3　应用研究的趋势和展望

机械工具涂层并非金刚石薄膜应用前景最大的领域（见表 1），许多关键问题短期内还难以完全解决，科技界一直在权衡市场前景和困难程度的前提下寻找新的结合点和突破口。根据表 1 的预测，金刚石薄膜电子学应用的市场前景最大。这一领域的研究一直在进行并取得了重要进展。虽然掺杂机理也未充分理解，但掺杂控制的工艺日渐成熟，n 型和 p 型掺杂目前已基本实现，并已研制出 p-n 结及金刚石晶体管的原型部件。单晶异质外延方面虽然进展不大，但最近 Glass Klage 利用微波等离子体 CVD 加直流偏压的方法，不用任何预处理，就在光滑基底上成功地获得了高度取向的准单晶膜，其成核密度高达 10^{12} cm^{-2}，且 96% 的金刚石晶粒均保持在（100）取向，晶粒间取向差在 2 ℃～3 ℃以内，这个研究成果被认为是朝着金刚石单晶异质外延方向的一个重大突破，在电子学、光学领域有着诱人的应用前景。目前，采用这种准单晶膜制备高性能器件的研究和开发工作正在加紧进行中。

最近，光滑平整膜在光学窗口等领域有着重要的应用，此项研究工作也在深入进行之中。合成这种膜的关键是提高成核密度，减少晶粒尺寸。采用热丝法、微波等离子体法，甚至电子回旋共振法已能沉积高质量、低杂质的金刚石平滑膜[7]，其平均表面粗糙度 R_1 只有 0.1 μm、1 μm 厚度的涂层薄膜的晶粒大小约 600 nm。但其生长率太低，每小时只有 0.1 μm。平滑膜涉及广阔的应用范围，可望成为金刚石薄膜应用研究的一个新的热点[8]。

表 1　金刚石薄膜市场前景预测（百万美元）

应用领域	刀具涂层	声学应用	光学涂层	热丝	电子学应用	合计
1995 年	250	50	95	50	40	485

续表

应用领域	刀具涂层	声学应用	光学涂层	热丝	电子学应用	合计
2000 年	500	100	200	100	400	1300
2010 年	800	140	300	240	1240	2720

4 结语

CVD 金刚石薄膜的市场前景早就为人们所认识，目前该技术日趋成熟，已接近应用化的程度。尽管在应用过程中黏结力、异质外延、光学膜等问题尚未完全解决，但正在被逐渐攻克，而且在钻头、铣刀应用等方面大有突破良机。一旦某一方面率先突破，其广阔的应用前景将不可估量。

参考文献

[1] 唐璧玉，靳九成，陈宗璋. 金刚石薄膜的合成和应用 [J]. 表面技术，1996，25 (4)：36-38.

[2] Matsumoto S，Sato Y，Tsutsumi M，et al. Growth of diamond particles from methane-hydrogen gas [J]. Journal of Materials Science，1982，17 (11)：3106-3112.

[3] Karner J，Pedrazzini M，Reineck I，et al. CVD diamond coated cemented carbide cutting tools [J]. Materials Science and Engineering：A，1996，209 (1)：405-413.

[4] Kupp E R，Drawl W R，Spear K E. Interlayers for diamond-coated cutting tools [J]. Surface and Coatings Technology，1994，68 (94)：378-383.

[5] Hintermann H E. Advances and development in CVD technology [J]. Materials Science and Engineering：A，1996，209 (1)：405-413.

[6] Shibuki K，Sasaki K，Yagi M，et al. Diamond coating on WC-Co and WC for cutting tools [J]. Surface and Coatings Technology，1994，68 (94)：369-373.

[7] Stoner B. R，Glass J T. Textured diamond growth on (100) βLogiC via microwave plasma chemical vapor deposition [J]. Applied Physics Letters，1992，60 (6)：698-700.

[8] Jiang X，Klages C P，Zachai R，et al. Epitaxial diamond thin films on (001) silicon substrates [J]. Applied Physics Letters，1993，62 (26)：3438-3440.

(表面技术，第 26 卷第 6 期，1997 年)

预沉积无序碳对 CVD 金刚石成膜的增强作用

唐璧玉，靳九成，夏金童，陈宗璋

摘　要：研究了热 CVD 系统中预沉积无定形碳对金刚石成核的促进作用，分析了金刚石成核的特征和机理，探索了无定形碳上金刚石成核的条件，并由此实现了 YG8 硬质合金上金刚石的成核和生长。

关键词：化学气相沉积；金刚石薄膜；成核；无定形碳

分类号：O647.3

Enhancement of CVD Diamond Film By Predeposition of Amorphous Carbon

Tang Biyu，Jin Jiucheng，Xia Jintong，Chen Zongzhang

Abstract: The promotion of diamond nucleation by predeposition of amorphous carbon in hot-filament chemical vapor deposition system was studied. The feature and mechanism of diamond nucleation were analysed, and the condition for diamond nucleation on predeposited amorphous carbon was also investigated. Through predeposition of amorphous carbon, the nucleation and growth of diamond on carbide substrate YG8 were realized.

Key words: chemical vapor deposition; diamond films; nucleation; amorphous carbon

---

近年来金刚石薄膜的成核研究愈来愈受重视[1,2]。这不仅是因为薄膜的高速生长强烈依赖于成核过程，而且成核机理的理解和成核过程的控制还能改善薄膜涂层的微结构、应力状态及其与基底的黏结强度，有助于优化薄膜涂层的性能。实验工艺上已摸索出各种增加成核密度的方法，如划痕磨损等刻蚀性表面预处理方法[3]，沉积中间层的非刻蚀性表面预处理方法[4]及沉积前加负偏压的方法[5]等极大地增加了成核密度，基于这些实验事实及对成核微过程的分析，多数学者提出[6-9]无定形碳能提供金刚石的成核点，并在金刚石成核过程中起着关键的作用。为寻求充分的证据，探索金刚石成核的机理，各类碳基底上的成核正在深入研究之中。本文进行了金刚石在预沉积无定形碳上的成核研究，进一步证实了无定形碳在金刚石成核过程中的作用，深化了成核机理的理解。

1　实验方法

实验在热丝化学气相沉积（CVD）系统[2]中进行。基底是（100）硅片和 YG8 硬质合金。基底经金刚石磨膏研磨并用有机溶液清洗后置于反应室中，位于灯丝下方 8 mm 处。灯丝为 ϕ0.42 mm 的钨丝。反应气源是丙酮和氢气的混合物，丙酮含量 0.5 vol. %。混合气体流量 7×10^{-6} $m^3\cdot s^{-1}$，反应室气压 160 Pa。实验分两个阶段进行：先是调节灯丝温度和基底温度分别至 1500 ℃～1700 ℃和 450 ℃～600 ℃，进行无定形碳的预沉积。沉积时间因基底而异。硅片和 YG8 基底上预沉积时间分别为 8 min 和 20 min 左右。然后将灯丝和基底温度分别调节到 2000 ℃和 800 ℃左右，进行金刚石的成核和生长，样品经拉曼光谱证实金刚石的存在后，再进行扫描电镜的检测和分析。

2 结果和分析

图 1 是（100）硅基底上预沉积 8 分钟后再进行正常沉积 1 小时左右的沉积产物的拉曼光谱，其 1334 cm^{-1}处的小峰标记着金刚石已经存在。但 1576 cm^{-1}处较高的宽峰表示样品中存在大量的无定形碳。图 2 是相应样品的扫描电镜图像。从中可以看到金刚石已经成核并逐渐长大，其成核密度约 10 cm^{-2}。在金刚石晶核下面还存在一层黑色物质，它是预沉积的无定形碳。界面观察也发现金刚石晶粒（薄膜）与基底之间形成了一清晰的黑色中间层。这些现象说明金刚石成核在无定形碳上，无定形碳提供了金刚石成核点。图像中金刚石大小不均匀性还表明成核并非同时发生，而是有先有后。它揭示了无定形碳的结构在不断地演变，只有达到某种结构状态时才能促进金刚石成核。有趣的是，金刚石晶粒的形貌不仅晶形完好，而且非常一致。由此可以推断：无定形碳上的成核是非常相似的。这为优质（单晶或准单晶）金刚石薄膜的合成提供了新的启示。

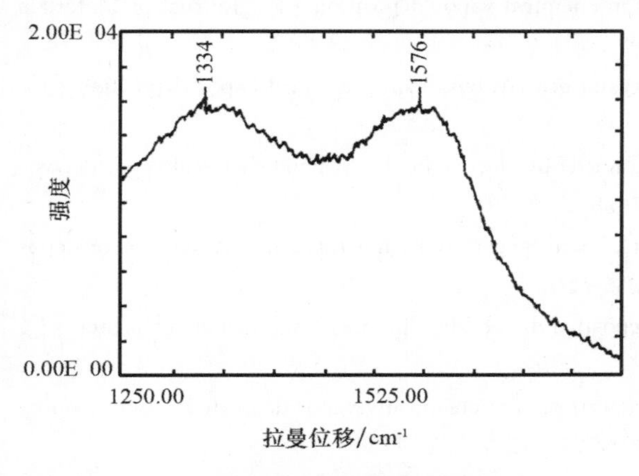

图 1 硅片上沉积物的拉曼光谱

图 2 硅片上沉积物的 SEM 图像

在研究金刚石成核的早期阶段时，诸多学者[6-9]就探测到了基底表面碳浓度随时间演变的现象，并提出了金刚石成核在碳上的假说。由于那里碳物质量小，结构不明，未能进行深入的分析。本文金刚石在预沉积无定形碳上的成核不仅证实了上述假说，还揭示了碳在沉积过程中的结构变化，更深刻地反映了上述假设的合理性。为探索无定形碳上金刚石成核的原因，Yu[6]等人研究了无定形碳的结构并发现：无定形碳处于高度无序的状态，并具有石墨一样的结构单元，即 SP^2 键联结的碳的六角环。无定形碳中的基本结构单元的这种随机的不规则的堆积，使得基本结构单元的边界或内部存在局部的 SP^3 基团。它们具有金刚石的键结构和体框架，形成金刚石的成核点。在化学气相沉积金刚石的过程中，氢原子与 SP^2 碳的反应要比 SP^3 碳强得多，SP^2 碳被氢原子迅速刻蚀并气化。因此，随着时间的推移，不仅在成核点上金刚石得以成核并长大，而且还会不断产生新的成核点并成核。可见，正是无定形碳的结构及其化学气相沉积金刚石环境中氢原子对 SP^2 碳的刻蚀构成了金刚石在无定形碳上成核生长的基础。

采用预沉积无定形碳的方法，在正常 CVD 条件下金刚石成核孕育期很长，甚至难以成核的硬质合金 YG8 上有效地实现了金刚石的成核和生长。图 3 是预沉积无定形碳 20 分钟后再正常沉积 2 小时左右的 YG8 基底上沉积物的形貌。根据 CVD 金刚石生长的规律和图中晶粒尺寸的大小，可推算金刚石成核约 30 分钟，较一般情况缩短了 3 倍以上。因此，无定形碳上金刚石成核的研究，不仅深化了 CVD 金刚石成核机理的理解，而且具有重要的应用价值。

图 3 YG8 上沉积物的 SEM 图像

3 结论

（1）金刚石能够在无定形碳上成核。无定形碳中结构单元的无序堆积产生的局部 SP^3 基团及沉积过程中氢原子对 SP^2 碳的刻蚀构成了金刚石在无定形碳上成核生长的基础。

（2）采用预沉积无定形碳的方法，成功地实现了 YG8 硬质合金基底上金刚石的成核和生长。

参考文献

[1] Stoner B R，Ma G，Wolter S D，et al. Characterization of bias-enhanced nucleation of diamond on silicon by invacuo surface analysis and transmission electron microscopy [J]. Physical Review B，1992，45 (19)：11067-11084.

[2] Ramesham R，Roppel T，Johnson R W，et al. Characterization of polycrystalline diamond thin films grown on various substrates [J]. Thin Solid Films，1992，212 (1)：96-103.

[3] Iijima S，Aikawa Y，Baba K. Growth of diamond particles in chemical vapor deposition [J]. Journal of Materials Research，1991，6 (7)：1491-1497.

[4] Chang C P，Flamm D L，Ibbotson D E，et al. Diamond crystal growth by plasma chemical vapor deposition [J]. Journal of Applied Physics，1988，63 (5) ：1744-1748.

[5] Yugo S，Kanai T，Kimura T，et al. Generation of diamond nuclei by electric field in plasma chemical vapor deposition [J]. Applied Physics Letters，1991，58 (10)：1036-1038.

[6] Yu Z M，Rogelet T，Flodström S A. Diamond growth on turbostratic carbon by hot filament chemical vapor deposition [J]. Journal of Applied Physics，1993，74 (12)：7235-7240.

[7] Belton D N，Schmieg S J. Nucleation of chemically vapor deposited diamond on platinum and nickel substrates [J]. Thin Solid Films，1992，212 (1)：68-80.

[8] Perry S S，Ager J W，Somorjai G A，et al. Interface characterization of chemically vapor deposited diamond on titanium and Ti-6Al-4V [J]. Journal of Applied Physics，1993，74 (12)：7542-7550.

[9] Hoffman A，Fayer A，Laikhtman A，et al. Aspects of nucleation and growth of diamond films on ordered and disordered sp2 bonded carbon substrates [J]. Journal of Applied Physics，1995，77 (7)：3126-3133.

（材料科学与工艺，第 5 卷第 3 期，1997 年 9 月）

C_{60}的惰性气体原子化合物分子力学研究

陈小华，张高明，彭景翠，姚凌江，夏金童，陈宗璋

摘　要：利用分子间相互作用势模型对惰性气体原子在C_{60}分子内所形成的化合物进行了研究，讨论了惰性气体原子X的平衡位置及体系的稳定性。He，Ne和Ar原子的平衡位置在C_{60}笼中，而Kr和Xe原子则在C_{60}笼外比在其内部时体系更稳定，通过考察其附加原子半径大小，可以对附加原子与C_{60}笼能否形成稳定的化合物提供预见性。

关键词：C_{60}的惰性气体原子碳化合物；分子力学；平衡位置

分类号：O561.1

Molecular Mechanics Investigation of Compounds of Rare Gas Atom and C_{60}

Chen Xiaohua，Zhang Gaoming，Peng Jingcui，Yao Lingjiang，
Xia Jintong，Chen Zongzhang

Abstract：Using the model of classical molecular interaction，we have investigated the formation of XC_{60} and the added inside or outside the C_{60} cage. The equilibrium position of X in XC_{60} and the stability have been discussed. It is shown that the equilibrium positions of He，Ne and Ar atoms are the center of the C_{60} cage while Kr and Xe being outside the C_{60} cage are more stable than being inside. According to the radii of the added atom，general prediction is obtained for the formation of stable compounds of added atom and cage.

Key words：compounds of rare gas atom and C_{60}；molecular mechanics；equlibrium position

---

C_{60}的衍生物与掺杂是C_{60}分子研究中最富有生机与活力的部分，足球状的C_{60}分子由于有较大的空腔，其笼中可嵌入原子、离子、分子或小团族而生成一类全新的化合物，内嵌惰性气体原子化合物即为其中的一种。实验上[1-2]已成功地将He和Ne移植到C_{60}笼中。目前对碱金属原子在C_{60}分子内所形成的化合物的结构和性能进行了较多的研究[3-5]。相对来说，对惰性气体原子的情形研究得较少，而从理论上弄清这类复合物的几何结构、附加原子的平衡位置及稳定性将有助于这类复合物的制备、性能和用途的研究。为此本文利用分子间相互作用势模型研究了惰性气体原子在C_{60}分子球内外时的几何结构，考察了惰性气体原子的平衡位置，并讨论了化合物的稳定性与附加原子半径的关系。

1　理论模型

惰性气体原子X与C_{60}笼间的相互作用主要来自于Vander Waals力，可用Lennard Jones势很好地描述：

$$V=\sum_{i=1}^{60}4\varepsilon\left[\left(\frac{\sigma}{r_{x,i}}\right)^{12}-\left(\frac{\sigma}{r_{x,i}}\right)^{6}\right] \tag{1}$$

其中$r_{x,i}$是惰性气体原子X与C_{60}笼上的第i个C原子间的距离，ε和σ是两个势参数。可利用文献

[6] 的结果，并根据组合规律[7]，即第 i 个原子与第 j 个原子之间的参数满足下述关系：

$$\varepsilon_{ij}=(\varepsilon_{ij}\cdot\varepsilon_{jj})^{1/2}$$
$$\delta_{ij}=(\delta_{ij}+\delta_{jj})/2 \tag{2}$$

因此计算所用的参数值如表1所示。C_{60}的60个C原子分布在球的表面，组成12个五元环和20个六元环。取五元环C—C键长为1.449 8Å，六元环的键长为1.389 7Å，C_{60}分子球半径为3.55Å[4]。计算时，考察惰性气体原子从球心开始沿五元环和六元环轴线向球面移动时，在C_{60}分子球内外不同位置时的相互作用势，得到相应的平衡位置。

表1　惰性气体原子与C原子间作用的势参数

元素	ε/MeV		δ/Å	
	X—X	X—C	X—X	X—C
He	1.4	1.715	3.03	3.265
Ne	2.2	2.149	3.18	3.340
Ar	4.7	3.142	3.46	3.480
Kr	5.3	3.336	3.55	3.535
Xe	6.3	3.637	3.83	3.665

2　结果与讨论

2.1　惰性气体原子在C_{60}分子球内部的情形

图1表示了内嵌惰性气体原子X从C_{60}分子中心开始沿五元环轴线和六元环轴线移动时，X与C_{60}笼间的相互作用势的变化。由图可见，惰性气体原子沿这两个方向移动时，相互作用势的变化趋势是一致的。曲线的最低点对应着惰性气体原子的平衡位置。我们发现其平衡位置均在球心。从原子半径的大小来考虑，C，He，Ne，Ar，Kr和Xe的Vander Waals半径分别为1.66 Å，1.4 Å，1.54 Å，1.92 Å，1.98 Å和2.18 Å，因此，惰性气体原子在C_{60}分子中心时，与C原子间的半径之和总的来说是稍小于或稍大于C_{60}球半径，中心原子与C原子之间的电子云均有了一定程度的重叠；当中心惰性气体原子沿某一方向移动时，与迎面的一些C原子之间的距离减少，这时虽然色散吸引项增加，但排斥项增加得更为明显，总的效果是势能增加，因此平衡位置应该是在球心。另外，我们还发现对于He、Ne和Ar，总的相互作用是吸引，对于Kr和Xe来说，总的相互作用是排斥，这说明所有的惰性气体原子在球心时与C原子之间均有相当程度的重叠。并且从He→Xe，随着原子半径的不断增大，电子云重叠程度逐渐增大，排斥作用逐渐明显，导致在Kr和Xe时，排斥作用占有优势，可以预言C_{60}分子笼内是不稳定的。

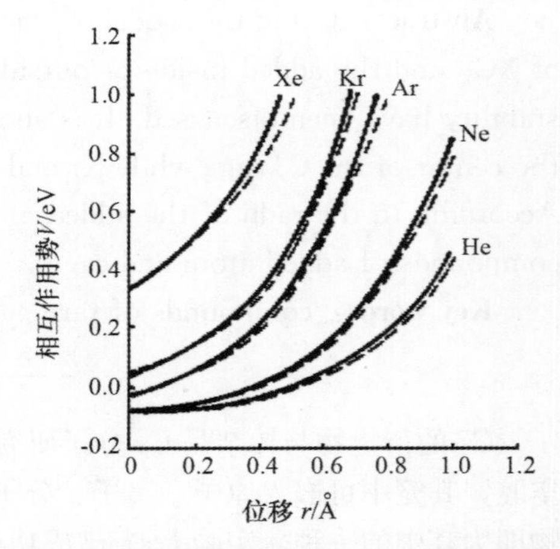

图1　惰性气体原子由中心移动时，相互作用势与位移的关系

2.2　惰性气体原子在C_{60}分子球外部的情形

图2分别给出了He、Ne、Ar、Kr和Xe原子在C_{60}分子球外沿五元环轴线、六元环轴线方向移动时，相互作用随位置的变化。由图可见，惰性气体原子在两个方向上移动时，相互作用的变化趋势是基本一致的，这表明了C_{60}分子外部的各向同性。从图中还发现，惰性气体原子在球外也有一个平衡位置，它们距球面的距离依次为He、Ne、Ar、Kr和Xe，这与它们的原子半径由小到大的趋势

是一致的。比较图 1 和图 2，发现 He、Ne、Ar 在球内部平衡时的势能低于在球外的，且在球外时的势阱极浅，故原子在 C_{60}球内较在球外部体系更稳定，且低于在球内的势阱，因此原子在 C_{60}球外部时体系能保持稳定。

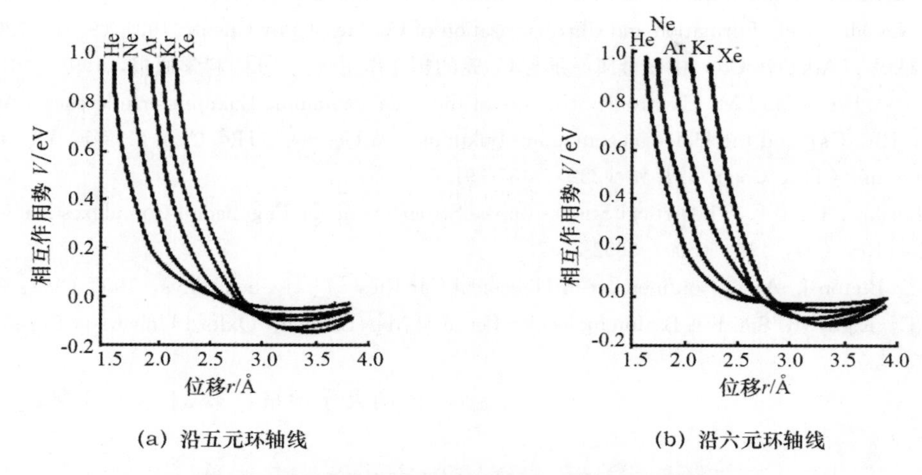

(a) 沿五元环轴线　　(b) 沿六元环轴线

图 2　惰性气体原子移动时，相互作用势与位移的关系

2.3　附加原子在 C_{60}分子球内外时体系的稳定性预见

由上面的讨论可知，惰性气体原子在 C_{60}分子球内外的平衡位置及化合物的稳定性与它们的原子半径紧密相关。下面，我们将就一般情况讨论这种关系。

在（1）式中，令 $V^*=V/\varepsilon$，$R^*=R/\delta$（R 为 C_{60}球半径），则 V^* 和 R^* 分别为约化作用势和约化半径。当附加原子 X 在 C_{60}球内和球外的平衡位置时，V^* 为最小值 $V^*_{\min}$，计算 $V^*_{\min}$，与约化半径 R^* 的关系，结果如图 3 所示。

在图中可看出，表示球内和球外的两条曲线 a 和 b 在 $R^*=1.01$ 处相关。当 $R^*<1.01$ 时，b 线 $V^*_{\min}$ 远低于 a 线 $V^*_{\min}$；$R>1.01$ 时，情形正好相反。若 R^* 进一步增大时，在球内球外的 $V^*_{\min}$ 均接近零值。因此，可以认为，当满足 $R^*<1.01$ 时，原子在 C_{60}分子外部体系是最稳定的；而当 $R^*>1.01$ 时，原子在 C_{60}分子球内部体系最稳定。因为参数 σ 随附加原子半径增加而增大，因此，当 R^* 值小时，对应的原子半径大；当 R^* 值大时，对应的原子半径小。随着 R^* 值的进一步增大，意味着原子半径更小，若原子处于 C_{60}球心，此时它与 C_{60}笼之间的排斥作用不仅非常小，而且吸引作用也较小，总的相互作用表现出较小的吸引作用。因此有理由认为原子在 C_{60}球内的平衡位置将偏离球心。对于本文研究的惰性气体原子 He，Ne，Ar，Kr 和 Xe，所对应的 R^* 值分别为 1.090，1.063，1.020，1.007，0.968，上面的分析判断与 2.1 和 2.2 节的结果完全一致。因此，通过分析 R^* 值的大小，可以预见附加原子在 C_{60}分子球内外能否形成稳定的化合物。

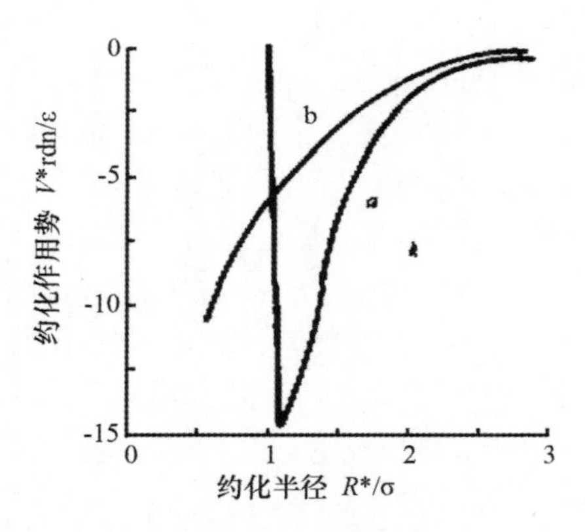

图 3　附加原子最小相互作用 V^* 与约化 C_{60}笼半径 R^* 的关系

3　结论

惰性气体原子附加于 C_{60}分子内外的平衡位置及稳定性和它们的原子半径大小紧密相关。He，Ne 和 Ar 原子能稳定存在于 C_{60}的中心，而 Kr 和 Xe 原子则在 C_{60}分子外部更稳定。通过计算约化半径 R^* 的大小，可对附加原子在 C_{60}分子内外能否形成稳定的化合物提供一定的预见性。

参考文献

[1] Zhimin W, James F C, Scott L A. Ne+C_{60}: Colision Energy and Impact Parameter Dependence for Endohedral Complex Formatloa, Fragmentation, and Charge Transfer [J]. Chem Phys, 1992 (96): 3344-3346.

[2] Ross M M, Callahm J H. Formation and Characterization of C_{60} He. J Phy Chem, 1991 (95): 5720-5722.

[3] 朱传宝，严继民.（Alkaji@ C_{60}）中碱金属原子与C_{60}笼的相互作用研究 [J]. 科学通报，1995 (40): 1276-1279.

[4] Zhang D R, Wu J A, Yah J M. Electronic Structure of the Alkalicontaining Bukminsterfullerenes (A@ C_{60}) (A=Li, Na, K, Rb, Cs) and the Haldogencontaining Bukminsterlu Uesenes (H@ C_{60}) (H=F, Cl, Br, I) [J]. J Moleodar Stucturc (Theo Chem), 1993 (282): 187-191.

[5] Liu J N, Shuichhi, Gu B L. TheorrticaI Studies on the Structtme of the Engohedral Complexes Na@ C_{60} and Na@ C_{70} [J]. Phys Rev (B), 1994 (50): 5552-5557.

[6] Gonzales P J, Bteton J. Atom Confinement in Helicoidal Car Ries [J]. J Chem Phys, 1993 (98): 3389-3394.

[7] Maitland G C, RigbyM, Smith E B. Intemolecular Fences [M]. London: Oxford University Press, 1981.

（湖南大学学报，第 24 卷第 3 期，1997 年 6 月）

C_{60}晶体中有序相变的热力学模型

陈小华，彭景翠，陈宗璋

摘　要：对C_{60}晶体中的有序相变提出了一个热力学模型，并计算了热力学性质。在同一临界温度上，序参量、熵、内能及比热都发生明显的跃变，与实验结果符合。

关键词：C_{60}晶体；有序相变；热力学模型
分类号：O414.13

Thermodynamic Model for Ordered Phase Transition in C_{60} Crystal

Chen Xiaohua，Peng Jingcui，Chen Zongzhang

Abstract：Thermodynamic model for ordered phase transition in C_{60} crystal is presented. The thermodynamic properties for C_{60} crystal is calculated using this model. The ordering parameter，entropy，inter-energy and specific heat occur sudden change at the critical temperature and fitting to the experimental results.

Key words：C_{60} crystal；ordered phase transition；thermodynamic model

---

固体C_{60}的结构相变近来引起人们广泛的兴趣。X射线[1]、核磁共振（NMR）[2,3]、比热测量[4,5]、非弹性中子散射[6]均表明：在$T_t=260$ K上，固体C_{60}呈面心立方（fcc）结构，由于C_{60}近于球形而呈现出转动无序；在260 K下，晶体结构出现简立方（sc）结构，原来fcc晶胞上的C_{60}分子现在有四种不同的取向，每一种取向的C_{60}分子现在形成一个简立方子晶格，且单胞中的四个分子绕各自的［111］方向（即C轴）转动。然而进一步的NMR实验表明[7]，低温时，C_{60}分子的转动表现出激活型的特性。在260 K以下，并不只是简单的绕［111］方向的单向轴转动，至少还应包括绕三个方向（101），$(1\bar{1}0)$及$(0\bar{1}1)$中任一方向的翻转（libration）。150 K时线宽的突变反映了该翻转的冻结。此外，在玻璃化相变温度90 K以下，绕单向轴的转动也逐渐被冻结。

本文对C_{60}分子在各个相中的转动情况，提出了一个热力学模型，并计算了相变时的热力学性质，有助于阐明固态C_{60}中的结构相变。

1　模型的建立

我们考虑四个态：(a) 所有转动的冻结态；(b) 每个分子绕三度单向轴的转动，只有三个方位；(c) 不仅绕三度取向轴转动，而且该取向轴绕一个$(1\bar{1}0)$方向的翻转，共有6个方位；(d) 分子自由转动（绕三度轴和五度轴），总共产生90个方位。

在各个相中，C_{60}在势能极小的位置间跳跃（hopping）。在态（b）中，计算表明[9]有三个势能极小位置，即三个状态。在态（c）中，$(1\bar{1}0)$方向上有两个势能极小位置[8]，取向轴在这两个位置间跳跃，即分子的重新取向，故态（c）中共有（2×3=6）个状态。态（d）中，考虑6个C_5轴的30个对称操作，那么对绕C_2轴的三个势能极小位置而言，总共就有90个状态。这里没有考虑绕20

个 C_2 轴的转动，因为转动角180°较大，势垒太高，在相变过程中，不会改变。

令 N_1，N_2，N_3，N_4 和 N 表示态（a），（b），（c），（d）和总的分子数，对一给定的温度，状态总数可写为：

$$W=\frac{N!}{N_1!\ N_2!\ N_3!\ N_4!}3^{N_2}6^{N_3}90^{N_4} \tag{1}$$

利用Stirling公式 $\lim\limits_{N\to\infty}(\ln N!)=N\ln N-N$，由统计物理学知，熵为

$$\begin{aligned}S&=k_B\ln W\\&=-Nk_B(x_1\ln x_1+x_2\ln x_2+x_3\ln x_4+x_4\ln x_4)+\\&\quad Nk_B(x_2\ln 3+x_3\ln 6+x_4\ln 90)\end{aligned} \tag{2}$$

其中

$$N=\sum_{i=1}^{i}N_i,\ x_1=\frac{N_1}{N22},\ \sum_{i=1}^{i}x_i=1 \tag{3}$$

内能 E 可写为：

$$E=N\Delta E_{ab}x_2+N\Delta E_{jx}x_3-\frac{zNJ}{2}(x_1+x_2+x_3)^2 \tag{4}$$

ΔE_{ab} 表示一个 C_{60} 分子从（a）到（b）时能量的增加，ΔE_{jx} 表示一个 C_{60} 分子从（b）到（c）时能量的增加，J 是只考虑了（a），（b）和（c）中的两个最近邻分子之间的相互吸引作用，$z=12$ 是分子的最近邻数。

在热平衡时，其自由能 $F=E-TS$ 最小，即

$$\left(\frac{\partial F}{\partial x_1}\right)_T=0,\ \left(\frac{\partial F}{\partial x_2}\right)_T=0,\ \left(\frac{\partial F}{\partial x_3}\right)_T=0 \tag{5}$$

利用 $x_1+x_2+x_3+x_4=1$，得到 x_1 的自洽方程

$$x_1=\frac{1}{\alpha+\beta(x_1)} \tag{6}$$

其中

$$\alpha=1+3\exp\left(-\frac{T_{ab}}{T}\right)+6\exp\left(-\frac{T_{jx}}{T}\right)$$

$$T_{ab}=\frac{\Delta E_{ab}}{k_B}\cdot T_{jx}=\frac{\Delta E_{jx}}{k_B} \tag{7}$$

$$\beta(x_1)=90\exp\left(-\frac{T_u}{T}\alpha x_1\right),\ \left(T_0=\frac{zJ}{k_B}\right) \tag{8}$$

相应地，x_2，x_3，x_4 可从下面得到

$$x_2=3x_1\exp\left(-\frac{T_{ab}}{T}\right),\ x_3=6x_1\exp\left(-\frac{T_{bc}}{T}\right) \tag{9}$$

$$x_4=1-x_1-x_2-x_3$$

对（6～9）式进行计算时，选择参数

$$\frac{T_{ab}}{T_0}=\frac{90}{260}=0.346,\ \frac{T_{bc}}{T_0}=\frac{150}{260}=0.576$$

计算结果如图1所示，从图中可知，在 $0.05<T/T_0<0.2$ 范围内，x_1 单调减小，x_2，x_3 及 x_4 均在不同的温度下开始增加。在 $T=0.2T_0$ 时，x_1，x_2，x_3 均一致下降，而 x_4 的增加是一个跳变，这说明在 $0.05T_0<T<0.2T_0$ 内，C_{60} 分子的转动是有序的，但也包含着无序的成份；而在 $T\geqslant 0.2T_0$ 时，C_{60} 分子的转动基本上是完全无序的，这也是一级相变的特征。以后我们用 $T_1=0.20T_0$ 来代表这个临界温度。

2　热力学性质

利用上面讨论的 x_1 值，可计算熵、焓变及比热随温度的变化情况。

2.1　熵

利用（2）式计算熵值，其结果如图 2 所示。熵的增加从 $0.05T_0$ 开始，一直到 $0.2T_0$（T_c）在急剧地增加。在 T_c 以上，S 则达到饱和值 $Nk_B\ln 90=4.5Nk_B$。在 T_c 左右其熵变 $\Delta S=2.7Nk_B=22.4\ \mathrm{JK^{-1}mol^{-1}}$。而比热结果[9]表明 T_c 时的熵变为 30 $\mathrm{J/K^{-1}mol^{-1}}$。实际上，从（c）到（d），相关态的数目由 6 到 90，对应着熵变 $\Delta S=Nk_B\ln(90/6)=Nk_B\ln 15=22.5\ \mathrm{JK^{-1}mol^{-1}}$，基本符合实验结果。

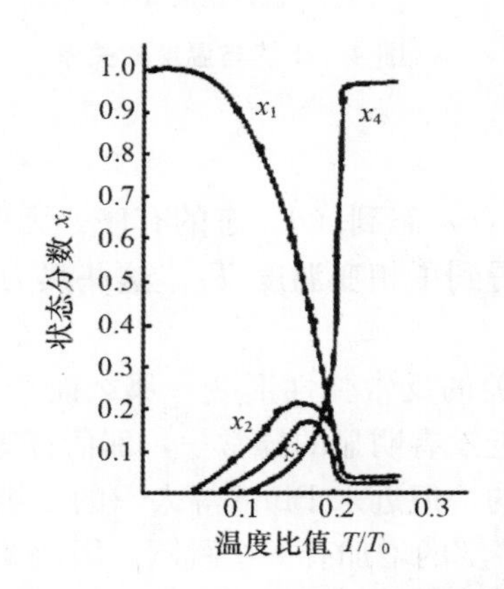

图 1　x_1，x_2，x_3 和 x_4 与温度的关系

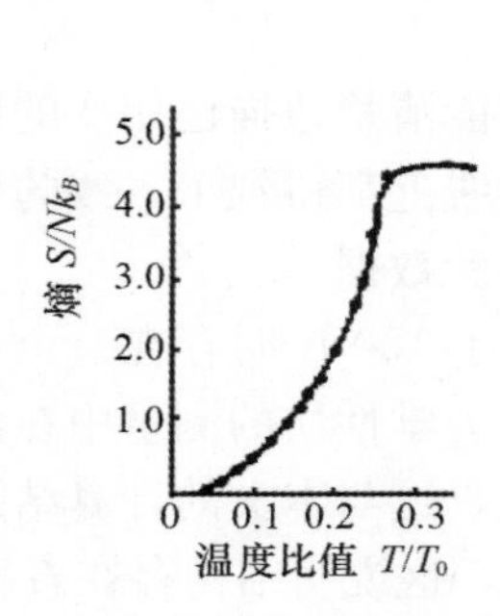

图 2　熵与温度的关系

2.2　焓变

通过对（4）式的计算得到内能 E 随温度的变化关系，内能从低温开始增加，反映了转动运动被激活后，能量的增加，在 $T=T_1$ 时，由于分子间相互作用的消失，内能有一个突变，并趋于稳定，这也是有序一无序相变的特征。我们设定在整个温度变化范围内是等压的，并且由于体积的变化甚小，故焓变 ΔH 与内能的变化 ΔE 是非常接近的，完全可以认为 $\Delta H=\Delta E$。图 3 中 T_c 处曲线突变高度为 $0.34Nk_BT_0$，如果选取参数 $T_n=1300$ K，则得到相变温度 $T=0.2T_0=260$ K。此时 $\Delta H=\Delta E=0.34Nk_BT_0=442Nk_B=5.1\ \mathrm{Jg^{-1}}$，与文献［9］的实验结果 $\Delta H=5.9\ \mathrm{Jg^{-1}}$ 符合得很好。

2.3　比热

由（4）式有：

$$C_a=\frac{\mathrm{d}E}{\mathrm{d}T}=\Delta E_{bc}N\frac{\mathrm{d}x_2}{\mathrm{d}T}+\Delta E_{bc}N\frac{\mathrm{d}x_3}{\mathrm{d}T}-ZJ(x_1+x_2+x_3)\left(\frac{\mathrm{d}x_1}{\mathrm{d}T}+\frac{\mathrm{d}x_2}{\mathrm{d}T}+\frac{\mathrm{d}x_3}{\mathrm{d}T}\right)\tag{10}$$

利用（6）～（9）式，可分别求出 $\frac{\mathrm{d}x_1}{\mathrm{d}T}$，$\frac{\mathrm{d}x_2}{\mathrm{d}T}$ 和 $\frac{\mathrm{d}x_3}{\mathrm{d}T}$，整理后得到

$$\begin{aligned}C_b=&(3\Delta E_{ab}N\mathrm{e}^{-T_{ab}/T}+6\Delta E_{ab}N\mathrm{e}^{-T_{ab}/T}-ZJ\alpha^2x_1)\frac{\mathrm{d}x_1}{\mathrm{d}T}+\\&\left((3\Delta E_{ab}N(T_{ab}/T^2)\mathrm{e}^{-T_{ab}/T}+6\Delta E_{bc}N\left(\frac{T_{bx}}{T}\mathrm{e}^{-T_{ab}/T}\right)\right)-\frac{ZJ\alpha x_1^2}{T^2}\frac{\mathrm{d}\alpha}{\mathrm{d}T}\end{aligned}\tag{11}$$

计算结果显示在图 4 中。曲线在 $T/T_0=0.05$ 时开始平缓上升，在 $T/T_0=0.1$ 左右，曲线有一个不明显的异常，此后曲线变陡；在 $T/T_0=0.2$ 时出现尖峰，此后急剧下降。这也是一级相变的特征，其相变温度与上面的结果是一致的。$T/T_0=0.1$ 附近的异常与 90 K 时的玻璃化相变有关，此时比热的跃变 $\Delta C_v=0.9Nk_B=7.47\ \mathrm{JK^{-1}mol^{-1}}$。文献［9］报告 87 K 时的 C_v 的跃变 $\Delta C_v=7\ \mathrm{JK^{-1}mol^{-1}}$，与我们的结果符合得很好。

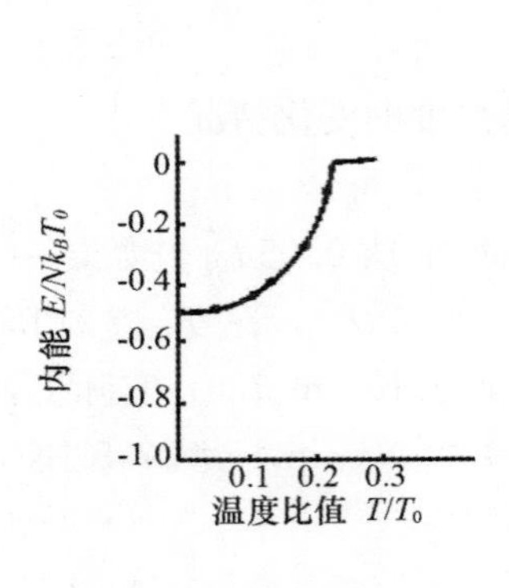

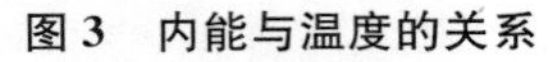
图 3　内能与温度的关系

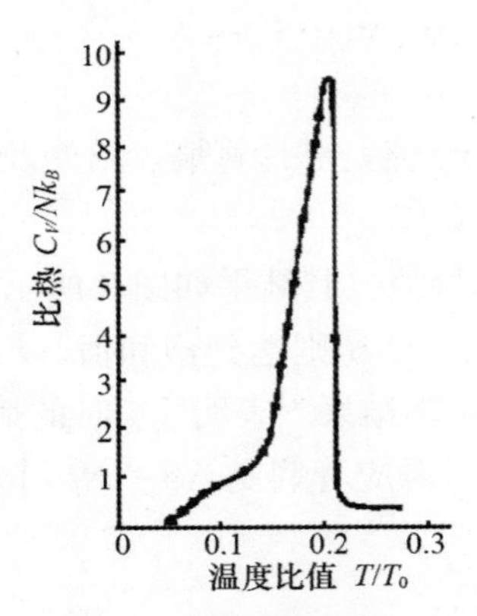

图 4　比热与温度的关系

3　讨论

本文提出的模型能清楚地描述相变的图像。从（c）态到（d）态的有序—无序相变，在序参量、熵、内能及比热的曲线上都得到了一致的反映，并得到了相变温度 T_0。这些热力学性质的温度依赖性都能较好地符合实验数据。

Shi 等[10]曾报道了 150 K 时存在一个与频率有关的反常弹性形变，那么能否在 150 K 附近发现第二个相变点呢？热力学性质的测量中在此温度附近没有明显的异常[4]，邵倩芬等人[3]的 NMR 实验也没有发现异常情况，这与本文的计算结果是一致的。但近来 Bline 等人[7]的二维 NMR 实验表明在 150 K 时线宽有突变，这说明结构存在着相变，无序度的增加有一个跳跃。因此要解释 150 K 左右的某些反常现象，还需进一步研究，至少应考虑次近邻分子的相互作用。

参考文献

[1] Paul A, John E, Andrew R. Orientationa ordering transition in solid C_{60} [J]. Phys Rev Lett, 1971, 66 (22): 2911-2914.

[2] Tycko R, Dabbagh G, Fleming R M , et al. Molecular dynamics and the phase transition in solid C_{60} [J]. Phys Rev Lett, 1991, 67 (14): 1886-1889.

[3] 邵倩芬，王力平，陈健，等. 固体 C_{60} 分子动力学的核磁共振研究 [J]. 科学通报，1994，39 (13)：1187-1189.

[4] Yang Hongshun, Zheng Ping, Chen Zhaojia. The structure transitions in the C_{60} single crystal [J]. Solid State Commun, 1994, 89 (8): 735-737.

[5] Grivei E, Nysten B, Cassart M, et al. Specific heat of fullerenes extract [J]. Solid State Commun, 1993, 85 (2): 73-75.

[6] Neumann D A, Copley J R D, Rush J J. Rotational dynamics and orientationa melting of C_{60}: a neutron scatterings study [J]. J Chem Phys, 1992, 96 (11): 8631-8633.

[7] Bline R, Seliger J, Dolinsek J. Two-Dimensional ^{13}C NMR study of orientational ordering in solid C_{60} [J]. Phys Rev (B), 1994, 49 (7): 4933-5002.

[8] Neumann D A. Inelastic neutron scattering studied of rotational excitations and the orientational potential in C_{60} and A_3C_{60} compounds [J]. J Phys Chem , 1993, 54 (12): 1699-1712.

[9] Matsuo T, David W I F, Ibberson R M. The heat capacity of solid C_{60} [J]. Solid State Commun, 1992, 83 (9): 711-715.

[10] Shi X D, Kortan A R, Williams J M , et al. Sound velocity and attenuation in Single-Crystal C_{60} [J]. Phys Rev Lett, 1992, 68 (6): 827-830.

（湖南大学学报，第 23 卷第 2 期，1996 年 4 月）

M_3C_{60}（M=K，Rb）中 C_{60} 分子的取向机制研究

陈小华，彭景翠，陈宗璋，冯孙齐

摘　要：研究 M_3C_{60}（M=K，Rb）中 C_{60} 分子的取向机制，利用点电荷模型和Lennard-Jones势考察了 M^+-C_{60} 和 $C_{60}-C_{60}$ 之间的相互作用对 C_{60} 分子取向的影响。结果表明：M^+-C_{60} 之间的相互作用对 C_{60} 分子的取向起决定作用，而使得 C_{60} 分子的基态取向为两个标准取向之一。

关键词：M_3C_{60}；取向；电荷模型；Lennard-Jones 势

Orientation of C_{60} Molecules in M_3C_{60}（M=K，Rb）

Chen Xiaohua，Peng Jingcui，Chen Zongzhang，Feng Sunqi

Abstract：The mechanism of the orientational ordering of C_{60} in M_3C_{60}（M=K，Rb）is investigated in this paper. The effct of interactiom between two C_{60} molecules and C_{60} molecule and its surrounding M^+ ions oil orientation of C_{60} molecule is studied by use of the point charge model and Lennard-Jones potentials. The results show that the interactions between C_{60} molecule and the M^+ ions dominate the orientation of C_{60} molecule，making the C_{60} molecules to adopt one of two standard orientations in the ground state.

Key words：M_3C_{60}；Orientation Point；charge model；Lennand-Jones potential

---

1　前言

C_{60} 分子的取向问题一直是人们感兴趣的焦点之一。实验表明[1,2]：当温度降至 260 K 时，未掺杂 C_{60} 固体出现从取向无序的面心立方相（空间群为 Fm3m）到取向有序的简立方相（空间群为 Pa3）的结构相变。理论上人们利用经验势模型[3,4]描述 C_{60} 晶体中的分子间势，基本上解释了低温下 C_{60} 晶体的简立方结构。作为具有超导电性的 M_3C_{60}（M=K，Rb）化合物，非弹性中子散射实验[5]证实，不存在取向相变，C_{60} 分子被限制于两种标准取向（即 C_{60} 分子的二次轴沿<100>方向，三次轴沿<111>方向）之一，而使晶体保持缺面无序的面心立方结构。显然，碱金属的掺入，抑制了 C_{60} 分子的转动，而使分子的取向受到限制。相对来说，目前这方面的理论工作做得较少。本文从 M_3C_{60} 中 $C_{60}-C_{60}$ 和 M^+-C_{60}（M 为碱金属原子）之间的相互作用势出发，对这一问题进行了研究，与实验结果符合得较好。

2　理论模型

已经证实，在纯 C_{60} 晶体中，$C_{60}-C_{60}$ 之间的相互作用对 Pa3 结构有利[4]。而在 M_3C_{60} 中，有两类相互作用确定 C_{60} 的基态取向：①$C_{60}-C_{60}$ 之间的相互作用；②$C_{60}-M^+$ 之间的相互作用。由 X 射线衍射结果可知[5]，掺入 C_{60} 晶体中的碱金属原子占据面心立方结构中的四面体中心位置和八面体中心位置，$C_{60}-C_{60}$ 和 $C_{60}-M^+$ 之间的相互作用均由静电相互作用产生，可描述为：

$$V=\sum_{i,j}\frac{q_iq_j}{r_{ij}}+\sum_{k,l}4\varepsilon\left[\left(\frac{\sigma}{r_{kl}}\right)^{12}-\left(\frac{\sigma}{r_{kl}}\right)^{6}\right]$$

第一项为长程库仑作用，将利用点电荷模型计算。第二项为Lennard-Jones势，计算库仑作用时，考虑到碱金属原子都是电子给体，可作为单位正电荷处理。对于C_{60}系统，Lu，Li和Martin（LLM）曾对未掺杂C_{60}晶体中的C_{60}分子提出一个键中心点电荷模型[2]，由此出发，计算出的分子间势能解释C_{60}晶体基态结构与C_{60}取向的关系，但其数值与实验相差较大。Yildirim等人利用局域密度近似（LDA）计算了C_{60}分子240个价电子的电荷密度分布情况[3]，由此，提出了183个点电荷模型来模拟电荷密度分布，其结果较之LLM模型更符合实验事实。183个点电荷包括60个C原子上的电荷q_C、60个单键中心电荷q_S，30个双键中心电荷q_D，20个六边形中心电荷q_H，12个五边形中心电荷q_P和1个C_{60}分子中心电荷q_O。它们的取值如表1所示。

表1　183个点电荷值（单位：e）

q_C	q_S	q_D	q_H	q_P	q_O
0.435	−0.294	−0.648	0.739	0.237	−6.644

在M_3C_{60}中，尽管碱金属原子转移给C_{60}分子3个电子，但对原来240个价电子的电荷密度分布影响不大，因此掺杂化合物中的C_{60}分子仍可采用183个点电荷模型。至于碱金属转移给C_{60}的3个电子，我们考虑全部分配给60个C原子。

在第二项的Lennard-Jones势中，包括排斥作用能和色散吸引能，参数ε和σ可由晶格常数和压缩系数的实验结果[6]确定，对M=K，可得$\sigma=3.11$ Å，$\varepsilon=20.2$ meV，对于$C_{60}-C_{60}$之间，仍用已知的参数[3]。

为了计算$C_{60}-C_{60}$和M^+-C_{60}之间的相互作用，我们做了几种考虑：①由于晶格常数较大，所以对每个C_{60}分子，只考虑它与最近邻的12个C_{60}分子、8个四面体离子和6个八面体离子的相互作用；②首先让C_{60}分子处于标准取向，即C_{60}分子的三个相互垂直的二次轴分别沿3个<100>方向，然后让每个晶胞中的4个C_{60}分子绕各自的<111>方向转动相同角Φ；③一个分子从标准取向开始绕<100>轴转动，其他邻近分子保持标准取向不动。

3　结果与讨论

选取不同的Φ值，计算了中心C_{60}分子与最近邻12个C_{60}分子和14个碱金属离子的相互作用，C_{60}分子绕二次轴<100>转动时，Φ从0°开始每经过90°对应着C_{60}分子从一个标准取向到另一个标准取向。绕三次轴<111>转动时，$V(\Phi+120°)=V(\Phi)$，Φ的取值为0°～120°。计算中晶格常数$\alpha_0=1.424$Å[5]，C_{60}笼半径$R_0=3.55$Å，六边形和五边形中心与球心的距离分别为$R_H=0.96R_0$和$R_P=1.078R_0$[4]，计算结果示于图1。

图1A中a上，在$\Phi=0°$时有最小值，这对应着C_{60}分子的一个标准取向；另一个能量极小值在$\Phi=42.5°$，这是C_{60}分子的另一个取向，与实际的44.5°标准取向基本符合。这两个取向间的势垒$\Delta V_b=0.42$ eV，在核磁共振实验[7]中给出的势垒为0.52 eV，我们的计算结果与之接近。在图1A中b上，$\Phi=0°$和90°有两个相等的最小值，这恰好对应着C_{60}分子两个不同的标准取向，两个取向间的势垒$\Delta V_b=1.26$ eV，与核磁共振实验结果[7]（2.05 eV）相差不大。值得提出的是，我们的计算结果与实验值略有差别，这与晶格模型大小的选取、参数的选择有关。

从图1B中可以看出，$C_{60}-C_{60}$之间的相互作用与总能量的变化规律相差较大，而$C_{60}-M^+$之间的相互作用与总能量的变化趋势一致。因此，可以说，决定C_{60}取向的是C_{60}—M^+之间的相互作用。进一步地观察发现，决定C_{60}取向的因素主要来自$C_{60}-M^+$之间的短程作用（L-J）势。

至于热运动因素，常温下（以300 K计）的热运动动能3/2 KT，约0.039 eV，这个数值与未掺杂

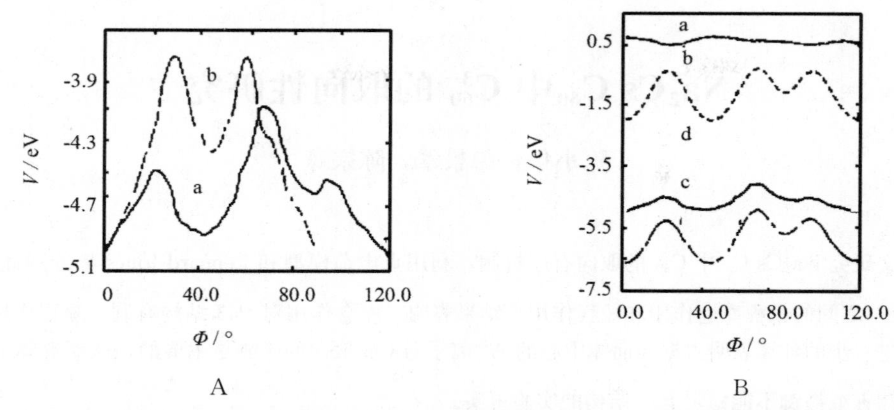

A：a. C_{60} 分子绕<111>轴转动，b. 绕<100>轴转动；B：C_{60} 分子绕<111>轴转动时，a. $C_{60}-C_{60}$，b. $C_{60}-M^+$；c. $C_{60}-M^+$ 间的短程作用，d. 总相互作用能

图 1 $C_{60}-C_{60}$ 和 $C_{60}-M^+$ 间的相互作用能随 Φ 的变化

C_{60} 晶体中的分子间势[4]同一数量级，因此 $C_{60}-C_{60}$ 之间的作用势不足以束缚 C_{60} 分子，致使 C_{60} 分子取向无序。本文所计算掺杂系统中每个 C_{60} 所受到的相互作用势比热运动能大约 2 个数量级，因此，在常温下 M_3C_{60} 仍保持低温下的结构。

从上面的计算及分析可得到，M_3C_{60} 分子的再取向是从一个标准取向到另一个标准取向。两种方式中，绕<100>轴的 90°转动的势垒（1.26 eV）明显大于绕<111>轴的 44.5°转动的势垒（0.42 eV），这说明 C_{60} 分子的再取向以绕<111>轴的 44.5°转动为主。

通过对 K_3C_{60} 的计算说明了 K_3C_{60} 之所以能保持面心立方结构，是因为 K^+ 起了关键的作用。那么对于其他碱金属离子情况会怎样呢？我们曾对掺钠的情况进行过计算[6]。结果表明，$C_{60}-Na^+$ 之间的相互作用（主要来自于 $C_{60}-M^+$ 之间的库仑相互作用）使 C_{60} 晶体的 Pa3 结构更为稳定。这与掺钾和掺铷的情况是截然不同的。

进一步地考察 Na^+、K^+ 和 Rb^+，就发现它们的半径不同，分别为 0.98Å、1.33Å、1.48Å。Na^+ 离子半径小于四面体空隙半径 1.12Å，因此 Na^+ 与 C_{60} 间短程作用较弱，而以长程库仑作用为主，所以对 Pa3 结构有利，而 K^+ 和 Rb^+ 离子半径均大于四面体空隙半径 1.12Å，因此 C_{60} 分子的 8 个六边形必须面对<111>方向，才能容纳 K^+ 或 Rb^+，显然其结果是碱金属离子与 C_{60} 分子的距离很近，致使短程作用占主导地位，我们的计算结果证实了这一点。

参考文献

[1] 邵倩芬，王力平，黄祖恩，等. 固体 C_{60} 分子动力学的核磁共振研究 [J]. 科学通报，1994，39（13）：1187-1187.

[2] Jian Ping Lu，X P Li，Richard M. Ground state and phase transitions in solid C_{60} [J]. Phys Rev Lett，1992，68（10）：1551-1554.

[3] T Yildirim，A B Harris，S C Erwin. Multipole approach to orientational interactions in solid C_{60} [J]. Physical Review B Condensed Matter，1993，48（3）：1888.

[4] K Tanigaki，I Hirosawa，T W Ebbesen. Structure and superconductivity of C_{60} fullerides [J]. Journal of Physics & Chemistry of Solids，1993，54（12）：1645-1653.

[5] G Sparn，J D Thompson，R L Whetten. Pressure and field dependence of superconductivity in Rb_3C_{60} [J]. Physical Review Letters，1992，68（8）：1228.

[6] S E Barrett，R Tycko. Molecular orientational dynamics in K_3C_{60} probed by two-dimensional nuclear magnetic resonance [J]. Physical Review Letters，1992，69（26）：3754-3757.

[7] 陈小华，彭景翠，陈宗璋. Na_2CsC_{60} 中 C_{60}^{3-} 的取向性研究 [J]. 低温物理学报，1997（2）：156-160.

（化学物理学报，第 10 卷第 5 期，1997 年 10 月）

$Na_2Cs\ C_{60}$中C_{60}^{3-}的取向性研究

陈小华，彭景翠，陈宗璋

摘　要：本文研究 $Na_2Cs\ C_{60}$ 中 C_{60}^{3-} 的取向有序机制，利用点电荷模型和 Lennard-Jones 势分别计算了 $A^+-C_{60}^{3-}$（A 为碱金属原子）之间的长程库仑作用和短程作用。结果表明：库仑作用对 $Pa\bar{3}$ 结构有利，短程作用在 C_{60}^{3-} 采取标准取向时最小。进一步的计算表明占据四面体中心的 A^+ 离子对 C_{60}^{3-} 取向的影响是主要的，从而解释了在四面体位置掺钠能够稳定而掺钾或掺铷不能稳定 $Pa\bar{3}$ 结构的实验事实。

The Orientation of C_{60}^{3-} in Na_2CsC_{60}

Chen Xiaohua，Peng Jingcui，Chen Zongzhang

Abstract：The mechanism of the orientational ordering of C_{60}^{3-} in Na_2CsC_{60} is investigated in this paper. The long-range Coulombic interaction and the short-range repulsive interaction between C_{60}^{3-} and surrounded A^+ ions have been calculated numerically using the model of point charge and Lennard-Jones potential. The results indicate that the coulombic interaction favors the $Pa\bar{3}$ sc phase and the short range repulsive interaction arrives at minimum when C_{60}^{3-} take one of two standard orientations. The further calculational results show that the effect of orientation of the tetrahedral cations on C_{60}^{3-} is dominant，and the experimental facts show that Na stabilizes the $Pa\bar{3}$ phase while K or Rb does not can satisfactorily be explained in the light of above results.

一、引言

自从发现碱金属掺杂 C_{60}后出现超导电性以来，人们正广泛研究其物理和化学性质[1-3]。研究发现[3]，K_3C_{60}和 Rb_3C_{60}超导体具有缺面（merohedral）无序的面心（fcc）结构，C_{60}^{3-}离子无规律分布在两种标准取向上［即 C_{60}^{3-}的二次轴沿（100）方向，三次轴沿（111）方向］，两种标准取向可以通过绕任一立方晶胞［即（100）方向］的 90°转动或绕<111>轴的 44.5°转动进行互换，并且 K^+与晶格常数 α_0 的关系主要由费米能级处的态密度 $N(E_f)$ 决定[4]。然而，另一类含钠化合物超导体 Na_2RbC_{60}和 Na_2CsC_{60}却表现出明显不同的特性。随着温度的升高出现了类似纯 C_{60}的从简立方（sc）到面心立方（fcc）的有序—无序相变[5-6]。近来还发现这类超导体具有与面心 A_3C_{60}（A＝K，Rb）化合物不同的 T_c-a_0 关系[7]。这可能是在两类化合物中，C_{60}^{3-}的取向不同而引起的，这表明 C_{60}^{3-}的取向将显著影响其电子行为。因此，研究含钠化合物超导体中 C_{60}^{3-}离子的取向问题，对弄清其超导机制有着重要意义。

在碱金属掺杂 C_{60}的化合物中，除了 $C_{60}^{3-}-C_{60}^{3-}$和 A^+-A^+之间的相互作用外，还存在着两种相互作用：一是 $A^+-C_{60}^{3-}$之间的长程库仑相互作用；二是 $A^+-C_{60}^{3-}$之间存在的色散作用和排斥作用，它们属于短程相互作用。这两种相互作用对 C_{60}^{3-}的取向有不同的影响。本工作研究在 Na_2CsC_{60}

(Na_2RbC_{60}与之相似)中，这两种相互作用随C_{60}^{3-}取向的变化情况，并与K_3C_{60}进行对照，着重考察了基态情况下，含钠C_{60}晶体的稳定性与C_{60}^{3-}取向的关系。

二、计算模型

从X射线衍射实验可知[8]，在Na_2CsC_{60}中，离子半径较小的Na^+离子占据四面体中心位置，半径较大的C^+S离子占据八面体中心位置。$A^+-C_{60}^{3-}$之间的相互作用主要由静电相互作用产生，可描述为

$$V=V_{coul}+V_{LJ} \tag{1}$$

其中第一项为长程库仑能，第二项为短程作用的色散能和排斥能之和。对于第一项

$$V_{coul}=\sum_{i=j}\frac{q_iq_j}{r_{ij}} \tag{2}$$

考虑到碱金属原子都是电子给体，可认为带有单位正电荷；对于C_{60}^{3-}系统，不仅仅与碱金属原子间有电荷转移，更重要的是其内部发生的电荷转移。Lu，Li和Martin[16]（LLM）曾对C_{60}分子提出一个键中心点电荷模型，由此出发计算出的分子间势能解释C_{60}晶体基态结构与C_{60}分子取向的关系，但其数值与实验相差较大。Yildirim等人[9]利用局域密度近似（LDA），计算了C_{60}分子中240个价电子的电荷密度分布，继而计算了C_{60}分子的多极展开势，为此提出183个点电荷模型来模拟电荷密度分布，其结果较之LLM模型更符合实验事实。基于上述理由，对C_{60}^{3-}系统，我们采用183个点电荷模型，至于碱金属转移给C_{60}分子的3个电子与240个价电子相比可以忽略。183个点电荷包括60个C原子上的电荷q_C，60个单键中心电荷q_S，30个双键中心电荷q_D，20个六边形中心电荷q_H，12个五边形中心电荷q_P和一个C_{60}分子中心电荷q_O。它们的取值如表1所示。

表1　183个点电荷值[9]，所有电荷的单位均为e

q_C	q_S	q_D	q_H	q_P	q_O
0.435	−0.294	−0.648	0.739	0.237	−6.644

(1)式中的第二项可用Lennard-Jones势表示

$$V_{LJ}=\sum_{i\in I}4\varepsilon\left[\left(\frac{\sigma}{r_{i,I}}\right)^{12}-\left(\frac{\sigma}{r_{i,I}}\right)^{6}\right] \tag{3}$$

式中$i\in I$表示对第1个C_{60}^{3-}离子的所有原子求和。$r_{i,I}$是第1个C_{60}^{3-}离子中的第i个C原子与A^+离子的距离。参数ε和σ可由晶格常数和压缩系数确定。但到目前为止，Na_2CsC_{60}的压缩系数还未被实验测定，然而，我们可以从其他的实验结果进行估计。Miuzik等人[10]测量了Na_2CsC_{60}的超导转变温度T_c随压力的变化关系为：$dT_c/dP=-12.5\pm0.2$ K/GPa。此外，实验已经测得Na_2CsC_{60}和T_c-a_0关系[7]，对实验曲线进行拟合可得到dT_f/da，根据$dT_c/dP=dT_1/da\cdot da/dP$，可确定$da/dP$，从而可估计其压缩系数$K=-\frac{1}{a}da/dP$，由此得到参数$\varepsilon=3.8$ meV，$\sigma=0.3102$ nm。为了检验所得数据的可靠性，我们对K_3C_{60}进行同样的估计，所得结果与实验值基本符合（−2.0%）。

由于C_{60}^{3-}离子是一个截角正二十面体，60个C原子位于顶点上，因此相互作用应体现方向上的差别。根据其对称特点，首先可以让每个C_{60}^{3-}的三个互相垂直的二次轴分别沿三个＜100＞方向，然后让位于（0，0，0），$\left(\frac{1}{2},\frac{1}{2},0\right)$，$\left(\frac{1}{2},0,\frac{1}{2}\right)$和$\left(0,\frac{1}{2},\frac{1}{2}\right)$的$C_{60}^{3-}$离子分别绕＜111＞，＜$\bar{1}\bar{1}1$＞，＜$\bar{1}1\bar{1}$＞和＜$1\bar{1}\bar{1}$＞轴旋转相同的方位角$\phi\neq0$就形成了简立方结构（sc相），其空间群为$Pa\bar{3}$。

在晶体内部选取某一C_{60}^{3-}离子为中心，考虑其周围的最近邻的8个四面体离子和6个八面体离子，因为我们的目的是考察碱金属离子对C_{60}^{3-}离子取向的影响，而上述四个位置的C_{60}^{3-}离子在绕各自

的转动轴转动时，其周围的碱金属离子分布情况完全相同，故只需计算其中一个位置的 C_{60}^{3-} 离子与最近邻的 14 个碱金属离子间的相互作用随 ϕ 角的变化情况，就可说明 C_{60}^{3-} 之间的相对取向情况。

三、结果与讨论

选取不同的 ϕ 值，计算了中心 C_{60}^{3-} 离子与最近邻的 8 个四面体离子和 6 个八面体离子间的长程库仑相互作用和短程作用。因为 C_{60}^{3-} 绕三次轴旋转，V（$\phi+120°$）$=V$（ϕ），所以 ϕ 的取值范围从 0°到 120°。计算中晶格常数 $a_0=1.4134$ nm[7]，C_{60}^{3-} 笼半径 $R_0=0.355$ nm，六边形和五边形中心与球心的距离分别为 $R_H=0.962R_0$ 和 $R_P=0.1078$ nm[9]。计算结果列于图 1 中。

图 1 中 $A^+-C_{60}^{3-}$ 间总的相互作用 V（实线表示）在 $\phi=25.5°$时有一个最小值，这对应着 C_{60}^{3-} 的基态取向，这个结果与未掺杂 C_{60} 晶体中 C_{60} 分子的基态取向（$\phi=22°\sim26°$[11,12]）是相同的。这充分说明 Na 及 Cs 原子的掺入并没有改变晶体基态时的 $Pa\bar{3}$ 结构，而是使这种结构更加稳定，也正由于此，使得从简立方到面心立方的有序—无序相变温度从纯 C_{60} 的 260K[13] 上升到 299K[14]。

从图 1 还可进一步看出，$A^+-C_{60}^{3-}$ 之间的长程库仑作用 V_{coul}（点虚线表示）随 ϕ 变化规律与 V 相似，其最小值在 $\phi=22.5°$处。它们之间的短程作用 V_{ij}（图中点线表示）在 $\phi=0°$和 $\phi=45°$的地方出现最小值，这正对应着 C_{60}^{3-} 离子的两个标准取向，因而短程作用对面心立方结构有利。两种相互作用竞争的结果，即总相互作用与库仑相互作用的变化趋势一致，表明决定 C_{60}^{3-} 取向的应该是库仑相互作用。此外，我们还计算了 C_{60}^{3-} 离子与 8 个四面体离子间的库仑相互作用（虚线表示），其最小值所对应的 $\phi=21°$，与总相互作用 V 随角度变化的趋势基本一致，这表明决定 C_{60}^{3-} 取向的库仑作用主要来自于四面体离子的贡献，八面体离子的影响较小，而根源又在于四面体中 C_{60}^{3-} 与 A^+ 之间的距离较近，因而影响较为显著。

上面的计算及分析说明了 Na_2CsC_{60} 化合物在基态下之所以能保持更稳定的 $Pa\bar{3}$ 结构，是因为掺入四面体空隙的 Na^+ 离子起了关键的作用。那么对于其他碱金属离子占据四面体位置情况会怎样呢？为此，我们用同样的模型对 K_3C_{60} 进行了计算。计算时参数选取为[16] $\varepsilon=20.4$ meV，$\sigma=0.3083$ nm，结果列于图 2 中。

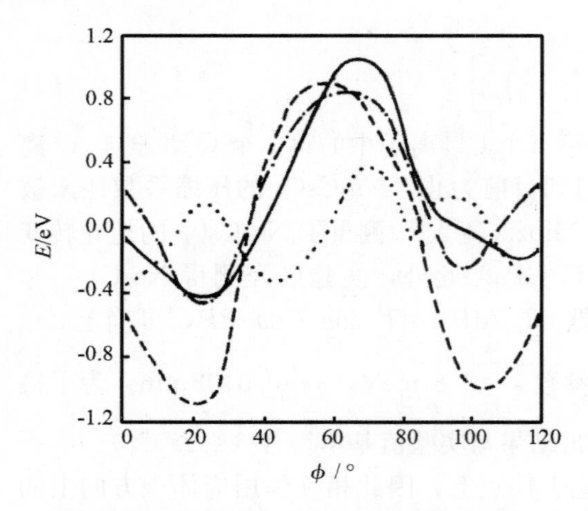

图 1　Na_2CsC_{60} 中位于（0，0，0）的 C_{60}^{3-} 离子与最近邻 14 个碱金属离子间的相互作用随方位角 ϕ 的变化关系

点虚线为库仑相互作用；虚线表示来自四面体中心离子的库仑作用；点线为 Iennard-Jones 势；实线表示总相互作用

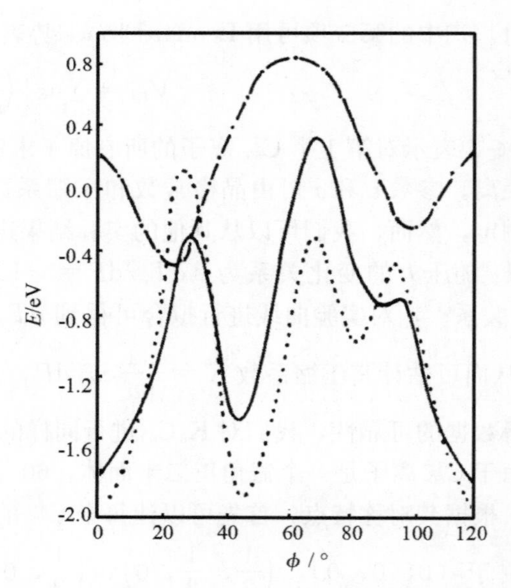

图 2　K_3C_{60} 中位于（0，0，0）的 K_3C_{60} 离子与最近邻 14 个 K^+ 离子间的相互作用随方位角 ϕ 的变化关系

点虚线表示库仑相互作用；虚线表示来自四面体中心离子的库仑作用；点线为 Lennard-Jones 势；实线表示总相互作用

与图 1 比较，图 2 中的 $K^+-C_{60}^{3-}$ 之间的库仑相互作用不变（点虚线表示），而它们之间的短程作用（点线表示）仍然在 $\phi=0°$ 和 $\phi=45°$ 时最小，但强度却大得多，总相互作用（实线表示）在 $\phi=0°$ 时出现最小值，$\phi=44°$ 时出现极小值，与短程作用的变化趋势基本一致，这说明两种作用中短程作用占主导地位，其结果表明 K_3C_{60} 离子从一个标准取向开始到另一个取向是通过绕<111>轴转动 44°而达到，这与核磁共振（NMR）[5]实验结果（44.5°）符合得很好。而再取向后正好对应着另一个标准取向，致使晶体保持面心立方结构，这是由于 $K^+-C_{60}^{3-}$ 之间短程作用的显著增强，大大抑制了 C_{60}^{3-} 的转动，使之保持面心立方结构，非弹性中子散射实验也证实了这一点[15]。

进一步地考察 Na_2CsC_{60} 与 K_3C_{60} 的不同行为，就会发现关键的原因是占据四面体中心的离子半径不同。Na^+ 离子半径约 0.098 nm，小于四面体空隙半径 0.116 nm，因此 Na^+ 离子与 C_{60}^{3-} 离子间的短程作用较弱，而以长程库仑作用为主，所以出现了类似 C_{60} 的有序—无序相变，并且其库仑作用提高了转动势垒，从而提高了相变点。对于 K^+ 或 Rb^+ 离子，其半径分别为 0.133 nm 和 0.148 nm，均大于四面体空隙半径，因此大大减少了四面体离子与 C_{60}^{3-} 间的距离而增强了短程作用并占主导地位。我们的计算结果与此分析相一致，这就较好地解释了基态下 Na_2CsC_{60} 保持简立方相、K_3C_{60} 保持面心立方相的实验事实。

参考文献

[1] K Tanigaki，T W Ebbesen，S Saito. Superconductivity at 33 K in CsxR by C_{60} [J]. Nature，1991，352 (6332)：222-223.

[2] S Saito，A Oshiyama. Cohesive mechanism and energy bands of solid C_{60} [J]. Physical Review Letters，1991，66 (20)：2637-2640.

[3] P W Stephens，L Mihaly，P L Lee. Structure of single-phase superconducting K_3C_{60} [J]. Nature，1991，351 (6328)：632-634.

[4] O Zhou，A B S Iii. Compressibility of M_3C_{60} Fullerene Superconductors：Relation Between Tc and Lattice Parameter [J]. Science，1992，255 (5046)：833-835.

[5] K Tanigaki，I Hirosawa，T Manako. Phase transitions in Na_2AC_{60} (A =Cs，Rb，and K) fullerides [J]. Physical Review B，1994，49 (17)：12307.

[6] I Hirosawa，J Mizuki，K Tanigaki. Orientational disordering of C_{60} in Na_2RbC_{60} superconductor [J]. Solid State Communications，1993，87 (10)：945-949.

[7] K Tanigaki，I Hirosawa，T W Ebbesen. Structure and superconductivity of C_{60} fullerides [J]. Journal of Physics & Chemistry of Solids，1993，54 (12)：1645-1653.

[8] I Hirosawa，K Tanigaki，J Mizuki. Site selective behavior of alkali metals in binary doped C_{60} [J]. Solid State Communications，1992，82 (12)：979-982.

[9] T Yildirim，A B Harris，S C Erwin. Multipole approach to orientational interactions in solid C_{60} [J]. Physical Review B Condensed Matter，1993，48 (3)：1888.

[10] J Mizuki，M Takai，H Takahashi. Pressure dependence of superconductivity in simple-cubic Na_2CsC_{60} [J]. Physical Review B Condensed Matter，1994，50 (5)：3466-3469.

[11] R Sachidanandam，A B Harris. Comment on "Orientational ordering transition in solid C_{60}" [J]. Physical Review Letters，1991，67 (11)：1467.

[12] P A Heiney，J E Fischer，A R Mcghie. Orientational ordering transition in solid C_{60} [J]. Physical Review Letters，1991，66 (22)：2911-2914.

[13] S E Barrett，R Tycko. Molecular orientational dynamics in K_3C_{60} probed by two-dimensional nuclear magnetic resonance [J]. Physical Review Letters，1992，69 (26)：3754-3757.

[14] D A Neumann，J R D Copley，D Reznik. Inelastic neutron scattering studies of rotational excitations and the orientational potential in C_{60} and A_3C_{60} compounds [J]. Journal of Physics & Chemistry of Solids》，1993，54 (12)：1699-1712.

[15] T Yildirim，S Hong，A B Harris. Orientational phases for M_3C_{60} [J]. Physical Review Letters B，1993，48

(16):12262.
[16] J P Lu, X Li, R M Martin. Ground state and phase transitions in solid C_{60} [J]. Physical Review Letters, 1992, 68 (10): 1551.

(低温物理学报，第19卷第2期，1997年4月)

Ni-Co 合金包覆碳纳米管的研究

陈小华，颜永红，张高明，欧阳兰娟，陈宗璋，彭景翠

摘　要：利用化学镀方法在碳纳米管表面包覆磁性金属镍-钴合金，得到一维纳米复合材料。研究表明，反应温度和溶液 pH 值对镀层质量有较大影响。退火处理将大大改善包覆层质量。磁学性质的测量表明，矫顽力较之块状合金有大的增加，可望在高质量高密度磁记录材料中得到应用。

关键词：碳纳米管；镍-钴合金；包覆

Preparation of Coating of Carbon Nanotube with Nickel-Cobalt Alloy

Chen Xiaohua，Yan Yonghong，Zhang Gaomin，Ou Yang Lanjuan，
Chen Zongzhang，Peng Jingcui

Abstract：A method to prepare one dimensional nanoscale composite based on coating of carbon nanotube with magnetic Ni-Co alloy by electroless plating is proposed. The reaction temperature and pH values，as well as heat treatment were found to be critical for getting better coating . It is shown that the magnetic coercivity of the Nickel-Cobalt coated carbon nanotube is much higher than the values of the bulk Nickel-Cobalt alloy，which might be useful for high density magnetic recording.

Key words：carbon nanotube；Nickel-Cobalt alloy；coating

1　引言

碳纳米管自从 1991 年被发现[1]以来已引起人们广泛的关注。碳纳米管由于具有较高的长度直径比（直径为几十纳米以内，长度为几个微米到几百个微米），是目前最细的纤维材料，它已表现出优异的力学性能和独特的电学性能。同时由于它是具有中空结构的一维材料，因此可用它做模板制备新一类一维材料。例如利用碳纳米管的毛细现象可以将某些元素填入管内，制成具有特殊性质（如磁性、超导性）的一维量子线[2-4]；碳纳米管可以作为反应媒质，通过与氧化物的反应，制备 TiC，NbC，SiC 和 BC 等纳米棒[5-6]。此外，用不同的物质对碳米管进行包覆，可得到具有特殊性质的一维材料。目前这方面只报道了包覆银和镍的初步结果，且很不理想[7,8]。仅在碳纳米管外表面附着一些纳米级颗粒，或包覆层松散、不连续。我们认为，其原因是碳纳米管在包覆前的氧化和活化不完全、反应条件不适当，且反应后未做进一步的处理。

本文报道利用化学镀方法在碳纳米管表面包覆镍-钴合金的研究结果。因为许多金属都能通过化学镀方法沉积在几乎所有经过处理后的衬底上，因此可以预计也能够利用化学镀方法包覆碳纳米管。然而，碳纳米管由于高度石墨化表面反应活性很低，且直径细（约为 40 nm），表面曲率大，很难获得连续性致密性较好的包覆层。因此我们在 3 个方面采取了措施：（1）在反应前对碳纳米管进行足够的表面氧化、敏化和活化处理；（2）与传统的化学镀镍-钴合金相比，调整了镀液配方和反应条件，使得反应能在尽可能低的速率下进行；（3）对化学镀-镍钴后的碳纳米管进行热处理，改善镀层表面的结构和状况。此外，选择镍-钴合金作为包覆的材料，是为了制备纳米级的磁性材料，开展纳

米级磁性研究，期望在高质量高密度磁记录材料中得到应用。

2 实验

利用催化热解碳氢气体方法制备碳纳米管样品。选择草酸铁浸泡过的石墨作催化剂，在温度 700 ℃，N_2/H_2 混合气体（比例 10∶1，流量 100 cm^3/min）及压力为 10666 Pa 下热解 C_2H_2 气体，在石墨片上生长碳管 5 小时。然后停止供应 C_2H_2 气体，并将温度降至 600 ℃，在压力 10666 Pa 的 H_2 与 N_2 的混合气体中退火 10 小时，所得碳管直径约 50 nm。碳纳米管由于石墨化程度高，其化学活性很低，很难被金属或化合物所沉积。因此，必须对碳纳米管进行预处理。我们实行了 3 个步骤：(1) 用 10%的 HNO_3 溶液对碳纳米管进行酸洗；(2) 将碳纳米管分散在 10 g/L $SnCl_2$，$2H_2O$+40 g/L HCl 溶液中进行敏化处理；(3) 将碳纳米管分散在 0.5 g/L $PdCl_2$+0.25 mL/HCL+20 g/L H_5BO_3 中进行活化处理。每一过程均是利用超声振荡器充分分散。每一过程结束后均用去离子水彻底冲洗过滤。敏化处理是使碳纳米管表面吸附一层易于氧化的金属离子，以保证下一步活化时碳管表面发生还原反应。采用钯盐活化液进行活化处理，碳管表面吸附一层催化金属钯，以其作为化学镀的活化中心使得被镀元素的原子沉积在活化中心周围，形成镀层。其工艺流程如下：

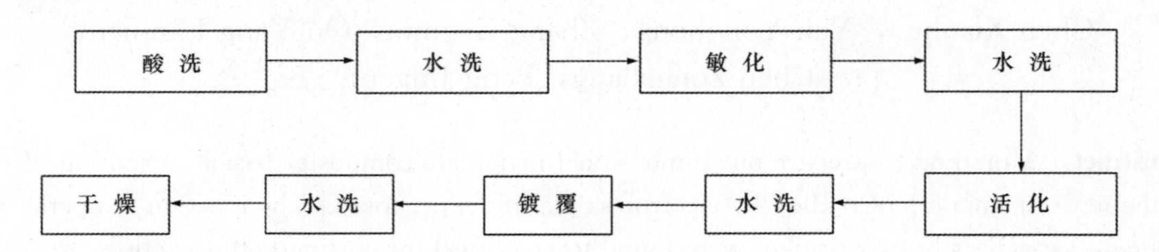

将活化后的碳纳米管加入到事先配制好的镀液中，反应过程用加热磁力搅拌器搅拌，镀液的组分、反应条件如表 1。样品在反应前后均用扫描电子显微镜观察。

表 1 化学镀镍-钴合金溶液组分及反应条件

组 分	浓度/（$mol \cdot L^{-1}$）	pH	T/C
硫酸钴	0.06	9.0±0.2	50
硫酸镍	0.10	9.0±0.2	50
柠檬酸钠	0.15	9.0±0.2	50
次亚磷酸钠	0.25	9.0±0.2	50
硫酸铵	0.18	9.0±0.2	50

3 结果与讨论

图 1（a）显示了碳纳米管被包覆前的 SEM 图像。可看出碳管纯度较高，表面存在无颗粒状的无定形碳。图 1（b）、（c）、（d）显示了碳管反应后的图像。从图中可看出碳纳米管被一层不太连续和光滑的物质所包覆，沉积物趋向于以纳米级球形颗粒的形式沉积在碳纳米管的外表面上。实验发现，包覆层的质量对反应温度和 pH 值十分敏感。尽可能低的反应温度和 pH 值将有利于改善镀覆效果。图 1（b）、（c）、（d）是与反应温度均为 50 ℃对应时不同的 pH 值的结果。当 pH=9.0±0.2 时是最佳 pH 值，pH 值小于上面的值时，基本不发生反应。

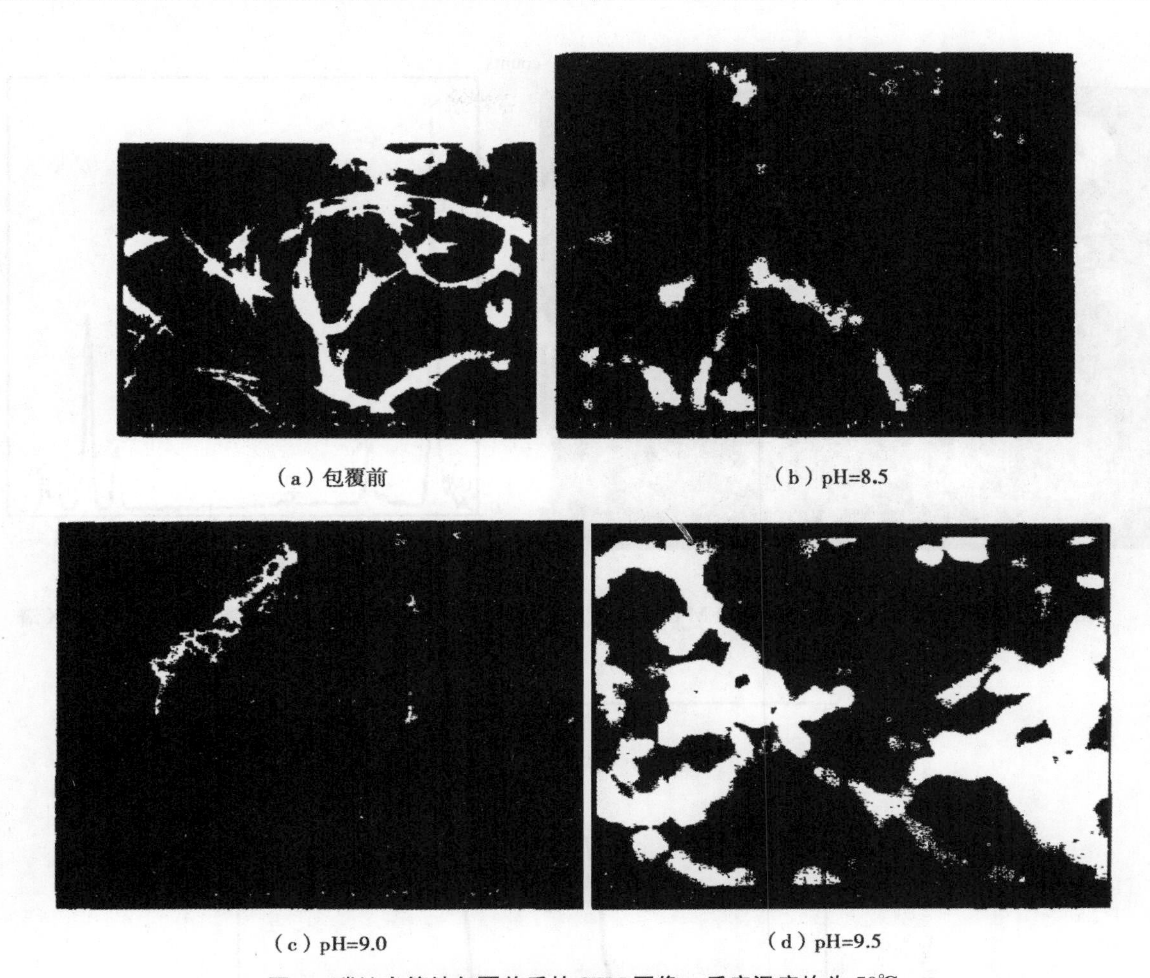

（a）包覆前 （b）pH=8.5

（c）pH=9.0 （d）pH=9.5

图 1 碳纳米管被包覆前后的 SEM 图像，反应温度均为 50℃

与金属物质包覆石墨相比，碳管包覆层的质量要差一些。其原因可能是碳管表面曲率太大，为此，我们对化学镀后的碳纳米管进行了退火处理。退火条件：温度 600 ℃。压力 14666 Pa 的 N_2 和 H_2 混合气体（10∶1，100 cm^3/min），时间 5 小时，结果如图 2 所示。

从图中可看出，处理后的包覆层由于晶化而变得均匀光滑。因此，为了在碳管表面获得更好的镀层，除了活化过程中在碳管外表面获得均匀、较密的活化点，反应过程中尽可能低的反应速率外，热处理过程是一个重要的步骤，这也许为获得一维纳米磁性材料提供了一个有效的方法。

能量色散 X 光谱（EDX）分析表明，碳管外表面的包覆层物质主要为镍-钴合金。如图 3 所示，其中 C，P，Co，Ni 元素的原子数分别占 33.25%，10.25%，10.18%和 37.36%，从图中可以看到，出现了 C，Sn 和 Cu 峰。O 元素来自于溶液中的残留物，Cu 原子则来自于测试所用的铜带基底。而 Sn 原子来源于敏化过程中。

近年来，磁性纳米材料由于其新颖独特的磁学性质已引起人们极大关注。纳米材料体系为新的磁效应的研究开拓了新的领域[9]。因此对镍-钴合金包覆碳纳米管所形成的一维纳米复合材料进行磁性质的测量是一件十分有意义的工作。我们在室温下测量了镍-钴合金包覆的碳管（热处理后）的磁滞回线，如图 4 所示。其矫顽力为 1350Oe，数十倍于大块状的 Ni-Co 合金，这是纳米尺寸所带来的新效应。矫顽力的大幅度提高使得能承受较大的退磁作用，可望在高质量高密度磁记录材料中得到应用。这方面的研究还有待进一步开展。

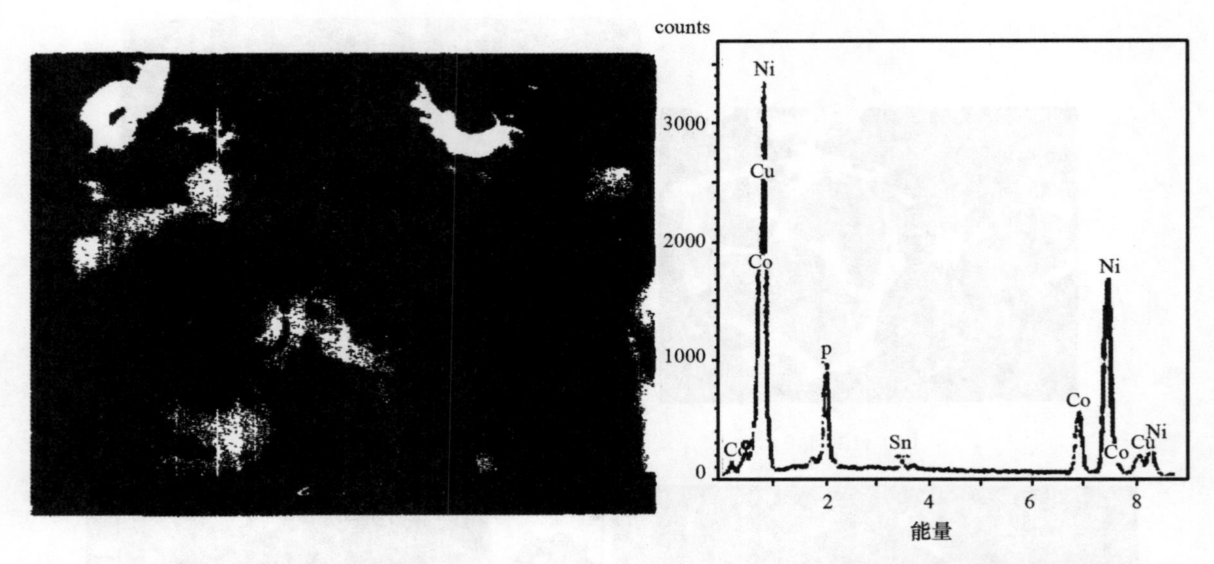

图 2　被包覆碳管经过热处理后的 SEM 图像

图 3　镍-钴合金包覆碳纳米管后的 EDX 谱

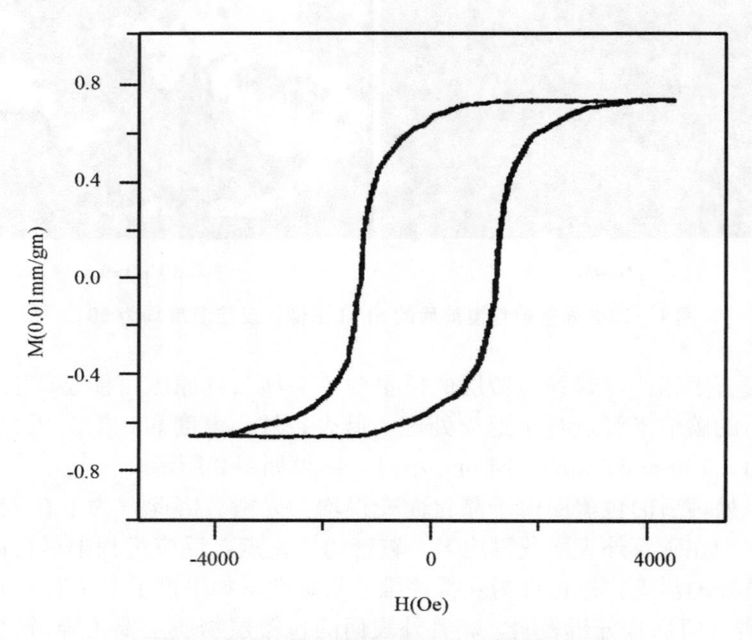

图 4　碳纳米管包覆镍-钴合金后的磁滞回线

4　结论

（1）利用化学镀方法将磁性物质包覆在碳纳米管表面，形成了一维纳米复合材料。

（2）反应速率尽可能低，有助于得到更好质量的包覆层。

（3）对包覆物进行热处理可大大改善包覆层质量。

（4）矫顽力较之块状合金有大的增加，可望在高质量高密度磁记录材料中得到应用。

（5）本文方法拓宽了以碳纳米管为模板制备新一类一维纳米材料的研究领域。

参考文献

[1] Iijima S. Helical microtubules of graphitic carbon [J]. Naturre，1991，354：56.

[2] Ajiayaa P M，lirna S. Singre Edectron Transport Ropes of Cation nanotubes [J]. Nature，1994，361：333.
[3] Guerret C，Le Bouar Y，Loseau A. Individual singte wall carbon nagnotubes as quanture wires [J]. Nature，1994，372：761.
[4] Ajiayan P M，Stephan D，Redlieh Ph et al. Carbon nanotubes as removable templates for metel oxide nanocmnposites and nauastructue [J]. Nature，1995，357：564.
[5] Dai H ，Wong E W ，Lu Y Z，et al. Synthesis and characterization of carbide nanorods [J]，Nature，1995，375：769.
[6] Satishkumar B C，Govindaraj A，Evasmus M. Oxide nantnbes prepared using carbon natnotubes as templates [J]. J Mater Res，1997，12：604.
[7] Ebbesen T W ，Hiura H，Margare E. Deroration of Carbon notubes [J]. Adv Mattrr，1996，155：8.
[8] Li Q，Fan S，Sun C. Coating of Carbon Namotnbes With Nicked by Etectroless Plating Mahod [J]. Jpn J Appl Phys，1997 (36)：L501.
[9] Stefanik P，Sebo P. Electroless Plating Graphite with Copper and Nickel [J]. J Mater Sci Lett 1993，12：1083.

（微细加工技术，1999 年第 2 期）

高压低温下固体 C_{60} 中的取向有序态及再取向的弛豫行为

陈小华，彭景翠，陈克求，陈宗璋

摘　要：通过构造 C_{60} 分子间的相互作用，研究了高压下及玻璃化转变温度附近固体 C_{60} 的取向状态占有概率分布及再取向的弛豫行为，所得结论均能较好地解释热导率实验中的异常现象。

PACC：6470K；6470P；3520J

Orientationally Ordered State and Reorientation Relaxation in Solid C_{60} at High Pressure and Low Temperature

Chen Xiaohua，Peng Jingcui，Chen Keqiu，Chen Zongzhang

Abstract：The distribution of the orientationally ordered structure and reorientation relaxation behavior in solid C_{60} at high pressure and low temperature have been investigated by using a model of the classical molecular interaction between C_{60} molecules. The anomalous behavior in thermal conductivity experiment can be well explained theoretically

1　引言

C_{60} 的取向一直是人们感兴趣的问题之一。实验已证实[1,2]，在环境压力下，高温时 C_{60} 晶体由于 C_{60} 分子取向无序呈面心立方（fcc）结构，而在 260 K 以下时，由于取向有序而呈简单立方（sc）结构。进一步的研究表明[3]，sc 相时取向是部分有序，存在两个近似简并的取向，其一是一个 C_{60} 分子的五边形（pentagon）刚好面对最近邻分子的双键（称 P 取向）；其二是一个 C_{60} 分子的六边形（hexagon）面对最近邻分子的双键（称 H 取向），两个取向之间通过热激活达到平衡。随着温度的降低，两个取向之间的跃迁速率足够慢，以至于在实验尺度内，跃迁没有发生，即发生玻璃化转变，此时两个取向占有率之比 P/H 约为 5/1[4]。

实验上对固体 C_{60} 高压下的性质进行了一些研究[5]。实验表明，6 GPa 压力内不会改变晶体结构，17 GPa 压力内 C_{60} 笼是稳定的。近来 Andersson 等[6]测量了外加压力从 0.1～0.7 GPa 内固体 C_{60} 的热导率，发现较之环境压力下的情形出现了反常现象，并且与时间及热历史有关。热导率的大小反映了固体的散射机制，在固体 C_{60} 中，目前主要提出了三种散射机制：来自于反转过程的声子-声子散射；由于缺陷而引起的散射；由于 C_{60} 的取向无序而引起的散射。对于第一种散射，其散射速率与温度是成正比关系。对于第二种散射，其散射速率一般可看作常量项。因此加压下固体 C_{60} 的热导率所表现出来的反常特性主要归于 C_{60} 取向无序程度的变化所致。本文通过计算 C_{60} 分子间的各向异性相互作用，基于二能级模型，研究了低温时在各种压力下（0.7 GPa 以内）平衡态时取向占有概率分布，以及非平衡过程中的再取向弛豫行为，较好地解释了热导率中的反常现象。

2　理论模型

理论上研究固体 C_{60} 基态取向构型的方法之一是，构造 C_{60} 分子间的各向异性相互作用势模型。

我们将利用较为成功的键-键电荷相互作用模型[7]：

$$V(IJ)=\sum_{i,\ j=1}^{hn}4\varepsilon\left[\left(\frac{\sigma}{r_{i,\ I}^{jj}}\right)^{12}-\left(\frac{\sigma}{r_{i,\ I}^{jj}}\right)^{6}\right]+\sum_{m,\ n}^{90}\frac{q_m q_n}{R_{mn}^{jj}} \tag{1}$$

式中$\varepsilon=2.964$ meV，$\sigma=0.3407$ nm；r_i^{jj}是分子I中的第i个原子与分子J中的第j个原子间的距离；r_i^{jj}是分子I中第m个键中心与分子J中第n个键中心间的距离；q_m，q_n是键中心电荷，若单键上的有效电荷为q，那么双键上的有效电荷为$-2q$。Lu等[7]取$q=0.27$e计算得到的取向构型和260 K相变点的一些物理性质，均与实验结果符合，但计算得到的两个取向状态之间的能量差约为100 meV，比实验结果[8]（约为12 meV）大了将近1个数量级。我们通过计算发现能量差对键长、晶格常量和q值十分敏感，因此，在允许范围内优化参数得到$a=1.4041$ nm，$q=0.237$e，长键长$d_1=0.1446$ nm，短键长$d_2=0.1405$ nm，分别与实验结果和第一性原理计算结果[9,10]$a=1.404$ nm，$d_1=$（0.145±0.001）nm，$d_2=$（0.14±0.001）nm是基本符合的。此外，计算时考虑到C_{60}晶体的晶格常量较大，加上来自C_{60}球上电子的屏蔽，相互作用属于短程性质，因此，对于每个C_{60}分子，只涉及与它最近邻和次近邻的分子。

在玻璃化转变和取向有序—无序相变之间，C_{60}分子快速再取向，达到热力学平衡两种取向的占有概率分布，可通过Boltzmann统计确定：

$$P/H=\exp(E_{\mathrm{d}}/k_B T) \tag{2}$$

式中E_{d}是两个取向之间的能量差。

压力对固体C_{60}的影响主要是改变C_{60}的晶胞参数，变化大小可根据sc相的体积压缩率[11]确定。晶胞参数的变化，引起分子间距离变化，因此（1）式的分子间相互作用将随压力变化。

3 结果与讨论

3.1 热平衡时C_{60}取向分布

利用（1）式计算了外加压力从0到0.7 GPa内的分子间相互作用势，得到两个能量最低时所对应的转动角ϕ（每个晶胞的四个分子绕各自的<111>方向所转动的相同角度）分别为23°～25°和71°～73°，与实验值[8]符合得很好，它们分别对应着P取向和H取向两个取向状态。由此计算出来的两个取向之间的能量差E_{d}及相隔势垒E_{b}列于表1中。

从表1可知，环境压力下（外加压力为0），E_{d}值与实验值（约为12 meV）[8]符合得很好，E_{b}值接近于实验结果（220～290 meV）[12]，这说明参数的选择是合理的。从表1中还注意到，当压力在0.21 GPa内时，P取向能量低于H取向能量；大于0.21 GPa时，正好相反；而在0.21 GPa左右时，能量差最小，表明两个取向状态几乎简并。利用表1中的E_{d}值，代入（2）式可得到在玻璃化转变与取向相变之间，处于平衡态时取向占有概率分布，如图1和图2所示。

表1 不同外加压力下的E_{d}和E_{b}值

压力/GPa	0	0.1	0.21	0.3	0.4	0.5	0.6	0.7
E_{d}/meV	12.55	7.60	0.61	−2.52	−5.43	−9.39	−17.71	−27.30
E_{b}/meV	214.1	231.2	246.2	262.2	281.3	298.8	310.8	330.7

注：E_{d}为正，表示P取向能量低于H取向能量；E_{d}为负，则反之。

图1中表示出P取向占有概率在150 K和200 K时与压力呈近似线性关系。随着压力的增加，P取向占有概率逐渐减小至0.5以下，这表明由P取向为主过渡到以H取向为主，说明压力对H取向有利。这一结论从结构上可以理解，因为C_{60}分子并非严格球体，五边形向外凸出，六边形向内凹进，面中心离球心的距离分别为1.078 R_0和0.962 R_0[13]（R_0为球的平均半径），故当晶体收缩时，必须以六边形面对才能较容易地容纳最近邻分子。因此在环境压力下，基态时五边形取向在能量上有利，而六边形取向则在体积上有利。

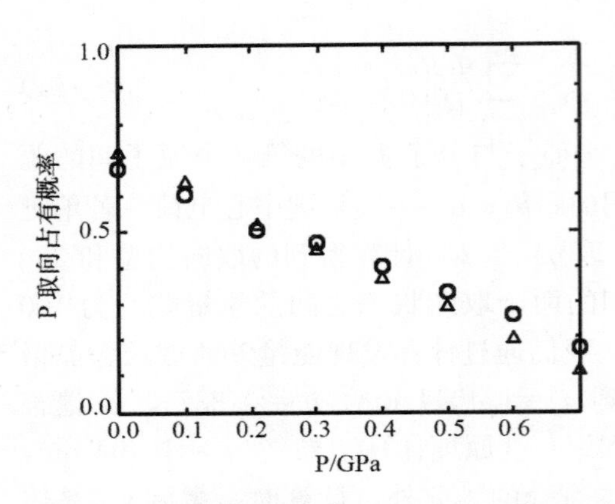

图1　P取向占有概率在150 K（Δ）和200 K（O）时与外加压力的关系

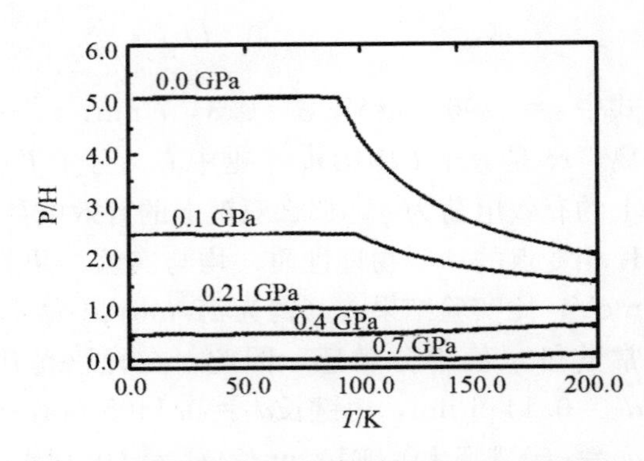

图2　不同压力下两种取向占有概率之比P/H与温度的关系

从图1还可看出，150 K和200 K温度下在0.21 GPa时，P取向占有概率几乎均等于0.5，这种情况在图2中更为清楚。图2中在0.21 GPa时两个取向的占有概率之比P/H接近于1，且几乎不随温度变化，这一特性明确表明在此压力下，C_{60}晶体不会发生玻璃化转变。从热导率与温度关系的实验结果看[6,14]，无外加压力时，在90 K附近有一个突变点，这是玻璃化转变的特征[14]；当施加外压力时，仍存在突变点，但压力为0.2 GPa左右时，曲线没有明显的突变点，这意味着没有明显的相变特征，这就从实验上完全证实了计算结果。

从图2中还看到，随着压力的增加，两种取向的占有概率比逐渐接近于0/100，且与温度的关系愈来愈小。计算得到，当压力大于0.7 GPa时，P/H≈0/100，表明C_{60}分子的取向几乎全部为H取向，且几乎与温度无关，这自然不能观察到由于温度降低而出现的玻璃化转变行为。因此这一现象完全是由于压力而引起的取向冻结。

3.2　C_{60}分子再取向的弛豫

对于相隔势垒为E_b的两个取向状态，它们之间的跃迁速率为

$$t_\tau^{-1}=\nu\exp(-E_b/k_BT) \tag{3}$$

式中ν是C_{60}分子的振动频率，为1.86×10^{12} Hz[7].

当温度较高时，跃迁速率很大，分子快速再取向而达到热平衡；当温度较低时，跃迁速率较小，分子再取向需经过较长的时间，此时在一定的实验时间尺度上，跃迁可认为没有发生，即冻结为玻璃态。然而尽管跃迁缓慢，但跃迁仍在发生，对于t时刻H取向的占有概率，按照指数弛豫行为可写为

$$H(T,t)=[H(T,0)-H(T,\infty)]e^{-t/t_\tau}+H(T,\infty) \tag{4}$$

其中$H(T,\infty)=1/[1+\exp(E_d/k_BT)]$为时间无限长时即处于平衡态时的占有概率。考虑热循环过程压力相同和不相同两种情况，图3列出了外加压力为零（实线）和0.1 GPa（虚线）时在60 K的两种取向占有概率之比P/H随时间的变化。显然，随着时间的增加，P/H逐渐增大，有序度增加，并逐渐趋于饱和，热导率也会以相同的趋势变化，这与热导率实验结果[14]是一致的。

图4显示了热循环中压力不相同的情况，样品在0.1 GPa压力时冷却至95 K，然后压力增至0.7 GPa。压力为0.1 GPa，温度为95 K时的跃迁速率是较大的（约为1 Hz），C_{60}分子能快速再取向而达到平衡，因此$t=0$时的取向占有概率分布即为平衡时的值，即P/H=72/28。当压力增至0.7 GPa、温度仍为95 K时的跃迁速率很小，约为5×10^{-6} Hz，取向概率分布将随时间变化。从图4可看出，随着时间的增加，P/H值从72/28经过50/50，达到长时间后的平衡值3.52/100。P/H为50/50时意味着达到最大的无序度，对热导率的影响是产生一个最小值，实验结果完全证实了这一点[6]。

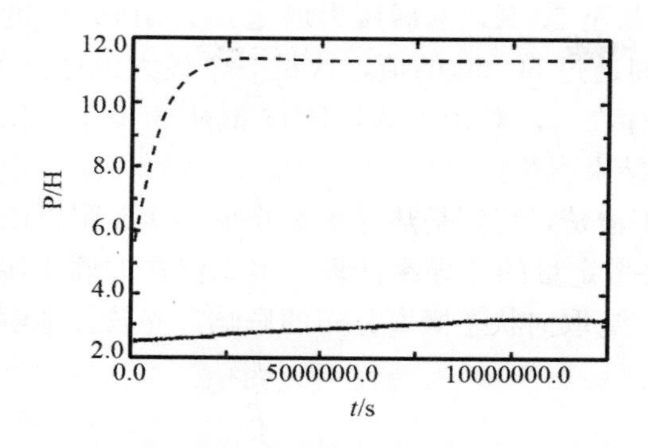

图3 两种取向的占有概率之比 P/H 在环境压力下（实线）和外加压力为 0.1 GPa 时（虚线）随时间的变化（$T=60$ K）

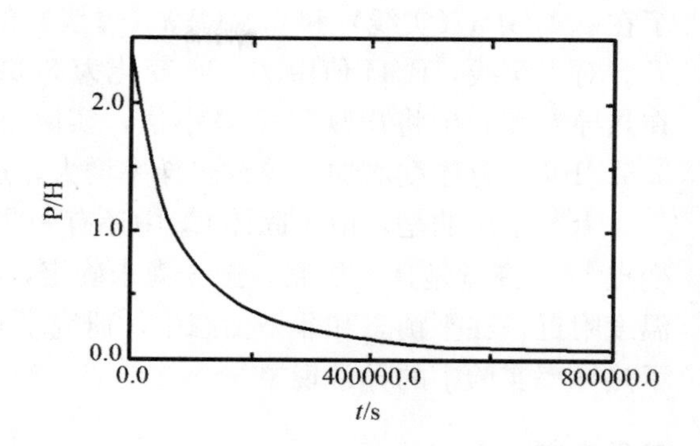

图4 在 0.1 GPa 下冷却至 95 K，然后压力增至 0.7 GPa 时，P/H 随时间的变化

由于 P/H 值与时间有关，那么在变温过程中，升温（或降温）速率的大小将影响 P/H 值。对于变温过程，P 取向占有概率的大小将满足下面的微分方程[15]：

$$\frac{dP(T)}{dT}=-\frac{1}{qt_T}[P(T)-P_{\infty}(T)] \tag{5}$$

式中 $q=\Delta T/\Delta t$ 是升温（或降温）速率，$P_{\infty}(T)$ 是平衡时的取向占有概率。

为了求解方程（5），可采用叠代法。设从 150 K［此时在 0.7 GPa 内热平衡 $P(T)=P_{\infty}(T)$］开始冷却，直到 50 K，间隔 0.5 K，升温过程中则以 $P(T=50\text{ K})$ 作为初始值计算，仍分热循环中压力相同和不相同两种情况。图 5 表示了压力均为 0.1 GPa 时的情形。随着温度的降低，P/H 值逐渐增加，然后趋向于饱和，即发生取向冻结，达到饱和时的温度显然是玻璃化转变温度 T_g。从图 5 中注意到，T_g 与 q 值有关，q 值小时，T_g 也小。那么什么条件下发生玻璃化转变呢？我们知道，随着温度的降低，两个取向之间的跃迁时间延长，当跃迁时间大于所处温度 T 降至为零所需时间时，跃迁冻结，此时的温度为玻璃化转变温度，即 $T/_{q\mid T=T}=t_T\mid_{T=T_g}$，显然，这种情况下的取向冻结才是真正意义上的冻结。然而实验上所测玻璃化转变温度时[2]，是在一定实验时间尺度内，分子来不及再取向而被认为取向冻结，并没有涉及升温或降温速率的因素。

图 6 显示了热循环中压力不相同的情况。从表 1 可知，外加压力为 0.21 GPa 时，C_{60}以 P 取向为主；大于 0.21 GPa 时，以 H 取向为主。因此，当压力从小于（或大于）0.21 GPa 变为大于（或小于）0.21 GPa 时，P/H 值将从大于 1（小于 1）变为小于 1（大于 1）。而压力在 0.21 GPa 以上范围内变化时，P/H 值始终小于 1；压力在 0.21 GPa 以下范围内变化时，P/H 值始终大于 1。图 6 表示

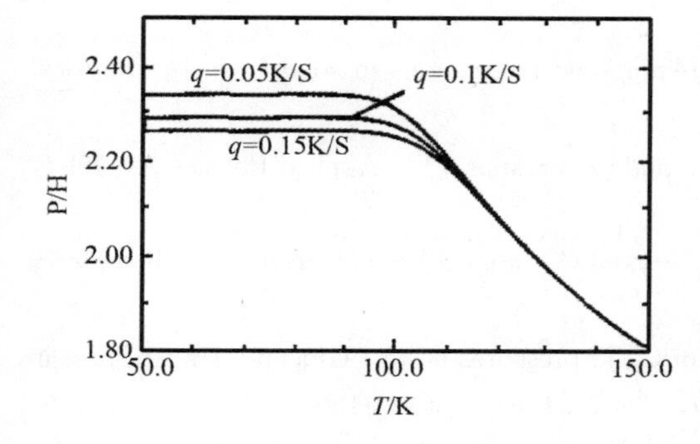

图5 0.1 GPa 压力下在不同升温（降温）速率时，P/H 随温度的变化

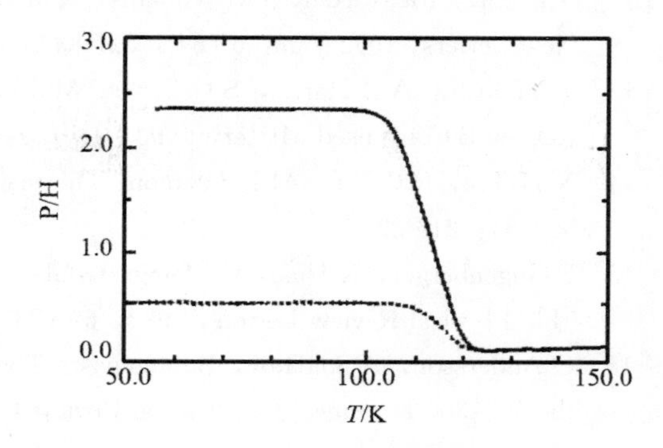

图6 0.1 GPa（实线）和 0.4 GPa（虚线）下冷却至 50 K，然后压力增至 0.7 GPa 时 P/H 值与温度的关系（$q=0.05$ K/s）

了在0.1 GPa（实线）和0.4 GPa（虚线）的压力下冷却至50 K，然后压力增至0.7 GPa，温度上升。对于实线，P/H值由70/30变化为3.52/100，其间通过50/50的值，这是一个最大无序度值，在热导率实验中将出现一个最小值，实际上实验确实存在[6]。对于虚线，P/H值从35/65变化为3.52/100，有序度增加，导致热导率增大，这也与实验结果[6]符合。

需要指出的是，由于固体C_{60}中还有一些散射机制不清楚，特别是热导率实验中170 K附近的突变点[16]，究竟是什么机制，至今尚未确定，因此还无法做定量的热导率计算。本文仅在玻璃化转变温度附近，在平衡态和非平衡态中，研究了外加压力对C_{60}取向状态概率分布的影响，并较好地解释了热导率实验中的异常现象[6]。

参考文献

[1] Paul A Heiney，John E Fischer，Andrew R. Orientational Ordering Transition in Solid C_{60} [J]. Physical Review Letters，1991，60 (22)：2911-2914.

[2] R Moret，S Ravy，J M Godard. X-ray diffuse scattering study of the orientational ordering in single crystal C_{60} [J]. Journal De Physique I，1992，2 (9)：1699-1704.

[3] W I F David，R M Ibberson. High-pressure，low-temperature structural studies of orientationally ordered C_{60} [J]. Journal of Physics Condensed Matter，1993，5 (43)：7923-7928.

[4] W I F David，R M Ibberson，TJS Dennis. Structural phase transitions in the fullerene C_{60} [J]. Epl，1992，18 (3)：219-220.

[5] W Jin，R K Kalia，P Vashishta. Structural transformation in densified silica glass：A molecular-dynamics study [J]. Physical Review B Condensed Matter，1994，50 (1)：118.

[6] O Andersson，A Soldatov，B Sundqvist. Reorientational relaxation in C_{60} following a pressure induced change in the pentagon/hexagon equilibrium ratio [J]. Physics Letters A，1995，206 (3-4)：260-264.

[7] J P Lu，X Li，R M Martin. Ground state and phase transitions in solid C_{60} [J]. Physical Review Letters，1992，68 (10)：1551.

[8] R C Yu，N Tea，M B Salamon. Thermal conductivity of single crystal C_{60} [J]. Physical Review Letters，1992，68 (13)：2050-2053.

[9] C S Yannoni，R D Johnson，G Meijer. Cheminform abstract：13C NMR study of the C_{60} cluster in the solid state：molecular motion and carbon chemical shift anisotropy [J]. Cheminform，1991，22 (13)：9-10.

[10] Q M Zhang，J Y Yi，J Bernholc. Structure and dynamics of solid C_{60} [J]. Physical Review Letters，1991，66 (22)：2633-2636.

[11] J E Fischer，P A Heiney，A R Mcghie. Compressibility of solid C_{60} [J]. Science，1991，252 (5010)：1288-1290.

[12] X D Shi，A R Kortan，J M Williams，et al. Sound velocity and attenuation in single-crystal C_{60} [J]. Physical Review Letters，1992，68：6 (6)：827-830.

[13] T Yildirim，A B Harris，S C Erwin. Multipole approach to orientational interactions in solid C_{60} [J]. Physical Review B Condensed Matter，1993，48 (3)：1888.

[14] N H Tea，R C Yu，M B Salamon. Thermal conductivity of C_{60} and C_{70} crystals [J]. Applied Physics A，1993，56 (3)：219-225.

[15] F Gugenberger，R Heid，C Meingast. Glass transition in single-crystal C_{60} studied by high-resolution dilatometry [J]. Physical Review Letters，1992，69 (26)：3774-3777.

[16] O Andersson，A Soldatov，B Sundqvist. Thermal conductivity of C_{60} at pressures up to 1 GPa and temperatures in the 50～300 K range [J]. Physical Review B Condensed Matter，1996，54 (5)：3093-3100.

（物理学报，第47卷第4期，1998年4月）

碱金属低掺杂 C_{60} 中的诱导光吸收

陈小华，彭景翠，陈宗璋

关键词：C_{60}^{-} 扩展；Hubbard 模型；光吸收

Induced Optical Absorption of Light Alkali-Doped C_{60}

Chen Xiaohua, Peng Jingcui, Chen Zongzhang

Abstract: Optical absorption spectral of radical anion C_{60}^{-} after light alkali-dopping have been studied by using an extended Hubbard model and two distinct induced spectra have been obtained. The result is in agreement with the experimental one. The spectra have been assinged theoretically and the reason for the induced spectra generation has been discussed.

Key words: C_{60}^{-} Extended; Hubbard model; Optical absorption

---

固体 C_{60} 掺杂后表现出一系列特殊的光、电等现象，引起化学家和物理学家的极大兴趣，尤其是碱金属掺杂 C_{60} 中发现的超导电性[1]，更是引起关注。因此，对碱金属掺杂 C_{60} 这类新材料的各种性质的研究有非常重大的意义。碱金属掺杂 C_{60} 时，由于 C_{60} 有较大的电子亲和势[2]，其分子的最低未占有轨道（LUMO）能量为负，且很容易得到电子成为负离子。因此，在 A_3C_{60} 化合物中碱金属 A（A 可为 K，Rb、Cs 等）以正离子形式存在，而 C_{60} 则以负离子形式存在，且 A 不同时 A_rC_{60} 均具有超导现象。这一事实充分说明 C_{60}^{n-} 的贡献是相当大的。目前关于 C_{60}^{n-} 的制备和性质研究已经开始[3,4]，但其超导机制一直不清楚。因此对掺杂后 C_{60}（尤其是 C_{60}^{n-}）的结构和相变、电荷分布和电荷转移，以及载流子的产生和输运等基本问题的研究非常必要。鉴于 C_{60} 分子与 trans-polyacetylene（PA）链的某些相似之处，人们用扩展的 Sn-Schrieffer-Heeger（SSH）模型来处理 C_{60} 和掺杂 C_{60} 系统[5]。对于 C_{60}^{-} 离子系统，由于 Jahn-Teller 效应，出现弦状极化子[6]，导致电子简并态的解除，基态 C_{60} 的 I_h 对称性将退化为 D_{5d}，若再考虑 C_{60}^{-} 中的 Hubbard 电子强关联，将会对 C_{60}^{-} 的电子结构和光谱产生重要影响。C_{60} 电子光谱的特征均在紫外区，而 C_{60}^{-} 则在红外区（1.15 eV 附近）有一个新的吸收峰[7]，且与杂质种类无关，这说明此吸收峰并非来自杂质原子本身，而由掺杂诱导所致。Kikuo[5] 利用 SSH 模型研究了碱金属掺杂 C_{60} 后 C_{60}^{n-}（$n=1$，2）系统的电子结构和光吸收，结果是在 0.7 eV 处出现新吸收峰，理论值与实验结果的差异估计是未考虑电子关联所致。因此，本文将利用扩展的 Hubbard 模型，研究 C_{60} 在碱金属低掺杂后（即 C_{60}^{-} 离子系统）的电子光谱，并与实验结果进行比较。

1 模型及计算方法

掺杂 C_{60} 化合物中杂质原子通常位于面心立方晶体中的八面体空隙或四面体空隙位置上。碱金属原子通过高温掺入 C_{60} 晶体中原子的基态电子被激发到较高的能级上，使其能转移到 C_{60} 的 LUMO 上，即发生电荷转移，LUMO 能级处于部分填充状态。我们考虑低掺杂情况，即 C_{60}^{-} 离子系统。对

C_{60}^-离子的π电子系统，我们用扩展的 Hubbard 模型来处理，取哈密顿为

$$H=-\sum_{<i,j>}\sum_{n}T_{ij}a_{i\sigma}^{+}a_{j\sigma}+U\sum_{i}n_{i\alpha}n_{i\beta}-\frac{V}{2}\sum_{<i,j>}\sum_{\sigma\sigma'}n_{j\sigma'}n_{i\sigma} \tag{1}$$

这里 i，j（=1，2，…，60）表示电子轨道，T_{ij}（>0）是两个最近邻π轨道之间的电子转移积分。$\sum_{<i,j>}$ 表示求π只在两个相邻轨道间进行。对于低掺杂情况，C_{60}出现弦状极化子，在弦上碳原子的位移量远小于其他格点上碳原子的位移，弦上键长趋于一致。对于长键 T_{ij} 为 T_0，短键 T_{ij} 为 T_1；对于出现极化子的弦上 T_{ij} 均为 T，$a_{i\sigma}^{+}$是电子在第 i 个轨道上的产生算符，σ（=α、β）为电子自旋，$n_{i\sigma}=\alpha_{i\sigma}^{+}ai\sigma$。$U$ 表征 On-site（Hubbard）库仑相互作用，表征长程库仑相互作用。

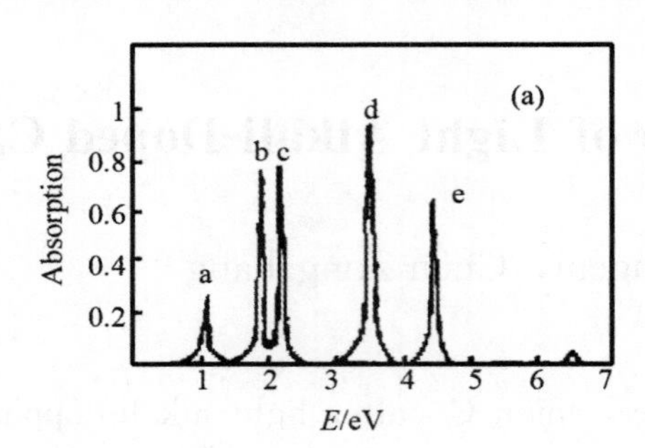

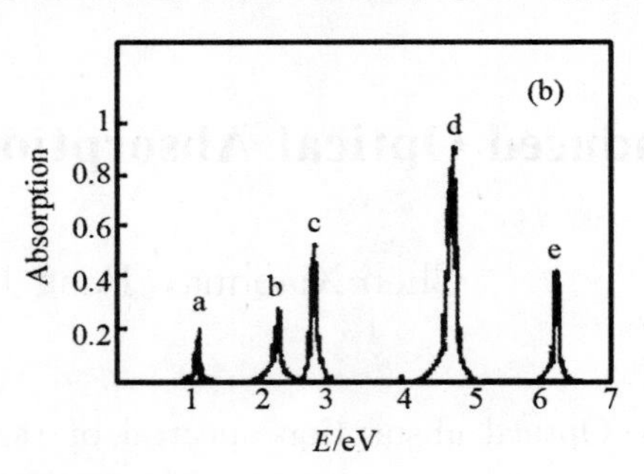

图1　C_{60}的光吸收谱

为了简化计算，作如下替换：$h=H/T_0$，$h_0=H_0/T_0$，$t=T/T_0$，$t_1=T_1/Tu$，$Tu=U/T_D$，$\sigma=V/T_0$。

为了确定C_{60}^-离子系统的基态，引入一个新算符：

$$b_{\lambda\sigma}^{+}=\sum_{t}f_{\lambda\sigma}(i)\alpha_{\gamma\sigma}^{+} \tag{2}$$

这里 $f_{\lambda\sigma}$（i）是C_{60}^-离子系统的第 λ 个电子态本征函数，λ=1，2，…，60，$f_{\lambda\sigma}$（i）可由 Hartree Fock 近似求出。

我们考虑到在C_{60}→C_{60}^-的还原过程中，π电子数由60→61，基态时π电子系统的总能量改变很小。因此，对于C_{60}^-离子系统，其电子态的本征函数 $f_{\lambda\sigma}$（i）相对于孤立C_{60}分子来说，可以认为不变，这样（2）式中的 $f_{\lambda\sigma}$（i）直接可以利用弧立C_{60}分子的相应结果。[8]

整个C_{60}^-离子系统的基态就是61个电子按 Pauli 原理占据了31个能量较低的能级，在粒子数表象中，该基态可写成：

$$|G>=\overset{\infty}{\underset{A}{H}}b_{\lambda\alpha}^{+}b_{\lambda\beta}^{+}|>0 \tag{3}$$

利用这个基态，我们确定具有一个电子和一个空穴的激发态。因为本文的目的是计算光吸收谱，只有总角动量为零的那些态是合适的。因此，我们取下面的态为基底：

$$|v\mu>=b_{v\sigma}^{+}b_{\mu\sigma}^{+}|G> \tag{4}$$

其中 v 和 μ 表示未占有电子和占有电子的电子态，对C_{60}^-离子，v=32，33，…，60；μ=1，2，…，31。在实际计算中，将（2）式代入（1）式，并计算激发态之间的矩阵元：

$$<v\mu|h|v'\mu'> \tag{5}$$

将此能量矩阵对角化，可得到激发态的本征值和本征函数（|ξ>：ξ=1，2，…）。

为了计算吸收谱，引入一个极化算符 P：

$$P=iT^{1}\sum_{<i,j>}\sum^{n}(e_{ij}^{-}.\ p^{-})\{\alpha_{\sigma}^{+}\alpha_{n}-\alpha_{ij}^{+}u_{jn}\} \tag{6}$$

这里 F'是C_{60}^-离子内跃迁的偶极矩阵元，只有在两个相邻的轨道 i 到 j 之间才不为零。G 表示从 i 到 j 的单位矢量，$\bar{P}$ 是光极化的单位矢量。然后计算：

$$|<\xi \mid P \mid G>|^2/E_{ph} \quad (E_{ph}\text{ 为光子能量}) \tag{7}$$

可得到光吸收的相对强度。

2 结果与讨论

我们取 $T_\sigma=2.3$ eV，t_1 可通过下面的关系估算[9]：

$$t_1=T_1/T_0 \cong (r_0/r_1)^2 \cong 1.1$$

这里 r_0 和 r_1 分别为长短键长度 1.45Å 和 1.40Å。由文献的结果，产生弦状极化子的弦上的长短键长度之差缩为 0.02Å，故

$$t=T/T_0 \cong (r_0/r_1)^2 \cong 1.03$$

图 1（a）中我们取 $t_1=1$，$t=1.03$，$\mu=\upsilon=0$，图中出现主要的峰 a、b、c、d、e 与 Kikuo 和 Shuji 利用紧束缚模型对孤立 C_{60} 分子光谱的计算结果[10]相比，a 峰显然是 C_{60}^- 负离子的特征。图 1（b）中，取 $t_1=1.1$，$t=1.03$，$u=0.8$，$\upsilon=0.4$。很明显，库仑相互作用使得低能峰的强度减弱，高能峰强度增加，且峰位普遍向高能方向移动。与 C_{60}^- 离子的光吸收的实验结果[7]对照，实验谱中 1.1 eV 处的吸收峰可对应于图 1（b）中的 a 峰，2.8 eV 处的吸收峰可归于 b 峰和 c 峰的特征，而宽峰则来源于 d 峰和 e 峰。因此，我们的计算值与实验值是基本吻合的。这也说明本文在计算中所选择的参数是合理的。至于实验谱峰明显宽于计算结果，这主要是由于晶格扰动的影响，我们的模型中暂时未考虑这个因素。

与孤立 C_{60} 分子的电子光谱的实验结果[10]比较，图 1（b）中除了在 1.1 eV 附近出现一个新的吸收峰外，原来 3.6 eV 处的光吸收峰消失，而在 2.8 eV 附近出现诱导吸收峰。为了指认各吸收峰特征，我们主要依赖于其能带结构，如图 2 所示。我们认为，3.6 eV 处的峰的消失是 V_1-C_1 间不再跃迁的结果，1.1 eV 处的 a 峰显然是 C_1-C_2 带—带跃迁的特征；b 峰来自于 C_1-C_3 间的跃迁；而 2.8 eV 附近的 c 峰可归于 C_1—C_4 间的跃迁结果。至于 V_1-C_1 间的跃迁在 C_{60}^- 系统中是偶极允许的，但由于强烈的诱导吸收而变得十分微弱。C_{60}^- 离子光电子谱的实验结果也证实了上述观点。[11]

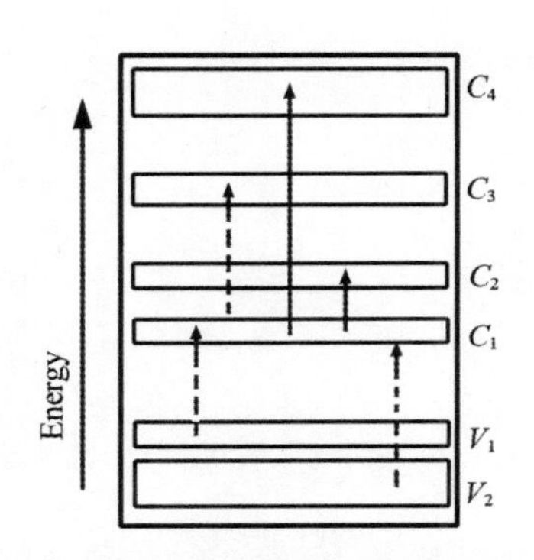

图 2 能带观察到的诱导跃迁简图

因此，C_{60} 低掺杂后，碱金属外层价电子转移 C_{60} 分子的最低未占有轨道 $t_{1/2}$ 上，使得 l_1 能成为电子能带间跃迁的初态。我们的计算结果中，两个最明显的诱导吸收峰（a 峰和 b 峰）均是 t/v 作为初态跃迁的结果，这反映了 C_{60} 和 C_{60}^- 光吸收的本质差别。

参考文献

[1] A F Hebard, M J Rosseinsky, R C Haddon. Superconductivity at 18 K in potassium-doped C_{60} [J]. Nature, 1991, 350 (6319): 600-601.

[2] S H Yang, C L Pettiette, J Conceicao. Ups of buckminsterfullerene and other large clusters of carbon [J]. Chemical Physics Letters, 2013, 589 (3-4): 30-30.

[3] Mark A Greaney, Sergiu M Gorun. Production, spectroscopy and electronic structure of soluble fullerene ions [J]. Journal of Chemical Physics, 1991, 95 (19): 7142 - 7144.

[4] N Kog, K Morokum. Ab initio MO study of the C_{60} anion radical: the Jahn-Teller distortion and electronic structure [J]. Chemical Physics Letters, 1992, 196 (1-2): 191-196.

[5] K Harigaya. Lattice distortion and energy-level structures in doped C_{60} and C_{70} molecules studied with the extended Su-Schrieffer-Heeger model: Polaron excitations and optical absorption [J]. Physical Review B, 1992, 45 (23): 13676-13684.

[6] B Friedman. Polarons in C_{60} [J]. Physical Review B, 1992, 45 (45): 1454-1457.

[7] M A Greaney, S M Gorun. Cheminform abstract: production, spectroscopy, and electronic structure of soluble fullerene Ions [J]. Cheminform, 2010, 22 (51): 7142-7144.

[8] T Tsubo , K Nasu. Theory for exciton effects on optical absorption spectra of C_{60} molecule and C_{60} crystal [J]. Journal of the Physical Society of Japan, 1999, 63 (6): 2401-2403.

[9] Walter A Harrison. Electronic structure and the properties of solids: The physics of the chemical bond [M]. San Francisco: Freeman, 1980: 182.

[10] K Harigaya , S Abe. Optical-absorption spectra in fullerenes C_{60} and C_{70}: effects of coulomb interactions, lattice fluctuations, and anisotropy [J]. Physical Review B Condensed Matter, 1994, 49 (23): 16746.

[11] P J Benning, F Stepniak, D M Poirier. Electronic properties of K-doped C_{60} (111): Photoemission and electron correlation [J]. Physical Review B Condensed Matter, 1993 , 47 (20): 13843.

（物理化学学报，第12卷第6期，1996年6月）

内嵌复合物 M@C_{60}（M=Li，Na，K，Rb，Cs）的分子力学研究

陈小华，彭景翠，陈宗璋

摘　要：利用分子力学方法计算了碱金属内嵌复合物 M@C_{60} 中 M 与 C_{60} 之间的相互作用，考察了 M 在 C_{60} 笼内的平衡位置。研究表明 Li 和 Na 的平衡位置偏离 C_{60} 分子的中心，K、Rb 和 Cs 的平衡位置在 C_{60} 分子的中心。平衡位置的确定取决于色散作用和排斥作用的大小。最后，讨论了碱金属原子进入笼内的可能机制。

关键词：C_{60}；碱金属的 C_{60} 内嵌复合物；分子力学

Molecular Mechanics Investigation of Endohedral Complexes M @ C_{60}（M=Li，Na，K，Rb，Cs）

Chen Xiaohua，Peng Jingcui，Chen Zongzhang

Abstract：The interaction between M and C_{60} in M@C_{60} has been calculated by the mothod of molecular mechanics，and the equilibrium positions of M in C_{60} cage have been determined. It is shown that the equilibrium positions of Li and Na atoms are apart from the center of the C_{60} molecule while the other alkali atoms，K，Rb and Cs locate just at the center of the C_{60} molecules. The equilibrium positions of the alkali atoms depend on the dispersive interactions and the repulsive interactions. The possible encaging mechanism for alkali atoms has also been discussed.

Key words：C_{60}；alkali metals endohedral complexes；molecular mechanic

---

1　引言

C_{60}分子由于具有中空笼式结构，分子直径为 0.71 nm，圆球中心有一个直径约为 0.36 nm 的空腔，因此，完全可能将其他原子（团）或分子注入笼中而形成内嵌复合物，这是目前一个十分活跃的领域，内嵌碱金属复合物更是引人关注。人们利用电弧放电或激光蒸发法成功地制备出碱金属内嵌复合物[1]。理论研究表明[2]，富勒烯笼中碱金属原子的填入不仅改变了富勒烯的物理化学性质，更由于电荷转移而改变其电学性质。

目前，实验上内嵌复合物的产率较低，这使得它的研究和应用受到一定的限制。因此，设计新的合成线路以期得到大量纯的内嵌复合物是个亟待解决的问题。我们认为，从理论上弄清这类复合物的稳定几何结构和内嵌原子的注入机制，对复合物的制备、性质和应用的研究有十分重要的意义。为此，本文利用分子力学方法对此进行了研究，并得到了较为满意的结果。

2　理论模型

对于碱金属内嵌复合物，内嵌原子与 C_{60} 笼上 C 原子之间有较大的距离，其间的相互作用完全是分子间的非键相互作用，可很好地用原子-原子对势模型来描述。总的相互作用包括三个方面：静电相互作用、色散作用和排斥作用。对于后两种相互作用，利用 Lennard-Jones 势可很好地表示，即：

$$V=\sum_{i=1}^{60}\frac{Q_M Q_{c(i)}}{r_{Moc}}+\sum_{i=1}^{60}4\varepsilon\left[\left(\frac{\sigma}{r_{MiI}}\right)^{12}-\left(\frac{\sigma}{r_{Micr}}\right)^{6}\right] \tag{1}$$

式中 r_{Micr} 为内嵌原子 M 与 C_{60} 上的第 i 个 C 原子间的距离。原子电荷 Q_M 和 $Q_{c(i)}$ 可利用量子化学计算得到的结果[2]。势参数 ε 和 σ 的确定可利用文献［3］的结果，并根据组合规律[4]，即第 i 个原子与第 j 个原子之间的参数有下述关系：

$$\varepsilon_{ij}=(\varepsilon_{ij}\cdot\varepsilon_{jj})^{1/2},\ \sigma_{ij}=(\sigma_{ij}+\sigma_{jj})/2 \tag{2}$$

其结果如表 1 所示。

表 1　碱金属原子与 C 原子作用的势参数

	ε/meV		σ/nm	
	M—M	M—C	M—M	M—C
Li	93.40	78.40	0.200	0.220
Na	32.70	43.60	0.260	0.250
K	13.51	28.00	0.336	0.293
Rb	4.90	16.91	0.388	0.319
Cs	1.25	8.53	0.434	0.338

C_{60} 的 60 个 C 原子分布在球的表面，球半径 $R=0.355$ nm，长键长为 0.14498 nm，短键长为 0.1389 nm[4]。计算时，考察内嵌原子从 C_{60} 分子的球心开始沿五元环和六元环轴线向球面移动并通过球面时，相互作用势的变化，得到相应的平衡位置和通过球面时的势垒高度。

3　结果与讨论

3.1　内嵌原子的平衡位置

图 1 表示了内嵌碱金属原子 M 从 C_{60} 分子中心开始沿五元环轴线和六元环轴线移动时，M 与 C_{60} 笼的相互作用的变化。从图可见 M 原子沿这两个方向移动时，相互作用的变化趋势是基本一致的。曲线的最低点对应着 M 原子的平衡位置。表 2 列出了 M 原子沿五元环和六元环轴线移动时的平衡位置，以及平衡时的相互作用势的大小。我们发现，碱金属原子的平衡位置并不完全相同。Li 的平衡位置在离球心约 0.14 nm 处，Na 的平衡位置距球心约 0.08 nm，而 K、Rb 和 Cs 的平衡位置均在球心。

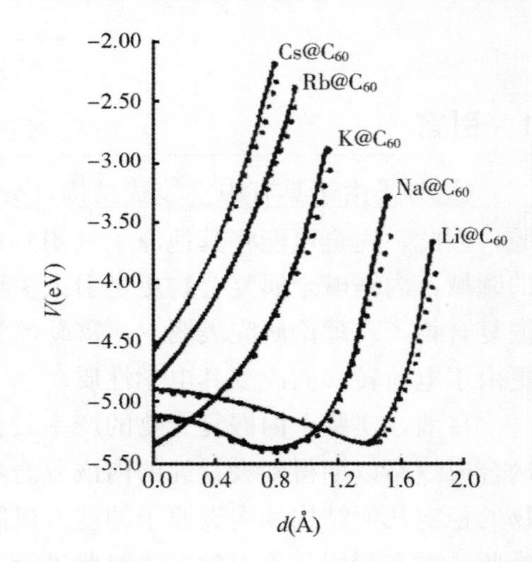

图 1　M（M＝Li，Na，K，Rb，Cs）在 C_{60} 分子内部沿五元环、六元环轴线移动时相互作用的变化

实线表示沿五元环轴线移动，点线表示沿六元环轴线移动

从计算中，我们还发现，虽然库仑作用的绝对值较大，但它与内嵌原子的位置关系很小。而色散作用与排斥作用随内嵌原子位置的变化明显，并且这两者之和的最小值正好也对应着平衡位置，这说明平衡位置的确定，决定于色散作用和排斥作用的变化。让我们从原子或离子半径的大小来考虑。C_{60} 笼中空隙半径约为 0.18 nm，碱金属由于电荷转移而考虑其离子半径。当碱金属离开 C_{60} 分子中心向表面移动时，一方面与迎面的 C 原子的距离减小，另一方面与背面的 C 原子的距离增大，这两个方面都影响相互作用的大小。对于 Li，其离子半径为 0.06 nm，远远小于空隙半径，在球心时，与 C 原子的电子云重叠程度相当弱，排斥作用很小。当离开球心开始移动时，色散作用的增加比排斥作用的增加快，总

相互作用曲线逐渐降低，直到距球心0.14 nm处时，与迎面的C原子的电子云的重叠逐渐明显。排斥作用将以较大的幅度增加，此时相互作用曲线出现了最低点。对于K，Rb和Cs来说，其离子半径分别为0.133 nm，0.148 nm和0.169 nm，由于离子半径较大，在球心时，排斥作用就开始明显，因为，平衡位置是在球心。对于Na来说，其离子半径为0.095 nm，远远小于空隙半径，根据以上分析，平衡位置应该不在球心。计算结果为距球心0.08 nm处。

关于内嵌碱金属的C_{60}复合物的稳定性问题，此前，人们已进行了一些研究。马晨生等人[6]利用半经验的EHMO方法，计算了碱金属原子在C_{60}笼内的平衡位置，除了Li距球心0.14 nm外，其他均在球心；Liu等人[7]利用扩展的SSH模型求得Li、Na在笼内的平衡位置分别距球心0.14 nm和0.10 nm，其他均在球心；而Jery等人[5]的从头计算结果表明，除K、Rb和Cs的平衡位置在C_{60}球心外，Li、Na的平衡位置分别距球心0.13 nm和0.075 nm。由此可见，本文的计算结果与从头计算结果基本一致，这说明本文的参数选择是合理的。

表2 碱金属原子的平衡位置及平衡时与C_{60}笼的相互作用*

	平衡位置/nm	库仑作用/eV	色散作用/eV	排斥作用/eV	总相互作用/eV
Li	0.140	−4.097	−1.934	0.673	−5.357
Na	0.080	−4.091	−1.794	0.535	−5.350
K	0.00	−4.084	−2.017	0.744	−5.357
Rb	0.00	−4.081	−1.878	1.229	−4.730
Cs	0.00	−4.088	−1.534	1.182	−4.440

* 表中数据均为沿五元环轴线

3.2 碱金属原子进入笼内的可能机制

从C_{60}内腔尺寸而言，原则上，所有元素原子均可包孕其中，但目前实验结果表明，要进入笼中并非易事。碱金属内嵌复合物的制备可通过电弧放电或激光蒸发石墨-金属复合物技术[1]，或者C_{60}蒸气与碱金属原子进行高能碰撞[8]。碱金属原子要进入笼内，或直接穿过笼壁进入，或打开一个口子，注入后重新关闭。我们利用本文模型计算了碱金属进入C_{60}笼所受到的势垒高度。计算分三种情况：沿五元环轴线；沿六元环轴线；C_{60}分子去掉一个双键（拿掉两个碳原子），沿开口处进入。其结果列于表3。

表3 碱金属原子进C_{60}笼内所受的势垒高度*

	Li	Na	K	Rb	Cs
沿五元环轴线	1040.45	4859.70	18878.20	35487.68	45332.74
沿六元环轴线	173.28	852.52	3773.20	6317.20	9348.61
沿C_{60}的开口处	4.60	47.98	238.29	412.33	528.58

* 单位为eV

从表中可看出，沿五元环轴线和六元环轴线进入的势垒相当高，这几乎是一种不可能的情况。碱金属原子沿C_{60}开口处进入的势垒低得多，对Li和Na分别为4.6 eV和47.98 eV，与实验结果[8]（6 eV和20 eV）基本符合。因此，实验上利用碱金属原子与C_{60}蒸气碰撞后，可观察到内嵌复合物，其机制应该是在碰撞过程中，在C_{60}分子上打掉两个C原子而使碱金属进入笼内，而并非直接穿过C_{60}笼壁进入笼内。至于K、Rb和Cs，则应该打开更大的口子，降低势垒，才能较为容易地进入笼内。

4 结论

碱金属在C_{60}内的平衡位置与它们的离子半径紧密相关，Li和Na的平衡位置偏离球心，而K、

Rb 和 Cs 则可稳定存在于球心。碱金属原子并非直接穿过 C_{60} 笼壁进入笼内，而是在 C_{60} 分子上预先打开的一个口子上进入笼内。从这个角度看，半径较小的原子更容易实现。

参考文献

[1] D M Cox，K C Reichmann，A Kaldor. Carbon clusters revisited：The special behavior of C_{60} and large carbon clusters [J]. Journal of Chemical Physics，1988，88 (3)：1588-1597.

[2] 严继民，孔静. 福勒宁 C_{60} 与中心含碱金属福勒宁 MC_{60} （M=Li、Na、K、Rb、Cs）的电子结构及其导电性研究 [J]. 科学通报，1992，37 (20)：1859-1859.

[3] I Derycke，J P Vigneron，P Lambin. Physisorption in confined geometry [J]. Journal of Chemical Physics，1991，94 (6)：4620-4627.

[4] Da-Ren Zhang，Ji-An Wu，Ji-Min Yan. Electronic structures of the alkali-containing buckminsterfullerenes（A ∂ C_{60}）(A = Li，Na，K，Rb，Cs) and the halogen-containing buckminsterfuller [J]. Journal of Molecular Structure Theochem，1993，282 (3)：187-191.

[5] J Cioslowski，E D Fleischmann. Endohedral complexes：atoms and ions inside the C_{60} cage [J]. Journal of Chemical Physics，1991，94 (5)：3730-3734.

[6] 马晨生，李慎敏，杨忠志. C_{60} 的单原子碱金属化合物几何结构规律的量子化学研究 [J]. 化学学报，1994，9：847-852.

[7] J Liu，S Iwata，B Gu. Theoretical studies on the structure of the endohedral complexes Na@xaC_{60} and Na@xaC_{70} [J]. Physical Review B，1994，50 (8)：5552-5557.

[8] Wan Z，Christian J F，Anderson S L. Collision of Li^{+} and Na^{+} with C_{60}：Insertion，fragmentation，and thermionic emission [J]. Physical Review Letter，1992，69 (69)：1352-1355.

（原子与分子物理学报，第 14 卷第 3 期，1997 年 7 月）

正丁胺的等离子体聚合及其聚合物性能研究

陈小华，颜永红，彭景翠，曾　云，陈迪平，曾健平，陈宗璋，夏金童

摘　要：采取等离子体方法，首次将正丁胺单体聚合成聚正丁胺薄膜。元素分析的结果发现，在聚合反应过程中有氢元素的逸出。红外光谱分析结果表明，该聚合膜中有胺基存在。溶解性和DSC分析证实，聚合膜性能稳定，不溶不熔，表明该聚合膜具有高度支化交联的结构。

关键词：正丁胺；等离子体聚合

Plasma Polymerization for n-Butylamine and Characteristics of Polymer

Chen Xiaohua，Yan Yonghong，Peng Jingcui，Zeng Yun，Chen Diping，
Zeng Jianping，Chen Zongzhang，Xia Jintong

Abstract：The plasma polymerization for n-Butylamine was discribed in this paper. The element analysis showed that there was a lose of hydrogen element to polymerization reaction. The analysis of IR spectrum made it clear that the amine-group existed in the polymerized films. The dissolve experment and DSC analysis indicaled that the structure of the polymerized films was very highly branched and cross linked with good resistance to heat and erosion.

Key words：n-Butylamine；plasma polymerization

1　引言

等离子体聚合是一门崭新的技术，它是利用等离子体中的电子、离子、自由基、光子及激发态分子等活性粒子使单体聚合的方法［小林弘明，高分子，1976，25：834－837］。这种方法使得常规条件下无法聚合的物质变得容易聚合，加之聚合物有其独特的物理性质和形成无针孔薄膜等优点，从而使它成为制备高分子材料、材料表面改性以及制备高分子膜的最有效方法之一。

我们用正丁胺单体作为反应源，用等离子体方法使之发生聚合反应，首次得到聚正丁胺薄膜，并对其性能作了初步研究。

2　实验

实验装置采用电容耦合式平板等离子体沉积设备。正丁胺单体通过氢氧化钠干燥并蒸馏后由高纯氩气携带进入等离子体反应室。

反应前先将反应室抽真空至1.333 Pa，用氩气冲洗反应室和管道3次，再将反应室抽至1.338 Pa，通入载气和单体的混合气体，调节流量在5～100 mL/min之间，调节机械泵抽气速率，使反应室维持在一定压强的真空度。接通电源，选择放电电压在200～800 V范围内，就开始了等离子体聚合反应。

实验结果表明，在一个较宽的工艺范围内，都能得到致密、无针孔、附着性好的聚正丁胺薄膜。

3　元素分析

按上述工艺制备聚正丁胺薄膜，然后将此聚合膜进行元素分析，所得结果与单体元素分析结果列入表1中。

表1　元素分析

元素含量	C	H	N	C/H	C/N	N/H
聚正丁胺	52.428	5.862	9.209	0.750	6.544	0.113
正丁胺单体	67.75	15.00	19.18	0.368	3.999	0.092

从表中可看出，尽管聚正丁胺和正丁胺单体的组分基本相同，但各组分之间的配比却发生变化。单体中C/H比为0.368，而聚正丁胺的C/H比为0.75，是单体的两倍。这说明在发生聚合反应时，有氢元素逸出，从而聚合物中的C/H增大。从表中还可以看到，聚合物的C/N比要比单体的C/N比大，这说明反应时还有氮元素的逸出。这种氮元素和氢元素的逸出是C－H键上氢元素的逸出，还是NH_2整个基团逸出？我们认为两种可能性都有，但尚待进一步的实验证明。表中聚合物的N/H比略大于单体的N/H比，这说明氢元素的逸出除了上述两种可能外，胺基中的氢元素也会有逸出，但此种氢元素逸出的量比前两种要小得多。

4　红外光谱分析

图1表示了聚正丁胺的红外光谱，并与正丁胺单体红外光谱相对照，如图2所示。我们发现正丁胺单体在3300～3500 cm^{-1}之间的N－H键伸展振动的吸收双峰在聚正丁胺吸收谱中变成一明显宽吸收带。表明聚合物中N—H键因受到聚合作用的影响与单体中的情况有所不同。在1650 cm^{-1}附近两者都有较强的NH_2的弯曲振动吸收峰，这说明聚合物中仍然存在大量胺基。在2800～3000 cm^{-1}之间两者都存在一吸收双峰，为C—H键伸展振动吸收。但两者相比聚正丁胺的吸收双峰要比正丁胺单体的弱得多，这说明聚合反应中氢元素的逸出主要是C—H键上氢元素的逸出，两个谱图在1470 cm^{-1}和1370 cm^{-1}都有一相对较弱的吸收峰，这属于CH_2的变形振动吸收。此外两图谱的明显不同之处是图1在2300 cm^{-1}附近有一明显吸收峰，而图2没有；反过来图2在840 cm^{-1}处有一较强较宽吸收带，而图1没有。前者图1中2300 cm^{-1}处的吸收峰，我们暂且认为是聚合物中C≡C的收缩振动吸收峰，但究竟是什么还有待进一步的研究。后者，聚合物中没有840 cm^{-1}处的吸收峰，有可能是这种聚合物线型结构发生了变化，转变成为交联结构所致。

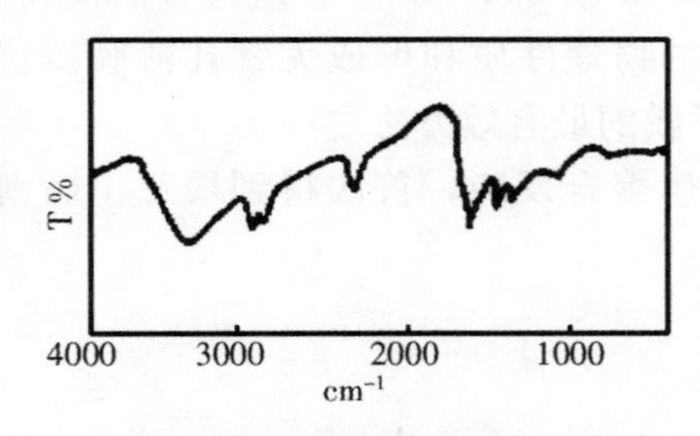

图1　聚正丁胺薄膜红外光谱

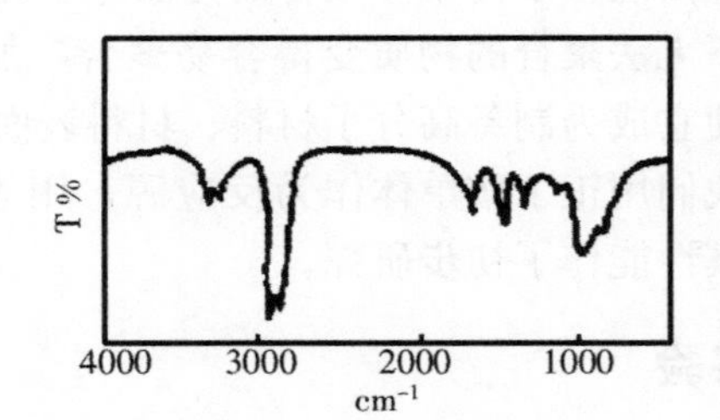

图2　正丁胺单体红外光谱

5　溶解性

将同一工艺条件下制备的聚正丁胺薄膜分别放入装有DMF、四氢呋喃、甲苯、四氯化碳、甲醇、乙酸、乙酯等溶剂的试管中，再将试管放入热浴中，用玻璃棒搅拌，使溶剂达到沸点，并维持沸腾5 min，结果该聚合膜并不溶解。而且至今尚未找到能溶解该聚合膜的溶剂。

6 DSC 分析

DSC 测试是在 DuPonl9900 差示扫描量热仪上进行的，升温速度为 10 ℃/min，气体为 N_2 气，测试结果如图 3 所示。

由图可见，没有明显的玻璃化转变温度 T_s，在 102.64 ℃处有一较宽的放热峰，这应该是结晶转变所致。在此后的温度范围内，只在 182.53 ℃处出现一个很小的熔融峰，这说明聚合膜有较好的热稳定性。这可能是由于该聚合膜具有高度交联、高度支化的结构所致[1]。关于聚合膜的具体结构及性能还有待进一步的研究。

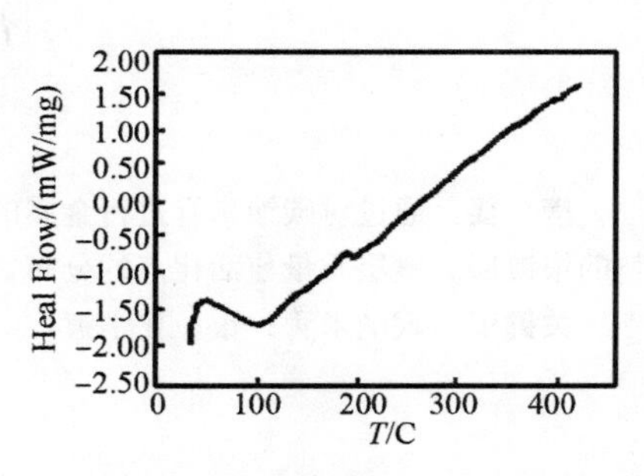

图 3 聚正丁胺薄膜的 DSC 曲线

7 应用展望

等离子体聚合膜由于高交联的结构和好的耐热耐腐蚀性，是用作反渗透膜、气体分离膜和选择渗透膜的较理想的材料。利用等离子体聚合物沉积在材料表面，还可防护或改性现有材料的表面。此外，等离子体聚合膜还由于透明、防湿性及光散射损失少、折射率可调等多方面的光学性能[2]，可望在光通信电缆、激光寻波路、镜片或光度计等材料的镀层等方面找到广泛的用途［Inagaki M，Hirao H. J Polym Sci，1986，24：595－599］。

8 结论

采用等离子体方法，首次将正丁胺单体聚合成聚正丁胺薄膜。分析测试结果表明，该聚合膜仍然有胺基存在，具有良好的耐热耐腐蚀性，这是聚合膜具有高度支化和高度交联的结构所致。这为它的广泛应用提供了优越的条件。

参考文献

［1］ L F Thompson，K G Mayhan. The plasma polymerization of vinyl monomers. I. The design，construction，and operation of an inductively coupled plasma generator and preliminary studies with nine monomers ［J］. Journal of Applied Polymer Science，1972，16（9）：2291-2315.

［2］ Y Osada，I Yu. Plasma-initiated graft polymerization of water-soluble vinyl monomers onto hydrophobic films and its application to metal ion adsorbing films ［J］. Thin Solid Films，1983，118（2）：197-202.

（功能材料，第 28 卷第 3 期，1997 年）

金属银包覆碳纳米管的研究

陈小华，吴凤英，彭景翠，陈宗璋

摘　要：通过对碳纳米管进行金属的包覆，制备一维纳米复合材料。利用化学镀方法在碳纳米管表面得到较完整的银镀层。镀层质量与活化点的分布、反应速率和反应时间相关。

关键词：碳纳米管；银；化学镀

Coating of Carbon Nanotube with Silver

Chen Xiaohua，Wu Fengying，Peng Jingcui，Chen Zongzhang

Abstract：A method to fabricate one dimensional nanoscale composite based on coating of carbon nanotube with metal is proposed and demostrated. It is found that the complete and satisfactory silver coating on carbon nanotube are achieved by electroless plating. It is also found that the coating layer was sensitive to the density of active sites，reaction rate and reaction time.

Key words：carbon nanotube；silver；electreless plating

1　引言

碳纳米管由于具有较高的长度直径比（直径为几十纳米以内，长度为几个微米到几百个微米），是目前最细的纤维材料，它已表现为优异的力学性能和独特的电学性能[1,2]。同时由于它是具有中空结构的一维材料，因此可用它做模板制备新一类一维材料。例如利用碳纳米管的毛细现象可以将某些元素填入管内，制成具有特殊性质（如磁性、超导性）的一维量子线[3]；通过与氧化物的反应，可制成碳化物棒[4]；此外，用不同的物质对碳纳米管进行包覆，不但可以得到具有特殊性质的一维材料，而且还可以改善纤维材料与金属的相容性，制备性能优良的金属基复合材料。本文提出利用化学镀方法在碳纳米管表面获得完整的 Ag 镀层，并探讨了镀覆时间对镀层的影响。

2　实验方法

实验所用的碳纳米管是利用热解碳氢气体催化法制备的，其平均直径为 25 nm，长度为几十微米。碳纳米管由于石墨化程度较高，曲率大，它们与金属的润湿性差，结合力弱，因此须用硝酸对其进行表面粗化处理来提高碳管的比表面积。此外还需对碳管表面进行敏化及活化处理，以便为化学镀提供一个活性的、催化的表面。整个化学镀 Ag 的工艺流程如图 1 所示。镀 Ag 是在室温下进行的，溶液配方如表 1。

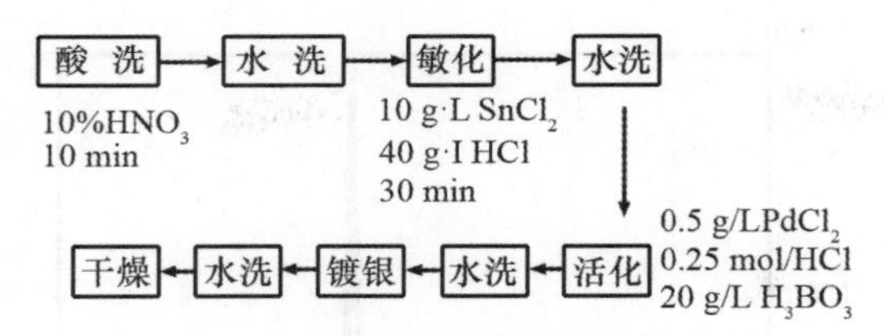

图 1　化学镀 Ag 的工艺流程

表 1　镀银溶液的成份

Silver solution 50v.%	Reducing solution 50v.%
$AgNO_3$ 7 g	HCHO（38%）2.2 mL
$NH_3 \cdot H_2O$ 45 mL	C_2H_5OH 190 mL
H_2O 200 mL	H_2O 8 mL

3　结果与讨论

图 2（a）是碳纳米管来包覆前的 SEM 像，碳管直径约为 25 nm。经过活性处理后，可发现在碳管外表面有聚集点存在［如图 2（b）］，这说明活化点已经形成。

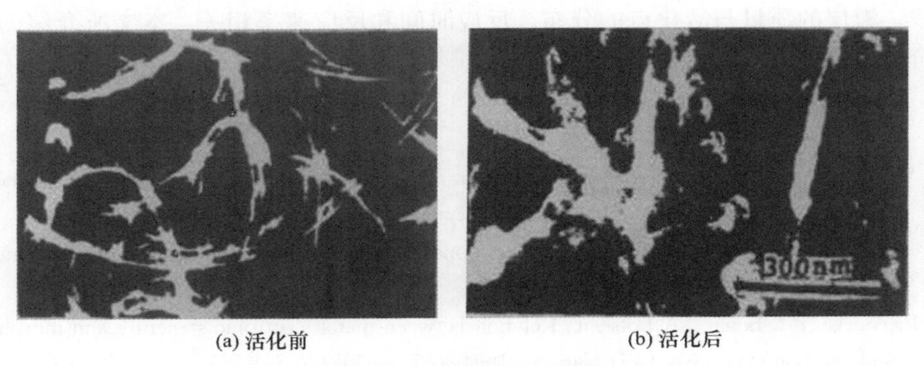

(a) 活化前　　(b) 活化后

图 2　催化生长的碳纳米管的 SEM 图像

一旦形成了活化点，银就会在碳管表面还原形成镀层。图 3（a）表示反应时间为 5 min 后的镀覆结果。从图中可看出碳管被一层较光滑的材料所覆盖。能量色散 X 光谱（EDX）表明，包覆材料为银（图 4）。图 3（b）显示了反应时间为 7 min 后的包覆结果，随着反应时间的延长，包覆层进一步变厚，且表面出现了颗粒状。随着反应时间的进一步增加，原来的颗粒进一步生长出银枝晶［如图3（c）］。我们注意到包覆层质量好坏对反应速率十分敏感。通过调整溶液 pH 值增加反应速率，银趋向于以纳米颗粒的形成沉积于碳管表面。

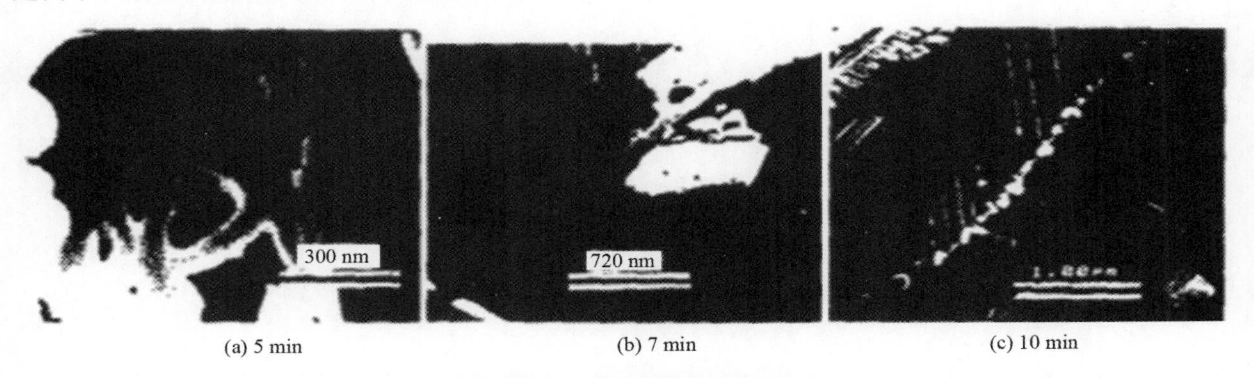

(a) 5 min　　(b) 7 min　　(c) 10 min

图 3　碳纳米管经过不同时间镀覆银后的 SEM 图

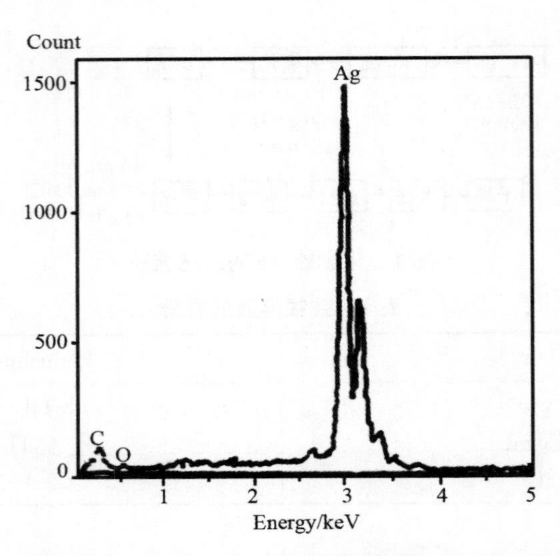

图 4　对应于图 3（a）的碳管包覆银后的 EDX 谱

4　结论

碳纳米管对化学镀是非活性的，经过对碳管的处理可以直接化学镀银并获得完整镀层，得到了一维纳米导线。镀层的质量与活化点的分布、反应时间和反应速率相关。本文所介绍的方法对制备一维纳米复合材料有着广泛的意义。

参考文献

[1] H Dai，E W Wong，C M Lieber. Probing electrical transport in nanomaterials：conductivity of individual carbon nanotubes [J]. Science，1996，272 (5261)：523-526.

[2] M M J Treacy，T W Ebbesen，J M Gibson. Exceptionally high young′s modulus observed for individual carbon nanotubes [J]. Nature，1996，381 (6584)：678-680.

[3] C Guerret-Piécourt，Y L Bouar，A Lolseau. Relation between metal electronic structure and morphology of metal compounds inside carbon nanotubes [J]. Nature，1994，372 (6508)：761-765.

[4] H Dai，E W Wong，Y Z Lu. Synthesis and characterization of carbide nanorods [J]. Nature，1995，375 (6534)：769-772.

（《功能材料》增刊，1998 年 10 月）

预氧丝原位炭化无黏结剂 C/C 复合材料氧化动力学研究

刘其城，周声劢，贺持缓，陈宗璋

摘　要：采用恒温热重法测定了在空气中，0.1 MPa、673 K～973 K 下预氧丝（即预氧化聚丙烯腈纤维）原位炭化无黏结剂 C/C 复合材料的氧化失重率；并利用扫描电镜分析了这种复合材料氧化前后的结构。氧化动力学测定结果表明：该材料在氧化开始时，其氧化速率随时间的增长而增大，然后随时间的延长而减小，并趋向恒定。研究表明：该材料中预氧丝与基体炭界面结合处是空气中氧的扩散通道，杂质为空气中氧的吸附起到了提供吸附活性中心的催化作用，氧化反应的控制步骤为被吸附氧的离解。

关键词：预氧丝；原位炭化；无黏结剂；C/C 复合材料；氧化动力学

1　前言

C/C 复合材料是一种新型的具有特种结构和优异性能的工程材料，预氧丝原位炭化无黏结剂 C/C 复合材料是其中的一种。C/C 复合材料炭纤维增强炭基体的复合材料，这种材料具有很高的比强度、优良的力学性能和热物理性能[1]，广泛应用于航天、航空、军事、动力装置、化学、隔热以及核工业等领域[2]。关于 C/C 复合材料的氧化动力学研究，近年来，已有学者做了大量的工作[3,6]。研究表明，这种材料在氧化气氛中的高温氧化侵蚀性是其致命的弱点。为此，我们利用自制的预氧丝原位炭化无黏结剂 C/C 复合材料，进行恒温氧化行为研究，以进一步说明其氧化动力学的基本规律。

2　材料与实验

2.1　预氧丝原位炭化 C/C 复合材料的制备

预氧丝原位炭化无黏结剂 C/C 复合材料是以具有自黏结剂性能和自烧结性能的抚顺生石油焦细粉作为基体炭材料，加入经过表面的预氧丝短纤维，并将其均匀分散于基体炭中，模压成型，经高温烧结而成的 C/C 复合材料。其密度为 1.58 g/cm^3，强度为 54.6 MPa，增强材料预氧含量不大于 3%，长度小于 4 mm，其工艺流程可表示为：

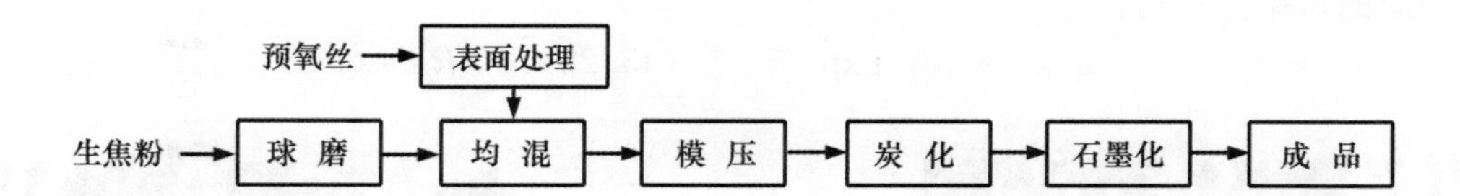

2.2　氧化失重测定实验

恒温氧化实验是将样品均匀切割成 8 mm×4 mm×4 mm 的小方块，按温度和时间分为若干组，将样品置于锅内，放在 SX-4-10 型式电阻炉中进行烧蚀。实验温度区为 673～973 K。炉中氧化气氛为室内空气，压力为室内大气压（0.1 MPa）样品烧蚀前后采用 TG328A 型电光分析天平称量（精度为 0.1 mg）。

2.3　表面组织分析

利用国产 KYKY-2000 型扫描电子显微镜观察了预氧丝原位炭化无黏结剂 C/C 复合材料在某一确定温度下，烧蚀前后的表面形态。

2.4　杂质的化学分析

因样品基体炭细粉是分别采用钢球粗磨和刚玉球湿法细磨，因而我们利用化学分析方法检查了

Al_2O_3 和 Fe 的存在量。

3 结果与讨论

3.1 氧化损失质量与烧蚀时间的关系

不同温度下，预氧丝原位炭化无黏结剂 C/C 复合材料的氧化失重率与时间的关系如图 1 所示。在某一确定的温度下，该材料的氧化失重率和时间基本上呈直线关系，且随反应时间的延长，氧化失重增加由变小趋向一恒定值。由此，可知当温度一定时，其氧化反应的速率与氧化时间无关，而受反应温度的影响十分明显。

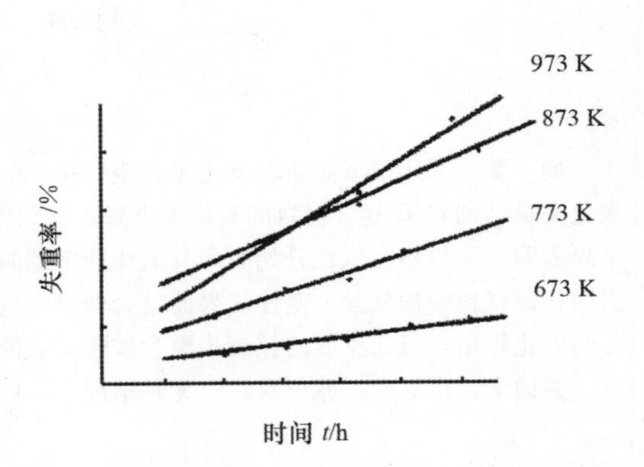

图 1 氧化失重率与时间的关系

3.2 氧化动力学方程

根据氧化失重率与时间的关系图 1，由动力学理论可知，该氧化过程可视为表观一级反应，相应的速率方程可为：

$$-\mathrm{d}m/\mathrm{d}t=km \quad (1)$$

式中，k 为速率常数，m 为烧蚀后余下的量。

由上述实验，我们可以确定在不同反应温度下的速率常数 k 值，见表 1。

表 1 不同氧化反应下的速率常数 k 值

T/K	673	773	873	973
$10^2k/\mathrm{s}^{-1}$	6.639	18.338	30.808	45.307

利用表中数据，根据反应速率理论[7]，实验活化能为：

$$E_a=RT\mathrm{d}\ln k/\mathrm{d}T \quad (2)$$

或

$$\ln k-E_a/RT+\ln A \quad (3)$$

将上述中的数据作 $\ln k\sim 1/T$ 图可得线，其斜率为：

$$-E_a/R=4.529$$

$$E_a=37.65\ \mathrm{kJ/mol}$$

氧化反应的速率方程为：

$$k=3.523\times10^{-3}\exp\{-[(45.28)/(RT)]\} \quad (4)$$

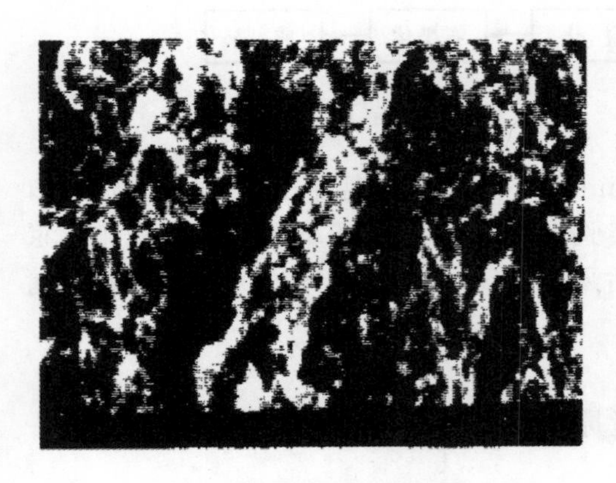

图 2 试样氧化前表面形貌

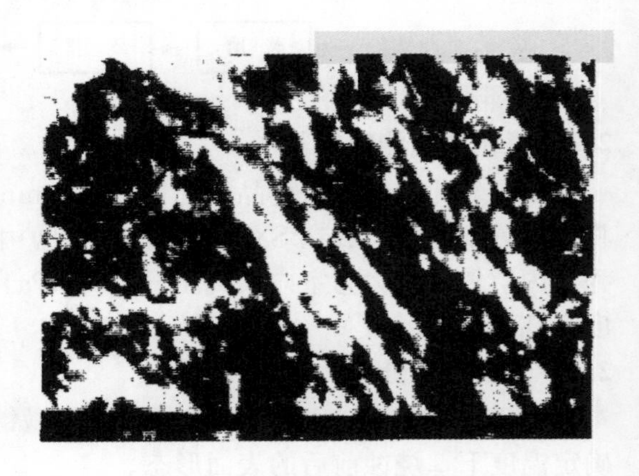

图 3 试样氧化后表面形貌

3.3 氧化反应机理

在确定了氧化反应的动力学方程之后，为了更进一步研究预氧丝原位炭化无黏结剂 C/C 复合材料的氧化动力学规律，对氧化前后的该复合材料表面进行了扫描电镜分析，如图 2 和图 3。图 2 为未氧化时的预氧丝原位炭化 C/C 复合材料的表面形貌，显然，预氧丝与基体炭的界面不明显，表面平滑，但存在少许气孔。而图 3 则是在 673 K 氧化 2 h 后（氧化失量率为 45%时）的预氧丝原位炭化无黏结剂 C/C 复合材料的表面状态，预氧丝与基体炭之间的界面变得十分明显，且气孔增大。可以观察到表面下层的基体炭，这说明氧化反应首先在表面进行，然后在预氧丝与基体炭之结合处的界面形成明显的活性吸附中心。在空气中烧蚀时，空气中的氧先被活性吸附中心吸附，然后进行氧化作用，因而存在明显的界面是影响预氧丝原位炭化无黏结剂 C/C 复合材料抗氧化能力的主要因素。一旦氧化反应开始，首先预氧丝被氧化，从而形成氧化通道，使预氧丝同基体炭同时被氧化；当氧化达到一定程度时，预氧丝被氧化完全，通道已经形成，反应产生的气体（CO，CO_2）大量存在于已形成的氧化通道中，并经由此通道向外扩散（离开），从而阻碍了反应气体 O_2 向里扩散（进入）与炭接触的速率，且随着反应的进一步进行，这种阻力愈来愈大，这时基体炭的氧化便以某确定的速率被氧化。因而，在我们的实验中，首先观察到氧化失重增大较快，随着时间的延长而趋于某一确定值。

另据文献［5，6］报道，在 C/C 复合材料中，无论是纤维还是基体炭中存在某些金属及其化合物等杂质时，都会影响 C/C 复合材料的氧化速率。为此，针对我们使用的原料生石油焦研磨制粉的方法（刚玉球磨和制样机粉碎），经化学分析 Al_2O_3 和 Fe 的总含量约在 1%～1.3%之间，显然为氧化反应的发生提供了活性催化中心，导致了反应活化能的降低（37.56 kJ/mol）和反应热的降低（ΔH＝29～34 kJ/mol），提高了氧化速度，其氧化机理可表示为（M 表示活化催化中心）：

$$O_2+M \xrightarrow{K_1} [MO_2] \xrightarrow{K_2} M+2[O] \tag{5}$$

$$C+[O] \xrightarrow{K_3} CO \tag{6}$$

$$CO+[O] \xrightarrow{K_4} CO_2 \tag{7}$$

显然，被活性中心吸附的 O_2，双键断裂变为该氧化反应的速率控制步骤，O＝O 键断裂时吸收的热效应为 498.3 kJ/mol，当温度较低时即使有活性催化剂（杂质）存在，键的断裂不容易，宏观现象则表现为氧化反应不明显；当温度升高时，加上活性催化剂的存在，降低了 O＝O 双键的断裂能，使键的断裂容易，氧化反应则显著发生。正如文献［4］指出的一样，C/C 复合材料在空气中 773 K时方开始发生氧化反应：$C+O_2 \longrightarrow CO_2$，或 $C+\frac{1}{2}O_2 \longrightarrow CO$。

4 结论

（1）预氧丝原位炭化无黏结剂 C/C 复合材料在 673 K～973 K 区间的氧化速率随氧化温度的升高而迅速增大，与氧化时间关系不大。

（2）影响氧化速度的控制步骤为空气中氧的扩散与吸附后的离解过程，活性催化剂（杂质）的存在降低了反应的活化能，从而加速氧化反应的进行。

（3）氧化反应的发生首先是从表面预氧丝开始，形成氧化通道后，氧化失重随时间的增长而匀速增加，属纯动力学氧化。

（4）该材料在 673 K～973 K 范围内的氧化反应速度方程的数学表达式为：

$$5.523\times10^{-3}\exp\{-[(45.28)/(RT)]\}$$

同时指出了界面结合的好坏、杂质的存在等是影响抗氧化能力的主要因素。

参考文献

［1］Buckey J D. Carbon-carbon［J］. An Overview Ceram Bull，1988，67（2）：364-368.

[2] 贺福，王茂章. 碳纤维及其复合材料 [M]. 北京：科学出版社，1995，19-23.
[3] 储双杰. 毡基 C/C 复合材料的氧化动力学研究 [J]. 复合材料学报，1994，11 (1)：9-14.
[4] 张世超. A3-3 C/C 复合材料的氧化动力学研究 [J]. 复合材料学报，1997，14 (1)：65-69
[5] Mckee D W. Oxidation behavious of C/C composites [J]. Carbon，1987，25 (4)：551-557.
[6] Mckee D W. Chemi and Phy of Carbon [M]. New York：Marcel Dekker，1981，18-118.
[7] 付献彩. 物理化学 [M]. 北京：高等教育出版社，1997，700-812.

[湖南大学学报（自然科学版），第 27 卷第 4 期，2000 年 8 月]

生焦粉性能对无黏结剂炭材料工艺和性能的影响

刘其城，吴道新，周　艺，贺持缓，周声劢，陈宗璋

摘　要：研究了在相同的工作制度下，生焦粉的热物理性质，机械化学处理后的主要特征（粒径、比表面）。结果表明，在所选用的生焦粉中，荆门生焦更利于制备优质的无黏结剂炭材料。

关键词：生焦粉；无黏结剂；炭材料；工艺；性能

分类号：TB 321

The Effect of Green Petroleum Coke on the Technology and Properties for Binderless Carbon Material

Liu Qicheng，Wu Daoxin，Zhou Yi，He Chihuan，Zhou shengmai，Chen Zongzhang

Abstract：Under similar technologic process，the thermophysical properties and the main feature (size，ratio-surface) are discussed after the green petroleum coke is processed by machinechemistry methods. The results show that Jingmen green petroleum cokes is better to make the highquality binderless carbon material.

Key words：green petroleum coke；binderless；carbon material；technology；property

---

传统的碳石墨材料通常都是采用煅后焦作为骨料炭添加煤、沥青等作为黏结剂压型、碳化和石墨化热处理制得，由于骨料炭和黏结剂的体积收缩不同，因而造成碳石墨材料不可避免地具有气孔率较高、结构均匀度差、界面明显等缺点[1]。

为了制得高密度高强度碳/碳复合材料，近年来以无黏结剂成型和烧结为突破的研究引起了广泛的注意[2]，这种方法是利用生焦粉具有的适当的自黏结性和自烧结性，不需加入黏结剂即可成型和烧结。用这种方法获得的碳元素制品的致密度、强度及其他一些理化指标除与其制造过程的工艺控制因素有关外，还与提供炭源的基体的基本特征有关[3]。基于此，我们对所选用含有一定量挥发份，且具有自烧结性和自黏结性的生石油焦粉进行了系统的分析，为无黏结剂炭材料的基体碳源的选择提供了可靠的依据。

1　实验方法

选用 100～150 目的荆门生石油焦粉和抚顺生石油焦粉在相同环境中，进行普通湿法球磨，研磨时间为 72 h，然后将粉料干燥后分别与已经过表面处理的预氧丝短纤维均混，压成 50 mm×10 mm ×10 mm 的条形试样，在 Ar 气氛的保护，烧结温度为 1100 ℃的条件下真空气压烧结炉中进行炭化。对所选用的研磨后的两种生焦粉颗粒，分别进行挥发份和粒径、比表面积以及热物理性能测定。

2　结果与讨论

2.1　生焦粉的挥发份

无黏结剂炭材料的成型，主要是利用生焦粉的自黏结性，这就要求所选用的生焦粉必须含有一

定量的挥发份。如果挥发份含量较少，在热处理过程中，自黏结性就差而难于成型，导致机械强度降低；另一方面，如果挥发份含量太高，热处理时由于大量轻质挥发份的逸出，导致产品变形或产生开裂。我们测定了研磨前后的粉颗粒的挥发份（见表1）。根据文献［2］的报道，结合我们的实验情况，显然两种生焦粉均可以作为无黏结剂炭材料的基体炭，单从成型的角度考虑，荆门生焦粉更为有利。

表1　两种生焦的挥发份和模压成型情况

颗　粒	磨前挥发份	磨后挥发份	磨后粉模压成型
荆门生焦	10.52	11.75	结构完好，无裂纹
抚顺生焦	8.25	9.60	个别压块轻微裂纹

2.2　生焦粉的热收缩性

生焦粉由于没有经过高温处理，因而在烧结过程中有较大收缩，各生焦的热收缩程度与其成焦温度和挥发份含量有关[4]。一般而言，生焦经1100 ℃煅烧5 h，其体积收缩率在30%～40%之间。图1给出了生焦制品的体积收缩率与热处理温度的关系。由图可知两种生焦制品的体积收缩均在500 ℃之后才出现，在700 ℃收缩较明显，高于1100 ℃才逐渐趋于稳定。在相同条件下荆门生焦粉的体积收缩要高于抚顺生焦粉，有利于材料的密实化。

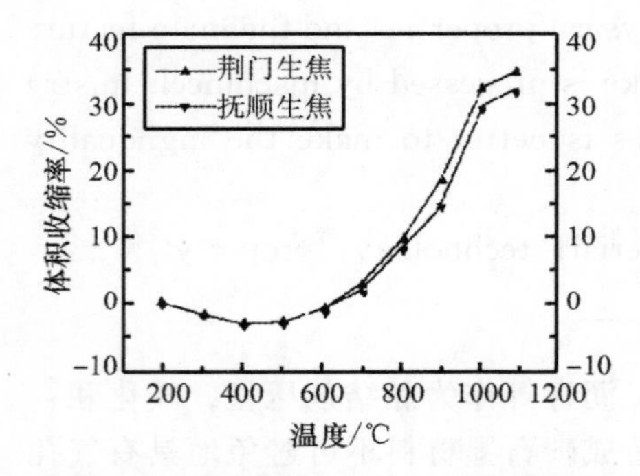

图1　生焦体积收缩率-热处理温度曲线

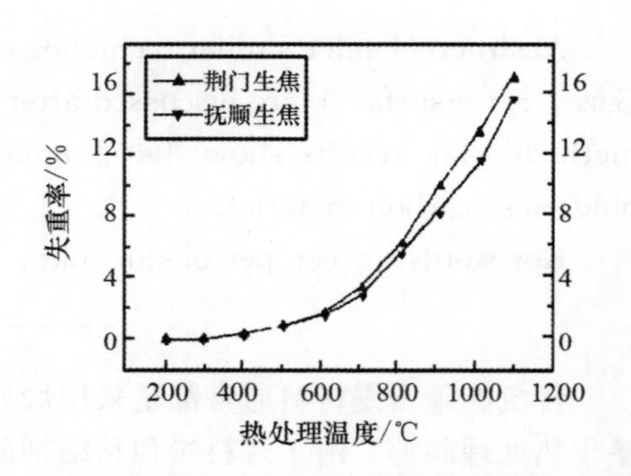

图2　生焦制品失重率-热处理温度曲线

2.3　生焦粉的热失重性

在热处理过程中生焦制品失重的主要原因有[4]：轻质挥发份的部分逸出，非碳元素的排出，氧化烧损等。图2为生焦制品失重同热处理温度的关系。结果表明500 ℃以前生焦制品失重小于2%。此后随温度的升高而急剧增加。在1100 ℃的热处理时，抚顺生焦制品的失重率高达16.8%，而荆门生焦制品只达到13.5%。相对而言抚顺生焦制品的失重率高于荆门生焦制品，这说明荆门生焦的热稳定性和抗氧化性要优于抚顺生焦。从抗氧化烧损的角度而言，荆门生焦优于抚顺生焦。

2.4　生焦粉的差热分析

对两种生焦粉进行差热分析后，其结果表明，它们的共同特点是在300 ℃以前生焦粉相当稳定，而在300 ℃～600 ℃之间两者的差热曲线都出现明显的放热峰，从生焦细粉热分解和热聚合的平衡来看[4]，显然这一阶段是以放热反应为特征的热聚合反应占主导地位。在490 ℃附近均出现了尖锐的放热峰，这是成焦的温度，说明延迟焦化时间较短，热聚合反应激烈。600 ℃以后进入较温和的以热分解为主导的化学调整阶段，主要是碳氢化合物的热解和氢的析出。此外抚顺生焦的差热分析曲线比荆门生焦的差热分析曲线有较多的放热峰，这说明至少抚顺生焦的热稳定性不及荆门生焦，同时也从另一方面支持了抚顺生焦粉的热失重高于荆门生焦粉热失重的观点。

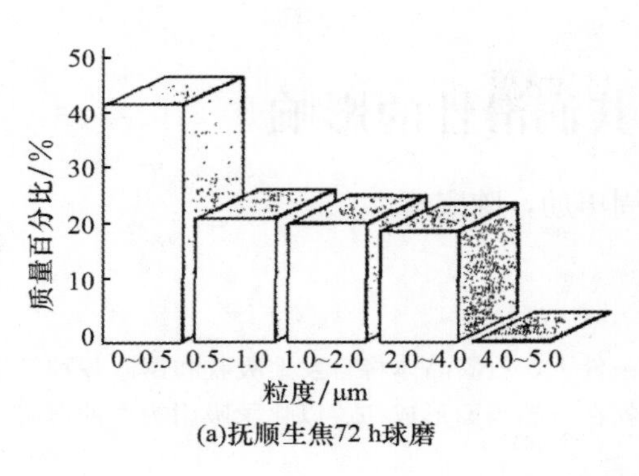

(a)抚顺生焦72 h球磨

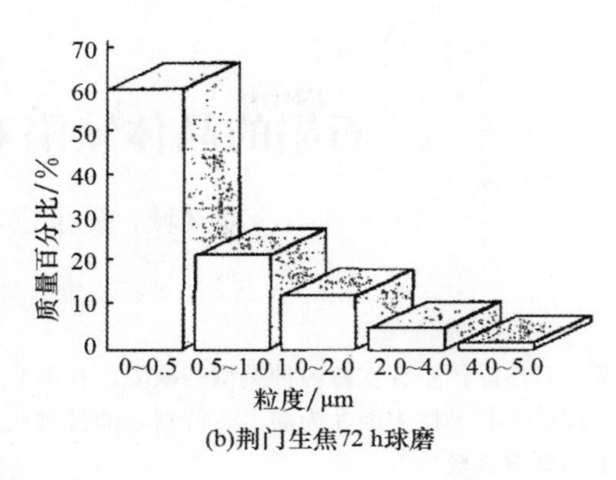

(b)荆门生焦72 h球磨

图 3 粒度分布

2.5 生焦粉的颗粒分布

生焦粉在长时间的研磨过程中，生焦颗粒细微化和球形化的同时，颗粒本身的晶体结构和表面性质也发生了明显的变化。从制备的角度来看，对生焦粉的机械化学处理实际上是炭化过程的中断和能量的补给过程。该过程将引起颗粒比表面增加、晶格缺陷、表面非晶化以及碳网平面的扭曲破损，使体系的能量升高，这升高的能量将成为颗粒烧结的驱动力[5]。图 3 给出了研磨后两种生焦粉的粒度分布，显然在相同条件下，抚顺生焦比荆门生焦更难磨细。

2.6 生焦粉的比表面积

生焦颗粒受到机械力的作用而被粉碎时，首先发生的变化是比表面积显著增大，并且是生焦制品在高温下致密化的主要驱动力，表 2 给出了经研磨后两种生焦粉的比表面积的测定值。显然，荆门生焦粉的比表面积大于抚顺生焦粉的比表面积，说明荆门生焦的分散程度高得多，更利于致密化。

表 2 两种生焦细粉的比表面积

颗　粒	平均粒径/μm	比表面积/$m^2 \cdot g^{-1}$
荆门生焦	0.45	10.7143
抚顺生焦	0.71	6.0362

3 结论

对我们实验中所选用的两种生石油焦粉，在相同的工艺条件下，经过机械化学处理后，对其特征进行了系统的分析，得出了选用荆门生焦作为无黏剂炭材料制备的基体炭源的根据，为生焦作为C/C 复合材料制备基体炭的选用提供了基础。

参考文献

[1] Zhou S M, Xia J T. Binderless carbon/graphite marerials [J]. J Mater Sci Tech, 1997, 13: 184-188.
[2] Rand B. Pith precursons for advanced carbon material. In: Marsh H Proceedings of the conference "Pitch: the science of fourther material" [J]. London: Sotiety of chemical industry, 1987: 149.
[3] 潘红根. 以生焦粉为原料试制高密度炭素材料 [J]. 炭素技术. 1988, 3: 16-19.
[4] 谢有赞. 炭石墨材料工艺学 [M]. 长沙: 湖南大学出版社, 1988: 26.
[5] 张伟刚. 研磨工艺对生焦粉性能的影响 [J]. 炭素技术, 1997, 5: 18-21.

[常德师范学院学报（自然科学版），第 12 卷第 2 期，2000 年 6 月]

石墨的晶体缺陷对其润滑性的影响

刘其城，夏金童，周声劢，陈宗璋

摘　要：石墨晶体中存在着各种类型的缺陷，在非真空条件下，石墨晶体将自发地吸收和镶嵌各种气体分子和原子，这一现象在其晶体表面尤为突出，特别是能使被吸附物在石墨表面形成一层以化学吸附为主的薄膜，从而大大降低石墨的摩擦系数。

关键词：石墨；晶体缺陷；润滑性能

中图分类号：TQ127.1^{+}1　　**文献标识码**：A　　**文章编号**：1001－3741（2000）03－0001－03

The Effect of Graphitic Crystal Defects on Lubricity of Graphite

Liu Qicheng，Xia Jintong，Zhou Shengmai，Chen Zongzhang

Abstract：The graphite crystals can spontaneously absorb and imbed different kinds of gas molecules and atoms under non-vacuum conditions owing to the presence of crystal defects in the graphite crystals. The chemically adsorbed molecules or atoms form a thin film on the surface of crystals，which helps reduce the friction factor of graphites to a great extent.

Key words：Graphite；crystal defect；lubricity

以往在讨论石墨材料润滑机理中所涉及的石墨，基本上都是将其看作具有理想结构[1-3]。但在实际使用中石墨润滑材料的结构并非完美无缺，而是存在着各种各样的缺陷[4,5]。石墨的润滑性是由其结构起主导作用，但结构中存在的各种缺陷和实际使用环境中诸因素在润滑作用机理上同样有可能起重要作用，而有关这方面的论述却不多见。

1　石墨晶体中的缺陷

石墨晶体总是不同程度地含有各种类型的缺陷，这些缺陷对于材料的理化性质有重要影响。石墨晶体层面的有序度可在很大范围内波动，即层面可以围绕层面法线（*c* 轴）任意旋转，也可以在一定范围内互相滑移和倾斜。因此，层面并不完全是平的，而可能具有“波纹板状结构”。另外，还有运动性高，在力学性质上起着重要作用的线缺陷（如位错弯曲）以及在｛$11\bar{2}$｝面产生的双晶界、部分六方结构转变为菱面体结构的混乱堆积界面等面缺陷。下面论述石墨中几种主要的典型缺陷。

（1）边缘缺陷

石墨六角网格中的边缘连接着—OH、═O、—O—、—CH_3、═CH_2 等杂质或基团，边缘上的化学键断裂处产生钳形缺陷，由于原子或基团的斥力可引起平面的弯曲和螺旋形位错。通常这类缺陷经过 1300 ℃以上高温处理部分消除（见图 1）[5]。

（2）键的同分异构缺陷

石墨中的碳原子或基团还可以和具有 sp^3、sp 等杂化态的原子连接，形成交叉的错综复杂的键合形式。由于杂化态的不同，在某些局部区域电子云密度的分布也不同，而引起网格弯曲。

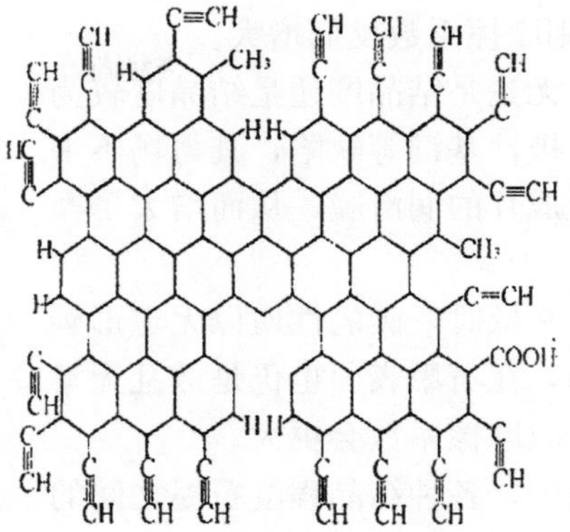

图 1　石墨中某些边缘缺陷和化学缺陷

（3）化学缺陷

主要是指石墨网格中存在杂质原子，也包括网格中填隙的和离位的原子，即 Frenkel 缺陷。杂质原子即使占据着正常的网格位置，但由于杂质原子的大小和核电荷与碳原子不同，会在它所占格点的四周一定区域形成局部应力，引起晶格畸变，它在该区域内能量状态也不同（见图 2 和图 3）[5]。

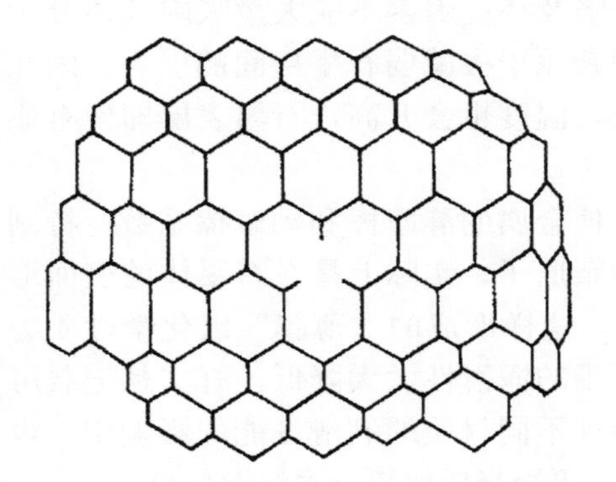

图 2　杂原子或原子缺位引起的晶格畸变

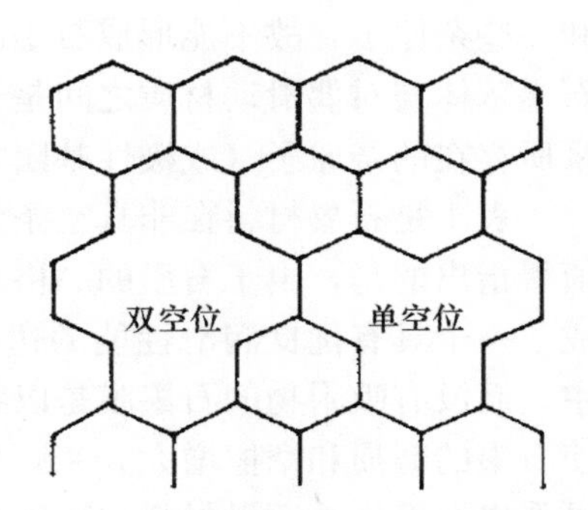

图 3　石墨中的点阵空位和填隙原子缺陷示意图

以上这些可统称为石墨晶格缺陷，而这些缺陷发生的位置及周围环境因素则是事先无法估计和精确地加以控制的，由此影响到其材料性能的多变和不稳定。由于石墨晶格中这些缺陷的存在，使得一些杂质易于进入石墨晶格，这对石墨材料的电、磁、热及润滑等性质都会有所影响。此外，石墨中还存在着一种对其润滑性有重要影响的缺陷——孔隙缺陷。

在制造人造石墨材料的原料（各种焦炭等）和制品的高温处理过程中，都会发生有机物的热解和聚合反应，有不少气体作为反应产物逸出，从而在机体中产生大大小小的孔隙和裂缝。随着孔隙的大小和宏观状态的不同，孔隙的性质也有所不同。

直径在 2 nm 以下的这类微孔是有机物大分子焦化时各自向分子中心缩聚而形成的分子裂缝或气孔，这类气孔有活性的表面，能吸附气体和液体。直径或宽度达 10～40 nm 的是有机物焦化时挥发物逸出的通道和分子基团收缩产生的裂缝，这类气孔也具有一定的吸附能力。

从理想石墨的层间距 0.335 nm 到乱层结构的 0.344～0.37 nm，这类分子间隙也可看作一种广义的石墨孔隙。

2　石墨中各种缺陷和环境因素对其润滑性的影响

从图 4 可以看出[6]，开始随着石墨基电刷滑块真密度的增加（一般认为真密度越接近石墨的理论密度值 2.256 g/cm³，石墨结晶度就越好，即石墨的晶格排列趋于完善)，其摩擦系数急剧下降。但当真密度大于 2.10 g/cm³ 时，则摩擦系数反而增大。

当石墨的真密度相对较低时，无论是结晶度还是结晶度较为完善的石墨晶体表层，由于极少有极性基键等缺陷，其力场不平衡状态减弱，很难在石墨表面形成成片的润滑膜，从而增大了摩擦阻力，使摩擦系数呈上升趋势。

另一方面，在石墨的真密度非常低时，碳的性质以无定形碳为主，即使存在着微量的石墨微晶，在石墨表面也仍是散乱无章的棱角状，难以形成石墨润滑膜，故摩擦系数会更大。

以上讨论的是在普通空气环境中，各种结晶程度石墨之间的润滑性差异。

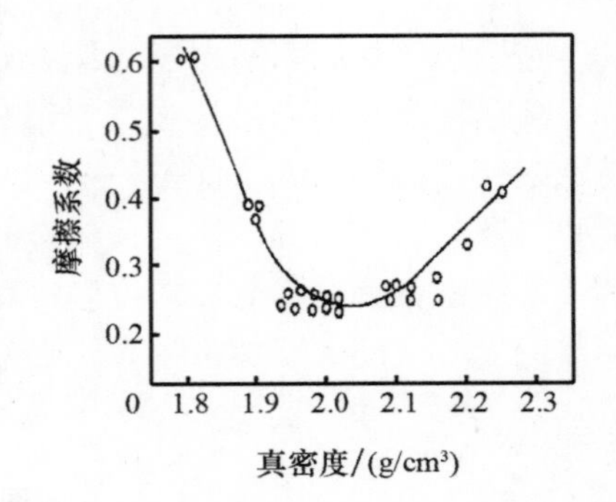

图 4　石墨基电刷滑块的真密度与摩擦系数的关系

在真空条件下，石墨材料在高速转动和滑动过程中摩擦系数将会显著增大，磨损也会加剧。如飞机在空气稀薄的 1 万 m 以上高空飞行时，飞机上直流电机的石墨电刷会发生异常的磨损，致使飞机发生事故。有人做过这样的试验，在接近真空的干燥气氛下，石墨滑块的摩擦系数比在大气中显著增大，磨损也十分明显，甚至还会发生燃烧。

在真空或接近真空的条件下，石墨基体表层由于其晶格缺陷及环境因素不能大量吸附气体分子和一些杂原子，故不能形成石墨润滑膜，也不会有气体分子和杂原子去减弱石墨层间的引力。因此石墨基体与对偶滑动材质之间是干摩擦。随着滑动速度的加快，温度也会升高，石墨表层即使有原来所存在的杂原子（或极性基团），也都会逐渐消失。

表 1 是石墨材料在非真空条件下石墨对石墨以及石墨与其他金属的静摩擦和动摩擦系数。特别值得指出的是，由于石墨的晶格缺陷所吸附的各种气体分子和杂原子，实际上是在石墨体的表面形成了一个具有优良润滑性能的边界膜（也可称为润滑边界膜），这样形成的“薄膜”以化学性质为主；而没有吸附物的石墨膜是以物理性质为主的。后者会使石墨的润滑性大大降低，有文献记载可使石墨的磨损和摩擦增大 5～10 倍。从两种润滑膜的性质对各种不同材质的润滑性能的影响中，也可看出石墨作为润滑材料的特殊性，从而根据不同的环境条件，更恰当地使用石墨润滑材料。

表 1　石墨与各种材料间的摩擦系数

序号	摩擦偶	温度/℃	静摩擦系数	滑动摩擦系数
1	石墨对石墨	20	0.29	0.22
2	经氧化处理的铀对石墨	20	0.56	0.53
3	加工铀对石墨	20	0.21	0.20
4	抛光铝对石墨	20		0.18
5	抛光钢对未石墨化的炭材料	20		0.22
6	抛光钢对核石墨	20		0.20
7	ATJ-磨光钢板对石墨	25		0.35
8	灯黑基石墨对石墨	25	0.31	
9	Zn 对石墨	25	0.37	
10	Ag 对石墨	25	0.31	
11	Cu 对石墨	25	0.30	

注：环境气氛为空气

3　结语

石墨材料的优异润滑性是由其特殊结构性质决定的。在实际石墨材料中不可避免地存在着缺陷，这些缺陷和环境因素对其润滑性有着重要的影响。在普通环境气氛中，此类影响主要表现在能使石墨材料的表面与内部结构吸附和镶嵌各种气体分子（如水分子）和其他杂原子，这样由石墨晶体本身缺陷所引起的力场（能量）不平衡状态得到了缓解。其中最为重要的是降低了石墨材料的表面性能，使其表面能够顺利形成成片的优良润滑膜，并在对摩面上生成转移膜。由于这一现象的存在，可使摩擦系数大大降低。在石墨材料表面形成的膜有两种，吸附各种混合气体成分的石墨膜可降低与对偶材质之间的摩擦系数，无吸附物的石墨膜反而会增大摩擦系数。

参考文献

[1] 陆佩文. 硅酸盐物理化学 [M]. 南京：东南大学出版社，1991：39.

[2] 宋正芳. 炭石墨制品的性能及应用 [M]. 北京：机械工业出版社，1987：32-48.

[3] 何福成. 结构化学 [M]. 北京：人民教育出版社，1979：82.

[4] 李圣华. 炭和石墨制品 [M]. 北京：冶金工业出版社，1981，上册：12-14.

[5] 陈尉然. 炭素材料工艺基础 [M]. 长沙：湖南大学出版社，1984：35-37.

[6] 宋正芳. 电机电刷的应用与维护 [M]. 哈尔滨：黑龙江科技出版社，1984：100-101.

（炭素技术，2000 年第 3 期总第 108 期）

掺杂化合物 K_3C_{60} 晶体的结合能

刘 红，彭景翠，陈宗璋，胡 斌

摘 要：利用点电荷模型，计算了 K_3C_{60} 晶体的结合能，得出晶格常数为 $a=14.34$Å，并给出体积弹性模量。求得的晶格常数与实验测量值相符。

关键词：K_3C_{60} 晶体；点电荷模型；结合能；晶格常数；体积弹性模量

分类号：O414.13

Cohesive Energy of Doped-Compound K_3C_{60} Crystal

Liu Hong，Peng Jingcui，Chen Zongzhang，Hu Bin

Abstract：By using the point charge model in K_3C_{60} crystal，we have computed the cohesive energy，crystal lattice constant at equilibrium and bulk modulus. The obtained crystal lattice constant is in good agreement with experimental value.

Key words：K_3C_{60} crystal；point charge model；cohesive energy；crystal lattice constant；bulk modulus

---

自从发现 C_{60} 掺杂碱金属化合物 A_3C_{60}（A＝K，Rb）具有较高的超导电转变温度以来，人们在实验和理论方面已做了大量的工作，试图解释这类化合物的超导电机制。许多作者[1-2]在实验上分析了电阻与温度的关系。最近，Crespi 和 Cohen[3]详细研究了电阻与温度的关系，指出电阻的产生主要是由于电声散射，而不是电子—电子散射，还指出具有低频 150 kHz 的 SLNB 模型相对其他模型，能更好地与实验吻合。根据 BCS 超导电理论，Tanaka 等人[4]研究了电声相互作用，计算了电声耦合常数；另外一些作者[5-6]用格点上 Hubbard 模型研究了费米能级附近的电子具有弱吸引相互作用的可能性。这些作者在计算中没有考虑钾对 C_{60} 声子模的影响，认为钾只是提供电子给 C_{60}。但是对 A_3C_{60} 而言，不同的 A（＝K，Rb），转变温度 T_c 不同，这说明碱金属离子不单是电子的给体，而且改变了系统的相互作用，其中库仑相互作用是主要的。因此有必要在研究 K_3C_{60} 晶体（f. c. c 结构）的超导电机制时，考虑钾的影响。

本文应用点电荷模型计算 K_3C_{60} 离子晶体的结合能，求出平衡态时，晶格常数 $a=14.34$Å，与实验测量值 14.24 ± 0.02Å[7]吻合，另外还计算了体积弹性模量 B 和力常数 f。

1 模型的建立

K_3C_{60} 晶体的结构是面心立方（f. c. c.），晶格常数 $a_0=14.24$Å。K_3C_{60} 晶体为离子晶体，假设是完全离子化的，即 $(K^+)_3C_{60}^{3-}$，C_{60}^{3-} 半径 $R=3.55$Å。C_{60}^{3-} 位于面心立方格点上，而 K^+ 则填隙于八面体和四面体空隙中，即平均每个 C_{60}^{3-} 离子配有一个八面体空隙中的 K^+（以 K_O^+ 表示）和两个位于四面体中的 K^+（以 K_T^+ 表示）。采用如图 1 所示的坐标系，将晶体结构描述为两个简立方 A，B 的嵌套。

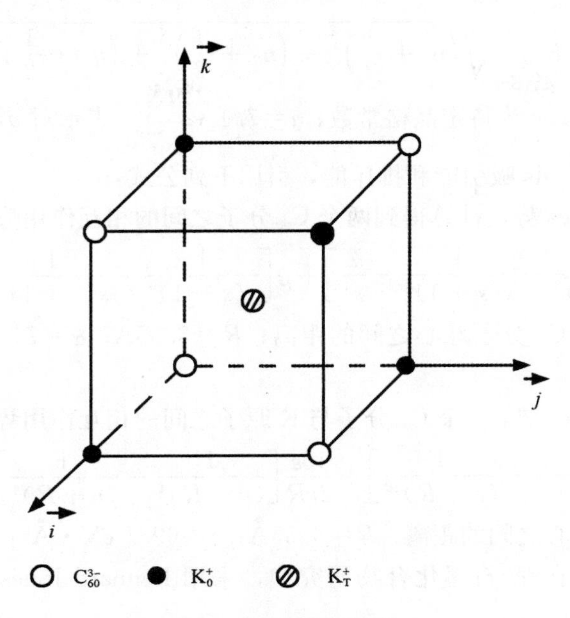

图 1 K_3C_{60}晶体结构

简立方 A 上格点坐标为

$$\vec{R}_A=(n_1\vec{i}+n_2\vec{j}+n_3\vec{k})a$$

其中，n_1，n_2，n_3 为整数；$a=7.1$Å。当 $n_1+n_2+n_3=$偶数时，格点上是 C_{60}^{3-}；当 $n_1+n_2+n_3$ $=$奇数时，格点上是 K_O^+。

简立方 B 的格点坐标为

$$\vec{R}_B=\left[\left(n'_1+\frac{1}{2}\right)\vec{i}+\left(n'_2+\frac{1}{2}\right)\vec{j}+\left(n'_3+\frac{1}{2}\right)\vec{k}\right]a$$

其中，n'_1，n'_2，n'_3 是整数；$a=7.1$Å。格点上被 K_T^+ 占据。

由于 C_{60}^{3-} 具有二十面体对称性，C_{60}^{3-} 被 K^+ 极化而产生的偶极矩实际上对库仑能没有贡献，四极矩或更高极矩对计算结果的影响忽略不计；进一步假设 C_{60}^{3-} 上电荷是球形均匀分布的。根据离子晶体的结合能公式，K_3C_{60}晶体中每个原胞的结合能为

$$E_{结}=\frac{1}{2}(E_{C_{60}^{3-}}+E_{K_O^+}+2E_{K_T^+})$$

其中 $E_{C_{60}^{3-}}$，$E_{K_O^+}$，$E_{K_T^+}$ 表示为晶体中各类离子所受到的总作用能

$$E_i=\sum_{j\neq i}\left[\frac{Z_iZ_je^2}{4\pi\varepsilon_0\,|R_j-R_i|}-V_i(|\vec{R}_j-\vec{R}_i|)\right]$$

其中，Z_i 为第 i 类离子的电荷数。第一项为第 i 类离子的 Madelung 能量；第二项中的 $V_i(|\vec{R}_j-\vec{R}_i|)$ 是离子 i 与离子 j 之间的 Vander Waals 吸引能和排斥能。

由图 1 的坐标系，可以将三种离子的 Madelung 能量表示为

$$E_{C_{60}^{3-}}^M=\frac{e^2}{4\pi\varepsilon_0 a}\left\{\sum_{n_1n_2n_3}\left[\frac{9(1+(-1)^{n_1+n_2+n_3})}{2R_n\cdot\rho}-\frac{3(3-(-1)^{n_1+n_2+n_3})}{2R_n\cdot\rho}\right]-\sum_{n_1n_2n_3}\frac{3}{R'_n\cdot\rho}\right\},$$

$$E_{K_O^+}^M=\frac{e^2}{4\pi\varepsilon_0 a}\left\{\sum_{n_1n_2n_3}\left[\frac{-3(1-(-1)^{n_1+n_2+n_3})}{2R_n\cdot\rho}+\frac{(1+(-1)^{n_1+n_2+n_3})}{2R_n\cdot\rho}\right]+\sum_{n_1n_2n_3}\frac{1}{R'_n\cdot\rho}\right\},$$

$$E_{K_T^+}^M=\frac{e^2}{4\pi\varepsilon_0 a}\left\{\sum_{n_1n_2n_3}\frac{1}{R_n\cdot\rho}+\sum_{n_1n_2n_3}\left[\frac{1-(-1)^{n_1+n_2+n_3}}{2R'_n\cdot\rho}-\frac{3(1+(-1)^{n_1+n_2+n_3})}{2R'_n\cdot\rho}\right]\right\},$$

其中：

$$R_n=\sqrt{n_1^2+n_2^2+n_3^2}\text{；}R'_n=\sqrt{\left(n_1+\frac{1}{2}\right)^2+\left(n_2+\frac{1}{2}\right)^2+\left(n_3+\frac{1}{2}\right)^2}\text{；}$$

$\rho=r/a$ 是量纲为 1 的参数；r 为待定晶格常数；$a=7.1$Å；$\sum_{n_1n_2n_3}$ 表示对 $n_1^2+n_2^2+n_3^2\neq 0$ 求和。

对离子间的 Vander Waals 吸引能和排斥能，引用下列公式：

（1）采用 Lennard-Jones 势，计算得到两个 C_{60} 分子之间的相互作用势[8]为

$$\Phi_{cc}(r)=-\alpha\left[\frac{1}{s(s-1)^3}+\frac{1}{s(s+1)^3}-\frac{2}{s^4}\right]+\beta\left[\frac{1}{s(s-1)^9}+\frac{1}{s(s+1)^9}-\frac{2}{s^{10}}\right]$$

其中，$s=r/2R$；r 为两个 C_{60} 分子球心之间的距离；$R=3.55$Å；$\alpha=74.94\times10^{-22}$ J；$\beta=135.95\times10^{-25}$ J.

（2）采用 Lennard-Jones 势，1 个 C_{60} 分子与 K 原子之间的相互作用势[9]为

$$\Phi_{ck}(r)=\frac{3\varepsilon\sigma^6}{2rR}\left[\frac{1}{(r-R)^{10}}-\frac{1}{(r+R)^{10}}\right]+\frac{15\varepsilon}{2rR}\left[\frac{1}{(r-R)^4}-\frac{1}{(r+R)^4}\right]$$

其中，r 为 K 原子与 C_{60} 球心之间的距离；$R=3.55$Å；$\varepsilon=69.7$ eV・Å^6；$\sigma=3.46$Å。

（3）Hiramota 等人[10]在钾-石墨化合物研究中，采用 Lennard-Jones 势的排斥项部分，两个 K 原子之间的作用势为

$$\Phi_{kk}(r)=\frac{b}{(r/b_0)^{12}}$$

其中，$b=2.0$ eV；$b_0=2.46$Å；r 为两个 K 原子间的距离。

由于 Lennard-Jones 势是近程相互作用，只计算每类离子与其六层近邻离子之间的 Vander Waals 吸引能和排斥能。例如 C_{60}^{3-} 周围六层近邻离子分别为：8 个 K_T^+（距离为（$\sqrt{3}/2$）$a\rho$），8 个 K_O^+（距离为$\sqrt{3}a\rho$），12 个 K_T^+（距离为（$\sqrt{11}/2$）$a\rho$），6 个 K_O^+（距离为 $a\rho$），12 个 C_{60}^{3-}（距离为$\sqrt{2}a\rho$），6 个 C_{60}^{3-}（距离为 $2a\rho$）。所以

$$\begin{aligned}V_{C_{60}^{3-}}=&8\times\left\{\frac{A}{(\sqrt{3}/2)\rho}\left[\frac{1}{(\sqrt{3}\rho-1)^{10}}-\frac{1}{(\sqrt{3}\rho+1)^{10}}\right]-\frac{B}{(\sqrt{3}/2)\rho}\left[\frac{1}{(\sqrt{3}\rho-1)^4}-\frac{1}{(\sqrt{3}\rho+1)^4}\right]\right\}+\\&6\times\left\{\frac{A}{\rho}\left[\frac{1}{(2\rho-1)^{10}}-\frac{1}{(2\rho+1)^{10}}\right]-\frac{B}{\rho}\left[\frac{1}{(2\rho-1)^4}-\frac{1}{(2\rho+1)^4}\right]\right\}+\\&12\times\left\{\frac{-\alpha}{\sqrt{2}\rho}\left[\frac{1}{(\sqrt{2}\rho-1)^3}+\frac{1}{(\sqrt{2}\rho+1)^3}-\frac{2}{(\sqrt{2}\rho)^3}\right]+\frac{\beta}{\sqrt{2}\rho}\left[\frac{1}{(\sqrt{2}\rho-1)^9}+\frac{1}{(\sqrt{2}\rho+1)^9}-\frac{2}{(\sqrt{2}\rho)^9}\right]\right\}+\\&8\times\left\{\frac{A}{\sqrt{3}\rho}\left[\frac{1}{(2\sqrt{3}\rho-1)^{10}}-\frac{1}{(2\sqrt{3}\rho+1)^{10}}\right]+\frac{B}{\sqrt{3}\rho}\left[\frac{1}{(2\sqrt{3}\rho-1)^4}-\frac{1}{(2\sqrt{3}\rho+1)^4}\right]\right\}+\\&12\times\left\{\frac{A}{(\sqrt{11}/2)\rho}\left[\frac{1}{(\sqrt{11}\rho-1)^{10}}-\frac{1}{(\sqrt{11}\rho+1)^{10}}\right]-\frac{B}{(\sqrt{11}/2)\rho}\left[\frac{1}{(\sqrt{11}\rho-1)^4}-\frac{1}{(\sqrt{11}\rho+1)^4}\right]\right\}+\\&6\times\left\{\frac{-\alpha}{2\rho}\left[\frac{1}{(2\rho-1)^3}+\frac{1}{(2\rho+1)^3}-\frac{2}{(2\rho)^3}\right]+\frac{\beta}{2\rho}\left[\frac{1}{(2\rho-1)^9}+\frac{1}{(2\rho+1)^9}-\frac{2}{(2\rho)^9}\right]\right\}\end{aligned}$$

其中，$A=\frac{3\varepsilon\sigma^6\times2^{10}}{a^{12}}$；$B=\frac{15\varepsilon\times2^4}{a^6}$；$\rho=r/a$ 是晶格常数变化比，是量纲为 1 的参数。类似地，K_O^+ 周围的六层近邻离子分别为：8 个 K_T^+（距离为（$\sqrt{3}/2$）$a\rho$），6 个 C_{60}^{3-}（距离为 $a\rho$），12 个 K_O^+（距离为$\sqrt{2}a\rho$），8 个 C_{60}^{3-}（距离为$\sqrt{3}a\rho$），12 个 K_T^+（距离为（$\sqrt{11}/2$）$a\rho$），6 个 K_O^+（距离为 $2a\rho$）。

$$\begin{aligned}V_{K_O^+}=&\frac{8C}{[(\sqrt{3}/2)\rho]^{12}}+\frac{12C}{(\sqrt{2}\rho)^{12}}+\frac{12C}{[(\sqrt{11}/2)\rho]^{12}}+\frac{6C}{(\sqrt{2}\rho)^{12}}+\\&6\times\left\{\frac{A}{\rho}\left[\frac{1}{(2\rho-1)^{10}}-\frac{1}{(2\rho+1)^{10}}\right]-\frac{B}{\rho}\left[\frac{1}{(2\rho-1)^4}-\frac{1}{(2\rho+1)^4}\right]\right\}+\end{aligned}$$

$$8\times\left\{\frac{A}{\sqrt{3}\rho}\left[\frac{1}{(2\sqrt{3}\rho-1)^{10}}-\frac{1}{(2\sqrt{3}\rho+1)^{10}}\right]-\frac{B}{\sqrt{3}\rho}\left[\frac{1}{(2\sqrt{3}\rho-1)^{4}}-\frac{1}{(2\sqrt{3}\rho+1)^{4}}\right]\right\}$$

其中$C=b\times\left(\frac{b_0}{a}\right)^{12}$。同样，$K_T^+$ 周围的六层近邻离子分别为：4 个C_{60}^{3-}和 4 个K_O^+（距离为（$\sqrt{3}/2$）$a\rho$），12 个K_T^+（距离为$\sqrt{2}a\rho$），6 个K_O^+（距离为 $a\rho$），6 个K_O^+和 6 个C_{60}^{3-}（距离为（$\sqrt{11}/2$）$a\rho$）；8 个K_T^+（距离为$\sqrt{3}a\rho$），6 个K_T^+（距离为 $2a\rho$）。

$$V_{K_T^+}=4\times\left\{\frac{A}{(\sqrt{3}/2)\rho}\left[\frac{1}{(\sqrt{3}\rho-1)^{10}}-\frac{1}{(\sqrt{3}\rho+1)^{10}}\right]-\frac{B}{(\sqrt{3}/2)\rho}\left[\frac{1}{(\sqrt{3}\rho-1)^{4}}-\frac{1}{(\sqrt{3}\rho+1)^{4}}\right]\right\}+$$
$$6\times\left\{\frac{A}{(\sqrt{11}/2)\rho}\left[\frac{1}{(\sqrt{11}\rho-1)^{10}}-\frac{1}{(\sqrt{11}\rho+1)^{10}}\right]-\frac{B}{(\sqrt{11}/2)\rho}\left[\frac{1}{(\sqrt{11}\rho-1)^{4}}-\frac{1}{(\sqrt{11}\rho+1)^{4}}\right]\right\}+$$
$$\frac{4C}{[(\sqrt{3}/2)\rho]^{12}}+\frac{6C}{\rho^{12}}+\frac{12C}{(\sqrt{2}\rho)^{12}}+\frac{6C}{[(\sqrt{11}/2)\rho]^{12}}+\frac{8C}{(\sqrt{3}\rho)^{12}}+\frac{6C}{(2\rho)^{12}}.$$

在K_3C_{60}晶体中每个原胞内的 4 类离子间的 Vander Waals 吸引能和排斥能，被重复计算了两次，因此要减去原胞内 4 个离子间的作用能

$$V_m(\rho)=\left\{\frac{A}{\rho}\left[\frac{1}{(2\rho-1)^{10}}-\frac{1}{(2\rho+1)^{10}}\right]-\frac{B}{\rho}\left[\frac{1}{(2\rho-1)^{4}}-\frac{1}{(2\rho+1)^{4}}\right]\right\}+$$
$$2\times\left\{\frac{A}{(\sqrt{3}/2)\rho}\left[\frac{1}{(\sqrt{3}\rho-1)^{10}}-\frac{1}{(\sqrt{3}\rho+1)^{10}}\right]-\frac{B}{(\sqrt{3}/2)\rho}\left[\frac{1}{(\sqrt{3}\rho-1)^{4}}-\frac{1}{(\sqrt{3}\rho+1)^{4}}\right]\right\}+$$
$$2\times\frac{C}{[(\sqrt{3}/2)\rho]^{12}}+\frac{C}{\rho^{12}}$$

2 计算与结果讨论

为使 E_i^M 的求和收敛，考虑晶格的边界，因为晶格边界顶点上的离子只有$\frac{1}{8}$属于晶格，相应的棱上、面上的离子分别只有$\frac{1}{4}$和$\frac{1}{2}$属于晶格，同时保证了所取晶格为电中性的。作者计算的晶格格点数为 8×30^3，求和能够很好收敛，与 8×50^3 格点数的计算值误差仅为 0.01%。计算结果如图 2 所示，图中 ρ 表示晶格参数 r 与 7.1Å 的比值，是量纲为 1 的参数。根据平衡状态条件$\left(\frac{\partial E_{结}}{\partial V}\right)v_0=0$，即晶体的结合能在平衡态晶格常数时达到最小值，晶体处于稳定的平衡状态。在图 2 中，原胞的结合能随 ρ 的变化曲线显示，结合能最小值为−18.54 eV/原胞，此时对应的 $\rho=1.01$，即晶格常数为 $2a\rho=14.34$Å，与实验测量值 14.24±0.02Å 相符合。

作者还计算了 K_3C_{60} 晶体中每类离子的 Madelung 常数和结合能，列在表 1 中，也列出了 Zhang[11]计算的 Madelung 常数作为比较。

表 1 K_3C_{60}晶体中各离子的 Madelung 常数和结合能

离子	Madelung 常数		结合能/eV
	Zhang[11]	本 文	
C_{60}^{3-}	33.1830	21.2999	−23.421
K_O^+	2.9195	0.1121	−0.213
K_T^+	4.0707	10.4397	−10.471

进一步，根据体积弹性模量 $B=\left(\frac{\partial^2 E_{结}}{\partial V^2}\right)v_0\times V_0=\left(\frac{\partial^2 E_{结}}{\partial\rho^2}\right)\times\frac{1}{18a^3\rho_0}$，其中：$a=7.1$Å；$\rho=$

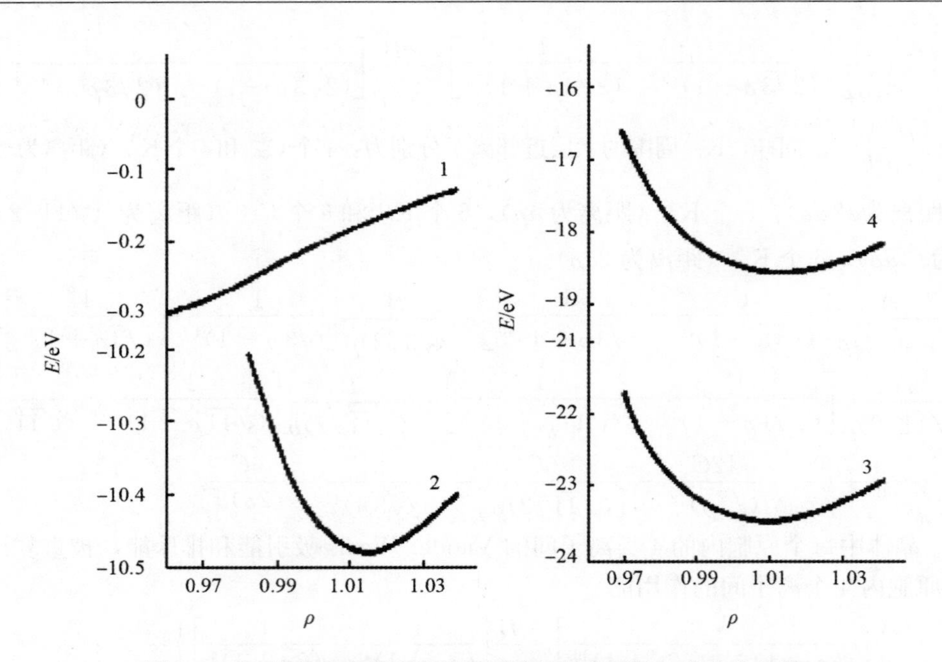

图 2　K_3C_{60}晶体中各类离子以及原胞的结合能随 ρ 的变化曲线

1. K_O^+ 的结合能；2. K_T^+ 的结合能；3. C_{60}^{3-} 的结合能；4. 每个原胞的结合能

1.01。得到了 K_3C_{60} 晶体的体积弹性模量 $B=30.58$ GPa，由此推算出的力常数 $f=-3a\times B=-4.01$ eV·Å^{-2}，与 Zhang 的计算结果 27.8 GPa 和 -3.684 eV·Å^{-2}是相符的。在室温下 Rb_3C_{60}晶体的体积弹性模量的测量值为 21.9 GPa[12]，K_3C_{60}与 Rb_3C_{60}的晶体结构相同，各粒子间的相互作用也相似，因此在不考虑零点能和热振动的情况下，K_3C_{60}晶体的体积弹性模量应大于 21.9 GPa，说明本文的计算结果与实验值是相符的。

从表 1 中可以看出 K_O^+ 和 K_T^+ 的 Madelung 常数和结合能都相差很大，而 C_{60}^{3-} 的结合能最大，在晶体中是最稳定的离子，K_O^+ 的结合能只有 0.213 eV，受到的静电库仑相互作用很弱，离子间的 Lennard Jones 势对 K_O^+ 有很大影响，作者认为 K_O^+ 在晶体中是极不稳定的，在电导率的计算中，应该考虑 K_O^+ 离子的迁移对电导率的影响，这是进一步要研究的课题。

参考文献

[1] Hebard A F，Palstra T T M，Haddon R C，et al. Absence of saturation in the normal-state resistivity of thin films of K_3C_{60} and Rb_3C_{60} [J]. Phys Rev (B)，1993，48：9945.

[2] Vareka W A，Zettl A. Lenear temperature dependent resistivity at constant volume in Rb_3C_{60} [J]. Phys Rev Lett，1994，72：4121.

[3] Crespi V H，Cohen M L. Scottering mechanisms in Rb-doped single-srystal C_{60} [J]. Phys Rev (B)，1995，52：3619.

[4] Tanaka K，Huang Y H，Yamabe T. Semiempirical estimation of the intermolecular electron-phonon coupling in K_3C_{60} and Rb_3C_{60} [J]. Phys Rev (B)，1995，51：12715.

[5] Chakravarty S，Kivelson S. Super conductivity of doped fullerenes [J]. Europhys Lett，1991，16：751.

[6] Goff W，Phillips P. Effects of static screening on correlation-induced superconductivity in M_3C_{60} [J]. Phys Rev (B)，1992，46：603.

[7] Stephens P W，Mihaly L，Lee P L，et al. Structure of single-phase superconducting potassium buckminster fullerene (K_3C_{60}) [J]. Nature (London)，1991，351：632.

[8] Girifalco L A. Molecular properties of C_{60} in the gas and solid phases [J]. J Phys Chem，1992，96：858.

[9] Goze C，Apostol M，Rachdi F，et al. Off-center sites in some lightly intercalated alkali-metal fullerides [J]. Phys

Rev (B), 1995, 52: 15031.
[10] Hiramota H, Nakao K. Molecular dynamics study of model system for C_8K type compounds [J]. J Phys Soci Japan, 1987, 56: 217.
[11] Zhang W, Zheng H, Bennemann K H. Modelung energies, force constants, and low energy phonon density of states for K_3C_{60} [J]. Solid State Commu, 1992, 82: 679.
[12] Zhou O, Vaughan G B M, Zhu Q, et al. Compressibility of M_3C_{60} fullerene super conductors: relation between Tc and lattice parameter [J]. Science, 1992, 55: 833.

（湖南大学学报，第 26 卷第 3 期，1999 年）

K_3C_{60}晶体中的电子屏蔽效应

刘 红，陈宗璋，彭景翠，白晓军

摘 要：用屏蔽的静电库仑相互作用势，引入各离子的屏蔽参数，并考虑离子间的短程相互作用，计算了 K_3C_{60} 晶体中各离子和原胞的结合能随屏蔽参数的变化。分析计算表明 K_3C_{60} 晶体中电子的屏蔽主要是指对钾离子势能的屏蔽，特别是对四面体空隙中的钾离子 K_T^+，虽然屏蔽参数很小，但对晶体结构的稳定极为重要。

PACC：0561；0414；0481；0572

Electron Screening Effect in K_3C_{60} Crystal

Liu Hong，Chen Zongzhang，Peng Jingcui，Bai Xiaojun

Abstract：By using the electrostatic screening Coulomb interaction，introducing screening parameters，and taking account of the short-range interaction between ions，the authors calculated the variation of the cohesive energies of all kinds of ion and cell in K_3C_{60} crystal with the change of screening parameters. The results show that the electronic screening is the screening to the potassium ion，especially to the one on the tetrahedral center sites. Although the screening parameters are very small，it is very important for the stability of the crystal.

---

1 引言

K_3C_{60}晶体的晶格常数虽然较大，但是由于 C_{60}^{3-} 是半径为 0.355 nm 的中空笼式结构，并且在笼的外表面上仅 π 电子就有 60 个，所以在实际晶体的间隙中电子浓度很高。根据王一波的计算结果[1]，在 K_3C_{60}晶体中钾离子处于球外的负电势区，由于 C_{60}^{3-} 离子的半径远大于钾离子的半径，使得 C_{60}^{3-} 离子相对于钾离子而言，成为一个大的屏障，并且 C_{60}^{3-} 上的 π 电子对钾离子库仑静电势产生的屏蔽影响很显著，会使钾离子与其他离子（次近邻或更远的）间的长程库仑相互作用，随距离的增大而骤减。对于 A_3C_{60}晶体中屏蔽相互作用，Lanmmert 等人[2]曾做过研究，他讨论晶体中碱金属对 C_{60}^{3-} 离子势能产生的屏蔽，而没有考虑电子屏蔽。

2 理论模型

采用离子间屏蔽静电库仑相互作用势：

$$V_{屏蔽}(r)=\frac{Z_iZ_je^2}{4\pi\varepsilon_0 r}\exp(-\mu r)$$

其中 μ 为屏蔽因子，其量纲为长度的倒数，$1/\mu$ 称为屏蔽长度。可将 K_3C_{60}晶体中每一类离子的静电库仑相互作用势[3]改写为

$$V_{C_{60}^{3-}}^{scr}=\frac{e^2}{4\pi\varepsilon_0 a}\sum_{n_1n_2n_3}^{\cdot}\left\{\frac{9[1+(-1)^n]}{2R_n\rho}\exp(-2x_1R_n\rho)-\frac{3[1-(-1)^n]}{2R_n\rho}\exp[-(x_1+x_2)R_n\rho]\right\}$$

$$-\frac{e^2}{4\pi\varepsilon_0 a}\sum_{n_1n_2n_3}\frac{3}{R'_n\rho}\exp[-(x_1+x_3)R'_n\rho],$$

$$V^{\mathrm{scr}}_{K_O^+}=\frac{e^2}{4\pi\varepsilon_0 a}\sum^{\cdot}_{n_1n_2n_3}\left\{\frac{[1+(-1)^n]}{2R_n\rho}\exp(-2x_2R_n\rho)-\frac{3[1-(-1)^n]}{2R_n\rho}\exp[-(x_1+x_2)R_n\rho]\right\}$$

$$+\frac{e^2}{4\pi\varepsilon_0 a}\sum_{n_1n_2n_3}\frac{1}{R'_n\rho}\exp[-(x_2+x_3)R'_n\rho],$$

$$V^{\mathrm{scr}}_{K_T^+}=\frac{e^2}{4\pi\varepsilon_0 a}\sum_{n_1n_2n_3}\left\{\frac{[1-(-1)^n]}{2R'_n\rho}\exp[-(x_2+x_3)R'_n\rho]-\frac{3[1+(-1)^n]}{2R'_n\rho}\exp[-(x_1+x_3)R'_n\rho]\right\}$$

$$+\frac{e^2}{4\pi\varepsilon_0 a}\sum^{\cdot}_{n_1n_2n_3}\frac{1}{R_n\rho}\exp(-2x_3R_n\rho),$$

其中，$x_1=\mu_1a_0$ 为 C_{60}^{3-} 离子的屏蔽参数，$x_2=\mu_2a_0$ 为 K_O^+ 离子的屏蔽参数，$x_3=\mu_3a_0$ 为 K_T^+ 离子的屏蔽参数，x_1，x_2，x_3 和 $\rho=a/a_0$ 均为无量纲参数，a 为待定晶格常数，$a_0=0.71$ nm，$n=n_1+n_2+n_3$，

$$R_n=\sqrt{n_1^2+n_2^2+n_3^2},$$

$$R'_n=\sqrt{(n_1+0.5)^2+(n_2+0.5)^2+(n_3+0.5)^2},$$

$\sum\limits^{\cdot}_{n_1n_2n_3}$ 表示对不包括 $n_1=n_2=n_3=0$ 的求和。

对于晶体中各离子间的短程相互作用，采用如下的 Lennard-Jones 势形式：

$$V_{LJ}(r)=4\varepsilon\left(\frac{\sigma^{12}}{r^{12}}-\frac{\sigma^6}{r^6}\right)$$

描述碱金属与 C_{60} 上 C 原子的短程相互作用势，其中 $\varepsilon=28.00$ meV，$\sigma=0.293$ nm 为势参数[4]。如假设 C 原子均匀分布在球面上，将求和改为对球面的积分，得到碱金属与 C_{60} 的短程相互作用势为

$$V_{M-C_{60}}(r)=\frac{12\varepsilon\sigma^{12}}{rR}\left[\frac{1}{(r-R)^{10}}-\frac{1}{(r+R)^{10}}\right]-\frac{30\varepsilon\sigma^6}{rR}\left[\frac{1}{(r-R)^4}-\frac{1}{(r+R)^4}\right]$$

其中 r 为碱金属与 C_{60} 球心的距离，$R=0.355$ nm 为 C_{60}^{3-} 离子的半径。

对于两个 C_{60} 之间的短程相互作用势则采用文献［5］的结果：

$$V_{C_{60}-C_{60}}(r)=A\left[\frac{1}{(r+2R)^{10}}+\frac{1}{(r-2R)^{10}}-\frac{2}{r^{10}}\right]-B\left[\frac{1}{(r+2R)^4}+\frac{1}{(r-2R)^4}-\frac{2}{r^4}\right]$$

其中 $A=135.95\times10^{-25}$J，$B=74.94\times10^{-22}$J，r 为两个 C_{60} 之间的距离。

3 计算结果与讨论

将晶体中各离子的屏蔽参数 x_1，x_2，x_3 分别取不同值时，计算晶体原胞的结合能和晶格常数随屏蔽参数变化的情况。发现屏蔽效应的考虑并没有改变平衡态晶格常数的计算值，即对于不同屏蔽参数，晶体原胞结合能计算值总是在 $a=1.42994$ nm 处为最小值，因此在计算和附图中，将晶格常数取为固定值 $a=1.42994$ nm，考虑此处晶体原胞的结合能随屏蔽参数的变化。另外对于 C_{60}^{3-} 离子的屏蔽参数 x_1，发现当 x_2 和 x_3 分别取一固定值，而增大 x_1 的值时，晶体原胞的结合能总是随 x_1 的增大而升高，说明对 C_{60}^{3-} 离子的电子屏蔽不利于晶体结构的稳定。因此在下述计算中将 x_1 取为几个固定值进行计算，计算结果见图 1，将这几组数据进行比较可见 x_1 的影响。

对于 C_{60}^{3-} 离子的屏蔽参数 x_1 取 0.00003 和 0.00001 时，晶体钾离子和原胞的结合能随其他两个屏蔽参数 x_2，x_3 的变化见图 1 中第一个和第二个曲面（位于最上面的两个曲面）。由此可见 x_1 的增大，虽然使 C_{60}^{3-} 离子的结合能（位于最下面的两个曲面）降低，但是却使钾离子的结合能升高较大，致使原胞的结合能也大幅度升高，因此屏蔽参数 x_1 的增大对系统的稳定不利。下面只对 x_1 取零时，考虑钾离子 K_O^+ 和 K_T^+ 的屏蔽参数 x_2 和 x_3 逐渐增大时，计算晶体中各离子和原胞的结合能的变化，其结果见图 1 中第三个曲面（位于最下面）。由图 1 可见，C_{60}^{3-} 离子的结合能随屏蔽参数 x_2 和 x_3 的

增大而升高，K_O^+ 和 K_T^+ 离子的结合能却随屏蔽参数 x_2 和 x_3 的增大而降低，晶体原胞的结合能因两类钾离子的结合能降低较多，而最终也随屏蔽参数 x_2 和 x_3 的增大而降低。但是作者发现，当 x_2 和 x_3 分别约大于 0.00004 和 0.00007 时，C_{60}^{3-} 离子的结合能开始大于零，由晶体结构的稳定性理论可知，各离子的结合能不能大于零，否则离子不稳定，会造成晶体结构的解体，因此 K_O^+ 和 K_T^0 的屏蔽参数 x_2 和 x_3 并不能无限制地增大下去。晶体中电子屏蔽效应的大小还有待于实验验证。

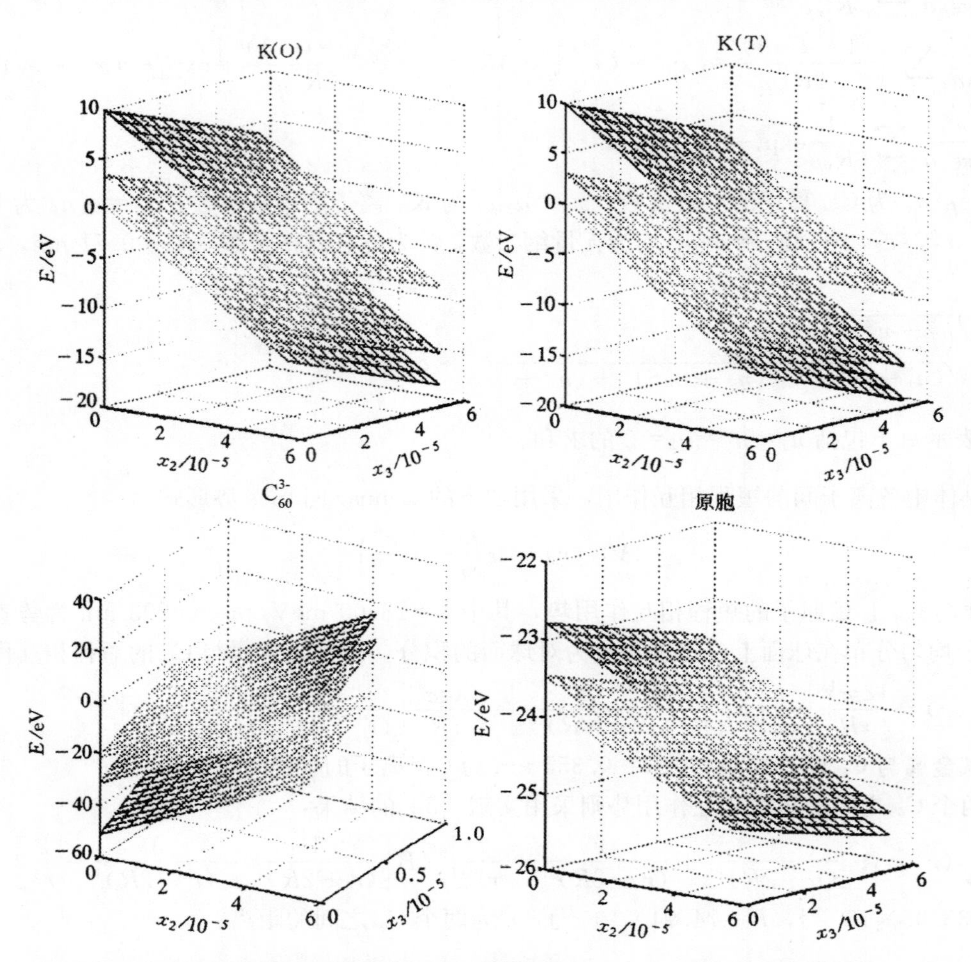

图 1　K_3C_{60} 晶体中各离子和原胞的结合能随屏蔽参数 x_1，x_2，x_3 变化示意图

自上而下的曲面分别为 x_1 取 0.00003，0. 00001 和 0. 0000 时，各离子和原胞的结合能随屏蔽参数 x_2，x_3 变化的曲面

图 2 所示是只有一个屏蔽参数变化，其他两个屏蔽参数取几个固定值时，晶体中各离子和原胞的结合能随此屏蔽参数的变化曲线。由图 2 可见，各离子和原胞的结合能随屏蔽参数的变化曲线近乎于直线，即各结合能与屏蔽参数 x_2 或 x_3 近乎成正比关系。很显然还可以看到晶体中各离子和原胞的结合能分别随屏蔽参数 x_2，x_3 变化的曲线的斜率并不相同，发现对于两类钾离子和原胞的结合能，随屏蔽参数 x_2 的增大，结合能减小的幅度较之随屏蔽参数 x_3 增大而减小的幅度要大，对于 C_{60}^{3-} 离子的结合能，随屏蔽参数 x_2 的增大，结合能升高的幅度也较之随屏蔽参数 x_3 增大而升高的幅度要大，这说明 K_T^+ 离子的屏蔽参数 x_2 对各离子和原胞的结合能的影响程度要比 K_O^+ 离子的屏蔽参数 x_3 所造成的影响程度深。由上述计算结果和分析表明晶体中电子对钾离子的屏蔽降低了晶体的原胞结合能，有利于晶体结构的稳定，所以作者认为在 K_3C_{60} 晶体中应该考虑电子对两类钾离子的屏蔽效应，特别是对四面体空隙中的钾离子 K_T^+。

由于有三个屏蔽参数，计算数据较多，表 1 至表 4 只列出一部分数据，以此比较各屏蔽参数不

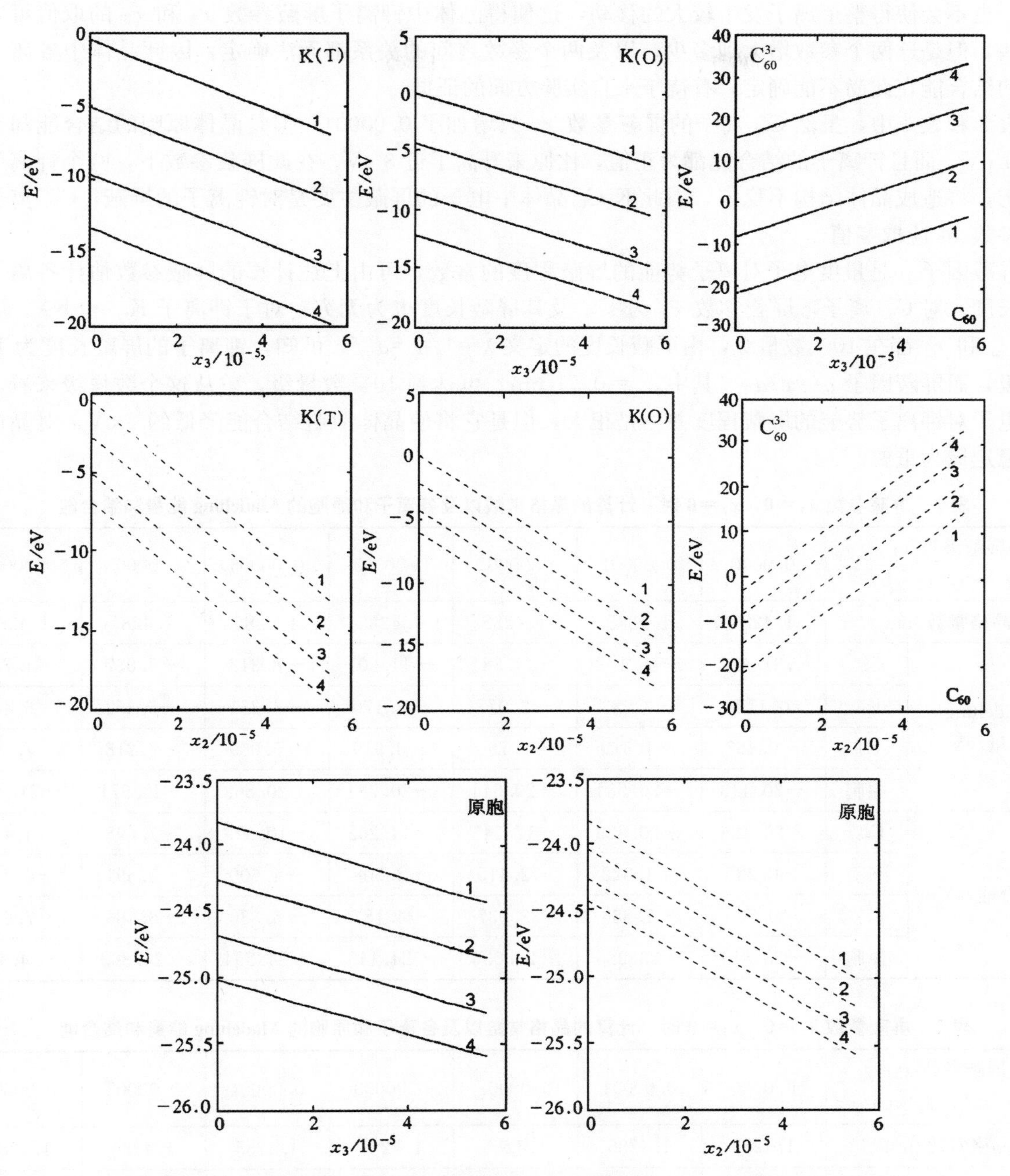

图2　当 $x_1=0.0000$ 时，各离子和原胞的结合能分别随屏蔽参数 x_2，x_3 变化的曲线

——为结合能随 x_3 变化的曲线：1 为 x_2 屏蔽参数 0.0000，2 为 x_2 屏蔽参数 0.00002，3 为 x_2 屏蔽参数 0.00004，4 为 x_2 屏蔽参数 0.000058；……为结合能随 x_2 变化的曲线：1 为 x_3 屏蔽参数 0.0000，2 为 x_3 屏蔽参数 0.00002，3 为 x_3 屏蔽参数 0.00004，4 为 x_3 屏蔽参数 0.000058

同时，晶体中各离子和原胞的 Madelung 能量和结合能的计算数值之间的差别。对表 1 和表 2 或表 3 和表 4 进行比较可见，当 x_2 和 x_3 分别增大相同的幅度时，x_2 对应的各结合能变化幅度都要比 x_3 的大。当只有钾离子 K_T^+ 的屏蔽参数 x_2 增大到 0.00004，而其他两个屏蔽参数为零时，C_{60}^{3-} 离子的 Madelung 能量和结合能都成为正值，而对于钾离子 K_O^+ 的屏蔽参数 x_3，则要增大到 0.00007 时，C_{60}^{3-} 离子的 Madelung 能量和结合能才升高变号成为正值。

由上述比较，可见屏蔽参数 x_2 和 x_3 对晶体稳定性影响的差别很显著，由于 C_{60}^{3-} 是一个直径为 0.71 nm 球型结构的离子，结构极为稳定且质量很大，具有较小的正值结合能对其平衡位置的影响很小，也不会使得整个离子发生较大的移动，这使得晶体中钾离子屏蔽参数 x_2 和 x_3 的取值可以偏大一些，但是这两个参数增大到多少，以及两个参数之间的关系都无法确定，因此晶体中各离子和原胞的结合能在此尚不能确定，有待于来自实验方面的证据。

表 3 和表 4 中，虽然 C_{60}^{3-} 离子的屏蔽参数 x_1 只增加了 0.00001，但是晶体原胞的结合能却升高了 0.4 eV，而且钾离子的结合能都为正值，比原来升高了近 3 eV，在此屏蔽参数下，两个钾离子都不稳定，将造成晶体结构不稳定，因此 K_3C_{60} 晶体中电子的屏蔽主要是对钾离子的屏蔽，C_{60}^{3-} 离子的屏蔽参数 x_1 应取零值。

屏蔽因子 μ 是量度电子对离子势能的屏蔽程度的常数，可由上述计算的屏蔽参数估计各离子的屏蔽长度。对 C_{60}^{3-} 离子，屏蔽参数 x_1 为零，及其屏蔽长度也为无穷；对于钾离子 K_O^+ 和 K_T^+，屏蔽参数 x_3 和 x_2 都在 10^{-5} 数量级，由屏蔽长度的定义 $\lambda=1/\mu=a_0/x$ 可知，钾离子的屏蔽长度为 10^{-5} 数量级，而屏蔽因子 $\mu=x/a_0$（其中 $a_0=0.71$ nm）可达到 10^{-6} 数量级，单从这个数量级来看，晶体中电子对钾离子势能的屏蔽程度并不是很大，但是它将使晶体原胞结合能降低约 2 eV，对晶体结构的稳定极为重要。

表 1　屏蔽参数 $x_1=0$，$x_2=0$ 时，计算的晶格常数以及各离子和原胞的 Madelung 能量和结合能

屏蔽参数 x_3 ($x_1=0$，$x_2=0$)		0.0000	0.00001	0.00002	0.00003	0.00004	0.00005	0.00006
晶格常数/nm		1.4285	1.4285	1.4285	1.4285	1.4285	1.4285	1.4285
Madelung 能量/eV	C_{60}^{3-}	−21.474	−18.168	−14.884	−11.601	−8.318	−5.037	−1.757
	K_O^+	0.112	−0.983	−2.077	−3.170	−4.261	−5.352	−6.442
	K_T^+	−0.468	−1.619	−2.769	−3.919	−5.069	−6.218	−7.367
	原胞	−20.443	−20.534	−20.644	−20.754	−20.863	−20.971	−21.079
结合能/eV	C_{60}^{3-}	−24.126	−20.829	−17.545	−14.262	−10.979	−7.698	−4.418
	K_O^+	−0.229	−1.322	−2.415	−3.508	−4.600	−5.691	−6.781
	K_T^+	−0.728	−1.886	−3.037	−4.187	−5.336	−6.486	−7.635
	原胞	−23.814	−23.925	−24.036	−24.145	−24.254	−24.363	−24.470

表 2　屏蔽参数 $x_1=0$，$x_3=0$ 时，计算的晶格常数以及各离子和原胞的 Madelung 能量和结合能

屏蔽参数 x_2 ($x_1=0$，$x_3=0$)		0.0000	0.00001	0.00002	0.00003	0.00004	0.00005	0.00006
晶格常数/nm		1.4285	1.4285	1.4285	1.4285	1.4285	1.4285	1.4285
Madelung 能量/eV	C_{60}^{3-}	−21.474	−14.883	−8.315	−1.748	4.816	11.379	17.940
	K_O^+	0.112	−2.078	−4.268	−6.457	−8.645	−10.832	−13.019
	K_T^+	−0.468	−2.769	−5.067	−7.364	−9.659	−11.951	−14.242
	原胞	−20.443	−20.644	−20.862	−21.078	−21.291	−21.501	−21.709
结合能/eV	C_{60}^{3-}	−24.126	−17.538	−10.976	−4.409	2.155	8.718	15.279
	K_O^+	−0.229	−2.417	−4.606	−6.795	−8.983	−11.171	−13.358
	K_T^+	−0.728	−3.036	−5.335	−7.632	−9.926	−12.219	−14.509
	原胞	−23.814	−24.036	−24.254	−24.470	−24.683	−24.893	−25.100

表 3　屏蔽参数 $x_1=0.00001$，$x_2=0$ 时，计算的晶格常数以及各离子和原胞的 Madelung 能量和结合能

屏蔽参数 x_3 ($x_1=0.00001$，$x_2=0$)		0.0000	0.00001	0.00002	0.00003	0.00004	0.00005	0.00006
晶格常数/nm		1.4285	1.4285	1.4285	1.4285	1.4285	1.4285	1.4285
Madelung 能量/eV	C_{60}^{3-}	−31.305	−28.021	−24.738	−21.456	−18.174	−14.894	−11.615
	K_O^+	3.397	2.361	1.206	0.113	−0.980	−2.072	−3.163
	K_T^+	2.984	1.833	0.683	−0.467	−1.617	−2.766	−3.915
	原胞	−20.086	−20.199	−20.311	−20.422	−20.533	−20.643	−20.753
结合能/eV	C_{60}^{3-}	−33.966	−30.682	−27.399	−24.117	−20.835	−17.555	−14.276
	K_O^+	3.058	1.906	0.868	−0.226	−1.319	−2.411	−3.501
	K_T^+	2.717	1.566	0.415	−0.735	−1.884	−3.034	−4.183
	原胞	−23.477	−23.590	−23.702	−23.814	−23.925	−24.035	−24.145

表 4　屏蔽参数 $x_1=0.00001$，$x_3=0$ 时，计算的晶格常数以及各离子和原胞的 Madelung 能量和结合能

屏蔽参数 x_2 ($x_1=0.00001$，$x_3=0$)		0.0000	0.00001	0.00002	0.00003	0.00004	0.00005	0.00006
晶格常数/nm		1.4285	1.4285	1.4285	1.4285	1.4285	1.4285	1.4285
Madelung 能量/eV	C_{60}^{3-}	−31.305	−24.737	−18.171	−11.606	−5.044	−1.517	8.076
	K_O^+	3.397	1.207	−0.983	−3.172	−5.360	−7.547	−9.734
	K_T^+	2.984	0.682	−1.617	−3.915	−6.210	−8.504	−10.796
	原胞	−20.086	−20.311	−20.533	−20.753	−20.970	−21.184	−21.395
结合能/eV	C_{60}^{3-}	−33.966	−27.398	−20.832	−14.267	−7.705	−1.144	5.415
	K_O^+	3.058	0.868	−1.321	−3.510	−5.698	−7.886	−10.073
	K_T^+	2.717	0.415	−1.885	−4.183	−6.478	−8.772	−11.063
	原胞	−23.477	−23.702	−23.925	−24.145	−24.361	−24.575	−24.787

4　结论

K_3C_{60}晶体中电子的屏蔽主要是对钾离子势能的屏蔽，特别是对四面体空隙中的钾离子 K_T^+，而 C_{60}^{3-} 离子的屏蔽参数 x_1 取为零值。在 K_3C_{60} 晶体中电子对两类钾离子的屏蔽效应，虽然屏蔽因子很小，但对晶体结构的稳定极为重要。

参考文献

[1] 王一波. 量子化学从头计算法研究 C_{60} 的分子静电势 [J]. 科学通报，1995，40 (2)：131-134.
[2] P E Lammert，D S Rokhsar，S Chakravarty，et al. Metallic screening and correlation effects in superconducting fullerenes [J]. Phy Rev Lett，1995，74 (6)：996-999.
[3] 刘红，陈宗璋，彭景翠. 掺杂化合物 K_3C_{60} 晶体的结合能 [J]. 化学物理学报，1999，12 (4)：401-406.
[4] J Gonzales Platas，J Breton，C Girardet. Atom confinement in helicoidal cavitie [J]. J Chem Phys，1993，98 (4)：3389-3395.
[5] L A Girifacol. Molecular properties of fullerene in the gas and solid phases [J]. J Phys Chem，1992，96 (2)：858-861.

（物理学报，第 49 卷第 3 期，2000 年 3 月）

A_2BC_{60}和A_3C_{60}晶体中的短程相互作用

刘　红，陈宗璋，彭景翠，陈小华，白晓军

摘　要：研究了A_3C_{60}和A_2BC_{60}晶体的结构和稳定性，计算了它们的Madelung常数、结合能、晶格常数和体积弹性模量，并讨论了晶体中的短程相互作用。结果显示，短程相互作用对晶体结构和八面体空隙碱金属的稳定性具有极大的影响。CsK_2C_{60}，RbK_2C_{60}和K_3C_{60}的晶格常数计算结果与实验测量值非常符合。

关键词：A_2BC_{60}和A_3C_{60}晶体；Lennard-Jones势；点电荷模型；结合能；晶格常数；体积弹性模量

学科代码：030101

Short-range Interaction in Crystals A_2BC_{60} and A_3C_{60}

Liu Hong，Chen Zongzhang，Peng Jingcui，Chen Xiaohua，Bai Xiaojun

Abstract：The crystal structure and stability of A_2BC_{60} and A_3C_{60} have been investigated. The Madelung constants，cohesive energies，crystal lattice constants and bulk modulus obtained have been used to study the effect of short-range interaction. The results show that the short-range interactions have a great influence upon the stability of crystal and the octahedral alkali. The calcu-lated results of lattice constants in K_3C_{60}，RbK_2C_{60} and CsK_2C_{60} are in agreement with the experi-mental ones.

Key words：A_2BC_{60} and A_3C_{60} crystal，Lennard-Jones potential，Point-Charge model，Cohesive energy，Lattice constant，Bulk modulus

---

A_2BC_{60}和A_3C_{60}的超导机制是现代凝聚态物理和材料科学等领域的研究热点。由此类掺杂化合物的超导实验数据[1-4]，已知A_3C_{60}和A_2BC_{60}（A，B为碱金属）的超导转变温度与掺杂碱金属有很大关系。在A_3C_{60}中碱金属位于非中心平衡位置，X射线衍射和中子散射实验数据的分析结果[5,6]，说明碱金属与C_{60}的短程相互作用在晶体结构的形成和稳定性中具有极为重要的作用，因此从理论上弄清楚在此类化合物晶体中碱金属与C_{60}的相互作用形式，及短程相互作用在其中的影响程度，对揭示此类化合物的超导机制具有重要意义。

A_2BC_{60}和A_3C_{60}化合物晶体具有fcc结构，密度函数的计算[7]表明，此类化合物在很大程度上是离子化合物；C_{60}分子静电势的计算[8]认为C_{60}球内为缺电子区，C_{60}束缚的外来价电子可直接进入C_{60}球内。在本文中，做一个工作模型：假设碱金属上的价电子全部转移到C_{60}的球心上，掺杂化合物的组成表示为$(A^+)_3C_{60}^{3-}$和$(A^+)_2B^+C_{60}^{3-}$。由于它们是离子固体，可用常压分子动力学的方法研究其性质，在理论计算上假设巴基球是刚性的，当晶格常数发生微小变化时，巴基球结构不变，且晶体仍保持为fcc结构。本文通过计算K_3C_{60}及其他掺杂化合物晶体的结合能以及平衡态晶格常数、体积弹性模量，与实验值进行比较分析，确定晶体中短程相互作用的形式和影响程度，发现对于四面体空隙中碱金属为钾的掺杂化合物CsK_2C_{60}，RbK_2C_{60}，K_3C_{60}，计算的晶格常数与实验测量值符合得很好，说明本文所用模型和势形式是较符合晶体实际情况的。

1 模型和公式

选取如图 1 所示的原胞结构，K_3C_{60}晶体的结合能［$V(\vec{r})$］包括三个方面：静电库仑相互作用［$V_{coul}(\vec{r})$］、色散相互作用和排斥相互作用［$V_{LJ}(\vec{r})$］。

$$V(\vec{r})=V_{coul}(\vec{r})+V_{LJ}(\vec{r})$$

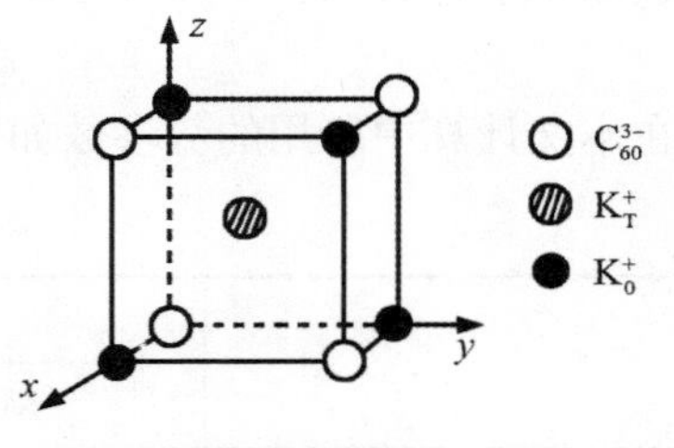

图 1 晶体的原胞结构

对于静电库仑相互作用，由于C_{60}^{3-}具有二十面体对称性，C_{60}^{3-}被碱金属离子极化而产生的偶极矩实际上对库仑能没有贡献，四极矩或更高极矩对计算结果的影响忽略不计。因此静电库仑相互作用可用点电荷模型来计算。

$$V_{coul}(\vec{r})=\sum_j^n \frac{-3e^2}{4\pi\varepsilon_0|\vec{r}-\vec{R}_j|}+\sum_j^m \frac{e^2}{4\pi\varepsilon_0|\vec{r}-\vec{r}_j|}$$

$$V_{coul}(\vec{R})=\sum_j^n \frac{-3e^2}{4\pi\varepsilon_0|\vec{r}_j-\vec{R}|}+\sum_j^m \frac{e^2}{4\pi\varepsilon_0|\vec{R}-\vec{R}_j|}$$

$$V_{LJ}(\vec{r})=\sum_j^n V_{M-C60}(|\vec{r}-\vec{R}_j|)+\sum_j^m V_{M-M}(|\vec{r}+\vec{r}_j|)$$

$$V_{LJ}(\vec{R})=\sum_j^n V_{M-C60}(|\vec{r}_j-\vec{R}|)+\sum_j^m V_{C60-C60}(|\vec{R}+\vec{R}_j|)$$

$V_{coul}(\vec{r})$和$V_{LJ}(\vec{r})$是碱金属离子的静电库仑相互作用和短程相互作用，$V_{coul}(\vec{R})$和$V_{LJ}(\vec{R})$则是C_{60}^{3-}离子的静电库仑相互作用和短程相互作用。其中$\vec{R}_j$是第j个C_{60}^{3-}离子的球心坐标，$\vec{r}_j$是第j个碱金属离子的坐标。V_{M-M}表示碱金属离子之间的 Lennard-Jones 势，V_{M-C60}表示碱金属离子与C_{60}^{3-}离子之间的短程相互作用，$V_{C60-C60}$表示C_{60}^{3-}离子与C_{60}^{3-}离子之间的短程相互作用。

对于后两者，由于C_{60}^{3-}自由高速旋转，使得其上电子分布不断发生变化，C_{60}^{3-}之间以及C_{60}^{3-}与碱金属之间产生的瞬时偶极矩相互作用的具体形式尚不能确定，因此在本文中仍使用碳原子与碱金属原子之间的短程相互作用形式，即 Lennard-Jones 势：

$$V_{LJ}=4\varepsilon\left(\frac{\sigma^{12}}{r^{12}}-\frac{\sigma^6}{r^6}\right)$$

其中r是碳原子与碱金属原子之间的距离。

由于C_{60}^{3-}的半径仅为 0.355 nm，而其球面上却有 60 个 Vander Waals 半径为 0.166 nm 的碳原子，面密度为$\frac{60}{4\pi R^2}$，对于 Lennard-Jones 势，我们将碱金属对C_{60}^{3-}上每个碳原子的相互作用之和，用对球面的积分来代替，即：

$$V_{M-C60}(r)=\sum_{i\in\Omega}V_{LJ}(r_i)=\frac{60}{4\pi R^2}\cdot 2\pi R^2\int_0^\pi V_{LJ}(\sqrt{r^2+R^2-2rR\cos\theta})\cdot\sin\theta d\theta$$

积分结果为：

$$V_{M-C60}(r)=\frac{12\varepsilon\sigma^{12}}{rR}\left[\frac{1}{(r-R)^{10}}-\frac{1}{(r+R)^{10}}\right]-\frac{30\varepsilon\sigma^6}{rR}\left[\frac{1}{(r-R)^4}-\frac{1}{(r+R)^4}\right]$$

其中r是碱金属与C_{60}球心的距离；$R=0.355$ nm 是C_{60}^{3-}离子的半径。

对C_{60}^{3-}与C_{60}^{3-}离子之间的 Lennard-Jones 势是分别在两个巴基球上的碳原子之间的 Lennard-Jones 相互作用势的和，也可用对两个球面的积分来代替，其积分结果为：

$$V_{C60-C60}(r)=A\left[\frac{1}{(r+2R)^{10}}+\frac{1}{(r-2R)^{10}}-\frac{2}{r^{10}}\right]-B\left[\frac{1}{(r+2R)^4}+\frac{1}{(r-2R)^4}-\frac{2}{r^4}\right]$$

其中$A=20\ \varepsilon\sigma^{12}/R^2$，$B=150\ \varepsilon\sigma^6/R^2$，此积分结果与文献［10］相同，但参数不同，$\varepsilon$和$\sigma$是碳原子

与碳原子之间的势参数[9]。

势参数 ε 和 σ 可利用文献［9］的结果，并根据组合规律[9]，即第 i 类和第 j 类原子之间的势参数满足下述关系：

$$\varepsilon_{ij}=(\varepsilon_{ii}\cdot\varepsilon_{jj})^{1/2},\qquad \sigma_{ij}=(\sigma_{ii}+\sigma_{jj})/2$$

在本文计算中所用的势参数如表 1 所示。

表 1　碱金属间及碱金属与碳原子间的势参数

	ε/meV		σ/nm	
	M—M	M—C	M—M	M—C
Li	93.40	78.40	0.200	0.220
Na	32.70	43.60	0.260	0.250
K	13.50	28.00	0.336	0.293
Rb	4.90	16.90	0.388	0.319
Cs	1.25	8.53	0.434	0.338

为使静电库仑相互作用的求和收敛，考虑了晶格的周期边界条件，晶格边界顶点上的离子只有 1/8 是属于晶格，边界棱上和晶面上的离子分别只有 1/4 和 1/2 是属于晶格的，这也同时保证了所取晶格为电中性，计算中所取的晶格格点数达到 $30^3\times8$ 个，求和能够很好收敛，收敛精度可达 0.1%，而对于短程相互作用可对 4 个晶胞内的离子求和。

2　K_3C_{60} 晶体的计算结果与分析比较

以 K_3C_{60} 晶体为例讨论分析晶体中短程相互作用的影响。计算发现晶体中各离子的 Madelung 常数与晶格周期边界的选取有关，如果所取晶格的周期边界晶面为 C_{60}^{3-} 离子与八面体空隙钾离子共存的晶面，则单个离子的 Madelung 常数的计算结果与 Zhang Weiyi[11] 的计算结果相差很大，尤其不同的是八面体空隙钾离子的 Madelung 常数为负值，而在晶格动力学理论中离子晶体的 Madelung 常数应为正值，则表示这种离子晶体是不存在的。如果所取晶格的周期边界晶面只有四面体空隙碱金属离子时，除 C_{60}^{3-} 离子的 Madelung 常数较小外，八面体空隙钾离子和四面体空隙钾离子的 Madelung 常数与文献［11］的结果相近，而且为正值。但是我们发现在这种晶格周期边界条件下，所取晶胞的电荷并不为零，即不是电中性的。以一个立方晶胞为例，其边长等于 $3a$，$a=0.71$ nm，晶胞的边界面上是四面体空隙中心的钾离子 K_T^+，按照晶格边界条件，可算出晶胞中有 14 个 C_{60}^{3-} 离子，13 个八面体空隙中心钾离子 K_T^+，和 27 个四面体空隙中心钾离子 K_T^+，因此整个晶胞的电荷量为 2 个负电荷 −2e。从另一方面来看晶格的边界，发现晶面上都是正离子，这也不符合一般的晶体边界条件。

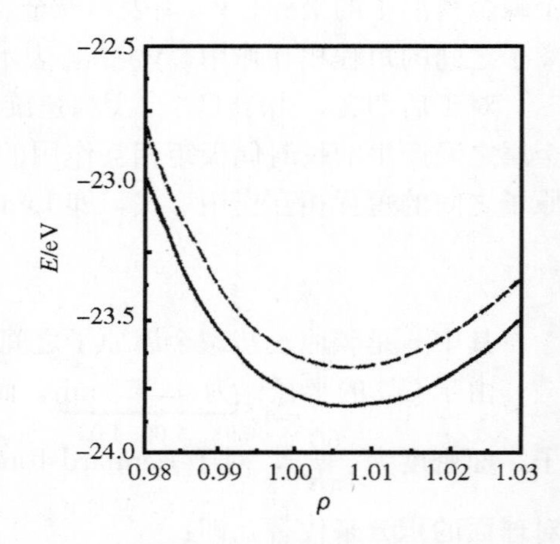

图 2　在两种晶格周期边界下，原胞的结合能随晶格常数变化的曲线

表 2 列出了上述两种计算结果以及 Zhang Weiyi[11] 的计算结果，由于晶格周期边界选取的不同而产生差别极大。分别在这两种晶格周期边界条件下，计算晶体的单个原胞的 Madelung 常数，其结果也列于表 2，两者近乎相同。使用本文的参数和公式计算两种边界条件下原胞的结合能，两者随晶格常数的变化曲线是一致的，见图 2。但在第一种边界条件下的结合能稍大，因此采用第一种晶格周期边界较合理。我们认为此类掺杂化合物离子晶体之所以存在是由于晶体中的短程相互作用，当计入

短程相互作用时，八面体空隙钾离子 K_T^+ 的结合能为负值，是较稳定的，而且在现实的晶体结构中，除了这种掺杂化合物晶体之外，再没有具有这种结构的其他离子晶体存在。

表 2 A_2BC_{60}和A_3C_{60}晶体中离子的 Madelung 常数

ions	Periodic boundary1	Periodic boundary2	Zhang Weiyi[11]
C_{60}^{3-}	21.303	11.766	33.183
A_O^+	−0.111	2.993	2.9195
A_T^+	0.465	3.606	4.0707
Primitive cell	20.281	20.129	—

Note：In calculation the shortest distance between ions is taken as 0.712 nm，but Zhang Weiyi is taken as 1.424 nm.

当晶格常数在 1.424 nm 附近发生微小变化时，各离子的 Madelung 能量和短程相互作用及结合能随之变化的曲线示于图 3。图中 ρ 表示 r 与 0.71 nm 的比值，是无量纲参数。由图 3 可见，各离子的 Madelung 能量都随晶格常数的增加而减小，没有出现能量最小值，而各离子的短程相互作用和结合能的曲线却不相同，C_{60}^{3-} 离子的短程相互作用出现了最小值，说明 C_{60}^{3-} 离子的稳定性主要是由于短程相互作用，使得离子的结合能出现最小值。而对于四面体空隙中的钾离子，其短程相互作用有最小值，但偏离平衡态晶格常数较远，这使得离子的结合能最小值也偏离平衡态晶格常数较远，变化幅度也很小，其稳定性远远低于 C_{60}^{3-} 离子。比较特殊的是八面体空隙中钾离子，其 Madelung 能量随晶格常数变化的幅度很小，虽然由于短程相互作用的计入使得钾离子的结合能为负值，而短程相互作用却随晶格常数的增加而减小，使得结合能也随晶格常数的增加而减小，没有最小值。这说明在 K_3C_{60} 晶体中，八面体空隙中的钾离子是最不稳定的。根据上述计算结果和分析，可以认为晶体中的短程相互作用对晶体的稳定性的影响极大，是使得 K_3C_{60} 晶体存在的重要因素。

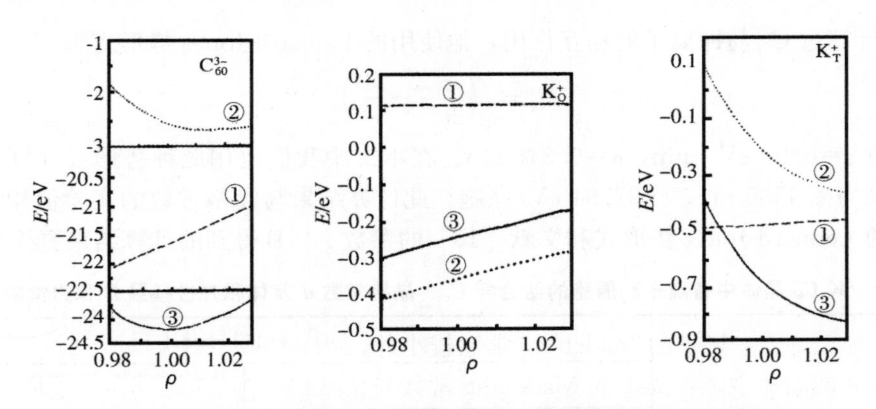

图 3 K_3C_{60} 晶体中各离子的①Madelung 能、②短程相互作用和③结合能

原胞的结合能为

$$E=\frac{1}{2}(V_{C60}+V_{K_O}+2V_{K_T}-V_{in})$$

由于各离子的结合能相加时重复计算了原胞内各离子的相互作用，因此必须减去 V_{in}，它是原胞内各离子相互作用的势能。根据平衡态条件 $\left(\frac{\partial E}{\partial V}\right)_{V_0}=0$，即在平衡态晶格常数时，晶体原胞的结合能为最小值。K_3C_{60} 晶体的原胞结合能随 ρ 的变化曲线示于图 4。结合能最小值为−22.73 eV/原胞，此时对应的 $\rho=1.008$，即 K_3C_{60} 晶体的平衡态晶格常数的计算值为 $2a\rho=1.4314$ nm，与实验测量值相符。

对于 C_{60} 与 C_{60} 之间的短程相互作用，在文献［10］中用的参数为 $A=135.95\times10^{-25}$ J，$B=74.94\times10^{-22}$ J，我们用此参数计算晶体的结合能，其随晶格常数的变化曲线示于图 4。在平衡态时，晶格常数和结合能分别为 1.4285 nm，−23.82 eV/原胞。与上述计算结果相比，此计算结果更接近实验值，因此本文在计算此类化合物的晶格常数和其他值时采用文献［10］的参数。

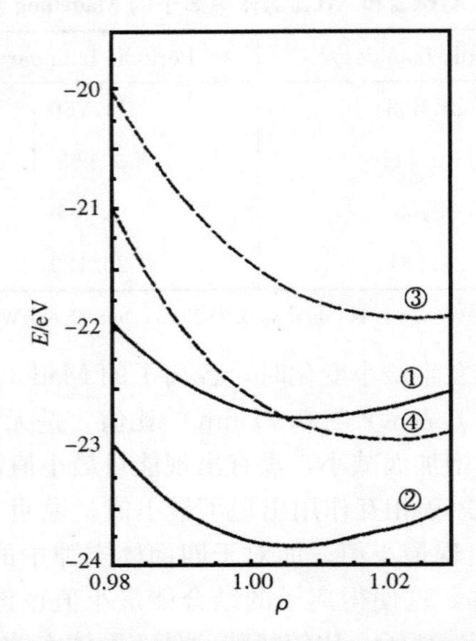

图 4　K_3C_{60} 晶体中原胞的结合能因参数和公式不同随晶格常数变化的曲线

①The potential model and potential parameters are given in this work. ②The potential model is of this work, and the potential parameters is taken from ref. ［10］. ③The potential model is of ref. ［11］, and the potential parameter is taken the from this work. ④The potential model is taken the form of ref. ［11］, and the potential parameters is taken from the ref. ［10］

Goze[12] 也计算过 C_{60} 与钾离子的相互作用，他使用的 Lennard-Jones 势形式为：

$$V_{LJ}=\varepsilon\left(\frac{\sigma^6}{2r^{12}}-\frac{1}{r^6}\right)$$

其中的参数 ε=6.97 eV·nm，σ=0.346 nm。在本文中我们也用此种势形式计算晶体的晶格常数和结合能分别为 1.4555 nm，−22.94 eV/原胞。此计算结果与晶格常数的实验值相差较大，因此认为用本文中的 Lennard-Jones 势形式和文献［10］的参数 A、B 得到的计算结果更接近实验值。

表 3　K_3C_{60} 晶体中各离子和原胞的结合能 E_c、晶格常数 d 及体积弹性模量 B 和力常数 f

		Potential model			
		a		b	
		α	β	α	β
E_c/eV	C_{60}^{3-}	−22.997	−24.120	−22.364	−23.387
	K_O^+	−0.225	−0.227	−0.1712	−0.174
	K_T^+	−0.742	−0.736	−0.644	−0.641
	Primitive cell	−22.73	−23.82	−21.91	−22.90
	d/nm	1.4314	1.4285	1.4555	1.4512
	B/GPa	13.041	13.398	10.858	10.978
	f/eV·nm^{-2}	174.8	179.4	148.0	149.6

Note：The potential model is taken the form of (a) this work，(b) ref. ［11］.

The potential parameters are taken the form of (α) this work，(β) ref. ［10］.

表 3 列出了用上述两种 Lennard-Jones 势形式和两种参数以及两种 A，B 参数分别计算 K_3C_{60} 晶体中各离子结合能和原胞结合能以及体积弹性模量的计算结果。各离子的结合能因不同的参数和公式而随晶格常数变化的曲线，C_{60} 离子的结合能因参数和公式不同而导致的计算结果相差很大，而两种钾离子的变化很小，在图 3 和表 3 中可以看到，采用 Goze[10] 的 Lennard-Jones 形式，在两种不同的 $C_{60}-C_{60}$ 相互作用势参数下得到的晶格常数都很大，而且结合能较小。

3 其他掺杂化合物晶体的计算结果

应用上述短程相互作用的势形式和参数分别计算 A_3C_{60} 和 A_2BC_{60} 晶体的结合能和晶格常数以及体积弹性模量，计算结果列在表 4 中。

由表 4 中的计算结果，作者认为对于四面体空隙中为钾离子的掺杂化合物 RbK_2C_{60}、CsK_2C_{60}、K_3C_{60}，它们的晶格常数计算值与实验值符合得较好，特别是在第二列中的计算值，它使用的是本文的 Lennard-Jones 短程相互作用势和文献［10］的参数 A、B，表明在这三种晶体中用离子晶体的点电荷模型和 Lennard-Jones 短程相互作用势是合理的。对于四面体空隙中碱金属为 Rb 和 Cs 的掺杂化合物（在表 4 中的前 4 行）的晶格常数计算值与实验值相差较远，说明在这些晶体中存在某些特点与上述三种晶体（四面体空隙中碱金属为钾的掺杂化合物）不同，比如晶体的离子性不同，可能存在共价电荷，或者短程相互作用的形式不同，等等，这些还需要进一步的探讨。

表 4 十一种晶体的原胞结合能 E_c、晶格常数 d 以及体积弹性模量 B

		Potential model[a]		Potential model[b]	
		parameters[α]	parameters[β]	parameters[α]	parameters[β]
$RbCs_2C_{60}$	E_C	−20.622	−21.535	−20.625	−21.526
	d	1.4839	1.4725	1.4839	1.4768
	B	8.426	10.877	8.883	10.499
$CsRb_2C_{60}$	E_C	−21.262	−22.215	−21.375	−22.298
	d	1.4725	1.4626	1.4796	1.4725
	B	10.444	12.749	10.519	12.863
Rb_3C_{60}	E_C	−22.425	−22.387	−21.616	−22.553
	d	1.4725	1.4640	1.4768	1.4697
	B	10.584	12.178	10.633	12.654
KRb_2C_{60}	E_C	−21.456	−22.416	−21.532	−22.467
	d	1.4697	1.4626	1.4768	1.4697
	B	9.839	12.414	10.612	12.624
CsK_2C_{60}	E_C	−22.483	−23.567	−21.725	−22.739
	d	1.4342	1.4314	1.4583	1.4512
	B	12.573	13.546	10.844	13.264
RbK_2C_{60}	E_C	−22.685	−21.766	−22.010	−23.026
	d	1.4342	1.4299	1.4512	1.4484
	B	12.349	13.491	12.875	13.021
K_3C_{60}	E_C	−22.73	−23.82	−21.91	−22.90
	d	1.4314	1.4285	1.4555	1.4512
	B	13.041	13.398	10.858	10.978

续表

		Potential model[a]		Potential model[b]	
		parameters[α]	parameters[β]	parameters[α]	parameters[β]
$CsNa_2C_{60}$	E_C	−23.789	−24.740	−22.926	−23.999
	d	1.3802	1.3916	1.3987	1.4015
	B	8.106	4.267	9.819	8.928
$RbNa_2C_{60}$	E_C	−24.078	−25.016	−23.312	−24.368
	d	1.3774	1.3916	1.3944	1.4015
	B	7.705	3.922	10.599	8.122
KNa_2C_{60}	E_C	−24.196	−25.106	−23.216	−24.272
	d	1.3746	1.3873	1.3944	1.4015
	B	7.258	3.901	9.351	7.898
$CsLi_2C_{60}$	E_C	−23.915	−24.654	−23.390	−24.275
	d	1.3632	1.3845	1.3731	1.3873
	B	−0.836	−2.377	3.263	0.892

Note: The potential model is taken from of (a) this work, (b) ref. [11].
The potential parameters are taken from of (α) this work, (β) ref. [10].

参考文献

[1] W Krätschmer, Lowell D Lamb, K Fostiropoulos , et al. Solid C_{60}: a new form of carbon [J]. Nature, 1990, 347: 354-358.

[2] A F Hebard, M J Rosseinsky, R C Haddon, et al. Superconductivity at 18 K in potassium-doped C_{60} [J]. Nature, 1991, 350: 600-601.

[3] M J Rosseinsky, A P Ramirez, S H Glarum, et al. Superconductivity at 28 K in $RbxC_{60}$ [J]. Phys Rev Lett, 1991, 66 (21): 2830-2833.

[4] Károly Holczer, O Klein, S M Huang, et al. Alkali-fulleride superconductors: synthesis, composition, and diamagnetic shielding [J]. Science, 1991, 252 (5009): 1154-1157.

[5] D W Murphy, M J Rosseinsky, R M Fleming, et al. Walstedt, synthesis and characterization of alkali metal fullerides: AxC_{60} [J]. J Phys Chem Solids, 1992, 53 (11): 1321-1332.

[6] Q Zhu, O Zhou, J E Fischer, et al. Unusual thermal stability of a site-ordered MC_{60} rocksalt structure (M=K, Rb, or Cs) [J]. Phys Rev B, 1993, 47 (20): 13948-13951.

[7] Steven C, Erwin , Mark R. Pederson, electronic structure of crystalline K_6C_{60} [J]. Phys Rev Lett, 1991, 67 (12): 1610-1613.

[8] 王一波. 量子化学从头计算法研究C_{60}的分子静电势 [J]. 科学通报, 1995, 40 (2): 131-134.

[9] I Derycke, J P Vigneron, Ph Lambin, et al. Physisorption in confined geometry [J]. J Chem Phys, 1991, 94 (6): 4620-4627.

[10] L A Girifalco. Molecular properties of fullerene in the gas and solid phases [J]. J Phys Chem, 1992, 96 (2): 858-861.

[11] Weiyi Zhang, Hang Zheng, K H Bennemann. Madelung energies, force constants, and low energy phonon density of states for K_3C_{60} [J]. Solid State Commu, 1992, 82 (9): 679-683.

[12] C Goze, M Apostol, F Rachdi, et al. Off-center sites in some lightly intercalated alkali-metal fullerides [J]. Phys Rev B, 1995, 52 (21): 15031-15034.

(物理化学学报, 第16卷第1期, 2000年1月)

氢化碳膜厚度对 QCM 传感器性能影响

颜永红，陈宝贤，靳九成，向建南，尹　霞，陈宗璋

摘　要：以正丁胺作为碳源，在石英晶体微量天平（QCM）上淀积氢化碳膜制成 QCM 传感器。该传感器对乙酸蒸气有好的传感特性，而且性能稳定，没有因敏感膜自身发生分解所引起的失重现象和敏感度随时间而下降的现象。在一定厚度范围内，其敏感度随着敏感膜厚度增加而增加。

关键词：氢化碳膜；氢键；传感特性；敏感膜厚度

分类号：O434.5

The Effect of Thickness of a-C：H Films on Sensitivity of QCM Sensors

Yan Yonghong，Chen Baoxian，Jin Jiucheng，Xiang Jiannan，
Yin Xia，Chen Zongzhang

Abstract：The quartz crystal microbalance（QCM ）sensors deposited with a-C：H recognition films from n-butylamine were examined for the detection of acetic acid vapors. It was found that the QCM sensors are sensitive to acetic acid vapors. The structure and property of recognition coatings are stable. The sensitivity of QCM sensors coated with the a-C：H films increases with the thickness of recognition coatings within certain ranges.

Key words：a-C：H films；hydrogen bonding；sensitivity；thickness of recognition film

---

传感技术在当代科学技术中占据着十分重要的地位。在信息时代，真实而迅速地认识各类信息至关重要，而捕捉和认识信息的核心是传感材料。已有许多种传感材料能够将物理作用和化学作用转换成电的或光的信号，但这并没有包括全部传感领域，人们仍在寻找新的传感材料。King 首先报道了在石英晶体微量天平（Quartz Crystal Microbalance，QCM）表面涂覆传感材料作为气相质量传感器。随后 Wohltjen 发展了声表面波化学传感器。在研究了传感材料与化学蒸气分子之间的相互作用后，Grate[1]认为识别膜是通过氢键、极性分子、色散力以及空穴力等同被测气体中有机分子相互作用，从而对被测有机蒸气分子进行质量识别。

Grate 的理论为气相质量传感器的传感涂层材料的设计提供了理论和技术基础。Dominguez[2]等人在此基础上制备出含有氢键的二乙胺和 4-乙烯基吡啶聚合膜。发现这种聚合膜对乙酸蒸气有很好的质量敏感特性。但这种敏感性随时间迅速下降。Zellers 和 Patrash[3]表明镀有聚苯脂膜的传感器在间二甲苯蒸气中其敏感度下降 46%。Dominguez[2]还表明，QCM 传感器在其质量识别膜厚度超过 1500 Hz 时，其性能不稳定。

本文报道，根据 Grate 的理论，用辉光放电方法制备出含有氢键的 a-C：H 薄膜，用它作为 QCM 传感器的敏感涂层。对镀有 a-C：H 膜的 QCM 传感器对乙酸的响应进行研究，并研究了涂层厚度对敏感性的影响，对结果作了初步讨论。

1　实验

1.1　QCM传感器制备

采用电容耦合式平板辉光放电淀积设备，用液态正丁胺作为碳源，由高纯氢气携带进入辉光放电反应室，将 a-C∶H 膜直接淀积在JM5型AT切割的9.3125 MHz双面被银压电石英晶体上，即制成待测QCM气相质量传感器样品。

1.2　传感特性测量

QCM传感器响应特性测量装置原理图如图1所示。将密闭的玻璃容器置于恒温水浴中，温度恒定在（26±0.5）℃，镀有 a-C∶H 敏感膜的QCM置于玻璃容器中。由经无水氯化钙干燥后的氮气冲洗容器和QCM传感器，使QCM至稳定成膜基频（F_0）。封闭氮气输入和排出管，用微量注射器依次注入定量待测物质并使之充分气化。由CN3165型高分辨计数器测得不同浓度物质下QCM频率变化，从而得到QCM传感器的响应曲线。

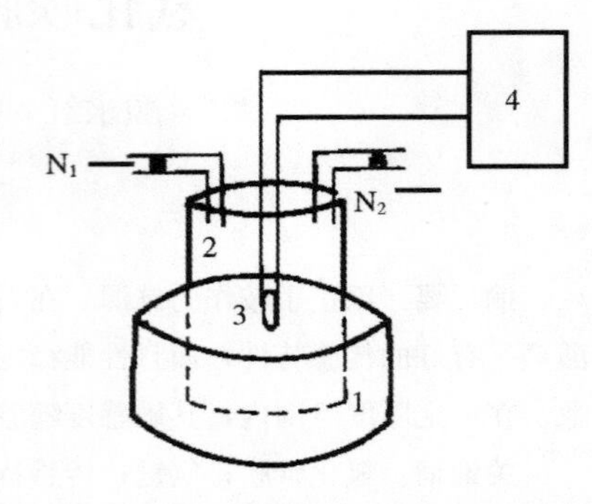

图1　QCM传感器测试装置原理图

1. 恒温水浴；2. 密闭玻璃容器；3. 待测QCM；4. 高分辨计数器

2　结果

2.1　响应特性

镀有 a-C∶H 膜的QCM对乙酸的典型响应曲线如图2所示。图中纵坐标为QCM传感器的响应频移（Δf）。横坐标为乙酸蒸气浓度（C）。曲线表明随着乙酸浓度的增加，QCM的响应频移增加。响应曲线的线性拟合方程为

$$\Delta f(\mathrm{Hz})=7.848+40.798C$$

其响应度为40.798，表明QCM对乙酸蒸气具有好的敏感性。这与Dominguez等人用4-乙烯基吡啶和二乙胺聚合膜作为QCM传感器的敏感膜所得到结论一致[2]。但QCM的敏感度随时间而迅速下降。而本文所使用的样品在1年的观察时间内没有发现其敏感度有明显下降。

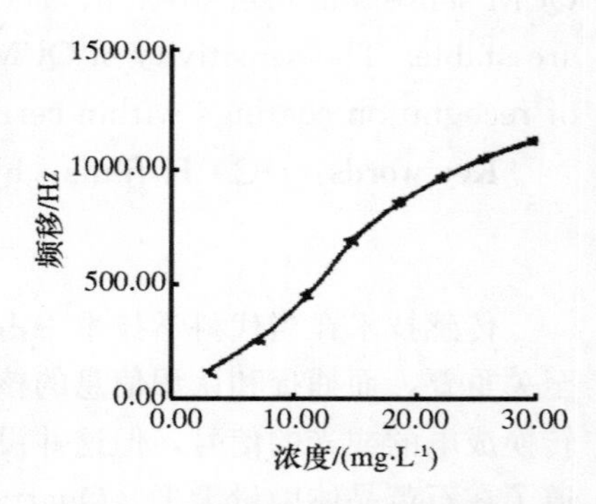

图2　QCM对乙酸蒸气典型响应曲线

2.2　膜厚对敏感度的影响

Dominguez等人发现在膜厚超过1500 Hz时QCM传感器性能不稳定，而且聚合膜通过自身分解或对挥发性蒸气的解吸作用使QCM频移产生失重现象。本实验在QCM上沉积不同厚度的 a-C∶H敏感膜，再测得其对乙酸蒸气的响应。将不同QCM的成膜基频（Δf），所对应膜的质量（Δm），对乙酸蒸气的响应敏感度（S）及响应曲线的相关线性系数（r）列于表1中。从表中可以看到，以 a-C∶H 膜作为QCM传感器的敏感膜在膜较薄时，其敏感度较小。当膜厚增加时，其敏感度随着升高。当膜厚达到成膜基频12 kHz以上时，QCM对乙酸蒸气有很好的响应度。实验还表明，在膜厚太薄（<1000 Hz）时，QCM的传感性能不稳定。所测试的样品在1年的观察时间内没有发现QCM的敏感涂层有失重或敏感度下降现象。

表1　敏感度同膜厚的关系

Δf/kHz	Δm/mg	S/［Hz/（mg·L^{-1}）］	r
2.40	13.61	18.00	0.988

续表

Δf/kHz	Δm/mg	S/［Hz/（mg·L^{-1}）］	r
7.54	42.76	27.99	0.996
12.00	60.05	36.23	0.994
15.00	85.06	47.09	0.997
17.00	96.40	50.76	0.991

3 讨论

在 QCM 传感器敏感膜制备过程中，所用碳源含有胺基，因而使得敏感膜中有 NH 基团结合到薄膜的网络结构中。样品的红外吸收光谱可以证明这一点。图 3 是成膜基频为 17 kHz 对应条件下样品的红外吸收光谱图。谱图中 3570 cm^{-1}处的吸收为 N—H 键伸展振动吸收，1650 cm^{-1}处小的吸收峰为 NH_2 键的弯曲振动吸收。这说明薄膜中有 N—H 键存在。根据 Grate 的理论，它可以同蒸气中有机分子发生相互作用而产生响应。故镀有 a-C：H 膜的 QCM 对乙酸蒸气有好的敏感度。

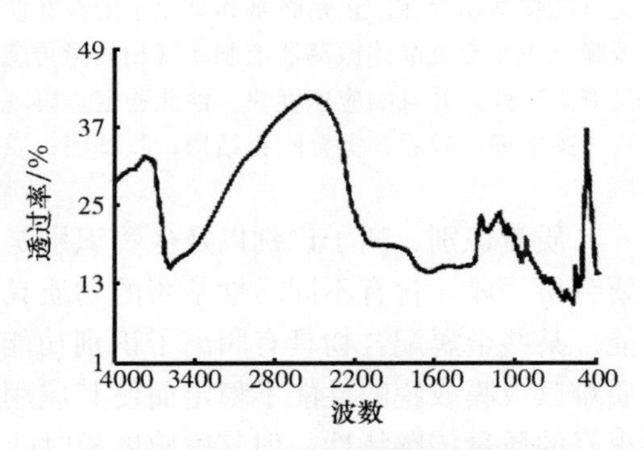

图 3 a-C：H 膜红外的吸收光谱图

a-C：H 膜结构和化学性能稳定、耐蚀性强。成膜后自身不会发生分解，也不容易被腐蚀，因而不会出现失重现象，也不会在腐蚀性气体中丧失其敏感性。所以用 a-C：H 膜作为敏感膜的 QCM 具有好的稳定性和长的时效特性。a-C：H 膜是靠氢键与蒸气中有机分子相互作用而具有传感性。QCM 敏感度随着膜厚度增加而增加，可能是由于当 a-C：H 膜较薄时膜中的氢键较少，因而同蒸气中有机分子相互作用较弱，故敏感度较低；随着膜厚的增加，膜中的氢键含量增加，因而同蒸气中有机分子作用加强，其敏感度增加。这一过程尚有待进一步研究。

4 结论

综合本文所述可以得出如下结论：

（1）以正丁胺为碳源淀积的 a-C：H 薄膜具有对乙酸蒸气分子的质量识别功能，以该膜作为敏感膜的 QCM 传感器对乙酸蒸气具有高的敏感度。

（2）以 a-C：H 膜作为传感膜的 QCM 传感器性能稳定，不产生失重现象。其敏感度随时间没有明显下降。

（3）QCM 传感器的敏感度在一定膜厚范围内随着膜厚增加而增加。

参考文献

［1］Jay W Grate，Michale H Abraham. Sdubility interactions and the design of chemically selective sorbent coatings for chemical sensor and arrays［J］. Sensors and Acluators（B），1991（3）：85-111.

［2］Martha E Dominguez，Jun Lit Robert L，et a1. Potential uge of plasnm-deposition techniques in the preparation of recognition coatings for nlass sensors［J］. Analytical Letters，1995，2B（6）：945-958.

［3］Zellers E T，Patrash S J. Characterization of polymeric surface acoustic wave sensor coatings and semiempirical models of sensor responses to organic vapors［J］. Anal Chem，1993（65）：2055-2066.

（湖南大学学报，第 25 卷第 1 期，1998 年 2 月）

对甲酸蒸气具有质量传感特性的类金刚石薄膜

颜永红，曾　云，向建南，尹　霞，靳九成，陈宗璋

摘　要：用含有胺基的正丁胺（$CH_3CH_2CH_2CH_2NH_2$）作为碳源，用射频辉光放电方法制备碳膜。Raman 谱分析表明，该种碳膜具有类金刚石结构。红外光谱分析表明薄膜中存在着 SP^2 和 SP^3 结构的碳氢键，并表明薄膜中有完整的胺基团存在。正是胺基和氢原子的存在使得 SP^2 和 SP^3 键发生畸变，从而引起其振动频率发生漂移。将这种碳膜沉积在石英晶体振荡器上制成气相质量传感器，测试表明这种含有胺基团的类金刚石膜对甲酸蒸气具有好的质量响应特性，并且响应速度快，性能稳定，再现性好，对甲酸蒸气响应在 6 个月的观察时间内没有明显下降。

关键词：碳膜；类金刚石结构；胺基团；质量识别

质量识别、离子识别以及生物识别是化学工业、医药工业、生物工程以及环境保护等领域的重要分析手段。含有不同活性基团的物质具有不同的识别功能。如含有胺基团的物质具有质量识别功能。某些金属配合物具有阴离子识别功能，而某些环状化合物具有有机分子识别功能。但是这些物质难以成膜或膜的性能不稳定而使其应用受到限制。如二乙胺和 4-乙烯基吡啶聚合膜对乙酸蒸气有很好的质量传感特性，但其敏感度随时间而迅速下降[1]。

类金刚石薄膜具有一系列与金刚石膜相类似的优良特性，如化学性能稳定、高硬度、高热导、耐磨耐蚀等。此外还具有成膜温度低，表面光洁度高等优点。有可能作为具有识别功能的活性基团物质的载体。因此，若将某些具有识别功能的活性基团作为组分或杂质加入类金刚石膜中，则有可能使类金刚石膜具有活性基团物质所具有的识别特性，从而制备出具有识别功能的类金刚石膜。

文中报道在类金刚石膜的制备过程中掺入 NH 基团，制备出对某些有机蒸气具有识别特性的类金刚石膜。用 Raman 散射对其结构进行了分析，红外光谱对其键合方式进行了分析，并用这种膜作为石英晶体微量天秤（QCM）的质量识别膜，研究了其对甲酸蒸气的质量传感特性及敏感性随时间的变化，取得了令人感兴趣的结果。

1　识别膜的制备

用射频辉光放电法制备碳膜。选用含有胺基的正丁胺（$CH_3CH_2CH_2CH_2NH_2$）作为碳源。使等离子体气氛中有胺基（NH）存在，在碳膜的沉积过程中加入薄膜中。正丁胺经氢氧化钠干燥并蒸馏后，由高纯氢气携带进入反应室。衬底采用 n 型掺杂、(111) 方向、电阻率为 0.9 Ω、抛光的硅片和 JM5 型 AT 切割 9.3125 MHz 双面被银压电石英晶体。硅片用作红外光谱和 Raman 散射测试，石英晶体用作质量传感特性测试。薄膜沉积条件为载气流量 50 mL·min^{-1}，气压 2×133 Pa，RF，放电功率 150 W。

2　识别膜的 Raman 光谱分析

作为一种无损检测方法，Raman 光谱通常用在合成金刚石膜的结构分析中[2]。由碳原子单独组成的物质晶态形式有两种：一种是金刚石；另一种是石墨。金刚石晶态结构中四配位碳原子的 SP^3 键的本征振动频率在 1332 cm^{-1} 处。而晶态石墨中三配位碳原子的 SP^2 键的本征振动频率在 1585 cm^{-1} 处[3]。沉积在硅片上识别膜的典型 Raman 散射谱如图 1 所示。散射谱呈现一宽的散射带，在 1337 cm^{-1} 和 1599 cm^{-1} 处呈现两个极值。与金刚石 SP^3 和石墨 SP^2 本征振动频率相对照，这两个峰值分别漂移 5 cm^{-1} 和 14 cm^{-1}。分析表明，在这种识别膜中存在着胺基和氢原子，这正是薄膜中胺基和氢原子的存在，导致 SP^3 和 SP^2 价键发生畸变，从而引起薄膜中 SP^3 和 SP^2 价键的振动频率

发生漂移。因此认为此处的 1337 cm^{-1} 散射峰与薄膜中 C—H 键的 SP^3 结构相联系，而 1599 cm^{-1} 处的散射峰与薄膜中 C—H 键的 SP^2 结构相联系。薄膜中 C—H键的 SP^3 结构和 SP^2 结构将从随后薄膜的红外光谱分析中得到进一步的支持。

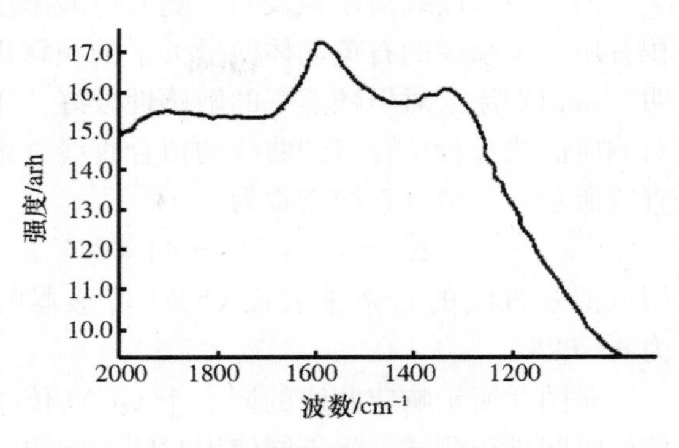

图 1 识别膜的典型 Raman 谱

四配位和三配位碳—氢键的畸变，除了引起 Raman 散射振动频率发生漂移，还使得 Raman 散射光谱振动峰变宽。此外薄膜中非晶碳原子的键长和键角处于无序状态，有一定的分布。因此，价键振动频率不是单一值而是呈现一定的分布。这样薄膜的 Raman 散射谱扩展成为分别在 1337 cm^{-1} 和 1599 cm^{-1} 处有两个峰值的宽的谱带。这说明识别膜具有四配位碳原子、三配位碳原子和非晶态碳原子的混合结构，即为类金刚石结构。从谱图的峰值高度和带宽来看薄膜中碳原子的键合结构以非晶态和三配位的为主，而金刚石的成分相对较少。

这一 Raman 图谱与 Badzian[4] 等人以微波等离子体法从［$CH_4+N_2+H_2$］得到样品和 Hioki[5] 等人以离子束辅助沉积方法得到样品的 Raman 谱十分类似。

3 识别膜的红外光谱分析

红外光谱测量已经被用来提供与 SP^3 和 SP^2 结构有关的杂化氢键的信息[6]。在 150 W 射频功率条件下沉积的识别膜的典型红外吸收光谱如图 2 所示。图谱中 3200～3400 cm^{-1}之间宽的吸收峰为 N—H 键伸展振动吸收，而迭加在 N—H 键吸收峰上 3200 cm^{-1}处的吸收为 SP^2 结构的 C—H 键的伸展振动。2925 cm^{-1}处的吸收峰表征畸变的 SP^3 结构的碳氢杂化键这一吸收峰越强，薄膜中 SP^3 结构的碳氢杂化键越多。1641 cm^{-1}处的吸收峰为 N—H 键的变形振动吸收。1399 cm^{-1}处吸收峰为 N—H 键变形振动吸收峰。而 1088 cm^{-1}处吸收峰表征 C—N 键的伸展振动。在 455～780 cm^{-1}间指纹区的吸收为 C—H 键的变形振动和 R′CH=CHR² 基团振动。

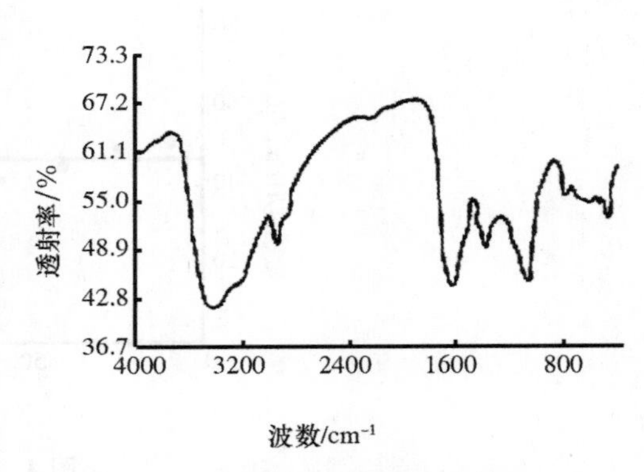

图 2 识别膜的典型红外光谱图

以上的红外光谱分析支持了前面由 Raman 散射得到的结论，薄膜具有非晶、石墨和金刚石的混合结构，即为类金刚石结构。而且由 1641 cm^{-1} 和 3400 cm^{-1} 处的吸收峰表明薄膜中明显地含有胺基。因此，识别膜可以归纳为含有胺官能团的类金刚石薄膜。正是胺基和氢原子的存在引起薄膜中无序结构和价键畸变增加，因而表征薄膜结构的 Raman 谱的特征吸收峰展宽形成一宽的吸收带。

4 识别膜对甲酸蒸气的质量传感特性

根据 Grate[7] 等人的理论，具有碱性的胺官能团能够与含有酸性氢键的有机分子发生相互作用，使得含有胺官能团的材料对含有酸性氢键的有机分子的浓度产生响应起到质量识别的作用。Martha[1] 等人把二乙胺和 4-乙烯基吡啶聚合膜对乙酸蒸气的识别功能归结于聚合膜中胺官能团的作用。由于具有类金刚石结构的碳膜中含有完整的胺官能团，因而有可能对含有酸性氢键的有机分子作出质量响应。将含有胺官能团的类金刚石膜直接沉积在石英晶体振荡器上制成质量传感器，研究其对甲酸蒸气的传感特性，典型的响应曲线如图 3 所示。图中横坐标表示甲酸蒸气浓度 C，而纵坐标表示质量传感器的响应频移 Δf。

图3中的曲线清楚地表明，随着甲酸浓度的增加，沉积有质量识别膜的石英晶体微量天平的频移迅速增加，表明质量识别涂层对甲酸蒸气的敏感性较好。用线性回归法对响应曲线进行拟合得到曲线的拟合直线（虚线）如图中直线所示，其拟合直线方程为

$$\Delta f=1448.725+44.626C$$

用该拟合直线的斜率来表征QCM传感器的敏感度，则为44.626。

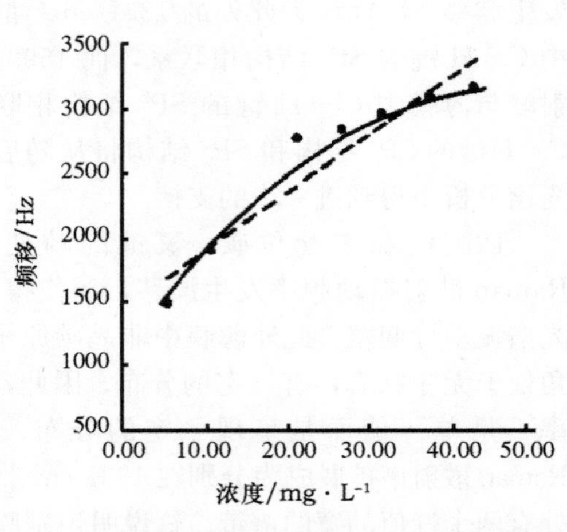

图3　质量传感器对甲酸蒸气的典型响应曲线

对图3所示响应曲线的同一个QCM传感器在不同的使用时间进行测试，将不同使用时间的响应曲线进行线性拟合求得其敏感度，从而得到QCM传感器的时效特性如图4所示。从图中可以看到用含有胺官能团具有类金刚石结构的碳膜作为识别膜的气相质量传感器在6个月的观察时间内其敏感度没有明显下降。而Zellers和Patrash[8]报道镀有聚苯酯的质量传感器对间二甲苯的敏感性下降46%。而Martha[1]等人报道镀有聚乙二胺和4-乙烯基吡啶膜的QCM对乙酸蒸气十分敏感，但其敏感性随时间而迅速下降。

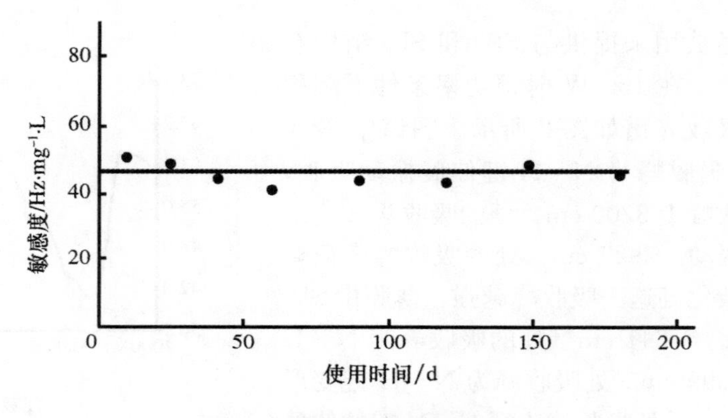

图4　质量传感器的时效特性

上述QCM传感器对甲酸蒸气的响应时间一般为3 min，但在低浓度时其响应更快。如对0.143 mg · L^{-1}的甲酸蒸气其响应时间为1 min。

将其在浓度为26.71 mg · L^{-1}的甲酸蒸气中连续监测60 min，每隔5 min记录一个数据，得到该QCM的频率响应值的标准偏差为±7.2 Hz，表明传感器有好的稳定性。

将同一个QCM传感器在浓度分别为10.68 mg · L^{-1}和16.02 mg · L^{-1}的甲酸蒸气中来回测试6次，其频移响应的相对标准偏差分别为0.92%和1.38%，表明QCM传感器对甲酸蒸气的响应有较好的再现性。

5　结论

（1）用射频辉光放电方法可以制备出含有胺官能团具有类金刚石结构的碳膜。

（2）这种碳膜对甲酸蒸气具有好的敏感特性，而且性能稳定，响应迅速，再现性好，使用寿命长。

参考文献

[1] Martha E D，Jun Li，Robert L C，et al. Potential use of plasma-demposition techniques in the preparation of rec-

ognition coatings for mass sensors [J]. Aradyfical Letters. 1995，28 (6)：945-958.

[2] Zhang R J，Lee S T，Lam Y W. Characterization fo heavily boron-doped dimaond fituns [J]. Dianond Rel Mater，1996，5：1288-1294.

[3] Kupp E R，Drawl W R，Spear K E. Imerlayers for diamond-coated cutting tools [J]. Surface and Coatings Technology，1994，68/69：378-383.

[4] Badzian A，Badzizn T，Lee S Tong. Synthesis of diamond from methane and nitrogen mixture [J]. Appl Phys Lett，1993，62 (26)：3432-3434.

[5] Hioki T，Okumum K，Itoh Y，et al. Formation of carbon firms by ion-bean-assisted deposition [J]. Surface and Coatings Technology，1994，65：106-111.

[6] Rareh A Martinu L，Gujrathi S C，et al. Structure-property relationships in dual-freguency plasma deposited hard a-C∶H films [J]. Surface and Coatings Technology，1992，53：275-282.

[7] Grate Jay W，Abraham M H. Solubility interaetions and the design of chemically selective sorbent coatings for chemical and arrays [J]. Sensors and Actuators B，1991，3：85-111.

[8] Zellers E T，Patrash S J. Characterization polymeric surface acoustic wave sensor coatings and semiempirical models of sensor responses of organic vapors [J]. Anal Chem，1993，65：2055-2066.

（科学通报，第43卷第15期，1998年8月）

掺胺碳膜及其对甲酸蒸气传感特性

颜永红，曾　云，曾健平，尹　霞，张红南，陈宗璋

摘　要：用射频等离子体化学沉积方法制备氢化非晶碳（a-C∶H）膜。在等离子体气氛中引入胺基团，则能够在 a-C∶H 薄膜沉积过程中将胺基团掺入薄膜的网络结构中。拉曼光谱表明薄膜具有无序态结构。红外分析表明薄膜中有胺基团存在，将掺胺的 a-C∶H 薄膜作为质量传感膜沉积到石英晶体表面制成气相质量传感器。测试表明掺胺 a-C∶H膜对甲酸蒸气具有高的响应灵敏度、好的线性相关系数和宽的线性响应范围。

关键词：氢化碳膜；胺掺杂；质量响应

中图分类号：O434.5　　**文献标识码**：A

Amino-group Doping a-C∶H Films and Its Sensitive Properties for Formic Acid Vapors

Yan Yonghong，Zeng Yun，Zeng Jianping，Yin Xia，
Zhang Hongnan，Chen Zongzhang

Abstract：The a-C∶H films was prepared by plasma chemical vapor deposition method. The amino-group was introduced into plasma amzosphere. So the amino-group can be doped into network structure of a-C∶H film. Raman analysis indicates that the a-C∶H films possess amorphous structure and the IR spectnan shows that there exists amino-group in the network structure. The a-C∶H film containing amino-group was deposited on the surface of quartz crystal to fabricate the vapour phase high sensor. Measurement showed that the a-C∶H films containing amino-group possess high sensitivity，good linear coefficient and wide linear response range for formic acid vapour.

Key words：a-C∶H film；amino-group doping；mass sensitivity

1　引言

氢化碳膜（a-C∶H）具有许多同金刚石类似的优良特性而受到人们的重视[1]。基于这些优良特性的潜在工业应用，也得到广泛研究并取得许多进展。a-C∶H 膜可以作为扬声器的理想振动材料，并已作为产品投放市场[2]；a-C∶H 膜对红外光和可见光有良好的透过性，被认为是良好的光学减反膜材料，并被用作太阳能电池表面保护材料[3]；a-C∶H 膜具有良好的抗磨损性和自润滑性，因而可作为计算机磁盘等磁介质的保护膜[4]；a-C∶H 膜具有高电阻率特性，因而可作为绝缘膜在集成电路中应用[5]。

近年来，人们在 a-C∶H 薄膜的改性方面做了许多努力，进一步改良 a-C∶H 薄膜的性质，赋予其新的特殊性能，以满足一些特殊应用的需要，拓宽其应用领域。将钛离子注入到 a-C∶H 膜的非晶结构中，可以使 a-C∶H 薄膜表面的硬度和弹性模量分别提高 2.5 倍和 3.5 倍[6]；在 a-C∶H 薄膜中掺入氮元素，可以使薄膜的光学带隙变窄，并使其电导率增加 3 个数量级[7]；在 a-C∶H 薄膜的网络结构中掺入硅元素，可以使薄膜在相对湿度较大的空气中摩擦系数大大降低，并接近干燥氮气气氛

中 a-C：H 薄膜的摩擦系数[8]。因此用等离子体化学气相沉积方法，以含有胺基团的有机碳氢化合物作为碳源，可以制备出掺胺的 a-C：H 薄膜。这种掺胺的 a-C：H 薄膜对甲酸蒸气具有较好的选择性响应。

2 实验

用等离子体化学沉积方法制备 a-C：H 薄膜。采用频率为 13.56 MHz 的射频电源，在不锈钢反应室内沿水平方向安装间距可调的平板电极。上电极为阳极接地，下电极为阴极接射频源的功率输出。用含有胺基团的正丁胺（$CH_3CH_2CH_2CH_2NH_2$）作为碳源，由高纯氢气携带进入反应室。用抛光的单晶硅（111）和 JM5 型切割 AT9.3125 MHz，双面被银压石英晶体作为衬底材料，经丙酮和乙醇超声清洗后置于反应室。沉积条件见表 1。

表 1 a-C：H 薄膜沉积条件

载气流量/mL·min^{-1}	反应压力/Pa	衬底温度/℃	沉积时间/min	放电电压/V	射频功率/W
40	1.3×10^2	<100	120	350	50

单晶硅底样品用来进行拉曼散射和红外光谱测量，而石英晶体衬底用来制成石英晶体质量传感器，作为该传感器测量含胺 a-C：H 薄膜对甲酸蒸气的质量响应。

3 a-C：H 膜的拉曼谱

作为一种无损检测手段，拉曼散射常常用来分析碳膜的结构。图 1 为在单晶硅（111）衬底上，按表 1 条件沉积的 a-C：H 薄膜的拉曼散射谱。谱图在 1450 cm^{-1} 到 1600 cm^{-1} 波数范围内呈现一宽的散射凸峰。天然金刚石拉曼散射在 1332 cm^{-1} 波数处，石墨结构碳的散射峰在 1580 cm^{-1} 处。而非晶结构的碳由于其键长和键角都处于无序状态，故其散射不是单一频率，而有一定的分布。所以其散射谱呈现为一宽散射凸峰。这种拉曼谱表明碳膜具有无序态结构。与图 1 相类似的拉曼散射谱还有类金刚石薄膜[6,9,10]等离子体增强 CVD 沉积的 a-C：H 薄膜[11]和射频等离子体沉积金刚石膜[12]中都可以见到。

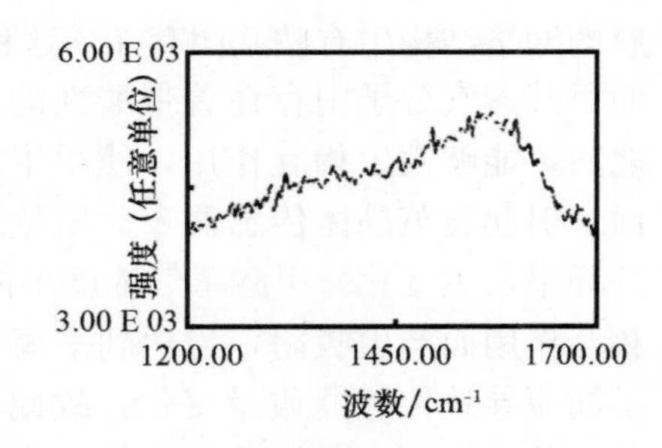

图 1 a-C：H 薄膜的拉曼散射谱

4 红外分析

红外光谱分析常用来提供薄膜中各元素键合的信息。按表 1 所列工艺条件，在单晶硅片上沉积 a-C：H 膜的红外谱图如图 2 所示。图中 2800 cm^{-1} 到 3400 cm^{-1} 之间是由 3400 cm^{-1} 处的吸收峰和 2932 cm^{-1} 处的吸收峰迭加而成。3400 cm^{-1} 处吸收峰为 N—H 伸展振动吸收。而 2932 cm^{-1} 处吸收峰为 SP^3 的 CH_2 杂化键伸展振动吸收。1682 cm^{-1} 处吸收峰为 C=N 键伸展振动吸收。874 cm^{-1} 附近的大吸收峰是碳—氧基团振动吸收。以上分析表明，以正丁胺作为碳源，用射频辉光放电沉积的 a-C：H 薄膜中有胺基团存在。这是因为等离子体是由电子、离子、光子、自由基以及被激发的原子、分子所组成。在一定的工艺条件下，由正丁胺所产生的等离子体气氛中存在某种状态的胺基团。因此，在 a-C：H 薄膜的沉积过程中胺基团就被结合到薄膜的网络结构中。

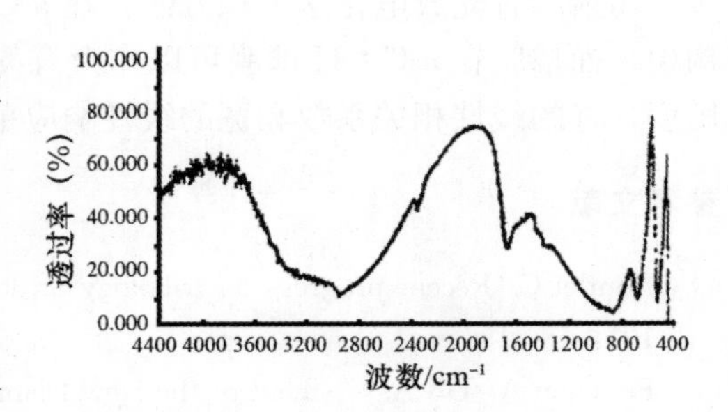

图 2 a-C：H 膜的红外光谱图

5　传感特性

将表面沉积有 a-C∶H 薄膜的石英晶体置于密闭检测室，然后将其接到晶体管振荡电路（TTL）并提供 5 V 直流电源。用高速数字计数器监测其频率变化。用无水氯化钙干燥氮气冲洗检测室及石英晶体，使之达到稳定的成膜基频 F_1。然后用微量注射器依次将不同剂量的甲酸注入密闭检测室并使之充分气化。当石英晶体上胺氢化碳膜表面吸附甲酸分子并达到平衡时，其相应蒸气浓度为 C，所对应的石英晶体振荡频率为 F_2。石英晶体传感器在不同甲酸蒸气浓度下的频移为 ΔF，则由下式表示：

$$\Delta F = F_1 - F_2$$

从而得到含胺碳膜作为传感膜的石英晶体对甲酸蒸气的响应特性，如图 3 所示。图中横坐标表示甲酸蒸气的浓度，纵坐标表示石英晶体传感器的频移 ΔF。可以清楚地看到，随着甲酸蒸气浓度增加，石英晶体传感器的频移显著增加，表明含胺碳膜对甲酸蒸气有较好的质量响应。将测得数据用线性回归法进行分析，得到如下线性方程：

$$\Delta F = 1443.03 + 49.24C$$

方程中 C 表示甲酸蒸气浓度。用直线的斜率描述石英晶体传感敏感度则为 49.24。其线性相关系数 $r = 0.999$，线性范围为 4.99～39.94，表明掺胺 a-C∶H 薄膜对甲酸蒸气具有高的响应灵敏度，好的线性相关系数，宽的线性响应范围。

质量传感膜对被测蒸气的质量响应，可以由传感膜同蒸气分子之间的相互作用来解释[13]。作为石英晶体传感器传感膜 a-C∶H 薄膜的网络结构中有胺基团存在。这种活性胺基团具有带碱性的氢键。而甲酸蒸气分子中存在着带酸性的氢键。这种碱性氢键和酸性氢键之间，能够发生相互作用，使得甲酸分子被吸附到 a-C∶H 薄膜表面，引起石英晶体传感器表面质量发生变化，从而引起石英晶体振荡频率发生变化。甲酸蒸气浓度不同，a-C∶H 薄膜同蒸气分子发生相互作用而产生吸附，当达到平衡时，传感膜表面甲酸分子数目的不同而导致传感器质量变化，故此产生频移。因此，镀有含胺碳膜的石英晶体传感器振荡频率的变化，能够反映传感器表面吸附分子数的不同，从而反映被测蒸气浓度的变化。

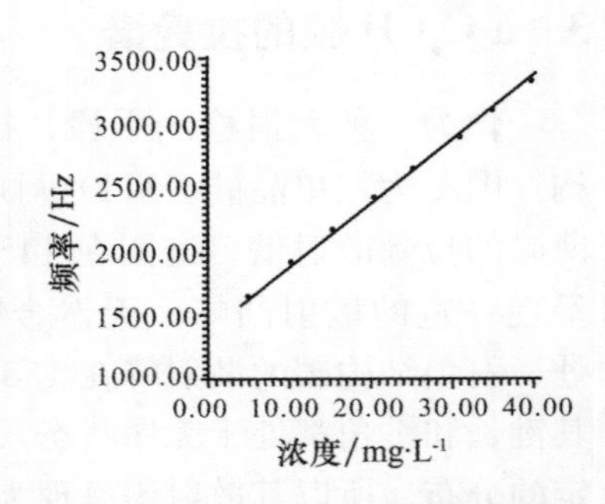

图 3　a-C∶H 膜对甲酸蒸气响应特性

6　结论

用射频辉光放电化学沉积方法，在 a-C∶H 薄膜的沉积过程中，可以将胺基团掺入薄膜的网络结构中。而掺胺在 a-C∶H 薄膜可以作为石英晶体传感器的质量传感膜，并对甲酸蒸气具有高的响应灵敏度、好的线性相关系数和宽的线性响应范围。

参考文献

[1] Dontlet C. Recent progress on tribology of doped diamond-like and cartinge [J]. Surf Coat Technol，1998，100-101：180-186.

[2] Feldman A. US Assessment of the New Diamcd Technology in Japan [J]. Nist Special Publictioa，1991：807.

[3] Alone Alalut M，Appdbatan T，Cmitoru N. Properties of CaAs solar cells coated with diamond like carbon films [J]. Thin Solid Films，1998，320：159-162.

[4] Later D，Dortman V，Pypkin B. Applieation of "diamomd polymer" films in hard disk technology [J]. Surf Coat Technol，1991，47：308-314.

[5] Grill A，Patel V，Meyermn B S. Application of Diamond Films and Related Materials [D]. In：Tzeng，Y Yoshikawa M，Murkawa M，et al. Elsevier Science Publishers B V，1991：683.

[6] Nakao S, Saitoh K, Niwa H, et al. Microindentation measurement of glassy carbon implanted with high-energy titanitanium ions [J]. Surf Coat Techrd, 1998, 103-104: 384-388.

[7] Che J, Wei A X, Deng S Z, et al. Study of field electron emission phenomenon associated with N-doped amorphous diamond thin films [J]. Vae Sci Technol, 1998, B16 (2): 697-699.

[8] Hioki T, Ohumura K, Itch Y, et al. Ftmnation of carbon films by ionbesm assisted deposition [J]. Surf Coat Technol, 1994, 65: 106-111.

[9] Wu Weng Jin, Him Mirr Halung. Thermal stabilityd dimmlm-like films with adde silicon [J]. Surf Coat Tedmol, 1999, 111: 134-140.

[10] Voevdin A A, Donley M S, Zabiski J S. Pulsed Laser deposition of diarnond-like carbon wear protective coatings [J]. Surf Coat Technol, 1997, 92: 42-49.

[11] Gago R, Sachez-Gamido O, Climent-Font A, et al. Effect of the sub btrate temperatunre on the depodtion of hydrogenated amporphous carbon by pacvd at 35KHz [J]. Thin Solid films, 1999, 338: 92-92.

[12] 孙碧武，谢侃，赵铁男，等. 金刚石膜和类金刚石膜的电子能量损失谱和拉曼光谱的研究 [J]. 半导体学报，1992，13 (11)：655-660.

[13] Grate Jay W, Abraham M H. Solubility interactions and the design of chemically selective scrbent coatings for eheanical senaons and arrays [J]. Semis and Actuatots, 1991, B (3): 85-111.

（微细加工技术，2001 年第 1 期）

含胺氢化碳膜对有机蒸气响应特性研究

颜永红，曾　云，靳九成，向建南，尹　霞，陈宗璋

摘　要：用含有胺基的正丁胺（$CH_3CH_2CH_2CH_2NH_2$）作为碳源，用射频辉光放电方法制备出含胺氢化碳膜。用这种氢化碳膜作为石英晶体微量天平（Quartz Crystal Microbalance，QCM）的质量传感膜。研究其对甲酸等多种有机物质蒸气的质量响应特性。研究表明，这种含胺的氢化碳膜对羧酸、酮、苯、醇、酯、烷烃等有机蒸气都有一定的质量响应。而且对羧酸类物质蒸气响应度较大。其中又以酸性参数最大的甲酸响应灵敏度最大。这是由于氢化碳膜是通过色散力和空穴力同苯、醇、酮、酯、烷烃相作用，这种作用较弱。而氢化碳通过带碱性的胺官能团同甲酸蒸气分子的酸性氢相互作用，这种作用较强。

关键词：氢化碳膜；有机蒸气；传感特性

Study on Sensitive Properties of Hydrogenated Carbon Film

Yan Yonghong，Zeng Yun，Jin Jiucheng，Xiang Jiannan，
Yin Xia，Chen Zongzhang

Abstract：The hydrogenated carbon（a-C∶H）films containing amino-group in is structure networks are prepared by r. f. glow discharged method with n-butylamine as carbon source. The quartz crystal microbalance（QCM）sensors are manufactured with a-C∶H film containing amino-group as its mass sensitivity film. The sensitive properties of QCM sensors to a series organic vapors are studied. It shows that the QCMs have certain response to formic acid，acetic acid，acetcone，methyl benzene，ethyl acetete，n-butyl acetate，tetrahydrofuran，trichloromethane vapors. And it is most sensitive to formic acid because of the strongest interaction between the basicity amimo-group in the hydrogenated carbon and the acid hydrogen-bond of formic acid.

Key words：hydrogenated carbon film；organic vapors；sensitivity

---

1　引言

氢化碳膜（a-C∶H）是科学家们以碳或碳氢化合物为原料，设法在低温低压下合成金刚石膜时所得到的一种薄膜材料。这种薄膜材料具有高硬度[1]、化学性能稳定[2]、低摩擦系数[3]、高电阻率[4]、好的红外透射性[5]等一系列与金刚石膜相近的优良特性和结构特征，人们将之称为类金刚石薄膜[6]。并从制备工艺方法、结构形态分布、物理性能测定等方面进行了广泛的研究。其在机械、电子、声学、光学、计算机及医学等领域的应用也取得了进展。

近年来，为了满足一些特殊应用的需要，在制备氢化碳膜的过程中加入某些其他元素，使之结合到氢化碳膜的网络结构中，使氢化碳膜具有新的特性，从而得到特殊应用。T. Hioki 等[7]人在氢化碳膜网络结构中加入硅元素，使薄膜在相对温度较高时的摩擦系数大大降低，接近干燥氮气气氛下的摩擦系数。而 M. Grischke 等人[8]把某些金属元素加入到氢化碳膜的网络结构中，使氢化碳膜在保持原有摩擦系数和耐磨特性条件下其电导率提高几个数量级。

本文报道在氢化碳膜的网络结构中加入胺基团，用这种含胺基团的氢化碳膜作为石英晶体微量天平（Quartz Crystal Microbalance，QCM）的质量传感膜。将其对多种有机蒸气进行测试，发现这种含胺的氢化碳膜对羧酸类物质蒸气具有最为敏感的响应特性。

2 实验

选用含有胺基的碳氢化合物正丁胺（$CH_3CH_2CH_2CH_2NH_2$）作为沉淀碳膜的碳源，由高纯氢气携带进入电容耦合式射频辉光放电淀积设备的反应室。将氢化碳膜直接沉积到JM5型AT切剖的9.3125 MHz双面被银压电石英晶体上，制成QCM传感器。将用含胺碳膜作为质量传感膜的QCM传感器置于密闭检测室。用经无水氯化钙干燥后的氮气冲洗检测室及QCM传感器，使之达到稳定基频（F_0）。密闭检测室，用微量注射器依次注入待测物质，并使之充分气化。由CN3165型高分辨计数器测出有机蒸气不同浓度下QCM传感器的频移变化值ΔF，从而得到QCM传感器对多种有机蒸气浓度的响应特性。测试时密闭容器置于恒温水浴中，温度恒定在24 ℃±0.5 ℃。

3 结果与讨论

3.1 传感特性

在载气流量为40 mL·min^{-1}，反应用室压力维持在1.33×10^2 Pa，放电电压为600 V工艺条件下制备出含胺氢化碳膜。将这种碳膜直接沉积到石英晶体振荡器上，制成QCM传感器。将用这种含胺氢化碳膜作为传感膜的QCM传感器对羧酸、酮、醇、酯、烷烃等多种有机蒸气进行测试，所得到的响应特性如图1和图2所示。

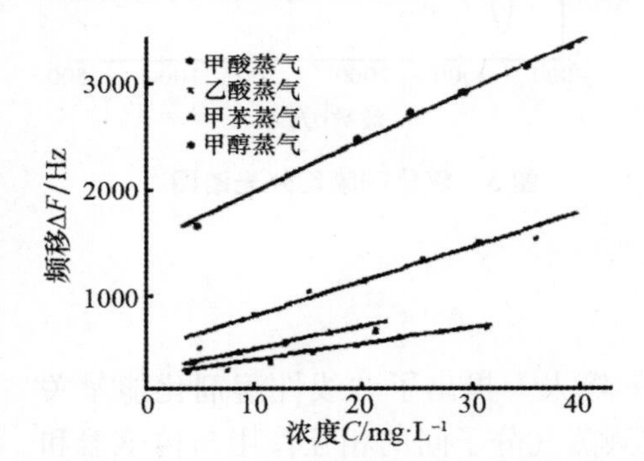

图1 QCM传感器对有机蒸气响应特性

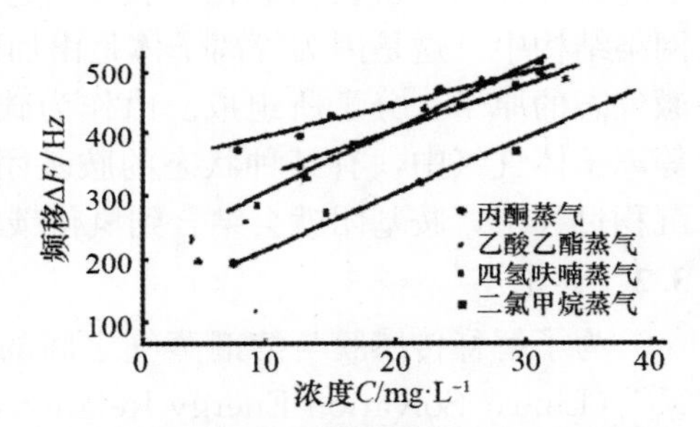

图2 QCM传感器对有机蒸气响应特性

图中横坐标为有机蒸气浓度C，纵坐标为QCM传感器响应频移ΔF。从图中可以看到，对所测试的8种溶剂性有机物质蒸气，随着蒸气浓度增加，QCM传感器的频移响应增加。说明含胺氢化碳膜对这些有机物质蒸气都具有质量传感特性。将所得的数据用线性回归法进行拟合，其拟合方程为

$$\Delta F = a + bC$$

的形式。用拟合直线方程的斜率b表征QCM传感器对有机蒸气的敏感度。将所得到的QCM传感器对所测试的各种有机蒸气的敏感度、相关系数及线性范围列于表1中。

表1 含胺氢化碳膜对不同有机蒸气响应特性

测试物质	敏感度/Hz·mL^{-1}·L	相关系数	线性范围/mg·mL^{-1}
甲酸	42.95	0.993	5.00～39.94
乙酸	33.52	0.982	4.88～39.04
甲苯	18.49	0.996	5.21～19.64
甲醇	16.93	0.996	3.93～27.57

续表

测试物质	敏感度/$Hz \cdot mL^{-1} \cdot L$	相关系数	线性范围/$mg \cdot mL^{-1}$
四氢呋喃	11.48	0.981	13.33～26.7
乙酸乙酯	9.43	0.975	12.63～33.68
二氯甲烷	8.85	0.995	19.89～38.27
丙酮	6.10	0.995	11.01～30.29

从表中可以看到，尽管含胺氢化碳膜对所测试的 8 种有机物质蒸气浓度都有响应，但对不同物质其响应敏感度却相差很大。其响应敏感度甲酸蒸气最大，为 42.95；乙酸次之，为 33.52；而对其他测试有机物质蒸气的响应敏感度都较低。对丙酮的响应敏感度最低，为 6.10。这说明镀有含胺氢化碳膜的 QCM 传感器对弱酸性和非极性物质蒸气的响应灵敏度都较小。

3.2 红外光谱分析

将在载气流量为 40 $mL \cdot min^{-1}$，反应室压力为 1.33×10^2 Pa，放电电压为 600 V 条件下得到的氢化碳膜进行红外光谱测试，所得谱图如图 3 所示。

在波数 3425 cm^{-1}处吸收峰为 N—H 键的伸展振动吸收。而波数在 1622 cm^{-1}处的吸收峰为 N—H 键的弯曲振动吸收。波数在 2923 cm^{-1}处吸收峰为 C—H 键伸展振动吸收。而波数在 1431 cm^{-1}和 612 cm^{-1}处的吸收峰为 C—H 键变形振动吸收。波数 1125 cm^{-1}处吸收峰为 C－H 键伸展振动吸收。上述红外光谱分析表明氢化碳膜中有胺官能团结合到薄膜的网络结构中。这是因为等离子体是由加速电子、离子、光子，激发态的原子、分子所组成。由作为碳源的正丁胺所产生的等离子体气氛中，有某种状态的胺基团存在。在氢化碳膜的沉积过程中，胺基团就会结合到氢化碳膜的网络结构中。

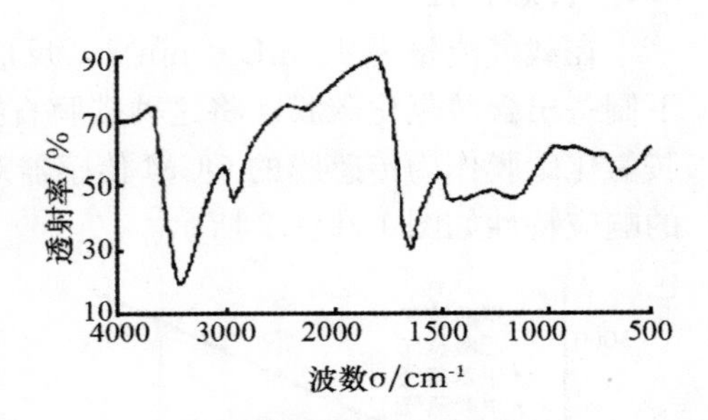

图 3 氢化碳膜红外光谱图

3.3 讨论

为了解释传感膜与溶剂蒸气之间的相互作用，J. W. Grate 等人[9]提出了“线性溶剂化能量关系”(Linear Solvation Energy Relationships)，认为传感膜和被测蒸气分子间的相互作用与传感器和被测蒸气物质的极性、极化率、氢键、色散力、空穴力等因素有关。被测蒸气中苯、醇、酯、烷、酮等有机蒸气是通过色散力和空穴力同作为传感膜的含胺氢化碳膜相互作用。这种相互作用较弱，因而 QCM 传感器对这些有机物蒸气物质浓度的响应敏感度较小。而对于羧酸类物质，情况则有所不同。由于用正丁胺作为碳源，用射频辉光放电方法制备的氢化碳膜的网络结构中含有胺官能团，这种碱性的胺官能团能够同有机物质蒸气分子中的酸性氢键发生相互作用而使得含有碱性胺官能团的薄膜材料对含有酸性氢键的有机分子的浓度产生响应起到质量传感作用。而且碱性胺基团与酸性氢键的相互作用比色散力作用和空穴力作用要强。羧酸类物质分子中存在酸性氢键，因而以含胺氢化碳膜作为传感膜的 QCM 传感器对羧酸类物质有较好的质量响应，其中又以甲酸物质的氢键酸性参数值最大。而且含胺氢化碳膜与甲酸蒸气之间的色散力和空穴力作用也大于被测的其他有机蒸气。因此，在所测试的有机物质蒸气中，对甲酸蒸气具有最高的响应敏感度。

由于氢化碳膜化学性能稳定，耐磨耐蚀。含胺氢化碳膜作为 QCM 传感器的质量识别薄膜也具有好的稳定性和长的使用寿命，并且响应迅速，再现性好[10]，能够克服有机聚合膜作为 QCM 质量传感膜时由于本身性能不稳定，使 QCM 传感器出现失重现象，以及其敏感度随着时间而迅速下降[11,12]等问题。

4 结论

在氢化碳膜的沉积过程中，可以将胺基团掺入氢化碳膜的网络结构中。这种氢化碳膜中带碱性的胺基团同甲酸蒸气分子中的酸性氢键在所测物质中具有最强的相互作用。因而含胺氢化碳膜对甲酸蒸气的质量传感特性的灵敏度最高。以含胺氢化碳膜作为质量传感膜的 QCM 传感器可望在甲酸蒸气的监测中得到应用。

参考文献

[1] Robertson J. Properties of diamond-like carbon [J]. Surface & Coatings Technology, 1992, 50 (3): 185-203.
[2] K Miyoshi, R L C Wu, A Garscadden. Friction and wear of diamond and diamond-like carbon coatings [J]. Surface & Coatings Technology, 1992, s54-55 (6): 428-434.
[3] Wei R, Weilbur P J, Erdemir A, et al. Tribological and microstructural studies of oxygen-implanted ferrite and austenite [J]. Surface & Coatings Technology, 1992, 51 (1 - 3): 133-138.
[4] Weissmantel C, Bewilogua K, Schurer C, et al. Characterization of hard carbon films by electron energy loss spectrometry [J]. Thin Solid Films, 1979, 61 (2): L1-L4.
[5] Weissmantel S, Reisse G, Shulzes. Laser-induced structural phase changes in i-carbon films [J]. Applied Surface Science, 1992, 54 (1): 317-321.
[6] Aisenberg S. The role of ion-assisted deposition in the formation of diamond-like carbon films [J]. Journal of Vacuum Science & Technology, 1990, 8 (3): 2150-2154.
[7] Hioki T, Okumura K, Itch Y, et al. Formation of carbon films by ion-beam-assisted deposition [J]. Surface & Coatings Technology, 1994, 65: 106.
[8] Grischke M, Gewilogua, Trojan K, et al. Application-oriented modifications of deposition processes for diamond-like-carbon-based coatings [J]. Surface & Coatings Technology, 1995, s74-75 (94): 739-745.
[9] Grate J W, Abraham M H. Solubility interactions and the design of chemically selective sorbent coatings for chemical sensors and arrays [J]. Sensors and Actuators B-Chemical, 1991, 3 (2): 85-111.
[10] Yonghong Y, Jiucheng J, Zongzhang C, et. al. The mass recognizing property of DLC film for formic acid [J]. Chinese Science Bulletin, 1998, 43 (15): 1312.
[11] Zellers E T, Patrash S J. Characterization of polymeric surface acoustic wave sensor coatings and semiempirical models of sensor responses to organic vapors [J]. Analytical Chemistry, 1993, 65 (15): 2055-2066.
[12] Dominquez M E, Li jun, Robert L C, et al. Protential use of plasma deposition techigqes in the preperation of recognition coatings for mass sensors [J]. Analytical Letters, 1995, 28 (6): 945-958.

[功能材料，30 (6)，1999 年]

K_3C_{60}晶体中钾离子的平衡位置

刘 红，陈宗璋，彭景翠，陈小华，白晓军

摘 要：分析八面体空隙中心碱金属的相互作用势能，研究碱金属沿［111］、［110］和［100］三个不同方向移动时，势能的变化情况，结果表明，对于K_3C_{60}晶体，K^+离子在三个不同方向上都存在非中心平衡位置，而且在三个不同方向上，非中心平衡位置相对中心的偏移量不同，在［111］轴上为0.98Å。在［110］轴方向上为0.78Å，在［100］方向上为0.56Å，在［111］轴方向的非中心的势能是最小值，为－508.59meV。通过对计算结果的分析，认为非中心平衡位置的出现应归因于短程相互作用，其中与C_{60}的相互作用是最主要的，其势能最低点对应的位置不在中心，三个不同方向的非中心平衡位置偏离中心距离不同，是因为与之对应晶面上的C_{60}面密度不同。

关键词：K_3C_{60}晶体；非中心格点；八面体对称性；Lennard-Jones 势；晶面

中图分类号：O414 **文献标识码**：A

Equilibrium Positions of Potassium Cation in K_3C_{60} Crystal

Liu Hong，Chen Zongzhang，Peng Jingcui，Chen Xiaohua，Bai Xiaojun

Abstract：By analyzing the potential of an octahedral alkali cation，the varying of the potential of alkali cation，whose position is in three diferent directions of［111］，［110］and［100］was calculated. The results show that off-center sites in K_3C_{60} crystal actually exist in these three direction s. The deviations from the center are different to be 0.98Å，0.78Å，0.56Å respectively in［111］，［110］and［100］directions. The potential at off-center site in［111］direction is the lowest，－508.59meV. The existence of off-center sites owes to the short range interaction of alkali，especially the interaction between alkali and C_{60} anions. The most important is that the site corresponding to the lowest potential point is not at the symmetric center. The reason of the different deviations in these three directions is the different densities of C_{60} anion in the corresponding crystal planes.

Key words：K_3C_{60} crystal；off-center site；octahedral symmetry；Lennard-Jones potential；crystal plane

---

1 引 言

碱金属掺杂化合物A_3C_{60}晶体（FCC）具有出人意料的较高超导转变温度[1-4]，激起了凝聚态物理学家、材料科学家们的极大兴趣，目前对此类化合物性质的研究成为超导研究领域中引人注目的前沿课题。现知道此类化合物的超导转变温度与掺杂碱金属有很大关系。最近，对碱金属掺杂A_3C_{60}和AC_{60}晶体FCC结构的X射线和中子散射的数据进行分析，认为碱金属阳离子在这些化合物中处于非中心格点上[5,6]。在碱金属阳离子浓度更高的富勒烯A_4C_{60}、A_6C_{60}中出现类似的非中心格点是可以理解的。但在轻度掺杂化合物A_nC_{60}中（n=1、2、3），非中心格点的出现是让人吃惊的。在晶格动力学理论中，对于离子晶体，离子间的静电库仑相互作用是结合能的主要部分，它使得离子的平衡位置位于晶格格点上。A_3C_{60}晶体中出现非中心平衡位置，说明离子间的 Van der Waals 相互作用不容忽视。因此从理论上弄清楚此类化合物中碱金属的势能和运动情况，分析非中心格点出现的原因，对此类化合物的超导机制具有重要意义。

由于在面心立方结构（FCC）的晶体中，四面体空隙比八面体空隙小很多，而且对于 A_3C_{60} 和 A_2BC_{60}化合物，四面体空隙中的碱金属是整个晶格的主要支撑[7]，四面体空隙中的碱金属不会位于非中心格点上，因此在本文中主要研究位于八面体空隙中的碱金属。

2 公式建立与运动分析

在如图 1 所示的晶胞中，我们研究位于体心的八面体空隙碱金属，Goze 等人[8]分析了碱金属与 C_{60}的 Van der Waals 相互作用，用 Lennard-Jones 势计算碱金属与最近的 C^{60} 的短程相互作用，发现八面体空隙中碱金属在［111］轴方向上存在非中心平衡位置，偏移中心距离约为 0.3Å。在其研究的基础上，本文作者采用另一形式的 Lennard-Jones 势，全面考虑了八面体空隙中碱金属的相互作用势能，对于短程相互作用的作用范围取为 $8\alpha\times8\alpha\times8\alpha$ 的晶胞（其中 $\alpha=7.1$Å），而研究对象八面体空隙碱金属的中心格点位置在晶胞的中心。由于掺杂碱金属 C_{60}化合物是离子晶体，碱金属转移一个电子给 C_{60}，碱金属阳离子的总的相互作用势能包括三个方面：静电库仑相互作用、色散相互作用和排斥相互作用。对于碱金属与 C_{60}离子的相互作用势作如下假设：C_{60}具有很高的 I_h 对称性，C_{60}接受三个电子后，电子主要分布在碳笼的外表面，形成的电子云为球形对称分布，而且富勒烯 C_{60}分子本身的结合能和质量都很大，可考虑 C_{60}离子是刚性的，K^+离子的运动不改变 C_{60}^{-3}离子的位置和 C_{60}^{-3}离子的结构半径，K^+离子运动引起 C_{60}^{-3}极化，产生的偶极矩因 C_{60}^{-3}上电荷的弛豫过程而等于零，因此 C_{60}^{-3}离子与 C_{60}^{-3}离子之间的偶极子和偶极子相互作用消失。而碱金属与 C_{60}离子间的库仑相互作用由于碱金属与 C_{60}^{-3}极化偶极子的静态相互作用为零，可用点电荷间的库仑相互作用来描述。C_{60}与碱金属的短程相互作用来源于碳原子与碱金属的相互作用，由于 C_{60}^{-3}自由高速旋转，使得其上电子分布与碱笼之间的关系不断发生变化，与碱金属之间出现瞬时偶极矩相互作用，即产生众所周知的 Van der Waals 力。对于八面体空隙处碱金属距离最近邻 C_{60}较远为 7.12Å，两者电子云的交叠较少，因此更适合用 Lennard-Jones 势：

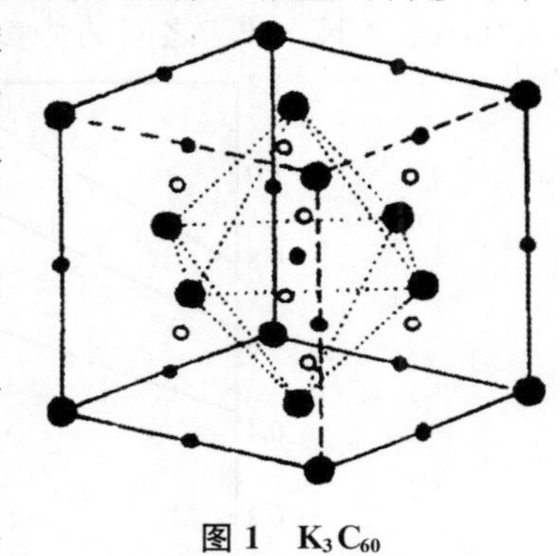

图 1　K_3C_{60}

$$V_W(r)=4\varepsilon\left(\frac{\sigma^12}{\gamma^12}-\frac{\sigma^6}{\gamma^6}\right)$$

来表示色散和排斥相互作用，其中 γ 是碱金属与 C_{60}上碳原子的距离。

进一步，由于 C_{60}的半径仅为 3.55Å，而其球面上却有 60 个 Van der Waals 半径为 1.66Å 的碳原子，面密度为$\frac{60}{4\pi R^2}$，对于 Lennard-Jones 势，我们将碱金属对每个碳原子的相互作用之和，用对球壳的积分来代替：

$$V_M-C_{60}(r)=\sum_{i\Omega}V_W(r_i)=\frac{60}{4\pi R_2}\cdot 2\pi R^2\int_0^\pi d\theta\cdot\sin\theta\cdot V_W(\sqrt{r^2+R^2-2rR\cos\theta})$$

积分结果为：

$$V_M-C_{60}(r)=\frac{12\epsilon\sigma^{12}}{rR}\left[\frac{1}{(r-R)^{10}}-\frac{1}{(r+R)^{10}}\right]-\frac{30\epsilon\sigma^6}{rR}\left[\frac{1}{(r-R)^4}-\frac{1}{(r+R)^4}\right]$$

其中 r 是碱金属距 C^{60}球心的距离，$R=3.55$Å 是 C_{60}离子的半径。

在上述分析假设的基础上，写出碱金属的总的相互作用能力：

$$V(\vec{r})=V_{coul}(\vec{r})+V_W(\vec{r})$$

$$V_{coul}=\sum_{j=1}^{n}\frac{-3e^2}{4\pi\epsilon_0\,|\vec{r}-\vec{R}_j|}+\sum_{j=1}^{m}\frac{e^2}{4\pi\epsilon_0\,|\vec{r}-\vec{r}_j|}$$

$$V_W=\sum_{j=1}V_M-C_{60}(|\vec{r}-\vec{R}_j|)+\sum_{j=1}V_{M-M}\,|\vec{r}-\vec{r}_j|$$

其中$\vec{R}_j$是第j个C_{60}离子的球心坐标，$\vec{r}_j$是第j个碱金属离子的坐标。关于库仑相互作用可对$20^3\times 8$个原胞进行求和计算得到，在此不做详细说明，而对于短程相互作用只对6^3个原胞内的离子求和。

在公式建立的基础上，对A_3C_{60}或A_2BC_{60}晶体中如图1所示的体心处碱金属，分析其运动的可能方向。由其最近邻的C_{60}^{3-}离子构成的八面体的对称性可知，碱金属沿以下三个方向移动的几率较大：(1) 八面体对角线即[100]方向；(2) 相对三角形面中心连线，即[111]轴方向；(3) 八面体相对棱中心连线，即[110]方向。

3 计算结果与讨论

对K_3C_{60}晶体做计算，其中$K^+-C_{60}^{3-}$之间Lennard-Jones势的势参数为。$\varepsilon=28.00$ meV，$\sigma=2.93$Å[9]；K^+-K^+之间的势参数为$\varepsilon=13.50$ meV，$\sigma=3.36$Å[10]。

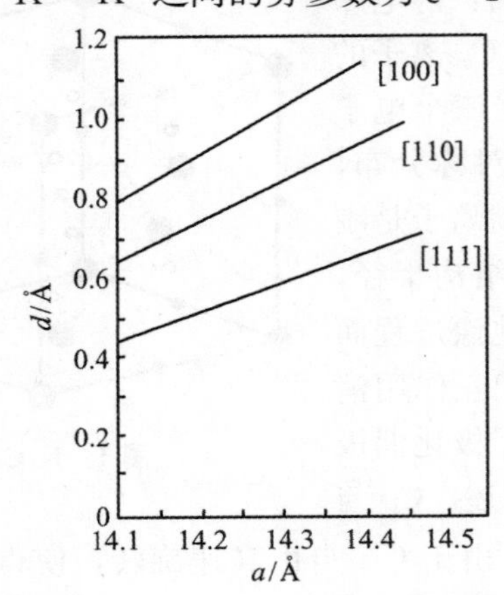

图2 在不同晶格常数下，非中心平衡位置偏离中心的距离

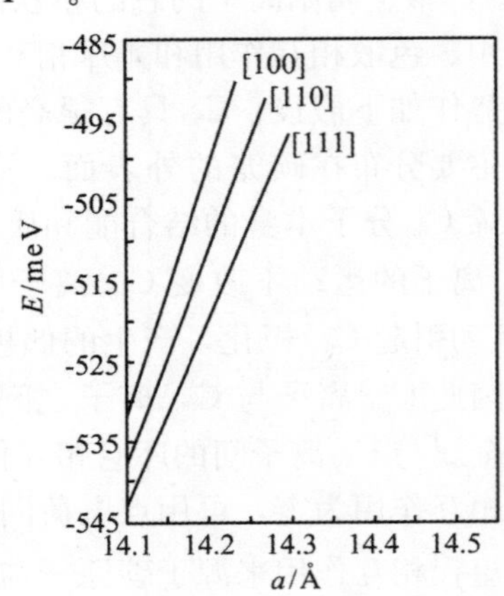

图3 在不同晶格常数下，在非中心平衡位置上的势能

非中心平衡位置的出现与空隙的大小有关。图2显示了当晶格常数取不同值时，沿三个方向非中心平衡位置偏离中心的位置，即偏移量的变化曲线。可见非中心平衡位置的偏移量与晶格常数成正比，说明非中心平衡位置对晶格常数很敏感。在[111]轴上的偏移量总是大于其他两个方向。图3显示，在不同方向上，非中心平衡位置处的能量与晶格常数的关系曲线为直线，成正比关系，而且表明在不同晶格常数时，在[111]轴上的非中心平衡位置的势能总是低于其他两个方向上的非中心平衡位置势能。因此在[111]轴上的非中心平衡位置是K^+离子的平衡位置。

表1 钾离子位于非中心平衡位置上的相互作用能

Moving directions	Deviation from the center site/Å	Lennard-Jones Potentials		V_{coul}	Total Potentials
		V_M-C_{60}	V_M-M		
[111]	0.98	−725.998	−13.431	231.011	−508.59
[110]	0.78	−709.660	−12.818	223.623	−498.89
[110]	0.56	−696.779	−12.243	221.504	−487.80

图4显示了K_3C_{60}晶体中，晶格常数=14.24Å，K^+离子沿三个不同方向移动时，各种相互作用

能和总相互作用能随偏移量的变化曲线。总相互作用能曲线的最低点对应着非中心平衡位置的位置。表1列出了沿三个方向移动时，在非中心平衡位置上，各种相互作用能及总相互作用能的值。发现碱金属在三个不同方向的非中心平衡位置并不完全相同，在［111］轴上的非中心平衡位置偏离中心位置最大，可达到0.98Å，其势能为－508.59 meV，与中心位置势能－476.40 meV 相差 32.19 meV，在［110］方向偏移量为0.78Å，势能为－498.89 meV，在［100］方向的偏移最小为0.56Å，能量为－487.80 meV，与中心位置势能相差 11.20 meV，而与［111］轴上非中心平衡位置势能相差20.79 meV。

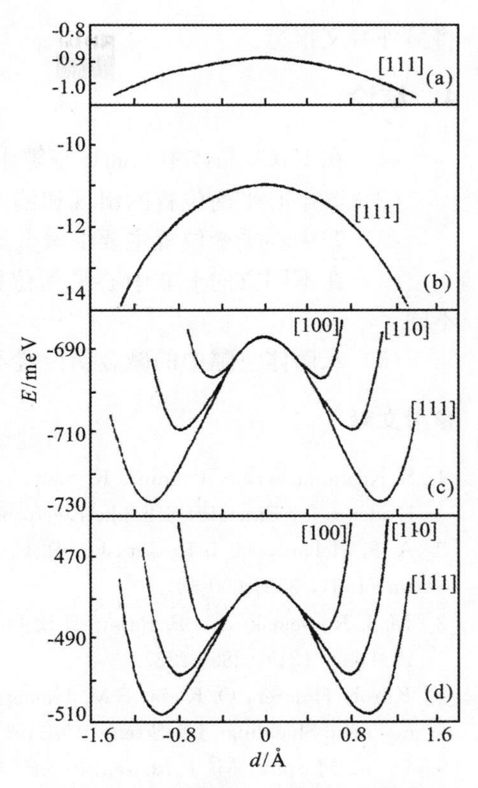

图4　K^+离子的各种相互作用能随偏离中心的距离变化曲线

在计算中发现，虽然库仑相互作用较大，但是它随偏移量的增大而增大，除中心位置外没有其他势能最低点，因此库仑相互作用对非中心平衡位置的出现没有贡献。对于非中心平衡位置出现的起因主要归功于短程相互作用，其中碱金属与C_{60}的Lennard-Jones势的绝对值最大，其随偏移量的变化曲线如图4（c）所示，出现了比中心位置的势能更低的势能值，在三个方向上出现的最低值对应的偏移量在［111］轴上1.1Å，［110］方向0.8Å，［100］方向0.56Å。说明碱金属与C_{60}的短程相互作用对非中心平衡位置的确定具有最大的贡献。碱金属原子之间的短程相互作用如图4（a）（b）所示，随偏移量增加势能减小，但是相对于与C_{60}的作用来说，其影响较小。

在［111］轴上出现非中心平衡位置可以用（111）C_{60}晶面层对碱金属K^+离子的相互作用来解释。由图4（c）看到K^+与C_{60}的Lennard-Jones势在很大的范围内都是色散相互作用较大，说明两个晶面都对K^+离子有相互吸引作用。当K^+离子位于中心位置时，由于对称性，使得两个晶面的相互吸引作用抵消，出现一个极值点。当偏离中心位置时，距K^+离子较近的晶面的色散作用增加得比另一晶面的色散作用快，因此使得K^+离子继续向较近的晶面移动，相互作用曲线降低，直到在偏离中心0.98Å处时，较近晶面上C_{60}的排斥相互作用及另一个晶面上C_{60}的色散相互作用将以较大的幅度增加，再加上碱金属间的短程相互作用的影响，此时相互作用曲线出现了最低点，即对应着非中心平衡位置。

对于三个方向上非中心平衡位置不相同的原因，作者认为这与C_{60}晶面的选取有关，对于［111］轴方向，它垂直于（111）C_{60}晶面，晶面上C_{60}的面密度最大，整个晶面上C_{60}^{3-}对K^+离子的色散排斥相互作用的和使得在［111］轴方向的平衡位置距离中心的偏移量很大。而与［110］方向垂直的（110）晶面上，C_{60}的密度次之，使得整个晶面上C_{60}对K^+离子的相互作用较小，在此方向上的平衡位置的偏移量较小。与［110］方向垂直的（100）晶面上，C_{60}的密度最小，因此在此方向上的非中心平衡位置的偏移量很小。

在八面体空隙中，由于八面体对称性，属于［111］轴方向的非中心平衡位置有8个，属于［110］方向的有12个，属于［100］方向的有6个。虽然在［111］轴方向的非中心平衡位置势能是三个方向中最小的，是八面体空隙中，碱金属最稳定的点。但是由于8个非中心平衡位置是相互等价的，碱金属可占据其中任意一个点作为平衡位置，并且三个方向上的非中心平衡位置势能之间相差最大也仅有32.19 meV，因此碱金属并不是很稳定地位于一个平衡位置（即［111］轴上的一个非中心平衡位置）上。

由于对碱金属与C_{60}之间的Van der Waals相互作用，没有具体详细的研究其微观机理，因此在势参数的选取上仍沿用碳原子与钾原子之间的势参数，在一定程度上可能造成计算结果不准确。另外，C_{60}^{3-}上电荷的具体分布以及在晶体中的取向也对碱金属的非中心平衡位置有影响，这一研究内容将另外撰文报道。

4　结论

（1）在 K_3C_{60} 晶体中八面体空隙中的碱金属确实存在非中心平衡位置。

（2）非中心平衡位置的出现和偏离中心的距离与晶格常数有关。

（3）非中心平衡位置主要由碱金属与 C_{60} 的短程相互作用来确定，库仑相互作用没有贡献。

（4）在不同方向上非中心平衡位置偏离中心的距离不同，是由于与之对应晶面上的 C_{60} 面密度不同。

（5）八面体空隙中的碱金属位置不固定。

参考文献

[1] S. Krummacher，S. Cramm，K. Szot，et al. Experimental Determination of the Electronic Structure of Solid C60；Evidence for Extended Solidlike Electronic States [J]，Euro. Phys. Lett. 1991，16 (5)：437-442.

[2] A. F. Hebard，M. J. Rosseinsky，R. C. Haddon，et al. Superconductivity at 18 K in potassium-doped C60 [J]，Nature 1991，350：600-601.

[3] M. J. Rosseinsky，A. P. Ramirez，S. H. Glarum，et al. Superconductivity at 28 K in RbxC60 [J]，Phys. Rev. Lett. 1991，66 (21)：2830-2833.

[4] Károly Holczer，O. Klein，S-M. Huang，et al. Alkali-Fulleride Superconductors：Synthesis，Composition，and Diamagnetic Shielding [J]，Science 1991，252 (5009)：1154-1157.

[5] D. W. Murphy，M. J. Rosseinsky，R. M. Fleming，et al. Synthesis and characterization of alkali metal fullerides：AxC60 [J]，J. Phys. Chem. Solids 1992，53 (11)：1321-1332.

[6] Q. Zhu，O. Zhou，J. E. Fischer，et al. Unusual thermal stability of a site-ordered MC60 rocksalt structure (M=K，Rb，or Cs) [J]，Phys. Rev. B 1993，47 (20)：13948-13951.

[7] 刘红，彭景翠，徐盛明，等. A_3C_{60}（或 A_2BC_{60}）化合物中碱金属对超导电性的影响 [J]，半导体杂志 1998，23 (2)：14-18.

[8] C. Goze，M. Apostol，F. Rachdi，et al. Off-center sites in some lightly intercalated alkali-metal fullerides [J]，Phys. Rev. B 1995，52 (21)：15031-15034.

[9] J. Breton，J. Gonzalez-Platas，and C. Girardet. Endohedral adsorption in graphitic nanotubules [J] J. Chem. Phys.，1994，101 (4)：3334-3340.

[10] I. Derycke，J. P. Vigneron，Ph. Lambin，et al. Physisorption in confined geometry [J]，J. Chem. Phys. 1991，94 (6)：4620-4627.

（无机材料学报，第 15 卷第 3 期，2000 年 6 月）

锂离子电池材料和镍氢电池材料

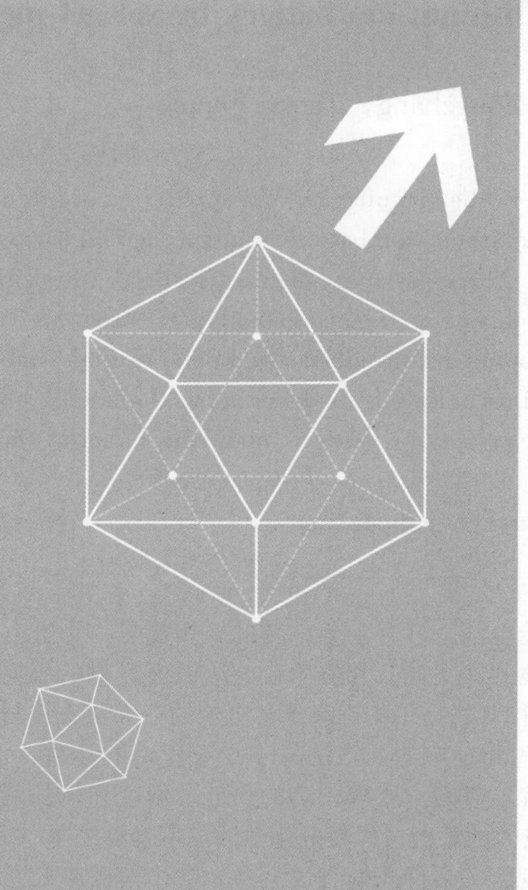

溶胶凝胶法制备锂离子蓄电池正极材料

汤宏伟，陈宗璋，钟发平

摘　要：溶胶凝胶法制备材料具有突出的优越性。正极材料在锂离子蓄电池的生产和应用中起着关键作用，锂离子蓄电池正极材料合成是锂离子蓄电池研究的热点。综述了用溶胶凝胶法制备锂离子蓄电池正极材料的研究现状，该工艺已经取得了很大的进展，但仍未工业化。对其发展方向作了展望，认为其发展方向为掌握溶胶凝胶工艺规律，研究开发新的溶胶凝胶工艺路线，对材料进行表面改性，早日实现溶胶凝胶法制备锂离子蓄电池正极材料的工业化。

关键词：溶胶凝胶法；锂离子蓄电池；正极材料

中图分类号：TM912.9　**文献标识码**：A　**文章编号**：1002-087X（2003）04-0397-03

Synthesis of cathode material for lithium ion battery by sol-gel method

Tang Hongwei，Chen Zongzhang，Zhong Faping

Abstract：Cathode material plays a key role in the manufacture and application of lithium ionbattery，so its synthesis is a focus in the research on lithium ion battery. Sol-gel method has outstanding advantages in synthesizing the cathode material. The state-of-art of research on synthesizing cathode materials for lithium ion battery by sol-gel method was reviewed. Though great progress has made in the research，the technology is still not been adopted in the industrialization of cathode material. The developing trend of the technology is prospected as flolowed：understanding the law of sol-gel technology；researching and developing new sol-gel processes；surface-modifying material and realizing industrialization.

Key words：sol-gel method；lithium ion battery；cathode material

---

锂离子蓄电池是性能卓越的新一代绿色高能电池，具有十分广阔的应用前景，为进一步降低电池的成本，提高电池的性能，促进锂离子蓄电池的广泛普及和应用，电池正极材料的研究显得十分关键。目前，$LiCoO_2$、$LiNiO_2$、$LiMn_2O_4$ 及其衍生物是用于锂离子蓄电池的三大类正极材料。传统的锂离子蓄电池正极材料的制备大多采用高温固相反应法，该法易于产业化，但其缺点也很明显：粉体原料需要长时间的研磨混合，且混合均匀程度有限；要求较高的热处理温度和较长的热处理时间；产物在组成、结构、粒度分布等方面存在较大的差别；材料电化学性能不容易控制[1]。

为克服高温固相反应法的缺点，近年来开发出了多种新的合成方法，其中溶胶凝胶法十分引人注目[2]。溶胶凝胶技术是一种由金属有机化合物、金属无机化合物或上述两者混合物经过水解缩聚过程，逐渐凝胶化及经相应的后处理，而获得氧化物或其他化合物的新工艺。与传统的材料制备方法相比较，溶胶凝胶法具有纯度高、均匀性强、处理温度低、反应条件易于控制等优点，因此，采用溶胶凝胶法合成锂离子蓄电池正极材料对优化材料的组成、结构，提高材料电化学性能，降低材料的成本具有很大的吸引力，值得深入研究。本文对溶胶凝胶法制备锂离子蓄电池正极材料的研究进展进行了综述。

1 溶胶凝胶法原理[3]

溶胶凝胶法是制备超微颗粒的一种湿化学法。它的基本原理是以液体的化学试剂配制成金属无机盐或金属醇盐前驱物，前驱物溶于溶剂中形成均匀的溶液，溶质与溶剂产生水解或液体介质，并在远低于传统的烧结温度下热处理，最后形成相应的物质化合物微粒。醇解反应，反应生成物经聚集后，一般生成 1 nm 左右的粒子并形成溶胶。经过长时间放置或干燥处理溶胶会转化为凝胶。在凝胶中通常还含有大量的液相，需要借助萃取或蒸发除去。溶胶凝胶体的制备可有 3 种途径：（1）胶体溶液的凝胶化；（2）醇盐或硝酸盐前驱体的水解聚合，继之超临界干燥凝胶；（3）醇盐前驱体的水解聚合，再在适宜环境下干燥、老化。其中以方法（3）最为常用。溶胶凝胶法制备过程包括 4 个步骤：起始原料如金属盐通过化学反应转变为可分散的氧化物；可分散的氧化物在稀酸或水中形成溶胶；溶胶脱水成球、纤维、碎片或涂层状的干凝胶；干凝胶受热生成氧化物超微粉末。其中最重要的就是溶胶和凝胶的生成。过程中依次要发生水解反应和缩聚反应，典型的反应式为：

$$M(OR)_n + xH_2O \longrightarrow M(OH)_x(OR)_{n-x} + xROH \tag{1}$$

$$—M—OH + HO—M \longrightarrow M—O—M + H_2O \tag{2}$$

$$—M—OR + HO—M \longrightarrow M—O—M + ROH \tag{3}$$

控制溶胶凝胶化的参数很多，也比较复杂。目前多数人认为有四个主要参数对溶胶凝胶化过程有重要影响，即溶液的 pH 值、溶液的浓度、反应温度和反应时间。用溶胶凝胶法制备锂离子蓄电池正极材料的具体路线主要有 Pechini 法、水溶液体系中有机酸（或醇）螯合法、喷雾干燥法等。

2 溶胶凝胶法在锂离子蓄电池正极材料制备中的应用

锂钴氧化物（$LiCoO_2$）属于 α-$NaFeO_2$ 型结构，具有二维层状结构，适宜锂离子的脱嵌。由于其制备工艺较为简便、性能稳定、比容量高、循环性能好，目前商品化的锂离子蓄电池大都采用 $LiCoO_2$ 作为正极材料。彭正顺等采用醋酸锂、醋酸钴、柠檬酸、乙二醇为原料，用 Pechini 法在 500 ℃制备出了 $LiCoO_2$ 超细粉，热处理温度比高温固相反应法显著降低，热处理时间也显著缩短，所得材料具有优异的电化学性能。缺点是成本较高，不利于大规模工业化生产。Sunyang-kook 等采用硝酸锂、硝酸钴、聚丙烯酸为原料，在 550 ℃下制备出窄粒径分布的纳米 $LiCoO_2$，该材料的初始放电容量为 133 mAh/g，经 350 次循环后容量为初始容量的 97%。夏熙等采用溶胶凝胶法成功地制备了纳米 $LiCoO_2$，充放电实验结果表明纳米 $LiCoO_2$ 具有较高的放电容量和优于普通 $LiCoO_2$ 的循环稳定性。章福平用酒石酸法合成了 $LiCoO_2$，并研究了其结构。齐力等用草酸沉淀法合成了 $LiCoO_2$，并对其合成条件与 $LiCoO_2$ 组成及晶体结构之间的关系进行了研究。Yangxing Li 用喷雾干燥法制得 $LiCoO_2$ 超细粉，放电容量可达 135 mAh/g。S. T. Myung 等用乳胶干燥法合成了 $LiCoO_2$ 粉末，Won-SubYoon 采用丙烯酸作螯合剂合成了 $LiCoO_2$ 粉末并用循环伏安和充放电测试对其进行了研究。G. Kanga 采用柠檬酸盐 Sol-gel 法合成了 $LiCoO_2$ 并对其性能进行了研究。Mun-Kyu Kin 采用溶胶凝胶法合成出了 $LiCoO_2$ 薄膜，该膜晶型好且具有较高的容量，因而被认为是薄膜微电池正极材料的候选品[4]。

锂镍氧化物（$LiNiO_2$）为岩盐型结构化合物，它具有良好的高稳定性。由于自放电率低、对电解液的要求低、不污染环境、资源相对丰富且价格适宜，是一种很有希望代替锂钴氧化物的正极材料，现在已经被法国 SAFT 公司和加拿大的 Moli 能源公司所采用。LEE Yun-sung 等以醋酸锂、醋酸镍和己二酸水溶液为原料，在 800 ℃下得到 $LiNiO_2$ 粉末，材料的初始容量为 158 mAh/g，但经 15 次循环后容量迅速衰减。Chang Chunchieh 等将氢氧化锂和醋酸镍溶于甲醇，再加入去离子水，形成溶胶，然后经喷雾干燥形成气凝胶，经适当的热处理合成微米级的 $LiNiO_2$，研究发现 800 ℃热处理 5 h 后的 $LiNiO_2$ 初始放电容量可达 135 mAh/g，循环性能较好。Choi Youg-mi 等将过量的氢氧化锂和氨水的混合溶液加入硝酸镍溶液中，形成类溶胶状分散体系，再经加热蒸发除去水形成凝胶，

经热处理后所得 $LiNiO_2$ 的初始放电容量可达 150 mAh/g[5]。

$LiNi_xCo_{1-x}O_2$ 的循环性能明显优于 $LiNiO_2$，并比 $LiCoO_2$ 显示更高的容量。其改进的原因在于 Co 的添加改进了迁移金属层内的黏合度，限制了金属镍离子在该化合物自身层内的移动，而镍离子的移动对材料本身循环寿命和稳定性是有影响的。G. Ting-Kuo Fey 采用草酸作螯合剂合成了非化学计量比的 $LiNi_xCo_{1-x}O_2$ 材料并用 X 射线衍射技术对其结构特性进行了检测。G. T. K. Fey 研究了马来酸为螯合剂制备 $LiNi_{0.8}Co_{0.2}O_2$ 材料的最佳工艺条件，所得材料的初始放电容量超过 190 mAh/g。韩景立以碱式碳酸镍、碱式碳酸钴和碳酸锂为原料，柠檬酸为络合剂的新溶胶凝胶法制备复合锂镍钴氧化物锂离子蓄电池正极材料，氧气流中制备的 $LiNi_{0.8}Co_{0.2}O_2$ 具有高的循环容量（约 190 mAh・g^{-1}）[6]。

锂锰氧化物是传统正极材料的改性物，目前应用较多的是尖晶石型 $Li_xMn_2O_4$，它具有三维隧道结构，更适宜锂离子的脱嵌，并且其原料丰富、成本低廉、无污染，而过充性及安全性更好，对电池的安全保护装置要求相对较低，被认为是最具有发展潜力的锂离子蓄电池正极材料，在近几年进行了大量的研究。Serk-Won Jang 采用硝酸锂和醋酸锰为原料合成了尖晶石 $LiMn_2O_4$ 粉末；W. Liu 等采用硝酸锂、硝酸锰、柠檬酸、己二醇为原料，用 Pechini 法制备了相纯度很高的尖晶石 $LiMn_2O_4$ 粉末，由于 Li^+ 和 Mn^{2+} 在凝胶中达到了原子级的均匀混合，避免了固相反应中离子的长程扩散过程，因而热处理温度可显著降低[7]；B. J. Hwang 采用柠檬酸为螯合剂合成了尖晶石 $LiMn_2O_4$ 粉末和 $LiAl_xMn_{2-x}O_4$（x=0.05，0.15），并研究了 Al 的掺杂对其尖晶石结构稳定性的影响，他还使用 X 射线测定了不同制备条件下尖晶石 $LiMn_2O_4$ 的纯度，确定了合成参数[8]。通过控制合适的温度、加热时间等条件，G. C. Farrington 采用 Pechini 法合成出令人满意的锂锰氧化物。Yi-Sup Han 采用改进的 Pechini 法合成了 $LiMn_2O_4$ 超细粉；刘培松等采用柠檬酸络合法合成 $Li1_{+x}Mn_2O_4$ 正极材料，简化了反应步骤，并且效果较好；彭正顺等采用溶胶凝胶法制备了 $LiMn_2O_4$ 超细粉，该法反应温度低，反应时间短，金属离子分散均匀，所合成的样品具有大的比表面积和均匀的粒度，循环性能好。Yun-sun Lee 等合成了亚微米级的尖晶石 $LiMn_2O_4$ 粉末，材料的物理化学性质和热处理温度和己二酸的加入量密切相关，可以方便地控制 $LiMn_2O_4$ 材料的物理化学性质和电化学性能[9]。Y. J. Park 等采用溶胶凝胶法制备出了尖晶石 $LiMn_2O_4$ 薄膜，该薄膜结晶良好，表面光滑，表现出了优异的电化学性能[10]。通过溶胶凝胶法制备的薄膜的化学计量比、结晶度、密度、微观结构易于控制，易于通过掺杂来改变性能，可以预计，溶胶凝胶法在制备薄膜电极和微型锂离子蓄电池领域将具有广阔的应用前景。

研究表明，掺杂可以稳定尖晶石型 $LiMn_2O_4$ 材料的结构，抑制 Jahn-Teller 效应，改善电化学性能。为了提高 $LiMn_2O_4$ 材料的循环性能，Sang Ho Park 采用溶胶凝胶法合成出了 $Li_{1.02}Mg_{0.1}Mn_{1.9}O_{3.99}S_{0.01}$[11]。C. S. Yoon 制备出了掺杂硒的 $LiMn_2O_4$ 材料，在循环过程中容量增加；Yang-Kook Sun 采用乙醇酸为螯合剂制备出了单分散性、粒径高度均匀的 $LiMn_2O_{3.98}S_{0.02}$ 材料，研究表明该正极材料的初始容量为 80 mAh/g，在循环过程中容量稳定上升，经 20 次循环后可达 99 mAh/g。采用类似的方法还合成了具有良好八面体结构的 $Li_{1.03}Al_{0.2}Mn_{1.8}O_{3.96}S_{0.04}$ 材料，该材料在循环过程中具有良好的结构稳定性。最近，采用该方法又合成了纳米 $LiNi_{0.5}Mn_{1.5}O_4$ 粉体并对其表面进行了 ZnO 包覆。Ki-Joo Hong 通过溶胶凝胶法合成出了一系列尖晶石化合物 $LiCr_xNi_{0.5-x}Mn_{1.5}O_4$（x=0，0.1，0.3），Cr、Ni 的掺杂增强了其结构稳定性，导致了该材料理论比容量的增加且具有卓越的容量保持能力。Xianglan Wu 制备的尖晶石结构的 $LiNi_{0.5}Mn_{1.5}O_4$ 不仅具有良好的循环性能，而且具有良好的放电容量[12]。Sung-Chul Park 通过溶胶凝胶法在 $LiMn_2O_4$ 材料表面包覆 $LiCoO_4$，提高了材料的比容量。

3　研究展望

用溶胶凝胶法制备锂离子蓄电池正极材料的研究工作已经取得了不少研究成果，但离工业化生产尚有相当大的距离，还有大量的工作要做，主要体现在下面几个方面：（1）在掌握溶胶凝胶工艺规律的基础上，进一步发挥溶胶凝胶技术的优势，对电极材料的结构进行多层次的剪裁，以取得材料电化学性能的突破；（2）对材料进行表面改性，通过溶胶凝胶法制备的电极材料在其制备和应用过程中容易聚集或团聚，从而影响材料的质量和性能，可以对材料颗粒进行表面改性，改善颗粒的分散性，提高颗粒的表面活性；（3）研究开发新的廉价螯合剂和溶胶凝胶体系，降低生产成本，研究开发新的溶胶凝胶工艺路线，使之具有良好的实际可操作性，早日实现溶胶凝胶法制备锂离子蓄电池正极材料的工业化。

参考文献

[1] Wang H F. TEM study of electrochemical cyclying-induced damage and disorder in $LiCoO_2$ cathode [J]. J Electrochem Soc，1999，146（2）：473-480.

[2] Kang S G，Kang S Y，Ryu K S，et al. Electrochemical and structural of HT-$LiCoO_2$ and LT-$LiCoO_2$ prepared by the citrate sol-gel method [J]. Solid State Ionics，1999，120（1-4）：155-161.

[3] 曹茂盛．超微颗粒制备科学与技术 [M]. 哈尔滨：哈尔滨工业大学出版社，1998：37-38.

[4] Kim M K，Chung H T，Park Y J，et al. Fabrication of $LiCoO_2$ thin films by sol-gel method and characterisation as positive electrodes for Li/$LiCoO_2$ cells [J]. J Power Sources，2001，99（1-2）：34-40.

[5] Choi Y M，Pyun S J，Moon S I，et al. A study of the electrochemical lithium intercalation behavior of porous $LiNiO_2$ electrodes prepared by so lid-state reaction and sol-gel methods [J]. J Power Sources，1998，72（1）：83-90.

[6] 韩景立，刘庆国．新柠檬酸溶胶凝胶法研究 [J]. 电源技术，2001，25（3）：211-213.

[7] Liu W，Farrington G C，Chaput，et al. Synthesis and electrochemical studies of spinal phase $LiMn_2O_4$ cathode materials prepared by the pechini process [J]. J Electrochem Soc，1996，143（3）：879-844.

[8] Hwang B J，Santhanam R，LIU D G，et al. Effect of Al substitution on the stability of $LiMn_2O_4$ spinel，synthesized by citricacid sol-gel method [J]. J Power Sources，2001，102（1－2）：326-331.

[9] Lee Y S，Sun Y K，Nahm K S. Synthesis of spinel $LiMn_2O_4$ cathode material prepared by an adipic acid-assisted sol-gel method for lithium secondary batteries [J]. Solid State Uibucs，1998，109（3-4）：285-294.

[10] Park Y J，Kim J G，Kim M K，et al. Fabrication of $LiMn_2O_4$ thin films by sol-gel method for cathode materials of microbattery [J]. J Power Sources，1998，76（1）：41-47.

[11] Park S H，Park K S，Moons S，et al. Synthesis and electrochemical characterization of $Li_{1.02}Mg_{0.1}Mn_{1.9}O_{3.99}S_{0.01}$ using sol-gel method [J]. J Power Sources，2001，92（1-2）：244-249.

[12] Wu X L，Kim S B. Improvement of electrochemical properties of $LiNi_{0.5}Mn_{1.5}O_4$ spinel [J]. J Power Sources，2002，109（1）：53.

（电源技术，第 27 卷第 4 期，2003 年）

$LiCoO_2$ 的固相配位化学合成

汤宏伟，陈宗璋，钟发平

关键词：固相配位反应；锂钴氧化物；合成
中图分类号：O614.111　　**文献标识码**：A

Synthesis of $LiCoO_2$ by Solid State Coordination Method

Tang Hongwei, Chen Zongzhang, Zhong Faping

Abstract: $LiCoO_2$ powders were been synthesized by solid state coordination method and the process was discussed indetail by the thermal analysis. The strutures were confirmed by XRD and SEM techniques. It proved that this method had many advantages over the traditional high temperature solid state reaction. Electrochemical test proves the cathode material to have excellent electrochemical performance.

Key words: solid state coordination; $LiCoO_2$; synthesis

目前商品化的锂离子电池大都采用 $LiCoO_2$ 作为正极材料[1]，工业上锂钴氧化物（$LiCoO_2$）多采用高温固相合成法生产，烧结时间长达 24～48 h，制得的粉末粒度大，分布范围广，形貌不规整[2]。溶胶-凝胶法前驱体的制备比较麻烦[3]。我们用固相配位化学反应法合成锂钴氧化物 $LiCoO_2$，操作简便兼具反应温度低、反应时间短、粒度分布均匀的优点[4,5]。本文采用氢氧化锂、乙酸钴和柠檬酸为原料，通过低热固相反应合成了 Li^+ 与 Co^{2+} 达到分子级混合水平的前驱体、在 400～800 ℃焙烧得 $LiCoO_2$ 产品，通过热重/差热、X 射线衍射、扫描电镜和粒度分析等技术对前驱体及产品进行了表征。

1　实验

将分析纯的氢氧化锂（硝酸锂）、乙酸钴和配位络合剂柠檬酸按一定的物质的量比混合均匀后，室温下研磨 1 h，反应体系逐渐由粉红色团饼变为黏稠糊状，100～120 ℃干燥，得到配合物前驱体，再在一定温度下煅烧热分解一定时间，即得粉末产品。

将 $LiCoO_2$ 粉末、乙炔黑和 PTFE 按质量比 8∶1∶1 混合，加入少许无水乙醇充分混匀，以金属镍网为集流体，压制成面积为 0.8 cm^2 的圆形电极片，经真空干燥后作为正极，以金属锂片为负极，Celgard2400 聚丙烯微孔膜为隔膜，1 mol·L^{-1} $LiPF_6$ 的 EC+DEC（1∶1）电解质溶液为电解液，在充满氩气的手套箱中组装成模拟电池，用 LAND 电池测试系统对模拟电池进行恒电流充放电循环测试，电流密度为 1 mA/cm^2，充电终止电压为 4.3 V，放电终止电压为 2.4 V.

2　结果与讨论

2.1　前驱体热分析

60～110 ℃左右的失重是前驱体残余水分挥发损失峰。110～250 ℃的失重与醋酸盐的分解相对应，这在相应的DTA曲线上伴随着199 ℃的吸热峰。TG曲线上250～350 ℃范围的失重为柠檬酸根的氧化燃烧，放出 CO_2 与水分，在相应的DTA曲线上300 ℃以上出现较大的放热峰（图1）。

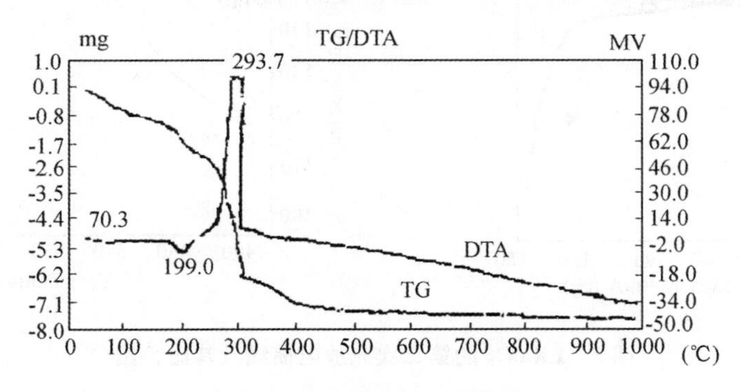

图1 前驱体的热重和差热分析

2.2 $LiCoO_2$ 粉末的生成

XRD结果显示 $LiCoO_2$ 为层状结构。图2是400～700 ℃烧结温度时X-射线衍射图。与标准图谱对照，发现400 ℃就能生成 $LiCoO_2$，且没有 Li_2CO_3、Co_2O_3 等杂质峰出现。随着温度的升高，颗粒逐渐变大，衍射峰的强度增强，半峰宽变窄。到700 ℃时 Li_2CO_3 杂质峰出现，原因是由于此时锂的挥发和氧的缺少使反应时底部的 CO_2 不能完全逸出。采用高温固相合成法，需要在900 ℃下烧结时间长达24～48小时，与高温固相反应法相比，固相配位化学反应法可以在较低的温度就能够得到纯净的 $LiCoO_2$ 产物。

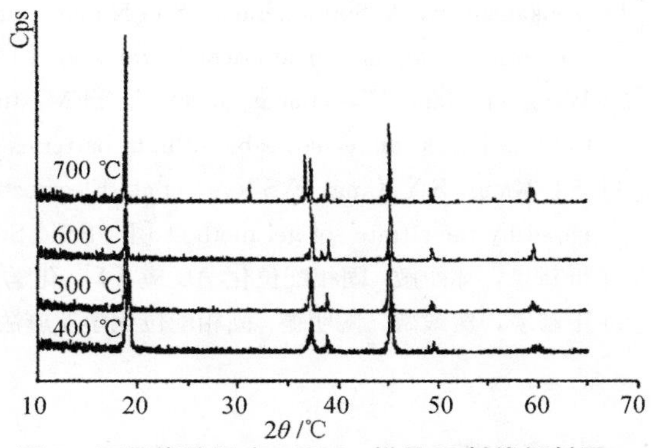

图2 不同烧结温度 $LiCoO_2$ 样品X-射线衍射图

在锂离子电池中，正极材料 $LiCoO_2$ 与导电剂（如乙炔黑、石墨）、黏接剂（如PTFE、PVDF等）等制成复合多孔电极片，材料的粒度及粒度的分布直接影响电极的孔隙结构、表面积材料与导电剂的接触。用欧美克仪测试 $LiCoO_2$ 粒度，结果如表1所示。可见随着反应温度升高，样品平均粒径D50增大，在500 ℃时，样品的粒度分布较好，从样品的扫描电镜图可以看出，在500 ℃时样品的晶形比较规整。故选取制备温度为500 ℃。

表1 粒度特征参数

样品	D10/μm	D25/μm	D50/μm	D75/μm	D90/μm
1（500 ℃样品）	6.63	6.97	7.18	7.36	7.49
2（600 ℃样品）	4.30	6.67	9.80	13.28	16.58
3（700 ℃样品）	5.15	7.29	9.88	12.56	14.96
4（400 ℃样品）	2.22	3.84	6.19	9.02	11.89

2.3 充放电特性

图3是500 ℃恒温8 h制得 $LiCoO_2$ 的充放电曲线（a）及温度对比容量的影响（b）。充电比容量为150 mA・h/g，放电比容量为147 mA・h/g，充放电效率高达98%。当然处理温度较低时，$LiCoO_2$ 可逆比容量较低、循环性能较差，这可能是由于材料结晶度较低造成的；当热处理温度较高或热处理时间较长时，材料性能恶化，不仅初始容量低，而且容量衰减非常快，这可能与高温下 $LiCoO_2$ 的结构被破坏有关。500 ℃恒温8 h较佳。

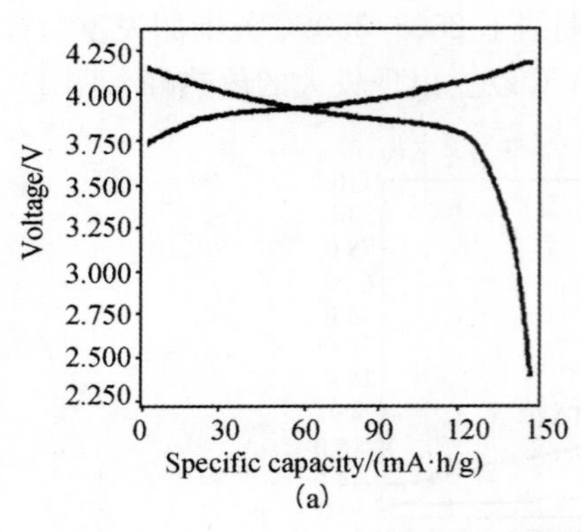

(a)

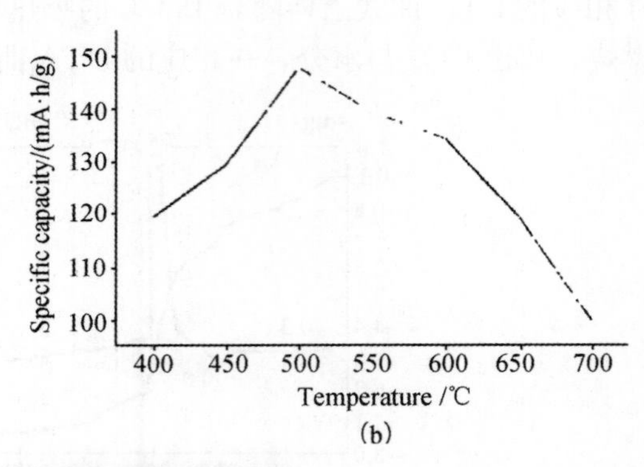

(b)

图 3　$LiCoO_2$ 的第二次充放电曲线及其比容量

参考文献

[1] Venkatraman, V Subramanian, S G Kumar, et al. Capacity of layered cathode materials for lithium-ion batteries a theoretical study and experimental evaluation [J]. Electrochemistry Communications, 2000, 2 (1) : 18-22.

[2] Wang H, Jang Yi, Huang B, et al. TEM study of electrochemical cycling-induced damage and disorder in $LiCoO_2$ cathodes for rechargeable lithium batteries [J]. J Electrochem Soc, 1999, 146 (2): 473-480.

[3] S G Kang, S Y Kang, K S Ryu, et al. Electrochemical and structural properties of HT-$LiCoO_2$ and LT-$LiCoO_2$ prepared by the citrate sol-gel method [J]. Solid State Ionics, 1999, 120 (1): 155-161.

[4] 忻新泉，郑丽敏. 固相配位化学反应 [J]. 化学通报，1992，(2)：23-28，49.

[5] 王疆瑛，贾殿赠，陶明德. 固相配位化学反应法合成 ZnO 纳米粉体 [J]. 功能材料，1998，(6)：598-599，603.

（化学研究与应用，第 15 卷第 2 期，2003 年 4 月）

$LiNi_{0.75}Al_{0.25}O_2$ 的制备与性能

汤宏伟，陈宗璋，钟发平

摘　要：$LiNi_{0.75}Al_{0.25}O_2$ 是很有希望取代 $LiCoO_2$ 的新一代锂离子电池正极材料。采用球形 Ni（OH）$_2$ 和 $LiNO_3$、Al（OH）$_3$ 为原料，空气气氛条件下 700 ℃恒温 8 h 合成了锂离子电池正极材料 $LiNi_{0.75}Al_{0.25}O_2$。X 衍射分析表明合成的 $LiNi_{0.75}Al_{0.25}O_2$ 粉末结晶良好，具有规整的 α-$NaFeO_2$ 层状结构，扫描电镜分析表明粉末颗粒呈球形，粒径约为 7 μm。充放电测试表明，合成的 $LiNi_{0.75}Al_{0.25}O_2$ 正极材料具有优良的电化学性能。

关键词：锂离子电池；正极材料；$LiNi_{0.75}Al_{0.25}O_2$
中图分类号：TM912　　**文献标识码**：A　　**文章编号**：1001-9731（2003）03-0304-02

Preparation and Electrochemical Performance of $LiNi_{0.75}Al_{0.25}O_2$

Tang Hongwei，Cheng Zongzhang，Zhong Faping

Abstract：$LiNi_{0.75}Al_{0.25}O_2$ cathode material is a very promising candidate to replace $LiCoO_2$ for lithium secondary batteries. The $LiNi_{0.75}Al_{0.25}O_2$ powders were synthesized by sintering spherical Ni（OH）$_2$，$LiNO_3$ and Al（OH）$_3$ in air at 700 ℃ for 8 h. XRD results show the powders were highly crystallized $LiNi_{0.75}Al_{0.25}O_2$ with order α-$NaFeO_2$ layer structure. SEM photographs show the powders were spherical dispersed particulate with the particle size of approximately 7 μm. Electrochemical test proves the cathode material has excellent electrochemical performance.

Key words：lithiumion batteries；cathode materials；$LiNi_{0.75}Al_{0.25}O_2$

1　引言

目前锂离子电池已经广泛地应用于移动电话和笔记本电脑等高档电器中，这是基于它的高工作电压、高容量、少污染及长循环寿命等优点。电极材料是研制锂离子电池的基础，锂离子电池的特性和价格都与它的正极材料密切相关，锂钴氧化物（$LiCoO_2$）具有二维层状结构，适宜锂离子的脱嵌。由于其制备工艺较为简便、性能稳定、比容量高和循环性能好，故目前商品化的锂离子电池大都采用 $LiCoO_2$ 作为正极材料[1]。但是钴的价格昂贵，使得锂钴氧化物的应用受到限制。以层状结构的 $LiNiO_2$ 或尖晶石结构的 $LiMnO_4$ 代替 $LiCoO_2$ 作为锂离子电池正极材料，可以很大程度地降低生产成本，但 $LiMnO_4$ 在充电过程中存在严重的容量衰减现象[2]，而 $LiNiO_2$ 的合成条件苛刻，热稳定性较差，易引起安全性问题[3]。为了改善其性能，对 $LiNiO_2$ 进行掺杂引起了研究者的广泛关注。Aydinol 等利用第一原理研究锂离子插入时电荷密度的变化过程中发现，传统的锂离子电池阴极插入材料的电子受体是氧，而不是过渡金属元素，因此可采用轻质量的非过渡金属元素来取代过渡金属元素[4]。Al^{3+} 具有与 Ni^{3+} 相近的离子半径，价态非常稳定，研究表明在 $LiNiO_2$ 中掺杂 Al 时可控制高电压区脱嵌的容量，从而提高其耐过充与耐循环性能。

Zhong 用 LiOH、Ni（OH）$_2$ 与 Al 粉为原料合成了纯相化合物 $LiAl_yNi_{1-y}O_2$，由于限制了高压时

的锂迁出量，使其循环性能得到改善[5]。Ohzuku 对其所合成的 $LiNi_{0.75}Al_{0.25}O_2$ 进行的电化学特性与热稳定性研究也证实 Al 的引入能改变 Li 脱嵌时的晶体结构变化，使循环性能得到改善。对完全充电状态的 $LiNiO_2$ 与 $LiNi_{0.75}Al_{0.25}O_2$ 的 DSC 谱研究还表明：Al 的掺杂有利于改善其热稳定性[6]。对 $LiAl_xNi_{1-x}O_2$ 的 GITT（恒电流间歇滴定技术）研究表明：通过掺杂 Al^{3+} 可以降低电荷传递阻抗，增大锂离子扩散系数[7]。

现有 $LiNiO_2$ 的制备方法主要是高温固相法、溶胶-凝胶法和共沉淀法等"软化学"方法。考虑到高温固相法工艺简单，易于大规模生产，我们选取了此法。而空气氛围在大规模生产条件下有着不可忽视的优势，我们把重点放在空气氛围的合成工艺。

2　实验

球形 Ni $(OH)_2$ 的制备是通过将一定浓度的 Ni $(NO_3)_2$、NaOH 与氨水的混合溶液通过蠕动泵连续输入到反应器中，在一定温度和一定 pH 值下，在搅拌的条件下生成，经固液分离、洗涤、干燥和过筛后得到球形 Ni $(OH)_2$ 粉末[8]。

按一定比例称取原材料，经研磨充分混合均匀后置入马弗炉中，在一定温度下热处理一定时间得 $LiNi_xAl_{1-x}O_2$ 粉末。随炉温缓慢冷却，所得样品置于硅胶干燥器内保存供分析测试使用。

再用 X 衍射分析样品粉末的物相组成和晶格参数；用扫描电镜观察粉末的微观形貌。

将 $LiNi_{0.75}Al_{0.25}O_2$ 粉末、乙炔黑和 PTFE 按质量比 8∶1∶1 混合，加入少许无水乙醇充分混匀，以金属镍网为集流体，压制成面积为 0.8 cm^2 的圆形电极片，经真空干燥后作为正极，以金属锂片为负极，Celgard2400 聚丙烯微孔膜为隔膜，1 mol/L $LiPF_6$ 的 EC+DEC（1∶1）电解质溶液为电解液，在充满氩气的手套箱中组装成模拟电池，用 LAND 电池测试系统对模拟电池进行恒电流充放电循环测试，电流密度为 1 mA/cm^2，充电终止电压为 4.3 V，放电终止电压为 3.0 V。

3　结果与讨论

对于 $LiNiO_2$ 生成的固相反应来说，烧结温度是一个重要因素。一般认为 750 ℃时，在氧气气氛下可以满足 Ni^{2+} 向 Ni^{3+} 的转化和 $LiNiO_2$ 完整晶型的形成，许多研究者也在这个温度下获得了较好性能的产物。但也有文献认为在 720 ℃时发生六方相向立方相的转变，并提出最佳合成温度为 700 ℃[9]。我们经过多次实验，证明在 700 ℃恒温 8 h 制备的样品性能较好。

我们尝试了多种含锂前驱体及含镍前驱体来研究 $LiNi_xAl_{1-x}O_2$ 的制备条件，从降低反应温度和稳定 Ni^{3+} 的角度出发，应选用化学活性大的 Li_2O、LiOH、$LiNO_3$ 作为锂源，低温烧结的 NiO 和 Ni $(OH)_2$ 作为镍源。在实验过程中，我们发现原材料对产品的影响很大，刚开始出于环保的考虑，我们选取 Ni $(OH)_2$、LiOH 和 Al $(OH)_3$ 为原材料，结果产品的 X 衍射图杂峰较多，含有大量的碳酸锂和 $Li_2Ni_8O_{10}$（X 衍射图如图 1 所示）。这是因为合成 $LiNiO_2$ 的关键步骤是将低价态的镍完全氧化为高价态，在 LiOH 等参加的反应中，系统中没有氧化剂，其中的氧化反应只能靠空气中的氧来完成，氧的扩散是反应的一个控制步骤，它会受到种种阻力而不能完全达到 Ni^{2+} 的附近，要消除碳酸锂必须使反应在氧气气氛的条件下进行。

改用 Ni $(OH)_2$ 和 $LiNO_3$、Al $(OH)_3$ 为原料，制备的样品效果较好（X 衍射图如图 2 所示）。这是因为 $LiNO_3$ 在低温下有一个分解步骤：

$$LiNO_3 \longrightarrow Li_2O + NO_2 + O_2$$

其中产生的 NO_2 和 O_2 都具有很强的氧化活性，在反应过程中既可起氧化剂的作用，又可起到保护作用，避免碳酸锂的生成。

图 3 为不加 Al $(OH)_3$ 时样品的 X 衍射图。实验的其他参数相同，但生成的产物却不同。样品中含有大量的低价镍氧化物 $Li_2Ni_8O_{10}$，只有少量的 $LiNiO_2$（$LiNiO_2$ 的 X 衍射图谱见图 4）。其原因在于 3 价镍难于生成和稳定，对合成气氛中的氧含量极其敏感。掺杂 Al 后制备条件放宽的原因可能

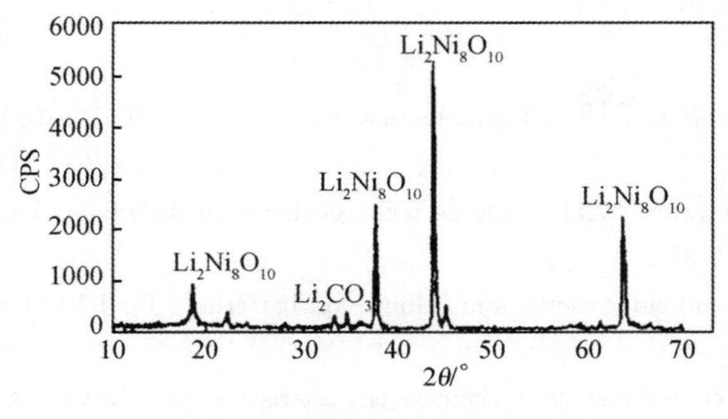

图 1 样品的 X 衍射图

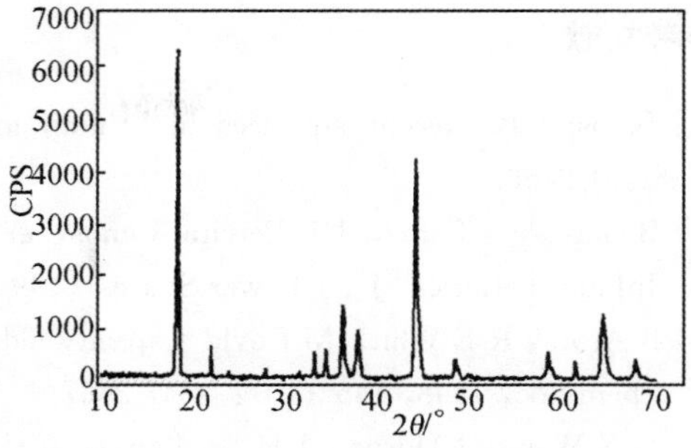

图 2 样品的 X 衍射图

是由于 Ni^{2+} 和 Al^{3+} 的外层电子云的相互作用，降低了 Ni^{2+} 的电离势，使 Ni^{2+} 向 Ni^{3+} 的转变较容易进行。

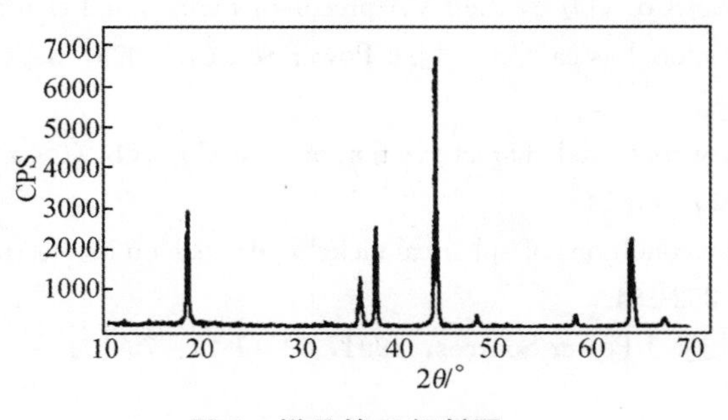

图 3 样品的 X 衍射图

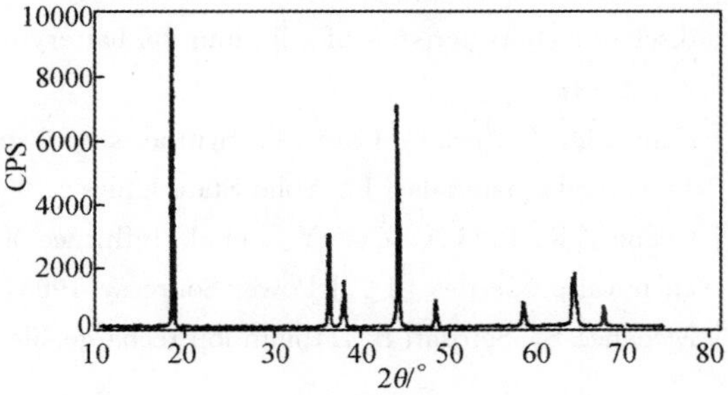

图 4 样品的 X 衍射图

图 5 为样品的扫描电镜图，可以看出，样品的晶形较好，绝大部分粉末颗粒都呈球形。由这种颗粒组成的粉体流动性好，易于匀浆，有利于涂覆制作电极片。测试表明该粉末的振实密度高达 2.6 g/cm³，用这种高密度的球形 $LiNi_{0.75}Al_{0.25}O_2$ 粉末作锂离子电池的正极材料，可以增大电池中正极材料的填充量，有利于提高锂离子电池的能量密度。

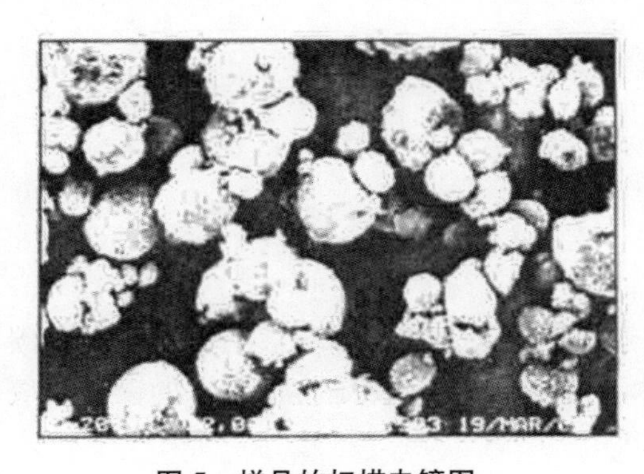

图 5 样品的扫描电镜图

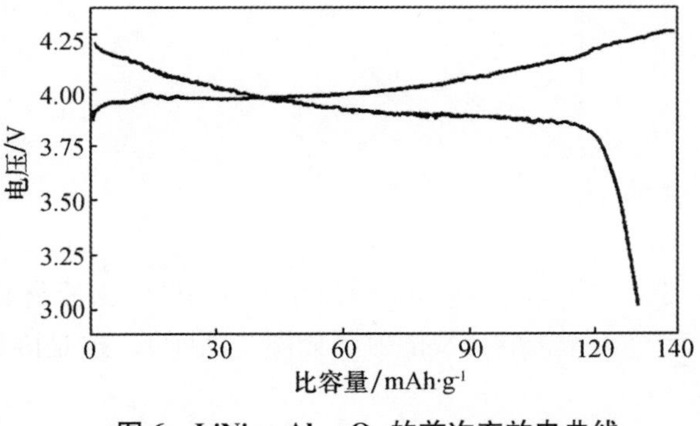

图 6 $LiNi_{0.75}Al_{0.25}O_2$ 的首次充放电曲线

图 6 是 700 ℃恒温 8 h 合成的锂离子电池正极材料 $LiNi_{0.75}Al_{0.25}O_2$ 的充放电曲线。材料的充电比容量为 140 mAh/g，放电比容量为 129 mAh/g，首次充放电效率高达 92%，表现出良好的充放电性能。

当热处理温度较低或热处理时间较短时，合成的 $LiNi_{0.75}Al_{0.25}O_2$ 正极材料的电化学性能较差，表现为可逆比容量较低和循环性能较差，这可能是由于材料结晶度较低造成的。当热处理温度更高或热处理时间更长时，材料性能恶化，不仅初始容量低，而且容量衰减非常快，这可能与高温下 $LiNi_{0.75}Al_{0.25}O_2$ 的析氧分解和结构破坏有关。综合各种因素考虑，认为 700 ℃恒温 8 h 是最佳的工艺条件。

参考文献

[1] Scrosati B. Recent advances in lithium ion battery materials [J]. Electrochimica Acta, 2000, 45 (15-16): 2461-2466.

[2] B Garcia, J Farcy, J P Pereira-Ramos, et al. Low-temperature cobalt oxide as rechargeable cathodic material for lithium batteries [J]. J Power Souces, 1995, 54 (2): 373-377.

[3] P Arora, R E Whit, M Doyle. Capacity fade mechanisms and side reactions in lithium-ion batteries [J]. J Electrochem Soc, 1998, 145 (10): 3647-3667.

[4] G X Wang, J Horvat, DH Bradhurst, et al. Structural, physical and electrochemical characterisation of $LiNi_xCo_{1-x}O_2$ solid solutions [J]. J Power Souces, 2000, 85 (2): 279-283.

[5] Delmas C, Saadoune I. Electrochemical and physical properties of the $Li_xNi_{1-y}Co_yO_2$ phases [J]. Solid State Ionics, 1992, 53-56 (1): 370-375.

[6] Kweona H J, Kim G B, Lim H S, et al. Synthesis of $Li_xNi_{0.85}Co_{0.15}O_2$ by the PVA-precursor method and charge-discharge characteristics of a lithium ion battery using this material as cathode [J]. J Power Souces, 1999, 83 (1-2): 84-92.

[7] Caurat D, Baffier N, Carcia B. Synthesis by a soft chemistry route and characterization of $LiNi_xCo_{1-x}O_2$ ($0 \leqslant x \leqslant 1$) cathode materials [J]. Solid State Ionics, 1996, 91 (1-2): 45-54.

[8] Chang Z R, Li G A, Zhao Y J, et al. Influence of preparation conditions of spherical nickel hydroxide on its electrochemical properties [J]. J Power Sources, 1998, 74 (2): 252-254.

[9] Megahed S, Scrosati B. Lithium-ion rechargeable batteries [J]. J Power Sources, 1994, 51 (1-2): 79-104.

（功能材料，第 34 卷第 3 期，2003 年）

$LiNi_xCo_{1-x}O_2$ 的制备与性能

汤宏伟，陈宗璋，钟发平

摘　要：采用球形 Ni（OH)$_2$ 和 $LiNO_3$、CoO 为原料，空气气氛条件下 800 ℃恒温 8 h，合成了锂离子电池正极材料 $LiNi_xCo_{1-x}O_2$。XRD 分析表明，合成的 $LiNi_xCo_{1-x}O_2$ 粉末结晶良好，具有规整的 α-$NaFeO_2$ 层状结构。SEM 分析表明，粉末颗粒呈球形，粒径约为 7 μm。充放电测试表明，合成的 $LiNi_xCo_{1-x}O_2$ 正极材料放电比容量为 152 mA·h/g，100 次循环后容量保持率为 80%。

关键词：锂离子电池，正极材料，$LiNi_xCo_{1-x}O_2$

中图分类号：O646；TM912.9　**文献标识码**：A　**文章编号**：1000-0518（2003）01-0069-04

Synthesis and Performance of $LiNi_x Co_{1-x}O_2$

Tang HongWei，Chen Zongzhang，Zhong FaPing

Abstract: The $LiNi_x Co_{1-x}O_2$ powder was synthesized by sintering spherical Ni（OH)$_2$，$LiNO_3$ and CoO in air at 800 ℃ for 8 h. XRD results showed that the powders are highly crystallized $LiNi_x Co_{1-x}O_2$ with ordered layer structure of α-$NaFeO_2$. SEM microphotos showed the powders are spherical particulate with the particle size of approximately 7 μm. Electrochemical test proves the discharge capacity of the cathode material was 152 mA·h/g and the capacity holding rate was 80% after 100 cycles. The cathode material has excellent electrochemical performance.

Key words: lithiumion battery，cathode material，$LiNi_xCo_{1-x}O_2$

锂离子电池的特性和价格都与它的正极材料密切相关，锂钴氧化物（$LiCoO_2$）具有二维层状结构，适宜锂离子的脱嵌。由于其制备工艺较为简便、性能稳定、比容量高、循环性能好，故目前商品化的锂离子电池大都采用 $LiCoO_2$ 作为正极材料[1]。但是钴的价格昂贵，使得锂钴氧化物的应用受到限制。以层状结构的 $LiNiO_2$ 或尖晶石结构的 $LiMnO_4$ 代替 $LiCoO_2$ 作为锂离子电池正极材料，可以很大程度地降低生产成本。但 $LiMnO_4$ 在充电过程中存在严重的容量衰减现象[2]，$LiNiO_2$ 的合成条件苛刻，热稳定性较差，易引起安全性问题[3]。以镍部分地取代 $LiCoO_2$ 中的钴制成 $LiNi_xCo_{1-x}O_2$，兼备了 Co 系、Ni 系材料的优点，制备条件比较温和、材料的成本较低、电化学性能优良[4]。现有 $LiNi_xCo_{1-x}O_2$ 的制备方法主要是高温固相法[5]和溶胶-凝胶法[6]、共沉淀法[7]等，其工艺有的要求在 O_2 气氛下，有的工艺比较复杂。本文选用高温固相法，该法工艺简单，易于大规模生产。而空气氛围在大规模生产条件下有着不可忽视的优势，我们重点探讨了空气氛围的合成工艺。

1　实验部分

球形 Ni（OH)$_2$ 的制备是通过将一定浓度的 Ni（NO_3)$_2$（自制）、NaOH 与氨水的混合溶液通过蠕动泵连续输入到反应器中，在 55 ℃和 pH=11 时，在搅拌的条件下生成，经固液分离、洗涤、干燥、过 0.074 mm 筛后得到球形 Ni（OH)$_2$ 粉末[8]。

按1∶2∶1摩尔比称取Ni（OH）$_2$ 和 $LiNO_3$、CoO（湘中地质实验研究所），经研磨充分混合均匀后置入马弗炉中，在800 ℃温度下热处理8 h得 $LiNi_xCo_{1-x}O_2$ 粉末。自然冷却，所得样品置于干燥器内保存供分析测试使用。

用日本理学D/max-rAX射线衍射分析仪分析 $LiNi_xCo_{1-x}O_2$ 粉末的物相组成和晶格参数；采用日本电子公司JSM-5600LV扫描电镜观察粉末的微观形貌。

将 $LiNi_xCo_{1-x}O_2$ 粉末、乙炔黑和PTFE按质量比8∶1∶1混合，加入少许无水乙醇充分混匀，以金属镍网为集流体，压制成面积为0.8 cm^2 的圆形电极片，经真空干燥后作为正极，以金属锂片为负极，Celgard2400聚丙烯微孔膜为隔膜，1 mol/L$LiPF_6$ 的EC＋DEC（1∶1）溶液为电解液，在充满Ar气的手套箱中组装成模拟电池。用LAND电池测试系统（武汉蓝电电子有限公司）对模拟电池进行恒电流充放电循环测试，电流密度为 1.0×10^{-3} A/cm^2，充电终止电压为4.2 V，放电终止电压为3.0 V。

2　结果与讨论

2.1　合成工艺对产品的影响

尝试了多种含锂前驱体及含镍前驱体来研究 $LiNi_xCo_{1-x}O_2$ 的制备条件。从降低反应温度和稳定 Ni^{3+} 的角度出发，应选用化学活性大的 Li_2O，LiOH，$LiNO_3$ 作为锂源，低温烧结的NiO和Ni（OH）$_2$作为镍源。在实验过程中原材料对产品的影响很大。出于对环保的考虑，选取Ni（OH）$_2$ 和LiOH、草酸锂为原材料，结果产品的X射线衍射图杂峰较多，含有大量的碳酸锂和 $Li_2Ni_8O_{10}$［图1（a）］。这是因为合成 $LiNiO_2$ 的关键步骤是将低价态的镍完全氧化为高价态，在LiOH等参加的反应中，系统中没有氧化剂。其中的氧化反应只能靠空气中的氧来完成，氧的扩散是反应的一个控制步骤，它会受到种种阻力而不能完全达到 Ni^{2+} 的附近，要消除碳酸锂必须使反应在 O_2 气氛的条件下进行。

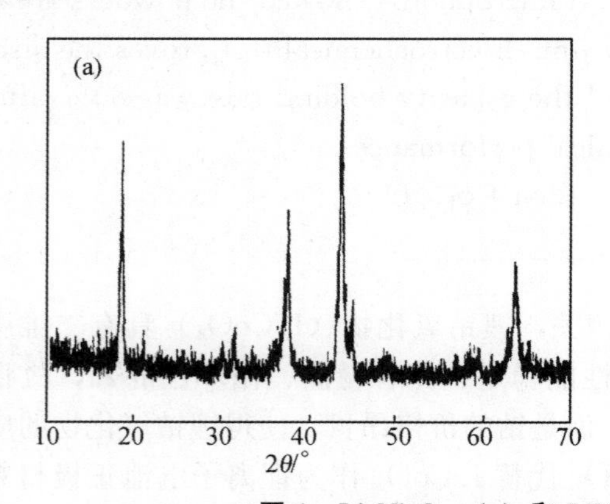

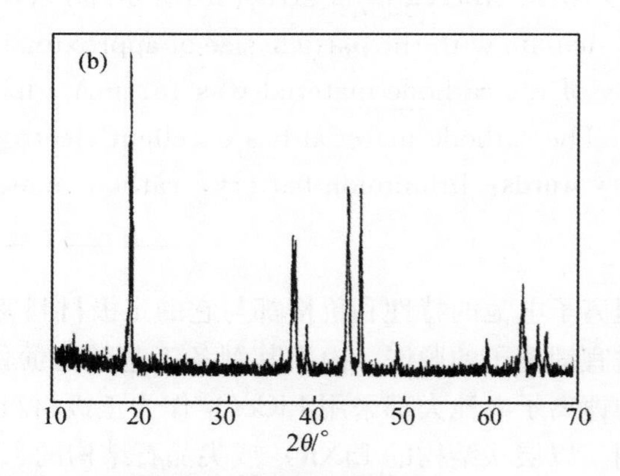

图1　$Li_2Ni_8O_{10}$（a）和 $LiNi_xCo_{1-x}O_2$（b）样品的X射线衍射图

改用Ni（OH）$_2$ 和 $LiNO_3$、CoO为原料，制备的样品效果较好（图1（b））。这是因为 $LiNO_3$ 在低温下有一个分解步骤：

$$LiNO_3 \longrightarrow Li_2O+NO_2+O_2$$

其中产生的 NO_2 和 O_2 都具有很强的氧化活性，在反应过程中既可起氧化剂的作用，又可起到保护作用，避免碳酸锂的生成。

图2为加少量CoO（a）和不加CoO（b）时样品的XRD图，实验中的其他参数相同，但生成的产物却不同。样品中含有大量的低价镍氧化物 $Li_2Ni_8O_{10}$，只有少量的 $LiNiO_2$。其原因在于 Ni^{3+} 难于生成和稳定，对合成气氛中的氧含量极其敏感。掺杂Co后制备条件放宽的原因可能是由于相同价态的 Co^{2+} 的电离势比 Ni^{2+} 的电离势要低，掺杂后由于 Ni^{2+} 和 Co^{2+} 的外层电子云的相互作用，降低了 Ni^{2+} 的电离势，使 Ni^{2+} 向 Ni^{3+} 的转变容易进行。

结果表明，本工艺制备样品时 $LiNiO_2$ 生成条件放宽，可以在空气气氛条件下进行生产，但 Co 元素的掺杂量要求为 n（Ni）：n（Co）<7：3。其中发生的主要化学反应可以用以下方程式表示：

$$4LiNO_3 = 2Li_2O + 4NO_2 + O_2 \quad (1)$$

$$Li_2O + 2Ni(OH)_2 + \frac{1}{2}O_2 = 2LiNiO_2 + 2H_2O \quad (2)$$

$$Li_2O + 2CoO + \frac{1}{2}O_2 = 2LiCoO_2 \quad (3)$$

图 3 为样品的扫描电镜图，可以看出，样品的晶形较好，绝大部分粉末颗粒都呈球形。由这种颗粒组成的粉体流动性好，易于匀浆，有利于涂覆制作电极片。测试表明，该粉末的振实密度高达 2.5 g/cm^3，用这种高密度的球形 $LiNi_{0.5}Co_{0.5}O_2$ 粉末作锂离子电池的正极材料，可以增大电池中正极材料的填充量，有利于提高锂离子电池的能量密度。

2.2　充放电特性

图 4 是 800 ℃恒温 8 h 合成的 $LiNi_xCo_{1-x}O_2$ 正极材料的充放电曲线，材料的充电比容量为 160 mA·h/g，放电比容量为 152 mA·h/g，充放电效率高达 95%，表现出很好的充放电性能。其循环性能如图 5 所示，经 100 次循环后的容量保持率为 80%，具有良好的循环性能。

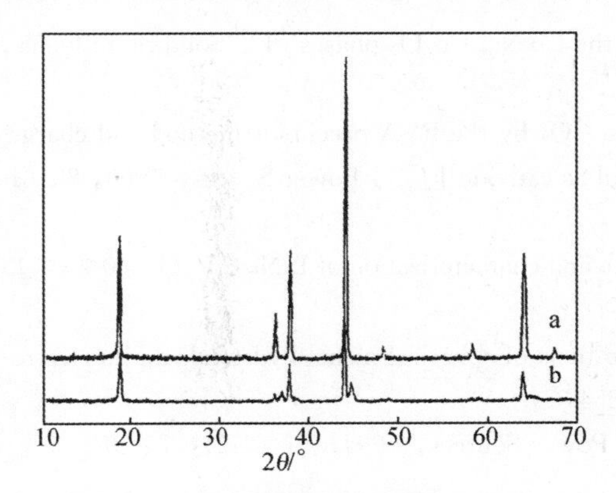

图 2　$Li_2Ni_8O_{10}$ 样品的 X 射线衍射图

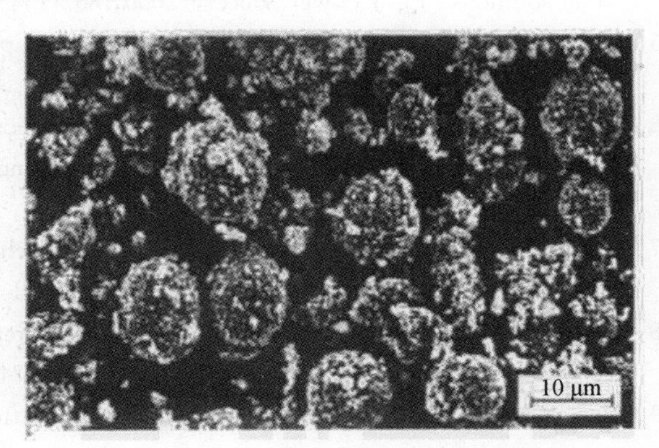

图 3　$LiNi_{0.5}Co_{0.5}O_2$ 试样的扫描电镜图

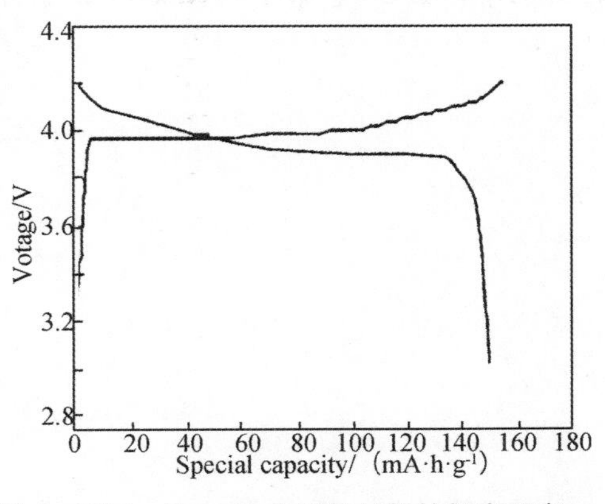

图 4　$LiNi_{0.5}Co_{0.5}O_2$ 为正极材料的锂离子电池第 2 次充放电曲线

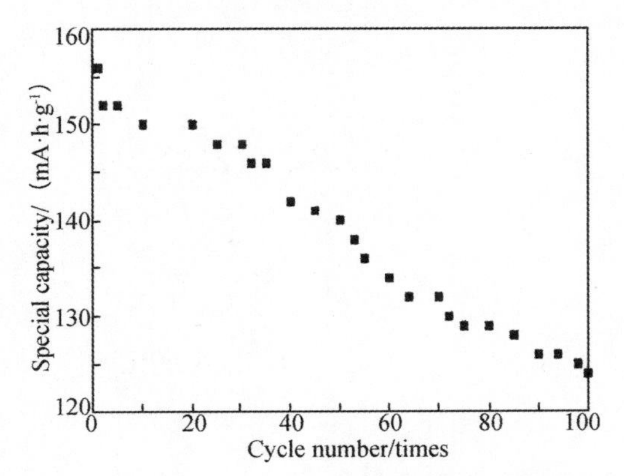

图 5　$LiNi_{0.5}Co_{0.5}O_2$ 为正极材料的锂离子电池的放电容量-循环次数关系图

当热处理温度较低或热处理时间较短时，合成的 $LiNi_{0.5}Co_{0.5}O_2$ 正极材料的电化学性能较差，表现为可逆比容量较低、循环性能较差。这可能是由于材料结晶度较低造成的；当热处理温度更高或热处理时间更长时，材料性能不佳，不仅初始容量低，而且容量衰减非常快，这可能与高温下 $LiNi_{0.5}Co_{0.5}O_2$ 的析氧分解、结构破坏有关。综合各种因素考虑，认为 800 ℃恒温 8 h 是最佳的工艺条件。

Megahed 等[9]认为 $LiNiO_2$ 在高于 4.2 V 充放电区间存在 2 个不可逆相变过程，在 $LiNi_{0.5}Co_{0.5}O_2$ 中也存在着类似的相变，导致了其不可逆容量的产生。在锂离子电池中，碳负极在首次充电过程中会在电极表面形成有锂离子参与的固体电解质界面层（SEI 膜），这将消耗掉由正极提供的部分锂离子。而 $LiNi_{0.5}Co_{0.5}O_2$ 中以不可逆方式脱出的锂离子刚好提供形成 SEI 膜所需锂离子，不至于损失可逆部分的锂离子，从而保证了其可逆容量。而对于 $LiCoO_2$，碳负极 SEI 膜的形成要损失掉部分可逆的锂离子，从而导致了其可逆容量的降低。相比而言，$LiNi_{0.5}Co_{0.5}O_2$ 更具有实际应用价值。

参考文献

[1] Scrosati B. Recent advances in lithium ion battery materials [J]. Electrochimica Acta，2000，45 (15-16)：2461-2466.

[2] B Garcia，J Farcy，J P Pereira-Ramos，et al. Low-temperature cobalt oxide as rechargeable cathodic material for lithium batteries [J]. J Power Souces，1995，54 (2)：373-377.

[3] P Arora，R E Whit，M Doyle. Capacity fade mechanisms and side reactions in lithium-ion batteries [J]. J. Electrochem. Soc，1998，145 (10)：3647-3667.

[4] G X Wang，J Horvat，D H Bradhurst，et al. Structural，physical and electrochemical characterisation of $LiNi_xCo_{1-x}O_2$ solid solutions [J]. J Power Souces，2000，85 (2)：279-283.

[5] Delmas C，Saadoune I. Electrochemical and physical properties of the $LixNi_{1-y}Co_yO_2$ phases [J]. Solid State Ionics，1992，53-56 (1)：370-375.

[6] Kweona H J，Kim G B，Lim H S，et al. Synthesis of $Li_xN_{i0.85}Co_{0.15}O_2$ by the PVA-precursor method and charge-discharge characteristics of a lithium ion battery using this material as cathode [J]. J Power Souces，1999，83 (1-2)：84-92.

[7] Caurat D，Baffier N，Carcia B. Synthesis by a soft chemistry route and characterization of $LiNi_xCo_{1-x}O_2$ ($0\leqslant x\leqslant 1$) cathode materials [J]. Solid State Ionics，1996，91 (1-2)：45-54.

[8] Chang Z R，Li G A，Zhao Y J，et al. Influence of preparation conditions of spherical nickel hydroxide on its electrochemical properties [J]. J Power Sources，1998，74 (2)：252-254.

[9] Megahed S，Scrosati B. Lithium-ion rechargeable batteries [J]. J Power Sources，1994，51 (1-2)：79-104.

（应用化学，第 20 卷第 1 期，2003 年 1 月）

钠离子电池研究进展

吴振军，陈宗璋，汤宏伟，李素芳

摘　要：综述了钠离子电池的发展情况，讨论了钠离子电池正极、电解质、负极材料的制备及相关电化学性能，并对这类新型二次电池的应用前景与发展趋势作了适当的展望。

关键词：钠离子电池；正极；负极；电解质

中图分类号：TM9121.9　**文献标识码**：A　**文章编号**：1001-1579（2002）01-0045-03

The Research Progress of Sodium-Ion Batteries

Wu Zhenjun，Chen Zongzhang，Tang Hongwei，Li Sufang

Abstract：A review with 30 references was given on the progress of sodium-ion battery，the preparation of cathode，electrolyte and anode materials of sodium-ion battery and their related electrochemical characteristics was discussed. The applications and developmental trend were also outlined.

Key words：sodium-ion battery；positive electrode；negative electrode；electrolyte

---

电池发展有以下显著特点：绿色环保电池发展迅猛；一次电池向二次电池转化，这有利于节约地球有限的资源，符合可持续发展的战略；电池进一步向小、轻、薄方向发展。现在，在需要高能密度和较长使用寿命的场合，可充电锂离子电池获得了广泛而深入的应用[1]。若具有优良工作性能的钠离子电池被开发出来，它将拥有比锂离子电池更大的竞争优势，例如原料成本低及利用具有更低分解电势的电解质体系的能力[2]。本文综述了自 20 世纪 70 年代以来，尤其是近 10 年科研工作者在开发钠离子电池方面所取得的一些成果。

1　正极材料

用于钠离子电池正极的材料主要有贫钠的 Na_xCoO_2、Na_xMnO_2 层状晶体化合物及它们的掺杂化合物。这些化合物的存在形态取决于其组成（x 值）和制备方法[3-4]。常见的 Na_xCoO_2 化合物为 P2 相态。在 x=0.3～0.9 的范围内，经过钠的可逆电化学嵌入和脱嵌，P2 相 Na_xCoO_2 并不发生结构上的变化[5]。据报道该种材料已成功应用在以钠或钠/铅合金为负极的固态电池中[6]。其典型代表 P2 相 $Na_{0.7}CoO_2$ 的制备过程如下：将 Na_2O_2 与 Co_3O_4 按合适的比例充分球磨混合，再于氧气气氛或空气气氛中加热至 750 ℃左右，维持约 30 h；所得产物球磨至小于粒径 2 μm 后即为所需的 P2 相 Na_xCoO_2（x=0.7）电极材料。该相态化合物，当 x=0.40～0.80 时，其能量密度约为280 Wh/kg～460 Wh/kg。为改善其电化学性能，也可共嵌入其他碱金属以形成掺杂型复合物，如掺入钾得到的 $Na_xK_yCoO_2$（$x+y<1$）[7]。

另外一种正极材料则为 P3（P’3 或 O3 或 O’3）相态的 Na_xCoO_2。其制备是将恰当比例的 Na_2O_2 与 Co_3O_4 磨碎、充分混合并制成丸片状反应物，在氧气氛或空气氛中，600 ℃左右烧结 24 h

以上，经球磨粉碎即可得所需产物[8]。也有人在纯净氧气氛中用 NiO、Na_2O 与 Co_3O_4 三者烧结制备 $Na_xNi_{0.6}Co_{0.4}O_2$[9]，它有着与 P3 相 Na_xCoO_2 相似的晶体结构和相关性能。

P2 相 Na_xCoO_2 与 P3（P’3 或 O3 或 O’3）相态的 Na_xCoO_2 相比，其循环性能稍优，但后者能量密度更高，且制备温度相对而言也要低一些。

在 Na_xCoO_2 化合物中，Na^+ 主要位于层状 $(CoO_2)_n$ 八面体之间：数量少时，钠离子间呈三棱柱状排列；数量多时，它们则配位成八面体。进行电化学性能测量时发现，P3（P’3或 O3 或 O’3）相态的 Na_xCoO_2 与 P2 相 Na_xCoO_2 均出现多平台放电。X-射线衍射测试表明：随着 Na^+ 的嵌入，前者有 P3，P’3，O’3，O3 各相间的可逆转变，而后者却没有相变出现，这可能是电子影响或层间钠离子排列变化或晶形畸变所致。尽管 Na_xCoO_2 化合物电性能较优，但钴盐价格昂贵，使得电池成本大幅上升，故出现了其他各种替代材料。

其中一种重要的正极材料是 Na_xMnO_2（$x\leqslant 1$）。其制备原料是无水 Na_2CO_3 与 Mn_2O_3 或 $NaNO_3$、Mn $(NO_3)_2$ 与 HN_2CH_2COOH，充分混合后加热至 750 ℃以上即可得所需 Na_xMnO_2（$x\leqslant 1$）化合物，一般为 $Na_{0.44}MnO_2$[10]。其电化学嵌入与脱嵌性能也已被详细研究：对石墨｜$NaClO_4$ +PC（1 mol/L）｜Na_xMnO_2 电池系统进行充放电，同时用 X-射线衍射测试 Na_xMnO_2 晶体，发现当 $0.3\leqslant x\leqslant 0.58$ 时有固溶体存在，因为电解质的稳定性问题，$x<0.3$ 后不能再脱嵌；$x>0.5$（实际为 0.58）时，放电电压低于 2 V，产生巨大的钠离子迁移阻力而使后续充电不能实现。这显示了 Na_xMnO_2 的嵌入和脱嵌能力极限[11]。

其他一些见诸报道的嵌入式正极材料有：Na_xTiS_2，$Na_xNbS_2Cl_2$，Na_xWO_{3-y}，$Na_xV_{0.5}Cr_{0.5}S$，Na_xMoS_3（非定形），Na_xTaS_2，各式中 $0<x<2$，$0<y<1$。

2　电解质

按其存在状态讲，钠离子二次电池的电解质有液态和固态两类之分。与锂离子二次电池相似，用于钠离子电池的液态电解质也是由钠盐溶于有机溶剂中，钠盐一般可以为：$NaPF_6$，Na_2ClO_4，$NaAlCl_4$，$NaFeCl_4$，$NaSO_3CF_3$，$NaBF_4$，$NaBCl_4$，$NaNO_3$，$NaPOF_4$，NaSCN，NaCN，$NaAsF_6$，$NaCF_3CO_2$，$NaSbF_6$，$NaC_6H_5CO_2$，Na (CH_3) $C_6H_4SO_3$，$NaHSO_4$，NaB $(C_6H_5)_4$ 等等；对有机溶剂则有以下要求：介电常数大，熔点低（常温时为液态），钠离子导电能力强[12]。为满足前叙几点要求，电解液溶剂一般为无水二元组分，其成分可以是碳酸乙烯酯（EC），碳酸丙烯酯（PC），碳酸二乙酯（DEC），1，2-二甲氧基乙烷（DME），四氢呋喃（THF），2-甲基四氢呋喃（2-MTHF）等[13]。在最终配制成的电解质中，Na^+ 摩尔浓度以 1 mol/L 左右为宜。

液态电解质配置要求高（无水）、易泄漏、不安全（如造成单质金属负极生成枝晶，导致电池内部短路而发生爆炸）。特别是以单质钠为电池负极材料时，它与液态电解质间的反应造成该类电池发展困难。使用合金负极是一种方案，但合金中钠离子扩散困难，而且在多次循环之后，其体积有显著变化。另外一种解决方案是改进电解质，即在选择适当溶剂的同时，加入添加剂。但人们也在寻找新型电解质材料，近年来发展较快的聚合物电解质就是一个典型的例子。一般来讲，所谓聚合物电解质就是将盐类物质以掺杂的形式混入聚合物制成导电（主要是离子导电）的高分子。

常见的用作固体聚合物电解质（Solid Polymer Electrolyte，SPE）的高聚物有聚氧化乙烯、聚苯胺、聚吡咯、乙烯丙烯酸共聚物、聚四氟物等。按高聚物的构型不同，它们可分别形成线形高分子电解质、梳状高分子电解质、交联网络高分子电解质等不同种类的聚合物电解质[14-16]。碱金属盐则有 NaI、$NaBH_4$、$NaBF_4$ 以及聚磷酸钠等，它们一般都有带负电荷的大体积阴离子。将来开发新盐时可考虑：①有宽的电化学窗，②与聚合物基体形成低共熔复合材料，③阴离子结构对称或柔顺，有增塑作用[17-19]。这类高分子复合材料的导电性可能是导电通道、隧道效应和场致发射三种机理作用的竞争结果。而已发现的 PEO-NaBH4 体系中，由于阴离子配对的阻碍作用，降低了离子导电性[20]。为满足充电电池的导电需要，应要求 SPE 的离子导电性在 10^{-3} S/cm 以上。然而在盐类掺杂后所获得的固态聚合物电解质的离子导电性能尚不能达到这一水平。因此，今后这方面的研究工作应侧重于开发出对正、负极材料具有稳定性的同时又具有较高的离子导电性的固体聚合物电解质。

Nasicon也是近十几年发展起来的一种钠离子导体，它是由钠、锆、硅、磷、氧5种元素构成的复合电解质。美国专利曾报道用$Na_3Zr_2Si_2PO_{12}$粉末与Teflon混合可制得极薄固体电解质[21]。常见的硫酸钠基固体电解质与$Na_{3x+2y+z}P_xO_yCl_z$（$0\leqslant x$，y，$z\leqslant 1$；x，y，z中仅一个为0）也是中高温使用的快离子导体[22-23]。要想用于新型二次钠离子电池，这类固态电解质应在常温下就具有较高的离子导电性，而且制备容易。SiO_2骨架三维空间钠离子导体[24]的研制成功已向这一目标靠近，但尚未在钠离子电池中得到应用。

3 负极材料

在实验室中应用较多的钠离子电极负极材料有各类碳材料。如石墨、乙炔黑、中间相碳微球（MCMB）。它们的电化学性能与各自的结构和含氢量密切相关，一般的规律是：晶粒小，比表面积大，与电解质接触面也大，从而用来形成保护层所消耗的电解质也多；而含氢量越多，容量滞后也越大。

其中，中间相碳微球（MCMB）的制备及其电化学性能已有详细的研究，与不经处理和经高温（3000 ℃）处理的MCMB相比，750 ℃热处理后的MCMB电化学性能最优，这是因为它未完全失氢和适中的石墨化程度。报道称其比容量达750 mAh/g，为石墨理论比容量372 mAh/g（NaC_6）的两倍多[25]；石墨化缺陷则避免了无谓的有机溶剂分解，又是低温制备，可见，这是一种较为理想的负极材料。

由沥青热解得到的碳纤维材料，其嵌钠性能则随热处理的温度不同而有较大的差别，而这显示了嵌钠性能与碳材料的石墨化程度有很大关系；第1次还原时电解质即发生分解，同时在碳纤维表面形成由Na_2CO_3与$ROCO_2Na$构成的保护层，分解机理研究表明保护层的两成分是在不同阶段生成的[26]。另也有学者从低分子有机质热解得到新型的高比容量碳负极材料（无定形碳），以葡萄糖为原料热解得到的碳负极材料容量见表1[2]。正是由于碳材料广泛易得，种类繁多，加之其在商业化锂离子电池中的成功应用，因而其钠离子的电化学嵌入机理也引起了广大学者的研究兴趣[27]。但到目前为止，统一且被广泛接受的微观嵌入机理还不清楚。

表1 葡萄糖热解碳负极材料的容量 mAh/g

温度	材料	突变区	低电压平台区	总可逆容量
1000 ℃	Li	275	285	560
	Na	150	150	300
1150 ℃	Li	190	260	450
	Na	110	170	280

另一类重要的负极材料是钠合金，其制备是将单质钠与其他金属按一定比例在惰性气氛中于合适温度下熔融，再经退火结晶即可。目前研究较多的是钠的二元与三元合金，可与钠制成负极用合金的元素有：Pb，Sn，Bi，Ga，Ce，Si等[28,29]。选择这些金属的原因是：可增加负极材料与电解质的相容性，防止在过充电时生成枝晶，增加了安全性，故能延长电池的使用寿命；且它们氢过电位较高，能减少电池的自放电反应，从而提高电池的贮存性能。合金负极的缺点是降低了比能量，如$Na_{15}Pb_4$/P2 Na_xCoO_2系统为350 Wh/kg，是Na/P2Na_xCoO_2系统的3/4左右，但其高体积比能量仍然很有吸引力（$Na_{15}Pb_4$/P2 Na_xCoO_2 1500 Wh/L，与Na/P2Na_xCoO_2 1600 Wh/L接近）。另外，出于环保考虑，应尽量避免使用重金属（如Pb）作为钠的合金化元素。有学者对利用高分子掺杂以改变合金晶型以及提高其比容量作了相应的研究[30]。

4 结束语

由于新型钠离子电池可提供约 3.0 V 左右的工作电压，故将来工业化、商业化后可用作便携式电器（如计算器，手机，掌上电脑等）的电源，在电动汽车方面也有可观的前景。考虑到二次电池需高充放电效率、优良的循环与稳定性能、高的比能量和能量密度，因此，有必要积极开展这类新型二次电源的研究工作，寻找容量更大的正极材料，与正负极相容性好、钠离子导电能力强的固态电解质（最好是常温工作），负极则应寻求嵌入性能更好的碳负极材料，但合金负极也是不错的选择。

参考文献

[1] Takeshita H. Paper presented at advanced rechargeable battery industry conference [C]. Nomara Researd Institute, Itd, 1996.

[2] Astevens D, R D dahn J. High capacity anode materials for rechargeable sodium-ion batteries [J]. J Electrochem Soc, 2000, 147: 1271.

[3] Delmas C, Brconnier J J, Fouassier C, et al. Electrochemical intercalation of sodium in sodium cobalt oxide (Na_xCoO_2) bronzes [J]. Solid State Ionics, 1981, 3-4: 165.

[4] Miyazaki S, Skikkawa, Koisumi M. Chemical and electrochemical deintercalations of the layered compounds $LiMO_2$ (M=Cr, Co) and $NaM'O_2$ (M'=Cr, Co, Fe, Ni) [J]. Synth Met, 1983, (6): 211.

[5] Yanping Ma, Marcam, Doeff, et al. Rechargeable Na/$NaxCoO_2$ and $Na_{15}Pb_4$/$NaxCoO_2$ polymer electrolyte cells [J]. J Electrochem Soc, 1993, 140: 2726.

[6] Jow T R, Shacklette L W. The role of conductive polymers in alkali-metal secondary electrodes [J]. J Electrochem Soc, 1987, 134: 1730.

[7] Shacklettel. Rechargeable battery cathode from P2-phase sodium cobalt dioxide [P]. USP: 5011748, 1991.

[8] Shacklette. Rechargeable battery cathode from sodium cobalt dioxide in the O3, O' 3, P3 and/or P' 3 phases [P]. USP: 4780381, 1988.

[9] Saadoune I, Maazaz A. On the $Na_xNi_{0.6}Co_{0.4}O_2$ system: physical and electrochemical studies [J]. J Solid State Chemistry, 1996, 122: 111-117.

[10] Doeffl. Secondary cell with orthorhombic alkali metal/manganese oxide phase active cathode material [P]. USP: 5558961, 1996.

[11] Meni Boure A, Delmas C. Electrochemical intercalation and deintercalation of Na_xMnO_2 brozes [J]. J Solid State Chemistry, 1985, (57): 323-331.

[12] 郭炳焜. 化学电源：电池原理及制造技术 [M]. 长沙：中南工业大学出版社，2000：314-354.

[13] 封伟，韦玮. 可溶导电聚苯胺的合成及其性能研究 [J]. 功能高分子学报，1998，11 (2)：71-74.

[14] 李念兵，张胜涛. 高分子固体电解质研究进展 [J]. 材料导报，2000，14 (6)：55-58.

[15] 王标兵，顾利霞. 高分子固体电解质（SPE）研究进展 [J]. 材料导报，2000，14 (7)：45-49.

[16] 娄永兵，剧金南. EAA 高分子固体电解质的制备与性能研究 [J]. 功能材料，2000，31 (3)：319-320.

[17] 张升水，邓正华. 聚氧化乙烯-聚磷酸钠共混物的钠离子导电性 [J]. 高分子材料科学与工程，1992，2：68-71.

[18] 方鹏飞，李光远. 含 NaI 的环氧树脂-PEO 互穿网络高分子固体电解质的离子电导研究 [J]. 功能高分子学报，1998，11 (1)：237-240.

[19] Pupon R, Papka B L. Influence of ion pairing on cation transport in the polymer electrolytes formed by poly (ethylene oxide) with sodium tetrofluoroborate and sodium tetrahydroborate [J]. J Chem Soc, 1982, 104: 6247-6251.

[20] 张雄伟，黄锐. 高分子复合导电材料及其应用发展趋势 [J]. 功能材料，1994，25 (6)：492-499.

[21] Plichta, Edward J, Behl Wishvender K. Method of making a flexible solid electrolyte for use in solid state cells [P]. USP: 5264308, 1993.

[22] Hartwing. Process for the production of thermodynamically stable ion conductor materials [P]. USP:

4386020，1983.
[23] 杨萍化，张振军. 硫酸纳基固体电解质材料的改性研究 [J]. 硅酸盐学报，1994，22 (4)：387-391.
[24] 温兆银，陈昆刚. 固体电解质材料、制备及应用 [P]. CNP：90102900，1990.
[25] Alcantara R，Fernandez F J. Characterisation of mesocarbon microbeads (MCMB) as active electrode material in lithium and sodium cells [J]. Carbon，2000，38：1031-1041.
[26] Thomas P，Ghanbaja J. Electrochemical insertion of sodium in pitchbased carbon fibres in comparison with graphite in $NaClO_4$-ethylene carbonate electrolyte [J]. Electrochimica Atcta，1999，45：423-430.
[27] Taiguang Jow R. Rechargeable sodium alloy anode [P]. USP：5168020，1992.
[28] Shishikura，Toshikazu. Secondary battery [P]. USP：5051325，1991.
[29] Taiguang Jow R. Rechargeable sodium alloy anode [P]. USP：4753858，1988.
[30] Jow T R，Shacklete L W. The role of conductive polymers in alkali-metal secondary electrodes [J]. J Electrochem Soc，1987，134 (7)：1730-1733.

（电池，第 32 卷第 1 期，2002 年 2 月）

低热固相反应法制备锂离子电池正极材料 $LiCoO_2$

唐新村，何莉萍，陈宗璋，刘继进，赖琼林，贾殿赠

摘　要：以氢氧化锂、醋酸钴和草酸为原料，采用低热固相反应法制备了锂离子正极材料 $LiCoO_2$ 的前驱体，并通过热重/差热分析对前驱体的合成和热分解过程进行了研究。将该前驱体在不同温度下焙烧 6 h 制得 $LiCoO_2$ 粉体，通过 XRD、TEM 技术对样品的结构和形貌进行了表征。结果表明，样品的晶粒尺寸小于 100 nm。随着焙烧温度的提高，样品的晶化程度和晶粒尺寸增大，晶胞参数呈现 a 轴伸长，c 轴缩短的趋势。充放电性能测试结果表明，700 ℃焙烧的样品具有很好的电化学性能，初始充/放电容量为 169.4/ 115.3 mAh・g^{-1}，循环 30 次放电容量还大于 101 mAh・g^{-1}，但是样品的极化容量损失较大。

关键词：锂离子电池；低热固相反应法；$LiCoO_2$ 正极材料

中图分类号：TM911　　**文献标识码**：A

Investigation on $LiCoO_2$ Cathode Material Prepared by the Method of Low-Heating Solid-Satate Reaction

Tang Xincun，He Liping，Chen Zongzhang，Liu Jijin，Lai Qionglin，Jia Dianzeng

Abstract：The precursors of $LiCoO_2$ as the cathode material of Li-ion batteries were prepared by the method of the low-heating solid-state reaction used lithium hydroxide，cobalt acetate and oxalic acid as raw materials. The $LiCoO_2$ samples were obtained by sintering the precursors at different temperatures for 6 h. The structures and morphologies were characterized by powder XRD and TEM techniques. Results show the grain size of all samples was below 100 nm，and the lattice parameters and grain size are dependent on the sintering temperature. Electrochemical tests show that the sample prepared at 700 ℃ sintering temperature exhibits a good cyclability. However，the capacity losing caused by polarization of electrode cannot be negligible.

Key words：Li-ion batteries；low-heating solid-state reaction；$LiCoO_2$ cathode

1　引言

锂离子电池以嵌锂化合物为正/负极材料，具有电池电压高、比能量大、循环寿命长、自放电小以及无明显的记忆效应等优点[1]。目前，用于 4 V 锂离子电池的正极材料主要有层状结构的$LiCoO_2$、$LiNiO_2$ 和尖晶石结构的 $LiMn_2O_4$ 3 大体系[2,3]，其中 $LiCoO_2$ 由于其优良的电化学性能已经被应用于商业锂离子电池中。文献报道的 $LiCoO_2$ 制备方法已有多种，如高温固相反应法[4]、溶胶/凝胶法[5]、共沉淀法[6]等。各种方法均有其优点和缺点，高温固相反应法工艺路线简单，但是焙烧温度高，时间长；溶胶/凝胶法和共沉淀法由于焙烧前首先制备出了 Li^+ 和 Co^{2+} 达到分子级混合水平的前驱体，因而具有焙烧温度低、时间短的优点，但是前驱体的制备工艺路线较复杂。因此，$LiCoO_2$ 的制备方法的开发仍然是当前研究的热点。

低热固相反应用于过渡金属配合物的合成已有许多文献报道[7-9]，本实验室已成功将该法用于尖

晶石结构 $LiMn_2O_4$ 的合成[10]。由于整个反应不需要水或其他溶剂作介质，反应工艺非常简单，并且无废水和废渣产生，因此比溶胶/凝胶法、共沉淀法等更简单和有利于环保，是一种很有潜力的新工艺。本文采用氢氧化锂、醋酸钴和柠檬酸为原料，通过低热固相反应合成了 Li^+ 与 Co^{2+} 达到分子级混合水平的前驱体，该前驱体在 500～800 ℃之间焙烧得到 $LiCoO_2$ 产品，通过热重/差热、X 射线衍射和透射电镜等技术分别对前驱体的合成与热分解过程、产品的结构和形貌进行了研究。结果表明，该法完全可用于 $LiCoO_2$ 的合成，并且前驱体所需的焙烧时间短，得到的产品晶粒尺寸小，晶相结构单一。充放电性能测试进一步表明该法 700 ℃焙烧的样品具有较高的初始容量和很好的循环性能。

2 实验

2.1 样品的制备

将氢氧化锂（分析纯）和草酸（分析纯）按 1：1 摩尔比混合，于玛瑙研钵中研磨 30 min，然后加入等摩尔比的醋酸钴（分析纯），混合研磨 1 h 得粉红色糊状中间体。上述中间体在 150 ℃下真空干燥 24 h，得疏松泡沫状前驱体。将该前驱体在空气气氛下于 500～800 ℃温度下焙烧 6 h，随炉冷却得产物。

2.2 样品的测试与表征

电极的制备：将上述 $LiCoO_2$ 产物和乙炔黑、聚四氟乙烯以 8：1：1 的比例混合碾压成膜，将膜于 10 kg/cm^2 的压力下压制在不锈钢集流体上，80 ℃下真空干燥制得正极片，以金属锂片作负极，Celgard 2400 为隔膜，PC+DMC（1：1 体积比）+ 1 mol/dm^3 的 $LiPF_6$ 作电解液，在氩气气氛手套箱内组装成实验电池。

充放电测试采用武汉蓝电电子有限公司生产的 Land BTI-40 电池测试系统，计算机采集数据，测试电流密度为 1 mA/cm^2，充放电电压范围为 3.0～4.3 V。热重/差热分析采用 PE-DTA/1700 热分析系统，氮气保护气氛，氧化铝作参比，升温速率为 5 ℃/min。粉末 X 射线衍射采用日本理学（Rigaku）D/ Max-3B X 射线衍射仪，CuKα 透射电镜测试采用 HITACHI H-800 透射电镜，测试电压 200 kV。

3 结果与讨论

3.1 热重/差热分析

图 1 为前驱体的 TG/ DTA 曲线。由于测试前前驱体已在 150 ℃真空干燥 24 h，TG 曲线在 180 ℃之前基本无质量损失，DTA 曲线上也没有出现明显的脱水吸热峰，说明前驱体基本干燥完全。当温度升到 550 ℃时，TG 曲线再无失重平台出现，DTA 曲线也无明显的吸热/放热峰，表明前驱体已分解完全，总失重率为 47.7%。如果最终分解产物为 1 mol $LiCoO_2$（97.87 g）的话，根据 47.7%的失重率计算前驱体的质量应该为 205.18 g，与所加入的原料除去结晶水后的计算质量（290.798 g）相差很远，这说明前驱体的组成绝对不是原料的简单机械混合。氢氧化锂的研磨过程中可能与草酸发生了如下的固相化学反应：

$$LiOH \cdot H_2O + H_2C_2O_4 \cdot 2H_2O \longrightarrow LiHC_2O_4 + 4H_2O \quad (1)$$

接下来 $LiHC_2O_4$ 在释放出的水作用下，进一步与醋酸钴发生如下反应：

$$LiHC_2O_4 + Co(CH_3COO)_2 \cdot 4H_2O \longrightarrow (CH_3COO)Co(C_2O_4Li) + CH_3COOH + 4H_2O \quad (2)$$

上述反应可以从研磨过程中体系变糊并放出的醋酸气的现象得到证明。反应体系中的水和研磨时没跑出去的醋酸在真空干燥时大部分被除去，所得前驱体分子式为（CH_3COO）Co（C_2O_4Li），分子量为 212.92 $g \cdot mol^{-1}$。按此分子式热分解成 $LiCoO_2$，理论失重率为 45.97%，与实验数据基本吻合，进一步验证了上述的反应机理。

从图 1 还可看出，TG 曲线在 200～250 ℃、250～550 ℃之间分别出现两个失重平台，并且 DTA 曲线也出现两个叠加的放热峰，说明前驱体的热分解大致分为两步进行。从两个平台的失重率大小对比来看，应该是醋酸根先分解，再脱去草酸根的碳得到产物。

3.2 样品的结构和形貌分析

图 2 给出了不同焙烧温度下所得样品的粉末 X 射线衍射图。图中除曲线 d 上出现较小的 Co_3O_4 杂质峰（*标记）外，曲线 a，b，c 与 $LiCoO_2$ 的标准衍射峰是对应的，说明前驱体在 500 ℃以上时焙烧 6 h 即可得到层状结构的 $LiCoO_2$ 产品。随着焙烧温度的提高，样品的衍射强度增大，说明升高温度有利于样品形成更好的晶型。根据图 2 所给出的 XRD 数据和六方晶胞三方晶系面间距与晶面指数、晶胞参数的关系：

$$1/d_{hkl}^2 = 4(h^2 + k^2 + hk)/3a^2 + l^2/c^2$$

式中：h，k，l 为晶面指数；d_{hkl} 为 $[h,\ k,\ l]$ 晶面的面间距；a 和 c 为晶胞参数。

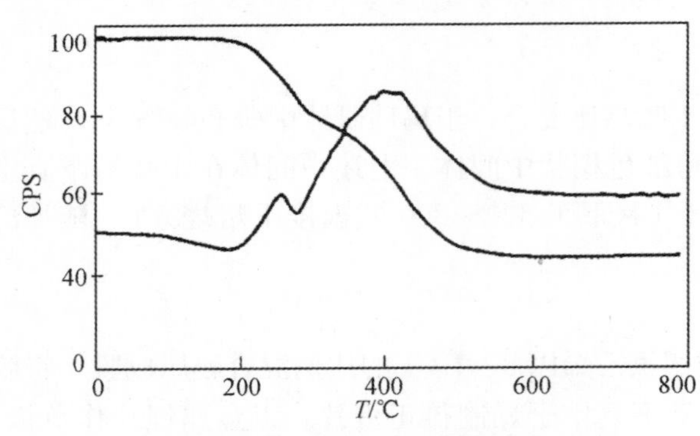

图 1　前驱体的 TG/ DTA 曲线

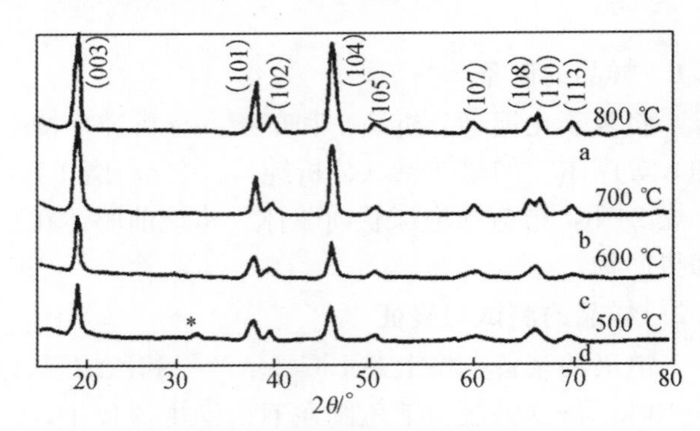

图 2　不同焙烧温度下所得样品的 XRD 图

利用最小二乘法计算得到的晶胞参数见表 1。由表 1 中的数据可以看出，随着焙烧温度的提高，晶胞参数呈现 a 轴伸长，c 轴缩短的趋势。

图 3 为不同焙烧温度所得样品的透射电镜图。由图可看出，各样品的晶粒尺寸（见表 1）均小于 100 nm，并且随着焙烧温度的提高，晶粒尺寸变大。当温度提高到 800 ℃时，晶粒尺寸明显比 700 ℃的样品增大了约 3 倍。这可能是由于 800 ℃下前驱体的热分解速度急剧增大，放出的热量来不及扩散出去，前驱体内部的实际温度大大高于 800 ℃的炉膛温度而使晶粒长大所致。

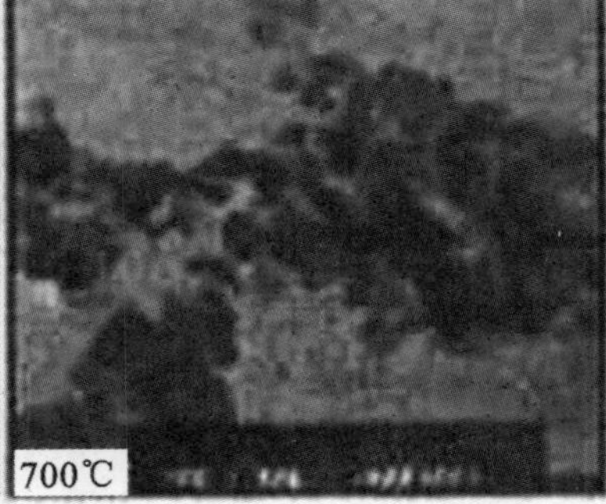

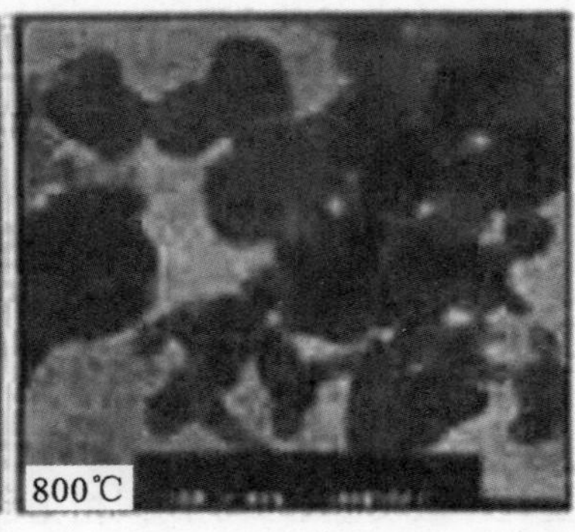

图 3　不同焙烧温度所得样品的 TEM 图（放大十万倍）

表 1　不同焙烧温度所得样品的晶胞参数、晶粒大小和首次充放电容量

焙烧温度/℃	晶胞参数			晶粒大小/nm	首次容量/（mAh・g^{-1}）	
	a/nm	c/nm	c/a		充电	放电
500	0.28015 (5)	1.4106 (3)	5.035 (2)	—	96.8	94.2
600	0.28027 (4)	1.4071 (6)	5.020 (7)	20	103.5	97.3
700	0.28041 (6)	1.4051 (3)	5.010 (9)	30	124.6	105.6
800	0.28063 (7)	1.4024 (0)	4.997 (2)	80	169.4	115.3

3.3 充放电性能

图 4 为不同焙烧温度下所得样品的充/放电曲线。其中充电过程采用先恒流（电流为 0.5 mA）充电至 4.3 V，再恒压充电至 0.1 mA 的充电模式；放电过程为普通的恒流放电。由图可见，增加恒压充电过程，总的充电容量约提高 30%～50%，表明由于电极的极化，锂离子在电极中的嵌入量实际上远小于理论嵌入量时，充电电压便达到了设定的电压上限而终止充电，因此，充/放电容量的极化损失不可忽略。导致极化容量损失的原因与样品的晶界电阻、晶粒内部的电子导电性能以及导电剂的性能及分布均匀度有极大关系。

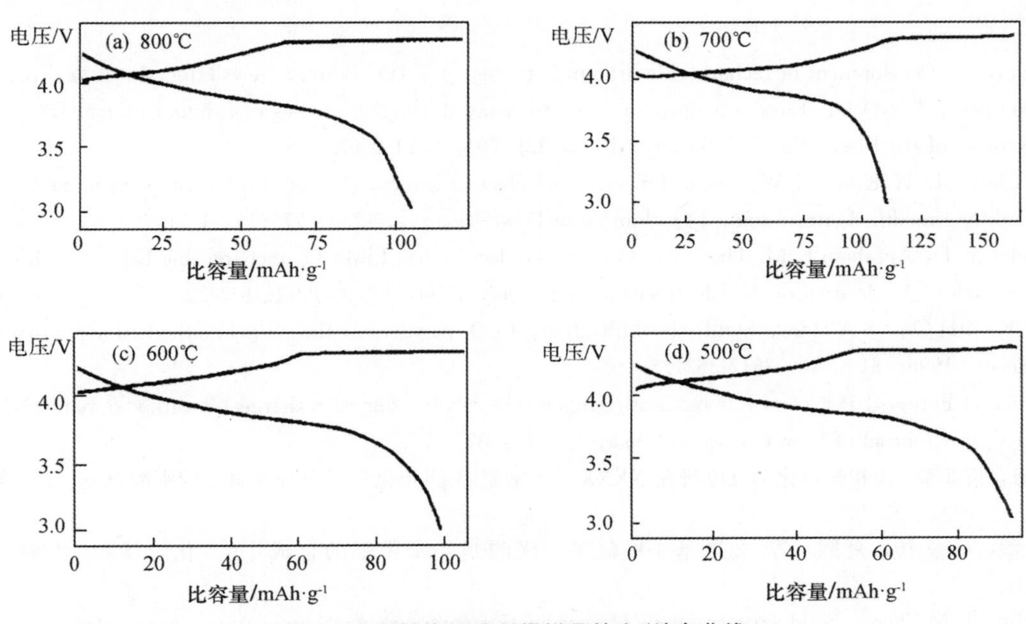

图 4 不同焙烧温度所得样品的充/放电曲线

各样品的首次充/放电容量见表 1。由表可知，随着焙烧温度的提高，所得样品的充/放电容量增大，这可能是由于高温样品具有更好晶型的原因。但是 800 ℃下焙烧所得样品的容量却低于 700 ℃的样品，这可能与样品大的晶粒尺寸和小晶胞参数 c 值有关，二者均不利于锂离子在晶体中的脱嵌。图 5 为 700 ℃焙烧所得样品前 30 次的循环特性。由图可见，该样品经过 30 次充放电循环后，放电容量大于 101 mAh·g^{-1}，表明低热固相反应法合成的 $LiCoO_2$ 具有较好的循环稳定性。但是总体来说还存在极化容量损失太大的问题，这与样品的晶型和颗粒内部的多孔性有关，详细的研究将以另文报道。

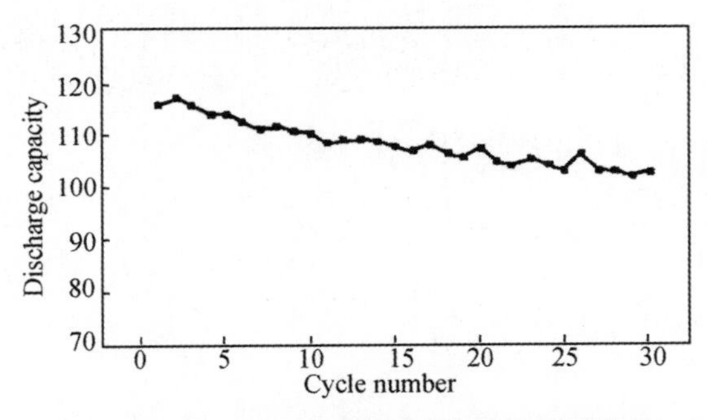

图 5 700 ℃下焙烧所得到的样品的循环特性

4 结论

（1）低热固相反应法完全可适用于 $LiCoO_2$ 的合成，与普通的高温固相反应相比，具有焙烧时间短、温度低的优点，同时前驱体的合成工艺比溶胶/凝胶法简单，适合于规模化生产；整个工艺不产生废水和废渣，有利于环保。

（2）前驱体的焙烧温度对样品的晶型、晶胞参数及晶粒尺寸有很大影响。温度低于500 ℃时有少量的Co_3O_4杂质存在，高于800 ℃时晶粒尺寸变大，晶胞的c/a变小，不利于锂离子的嵌入和脱出。

（3）700 ℃左右焙烧温度得到的样品具有较好的充放电性能。所有样品均存在极化容量损失太大的问题。

参考文献

[1] Nagaura，T. Development of rechargeable lithium batteries [J]. JEC Battery Newsletter，1991，2：10-18.

[2] J N Reimers，J R Dahn. Electrochemical and in situ X-ray diffraction studies of lithium intercalation in $LixCoO_2$ [J]. Journal of the Electrochemical Society，1992，139（8）：2091-2097.

[3] J H Choy，D H Kim，C W Kwon. Physical and electrochemical characterization of nanocrystalline $LiMn_2O_4$ prepared by a modified citrate route [J]. Journal of Power Sources，1999，77（1）：1-11.

[4] Peramunage D，Abraham K M. The $Li_4Ti_5O_{12}$//PAN electrolyte//$LiMn_2O_4$ rechargeable battery with passivation-free electrodes [J]. Journal of the Electrochemical Society，1998，145（8）：2615-2622.

[5] SunY K，I H Oh，S A Hong. Synthesis of ultrafine $LiCoO_2$ powders by the sol-gel method [J]. Journal of Materials Science，1996，31（14）：3617-3621.

[6] B Garcia，J Farcy，J P Pereira-Ramos. Low-temperature cobalt oxide as rechargeable cathodic material for lithium batteries [J]. Journal of Power Sources，1995，54（2）：373-377.

[7] 贾殿赠，忻新泉. 固相配位化学反应研究XXXXXII. 室温固-固相化学反应合成氨基酸铜配合物 [J]. 化学学报，1993，51（4）：358-362.

[8] 贾殿赠，杨立新，夏熙，等. 2-羟基-4-甲氧基-5-磺酸基二苯甲酮的合成 [J]. 化学学报，1998，56（2）：154-159.

[9] X Q Xin，L M Zheng. Solid state reactions of coordination compounds at low heating temperatures [J]. Journal of Solid State Chemistry，1993，106（2）：451-460.

[10] X C Tang，L Q Li，B Y Huang. Phenomenon of enhanced diffusion of lithium-ion in $LiMn_2O_4$ induced by electrochemical cycling [J]. Solid State Ionics，2006，177（7）：687-690.

[功能材料，33（2），2002年]

低热固相反应法在多元金属复合氧化物合成中的应用
——锂离子电池正极材料 $LiCo_{0.8}Ni_{0.2}O_2$ 的合成、结构和电化学性能的研究

唐新村，何莉萍，陈宗璋，贾殿赠

摘　要：以氢氧化锂、醋酸钴、醋酸镍和草酸为原料，采用低热固相反应法制备了锂离子电池正极材料 $LiCo_{0.8}Ni_{0.2}O_2$ 的前驱体。该前驱体在不同温度下焙烧制得 $LiCo_{0.8}Ni_{0.2}O_2$ 粉体样品。通过 XRD 和 SEM 技术对样品的结构和颗粒形貌进行了分析；采用 BET 法、激光散射技术和恒电流间歇滴定法（GITT）分别对比表面积、粒度分布和扩散系数等理化参数进行了测试。结果表明，样品颗粒是由许多小的球形晶粒团聚而成，并呈不规则疏松多孔状，这有利于电解液的渗入和锂离子的扩散。充放电性能的测试表明，700～800 ℃下得到的样品具有优良的电化学性能，初始电容量达 145 mAh·g^{-1}，循环 50 次后容量衰减在 11%左右。

关键词：$LiCo_{0.8}Ni_{0.2}O_2$ 正极材料；低热固相反应法；锂离子电池

分类号：O614.11　　O614.81⁺3

Application of the Low-Heating Solid-State Reaction Method in Preparation of Multi-Metal Composite Oxides
——Preparation, Structure and Electrochemical Properties of $LiCo_{0.8}Ni_{0.2}O_2$ Cathode Material for Lithium-Ion Batteries

Tang XinCun, He LiPing, Chen ZongZhang, Jia DianZeng

Abstract: The precursors of $LiCo_{0.8}Ni_{0.2}O_2$ cathode material for lithium-ion batteries were prepared from lithium hydroxide, cobalt acetate, nickel acetate and oxalic acid by the method of low-heating solid-state reaction. The $LiCo_{0.8}Ni_{0.2}O_2$ samples were obtained by sintering the precursors at different temperatures for 12 h. Their structures and morphologies were characterized by powder XRD and SEM techniques, and their physico-chemical parameters such as specific areas, particle size distributions and diffusion coefficients were measured by BET method, laser scattering technique and galvanostatic intermittent titration technique (GITT), respectively. SEM photographs show that the samples are made up of the irregular porous granules, which are conglobated by many small spherical crystals. This is beneficial for electrolyte diffusing into the granules of the samples. Electrochemical tests show that the samples obtained in the sintering temperature range from 700 ℃ to 800 ℃ exhibit excellent electrochemical properties.

Key words: $LiCo_{0.8}Ni_{0.2}O_2$ cathode material; low-heating solid-state reaction; Li-ion batteries

0 引　言

锂离子电池具有使用电压高、能量密度大、循环寿命长和自放电小等特点[1]。自从日本 Sony 公司于 1990 年成功地开发出了以碳材料为负极、层状结构的 $LiCoO_2$ 为正极的 4 V 可充锂离子电池以

来，锂离子电池的正、负极材料一直是人们研究的热点[2,3]。目前商品锂离子电池的正极材料主要是$LiCoO_2$。虽然$LiCoO_2$具有优异的电化学性能，但是由于钴资源有限，价格昂贵，使其应用受到了限制。以层状结构的$LiNiO_2$或尖晶石结构的$LiMn_2O_4$取代$LiCoO_2$作为锂离子电池正极材料，虽然大大地降低了成本，但$LiNiO_2$的合成很困难[4]，而$LiMn_2O_4$在充放电过程中存在严重的容量衰减现象[5]。由于$LiCoO_2$和$LiNiO_2$都是层状结构，空间组群均为$R/3m$，研究表明[6,7]，以Ni部分地取代Co，可以在保证电化学性能的前提下，降低正极材料的成本。

低热固相反应在合成过渡金属配合物、原子簇化合物及纳米材料等方面的应用已有许多文献报道[8-11]，其特点是制备前驱体时不需要水或其他溶剂作介质，因此与溶胶-凝胶法、共沉淀法等溶液法相比，工艺更简单，并且无废水和废渣产生。本文以氢氧化锂、醋酸钴、醋酸镍和草酸为原料，采用低热固相反应法合成了Li∶Co∶Ni为1∶0.8∶0.2的前驱体，该前驱体在不同温度下焙烧12小时制得$LiCo_{0.8}Ni_{0.2}O_2$粉体样品。通过X射线衍射和扫描电镜等技术分别对产品的结构和形貌进行了研究，结果表明，所得样品的晶相结构与$LiCoO_2$一样，样品颗粒是由许多小的球形晶粒团聚而成，并呈不规则的疏松多孔状。充放电性能测试表明700～800 ℃下焙烧得到的样品具有较高的初始容量和很好的循环性能。

1　实验部分

1.1　样品的制备

将0.2摩尔氢氧化锂和0.2摩尔草酸充分混合，于玛瑙研钵中研磨30分钟，然后加入0.16摩尔的醋酸钴和0.04摩尔的醋酸镍，混合研磨60分钟得粉红色中间体。上述中间体在180 ℃下真空干燥24小时得前驱体。将该前驱体在空气气氛下焙烧12小时，焙烧温度分别为600 ℃、700 ℃、800 ℃和900 ℃，随炉冷却，研磨后得样品。

1.2　样品的测试与表征

电极的制备：将上述$LiCo_{0.8}Ni_{0.2}O_2$产品和乙炔黑导电剂、聚四氟乙烯黏结剂以8∶1的质量比混合均匀，在丙酮液中调成浆，于铝箔上涂布碾压成膜，80 ℃下真空干燥24小时制得正极片。采用金属锂片为负极，Celgard 2400为隔膜，电解液为PC ＋ DMC（1∶1体积比）＋ 1 $mol \cdot L^{-1}$的$LiPF_6$，在氩气气氛手套箱内组装成实验电池。

充放电和扩散系数测试所用仪器为武汉蓝电电子有限公司生产的Land BTI-40电池测试系统，计算机采集数据，其中充放电测试电流密度为1 $mA \cdot cm^{-2}$，电压范围为3.5～4.3 V。粉末X射线衍射分析采用日本理学（Rigaku）D / Max-3 B X射线衍射仪，$CuK\alpha$。形貌测试采用JSM-6301扫描电子显微镜，测试前样品未经超声波分散处理。粒度分布采用OMEC LS-Ⅲ粒度分析仪，水为分散介质。

2　结果与讨论

2.1　物相分析及结构测定

图1为不同温度下所得样品的XRD图。图中所有样品的衍射峰与层状结构$LiCoO_2$的标准衍射峰相对应，说明合成的$LiCo_{0.8}Ni_{0.2}O_2$样品具有与层状结构$LiCoO_2$相同的晶相结构。随着前驱体焙烧温度的提高，所得样品的衍射峰强度增大，并且峰形变得更锐利，表明高温样品的晶相更完美；同时，（006）和（102）峰、（108）和（110）峰随着焙烧温度的提高发生明显的分离，表明提高温度有利于降低$LiCo_{0.8}Ni_{0.2}O_2$样品中阳离子的无序度[12]，减小Li^{+1}进入Co和Ni的3b位置的数量。研究表明[7]，阳离子无序度还可以通过（003）与（104）的衍射峰强度比值（见表1）来表征，该值越大，说明阳离子的无序度越小。由表1的数据可知，I（003）/I（104）值随焙烧温度的提高而增大，进一步说明提高焙烧温度有利于降低样品中阳离子的无序度。当温度提高到900 ℃时，样品中出现杂质相衍射峰（如图1中*所示），粉末X射线衍射卡（39-0846）的数据表明，该杂质相最可

能为 $Li_{1.47}Co_3O_4$。从晶面线形看，900 ℃样品的结构仍然是稳定的。

根据图 1 所给出的 XRD 数据和六方晶系面间距与晶面指数、晶胞参数的关系：

$$1/d_{hkl}^2=4(h^2+k^2+hk)/3a^2+l^2/c^2$$

式中：h，k，l 为晶面指数；d_{hkl} 为（h，k，l）晶面的面间距；a 和 c 为晶胞参数。

利用最小二乘法计算得到的晶胞参数见表 1。由表 1 中的数据可以看出，在 600～800 ℃之间，随着焙烧温度的提高，a 轴和 c 轴均伸长，晶胞体积 V 增大。但当温度升高到 900 ℃时，a 轴和 c 轴及晶胞体积 V 明显减小，这有可能与样品中杂质相所导致的计算偏差有关。从 c/a 的值看，700 ℃和 800 ℃样品略小于 900 ℃和 600 ℃的样品。

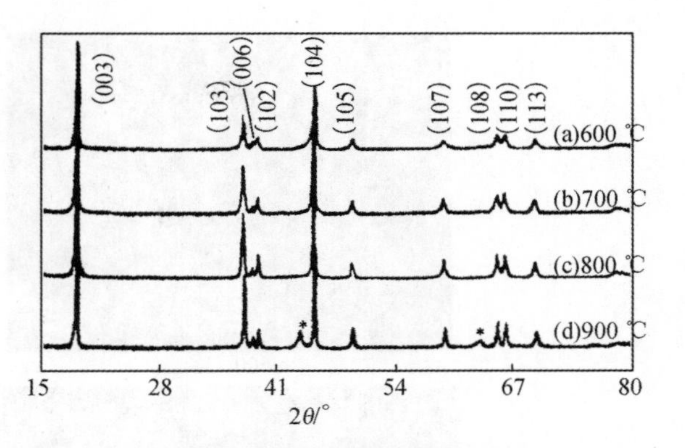

图 1 不同焙烧温度所得样品的 XRD 图

表 1 不同焙烧温度下所得样品的晶体结构参数

sintering temperature	crystal parameters				I/（003）/I（104）
	a/Å	c/Å	c/a	V/Å^{3*}	
600 ℃	2.8141（3）	14.0549（7）	4.9944（3）	111.3059（1）	1.27
700 ℃	2.8195（4）	14.0582（1）	4.9860（0）	111.7600（4）	1.31
800 ℃	2.8196（8）	14.0606（5）	4.9866（1）	111.8370（5）	1.42
900 ℃	2.8128（3）	14.0387（1）	4.9909（6）	111.2904（5）	1.69

* The values of V was obtained from：$V=a^2\times C$

2.2 微观形貌及理化参数

图 2 为不同焙烧温度下所得样品的扫描电镜图，测试前样品未经超声波分散处理以保证图像能真实地反映样品堆积颗粒的团聚状态。由图可看出，样品颗粒尺寸均在 10 μm 左右，从 900 ℃所得样品的局部放大图（见 e 图）可看出，样品颗粒是由许多小的球形晶粒团聚而成，整个颗粒呈不规则的疏松多孔状态。形成这种疏松多孔状态与样品的合成方法有关，低热固相反应法合成的前驱体干燥后本身呈疏松多孔状态，在焙烧时放出大量的二氧化碳气体不但阻止了样品颗粒的紧密团聚，而且还在颗粒内部形成气孔，并导致样品的比表面积增大（见表 2），这有利于电解液在颗粒内部的渗入和锂离子在电解液中的扩散。根据恒电流间歇滴定（GITT）法[13]：

$$D_{Li}=\frac{4}{\pi}\cdot\left[\frac{V_M I_0(dE/d\delta)}{zSF(dE/d\sqrt{t})}\right]^2 \qquad (t\ll L^2/D_{Li})$$

对 4.3 V 附近的扩散系数进行了测量。式中 E 为嵌入电极电位，I_0 为测试电流，t 为恒流时间，δ 为 t 时间内 Li^+ 在 $Li_xCo_{0.8}Ni_{0.2}O_2$ 电极中的嵌入量，V_M 为 $Li_xCo_{0.8}Ni_{0.2}O_2$ 的摩尔体积，z 为 Li^+ 的电荷数，S 为有效嵌入反应面积，L 为电极层厚度，F 为 Farady 常数。图 3 为各样品在 4.3 V 附近 $E\sim t^{1/2}$ 关系图，测得各样品在 4.3 V 附近的扩散系数值见表 2。对比表 2 的扩散系数数据与表 1 中的晶胞参数数据可看出，扩散系数随晶胞参数的增大而增大，说明大的晶胞参数有利于锂离子在晶格中的脱嵌。

图 4 为不同焙烧温度下所得样品的粒度分布图，测得的中位径 D_{50} 值见表 2。各样品的 D_{50} 值在 7～11 μm 之间，与 SEM 照片上的颗粒大小（10 μm 左右）基本一致。由图 4 来看，除 900 ℃样品外，焙烧温度高的样品反而略偏向于窄的颗粒粒径分布，说明样品的颗粒大小主要取决于研磨的条件，而与焙烧温度关系不大，但比表面积随焙烧温度的升高而减小。

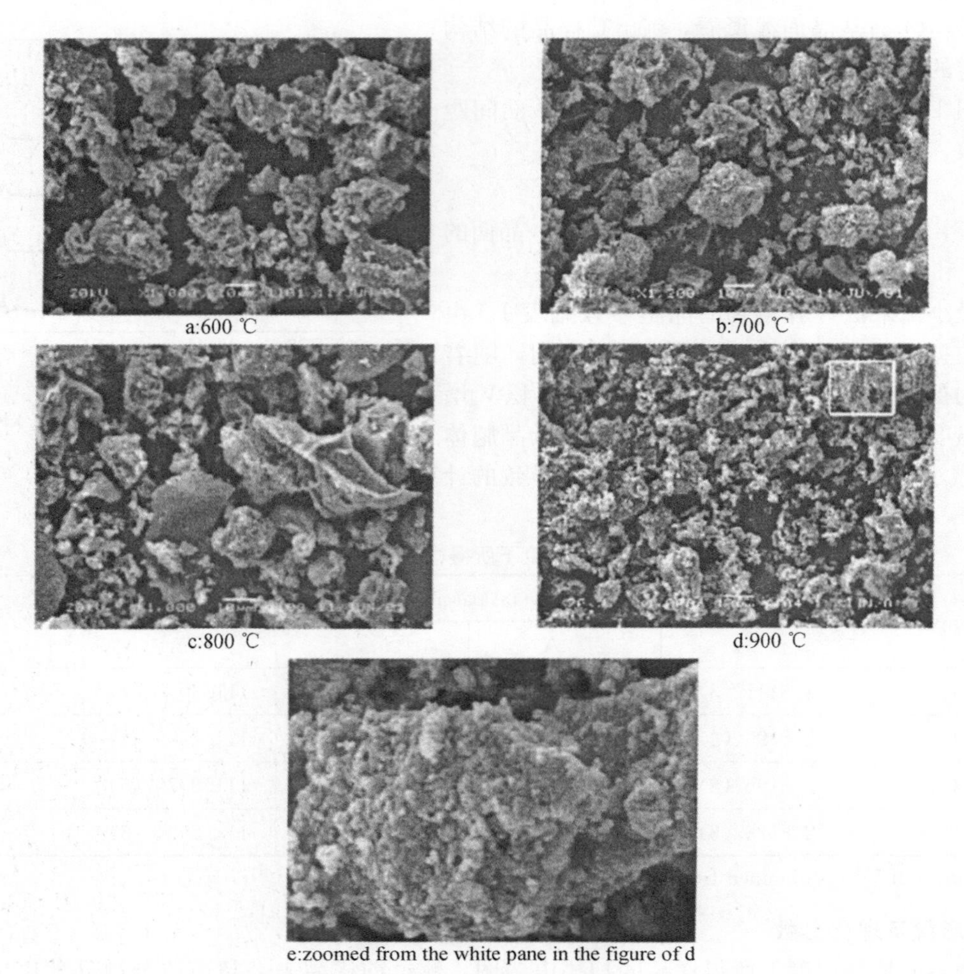

图 2　不同焙烧温度所得样品的 SEM 图

表 2　不同焙烧温度所得样品的理化性能参数

sintering temperature	specific capacity/（mAh·g^{-1}）		D_{50}/μm	specific surface area /（m^2·g^{-1}）	D_{Li}（×10^{-7}）/（cm^2·s^{-1}）
	charge	discharge			
600 ℃	141.2	136.3	10.56	11.3	6.28
700 ℃	144.5	141.1	9.28	9.8	6.41
800 ℃	146.9	145.3	7.27	6.6	8.32
900 ℃	124.2	109.4	10.17	3.7	0.96

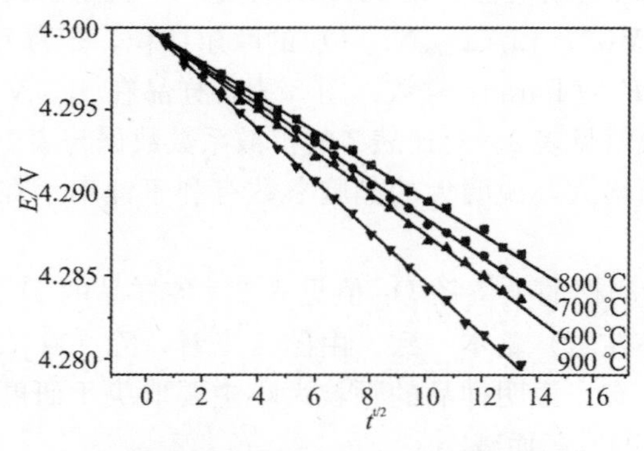

图 3　各样品在 4.3 V 附近 E-$t^{1/2}$ 的关系图

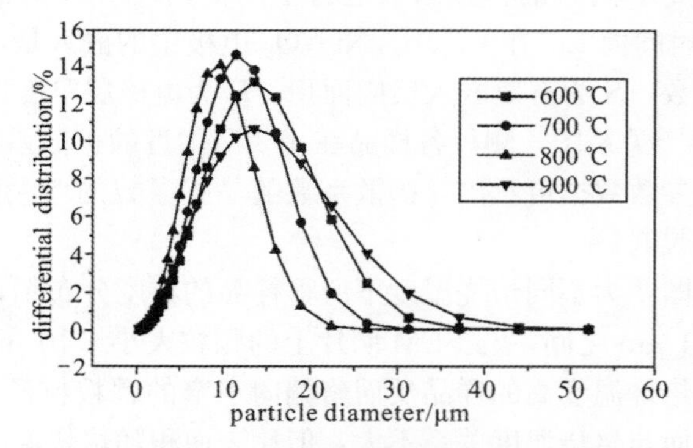

图 4　不同温度下所得样品的粒度分布图

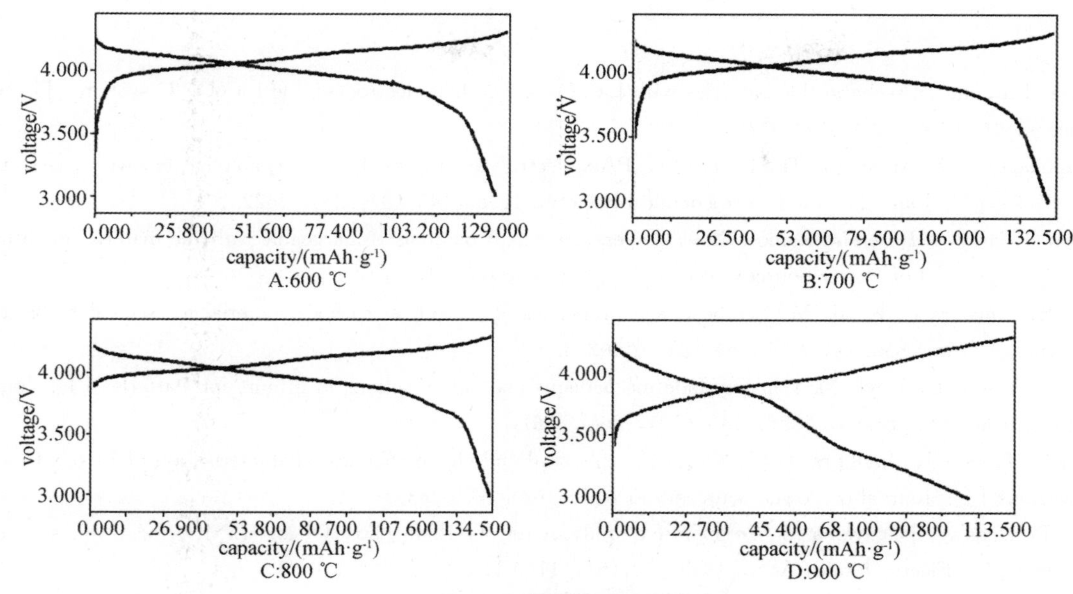

图 5 各样品的充放电曲线

2.3 充放电性能

各样品的充放电曲线见图 5，各样品的容量数据见表 2。在 600～800 ℃之间焙烧温度下得到的样品均具有很高的可逆充/放电容量（136～147 mAh·g^{-1}）。但 900 ℃焙烧温度下得到的样品可逆充/放电容量只有 124.2 mAh·g^{-1}/109.4 mAh·g^{-1}，并且平均工作电压较低，在 3 V 与 3.4 V 之间明显出现另一放电平台，这可能是由于样品中存在 $Li_{1.47}Co_3O_4$ 杂质的缘故。各样品的充放电循环性能如图 6 所示。由图 6 可看出，在 600～800 ℃之间，随着焙烧温度的提高，容量的衰减速度减慢。600 ℃焙烧温度下所得样品尽管初始容量较高，但容量衰减速度较快，循环 50 次后容量衰减达 31.7%，700～800 ℃样品表现出很高的初始容量和较好的循环性能，循环 50 次后容量衰减仅为 11%左右，这与高温样品晶相结构较好，阳离子无序度较低的原因有关。同时，700～800 ℃样品的晶胞参数与锂离子扩散系数较大，有利于锂离子在晶格中的脱嵌。但当焙烧温度提高到 900 ℃时，不仅初始容量低，而且容量衰减非常快，循环 36 次后容量衰减即达 57%，说明杂质相的存在不仅降低了材料的初始容量，而且对材料的循环性能非常不利。另外，900 ℃样品的晶胞参数较小，也不利于锂离子在晶格中的脱嵌。

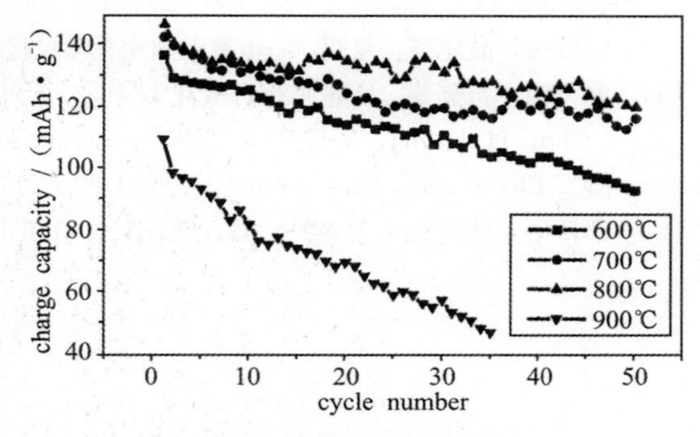

图 6 各样品的充放电循环性能

3 结论

（1）低热固相反应法完全适用于锂离子正极材料 $LiCo_{0.8}Ni_{0.2}O_2$ 的合成，该法适宜的焙烧温度范围较宽，在 700～800 ℃下焙烧得到的样品均具有较好的晶相结构和充放电性能，并且工艺简单，焙烧时间短，对环境污染小。

（2）该法所得样品颗粒呈不规则的疏松多孔状，比表面积大，有利于电解液的渗入和锂离子的扩散。而团聚态颗粒的大小与焙烧温度没有明显的相关性。

（3）$LiCo_{0.8}Ni_{0.2}O_2$ 的充放电性能与样品的晶相结构，阳离子无序度，晶胞参数，扩散系数及纯度有关。晶相结构好，阳离子无序度小，晶胞参数和扩散系数大，纯度高的样品的电化学性能更好。

参考文献

[1] K Ozawa. Lithium-ion rechargeable batteries with $LiCoO_2$ and carbon electrodes：the $LiCoO_2$/C system [J]. Solid State Ionics，1994，69 (3-4)：212-221.

[2] D Peramunage，K M Abraham. The $Li_4Ti_5O_{12}$//PAN electrolyte//$LiMn_2O_4$ rechargeable battery with passivation-free electrodes [J]. Journal of the Electrochemical Society，1998，145 (8)：2615-2622.

[3] B Garcia，J Farcy，J P Pereira-Ramos. Low-temperature cobalt oxide as rechargeable cathodic material for lithium batteries [J]. Journal of Power Sources，1995，54 (2)：373-377.

[4] Yamada S，Fujiwara F，Kanda M. Synthesis and properties of $LiNiO_2$ as cathode material for secondary batteries [J]. Journal of Power Sources，1995，54 (2)：209-213.

[5] Arora P，White R E，Doyle M. Capacity fade mechanisms and side reactions in lithium-ion batteries [J]. Journal of the Electrochemical Society，1998，145 (10)，3647-3667.

[6] Wang G X，Horvat J，Bradhurst D H. Structural，physical and electrochemical characterisation of LiNi x $Co_{1-x}O_2$ solid solutions [J]. Journal of Power Sources，2000，85 (2)：279-283.

[7] Ohzuku T，Ueda A，Nagayama M. Comparative study of LiCoO/$LiNi_{1/2}Co_{1/2}O_2$ and $LiNiO_2$ for 4 volt secondary lithium cells [J]. Electrochimica Acta，1993，38 (9)：1159-1167.

[8] 贾殿赠，杨立新，夏熙. 2-羟基-4-甲氧基-5-磺酸基二苯甲酮的合成 [J]. 化学学报，1998，56 (2)：154-159.

[9] X Q Xin，L M Zheng. Solid state reactions of coordination compounds at low heating temperatures [J]. Journal of Solid State Chemistr，1993，106 (2)：451-460.

[10] 贾殿赠，俞建群，夏熙. 一步室温固相化学反应法合成 CuO 纳米粉体 [J]. 科学通报，1998，43 (02)：172-174.

[11] 周益明，忻新泉. 低热固相合成化学 [J]. 无机化学学报，1999，15 (3)：273-292.

[12] J Cho，H S Jung，Y C Park. Electrochemical properties and thermal stability of $LiNi_{1-x}Co_xO_2$ cathode materials [J]. Electrochem Soc，2000，147 (1)：15-20.

[13] 邱新平，沈万慈，刘英杰，等. 锂在碳素材料中的扩散过程研究 [J]. 化学学报，1996，54 (11)：1065-1069.

（无机化学学报，第 18 卷第 6 期，2002 年 6 月）

尖晶石 $LiMn_2O_4$ 前驱体的低热固相反应法合成机理及其结构与热分解过程研究

唐新村，何莉萍，陈宗璋，贾殿赠，夏　熙

摘　要：以氢氧化锂、醋酸锰和柠檬酸为原料，采用低热固相反应法制备了 Li^+ 与 Mn^{2+} 摩尔比为 1∶2 的前驱体化合物 $LiMn_2L(Ac)_2$。通过元素分析、红外光谱、质谱和热重/差热等测试方法对前驱体的组成、结构、合成反应机理及热分解过程进行了研究。结果表明，可在全固相条件下通过低热固相反应得到锂离子与锰离子达到分子级混合水平的前驱体。该前驱体在 350 ℃下焙烧 4 h 即可出现明显的尖晶石相 $LiMn_2O_4$ 产物。

关键词：低热固相反应；前驱体；尖晶石 $LiMn_2O_4$

中图分类号：O614.11；O614.81+3　**文献标识码**：A　**文章编号**：0251-0790（2003）04-0576-04

Structure, Preparation Mechanism and Thermo-decomposition Process of $LiMn_2O_4$ Precursor Prepared by Low-heating Solid-state Reaction

Tang Xincun, He Liping, Chen Zongzhang, Jia Dianzeng, Xia Xi

Abstract: The precursors were prepated from lithium hydroxide, manganese acetate and citric acid by the method of low-heating solid-reaction with the molar ratio of Li^+ to Mn^{2+} as 1∶2. The composition, structure , reaction mechanism and thermo-decomposing process of the precursor were studied by using elemental analysis, IR spectrum, MS spectrum and TG/DTA analysis. The results show that the composition of precursor was fitted as $LiMn_2L(Ac)_2$, in which L represents citric acid radical and Ac was acetic acid radical. Spinel $LiMn_2O_4$ began to form only at 350 ℃ sintering temperature for 4 h.

Key words: Low-heating solid-state reaction; Precursor; Spinel $LiMn_2O_4$

低热固相反应在配位化合物、纳米材料、金属簇合物的合成中已经得到了广泛的应用[1-5]。该类反应用于尖晶石结构 $LiMn_2O_4$[6,7]、层状结构 γ-$LiMnO_2$[8]、$LiCoO_2$ 及其掺杂化合物[9-11]等锂离子电池正极材料的合成，具有焙烧温度低、时间短、对环境无污染及得到的产品晶相纯度高等优点，适于大规模工业化生产，展现了很好的应用前景[6]。研究表明，低热固相反应法合成锂离子正极材料的关键在于前驱体的合成[9]，但对上述正极材料前驱体的组成、结构及合成机理方面的详细研究尚未见文献报道。本文通过元素分析、红外光谱、质谱和热重/差热等测试手段，重点对尖晶石 $LiMn_2O_4$ 前驱体的组成、结构和热分解过程及合成机理进行了研究。结果表明，通过低热固相反应和有机配体的桥架作用，可使锂与锰在前驱体中达到分子级水平的混合。该前驱体在 350 ℃左右即可分解完全，形成尖晶石相 $LiMn_2O_4$。

1　实验部分

1.1　前驱体的合成

将氢氧化锂（分析纯）和柠檬酸（分析纯）按摩尔比为1∶1混合，于玛瑙研钵中研磨20～40 min，然后加入2倍于氢氧化锂用量的醋酸锰（分析纯），混合研磨1 h得糊状中间体。将上述中间体在150 ℃左右下真空干燥24 h，即可得到疏松泡沫状的前驱体。

1.2　样品的测试与表征

元素分析采用PE-1700型元素分析仪；红外光谱采用Bio-RAN FPS-40红外光谱仪，以KBr为分散介质；质谱分析采用日本岛津HP-5000色质连用仪，直接进样；热重/差热分析采用PE-DTA / 1700热系统分析仪，氮气保护气氛，以氧化铝作参比，升温速率为10 ℃/min；粉末X射线衍射采用日本理学（Rigaku）D /Max-3B X射线衍射仪，CuK_α 射线。

2　结果与讨论

2.1　前驱体的组成、结构与合成反应机理

对前驱体的组成进行了元素分析测试，并取少量氢氧化锂和柠檬酸混合物研磨，得到的中间体产物 LiH_2L（L：柠檬酸根）于120 ℃下干燥24 h后进行元素分析。测得的结果见表1。由表1的数据可以看出，中间体 LiH_2L 的测定值与按分子式 $LiC_6H_7O_7$ 计算的理论值非常吻合（其中反应生成的水及释放出的结晶水在干燥过程中被除去），表明柠檬酸与氢氧化锂通过研磨发生如下的酸碱中和反应：

$$LiOH \cdot H_2O + C_6H_8O_7 \cdot 2H_2O \longrightarrow LiC_6H_7O_7 + 4H_2O \quad (1)$$

研究表明[1]，酸碱中和反应和配位化学反应很容易在低热固相条件下进行。$LiC_6H_7O_7$ 的柠檬酸根中还含两个羧基，可进一步与醋酸锰发生配位化学反应，并置换出醋酸锰中的醋酸根（简写为 Ac^-），释放出HAc气体：

$$LiC_6H_7O_7 + 2Mn(Ac)_2 \cdot 4H_2O \longrightarrow LiMn_2L(Ac)_2 + 2HAc + 4H_2O \quad (2)$$

反应后体系中的醋酸和水分子在干燥过程中被除去。根据式（1）和式（2），干燥后所得前驱体的分子式应为 $LiMn_2L(Ac)_2$（或 $LiMn_2C_{10}H_{11}O_{11}$）。从表1中前驱体的元素分析数据可看出，前驱体的C和H含量测定值与按分子式 $LiMn_2L(Ac)_2$ 计算的理论值相差不大，同时研磨和干燥时可闻到很浓的醋酸气味，说明上述的反应机理是正确的。前驱体C和H含量的测定值均比理论计算值略有偏高，这是由于在干燥时少量醋酸（C，H含量分别为40.00%和6.71%）吸附在前驱体表面未被完全除去所致。

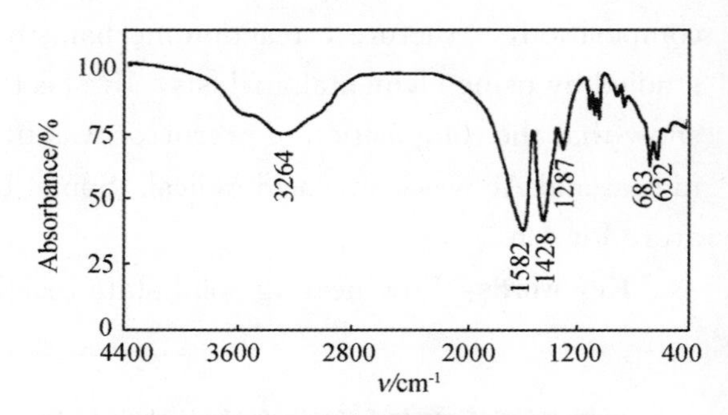

图1　IR Spectrum of the precursor

表1　The elemental analysis data of the precursor（%）

Compound	Molecular formula	C		H	
		Determined value	Theoretic value	Determined value	Theoretic value
LiH_2L	$LiC_6H_7O_7$	36.02	36.38	3.89	3.56
Precursor	$LiMn_2C_{10}H_{11}O_{11}$	29.52	28.33	3.14	2.61

图1为前驱体的红外光谱。图1中3 264 cm^{-1} 和1 287 cm^{-1} 处的吸收带为羟基的伸缩振动 ν（O—H）和弯曲振动 δ（O—H）特征吸收带，表明前驱体中含有羟基—OH基团。1 582 cm^{-1} 和1 428 cm^{-1} 处的吸收带为羧基的 $\nu_{as}(COO^-)$ 和 $\nu_s(COO^-)$ 特征吸收带。683 cm^{-1} 和632 cm^{-1} 分别归属为

Mn—O 键的伸缩振动和弯曲振动。结合前驱体的反应机理与组成分析结果，推测前驱体的结构式为

$$CH_3-C\langle O_2\rangle Mn\langle O_2\rangle C-CH_2-C(COOLi)(OH)-CH_2-C\langle O_2\rangle Mn\langle O_2\rangle C-CH_3 \tag{3}$$

或

$$CH_3-C\langle O_2\rangle Mn\langle O_2\rangle C-CH_2-C(CH_2COOLi)(OH)-C\langle O_2\rangle Mn\langle O_2\rangle C-CH_3 \tag{4}$$

采用质谱法，通过前驱体碎片峰可进一步确定前驱体的结构。按结构式（3）应出现 m/z 为 51 的 $LiOOC^+$ 碎片峰，按结构式（4）应出现 m/z 为 63 的 $LiOOC^+{=}CH_2$ 碎片峰，测得色-质连用谱见图 2。基峰为 m/z44（CO_2^+），在 m/z424 处未发现前驱体的分子离子峰 M^+。在 m/z63 处出现明显的 $LiOOC^+{=}CH_2$ 的碎片峰，但在 m/z51 处的 $LiOOC^+$ 碎片峰强度很小，表明前驱体的结构如式（4）所示。根据谱中 m/z306，m/z218 和 m/z172 的碎片可进一步验证式（4）的结构，见 Scheme 1。

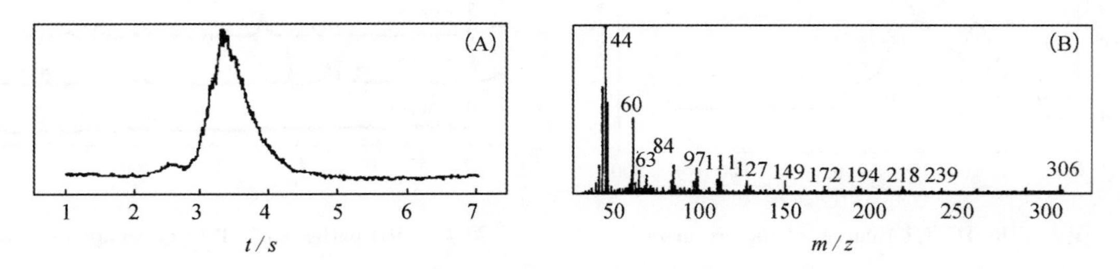

图 2 The Chromatogram（A）and mass spectrum（B）of the precursor

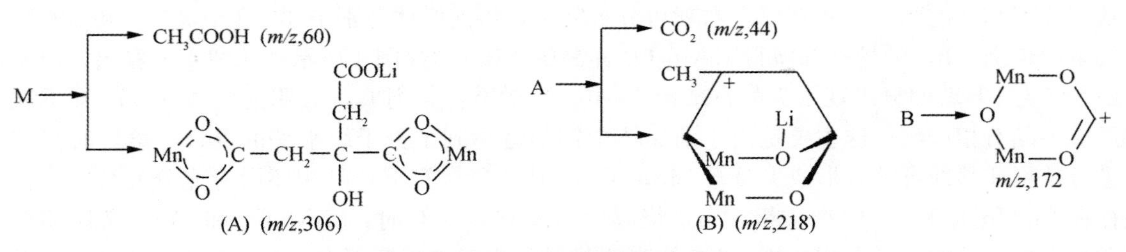

Scheme 1 Formation of selected fragmention in Fig. 2（B）

Scheme 1 中碎片 A 脱去 2 个 CO_2 分子，—OH 质子转移到 C^* 上，OH 与 COOLi 上的 O 进一步与 2 个 Mn^{2+} 作用，形成碎片 B。从结构对称性来看，式（3）应该比式（4）具有更好的稳定性，而前驱体主要为式（4）的结构，这是由于空间位阻效应和低热固相条件下离子流动性较差共同作用的结果。由于空间位阻效应，式（1）反应主要生成 CH_2COOLi 式结构的 LiH_2L 中间体；LiH_2L 中间体进一步与醋酸锰进行配位反应时，尽管式（3）比式（4）结构更稳定，由于低热固相条件下离子流动性较差，Li^+ 很难从 CH_2COOLi 式结构中迁移出来形成式（3）的结构。从质谱图（图 2）中未发现柠檬酸和氢氧化锂的分子离子峰，但在 m/z172 处有醋酸锰的分子离子峰（M^{-1}），表明前驱体中还存在少量未反应完全的醋酸锰。这主要是由于反应体系中醋酸锰的量比柠檬酸和氢氧化锂多 1 倍，少量醋酸锰没有与中间体产物 LiH_2L 接触的缘故。因此，前驱体合成过程中要适当延长醋酸锰与 LiH_2L 中间体的反应时间。以上分析表明，通过低热固相反应可将一个锂离子与两个锰离子做到同一个前驱体分子中，从而使锂与锰在前驱体中达到分子级水平的混合。

2.2　前驱体的热分解过程

图 3 为前驱体的热重/差热曲线。由图 3 中的 TG 曲线可以看出，前驱体在 25～192 ℃，192～330 ℃，330～370 ℃和 370～430 ℃温度范围内出现 4 个失重平台，对应的累计失重率分别为 26.2%，47.6%，53.2%和 59.8%。从失重平台看，前驱体的热分解过程分为如下四步进行：首先是醋酸根的氧化分解，按式（4）的结构形成 Scheme 1 中的 A，对应的理论失重率为 27.8%，与测定值（26.2%）较吻合。DTA 曲线上 180 ℃左右的放热峰表明醋酸根不是以吸附态的醋酸分子存在，而是与 Mn^{2+} 形成了化学键，这与式（4）的结构式是一致的。第二个平台为 A 脱去 CO_2，形成 Scheme 1 中的 B，理论失重率为 48.6%，与 47.6%的测定值较吻合。第三和第四个失重平台包含着 C—C 和 C—H 键断裂、Mn^{2+} 的氧化和 $LiMn_2O_4$ 尖晶石结构的形成等一系列复杂过程，单纯从 TG/DTA 曲线很难做出可靠的分析，但总的质量损失（59.8%）与按式（4）结构分解成 $LiMn_2O_4$ 产物的理论值（57.4%）基本相符。这一结果进一步验证了前驱体具有式（4）所示的结构。

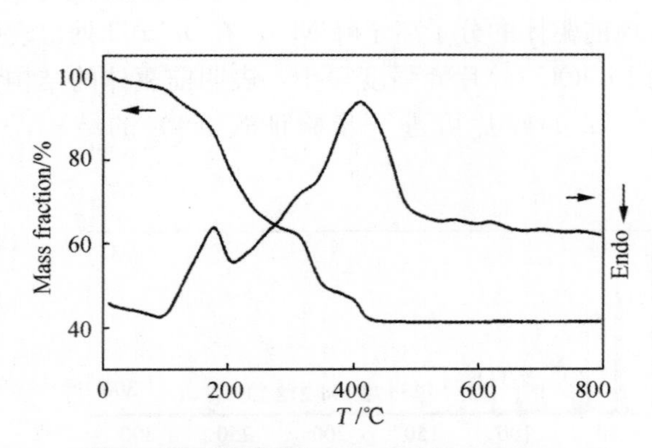

图 3　The TG/DTA curves of the precursor

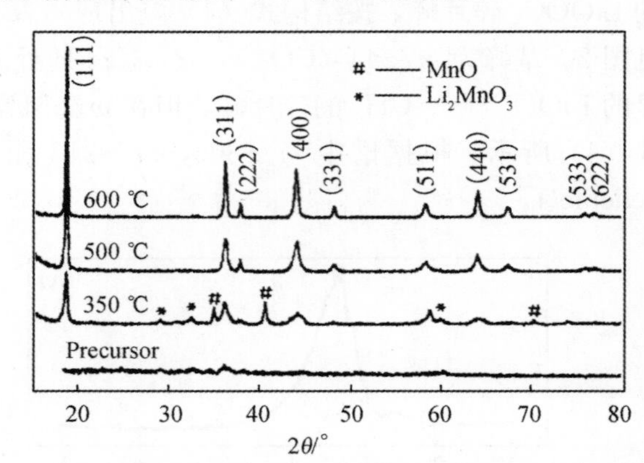

图 4　XRD patterns of $LiMn_2O_4$ samples obtained by sintering precursor

从图 3 可知，前驱体在 450 ℃左右就可分解完全，将前驱体分别于 350 ℃，500 ℃和 600 ℃下的空气气氛中焙烧 4 h，随炉冷却所得 $LiMn_2O_4$ 样品的 XRD 谱如图 4 所示。从图 4 可看出，前驱体在 350 ℃下焙烧 4 h 就明显出现了尖晶石结构 $LiMn_2O_4$ 的特征衍射峰，表明前驱体在 350 ℃下就已经开始形成尖晶石相产物。这主要是由于前驱体中锂与锰达到了分子级水平的混合，焙烧时锂与锰不需要进行长程迁移即可结合形成尖晶石 $LiMn_2O_4$。但是 350 ℃下，晶相还没有充分发育完全，样品中还存在 Li_2MnO_3 和 MnO 杂质相。当焙烧温度升高到 500 ℃时，Li_2MnO_3 和 MnO 杂质相全部消失，样品表现为纯的尖晶石相产物。600 ℃所得样品的衍射峰强度更大，峰形变得更尖锐，表明进一步提高焙烧温度可使样品的晶相结构更完美。

参考文献

[1] X Q Xin, L M Zheng. Solid state reactions of coordination compounds at low heating temperatures [J]. Journal of Solid State Chemistry, 1993, 106 (2): 451-460.
[2] 贾殿赠，余建群，夏熙. 一步室温固相化学反应法合成 CuO 纳米粉体 [J]. 科学通报，1998，43（02）：172-174.
[3] 周益明，忻新泉. 低热固相合成化学 [J]. 无机化学学报，1999，15（3）：273-292.
[4] 俞建群，贾殿赠，张慧. CdS 纳米粉体的合成新方法：一步室温固相化学反应法 [J]. 化学通报，1998，48（2）：35-37.
[5] 李娟，夏熙，李清文. 纳米 MnO_2 的固相合成及其电化学性能的研究（Ⅰ）：纳米 γ-MnO_2 的合成及表征 [J]. 高等学校化学学报，1999，20（9）：1434-1437.
[6] 唐新村，满瑞林. 一种环保的废旧锂电池回收中的酸浸萃取工艺 [J]. 高等学校化学学报，1999，20（9）：1434-1437.
[7] 康慨，戴受惠，万玉华. 固相配位化学反应法合成 $LiMn_2O_4$ 的研究 [J]. 功能材料，2000，31（3）：283-286.
[8] 唐新村，何莉萍，陈宗璋. 低热固相反应法在多元金属复合氧化物合成中的应用：锂离子电池正极材料

γ-$LiMnO_2$的合成、结构及电化学性能研究 [J]. 无机材料学报，2003，18（2）：313-319.

[9] 唐新村，何莉萍，陈宗璋. 低热固相反应法制备锂离子电池正极材料 $LiCoO_2$ [J]. 功能材料，2002，33（2）：190-192.

[10] 夏熙，努丽燕娜，郭再萍. 低热固相反应法制备纳米 $LiCoO_2$ 的研究（Ⅰ）[J]. 高等学校化学学报，1999，20（12）：1847-1849.

[11] 唐新村，何莉萍，陈宗璋，等. 低热固相反应法在多元金属复合氧化物合成中的应用：锂离子电池正极材料 $LiCo_{0.8}Ni_{0.2}O_2$ 的合成、结构和电化学性能的研究 [J]. 无机化学学报，2002，18（6）：591-596.

（高等学校化学学报，第 24 卷第 4 期，2003 年 4 月）

低热固相反应法在多元金属复合氧化物合成中的应用

——锂离子电池正极材料 r-$LiMnO_2$ 的合成、结构及电化学性能研究

唐新村，何莉萍，陈宗璋，贾殿赠

摘　要：以氢氧化锂、醋酸锰和草酸为原料，采用低热固相反应法于 350～700 ℃下直接通过热处理制备了锂离子电池正极材料 r-$LiMnO_2$ 粉体样品。X 射线衍射分析表明，采用该法得到的样品与 $LiCoO_2$ 具有类似的晶型。由于 Mn 3＋的 Jahn-Teller 效应使 r-$LiMnO_2$ 与同样方法合成的 $LiCoO_2$ 及 $LiCo_{0.8}Mi_{0.2}O_2$ 相比，晶胞形状变得更加扁平，晶胞体积增大。选区电子衍射研究表明高于 600 ℃焙烧温度所得的 r-$LIMnO_2$ 样品中含立方尖晶石结构杂质相。2.5～4.3 V 之间的充放电测试结果表明，样品的充放电容量随焙烧温度的升高而增大，但高于 600 ℃的样品具有 3 V 和 4 V 两个充放电平台，而 350～500 ℃的样品只有一个 3 V 充放电平台，并且循环过程中结构非常稳定。

关键词：锂离子电池；低热固相反应法；r-$LiMnO_2$ 正极材料

分类号：TM 912　　**文献标识码**：A

Application of the Low-heating Solid-state Reaction Method in Preparation of Multi-metal Oxides Composite

—Synthesis，Stucture and Electrochemical Properties of Rhombohedral $LiMnO_2$ Cathode Material for Lithium-ion Batteries

Tang Xincun，He Liping，Chen Zongzhang，Jia Dianzeng

Abstract：$LiMnO_2$ compounds with rhombohedral structure were prepared by the low-heating solid-state reaction method at the temperature range of 350～700 ℃. The powder X-ray diffraction technique was appied to investigate the structures of the obtained samples. XRD result shows that the structures of these samples are the same as that of $LicoO_2$. Compared with $LiCoO_2$ and $LiCo_{0.8}Ni_{0.2}O_2$ prepared by the same method，the lattice parameter of r-$LiMnO_2$，c/a，is relatively smaller due to the Jahn-Teller deformation. Selected-area electron diffraction and XRD results indicate the existence of the cubic spinel impurities in the r-$LiMnO_2$ samples sintered at 600 ℃ and 700 ℃. The tests of charge/discharge show that the samples prepared above 600 ℃ have two voltage plateaus of 3 V and 4 V，of which the plateau at 4 V is related to the cubic spinel impurities. Whereas，the samples obtained below 500 ℃ present only one plateau of 3 V. Especially，the sample obtained at 500 ℃ exhibits good structural stability in lithium-ion intercalation/deintercalation processes.

Key words：rhombohedral $LiMnO_2$；Low-heating solid-state reaction；lithium-ion batteries

---

1 引　言

由于锰的资源多，价格低，对环境污染小，锂锰氧化合物（如尖晶石结构 $LiMn_2O_4$、层状结构 $LiMnO_2$）已成为倍受关注的锂离子电池正极材料。其中层状结构 $LiMnO_2$ 由于理论充放电容量

(285 mAh·g^{-1})比尖晶石结构 $LiMn_2O_4$(148 mAh·g^{-1})高出近一倍，锂离子嵌入电压在 3 V (vs. Li/Li^+)左右，与现有的电解质安全电压窗口非常匹配，已引起了人们极大的兴趣[1-3]。$LiMnO_2$ 与其他锂-金属氧化物不同，由于 Mn^{3+}(d^4)有四个平行自旋的未成对 d 电子，在 MnO_6 八面体中 d 轨道发生能级分裂导致 Jahn-Teller 畸变，降低了 $LiMnO_2$ 的对称性，使其晶体结构复杂化[4]。文献报道的晶型有 o-$LiMnO_2$(斜方晶系，空间组群为 $Pmnm$)[5,6]和 m-$LiMnO_2$(单斜晶系，空间组群为 $C2/m$)[4,7]和 r-$LiMnO_2$(六方晶系，空间组群为 $R3m$)三种。其中 r-$LiMnO_2$ 的晶体结构与 $LiCoO_2$ 相同，晶体对称性最好，虽然文献[8]对该结构进行过讨论，但关于 r-$LiMnO_2$ 的合成、实测结构及电化学性能尚未见文献报道。

制约 $LiMnO_2$ 商品化的因素主要有两个：一是合成困难；二是结构不稳定，在循环过程中容易转化为 4 V 充放电平台的尖晶石相[5,9-11]。由于高温下 $LiMnO_2$ 的稳定性比尖晶石 $LiMn_2O_4$、$Li_2Mn_2O_4$ 及层状岩盐结构的 Li_2MnO_3 均差，因此直接通过热处理很难合成出纯的样品[5,7]。目前，层状 $LiMnO_2$ 主要通过“软化学”法，如离子交换法将 Li^+ 取代结构相对稳定的 α-$NaMnO_2$ 中的 Na^+ 而制得，得到的一般为非化学计量比的 o-Li_xMnO_2[1,5,6]。为了抑制 Mn^{3+} 进一步氧化成 Mn^{4+} 而形成尖晶石结构，直接热处理合成层状 $LiMnO_2$，一般在氮气或氢气等缺氧气氛下进行[12,13]，但得到的产物还是含有锰的氧化物及 Li_2MnO_3 等杂质，并且充放电循环过程中 3 V 平台转化为尖晶石相的 4 V 平台现象很严重。

低热固相反应是指固相物质在室温或近室温(≤100 ℃)下进行的化学反应，该法在配位化合物、非线性光学材料及纳米材料等方面的应用已经有许多文献报道[14-16]。本文以氢氧化锂、醋酸锰和草酸为原料，采用低热固相反应法合成了锂锰比为 1∶1 的前驱体。该前驱体在空气气氛下于 350～700 ℃直接焙烧制得晶体结构与 $LiCoO_2$ 基本相同的 r-$LiMnO_2$ 样品，但焙烧温度高于 600 ℃时出现立方尖晶石杂质相。充放电性能测试结果表明，低于 500 ℃焙烧温度所得的样品只表现出一个 3 V充放电平台，并且在循环过程中没有发现明显的 3 V 平台转化为尖晶石相的 4 V 平台的现象。而高于 600 ℃焙烧所得样品明显具有 3 V 和 4 V 两个充放电平台，这与样品中存在的尖晶石杂质相有关。

2 实 验

2.1 样品的制备

将氢氧化锂(分析纯)和草酸(分析纯)按一定比例混合，于玛瑙研钵中研磨 30 min，然后加入相应摩尔数的醋酸锰(分析纯)，混合研磨 60 min 得粉红色糊状中间体。上述中间体在 150 ℃下真空干燥 24 h，得疏松泡沫状前驱体。将该前驱体在空气气氛下恒温焙烧 12 h，焙烧温度分别为 350 ℃、500 ℃、600 ℃、700 ℃，随炉冷却得产物。

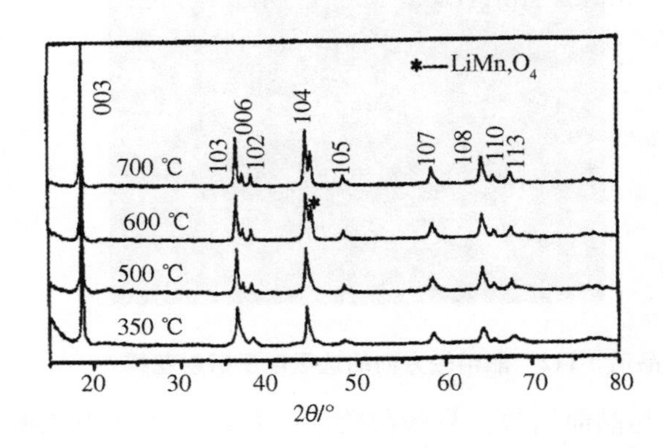

图 1 不同温度下制得的 $LiMnO_2$ 的 XRD 图

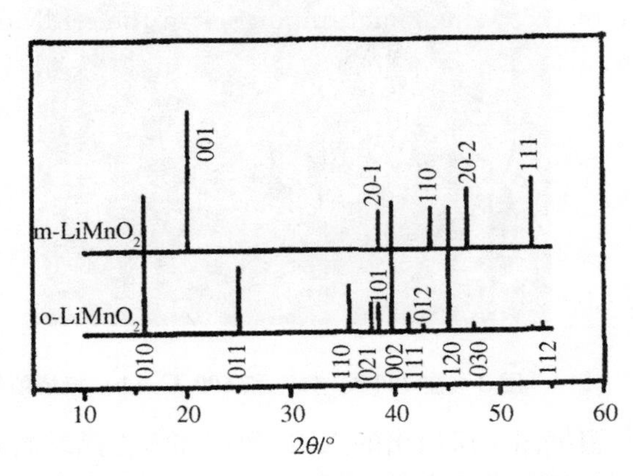

图 2 o-$LiMnO_2$ 和 m-$LiMnO_2$ 的 XRD 图

2.2　样品的测试与表征

电极的制备是将上述方法制备的 $LiMnO_2$ 和乙炔黑导电剂、聚四氟乙烯黏结剂以 8∶1∶1 的质量百分比混合均匀，碾压成膜压制于不锈钢网集流体上制得正极片，80 ℃下真空干燥 24 h。将干燥好的正极片作为正极，金属锂片为负极，Celgard2400 为隔膜，电解液为 PC＋DMC（1∶1 体积比）＋1M 的 $LiPF_6$，在氩气气氛手套箱内组装成实验电池。充放电测试所用仪器为武汉蓝电电子有限公司生产的 Land BTI-40 电池测试系统，计算机采集数据，测试电流密度为 0.2 mA/cm^2，充放电电压范围为 2.5～4.3 V。粉末 X 射线衍射分析采用日本理学（Rigaku）D/Max-3B X 射线衍射仪，Cu/Kα。电子衍射分析采用 HITACHI，H-80 透射电镜，200 kV。

3　结果和讨论

3.1　样品的结构与形貌分析

不同焙烧温度下所得样品的粉末 X 射线衍射图及各衍射峰的晶面指数见图 1，各样品的主要衍射峰位置与文献报导的 o-$LiMnO_2$[5] 和 m-$LiMnO_2$[7] 的 XRD 图（如图 2 所示）完全不同，而与六方晶系（空间组群为 $R3m$）的 $LiCoO_2$ 基本相同，说明通过低热固相反应法得到的样品为对称性很好的六方晶系的 r-$LiMnO_2$（空间组群为 $R3m$）。从图 1 还可看出，随着前驱体焙烧温度的提高，衍射峰强度增大，并且（006）和（102）峰、（108）和（110）峰发生明显的分离，这一现象与 $LiCoO_2$ 相同，表明提高温度有利于降低 r-$LiMnO_2$ 样品中阳离子的无序度[7]。但是 600 ℃和 700 ℃样品的（104）峰右侧出现一肩峰（如＊所示，$2\theta=44°$），该峰与尖晶石结构锂锰氧的（400）峰位置是一致的。由于 r-$LiMnO_2$ 的高温稳定性比立方尖晶石相差，在高温下容易转化为尖晶石相锂锰氧，因此推测高于 600 ℃的样品中含有尖晶石相杂质。图 3 为 600 ℃和 700 ℃下焙烧所得样品中检测到的立方尖晶石锂锰氧晶粒的选区电子衍射花样图，图中 a/b、c/b 和 $\vec{a}$ 与 $\vec{b}$ 的夹角数据与立方点阵晶体沿［112］晶带轴方向的标准电子衍射花样（$a/b=1.633$，$c/b=1.915$，$\vec{a}$ 与 $\vec{b}$ 的夹角为 90°）[18] 基本一致，进一步说明高温样品中含有立方尖晶石杂质相。因此要得到纯的 r-$LiMnO_2$，焙烧温度不能高于 600 ℃。对 o-$LiMnO_2$ 的研究表明，低温合成有利于提高产物的充放电容量[19]。但是在本文中当前驱体焙烧温度低于 300 ℃时，即使延长焙烧时间到 48 h，得到的产物颜色偏黄，X 射线衍射峰杂乱（如图 4 所示）。因此低热固相反应法合成 r-$LiMnO_2$ 的适宜温度范围在 350～600 ℃之间。对于低热固相反应法合成的前驱体在较低的焙烧温度下可以得到对称性很高的 r-$LiMnO_2$ 的原因还有待于进一步的研究。

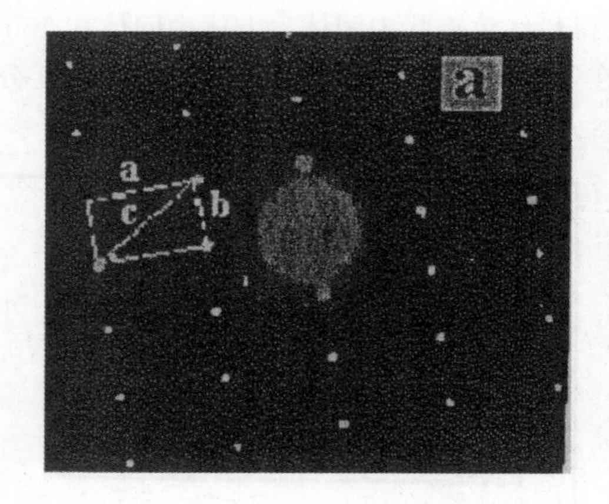

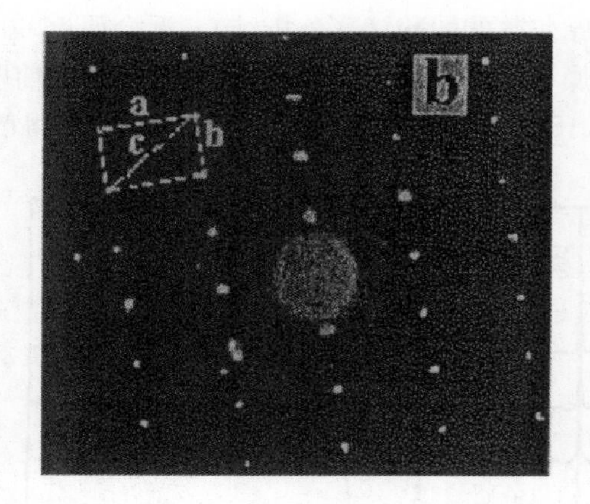

图 3　在 700 ℃（a）和 600 ℃（b）焙烧所得样品沿［112］晶带轴方向的选区电子衍射花样

根据图 1 所给出的 XRD 数据和六方晶系面间距与晶面指数、晶胞参数的关系，利用最小二乘法计算得到的晶胞参数见表 1。由表 1 中的数据可以看出，随着焙烧温度的提高，样品的 a 轴伸长，c 轴缩短，表明晶胞形状变得更加扁平，同时晶胞体积 V 增大。与同样方法合成的 $LiCoO_2$ 和

$LiCo_{0.8}Ni_{0.2}O_2$ 相比，r-$LiMnO_2$ 的 c/a 比值偏小，而晶胞体积 V 偏大，并且 r-$LiMnO_2$ 的 c/a 比值与 V 对焙烧温度的敏感性比 $LiCoO_2$ 和 $LiCo_{0.8}Ni_{0.2}O_2$ 大得多，如图 5 所示。由于 Mn^{3+} 的离子半径比 Co^{3+} 大，并且 $Mn^{3+}-O$（≈1.95Å）键长比 $Co^{3+}-O$（≈1.90Å）略长，因此 r-$LiMnO_2$ 的晶胞体积偏大是正常的现象。而 c/a 值的变化反映了 MnO_6 八面体的 Jahn-Teller 畸变导致晶胞发生形变程度[20]，比值偏小表明沿着 c 轴方向的 $Mn^{3+}-O$ 键长比层面方向的 $Mn^{3+}-O$ 键长短一些。从图 5 可看出，r-$LiMnO_2$ 的 c/a 值和 V 值受焙烧温度的影响比 $LiCoO_2$ 和 $LiCo_{0.8}Ni_{0.2}O_2$ 要大得多，这表明 r-$LiMnO_2$ 的晶体结构随着焙烧温度的升高很容易发生 Jahn-Tellerr 畸变。因此，焙烧温度是影响样品晶体结构及电化学性能的主要工艺参数。

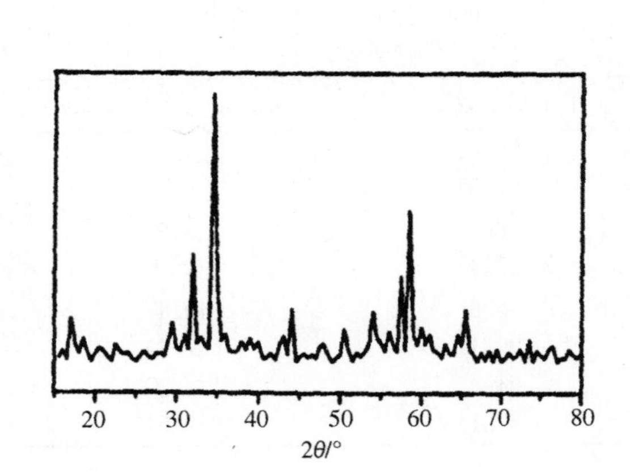

图 4　前驱体在 300 ℃下焙烧 48 h 所得样品的 XRD 图

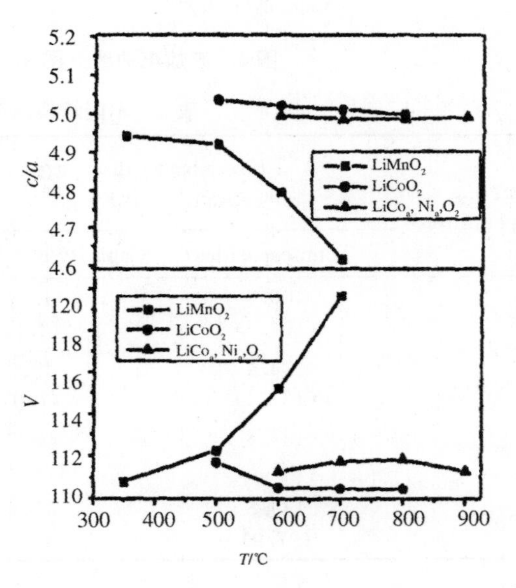

图 5　不同焙烧温度下 r-$LiMnO_2$、$LiCoO_2$ 和 $LiCo_{0.8}Ni_{0.2}O_2$ 的 c/a 值和 V 值

表 1　不同焙烧温度下所得样品的晶体结构参数

Sintering temperature/℃	Lattice parameters			
	a/Å	c/Å	c/a	V/Å³
350	2.8197	13.93544	4.9422	110.80
500	2.8362	13.9536	4.9198	112.24
600	2.8856	13.8349	4.7945	115.20
700	2.9596	13.6596	4.6154	119.65

Note：$V=a^2\times c$

3.2　充放电曲线

图 6a、6b 分别为 50 ℃和 700 ℃焙烧温度下所得样品的充放电曲线，各样品的初始充放电容量数据见表 2，其中 4 V 区容量指 3.75～4.30 V 之间的容量。从图 6 可以看出，500 ℃样品只有一个 3 V 平台，而 700 ℃样品有 3 V 和 4 V 两个充放电平台。由表 2 可知，样品的初始充电容量随温度的升高而增大，但是当焙烧温度高于 500 ℃时，样品在 4 V 区的充放电容量急剧增大。结构与电化学性能的对比研究表明[21,22]，4 V 充放电平台是由于样品中含尖晶石结构相。从充放电曲线来看，700 ℃样品的 4 V 区容量约占了总容量的一半左右，说明样品中含有尖晶石结构相，这与前面的结构分析结果是一致的。研究表明[5,9-11]，通常层状 $LiMnO_2$（如 o-$LiMnO_2$ 和 m-$LiMnO_2$）由于结构的不稳定性，部分在充放电循环过程中会转变为尖晶石相，从而使部分 3 V 平台的容量转变为 4 V 平台，

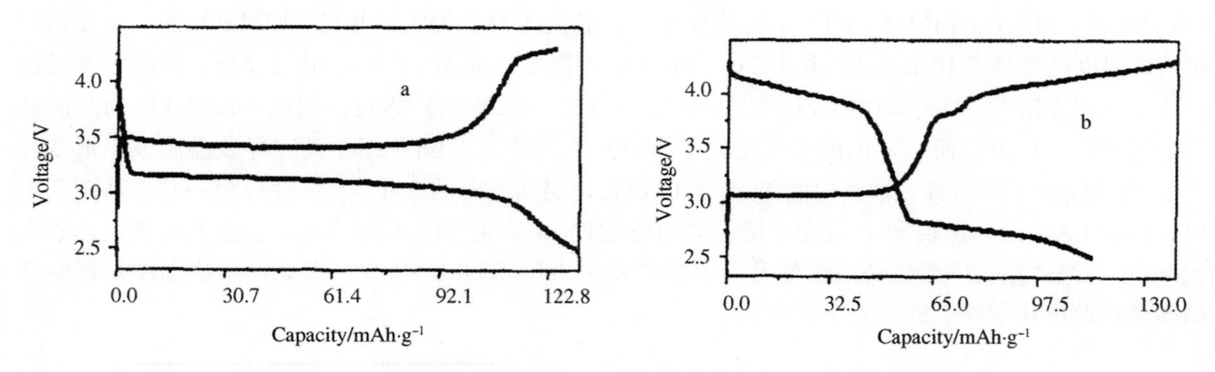

图 6　充放电曲线（图 a：500 ℃样品，图 b：700 ℃样品）

表 2　不同焙烧温度所得样品的充放电容量

Sintering temperature	First charge/discharge capacities/mAh・g^{-1}		30th cyclic charge/discharge capacities/mAh・g^{-1}	
	Total capacities	Capacity in 4 V region	Total capacities	Capacity in 4 V region
350 ℃	106.6 (104.2)	12.7 (1.2)	72.8 (71.3)	14.4 (0.8)
500 ℃	124.4 (131.4)	19.3 (1.0)	105.9 (95.4)	23.2 (0.7)
600 ℃	137.8 (107.8)	65.3 (40.4)	98.6 (90.4)	49.4 (47.4)
700 ℃	139.5 (97.9)	75.4 (47.7)	94.2 (87.1)	51.2 (50.9)

降低了3 V平台的容量。从 500 ℃样品的前 30 次充放电循环曲线（见图 7）来看，经过 30 次循环后也没有出现明显的 4 V 平台，说明该样品的结构是比较稳定的，在充放电循环中没有出现明显的向尖晶石相转变的现象。从图 6 还可以看出，700 ℃样品的充电曲线上在 3.8 V 左右有一小平台，表明该样品在 3.8 V 左右的充电态下可能发生了相转变反应，该平台所反映出的信息还有待于进一步的研究。

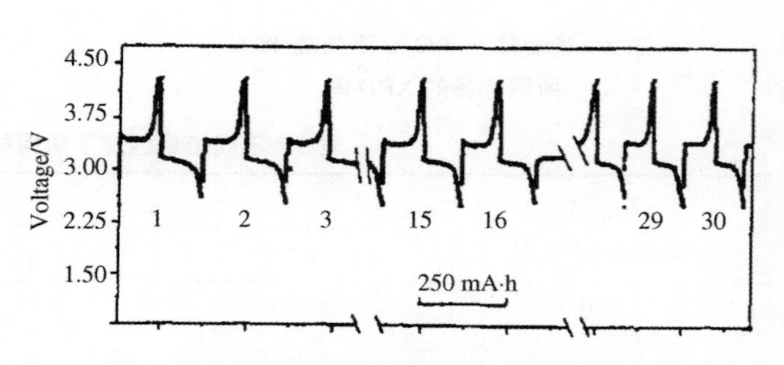

图 7　500 ℃样品的前 30 次充放电循环曲线

4　结　论

（1）采用低热固相反应法可以直接通过热分解合成出与 $LiCoO_2$ 结构相似的 r-$LiMnO_2$ 化合物，适宜的温度范围在 350～600 ℃之间。由于 Mn^{3+} 的 Jahn-Teller 效应使 MnO_6 八面体发生畸变，焙烧温度对样品晶体结构及电化学性能的影响很大。

（2）温度高于 600 ℃时样品中有明显的尖晶石相杂质，充放电曲线表现出 3 V 和 4 V 两个平台，而焙烧温度在 500 ℃以下的样品充放电曲线基本上只有一个 3 V 平台，充放电循环过程中没出现明显的 3 V 平台向 4 V 平台转化的现象，表明该样品在循环过程中结构是比较稳定的。

参考文献

[1] Bach S, Pereira-Ramos J P, Baffier N. Rechargeable 3 V Li cells using hydrated lamellar manganese oxide [J].

Journal of the Electrochemical Society, 1996, 143 (11): 3429-3434.

[2] Nitta Y, Nagayama M, Miyake H, et al. Synthesis and reaction mechanism of 3 V LiMnO2 [J]. Journal of power sources, 1999, 81: 49-53.

[3] Paulsen J M, Thomas C L, Dahn J R. Layered Li-Mn-oxide with the O_2 structure: A cathode material for Li-ion cells which does not convert to spinel [J]. Journal of the Electrochemical Society, 1999, 146 (10): 3560-3565.

[4] Ceder G, Mishra S K. The Stability of Orthorhombic and Monoclinic-Layered LiMnO2 [J]. Electrochemical and solid-state letters, 1999, 2 (11): 550-552.

[5] Jang Y I, Huang B, Wang H, et al. LiAl y Co (1- y) O_2 (R 3-m) Intercalation Cathode for Rechargeable Lithium Batteries [J]. Journal of The Electrochemical Society, 1999, 146 (3): 862-868.

[6] Doeff M M, Richardson T J, Kepley L. Lithium Insertion Processes of Orthorhombic Na x MnO2-Based Electrode Materials [J]. Journal of The Electrochemical Society, 1996, 143 (8): 2507-2516.

[7] Ammundsen B, Desilvestro J, Groutso T, et al. Formation and structural properties of layered $LiMnO_2$ cathode materials [J]. Journal of the Electrochemical Society, 2000, 147 (11): 4078-4082.

[8] Croguennec L, Deniard P, Brec R. Electrochemical cyclability of orthorhombic $LiMnO_2$ characterization of cycled materials [J]. Journal of The Electrochemical Society, 1997, 144 (10): 3323-3330.

[9] Shao-Horn Y, Hackney S A, Armstrong A R, et al. Structural characterization of layered $LiMnO_2$ electrodes by electron diffraction and lattice imaging [J]. Journal of the Electrochemical Society, 1999, 146 (7): 2404-2412.

[10] Levi E, Zinigrad E, Teller H, et al. Structural and Electrochemical Studies of 3 V Li x MnO_2 Cathodes for Rechargeable Li Batteries [J]. Journal of The Electrochemical Society, 1997, 144 (12): 4133-4141.

[11] Vitins G, West K. Lithium intercalation into layered $LiMnO_2$ [J]. Journal of the Electrochem- ical Society, 1997, 144 (8): 2587-2592.

[12] Davidson I J, McMillan R S, Slegr H, et al. Electrochemistry and structure of $Li_{2-x}CryMn_{2-y}O_4$ phases [J]. Journal of power sources, 1999, 81: 406-411.

[13] Gummow R J, Thackeray M M. An Investigation of Spinel-Related and Orthorhombic $LiMnO_2$ Cathodes for Rechargeable Lithium Batteries [J]. Journal of the Electrochemical Society, 1994, 141 (5): 1178-1182.

[14] 贾殿赠，俞建群，夏熙. 一步室温固相反应法合成 CuO 纳米粉末 [J]. 科学通报，1998，43 (2)：172-174.

[15] Xin X Q, Zheng L M. Solid state reactions of coordination compounds at low heating temperatures [J]. Journal of Solid State Chemistry, 1993, 106 (2): 451-460.

[16] 周益明，忻新泉. 低热固相合成化学 [J]. 无机化学学报，1999，15 (3)：273-292.

[17] Cho J, Jung H S, Park Y C, et al. Electrochemical Properties and Thermal Stability of Li a $Ni_{1-x}CO_xO_2$ Cathode Materials [J]. Journal of The Electrochemical Society, 2000, 147 (1): 15-20.

[18] 周玉，武高辉. 材料分析测试技术：材料 X 射线衍射与电子显微分析 [M]. 哈尔滨：哈尔滨工业大学出版社，1998.

[19] Gummow R J, Liles D C, Thackeray M M. Lithium extraction from orthorhombic lithium manganese oxide and the phase transformation to spinel [J]. Materials research bulletin, 1993, 28 (12): 1249-1256.

[20] Ohzuku T, Kato J, Sawai K, et al. Electrochemistry of Manganese Dioxide in Lithium Nonaqueous Cells IV. Jahn-Teller Deformation of in [J]. Journal of The Electrochemical Society, 1991, 138 (9): 2556-2560.

[21] Ohzuku T, Kitagawa M, Hirai T. Electrochemistry of Manganese Dioxide in Lithium Nonaqueous Cell III. X-Ray Diffractional Study on the Reduction of Spinel-Related Manganese Dioxide [J]. Journal of The Electrochemical Society, 1990, 137 (3): 769-775.

[22] Dahn J R. Phase diagram of Li_xC_6 [J]. Physical Review B, 1991, 44 (17): 9170-9177.

（无机材料学报，第 18 卷第 2 期，2003 年 3 月）

固液空间比对黏结式 Ni（OH）$_2$ 电极放电行为的影响

雷　叶，杨毅夫，何莉萍，陈宗璋，余　刚，李素芳，许检红

摘　要：采用恒电流充放电法、交流阻抗法、循环伏安法研究了固液空间比对黏结式 Ni（OH）$_2$ 电极放电行为的影响，通过扫描电镜（SEM）观察了电极的表面形貌。结果表明：在单位面积活性物质载量一定的条件下，电极较厚则活性物质颗粒之间的间隙较多；随着固液空间比的不断下降，Warburg 扩散区的扩散速度加快，但电极的充电效率降低，放电容量减少，活性物质利用率减小，电荷转移电阻增大，填充密度增大到一定程度时，液相传质已经不容忽略。

关键词：Ni（OH）$_2$ 电极；固液空间比；放电；填充密度；液相传质

中图分类号：TM　912.2　　**文献标识码**：A

Effect of Solid-to-Liquid Space Ratio on Discharging Behavior of Pasted Ni（OH）$_2$ Electrodes

Lei Ye，Yang Yifu，He Liping，Chen Zongzhang，
Yu Gang，Li Sufang，Xu Jianhong

Abstract：The effect of solid-to-liquid space ratio on the discharging behavior of pasted Ni（OH）$_2$ electrodes were investigated by galvanostatic charge-discharge，electrochemical impedance spectroscopy，cyclic voltammetry. The morphologies of the electrodes were observed by SEM. The more clearances were foud between the active material grains for the thicker electrodes when the active material loading per unit area was a constant. Experimental results show the faster diffusion rate at Warburg zero，but，lower charge efficiency，less discharge capacity，smaller active material utilization，larger charge transfer resistance with the decrease of the solid-to-liquid space ratio for the Ni（OH）$_2$ electrodes. The mass transfer of the solution phase could not be ignored when the active material loading density was increased to some extent.

Key words：Ni（OH）$_2$ electrodes；solid-to-liquid space ratio；discharging；loading density；mass transfer of the solution phase

---

黏结式 Ni（OH）$_2$ 电极因其制备工艺简单、成本低而被广泛用作 Ni/Cd，Ni/MH 电池的正极。制备黏结式 Ni（OH）$_2$ 电极只需将活性物质 Ni（OH）$_2$ 填充到泡沫镍基体的孔隙中，烘干后用滚压机压至所需厚度。厚度不同的电极，其荷电容量、传质速度[1-4]、充电效率以及活性物质利用率[5-7]也不一样。文献[1-3]采用阴极沉积原理制备了不同厚度的电极。然而，这种方法使活性物质在不同厚度电极中的载量不同。在单位面积活性物质载量一定的条件下，研究其他因素对黏结式 Ni（OH）$_2$ 电极动力学行为的影响，目前有关这方面的文献报导极少[1-7]。单位面积活性物质载量相同而填充密度不同的黏结式 Ni（OH）$_2$ 电极内部孔隙率不一样，浸入电极中的电解液也不一样，从而使电极中固液空间分布比不同。为保证单位面积活性物质载量相同，在制备电极时只需使单位面积的涂膏量

一定。由于合浆时各物料按一定的比例加入，当单位面积的涂膏量一定时便可保证单位面积活性物质的载量一定。综合考虑填充密度对活性物质与导电基体之间结合力的影响，本文探讨在单位面积的涂膏量为 0.055 g 条件下，固液空间分布比的不同对黏结式 $Ni(OH)_2$ 电极放电行为的影响，为电极极板的优化设计提供参考。

1 实　验

1.1 仪器与试剂

电化学性能的测试采用 CHI660B 电化学工作站（美国 CH 仪器公司），扫描电镜（SEM）采用日本电子光学实验室（JEOL）研制的高分辨率扫描电子显微镜（JSM-5610LV）。泡沫镍（孔率≥95%，长沙力元新材料有限公司）、氢氧化镍（$Ni(OH)_2$，长沙矿冶研究院）、羧甲基纤维素钠（CMC，广东粤鹏精细化工有限公司）、聚四氟乙烯（PTFE，浙江巨圣氟化学有限公司）、氢氧化钾（KOH，分析纯，天津市化学试剂三厂）、环氧树脂（江西省宜春市胶黏剂厂）。实验采用去离子水。

1.2 $Ni(OH)_2$ 电极的制作

电极基体采用泡沫镍，预压至一定的厚度，裁成 4 cm× 6 cm。电极的工作面积 1 cm×1 cm。在一定量的 $Ni(OH)_2$ 中先后加入适量 CMC、PTFE、水，充分搅拌至糊状，均匀填涂至泡沫镍基体中，保证电极中 $Ni(OH)_2$ 的含量为 0.033 g，在 75 ℃（温度上下浮动 10 ℃）干燥 1 h，用滚压机压至不同厚度：0.245 mm，0.260 mm，0.290 mm，0.320 mm，裁取工作面积 1 cm×1 cm，点焊极耳制成电极。用环氧树脂将其一面及边缘封闭。实验前先将电极浸在 6 mol/L 的 KOH 电解液中24 h 左右。

1.3 电化学测试

三电极体系：工作电极：$Ni(OH)_2$ 电极；辅助电极：Pt 电极；参比电极：HgO/ Hg 电极，通过 Lug-gin 毛细管与工作电极连接。电解液：6 mol/ L KOH。测试温度：24 ℃。

首先将电极以 $2C_5$ A 的电流进行充放电，充电采用时间截止，放电截止电位为 200 mV（vs SCE，下同），如此循环 5～6 个周期至容量稳定。静置一段时间后，在开路电势 $U_0 = 345$ mV 下，以扰动幅度为 5 mV，频率范围为 $10^5 \sim 10^{-3}$ Hz 进行电极的交流阻抗谱测试。然后在扫描范围为 0～680 mV，扫描速率为 0.5 mV/s 条件下进行循环伏安图谱测试。

1.4 扫描电镜（SEM）分析

对活化前的电极 A、D 做电镜扫描实验。加速电压为 20 kV。

2 结果与讨论

2.1 有效孔体积的测量

由于 6 mol/L 的 KOH 强碱性液体久置于空气中易吸收空气中的水分和二氧化碳气体而导致 KOH 溶液的稀释和变质，所以在进行电极有效孔体积测量的实验时采用去离子水作为浸泡电极片的液体。另外，为减少实验误差，采用大工作面积（3 cm×3 cm）的电极。具体方法如下：将电极片在去离子水中充分浸泡 24 h 后取出，用滤纸轻轻吸取电极片表面上的水分称量其浸泡前后的质量增量（m），去离子水的密度为：ρ=1 g/ mL，利用公式 $V=m/\rho$ 可求得电极中渗浸的液体的体积，即电极的有效孔体积 V_1。将固体的体积 V_s（cm^3）、液体的体积 V_1（mL），按照固液空间比依次降低的顺序对电极进行标号，分别标为 A，B，C，D，如表 1 所示。

从表 1 可以看出：随着宏观固体体积的增大，电极 A，B，C，D 的有效孔体积增大，造成电极中渗浸的液体体积的增加，固液空间比减小。电极 B 与电极 A 的固体体积仅相差 0.013 cm^3，电极中渗浸的液体的体积却增加了 1.415×10^{-2} mL，固液空间比下降了 1.297，说明电极 A 由于填充密度大，液体不易渗透。电极 B，C，D 相互之间固体体积均相差 0.027 cm^3，电极 C 比电极 B 渗浸的液体的体积仅增加了 1.433×10^{-2} mL，固液空间比下降了 0.548，而电极 D 比电极 C 渗浸的液体的

体积却增加了 2.113×10^{-2} mL，固液空间比仅下降了 0.376。说明电极 D 由于填充密度小，液体极易渗透。从下面的扫描电镜图中也可以明显看出电极 A，D 填充密度的不同。

表 1　不同厚度电极的固液空间比

Electrode codes	Solid volume V_s/cm^3	Liquid volume$\times10^{-2}V_l/\times10^{-2}$mL	$V_s : V_l$
A	0.221	384.9	5.742
B	0.234	526.4	4.445
C	0.261	669.7	3.897
D	0.288	818.0	3.521

2.2　扫描电镜分析

图 1 和图 2 所示分别为电极 A，D 活化前的扫描电镜（SEM）图。从 SEM 图可以看出：在低倍率放大的情况下，可以清晰地看到泡沫镍网络之间活性物质排列的松紧程度。图 1（a）中活性物质之间紧密相挨，间隙极少。图 2（a）中活性物质之间存在较多的间隙。这在高倍率放大时看得更清楚，图 1（b）中氢氧化镍粒子之间相互挤压，结合得较紧密。图 2（b）中可以明显看到球形或类球形的氢氧化镍粒子，粒子之间间隙较大。电极的填充密度越低，间隙越多，当电极在电解液中浸泡时，电极中渗透的电解液越多。这与表 1 所得出的结论一致。

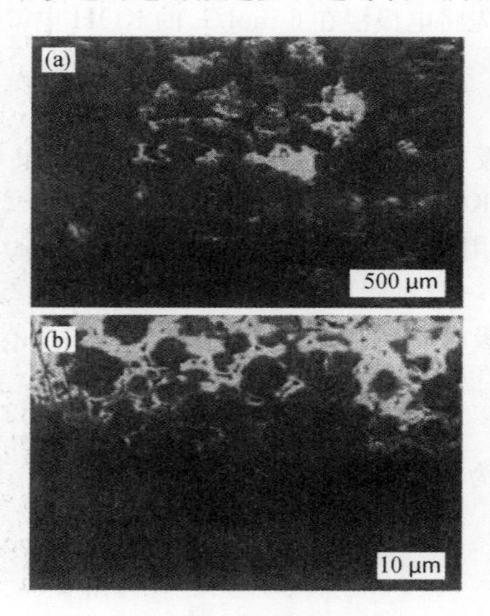

图 1　电极 A 活化前的 SEM 像

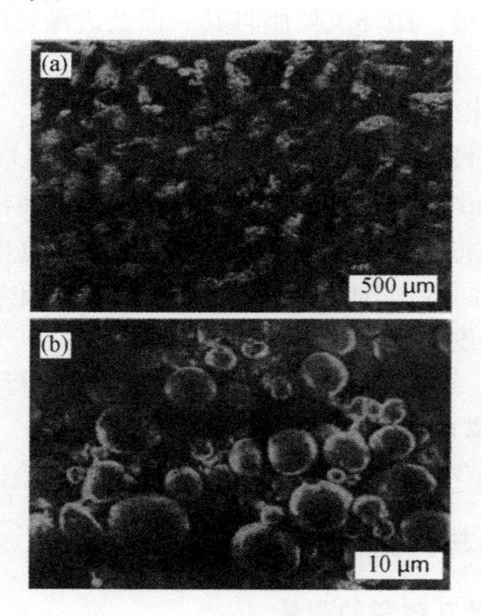

图 2　电极 D 活化前的 SEM 像

2.3　电极的充放电

各电极的充放电曲线如图 3 所示。

从图 3 中可以看出：对电极 A，B，C，D，随着固液空间比的不断下降，充电平台升高，析氧反应与电极氧化反应的竞争越来越激烈，析氧平台出现得越来越早；放电平台的变化不太明显，从放电容量上来看，电极容量由小至大的变化趋势为 D<C<B<A，活性物质利用率依次减小，电极容量的变化趋势与文献[5-7]中的一致。这是由于 $Ni(OH)_2$ 电极活性物质的利用率是由充电效率和放电深度等因素决定的。充电效率主要与充电过程中的析氧有关，析氧反应越剧烈，充电效率越低[3]；而放电深度主要与氢氧化镍电活性颗粒之间的欧姆电阻及集流体与电活性层之间的欧姆电阻有关，欧姆电阻越大，放电深度越小。如表 1 及扫描电镜图 1、2 所示，对于电极 A，B，C，D，随着填充密度的不断下降，一方面活性物质颗粒之间及活性物质与泡沫镍基体之间结合力变小，造成接触电阻变大[5,8,9]；另一方面，内部孔隙率增加，浸液量增多，活性物质颗粒之间的液层增厚，这

使得活性颗粒之间相互接触的面积减少，降低了活性反应中心和反应场所，最终使活性反应总面积减少，参与电极反应的有效活性物质减少。所以，电极 A，B，C，D 的放电深度不断减小，放电容量依次降低。在高倍率充放电时，电极 A，B，C，D 充电平台依次升高，这是由于电极的极化引起的（电极的极化与电极的内阻密切相关，电极的内阻越大，电极的极化就越严重）。

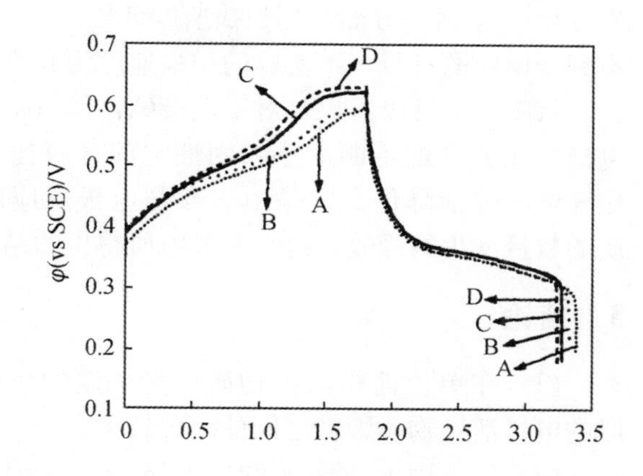

图 3 不同厚度的 Ni (OH)$_2$ 电极在 2C$_5$A 时的充放电图

2.4 交流阻抗分析

交流阻抗法是研究电极过程动力学及其界面结构的重要方法。它是用小幅度正弦交流信号扰动电解池并观察系统在稳定时对扰动的跟随状况，同时测量电极的阻抗即可得到有关电极过程动力学的信息。由于多孔电极阻抗特性的复杂性[10-14]，目前针对多孔电极的研究还不够深入。文献［11］认为，当频率变化 7 个数量级时（如 $10^4 \sim 10^{-3}$ Hz ），电极行为既有多孔电极特性又有非多孔电极特性；文献［12］认为，不同频率下，对频率响应的孔的数量也不一样，电极中极微小的孔只对低频率进行响应，而在高频时，只有体积较大的孔对高频进行响应而体积较小的微孔对高频阻抗无贡献；文献［14］认为，孔的形状及粗糙度、孔率等均会影响电极的阻抗行为。填充密度不同的电极内部孔隙率也不一样，填充密度较小的电极，内部孔隙率较大，这势必会影响到电极的阻抗。

各电极的交流阻抗复平面图如图 4 所示。从图 4 中可以看出，Ni (OH)$_2$ 电极的阻抗谱由高频区衰减的半圆和低频区的斜线组成，其中高频区的半圆代表 Ni (OH)$_2$ 电极电化学反应过程的电荷转移电阻，低频区的斜线代表扩散过程的线性 Warburg 区。一般认为，斜率越大，扩散速度越慢[15]，而斜率越小，扩散速度越快[15]。所有扩散阻抗的倾斜角均大于 45°，可能是由于低频下测量的时间较长，多孔电极溶液相中反应物种出现耗尽状态[11]。对于电极 A，B，C，D，随着固液空间分布比的不断下降，电荷转移电阻增加，使电化学反应时的阻力增大，电化学反应极化增大，这与充放电所得出的结论一致。而 Warburg 区的斜率不断减小，扩散速度越来越快，主要由于活性物质填充密度越小，孔隙率越大，供质子扩散的通道就越多，增加了质子扩散的自由度，而且较多的电解液增加了固液接触面积，有利于质子扩散，降低电流密度，减少浓差极化。电极 A Warburg 区的斜率明显增大，说明电极 A 中质子扩散受到较大的阻力，这是由于电极 A 中活性物质颗粒之间排列得非常紧密，使得电极孔隙率急骤下降，增长了固相质子扩散的路程。而且，当填充密度增大到一定程度时，溶液相中的传质与欧姆降已经不容忽略[7]，尤其在高倍率充放电时，液相扩散引起的阻抗越来越重要[16]。由此推测，电极 A Warburg 区的斜率不仅代表固相质子扩散的速度，很可能是由于液相扩散的叠加使电极 A Warburg 区的斜率明显大于其他电极的斜率。

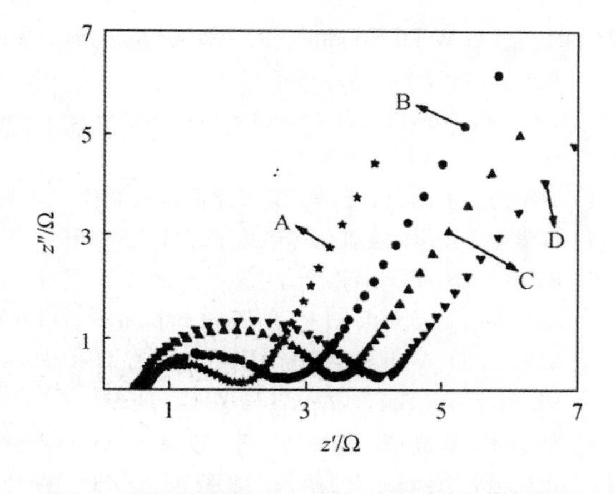

图 4 不同厚度的 Ni (OH)$_2$ 电极的 Nyquist 图

2.5 循环伏安分析

用循环伏安法研究 Ni (OH)$_2$ 电极过程的关键在于扫描速度的选择，扫描速度过快，Ni (OH)$_2$ 电极的氧化过程与析氧过程不易分开；扫描速度过慢，一方面，使测试时间延长，体系本身可能发生变化[17]，另一方面，当扫描速度低于 0.01 mV/s 时，析氧副反应对氧化电流的贡献大幅增加[3]，不利于反应的进行。本实验的扫描速度为 0.5 mV/s。各电极的循环伏安曲线如图 5 所示。

从图 5 中可以看出，对于电极 A，B，C，D，随着电极填充密度的不断减小，固液空间分布比下降，氧化峰电流逐渐降低。这是由于参与电极反应的活性物质的数量减少的缘故，这与充放电所得出的结论一致。

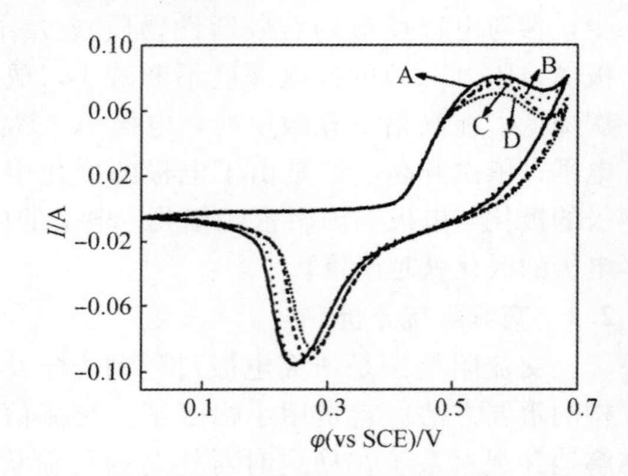

图 5　不同厚度的 $Ni(OH)_2$ 电极循环伏安图

3　结论

（1）在单位面积活性物质载量一定的条件下，较厚的电极活性物质颗粒之间的间隙较多。

（2）随着固液空间比的不断下降，Warburg 扩散区的扩散速度加快，但是电极的充电效率降低，放电容量减少，活性物质利用率减小，电荷转移电阻增大。

（3）填充密度增大到一定程度时，溶液相中的传质与欧姆降已经不容忽略。

所以，电极极板在设计时要考虑多重因素对电极放电行为的影响，在液相传质对质子扩散不起控制作用的范围内，尽可能增大填充密度，减小固液空间分布比，使活性物质有效地发挥作用。

参考文献

[1] Davolio G，Soragni E. Discharge behaviour of plane nickel hydroxide electrodes [J]. Electrochimica Acta，1983，28 (3)：335-339.

[2] Briggs G W D，Snodin P R. Ageing and the diffusion process at the nickel hydroxide electrode [J]. Electrochimica Acta，1982，27 (5)：565-572.

[3] Ta K P，Newman J. Mass transfer and kinetic phenomena at the nickel hydroxide electrode [J]. J Electrochem Soc，1998，145 (11)：3860-3874.

[4] 原鲜霞，王荫东，詹锋. 氢氧化镍电极制作工艺的正交实验 [J]. 电源技术，2001，25 (2)：81-83.

[5] 蒋洪寿，张昊. 氢氧化镍电极制备工艺的研究 [J]. 电源技术，2000，24 (5)：267-270.

[6] Krujt W S，Bergveld H J，Notten P H L. Electronic network modeling of rechargeable batteries：Ⅰ. The nickel and cadmium electrodes [J]. J Electrochem Soc，1998，145 (11)：3764-3773.

[7] Mao Z，De Vidts P，White R E，et al. Theoretical analysis of the discharge performance of a $NiOOH/H_2$ cell [J]. J Electrochem Soc，1994，141 (1)：54-64.

[8] 葛华才，袁高清，范祥清，等. 影响 $Ni(OH)_2$ 性能因素的研究 [J]. 电池，1999，29 (4)：150-153.

[9] 程风云，唐致远，郭鹤桐. 球形 $Ni(OH)_2$ 粒径分布对电化学活性的影响 [J]. 天津大学学报，2000，33 (1)：56-58.

[10] Hampson N A，Karunathilaka S A G R，Leek R. The impedance of electrical storage cells [J]. J Appl Electrochem，1980，10 (1)：3-11.

[11] Haak R，Ogden C，Tench D，et al. Degradation in nickel-cadmium cells studied by impedance measurements [J]. J Power Sources，1984，12 (3/4)：289-303.

[12] Armstrong R D，Charles E A. Some aspects of the A. C. impedance behaviour of nickel hydroxide and nickel/cobalt hydroxide electrodes in alkaline solution [J]. J Power Sources，1989，27 (1)：15-27.

[13] 袁安保，成少安，张鉴清. 粉末多孔电极电化学阻抗谱及其数学模型 [J]. 物理化学学报，1998，14 (9)：804-810.

[14] Zhang Lu. AC impedance studies on sealed nickel metal hydride batteries over cycle life in analog and digital operations [J]. Electrochimica Acta，1998，43 (21)：3333-3342.

[15] 王先友，阎杰，袁华堂，等. 沉积钴镀层的黏接式氢氧化镍电极电化学性能研究 [J]. 电化学，1999，5 (1)：86-93.

[16] Zimmerman A H, Effa PK. Discharge dinetics of the nickel electrode [J]. J Electrochem Soc, 1984, (4): 709-713.

[17] 原鲜霞，王荫东，詹锋. 钴的添加形式对氢氧化镍电极性能的影响 [J]. 电化学，2000，6 (1)：65-71.

（中国有色金属学报，第 14 卷第 10 期，2004 年 10 月）

镍电极反应及活性材料的研究进展

李素芳，杨毅夫，陈宗璋，何莉萍，雷　叶

摘　要：对碱性蓄电池镍正极的电极反应及活性材料的研究状况从五个方面，如控制步骤的研究、晶体结构对电极反应的影响、晶体内的添加剂和电解质溶液对反应机理和结构稳定性的影响以及镍电极上析氧机理的研究做了较详细的综述。

关键词：镍电极；电极反应；添加剂；析氧反应

中图分类号：TM912.1　　**文献标识码**：B　　**文章编号**：1001-1579（2003）03-0181-02

Research Progress in Reactions and Material of Nickel Electrodes

Li Sufang，Yang Yifu，Chen Zongzhang，He Liping，Lei Ye

Abstract：The research progress in the rate-determining step of hydroxide electrode in secondary nickel-based alkaline batteries，the influence of crystal structure on the electrode reaction，the influence of some additives inside or ourside crystal on reaction mechanism and structure stability and the mechanism of oxygen evolution were reviewed.

Key words：nickel electrode；electrode reactions；additives；oxygen evolution

---

近20年来MH/Ni电池以其比能量高、循环寿命长等特点受到了极大的关注。本文综述了镍电极的反应机理和活性材料方面的研究进展。

1　控制步骤的研究

早在20世纪60年代，P. D. Lukovtsev等[1]就提出了镍电极充放电反应中质子扩散的概念，并认为质子在电极中的扩散速率为控制步骤。Z. Takehara[2]等随后发现质子可通过两个途径扩散，一是通过Ni（OH）$_2$夹层间的氢键扩散，二是通过表面扩散到活性中心以进行电化学反应。尽管后来有人提出过OH^-的转移比质子更占优势等观点[3]，但更多的实验证明质子的传递是主要的，仅在电流高且电解质中OH^-浓度低时，OH^-从电解质到活性物质表面的扩散才成为限速步骤。A. H. Zimmerman等[4]进一步发现，质子的扩散只在高放电电势区才成为镍电极动力学的控制步骤，进一步放电，电荷转移阻抗增大，当集流体和活性物质界面处形成消耗层，电荷转移成为控制步骤。

为了提高镍电极的性能，增大质子在固相中的扩散很有必要。目前质子的扩散系数在10^{-12}～10^{-8} cm^2/s之间。质子的扩散速率和许多因素有关，如电极的组成、晶体结构、表面状态与荷电状态等。晶体中的点缺陷控制着质子扩散和电子传导，控制着电极的容量。

2　晶体结构对反应机理和结构稳定性的影响

氢氧化镍具有α-Ni（OH）$_2$和β-Ni（OH）$_2$两种晶型，其中a-Ni（OH）$_2$不稳定，可转变为β-Ni（OH）$_2$。S. L. Bihan等[5]认为这是一种α-Ni（OH）$_2$溶解—成晶—再生长成为β-Ni（OH）$_2$的过程。

α-Ni（OH)$_2$ 氧化为 γ-NiOOH，α/γ 转化电势较低。转变过程中不仅存在质子的扩散，还存在着阴离子的嵌入和脱嵌过程。较慢的嵌入和脱嵌对质子的扩散有拖曳作用，使质子扩散变得困难。α/γ 转化无机械变形，有利于延长电池的使用寿命。β-Ni（OH)$_2$ 氧化为 β-NiOOH，β/β 转化电势较高。当过度充电和老化时，β-NiOOH 进一步氧化为 γ-NiOOH，β/γ 转化会引起电极的膨胀和变形。

氢氧化镍晶型的转化与温度、晶粒的大小、充放电状态等有很大的关系[6-8]。高温时主要是 β/β，α/γ 存在于低温状态。细晶粒有利于 α/γ 转化，活性物质的利用率大大提高。在充电早期主要是 β/β 转换，后期是 β/γ 转换，在放电时相的转化则交替变化：γ/α ⟶ γ/β ⟶ β/β。

3 晶体内的添加剂对反应机理和结构稳定性的影响

α-Ni（OH)$_2$ 电极具有良好的电性能和使用寿命，因此如何使用添加剂提高 α 相的综合性能吸引了众多研究者的注意。

Co 是主要的添加剂[9-12]，共晶的 Co^{2+} 不改变镍电极的放电机理，但能增加镍电极的晶格缺陷，降低质子扩散阻抗和电极反应阻抗并抑制 γ-NiOOH 的形成，增强循环稳定性。而表面沉积的 Co（OH)$_2$ 可降低基体与 Ni（OH)$_2$ 颗粒之间的接触电阻，提高电极的高倍率充放电性能、析氧过电位和电极反应的可逆性。钴粉可为 Ni（OH)$_2$ 颗粒间以及颗粒与集流体间提供良好的电子通道，增加镍电极的放电深度。实验发现钴和其他添加剂同时添加效果更好。共添加 Cd^{2+} 可更好地抑制 γ 相的形成，提高析氧电势。但 Cd^{2+} 使镍氧化成高价态困难，电容降低。由于镉有毒，所以逐渐被其他离子如 Zn^{2+}、Mn^{2+}、Ca^{2+}、Mg^{2+} 等取代。

除了二价添加剂外，三价的 Al^{3+}、Fe^{3+} 等在提高 α-Ni（OH)$_2$ 的稳定性方面效果更好，但 Ni（OH)$_2$ 的堆积密度降低，且三价离子如 Ce^{3+}、Fe^{3+}、La^{3+}、Y^{3+} 等易发生催化析氧反应[13]。实验发现亚微米级球形掺铝 α-Ni（OH)$_2$ 的堆积密度接近球形 β-Ni（OH)$_2$ 的堆积密度。近年来人们开始考虑稀土元素，O. Masahiko 等[14] 发现混合稀土元素（如 Er、Tm、Yb、Lu）的氧化物可显著提高析氧过电位，尤其是高温下更显优越性。

4 电解质溶液对反应机理和结构稳定性的影响

电解质溶液对镍电极的电性能同样起着非常重要的作用。在 KOH 溶液中添加 LiOH，可增大电极在充电时缺陷和质子的扩散速率，减缓铁离子对镍电极的毒化影响，改善晶粒度和活性物质的利用率，使电池的性能在高温时更稳定。实验发现当锂离子进入到晶体中时，电子同时也从集流体进入到晶体中以维持电平衡，当较多的锂离子进入到晶体中，晶体就成为 n 型半导体，当晶体中含有少量的锂离子时为 P 型半导体[15]。

同 Li^+ 一样，K^+、Na^+、H_3O^+ 可进入 γ 相的中间层结构，以维持晶体的结构稳定性和电平衡。但 Rb^+、Cs^+ 只有在高浓度时才参与到 γ 晶体中[15]。另外溶液中加入 Ce（OH)$_4$、Pr_6O_{11}、Nd（OH)$_3$ 稀土化合物，也可增大电极表面的活性中心，使表面质子和缺陷的浓度增大[2]。

5 镍电极上析氧机理的研究

充电时镍电极表面会发生析氧反应：$4OH^- \longrightarrow O_2 + 2H_2O + 4e^-$，从而使充电效率和活性物质的利用率降低。目前普遍认为氧的析出反应由如下几个步骤组成[16]：

① $OH^- \longrightarrow OH_{ads} + e^-$

② $OH_{ads} + OH^- \longrightarrow O^-_{ads} + H_2O$

③ $2NiOOH + O^-_{ads} \longrightarrow 2NiO_2 + H_2O + e^-$

④ $NiO_2 + OH_{ads} \longrightarrow NiOOH + O_{ads}$

⑤ $2O_{ads} \longrightarrow O_2$

在低电势区 OH^- 的放电反应为控速步骤，在高电势区 O^-_{ads} 氧化为 O_{ads} 为控速步骤。曹晓燕等[16]

认为镍电极在40 ℃上下存在两个Tafel区，很有可能是析氧机制发生了改变。完善的析氧机制还有待进一步的研究。

参考文献

[1] Lukovtsev P D, Slaidin G j. Proton diffusion through nickel oxide [J]. Electrochimica Acta, 1962, 7 (1-4): 17-21.

[2] Takehara Z, Kato M, Yoshizawa S. Electrode kinetics of nickel hydroxide in alkaline solution [J]. Electrochimica Acta, 1971, 16 (6): 833-843.

[3] Carbonio R E, Macagno V A, Giodano M C, et al. A transition in the kinetics of the Ni $(OH)_2$/NiOOH electron reaction [J]. Journal of the Electrochemical Society, 1982, 129 (5): 983-991.

[4] Zimmerman A H. Technological implications in studies of nickel electrode perfonnance and degradation [J]. Journal of Power Sources, 1984, 112 (3-4): 233-245.

[5] Bihan S L, Figlarz M. Croissance de l'hydroxyde de nickel Ni $(OH)_2$ à partir d'un hydroxyde de nickel turbostratique [J]. Journal of Crystal Growth, 1972, 13-14 (1): 458-461.

[6] Wu B, White R E. Modeling of a nickel-hydrogen cell phase reaction in the nickel active material [J]. Journal of the Electrochemical Society, 2001, 148 (6): A595-A609.

[7] 赵力，周德瑞，张翠芬. 碱性电池用纳米氢氧化镍的研制 [J]. 电池，2001，30 (6)：244-245.

[8] 彭成红，刘澧浦，李祖鑫. 纳米氢氧化镍材料的研制 [J]. 电池，2001，31 (4)：175-177.

[9] Provazi K, Giz M J, Dall' Antonia L H, el al. The effect of Cd, Co, and Zn as additives on nickel hydroxide opto-electrochemical behavior [J]. Journal of Power Sources, 2001, 102 (1-2): 224-232.

[10] Cécile T, Guerlou Demourgues L, Christiane F, et al. Influence of Zinc on the stability of the β (Ⅱ) /β (Ⅲ) nickel hydroxide system during Eletrochemical Cycling [J]. Journal of power sources, 2001, 102 (1-2): 105-111.

[11] Guerlou-Demourguse L, Delmas C. Electrochemical behavior of the manganese-substituted nickel hydroxides [J]. Journal of the Electrochemical Society, 1996, 143 (2): 561-566.

[12] 王志兴，李新海，郭炳焜. 添加元素对Ni $(OH)_2$ 电极性能的影响 [J]. 电池，1999，29 (3)：116-17.

[13] Jinxiang D, Sam F Y L, Danny X, et al. Structural stability of aluminum stabilized alpha nickel hydroxide as a positive electrode material for alkaline secondary batteries [J]. Journal of Power Sources, 2000, 89 (1): 40-45.

[14] Masahiko O, Masaharu W, Kaori S, et al. Effect of lanthanide oxide additives on the high-temperature charge acceptance characteristics of pasted nickel electrodes [J]. Journal of the Electrochemical Society, 2001, 148 (1): A67-A73.

[15] Barnard R, Randel C F, Tye F L. Studies concerning charged nickel hydroxide electrode (Ⅳ) Reversible potentials in LiOH, NaOH, RbOH and CsOH [J]. Journal of Applied Electrochemistry, 1981, 11 (4): 517-523.

[16] 曹晓燕，袁华堂，周作祥，等. 镍电极在KOH水溶液中析氧行为的研究 [J]. 电化学，1998，4 (4)：427-433.

（电池，第33卷第3期，2003年6月）

泡沫镍的制备工艺及性能参数

汤宏伟，陈宗璋，钟发平

摘　要：介绍了泡沫镍的制备方法及性能参数；论述了电沉积制备泡沫镍的方法和泡沫镍本身性能对电池性能的影响。泡沫镍的性能直接关系到电极制造的工艺、成本及工业化生产的可靠性，连续化带状泡沫镍生产是我国电池行业未来发展的趋势。

关键词：泡沫镍；制备工艺；电池

中图分类号：TM912.2，TM201.4　**文献标识码**：A　**文章编号**：1008-7923（2002）06-0315-04

Technologies and Parameters of Nickel Foam

Tang Hongwei，Chen Zongzhang，Zhong Faping

Abstract：Technologies and Parameters of Nickel Foam are introduced in the paper. The electro-depositing manufacture method of nickel foam and the effects of its characteristics on battery's performance are discussed. And the performance of nickel foam has effects on the production technology and cost，as well as the industrialization reliability of electrode manufacture. The manufacture of continuous cincture-shape nickel foam is the direction of battery industry.

Key words：nickel foam；technology；battery

0　前　言

泡沫金属是一种新型多孔金属，这种材料孔隙度高，孔径可控范围宽，具有流体透过性能好、能量吸收和消声性能强、比表面大、毛细管滞留能力强以及较好的机械性能等优点，因此具有较好的使用性能。目前，高容量的Cd/Ni、MH/Ni电池中使用的大多数是泡沫镍正极，它具有体积比容量与质量比容量高、工艺简单等显著优点，具有广阔的发展应用前景[1-8]。此外，泡沫镍还被用作多种工业电化学反应电极和燃料电池电极，作为触媒载体可用来净化机动车尾气和工业废气、废水，还可用作过滤、加热、热交换、减震、消声等的器件[8-11]。

国外早在20年以前就开发出了泡沫镍的制备工艺，国内的泡沫镍生产传统上都是间断的片式泡沫镍。片状泡沫镍孔径大，密度不均匀，不仅严重影响电池的质量，而且无法满足电池自动化生产的需要。现代电池的生产必须是大规模、机械自动化进行，才能降低生产成本。连续化泡沫镍在均匀性等方面优于间断片式的泡沫镍，它的出现为电池正极生产的连续化提供了坚强的基础，它的应用必然会大大提高生产效率，降低生产成本，使电池的生产迈上一个新台阶。连续化泡沫镍的需求很大，目前基本上处于一种供不应求的局面，专家估计，到2003年，该产品的需求量将是现在的5～10倍。目前，国际上生产连续化带状泡沫镍的有5个国家的6家大公司，美国的Eitech公司，产量50×10^4 m^2/年；日本的住友公司和片山公司合计产量4×10^6 m^2/年，产品质量高；法国的Nitech公司产量70×10^4 m^2/年；加拿大的Inco公司，产量20×10^4 m^2/年，是世界上著名的镍原料供应商；再一个就是中国的长沙力元新材料股份有限公司，其产品主要性能指标已达到国际领先水平，受到香港超霸公司、法国Saft公司、美国Ovonic公司、日本三洋公司和松下公司等众多国际大型电池厂商的认可。

1　泡沫镍的制备工艺

1.1　发泡法

将可膨胀的树脂粉末和镍粉混合均匀，在容器内发泡成圆柱状基体，然后用旋转切割机将其切割成可卷绕的片状基体，经焙烧后树脂分解，进一步烧结便可得到泡沫镍，洗涤，除去氧化物和残留物，得到泡沫镍成品。

1.2　气相沉积法

将具有蜂窝状孔隙的有机泡沫基体放在羰基镍气体氛围中，升温到羰基镍分解的温度，由羰基镍分解产生的镍沉积到泡沫塑料上，烧结后，泡沫骨架除去，得到由镍线互相连接的泡沫镍，通过此方法得到的泡沫镍具有较小的孔径和均匀的结构，有利于提高电池的性能。

1.3　溅射沉积法

通过磁控溅射在真空容器内发射电子束到金属镍板上，使镍沉积到通过的泡沫塑料带上，通过控制泡沫塑料带在真空容器内的运行速度来控制镍的沉积量，泡沫塑料带停留的时间决定泡沫镍的面密度，经热处理即为泡沫镍。

1.4　电沉积法

与发泡法、气相沉积法、溅射沉积法比较起来，电沉积法制备的泡沫金属具有基体轻、空隙率高、韧性较好等优点，世界上现有的几家生产连续化带状泡沫镍的公司大多采用此法。其工艺为先在泡沫塑料表面上制备一导电层，然后在含有镍盐的镀液里进行电沉积，再经烧结、退火处理即可获得成品泡沫镍。

（1）导电层的制备

导电层制备工艺有气相沉积法、涂导电胶法、化学镀法等，其目的是将非导电的泡沫塑料基体经过处理，使其具有导电性，以便下一步进行电沉积。工业应用主要为后两种方法，其产品性能有所差别[12-17]。

涂导电胶实际上是将含有碳或镍粉、铜粉的涂料涂于泡沫塑料基体上，使其具有导电性。该方法的优点是易于实现连续卷式泡沫镍的生产，缺点是涂镍粉或铜粉的成本高，涂碳的成本低，但导电层电阻大，电沉积时容易脱胶，污染镀液。国外有一种在生产泡沫塑料过程中添加碳的方法，使其具有导电性，从而简化了涂导电胶工艺，效果较涂导电胶好。最近，国内也有人用活性碳纤维毡（VACF）为载体的报导，据说效果很好。

化学镀工艺流程为：化学除油→粗化→敏化→活化→化学镀。其中化学除油、粗化、敏化、活化都属于化学镀前的处理。除油的目的是除去聚氨酯泡沫塑料表面的污垢，确保塑料表面能均匀地进行浸蚀；粗化的实质是一种腐蚀，其作用是提高聚氨酯泡沫塑料表面的微观粗糙度和均匀性，使该表面由疏水性变为亲水性，提高镀层与基体的亲和力，消除基体上的盲孔，提高开孔率；敏化是使具有一定吸附能力的聚氨酯泡沫塑料表面上吸附一些还原剂，在活化处理时在制品表面把活化剂还原成催化晶核，为化学镀做准备，敏化好的聚氨酯泡沫塑料表面呈乳白色；活化是使用具有催化活性金属化合物的溶液，对经过敏化的聚氨酯泡沫塑料表面进行处理，在聚氨酯泡沫塑料表面形成催化中心，使化学镀镍易于进行。化学镀是连续化带状泡沫镍生产中最重要的一步，是在无直流电源的条件下，用化学还原方法使镍阳离子还原成金属镍并沉积到聚氨酯泡沫塑料表面。化学镀中经常使用的还原剂有次磷酸钠、硼氢化物、胺基硼烷。硫酸镍是主盐，是化学镀液中镍的来源。为了使反应顺利进行，保证产品的质量，还要加入络合剂、稳定剂、缓冲剂。在化学镀镍溶液中加入少许的表面活性剂，有助于气体的逸出、降低镀层的孔隙率[18-19]。在化学镀过程中，控制镀液的温度、

PH 值、还原剂与主盐的比例十分重要，操作不当会造成“漏镀”及“透孔”现象，影响产品质量，良好的产品镀层呈灰白色，略带金属光泽，镀层均匀，导电性好。

（2）电镀

对多孔材料的电镀来说，既要满足内部镀透，又要使内外骨架尽可能获得均匀的沉积层，以保证泡沫体性能的一致性。然而，在实际电镀中，由于受电化学和几何等因素的影响，电流在阴极表面分布是不均匀的，镀层厚度也不会均匀，因此，电镀质量是电沉积法生产泡沫镍的关键，这要从镀液成分和工艺上加以解决。在电镀过程中，镀镍溶液中除主盐外，还要有阳极活化剂、缓冲剂、光亮剂等成分。在镀镍过程中，应严格控制电流密度，电流密度低，镀镍量减少；电流密度过高会烧坏基体，产品表面出现毛状物。还应严格控制 pH 值，pH 值较低时，阴极上大量析出氢，电流效率低；pH 值较高时，会产生氢氧化镍沉淀。电镀过程中温度对镀层的内应力、分散能力、镀速均有影响。温度升高时，镀层内应力减小，镀速加快，但镀液分散能力降低，连续化带状泡沫镍生产中镀液温度要严格控制。电镀过程镀液保持循环状态，其作用在于使孔隙内镀液及时得到更新，维持骨架表面溶液的均匀性，通过强烈对流、扩散，加速镀液的传输过程，同时也有利于氢气的逸出。

（3）热处理

热处理是连续化带状泡沫镍生产中最后一道工序，其目的是去除有机物，提高电镀镍层的柔韧性，分为先空气烧除而后还原烧结两步完成，还原气氛为氨分解气氛，即氮、氢混合气氛。还原温度从 710 ℃～950 ℃高低不等。炉温不当会出现“起拱”的现象。

2　泡沫镍的性能参数

作为电极的骨架材料，泡沫镍的尺寸、性能对电池的生产及电池的最终性能都有重大的影响。表征连续化带状泡沫镍特性的参数很多，下面就其对电池的影响加以讨论。

（1）泡沫镍的尺寸

连续化带状泡沫镍的尺寸包括长度、宽度、厚度三方面，其长度、宽度是电极生产连续化的关键，厚度直接关系到电极的容量密度和均匀性。根据电池性能要求及制造电极的工艺不同，电池生产厂家选用不同的泡沫镍。与其他块状泡沫镍相比，连续化带状泡沫镍在电池的电极生产连续化方面尽显优势。

（2）孔率与平均孔径[20]

孔率是指单位面积上的孔数，与平均孔径密切相关。泡沫镍电极的优越性主要是基体本身孔率高，可以更多地承载活性物质，增加电池的体积比能量和质量比能量。孔率高即平均孔径小的泡沫镍可获得较大的电流输出，并可提高循环寿命；反之就降低循环寿命。普通泡沫镍成品的孔率在95%左右，而连续化带状泡沫镍的孔率＞96%。

（3）延伸率及抗拉强度

延伸率及抗拉强度是连续化带状泡沫镍的塑性指标。以泡沫镍为骨架的多孔电极在制备时有压延过程，另外也有一些需拉伸、弯曲、卷绕的场合，均对泡沫镍的塑性有一定的要求。泡沫镍的延伸率及抗拉强度是电池能否大批工业化生产的关键因素。对泡沫镍延伸率及抗拉强度的基本要求是：正负极板在填充活性物质后的辊压、卷绕过程中电极不断裂。

（4）可焊性与外观

可焊性是指在泡沫镍基体上点焊极耳时的牢固程度。一般要求是：当极耳从泡沫镍基体上拉下时，在基体上应有熔斑，并且要有一定的抗拉强度。连续化带状泡沫镍外观的正常状态是呈金属银灰白色，表面不应有氧化物和其他深色斑点。通常外观正常的连续化带状泡沫镍其可焊性都较好。

（5）规格和性能

国产片式泡沫镍的规格和主要性能如下：镍＞99%，碳＜0.25%；开孔率＞99%；孔隙率＞95%；面密度误差＞30 g/m^2；厚度 1.0～5.0 mm；抗拉强度＞120 N/cm^2；延伸率＞5%；孔径

200～500 μm；面积 1 m^2 左右；外观为银灰色，无氧化层、油层。国产连续化带状泡沫镍主要性能指标见表 1。

表 1　国产连续化带状泡沫镍主要性能指标

孔隙率	＞96％
厚度	(1.1～2.5) ±0.05 mm（可按要求提供）
面密度	(400～500) ±30 g/m^2（可按要求提供）
抗拉强度	纵向：＞150 N/cm^2；横向：＞100 N/cm^2
延伸率	纵向：＞5％　横向：＞12％
宽度	(50～850) ±0.5 mm（可按要求提供）
包装规格	长度：100～250 m

可以看出，片式泡沫镍品质不稳定，面密度不均匀，强度和韧性较差，从而直接影响电池生产时活性物质填充的均匀程度，导致了电池的均一性差、组合电池的寿命短、质量没有保证。而且传统的片式泡沫镍生产电池的工艺也相当落后，生产方法原始，极大地阻碍和制约了我国氢镍电池的发展。

3　结论

与片式泡沫镍相比，连续化带状泡沫镍有如下优点：

(1) 面密度均匀，均一性比较容易控制，因此能满足高品质氢镍电池的需要。

(2) 长度可满足电池生产机械化和自动化的需要，这是片式泡沫镍所不可比拟的，而且有利于保证电池极板的质量。

(3) 作为氢镍电池活性物质的载体，其高孔率的三维网状结构形式，既能满足氢镍电池高容量的需要，又能满足电池大电流放电的需要。

总而言之，连续化带状泡沫镍在面密度均匀性和电池连续化自动生产方面均处于优势地位，是我国电池行业未来发展的趋势。

参考文献

[1] 单昕，邹建梅. 高容量泡沫镍正极 [J]. 电源技术，1996，20 (5)：195.
[2] 李群杰，段秋生. 高容量发泡镍电极的制备 [J]. 电池，1996，26 (4)：178.
[3] 乔欢，文震环，等. 高容量泡沫镍电极的研制 [J]. 电池，1995，25 (2)：62-64.
[4] 谢德明，刘昭林. 高性能泡沫镍电极研究 [J]. 电源技术，1998，22 (2)：51.
[5] Ding Y C，Yuan J L，Li H，et al. A study of the performance of a paste type nickel cathode [J]. J Power Sources，1995，56：201-204.
[6] 吴伯荣，杜军. 高能密封镍氢动力电池及其电动汽车试运行 [J]. 材料导报，2000，14 (8)：68-70.
[7] Nitech M Croset. 高性能 MH-Ni 和 Cd-Ni 蓄电池用的泡沫镍 [A]. CIBF97 学术会议论文摘要集 [C]. 1997，59-63.
[8] 张士杰. 泡沫镍贮氢电极成型工艺研究 [J]. 电源技术，1994，18 (1)：14.
[9] Isao Maatsumoto，et al. US，4251603，[P]. 1981.
[10] S Langlois，F Coeuret. Flow-through and flow-by porous electrodes of nickel foam [J]. Journal of Applied Electrochemistry，1989，19：43-50.
[11] 马永锋，马铃俊，等. 泡沫镍吸声性能的研究 [J]. 噪声与振动控制，2001，21 (2)：30-33.
[12] 刘培生，李铁藩，付超，等. 制备工艺条件对泡沫镍延伸率的影响 [J]. 功能材料，2000，31 (4)：374.
[13] 刘培生，付超. 制备工艺条件对泡沫镍抗拉强度的影响 [J]. 中国有色金属学报，1999，9 (1)：45.
[14] 李保山. 电沉积法制备泡沫镍 [J]. 材料工程，1998，1：37-39.

[15] 刘海飞，许根国．电沉积法制备泡沫镍 [J]. 矿冶，1997，6 (4)：70-72.
[16] 戌旭滨，陈立佳．电沉积法制造泡沫镍 [J]. 新技术新工艺，1994，5：33-34.
[17] 何细华，胡蓉晖，杨汉西，等．泡沫镍电沉积制造技术 [J]. 电化学，1996，1：66-70.
[18] 姜晓霞，沈伟．化学镀理论及实践 [M]. 北京：国防工业出版社，2000，6.
[19] 伍学高，等．化学镀技术 [M]. 成都：四川科技出版社，1985.
[20] 梅林颖．泡沫镍孔径金属相测定方法的研究 [J]. 电源技术，2000，4：221-222.

（电池工业，第 7 卷第 6 期，2002 年 12 月）

废旧镉镍电池的再利用

汤宏伟，陈宗璋，钟发平

摘　要：提出了一种废旧镉镍电池再利用的新工艺，通过控制硫酸溶液的温度和酸度等因素，在浸出阶段实现了Cd与Ni的分离；利用浸出的镍、镉溶液为原料，通过配合物法制备出了球形Ni（$OH)_2$，并由XRD实验得以证明，充放电实验表明由该球形Ni（$OH)_2$制备的镍电极具有较好的电性能。

关键词：镉镍电池；再利用；浸出

中图分类号：TM912.2　　**文献标识码**：A　　**文章编号**：1001-1579（2003）01-0061-02

Reusing of Spent Cd/Ni Batteries

Tang Hongwei，Chen Zongzhang，Zhong Faping

Abstract：A new method of reusing spent Cd/Ni battery was presented，Cd and Ni in the spent battery could be leached selectively at different temperature and pH value，and it led to the nearly complete separation of cadmium from nickel in the leaching stage. Spherical Ni（$OH)_2$ confirmed by XRD was prepared from the solution，experimental results showed that nickel hydroxide electrode made by the sample had excellent performance.

Key words：Cd/Ni batteries；reusing；leach

从镉镍电池废料中回收镉、镍的方法，可采用干法或湿法处理[1-2]。干法主要利用镉及其氧化物蒸气压较高的特点和镍分离，如日本再生中心用650～1 200 ℃间歇真空加热，使镉蒸发而和镍分离；湿法采取将剥离被覆层后的废电池破碎并和污泥渣一并用硫酸浸出，以除去铁等杂质。在镉镍液中吹入H_2S，以形成CdS而分离；镍不溶于硫酸中，可加入Na_2CO_3使之形成$NiCO_3$作为产品出售。瑞典的酸浸→电解分离镉→沉镉净液（回收镍）→溶镉返电解分离的工艺流程，镉的回收率可达99.96%，镍的回收率达95%以上，表明酸浸也是回收镉镍的有效方法。孔祥华等[3]采用氨水作浸出剂处理镉镍电池，镉、镍的浸出率分别达98.5%和99.6%。也有不将Ni与Cd分离的废旧镉镍电池的再利用方法，效果较好，但没有从根本上解决问题[4-5]。采用废电池在脱壳后不经粉碎而直接水洗、焙烧、浸出的工艺，对镉、镍进行选择性分离，利用浸出的镍钴溶液为原料，通过配合物法制备出了电化学性能优良的球形Ni（$OH)_2$。

1　实验

镉镍电池的负极为海绵状的金属镉，正极为羟基氧化镍NiOOH，电解液为KOH水溶液，其电池反应为：

$$2NiOOH + Cd + 2H_2O \longrightarrow 2Ni(OH)_2 + Cd(OH)_2$$

其中正极和负极活性物质分别填充在冲孔镀镍钢带或泡沫镍基体上[6]，将废电池脱壳后，水洗去掉KOH，600 ℃焙烧后样品为CdO、NiO和Ni。而热力学上CdO与NiO的酸溶条件是有差别的，可以控制溶液的酸度，选择性地浸出 Cd 与 Ni。镉的回收方法有沉淀法、萃取法和离子交换法，也可利用电解法使镉在阴极上沉积出来；通过粗滤将钢带和泡沫镍与镍、钴渣分离开后，加入一定量的硝酸将镍、钴渣溶解，调节其浓度与 pH 值，利用配合物法制备球形 Ni $(OH)_2$。

将废旧镉镍电池切开，去掉外壳，水洗去掉 KOH，干燥后在 600 ℃空气气氛下焙烧 3 h，使 Ni $(OH)_2$脱水变为 NiO，使其中的有机物碳化。取一定量的样品加入一定量的硫酸溶液进行浸出实验，机械搅拌，在不同温度、不同 pH 值条件下恒温水浴加热，定期取样进行化学分析，计算各元素的浸出率。

将一定浓度的镍盐、NaOH 与氨水的混合溶液通过蠕动泵连续输入到反应器中，在搅拌的条件下进行反应，保持整个反应过程中温度及 pH 值的恒定，经固液分离、洗涤、干燥、过筛后得到球形 Ni $(OH)_2$粉末。用 X 射线衍射法确定其晶型。选用 40 目镍网为集流体骨架，将 Ni $(OH)_2$粉末与镍粉按 1∶4（质量比）比例混合均匀，在模具中压成 1 cm ×1 cm 的电极，所得电极片尺寸为 1 cm×1 cm×0.2 cm，再进行表面处理以防止充放电时活性物质脱粉，将电极片与容量过剩的镉负极相匹配，无纺尼龙布作隔膜，以 w＝W（KOH）＝30%溶液作电解液，组成实验电池，用 DC-5 型电池性能测试仪按 0.2 C 率进行充放电性能测试。

2　结果与讨论

镉在硫酸中的浸出受 pH 值、温度与搅拌速度的影响，在温度与搅拌速度一定的情况下，溶液 pH 值对镉的浸出影响较大，溶液 pH 值越小，相同时间段内镉浸出率越高（pH 值对镉浸出的影响如图 1 所示）。pH 值、温度与搅拌速度都确定的条件下，浸出反应在开始反应阶段速度比较快，而后以较平稳的速度进行（如图 2 所示），这与随着反应进行固体表面积的减小有关。综合考虑各方面的因素，选择 pH＝2，温度为 40 ℃，浸出时间为 2 h，此时镉基本上完全浸出，镍和钴浸出很少，可以实现镉的选择性浸出。Ni $(OH)_2$的制备过程中，温度、pH 值与搅拌速度对产品的形貌和性能影响较大。多数文献认为镍电极的电性能很大程度上依赖于 Ni $(OH)_2$的微观结构特性，Ni $(OH)_2$的晶粒的大小直接影响着放电电压平台，平均粒径小的 Ni $(OH)_2$充放电性能较好。Ni $(OH)_2$的晶粒大小通常由 XRD 图中（001）和（101）晶面衍射峰的半峰宽来间接表征。半峰宽（FWHM）值越大，表明晶粒越细，Ni $(OH)_2$具有高电压平台段的良好特征。（001）面和（101）面衍射峰的半峰宽分别大于 0.7°和 0.8°时，Ni $(OH)_2$ 具有较高的利用率和优良的大倍率充放电性能。本实验温度为 55 ℃，pH 值为 11，所得 Ni $(OH)_2$ 为球形，振实密度为 2.2 g/ cm^3，其 XRD 图如图 3 所示，在（001）面和（101）面衍射峰的半峰宽分别达到 0.86°和 0.94°。充放电实验表明该样品具有良好的高放电电压平台，按 0.2 C 率放电，1.2 V 以上放电时间为 4.15 h，达标准容量的 95%，具有较好的电性能。

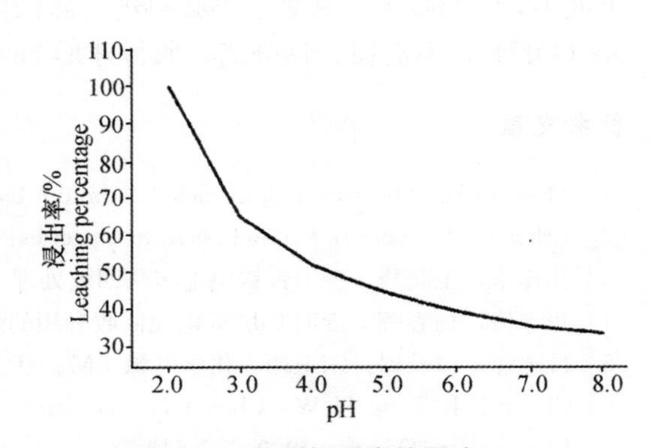

图 1　pH 值对镉浸出的影响

3　结论

根据上述实验研究，可以提出如图 4 所示的回收再利用镉镍废旧电池的工艺流程。

该工艺中，采用了废旧电池在脱壳后不经粉碎而直接水洗、焙烧、酸浸出的处理方法，这就大大降低了极板不锈钢带中的铁在浸出时的溶解程度，使镉选择性浸出液中的铁离子浓度很低，易于除去。而在镉选择性浸出后，通过粗滤将钢带和泡沫镍与镍、钴渣分离开，从而避免了铁进入镍、钴浸

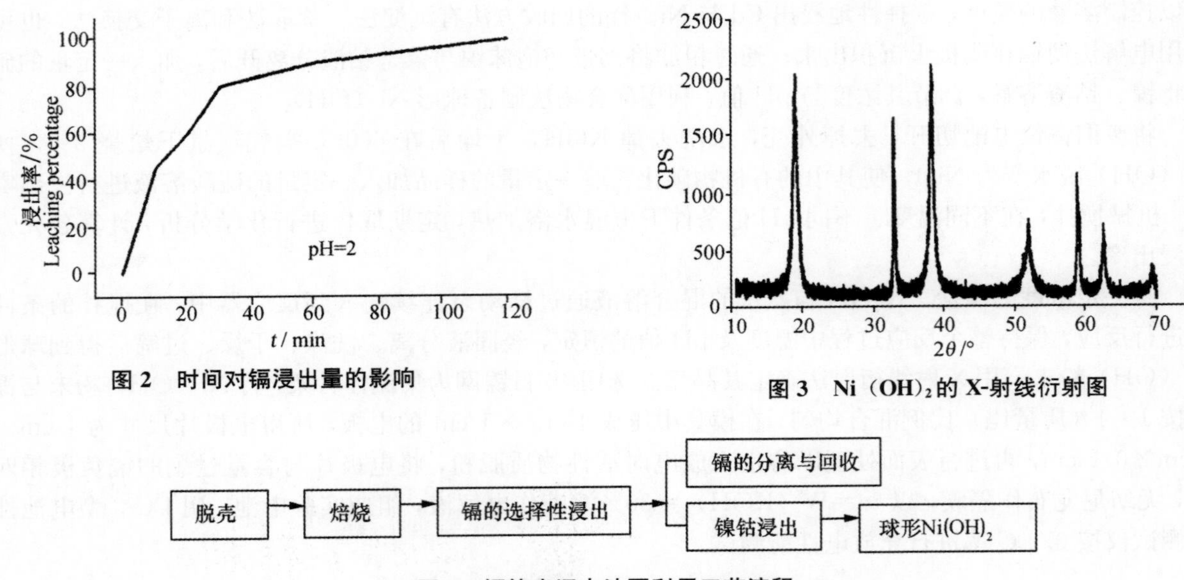

图 2　时间对镉浸出量的影响

图 3　Ni（OH）$_2$的 X-射线衍射图

图 4　镉镍废旧电池再利用工艺流程

出液中，使回收镍、钴之前不必再进行除铁操作，简化了工艺。直接用镍、钴浸出液为原料制备球形 Ni（OH）$_2$，不需镍、钴分离，所得球形 Ni（OH）$_2$ 的电化学性能较好。

参考文献

[1] Morrow H. The recycling of nickel-cadmium batteries [J]. The Battery Man，1993，10：23-26.

[2] Erkel J. Recovery of Cd and Ni from batteries：US，5407463，[P]. 1995-04-18.

[3] 孔祥华，王晓峰. 废旧镉镍电池湿法回收处理 [J]. 电池，2001，31（2）：97-99.

[4] 张志梅，杨春晖. 废旧 Cd/Ni 电池回收利用的研究 [J]. 电池，2000，30（2）：92-94.

[5] 吕鸣祥，黄长保，宋玉瑾. 化学电源 [M]. 天津：天津大学出版社，1992：111-116.

[6] Chang Z R Tang H W，Chen J G. Surface modification of spherical nickel hydroxide for nickel elect rodes [J]. Electrochem Comm，1999，1：513-516.

（电池，第 33 卷第 1 期，2003 年 2 月）

其他（电镀、防腐、吸附）材料

酸性化学镀镍工艺研究

李素芳，李孝钺，陈宗璋，肖耀坤

摘　要：通过沉积速度、镀层耐蚀性和镀液稳定性的测试实验，研究了酸性化学镀镍工艺中复合添加剂，如稳定剂、络合剂、加速剂浓度对化学镀镍的沉积速度、镀层稳定性、镀层耐蚀性的影响，确定了所用添加剂的最佳浓度和工艺条件。当温度在 90 ℃，pH 在 5.5 时，所得镀层含磷量为 7.8%，镀层光亮、耐蚀性优良。

关键词：化学镀；镍-磷合金

中图分类号：TG178　　**文献标识码**：A　　**文章编号**：1004-227X（2003）02-0015-04

Study of Acidic Electroless Ni Plating Process

Li Sufang，Li Xiaoyue，Chen Zongzhang，Xiao Yaokun

Abstract：By means of determination of deposition rate，corrosion resistance of deposit and solution stability，influences of the concentration of multiplex additives in planting solution，such as stabilizer，complexing agent and accelerator were studied. Optinmum concentrations of the multiplex additive and operation condition were also identified. Phosphorus content of 7.8% was obtained in deposit with bright and good corrosion resistance at temperature of 90 ℃ with pH 5.5.

Key words：electroless plating；nickel-phosphorus alloy

1　前言

化学镀镍是 20 世纪 50 年代实现工业化的。化学镀镍层具有良好的耐蚀性、耐磨性、硬度高、厚度均匀、可焊性好等优点，广泛应用于化工、石油、纺织、电子、航空航天等领域。

化学镀镍层是一种 Ni-P 合金镀层。工业应用镀层含磷量一般都在 6%～9%之间，镀层同时具有良好的硬度和化学稳定性。低磷和高磷镀层只用在一些特殊的工业条件中。

本工艺所得 Ni-P 合金，含磷量在 7.8%左右，镀速可达到 20～22 μm/h，且镀液有相当的稳定性。镀层的结合力好，耐蚀性优良，有一定的光泽度，能很好地满足一般工业的应用要求。

2　实验

2.1　试片

碳钢片 15 mm×50 mm×1 mm。

2.2　工艺流程

试片→除油→清洗→除锈→清洗→1∶1HCl 活化→清洗→化学镀镍→水洗→干燥。其中除油用氢氧化钠、碳酸钠、磷酸三钠、水玻璃的混合溶液，煮沸 30～40 min；除锈用硫酸、硫脲混合溶液，在 60～80 ℃将氧化层除尽即可。

2.3　镀液组成和工艺条件[1-7]：

$NiSO_4 \cdot 6H_2O$	30 g/L
$NaH_2PO_2 \cdot H_2O$	25 g/L
NaAc	10 g/L
加速剂 J	14 g/L
络合剂 D	15 g/L
络合剂 R	3 mol/L
稳定剂	3×10^{-5} mol/L
表面活性剂	5 mg/L
光亮剂	15 mg/L
pH 值	4.8
温度	78 ℃

2.4　性能测试

2.4.1　沉积速度

用质量法测定，以试片在 1 h 的增重为镍的沉积速度。计算公式为：

$$\upsilon = \Delta M/\rho st \times 10^4 (\mu m/h)$$

其中 ΔM 为施镀前后的质量差（g），ρ 为 Ni-P 合金的密度（本实验为 7.85 g/cm^3），s 为试片表面积（cm^2），t 为施镀时间（h）。

2.4.2　耐蚀性测试

采用浓 HNO_3 点滴法，测量镀层被完全溶解的时间。

2.4.3　镀液稳定性测试

采用 $PdCl_2$ 加速实验，在室温下向 10 滴镀液中加入 5 滴 0.01 mol/L 的 $PdCl_2$ 溶液，观察镀液由澄清变为浑浊的时间。

3　讨论

3.1　主盐及还原剂浓度

按上述的工艺组成与条件，改变 $NaH_2PO_2 \cdot H_2O$ 与 $NiSO_4 \cdot 6H_2O$ 的摩尔比，测量化学镀的沉积速度与 $NaH_2PO_2 \cdot H_2O$ 与 $NiSO_4 \cdot 6H_2O$ 的摩尔比的关系，见图 1。图 1 表明，随着 $NaH_2PO_2 \cdot H_2O/NiSO_4 \cdot 6H_2O$ 摩尔比的增大，沉积速度上升，但在 2.4986～2.9151 之间时有所下降。因为还原剂浓度过大时会引起镀液的不稳定，所以 $NaH_2PO_2 \cdot H_2O$ 与 $NiSO_4 \cdot 6H_2O$ 的摩尔比定为 2.0822 即 $NaH_2PO_2 \cdot H_2O$ 为 25 g/L，$NiSO_4 \cdot 6H_2O$ 为 30 g/L 时较为理想。

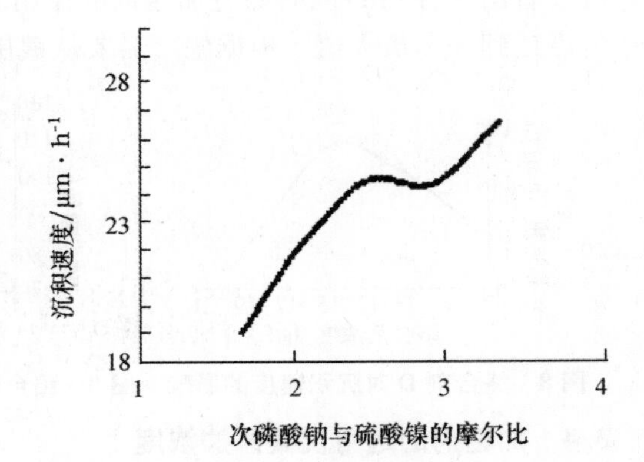

图 1　主盐的摩尔比与沉积速度的关系

3.2　稳定剂浓度

改变稳定剂的浓度，测量稳定剂的浓度对镀速、镀层耐蚀性、镀液稳定性的影响，实验结果见图 2、图 3、图 4。

从图 2 可以看出，沉积速度随着稳定剂浓度的增加急剧上升，到一定值后又急速下降。产生这种现象的原因是：该稳定剂吸附在金属表面有强烈的加速电子交换倾向，改变阴、阳极过电位，起电化学催化作用。但是当稳定剂的浓度继续增加时，它在工件表面的吸附会使工件表面的活性降低，从而使沉积速度急速下降，甚至不再发生沉积。

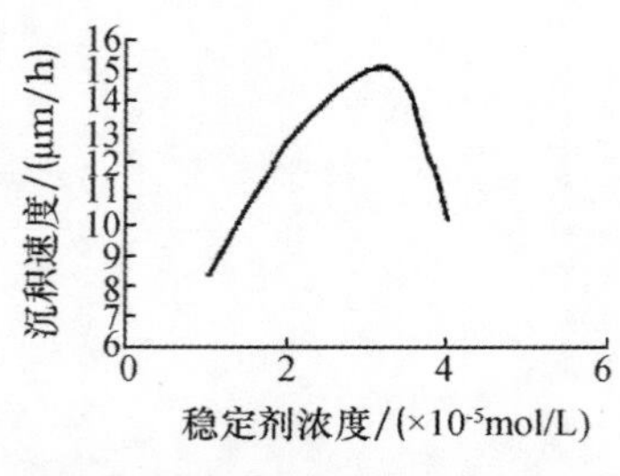

图 2 稳定剂对沉积速度的影响

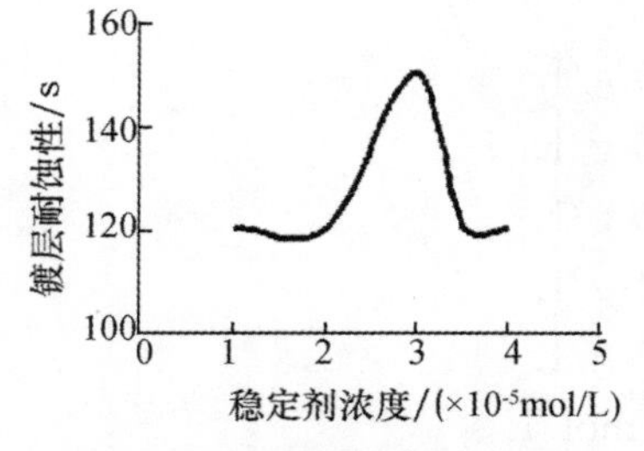

图 3 稳定剂对耐蚀性的影响

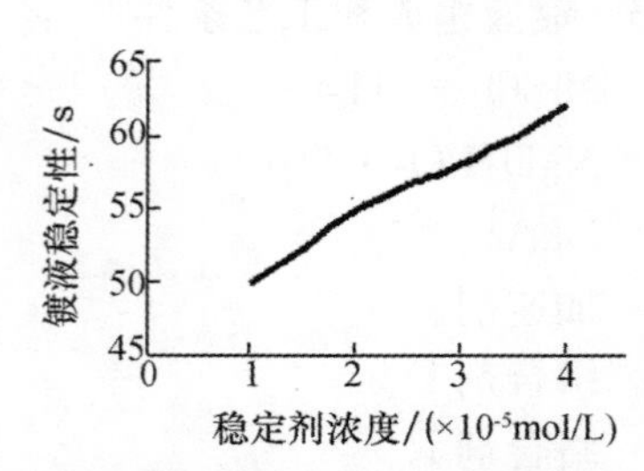

图 4 稳定剂对渡液稳定性的影响

从图 3 和图 4 可看出，稳定剂对镀层的耐蚀性和镀液的稳定性也有一定的影响。很明显，当其浓度大于 2×10^{-5} mol/L 时耐蚀性开始上升，到 3×10^{-5} mol/L 时达到最大而后开始下降。该现象可能是由于当稳定剂为 3×10^{-5} mol/L 时，沉积速度最大，Ni-P 合金结晶的晶粒小，从而使晶粒的排列更加紧密，孔隙率降低，耐蚀性增强。

3.3 络合剂及其添加浓度

该配方采用了一组复合络合剂。图 5 至图 7 分别显示了络合剂 R 的浓度对沉积速度、耐蚀性和镀液稳定性的影响情况。

从图 5 可以看出，该络合剂与其他一些络合剂对沉积速度的影响不太一样，即当其浓度在 20 mL/L 时存在一个最低的沉积速度，而后逐渐上升。再结合图 6、图 7 来看，当其浓度在 30 mL/L 时，镀层耐蚀性和镀液稳定性同时达到了最高值。由此我们可以确定络合剂最佳使用浓度为 30 mL/L。

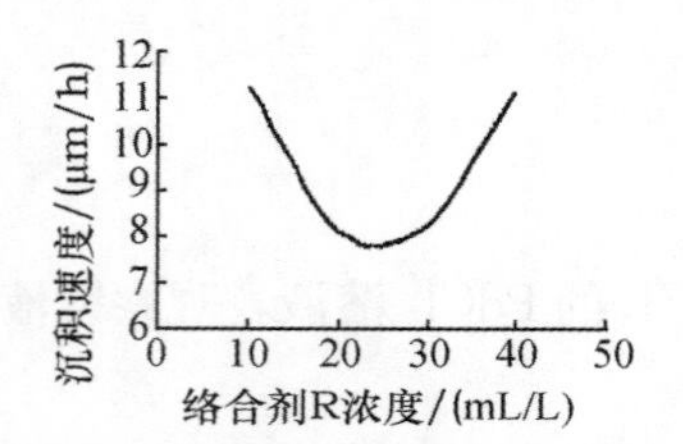

图 5 络合剂 R 对沉积速度的影响

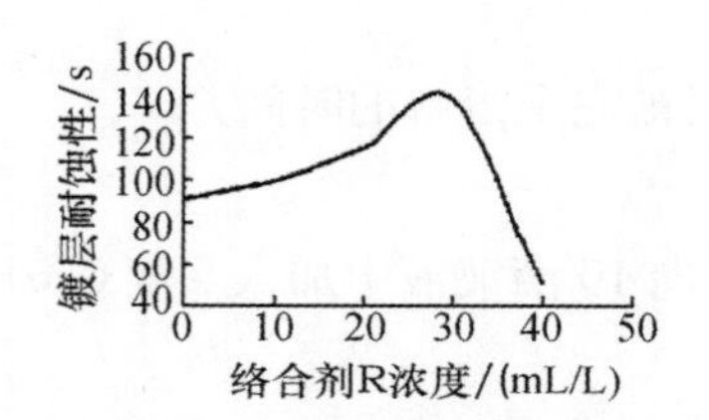

图 6 络合剂 R 对镀层耐蚀性的影响

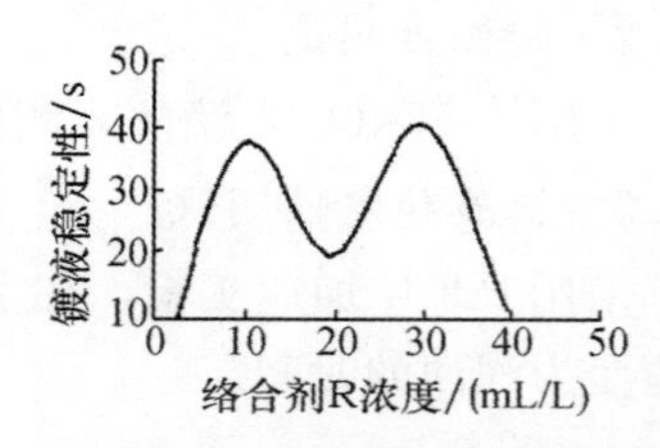

图 7 络合剂 R 对镀液稳定性的影响

图 8、图 9、图 10 分别显示了络合剂 D 对沉积速度、耐蚀性和镀液稳定性的影响情况。由该图可以看出络合剂 D 同时兼有加速剂的作用。从沉积速度考虑，其最佳添加浓度为 15 g/L，此时沉积速度达到一个最大值。根据生产需要从镀层耐蚀性和镀液稳定性考虑，选用 12 g/L 作为最佳浓度。

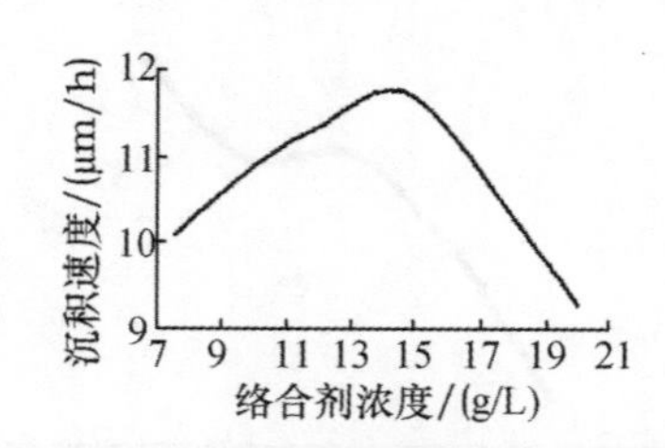

图 8 络合剂 D 对沉积速度的影响

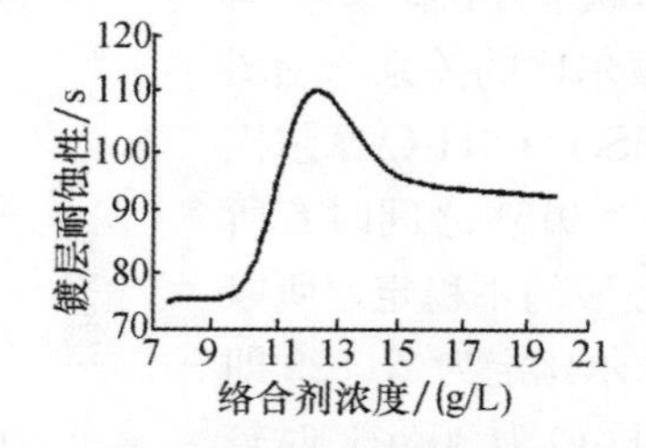

图 9 络合剂 D 对镀层耐蚀性的影响

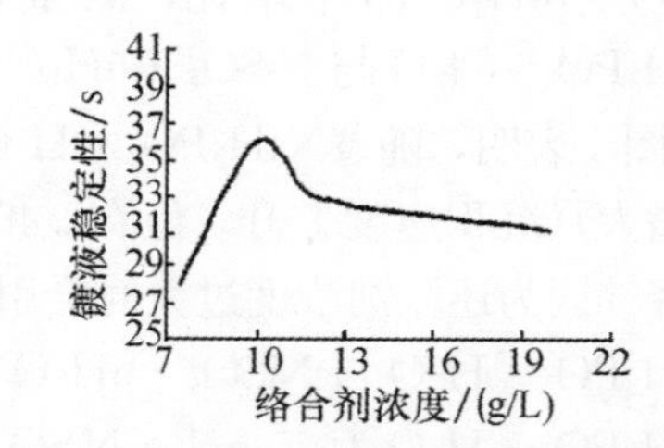

图 10 络合剂 D 对镀液稳定性的影响

3.4 加速剂的选用及其添加浓度

图 11、图 12、图 13 分别表示为加速剂 J 对沉积速度、镀层耐蚀性和镀液稳定性的影响。所用加速剂为有机酸，是一种阳极去极化剂，可削弱 H—P 键能，有利于次磷酸根离子脱氢。该试剂对 Ni^{2+} 有络合作用，为 Ni^{2+} 的还原提供更多的激活能，从而使反应更迅速。加速剂 J 的最佳添加浓度为 12 g/L。

3.5 温度

温度对化学镀的沉积速度影响较大。当温度高时，沉积速度加快，结晶晶粒小，所以温度高时镀层光洁度高。图 14 显示了 pH 值为 4.8 时温度对沉积速度的影响。本实验的镀液温度为 90 ℃。

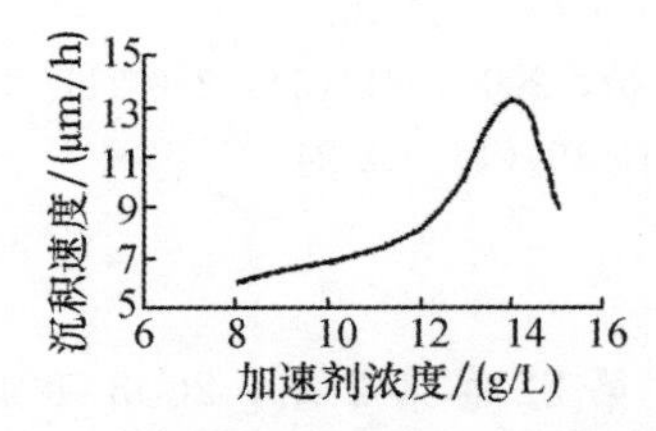

图 11　加速剂 J 对沉积速度的影响

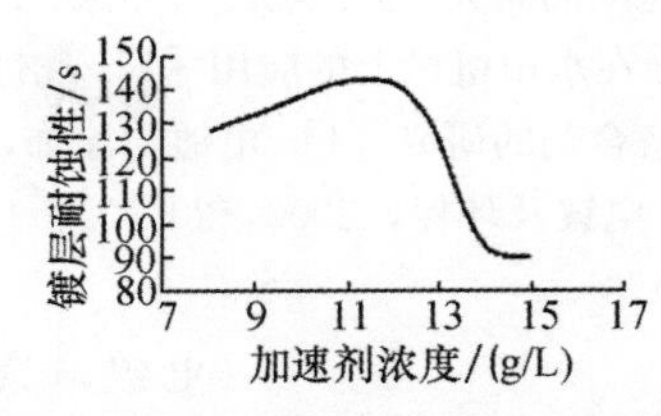

图 12　加速剂 J 对镀层耐蚀性的影响

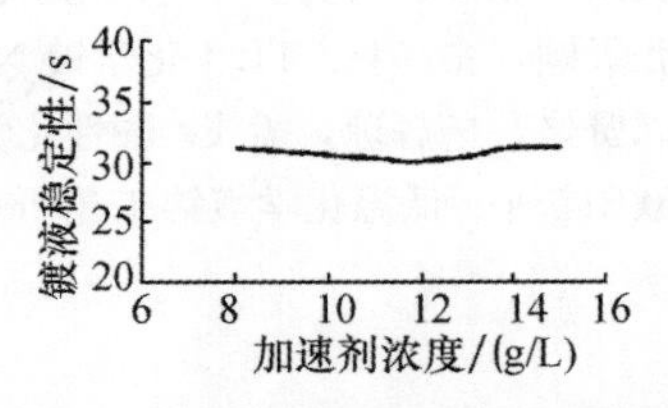

图 13　加速剂 J 对镀液稳定性的影响

3.6　pH 值

pH 值是化学镀镍中的重要影响因素之一。它对 Ni-P 合金的含磷量有较大的影响，即当 pH 值较低时，合金层中的含磷量较高，随着 pH 值的升高，含磷量会有所下降。本工艺采用 HAc/NaAc 缓冲体系，当 NaAc 含量为 20 g/L，pH 值为 5.5 时，基本上可以保证镀液的 pH 值在镀前和镀后之差保持在 0.3 以内。pH 值对沉积速度的影响见图 15。实验表明，按照以上确定的添加剂的最佳浓度，在 90 ℃、pH 值为 5.5 时沉积速度可达 22 μm/h。同时测得镀层的含磷量为 7.8%左右。

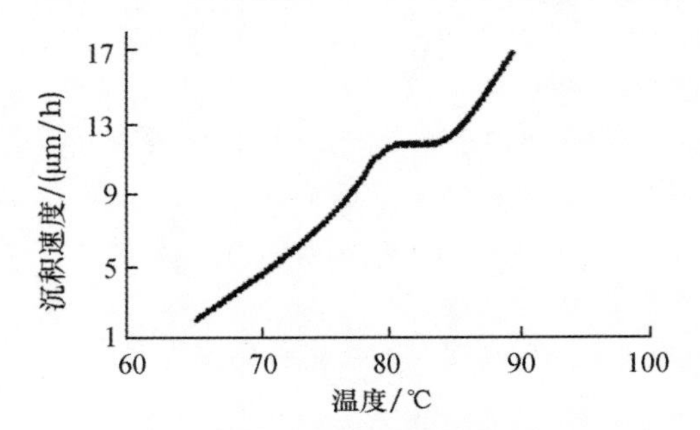

图 14　温度对沉积速度的影响

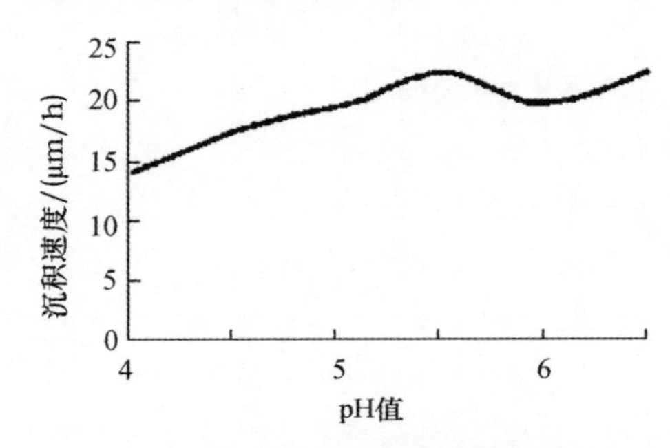

图 15　pH 值对沉积速度的影响

4　结论

通过实验，可以得出本工艺的最佳配方和工艺条件：

$NiSO_4 \cdot 6H_2O$　30 g/L

$NaH_2PO_2 \cdot H_2O$　25 g/L

NaAc　20 g/L

加速剂 J　12 g/L

络合剂 D　12 g/L

络合剂 R　30 mL/L

稳定剂　3×10^{-5} mol/L

表面活性剂　5 mg/L

光亮剂　15 mg/L

pH 值　5.5

温度　90 ℃

该工艺镀液稳定性良好，能产生均匀、光泽、耐蚀性能良好的镀层。沉积速度在22 μm/h左右，镀层含磷量在 6%～9%之间。

参考文献

[1] 陈彦彬，刘庆国，陈诗勇，等. 中温化学镀镍工艺及添加剂的研究 [J]. 电镀与涂饰，2000，19 (1)：39-41.

[2] 刘汝涛，高灿柱，杨景和，等. 影响化学镀镍稳定性因素的研究 [J]. 表面技术，2001，30 (1)：10-12.

[3] 李兵，唐作琴，魏锡文，等. 黄铜基体上化学镀镍的研究 [J]. 表面技术，2000，29 (5)：7-8.

[4] 关山，张琦，吴隽贤，等. 化学镀镍加速剂的研究 [J]. 电镀与环保，2000，20 (3)：24-26.
[5] 张天顺，张晶秋. TL-4 化学镀 Ni-P 合金在水田机械上的应用 [J]. 腐蚀与防护，2000，21 (5)：210-211.
[6] 郭贤烙，杨辉琼，孟飞. 酸性化学镀镍络合剂的研究 [J]. 电镀与涂饰，2000，19 (4)：22-24.
[7] 欧阳新平. 低温化学镀镍工艺研究 [J]. 电镀及环保，2000，20 (2)：14-16.

（电镀与涂饰，第 22 卷第 2 期，2003 年 4 月）

变电站接地电极的腐蚀与防护研究

李素芳，谢雪飞，陈宗璋，彭敏放，何莉萍，俞东江

摘　要：为了研究变电站接地网在降阻剂中的腐蚀情况，用化学分析的方法测试了变电站的土壤和所用降阻剂的理化性质，用失重法分析了除去镀锌层后的A3钢电极在土壤和降阻剂中的腐蚀情况。试验结果表明，A3钢电极在弱碱性降阻剂中的腐蚀比在中性土壤中的腐蚀严重，主要原因是降阻剂中含有Cl^{-1}使降阻剂成为一种强腐蚀性介质，造成了电极的点蚀穿孔。通过动态恒电位扫描法测定A3钢在各种溶液中的极化曲线以获得各离子对电极的自腐蚀电位和孔蚀电位的影响，结果表明在降阻剂中加入缓蚀剂，如磷酸盐和硅酸盐，可以缓解降阻剂中Cl^-对A3钢的点蚀影响，使降阻剂既能降低接地电阻又可缓解接地网的腐蚀。

关键词：孔蚀；A3钢；土壤；降阻剂
中图分类号：TG174.4　　**文献标识码**：A　　**文章编号**：1001-1650（2004）02-0009-03

0　引　言

接地系统是发电厂、变电站及高压输电线路装置系统中的重要组成部分，它不仅影响整个系统的工作效率，还起到保护人身和设备安全的作用。不管何种类型的接地装置，按照各种规程都要求其接地电阻小于0.5 Ω[1]。为了达到这一要求，可在电极周围的土壤中埋入低电阻的降阻剂，以降低电极与大地之间的接地电阻。

湖南娄底民丰变电站基于上述原理，在接地网镀锌A3钢板地极的周围填埋了降阻剂，但3年后地网出现了严重的腐蚀现象。为了了解上述降阻材料对A3钢电极腐蚀的原因，考虑到A3钢被腐蚀时镀锌层已先期腐蚀的实际状况，在除去变电站所用镀锌A3钢电极表面的镀锌层以后做了如下研究工作，以期对变电站的接地技术提供一定的基础数据和改善方法。

1　试验方法

1.1　自然埋藏腐蚀试验

试验所用降阻剂、土壤、电极材料均取于湖南娄底民丰变电站。将变电站所用的镀锌A3钢板表面的锌镀层除去（以后简称A3钢），加工成约60 mm×60 mm×4 mm的试片，用各种规格的砂纸依次打磨成光滑表面，再分别埋入降阻剂和普通土壤里，间距20 cm，埋入深度为20 cm。每隔一定的周期取出试片，清洗干净，放入10%的柠檬酸铵溶液中，在80 ℃左右的温度下进行除锈处理。在除锈的同时，将一块同样大小的空白试片与研究试片一起进行处理，研究试片的失重是在扣除了空白试片在除锈处理中的失重以后计算出来的。

1.2　降阻剂、土壤的理化性质

将土壤或降阻剂样品自风干至一定程度，然后在60～70 ℃的低温下烘干，研磨称样，再以1∶3的比例加入除去二氧化碳的蒸馏水，过滤后将过滤液配成250 mL的溶液，用于化学成分分析。将剩下的滤渣烘干称重，两次质量的差值为总的可溶性含盐量。将一定量样品在110 ℃左右烘干，烘干前后的质量差为含水量。

1.3　土壤氧化还原电位

试验前用铂电极和饱和甘汞电极构成现场探测土壤氧化还原电位的探针，将实际测量所得到的电位（E）按下式换算成pH=7时的氧化还原电位（E_h）：$E_h=E_{实际}+0.247+0.059(pH_{实际}-7)$。如果$E_h>400$ mV，则土壤中无微生物腐蚀[2]。

1.4 A3钢电极自腐蚀电位和孔蚀电位测定

（1）电极制作：将A3钢加工成10 mm×10 mm×4 mm的试片制成电极，一面焊导线，封以环氧树脂，另一面作为工作面，用800号砂纸打磨光亮，用蒸馏水清洗、擦干，以丙酮除油去污，无水乙醇清洗后干燥，最后将此放置于所配溶液里。

（2）溶液配制：所配的溶液分别为降阻剂浸提液、土壤浸提液、含不同浓度的氯化钠土壤液、含各种缓蚀剂的4%NaCl的土壤液。

（3）电化学测试：采用三电极体系，参比电极为饱和甘汞电极，辅助电极为大面积铂电极，工作电极为上述A3钢电极。试验温度为25 ℃。所用仪器为ZF电化学综合测试仪。采用动态恒电位扫描法先测定A3钢在溶液中的阳极极化曲线，扫描速度为50 mV/min，当电流密度增加到200 $\mu A/cm^2$时，进行反方向阴极极化，直到回扫的电流密度又回到钝态电流密度值。从极化曲线形成的滞后环获得孔蚀电位，判断孔蚀倾向。

2 结果与讨论

2.1 A3钢在土壤和降阻剂中的腐蚀

将A3钢试片埋入土壤和降阻剂后每隔一定时间分别取出，进行除锈处理后称腐蚀失重量，并观察试片表面的腐蚀情况，结果见表1。

表1 自然埋藏试验结果

时间/d	腐蚀介质	失重/g	试片腐蚀现象
33	普通土壤	0.07	较轻均匀腐蚀，腐蚀产物为棕红色；未见明显点腐蚀
	降阻剂	0.26	明显点腐蚀，腐蚀产物为棕黑色，突出；轻度均匀腐蚀
107	普通土壤	0.34	较轻均匀腐蚀，腐蚀面小，但较前次稍有加重；无明显点腐蚀
	降阻剂	0.82	点腐蚀严重，有50多个5 mm^2左右突出高达2 mm左右的大腐蚀点；轻度均匀腐蚀
183	普通土壤	0.25	中等均匀腐蚀，腐蚀面约为光滑面的10%；稍有几点点腐蚀
	降阻剂	1.01	点腐蚀很严重，大量点腐蚀连成片，腐蚀面为光滑面的40%，腐蚀产物高达3～4 mm

由表1可见，土壤本身为低腐蚀性的介质，对A3钢的腐蚀影响不大，而降阻剂为强腐蚀介质，A3钢表面的腐蚀为点蚀，比在土壤中的腐蚀要严重得多。事实上，湖南民丰变电站埋设在降阻剂中的地网，3年后已严重腐蚀，有的电极还出现了蚀断和穿孔现象。

2.2 降阻剂对A3钢的腐蚀原因

化学分析土壤和降阻剂的理化性质见表2。由表可见，土壤为中性黄土，含盐量较少，为弱腐蚀介质；降阻剂为弱碱性，但总的含盐量较土壤中大，有利于接地电阻的降低，但对金属的腐蚀同时也起了促进作用[3]。同时，通过测定氧化还原电位发现，土壤和降阻剂氧化还原电位分别为0.46 mV和0.55 mV，可以排除微生物的点腐蚀。所以，A3钢在降阻剂中的腐蚀主要为电化学腐蚀。其中Cl^-的含量较大是引起地网点腐蚀的主要原因；同时，碳酸盐水解使降阻剂呈碱性，但碳酸根离子水解后成为碳酸氢根离子，这对电极的防腐蚀也是一个不利的因素。

表 2 土壤和降阻剂的理化性质

性质	pH 值	含水量/%	总含盐量/%	Cl^- 含量/%	碳酸盐含量/%	有机物
土壤	7.3	72.1	0.02	未检出	0.01	未检出
降阻剂	8.3	74.8	0.33	0.10	0.04	未检出

2.3 土壤液中 Cl^- 对 A3 钢特征电位的影响

图 1 为 A3 钢在 20 ℃水：降阻剂为 1∶3 的降阻剂过滤液中的电位（-φ）和电流（I）的极化图。从极化图可获得 A3 钢在溶液中的孔蚀电位和自腐蚀电位。通过比较这些电位的变化可以看出 Cl^- 等对电极腐蚀的影响程度 。图 2 为 A3 钢在含不同 Cl^- 浓度的土壤溶液中的自腐蚀电位和孔蚀电位对比图。由图 2 可知，随着 Cl^- 浓度的增大，孔蚀电位明显负移，自腐蚀电位也趋于负移。而且两者在 Cl^- 浓度较小时负移的趋势较大，然后逐渐趋于平衡。这是因为 Cl^- 吸附在金属表面的某些点上，对氧化膜进行破坏以后，在电极的表面形成钝化-活化电池，阳极的表面很小，电流密度很大，溶液中的 Cl^- 随着电流的流通向小孔里面迁移，这样小孔内就形成了 $FeCl_3$ 的浓溶液，电解质溶液中的体浓度和小孔中 Cl^- 的浓度梯度越大，对电位的影响越大，梯度越小，对电位的影响就越小[4]。

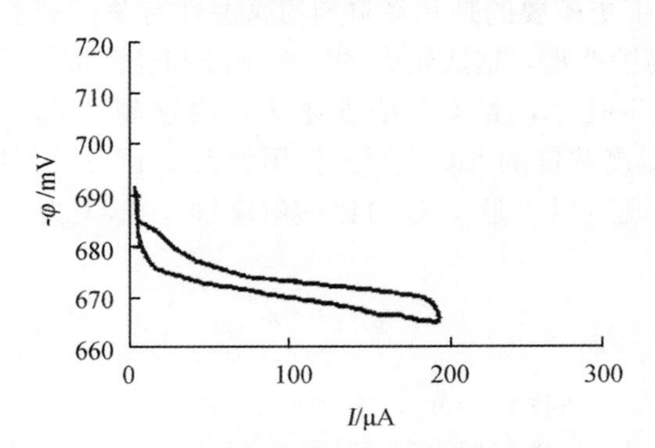

图 1 A3 钢在降阻剂液中的-φ—I 极化图

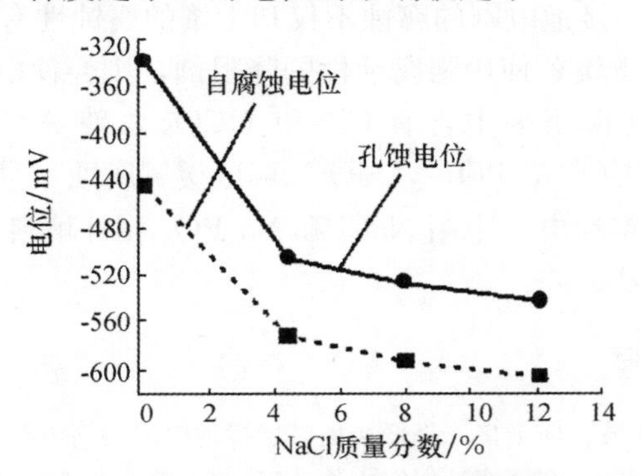

图 2 A3 钢在氯化钠溶液中的特征电位

2.4 缓蚀剂对 A3 钢在含 4%NaCl 土壤液中的缓蚀

降阻剂中加入 NaCl 可提高接地网的接地电阻，但同时会引起地极 A3 钢的腐蚀。为了减缓 Cl^- 的腐蚀，可考虑加入各种缓蚀剂。图 3 和图 4 分别为在 4%NaCl 溶液中加入各种缓蚀剂后用动电位扫描法所测得的 A3 钢的自腐蚀电位和孔蚀电位。

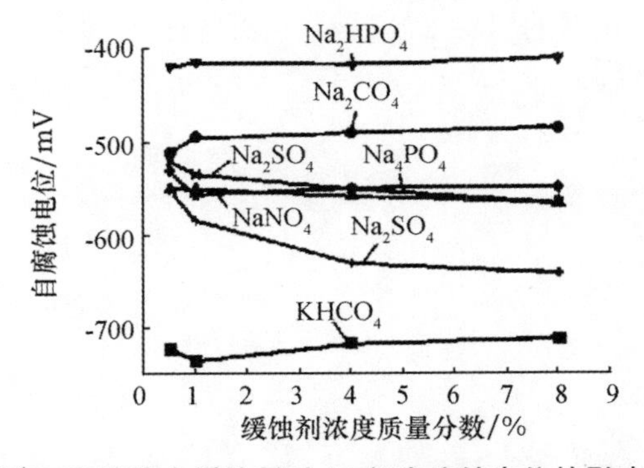

图 3 4%NaCl 溶液中缓蚀剂对 A3 钢自腐蚀电位的影响

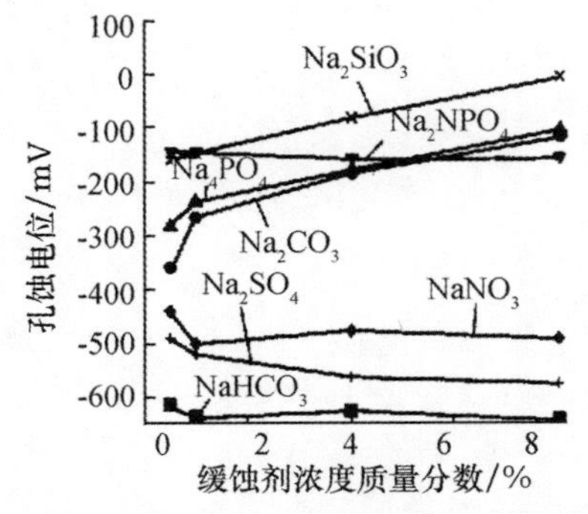

图 4 4%NaCl 溶液中缓蚀剂对 A3 钢孔蚀电位的影响

从图 3、图 4 可知：CO_3^{2-} 使 A3 钢在 Cl^- 存在的溶液中的自腐蚀电位和孔蚀电位明显正移，且随 CO_3^{2-} 浓度的增大，正移增大；浓 SO_4^{2-} 使 A3 钢的自腐蚀电位和孔蚀电位负移；HCO_3^- 使 A3 钢的自腐蚀电位和孔蚀电位明显负移，且随 HCO_3^- 浓度的增大，负移越大；SiO_3^{2-} 使 A3 钢的自腐蚀电位和孔蚀电位明显正移，且随 SiO_3^{2-} 浓度的增大，自腐蚀电位又开始负移，但变化趋势不大，而孔蚀电位则随 SiO_3^{2-} 浓度的增加明显正移；PO_4^{3-} 使 A3 钢的自腐蚀电位稍微正移，而且随 PO_4^{3-} 浓度的增大，变化不是很大，其孔蚀电位则明显正移；PO_4^{3-} 浓度增大，其正移越大；HPO_4^- 使 A3 钢的自腐蚀电位和孔蚀电位明显正移，且随 HPO_4^- 浓度的增大，自腐蚀电位变化趋势越大，孔蚀电位变化不大；NO_3^- 使 A3 钢在 Cl^- 存在的溶液中的自腐蚀电位和孔蚀电位发生正移，且随 NO_3^- 浓度的增大，自腐蚀电位和孔蚀电位的变化不大。

由上可见，Cl^- 促使 A3 钢孔蚀，Cl^- 存在时，HCO_3^-，SO_4^{2-} 均使钢的孔蚀电位发生负移，即促进钢的点腐蚀，而且浓度越大，腐蚀程度也越大；NO_3^-，CO_3^{2-}，PO_4^{3-} 则均使 A3 钢的孔蚀电位发生正移，即可阻挡 Cl^- 侵入金属钝化膜防止孔蚀的形成和发展，而且对腐蚀的影响与浓度关系不大；HPO_3^{2-}，SiO_3^{2-} 使 A3 钢的孔蚀电位明显正移，且 HPO_3^{2-} 的浓度增大对腐蚀影响不大，而高浓度的 SiO_3^{2-} 更有利于缓解腐蚀。

3　结论

（1）接地电网的腐蚀不仅和土壤的腐蚀性有关，但更重要的是和降阻剂的腐蚀性有关，对于弱腐蚀性的土壤若使用强腐蚀性的降阻剂，则会使电极腐蚀严重，造成重大的安全事故和经济损失。

（2）降阻剂中含有 Cl^- 和 HCO_3^-，使 A3 钢发生孔蚀，且 Cl^- 浓度越大，腐蚀越严重。加入 NO_3^-，CO_3^{2-}，PO_4^{3-}，SiO_3^{2-} 可以缓解腐蚀，尤其是高浓度的 SiO_3^{2-} 缓蚀作用更大。因此，在新型的离子接地电极中用 NaCl 和 Na_3PO_4 作外填料[5]，既可以降阻，还可以缓解腐蚀，不失为一种可行的方法。

参考文献

[1] 孟庆波，何金良．降低接地装置接地电阻的新方法 [J]. 高电压技术，1996，22（2）：67-68.
[2] 吴荫顺．金属腐蚀研究方法 [M]．北京：冶金工业出版社，1993：185-187.
[3] 银耀德，张淑泉，高英．金属材料土壤腐蚀原位测试研究 [J]. 腐蚀科学与防护技术，1995，7（3）：264-268.
[4] 张承忠．金属的腐蚀与保护 [M]．北京：冶金工业出版社，1984，105-107.
[5] Roy B C. Moisture collecting grouding electrode：US，6515220，[P]. 2003-02-04.

（材料保护，第 37 卷第 2 期，2004 年 2 月）

接地网的腐蚀分析与防腐技术

李素芳，陈宗璋，彭敏放，俞东江

摘　要：分析了接地体在土壤中的腐蚀机理、影响因素及常用降阻剂对腐蚀的影响。简要介绍了两种预测土壤腐蚀速率的方法和接地网防腐技术。

关键词：接地体；土壤；腐蚀；降阻剂

中图分类号：TG172.4　**文献标识码**：A　**文章编号**：1008-6218（2003）02-0009-04

接地网是电网安全运行的重要装置，据广东、广西、湖北、天津、江苏、安徽、四川等地调查，一般接地网 10 a 腐烂，快的 3～4 a 已腐烂，使电网的安全运行受到潜在的威胁。因此，研究并了解接地电网的腐蚀规律对保证电力生产的安全经济运行意义重大。

本文围绕接地电网的腐蚀原理、影响因素、预测方法以及相应的防腐措施进行交流，希望有助于接地网的维护和改造。

1　接地网在土壤中的腐蚀机理

目前接地网大多采用扁钢、角钢或钢管，因而接地网的腐蚀实际上就是金属铁在土壤中的腐蚀。金属在土壤中的腐蚀按机理的不同分为下列几种。

1.1　化学腐蚀

化学腐蚀属于自然腐蚀的范畴，是接地体和周围环境里接触到的介质直接进行化学反应而引起的一种自发腐蚀，如铁氧化生成氧化铁：$2Fe+O_2=2FeO$ 或 $4Fe+3O_2=2Fe_2O_3$。

1.2　电化学腐蚀

土壤是由固态、液态和气态三种物质构成的复杂混合物。土壤胶体带有电荷，并吸附一定数量的阴离子，当土壤中存在少量水分时，土壤水即成为一种电解质溶液，土壤中的部分氧气溶解在水中，与接地体构成一个氧化还原电池：

阳极（接地网）：$Fe-2e=Fe^{2+}$

阴极：$O_2+2H_2O+4e=4OH^-$（中碱性土壤），

$2H^++2e=H_2$（酸性土壤）

阳极（接地体）逐渐失去电子，变成铁锈，从而引起了接地网的腐蚀。

位于电气化铁路附近的接地体还存在着由杂散电流引起的电化学腐蚀，电流流出端为阳极，被腐蚀。

1.3　微生物腐蚀

如果土壤中严重缺氧，接地网就难以进行上述电化学腐蚀，但土壤中存在各种细菌，如硫酸盐还原菌（SRB）、铁细菌等，这些细菌依靠腐蚀反应所释放的能量进行繁殖。其中引起铁腐蚀的主要是前者[1]，其腐蚀反应为：$4Fe+H_2SO_4+2H_2O=FeS+3Fe(OH)_2$，腐蚀的结果是使接地体的局部被损坏，造成孔腐蚀。

这三种腐蚀中电化学腐蚀最严重。

2　土壤是影响接地网腐蚀的主要因素

接地网在土壤中腐蚀的影响因素很多，如土壤的类型、含水量、容量、电阻率、总空隙度、空气容量、氧化还原电位、各种阴阳离子、总盐含量、pH 值、有机质含量等。下面分析土壤对接地体腐蚀的影响。

2.1　土壤的透气性

颗粒大的沙土持水性差，较为松散，透气性好，氧气浓度高，氧气通过土壤颗粒间较大的空隙直接扩散到接地网的表面，接地体的自然电位较正；而颗粒较小的黏土由于表面积大、分布性好，黏土中的空隙小，氧气的含量较低，氧气在其中扩散也较慢，金属的自然电位为负。因此在一般条件下，沙土中的接地体腐蚀的阴极极化反应较黏土中充分，自然腐蚀速度比黏土中的大。

由此可知，土壤的不均匀性将引起接地体的宏观腐蚀，如接地体穿越不同松紧的土壤时，土壤紧的区域缺氧，形成阳极，接地体土壤较松的区域腐蚀严重；另外埋深不同，也引起接地体的宏电池腐蚀，埋深处含氧量少为阳极，比埋浅处腐蚀严重。

对于接地体，腐蚀微电池和宏电池同时存在，但宏电池引起的腐蚀危害性更大。

2.2　土壤的电阻率

土壤的电阻率是表征土壤多种性质的综合指标，它与土壤的含水量、pH 值、各种无机离子的种类和数量等有关[2]。对腐蚀的影响可分为下列两种情况[3]：在中性和碱性土壤中，一般土壤电阻率越低，金属腐蚀速度越大。因为各种土壤的含盐量有相对稳定的范围，土壤电阻率随含水量的增大而减少，在一个相当大的范围内，土壤含水量增大，氧的溶解量和扩散速率增大，金属离子化速度增大，金属在土壤中的腐蚀速度增大，当含水量太大（中性：大于 65%WHC[4]，碱性：大于 25%WHC[3]），水填充了土壤的空隙，使氧扩散困难，金属的腐蚀反而减慢；但如果土壤中含盐量太高（如海滨地区），反而影响氧在此电解质中的溶解和扩散，腐蚀速度随电阻率的减少而增大。在酸性土壤中，无论含盐量大还是小，接地网的腐蚀速率都随土壤电阻率的增大而增大。

2.3　土壤的酸碱性

大部分土壤提取液的 pH 值为 6～7.5，呈中性，也有 pH 值为 7.5～9.5 的盐碱土及 pH 值为 3～6 的酸性土。一般认为，pH 值低的土壤的腐蚀性较大，但当土壤中含有大量的有机酸时，虽然 pH 值接近中性，但其腐蚀性很强。因此衡量土壤的腐蚀性不能只看 pH 值，最好同时测量土壤的总酸度，并综合金属的腐蚀电位。有人发现[5]：在酸性和中性土攘中，腐蚀电位介于 0～400 mV 腐蚀轻微，在高盐碱性土壤中，腐蚀电位介于 −600～−200 mV 之间腐蚀严重。所以不能单纯凭土壤的酸碱性来评判接地网的腐蚀速率。

2.4　土壤的含盐量

土壤中含有各种盐，在土壤水中电解为阴、阳离子，大部分的离子并不直接参与电化学反应，这部分盐称局外电解质或支持电解质，它们主要影响电阻率的大小，对金属的腐蚀起间接的电迁移促进作用。但土壤中的氯离子（Cl^-）和硫酸根离子（SO_4^{2-}）却能引起接地体金属的严重孔蚀，它们首先吸附在金属的某些点上，然后对金属膜发生破坏，在膜受到破坏的地方，成为电偶的阳极，而其余未被破坏的地方则成为阴极，于是就形成了钝化-活化电池。由于阳极面积比阴极面积小，阳极电流密度大，很快就被腐蚀成为小孔，同时，腐蚀电流流向小孔周围的阴极，又使这一部分受到阴极保护，继续维持在钝态。溶液中的氯离子随着电流的流通向小孔里面迁移，这样使得小孔内形成了金属氯化物的浓溶液，同时氯化物水解，小孔内的酸度增加，使小孔进一步腐蚀。实验发现[5]，碳钢在碱性土壤中的腐蚀失重率与氯离子和硫酸根离子之和近似成正比关系。

目前我们使用的很多化学降阻剂为了减少接地体的接地电阻，加入了大量的氯化钠等盐，这无疑增大了接地电网的腐蚀。

2.5　土壤中的细菌

土壤中接地体的腐蚀大部分是由于氧极化引起的，但当土壤中不含氧时，有时也存在腐蚀现象，这就是厌氧性细菌引起的腐蚀。这种细菌本身并不对金属直接作用，而是维持生命活动的结果：一方面为电化学腐蚀创造条件，另一方面又对电化学腐蚀产生影响。它们在中性土壤中很容易繁殖，附着在金属的表面，形成孔蚀[6]。

影响接地电网的腐蚀因素还有很多，包括：低温的变化，周围植被和污染的情况，地理环境和土壤的性质等。所以研究接地电网的腐蚀情况需综合分析。

3 降阻剂对接地网的腐蚀影响

发电厂、变电所及高压输电线路接地装置都要求接地电阻符合规定的阻值，由于在高土壤电阻地区，接地电阻无法满足要求，通常采用降阻剂来进行降阻。施工时，先挖开接地坑，将接地体放在坑中央，然后灌入降阻剂，待降阻剂凝固后回填土，这样，接地体被降阻剂包裹，因降阻剂的电阻率比土壤降低了 2 个数量级以上，使接地体的接地电阻大大下降，达到了降阻和散流的作用。目前的降阻剂有两种，即化学降阻剂和物理降阻剂。国内目前使用较多的是化学降阻剂，其主要的类型见表 1。

表 1 国内几种典型的化学降阻剂类型

类别	型号	主要材料
有机类	尿醛型	KCl、$NaCl$、$MgCl_2$、$NaHSO_4$、尿醛树脂、聚乙烯醇
	丙烯酸胺型	$NaCl$，（NH_4）S_2O_6、丙烯酰胺、亚甲基双丙烯酰胺
	日本 JP56014467	K^+、Na^+、Ca^{2+}、Mg^{2+}、NH_3 等和 Cl^-、SO_4^{2-}、NO_3^- 所成的盐共 12 种，Ca_3SiO_5、Ca_4SiO_5、Al_2（SO_4）$_3$
无机类	CN103 0666A	Na_2SO_4、NH_4Cl、$MgSO_4$、K_2SO_4、$MnSO_4\cdot 4H_2O$ 和 Zn、Mn、Al 等金属及其氧化物粉末、铝硅酸盐水泥
	DJW969 型	碳和钙、铝等元素的化合物
	XJZ-2 型	碳和铜族、碱土金属、镧系稀土元素的离子化合物
	MS 型	碳粉为基底，各种金属氧化锰脱石、稀土
	膨润土	Na_2O、K_2O、CaO、MgO、TiO_2、Fe_2O_3、Al_2O_3、SiO_2

从表 1 中可知，化学降阻剂主要是以碱性金属构成的电解质为导电物，其导电机理类似于土壤即只有水参与时，电解质才能电离出带电的离子而成为导电主体。但实践发现，使用某些降阻剂后，腐蚀的现象反而更严重，如：四川某接地工程用了某种化学降阻剂后运行不久遭雷击，造成了大面积停电；1993 年川东油汽站也发生了类似的事故；1997 年燕化公司牛口峪原油储运站 35 kV 变电站采用某长效化学降阻剂，也发现接地极埋入仅 2 a 的时间已严重腐蚀，究其原因，分析认为：

（1）降阻剂中 Cl^- 等阴离子的影响：Cl^- 能破坏金属的钝化膜，造成点腐蚀。

（2）降阻剂中的含盐量为 25%～64%，比土壤中的含盐量（2%～5%）大得多，影响了氧的溶解和扩散，金属的腐蚀速率随电阻率的减小而增大[3]。

（3）某些降阻剂呈酸性，阴极反应除了氧的去极化外，还伴随着氢的去极化使阴极电流增大，加大了金属的腐蚀。

以上缺陷为化学降阻剂本身的组成和性质决定，要改善只有从改良降阻剂本身的配方着手，或采用物理降阻剂。因为物理降阻剂中主要成分为石墨碳粉末和凝胶体，所用阴阳离子份量少，pH 值也呈中性，可以克服化学降阻剂的上述缺陷。但从研究碳钢在电导性煤层中的腐蚀行为来看[7]，在中性环境中，电导性煤中的碳和钢之间会发生电偶腐蚀，腐蚀过程是腐蚀坑的形成和扩展，控制腐蚀速度的是电子的交换而不是氧的迁移和还原极化的过程，氧化产物为 Fe_2O_3，FeOOH 和 Fe_3O_4。可以推想，接地极在物理降阻剂中也存在腐蚀的可能性，只是其腐蚀速度较化学降阻剂慢而已。物理降阻剂作为一种新的产品，目前还缺乏这方面的相关报道。

无论是物理降阻剂或化学降阻剂，若存在如下的施工不当，都会引起接地极的宏电池腐蚀：

a. 因为降阻剂在施工过程中要分次加水调试均匀，待黏稠时再浇灌入坑。若分批次的降阻剂加水调试不同或同批次的加水搅拌不匀，使包裹在接地体周围的凝胶体密度不一致，造成接地极的氧浓度差宏电池腐蚀；b. 在施工过程，土壤疏松导致降阻剂沉降不匀，或没等降阻剂完全凝固就回填土壤，造成降阻剂凝胶体出现裂缝或厚薄不一，也会在裂缝处出现严重的腐蚀。由此可见，为了降阻效果可靠，应注意施工方法，确保施工质量。

4　接地网腐蚀的预测分析方法

电力设施投入的费用很高，在进行工程设计和施工之前预测电网在土壤中的腐蚀速率，及时采取相应的防蚀措施非常重要。而土壤是一个非均质、多相、多孔的复杂体系，要准确地得到接地体在土壤中的腐蚀速率需经过大量的、长期的埋片实验，这无疑从时间上和精度上都难以达到。目前有研究者利用金属在短期的有代表性的数据，建立相应的数学模型，较好地预测了几年甚至更长时间的接地体金属腐蚀状况，这些预测分析方法有人工神经网络法、灰色动态模型法以及其他的模式识别法等。

人工神经网络法是利用神经网络及反向传播模型[8-9]，通过神经网络的学习特征和高度的非线性特征，以土壤的理化性质、腐蚀时间以及金属在土壤中一定的腐蚀数据作为网络训练样本，从而预测一定时间的金属腐蚀速率。神经网络模型一般为三层，即输入层、中间隐层和输出层。其中影响土壤腐蚀的重要理化因素作为网络输入，土壤的平均腐蚀速度或最大点蚀深度作为网络输出，再将输入、输出样本的几组数据以同一方式在 0～1 之间归一化，按照设定的网络，采取 BP 算法对网络进行训练，利用训练好的网络，根据已知土壤的理化性质，预测金属在土壤中的腐蚀速率和最大点蚀深度值。因为影响土壤腐蚀的因素很多，需尽量选用一些重要的影响因素，尽量减少预测误差。

不同的土壤，影响因素也不相同，重要的影响因素的选取可采取灰关联分析[10]。灰关联分析法是灰色预测中一种数据处理的方法，通过收集土壤的理化性质 X_i（k）和一定时间内的平均腐蚀速率或局部点蚀深度 X_0（k），通过均值化处理，得到各子因素（影响因素）Y_i 和母因素（平均腐蚀速率或局部点蚀深度）Y_0 序列，计算出各因素的关联系数 ξ_i（k），最后计算出灰关联度 γ_i，γ_i 越大表示影响腐蚀的程度越深。腐蚀因素的准确选定为神经网络预测腐蚀速率奠定了基础。

灰色动态模型预测金属在土壤中的腐蚀速率[11]是把土壤当作一个灰色系统，通过选择金属的失重量或腐蚀速率作为特征数据，建立灰色动态 GM 预测模型，其微分方程为：$dx^{(1)}(t)/dx+ax^{(1)}(t)=b$，其中 a，b 为待定参数。灰色动态模型可用时间序列或非时间序列建模，通过编写计算机程序进行运算，可预测一定时间后的腐蚀速率，其预测值与实测值的相对误差一般在 10%之内[11]。

除了神经网络和灰色动态模型预测金属在土壤中的腐蚀外，还有其他的一些模式识别建模方法。掌握腐蚀预测模型，预测接地体在土壤中的腐蚀速率，及时采取防腐措施，可减少安全事故的发生，避免不必要的损失。

5　接地网的防腐措施

接地网的腐蚀实际上就是金属材料在土壤中的腐蚀，其腐蚀损坏离不开金属材料和环境（土壤）以及它们之间的界面反应，因此，接地网的防护可从三大方面入手。

5.1　采用耐蚀材料作为接地电极

接地网一般是由棒形和带形接地体联合组成的闭合体，垂直埋设的接地装置用圆钢、角钢、钢管，水平埋设的用扁钢、圆钢等，为减少腐蚀，有时用铜代替钢，国外曾试用不锈钢作为接地电极，但都不能很好地改善接地极的腐蚀，而且投资大。近年来，逐渐采用非金属接地体，防腐效果明显改善。非金属接地体材料有许多种，其中人造石墨电极以易加工、价格低而得到推广使用。人造石墨电极由石油焦和沥青两种材料按一定比例烧制而成，导电性好，电阻率一般在 $7\times10^{-6}\sim15\times10^{-6}\ \Omega\cdot m$，化学稳定性好，使用寿命长，其腐蚀速率比钢小 30 倍。但石墨易脆，安装时须小心。

5.2　设置非金属保护层，改善腐蚀环境

为了降低接地电阻和减少接地体的腐蚀，通常在接地体和土壤之间注入保护层，最常用的是降阻剂。因为化学降阻剂防腐效果不理想，通常采用物理降阻剂，一方面物理降阻剂呈中性，改善了与接地体接触的介质的酸碱性，又隔离了土壤的盐等介质；同时降阻剂中起凝聚作用的胶体使接地体周围的氧含量下降，这些都有利于接地体的防腐；同时它还含有缓蚀剂，无机缓蚀剂使接地体的表面生成一层钝化膜，有机缓蚀剂吸附在金属的表面定向排列，把腐蚀介质与金属表面分隔开，起到保护金属的作用。

除了采用物理降阻剂外，也可直接用焦炭和石墨粉作为保护层。实践证明，将钢电极放入有焦炭粉末层和无焦炭粉末层的同样土壤内，有焦炭粉末层的腐蚀速率仅为无焦炭粉末层的1/10。

5.3　涂层和电化学保护

这种方法主要是以改善相界面性质，以达到缓蚀与防腐的目的。它包括接地体的表面涂覆和阴极保护。

接地体的保护层分金属和非金属两种，如铁件上镀锌，但镀锌层很快被腐蚀掉，所以目前多用非金属涂层，如聚苯胺导电防腐涂料、环氧系导电防腐涂料、聚氨酯系导电防腐涂料等。防腐涂料一方面用于钢接地体与土壤或降阻剂之间作为中介物质，以其物相（涂料的附着力强、黏度大）可以加强两者间的接触效果；另一方面对两者起到隔离作用，更有利于抑制电化学腐蚀。通常情况下涂料用量为接地网材料总量的2%～3%，能使接地体的寿命延长1倍。

接地体的电化学保护主要是采用牺牲阳极法，积极地保护以阴极形式存在的地网，使被保护接地体的任意点的对地电位在－0.85～1.25 V（相对于铜/饱和硫酸铜参比电极）之间，牺牲阳极的材料常用Zn－0.5%Al－0.1 %Cd，Mg－6%Al－3%Zn－0.2%Mn等。

通常将保护涂层和阴极保护并用，可以达到更好的防护效果。阴极保护电流分布均匀与否是保护质量好坏的关键，因此阳极的布局必须满足保护件各处都达到完全保护的电位。

接地网是电网安全运行的重要装置，因此要尽量做到设计前了解土壤的性质，预测接地体的腐蚀速率，及时调整防腐措施，并在运行后定期检测地网的腐蚀状况，以确保电网的安全运行。

参考文献

[1] 冯世功，朱末. 微生物与腐蚀 [J]. 国外油田工程，1994，10（3）：54-58.
[2] 张承忠. 金属的腐蚀与保护 [M]. 北京：冶金工业出版社，1985.
[3] 金名惠，黄辉桃. 金属材料在土壤中的腐蚀速率与土壤电阻率 [J]. 华中科技大学学报，2001，29（5）：103-106.
[4] 李谋成，林海潮，曹楚南. 湿度对钢铁材料在中性土壤中腐蚀行为的影响 [J]. 腐蚀科学与防护技术，2000，12（4）：218-220.
[5] 孙成，李洪锡，张淑泉. 不锈钢在土壤中腐蚀规律研究 [J]. 材料研究学报，1999，14（s1）：84-86.
[6] 徐桂英. 金属微生物腐蚀的电化学机理 [J]. 辽宁师范大学学报（自然科学版），17（2）：173-176.
[7] 孙智，孙岚. 金属在电导性煤层中的腐蚀 [J]. 煤炭学报，1994，19（6）：605-611.
[8] 郭稚弧，刑政良，金名意，等. 基于人工神经网络的金属土壤腐蚀预测方法 [J]. 中国腐蚀与防护学报，1996，16（4）：307-309.
[9] 郭稚弧，赵景茂. 碳钢在油田现场土壤中的腐蚀研究 [J]. 材料保护，1999，32（5）：24-25.
[10] 朱相荣，张启富. 海水中钢铁腐蚀与环境因素的灰关联分析 [J]. 海洋科学，2000，24（5）：37-39.
[11] 楚喜丽，郭稚弧，黄剑，等. 灰色动态模型应用于土壤腐蚀的研究 [J]. 中国腐蚀与防护学报，2000，20（1）：54-58.

（内蒙古电力技术，第21卷第2期，2003年）

碳钢在黄土中的腐蚀研究

李素芳，陈宗璋，曹红明，彭敏放，俞东江

摘　要：研究了碳钢在黄土中的腐蚀行为。结果表明：在中性黄土中，碳钢在中湿度土壤中比在低湿度土壤中的腐蚀速度大。氯离子和硫酸根离子长期存在将使碳钢的腐蚀速率增大，且氯离子的影响比硫酸根离子的影响明显。通电碳钢片在电流较弱时，在土壤中不会引起显著的变化。

关键词：碳钢；土壤；腐性；研究

土壤腐蚀是一个重要的研究课题。随着工业化进程的不断发展及对能源、电信等需求的不断增长，世界各国在地下铺设了大量的管道、通信电缆、钢桩、油气井套管及其他各种地下构筑物。这些地下构筑物位于具有一定腐蚀性的土壤中，能否长期安全运行将直接关系到国民经济的发展、人民生命财产的安全与生态环境的保护，故土壤中金属设施的腐蚀愈来愈引起普遍重视。在诸多研究报告中，主要研究了腐蚀性比较大的土壤如盐碱地、海泥或临海土壤、混凝土以及酸性红土壤中金属的腐蚀情况，而金属在中性黄土中的腐蚀研究未有涉及。为此本文研究了碳钢在黄土中的腐蚀。考虑到诸多影响因素中，土壤的湿度和盐的浓度是影响土壤腐蚀的主要因素。本文着重研究了黄土中湿度、氯离子和硫酸根离子浓度对碳钢腐蚀的影响，同时测试了通电接地碳钢的腐蚀情况。并进一步对实验结果进行了探讨。

一、实　验

1. 去锈

利用化学法将碳钢片除锈，除锈剂是由 NaH_2PO_4、柠檬酸和添加剂组成，其中添加剂是由烷基高级脂肪酰胺类化合物和表面活性剂组成的混合物。去锈后将试片清洗、干燥。

2. 称量

将去锈后的碳钢片（80 mm×20 mm×2 mm）称量，作为腐蚀前的质量。

3. 埋片

将同一地点的土壤制成五个样品土壤，分低湿度黄土两份、湿土一份、额外加入 NaCl 并保持低湿度黄土中含 Cl^- 的量为 5%一份、额外加入 Na_2SO_4 并保持微湿土壤含 SO_4^{2-} 的量为 5%一份，将土壤分装在五只土壤箱中，再将无锈钢片垂直埋入土壤中 2 cm 处，并保持一致的压实程度。其中仅在一份低湿度黄土中将埋入的碳钢片通上 220 V 交流电，两碳钢片相距 4 cm。实验测得土壤的 pH 值为 6.71，实验温度为 25 ℃。

4. 腐蚀速率测试

保持土壤的相对湿度，经过一段时间后，将已经腐蚀的碳钢片再行除锈，在除锈的同时，将一块干净的空白试片与研究试片一起处理（研究试片的失重率是在扣除了空白试片在除锈处理中的失重以后计算出来的），最后称量并计算平均腐蚀失重率。

二、结果与讨论

1. 湿度对碳钢片腐蚀速率的影响

碳钢片在低湿度和中等湿度的土壤中的腐蚀情况见图 1。

由图 1 可知，在低湿度的土壤中，试样在最初几天，腐蚀速率较快，然后趋于平缓，15 天后又呈上升趋势。这与碳钢的腐蚀速率与腐蚀发生与发展的不同时期有关[1]。因为在腐蚀的初期，腐蚀速率极低，产生非常疏松的腐蚀产物，然后逐渐在均匀腐蚀的基础上，产生大量的点蚀和坑蚀，使腐蚀速率急剧上升，并在表面积累锈层，但腐蚀产物是疏松的溶洞状，并不能阻挡氧的传递，基体的表面逐渐变得粗糙，使表面积增大，腐蚀速率达到最大值，在腐蚀的后期，表面形成了坚硬的锈层或锈瘤，阻碍了氧的传递，使腐蚀速率降低，但锈层带孔，使腐蚀仍能以较低的速率持续进行。

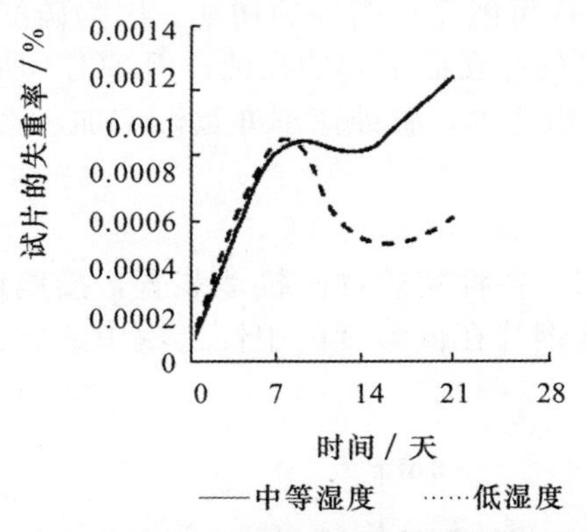

图 1　碳钢片在不同湿度的土壤中的腐蚀

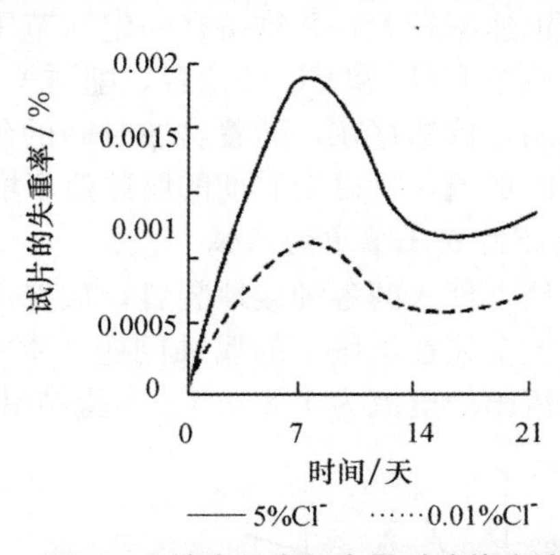

图 2　土壤中氯离子含量对试片腐蚀的影响

从图 1 可知，碳钢片在中等湿度的土壤中的腐蚀速度随着腐蚀时间的推移逐渐增加，且在中后期其腐蚀速率比低湿度土壤中的腐蚀速率大。这是因为中等湿度土壤中，水分能够在试样表面形成连续非均匀的液相膜，但又不会因含水量多而显著改变土壤的透气性，同时液膜不均匀造成的氧浓差电池对土壤具有加速作用[2]，故腐蚀速率大。但如果按碳钢在土壤中的自然腐蚀规律，在湿土壤中也应该存在一个最高值的情况，在本实验的时间内，腐蚀还未达到此湿度下的极值。从腐蚀曲线的趋势来看，腐蚀速率还有增大的可能。

2. 盐含量对碳钢腐蚀的影响

土壤是一个多组分体系，影响碳钢片的腐蚀因素除了土壤中的含氧量、含水量、有机质、微生物、酸度、电导率等影响因素外，盐的含量是影响土壤腐蚀的一个重要的因素。据相关文献报道，在室内实验条件下，土壤电导率和土壤酸度的大小对土壤腐蚀性的影响并不占主导地位，而土壤的湿度、含氧率和盐含量共同影响着土壤腐蚀速率的大小。这三个因素既交替作用，又相互制约，共同影响土壤的腐蚀行为[3]。土壤中的主要离子成分有 K^+，Ca^+，Na^+，Mg^{2+}，Cl^-，NO_3^-，SO_4^{2-}，CO_3^{2-} 等，其中 SO_4^{2-}，CO_3^{2-}，Cl^- 的存在都不同程度地增加了金属的腐蚀性[4]。本实验研究了在低湿度的土壤中氯离子对碳钢片腐蚀的影响，其结果见图 2。由图 2 可以看出，在保持其他条件不变时，单独改变氯离子的含量，碳钢片的腐蚀趋势基本相同，只是氯离子的浓度越大，碳钢片的失重率越高，腐蚀速率越大。因为 Cl^- 能使金属的钝化膜受到破坏，膜受到破坏的地方成为电偶的阳极，其余未被破坏的部分则成为阴极，使金属表面形成钝化-活化电池。由于阳极面积比阴极面积小，阳极电流密度大，很快就被腐蚀成为小孔，加上氧化物水解，酸度增加，使小孔进一步腐蚀[5]。然而随着腐蚀速度的加剧，氧的消耗越大，土壤中试样表面的氧含量相对减少，氧去极化减弱，腐蚀速率减小，乃至恒定不变。

目前认为硫酸根离子对金属的腐蚀作用分两种情况：一是硫酸根离子作为催化剂参与了铁的氧化：

$$Fe+SO_4^{2-} \longrightarrow FeSO_4+2e$$

$$2H_2O+O_2+4e \longrightarrow 4OH^-$$

$$2FeSO_4+4OH^-+O_2 \longrightarrow Fe_2O_3 \cdot H_2O+2SO_4^{2-}+H_2O$$

硫酸根离子能不断再生，使金属不断腐蚀。

其次是微生物如硫酸盐还原细菌（SRB 菌）等引起的腐蚀：

$$4Fe+SO_4^{2-}+4H_2O \longrightarrow FeS+3Fe(OH)_2+2OH^-$$

这两种作用都有助于碳钢的氧化，使碳钢的腐蚀速率增大。

但也有人[6]提出了第三种观点，认为硫酸根离子在氯离子存在时，硫酸根离子将取代氯离子的位置，引起钝化膜的破裂电位升高，从而对金属的腐蚀起到了缓蚀作用。

本实验在保持其他的实验条件（如湿度、透气性等）不变的情况下，仅改变硫酸根离子的含量，测定了碳钢片在黄土中的腐蚀失重率，其结果见图3。由图3可以看出，高浓度的硫酸根离子在低湿度的土壤中，对碳钢片的腐蚀影响不如氯离子的影响明显，且在腐蚀初期，腐蚀速率较小，而在中后期，腐蚀速率较大，并维持在一定的范围内基本不变。这可能是在腐蚀的初期，因为硫酸根离子取代了土壤中 OH^- 和 Cl^- 的位置，削弱了土壤中微量 Cl^- 的存在而引起的孔蚀，但 SO_4^{2-} 所引起的去极化作用[5]依然存在，随着腐蚀时间的延长，腐蚀表面积增大，腐蚀速率亦逐渐增加，直到达到该浓度下的极值，所以中后期的腐蚀速率增大并趋于稳定。

3. 通电碳钢片在土壤中的腐蚀

目前地下埋入的各种接地装置，如变电站的接地电网，各种建筑物的接地装置，接地地线等，都存在通电金属在土壤中的腐蚀问题。本文测量了通电碳钢片在低湿度的中性土壤中的腐蚀情况，从碳钢片流出的电流为1.8 mA。实验结果见图4。

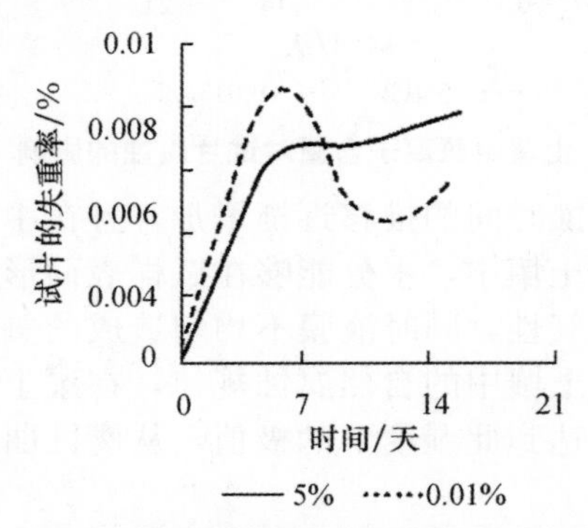

图3　硫酸根离子含量对试片腐蚀的影响

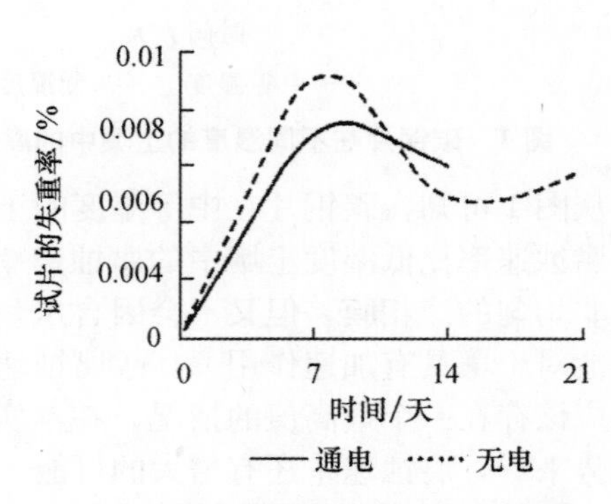

图4　通电电流对试片腐蚀的影响

在保持土壤的理化性质和碳钢片材料都相同的情况下，通电试样的腐蚀没有异常的变化。可能是充入的电压不够或电流不大，或许是土壤中的电位较负，使试样呈自然腐蚀状态。根据文献[7]，当埋地碳钢结构的电位为－500～600 mV（相对于铜/硫酸铜电极）时，为自然腐蚀状态，如比值更正，则有杂散电流腐蚀，如更负，则处于受保护状态。通电金属在土壤中的腐蚀，如接地电网的腐蚀还有待进一步地研究。

三、结论

本文通过碳钢片在黄土的室温腐蚀实验发现，碳钢的腐蚀速率在中湿度黄土中比低湿度黄土中大，盐的含量是影响碳钢在土壤中腐蚀的很重要的因素，氯离子的影响较硫酸根离子明显，通电碳钢片在电流较小时，在低湿度中的腐蚀并不明显。

参考文献

[1] 孟夏兰. 苏打盐土中低碳钢的自然腐蚀规律［J］. 中国腐蚀与防护学报，1997，17（4）：291－294.

[2] 李谋成，林海潮，曹楚南. 湿度对钢铁材料在中性土壤中腐蚀行为的影响［J］. 腐蚀科学与防护技术，2000，12（4）：218－220.

[3] 唐红雁，宋光铃，曹楚南，等. 用极化曲线评价钢铁材料土壤腐蚀行为的研究［J］. 腐蚀科学与防护技术，1995，7（5）：285-292.

[4] 银耀德，高英，张淑泉，等. 土壤中阴离子对20#钢腐蚀的研究［J］. 腐蚀科学与防护技术，1990，2（2）：22-24.

[5] 张承忠. 金属的腐蚀与保护［M］. 北京：冶金工业出版社，1985：105.

[6] 刘晓敏. 硫酸盐和温度对钢筋腐蚀行为影响［J］. 中国腐蚀与防护学报，1999，19（1）：55-58.

[7] 朱孝信. 地铁的杂散电流腐蚀与防治［J］. 材料开发与应用，1997，12（5）：40-49.

（四川化工与腐蚀控制，第5卷第6期，2002年）

水杨基荧光酮光度法测定钯-钴镀液中钴

钟美娥，肖耀坤，何莉萍，陈宗璋

摘 要：在 pH8.7 的硼酸-氯化钾-碳酸钠弱碱性缓冲介质中，且在 CTMAB 的存在下，钴（Ⅱ）与水杨基荧光酮（SAF）反应生成摩尔比为 1∶2 的配合物，其吸收峰位于 605 nm 波长处，而试剂空白的吸收峰为 510 nm，显色体系的对比度（Δλ）为 95 nm，配合物的表观摩尔吸光系数（ε_{605}）为 6.06×10^4 L·mol^{-1}·cm^{-1}，钴浓度在 0～5.5 μg/25 mL 范围内遵守比耳定律，Zn（Ⅱ）、Fe（Ⅲ）及 Ni（Ⅱ）对钴的测定有严重干扰，但加入氟化钠及硫脲可掩蔽。在测定 5 μg 钴的条件下，共存的铜（Ⅱ）达 3.2 倍，钯（Ⅱ）达 15 倍不干扰测定。对钯-钴镀液试样进行 6 次测定，钴的平均值为 0.103 g·L^{-1}，RSD 为 1.36%，用标准加入法作回收率试验，结果在 101.2%～104.8%之间。

关键词：光度法；水杨基荧光酮；CTMAB；钯-钴镀液

中图分类号：O657.31 **文献标识码**：A **文章编号**：1001-4020（2006）03-0189-02

Photometric Determination of Cobalt in Pd-Co Plating Solution with Salicylfluorone as Color Reagent

Zhong Meie，Xiao Yaokun，He Liping，Chen Zongzhang

Abstract：In a slightly alkaline buffer solution of H_3BO_3-KCl-Na_2CO_3 at pH 8.7（pH8.6～9.2），a complex of mole ratio of 1∶2 between divalent cobalt and salicylfluorone（SAF）was formed in the presence of CTMAB. The absorption maximum of the complex was found at the wavelength of 605 nm while the absorption maximum of the reagent blank was at 510 nm，thus giving a Δλ of 95 nm. The apparent molar absorptivity（ε_{605}）of the colored complex was foud to be 6.06×10^4 L·mol^{-1}·cm^{-1}. Beer' s law was obeyed in the range of 0～5.5 μg of Co^{2+} per 25 mL of solution. Among the cations tested，Zn^{2+}，Fe^{3+} and Ni^{2+} were found to have serious interferences toward the determination of cobalt，but the interferences could be eliminated by adding sodium fluoride and thiourea. Besides，the co-existence of 3.2 times of Cu（Ⅱ）and 15 times of Pd（Ⅱ）did not interfere when 5 μg of Co^{2+} were determined. In the repeated analysis of a plating solution sample for 6 times，an average results of 0.103 g·L^{-1} with its RSD of 1.36% was obtained. Recoveries tested by standard addition method were in the range from 101.2% to 104.8%.

Key words：Photometry；Salicylfluorone；CTMAB；Pd-Co plating solution

---

钯-钴合金镀层外观精美，具有很高的耐蚀与耐磨性，可用于首饰、高温汽车元件和电子插接件等制品的装饰与防护。钴的存在可使镀层更加细致光亮，硬度大为提高。分光光度法测定钴的方法很多[1-3]，但用胶束增溶体系测钴的研究很少，用此类体系测钯-钴镀液中的钴还未见报道。

在表面活性剂溴化十六烷基三甲铵（CTMAB）存在下，以水杨基荧光酮（SAF）测定河水、环境样品及药物中钴已有报道[4,5]。本文选择 pH8.7 的硼酸-氯化钾-碳酸钠弱碱性缓冲体系测定钯-钴镀液中钴，体系显色迅速，室温下 20 min 反应完全；生成的配合物稳定，2 h 后吸光度基本无变化。用该显色体系测定生产过程中钯-钴镀液中的钴。

1　试验部分

1.1　试剂与仪器

钴标准溶液：称取 $CoCl_2 \cdot 6H_2O$（AR）4.0357 g 溶于水后加 1 mL 盐酸，移至 1 L 容量瓶中，在硫氰酸铵溶液中用 EDTA 返滴定法标定。再逐步稀释成 10.0 mg·L^{-1}钴标准溶液。

水杨基荧光酮（SAF）溶液：1.0×10^{-4} mol·L^{-1}，称取试剂 16.82 mg，用少量硫酸润湿，用乙醇溶解，移入 500 mL 容量瓶中，再用乙醇稀释至刻度，摇匀，避光保存。

溴化十六烷基三甲铵（CTMAB）溶液：20 g·L^{-1}，称取试剂 1 g 溶于温水中，冷却，移入 500 mL 容量瓶中，用水释稀至刻度，摇匀。

缓冲溶液：用 0.2 mol·L^{-1}硼酸和 2 mol·L^{-1}氯化钾的混合液与 0.2 mol·L^{-1}碳酸钠溶液按体积比 7∶3 混合，再加入同混合液体积的水，配成 pH8.7 的缓冲溶液，再用 pH 计校正。

7230 G 型分光光度计。

1.2　试验方法

于 25 mL 容量瓶中，依次加入一定量钴标准溶液，pH8.7 的缓冲溶液 5 mL，1.0×10^{-4} mol·L^{-1} SAF 溶液 3 mL 及 20 g·L^{-1}CTMAB 溶液 2 mL，用水稀释至刻度，摇匀，室温放置 20 min 后，在 7230 G 型分光光度计上，于 605 nm 波长处，以试剂空白作参比，用 1 cm 比色皿测定吸光度。

2　结果与讨论

2.1　测定波长的选择

按试验方法，在 560～660 nm 波长范围内，每隔 10 nm 测一次吸光度，吸收光谱见图 1。

结果表明，钴三元配合物的最大吸收波长为 605 nm，试剂的最大吸收波长在 510 nm 处，对比度为 $\Delta\lambda=95$ nm。

2.2　缓冲介质、酸度及用量选择

钴与水杨基荧光酮配合物的形成与缓冲介质和溶液 pH 值有密切的关系。试验发现，在 H_3BO_3-KCl-Na_2CO_3 和 $Na_2B_4O_7$-$NaOH$ 体系中络合显色反应快、吸光度大，但水杨基荧光酮在强碱性溶液中不稳定，易缓慢分解，吸光度逐渐下降。而 $Na_2B_4O_7$-$NaOH$ 体系的 pH 范围较窄，且为强碱性。本文试验了 H_3BO_3-KCl-Na_2CO_3 体系 pH 对吸光度的影响，试验结果，Co^{2+} 与水杨基荧光酮形成配合物的吸光度随 pH 的增大而升高。当 pH＜8.6 和 pH＞9.2 时，吸光度随 pH 的升高变化很明显；当 pH 在 8.6～9.2 之间时吸光度变化较小。水杨基荧光酮在强碱性溶液中不稳定，当 pH＞9.1 时，络合显色反应虽然很快，但易缓慢分解，吸光度逐渐下降。试验选用 pH8.7 的 H_3BO_3-KCl-Na_2CO_3 缓冲溶液 5.0 mL。

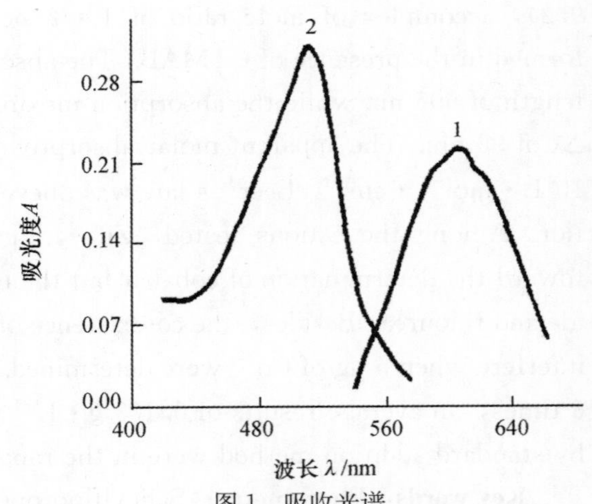

图 1　吸收光谱

1. Co^{2+}＋SAF＋CTMAB 对试剂空白（VS. reagent blank）

2. SAF＋CTMAB 对水（VS. H_2O）

2.3 SAF 及 CTMAB 用量选择

1.0×10^{-4} mol·L^{-1}SAF 溶液在 2.5～5.0 mL 时及 20 g·L^{-1}CTMAB 溶液在 1.0～3.0 mL 时，配合物吸光度大且恒定，试验分别选用 3 mL 和 2 mL。

2.4 配合物的稳定性

体系于室温下显色 20 min 后吸光度达最大，且能保持 2 h 吸光度基本不变。

2.5 配合物组成的测定

用等摩尔法确定配合物的组成为 Co∶SAF＝1∶2。

2.6 共存物质的影响

电镀液中除含有钯和钴外，还含有氯化铵和有机添加剂，试验结果表明，这些物质对测定结果均无影响。常见的 10 多种元素中，多数元素无干扰，锌、铁、镍的干扰较严重，但可加适量 30 g·L^{-1}氟化钠和 50 g·L^{-1}硫脲加以掩蔽。在本试验条件下测定 5 μg 钴，3.2 倍的铜（Ⅱ）和 15 倍的钯（Ⅱ）无干扰。通常钯-钴镀液中的钴钯比均小于上述量[6]，且为了获得性能最佳的 80Pd20Co 镀层，则其比值远小于上述量。故钯对测定无影响。至于能与 SAF 形成配合物的铅（Ⅱ）、铑（Ⅱ）、锡（Ⅳ）、锰（Ⅱ）、钨（Ⅲ）等在镀液中一般不存在，可不考虑。

2.7 工作曲线

按试验方法绘制工作曲线，钴含量在 0～5.5 μg/25 mL 范围内符合比耳定律，回归方程为 $A_{Co}=7.78\times10^{-3}+0.038\,c$（μg/25 mL），$r=0.9991$，表观摩尔吸光系数 $\varepsilon_{605}=6.06\times10^{4}$ L·mol^{-1}·cm^{-1}。

2.8 方法的精密度和加标回收结果

按试验方法 6 次重复测定钯-钴镀液样品，平均值 0.103 g·L^{-1}，标准偏差为 0.0014，RSD 为 1.36%；在含钴 1.01 μg 的试样中，加入钴 2 μg 重复测定 5 次，回收率为 102.4%，101.2%，101.2%，101.2%，104.8%，平均回收率为 102.2%，标准偏差为 1.57，RSD 为 7.68%。

参考文献

[1] 韩权，吴敢勋. 2-（3，5-二氯-2-吡啶偶氮）-5-二甲基苯胺与钴显色反应的研究及其应用 [J]. 化学试剂，1992，14（4）：241－242.
[2] 陈国珍，黄贤智，郑朱梓，等. 紫外-可见分光光度法（下册）[M]. 北京：原子能出版社，1987，107－113.
[3] 丘山，丘星初，何明伟，等. 锡钴镀液中钴的光度法测定 [J]. 电镀与环保，1999，19（6）：32－33.
[4] 黄青瑜，廖晓军. 钴镍-水杨基荧光酮双波长光度法的研究 [J]. 冶金分析，1991，11（4）：55－56.
[5] 敖登高娃，赛音. 钴-水杨基荧光酮-阳离子表面活性剂体系显色反应的研究及应用 [J]. 内蒙古大学学报，1990，21（1）：104－107.
[6] 蔡积庆. Pd-Co 合金电镀 [J]. 电镀与环保，2000，20（4）：18－19.

（理化检验——化学分册，2006 年第 42 卷）

电沉积条件对 Pd-Co 合金微观相结构和耐蚀性的影响

关晓洁，钟美娥，肖耀坤，陈宗璋

摘　要：利用 X 射线衍射分析和动电位扫描技术等测试手段，考察电沉积工艺条件对 Pd-Co 合金镀层微观相结构和耐蚀性的影响。结果表明：钯钴合金沉积层的晶粒尺寸 $D_{(111)}$ 随电流密度、pH 值和沉积时间的增加呈先减小后增大的变化趋势，随着镀液温度的升高而不断增大；当电流密度为 1.0 A/dm^2，pH 值为 8.3，沉积时间为 30 min 时，其晶粒尺寸最小，为 8.2396 nm；当电流密度为 1.0 A/dm^2，镀液温度为 35 ℃，pH 值为 8.3 时，钯钴合金沉积层的耐蚀性最强；而沉积时间对合金耐蚀性的影响不大。

关键词：Pd-Co 合金；电沉积；微观结构；耐蚀性

中图分类号：TQ153.2　　**文献标识码**：A

Effects of Process Condition on Microstructure and Corrosion-Resistance of Electrodepositing Pd-Co Alloy

Guan Xiaojie, Zhong Meie, Xiao Yaokun, Chen Zongzhang

Abstract: The influence of process parameters on the microstructure and corrosion-resistance of Pd-Co alloy was studied by X-ray diffractometry and potentiodynamic polarization techniques. The results show that with the increase of current density, pH value and eletrodeposited time, the crystallite size of Pd-Co alloy decreases firstly whereas increases subsequently. With the increase of bath temperature, the crystallite size increases. When the current density is 1.0 A/dm^2, pH is 8.3, and deposited time is 30 min, the crystallite size of Pd-Co alloy reaches the minimum value, which is 8.2396 nm. When the current density is 1.0 A/dm^2, temperature is 35 ℃, pH is 8.3, Pd-Co alloy exhibits the maximum corrosion-resistance, but the electrodeposited time has little influence on it.

Key words: Pd-Co alloy; electrodepositing; microstructure; corrosion-resistance

---

钯及其合金外观优美，具有较高的硬度、较低的孔隙率、较强的耐蚀性、较低的接触电阻及可靠的焊接性能，已被广泛地应用于装饰行业和电子工业等领域[1-8]。目前，人们研究较多的钯合金镀层为 Pd-Ni 合金。但是，当沉积层以镍为底层时，Pd-Ni 合金无法以 X 射线荧光法准确测定其组成和镀层厚度，该合金镀层在温度高于 125 ℃时不稳定，且人体对镍过敏，产生危害[9]。而 Pd-Co 合金沉积层能克服 Pd-Ni 合金的缺点且具有许多优越性能，如较高的硬度、较强的抗磨损性、较长的使用寿命等，该合金还具有较低的孔隙率和极强的抗腐蚀性。因此，研究 Pd-Co 合金具有重要意义[10-12]。目前，人们对钯钴合金的研究报道较少，且电沉积条件对钯钴合金的结构和性能有极其重要的影响。在此，本文作者采用 X 射线衍射分析（XRD）和动电位扫描技术考察电流密度、pH 值、镀液温度和沉积时间等对钯钴合金的微观结构和耐蚀性能的影响。

1 实验

1.1 镀液组成及工艺条件

纯钯质量浓度为4.5 g/L；钴质量浓度为2.4 g/L；pH值（用氨水调节）为7.8～8.7；温度为35～60 ℃；电流密度D_c为0.5～2.0 A/dm^2；镀液质量浓度（用氯化铵调）为1.067 g/L；阳极为Pt电极；阳极与阴极面积比为4∶1。

实验中所用药品均为分析纯，溶液采用去离子水配制。

1.2 试样制备及镀层微观结构和耐蚀性的测定

基底材料为0.5 cm^{2}紫铜片，其非工作面用环氧树脂绝缘。沉积之前将工作面依次经过4#～6#金相砂纸打磨抛光、除油、酸洗，在以上工艺条件下直流电沉积30 min（除制备不同沉积时间的样品外）。

利用德意志联邦共和国Siemens-D5000型X射线衍射仪，采用CuK$_\alpha$靶（电压为35 kV，电流为30 mA），波长λ =0.15406 nm，扫描速度为2°/min，扫描范围为10°～110°，对镀层进行微观结构分析。实验结果中晶粒尺寸采用Sherrer公式进行计算：

$$D_{hkl}=K\lambda/(\beta\cos\theta) \quad (1)$$

式中K为Sherrer常数，取0.89；β为衍射峰的半高宽。

电化学实验在上海辰华CHI660B电化学工作站上进行。采用Tafel技术测定钯钴合金镀层在3.5%NaCl溶液中的腐蚀曲线，电位扫描在开路电位±250 mV范围内进行。测试时，系统温度为室温，扫描速度为0.5 mV/s，研究电极面积为0.5 cm^2，参比电极为饱和甘汞电极，辅助电极为大面积铂片。

2 结果与讨论

2.1 电流密度对Pd-Co合金镀层微观结构的影响

图1所示为不同电流密度下Pd-Co合金镀层的XRD结果。将其与标准XRD图谱对照可知，这些峰是$PdCo_2$和基体铜的不同晶面衍射峰。另外，衍射图上还出现1个无定形物质的衍射峰。将封胶基体与不封胶基体对比并进行XRD测试，结果表明该衍射峰是绝缘材料环氧树脂的衍射峰。另外，由图1中Pd-Co合金的衍射峰的峰位，可求出各衍射线的$\sin^2\theta$之比，即$\sin^2\theta_1:\sin^2\theta_2:\sin^2\theta_3:\sin^2\theta_4=3:4:8:11$，与该4个角（$\theta_1$，$\theta_2$，$\theta_3$和$\theta_4$）相对应的晶面为（111），（200），（220）和（311），表明钯钴合金沉积层在电流密度为0.5 A/dm^2，1.0 A/dm^{2}和2.0 A/dm^{2}时均为面心立方晶格（FCC），电流密度对镀层的相结构没有影响，镀层的晶粒尺寸$D_{(111)}$分别为14.4571 nm，8.2396 nm和9.5451 nm。

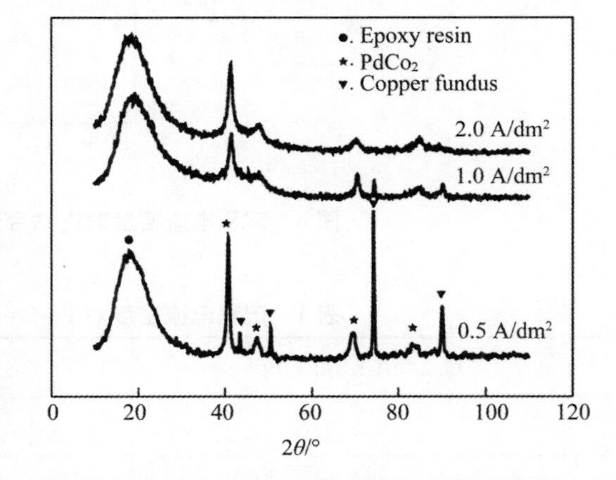

图1 不同电流密度下制备的Pd-Co合金镀层XRD结果

根据电结晶理论，电沉积层的晶粒大小取决于两个因素：一是新晶核的生成速度；二是已有晶核的生长速度。钯钴共沉积过程受阴极极化和浓差极化的影响，当阴极极化起控制作用时，随着电流密度的增加，新晶核的生成速度增大，沉积层的晶粒尺寸随电流密度的增加而减小；当浓差极化起控制作用时，随着电流密度的增加，阴极-溶液界面上Pd^{2+}和Co^{2+}的损耗变大，在直流电沉积时，这种损耗得不到及时补充，出现浓差极化，从而导致成核率降低，晶粒增大。由此可见，钯钴共沉积过程在电流密度小于1.0 A/dm^{2}时主要受阴极极化的影响；当电流密度大于1.0 A/dm^{2}时，其沉积过程则受浓差极化的控制。

图 2 和图 3 所示分别为钯钴合金沉积层在电流密度为 0.5 A/dm² 和 1.0 A/dm² 的 SEM 图片。由图 2 和图 3 可知，当电流密度小于 1.0 A/dm² 时，随着电流密度的增大，晶粒尺寸减小，但是两者尺寸变化并不大。这与 XRD 分析结果一致。

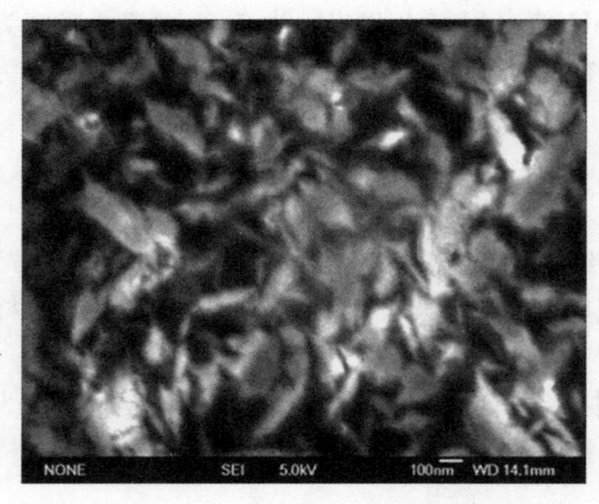

图 2　D_c=0.5 A/dm² 时 Pd-Co 合金的 SEM 图

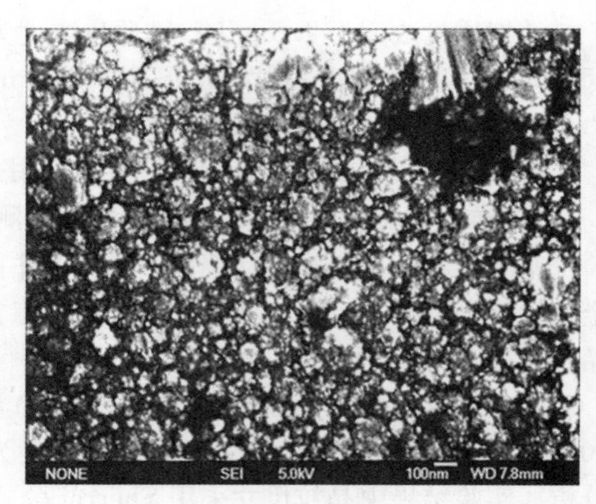

图 3　D_c=1.0 A/dm² 时 Pd-Co 合金的 SEM 图

图 4 和表 1 显示出了上述相应电流密度下制备的钯钴合金镀层在 3.5% NaCl 溶液中的耐蚀性。由图 4 和表 1 可知，随着沉积电流密度的增大，腐蚀电流不断增大，当沉积电流密度大于 1.0 A/dm² 时，腐蚀电流增加幅度较小，而腐蚀电位在沉积电流密度为 1.0 A/dm² 时最小。由文献[13-14]可知，沉积电流密度增大，合金镀层的钴含量迅速增加，当沉积电流密度大于 1.0 A/dm² 时，合金中的钴含量随电流密度的变化趋于缓慢。而合金沉积层的耐蚀性与镀层中的钴含量有关，当沉积电流密度为 1.0 A/dm² 时，获得钴含量为 26.7% 的 Pd-Co 合金镀层，此时镀层的耐蚀性最强。该结果与本文的研究结果一致，即当沉积电流密度为 1.0 A/dm² 时，镀层的耐蚀性最强。

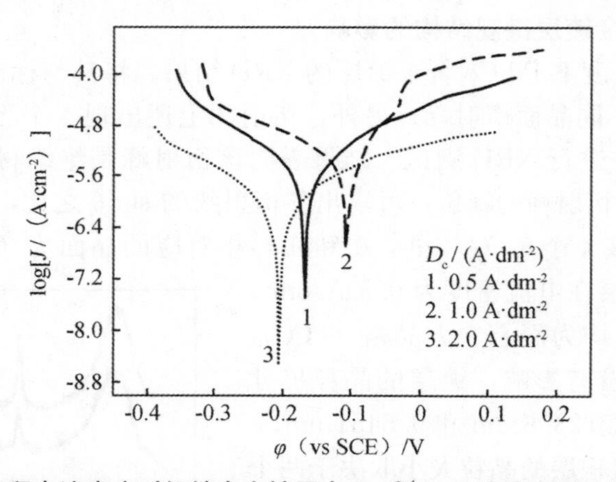

图 4　沉积电流密度对钯钴合金镀层在 3.5%NaCl 溶液中耐蚀性的影响

表 1　沉积电流密度对 Pd-Co 合金镀层腐蚀电流密度和腐蚀电位的影响

D_c/（A·dm⁻²）	J_{corr}/（μA·cm⁻²）	φ_{corr}/V
0.5	2.7468	−0.1689
1.0	6.1650	−0.1087
2.0	6.2020	−0.2075

2.2 温度对Pd-Co镀层微观结构的影响

温度是影响镀层的结构和性能的重要因素之一。图5所示为不同温度下制得的Pd-Co合金镀层的XRD结果。可见，温度对钯钴合金镀层的相结构没有影响，在镀液温度为35 ℃，50 ℃和60 ℃时，钯钴合金镀层仍为面心立方晶格（FCC）。此外，计算各温度下所得镀层的晶粒尺寸 $D_{(111)}$ 分别为8.2396 nm，9.1158 nm和11.9905 nm，即镀层的晶粒尺寸随温度的升高而不断增大。这可能是由于提高温度能够降低结晶过电位，从而晶核的数目减少，晶粒的尺寸增大；同时，温度提高将使晶核的生长速度增大，从而使晶核长大。

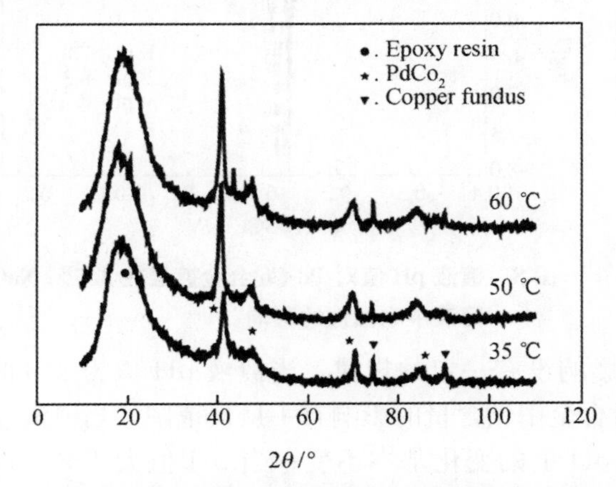

图5 不同温度下制备的钯钴合金镀层的XRD结果

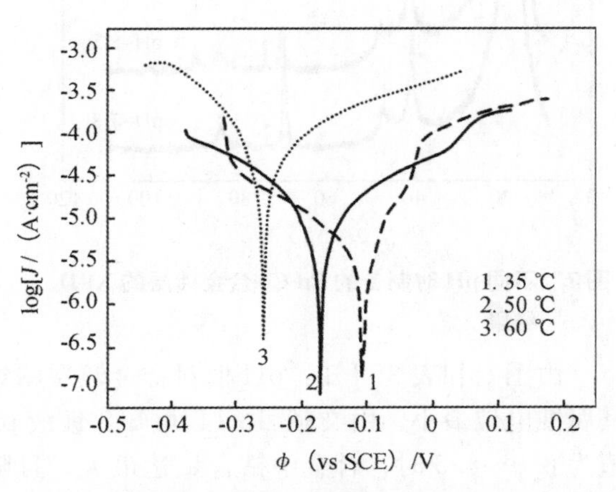

图6 镀液温度对Pd-Co合金镀层在3.5% NaCl溶液中耐蚀性的影响

图6和表2显示出了上述相应镀液温度下制备的钯钴合金镀层在3.5%NaCl溶液中的腐蚀行为。可见，随着镀液温度的升高，腐蚀电位逐步负移，腐蚀电流在镀液温度为60 ℃时最大。由文献[13-14]可知：镀层中的钴含量随镀液温度的升高而略有升高，但当温度大于50 ℃时，镀层中的钴含量随温度的升高反而迅速下降；此外，镀层的耐蚀性与镀层中钴的含量有关，当镀液温度为35 ℃时，获得钴含量为26.7%的最佳耐蚀镀层。这与本文的研究结果一致。

表2 镀液温度对Pd-Co合金镀层腐蚀电流密度和腐蚀电位的影响

T/℃	J_{corr}/（μA·cm^{-2}）	φ_{corr}/V
35	6.1650	−0.1087
50	5.0003	−0.1728
60	34.9945	−0.2582

2.3 pH值对Pd-Co镀层微观结构的影响

pH值对钯钴合金镀层微观相结构的影响如图7所示。可见，当镀液pH值为7.8，8.3和8.7时，pH值对合金镀层的相结构没有影响，均为面心立方晶体（FCC），且随着镀液pH值的升高，镀层的特征峰逐渐变弱，在高角度处呈现铜基体的择优取向峰。此外，计算相应条件下镀层的晶粒尺寸分别为9.3226 nm，8.2396 nm和9.7649 nm，即随着镀液pH值的增大，晶粒尺寸呈现先减小后增大的趋势。

pH值对金属共沉积的影响主要是它改变了金属离子的化学结合状态，并有许多络合离子的组成是pH值的函数[15]。当镀液pH值较低时，溶液中的金属离子尚未络合完全，随着镀液pH值的升高，金属离子的络合度逐渐增大，金属的沉积电位逐步负移，阴极极化增大，晶核数目增加，镀层的晶粒细化。但是，当pH值升高到一定程度时，金属离子达到络合平衡，此时，继续升高镀液pH值对沉积过电位的影响不大；又由于过电位较大时，容易在电极表面引起浓差极化，当浓差极化对成核率的影响大于过电位的增加对成核率的影响时，成核数目减少，晶粒尺寸增大。所以，钯钴合金镀层的晶粒尺寸随镀液 pH 值的升高呈现先减小后增大的趋势。pH 值对钯钴合金镀层在 3.5% NaCl 溶液中耐蚀性的影响如图 8 和表 3 所示。

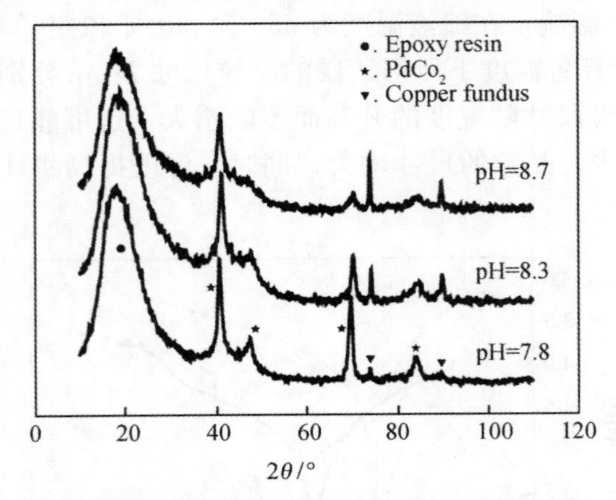

图 7　不同 pH 时制备的 Pd-Co 合金镀层的 XRD 结果

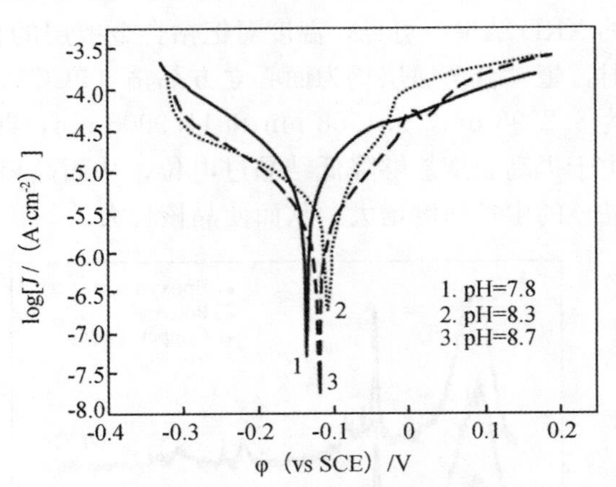

图 8　镀液 pH 值对 Pd-Co 合金镀层在 3.5% NaCl 溶液中耐蚀性的影响

由图 8 和表 3 可知：pH 值对合金镀层耐蚀性的影响没有一定的规律，当镀液 pH 值为 8.3 时，其腐蚀电位最小。由文献[13-14]可知：镀液 pH 值对合金中钴含量的影响有一最佳范围，当镀液 pH 值为 8.0～8.5 时，合金中钴含量达最大，且随镀液 pH 值的变化基本不变；当 pH 值大于 8.5 时，镀层中钴含量随 pH 值的升高反而降低。又因为钯钴镀层的耐蚀性与镀层中的钴含量有关，当镀液 pH 值为 8.3 时获得的镀层耐蚀性最强。这与本文的研究结果一致，即当镀液 pH 值为 8.3 时，合金镀层的耐蚀性最强。

表 3　镀液 pH 值对钯钴合金镀层腐蚀电流密度和腐蚀电位的影响

pH	J_{corr}/ (μA · cm^{-2})	φ_{corr}/V
7.8	4.5290	−0.1356
8.3	6.1650	−0.1087
8.7	1.6425	−0.1198

2.4　沉积时间对 Pd-Co 合金微观结构的影响

沉积时间对 Pd-Co 合金微观结构的影响如图 9 所示。由图 9 可知，沉积时间对 Pd-Co 合金的微观结构没有影响，均为面心立方晶体（FCC），且当沉积时间为 15 min 和 45 min 时，合金沉积层在高角度处出现铜基体的择优取向峰。镀层的晶粒尺寸在沉积时间为 15 min，30 min 和 45 min 时分别为 10.7787 nm，8.2396 nm 和 10.4928 nm，即随着沉积时间的增大呈现先减小后增大的变化趋势。这表明镀层的晶粒尺寸并不随着沉积时间的延长而增大，而是与镀层的择优取向程度有关。这可能是随着时间的变化，Pd-Co 合金在某个晶面上的生长速度发生变化，而使得其晶粒尺寸发生相应改变。

沉积时间对 Pd-Co 合金镀层在 3.5% NaCl 溶液中的耐蚀性的影响如图 10 和表 4 所示。可见，沉积时间对合金镀层腐蚀电位的影响并不大，在沉积时间为 45 min 时，腐蚀电位略小。

表 4　电沉积时间对钯钴合金镀层腐蚀电流密度和腐蚀电位的影响

t/min	J_{corr}/ (μA · cm^{-2})	φ_{corr}/V
15	1.1885	−0.1339
30	6.1650	−0.1087
45	0.8375	−0.0844

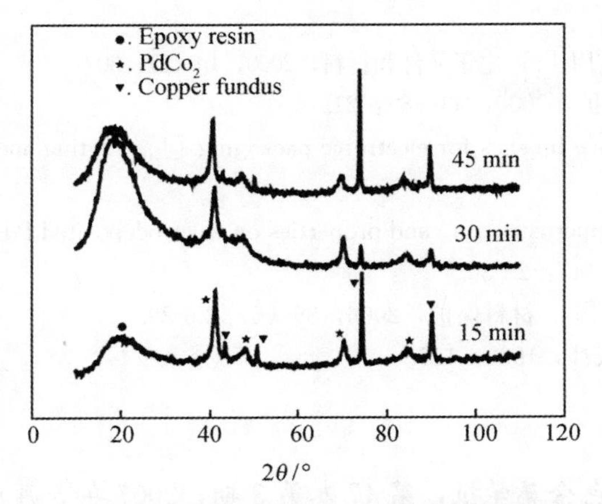

图9　不同沉积时间制备的钯钴合金镀层的XRD结果

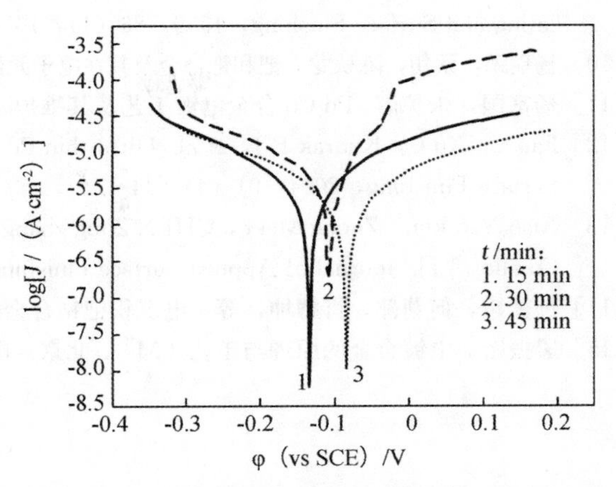

图10　沉积时间对Pd-Co合金镀层在3.5% NaCl溶液中耐蚀性的影响

这是因为，简单地延长沉积时间并不能改变镀层的成分，而钯钴合金镀层的耐蚀性与镀层的成分有关，故沉积时间对合金镀层耐蚀性的影响不大。

2.5　腐蚀介质对Pd-Co合金镀层的耐蚀性的影响

通过研究Pd-Co合金镀层在1.0 mol/L HCl，3.5%NaCl和1.0 mol/L NaOH 3种不同腐蚀介质中的耐蚀性发现，钯钴合金镀层的耐蚀性按腐蚀介质为中性、酸性、碱性的顺序逐步降低，从而说明钯钴合金镀层在碱性介质中的耐蚀性最弱。

3　结论

(1) Pd-Co合金镀层的晶粒尺寸$D_{(111)}$随电流密度、pH值和沉积时间的增加呈现先减小后增大的变化趋势，随着镀液温度的升高而增大。当电流密度为1.0 A/dm^2，pH值为8.3，沉积时间为30 min时，其晶粒尺寸最小，为8.2396 nm。

(2) Pd-Co合金共沉积过程在电流密度小于1.0 A/dm^2时主要受阴极极化的影响；当电流密度大于1.0 A/dm^2时则受浓差极化的控制。

(3) 当电流密度为1.0 A/dm^2，温度为35 ℃，pH值为8.3时，Pd-Co合金沉积层的耐蚀性最强，而沉积时间对合金的耐蚀性影响不大。

(4) 通过比较工艺条件对镀层微观结构的影响还发现，当钯钴合金镀层的晶粒尺寸较小时，合金镀层的耐蚀性最强，其原因还有待进一步研究。

参考文献

[1] 杨防祖，黄令，姚士冰，等．钯及其合金的电沉积 [J]. 电镀与涂饰，2002，24 (2)：20-27.

[2] 王丽丽．电镀钯 [J]. 半导体技术，1996 (6)：42-43.

[3] 徐明丽，张正富，杨显万，等．钯及其合金电镀的研究现状 [J]. 材料保护，2003，36 (10)：4-8.

[4] 李宏弟．电镀金-钯-铜三元合金 [J]. 电镀与环保，1996，16 (1)：28-29.

[5] 文明芬，郭忠诚．钯及钯合金镀层的应用 [J]. 云南冶金，1998，27 (4)：48-54.

[6] Moretti G，Guidi F，Tonini R. Alloys at low nickel-release：Pd-Ni coatings on copper [J]. Plating and Surface Finishing，2001，88 (4)：70-73.

[7] Pap A E，Kordas K，Peura R，et al. Simultaneous chemical silver and palladium deposition on porous silicon；FESEM，TEM，EDX and XRD investigation [J]. Applied Surface Science，2002，201 (1-4)：56-60.

[8] Quayum M E，Shen Ye，Uosaki K. Mechanism for nucleation and growth of electrochemical palladium deposition on an Au (111) electrode [J]. Journal of Electroanalytical Chemistry，2002，520 (1-2)：126-132.

[9] Abys J A，Breck G F，Straschil H K，et al. The eletrodeposition & material properties of palladium-cobalt [J].

Plating and Surface Finshing，1999，86 (1)：108-115.

[10] 杨瑞鹏，蔡旬，陈秋龙．钯和钯合金及其在电子元器件方面的应用 [J]. 电子元件和材料，2000，19 (2)：30-31.

[11] 杨富国，朱琼霞．Pd-Co 合金电镀工艺及其维护 [J]. 材料保护，2000，33 (8)：21.

[12] Fan C，Xu C，Kudrak E J，et al. Ultra-thin Pd/Co Au surface finishes for electronic packaging [J]. Plating and Surface Finishing，2004，91 (4)：44-47.

[13] Xiao Yao-kun，Zhong Mei-e，CHEN Zong-zhang. Studies of microstructure and properties on electrodeposited Pd-Co alloy [J]. Journal of Applied Surface Finishing，2006，1 (4)：25-30.

[14] 钟美娥，何莉萍，肖耀坤，等．电沉积钯钴合金的工艺研究 [J]. 材料保护，2006，39 (6)：26-29.

[15] 屠振密．电镀合金的原理与工艺 [M]．北京：国防工业出版社，1993：117.

（中国有色金属学报，第 17 卷第 3 期，2007 年 3 月）

电沉积钯钴合金的工艺研究

钟美娥，何莉萍，肖耀坤，陈宗璋

摘　要：电沉积钯镍合金存在质量控制困难、热稳定性差及易引起皮肤过敏等问题，而钯钴合金能克服这些不足，且比 Pd-Ni 合金具有更高的耐磨性、耐蚀性及热稳定性。通过极化曲线研究了钯钴合金的电沉积行为，并讨论了镀液中钴钯离子质量比、温度、pH 值以及电流密度等工艺参数对电沉积钯钴合金组成的影响，获得了电沉积钯钴合金的最佳工艺条件为：镀液温度 35 ℃，pH 值 8.5，电流密度 10 A/dm^2。结果表明：钴的极化大，极化度也大；电沉积时，钯催化钴沉积，钯钴合金共沉积时呈现与钯相似的阴极行为。合金组成是各工艺参数的函数，钯钴合金镀层中钴的含量随镀液中 Co^{2+}/Pd^{2+} 质量比的增大而线性增加，随电流密度的增大而显著增大。镀液温度、pH 值均对镀层成分有一定的影响。

关键词：电沉积；钯钴合金；工艺参数

中图分类号：TQ 153.2　**文献标识码**：A　**文章编号**：1001-1560（2006）06-0026-04

0 前　言

钯及其合金是较为理想的代金镀层[1,2]。钯与第八族元素（Fe、Co、Ni）有着相似的化学性质，通过简单添加该族金属元素的盐类到钯的氨配位液中可形成合金，故钯与第八族金属元素合金共沉积的研究非常广泛，其中对钯镍合金的研究最多[3]。电沉积钯镍合金存在着质量控制困难、热稳定性差及引起皮肤过敏等问题，而钯钴合金能克服这些缺点且比 Pd-Ni 合金有更高的耐磨性、耐蚀性及热稳定性，因而研究钯钴合金电沉积更具有实际意义。目前，对钯钴合金的研究仅停在对经验的总结和一些表观性能的测试[4,5]。本工作从极化曲线的角度研究了钯钴合金电沉积时钯、钴及其合金的阴极沉积行为，并探讨了镀液中 Co^{2+}/Pd^{2+} 浓度比以及温度、pH 值和电流密度对合金组成的影响规律。

1 试　验

1.1 仪　器

电化学试验在上海辰华 CHI660B 电化学工作站进行，研究电极为玻碳电极（直径为 2 mm），大面积铂片为辅助电极，饱和甘汞电极为参比电极（文中电位数值均相对于此电极），扫描速度为 10 mV/s。每次试验前玻碳电极用 6 号砂纸打磨抛光，再分别与 1∶1 的 HNO_3、无水乙醇和二次蒸馏水中超声清洗。

钯钴合金的电沉积试验采用 JWL-30I 型直流稳流电源，镀液温度用 78HW-1 磁力加热搅拌器控制，镀液 pH 值用 pHS-3C 型酸度计测定。电镀时阴极为 1 cm^2 的不锈钢片，其非工作面用环氧树脂绝缘，阳极为大面积铂片。将经过前处理的不锈钢片在镀液中电沉积 30 min 后取出，洗净、吹干，再将镀层剥下，用进口的 PS-6 真空型等离子体原子发射光谱（ICP-AES）测定镀层成分。

1.2 镀液组成及工艺条件

钯（以钯盐形式加入）	4.5 g /L
钴（以钴盐形式加入）	0.6 ～ 3.0 g /L
pH 值（用氨水调节）	7.0 ～ 10.0
温度	30 ～ 70 ℃
阴极电流密度	0.5 ～ 2.5 A/dm^2
镀液密度（用氯化铵调节）	1.067 g/mL

阳极	Pt 电极
阳极：阴极面积比	4：1

2　结果与讨论

2.1　极化曲线的测定

用线性扫描伏安法[6]在含有 Pd^{2+}、Co^{2+} 或 $Pd^{2+}+Co^{2+}$ 的镀液中测量电沉积 Pd、Co 以及 Pd-Co 合金时的阴极极化曲线（见图 1）。各曲线对应的镀液所用配方见表 1。图 1 中的曲线 1，2，3 和 1′，2′，3′分别表示钴、钯和钯钴合金在温度（35±1）℃和（50±1）℃下的极化曲线。

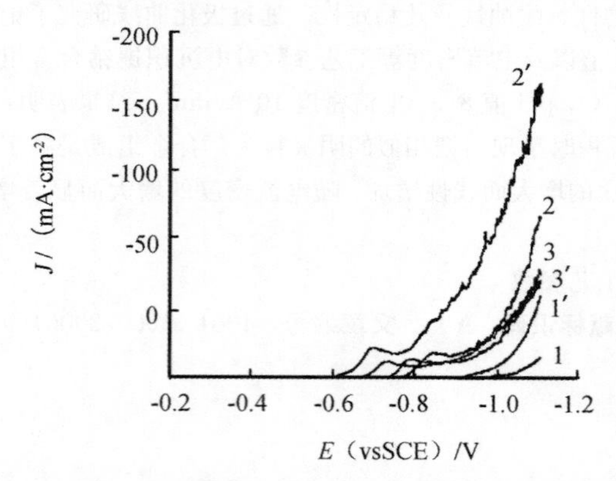

图 1　Pd、Co 和 Pd-Co 合金电沉积时的阴极极化曲线

表 1　各极化曲线的镀液配方

配方	1	1′	2	2′	3	3′
$\rho_{(Pd2+)}$/（g·L⁻¹）	—	—	4.5	4.5	4.5	4.5
$\rho_{(Co2+)}$/（g·L⁻¹）	1.8	1.8	—	—	1.8	1.8
温度/℃	35±1	50 ±1	35 ±1	50 ±1	35 ±1	50 ±1

注：表 1 中镀液密度均为 1.067 g/mL，pH 值均为 8.3。

从图 1 可以看出，当钯（曲线 2）和钴（曲线 1）单独沉积时，钴的极化比钯的大，极化度 $\partial E/\partial J$ 也大，即钴的析出电势比钯的析出电势负，钴比钯沉积困难，而且随着沉积电势的负移，钯的电沉积速率比钴增加得快。Pd-Co 合金电沉积时的阴极极化曲线（曲线 3）在两种单金属钯、钴电沉积时的阴极极化曲线之间，靠近钯的阴极极化曲线，并且在走势上与钯的极化曲线极为相似，说明共沉积时钴对钯的阻化作用较小，而钯对钴的沉积却起明显的催化作用。此外，加入少量钴离子后阴极极化稍有增加，这有助于得到细小的晶粒。在合金共沉积中，钯（曲线 2）易析出，钴（曲线 1）难析出；随着共沉积速率的增加，钯的沉积速率比钴增加得快。在表 1 配方 3 中，阴极电流密度（J_c）为 1.0 A/dm^2 的条件下，按上述电镀条件所得的镀层，经等离子原子发射光谱分析测得合金中的钯含量为 72.8%。此结果表明，合金镀层中主要成分是钯。因为电沉积层的结果表征着合金电沉积的阴极行为，因而合金电沉积行为也可以说主要反映了钯的阴极行为。另外，由曲线 1′，2′，3′可知，当镀液温度升高时，钯、钴以及钯钴合金的阴极极化均降低，沉积速度增大。因为升高温度一方面能够提高离子的扩散速度，显著降低金属沉积的浓差极化；另一方面使放电离子具有更大的活化能，降低了电化学极化，此两者的联合作用使沉积速度增大，阴极极化降低。

2.2　工艺参数对合金组成的影响

（1）镀液中钯、钴离子浓度比。恒定温度 35 ℃，电流密度 1.0 A/dm^2，pH 值 8.3 和钯离子浓度 4.5 g/L，仅改变镀液中钴离子浓度，考察了镀液中钴、钯离子质量比对合金成分的影响，见图 2。随着镀液中钴、钯离子质量比的增加，镀层中钴的含量增大，当镀液中 Co/Pd<0.4 时，镀层中钴含

量与镀液中钴、钯离子质量比几乎成线性关系，这与文献[7]相一致。在多数情况下，镀液中金属离子的浓度是决定合金组成的主要因素，保持一种金属离子浓度不变，仅改变另外一种金属离子浓度，一般可以获得任意组成的合金镀层。按此规律，通过改变镀液中Co/Pd比，可以获得不同钴含量的合金镀层。

（2）镀液温度。采用配方3，在电流密度1.0 A/dm²，pH值8.5的条件下改变镀液温度，研究温度对合金组成的影响，见图3。

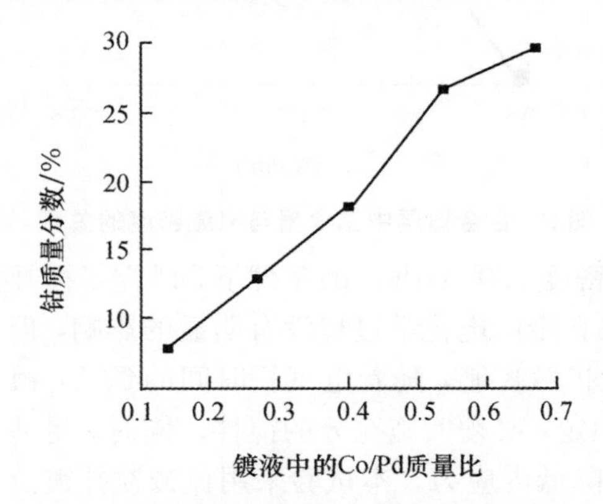

图2 合金镀层中的钴含量与镀液中钴钯离子质量比的关系

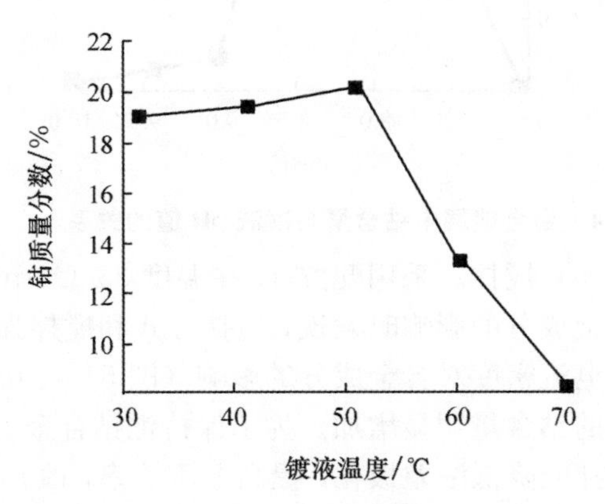

图3 合金镀层中的钴含量与镀液温度的关系

由图3可知，镀层中的钴含量随温度的升高而略有升高，但当温度大于50 ℃时，镀层中钴含量随温度的升高反而迅速下降，当温度上升20 ℃时，其变化量高达12%。从图1极化曲线1′，2′，3′可知：随温度的升高，最初钴的沉积速率增长速度稍大于钯，这将使镀层中钴的含量升高；当沉积速率增大到一定程度时钴的沉积速率增长速度反而明显小于钯，使钴在镀层中的含量降低。所以，镀层中的钴含量随温度的升高呈先增大后减小的趋势。另外，镀液温度过高会出现pH值不稳定、镀层发暗以及沉积层结合力降低、镀层易脱落等问题；温度过低，钴盐易析出。因此，镀液温度不宜太高或太低，一般选30～40 ℃之间。

（3）镀液pH值。试验采用配方3，在电流密度1.0 A/dm²，温度35 ℃的条件下，通过氨水调节改变镀液pH值，研究了pH值对合金组成的影响，见图4。由图4可见，镀液pH值对合金中钴含量的影响有一最佳范围。当镀液pH值在8.0～8.5之间时，合金中钴含量最大且随镀液pH值的变化基本不变；当pH值大于8.5时，镀层中钴含量随pH值的升高而降低。比较pH值和温度对合金成分的影响图形可知，pH值对合金成分的影响机理可能与温度对合金成分的影响一致，只是pH值对镀层中钴含量的影响不及温度影响显著。另外，钯钴电沉积时，pH值过低钯盐不稳定，易析出淡黄色的二氨盐配合物沉淀，而且易在阴极表面生成氢气，降低电流效率，这些氢气还可能进入试样内部引起氢脆；pH值过高氨气易逸出，镀液pH值难以维持，且镀层变暗，表面产生气流条纹，影响表面质量。为了降低成本及获得最佳镀层镀液，pH值应选在8.0～8.5之间。

（4）电流密度。采用配方3，在35 ℃、pH＝8.5的条件下，研究电流密度对合金成分的影响情况（见图5）。随着电流密度的增大，镀层中的钴含量增加，电流密度小于1.0 A/dm² 时，随着电流密度的增大，镀层中的钴含量以近2倍的速度增长；电流密度在1.0～2.5 A/dm² 时，镀层中的钴含量随电流密度的变化趋于缓慢，但其变化值也近10%，说明电流密度也是影响合金成分的重要因素之一。由图1的钯、钴极化曲线可知，钴电沉积的极化和极化度均比钯的大，随着电流密度的增大，钯沉积速率增加得比钴快，并导致镀层中钯含量的增加。但在阴极上析出时，钯离子在阴极表面优先沉积，而金属的沉积速度往往会受金属离子从溶液深处向阴极表面扩散的限制，增大电流密度，原来沉积较快的金属钯离子的沉积速度更容易达到上限值，沉积速度增大的幅度不大，而对原来沉积速度较慢的钴离子来说，则可有较大的提高。因此，电流密度的增大可提高合金镀层中钴的含量。

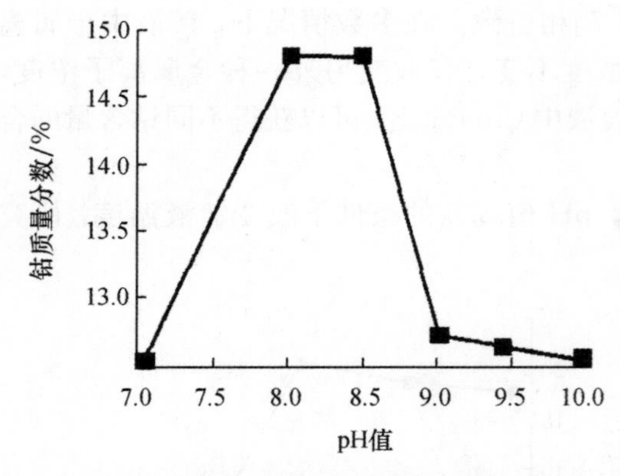

图4　合金镀层中钴含量与镀液 pH 值的关系

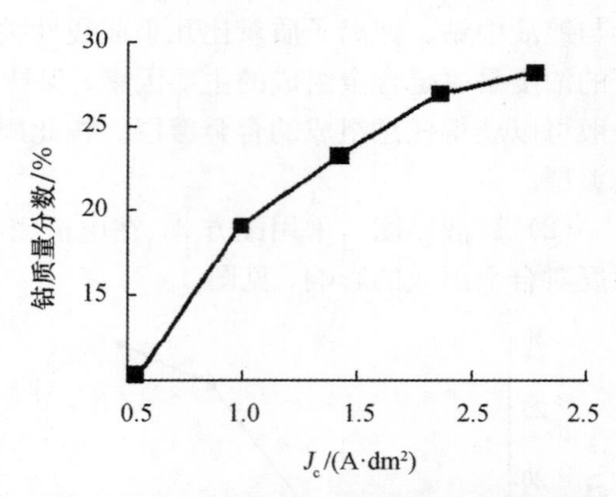

图5　合金镀层中钴含量与电流密度的关系

(5) 搅拌。采用配方 3，在温度 35 ℃，pH 值 8.5，电流密度 1.0 A/dm^2 的条件下，研究了搅拌对合金成分的影响时发现，搅拌方式和搅拌强度对电沉积钯钴合金的电化学过程没有明显的影响，但是由电流密度对合金成分的影响（图 5）可知，钯的电沉积受扩散控制，随着电沉积时间的延长，镀层中的钴含量明显增加。为了保持钯钴合金沉积层中组分的恒定，必须实施充分的搅拌。同时，足够的搅拌能降低浓差极化，提高电流效率，改善镀层表面质量，降低内应力。本试验采用机械搅拌镀液的方式，速度为中速。

2.3　电流密度对镀层外观的影响

电镀生产时除了要考虑电流密度对合金成分的影响外，还要考虑电流密度对镀层外观的影响。采用配方 3，在温度 35 ℃、pH 值 8.5 的条件下进行赫尔槽试验，结果见图 6。由图 6 可知，镀液的光亮区在 0.2～1.5 A/dm^2，电镀生产一般选用 1.0 A/dm^2。

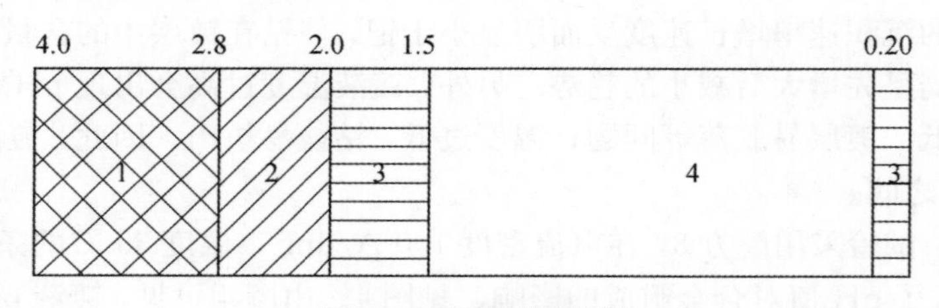

图6　赫尔槽试验结果

1. 烧黑或粗糙；2. 暗；3. 半光亮；4. 光亮

3　结　论

(1) 钯和钴单独沉积时，钴比钯的极化和极化度 $\alpha E/\alpha J$ 大，说明钴比钯更难沉积。钯钴合金的极化曲线比较靠近钯的极化曲线，表明在钯钴合金共沉积过程中，钴对钯沉积的阻化作用较小，而钯对钴的沉积却起着显著的催化作用。

(2) 钯钴合金镀层中钴的含量受主盐金属离子和电流密度的影响较大，随镀液中 Co^{2+}/Pd^{2+} 质量比的增大，镀层中的钴含量几乎成线性增加。当电流密度小于 1.0 A/dm^2 时，镀层中 Co 的含量随电流密度的变化以近 2 倍的速度增长；当电流密度在 1.0～2.5 A/dm^2 之间时，镀层中 Co 的含量随电流密度的变化趋于缓慢，但其变化值也近 10%。

(3) 镀层中的钴含量随镀液温度的升高而增大，当温度大于 50 ℃时，镀层中 Co 的含量迅速降低；随镀液 pH 值的升高，镀层中钴的含量呈先增大后减小的趋势，当 pH 值在 8.0 ～ 8.5 之间时，镀层中钴的含量最大。

(4) 电沉积钯钴合金时，其最佳工艺条件为：镀液温度 35 ℃，pH 值 8.5，电流密度 10 A/dm^2。

参考文献

[1] 杨瑞鹏，蔡旬，陈秋龙. 钯和钯合金及其在电子元器件方面的应用 [J]. 电子元件与材料，2000，19（2）：30-31.

[2] 王丽丽. 电镀 Pd-As 合金 [J]. 材料保护，1994，27（5）：24-26.

[3] Juzikis P，Kittel M U，Raub C J. Electrolytic Deposition of Palladium-Iron Alloys [J]. Plating and Surface Finishing，1994，81，59-62.

[4] 杨富国，朱琼霞. Pd-Co 合金电镀工艺及其维护 [J]. 材料保护，2000，33（8）：21-22.

[5] Abys J A，Kudrak E J，Fan C. Materials properties and contact reliability of palladium-cobalt [J]. Transactions of the Institute of Metal Finishing，1999，77（4）：164-168.

[6] 周绍民. 金属电沉积：原理与研究方法 [M]. 上海：科学技术出版社，1987：377-378.

[7] Abys J A，Breck G F，Strashi H K，et al. The Electrodeposition & Material Properties of Palladium-Co-Balt [J]. Plating & Surface Finishing，1999，（1）：108-115.

（材料保护，第 39 卷第 6 期，2006 年 6 月）

电沉积钯钴合金形貌及其耐蚀行为研究

关晓洁，钟美娥，肖耀坤，陈宗璋

摘　要：为更好地了解 Pd-Co 合金的材料特性，采用电沉积法制备了 Pd-Co 合金镀层，通过扫描电镜（SEM）和动电位扫描（Tafel）对 Pd-Co 合金镀层的表面形貌和耐蚀性进行了考察。结果表明，Pd-Co 合金镀层的晶粒尺寸和表面形貌受镀液中 Co^{2+} 浓度和电流密度的影响较大，随着镀液中 Co^{2+} 浓度的增加，镀层的晶粒尺寸逐渐减小，晶粒从片状变为球状；随着电流密度的增大，Pd-Co 合金镀层的晶粒从粒状变为块状，晶粒尺寸呈先减小后增大的趋势。当电流密度小于 1.0 A/dm² 时，Pd-Co 共沉积过程受阴极极化控制；当电流密度大于 1.0 A/dm² 时，其沉积过程受浓差极化控制。Pd-Co 合金镀层的耐蚀性按腐蚀介质为中性、酸性、碱性的顺序逐步降低。

关键词：Pd-Co 合金镀层；表面形貌；晶粒；耐蚀性；腐蚀介质

中图分类号：TQ153.2　**文献标识码**：A　**文章编号**：1001-1560（2007）12-0001-03

0　前　言

钯及其合金具有价廉、导电性好、化学稳定性高以及外表美观、对皮肤无刺激作用等优良特性，广泛应用于电子工业和装饰行业[1-3]。目前，有关纯钯电沉积的研究已有相当多的报道[4-8]。但是，钯对氢有强烈的吸收能力，氢吸附、渗透和溶解于沉积层中导致镀层产生高内应力，出现针孔、龟裂、α、β 相变化和夹杂，如 Pd_2H，Pd_4H_2 等各种氢化物，从而严重恶化钯镀层的物理和化学性能[9]。大量试验发现，有些 Pd 的配位化合物的电位远离析氢电位，使得 Pd 及其合金的电镀技术出现转机。到目前为止，用于防护和装饰方面的钯合金镀层主要有 Pd-Ni，Pd-Co，Pd-In，Pd-Cu[10-13] 和 Pd-As 等，其中以 Pd-Ni 的研究最为广泛，而对 Pd-Co 的研究较少。本工作采用测厚仪、扫描电镜（SEM）、动电位扫描技术（Tafel）等方法，对电沉积获得的 Pd-Co 合金镀层的厚度、表面形貌和镀层在不同腐蚀介质中的耐蚀性进行了测试分析。

1　试验

钯钴合金的电沉积采用 JWL-30I 型直流稳流电源进行。镀液温度用 78HW-1 磁力加热搅拌器控制，pH 值用 pHS-3C 型酸度计测定。镀液的组成及工艺条件：4.5 g/LPd^{2+}，2.4 g/LCo^{2+}（除改变 Co^{2+} 浓度的试验外），镀液密度（用 NH_4Cl 调）1.067 g/mL，镀液温度 35 ℃，pH 值（用氨水调）为 8.3，电流密度 1.0 A/dm²（除改变电流密度的试验外）。电沉积时工作电极为截面积 0.5 cm² 的紫铜片，其非工作面用环氧树脂绝缘，经抛光处理和清洗后，与大面积铂片构成金属偶置于镀液中施镀 30 min。镀层厚度用 CTG-10 型涡流测厚仪测定，以五次测量的算术平均值作为测定结果，采用 FESEM，JEOL-FE6700 扫描电镜分析镀层的表面形貌。镀层的耐蚀性测试在 CHI660B 电化学工作站上进行，采用动电位技术测定，饱和甘汞电极为参比电极（文中电位数值均相对于此电极），扫描速度为 10 mV/s。

2　结果与讨论

2.1　镀液中的 Co^{2+} 浓度对合金镀层厚度及表面形貌的影响

镀液中其他条件不变，仅改变镀液中 Co^{2+} 的浓度，其沉积层的厚度变化见表 1。从表 1 可以看出，随着镀液中 Co^{2+} 浓度增加，Pd-Co 镀层的厚度逐渐增大。

表 1 镀层中钴含量对合金镀层厚度的影响

编 号	1	2	3	4	5
ρ (Co^{2+}) / (g·L^{-1})	0.6	1.2	1.8	2.4	3.0
镀层厚度/μm	10	11	12	13	14

不同 Co^{2+} 浓度时沉积的 Pd-Co 合金镀层的 SEM 形貌见图 1。从图 1 可以看出，镀液中含 0.6 g/L Co^{2+} 时得到的镀层结晶致密，晶粒粗大，呈片状；当镀液中含 1.2 g/L Co^{2+} 时，沉积层表面紧密平整，晶粒呈米粒状，长度约为 500 nm；当镀液中含 2.4 g/L Co^{2+} 时，镀层表面晶粒呈球状，有少量针孔，晶粒细小，仅十几纳米；当镀液中含 3.0 g/L Co^{2+} 时，镀层表面分布不均匀，存在明显的孔洞，但晶粒较小。

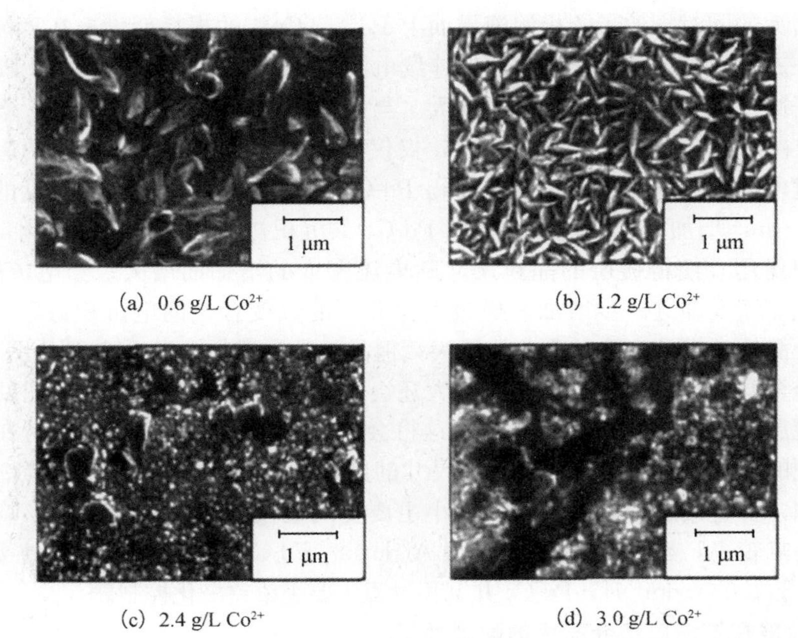

(a) 0.6 g/L Co^{2+} (b) 1.2 g/L Co^{2+}

(c) 2.4 g/L Co^{2+} (d) 3.0 g/L Co^{2+}

图 1 不同 Co^{2+} 浓度下制得 Pd-Co 合金镀层表面 SEM 形貌

上述试验结果表明，镀液中 Co^{2+} 浓度对合金镀层的表面形貌影响较大，当其浓度超过一定值时，镀层的表面形貌发生显著变化，晶粒从粗大的片状转变成细小的球状，即随着镀液中 Co^{2+} 浓度的增加，合金镀层的晶粒尺寸逐渐变小。文献[14]指出，随着镀液中 Co^{2+} 浓度的增加，合金镀层中钴的含量增大；Pd-Co 合金共沉积时形成固溶体结构，钴的原子半径较小（0.125 nm），当它与原子半径较大的钯形成合金时，部分取代钯晶格中的位置，从而导致合金晶粒尺寸的减小，镀层中钴的含量越大，即晶格中钴原子置换量越大，则合金镀层的晶粒尺寸越小。这一结论与本试验结果一致。

(a) 0.5 A/dm^2 (b) 1.5 A/dm^2 (c) 2.5 A/dm^2

图 2 不同电流密度下制得合金镀层 SEM 形貌

2.2　电流密度对合金镀层表面形貌的影响

不同电流密度下沉积的Pd-Co合金镀层的SEM形貌见图2。从图2可以看出，电流密度为0.5 A/dm^2时，电沉积得到的钯钴沉积层表面结晶细致，由细小的粒状晶体组成，同时有少量针孔；电流密度为1.5 A/dm^2时，钯钴沉积层表面平整，由粗大的块状晶体组成，出现了明显的晶界，镀层存在少量孔洞；当电流密度提高到2.5 A/dm^2时，Pd-Co沉积层表面则全部覆盖着胞状晶体，晶体之间互相堆叠，大的晶体上长满了许多细小的晶粒，晶界明显减小，晶体形貌与电流密度为1.5 A/dm^2的相似。由此可见，钯钴镀层的晶粒尺寸随电流密度的变化没有明显的规律性。晶粒的大小取决于两个因素：一是新晶核的生成速度，二是已有晶核和晶粒的生长速度。高的阴极过电位、高的吸附原子数和低的吸附原子表面迁移率是促进大量形核而抑制晶粒生长的先决条件。高的电流密度将导致高的阴极过电位，过电位越高，结晶过程中的成核率越高，从而有利于得到细小的晶粒。但是，电流密度增大的同时导致了阴极溶液界面上Pd^{2+}、Co^{2+}的损耗变大，在直流电沉积时，这种损耗得不到及时补充，出现浓差极化，从而使连续电沉积过程中阴极表面附近的Pd^{2+}、Co^{2+}浓度不断降低，放电离子减少，成核率降低，晶粒增大。当沉积电流密度从0.5 A/dm^2增加到1.0 A/dm^2时，Pd-Co共沉积初期可能浓差极化还未出现，仅仅存在阴极过电位对成核率的影响，故随着电流密度的增加阴极过电位增大，成核率增加，使得Pd-Co沉积层的晶粒随电流密度的增加而减小；当电流密度从1.0 A/dm^2增加到1.5 A/dm^2时，Pd-Co共沉积初期出现了浓差极化，此时浓差极化对合金电沉积起控制作用，使得镀层的晶粒尺寸随电流密度的增加而增大；当电流密度大于1.5 A/dm^2时，再增大电流密度即进一步增加阴极过电位并不能改变合金的电沉积过程，Pd-Co共沉积仍受浓差极化控制，晶体的尺寸和形状变化均不大，但晶粒数目增加，这一点可从图2（b）、图2（c）看出。另外，在合金共沉积中，电流密度的增大还会引起合金成分的变化，在钯钴共沉积时，随着电流密度的增加镀层中的钴含量逐步增大[14]，这将会引起晶粒尺寸的减小。但是在研究电流密度对钯钴合金表面形貌的影响时，合金成分对晶粒尺寸的这种影响并没有表现出来。综合以上分析可知，随电流密度的增加，合金镀层的晶粒尺寸的大小主要受阴极极化和浓差极化的影响，而镀层成分对镀层晶粒尺寸的影响较小，当电流密度小于1.0 A/dm^2时Pd-Co合金共沉积过程主要受阴极极化的影响；当电流密度大于1.0 A/dm^2时，Pd-Co共沉积过程主要受浓差极化控制。

2.3　Pd-Co合金镀层在不同腐蚀介质中的耐蚀性能

Pd-Co合金镀层在不同腐蚀介质中的Tafel曲线及数据见图3和表2。从图3和表2可知，腐蚀电流J_{corr}按中性（3.5%NaCl）、酸性（1 mol/L HCl）、碱性（1 mol/L NaOH）的顺序逐步增大，相应的腐蚀电位E_{corr}也按同样的顺序逐步负移，从而说明Pd-Co合金镀层在碱性介质中的耐蚀性最差。

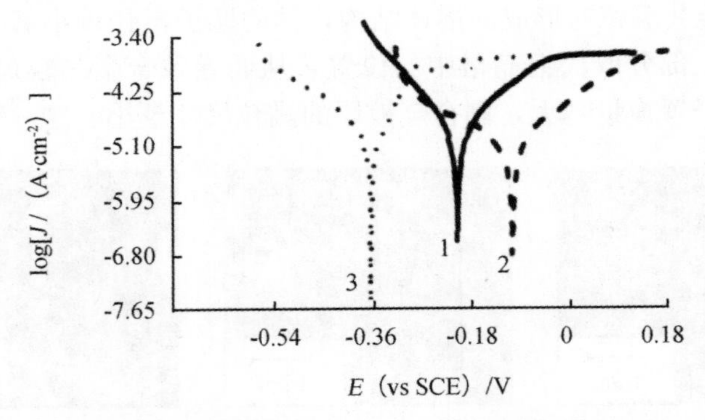

图3　不同腐蚀介质中Pd-Co合金镀层的Tafel曲线

1. NaCl；2. HCL；3. NaOH

表 2　腐蚀介质对 Pd-Co 合金镀层腐蚀电流 J_{corr} 和腐蚀电位 E_{corr} 的影响

腐蚀介质	NaCl	HCl	NaOH
J_{corr}/（$\mu A \cdot cm^{-2}$）	6.1650	11.7174	14.5054
E_{corr}/V	−0.1087	−0.2079	−0.3642

另外，从 Pd-Co 合金镀层在碱性介质中 Tafel 曲线阳极支的形状来看，随着电位的逐步正移，电流不断增大，达到一极值后开始衰减，表明镀层此时发生了轻度钝化，相应的腐蚀机理应按 OH^- 溶解机理进行：

$$Pd(Co) + OH \longrightarrow Pd(Co)OH_{ads} + e \quad (1)$$

$$Pd(Co)OH_{ads} \longrightarrow Pd(Co)OH_{ads}^{+} + e \quad (2)$$

$$Pd(Co)OH_{ads}^{+} \longrightarrow Pd(Co)^{2+} + OH^{-} \quad (3)$$

阳极支初始阶段电流的增加可能是由于镀层此时发生式（1）所示反应引起的，达到极大值后电流的衰减可能是由于镀层表面形成了以 Pd（Co）OH_{ads} 为主的表面保护膜，后期电流的增长可能是由于表面发生式（2）所表示的反应，同时伴随着 Pd（Co）OH_{ads}^{+} 的解离过程。

对于酸性介质中的腐蚀，由于 H^+ 和 Cl^- 的浓度较高，所以应按 Cl^- 溶解机理进行，即初始阶段电流的增加是 Cl^- 的电吸附过程，达到极大值后电流的减小应归因于镀层表面 Pd（Co）Cl_{ads} 等不溶性物质的形成，随后电流的增大是由于 Pd（Co）Cl_{ads} 等物质的放电，同时伴随着 Pd（Co）Cl^+ 的解离过程。

3　结论

（1）Pd-Co 合金镀层的表面形貌受镀液中 Co^{2+} 浓度和电流密度的影响较大，随着镀液中 Co^{2+} 浓度的增加，其晶粒从片状变化至球状；随着电流密度的增大，其晶粒从粒状变为块状。Pd-Co 合金的晶粒尺寸随镀液中 Co^{2+} 浓度的增加而逐渐减小；随着电流密度的增大，其晶粒尺寸呈先减小后增大的趋势。当电流密度小于 1.0 A/dm^2 时，Pd-Co 共沉积过程受阴极极化控制；当电流密度大于 1.0 A/dm^2 时，其沉积过程受浓差极化控制。

（2）Pd-Co 合金镀层的耐蚀性按腐蚀介质为中性、酸性、碱性的顺序逐步降低。

参考文献

[1] 杨防祖，黄令，姚士冰．钯及其合金的电沉积 [J]. 电镀与涂饰，2002，24（2）：20-27.

[2] 杨瑞鹏，蔡旬，陈秋龙．钯和钯合金及其在电子元器件方面的应用 [J]. 电子元件和材料，2000，19（2）：30-31.

[3] 徐明丽，张正富，杨显万，等．钯及其合金电镀的研究现状 [J]. 材料保护，2003，36（10）：4-8.

[4] 杨防祖，许书楷，李振良，等．添加剂对钯电沉积层氢含量和内应力的影响 [J]. 电镀与涂饰，1998，17（1）：7-10.

[5] Jayakrishnan，S Natarajan S R. Hydrogen codeposition inpalladium plating [J]. Metal Finishing，1991，89（1）：23-25.

[6] Quayum M E，Shen Y，Kohei U. Mechanisn for nucleation and growth of electrochemical palladium deposition on an Au（111）electrode [J]. Journal of Electroanalytical Chemistry，2002，520，126-132.

[7] Jayakrishnan S，Natarajan S R. Electrodeposition of palladium from ammine complexes [J]. Metal Finishing，1988，86（2）：81-82.

[8] Martin J L，Mc Caskie J E，Toben M P. Palladium Plating：US，4622110，[P]. 1986-11-11.

[9] 杨防祖，黄令，许书楷，等．添加剂作用下钯电沉积行为研究 [J]. 物理化学学报，2004，20（5）：463-466.

[10] Moretti G，Guidi F，Tonini R. Alloys at low nickel-release：Pd-Ni coatings on copper [J]. Plating and Surface Finishing，2001，88（4）：70-73.

[11] 蔡积庆．Pd-Co 合金电镀 [J]. 电镀与环保，2000，20 (4)：18-19.
[12] 蔡积庆．Pd-In 系合金电镀 [J]. 电镀与环保，1997，17 (6)：9-10.
[13] 蔡积庆．Cu-Pd 合金电镀 [J]. 腐蚀与防护，2000，21 (3)：129-130.
[14] 钟美娥，何莉萍，肖耀坤，等．电沉积钯钴合金的工艺研究 [J]. 材料保护，2006，39 (6)：26-29.

（材料保护，第 40 卷第 12 期，2007 年 12 月）

不同基材上装饰性镀铑的电化学行为及镀层性能

肖耀坤，张　峰，王旭辉，陈宗璋，余　刚

摘　要：利用电化学工作站，探讨了不同基材上硫酸铑体系镀铑的开路电位和极化曲线，并讨论研究了不同基材上电沉积铑的电流效率。同时通过中性盐雾实验、镀层结合力测试，研究和比较了不同基材上铑镀层的性能。结果表明：不同的电镀基材在硫酸铑体系中对其阴极极化的影响不明显；以镍为基材镀铑时，具有开路电势低、电流效率低、白度高、结合力好等特点；以钯为基材时，具有开路电势高、耐蚀性强等特点；以银为基材时，具有电流效率高、结合力好等特点。

关键词：电镀基材；电沉积；镀铑；电流效率；耐蚀性

中图分类号：TQ153.1　　**文献标识码**：A

Electrochemistry Behavior and Coating Performance Research about Rhodium Plating on Different Substrate Metal Material

Xiao Yaokun，Zhang Feng，Wang Xuhui，Chen Zongzhang，Yu Gang

Abstract：The effect of different substrate on open circuit potential of rhodium plating and polarization curve was investigated by using electrochemical workstation. And the current efficiency about rhodium plating of different substrate was researched. Various performance tests（neutral salt spray，metallic coating binding force） about rhodium plating on different substrate metal material were also studied. The results show that lower open circuit potential and current efficiency，higher whiteness，better coating binding force were found when the substrate was nickel；when palladium as the substate，higher open circuit potential and stronger corrosion resistance were found；and higher current efficiency and better coating binding force were shown with silver substrate.

Key words：plating substrate；electrodeposit；rhodium plating；current efficiency；corrosion resistance

---

铑为铂族元素，密度为12.4 g/cm^3，在铂族元素中铑的电阻系数最小，对可见光的反射率最高。酸性铑镀层外观呈银白色，稍带青蓝色并有光泽，具有耐磨损，不发暗，抗电弧，低而稳定的接触电阻等特性[1]。作为表面镀层，铑不仅被广泛地应用于装饰性电镀方面，而且在电子触点、插拔件等功能性电镀方面也有着广阔应用[2-4]。

鉴于装饰性和功能性电镀不同的要求，以及铑本身具有的物理、化学特性，决定了铑作为表面镀层，一般不直接镀在镀件的表面上。通常在镀铑之前，先镀一层打底的金属或合金材料，即所谓的基材，然后再镀铑。目前作为镀铑的基材金属主要为金、银、钯、镍以及钯钴、钯镍合金等。主要的镀铑工艺类型有硫酸型、磷酸型、氨基磺酸型等几种[5]。在实际电镀过程中，特别是对铑镀层厚度有要求的工程或工业应用中，使用最广泛的是硫酸铑体系。而硫酸铑的电镀参数对电镀质量的影响已有相关报道[6,7]，但电镀基材对铑镀层的影响鲜见报道。

本文作者采用硫酸铑体系镀液，通过开路电位、阴极极化、电流效率等手段探讨了电极表面的电化学行为，研究和比较了不同基材对装饰性电镀铑的影响，并对不同基材上的装饰性铑镀层进行了各种性能测试和实验，例如盐雾实验、镀层结合力实验、镀层外观白度实验等，其实验结果对实际生产中电镀铑的基材选择具有广泛的指导意义[8,9]。

1　实　验

1.1　实验溶液

实验溶液成分列于表1。铑是以硫酸铑（香港 Heraeus 公司生产）的形式加入，硫酸采用分析纯级别，RHAD06 为镀铑的添加剂。实验用水均为蒸馏水。表中参数为装饰性镀铑的常规配方。

表1　实验溶液成分

Solution No.	ρ (Rh) / ($g \cdot L^{-1}$)	φ (H_2SO_4) / ($mL \cdot L^{-1}$)	φ (RHAD06) / ($mL \cdot L^{-1}$)
1	2	30	0
2	2	30	10

1.2　电化学行为

1.2.1　开路电位、极化曲线

采用三电极体系，工作电极分别为直径 2 mm 的镀金电极、镀银电极、镀镍电极、镀钯电极、镀钯钴（Pd>90%）电极、镀钯镍（Pd<60%）电极，辅助电极为大面积铂片电极，参比电极为饱和甘汞电极，测试仪器采用 CHI600B 电化学分析仪（上海辰华仪器有限公司）。

在1号和2号实验镀液中测各工作电极的开路电位，作开路电位-时间曲线，采样间隔为 0.01 s，时间 25 s，温度 28 ℃。

采用线性扫描法，扫描电位范围为－0.75～－0.62 V，扫描速率 0.005 V/s，灵敏度 0.002 A/V，温度 28 ℃，在2号实验镀液中作各工作电极的阴极极化曲线。

1.2.2　电流效率的测试

采用 10 cm×7.5 cm 的进口抛光黄铜片，经过表面处理后镀上不同的基材镀层作为阴极，阳极为铂金钛网，阴阳极面积比例为 1∶1，120 L 生产槽。在温度 28 ℃，电流 1.5 A（电流密度 1 A/dm^2），时间 300 s 的条件下，分别在1号镀液和2号镀液中镀铑，根据镀铑前后的质量差及黄铜片的面积、电流、时间计算出其电流效率。

1.3　镀层性能实验

采用 YwxQ-250 型盐雾实验箱（无锡苏威试验设备有限公司），按 GB/T10125-97 对本文 1.2.2 节中镀出的试片进行中性盐雾实验，实验周期为 48 h，然后依据 GB/T6461-86 来进行检测和评价镀层保护等级，比较不同基材上铑镀层的耐腐蚀性。

通过划痕实验，在本文 1.2.2 节中镀出的试片上，用刃口成30°锐角的硬质划刀划长宽均为5排、边长 1 mm 的正方形格子，观测格子内的镀层是否脱落，并用强力胶布采用垂直试片方向拉格子内的镀层，比较结合力的强弱。

采用爱色丽（亚太）有限公司 X-Rite 生产的 SP-62 型便携式分光光度仪，比较不同基材上的铑镀层的外观和白度。

2　结果与讨论

2.1　电化学实验

2.1.1　不同基材对开路电位-时间曲线的影响

镀金电极、镀银电极、镀镍电极、镀钯电极、镀钯钴电极、镀钯镍电极在2号镀液中的开路电位-时间曲线见图1。

由图1可知，在2号镀液中，不同电极材料，其开路电位有较明显的变化，开路电位最负的镀

镍电极（－0.622 V）比最正的镀钯电极（－0.136 V）负移了0.486 V。不同电极上的开路电位由高到低依次为：钯、钯镍合金、钯钴合金、金、银、镍。同时曲线随时间的走向也分为向正或向负电位的两种趋势。电极为镀钯、钯镍合金、钯钴合金、镀金电极时，其开路电位—时间曲线随时间的延长有向负向电位移动的趋势，然后趋至稳定。而基材为银、镍时，其电位有向正向移动的趋势。

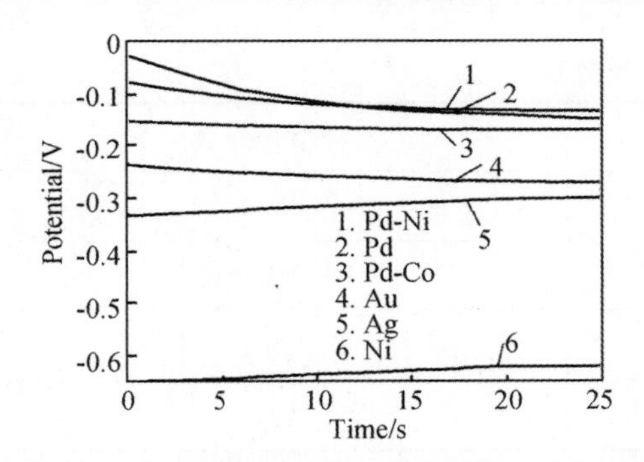

图1　不同电极在2号镀液中开路电位—时间曲线

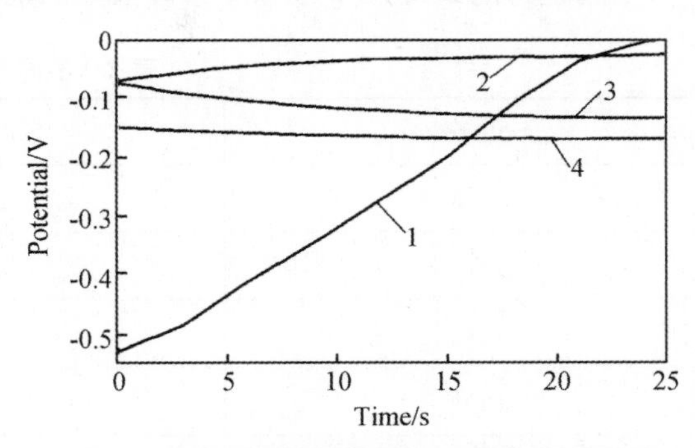

图2　添加剂对开路电位—时间曲线的影响

1. Pd electrode in solution 1；
2. Pd-Co electrode in solution 1；
3. Pd electrode in solution 2；
4. Pd-Co electrode in solution 2

图2所示为钯电极和钯钴合金电极分别在1号镀液和2号镀液中的开路电位—时间曲线。由图可知，1号镀液中，在钯电极和钯钴合金电极上的开路电位分别为－0.0031 V、－0.0300 V，而在2号镀液中，则分别降为－0.1370 V、－0.1900 V，同时开路电位的走向由1号镀液中的向正向电位移动，变为在2号镀液中向负向电位移动，由此可知，添加剂对开路电位有明显的影响。

1号镀液中的开路电位—时间曲线变化的原因可能是由于金属电极在接触溶液的瞬间，当金属电极中的正离子化学势高于溶液时，从而因离子的转移使金属表面带负电，相应的瞬间电位为负值(与开路电位—时间曲线的起始点电位为负相符)，随着电极在强酸性的镀液中浸泡的时间延长，具有负电荷性质的电极表面吸引溶液中的正离子（如Rh^{3+}及其络合物），电位随时间向正电位区发展，当电极/溶液界面最终构成稳定的双电层后，电位随时间也达到相对稳定的电位值[10,11]。

镀铑液中加入了有机添加剂RHAD06时，当研究电极的表面分子与添加剂分子之间存在的化学作用大于分子间的静电作用[12]，同时添加剂分子的空间位阻有利于阻碍其正电性一端与研究电极的吸附时，添加剂分子显示负电性的一端就较容易被吸附在研究电极的表面，而带有正电的一端则分散在远离研究电极的一端，从而形成了一个分布相对均匀的正电吸附膜，该吸附膜阻止了溶液中正离子的接近，选择性地吸附负离子，若吸附膜很致密或吸附的负离子超过电极本身吸引正离子的影响时，其电位将随时间向负向电位区发展，否则会向正电位区发展[13]。同时由于电极本身的催化作用和性质不同，以及同一种有机物粒子在不同材料的电极上吸附能力有明显差别，因而使得镀金电极、镀银电极、镀镍电极、镀钯电极、镀钯钴合金电极、镀钯镍合金电极在1号和2号镀液中的开路电位及其走向各有差异。

在电镀操作过程中，对于开路电位向负电位方向移动的基材，在下镀槽到通电电镀的短时间内，镀液对基材表面有一活化的作用[14]，有益于实际电镀。而对于开路电位向正电位方向移动的基材，在下镀槽的瞬间，镀液会对基材表面进行钝化作用，不利于镀层上镀，对此可以采用带电下槽的方式进行电镀。

2.1.2　不同基材对阴极极化曲线的影响

图3所示为不同镀层电极在2号镀液中的阴极极化曲线。从图中可以看出，镀钯电极上的阴极极化相对其他电极最小，铑的析出电位最正；这可能与钯本

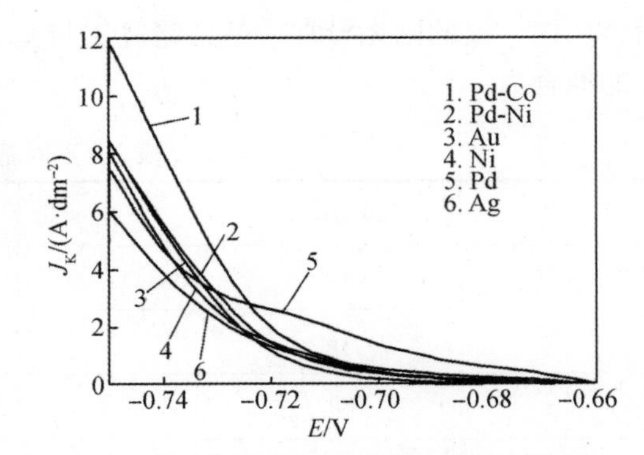

图3　不同电极在2号镀液中阴极极化曲线

身的催化作用以及析氢特性有关。其他金属电极上的阴极极化行为无明显差别，其极化程度由弱到强依次为：钯钴、镍、银、钯镍、金。

2.1.3　电流效率的影响

不同基材的试片在1号和2号镀液中的电流效率均存在较大的差异，见表2。

表2　不同基材上镀铑的电流效率

Substrate	Solution 1	Solution 2
Au	27.9	23.8
Ag	30.0	24.4
Ni	23.7	20.5
Pd	28.6	21.5
Pd-Co	31.0	23.5
Pd-Ni	27.4	21.9

电镀过程首先是在基体上镀铑，这时沉积速度以及沉积外貌受到基体的影响，之后的镀铑过程都是在铑上镀铑，沉积行为会逐渐趋于一致，基体影响会逐渐减弱。作为装饰性电镀，镀铑时间较短，基材对电流效率的影响就显得尤为重要。由表2可知，在1号镀液中的各基材试片的电流效率普遍高于2号镀液，即该添加剂能有效降低不同基材上镀铑的电流效率。而对不同的基材，添加剂影响的效果不一样，影响最大的为钯钴和钯基材，电流效率分别下降了7.5%和7.1%，而影响最小的为镍基材，只下降了3.2%。在基材本身对镀铑的电流效率影响中，钯钴和银基材的电流效率最高，而镍的则最低。

对于镀铑液而言，其电流效率在一定程度上与电流密度成反比，与铑的浓度成正比。而装饰性镀铑的电流密度相对较高，一般为1～3 A/dm^2，并且铑的浓度较低，通常范围在1～2 g/L内，因而电流效率相对功能性电镀而言低很多，一般都在40%以下[15]。电流效率的降低固然会使析氢速度有所加快，但该条件下的铑镀层在外观上明显比功能性铑镀层白和亮，易达到装饰的目的。同时，因装饰性镀层厚度较薄，电镀时间短，故析氢对镀层的影响相对较小。

2.2　镀层性能的影响

不同基材上镀铑层的耐蚀性列于表3。由此可知，同等电镀条件下，基材为钯时，耐蚀性最好，银的则相对较差。

在镀层结合力试验中，铑镀层与不同基材的结合力普遍较好，格子内的镀层均未脱落。而采用强力胶布粘拉格子内镀层时，基材为钯镍合金、钯、钯钴合金的都存在着不同程度镀层脱落现象，而金、银、镍的则无异常。可见铑镀层与基材为金、银、镍的结合力优于与钯镍合金、钯、钯钴合金的结合力。

表3　不同基材的铑镀层盐雾实验结果

Substrate	Protection grade
Au	7.5
Ag	8.4
Ni	8.0
Pd	9.5

续表

Substrate	Protection grade
Pd-Co	8.7
Pd-Ni	9.2

在装饰性镀铑中，特别是在一些首饰、配件的电镀中，铑镀层的外观颜色和白亮程度是一个重要的影响参数，不同基材上的铑镀层的白度列于表 4。

表 4 不同基材上铑镀层的白度

Substrate	Whiteness	Chroma	
		Red/green	Yellow/blue
Pd	87.00	0.81	3.53
Pd-Co	86.27	0.83	3.64
Pd-Ni	90.55	0.68	3.78
Au	84.33	0.85	3.12
Ag	82.38	0.95	2.94
Ni	92.25	0.58	4.16

由表 4 可知，镍基材上的镀铑层的白度最高，钯镍合金次之，而银则相对较差。

3 结论

（1）除钯以外，其他被研究基材对硫酸体系镀铑液的阴极极化行为影响不大。

（2）以镍为基材进行镀铑时，具有开路电位低、电流效率小、镀层白亮、结合力好等特点，但耐蚀性一般，电镀时应带电下槽。

（3）在钯基材上进行镀铑时，具有开路电位高、耐蚀性强等特点，其他性能相较一般。

（4）在银基材上进行镀铑时，具有电流效率高、结合力好等特点，但镀层白度较差，耐蚀性一般，电镀时宜带电下槽。

（5）在其他基材上进行镀铑时，其性能较一般。

参考文献

[1] 杨富国．不锈钢件镀铑工艺 [J]. 表面技术，2000，29（6）：48—49.

[2] Abys J A，Dullaghan C A，Epstein P，et al. Rhodium sulfate compounds and rhodium plating：US，6241870，[P]. 2001-06-05.

[3] Sing M W，Sing F Y. Pulse Electroplating Process：US，4789437，[P]. 1988-12-06.

[4] Yamazaki H. Process for Preparing Rhodium Nitrate Solution：EP，0349698，[P]. 1990-01-10.

[5] 张允诚，胡如南，向荣．电镀手册 [M]．北京：国防工业出版社，1997：478-482.

[6] Derek P，Rose I U. Electrodeposition of rhodium [J]. Journal of Electroanalytical Chemistry，1997，421：145-151.

[7] 骆汝简，罗素华，郑章模．添加剂对硫酸铑镀液的稳定作用 [J]. 贵金属，1988，9（2）：1-5.

[8] Christopher M A B，Maria O B. Electrochemistry-Principles，Methods，and Applications [M]. London：Qxiford University Press，1993：65-82.

[9] Bockris J O M，Reddy A K N. Modern Electrochemistry [M]. New York：Plenum Press，1970：103-114.

[10] 郭鹤桐，覃奇贤．电化学教程 [M]. 天津：天津大学出版社，2000：115-120.

[11] 佟浩，王春明．硅电极/溶液界面开路电位—时间谱和原子力显微镜在化学镀银中的研究 [J]. 化学学报，

2002，20（11）：1923-1928.
[12] 查全性，路君涛，刘佩芳，等．电极过程动力学导论［M］. 北京：科学出版社，2002：56-72.
[13] 曾振欧，黄慧民．现代电化学［M］. 昆明：云南科技出版社，1999：208-210.
[14] 袁国伟，于欣伟，吴培金，等．六种无氰镀铜络合物溶液的开路电位—时间曲线研究［J］. 材料保护，2004，36（9）：98-102.
[15] 吴祖昌，李静波，朱庚惠．印刷电路板镀铑新工艺的研究与应用［J］. 材料保护，2001，34（5）：24-25.

（中国有色金属学报，第 15 卷第 2 期，2005 年 2 月）

一种新型的装饰性镀铑工艺

肖耀坤，张　峰，王旭辉，陈宗璋

摘　要：通过耐蚀性人工汗试验、镀层结合力测试、镀层厚度测试以及电镀成本的核算等方法，研究和比较了以钯为基材的镀铑新工艺和以镍为基材的常规镀铑工艺。结果表明：基材和铑镀层的厚度增加时，镀铑产品的耐蚀性会增强，而铑镀层的厚度增加时，耐蚀性增强尤为明显；以钯为基材的镀铑产品外观色泽好、结合力强，较常规工艺有较强的耐蚀性和低廉的镀铑成本，耐蚀时间最高提高了 87.5%，在耐蚀性相当的情况下，可节约成本达 24% 以上。

关键词：镀铑；耐蚀性；镀铑基材

中图分类号：TQ153.1　　**文献标识码**：A　　**文章编号**：1001-1560（2005）11-0031-03

0　引　言

铑是铂系金属中最贵重的一种。铑镀层呈光亮的银白色，化学性质十分稳定，不溶于一般强酸碱，即使在王水中也不易溶解，具有强的抗氧化性和抗蚀性，对无机酸与盐、有机酸与盐、硫化物及二氧化碳等均有强的稳定性；同时还具有表面接触电阻小、导电性好、硬度高、光反射能力强等特性。因此，铑镀层被作为耐磨导电镀层、反光镀层、首饰镀层等，在电子电气工业、光学工业及首饰等行业得到广泛的应用[1,2]。

铑作为表面镀层一般不直接镀在工件表面，需先镀一层其他金属作为底层再进行电镀。目前作为镀铑基材的金属有镍、铜、银、金等。在装饰性镀铑中，因铑镀层较薄，一般在 0.025～0.050 μm[3]，时间一长，产品表面就因腐蚀而发黑、发暗等，严重影响了产品的质量，虽然可以通过增加铑镀层的厚度来解决，但会大大增加成本。

通过长时间的试验，在目前的工艺上以钯为铑电镀基材，大大提高了装饰性镀铑产品的耐蚀性和产品质量，降低了生产成本，并从耐蚀性、结合力、成本等方面将新旧工艺进行了比较，对实际生产具有广泛的指导意义。

1　试验

1.1　工艺流程

常规工艺：除油→2 次水洗→1：1 盐酸活化→2 次水洗→闪镍→2 次水洗→亮镍→2 次水洗→10%硫酸溶液活化→2 次蒸馏水洗→镀铑。

改进后工艺：除油→2 次水洗→1：1 盐酸活化→2 次水洗→闪镍→2 次水洗→镀钯→2 次水洗→10%硫酸溶液活化→2 次蒸馏水洗→镀铑。

1.2　工艺参数

闪镍工艺参数：

$NiCl_2 \cdot 6H_2O$	300 g/L
HCl	70 g/L
电流密度	2～10 A/dm^2
温度	室温
时间	0.5～3.0 min
阳极	电解镍板

需要连续过滤。

亮镍工艺参数：

$NiSO_4 \cdot 6H_2O$	270 g/L
$NiCl_2 \cdot 6H_2O$	60 g/L
硼酸	45 g/L
主光剂（Ni-88）	0.5～2.0 mL/L
柔软剂 a-5（4x）	9～12 mL/L
辅助剂 SA-1	2.5～4.0 mL/L
湿润剂 Y-19	1～2 mL/L
pH 值	3.5～5.0
温度	49～70 ℃
阴极电流密度	2.2～10.8 A/dm^2
阳极	电解镍

需要空气搅拌或机械移动，需要连续过滤。

（以上配方由 AtotechAsiaPacificLTD 提供）

镀钯工艺参数：

Pd	1.5 g/L
光亮剂 Pd-F	30 mL/L
pH 值	8.0
密度	1.08 g/cm^3
温度	30 ℃
阴极电流密度	1.0 A/dm^2
阳极	铂金钛网
阳极对阴极面积比	2～4∶1

（以上配方由 BackinsonChemsearchCorporation 提供）

镀铑工艺参数：

Rh	1.5 g/L
硫酸	30 mL/L
光亮剂 RHAD50	12 mL/L
温度	40 ℃
电流密度	2 A/dm^2
阳极	铂金钛网
阳阴极面积比	2～10∶1

（以上配方由 HeraeusLTD 提供）

1.3　镀层厚度

采用 10.0 cm×7.5 cm 的进口抛光黄铜片，按上述常规工艺流程和工艺参数进行镀铑，其中镀镍的时间分为 60 s，120 s，180 s 3 种，每种镀镍时间的试片镀铑时间均为 20 s，40 s，60 s 3 种；按改进后的流程和工艺参数进行镀钯及镀铑，镀钯时间分为 20 s，40 s，60 s 3 种，而每种厚度的钯镀层对应的镀铑的时间分别为 20 s，40 s，60 s 3 种。每种试片均做 3 个，制备出试片后，再利用 X 射线测厚仪测出对应每个试片的镍、钯和铑的镀层厚度，取同种类的试片的平均值为实际值。

1.4　耐蚀性

按 1.3 节方法和条件制作出试片。在干燥器中装入人工汗液，将试样底面接触喷有人工汗液的脱脂棉，然后在试样的表面喷上雾状的人工汗，再密封在 40±2 ℃下，每隔 4 h 观察一次试片外观变化，并记录试片变色或腐蚀的时间。

人工汗液配方：

氯化钠 20 g/L

氯化铵 17.5 g/L

尿素 5 g/L

醋酸 2.5 g/L

乳酸 (85%) 15 g/L

其 pH 值为 4.7（用 NaOH 调节），所有试剂均采用分析纯。

1.5 镀层结合力

将试片作 180°的反复弯曲，直到基材断裂，观测断裂面处的镀层是否有起皮、脱落等现象。

2 结果与讨论

2.1 镀层外观比较

在自然光下进行宏观观测，所有试片表层光亮，均呈银白色，没有明显的差异。

2.2 镀层厚度

不同的镀层在不同电镀时间下的镀层厚度见表 1。

表 1 不同电镀时间下的各镀层厚度 μm

时间/s	镍	钯	铑
20		0.042	0.035
40		0.078	0.061
60	0.890	0.126	0.108
120	1.752		
180	2.581		

2.3 耐蚀性

不同工艺和镀层厚度的试片的耐蚀性人工汗试验结果见表 2 和表 3。

表 2 不同厚度镍基材的铑镀层耐蚀性试验结果

编号	镍基材/μm	铑/μm	耐蚀时间/h
1	0.890	0.035	32
2	0.890	0.061	56
3	0.890	0.108	92
4	1.752	0.035	36
5	1.752	0.061	68
6	1.752	0.108	96
7	2.581	0.035	36
8	2.581	0.061	72
9	2.581	0.108	100

表3 不同厚度的钯基材的铑镀层耐蚀性试验结果

编号	钯基材/μm	铑/μm	耐蚀时间/h
1	0.042	0.035	60
2	0.042	0.061	104
3	0.042	0.108	168
4	0.078	0.035	76
5	0.078	0.061	144
6	0.078	0.108	200
7	0.126	0.035	80
8	0.126	0.061	152
9	0.126	0.108	208

由表2和表3可知，当基材（镍、钯）厚度不变时，增加铑镀层的厚度，耐蚀性能会大大增强；而铑镀层不变、增加基材厚度时，耐蚀性能有所增强，但基材厚度增加到一定程度时，耐蚀性增强不明显。

当铑镀层的厚度相同时，作为基材，钯较镍的耐蚀性有显著提高，耐蚀时间最高提高了87.5%，最低也达到82.6%。选择钯为基材，铑镀层厚度即使在较薄的情况下也显示出了良好的耐蚀性能。这可能与基材金属的电位有关，钯的标准电极电位较高，而镍的标准电极电位相对较低，故镍金属较钯相对活泼，容易腐蚀氧化，同时作为贵金属的钯具有较稳定的化学性质。因此，当铑镀层厚度不变时，以钯为基材的产品的耐蚀性较强；另一方面，当铑镀层的厚度增加时，其空隙率将会减少，致密性逐步提高，从而更好地阻止了外界环境对基材的腐蚀，增强了产品的耐蚀性。

2.4 结合力

镀层结合力试验中，各试片的镀层结合力都很好，180°的反复弯曲后断裂面均无任何起皮脱落现象。

2.5 镀铑成本的比较

目前电镀铑药水为680元/g（以铑计）左右，钯水为100元/g（以钯计）左右，而钯和铑是处于同一周期的两个相邻元素，其密度分别为12.02 g/cm^3，12.41 g/cm^3，根据镀层的厚度计算出每平方米的镀层面积需消耗的材料成本。而镍基材消耗成本相对较小，在此忽略不计，不同镀铑产品的材料消耗成本计算结果见表4。

由表4可知，当耐蚀性相当时，以钯为基材的镀铑产品的材料消耗成本明显比以镍为基材的产品低，最高可节约成本高达38%，最低的也达到24%。铑镀层厚度增加时，其耐蚀性有显著提高，同时材料消耗成本也随之加剧。

表4 两种基材的镀铑产品材料消耗成本

序号	镍/μm	钯/μm	铑/μm	耐蚀时间/h	成本/（元·m^2）
1		0.042	0.035	60	345.84
2	0.890		0.061	56	514.77
3		0.078	0.035	76	389.12
4	2.581		0.061	72	514.77
5		0.042	0.061	104	565.25
6	2.581		0.108	100	911.39

3 结论

（1）以钯为基材的镀铑产品的外观呈光亮银白色、结合力好。

（2）基材厚度增加，镀铑产品的耐蚀性随之增强，当基材厚度增至一定厚度时，产品的耐蚀性无明显变化。

（3）铑镀层厚度增加，耐蚀性明显增强，材料消耗成本大幅提高。

（4）铑镀层厚度相同时，以钯为基材的产品的耐蚀性较镍有显著的提高。

（5）在耐蚀性相当的情况下，选择以钯为基材的镀铑工艺，较以镍为基材的工艺，可节约材料消耗成本达24%以上。

参考文献

[1] 杨富国．不锈钢件镀铑工艺［J］．表面技术，2000，29（6）：48-49.
[2] 吴祖昌，李静波，朱庚惠．印刷电路板镀铑新工艺的研究与应用［J］．材料保护，2001，34（5）：24-25.
[3] 张允诚，胡如南，向荣．电镀手册［M］．北京：国防工业出版社，1997：478-483.

（材料保护，第38卷第11期，2005年11月）

电镀液中铑含量的不同分析方法

肖耀坤，张　峰，刘振华，陈宗璋，王旭辉，余　刚

摘　要：对标准浓度的铑溶液进行了质量法、等离子发射光谱法（ICP）、火焰原子吸收光谱法（FAAS）、改进后的FAAS（引入一个校正因子，对FAAS测定方法进行了优化、校正）等不同方法的测定，比较了不同测定方法的精密度和准确度。结果表明：对于杂质少的铑电镀液，宜采用质量法测定，其测定偏差在4%以内，而硼氢化钠作为还原剂的质量法的测定偏差可控制在0.2%以内；对于杂质多的铑电镀液，用ICP和改进的FAAS法均能获得满意结果，相对偏差都小于1%。

关键词：铑；质量法；光谱分析；火焰原子吸收光谱法（FAAS）；感应耦合等离子体（ICP-AES）

中图分类号：TQ153.1　　**文献标识码**：A　　**文章编号**：0438-1157（2006）01-0066-05

Different Analytical Methods to Determine Rhodium in Plating Solution

Xiao Yaokun, Zhang Feng, Liu Zhenhua,
Chen Zongzhang, Wang Xuhui, Yu Gang

Abstract: Several analytical methods to dertermine rhodium such as gravimetric method, inductively coupled plasma spectrometry (ICP), flame atomic absorption spectrometry (FAAS) and FAAS improved (FAASI) by a calibration constant *K* were studied in this paper. The results showed that for pure rhodium plating solution, gravimetric method was an accurate method to determine rhodium with relative deviation less than 4%, and especially, the deviation was only within 0.2% with alkaline sodium borohydride as reducing agent. For highly contaminated rhodium solution, ICP and FAASI were very good choice and the relative deviation was less than 1%.

Key words: rhodium; gravimetric method; spectroscopic analysis; flame atomic absorption spectrometry (FAAS); inductively coupled plasma-atoimic emission spectrophotometer (ICP-AES)

引　言

铑属于铂族元素，铂族元素均具有高熔点、高稳定性、高硬度和强耐蚀抗磨性等特性。铑金属比铂和其他金属具有更高的化学稳定性。在常温下，无机酸、碱和各种化学试剂对铑镀层均无作用，也不会氧化，同时铑镀层还呈现光亮的银白色。因此，铑作为表面镀层不仅在装饰电镀方面，而且在电子导电件触点、照相机零件、反射镜等功能电镀方面均得到广泛应用[1-4]。

铑作为一种贵金属，在电镀液中的含量不可以过高或过低。过高会致使镀层应力增大，同时，随工件带出的铑损失增多；铑含量过低时，镀层可能会呈现暗黄色。对铑的电镀来说，铑含量需要控制在一个最佳的浓度范围内，故铑含量的准确测定就显得尤为重要。铑的分析方法包括滴定、质量、光谱分析、光度测定和电化学分析等。但对于目前最常用的硫酸体系的铑镀液中铑浓度的快捷准确的测定少有报道。

X射线荧光光谱法是目前首饰无损检测中比较理想的检测手段，能量色散X射线荧光光谱法是一种无损的检测方法，具有分析速度快、自动化程度高的特点[5-7]，灵敏度和准确度基本上能够满足贵金属材料及饰品检测的要求。然而，目前大多单位使用的能量色散X射线荧光光谱仪以Rh靶X射线管作为激发源，Rh靶X射线管具有应用范围广、激发能量强的优点，但Rh靶的管谱Rh峰与被测铂合金饰品中的铑元素的特征X射线互相叠加，形成很大的干扰，使检测工作受到影响。

Herbert[8]曾使用比色法测定铑的含量：通过溴化物与铑液混合会产生明显的颜色变化，然后跟标准浓度的铑与溴化物混合形成的标准系列去比较颜色，从而得出一个近似值。这是一种比较主观的分析方法，偏差可达10％。此外，日本专利[9]提出了用碱性水溶液滴定硫酸体系中的铑，其原理就是OH^-和铑镀液中的硫酸中和反应形成第一个pH拐点［式（1）］，镀液中的硫酸完全中和后，OH^-会跟硫酸铑反应形成氢氧化铑［式（2）］，生成沉淀，形成另一个pH拐点，这样就可测得镀液中的铑含量，测量误差通常在5％之内。

$$H_2SO_4 + 2MOH = M_2SO_4 + 2H_2O \tag{1}$$

$$Rh^{3+} + 3OH^- = Rh(OH)_3 \downarrow \tag{2}$$

本文根据实践采用了质量法、火焰原子吸收光谱法、等离子体法等方法来测定硫酸体系镀铑液中铑浓度，并探讨和比较了各种测定方法的准确度和相对误差。对于火焰原子吸收光谱法（FAAS），为了提高样品分析的灵敏度和分辨率，通常采用加入增感剂的方法，有机[10]或无机增感剂都可以起到特定的效果。本文采用无机增感剂，对常规测定方法做出了改进与优化，从而更经济、方便、快速、准确地实现了铑含量测定，获得满意的结果。

1　实验部分

1.1　仪器

WFX-120原子吸收分光光度计（FAAS），北京瑞利分析仪器公司；IRIS Intrepid电感耦合等离子体-原子发射光谱（ICP-AES），美国热电公司；ME215S分析天平，德意志联邦共和国赛多利斯。

1.2　试剂与标准溶液

0.8 mg·L^{-1}、1.6 mg·L^{-1}、2.4 mg·L^{-1}、50 mg·L^{-1}、100 mg·L^{-1}和200 mg·L^{-1}的标准储备溶液，均用1 000 mg·L^{-1}铑的标准溶液（GSBG62037-90）稀释而成。稀释液（作为FAAS方法的稀释液用）：含20 g·L^{-1}硫酸氢钠和10％（体积分数）的盐酸。所有试剂选用优级纯，实验用水均为蒸馏水。

1.3　样品分析程序

1.3.1　质量法分析

方法（1）：将纯度＞99.99％锌片加入铑溶液中，置换出铑单质。滴加稀硫酸至多余的锌片完全溶解，使用无灰滤纸过滤，并用稀硫酸洗涤沉淀至无锌离子，再用蒸馏水洗至中性，然后在650 ℃下将沉淀连同滤纸灰化，再用氢气还原，称重。

方法（2）：准确称取20.0 g硼氢化钠及6.0 g氢氧化钠，溶解于烧杯中，用水定容至100 mL。再滴加到待测铑溶液中，还原铑单质。完全还原后用无灰滤纸过滤，用蒸馏水洗涤沉淀至中性，并在650 ℃下灰化后用氢气还原，称重。

1.3.2　仪器分析

FAAS：将1 000 mg·L^{-1}铑的国家标准溶液准确配制成0.8 mg·L^{-1}、1.6 mg·L^{-1}、2.4 mg·L^{-1}的标准溶液，用于绘制标准曲线。根据常规分析要求采用10％（体积分数）的盐酸作为标准液和待测液的稀释液。仪器条件见表1。

FAASI：将上述FAAS方法中的标准液和待测液的稀释液改进为20 g·L^{-1}硫酸氢钠＋10％（体积分数）的盐酸的溶液。

ICP-AES：将1 000 mg·L^{-1}铑的国家标准溶液准确配制另一系列标准溶液50 mg·L^{-1}、100 mg·L^{-1}、

200 mg・L^{-1}，以10％（体积分数）的盐酸作稀释液及测试用的空白溶液。仪器参数见表2。

2 结果与讨论

2.1 质量法

本文使用两种不同的质量法，分别用高纯度锌片和硼氢化钠作为还原剂。并且利用1 000 mg・L^{-1}铑的标准溶液作为待测液来比较这两种测定方法的准确性及精密度，数据偏差见图1。每种方法均重复测定10次。

由图1可见使用锌片来置换铑的质量法相对偏差最高可达4％；而利用硼氢化钠来还原铑的相对偏差明显低很多，只有0.2％，并且纯锌片来还原铑的方法准确性及精密度都很低。这是因为纯锌片的用量难于控制，虽然多余的锌可用稀硫酸溶解，但过多的硫酸会使得新生态的铑黑溶解掉，从而使得测定结果偏低。另外，锌也可能被沉淀出来的铑包在中间，即使用稀硫酸洗涤都难于把包含在铑里面的锌完全溶解出来，这样就会导致结果偏高，这就是锌片还原法的不利因素。

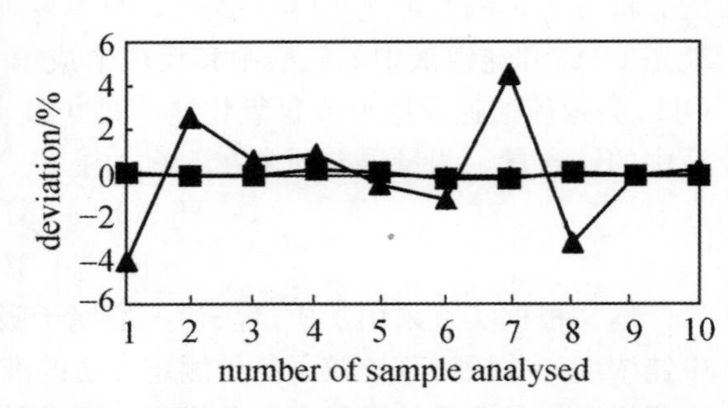

图1 Deviation from standard solution with two gravimetric methods

▲reduced by Zn foil；

■reduced by alkaline $NaHB_4$ solution

由图1可知，使用硼氢化钠还原法来测定硫酸体系中的铑是一个非常准确的方法，该法还原出来的铑黑颗粒细，出现包含夹杂的可能性小，并且还原剂为溶液，使用蒸馏水洗涤，既不会溶解铑黑也不会造成还原剂的水解，只要水洗彻底，不会造成不利因素。

质量法只对杂质少的镀铑液较为有效，如果镀铑液中含有其他金属杂质，分析结果误差就会大大增加。其他金属杂质很有可能也被还原出来，因此，质量法通常只适用于纯度高的镀铑液样品的分析。如果需要分析电镀生产过程中杂质含量较高的镀铑液的铑含量，仪器分析方法会比质量法更加适合。

2.2 仪器分析

仪器分析比质量法更快捷、简便，但相对偏差明显较大。以下实验以火焰原子分光光度法（FAAS）和电感耦合等离子体-原子发射光谱（ICP-AES）这两种仪器分析法来比较测定铑含量的相对准确性。这两种分析仪器的区别在于FAAS是在待测元素的特定波长下，通过测量试样所产生的原子蒸气对辐射的吸收，来测定试样中该元素含量的一种方法。而ICP-AES是将待测试样所产生的原子在等离子区激发为原子或离子状态，并发射出特征波长的光，依据光的波长与光的强度，可以定性和定量确定该元素含量。

虽然有很多文献[11,12]讨论过关于FAAS及ICP-AES的分析技术，但对于测定硫酸铑中铑的浓度的报道却极为少见。很多仪器测定铑的误差都比较大，这是由于铑是一种难于原子化的元素，故仪器火焰温度就显得相当重要。FAAS火焰温度可达1700～3500 K。而ICP-AES等离子火焰温度可达8000～10000 K。火焰温度相差很大，但可通过测定方法的校正使得火焰温度对于测定铑的浓度并无大的影响。

这两种分析仪器都能快捷地实现铑含量的测定，但这两种仪器分析方法都有很多因素影响分析结果的准确性和精密度。本文选择标准溶液50 mg・L^{-1}、100 mg・L^{-1}和200 mg・L^{-1}作为ICP-AES校正曲线，得出了良好的线性关系。测定极限值最低可达0.06 mg・L^{-1}。在FAAS中，标准系列浓度为0.8 mg・L^{-1}、1.6 mg・L^{-1}和2.4 mg・L^{-1}，但它的线性相关系数只能达到0.9825（线性关系见图2），其最低测定极限亦可达到0.1 mg・L^{-1}。而在测定其他元素过程中，使用同一原子吸收光谱可以得到良好的线性关系。比如，金、铜、镍等元素线性相关系数都可达到0.9999以上。由此可见，铑元素的测定结果的准确性与测定方法有着重要的联系。

表 1　Instrumental conditions of FAAS to determine rhodium content

Wavelength /nm	Slit size /nm	Light current /mA	Burner height /mm	Air pressure /MPa	Acetylene pressure/MPa	Air rate/ $L\cdot min^{-1}$	Acetylene rate /$L\cdot min^{-1}$	Flame type
343.25	0.2	3	5	0.3	0.09	6.5	1.1	blue oxidizing

表 2　Instrumental parameters for ICP-AES to determine rhodiun content

Wavelength /nm	Plasma power /W	RF-coil height /mm	Argon rate /$L\cdot min^{-1}$	Nebulizer rate /$L\cdot min^{-1}$	Auxiliary rate /$L\cdot min^{-1}$	Introduction rate /$mL\cdot min^{-1}$
343.489	1 300	4	15	0.8	1.0	2

对 ICP-AES、FAAS 这两种测定法的精密度及准确性进行了分析比较。实验中，将 1000 mg · L^{-1}的硫酸铑标准溶液分别稀释成 100～1000 mg · L^{-1}的 10 个呈线性关系的铑浓度系列。分别以上述 ICP-AES、FAAS 这两种测定法对每一个标准浓度溶液进行测试分析比较，其测试偏差结果见图 3。

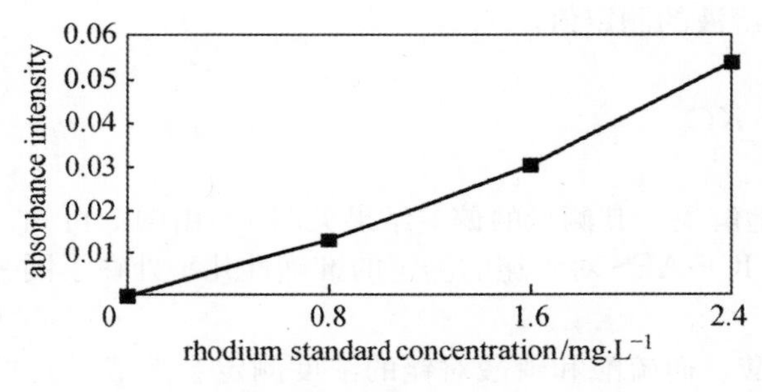

图 2　Calibration curve of FAAS

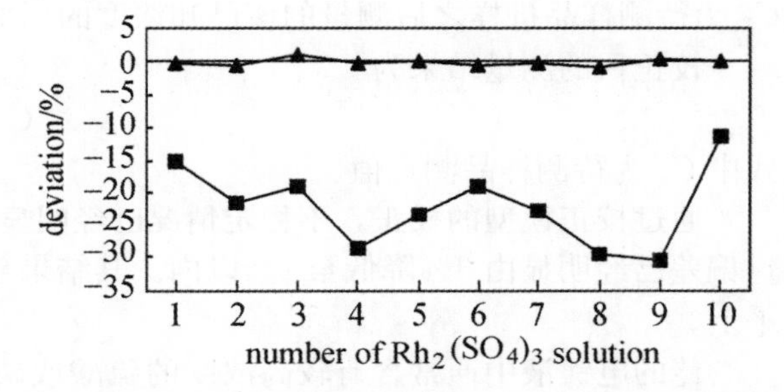

图 3　Deviation of rhodium content measured by FAAS and ICP-AES

▲ICP measurement;

■FAAS measurement

由图 3 可以发现，使用 FAAS 的误差很大，数据偏差最高可达－28.7%，显然误差已经达到了不可接受的程度，而 ICP-AES 只有 1%以内的误差值。由图中可知，FAAS 跟 ICP-AES 的精密度及准确性相差很大。导致 FAAS 误差值大的最主要原因是火焰温度不足以使原子化更彻底，使得灵敏度和测量结果均偏低，同时，仪器的零点飘移使得各测量点的位置波动起落大，精密度下降。

针对 FAAS 测试的灵敏度低的状况，本文通过实践确认了改进的 FAAS 测试方法，采用硫酸氢钠来增加原子吸收光谱分析灵敏度的方法鲜见报道，实验发现，Na^{+}对 Rh^{3+}的测量有增感作用，当 $NaHSO_4$ 的含量在 5～30 g · L^{-1}范围内时，对 Rh^{3+}测量的增感作用呈线性变化。实验表明，2%的硫酸氢钠可以足够增强原子吸收强度，铑的灵敏度可以增加到 10 倍以上，正是由于灵敏度的提高，仪器本身的不稳定因素得到了一定控制。而对 ICP-AES 来说，使用硫酸氢钠稀释液测定硫酸铑，发光强度并没有任何改变，硫酸氢钠对 ICP-AES 的测定没有产生影响。在选用了新的稀释液后，FAAS 标准曲线的线性关系非常好，见图 4。

图 4 中的标准曲线的线性相关系数为 0.999 6，根据此标准曲线重新测定以上 10 个不同硫酸铑系列的标准浓度样品，这些样品均加入 2%硫酸氢钠来增加原子吸收强度。测量结果见图 5。

由图 5 中可以看出，加入 2%硫酸氢钠后测量偏差已经明显地降低至 3%之内，但偏差仍然比 ICP-AES 测定的要大，原因是使用 FAAS 来测量数据时，仪器自身零点飘移、溶液本身不稳定，以及火焰温度不足，均会导致测量结果的不稳定。因此，本文采用了第二次线性回归来弥补上述缺陷。

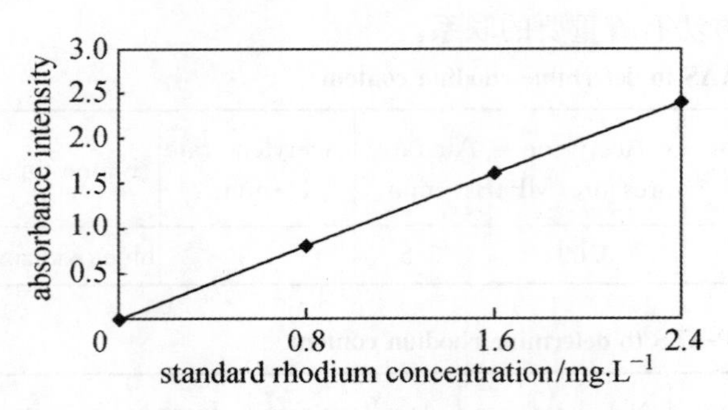

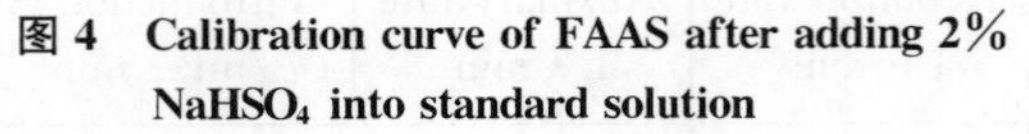
图 4 Calibration curve of FAAS after adding 2% $NaHSO_4$ into standard solution

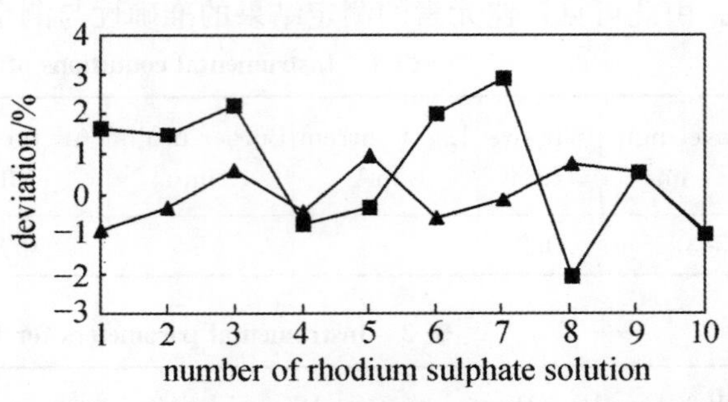

图 5 Deviation of rhodium sulphate solution after adding $NaHSO_4$ and measured results adjusted by constant factor

▲after adjusting by constant factterk（K）;

■after adding $NaHSO_4$

第二次线性回归是利用连续测量法确认仪器的稳定性，在每次测量样品浓度之前和之后都需要测量同一个已知浓度的标准溶液来计算出校正系数 K，计算校正系数 K 的方程式如下：

$$K = C_s \times 2/(C_1 + C_2) \tag{3}$$

式中 C_s 为已知标准溶液的浓度；C_1 为待测样品进样之前测量的该已知浓度的标准溶液的测定值；C_2 为待测样品进样之后测量的该已知浓度的标准溶液的测定值。

校正后的测量结果为

$$C = KC_e \tag{4}$$

式中 C_e 为待测样品测定值。

通过校正模型的校正，不稳定情况已经明显地解决，其测量的偏差结果见图 5。由图 5 可知，测量偏差已经明显由 3%降低至 1%以内。其结果与 ICP-AES 对于铑的测定的准确性几乎处在了同一水平上。

铑的电镀液中通常含有较高浓度的硫酸或磷酸，而硫酸和磷酸对铑的浓度测定会造成一定的干扰。硫酸和磷酸对测定值的影响见图 6。

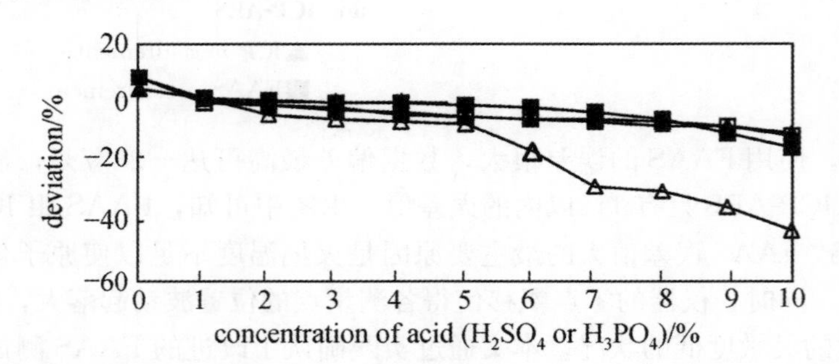

图 6 Deviation of rhodium analyzed by FAAS and ICP-AES in presence of different concentration of H_2SO_4 and H_3PO_4

■with H_2SO_4（by ICP-AES）; □with H_3PO_4（by ICP-AES）;

▲with H_2SO_4（by FAAS）; △with H_3PO_4（by FAAS）

硫酸及磷酸都会对 FAAS 和 ICP-AES 造成物理干扰，它们可以明显地改变吸入样品的速率和样品雾化液滴的大小，致使分析结果偏低。由图 6 可知，FAAS 和 ICP-AES 只可承受大约 3%（体积分数）的硫酸和 1%（体积分数）的磷酸。由于样品和标准溶液的基体不同，导致了原子吸收强度不同，造成相当大的物理干扰。而这种物理干扰可采用标准加入法或用基体匹配法进行消除。

3 结论

通过不同的测量方法对铑镀液进行测量分析比较，可以得出以下结论：

（1）对于杂质含量少的铑电镀液的测量，从经济和测量准确性方面考虑，宜采用质量法，其测量偏差一般在4%以内。而质量法中的还原剂的选择宜选用液态的还原剂，如硼氢化钠溶液，其偏差可以更一步降到0.2%以内。

（2）对于杂质含量多的铑电镀液的测量，宜选用仪器分析方法进行测量。仪器分析中，ICP分析的准确性较高，其测量偏差在1%以内，但分析仪器价格昂贵，分析成本高。

（3）对于杂质含量多的铑电镀液的测量，FAAS分析方法较方便、快捷。但常规的FAAS分析结果的准确性较差，其偏差可达到28%。

（4）通过在标准溶液和待测液中加入2%硫酸氢钠，可以将FAAS分析的准确性大幅度提高，其测量偏差可降至3%以内。

（5）在（4）的测量方法的基础上，引进校正因子，可以将FAAS的分析结果的准确性进一步提高，其测量偏差可控制在1%以内。

（6）在铑的电镀液中，硫酸和磷酸对其仪器分析测量存在干扰作用，硫酸的最大容忍度为3%（体积分数），磷酸的最大容忍度为1%（体积分数）。

参考文献

[1] Yang Fuguo. Rhodium plating technology on stainless steel [J]. Surface Technology，2000，29 (6)：48-49.

[2] Abys J A，Dullaghan C A，Epstein P，Maisano J J. US，6241870 [P]. 2001.

[3] Sing M W，Sing F Y. US，4789437 [P]. 1988.

[4] Yamazaki H. EP，0349698 [P]. 1990.

[5] Li Guohui，Fan Shouzhong. Analysis of frosts on soles of sport shoes by ED-XRF [J]. Physical Testing and Chemical Analysis Part B：Chemical Analysis，1998，24 (3)：161-164.

[6] Li Guohui. Testing of silver content in silvery articles [J]. Spectroscopy and Spectral Analysis，1989，9 (1)：66-71.

[7] Wang Qingguang，Xie Guangguo. Determination of Fe，Al，Ca in sillicon metal by XRF spectrometry [J]. Spectroscopy and Spectral Analysis，1991，11 (6)：45-48.

[8] Herbert E Z. US，2085177 [P]. 1937.

[9] Miyai Jinkichi. JP，629262 [P]. 1987.

[10] Zhao Aidong. The sensitization effect of 11 organic reagents in flame atomic absorption spectrometry [J]. Analytical Chemistry，2000，10 (3)：333-336.

[11] Jin Xindi，Zhu Heping. Determination of Pt，Pd，Ru，Rh，Ir and Au in geological samples by double focusing high resolution inductively coupled plasma mass spectrometry [J]. Analytical Chemistry，2001，29 (6)：653-656.

[12] He Man，Hu Bin，Jiang Zucheng. Stepwise dilution method for the study of matrix effects in ICP-MS [J]. Chemical Journal of Chinese Universities，2004，25 (12)：2232-2237.

（化工学报，第57卷第1期，2006年1月）

反应条件对水热法制备纳米 ATO 粉体形貌和电性能的影响

刘建玲，赖琼琳，陈宗璋，何莉萍，杨天足，江名喜

摘　要：以 $SnCl_4 \cdot 5H_2O$ 和 $SbCl_3$ 为原料，采用水热法制备出了纳米级锑掺杂二氧化锡（ATO）导电微粉，运用 XRD 和 TEM 等测试手段对粉体进行了表征，比较系统地研究了掺杂量，共沉淀温度，溶液 pH 值，水热时间、温度和表面活性剂对粉体粒度、形貌和电性能的影响规律。研究表明，合成的 ATO 粉体分散性较好、导电性能优异，粒径在 10 nm 左右，具有金红石型结构。在 ATO 纳米导电粉的制备过程中，前驱体制备温度对其性能有很大影响，当共沉淀温度在 40～50 ℃时制得的粉体导电性能最佳。水热条件对粉体的形貌、粒度和导电性也有较大的影响，在 200 ℃，4 h，pH＝2～4 条件下可以制得导电性能良好的 ATO 粉体，所添加的表面活性剂可以改善粉体的粒径和分散性能，但对粉体的导电性影响极小。掺入 Sb^{3+} 的量对载流子的迁移率有很大的影响，在掺杂浓度为 4%～5%左右可制得导电性极佳的纳米 ATO 粉体。

关键词：ATO；水热法；纳米粉；表面活性剂；电性能
中图分类号：TQ174　　**文献标识码**：A

Influence of Preparing Condition on Characteristics and Electronic Property of Nanometer-Sized Antimony Tin Oxide Powders by Hydrothermal Method

Liu Jianling，Lai Qionglin，Chen Zongzhang，He Liping，
Yang Tianzu，Jiang Mingxi

Abstract: Antimony doped tin dioxide nanometer powders (ATO) have been prepared by the hydrothermal method using $SbCl_3$ and $SnCl_4 \cdot 5H_2O$ as the raw materials, ammonia aqueous is added into the mixed solution to get hydroxid depositions. The precipitate is dumped into autoclave to react. The productions are examined by X-ray diffraction (XRD), transmission electron microscopy (TEM) techniques to investigate their crystal phase composition, particle size and and crystal appearance charactieristics. The resistivity of the powders are determined on an house-made equipment. The results show that the ATO powder prepared at 200 ℃ for 4 h with pH value of 2～4 and Sb_2O_3/SnO_2 ration of 5∶95 are well crystallized, meanwhile the powder exhibits good electrical property, and its dispersity can be improved by surfactants.

Key words: ATO; hydrothermal method; nanometer powder; surfactant; electrical property

1　引言

二氧化锡纳米粉体由于具有一般体相材料所不可比拟的独特性能，而备受人们的关注。按照一般的晶体学模型，SnO_2 晶体具有正四面体的金红石结构，阴阳离子配位数为 6∶3，每个锡离子都与 6 个氧离子相邻，每个氧离子都与 3 个锡离子相邻。因此，在 SnO_2 中掺入锑离子后，使它们占据晶格中 Sn^{4+} 的位置，形成一个一价正电荷中心 Sb_{Sn} 和一个多余的价电子，使净电子增加，形成 n 型半

导体[1]，晶粒电导率增大[2]。从而使二氧化锡及其掺杂得到的粉末制成膜以后在保持高可见光透过率的同时，显示出类似于金属的电导性能和高红外光反射率等优良特性，广泛地应用于薄膜电阻、透明电极、电热转换薄膜、热反射镜、太阳能电池、气敏传感器、隐身材料等领域。

目前生产ATO的方法主要有物理气相沉积法（PVD）[3]、蒸发技术（Evaporation）以及化学气相沉积法（CVD）[4,5]，此外，还有属于湿化学方法范畴的溶胶-凝胶（Sol-Gel）法[6,7]、共沉淀（Deposition）法[8]和近年来研究得较为热门的水热法（Hydrothermal）等。其中，水热法制备纳米材料由于具有反应条件温和，易控制，制得的粉体少团聚或无团聚，且在反应过程中易于控制粉体的形貌和粒径而受到广泛关注[9,10]。本文以 $SnCl_4 \cdot 5H_2O$ 和 $SbCl_3$ 为原料，采用水热法制备出了粒度分布比较均匀、分散性能较好的纳米级ATO导电微粉，并考察了掺杂量，共沉淀温度，溶液pH值，水热时间、温度和表面活性剂对粉体粒度、形貌和电性能的影响。

2 实验

采用化学共沉淀法制得前驱体。以 $SnCl_4 \cdot 5H_2O$（分析纯）和 $SbCl_3$（分析纯）为原料，按一定配比将 $SnCl_4 \cdot 5H_2O$ 和 $SbCl_3$ 溶于一定浓度的盐酸溶液中，恒温下往加有不同分散剂的沉淀剂中滴加混合溶液至一定的pH值，持续搅拌至反应完成后，将混合液倒入高压釜中，填充度为70%，控制温度反应一段时间，所得的产物用慢速定量滤纸进行真空抽滤，所得滤饼用蒸馏水洗涤至无 Cl^- 检出，再用无水乙醇洗涤两次，80 ℃下烘干，研细，即得蓝灰色ATO纳米粉体。

用日本理学D/max-rA型X射线衍射仪，采用Cu Kα，50 kV，100 mA，λ=1.5418 nm，扫描速度4°/min对粉体进行物象分析，用日立H-800型透射电子显微镜进一步观察粉体的粒径及形貌。称取0.3 g粉末在500 MPa的压力下压制为直径0.8 cm、厚约2 mm的圆片，用于电性能测试，粉体电阻的测试采用图1所示的自制装置。

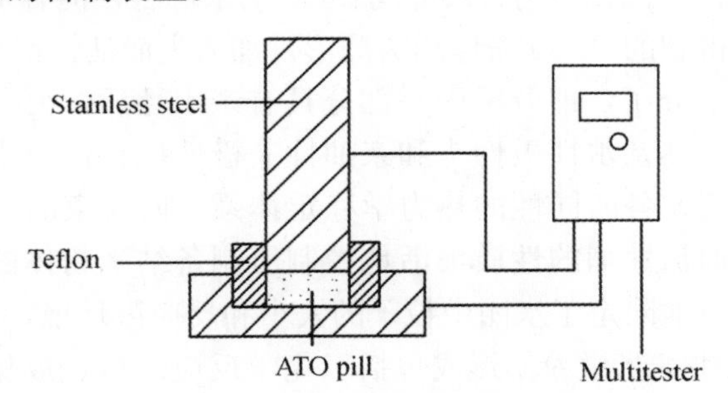

图1 粉体导电性能测量示意图

3 结果和讨论

3.1 物相分析

3.1.1 水热条件对结晶性能的影响

图2为在140 ℃、180 ℃和200 ℃下保温6 h制得的ATO粉体的XRD图。由图可知，三种不同温度下制得的ATO粉体均基本符合 SnO_2 的正四面体金红石结构，只是随着反应温度的升高，晶体的结晶度得到改善，保温温度越高，所得粉体的XRD衍射峰强度就越高且越尖锐。

图3为在200 ℃下保温6 h和30 h制得的ATO粉体的XRD图。从图中可以看出，不同时间下制得的ATO粉体结构仍然符合 SnO_2 的正四面体金红石结构，只是随着保温时间的延长衍射峰有增强和变得尖锐的趋势，不过此变化没有由保温温度升高引起的变化那么明显。

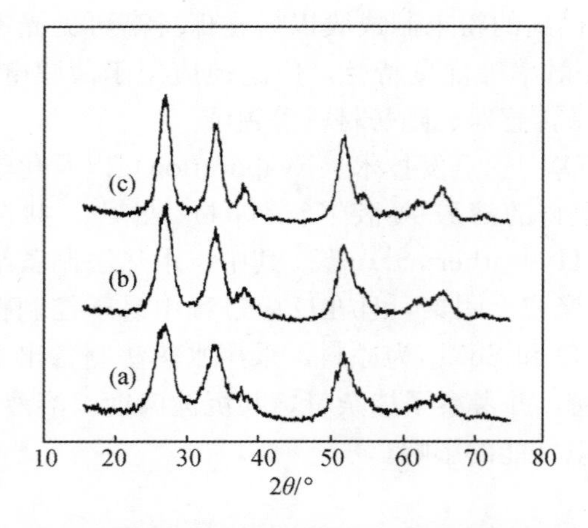

图 2　在不同温度下保温 6 h 所制得的 ATO 粉体的 XRD 图

(a) 140 ℃；(b) 180 ℃；(c) 200 ℃

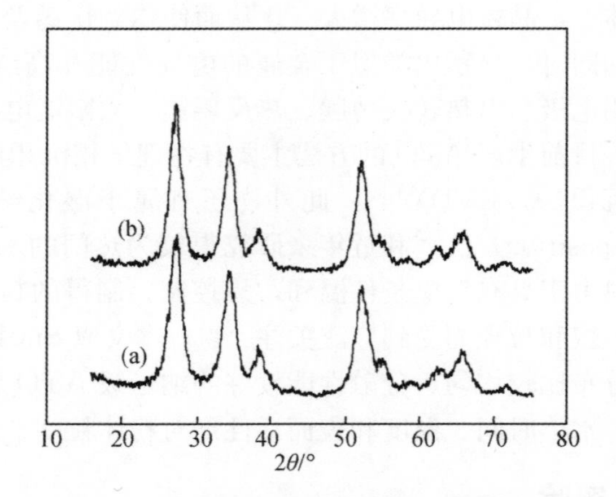

图 3　在 200 ℃下保温不同时间所制得的 ATO 粉体的 XRD 图

(a) 6 h；(b) 30 h

比较图 2 和图 3 发现，在掺杂了 Sb 后，掺杂的 Sb^{3+} 成为替位离子占据了 Sn^{4+} 的位置，所以仍保持了 SnO_2 的正四面体金红石结构，但是由于 Sb^{3+} 的离子半径（0.090 nm）与 Sn^{4+} 的离子半径（0.072 nm）之间存在一定的差异，同时，因为晶粒的粒度很小，使晶格内部产生缺陷，从而使衍射峰略微偏移并且有一定的宽化存在。

3.1.2　不同表面活性剂对粉体形貌的影响

图 4 分别给出了在 200 ℃下保温 6 h，添加不同表面活性剂制得的 ATO 粉体的透射电镜形貌图片。从图中可以看出，样品颗粒比较均匀，尺寸均在 10 纳米左右，但有不同程度的团聚。

比较上面的结果，发现得到的 ATO 粉体均为球形，加入表面活性剂后，粉体的分散性提高。这是因为表面活性剂是一种两亲分子，即分子中一部分具有亲水性质，另一部分具有亲油性质，在水热过程中加入表面活性剂后，其亲水性极性头和亲油性非极性尾在溶液中形成定向排列的胶束，形成一个分散相分布均匀、透明、各向同性的热力学稳定体系，而胶束的液滴则形成一个个特殊的纳米空间，因为可利用不同表面活性剂的性质灵活地控制所制备纳米粉体的形貌和粒径，因此有人将它称为智能微反应器，它有效地限定了水团中粒子的大小和反应微环境，为制备纳米级 ATO 微粉提供了反应空间[13]。在反胶束中纳米微粒的形成包括了化学反应阶段、成核阶段和晶核生长阶段三个部分，在保温过程中，前驱体与表面活性剂的溶液混合后，由于胶束之间的碰撞、融合、分离、重组等过程，使反应物在“微反应器”中互相交换、传递及混合，经过无数次的碰撞之后，在“微反应器”中形成 SnO_2 和 Sb_2O_3 的过饱和溶液，达到一定的过饱和度就开始出现晶核粒子，同时 Sb_3^+ 进入 SnO_2 的晶格中，生成 ATO 纳米微粉。按照化学晶核形成动力学理论，粒子的晶核形成和增长与溶液的过饱和度有关，可以用经验公式表示：

$$V=K(Q-S)/S \tag{1}$$

式中 V 为晶核形成速度；K 为比例系数；Q 为反应过程中某一时刻沉淀物质的浓度；S 为沉淀物的溶解度；($Q-S$) 表示的是沉淀物质的过饱和度。

要获得小颗粒的沉淀物，一方面晶核形成速率要快，另一方面又要抑止晶粒的增长。因此，要适当增大 Q 和减小 S，同时要减小粒子碰撞和重力沉降的机会。而表面活性剂具有空间位阻作用，能有效抑止晶粒的增长。

在表面活性剂形成的胶团中，形成了大量的锑掺杂二氧化锡晶核，由于表面活性剂的存在，胶团吸附在晶核周围，使 $\Delta G>0$，体系趋于稳定，粒子碰撞的机会很小，抑止了晶体的生长，可以获得小尺寸、粒度分布均匀的纳米颗粒。同时，在添加表面活性剂以后，生成的 ATO 粉体表面被包裹，一方面表面活性剂在生成的 ATO 微粉表面的空间位阻效应，使粉体间无法靠近接触，避免因范

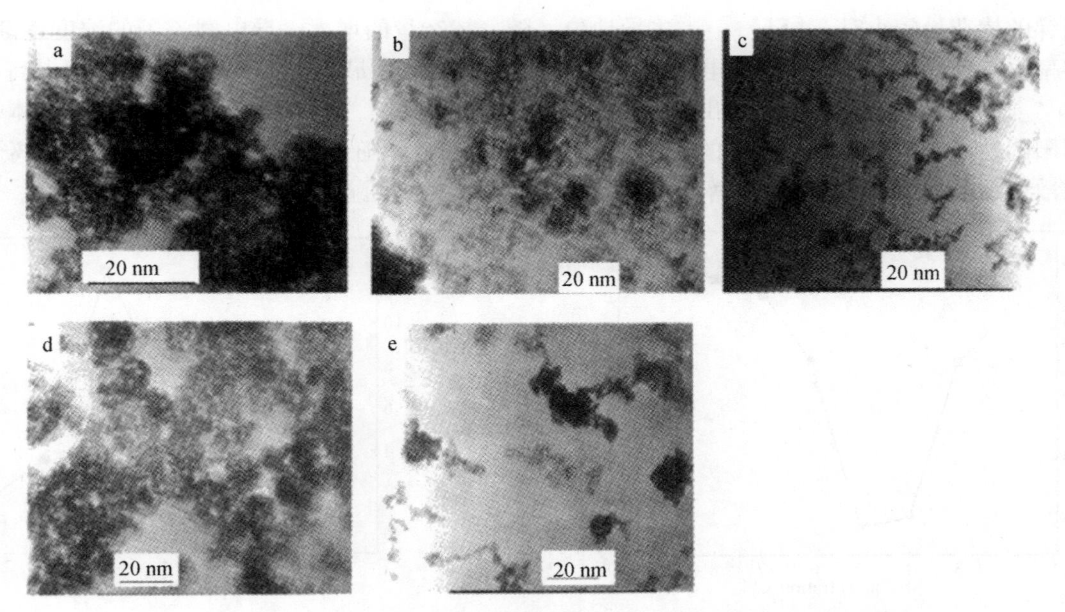

图4　200 ℃，保温6 h，添加不同表面活性剂制得ATO粉体的TEM照片

德华力的作用而引起团聚；另一方面，表面活性剂覆盖在ATO粉体的表面，使粉体间有一定的间距，尽管在洗涤的过程中表面活性剂全部被洗出，但粉体间的间距在很大程度上还是得到了保留，降低了ATO粉体接触和团聚的几率。

值得指出的是，除了跟表面活性剂的种类有关，纳米微粉的形貌和粒径还与表面活性剂的浓度有很大的关系。有研究表明，当表面活性剂浓度增大时，胶束尺寸增大但数目减少，因而生成的纳米颗粒粒径变大；但是另一方面，当表面活性剂的浓度增大时，过多的表面活性剂分子覆盖在粒子表面阻止晶粒的进一步生长，最终的结果可能会导致纳米粒子的粒径略有减小。实际上，根据胶束浓度形成的质量作用定律，增加表面活性剂的浓度将使胶束的聚集数增加，与此相反，增加表面活性剂浓度还会使整个体系的极性增大，因而形成的粉体粒径也会增大[14]。综合以上分析，为了制得粒径较小、分散性较好的纳米ATO粉体，本实验中添加的表面活性剂浓度均控制在略低于临界胶束浓度的范围。图4的结果表明，制得粉体的分散效果较为理想。

3.2　粉体的电性能分析

3.2.1　掺杂量对粉体电性能的影响

图5是纳米ATO粉体的电阻随掺杂浓度变化的曲线图。从图中可以看出，在较低的掺杂浓度下（$<5\%$），粉体的电阻随掺杂浓度的升高而逐渐降低；当进一步增大掺杂浓度以后，粉体电阻又逐渐增大。

这是因为在掺入低价阳离子（Sb^{3+}）的SnO_2中，Sb^{3+}占据了晶格中Sn^{4+}的位置，产生了阴离子空位和氧缺位，此时，由于点阵和气态氧之间存在着如下平衡：

$$O^{2-}_{(L)} \longrightarrow \frac{1}{2}O_2 + \square^{2+}_{O} + 2e \tag{2}$$

引起了电子类缺陷（电子和空穴），在这种情况下，对粉体电阻起主要作用的因素是载流子的迁移率[11]，电阻的大小对氧的活度具有一定的依赖性。有研究表明，样品处于空气中时，锑的两种氧化态［Sb^{3+}］和［Sb^{5+}］之间存在着竞争[12]，对应的平衡如下：

$$Sb_2O_3 \xrightarrow{SnO_2} 2Sb'_{sn} + V\ddot{o} + 3O_O \tag{3}$$

$$Sb_2O_5 \xrightarrow{SnO_2} 2Sb'_{sn} + 2e + 5O_O \tag{4}$$

当氧的活度高时，这两种情况就会同时发生，出现复合、补偿效应。

当锑的掺杂量较小时，[Sb^{3+}] 占主导地位，随着掺杂量的增大，导电载流子的浓度逐渐增大，其迁移率也得到提高，此时粉体的电阻减小，到5%的时候出现最小值。当掺杂浓度继续提高，样品中 [Sb^{5+}] 的数量逐渐增大，此时出现由掺杂高价阳离子（Sb^{5+}）引起的阳离子空位，粉体中同时存在阴阳两种离子空位，使得有效的载流子浓度减小，并且，随着掺杂浓度的提高，杂质离子对载流子的散射加强，使载流子的迁移率降低，从而导致粉末电阻随着掺杂浓度的升高而增大。

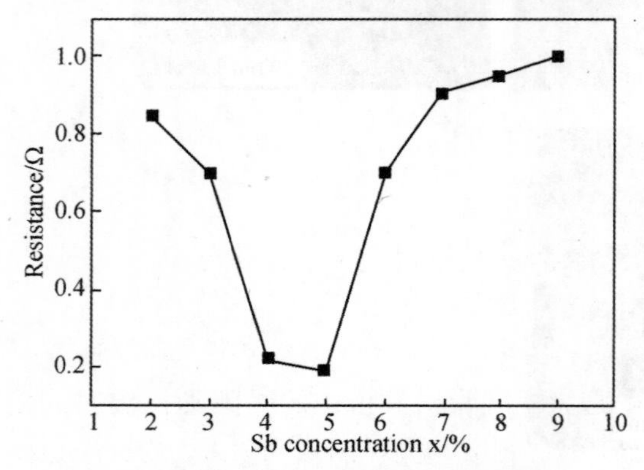

图 5　掺杂浓度对 ATO 粉体电阻的影响

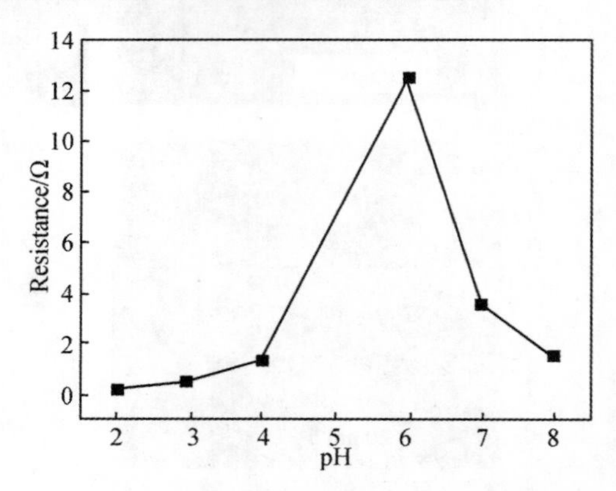

图 6　pH 值对 ATO 粉体电阻的影响

3.2.2　pH 值对粉体电阻的影响

图 6 为粉体电阻随 pH 变化的曲线图。从图中可以看出在 pH 值较低的情况下，随着 pH 值的升高，粉体电阻逐渐增大，到 pH=6 的时候出现一个极大值，此后，粉体的电阻随着 pH 值的升高又出现减小的趋势。

在水热过程中，存在着以下平衡：

$$Sn(OH)_4 \longrightarrow SnO_2 + H_2O \tag{5}$$

$$2Sb(OH)_3 \longrightarrow 2Sb_2O_3 + 3H_2O \tag{6}$$

同时，也还存在着（3）、（4）两式所示的平衡。当釜内 pH 值较低时，由于电荷间的相互作用，阴离子空位占主导地位，即 [Sb^{3+}] 的浓度较大，此时，导电载流子的迁移率较大，使得粉体的电阻较小；随着 pH 值的增大，[Sb^{3+}] 逐渐减小，[Sb^{5+}] 逐渐增多，阳离子空位在粉体中的作用逐渐加强，两种空位产生补偿作用，使得载流子的迁移率逐渐减小。当 pH=6 时，这种补偿作用达到极大值，从而导致粉体的电阻也达到极大值。继续提高 pH 值，[Sb^{5+}] 的作用逐渐增强，阳离子空位占主导地位，载流子的迁移率增大，粉体的电阻减小。

3.2.3　共沉淀温度对粉体电阻的影响

图 7 为粉体电阻随共沉淀温度变化的曲线图，从图中可以看出在共沉淀温度较低的情况下，随着温度的升高，粉体电阻逐渐减小，到 T=50 ℃的时候出现一个极小值。此后，粉体的电阻随着共沉淀温度的变化出现一个异常情况，在 60 ℃处突然增大，然后再出现减小的趋势。

粉体电阻由三个部分组成，即

$$R = \sum R_g + \sum R_c + \sum R_b \tag{7}$$

其中ΣR_g 为粉体自身的电阻，ΣR_c 为粉末的直接接触电阻，ΣR_b 为夹层接触时的位垒电阻。在考察粉体电阻时，由于粉体自身的电阻可由下式表示：

$$R = [C(ze)^2 B]^{-1} \tag{8}$$

由（8）式可以看出，ΣR_g 与反应的温度没有关系，而（7）式中后两项的影响不可忽略。李青山等人曾做过这方面的研究，发现这种异常情况的可能是由粉体颗粒内部的气孔率升高导致的[12]。

3.2.4　水热条件对粉体电阻的影响

图 8 是粉体电阻随水热温度变化的曲线图。从图中可以看出，随着保温温度的升高，粉体的电阻呈减小的趋势。这是因为随着保温温度的升高，粉体的结晶性能得到改善（如图 2 所示），固相的

掺杂反应效果更完全，Sb_2O_3 在 SnO_2 中形成固溶体，使得载流子的迁移率得到提高，从而导致粉体电阻的减小。

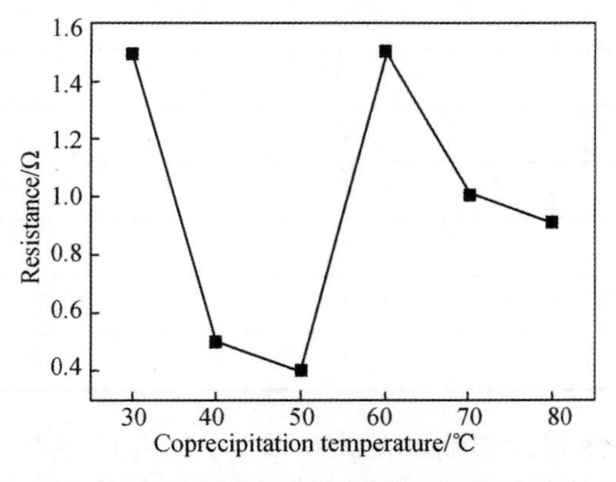

图7　共沉淀温度对ATO粉体电阻的影响

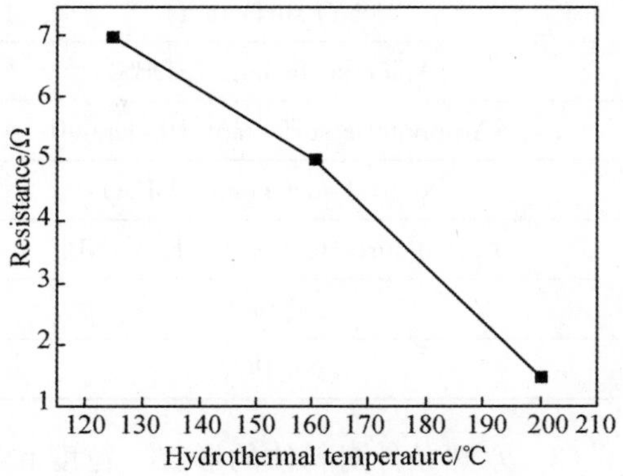

图8　水热温度对ATO粉体电阻的影响

表1是200 ℃下保温不同时间得到粉体的电阻值。从表中可以看出，粉体的电阻随保温时间没有明显变化。这是因为粉体的结晶性能和掺杂效果跟保温时间的关系不大，因而对$\sum R_g$ 的影响也不大，这也与图3所示的XRD结果相符。

表1　不同保温时间下粉体的电阻值

Hydrothermal time/h	Resistance/Ω
2	1.20
4	1.50
6	1.40
10	1.35
15	1.30
20	1.40

3.2.5　不同表面活性剂对粉体电阻的影响

表2是添加不同表面活性剂得到粉体的电阻值。从表中可以看出，除加入阳离子型的表面活性剂之外，其他表面活性剂的加入对粉体的电阻基本上没有影响。结合图4可知，表面活性剂在粉体制备工艺中所起的作用主要表现在形貌的控制方面。对于前面几种表面活性剂，由于在高压釜中形成了“微反应器”，而使得其中的掺杂效应更加完全，增大晶格中由于 Sb^{3+} 占位而引起的氧缺位，使(7)式中的$\sum R_g$ 增大；但同时由于分散性能得到改善，颗粒间的间隔变大，使得$\sum R_c$ 和$\sum R_b$ 的值都变大，两种因素共同作用的结果就使得粉体的电阻没有明显的变化。

4　结论

(1) 以无机盐为原料，采用水热法成功地制得了分散性较好、导电性能优越的金红石型纳米级ATO粉体。

(2) 在ATO纳米导电粉的制备过程中，前驱体制备温度对其性能有很大影响，当共沉淀温度在40～50 ℃时制得的粉体导电性最佳。

表 2 添加不同表面活性剂后粉体的电阻值

Surfactant	Resistance/Ω
NO surfactant	1.50
Anion surfactant (SDBS)	1.40
Amphoteric surfactant (β-alanine)	1.40
Neutral surfactant (DEA)	1.35
Cation surfactant ($(C_4H_9)_4NBr$)	0.93
Na_2SiO_3	1.40
Na_3PO_4	1.50

(3) 水热条件对粉体的形貌、粒度和导电性也有不可忽视的影响，在 200 ℃，4 h，pH＝2～4之间可以制得粒度在 10 nm 左右、导电性能良好的 ATO 粉体，加入表面活性剂可以改善粉体的粒径和分散性能，但对粉体的导电性影响极小。

(4) 掺杂能产生大量的氧空位载流子，从而改善 SnO_2 的导电性，掺杂的量对载流子的迁移率有很大的影响，在掺杂浓度为 4%～5%左右可制得导电性极佳的纳米 ATO 粉体。

参考文献

[1] Hongyan，Changsheng Ding，Hongjie Luo. Antimony-doped tin dioxide nanometer powders prepared by the hydrothermal method [J]. Microelectronic Engineering，2003，66 (1)：142-146.

[2] 范志新，陈玖琳，孙以材. 二氧化锡薄膜的最佳掺杂含量理论表达式 [J]. 电子器件，2001，24 (2)：132-135.

[3] C Mareel，M S Hedge，et al. Electrochromic properties of antimony tin oxide (ATO) thin films synthesized by pulsed laser deposition [J]. Electrochim Acta，2001，46 (13)：375.

[4] Radhouane Bel Hadj Tahar，Takayuki Ban，Yuaka Ohya，et al. Tin-doped indium oxide thin films：electrical properties [J]. Journal of Applied Physics，1998，83 (5)：2631-2645.

[5] Keun-Soo Kim，Seog-Young Yoon，Won-Jae Lee，et al. Surface morphologies and electrical properties of antimony-doped tin oxide films deposited by plasma-enhanced chemical vapor deposition [J]. Surface and Coatings，2001，138 (2)：229-236.

[6] Terho Kololuoma，Ari H O，Karkkainen，Ari Tolonen，et al. Lithographic patterning of benzoylacetone modified SnO_2 and SnO_2：Sb thin films [J]. Thin Solid Films，2003，440 (1)：184-189.

[7] Terho Kololuoma，Ari H O，Karkkainen，Juha T Rantala. Novel synthesis route to conductive antimony-doped tin dioxide and micro-fabrication method [J]. Thin Solid Films，2002，408 (1)：128-131.

[8] 张建荣，顾达，杨云霞. 湿化学法制备纳米 ATO 导电粉 [J]. 功能材料，2002，33 (3)：300-304.

[9] C Geebbert，R Namninger，M A Aegerter，et al. Wet chemical deposition of ATO and ITO coatings using crystalline nanoparticles redispersable in solutions [J]. Thin Solid Films，1999，351 (1-2)：79-84.

[10] Hongyan Miao，Changheng Ding，Hongjie Luo. Antimony-doped tin dioxide nanometer powders prepared by the hydrothermal method [J]. Microelectronic Engineering，2003，66 (1)：142-146.

[11] H. 哈根穆勒. 固体电解质 [M]. 北京：科学技术出版社，1984：257-277.

[12] 李青山，张金朝，宋鹏. 共沉淀条件对纳米级 Sb/SnO_2 粒度和电性能的影响 [J]. 应用化学，2002，19 (2)：163-167.

[13] 赵国玺. 表面活性剂物理化学 [M]. 北京：北京大学出版社，1991：194-406.

[14] 刘海涛，杨郦，张树军，等. 无机化学合成（第一版）[M]. 北京：化学工业出版社，2003：67-86.

（材料科学与工程学报，第 23 卷第 4 期，2005 年 8 月）

制备工艺对纳米级铟锡氧化物（ITO）形貌和电性能的影响

刘建玲，赖琼琳，陈宗璋，何莉萍，杨天足，江名喜

摘　要：以 $SnCl_4 \cdot 5H_2O$、In 和浓盐酸为原料，采用化学共沉淀法制备出了纳米级锡掺杂氧化铟（ITO）导电微粉，系统地研究了掺杂量，共沉淀温度，pH 值，热处理时间、温度对粉体粒度、形貌和电性能的影响规律。研究表明，合成的 ITO 粉体分散性较好、导电性能优异，粒径在 40 nm 左右具有立方铁锰矿结构。在 ITO 纳米导电粉的制备过程中，共沉淀温度和滴定终点 pH 值对其形貌和性能有很大影响，当共沉淀温度在 60 ℃左右，pH＝6 时制得的粉体性能最佳。煅烧条件对粉体的形貌、粒度和导电性也有较大的影响，在 700 ℃，4 h 条件下可以制得导电性能良好，结晶完好，粒度分布均匀的 ITO 粉体。掺入 Sn（Ⅳ）的量对载流子的迁移率有很大的影响，在掺杂浓度为 10%左右可制得导电性极佳的纳米 ITO 粉体。

关键词：纳米级 ITO 粉体；共沉淀；煅烧；结晶；电性能

中图分类号：TQ174　**文献标识码**：A　**文章编号**：1001-9731（2005）04-0559-04

Influence of Preparing Condition on Characteristics and Electonic Property of Nanometer-Sized Indium Tin Oxide Powders

Liu Jianling，Lai Qionglin，Chen Zongzhang，
He Liping，Yang Tianzu，Jiang Mingxi

Abstract：Indium tin oxide powders（ITO）have been prepared by coprecipitating method using In，$SnCl_4 \cdot 5H_2O$ and hydrochloric acid as raw materials. The influence of tin concentration，coprecipitation temperature，pH value，thermal treatment temperature and time on the phase，particles size and resistance were researched. The results show that the ITO powders prepared on the conditions of coprecipitating at 60 ℃，annealling at 700 ℃ for 4 h，pH＝6 and SnO_2/In_2O_3 ration of 10：90 were well crystallized and dispersed doped powders，which exhibits good electrical property.

Key words：nanometer-sized indium tin oxide powders（ITO）；coprecipitation；calcination；crystal；electrical property

1　引言

铟锡氧化物（ITO）通过 Sn（Ⅳ）在 In_2O_3 晶格中的 n 型掺杂形成半导体[1]，从而具有低电阻率，高红外光反射率，高可见光透过率[2]与基底材料的强结合力，广泛应用于固态平板显示器（如液晶显示器、等离子体显示屏、场致发光屏等）、太阳能电池、电磁波屏蔽和透明导电材料等领域。目前对超细 ITO 材料的研究主要集中在蒸发[3]、溅射、喷雾[4]等物理镀膜方法和化学气相沉积，溶胶-凝胶法[5,6]等化学涂膜方面。化学共沉淀法制备纳米级 ITO 粉体具有工艺简单、制备成本低、条件易控制和合成周期短等优点，适宜工业生产。本文采用化学共沉淀法制备出粒度分布均匀、分散性能好、电性能优异的纳米级 ITO 粉体。并且系统地考察了掺杂浓度、共沉淀温度、滴定终点 pH

值、煅烧温度和时间对粉体结晶性能、粒度和性能的影响。

2　试验

采用共沉淀法，以 $SnCl_4 \cdot 5H_2O$、In 粒和浓盐酸为原料，将 In 溶解在盐酸中稀释到一定的浓度，按一定的配比加入 $SnCl_4 \cdot 5H_2O$，形成透明的强酸性的混合溶液。以 $NH_3 \cdot H_2O$ 作为沉淀剂，恒温搅拌下滴加 Sn^{4+} 和 In^{3+} 的混合溶液，维持一定的 pH 值，持续搅拌至反应完全，得白色沉淀，将母液在室温下陈化一段时间后，用慢速定量滤纸进行真空抽滤，所得滤饼用去离子水洗涤并以 $AgNO_3$ 溶液检验不含 Cl^-，再用无水乙醇洗涤二次，洗涤后所得滤饼在 90 ℃下干燥后在玛瑙研钵中研细，将所得白色干粉在不同的温度下煅烧一定时间，制得掺锡氧化铟纳米粉。

利用日本理学 D/max-rA 型 X 射线衍射仪，采用 CuKα，50 kV，100 mA，$\lambda=1.5418$ nm，扫描速度 4°/min 对粉体进行物象分析，并用 Scherrer 公式，根据衍射峰的半波宽计算粉体的粒度；用日立 H-800 型透射电子显微镜进一步观察粉体的粒径及形貌，粉体电阻的测试采用自制的装置。

3　结果和讨论

3.1　掺杂浓度的影响

图 1 为不同掺杂浓度下制得 ITO 纳米粉的 XRD 谱图。从图 1 可以看出，掺入一定量的 SnO_2 以后，样品的衍射峰与立方铁锰矿型 In_2O_3 的衍射峰对应，没有出现 Sn 及 Sn 化合物的衍射峰，说明掺杂原子 Sn 在体系中不形成新相，而是固溶于 In_2O_3 铁锰矿结构的晶格中。从图中可以看出，随着掺杂浓度的提高，粉体的结晶性能有变差的趋势，通过 Scherrer 公式[10]计算得到 Sn 掺杂浓度为 1%、10%、25%时粉体的粒径分别为 36 nm、40 nm、49 nm，这也与图 1 中出现的衍射峰宽化情况相一致。

图 2 为 ITO 纳米粉的电阻随掺杂浓度的变化趋势图。从图 2 中可以看出，在掺杂浓度较低的情况下（$<10\%$），粉体的电阻随掺杂浓度的增大而减小，到 10%的时候出现一个最小值，随后，粉体的电阻随掺杂浓度的增大而增大。

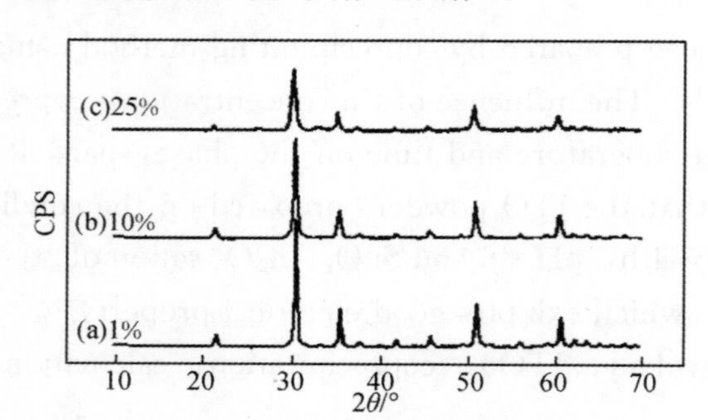

图 1　不同掺杂浓度 ITO 粉体的 XRD 谱图

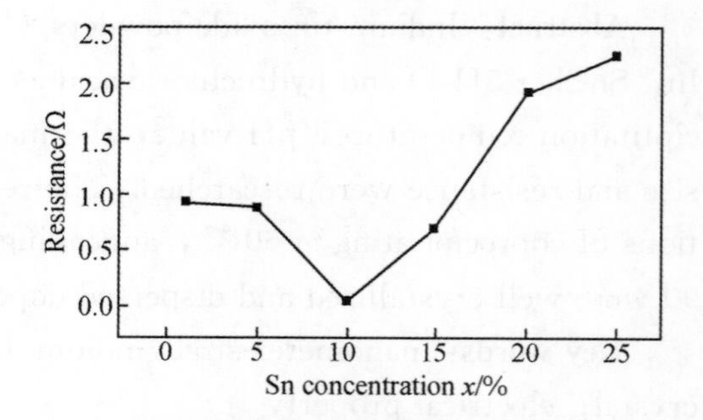

图 2　不同掺杂浓度 ITO 粉体的电阻

ITO 粉体的电阻可由下式得出：

$$R=(N\mu e)^{-1} \tag{1}$$

式中 R 为粉体电阻，N 为载流子浓度，μ 为载流子迁移率，e 为电子电荷。在掺入高价阳离子（Sn^{4+}）的 In_2O_3 中，Sn^{4+} 占据了晶格中 In^{3+} 的位置，产生了阳离子空位和氧缺位，此时，由于点阵和气态氧之间存在着如下平衡：

$$O^{2-}_{(L)} \longrightarrow \frac{1}{2}O_2+\square^{2+}_{O}+2e \tag{2}$$

引起了电子类缺陷（电子和空穴），在这种情况下，对粉体电阻起主要作用的因素是载流子的浓度和迁移率[7]，电阻的大小对氧的活度具有一定的依赖性。有研究表明，样品处于空气中时，锡的两种氧化态［Sn^{3+}］和［Sn^{4+}］之间存在着竞争，对应的平衡如下：

$$Sn_2O_4 \xrightarrow{In_2O_3} 2Sn'_{In} + V_{\ddot{O}} + 2O_O \tag{3}$$

$$SnO_2 \xrightarrow{In_2O_3} 2Sn'_{In} + 2e + 4O_O \tag{4}$$

当氧的活度高时，这两种情况就会同时发生，出现复合、补偿效应[9]。

当锡的掺杂量较小时，$[Sn^{4+}]$ 占主导地位，随着掺杂量的增大，（1）式中导电载流子的浓度逐渐增大，其迁移率也得到提高，此时粉体的电阻减小，到10％时出现最小值。当掺杂浓度继续提高，Sn离子间的距离变得很小，样品中Sn（Ⅳ）离子有转变为Sn（Ⅱ）离子的趋势，这两种离子通过电荷间的相互作用力结合在一起，使得掺入Sn离子的平均电荷变为＋3价[7]，出现（2）、（3）式所示的情况，使得（1）式中的载流子浓度和迁移率均变小，从而导致R值的增大。因此，在掺杂浓度为10％的条件下，可得电阻最小的ITO粉体，也即是制备纳米级ITO粉体的最佳掺杂浓度为10％。

3.2 pH值的影响

在共沉淀法制备超细粉的过程中，pH值对粉体相貌、性能均有不可忽视的影响。图3为不同pH值恒定共沉淀温度下制得样品，并经过700 ℃热处理4 h得到超细ITO粉体的XRD谱图，样品具有立方铁锰矿结构。从图3中可以看出，随着终点pH值的增大，晶体的结晶性能有变差的趋势。利用Scherrer公式计算得到终点pH值为6和10的时候，粉体的平均粒径分别为40 nm和47 nm。这是因为In（OH）$_3$为两性氢氧化物，在$InCl_3$、$SnCl_4$加入氨水强制水解共沉淀的体系中，主体相存在着水合铟离子水解动态平衡：

$$[In(H_2O)_n]^{3+} \rightleftharpoons In(OH)_3 + 3H^+ + (n-3)H_2O \tag{5}$$

在pH值较低时，胶体表面水化形成带正电（H^+）的水化膜而稳定存在，随着pH值升高，溶液中的$[OH^-]$离子浓度开始增大，破坏水化膜，使得氧化物粒子之间的距离减小，导致颗粒之间凝聚并长大，粒子的粒径增大。

图4为粉体电阻与pH值之间的关系。从图4中可以看出，随着共沉淀终点pH值的升高，粉体的电阻逐渐增大。这主要是由两方面的原因引起的：一方面，如图3所示，较低pH值下制得的粉体结晶性能优于较高pH值下制得的ITO粉体，此时In_2O_3晶格中Sn（Ⅳ）的固相掺杂反应效果较完全，从而使得载流子的迁移率较大，粉体的电阻较小；另一方面，决定粉体电阻的因素由3个部分组成，即：

$$R = \sum R_g + \sum R_c + \sum R_b \tag{6}$$

其中$\sum R_g$粉体自身的电阻，对于同一种物质而言，为一定值；$\sum R_c$为粉末的直接接触电阻；$\sum R_b$为夹层接触时的位垒电阻。在考察粉体电阻时，后两项的影响不可忽视，pH值较低时，粉体具有较小的粒径，使得粉体间的结合更为紧密，$\sum R_c$和$\sum R_b$的值在一定程度上有所减小，R值也随之减小。

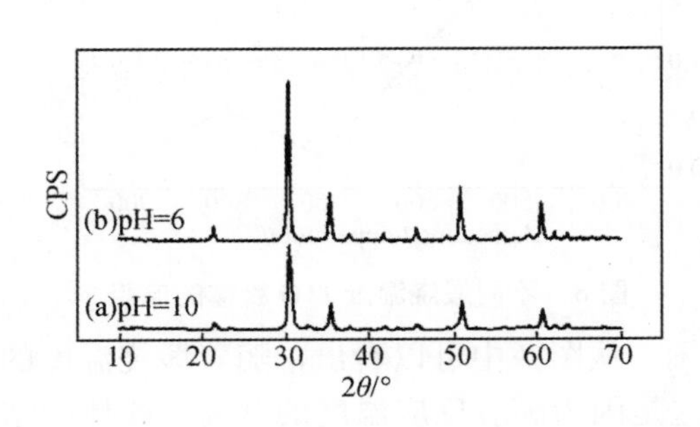

图3 不同pH值ITO粉体的XRD图谱

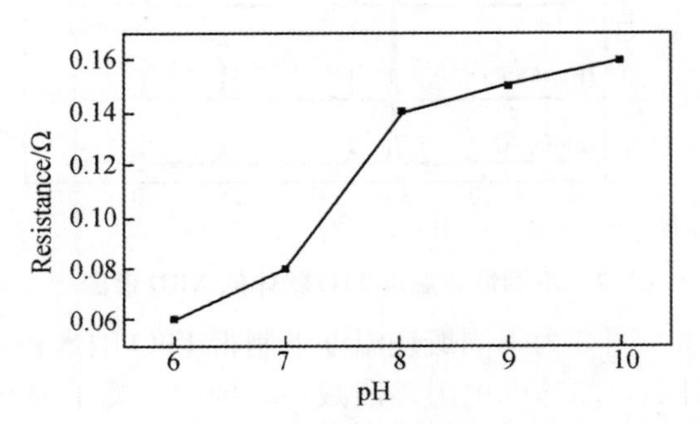

图4 不同pH值ITO粉体的电阻

因此，较低共沉淀pH值下可制得电阻较小的ITO粉体，但是过低的pH值会影响产物的收率，综合考虑这两方面的影响，最佳的pH值应在6左右。

3.3 共沉淀温度的影响

图5为不同共沉淀温度下制得ITO粉体的XRD谱图。从结果可知，样品具有立方铁锰矿结构，说明掺杂并没有引入新相。利用Scherrer公式计算得共沉淀温度为30 ℃、60 ℃、70 ℃时，制得的ITO粉体的粒径分别为44 nm、40 nm和33 nm，这也与图中曲线a宽化较为严重的结果一致。这是因为水解反应是一个吸热过程，在较低的温度下，水解较为缓慢，胶粒表面的水化膜稳定存在；温度升高时，破坏了水解反应的平衡，水化膜也被破坏，导致颗粒凝聚并长大；当温度升高到一定程度，体系中由水解产生的［H^+］浓度开始增大，胶体整体带正电而达到稳定状态[8]，晶粒难以再凝聚。这也可以很好地解释图5中所示的3个不同的温度下制得的ITO粉体粒径相差并不显著的原因。

图6为不同温度下制得ITO纳米粉体的电阻曲线图。从图6中可以看出随共沉淀温度的升高，粉体的电阻呈减小的趋势，但是在50 ℃时出现反常，突然增大，这可能是因为在50 ℃左右出现水解平衡，此时体系中［H^+］浓度最低，粉体的粒径也达到最大，$\sum R_c$和$\sum R_b$之值达到最大，最终导致R最大。因此，从控制粉体粒度和电性能这两方面来考虑，应选择在40 ℃或较高的温度下共沉淀，但40 ℃下制得的粉体结晶性能较差，而温度过高又会引起沉淀剂氨水的挥发，所以最佳的共沉淀温度应控制在60 ℃左右。

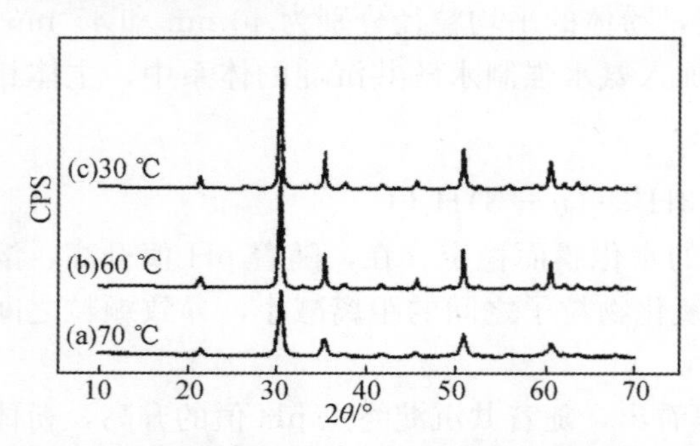

图5 不同共沉淀温度下ITO粉体的XRD谱图

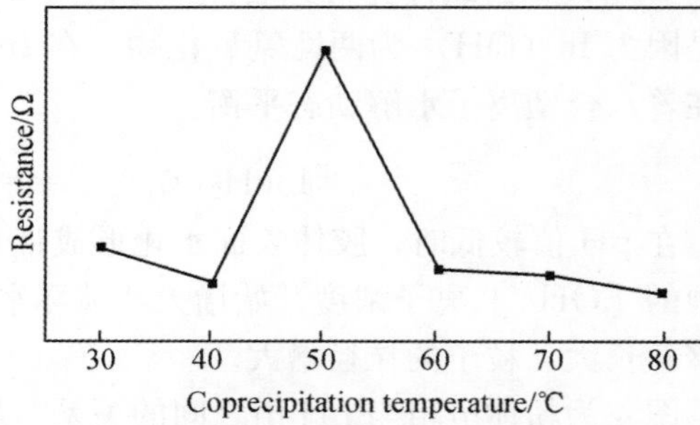

图6 不同共沉淀温度ITO粉体的电阻

3.4 煅烧温度的影响

图7为不同煅烧温度下制得ITO粉体的XRD谱图。从图中可以看出，随着煅烧温度的升高，粉体的结晶性能得到改善。通过Scherrer公式计算，得到400 ℃、700 ℃和900 ℃时制得粉体的平均粒径分别为35 nm、40 nm和49 nm。这是因为结晶过程是一个吸热反应，随着煅烧温度的升高，Sn离子在In_2O_3晶格中的固相掺杂反应逐渐变得完全，且高温有利于晶体的团聚长大。

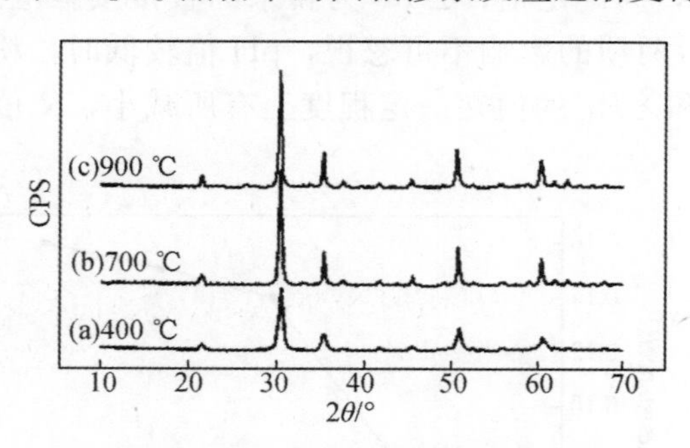

图7 不同煅烧温度ITO粉体的XRD谱图

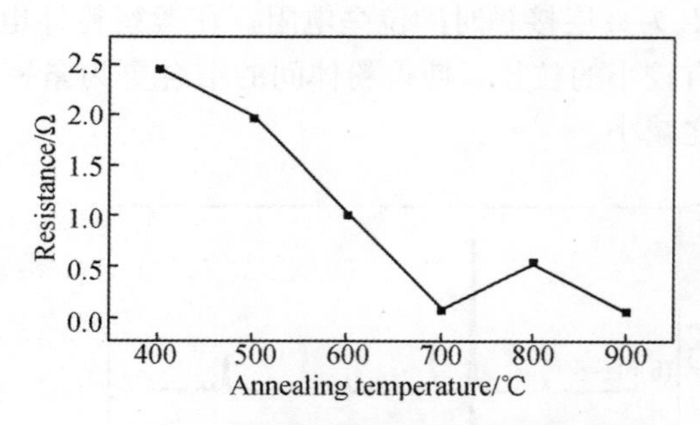

图8 不同煅烧温度ITO粉体的电阻

图8为不同煅烧温度下制得ITO纳米粉体的电阻曲线图。从图8中可以看出，随着煅烧温度的升高，粉体的电阻逐渐减小，到700 ℃的时候达到最小。这是因为随着反应温度的升高，粉体的结晶性能得到改善，掺杂反应进行得更为完全，粉体中载流子的浓度增大，从而引起电阻的减小。继续升高反应温度，对粉体的主要影响已经从晶形方面转移到粒度长大方面，此时的粉体虽然具有完好的晶形，但是粒度也有较为明显的增大，$\sum R_c$和$\sum R_b$之值增大，引起R的增大，也即是粉体的电性能下降。

图 9 为 500 ℃（a）和 700 ℃（b）下煅烧 4 h 得到的粉体的 TEM 照片。

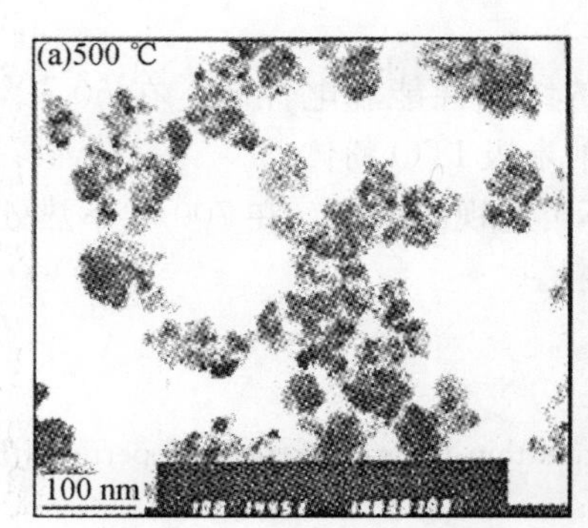

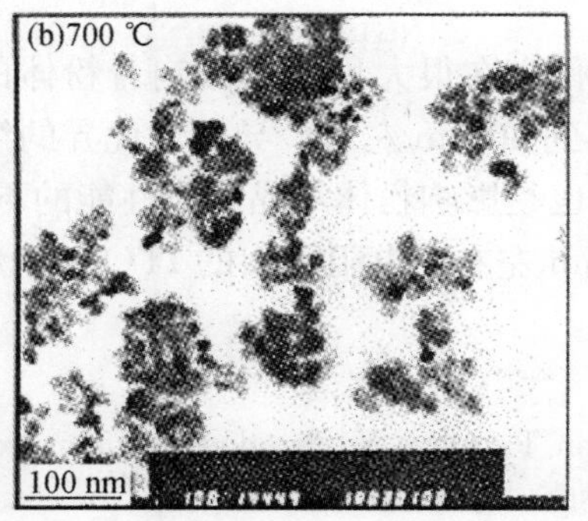

图 9　不同煅烧温度 ITO 粉体的 TEM 图片

从图 9 中可以看出，在两个不同的条件下制得的 ITO 纳米粉粒径均在 50 nm 以下，但是 500 ℃下制得粉体结晶并不完全，晶体没有一定的形状，粒度分布也不均匀；而在 700 ℃下制得的粉体均为规则的球状结晶，粒径均在 30～40 nm 之间。这与图 7 中 XRD 谱图所显示的结果得到很好的吻合。

综合考虑结晶性能、粉体粒径和粉体电阻三方面的因素，共沉淀法制备纳米级 ITO 微粉的热处理温度最好控制在 700 ℃左右。

3.5　煅烧时间的影响

图 10 为 700 ℃下不同煅烧时间下制得 ITO 微粉的 XRD 谱图。从图中可以看出，随着煅烧时间的延长，粉体的结晶性能没有明显的变化。根据 Scherrer 公式计算，得到煅烧 2 h 和 4 h 的样品粒度分别为 39 nm 和 40 nm，大小基本一致。这是因为在一定的温度下，化学反应经过一段时间以后在热力学上达到平衡，此后，这个平衡不因为时间的变化而移动。而在制备纳米级 ITO 粉体的过程中，控制热处理的温度，达到一定时间以后，晶体生长也达到平衡，结晶性能和晶体粒度都不随时间变化而变化。

图 11 为在 700 ℃下煅烧不同时间得到的 ITO 纳米粉电阻随热处理时间的变化曲线图。

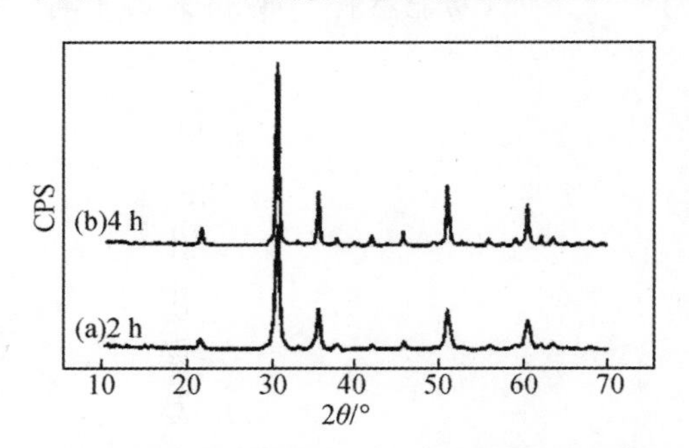

图 10　700 ℃下不同煅烧时间 ITO 粉体的 XRD 图谱

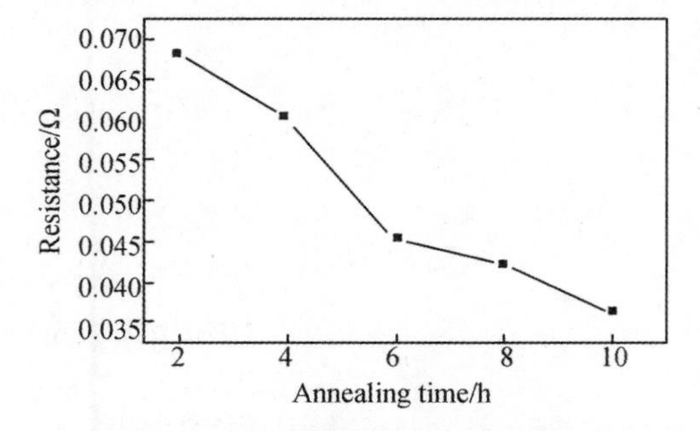

图 11　700 ℃不同煅烧时间 ITO 粉体的电阻

从图 11 中可以看出，随着煅烧时间的延长，粉体的电阻呈下降的趋势。虽然粉体的粒度和结晶性能在一定的温度下不随时间而变化，但是随着热处理时间的延长，粉体颗粒间的空气被逐渐赶出，使得粉体的气孔率降低，$\sum R_c$ 和 $\sum R_b$ 之值减小，引起 R 的减小，也即是粉体的电性能得到提高。

因为粉体的结晶性能和粒度几乎不随煅烧时间发生变化，所以在选择热处理时间时，主要考虑其电性能，因为电阻随时间延长而减小，所以应选择较长的煅烧时间，但是反应时间太长又会影响工业生产的效率，因此，最佳的热处理时间应选择在 4 h 左右。

4　结论

（1）以金属、盐酸和无机盐为原料，采用共沉淀法成功地制得了分散性较好的纳米级立方铁锰矿型 ITO 超细粉体。掺杂浓度是粉体电性能的最大影响因素，掺入 10%左右的 Sn 时粉体的电阻最小。

（2）共沉淀条件也在很大程度上影响着粉体的结晶性能和电性能，在 60 ℃，调节滴定终点在 pH=6 左右，可得到 40 nm 左右，导电性优异的纳米级 ITO 粉体。

（3）煅烧条件也是影响粉体结晶和电性能的不可忽视的因素，在 700 ℃下热处理 4 h 可得到结晶完好，粒度在 40 nm 左右，电阻较小的 ITO 纳米粉。

参考文献

[1] Tahar F B H，Ban T，Ohya Y. Tin-doped indium oxide thin films：electrical properties [J]. Journal of Applied Physics，1998，83（5）：2631-2645.

[2] Alam M J，Cameron D C. Characterization of transparent conductive ITO thin films deposited on titanium dioxide film by a sol-gel process [J]. Surface and Coatings Technology，2002，142（01）：776-780.

[3] Ishihara Y，Hirai T，Sakurai C，et al. Applications of the particle ordering technique for conductive anti-reflection films [J]. Thin Solid Films，2002，411（1）：50-55.

[4] Shanthi S，Subramanian C，Ramasamy P. Preparation and properties of sprayed undoped and fluorine doped tin oxide films [J]. Materiala Science and Engineering B，1999，57（2）：127-134.

[5] Jiao Zheng，Wu Minghong，Gu Jianzhon，et al. The gas sensing characteristics of ITO thin film prepared by sol-gel method [J]. Sensors and Actuators B，2003，94（2）：216-221.

[6] Tsai M S，Wang C L，Hon M H. The preparation of ITO films via a chemical solution deposition process [J]. Surface and Coatings Technology，2003，172（1）：95-101.

[7] H. 哈根穆勒. 固体电解质 [M]. 北京：科学技术出版社，1984：257-277.

[8] Alam M J，Cameron D C. Investigation of annealing effects on sol-gel deposited indium tin oxide thin films in different atmospheres [J]. Thin Solid Film，2002，420（47）：76-82.

[9] 陆凡，陈诵英. 超临界流体干燥法合成超微二氧化锡 [J]. 应用化学，1994，11（5）：68-70.

[10] 杨南如. 无机非金属材料测试方法 [M]. 武汉：武汉工业大学出版社，2000，91-95.

（功能材料，第 36 卷第 4 期，2005 年）

纳米氧化铬制备方法及其进展

陈　霖，何莉萍，赖琼琳，李仲英，陈宗璋

摘　要：概述了现有的各种制备纳米氧化铬的方法，包括机械化学法、等离子气相合成法、激光诱导气相沉积法、有机金属化学气相沉积法、微乳液法、溶胶-凝胶法、辐射化学合成法、超临界流体脱溶法、水热法，并展望了其未来的发展方向。

关键词：纳米氧化铬；制备方法；研究进展；展望

Preparation Methods and their Progress of Nanometer-sized Cr_2O_3

Chen Lin，He Liping，Lai Qionglin，Li Zhongying，Chen Zongzhang

Abstract：The state-of-art of the current available fabrication methods for nano-sized chromium oxides（Cr_2O_3），such as mechanical & chemical method，plasma chemical vapor deposition method（PCVD），laser-induced chemical vapor deposition method（LICVD），metal-organic chemical vapor deposition method（MOCVD），microemulsion，sol-gel method，γ-radiation method，supercritical fluid dehydration method（SAS）and hydrothermal method are outlined in this paper. The development trend of the fabrication method for nanometer Cr_2O_3 is also given.

Key words：nano-sized chromium oxides，fabrication method，progress，prospect

0　引　言

氧化铬即 Cr_2O_3，微溶于水，难溶于酸，有很高的稳定性和很好的遮盖力，是一种具有实用价值的无机功能材料，主要应用于制备金属铬和高级铬合金，以及作耐火材料和颜料等[1]。氧化铬还用作触媒及其载体，用于制备复合氧化物[2]。

传统方法制备的氧化铬颗粒较大，粒度分布宽，形状复杂。相比于传统的大颗粒氧化铬，纳米氧化铬具有更优异的性能。这是由于纳米微粒体积小、比表面大，使得处于表面的原子多，从而增大了粒子的活性。以前有多位学者对制备超微氧化铬进行了研究[3-5]，不过限于实验条件等因素，并未制备出纳米级的氧化铬。近年来对纳米材料的深入研究，也促进了纳米氧化铬制备技术的发展。本文概述了现有的制备纳米氧化铬的方法，对它们的特点作出总结，并对纳米氧化铬制备的发展方向作出了展望。

1　纳米氧化铬的制备方法

纳米氧化铬的制备方法根据制备时原料状态可分为固相法、气相法和液相法。

1.1　固相法

固相法是一种传统的粉体制备工艺，是采用简单的固-固反应制备产品的方法，具有产量大、制备工艺简单易行等优点，但由于耗能大、效率低、杂质易混入等缺点，一般使用得较少。近年来主要发展了机械化学法制备纳米氧化铬。

机械化学法是利用金属或合金粉末在球磨过程中与其他单质或化合物之间的化学反应而制备出所需材料的技术，又称反应球磨技术。在球磨过程中，金属晶粒由于反复形变而破碎，并不断细化直到形成纳米级粉体。机械化学法结合了化学和物理方法共同制备金属粉末，具有产量高、工艺简单等优点，近年来已成为制备纳米材料的重要方法[6]。但由该法制备的纳米氧化铬纯度不高。

T. Tsuzuki 等[7]将无水重铬酸钠和硫粉封入球磨机中进行固相置换反应：

$$Na_2Cr_2O_7 + S \longrightarrow Cr_2O_3 + Na_2SO_4$$

并使用氩气保护，硫酸钠和氯化钠作为随后加入的稀释剂，最后得到粒径在 10 nm～80 nm 之间的纳米氧化铬。

1.2 气相法

鉴于固相法存在的不足，20 世纪 60 年代产生了气相制备技术。采用气相法可制备出纯度高、颗粒小、粒径分布窄的纳米微粒。根据合成过程的不同，气相制备技术又可分为以下几类。

1.2.1 等离子气相合成法（PCVD）

等离子体高温焰流中的活性分子、原子、离子或电子以高速射入金属表面，使金属瞬间熔解，并伴随金属的蒸发，蒸发的金属与等离子体或反应性气体发生化学反应，生成各类化合物的核粒子，核粒子脱离等离子体反应区后，形成相应化合物的纳米微粒。采用直流与射频混合式的等离子体技术或微波等离子体技术，可以实现无极放电，在一定程度上避免了电极材料污染而造成的杂质引入，可制备出高纯度的纳米氧化铬。

D. Vollath 等[8]采用六羰基铬为前驱体，在 3 kPa、600 ℃的条件下，使用预热到 150 ℃的流量为 75 L/min 的氩氧混合气体为载气（氩气∶氧气＝8∶2），制得平均粒径为 8 nm～9 nm 的纳米氧化铬，其最小粒径可达 2 nm～3 nm。

1.2.2 激光诱导气相沉积法（LICVD）

激光诱导气相沉积法（LICVD）的基本原理为：利用大功率激光器的激光束照射反应气体，反应气体通过对入射激光光子的强吸收，气体分子或原子在瞬间得到加热、活化，达到化学反应所需要的温度后，迅速完成反应、成核飞凝聚、生长等过程，从而制得相应物质的纳米微粒。该方法可以制备纯度很高的纳米氧化铬，但对设备要求很高，工艺条件比较复杂，并且产量较小。

G. Peter 等[9]以氢氧化铬为前驱体，氨气为载体，以 c. w. CO_2 激光分解气相的氢氧化铬，制得了 100 nm 左右的氧化铬颗粒；并探讨了反应中影响颗粒大小的因素；研究发现，高聚焦的激光束、低压力和高热传导的载气有利于微小氧化铬颗粒的形成。

1.2.3 有机金属化学气相沉积法（MOCVD）

有机金属化学气相沉积法（MOCVD）是以Ⅱ、Ⅲ族元素的有机化合物和Ⅴ、Ⅵ族元素的氧化物等作为生长源材料，采用热分解反应在衬底上进行气相外延，生长Ⅲ-Ⅴ、Ⅱ-Ⅵ族化合物的多元固溶体的薄层。它不使用液体容器，制备过程在低温下进行，这使得制备的材料有纯净的生长环境，并可以制成大面积均匀薄膜[10]，可应用于制备纳米氧化铬的大面积涂层。

S. Chevalier 等[11]以加热到 180 ℃的 Cr（acac）$_3$ 为前驱体，500 ℃的玻璃为衬底，在氮气流量为 7.5 L/h，氧气流量为 2.5 L/h，压力为 200 Pa 的条件下制备了粒径在 60 nm 以下的纳米氧化铬薄膜，该纳米氧化铬薄膜有很高的防腐蚀性，可应用于金属防腐。

1.3 液相法

液相法是从 20 世纪 80 年代发展起来的一种全新的材料制备方法。它采用化学手段，不需要复杂仪器，通过简单的溶液过程制备材料并可控制材料颗粒的大小[12]。液相法具体可分为以下几种。

1.3.1 微乳液法

微乳液法[13]是利用两种相互不溶的溶剂在表面活性剂的作用下形成均匀的乳液，使成核、生长、聚结等过程局限在一个微小的球形液滴中，再从乳液中析出纳米固相颗粒的方法。这一方法的关键在于使每个含有前驱体的水溶液滴被一连续油相包围，即形成油包水（W/O）型乳液。

张岩等[14]用如下流程：

$$CrCl_3\text{ 水溶液}\xrightarrow[\text{有机溶剂}]{\text{表面活性剂}}\text{微乳液}\xrightarrow{OH^-}\text{超微粒溶胶}\xrightarrow{\text{分离}}\text{有机溶胶}\xrightarrow[\text{蒸干}]{\text{回流}}Cr_2O_3\text{ 超微粉}$$

通过控制反应体系中 Cr^{3+} 浓度、表面活性剂（DBS 或 ST）浓度及 pH 值，制得平均粒径为 3 nm～15 nm 的纳米 Cr_2O_3（DBS/ST）粉体。

藤飞等[15]采用 W/O 微乳纳米反应器，将铬（Ⅵ）盐及助剂制成水相，有机介质、表面活性剂混合均匀作为油相，在搅拌下把水相慢慢加入油相，再经过加热、抽滤、纯化，得到了一定纯度的球形氧化铬超细粉体，粉体粒径小于 100 nm，并可以通过控制纳米反应器中的球形空间的大小控制颗粒粒度范围。

1.3.2 *溶胶-凝胶法*（Sol-gel）

溶胶-凝胶法（Sol-gel）是将金属盐经过溶液、溶胶、凝胶固化过程，再经热处理而成为氧化物或其他固体化合物的方法。其优点是制品纯度高，烧结温度比传统的固相反应法低 200～500 ℃。

A. Kawabata 等[16]使用 $Cr(NO_3)_3$ 水溶液，在加热搅拌同时加入 $(NH_2)_2H_2O$，在 pH=9 时恒温 1 h 得到凝胶，再经过热处理得到高度团聚的氧化铬颗粒，粒径约为 5 nm。

邓双等[17]采用溶胶-凝胶法与共沸蒸馏耦合技术制备了纳米 Cr_2O_3 粉体。其制备过程为：将硝酸铬与稀氨水溶液并流加入温度恒为 40 ℃的表面活性剂溶液中，不断搅拌并控制溶液 pH 值，滴加完毕后陈化 2 h，过滤得到水合 Cr_2O_3 凝胶，然后加入正丁醇共沸蒸馏，将过滤得到的醇凝胶经过热处理即得到粒径范围在 20 nm～40 nm 的纳米氧化铬粉体。

耿后安等[18]将 1 mol 硝酸铬加入到 3 mol 血熔融的硬脂酸中，反应得深绿色半透明凝胶，将此凝胶置于马弗炉中热处理得灰绿色产品。X 射线衍射（XRD）表征所得产物粒径为 27 nm 刚玉型 Cr_2O_3，用比表面法（BET）测得其比表面为 84.3 m^2/g。

李耀刚等[19]将 $Cr(NO_3)_3$溶液在剧烈搅拌下逐滴加入到 pH>8 的碱性溶液中，保持溶液的 pH=8～9，产生沉淀。将沉淀物过滤、洗涤、干燥，再经过热处理，研磨过 200 目筛，得到纳米氧化铬。

1.3.3 *辐射化学合成法*

辐射化学合成法制备纳米材料的基本原理为：水接受辐射后被激发，产生各种还原性的粒子。加入异丙醇或特丁醇清除氧化性自由基（—OH），水溶液中的还原性粒子就可以逐步将溶液中的金属离子还原为金属原子或低价金属离子。新生成的金属原子聚集成核，生长成纳米颗粒。

朱英杰等[20]将 $K_2Cr_2O_7$ 与蒸馏水配成溶液，加入十二烷基硫酸钠作为表面活性剂，异丁醇作为清除剂，并且入氮气保护，将溶液放在 2.59×10^{15} Bq^{50}Coγ-射线下照射，产品即从溶液中沉淀出来，用蒸馏水洗净，干燥后得到平均粒径为 6 nm 的纳米氧化铬粉末。

S. I. Dolgaev 等[21]使用波长 λ=510.6 nm、脉冲周期为 10 ns 的 Cu 蒸气激管束照射 CrO_3 水溶液和玻璃基底的界面，使 Cr_2O_3 沉积，得到粒径为 8 nm～20 nm 的纳米氧化铬。

1.3.4 *超临界流体脱溶法*（SAS）

超临界流体脱溶法（SAS）的基本过程是将溶有需要制备超细粉体的溶质的溶液与某种超临界流体混合，这种超临界流体虽然对溶液中的溶质溶解能力很差（或者根本不溶），但溶液中的溶剂却能与超临界流体互溶，当溶液与这种超临界流体混合时，原溶剂的溶解能力会大大下降，从而使溶质析出。选择合适的超临界流体和操作条件，溶液中的溶剂会被超临界流体完全溶解，析出的溶质可以是无污染的干燥粉体。此外，通过控制超临界流体与溶液的混合速率，可控制溶质的析出速率，从而控制析出粉体的大小与形状[22]。

L. Znaidi 等[23]采用三乙酰丙酮铬或水合乙酸铬作为前驱体溶于甲醇中，与超临界状态下的乙醇（T_c=325～450 ℃，P_c=10 MPa）混合，前驱体分解并迅速析出形成超细氧化铬，在氨气保护下进行干燥，得到了纳米氧化铬粉末，其表面积在 30 m^2/g～350 m^2/g 之间。

2　各种制备方法的对比分析及展望

固相法的优点在于制备纳米氧化铬粉末产量高、工艺简单、成本低，但是制得的粉末颗粒尺寸不均匀，易团聚，在研磨过程中也容易引入杂质，并且污染较严重。

气相法制备纳米氧化铬相对而言具有很多优点，如颗粒均匀、纯度高、粒度小、分散性好、化学反应活性高等，但是化学气相法使用的原料和设备昂贵，过程复杂，并且产量不高，导致产品成本太高。

液相法工艺简单，生产的纳米氧化铬颗粒均匀、粒径小、纯度高。

根据上文所述可以看出，近年来从制备方法的数量以及制备的纳米氧化铬的性能上，液相法比固相法、气相法都更有优势，是制备纳米氧化铬的主流方法。

水热法作为液相法的一种，是在密封的压力容器中，以水为溶剂，在高温高压条件下使前驱体反应和结晶的方法[24]。它具有能耗低、污染小、产量较高等特点，制备出的粉体高纯、超细、流动性好、粒径分布窄、颗粒团聚程度轻、晶体发育完整，并具有良好的烧结活性。

A. Kurllar 等[25]将两块金属板浸入能与金属反应的电解质流体中，借助于低电压、大电流的条件，使局部区域内温度和压力短暂升高，导致电极和周围的电解质流体蒸发并沉淀，制得了超微氧化铬粉体。

Haitao Xu 等[26]将丙烯铵、蒸馏水及重铬酸钾混合加入密闭的球形容器中，振荡使之成为均匀的溶液，在 180 ℃下加热 12 h，制得了直径在 500 nm 左右的氧化铬粉末。

水热法近年来被广泛用于制备各种纳米材料，相比于其他液相法，用水热法可在较低的温度下制得很多物质的高温相，例如金红石型二氧化钛用水热法可以在较低温度下获得，用其他液相法制备时全都要经历不低于 450 ℃的煅烧，而高温煅烧必然导致晶粒粗大和耗能[27]。这些研究表明，水热法是一种极具发展潜力的制备纳米氧化铬的方法。

为了促进水热法制备纳米氧化铬技术的应用，应从以下几方面开展相关研究：（1）水热法制备纳米氧化铬的最优工艺条件。（2）水热法制备的纳米氧化铬的粒径及分布的控制与表面处理问题。（3）深入研究纳米氧化铬在水热制备中的形成过程与机理。

此外，还应不断地对水热反应装置作出改进，使其操作更加安全简便，同时深入开展水热反应机理和相关理论的研究，促使其最终应用于大规模的工业生产。

参考文献

[1] 纪柱．氧化铬［J］．化工商品科技情报，1994，17（4）：53.

[2] 纪柱．关于氧化铬的新技术［J］．铬盐工业，2000，（2）：1.

[3] 张西军，袁伟．固相法制备 Cr_2O_3 微粒子［J］．北京化工大学学报，2002，29（1）：72.

[4] 方侃，方佑龄．透明超微粒子氧化铬的制备［J］．精细化工，1993，10（4）：32.

[5] 马文英，方佑龄，赵文宽．相转移法制备超微粒子氧化铬［J］．无机盐工业，1993，5：11.

[6] 张燕红，邱向东，赵谢群，等．超细（纳米级）颗粒材料的制备（二）［J］．稀有金属，1998，22（1）：60.

[7] Tsuzuki T，Mccormick P G. Synthesis of Cr_2O_3 nanoparticles by mechanochemical processing［J］. Acta Mater，2000，48（11）：2795.

[8] Vollath D，SzabóD V，Willis J O. Magnetic properties of nanocrystalline Cr_2O_3 synthesized in a microwave plasma［J］. Mater Lett，1996，29（4-6）：271.

[9] Peters G，Jerg K，Schramm B. Characterization of chromium（Ⅲ）oxide powders prepared by laser-induced pyrolysis of chromyl chloride［J］. Mater Chem Phys，1998，55（3）：197.

[10] 文尚胜，廖常俊，范广涵，等．现代 MOCVD 技术的发展与展望［J］．华南师范大学学报（自然科学版），1999，（3）：99.

[11] Chevalier S, Bonnet G, Larping J P. Metal-organic chemical vapor deposition of Cr_2O_3 and Nd_2O_3 and Nd_2O_3 coatings. Oxide growth kinetics and characterization [J]. Appl Surf Sci, 2000, 167 (3-4): 125.
[12] 郭勇，巩雄，杨宏秀．纳米微粒的制备方法及其进展［J]．化学通报，1996，(3)：1.
[13] 王世敏，许祖勋，傅晶．纳米材料制备技术［M］．北京：化学工业出版社，2001：88.
[14] 张岩，邹炳锁．三氧化铬超微粒的制备与表征［J]．高等学校化学学报，1992，13（4)：540.
[15] 藤飞，宁桂玲，魏国，等．微乳纳米反应器制备单分散性球形氧化铬超细粉的研究［J]．中国粉体技术，2000，6（S1)：268.
[16] Kawabata A, Yoshinaka M, Hirota K, et al. Hot isostatic ressing and characterization of sol-gel-derived chromium (Ⅲ) oxide [J]. J Am Ceram Soc, 1995, 78 (8): 2273.
[17] 邓双，李会泉，张懿．纳米 Cr_2O_3 的制备、表征及催化性能［J]．无机化学学报，2003，19（8)：825.
[18] 耿后安，魏锡文．纳米 Cr_2O_3 的制备及其化学复合镀层光催化性研究［J]．腐蚀与防护，2003，24（12)：522.
[19] 李耀刚，高濂．氨解法制备纳米氮化铬粉体［J]．无机材料学报，2003，18（1)：233.
[20] Zhu Yingjie, Qian Yitai, Zhang Manwei. γ-Radiation syn-thesis of nanometer-size amorphous Cr_2O_3 powedrs at room temperature [J]. Mater Sci Eng, 1996, 41 (2): 294.
[21] Dolgaev S I, Kirichenko N A, Shafeev G A. Deposition of nanostructured Cr_2O_3 on amorphous substrates under laser irradiation of the solid-liquid interface [J]. Appl Surf Sci, k1999, 138 (1): 449.
[22] 李志义，丁信伟，李岳．超临界流体脱溶法制备超细粉体［J]．化学工程，2001，29（2)：15.
[23] Znaidi L, Pommier C. Synthesis of nanometric chromium (Ⅲ) oxide powders in supercritical alcohol [J]. Eur J Solid State Inorg Chem, 1998, 35 (6-7): 405.
[24] 温立哲，邓淑华，黄慧民，等．水热法制备氧化铬微粉的进展［J]．无机盐工业，2003，35（2)：16.
[25] 仲维卓，华素坤．纳米材料及其水热法制备（上）［J]．上海化工，1998，23（11)：25.
[26] Xu Haitao, Lou Tianjun, Li Yadong. Synthesis and characterize of trivalent chromium Cr $(OH)_3$ and Cr_2O_3 micro-spheres [J]. Inorg Chem Commu, 2004, 7 (5): 666.
[27] 李竟先，吴基球，鄢程．纳米颗粒的水热法制备［J]．中国陶瓷，2002，38（5)：36.

（材料导报，第19卷专辑Ⅴ，2005年11月）

锰氧化物/石英砂（MOCS）对铜和铅离子的动态吸附

邹卫华，韩润平，陈宗璋，石 杰

摘 要：研究了锰氧化物/石英砂（MOCS）吸附剂对 Cu^{2+} 和 Pb^{2+} 的动态吸附及动态竞争吸附性能。结果表明，溶液流速、Cu^{2+} 和 Pb^{2+} 初始浓度等因素对动态吸附有很大的影响。单一体系中 Cu^{2+} 和 Pb^{2+} 的动态吸附均符合 Thomas 吸附动力学模型。根据 Thomas 吸附动力学模型，计算出溶液流速由 3.33 mL/min 增大到 7.69 mL/min，Cu^{2+} 和 Pb^{2+} 的饱和吸附量 q_0 分别从 17.0 μmol/g、19.0 μmol/g 减小到 11.3 μmol/g、16.0 μmol/g，吸附速率常数 k_{Th} 值增大，饱和吸附量随初始浓度的增大而增大，穿透时间随初始浓度的增大而减小。MOCS 的循环吸附实验表明，MOCS 解吸再生后，吸附效率无明显下降。Cu^{2+} 和 Pb^{2+} 的混合体系中穿透吸附量和饱和吸附量均小于单一体系，但 MOCS 对 Cu^{2+} 和 Pb^{2+} 总饱和吸附量稍有增加。MOCS 对 Pb^{2+} 的吸附能力强于 Cu^{2+}。硝酸能有效地洗脱 MOCS 表面吸附的 Cu^{2+} 和 Pb^{2+}，再生速度快，洗脱液流速和浓度对洗脱速率有一定影响。

关键词：锰氧化物/石英砂（MOCS）；铜离子；铅离子；动态吸附

中图分类号：O6；X703 **文献标识码**：A **文章编号**：1000-0518（2006）03-0299-06

Removing Copper Cations and Lead Cations from Aqueous Solution with MOCS Fixed-Bed Columns

Zou Weihua，Han Runping，Chen Zongzhang，Shi Jie

Abstract：The adsorption ability of manganese-oxide-coated-sand（MOCS）for copper and lead cations in mono-（non-competitive）and binary-（competitive）component aqueous solutions was studied on a fixed-bed column. The influences of influent flow rate and influent metal concentration on breakthrough time during the removal of copper and lead cations from aqueous solutions on a MOCS column were quantitively detemined. The results show that the breakthrough time increased when metal concentration or/and the flow rate were decreased. For mono-component metal solutions，the saturation adsorption capacities of MOCS for copper and lead cationswere decreased from 17.0 μmol/g and 19.0 μmol/g to 11.3 μmol/g and 16.0 μmol/g in a flow rate range of 3.33 mL/min to 7.69 mL/min，respectively. The Thamas model was applied to predicting the adsorption breakthrough curves of copper and lead cations at different flow rates and different initial concentrations and to calculate the characteristic process parameters of the column adsorption. MOCS can be regenerated with a nitrate acid solution to ten times in keeping its adsorption capacity. The removal efficiency of metal ions would be decreased due to the presence of other heavy metal ions，but the total saturation adsorption capacities of MOCS for copper and lead cations were slightly increased. This competitive adsorption also showed that adsorption of lead cations was decreased insignificantly in the presence of copper cations，whereas the adsorption of copper cations was obviously decreased in the presence of lead cations. The removal ability of copper and lead ions from aqueous solution with MOCS columns is：$Pb^{2+} > Cu^{2+}$. The adsorbed copper and lead cations could be easily desorbed from MOCS with a 0.50 mol/L nitrate acid solution. The elution rates were affected by the flow rates and concentration of nitrate acid.

Key words：MOCS（manganese-oxide-coated-sand），copper cation，leadcation，column adsorption

---

去除废水中重金属的方法有活性炭吸附、生物材料吸附、化学沉淀、电化学沉积[1,2]等多种方法。普通滤料如石英砂虽然机械性能好，但比表面积较小，吸附能力较低[3]。而铁、铝、锰氧化物的比表面积大、电荷密度较高，对金属离子具有较强的吸附作用[4,5]。因此将铁、铝、锰氧化物固定在普通石英砂等滤料表面制成改性吸附材料，不仅能截留水中的各种悬浮物，而且表面的氧化物通过非离子交换吸附和离子交换吸附，能有效地去除水中的重金属离子，吸附剂可以再生循环使用[3,6]。关于铁、铝氧化物改性石英砂滤料，国内外多有报道[3,6]。Edwards 等[3]用表面经氧化铁改性石英砂滤料（IOCS）有效地去除了工业废水中的镉、镍、铜等金属离子以及某些金属离子与铵构成的复杂化合物，而平行试验的普通石英砂滤柱几乎没有效果。Satpathy 等[7]在石英砂表面涂以硝酸铁，可以从镀镉、铬废水中去除镉、铬和氰化物。Chen 等[8]以 $AlCl_3 \cdot 6H_2O$ 为改性剂，在石英砂表面涂覆铝氧化物制成改性滤料。Kuan 等[9]证明氧化铝覆盖的石英砂（AOCS），可以有效地吸附水中的硒［Se（Ⅳ）和 Se（Ⅵ）］。高乃云采用氧化铁涂层和氧化铝涂层石英砂，能有效去除水中的有机物、金属锌和氟、砷[10]。邓慧萍[11]以 MnO_2、$MnO \cdot Fe_2O_3$ 改性石英砂，除铁效果优于未涂层石英砂。关于锰氧化物对滤料进行改性[12]，并用于混合金属离子体系中的竞争吸附方面的研究相对较少。

本文通过氧化还原方法在石英砂表面覆盖锰氧化物（manganese-oxide-coated-sand，简称 MOCS)，研究其对模拟废水中单一 Cu^{2+} 和 Pb^{2+} 的动态吸附及 Cu^{2+} 和 Pb^{2+} 二组分体系的竞争动态吸附行为。

1 实验部分

1.1 仪器和试剂

Perkin Elmer AAanalyst300 型原子吸收分光光度计（美国），pHS-2 型精密酸度计（上海雷磁仪器厂），DHL-A 电脑恒流泵（上海沪西分析仪器厂）。

实验所用试剂均为分析纯。Cu^{2+} 和 Pb^{2+} 吸附液由 $Cu(NO_3)_2$ 和 $Pb(NO_3)_2$ 与去离子水配制，其 pH 值用硝酸或氢氧化钠溶液调节。单一和混合体系中 Cu^{2+} 和 Pb^{2+} 吸附液的 pH 值均为 6.0±0.1。

1.2 MOCS 的制备

将一定量的粒径为 0.90～0.71 mm、外观近似球形的天然石英砂加到高锰酸钾溶液中，加热，然后按一定比例加入浓盐酸。反应完毕，用去离子水洗净石英砂，干燥。经锰氧化物覆盖的石英砂，表面覆盖层分布均匀，未露出石英砂的本色。经一次涂层锰氧化物的含量约为 5.46 mg/g 石英砂，2 次涂层的含量约为 10.4 mg/g 石英砂。根据静态实验结果，双层 MOCS 的吸附效果大于单层的，表明锰氧化物覆盖量大，吸附效率高。本实验以双层 MOCS 为吸附剂。根据文献[13]石英砂表面涂层锰氧化物为 $\delta\text{-}MnO_2$。

1.3 动态吸附实验

将 30 gMOCS 装入内径 1.0 cm，高 30 cm 的玻璃吸附柱中（MOCS 高度 19 cm，床体积为 19 mL)，用去离子水冲洗 2 次赶去气泡，用恒流泵将一定浓度和 pH 值的 Cu^{2+} 和 Pb^{2+} 溶液自上而下通过吸附床进行吸附，吸附温度为 25 ℃。定时取样，用原子吸收分光光度计分析流出液中 Cu^{2+} 和 Pb^{2+} 浓度。规定当流出液中离子浓度为 1.0 mg/L（相应 Cu^{2+} 和 Pb^{2+} 浓度分别为 0.0157 mmol/L 和 0.00483 mmol/L）时，流出液总体积和流出液中金属离子浓度为进料液中浓度的 90%时分别为穿透体积和吸附饱和。

2 结果与讨论

2.1 流速对动态吸附参数的影响

在3根相同的吸附柱上，控制流速分别为3.33 mL/min、5.45 mL/min和7.69 mL/min，Cu^{2+}浓度为0.158 mmol/L或Pb^{2+}浓度为0.241 mmol/L。图1为流出液金属离子浓度随流出体积（床体积为单位）的变化曲线。对图中数据用Thomas吸附动力学公式[14]的对数式［式（1）］进行线性拟合，得到饱和吸附容量和吸附速率常数值列于表1。

$$\ln\left(\frac{c_0}{c}-1\right)=\frac{k_{\mathrm{Th}}q_0X}{Q}-\frac{k_{\mathrm{Th}}c_0}{Q}V_{\mathrm{eff}} \tag{1}$$

式中，k_{Th}为Thomas速率常数［mL/（min・mmol）］；q_0为饱和吸附容量（μmol/g）；X为柱中吸附剂的质量（g）；V_{eff}为流出体积（mL）；c_0为吸附质的初始浓度（mmol/L）；c为吸附质的流出浓度（mmol/L）；Q为柱流速（mL/min）。

表1 根据Thomas模型计算的不同流速下MOCS对Cu^{2+}和Pb^{2+}的动态吸附参数

	c_0（M^{2+}）/（mmol・L^{-1}）	Q/（mL・min^{-1}）	k_{Th}/（mL・min^{-1}・mmol^{-1}）	q_0/（μmol・g^{-1}）	R	SD
Cu^{2+}	0.158	3.33	0.0467	17.0	0.963	0.474
	0.158	5.45	0.0955	13.0	0.962	0.472
	0.158	7.69	0.162	11.3	0.981	0.374
Pb^{2+}	0.241	3.33	0.0444	19.0	0.974	0.460
	0.241	5.45	0.0712	17.1	0.989	0.173
	0.241	7.69	0.149	16.0	0.967	0.412

从图1和表1可见，流速加快，穿透床体积（BV）较小，穿透时间提前。随着溶液流速增大，k_{Th}值增加，而饱和吸附量减小。这是因为流速过快，Cu^{2+}和Pb^{2+}与MOCS的接触时间短，吸附不充分。而降低流速虽然有利于吸附，但流速过低，易造成柱内液相纵向返混，处理量降低。因此，流速的设定应当适度。

2.2 金属离子浓度的影响

控制流速为5.45 mL/min，考察了溶液中Cu^{2+}和Pb^{2+}浓度对流出曲线和吸附参数的影响，结果见图2和表2。Cu^{2+}和Pb^{2+}浓度越高，MOCS对Cu^{2+}和Pb^{2+}的吸附概率增加。而在相同流速下，金属离子浓度越大，MOCS对金属离子的吸附速度增加，达到饱和吸附的时间缩短，流出曲线的斜率增大，k_{Th}值逐渐减小，饱和吸附量逐渐增加。

表2 根据Thomas模型计算的不同初始浓度下MOCS对Cu^{2+}和Pb^{2+}的动态吸附参数

	c_0（M^{2+}）/（mmol・L^{-1}）	Q/（mL・min^{-1}）	k_{Th}/（mL・min^{-1}・mmol^{-1}）	q_0/（μmol・g^{-1}）	R	SD
Cu^{2+}	0.0944	5.45	0.117	12.9	0.976	0.404
	0.158	5.45	0.0955	13.0	0.962	0.472
	0.241	5.45	0.0617	17.0	0.866	0.941
Pb^{2+}	0.156	5.45	0.0807	16.5	0.974	0.287
	0.241	5.45	0.0712	17.1	0.989	0.173
	0.396	5.45	0.0637	19.4	0.990	0.165

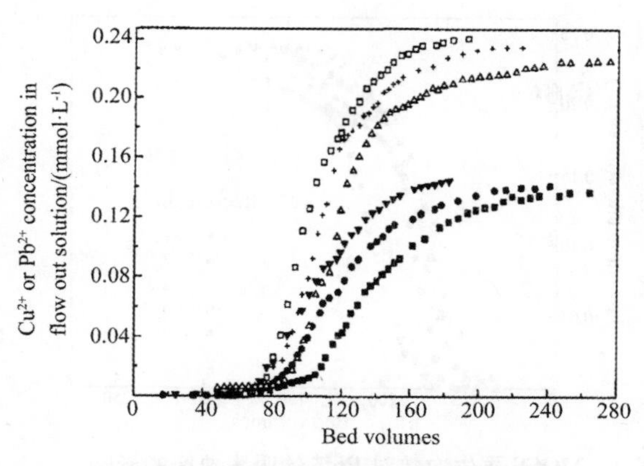

图 1　不同流速下的动态吸附曲线

▲Cu（v=7.69 mL/min）；●Cu（v=5.45 mL/min）；■Cu（v=3.33 mL/min）；□Pb（v=7.69 mL/min）；+Pb（v=5.45 mL/min）；△Pb（v=3.33 mL/min）

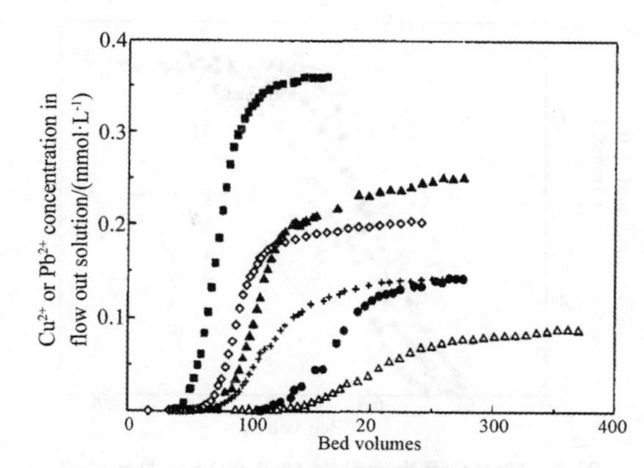

图 2　不同初始浓度下的动态吸附曲线

△Cu（c_0=0.0944 mmol/L）；+Cu（c_0=0.158 mmol/L）；◇Cu（c_0=0.241 mmol/L）；●Pb（c_0=0.156 mmol/L）；▲Pb（c_0=0.241 mmol/L）；■Pb（c_0=0.396 mmol/L）

2.3　MOCS 的再生和循环吸附实验

分别用 0.5 mol/L 和 1.0 mol/L HNO_3 为解吸液，洗脱流速分别为 1.0 mL/min 和2.0 mL/min，对饱和吸附 Cu^{2+} 或 Pb^{2+} 的 MOCS 柱进行洗脱再生。

结果表明，上述浓度硝酸和洗脱液流速均能较好地洗脱 Cu^{2+} 和 Pb^{2+}，洗脱速度很快，开始 30 min内流出液中的 Cu^{2+} 和 Pb^{2+} 浓度很高，有利于 Cu^{2+} 和 Pb^{2+} 的回收利用，以后流出液中 Cu^{2+} 和 Pb^{2+} 浓度降低，趋于零。

将再生后的 MOCS 柱继续用于吸附水中 Cu^{2+} 和 Pb^{2+}，保持 5.45 mL/min 的流速，将初始浓度分别为 0.157 mmol/L 和 0.241 mmol/L 的 Cu^{2+} 和 Pb^{2+} 溶液流过吸附柱，运行 10 个周期，结果见图 3 和图 4。经第 1 次再生的 MOCS 其吸附能力与原 MOCS 相比稍有下降，但从第 2 次再生处理后，MOCS 吸附能力没有明显的下降，循环 10 次 MOCS 吸附量下降较小。说明 MOCS 可经多次再生，重复使用。

2.4　MOCS 对吸附溶液中 Cu^{2+} 和 Pb^{2+} 的同时吸附

图 5 是混合溶液中 Cu^{2+} 和 Pb^{2+} 浓度均为 0.241 mmol/L，流速为 5.45 mL/min，其他实验条件同上的吸附曲线。为与非竞争体系的吸附进行比较，同时给出了初始浓度为 0.241 mmol/L 的单独 Cu^{2+} 或 Pb^{2+} 的流出曲线。

从图 5 看出，在混合体系中 Cu^{2+} 的穿透时间比 Pb^{2+} 的短，流出曲线的斜率大于 Pb^{2+}。在 Cu^{2+} 的流出曲线中出现 1 个凸起的峰，峰位置流出液中 Cu^{2+} 的浓度大于其初始浓度，这是因为在吸附初期，MOCS 表面的活性吸附点位很多，Cu^{2+} 和 Pb^{2+} 可以同时被吸附在 MOCS 表面上，随着吸附液的不断流入，MOCS 表面的活性吸附点位逐渐减少，离子间的竞争吸附加强，吸附速率快、吸附能力强的离子被较多吸附。由于 Pb^{2+} 对 Cu^{2+} 具有竞争吸附优势，已吸附在 MOCS 表面上的 Cu^{2+} 逐渐被 Pb^{2+} 置换重新进入溶液，结果流出液中 Cu^{2+} 的浓度大于初始浓度。这表明在竞争吸附进程中存在着明显的离子间交换吸附位的过程。

混合体系中 Cu^{2+} 和 Pb^{2+} 的饱和吸附量分别为 7.52 μmol/g 和 16.3 μmol/g，均小于单一体系的。而混合体系中 Cu^{2+} 和 Pb^{2+} 总饱和吸附量为 23.8 μmol/g，大于单一体系中 Cu^{2+} 或 Pb^{2+} 的饱和吸附量。表明在竞争吸附情况下，MOCS 对 Cu^{2+} 和 Pb^{2+} 的吸附能力稍有下降，但总吸附量却增加。

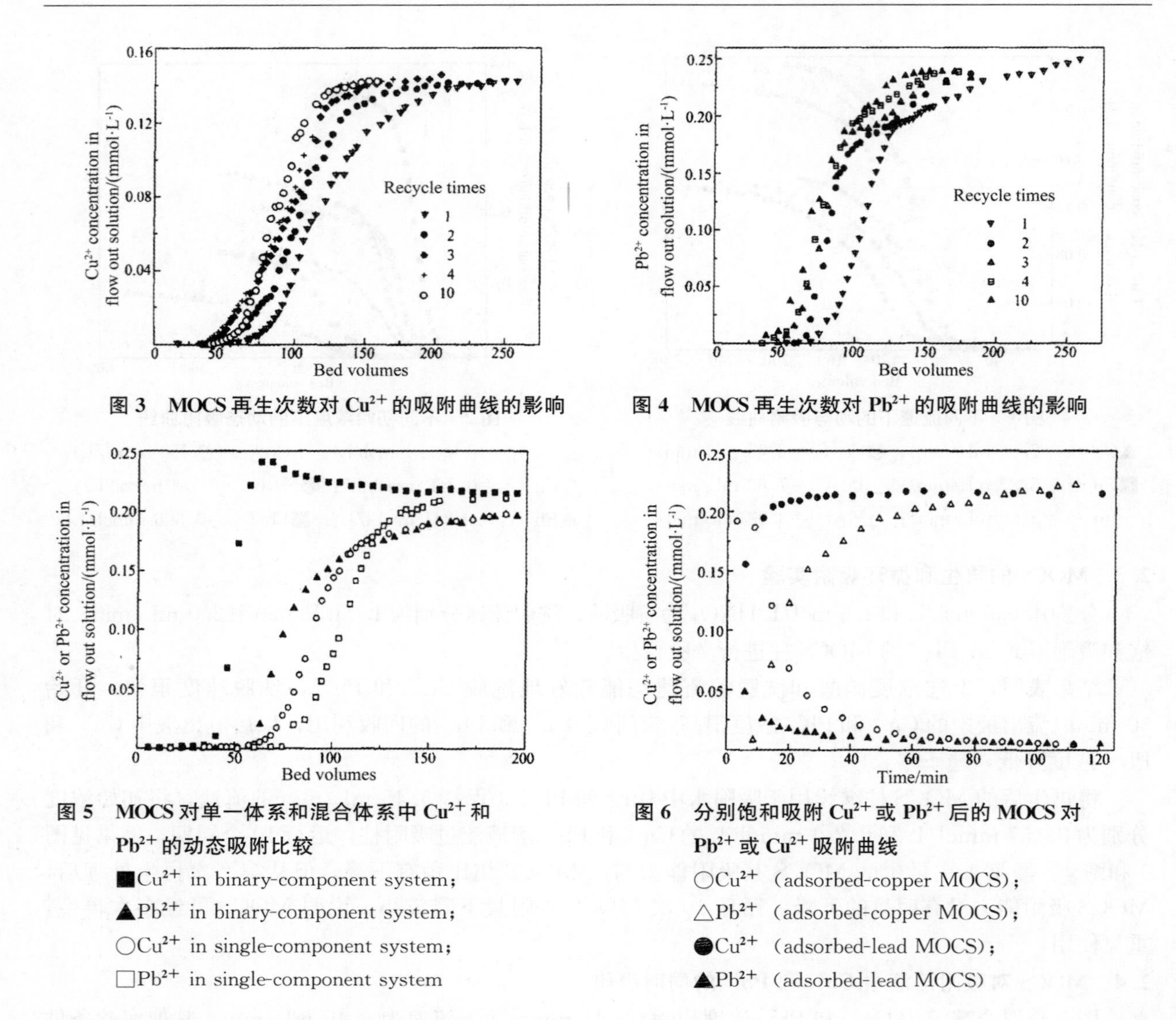

图 3　MOCS 再生次数对 Cu^{2+} 的吸附曲线的影响

图 4　MOCS 再生次数对 Pb^{2+} 的吸附曲线的影响

图 5　MOCS 对单一体系和混合体系中 Cu^{2+} 和 Pb^{2+} 的动态吸附比较

■Cu^{2+} in binary-component system；
▲Pb^{2+} in binary-component system；
○Cu^{2+} in single-component system；
□Pb^{2+} in single-component system

图 6　分别饱和吸附 Cu^{2+} 或 Pb^{2+} 后的 MOCS 对 Pb^{2+} 或 Cu^{2+} 吸附曲线

○Cu^{2+} （adsorbed-copper MOCS）；
△Pb^{2+} （adsorbed-copper MOCS）；
●Cu^{2+} （adsorbed-lead MOCS）；
▲Pb^{2+} （adsorbed-lead MOCS）

2.5　饱和吸附 Cu^{2+} 或 Pb^{2+} 后的 MOCS 对 Pb^{2+} 或 Cu^{2+} 的吸附

控制流速为 5.45 mL/min，将浓度为 0.241 mmol/L 的 Pb^{2+} 吸附液流过已饱和吸附 Cu^{2+} 的吸附柱。同样，将浓度为 0.241 mmol/L 的 Cu^{2+} 吸附液流过已饱和吸附 Pb^{2+} 的吸附柱。分别测定流出液中 Pb^{2+} 和 Cu^{2+} 或 Cu^{2+} 和 Pb^{2+} 浓度随时间的变化，结果见图 6。

从图 6 可以看出，在吸附初期，由于 MOCS 表面已吸附饱和的 Cu^{2+} 被吸附液中大量的 Pb^{2+} 取代，流出液中 Cu^{2+} 浓度较高，Pb^{2+} 浓度很低，随后 Cu^{2+} 浓度下降较快，而 Pb^{2+} 浓度同步增大。150 min后，吸附曲线趋于平缓。流出液中 Cu^{2+} 的浓度逐渐减小到零，流出液中 Pb^{2+} 的浓度逐渐增大至饱和。表明 MOCS 对 Pb^{2+} 的吸附能力强于对 Cu^{2+} 的。由于吸附液中的 Cu^{2+} 很难取代已吸附在 MOCS 表面上的 Pb^{2+}，在吸附的初期，流出液中 Cu^{2+} 的浓度就很大，Pb^{2+} 的浓度很小，最终流出液中 Cu^{2+} 浓度趋于饱和，Pb^{2+} 浓度接近零。

2.6　竞争吸附的理论分析

在水中，锰氧化物表面水分子会羟基化，这些羟基位在水中通常有 3 种潜在的形式：$\equiv XOH_2^+$，$\equiv XOH$，$\equiv XO^-$，它们之间可以互相转化（X 表示锰元素）：

$$\equiv XOH_2^+ \leftrightarrows \equiv XOH + H^+ \tag{2}$$

$$\equiv XOH \leftrightarrows \equiv XO^- + H^+ \tag{3}$$

表面羟基可以通过与金属离子的交换和配合作用来固定金属离子。MOCS 的等电点 pH 值为 1.5～

3.0[15]，pH值为4时，锰氧化物表面发生酸性离解，而带负电荷，有利于Cu^{2+}和Pb^{2+}的吸附。根据文献报道[16]，Cu^{2+}、Pb^{2+}和MOCS表面的吸附位之间形成的表面配合物为：

$$\equiv XOH + Cu^{2+} \leftrightarrows \equiv XOCu^{+} + H^{+} \quad (4)$$

$$\equiv XOH + 2Pb^{2+} + H_2O \leftrightarrows \equiv XOPb_2OH^{2+} + 2H^{+} \quad (5)$$

Cu^{2+}和Pb^{2+}分别形成单核和双核配合物，表明在相同条件下，MOCS表面吸附Pb^{2+}的量大于Cu^{2+}的。这与Pb具有较大的原子量和电负性有关，而且在水溶液中Pb^{2+}和Cu^{2+}的有效半径分别为460 pm和600 pm，Pb^{2+}更易接近MOCS的吸附位。因此在混合体系中，Pb^{2+}比Cu^{2+}更具有竞争吸附能力。这个结论与Mckenzi等[17]报道一致。

以上结果表明，吸附溶液流速加快，Cu^{2+}和Pb^{2+}穿透时间提前，吸附量减少。在相同流速下，穿透时间随初始浓度的增大而减小，达到吸附饱和的时间缩短。MOCS对Pb^{2+}的吸附能力大于Cu^{2+}。

吸附Cu^{2+}和Pb^{2+}后的MOCS可用酸较好地洗脱再生，再生后的MOCS的吸附能力无明显下降。

参考文献

[1] Moffat A S. Plants proving their worth in toxic metal cleanup [J]. Science，1995，269 (5222)：302-303.

[2] 孟祥和，胡国飞. 重金属废水处理 [M]. 北京：化学工业出版社，2000：5.

[3] Edwards M A，Benjamin M M. Regeneration and reuse of iron hydroxide adsorbents in treatment of metal-bearing wastes [J]. Water Pollut Control Fed，1989，61 (4)：481-490.

[4] Karthikeyan K G，Elliot H A，Cannon F S. Adsorption and coprecipitation of copper with the hydrous Oxides of Iron and Aluminum [J]. Environ Sci Tech，1997，31 (10)：2721-2725.

[5] Trivedi P，Axe L. Modeling Cd and Zn sorption to hydrous metal oxides [J]. Eenviron Sci Tech，2000，34 (11)：2215～2223.

[6] Benjamin M M，Sletten R S，Bailey R P. Sorption and filtration of metals using iron－oxide－coated sand [J]. Environ Sci Tech，1996，30 (11)：2 609-2620.

[7] Satpathy J K，Chaudhurl M. Treatment of cadmium－plating and chromium－plating wastes by iron oxide-coated sand [J]. Wat Environ Res，1995，67 (5)：788-790.

[8] Chen J，Truesdail S，Lu F，et a1. Long-term evaluation of aluminum hydroxide-coated sand for removal of bacteria from wastewater [J]. Wat Res，1998，32 (7)：2 171-2179.

[9] Kuan W H，Lo S L，Wang M K，et al. Removal of Se (IV) and Se (VI) from water by aluminum-oxide-coated sand [J]. Wat Res，1998，32 (3)：915-923.

[10] 高乃云，李富生，汤浅晶，等. 铁和铝氧化物涂层砂的过滤与吸附性能评价 [J]. 环境污染与防治，2004，26 (1)：3-5.

[11] 邓慧萍. 变性滤料过滤除铁的研究 [J]. 同济大学学报，1995，23 (4)：427-432.

[12] 邹卫华，陈宗璋，韩润平，等. 锰氧化物/石英砂（MOCS）对铜和铅离子的吸附研究 [J]. 环境科学学报，2005，25 (6)：779-784.

[13] Mckenzie R M. The synthesis of birnessite，cryptomelane，and some other oxides and hydroxides of manganese [J]. Mineral Mag，1971，38 (296)：493-502.

[14] Yan G Y，Viraraghavan T. Heavy metal removal in a biosorption column by immobilized M. rouxii biomass [J]. Biores Tech，2001，78 (3)：243-249.

[15] Mckenzie R M. The surface charge on manganese dioxides [J]. Aust J Soil Res，1981，19 (1)：41-50.

[16] Pretorius P J，Linder P W. The adsorption characteristics of δ-manganese dioxide：a collection of diffuse double layer constants for the adsorption of H^{+}，Cu^{2+}，Ni^{2+}，Zn^{2+}，Cd^{2+} and Pb^{2+} [J]. Appl Geochem，2001，16 (9)：1 067-1082.

[17] Mckenzie R M. The adsorption of lead and other heavy metals on oxides of manganese and iron [J]. Aust J Soil Res，1980，18 (1)：61-73.

锰氧化物/石英砂（MOCS）对铜和铅离子的吸附研究

邹卫华，陈宗璋，韩润平，谢　霜，石　杰

摘　要：研究了锰氧化物/石英砂（MOCS）吸附剂对 Cu^{2+} 和 Pb^{2+} 的吸附行为，考察了吸附剂用量、平衡时间、温度、盐浓度、溶液的 pH 值等因素对 MOCS 吸附的影响。结果表明，MOCS 对 Cu^{2+} 和 Pb^{2+} 的吸附在 3 h 基本达到吸附平衡，吸附量随着溶液的 pH 值增大、温度的升高以及盐浓度的降低而增加，在单一体系以及混合体系中对 Cu^{2+} 和 Pb^{2+} 的吸附均符合 Langmiur 吸附等温式，温度从 15 ℃升高到 45 ℃，Cu^{2+} 和 Pb^{2+} 的饱和吸附容量（q_m）分别从 13.4 μmol·g^{-1} 和 15.5 μmol·g^{-1} 升高到 16.4 μmol·g^{-1} 和 18.1 μmol·g^{-1}。Cu^{2+} 和 Pb^{2+} 吸附反应的 ΔG° 均为负值，焓变 ΔH° 为正值，说明该吸附过程是自发的吸热反应。利用准一级动力学方程、准二级动力学方程以及粒子扩散方程的数学模型检验了吸附过程的动力学性质，表明 MOCS 对 Cu^{2+} 和 Pb^{2+} 的吸附过程符合准二级反应动力学模型。计算了不同温度下 3 个动力学方程的吸附速率常数 K 值。根据准二级反应的吸附速率常数 K 值，求得 MOCS 对 Cu^{2+} 和 Pb^{2+} 的吸附活化能（E_a）分别为 92.3 kJ·mol^{-1} 和 119 kJ·mol^{-1}。在混合体系中，共存离子的存在影响金属离子的吸附效率；Cu^{2+} 存在时，Pb^{2+} 的饱和吸附量下降了 24.4%，而 Pb^{2+} 存在时，Cu^{2+} 的饱和吸附量下降了 93.8%。MOCS 对 Cu^{2+} 和 Pb^{2+} 的吸附强弱顺序为 $Pb^{2+} > Cu^{2+}$。

关键词：MOCS；铜离子；铅离子；吸附

中图分类号：X703.1　　**文献标识码**：A　　**文章编号**：0253-2468（2005）06-0779-06

Removal of Copper Cation and Lead Cation From Aqueous Solution by Manganese-Oxide-Coated-Sand

Zou Weihua，Chen Zongzhang，Han Runping，Xie Shuang，Shi Jie

Abstract：The removal of copper cations and lead cations from aqueous systems by manganese-oxide-coated-sand（MOCS）was studied in single（non-competitive）and binary（competitive）component sorption systems. The adsorption of the investigated heavy metal ions by MOCS strongly depended on pH，contact time，salt concentration and initial conentration of the heavy metal ions. The experimental results showed that the equilibrium time of adsorbing copper and lead cations were 3 h. The adsorption data on MOCS were followed by both Freundlich and Langmuir models. The data were fitted better by the Langmuir isothem compared Freundich model in both the single-and binary-component systems. The maximum adsorption capacity of copper cations and lead cations per gram MOCS in single component sorption systems calculated from Langmiur isothem were from 13.4 μmol and 15.5 μmol to 16.4 μmol and 18.1 μmol for the temperature range of 15 ℃～45 ℃，respectively. From the results of the themodynamic analysis，standard free energy ΔG^0，standard enthalpy ΔH^0，and standard entropy ΔS^0 in the adsorption process were calculated. The values showed the adsorptions of copper cations and lead cations by MOCS were a sporntaneous and endothemic process. The pseudo-first-order kinetic model，pseudo-second-order kinetic model and intraparticle diffusion model were used to describe the kinetics data，and the rate constants of adsorption for all these kinetic models were calculated. The dynamic data fitted the pseudo-second-order kinetic model well. The dynamic parameter and the standard activation energy（E_a）were also calculated. The values of activation energy（E_a）were 92.3 kJ · mol^{-1} and 119 kJ · mol^{-1} for the adsorption of copper cations and lead cations onto MOCS，respectively. Experiments of the competitive adsorption illustrated that the removal of metal ions decreased when other metal ions were added. This competitive adsorption showed that the maximum adsorption efficiency of lead cation was reduced 24.4% in the presence of 1.26 mmol · L^{-1} copper cation，whereas the maximum adsorption efficiency of copper cation was reduced 93.8% in the presence of 1.16 mmol · L^{-1} lead cation. The results showed that lead cation had best affinity to MOCS than copper cation.

Key words：manganese-oxide-coated-sand（MOCS）；Copper cation；lead cation；adsorption

---

在常规污水处理中，由于铁、铝、锰的氧化物与氢氧化物的比表面积大且电荷密度较高，对金属离子具有较强的吸附作用。如果将其固定在普通石英砂等滤料表面制成改性吸附材料，不仅具有普通滤料的功能，可以截留水中的各种悬浮物，而且能有效地去除重金属离子。而吸附剂极易与水体分开，经过一定的处理可以使吸附剂得以再生[1]。

石英砂机械性能好，常被用作滤料，但其表面积较小，吸附能力有限。目前，关于铁氧化物改性石英砂等滤料的研究，国内外多有报道[1,2]，而且国外从事这方面的研究较国内早一些。例如，1989 年，Edwards 和 Benjamin 以石英砂为载体，氯化铁或硝酸铁为改性剂制成改性滤料（IOCS），能有效地去除工业废水中的镉、镍、铜等金属离子以及某些金属离子与铵构成的复杂化合物[1]。Satpathy 在石英砂表面涂以硝酸铁，可以从镀镉、铬废水中去除镉、铬和氰化物[3]。B. M. Benjamin 研究了 IOCS 对铜、铅、镉等金属的吸附作用，IOCS 对铜、铅、镉的去除率达 99%[2]. 有关锰氧化物对滤料进行改性，而且用于混合体系中金属离子的竞争吸附方面的研究相对较少。我们通过热分解和氧化还原等 3 种方法在石英砂表面覆盖锰氧化物（manganese-oxide-coated-sand，简称 MOCS），发现 3 种 MOCS 的物理化学性能和吸附性能相差较大。因此，选择其中的一种物化性能和吸附性能最好的 MOCS 作吸附剂，研究其对模拟废水中的单组分 Cu^{2+} 和 Pb^{2+} 的吸附和二组分体系中 Cu^{2+} 和 Pb^{2+} 的竞争吸附作用及其影响因素，为装柱连续处理含重金属离子废水提供基础数据。

1 材料与方法

1.1 主要仪器

AAanalyst300 型火焰原子吸收分光光度计（Perkin Elmer），pHS-2 型精密酸度计（上海雷磁仪器厂），SHZ-82 型水浴恒温振荡器（江苏太仓医疗器械厂）。

1.2 实验材料和试剂

实验所用的化学试剂均为分析纯试剂。Cu^{2+} 和 Pb^{2+} 贮备液由 $Cu(NO_3)_2$ 和 $Pb(NO_3)_2$ 与去离子水配制，吸附液用时稀释，其 pH 值用硝酸或氢氧化钠溶液调节。吸附液的支持电解液为 0.01 mol · L^{-1} 的 $NaNO_3$。

MOCS 的制备：把一定量的粒径为 16～20 目的天然石英砂加入到高锰酸钾溶液中，加热，然后按一定比例加入浓盐酸。反应完毕，用去离子水洗净石英砂，干燥后供使用。经锰氧化物覆盖的石英砂，表面呈深棕色，覆盖层分布均匀，未露出石英砂的本色。

1.3 实验方法

采用静态实验，在一定浓度的 Cu^{2+} 或 Pb^{2+} 溶液中，加入 20 g · L^{-1} 的 MOCS，置于恒温振荡器中振荡 3 h，固液分离，用原子吸收分光光度计（火焰法）分析液体中 Cu^{2+} 和 Pb^{2+} 的含量。反应容器事先经过稀硝酸溶液浸泡 24 h 后，用去离子水冲洗烘干。

2　结果

取数份初始浓度分别为 0.161 mmol·L^{-1}和 0.398 mmol·L^{-1}的Cu^{2+}和Pb^{2+}吸附液各 10 mL，调节溶液 pH 值至 4.00。分别加入 0.10 g～0.40 g 的 MOCS，在 17 ℃下振荡 3 h。计算各自的吸附率，结果见图 1。

Cu^{2+}和Pb^{2+}的初始浓度分别为 0.157 mmol·L^{-1}和 0.386 mmol·L^{-1}，调节溶液 pH 值分别为 1～7。以吸附量 q_e 对 pH 作图，如图 2 所示。

NaCl、$NaNO_3$、$Mg(NO_3)_2$ 和 $Ca(NO_3)_2$ 对吸附量 q_e 的影响如图 3 所示。

Cu^{2+}和Pb^{2+}的初始浓度分别为 0.0787 mmol·L^{-1}～1.35 mmol·L^{-1}和 0.193 mmol·L^{-1}～1.54 mmol·L^{-1}。在不同温度下（15 ℃～45 ℃）进行吸附，吸附等温线见图 4。

在 15 ℃～45 ℃温度下，在初始浓度分别为 0.161 mmol·L^{-1}和 0.398 mmol·L^{-1}的Cu^{2+}和Pb^{2+}吸附液中，加入 20 g·L^{-1}MOCS。以时间对吸附量 q_e 作图，得到Cu^{2+}和Pb^{2+}吸附量 q_e 随温度变化的吸附动力学曲线，见图 5。由图 5 看出，MOCS 对Cu^{2+}和Pb^{2+}的吸附在 3 h 基本达到吸附平衡，吸附反应初期为快速吸附过程；40 min 以后，吸附速率明显减慢。当其他条件恒定时，Cu^{2+}和Pb^{2+}吸附量随着温度的升高而增加。

固定混合溶液中Cu^{2+}和Pb^{2+}的初始浓度之和为 1.00 mmol·L^{-1}，同时改变Cu^{2+}和Pb^{2+}的初始浓度，MOCS 对Cu^{2+}和Pb^{2+}的吸附情况见图 6。

固定混合溶液中Cu^{2+}的浓度，改变Pb^{2+}的浓度，观察Pb^{2+}的存在对Cu^{2+}吸附的影响。同样，固定Pb^{2+}的浓度，改变Cu^{2+}的浓度，观察Cu^{2+}对Pb^{2+}吸附的影响，结果见图 7 和图 8。

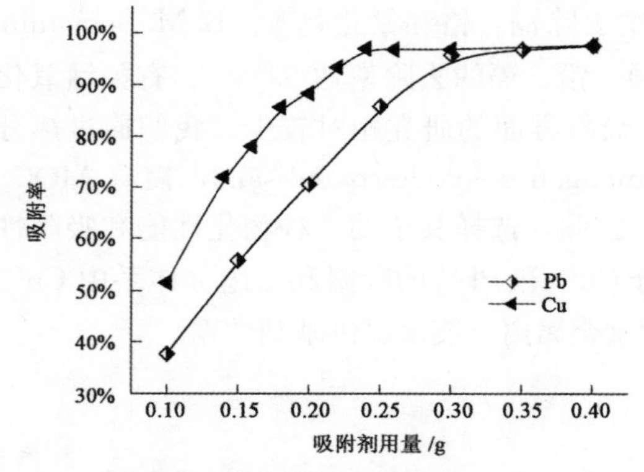

图 1　MOCS 用量与去除率关系

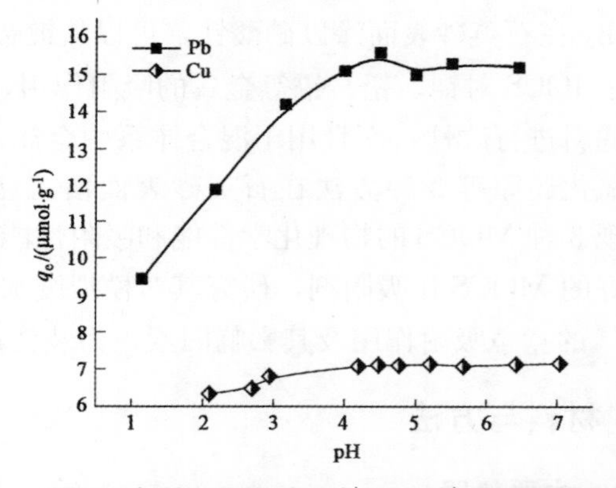

图 2　起始 pH 值对Cu^{2+}和Pb^{2+}吸附量的影响

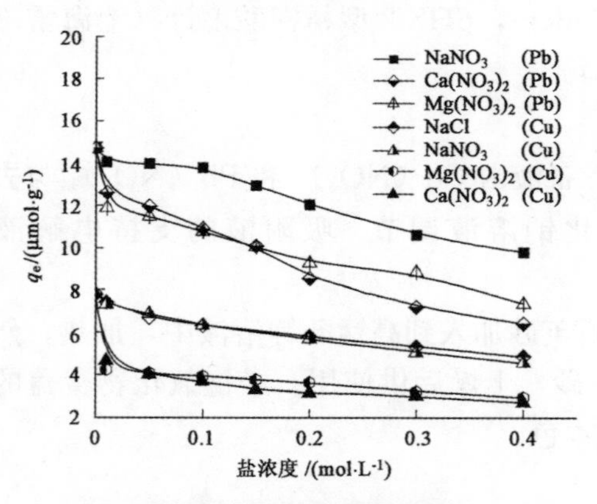

图 3　盐浓度对吸附量的影响

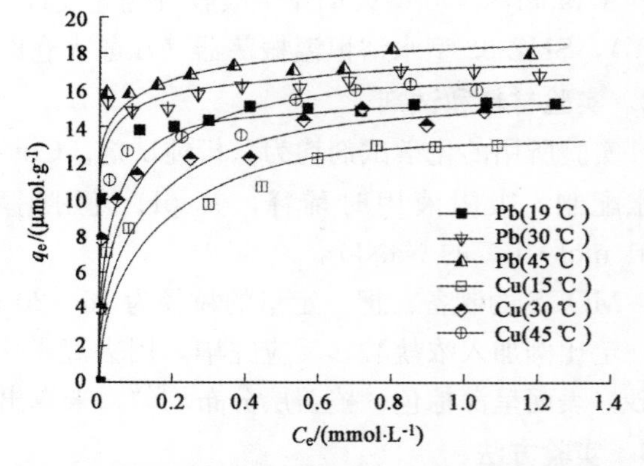

图 4　不同温度下 MOCS 对Cu^{2+}和Pb^{2+}的吸附等温线

混合溶液中Cu^{2+}和Pb^{2+}的吸附等温线见图 9。以解吸百分率对时间作图，得Cu^{2+}和Pb^{2+}的解

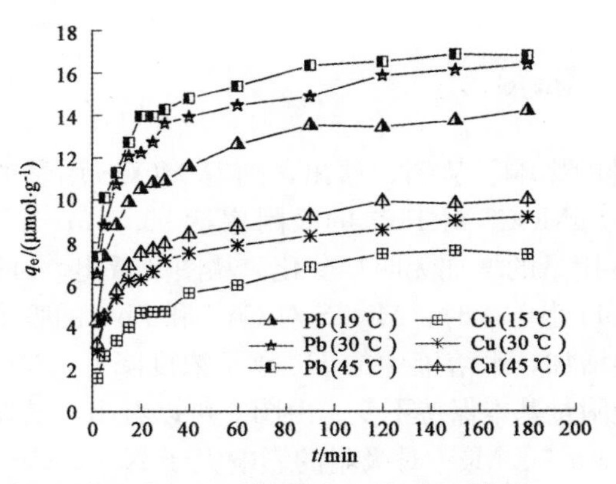

图 5　不同温度下吸附时间对 Cu^{2+} 和 Pb^{2+} 的吸附影响

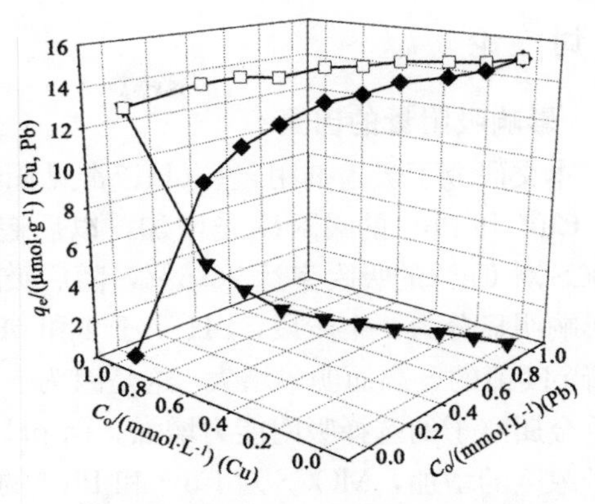

图 6　固定 Cu^{2+} 和 Pb^{2+} 的初始浓度时 Cu^{2+} 和 Pb^{2+} 的吸附量的变化

吸动力学曲线，见图 10。

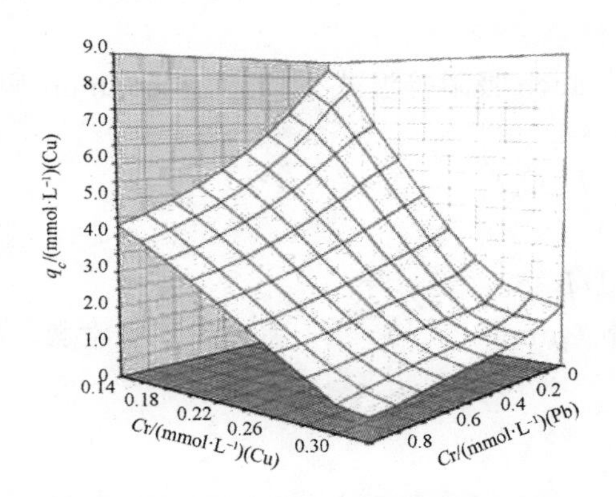

图 7　改变溶液中 Pb^{2+} 的浓度对吸附 Cu^{2+} 的影响

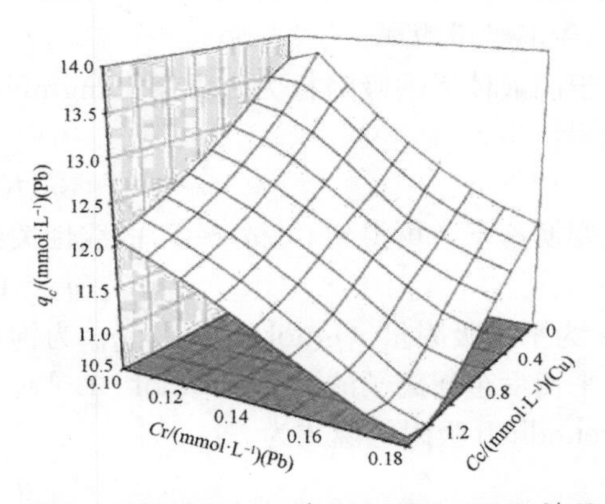

图 8　改变溶液中 Cu^{2+} 的浓度对吸附 Pb^{2+} 的影响

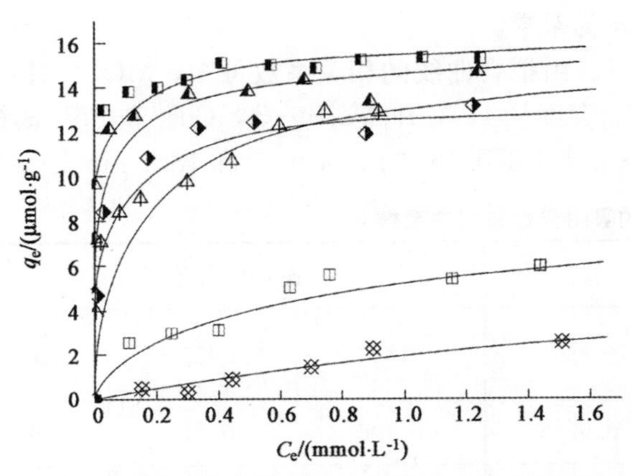

图 9　单组分和混合组分中 Cu^{2+} 和 Pb^{2+} 的吸附等温线比较

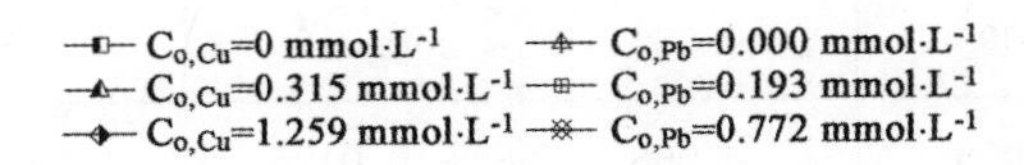

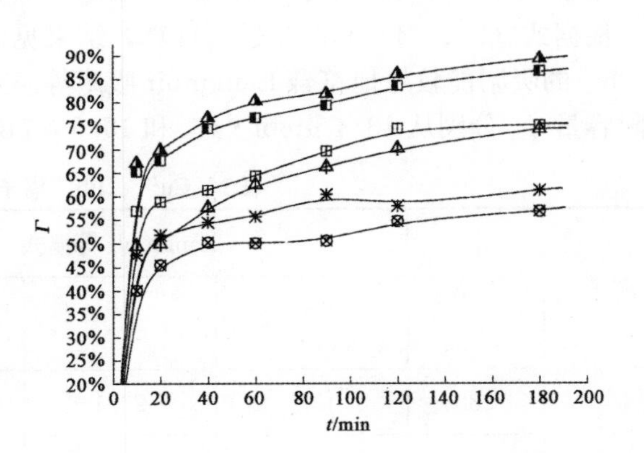

图 10　Cu^{2+} 和 Pb^{2+} 的解吸动力学曲线

0.5 mol·L^{-1} HNO_3 (Cu 0.157 mmol·L^{-1})
1.0 mol·L^{-1} HNO_3 (Pb 0.385 mmol·L^{-1})
0.5 mol·L^{-1} HNO_3 (Cu 0.629 mmol·L^{-1})
0.5 mol·L^{-1} HNO_3 (Pb 1.158 mmol·L^{-1})
0.5 mol·L^{-1} HNO_3 (Pb 0.385 mmol·L^{-1})
1.0 mol·L^{-1} HNO_3 (Pb 1.158 mmol·L^{-1})

3 讨　论

3.1 影响吸附量的因素

本文研究了吸附剂用量、pH、常见阳离子对吸附量的影响。从图 1 看出，随着 MOCS 用量的增加，Cu^{2+}和 Pb^{2+}的吸附率先增加，以后趋于平衡。0.30 gMOCS 对 Pb^{2+}的吸附率达 95.7%；0.24 g MOCS 对 Cu^{2+}的吸附率达 96.5%，随后吸附率随 MOCS 用量的增加无明显变化。从图 2 看出，pH 值的影响明显分为 2 个阶段，pH 小于 4 和 pH 大于 4。当 pH 小于 4 时，MOCS 对 Cu^{2+}和 Pb^{2+}的吸附量随着 pH 值的升高而明显增大. 这是因为，随着 pH 值的增加，水溶液中的 H^{+}离子浓度降低，MOCS 对重金属离子的选择吸附能力增强。而 pH 大于 4 时，吸附量基本保持不变。由图 3 可以看出，随着阳离子浓度的增加，MOCS 对 Cu^{2+}和 Pb^{2+}的吸附量减少。Ca^{2+}、Mg^{2+}对吸附的影响大于 Na^{+}，Ca^{2+}的影响大于 Mg^{2+}，说明共存离子对重金属离子的影响不仅与其化合价有关，而且与离子的水合半径等性质也有关[4]。

3.2 单组分 Cu^{2+}和 Pb^{2+}的等温吸附曲线及热力学参数

3.2.1 等温吸附曲线

对于固液体系的吸附行为，常用 Langmuir 和 Freundlich 吸附等温式来描述。Langmuir 吸附等温式为[5]：

$$q_e = q_m K_a C_e / (1 + K_a C_e) \tag{1}$$

将上式变换一下，可得到 $C_e/q_e \sim C_e$ 的线性关系式：

$$C_e/q_e = C_e/q_m + 1/K_a q_m \tag{2}$$

式中 q_e 为平衡吸附量（μmol·g^{-1}），q_m 为饱和吸附量（μmol·g^{-1}），K_a 为吸附平衡常数，C_e 为吸附达平衡后金属离子的浓度（mmol·L^{-1}）。

Freundlich 吸附等温式为[5]：

$$q_e = K_f C_e^{1/n} \tag{3}$$

上式两边取对数，则有线性关系式：

$$\lg q_e = \lg K_f + 1/n \lg C_e \tag{4}$$

式中 q_e、C_e 同上，K_f 称为 Freundlich 吸附系数，n 为常数。

根据式（2）、（4）和图 4 进行计算，结果见表 1。由拟合曲线的相关系数可知，MOCS 对 Cu^{2+}和 Pb^{2+}的吸附能较好地符合 Langmuir 吸附等温式。温度从 15 ℃升高到 45 ℃，Cu^{2+}和 Pb^{2+}的饱和吸附容量 q_m 分别从 13.4 μmol·g^{-1}和 15.5 μmol·g^{-1}升高到 16.4 μmol·g^{-1}和 18.1 μmol·g^{-1}。

表 1　Cu^{2+}、Pb^{2+}离子的吸附常数和相关系数 r

离子	T/K	Langmuir 等温式			Freundlich 等温式		
		$q_m/(\mu mol \cdot g^{-1})$	K_a	r^2	$1/n$	K_f	r^2
Cu^{2+}	288	13.4	20.1	0.9956	0.196	0.013	0.9809
	303	14.9	34.5	0.9972	0.177	0.016	0.9230
	318	16.4	39.9	0.9980	0.186	0.017	0.9139
Pb^{2+}	292	15.5	52.0	0.9999	0.064	0.015	0.9883
	303	17.1	55.1	0.9996	0.068	0.017	0.9234
	318	18.1	62.7	0.9994	0.035	0.018	0.8986

3.2.2　热力学参数

吸附过程的吉布斯函数变 ΔG°、焓变 ΔH° 以及熵变 ΔS° 等热力学参数可以根据下列公式来确定[6]：

$$\Delta G^{\circ} = -RT\ln K_a = -2.303RT\lg K_a \tag{5}$$

$$\Delta G^{\circ} = \Delta H^{\circ} - T\Delta S^{\circ} \tag{6}$$

根据式（5），由不同温度下的吸附平衡常数 K_a 可以计算出吉布斯函数变 ΔG° 的数值。以 ΔG° 对 T 作图可得到一条直线，焓变 ΔH° 和熵变 ΔS° 的数值可以通过直线的斜率和截距求得。由表 2 看出，MOCS 对 Cu^{2+} 和 Pb^{2+} 吸附过程的 ΔG° 均为负值，焓变 ΔH° 大于零。这说明该吸附过程是自发的吸热过程。

表 2　不同温度下 MOCS 对 Cu^{2+} 和 Pb^{2+} 吸附的热力学参数

Cu^{2+}					Pb^{2+}				
T/K	K_a	ΔG°/(kJ·mol^{-1})	ΔH°/(kJ·mol^{-1})	ΔS°/(J·mol^{-1}·K^{-1})	T/K	K_a	ΔG°/(kJ·mol^{-1})	ΔH°/(kJ·mol^{-1})	ΔS°/(J·mol^{-1}·K^{-1})
288	20.1	−7.81			292	51.9	−9.59		
303	34.5	−8.92	10.7	87.7	303	55.1	−10.1	5.69	52.2
318	39.9	−9.75			318	62.7	−10.9		

3.3　吸附动力学参数

常用于描述吸附动力学方程的数学模型有：

（1）Lagergen 准一级动力学方程[5,7]：

$$\lg(q_1 - q_t) = \lg q_1 - K_1 t/2.303 \tag{7}$$

（2）Ho 准二级动力学方程[5,8]：

$$t/q_t = 1/K_2 q_2^2 + t/q_2 \tag{8}$$

（3）Weber 和 Morris 粒子扩散方程[5,9]：

$$q_t = K_t t^{1/2} + C \tag{9}$$

其中 K_1（min^{-1}）、K_2（g·mmol^{-1}·min^{-1}）和 K_t（μmol·g^{-1}·min$^{-1/2}$）是吸附速率常数，q_t 是在 t 时间的吸附量（μmol·g^{-1}），q_1（μmol·g^{-1}）、q_2（μmol·g^{-1}）和 C（μmol·g^{-1}）是最大吸附量。

分别以 lg（$q_1 - q_t$）对 t，t/q_t 对 t 和 q_t 对 $t^{1/2}$ 作图，对所有数据进行回归分析，从斜率和截矩得到不同温度下的 K_1、K_2、K_t、q_1、q_2、C 以及相关系数 r 值，列于表 3。

从表 3 可看出，在各种温度下，用准二级动力学方程式得到的相关系数比用其他两种方程所得的相关系数的值都大，说明 MOCS 对 Cu^{2+} 和 Pb^{2+} 的吸附过程用准二级反应动力学模型描述更合适。因此，MOCS 对 Cu^{2+} 和 Pb^{2+} 的吸附是以化学吸附为控制步骤的反应过程[10]。

阿累尼乌斯的反应速率常数与温度的关系式为：

$$K = Ae^{E_a/RT}(\ln K = \ln A - E_a/RT) \tag{10}$$

式中，K 是吸附速率常数（g·mmol^{-1}·min^{-1}），E_a 是活化能（kJ·mol^{-1}），R 是摩尔气体常数（J·k^{-1}·mol^{-1}），T 是温度（K），A 是常数。根据式（10）求得 MOCS 对 Cu^{2+} 和 Pb^{2+} 的吸附活化能分别为 92.3 kJ·mol^{-1}和 119 kJ·mol^{-1}。

表 3　不同温度下 MOCS 对 Cu^{2+} 和 Pb^{2+} 的吸附动力学参数

离子	T/K	K_1/(min^{-1})	q_1/($\mu mol \cdot g^{-1}$)	r_1	K_2/($g \cdot mmol^{-1} \cdot min^{-1}$)	q_2/($\mu mol \cdot g^{-1}$)	r_2	K_t/($\mu mol \cdot g^{-1} \cdot min^{-1/2}$)	C/($\mu mol \cdot g^{-1}$)	r_t
Cu^{2+}	288	0.024	5.21	0.9878	7.97	8.13	0.9974	0.477	1.96	0.9611
	303	0.021	4.72	0.9768	10.6	9.54	0.9986	0.447	3.91	0.9264
	318	0.022	4.80	0.9823	11.6	10.4	0.9994	0.496	4.37	0.9049
Pb^{2+}	292	0.019	6.28	0.9634	9.08	14.5	0.9994	0.665	6.51	0.9013
	303	0.021	7.03	0.9792	9.09	16.7	0.9993	0.686	8.43	0.9086
	318	0.029	6.81	0.9836	12.9	17.0	0.9999	0.656	9.55	0.8870

3.4　混合体系中 Cu^{2+} 和 Pb^{2+} 的吸附

由图 6 可知，当溶液中只含有 Cu^{2+} 时，MOCS 的吸附量最小；只含有 Pb^{2+} 时，吸附量最大；含有 Cu^{2+} 和 Pb^{2+} 时，MOCS 的总吸附量值之和小于非竞争吸附时 Pb^{2+} 的平衡吸附量，表明在竞争吸附情况下，MOCS 对 Cu^{2+} 和 Pb^{2+} 的吸附能力稍有下降。

从图 7 和图 8 可以看出，Pb^{2+} 的存在对 Cu^{2+} 的吸附影响很大，当溶液中 Pb^{2+} 的浓度从 0 增加到 1.16 mmol · L^{-1}时，Cu^{2+} 的吸附量下降了 93.8%；而随着 Cu^{2+} 的浓度从 0 增大到 1.26 mmol · L^{-1}，Pb^{2+} 的吸附量下降了 24.4%。说明 Pb^{2+} 的亲和力明显大于 Cu^{2+}，更容易被 MOCS 吸附。

从图 9 可以看出，混合溶液中 Cu^{2+} 和 Pb^{2+} 的饱和吸附容量与单一离子存在时相比，均有不同程度下降。按式（2）作图，发现 MOCS 对混合溶液的 Cu^{2+} 和 Pb^{2+} 吸附与 Langmuir 吸附等温式仍有较好的相关性。

3.5　解吸效果

从图 10 可见，用 0.5 mol · L^{-1} HNO_3 作解吸液，3 h 后 Cu^{2+} 的解吸率接近 90%，Pb^{2+} 的解吸率仅达 60%左右；改用 1.0 mol · L^{-1} HNO_3 解吸时，Pb^{2+} 的解吸率能提高 20%左右。3 h 后 Cu^{2+} 和 Pb^{2+} 的解吸仍未达到平衡，说明 Cu^{2+} 和 Pb^{2+} 较难解吸，而且 Pb^{2+} 比 Cu^{2+} 更难解吸。

4　结论

（1）在单一体系中，随溶液中 pH 值的升高，Cu^{2+} 和 Pb^{2+} 的吸附量逐渐增加；溶液中的离子强度增大时，吸附量降低。

（2）在 15 ℃～45 ℃温度下，单一体系中的 Cu^{2+} 和 Pb^{2+} 的吸附均符合 Langmuir 吸附等温式。吸附过程是自发的吸热过程。

（3）单一体系中，在不同温度下 MOCS 对 Cu^{2+} 和 Pb^{2+} 的吸附均符合准二级反应动力学模式。

（4）混合体系中，Cu^{2+} 和 Pb^{2+} 的吸附都符合 Langmuir 吸附等温式。MOCS 对 Cu^{2+} 和 Pb^{2+} 的吸附强弱顺序为 $Pb^{2+} > Cu^{2+}$。

参考文献

[1] Edwards M A，Benjamin M M. Regeneration and reuse of iron hydroxide adsorbents in treatment of metal bearing wastes [J]. J Water Pollut Control Fed，1989，61：481-490.

[2] Benjamin M M，Sletten R S，Bailey R P. Sorption and filtration of metals using iron-oxide-coated-sand [J]. Water Research，1996，30：2609-2620.

[3] Satpathy J K，Chaudhuri M. Treatment of cadmium-plating and chromium-plating wastes by iron oxide-coated sand [J]. Water Environment Research，1995，67：788-790.

[4] Bowna R S，O' Coer G A. Control of nickel and Sr sorption by free metal ion activity [J]. Soil Sci Soc Am J，1982，46：933-936.

[5] Aksu Z. Application of hiosorption for the removal of organic pollutants：a review [J]. Process Biochemistry，2005，40 (3-4)：831-847.

[6] Mohammed A，Akhtar H K，Shaminm A，et al. Role of sawdust in the removal of copper（Ⅱ）from industrial wastes [J]. Water Research，1998，32：3085-3091.

[7] Panday K K，Prasad G，Singh V N. Copper（Ⅱ）removal from aqueous solutions by fly ash [J]. Water Research，1985，19：869-873.

[8] Selvaraj R，Younghun K，Cheol K J. Removal of copper from aqueous solution by aminated and protonated mesoporous aluminas：kinetics and equilibrium [J]. Joumal of Colloid and interface Science，2004，273：14-21.

[9] Nathalie C，Richard G，Eric D. Adsorption of Cu（Ⅱ）and Pb（Ⅱ）onto a grafted silica：isotherms and kinetic models [J]. Water Research，2003，37：3079-3086.

[10] Wan W S，Kamari N A，Koay Y J. Equilibrium and kinetics studies of adsorption of copper（Ⅱ）on chitosan and chitosan and chitosan/PVA beads [J]. International Journal of Biobgical Marcromolecules，2004，34：155-161.

（环境科学学报，第25卷第6期，2005年6月）

电镀法制备镍-天然石墨复合材料及外加磁场的影响

方建军，李素芳，查文珂，陈宗璋

摘 要：在有、无外加磁场的条件下，采用电镀的方法在天然鳞片石墨的表面上镀覆了一层均匀的镍颗粒。分别用扫描电子显微镜、X射线衍射仪及振动样品磁强计对产品进行了分析，研究了外加磁场对镍的沉积形貌、晶体取向及磁性质的影响。结果显示：镍颗粒在无磁场下电沉积时为近球形，在外加磁场下沉积时为刺球形，两者都为面心立方单晶结构，但后者具有较高的饱和磁化强度和较低的矫顽力。这些实验现象表明，外加磁场在镍的沉积过程中对镍的晶体生长有影响。

关键词：镍；石墨；复合物；电沉积；大钉状镍粒子；磁学

中图分类号：TQ153；O441. 6　**文献标志码**：A　**文章编号**：1004-227X（2010）09-0001-04

Electrodeposition of nickel-graphite composite and the effect of external magnetic field

Fang Jianjun，Li Sufang，Zha Wenke，Chen Zongzhang

Abstract：The surface of natural flake graphite was coated with a homogeneous layer of nickel particles by electrodeposition with or without external magnetic field. The products were analyzed by scanning electron microscopy，X-ray diffraction，and vibrating sample magnetometer. The effect of external magnetic field on surface morphology，crystal orientation and magnetic properties of the deposited nickel was studied. The results showed that the nickel deposits are quasi-sphere particles in the absence of magnetic field，but spiky-sphere particles in the presence of magnetic field. In either case，the nickel is single crystal of a face-centered cubic structure. However，when an external magnetic field is applied，the products exhibit higher saturation magnetization values and lower coercivity values. The above-mentioned results indicated that the external magnetic field has an effect on the growth of nickel crystals.

Key words：nickel；graphite；composite；electrodeposition；spiky-sphere nickel particle；magnetism

---

1 前 言

石墨由于具有宽而强的吸波性能，在很早以前就被用来填充在飞机蒙皮的夹层中吸收雷达波。镍与石墨混合制成的复合材料兼具石墨和镍的优点：既有导电性、导热性、润滑性，又有很高的机械强度和磁性能。因此除了在军事吸波方面有巨大的应用前景外，还被广泛用在微电子、催化剂、喷涂材料、液态冶金材料、自润滑轴承、电刷等领域[1-5]。

镍-石墨复合材料的制备通常是用粉末冶金方法，将镍粉与石墨粉通过机械混合压制成型，再高温烧结而成，或者是用化学镀的方法直接将镍颗粒镀覆在石墨粉的表面[6-8]。但是，在粉末冶金过程中，液态镍与石墨的润湿性不好，使得两者之间的结合力不强，镍镀层不均匀；化学镀也存在镀液不稳定、生产成本高等缺点。而采用电镀法制备镍-石墨复合材料能很好地克服上述缺点，并且还具有环境污染小、操作维护方便等优点。目前，采用电镀法制备镍-石墨粉末复合物的研究鲜见报道。此外，各向异性的镍纳米材料在磁性材料使用的相关方面通常会展示出优异的性能。为了在沉积的过程中获得各向异性的镍颗粒，通常在电镀的过程中施加外磁场[9-11]。

本文用电镀法在石墨粉表面镀覆了一层均匀、致密的镍颗粒，同时研究了外加磁场对沉积样品的形貌、晶体取向、磁性能等方面的影响。讨论了在有无磁场存在的条件下，镍的沉积形貌、晶体取向及磁性质的差异，并且分析了形成这些差异的可能机理。

2 实验

2.1 材料及电镀装置

电沉积采用瓦特镀镍溶液，其组成及电镀条件如下：

$NiSO_4 \cdot 7H_2O$	250 g/L
$NiCl_2 \cdot 6H_2O$	10 g/L
表面活性剂	3 g/L
H_3BO_3	35 g/L
$MgSO_4 \cdot 7H_2O$	30 g/L
石墨粉（粒径 30～50 μm）	40 g/L
J_k	3 A/dm^2
θ	25 ℃
pH	5.0～5.5
v（搅拌）	500 r/min
t	30 min

标准的电镀过程是在一个圆形的槽（容积约 1 dm^3）中完成的，电镀槽的设计如图 1 所示。阴极是一根石墨棒（底面积 2 cm^2，高 5 cm），阳极是一个溶解性良好的高纯镍圈（直径 11 cm，纯度 99.99%）。用半透膜围住阴极周围的石墨粉，形成约 30 cm^3 的阴极区。

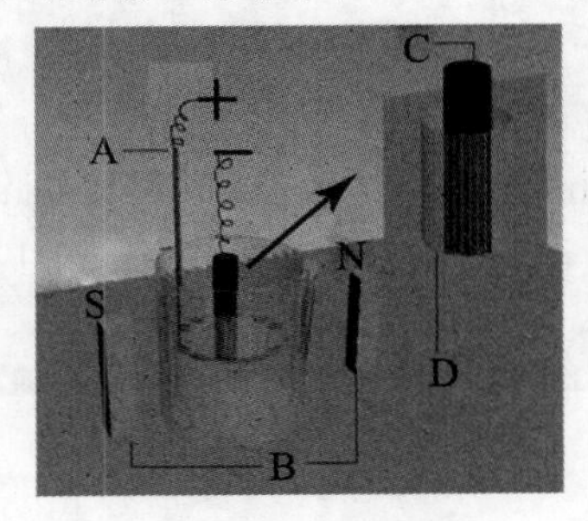

图 1 电镀装置图

A—阳极（可溶性镍圈）；B—永磁铁；C—阴极（石墨棒）；D—半透膜

2.2 工艺流程

化学除油—水洗—表面氧化亲水处理—水洗—超声振荡—电镀—过滤—干燥—表征及性能测试。

2.3 无磁场下的镀镍过程

在一个烧杯中加入相当于镀槽容积 1/2 的去离子水，加热至 70 ℃，依次加入硫酸镍、氯化镍、硫酸镁，搅拌至完全溶解。在另一个烧杯中加入相当于镀槽容积 1/5 的去离子水，升温至 90 ℃后加入硼酸，搅拌至完全溶解。混合上述两种溶液，用稀硫酸调节 pH 至 3.4～3.8。随后加入活性炭净化溶液，过滤后将滤液移至电镀槽中，然后用稀氢氧化钠溶液将 pH 调节至 5.0～5.5。用少量的沸水溶解表面活性剂，趁热加入镀液中。在阴极半透膜内加入所需量的石墨粉，90 W 功率超声分散 10 min后维持超声振荡，使石墨粉均匀分散在阴极区镀液中。施镀 0.5 h 后，将镀好的石墨粉取出，过滤、清洗、干燥。

2.4　磁场条件下的镀镍过程

在电镀的过程中施加了一个由永磁铁产生的稳定磁场（2 T），其他过程与 2.3 相同。

2.5　表征

用 JEOL 的 JSM-6700F 型场发射扫描电子显微镜（FE-SEM）观察镍-石墨复合物的形貌和尺寸，用西门子 D5000 型 X 射线衍射仪对复合物进行结构分析，采用国产 HH-50 型振动样品磁强计测试镀镍石墨的磁性能。

3　结果与讨论

采用扫描电子显微镜检测了镍粒子的镀覆均匀性，如图 2（a）和图 2（d）所示。结果显示，所有的天然鳞片石墨粉都被平均粒径为 100～200 nm 的镍颗粒覆盖。如图 2（b）和图 2（c）所示，无磁场下电沉积的镍颗粒为近球形，而外加磁场下电沉积的镍颗粒为刺球形［见图 2（e）和图 2（f）］。通过观察图 2（f）还发现，每一个大刺状的镍粒子都是由许多尺寸在 20 nm 左右的尖状镍粒子聚合而成，这一现象可能是由于镍离子的还原过程发生了改变而导致的。

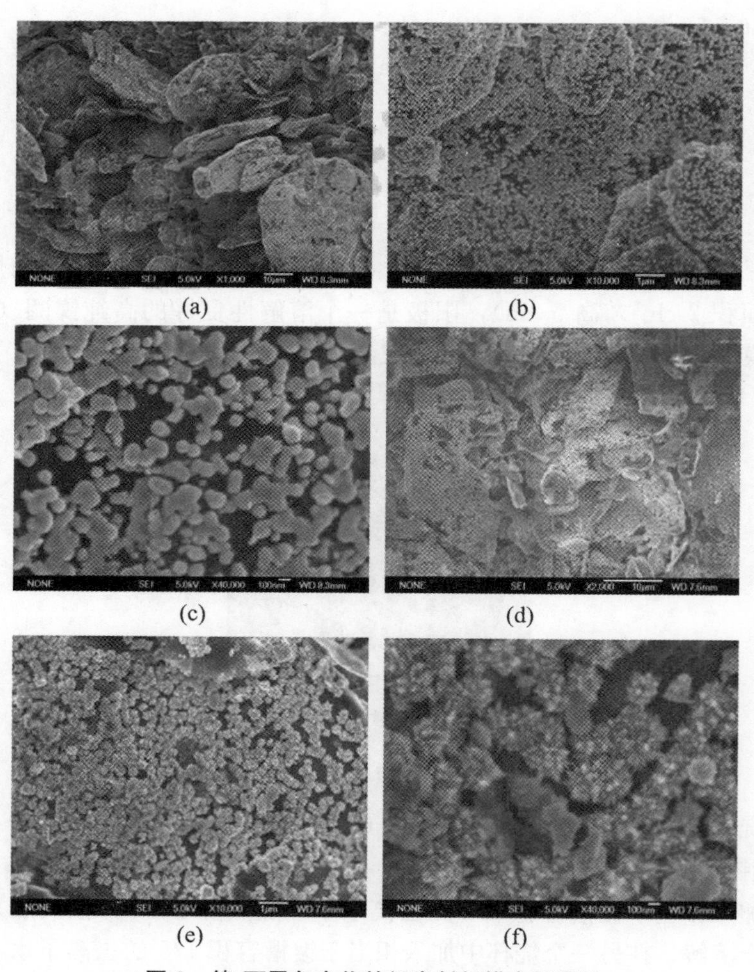

图 2　镍-石墨复合物的场发射扫描电镜照片

（a）～（c）为无外加磁场；（d）～（f）为有外加磁场

一般情况下，晶体的形成经历 2 个阶段。第一个阶段是晶核形成阶段；第二阶段是核质形成以后，反应生成的新产物以原有的核为核心长大的过程。在第一阶段，由于晶体特殊的对称性和结构，因此形成晶体固有的形貌，这是形成种子晶体相的关键。在核的成长过程中，晶体的形态由热力学和动力学的因素控制。因此，可以通过调整添加剂、镀液组成、离子溶度比等因素来改变晶体的生长形貌。而本文中镍颗粒的形态是通过外加磁场来改变的。最近研究表明，外加磁场是一种改变磁性材料微观结构和形貌的行之有效的方法。在理论研究方面也有很多相关的报道，一个较为普遍接受的观点是磁致对流效应。其主要内容是：磁致对流效应在电解液中引发一个对流过程，由此造成法拉第电流和极限扩散电流的增加，从而改变沉积金属的生长结构。T. Z. Fahidy[12] 的研究显示，磁致对流效应能够影响三维沉积薄片的结构，从而降低沉积表面的粗糙度。F. Hu[13] 的实验结果表明，微磁流体显著加快了传质过程和电荷转移速率，从而导致镀层表面形貌和晶体取向的改变。本文的样品研究发现，在有磁场下获得的大刺状镍粒子［见图 2（f）］是由许多小的、尖状的、光滑的镍纳米粒子组装而成。根据这一现象，笔者认为磁流体是影响电沉积中形成镍刺微观结构的原因之一。磁流体仅仅导致小尖状镍纳米粒子的形成，而团聚的镍刺纳米结构的形成机制应该用下面两个理论来解释：（1）在制备磁性材料的过程中，外加磁场可以指导磁性纳米晶的运动及自组装行为[14]；（2）磁晶各向异性因素可以决定晶体取向[15]。

图 3 显示了有无外加磁场条件下制备的镍-石墨复合物的 X 射线衍射谱图。其中镍的特征峰清楚地表明，沉积的镍为面心立方单晶结构[16]。$2\theta=54.7°$ 的峰是石墨碳（004）面，44.5°、52.0°和 76.4° 的 3 个峰分别对应镍的（111）、（200）和（220）晶面。在图 3 中，最强的峰都是（111）面。但可以很明显地发现，相对于没有磁场的条件下，在外加磁场下沉积的镍的（200）和（220）面的强度稍有下降，而（111）方向的相对强度却略有增加。峰强度的变化意味着在沉积过程中，当应用外磁场时，（111）面是镍晶体生长过程中的首选方向。此外，峰强度的变化还意味着，尽管（111）面仍然是电镀过程中的主要生长方向，但是镍的首选方向已经被外加磁场影响。这个结论与从 H. Matsushima 等[17] 提到的晶面指数计算方法中得出的晶面指数的定量评估结果一致。造成这个首选方向形成的原因，可归结为使用的电镀液类型和磁流体效应。一方面，（111）取向是从瓦特镀镍液中制备的镍镀层的主要峰面[18]。另一方面，磁流体效应可增大极限扩散电流密度，导致沉积速率的增加[19-20]，这样就使得电结晶过程受到的抑制作用变小，而不受抑制的电结晶过程有利于镍（111）面的生长。晶体取向的改变能更好地解释，为什么在扫描电镜图中，有外加磁场的条件下镍的沉积形貌会是刺状。

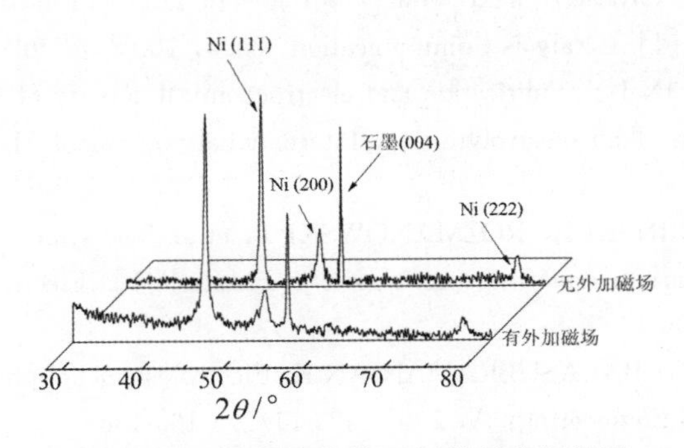

图 3　镍-石墨复合物的 X 射线粉末衍射图

矫顽性质通常被认为是应用磁材料最重要的参数之一。纳米磁材料的磁性能在很大程度上取决于材料的形状、晶形、磁化方向等因素。因此，测试了有、无外磁场下得到的镍-石墨复合物的磁滞回线，如图 4 所示。

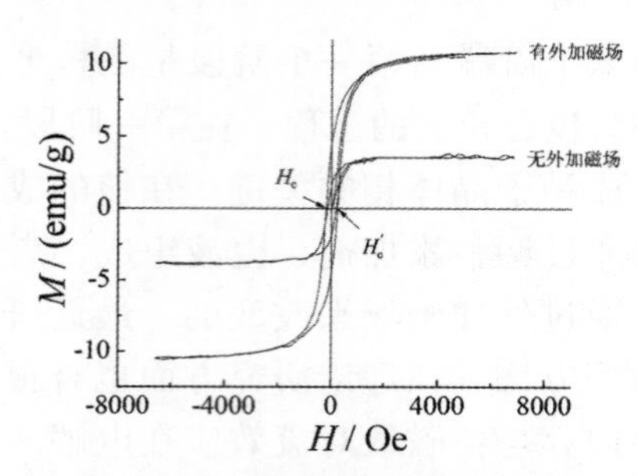

图 4 镍-石墨复合物的磁滞回线

比较磁滞回线发现，刺状镍粒子和近球状镍粒子的复合物的磁滞回线之间存在明显差异：相对于无磁场条件下制备的镍颗粒（饱和磁化强度约 3.53744 emu/g，矫顽力值为 192.15 Oe），有磁场条件下电沉积的镍颗粒表现出更高的饱和磁化强度（约 10.47265 emu/g）和相对低的矫顽力值（约 137.61 Oe）。这个差异可从它们的形状和粒径这两个方面来解释[10,21]。形状方面，镍颗粒具有高的晶形和形状的各向异性，故往往拥有高的矫顽力；粒径方面，随着直径的增大，矫顽力先增大后稍微减小，在直径约为 85 nm 时有最大的矫顽力。结合扫描电镜图得到的晶粒尺寸和矫顽力数据，笔者认为粒径可能是影响本文所制得的镍-石墨复合物磁场矫顽力的主要因素。

4 结 论

本文通过电沉积过程，成功地制备了镀镍均匀的镍-石墨复合物，并且通过施加外部磁场，改变了沉积镍的微观结构，在天然鳞片石墨表面得到了各向异性的镍颗粒。通过控制磁场来调整晶体成核和生长过程，得到不同镍晶体形状的镍-石墨复合物。在这个过程中，有外加磁场时，镍粒子自组装成一个刺球状的分布，且优先取向于（111）面，同时表现出较高的饱和磁化强度（M_s）和相对低的矫顽力（H_c）值。

参考文献

[1] JIN G-P, DING Y-F, ZENG P-P. Electrodeposition of nickel nanoparticles on functional MWCNT surfaces for ethanol oxidation [J]. Journal of Power Sources, 2007, 166 (1): 80-86.

[2] WANG C, QIU J-S, LIANG C-H, et al. Carbon nanofiber supported Ni catalysts for the hydrogenation of chloronitrobenzenes [J]. Catalysis Communication, 2008, 9 (8): 1749-1753.

[3] MAHATA N, CUNHA A F, ÓRFÃO J J M, et al. Hydrogenation of chloronitrobenzenes over filamentous carbon stabilized nickel nanoparticles [J]. Catalysis Communication, 2009, 10 (8): 1203-1206.

[4] HSIEH C-T, CHOU Y-W, LIN J-Y. Fabrication and electrochemical activity of Ni-attached carbon nanotube electrodes for hydrogen storage in alkali electrolyte [J]. International Journal of Hydrogen Energy, 2007, 32 (15): 3457-3464.

[5] SKOWROŃSKI J M, CZERWIŃSKI A, ROZMANOWSKI T, et al. The study of hydrogen electrosorption in layered nickel foam/palladium/carbon nanofibers composite electrodes [J]. Electrochimica Acta., 2007, 52 (18): 5677-5684.

[6] PALANIAPPA M, VEERA G, BALASUBRAMANIAN K. Electroless nickel-phosphorus plating on graphite powder [J]. Materials Science and Engineering: A, 2007, 471 (1/2): 165-168.

[7] KHANNA P K, MORE P V, JAWALKAR J P, et al. Effect of reducing agent on the synthesis of nickel nanoparticles [J]. Materials Letters, 2009, 63 (16): 1384-1386.

[8] LUO X H, CHEN Y-Z, YUE G-H, et al. Preparation of hexagonal close-packed nickel nanoparticles via a thermal decomposition approach using nickel acetate tetrahydrate as a precursor [J]. Journal of Alloys and Compounds, 2009, 476 (1/2): 864-868.

[9] PUNTES V F, KRISHNAN K M, ALIVISATOS A P. Colloidal nanocrystal shape and size control: The case of cobalt [J]. Science, 2001, 291 (5511): 2115-2117.

[10] PARK S-J, KIM S-S, LEE S-Y, et al. Synthesis and magnetic studies of uniform iron nanorods and nanospheres [J]. Journal of American Chemical Society, 2000, 122 (35): 8581-8582.

[11] GANESH V, VIJAYARAGHAVAN D, LAKSHMINARAYANAN V. Fine grain growth of nickel electrodeposit: effect of applied magnetic field during deposition [J]. Applied Surface Science, 2005, 240 (1/4): 286-295.

[12] FAHIDY T Z. Characteristics of surfaces produced via magnetoelectrolytic deposition [J]. Progress in Surface. Science., 2001, 68 (4/6): 155-188.

[13] HU F, CHAN K C, QU N S. Effect of magnetic field on electrocodeposition behavior of Ni-SiC composites [J]. Journal of Solid State Electrochemistry, 2007, 11 (2): 267-272.

[14] SAHOO Y, CHEON M, WANG S, et al. Field-directed self-assembly of magnetic nanoparticles [J]. Journal of Physical Chemistry: B, 2004, 108 (11): 3380-3383.

[15] LI D Y, SZPUNAR J A. A Monte Carlo simulation approach to the texture formation during electrodeposition—I. The simulation model [J]. Electrochimica Acta, 1997, 42 (1): 37-45.

[16] HAMMOND C. The Basics of Crystallography and Diffraction [M]. Oxford: Oxford University Press, 1997: 75-76.

[17] MATSUSHIMA H, NOHIRA, MOGI I, et al. Effects of magnetic fields on iron electrodeposition [J]. Surface and Coatings Technology, 2004, 179 (2/3): 245-251.

[18] BRILLAS E, RAMBLA J, CASADO J. Nickel electrowinning using a Pt catalysed hydrogen-diffusion anode—Part I: Effect of chloride and sulfate ions and a magnetic field [J]. Journal of Applied Electrochemistry, 1999, 29 (12): 1367-1376.

[19] LEGEAI S, CHATELUT M, VITTORI O, et al. Magnetic field influence on mass transport phenomena [J]. Electrochimica Acta, 2004, 50 (1): 51-57.

[20] HINDS G, SPADA F E, COEY J M D, et al. Magnetic field effects on copper electrolysis [J]. Journal of Physical Chemistry: B, 2001, 105 (39): 9487-9502.

[21] DINEGA D P, BAWENDI M G. A solution-phase chemical approach to a new crystal structure of cobalt [J]. Angewandte Chemie International Edition, 1999, 38 (12): 1788-1791.

《无机功能材料》研究与应用学术交流会，2015. 10. 31

从左至右：

第一排：李　娴、钟美娥、赖琼琳、刘海蓉、刘　红、颜永红、吴国贤、陈宗璋
白晓军、肖耀坤、刘其城、唐新村、唐璧玉、刘继进、周欣艳、王俊梅

第二排：方　盼、汲存璐、吴世杰、陈　霖、刘建玲、吴振军、邹艳红、李素芳
熊友谊、陈剑平、周志才、郑日升、汤宏伟、征茂平、利　明、鲁盛会
方建军、查文珂、李永生、黄宇婷、刘　维